DIE DEUTSCHE LITERATUR DES MITTELALTERS

*

VERFASSERLEXIKON

BEGRÜNDET VON WOLFGANG STAMMLER

UNTER MITARBEIT ZAHLREICHER FACHGENOSSEN

HERAUSGEGEBEN VON

KARL LANGOSCH

BAND III

Laber — Rynstetten

BERLIN 1943

WALTER DE GRUYTER & CO.

VORMALS G. J. GÖSCHENSCHE VERLAGSHANDLUNG · J. GUTTENTAG, VERLAGSBUCHHANDLUNG · GEORG REIMER · KARL J. TRÜBNER · VEIT & COMP.

Archiv-Nummer 45 12 43

Druck von Walter de Gruyter & Co., Trebbin

Vorwort.

Als mir der Verlag Walter de Gruyter die weitere Herausgabe des „Verfasserlexikons" mit Zustimmung von Herrn Prof. Dr. Wolfgang Stammler Anfang 1943 übertrug, lag vom dritten Band Sp. 641 ff. bis zum Ende im Umbruch, z. T. bereits in der zweiten Revision vor. Im Jahr 1939 war keine Lieferung, 1940 nur eine erschienen, seitdem aber keine mehr. Außerdem drängte die allgemeine Lage zur Beschleunigung. So mußte ich mich für diese siebzehn Bogen aufs Korrekturlesen beschränken, auch äußere Ungleichmäßigkeiten belassen, sofern sie nicht das Verständnis erschweren.

Das Manuskript eines solchen Werks ist schwer zusammenzubringen, die eifrigen Mitarbeiter werden dabei oft auf eine harte Geduldsprobe gestellt. Viele haben ihre Artikel schon vor einer Reihe von Jahren geschrieben und korrigiert. „Otloh" und „Otto von Freising" z. B. sind 1938 verfaßt und 1939 korrigiert. Bei „Otto" ließ ich mich noch zu großer Eile drängen. Wo demnach Literatur aus den letzten Jahren fehlt, ist Nachsicht zu üben.

Über die Fortführung des Werks läßt sich in den schweren Kriegswochen, die wir jetzt durchleben, nicht viel sagen. Verlag und Herausgeber sind froh, den dritten Band abgeschlossen zu haben. Wenn es nach ihrem Wunsche geht, soll der Schlußband S-Z trotz des Krieges möglichst bald folgen; der Nachtrag aber bleibt der Friedenszeit vorbehalten.

Wenn ein Werk so weit wie dies hier fortgeschritten ist, lassen sich für seinen weiteren Bau nur einige Besserungen erstreben, wie ich sie in den Rezensionen „Studi medievali" N.S. IV (1931) S. 382 ff. und IX (1936) S. 253 ff. vorschlug, so die Verweise aufs Hoops' „Reallexikon" und die auch von andern erwähnten Auswüchse vermeiden, überhaupt das Lexikon auf seine eigentliche Form zurückführen. Ihr widersprechen Anmerkungen und breiter Abhandlungsstil, vor allem zu umfangreiche Anlage des Inhalts und der Literaturangaben. Sonst wird das Lexikon unbenutzbar, und die hineingesteckte Arbeit trägt nicht die entsprechenden Früchte.

Berlin-Steglitz, Ostern 1943. Karl Langosch.

Vorwort

L.

Laber, s. Hadamar von Laber.

'Des von Laber (oder **Des Labrers) Lehren'.** Das Gedicht ist nur in den beiden Augsburgischen Hss. München cgm. 379 (1454 geschrieben) und cgm. 270 (etwa gleichzeitig) überliefert. Anfang: *Ljbw kind nu hand für gůt Wie das mich zwinget aremůt* . . ., 360 Verse, bisher ungedruckt.

Inhalt: Obwohl den Dichter Armut bedrückt und er der Huld der Liebsten entbehrt, ist er doch zu guter Gesellschaft und zu rechtem Frauendienst stets bereit. Einst traf er eine Schar auserwählter Frauen und Jünglinge, die aller Art Scherz und Spiel und Minne trieben, v. 75 ff.:

Vnd solt es wide[s] got nicht sein,
So nem ich auff die trwe mein
Ain söllich lebē für silbe[s], golt
Vnd ließ aim andern was er wolt.
Wañ all die weil da wert der schal,
Do gelycht es sich dem vtental.
Doch bis es stönd bis an sein zeit,
Das wart ain schaidē sund[s] nyt.

Beim Abschied lädt einer der Gesellen den Dichter ein, ihn zu seinem Hause zu begleiten. Der Dichter erkennt ihn als *den von Laber* und stellt ihm zwei Fragen: ob ein junger Mann, der der Minne dient, besser allein oder in der Menschen Gesellschaft lebt, und ob einem getreuen Liebhaber oder einem unstäten Weiberhelden besser sei. Der von Laber beantwortet beide Fragen, und der Dichter scheidet von ihm mit der Bitte, ihn bei Gelegenheit noch einmal zu solch einer Zusammenkunft von Frauen und Jünglingen einzuladen.

Man könnte vermuten, das Auftreten Wirnts von Grafenberg in Konrads v. Würzburg 'Der Welt Lohn' habe auf unsern Dichter anregend gewirkt; doch steht er sonst in keiner Weise unter Konrads Einfluß. Er hat bemerkenswert wenig mundartliche Reime etwa v. 3 *der huld: ich duld*, 45 *ich was: haz*, 105 *er was: daz*, 63 *visieren : diern*, 199 *disputiert : verirrt*, 93 *lôn : gewon* (aber 327 *dâvon : ungewon*), 109 *aber : der von Lâber* (Reimnot? Es begegnet aber auch ein dreihebig-klingend behandeltes Verspaar 253 f.: *Vnd sol in irem namē Vnrecht ding sich schåmē*), 115 *gar* : Infin. *sparn* (sonst lauter Infinitive mit *-n*), 299 *ouch : noch*, dazu regelmäßig *ich kam, wol, sol, gân, stân, lân*, strenge Trennung zwischen *ă* und *â*, *ĭ* und *î*. Das v. 80 genannte *vtental* vermag ich nicht zu deuten. Der Versbau schließt das ausgehende 14. Jh. nicht gerade aus; wahrscheinlicher ist im Ganzen als Entstehungszeit die 1. Hälfte des 15. Jhs.

Fritz Rostock *Mittelhochdeutsche Dichterheldensage* (Hermaea XV) 1925 erwähnt 'Des v. L. L.' nicht.

Niewöhner.

'Des Labrers Rat', besser 'Liebesklagen' genannt (siehe Luber!). Hss.: München cgm. 379 Bl. 34b und cgm. 270 Bl. 71a; Nürnberg Germ. Museum Val. Holls Hs. Bl. 80b; Freiburg i. B. Universitätsbibl. Cod. 362 Bl. 3bα. Anfang: *Vil dick und oft so redt der mund Daz im leit in herzen grund Daz er niht geclagen tar.* Das nur 116 Verse lange Gedicht gehört der 2. Hälfte des 14. Jhs. an und hat frische, an älteren Mustern geschulte Sprache; der Vers ist noch bewegt, nicht silbenzählend; die klingenden sind dreihebig. Der Dichter beruft sich auf einen Ausspruch, den *der von Laber* tut *in sinem iag gediht: Daz lieben von laiden Die leng mag nieman schaiden* (Hadamar v. Laber 'Die Jagd' Strophe 15). Was folgt, hat aber mit Hadamar v. Laber nichts mehr zu tun, sondern ist Liebesklage: Die Geliebte versagt ihm ihren Anblick, er aber will seine Treue zu ihr nicht brechen und wie die Turteltaube zeitlebens auf dem dürren Aste sitzen und Gott für sie bitten. Die Heimat des Gedichtes ist kaum zu bestimmen. Nicht einmal auf einen Reim wie v. 107 *ein hêre: êre* ist viel zu bauen, da manches Reimpaar wie literarische Entlehnung anmutet. Niewöhner.

Ladislaus v. Suntheim, s. Suntheim.

Laidnitz, s. Fröschel v. L.

'Laienspiegel', s. 'Spiegel der Laien'.

van der Lake, Bartholomäus, entstammte einer altangesessenen Familie der Stadt Soest. Im Jahre 1432 ist er in Arnsberg nachweisbar, wo er Kleriker der Kölner Diözese und Notar beim kölnischen Offizialatgericht war. Nachdem dieses 1434 nach Soest verlegt war, wurde er zwei Jahre später (1436) als Bürger in Soest aufgenommen, und i. J. 1441 begegnen wir ihm als Stadtsekretär seiner Vaterstadt. Soest stand damals vor folgenschweren Entschlüssen, es sind die Jahre vor dem Ausbruch der Soester Fehde. Die Kämpfe der Stadt gegen den Kölner Erzbischof Dietrich von Mörs endeten damit, daß Soest, welches 1444 klevische Stadt geworden, bei Kleve blieb. v. d. L. muß sich einer hohen Wertschätzung bei seinen Mitbürgern, die ihm jenes verantwortungsreiche Amt übertrugen, erfreut haben. Er hat Soest mehrfach vertreten, in den Verhandlungen, die dem Kriege vorangingen (1442—1444), so im Herbst 1442, im November 1443 vor dem Kammergericht und bei den entscheidenden Verhandlungen v. 30. Mai 1444, ferner während der Fehde selbst, in Orsoy und auf der Tagfahrt in Ürdingen (Herbst 1445) und in Maastricht (April 1449). Vorher (17. Juni 1446) war er im Auftrage des Jungherzogs Johann v. Kleve mit dem Bischofshof zu Soest belehnt worden. Über sein Privatleben ist wenig bekannt; er starb i. J. 1468 (um d. 25. Juli) und hinterließ vier Söhne und eine Tochter.

v. d. L. hat die Geschichte der Soester Fehde in der Form eines Tagebuches geschrieben, '*Historia der twist, vede und uneinicheit tuschen ... Diderik ertzbischop to Coln, ... und der ... stat Soist* ... Während der Reformation (1533) hat ein Soester Prädikant die Schrift, und zwar besonders den ersten Teil, tendenziös überarbeitet, in dieser Fassung ist sie erhalten. Drei Teile des Kriegstagebuches heben sich deutlich von einander ab, die Vorgeschichte (1438—1444), niedergeschrieben erst nach dem Ende der Fehde, der zweite Abschnitt, der die Darstellung bis zum Jahre 1447, dem Höhepunkt der Fehde, herabführt, und dessen Nachrichten gleich nach den Ereignissen aufgezeichnet sind, und dem sich der dritte Teil anfügt, welcher die Ereignisse der Jahre 1447 bis 1449 erzählt. Während der Bericht der Soester Fehde bei Johann Kerkhörde und in der Werler Reimchronik die kölnische Auffassung bietet, vertreten auf der anderen Seite die klevisch-soestische v. d. L. und Gert van der Schüren.

v. d. L. schreibt offensichtlich parteiisch als Soester Bürger und Stadtsekretär; er sieht alles nur unter dem Gesichtspunkt seiner engeren Heimat und hat die eigentliche Bedeutung des Streites für die Geschichte der niederrheinisch-westfälischen Lande und für die gesamtdeutsche Geschichte nicht erfaßt. Und doch ist sein Kriegstagebuch die beste der erzählenden Quellen zur Soester Fehde und zeichnet sich aus durch eine reiche Fülle von einzelnen Nachrichten. Von seiner weiten Verbreitung zeugt die sehr große Zahl der erhaltenen Handschriften und die häufige Benutzung bei späteren Geschichtschreibern.

Ausg. des Kriegstagebuches von J. Hansen und F. Jostes *Die Chroniken der westfälischen und niederrheinischen Städte. Bd. 2. Soest.* (Die Chroniken der deutschen Städte vom 14. bis ins 16. Jh. Bd. 21) 1889, S. 1—171.

J. Hansen a. a. O. Einl. S. XXI—XLI; Ilgen *Die Chroniken der westfälischen und niederrheinischen Städte. Bd. 3. Soest und Duisburg* (Die Chroniken der deutschen Städte vom 14. bis ins 16. Jh. Bd. 24) 1895, S. 9 f.; Zeitschrift des Vereins f. d. Geschichte von Soest und der Börde 10 (1892/93) S. 128 f.; 39 (1922/23) S. 56 f.; Friedrich von Klocke *Studien zur Soester Geschichte* II (1927) S. 87 f. H. Schwartz *Geschichte der Reformation in Soest* 1932, S. 156 ff.

J. Deutsch.

Lambrecht, s. auch Lamprecht.

Lambrecht, Pfaffe.

Lambrecht ist uns durch die beiden Werke bekannt, die uns von ihm ganz oder in Bruchstücken überkommen sind, durch den 'Alexander' und den 'Tobias'. In beiden Dichtungen bezeichnet er sich selbst als einen Pfaffen. Den 'Alexander' beginnt er nach der der Abfassungszeit am nächsten stehenden Vorauer Hs. mit den Versen:

Diz lit, daz wir hi wurchen,
daz sult ir rehte merchen.
sin gevuge ist vil reht.
iz tihte der phaffe Lambret.

Ähnlich heißt es zu Anfang des Tobias v. 7:

Des biddit der paffe Lambrecht.

L. war Franke. Seine Mundart ist das Moselfränkische. Unmittelbar tritt sie uns in den Bruchstücken des 'Tobias' entgegen, die dadurch einen besonderen Wert besitzen. Auch der österreichische Vorauer 'Alexander' verrät noch durch seine Reime und sprachliche Besonderheiten, daß er oder seine Vorlage aus dem Moselfränkischen umgesetzt worden sind. Mit Sicherheit läßt sich annehmen, daß L. in Trier gedichtet hat. Den Beweis liefern die Verse 197—230 des 'Tobias'. Hier spricht L. über die Gründung der Stadt Ninive durch Ninus und schildert auch dessen frühere Mitarbeit am Turmbau zu Babel. Zum Schluß sagt er:

wer ne bedurfthen der rechten niet me,
ne were von ime quam ein kint,
daz sthifthe Trire sint.

Die ganze Abschweifung über Ninus, der im Tobiasbuch des Alten Testaments gar nicht erwähnt wird, hat nur den Zweck, Trier herauszustellen. Ganz ähnlich wird im 'Annolied' (s. d.) v. 121f. 147—151 die Gründung Kölns mit der Erbauung Ninives durch Ninus in Zusammenhang gebracht. Als Stifter Triers galt nach den '*Gesta Trevirorum*' Trebeta, der Stiefsohn der Semiramis.

Als Geistlicher beherrschte L. das Lateinische, was ihm bei der Ausarbeitung des 'Tobias' zugute kam. Daneben war er aber auch der französischen Sprache mächtig. Aus ihr übertrug er den 'Alexander'. Sein Schaffen fällt in die ersten Jahrzehnte des 12. Jh.s. Einen Terminus a quo bietet die Vorlage des 'Alexander', die Alexanderdichtung Alberichs von Pisançon, die um 1100 anzusetzen ist. Vor 1187 war nach einer Bemerkung in der Straßburger Hs. bereits die Umarbeitung vollzogen, die die Dichtung nach den Anforderungen einer verfeinerten Technik umgestaltet und von ihr durch einen größeren Zwischenraum getrennt ist. Nähere Anhaltspunkte besitzen wir nicht. Auf angebliche Entlehnungen in den Werken des Pfaffen Konrad (s. d.) ist nicht zu bauen. Auch könnten sie nach der Umdatierung des 'Rolandliedes' auf 1170 kaum noch etwas besagen. Von den beiden auf uns gelangten Dichtungen L.s scheint der 'Tobias' zuerst entstanden zu sein. Wenn es im 'Alexander' v. 1457ff. heißt:

noch do chom im ain scar groz,
die des wiges lutzel bedroz,
also si in chunigis reise wol gezam,
wande si von Medinriche quam.
Medinrich ist noch daz selbe lant,
dar der engel mit Tobia wart gesant,

so wird er die beiden letzten Verse aus seiner durch die eingehende Beschäftigung mit der Tobiasgeschichte gewonnenen Kenntnis hinzugefügt haben. Der 'Tobias' gibt uns auch ein reineres Bild von L.s dichterischem Können. Er lehrt, daß die Vorzüge des 'Alexander' weitgehend der französischen Vorlage zuzuweisen sind. L.s eigene Gestaltungskraft ist nicht sehr groß. Über eine äußerliche Wiedergabe seiner Quellen dringt er im 'Tobias' nicht vor. Seine Darstellung ist trocken und lehrhaft.

I. 'Tobias'.

1. Die Hauptquelle des 'Tobias' ist das 'Buch Tobias' im Alten Testament. L. selbst beruft sich v. 32 auf dieses mit dem Hinweis *in testamento veteri*. Auch nennt er es v. 122 ausdrücklich:

sus saget vns diz bůch Thoby.

Daneben hat er andere biblische Schriften herangezogen. Für v. 159ff. nennt er das Buch der Könige:

nv wart der kůning dannen vortriven,
daz ist in libro regum gescriven,
her ne dorste da bliven nicht me
vnde vlo zv Ninive.

Freilich verwechselt er hier Salmanassar mit Sennacherib, denn von diesem ist 4. Reg. 19, 36 die Rede. V. 186ff.:

er dede alse Salomon quit:
'so we die godes vorthe hvde,
der ne vergezzet ne geiner gvde'

zielen auf den Spruch von der Gottesfurcht *principium sapientiae timor domini* Prov. 9, 10. Bei der Angabe der Größe von Ninive v. 224ff. stützt sich L. auf Jonas 3, 3:

vns saget des propheten bůch,
den der visch dare trůch,
so groz so si Niniue,
daz si dri thage weide beve.

V. 254ff. endlich führen Jesaias Kap. 36—39 als Vorlage an:

diz geschach in Ezechielis (d. i. *Ezechiasis*) *ziden,*
der kůning ze Ierusalem was,
des irba(r)t Ysoyas.

2. Erhalten ist nur der Anfang der Dichtung, der das erste Buch des 'Tobias' wiedergibt. Er umfaßt 274 Verse. Der Umfang des ganzen Werkes läßt sich nicht ermitteln. V. 1—26 dienen der Einleitung. Zunächst ruft L. Gott an. Dann nennt er sich als den Verfasser. Weiter gibt er den Zweck seiner Darstellung an, die Guten und auch die Bösen zu belehren. Mit v. 30 beginnt die eigentliche Schilderung. 'Tobias' 1 entsprechend wendet sie sich nach der Berufung auf die biblische Quelle dem alten Tobias zu. Seine Herkunft und seine Gefangennahme durch Salmanassar werden berichtet, sein Festhalten an der Lehre Gottes und seine Achtung vor den jüdischen Gebräuchen gerühmt. Dann kommt L. auf seine Freilassung und seine Fürsorge für die noch gefangenen Juden zu sprechen. V. 159ff. erzählt er, daß König Salmanassar nach Ninive fliehen muß und Tobias mitnimmt. Diesen begleitet Anna, sein Weib, das *over vnmanigen tach* einen Knaben gebiert, der ebenfalls Tobias genannt wird. Die Erwähnung von Ninive gibt L. Gelegenheit, v. 197ff. eingehend über die Gründung der Stadt zu handeln, was er v. 230 mit dem Ausblick auf die Stiftung Triers abschließt. Die letzten 44 Verse erwähnen den Tod Salmanassars, das Wüten seines Sohnes Sennacherip gegen die Juden, das Begraben der Erschlagenen durch Tobias und die Ermordung des Königs durch seine eigenen Söhne. Die überlieferten Verse gliedern sich in kurze Abschnitte. In der Hs. sind diese noch durch besondere Überschriften hervorgehoben. Am Anfang steht als Titel *Liber Tobie,* vor v. 77 *Van den heiligen manne thobi,* vor v. 97 *Incipit Thobias de tribu Naptalim et de eius vita miraculosa,* vor v. 117 *Van Thobien,* vor v. 135 *Van Thobien. vnd Gabelo,* vor v. 175 *Van Thobias* und vor v. 197 und v. 231 *Thobias.* L. sind hiervon aber wohl nur der Titel und die Angabe vor v. 97, die in Wahrheit vor v. 30 zu stellen ist, zuzuschreiben. Die deutschen Überschriften werden auf Rechnung eines Schreibers kommen, da der Abschnitt v. 197—230 gar nicht über Tobias, sondern über Ninive handelt. Vielleicht ersetzen sie aber lateinische Inhaltsangaben L.s.

3. Von der biblischen Darstellung weicht L. verschiedentlich ab. Während Tobias nach 'Tobias' 1, 9ff. noch in Israel heiratet und erst nach der Geburt seines Sohnes mit Weib und Kind nach Ninive in die Gefangenschaft geführt wird, läßt L. ihn zunächst gefangen nehmen. Dann bringt er eine Flucht Salmanassars, den Tobias nach Ninive begleitet. Erst jetzt nennt er Anna, die späterhin ihrem Manne einen Sohn schenkt. Diese Umstellung erklärt sich aus einem Mißverständnis der Vorlage. L. hat nicht erkannt, daß sich 'Tobias' 1, 2f., die die Gefangennahme durch Salmanassar berichten, und 'Tobias' 1, 11, der hiervon durch die Jugendgeschichte des Gefangenen getrennt ist und von einer Wegführung nach Ninive erzählt, auf denselben Vorgang beziehen. Im übrigen hat er die biblische Darstellung wiederholt durch Zusätze erweitert, die den Einfluß der Predigt verraten. Sie sollen teils erklären, teils das Geschilderte in kirchlichem Sinne auswerten. Vor allem auf den moralischen Gehalt wird immer wieder hingewiesen. Als von der Fürsorge des Tobias für Arme gesprochen wird, heißt es so v. 151f.:

sus vordethe er daz er gewan,
diz svlon merken die riche man.

Überlieferung. Die Bruchstücke des 'Tobias' sind auf zwei aus dem ausgehenden 12. Jh. stammenden Berliner Pergamentblättern, Ms. germ. quart. 1416, überkommen, die als Vorsatzblätter eines Sammelbandes des Stargarder Kollegiums dienten und noch Bruchstücke anderer Gedichte bieten. Durch Beschneiden sind sie stellenweise stark beschädigt. Vom Tobias ist der Anfang betroffen, der auf Bl. 3^b steht. Im wesentlichen vollständig sind nur v. 93ff. erhalten, die auf Bl. 4^{ab} geschrieben sind. Die Verse sind nicht abgesetzt. Die ersten Verse der Reimpaare beginnen jeweils mit großem rot gestricheltem Buchstaben.

Ausgaben. Mitgeteilt wurden die erhaltenen Verse von H. Degering *Neue Funde aus dem 12. Jahrhundert*, PBB. 41 (1916) S. 513ff. Einen neuen Abdruck nach der Hs. bietet H. E. Müller *Die Werke des Pfaffen Lamprecht nach der ältesten Überlieferung* (Münchener Texte H. 12) 1923, S. 61ff. Ein Faksimile bringen Vogt und Koch *Literaturgesch.* 4 I S. 84.

Schrifttum. Eine erste Besprechung des Fundes gibt Degering a. a. O. Weiter handeln über den 'Tobias' Wallner PBB. 43 S. 199-208; Ehrismann *Literaturgesch.* II, 1 S. 110—114.

II. 'Alexander'.

1. Der 'Alexander' ist aus dem Französischen übersetzt. Als seine Vorlage gibt L. selbst an mehreren Stellen das 'Alexanderlied' Alberichs von Pisançon an. V. 13ff. schreibt er:

Alberich von Bisinzo
der brahte uns diz lit zu.
er hetez in walhisken getihtet.
nu sol ich es iuh in dutisken berihten.
niman enschulde sin mich;
louc er, so liuge ich.

Anschließend heißt es:

Do Alberich diz lit insluc,
do heter Salemones puch

und im gleichen Zusammenhang v. 31f.:

dar ane gedahte Alberich,
den selben gedanc han ich.

Schließlich wird Alberich noch v. 1220 bei der Schilderung der Schlacht am Granicus erwähnt:

alsus hort ich maister Alberichen sagen.

Dagegen sind v. 1529f. am Schluß der Vorauer Hs. Schreiberverse:

sus saget uns maister Albrich
unde der gute phaffe Lampret.

2. Von Alberichs Dichtung ist uns leider nur der Anfang mit 105 Versen erhalten. Er wurde von Paul Heyse auf zwei freien Seiten einer Curtius-Hs., des cod. 35 Plut. LXIV der Laurenziana in Florenz, entdeckt und von ihm 1856 herausgegeben. Das um die Wende des 11. und 12. Jh.s entstandene Lied besteht aus Tiraden mit achtsilbigen Versen. Seine Sprache weist in das Grenzgebiet des Französischen und Provenzalischen. Wahrscheinlich ist daher *Bisinzo* nicht auf Besançon, sondern auf Pisançon bei Gap zu beziehen.

3. Den 105 Versen Alberichs entsprechen bei L. etwa 180 Verse. Ein Vergleich erhellt dessen Arbeitsweise. Im Eingang entsprechen sich:

19f. *Do Alberich diz lit insluc, do heter ein Salemones puch,*	1 *Dit Salomon al primier pas, quant de son libre mot lo clas:*
da er ane sach vanitatum vanitas:	*'est vanitatum vanitas et universa vanitas.'*
daz ist allez ein itelcheit, daz diu sunne umbegeit. daz hete Salemon wol virsuht. dar umbe swar in sin mut. er ne wolte niht langer ledec sitzen, er screip von grozen witzen,	
wande des mannes muzecheit	*poyst l'oume fayni' enfirmitas,*
ze demo libe noh ze der sele niht versteit.	*toyl le sen otiositas.*
dar ane gedahte Alberich.	*solaz nos faz' antiquitas,*
denselben gedanc han ich.	*que tot non sie vanitas.*
unt ich ne wil mih niwit langer sparn, des liedis wil ich volvarn	

Wie hier hat L. auch sonst mehrfach erweitert. Sein Verfahren ist durchsichtig. Teilweise werden Verse hinzugefügt, weil es der Reim erforderte oder der Sinn des französischen Verses sich nicht so knapp ausdrücken ließ. Andererseits gibt L. Erläuterungen und Ergänzungen. Während so Alberich Alexander den obersten Platz unter den Königen zugesteht, stellt L. aus seinen biblischen Anschauungen heraus Salomon noch höher. Aus eigener Kenntnis der Alexandersage fügt er zu v. 132f.:

ein ouge daz was weithin getan nach eineme drachen	*l'un uyl ab glauc cun de dracon*

die Verse:

daz chom von den sachen:
do in sin muter bestunt ze tragene,

do chomen ir freislich pilde ze gegene;
daz was ein vil michel wunder.

Gelegentlich läßt er auch einen Vers aus. Bezeichnend ist für seine geistige Haltung, daß er die Empfehlung der *antiquitas*, der Altertumskunde, in v. 7 nicht wiedergibt. In einigen Fällen hat er die Vorlage auch falsch verstanden. Ähnliche Verhältnisse wie bei den ersten 100 Versen dürfen wir auch für das Folgende annehmen. Auch hier wird sich L. im wesentlichen an Alberichs Darstellung gehalten haben, ohne jedoch hier und dort auf Zusätze zu verzichten.

4. Da die Vorauer Hs. nur bis zum Krieg mit Darius führt und hier hastig abbricht, hat schon Diemer 1849 vermutet, daß das Werk Lambrechts gar nicht weiter gereicht habe und die in der Straßburger Hs. und der Basler Bearbeitung enthaltene Fortsetzung von einem Nachfolger herrühre. Erneuert wurde diese Auffassung im Jahre 1885 durch Wilmanns, der sie zu fast allgemeiner Anerkennung bringen konnte. Trotz aller Bemühungen sind aber keine entscheidenden Gründe für sie beigebracht worden. Der Hinweis etwa, daß der durch die Vorauer Fassung vertretene Teil hauptsächlich auf der Darstellung der Alexandersage durch Julius Valerius und daneben auf der Umarbeitung der '*Historia de proeliis*' beruhe, während der „Fortsetzung" die ursprüngliche Gestalt der '*Historia de proeliis*' zugrunde liege, wird dadurch entwertet, daß die Scheide zwischen diesen Quellen gar nicht mit dem Ende der Vorauer Hs. zusammenfällt. Auch darauf ist nichts zu geben, daß die Weiterführung in der Anrede nicht mehr die Form *ir*, sondern *du* gebraucht. In der Straßburger Hs. ist *ir* überhaupt weitgehend beseitigt. Andererseits tritt aber in v. 2746 doch noch einmal *ir* hervor. In Wahrheit müssen wir denn auch auf die Ansicht zurückgreifen, daß der Schreiber der Vorauer Hs. gekürzt hat. Daß Hss. plötzlich abgebrochen wurden, ist auch sonst zu beobachten. Ganz ähnlich hört der Schreiber der Eneiths. h mit v. 12599 auf, wonach er nur noch ganz kurz über den Ausgang berichtet. Daß Alberichs und damit L.s 'Alexander' auf den Kampf mit den Persern zugeschnitten sei, wie man verschiedentlich behauptet hat, ist gar nicht zu erörtern. Ganz abgesehen davon, daß keine einzige der vielen französischen 'Alexander'-Hss. mit ihm abschließt, widerstreitet dieser Auffassung der Eingang von Alberichs 'Alexander', der den Gedanken *vanitas vanitatum* so stark betont. Er nimmt bereits die v. 7274ff. des Schlusses voraus:

niwit mer er behilt
allis des er ie beranc,
wene erden siben voze lanc,
alse der armiste man,
der in die werlt ie bequam.

Zu beachten ist ferner, daß das in der Fortführung hervortretende Motiv von den Blumenmädchen in keiner lateinischen Quelle nachzuweisen ist, sondern nur noch in den französischen Alexanderromanen begegnet, in denen Alberichs Dichtung nachlebt. Daß auch die späteren Verse aus dem Französischen übersetzt sind, läßt sich sogar an einem Mißverständnis aufzeigen. V. 5557ff. heißt es:

ouh sante mir di kuningin
. . . .
. . . . *hundrit balkin vein* [Hs. *vehjn*].
nie ne wart holz nehein
so gut noh so ture,

V. 6102ff.:

di [*kemenate*] *was gemachit also*
von starken balken veinen
grozen und niwit cleinen.

Das an beiden Stellen gebrauchte *vein* läßt sich nur aus einem franz. *deveine* = *d'ebène* „von Ebenholz" erklären, zumal die '*Historia de proeliis*' an der ersten Stelle tatsächlich *vectes ebenos* (*virgas ebeni*) bietet. L. hat *d'eveine* als *de veine* gefaßt, wie er auch Alberichs *depir* = *d'Epir* (41) als *de pir* gelesen und in *ze Perse* (96) umgedeutet hat. Entscheidend ist schließlich auch der Ausgang der Vorauer Hs. selbst. Bis v. 1496 stimmt sie zur Straßburger, dann aber gelangt sie mit wenigen Versen zum Schluß. Nach einem kurzen Schlachtbericht, der mit dem Tode des Darius endigt, heißt es:

sus saget uns maister Albrich
unde der gute phaffe Lampret.

diz liet ist war unde rehth.
hie duhte si beide diu maze,
nu ist zith daz lazen.

Bezeichnend ist nun, daß die voraufgehenden Verse zum großen Teil an einer späteren Stelle der Fortführung begegnen. V. 1497:

Unde also diz Alexander vernam

ist noch eine Mischung von v. 2036:

unde alse Alexander vernam

und v. 3248:

Alexander diz vernam.

Dann entsprechen sich:

v. 1498—1500	=	v. 3249—3251
1501—1510	=	3258—3267
1511—1515	=	3275—3279
1516—1517	=	3268—3269
1518—1523	=	3280f. + 3300f.

Es ist in sich unwahrscheinlich, daß ein Fortsetzer zunächst weitergedichtet und nach 1200 eigenen Versen auf die letzten seiner Vorlage zurückgegriffen hätte, um sie in seine Darstellung einzubauen. Vielmehr hat der Schreiber aus den späteren Versen einen Schluß zusammengestellt, zumal sich jene nach Ausweis der '*Historia de proeliis*' im richtigen Zusammenhang befinden. Eine eigene Zutat des Schreibers sind außer den 5 Schlußversen nur v. 1525—1528, die den ungeschichtlichen Tod des Darius von Alexanders Hand melden.

5. L.s Alexanderübersetzung umspannt das ganze Leben des Helden. Die Absicht Alberichs war, an seinem Beispiel die Vergänglichkeit irdischer Herrlichkeit aufzuzeigen. Zunächst wird Alexanders Größe geschildert und Salomo mit ihm verglichen. Daran schließt sich der Bericht über seine Jugend. Die Meinung, daß er der Sohn eines Zauberers sei, wird zurückgewiesen. Er ist vielmehr das Kind Philipps von Macedonien und der Olympias. Bei seiner Geburt bebt die Erde. Schon nach drei Tagen gleicht er Kindern im Alter von drei Monaten. Durch weise Lehrer wird er erzogen. Mit fünfzehn Jahren vermag er das ungestüme Roß Buzival zu bändigen. Als sein Vater dies sieht, will er ihm den Thron überlassen. Alexander bittet aber nur um Waffen. Die erste Probe besteht er gegen den König Nikolaus, den er besiegt. Seine Krone bringt er seinem Vater. Dann unterdrückt er einen Aufstand in Antonia. Die Boten des Perserkönigs Darius, die er bei seiner Rückkehr am Hofe antrifft, wo sie den Zins einfordern sollen, weist er ab. Ein neuer Aufruhr führt ihn nach Thelemon. Als er siegreich heimkommt, hat Pausanias Olympias entführt und Philipp zu Tode verwundet. Er nimmt sogleich die Verfolgung des Verbrechers auf und läßt ihn vor den Augen seines Vaters töten. Als dieser dann seinen Wunden erlegen ist, wird er mit zwanzig Jahren zum König gekrönt. Mit einem großen Heer bezwingt er Sizilien. Die Römer unterwerfen sich ihm. Weiter führt ihn sein Weg nach Afrika zu den Untertanen des Darius. Die Karthager schließen sich ihm an. Ohne Widerstand zu finden zieht er durch Syrien und Galiläa. Erst die Stadt Tyrus weigert sich, ihm ihre Tore zu öffnen. Nach langer Belagerung muß sie sich aber ergeben. Jetzt kommt es zum Kriege mit Darius. Die Kämpfe werden eingehend geschildert. Nach der Hochzeit mit Roxane, der Tochter des persischen Königs, hat er gegen den indischen König Torus zu streiten, den er im Zweikampf erschlägt. An die Kriegstaten schließen sich die Reisen nach dem fernen Osten. In einem Brief an seine Mutter und seinen Lehrer Aristoteles beschreibt er die Wunder Indiens. Hierbei erzählt er die Geschichte von den Blumenmädchen, die im Sommer aus Blumen entspringen und mit dem Herbst dahinsterben. Außerdem berichtet er sein Erlebnis mit der Königin Candacis am Weltende, die ihn in ihrem Feenpalast und ihren Wundergärten empfängt. Sie führt ihn zu ihren Göttern in eine Grotte, und hier wird ihm geweissagt, daß er in Alexandria begraben werde, also nicht in der Fremde sterbe. Zuletzt unternimmt Alexander eine Fahrt zum Paradies. Er will es erobern und von den Engeln Zins fordern. Er bringt sein Heer auch zum Euphrat, der dem Paradies entströmt. Eine hohe Mauer hindert ihn am Eindringen. Seine Aufforderungen zur Über-

gabe werden nicht beachtet. Ein alter Mann reicht ihm schließlich einen kleinen Stein heraus, der ihn zur Besinnung bringen soll. Auf der Waage behält dieser das Übergewicht vor allem Gold. Als aber etwas Erde und eine Feder auf die andere Schale gelegt werden, schnellt er in die Höhe. Der König steht von seinem Verlangen ab und kehrt in seine Heimat zurück. Ein alter Jude deutet ihm das Wesen des kleinen Steins. Er ist ein Gleichnis. Alle Schätze können den Welteroberer nicht befriedigen. Schließlich wird aber auch er mit einem Häuflein Erde zufrieden sein. Zwölf Jahre hat er noch zu leben. Dann stirbt er durch Gift. Die Schlußverse mahnen zur Buße und Gottesfurcht, die zum ewigen Leben führen.

6. Das Verdienst L.s ist, daß er durch seine Übersetzung den Alexanderstoff in die deutsche Dichtung eingeführt hat. Bald wurde er auch von anderen Dichtern aufgegriffen. Berthold von Herbolzheim (s. d.), Biterolf (s. d.), Rudolf von Ems (s. d.), Ulrich von Eschenbach (s. d.), Seifrid (s. d.) u. a. wandten sich ihm zu. Vor ihnen mußte L.s Werk zurücktreten. Es entsprach nicht mehr dem höfischen Geschmack. Rudolf von Ems tadelt L. im 5. Buch seiner 'Alexandreis' v. 15673ff. wegen der Ungelenkheit der Form:

Es hat ouch nach den alten sitten
Stumpflich nicht wol besnitten
Ein Lamprecht gedichtet
Von welsche in dutsche berichtet.

Eine Umarbeitung aus dem dritten Viertel des 12. Jh.s bietet die Straßburger Hs. Sie sucht die Dichtung durch die Beachtung der neuen Kunstregeln lebendig zu erhalten. Ohne den Inhalt wesentlich umzugestalten, greift sie in Versbau, Rhythmus und Stil ein. Erfolgreich konnte diese Erneuerung kaum sein. Wurden auch Rhythmus und Versbau ausgeglichen, so blieb doch die Haltung vorhöfisch.

Überlieferung. Die älteste Hs. ist die Vorauer (V). Sie bietet der cod. no. VI der Bibliothek des regulierten Chorherrnstifts Vorau in der Steiermark, der 183 Pergamentblätter in der Größe 47 × 33 cm mit je zwei 46zeiligen Spalten und unabgesetzt geschriebenen Versen enthält. Der 'Alexander' steht auf Bl. 109ª—115ᶜ. Die Hs. ist um die Mitte des 12. Jh.s entstanden. Da Vorau im Jahre 1163 gestiftet wurde, ist anzunehmen, daß sie bald danach angefertigt wurde. V steht der Übersetzung L.s inhaltlich am nächsten. Sprachlich ist es ins Innerösterreichische umgesetzt. Leider bietet uns V nur einen Teil des Alexander. — Die jetzt verbrannte Straßburger Pergamenths. (S), C. V. 16. 6. 4°, war nach einem Eintrag auf Bl. 2 einmal Eigentum des 1618 gestifteten *Coll. Soc. Jesv Molshemy* in Nieder-Elsaß. Die 1187 beendigte Hs. besteht aus 30 zweispaltigen, 56zeiligen Blättern. Die Reimzeilen sind nicht abgesetzt, aber durch Punkte getrennt. Der 'Alexander' findet sich auf Bl. 13ᶜ—29ª. Zwischen Bl. 14 und 15 fehlt ein Blatt. Die Mundart ist rheinfränkisch. — Einen dritten überarbeiteten, gekürzten und entstellten Text bietet die aus dem 15. Jh. stammende Basler Papierhs. (B), E. VI. 26, die 217 Folioblätter umfaßt. Hier ist der 'Alexander' in eine Weltchronik eingeschoben. Er füllt Bl. 22ᵈ—67ᶜ. Die Mundart ist alemannisch. B stammt weder von V noch von S ab. Sein textkritischer Wert wird allerdings durch seinen verderbten Zustand stark beeinträchtigt. Die Vorlage von B vertritt mit V den unbearbeiteten Text. Übereinstimmungen von B und S machen die Lesarten von V verdächtig. Freilich ist zu prüfen, ob es sich nicht um unabhängige, nur zufällig übereinstimmende Reimbesserungen handelt.

Ausgaben. V wurde zuerst von Diemer *Deutsche Gedichte d. XI. u. XII. Jh.s* (1849) S. 183ff. herausgegeben. Einen neu durchgesehenen Abdruck bietet H. E. Müller *Die Werke des Pfaffen Lamprecht nach der ältesten Überlieferung* S. 1ff. S wurde von Maßmann *Denkmäler deutscher Sprache und Litteratur aus Hss. d. 8.—16. Jh.s* (1828) S. 16ff. mitgeteilt, auch wurde es von ihm *Deutsche Gedichte d. 12. Jh.s* (1837) I S. 64ff. abgedruckt. Den Anfang und Schluß von S bietet auch Graff *Diutiska* I (1826) S. 308—310, den Anfang noch Hoffmann *Fundgruben* I S. 211. B liegt vor in der Ausgabe von R. M. Werner *Die Basler Bearbeitung von Lambrechts Alexander* (Bibl. d. Lit. Ver. Bd. CLIV) 1881. Eine erste Gesamtausgabe gibt H. Weismann *Alexander* 1850. Sie ist überholt durch die Ausgabe von K. Kinzel *Lamprechts Alexander* (Zachers Germanist. Handbibl. VI) 1884.

Übersetzungen. Eine Übersetzung des Alexander liefert schon Weismann mit seiner Ausgabe. Eine weitere Übertragung stammt von R. O. Ottmann *Das Alexanderlied des Pfaffen Lamprecht* (Bibl. d. Gesamtlit. Nr. 1210/16) 1898.

Schrifttum. Das Schrifttum über L.s 'Alexander' verzeichnen Ehrismann *Literaturgeschichte* II, 1 S. 235ff. und H. E. Müller a. a. O. S. Xff. Hinzukommen Jan van Dam, *Zur Vorgeschichte des höfischen Epos. Lamprecht, Eilhardt, Veldeke* (Rhein. Beitr. u. Hilfsb. 8) 1923, S. 2—13; ders. *Der künstlerische Wert des Straßburger Alexander*, Neophilologus 12

S. 104—117; H. de Boor *Frühmittelhochdeutsche Studien. Zwei Untersuchungen* 1926, S. 1—149 (Vom Vorauer zum Straßburger Alexander. Ein Beitrag zur klassischen Formentwicklung); ders. *Die Stellung des Basler 'Alexander'*, Zs. f. d. Ph. 54 (1929) S. 131—167; L. Denecke *Ritterdichter und Heidengötter (1150—1220)* (Form u. Geist H. 13) 1930; Elisabeth Grammel *Studien über den Wandel des Alexanderbildes in der deutschen Dichtung des 12. u. 13. Jh.s.* Diss. Frankfurt 1931.

Willy Krogmann

Lambsheim, s. Anton v. L.

Lamme, Heinrich, s. Heinrich v. Lübeck.

Lamprecht v. Regensburg, Franziskaner.

Schon als Laie des Lateinischen kundig, aber als „Knappe" ('Franziskus' v. 376) aller ritterlichen und weltlichen Lust ergeben (ebd. v. 311—320; 'Syon' v. 1354 bis 1361), kam L. durch die Regensburger Franziskaner Berthold (s. d.), Johannes (offenbar Johannes Anglicus, der 1229 erster Visitator des Ordens in Deutschland, 1230 Provinzial der rhein. Ordensprovinz war), Heinrich, Hermann und Reinhard (F. v. 1750ff.; 3280) in die religiöse Gedankenwelt des hl. Franz v. Assissi († 1227) und verfaßte noch als Laie die Bearbeitung des von Thomas a Celano 1228—30 verfaßten Franziskuslebens (F. 355—383) in gereimten deutschen Versen, hoffend, dadurch vielleicht selbst der Gnade des Ordensberufes würdig zu werden (F. v. 1755—1763). Während dieser Arbeit war er nicht in der Nähe der Regensburger Minoriten. Die Jahre, in denen er schrieb, liegen vor 1272, dem Todesjahr Bertholds (F. 1750), und nach 1237 (Todesjahr König Johanns von Jerusalem; F. 4904), wohl um 1240. Bald danach mag er Franziskaner geworden sein und schrieb nun auf Anregung seines Provinzials Gerhard, dem er seine geistliche Schulung verdankt ('Syon' 52ff.) die ebenfalls gereimte deutsche Bearbeitung des Traktats von der Tochter Syon um 1250. Wiltrud Wichgraf hat das Abstammungsverhältnis untersucht und läßt L.s 'Syon' und den von Weinhold veröffentlichten latein. Traktat von einer gemeinsamen unbekannten lateinischen Quelle abstammen (Schema der Verwandtschaft mit anderen Texten bei Wichgraf — siehe unten — S. 210).

War L. kein Dichter, da ihm Erfindungskraft und ordnende Gestaltung fehlen, so war er doch ein gelehriger Schüler der deutschen Franziskaner-Mystik seiner Zeit und zeichnet sich aus durch seine Betonung des Maßhaltens. Die *mâze* weist allen Tugenden die rechte Straße (S. 2978), doch beobachtet L., daß viele Frauen sich nicht daran kehren (2979) und darum manches Ärgernis entsteht. Zur Vereinigung der Seele mit Gott helfen alle Tugenden mit, aber die Liebe, die aus dem von ihr mit Pfeilen verwundeten Herzen Jesu fließt und in die Seele sich hineinsenkt, bringt die Vereinigung erst zustande. Es ist die Mystik Gerhards des Provinzials (1246—1252), der seinerseits unter Davids v. Augsburg Einfluß steht, was L. bietet.

Hss.: Würzburg Un. Bibl. Mp. theol. O 17ᵃ, Perg., 13. Jh. 'Sante Franzisken Leben'. — Lobris bei Jauer in Schlesien, Gräfl. Nostizsche Bibliothek, Pergt. kl.-4°, am 22. VI. 1314 zu Ende geschrieben, 4262 Verse 'Tochter Syon'. — Prag, Böhmisches Museum, Perg., 13/14. Jh., 'Tochter Syon' mit einer großen und einer kleineren Lücke. — Gießen Un.-Bibl. n. 102, Perg., 2. Hälfte 14. Jh., kl.-8°. 4127 Verse 'Tochter Syon'.

Ausgabe: *Lamprecht v. Regensburg, S. Franz. Leben und Tochter Syon, hgb. v.* K. Weinhold 1880. Darin S. 285—291 die Edition eines latein. Traktats der *'Filia Syon'* nach der Wiener Hs. 1997 fol., Bl. 47ᵇ—50ᵃ.

Lit.: Wiltrud Wichgraf *Der Traktat von der Tochter von Syon und seine Bearbeitungen*, PBB. 46 (1922) S. 173—231, mit Ausgabe des Traktats nach der Münchner Hs. (Cgm. 29, Perg., 15. Jh.) S. 177—181. Konrad Eubel *Gesch. d. oberdeutschen Minoritenprovinz* 1886, S. 28, 33 f. E. Michael *Gesch. d. dtsch. Volkes* III S. 148/50. ADB. XVII S. 581 f.

Engelbert Krebs.

Landau, s. Nikolaus v. L.

Landora, s. Berengarius de Landora.

Landsberg, s. Herrad v. L.

Landshut, s. Hans, Heinrich u. Jakob v. L.

Landskron, s. Stephan v. L.

Landulf, s. Ludolf von Sachsen.

Lange, Hinrick.

1. Dritter Sohn eines Hermann Lange und der Maria oder Jutta von der Leine, betätigte sich seit 1410 als Gehülfe des

Ratsherrn Johann Rese bei der Rechnungsführung für das zu Lüneburg gehörige Leprosenhaus vom Nikolaihof vor Bardewik. Er wird damals kaum jünger als 20 Jahre alt gewesen, also um 1390 in Lüneburg geboren sein. Seine erste Frau, Elisabeth van Tzerstede, starb 1434, die zweite, Wobbeke van Abbenborg, überlebte ihren Gatten. Aus den beiden Ehen gingen acht Söhne und vier Töchter hervor. Der älteste Sohn wurde Domherr von Lübeck, ein anderer desgleichen und Bischof von Schwerin, ein dritter hat sich als Lüneburger Bürgermeister rühmlich hervorgetan.

H. L. selber rückte über die Stufen eines Sülfmeisters, Barmeisters, Ratsherrn, Kämmerers, Sodmeisters im Jahre 1448 zum Bürgermeister auf. Er erlebte daher an führendem Platze, wie die schweren Wolken des Prälatenkrieges sich dichter und dichter zusammenballten, und schließlich, geschürt durch die sülzbegüterte Geistlichkeit binnen und außer Landes, das unheilvolle Gewitter über Lüneburg hereinbrach. Der Rat wurde von der aufrührerischen Bürgerschaft seines Amtes entsetzt. Bürgermeister L. hatte mit seinen besonnenen Ratschlägen, die vielleicht das Unheil in letzter Stunde noch abzuwenden vermocht hätten, gegen die Majorität seiner Amtsbrüder nichts ausgerichtet. Mit ihnen teilte er das Schicksal zwar nicht des Turmgefängnisses, wohl aber eines Einlagers, das ihn von Dez. 1454 bis Ausgang Jan. 1456, fast 14 Monate, an sein Wohnhaus am Markte fesselte.

Mit den übrigen Ratsherren kehrte H. L. im Nov. 1456, unter der Gönnerschaft des Herzogs Christiern von Schleswig und auf Betreiben der befreundeten Ratmannen vom hansischen Städtebunde, in den Ratsstuhl zurück und beschloß sein bewegtes Leben als regierender Bürgermeister im April 1467.

2. Ein Überblick über das schriftstellerische Lebenswerk L.s setzt in Erstaunen. Das schon erwähnte älteste Rechnungsbuch vom Nikolaihof, ein dicker Quartband, ist von dem jungen Hinrick angelegt und fast bis zum allerletzten Blatt, in sauberer Reinschrift, auf Grund einer ebenfalls eigenhändigen Kladde, durch 57 Jahre fortgeführt.

Aus der Zeit, als der Ratsherr L. das Amt eines Kämmerers bekleidete, verwahrt das Stadtarchiv den ältesterhaltenen Kämmereirechnungsband, beginnend mit dem Jahre 1443. Von 1443—48 tragen Einnahme und Ausgabe die leicht lesbaren, festen Züge von L.s Hand, in der Vielseitigkeit des Inhalts eine treffliche Quelle der Erforschung der Stadtgeschichte.

Die Kämmereirechnungen werden ergänzt durch die Jahresrechnungen des Sodmeisters, als des höchsten Beamten der Saline. Die fünf frühesten Jahrgänge, einsetzend am 1. September 1434, lassen wiederum L.s eigenste Arbeit erkennen, und es wäre sehr verlockend, all die knappen Rechnungseintragungen einmal zusammenzustellen zu einer lebendigen Zeichnung des Aufgabenkreises dieser nächst den Bürgermeistern wichtigsten amtlichen Persönlichkeit der Stadt. Es war der Sodmeister L., der mit reichen Mitteln helfen mußte an der Erbauung eines Elbdeiches, für die Anlage einer Wasserleitung, zur Befestigung der Landwehr, den wir zugleich beobachten können, wie er mit umsichtiger Kennerschaft die ausgedehnte Gastlichkeit vorbereitete und übte, die einen nicht unwesentlichen Teil seiner Dienstpflichten ausmachte.

3. Doch L. hat sich in der überaus sorgfältigen Rechnungsführung, die seine Aufzeichnungen für die Geldwirtschaft der Stadt bedeutsam machen, nicht genug getan. Er nutzte die lange Muße seines Einlagers, nachdenklich einmal festzulegen, wie dieser Prälatenkrieg mit seinen verhängnisvollen Auswirkungen hatte entstehen können, wie unter dem Zwange der Notwendigkeit die Schuldenlast der Stadt von Jahr zu Jahr wachsen mußte, wie die wesentlichsten Ausgaben nicht minder das Wohl und Wehe der Saline berührt hatten als das Gedeihen der Lüneburger Bürger- und Einwohnerschaft, wie darum die Sülzbegüterten, der Eine wie der Andere, verpflichtet

gewesen wären, an der Abtragung der Schulden wirksam mitzuhelfen.

So ist die im Original des Stadtarchivs erhaltene Chronik entstanden, die H. L. als Geschichtschreiber auszeichnet vor vielen anderen. In ruhiger Abgeklärtheit stellt der Verfasser dar, was er erlebt hat, ohne Bitterkeit und Haß, ohne Verurteilung des politischen Gegners, in frommem Vertrauen auf die Gerechtigkeit Gottes, *deme ik de sake bevale, we recht edder unrecht heft.* Die Sprache der Chronik verfügt über eine sehr lebendige Bildhaftigkeit des Ausdrucks, es ist ein Genuß, den anschaulichen Gedankengängen des Verfassers zu folgen, und man kann nur bedauern, daß die fesselnde Erzählung mit dem Ende des Einlagers abbricht.

4. Immerhin gibt es zu L.s Chronik zwei wichtige Ergänzungen. Es hat sich erst in den letzten Jahren herausgestellt, daß eine unter der Bezeichnung 'Chronik des Anonymus' in vielen Abschriften nachweisbare Darstellung des Prälatenkrieges in ihren wertvollsten Bestandteilen unmittelbar zurückgeht auf Bürgermeister L.

Der Friede war mit Wiedereinsetzung des alten Rates keineswegs hergestellt. Es bedurfte der ganzen Klugheit und Zähigkeit der Ratmannen, der fortgesetzten Feindschaft zahlreicher Sülzprälaten, deren Einfluß bis zum Kaiser und Papst hinaufreichte, siegreich die Spitze zu bieten. Von entscheidender Bedeutung wurde hier die Stellungnahme des Lübecker Bischofs und der Herren vom Lübecker Domkapitel, die sich im Herbst 1461 auf wiederholten Tagungen endlich zur Versöhnung stimmen ließen. Für diese Verhandlung verfaßte L. zwei Denkschriften, die in einem Rückblick die Bedrängnis seiner Vaterstadt seit dem Tode Herzog Wilhelms (1369) noch einmal zusammenfassen. Beide Schriften, im Original erhalten, wetteifern mit der Chronik in der Anschaulichkeit der sprachlichen Form.

5. Zu erwähnen ist endlich ein Rechnungsbuch für das ganze letzte Jahrzehnt der Amtszeit des Bürgermeisters. Es ist der Schlußakt des Prälatenkrieges, der hier in der Fülle von rechnerischen Eintragungen, sie alle von L. eigenhändig geschrieben, deutlich vor Augen geführt wird. Das rätselvolle Durcheinander der aus diesem Zeitraum erhaltenen Bullen und Privilegien wird erst durch diese Aufzeichnung entwirrt.

Chronik gedruckt: Leibniz *SS. Brunsvicensia ill.* III S. 223 ff.; Chroniken der deutschen Städte XXXVI S. 149 ff. Denkschriften ebd. S. 157 ff., 230 ff. Auszüge aus dem Rechnungsbuche ebd. S. 243 ff. Vgl. W. Reinecke *Gesch. d. Stadt Lüneburg* 1933 Bd. I, Buch 2, Kap. 8.

W. Reinecke.

Lange, Peter. Heilmittel gegen Leberleiden und gegen den Stein unter seinem Namen im cod. 154, saec. XV., der Leipziger Univ. Bibliothek, Bl. 274.

Sudhoff.

Langenstein, s. Heinrich u. Hugo v. L.

Langheim, s. Wilhelm v. L.

Langmann, Adelheid.

'Offenbarungen'. Hss. Berlin cgqu. 866 (*B*) u. München cgm. 99 (*M* in bairischer Mundart, in der sich die Einwirkung des Mitteldeutschen stark geltend macht). Ausgabe von Ph. Strauch (QF. 24) 1878; dazu Denifle AfdA. 5 (1879) S. 259/67. — Grabmann Sammelbll. d. Hist. Ver. Eichstätt 15/6. Wilms *Das Tugendstreben der Mystikerinnen* (Dominikanisches Geistesleben II) 1927, S. 181 ff. Oehl *Dt. Mystikerbriefe* 1931, S. 393/6.

A. L., aus ratsfähigem Nürnberger Geschlecht, wird nach Überwindung inneren Widerstrebens durch visionäre Werbungen Gottes zum Eintritt ins Dominikanerinnenkloster Engeltal in Mittelfranken bewogen, aber in dem Büchlein der Christine Ebnerin (s. d.). 'Von der Gnaden Überlast' nicht erwähnt, weil dieses nur schon verstorbene Schwestern behandelt. A. stirbt 19 Jahre nach Christine 1375. Ihre 'Offenbarungen' zeigen teils wörtliche Anklänge an die der Christine und reihen sich würdig in die der klösterlichen Mystikerinnen von Helfta, Thoeß, Dießenhoven, Adelhausen, Unterlinden usw. ein. In den 'Offenbarungen' „beschreibt eine kindlich naive Seele den innigsten Verkehr mit Gott in einer Offenheit und Natürlichkeit und doch in einer Zartheit und Liebenswürdigkeit, die ihresgleichen sucht" (Wilms). „Selten findet man das sog.

Matrimonium spirituale bei früheren mystischen Schriftstellern so deutlich ausgedrückt, wie hier 12, 2: *Ze E nemen*" (Denifle).

Engelbert Krebs.

Lannenberg, Albrecht von. *Her Albrechts von Lannenbergks Kunst* steht am Schlusse des 'Kriegsbuchs' (s. d.), ms. 3062 Nationalbibl. Wien, 1447 usw. Das Werk ist wesentlich auf die Feuerwerkerei und Belagerungskunst beschränkt. Die Bilder sind von den früheren Handschriften abhängig. Entstanden um die Mitte des 15. Jh.s. Der Verfasser ist unbekannt.

M. Jähns *Geschichte der Kriegswissenschaften* 1889, I S. 262/63. B. Rathgen *Das Geschütz im Mittelalter* 1928, S. 78. P. Sixl Zs. f. hist. Waffenkde. 1 S. 253.

Eduard A. Geßler.

Lantpertheim, s. Thomas v. L.

Lantzenau, s. Friedrich v. L.

'Lanzelot'.

1. Französische Bearbeitungen. Vom altfranzösischen *'Lanzelot'* (*R*) gibt es gegen 40 Hss.; Drucke von 1488—1591. Der umfängliche Text zerfällt in den eigentlichen *'Lanzelot'*, die *'Queste du St. Graal'* u. den *'Mort Artus'*. (Drucke: Rouen u. Paris 1488, 1494, 1513.) Der 1. Teil hat 3 Abschnitte: 1 *'Galehant'*, 2 *'La Charrette'*, 3 *'Agravain'*. Die Verbindung zur *'Queste'* wird hergestellt durch die Einführung der Person des Galaad, der zum Sohne L.s u. der Tochter des Königs Perles (Pelles) gemacht wird. So ist L. neben Parzival u. Galaad Held der Gralsuche geworden, obwohl ihm im Roman wiederholt die Fähigkeit dazu abgesprochen wird; eine Stimme ruft z. B. aus einem brennenden Grabe: *Ton corps n'est digne de achever les adventures du sainct Graal pour les vilz pechez dont tu es entaché.* Der *'Mort Artus'* ist an die Gralsuche u. *'Lanzelot'* angeschlossen durch die Wiederaufnahme des Liebesverhältnisses zwischen L. u. Ginevra. Im *'L.'* wird häufig auf *'Mort Artus'* angespielt. Die älteste Hs. führt kaum vor 1250 zurück. Der Verf. war wohl ein Mönch. *R* beruht auf einer früheren Versbearbeitung (*o*) aus der 2. Hälfte des 12. Jh.s, die aus dem Original (*O*) floß; *o* ist auch Quelle für *c*, d. h. die Vorlage der Bearbeitung durch Chrestien von Troyes *'Li Romans del Chevalier de la charrette'*; dieser Roman ist um 1190 auf Befehl der Gräfin von Champagne gedichtet und von *Godefroi de Laigny* am Ende des 12. Jh.s fortgesetzt worden (v. 6146—7112; hg. v. P. Tarbé 1849). Lanzelots Verhältnis zu Ginevra scheint als ritterliches Minnemotiv gelockt zu haben; vom 12. bis ins 15. Jh. hatten die Adelskreise Vorliebe für dieses Paar. In Dantes *'Divina Commedia'* I, 6, 127 f. liest Franzeska von Rimini das Werk: „Wir lasen einst, da es uns Freude machte, welch Leid dem Lanzelot die Liebe schickte". Die Sage breitete sich von Nordfrankreich her aus. Eine Kompilation in achtsilbigen Reimpaaren von einem Jehan ist nur handschriftlich in einem Bruchstück vorhanden. — Außerhalb Frankreichs sind Nachdichtungen zahlreich. In Italien gibt es mindestens 4 Fassungen; der Druck der *'Istoria'* (1558 Vinegia bei Michele Tramezzino) ist auszugsweise wiedergegeben in: Scelta di curiosità letterarie XXIII (1862). Es gibt ein mittelniederländisches Gedicht *'Roman van Lancelot'* in 47262 Versen (Ausg. Haag 1849 v. W. J. A. Jonckbloet). In der Berliner Hs. Gq 573 liegt die Abschrift vor, die Hoffmann v. Fallersl. von einem Druck des Govert van Ghemen in Gouda herstellte: *'Historie van den eedelen Lantsloet ende die scone Sandrijn'*. Auch Spanien und Portugal haben Nachbildungen. Thomas Malory schreibt die mittelenglische Prosakompilation *'The Renowned most ancient and famous history of the renowned prince Arthur, king of Britaine'*, in der er auch Lanzelot behandelt. Der französische Prosaroman ist Quelle für den schottischen *'Lancelot of the Laik'*, der als Bruchstück erhalten ist (hg. v. Skeat 1865). Eine Nachahmung des Romans ist 'Wigamur' (s. d.), der Ritter mit dem Adler (Sarrazin QF. 35).

2. Ulrich von Zatzikhoven (s. d.) tritt im Thurgau in der Umgebung der Grafen von Toggenburg auf als *capellanus Uolricus de Cecinchovin plebanus Loumeissae* (Lomnis im Thurgau; Urk. v.

J. 1214). Er schreibt sein Gedicht um 1195. Die französische Vorlage, das *welsche buoch*, will er von Hûc von Morville erhalten haben; v. 9341 der Ausg. v. Hahn. Dieses *buoch* (*z*) geht wohl auf *O* selbst zurück.

Hss. Wien, Nationalbibl. 2698 [= Hoffmann XIV], 13. Jh., frühere Ambraser Hs. 422; von einer Vorlage abgeschrieben. Schottkys Abschrift Berlin Gq. 269. Heidelberg, Pal. germ. 731 v. J. 1420, auf eine Vorlage zurückführend, die mit 12 Bildern ausgestattet gewesen sein muß, deren Unterschriften P entnahm. Ein Straßburger Fragment ist 1870 verbrannt; gedr. in Mones Anz. f. Kunde d. dt. Vorzeit 4 (1835) Sp. 321; Graffs Diutiska I S. 31 ff. Ein anderes Fragment ist verschollen.

Ausg. von B. A. Hahn 1845. Vgl. Hannink *Vorstudien zu einer Neuausg d. 'Lanzelot' v. U. v. Z.* Diss. Göttingen 1914 [Beschreibung der Hss. u. ihrer Sprache; Darstellung der Sprache U.s nach seinen Reimen; Bemerkungen zum Text]. J. Baechtold *Der 'L.' des U. v. Z.* 1870 [die alten Zeugnisse über den Dichter]. G. N. Schilling *De usu dicendi Ulrici de Z.* Diss. Halle 1866. Baechtold Germania 19 S. 424.

3. Prosaroman. Als Püterich v. Reicherzhausen (s. d.) 1462 der Pfalzgräfin Mechthild (s. d.) seinen 'Ehrenbrief' (ZfdA. 6 S. 31ff.) widmet, erwähnt er als im Besitze der Pfalzgräfen befindlich (Nr. 18) *Fünffe Lanczelundt, der Ich nur einen Han*, nämlich den des Ulr. v. Zatzikhoven (Nr. 102, 5—7). Die vier anderen Bücher werden Prosabearbeitungen gewesen sein. Eine Prosaredaktion des deutschen 'Lanzelot' ist vertreten durch CPg. 147 aus dem Anf. oder der Mitte d. 15. Jh.s, CPg. 91 u. 92, Donaueschingen 142 (alte Laßbergische Hs.), 15^2. oder 16^1. Jh. Diese Hss. gehen auf eine Vorlage zurück, deren Original direkt aus der französischen Prosa (*R*) übersetzt worden ist. Aus diesem Original floß auch über eine oberdeutsche Fassung ein niederd. Fragm. Cgm. 5250 Nr. 5, sowie über eine andere oberd. Zwischenstufe das Fragm. Würzburg (*ZfdA* III 435). CPg. 91 u. 92 ist mit CPg. 147 enger verwandt als Donaueschingen 142, das mit CPg. 147 dem französischem Texte gegenüber erhebliche Lücken und Zusätze aufweist. Aus dieser Überlieferung floß Ulrich Füetrers (s. d.) Prosabearbeitung des 'Lanzelot', deren wichtigste Hs. Donaueschingen 141 ist. Das Ganze ist in 6 Bücher geteilt, von denen die ersten 4 die eigentliche Lanzelotsage, das 5. die Gralsuche, das 6. Arturs Tod behandelt. Eine damit eng verwandte Hs. ist Cgm. 573 aus dem Anf. des 16. Jh.s, eine 3. Überlieferung dieser Prosa ist benutzt worden im 2. Teile der Donaueschinger Hs. 142. Cgm. 573 enthält die Bemerkung: *Dise historiam von Herren Lancelot von Lack hatt Ulrich Fürterer* (!) *zu München auch In Reymen weysz beschriben In aim grossen Volumine auff Pergamen. Vide sub tabula longa in cista in medio Bibliothecae existente.* Das weist auf den Cgm. 1 (Ende 15. Jh.s) 'Buch der Abenteuer' hin, in dem nach dem 'Jüngeren Titurel', der 'Krone' Heinrichs v. d. Türlin (s. d.), Wolfram v. Eschenbach (s. d.) u. a. ein Abenteuerroman zusammengetragen ist; hier findet sich Bl. $150^{b\alpha}$—$348^{b\beta}$ ein in Titurelstrophen gedichteter 'Lanzelot' mit der Prosawidmung Ulrich Füetrers: *Dem durchleuchtigen hochgebornen fürsten vnd herren Albrecht pfaltzgraf poy Rein Hertzog in Obern vnd Nidern Bairn . . . tzu willen hab ich Ulreich Fürtrer* (!) *tzu München ersamelt mit ainer slechten vnd ainualtigen stumpl teutsch aus ettlichen püechern die hystori gesta oder getat von herren Lantzilet vom Lack . . . vnd enndt sich mit Morderot dem Verräter.* Diese Herzog Albrecht IV. gewidmete Dichtung muß um 1487 entstanden sein. Proben in Aretins Beitr. Bd. IX (1807) S. 1212—1225 und im Neuen literar. Anz. 1808 Nr. 4 u. 5. Es gibt auch eine Wiener Hs. des Buchs der Abenteuer, Nationalbibl. 3037 u. 3038 [= Hoffmann CI, einst Ambraser Hs. 426]; darin der Lanzelot Bl. 234ff.; Auszüge bei F. F. Hofstäter *Altdeutsche Gedichte aus den Zeiten der Tafelrunde* Bd. I u. II (1811). In Berlin Gf. 757 (Fragm. Bl. 11 u. 12) liegen 10 ganze Str. u. Bruchstücke von 14 weiteren Str. aus dem Ende des 15. Jh.s vor.

Vgl. P. Märtens *Zur Lanzelotsage*, Romanische Studien, hg. v. Ed. Böhmer, V S. 560 ff. R. Spiller *Studien über Ulrich Füetrer*, ZfdA. 27 (1883) S. 262—294; vgl. R. Spiller *Stud. über Albr. v. Scharffenberg u. Ulr. Füetrer* (Diss. Leipz. 1883) = ZfdA. 27 S. 158ff. P. Hamburger *Untersuchungen über Ulrich Fürtrers* (!) *Dichtung von dem Gral u. der Tafelrunde* 1882. A. Peter *Die deutschen Prosaromane vom Lanzelot*, Germ. 28 (1883) S. 129 ff.; ders. *Ulr. Füetrers Prosa-*

roman vom Lanzelot nach der Donaueschinger Hs. [Nr. 141] *herausgegeben* (Stuttg. Lit. Ver. Nr. 175) 1885; die Ausg. enthält auch Bruchstücke aus dem 2. Teile der Donaueschinger Hs. 142.

Jos. Klapper.

Lanzkranna, s. Stephan von Landskron.

Lapida, Joh. a, s. Heynlin.

Lapitz, s. Andreas v. L.

Lappleder, Conratt, s. Vollstatter.

Lau, Doktor der Medizin, stammt aus Böhmen. Am Schluß einer Sammlung von Rezepten, nach einem Pestregiment, heißt es: *A doctore Lau: behem Anno 1506 Octobris 5.*

Wien, Nat.-Bibl., Hs. Ser. nov. 76 [Suppl. 2577], 10 Bll. Von derselben Hand ist Ser. nov. 75 [Suppl. 2576], ein Weinbüchel, geschrieben. Beide Hss. waren Adligate eines Druckwerkes.

Hermann Menhardt.

Laubich, Blasius, s. 'Hedwigslegende'.

Laufen, s. Nikolaus v. L.

Laufenberg, Heinrich.

1. Der Name des Dichters weist auf Laufenburg am Oberrhein als Familienheimat. Sein Geburtsjahr ist um 1390 anzusetzen, nach einer Erwägung von Baas (a. a. O. S. 363f.) könnte es 1391 sein. Der Geburtsort würde, wenn man den von Baas in der Heidelberger Matrikel (unter dem 20. Dezember 1417) nachgewiesenen *Heinricus Loffenburg* als unsern Dichter anerkennt, Rapperswil in der Schweiz sein. Ein Aufenthalt in Zofingen (Kt. Aargau) 1411 ist ganz problematisch (s. u. 2.), ungewiß auch die Beziehung einer Züricher Pfründvereinbarung mit *Herrn Heinrich Louffenberg, perpetuo vicario ecclesiae parochialis in Gossau,* vom Jahre 1429 (wohl eher zusammengehörig mit der Heidelberger Eintragung). Der erste gesicherte Aufenthalt L.s und der Hauptort seines Wirkens, womöglich auch sein Geburtsort, ist Freiburg im Breisgau. In seinem 'Regimen' 1429 und ähnlich im 'Heilsspiegel' 1437 nennt sich der Verfasser *Heinrich Louffenberg von Friburg ein priester,* im 'Figurenbuch' 1441 heißt er *dechen ze Friburg*; urkundliche Nachrichten besagen darüber hinaus, daß er Kaplan am Freiburger Münster und gleichzeitig (belegt 1433/34) Dekan des Kollegiatstiftes in Zofingen war, 1441 Kaplan am Münster und Dekan des Kapitels in Freiburg. Ohne Zweifel war L. in Freiburg ein Mann von Bedeutung und Ansehen; die Gleichsetzung mit einem in der Straßburger Hs. M 222 C 22 genannten Komponisten *Heinricus de Libero Castro* ist freilich wiederum zu bezweifeln (s. u. 2 u. 3), da sein Name eben nicht Heinrich von Freiburg, sondern Heinrich Laufenberg ist. Eine nach des Dichters Tode geschriebene Notiz in der Straßburger Handschrift seiner Lieder besagt, daß er Priester, Erzpriester und Dekan zu Freiburg gewesen, 1445 aber in das — von Rulman Merswin (s. d.) gestiftete — Johanniterkloster „auf dem grünen Werde" zu Straßburg eingetreten sei. Am 31. März 1460 ist er dort gestorben.

Schumann ADB. XIX (1884) S. 810—13; Ersch und Gruber II 42 (1888) S. 240 f. Ed. Richard Müller *Heinrich Loufenberg, eine literarhistorische Untersuchung.* Diss. Straßburg 1888. (Beide mit älterer Literatur.) Zu Müller: Strauch AfdA. 16 (1890) S. 108—111. Karl Baas *Heinrich Louffenberg von Freiburg,* Zeitschr. f. Geschichte d. Oberrheins N. F. 21 (1906) S. 363 ff. — Urkunden: J. Baechtold *Geschichte der dt. Literatur in der Schweiz* (1892) Anm. S. 47; vgl. dazu Müller a. a. O. S. 29. Karl Brunner *Das alte Zofingen und sein Chorherrnstift* (1877) S. 67. König und Zell Freiburger Diözesanarchiv 20 (1889) S. 302, 304. — Biogr. Notiz: WKL. II S. 528. — Nekrolog: E. Martin Straßburger Studien I S. 384. Vielleicht regen die verschiedenen Nachrichten zu neuen Nachforschungen über Stand und Verhältnisse der Laufenberge an. — Darstellungen des Dichters im 'Buch der Figuren' sowie in der ersten Berliner und der Züricher Hs. des 'Regimen' (s. u. 8 u. 6).

2. Seit Engelhardts Beschreibung der beiden großen Übersetzungswerke des Dichters wird dieser auch als Schreiber und Illustrator genannt. Engelhardt glaubte die Straßburger Handschriften des 'Heilsspiegels' und des 'Figurenbuchs' mit einer Hs. des 'Ritters von Staufenberg' (diese war nebst einem Boner von 1411 dem 'Heilsspiegel' beigebunden) derselben Hand zuweisen zu können. Die Bilder zum Staufenberg, die E. wiedergegeben hat, lassen jedoch auf eine Entstehung dieser Handschrift im ersten

Viertel des Jahrhunderts schließen; sie müßte also in L.s Freiburger Zeit fallen, während ihre Mundart wie die sonstige Überlieferung dieses Lokalgedichtes durchaus auf Straßburg weisen (s. E. Schröder *Zwei altdt. Rittermären*⁴ 1929 S. XI). Die Abschrift dürfte am ersten in einer Straßburger Werkstatt hergestellt und erst später mit den anderen Stücken vereinigt worden sein.

Auch die bedeutende ehemalige Straßburger Handschrift M 222 C 22 — musikalische Schriften und eine große Anzahl von Kompositionen aus dem 14. und Anfang des 15. Jh.s enthaltend — ist auf Grund von Schriftvergleichungen dem H. L. zugewiesen worden. Es stimmen jedoch die von Lippmann und Engelhardt gegebenen Schriftproben keineswegs zueinander. Das in der Handschrift vorkommende Datum *Zomgen 1411* ist nicht verwertbar, da seine Beziehung ungewiß ist (v. d. Borren S. 16); die von Müller vorgeschlagene Lesung „Zofingen" für *Zomgen* ist zudem eine Vermutung ohne Sicherheit (siehe v. d. Borren S. 19), und Beziehungen L.s zu Zofingen sind erst für die 30er Jahre belegt. Der Name H. L., der zweimal in der Hs. gestanden haben soll, ist m. E. — und die frz. Schreibung *Henri* und *Lauffenbourg* in der erhaltenen Abschrift beweist es — von dem Straßburger Bibliothekar Jung eingetragen, der L. für den Verfasser aller mit *Heinricus* bezeichneten Gedichte und für den Schreiber der Handschrift hielt (vgl. v. d. Borren S. 12. 26. 35. 44). Daß ein deutsches Gedicht endlich (WKL. II Nr. 763) sowohl in dieser wie in L.s großer Liedersammlung stand, kann mindestens ebenso gegen die Echtheit des Gedichtes wie für die Herstellung der Hs. durch L. angeführt werden (vgl. u. 4). Es müßten stärkere Berührungen mit der zweifellos echten Hs. B 121 erwartet werden, auch wenn L. nur als Redaktor dieser Musiksammlung gedacht werden sollte.

Daß L. aber seine eigenen Dichtungen selbst geschrieben hat, dafür scheint zu sprechen, daß seine Liederhandschrift die Gedichte aus der Freiburger wie auch ein datiertes aus der Straßburger Zeit enthielt und dabei angeblich (Müller S. 10) eine einheitliche Schrift aufwies. Die Handschrift enthielt auch eine Zeichnung (s. u. 9) und Noten (s. WKL. II S. 566, 586). Es ist danach möglich, daß diese und die übrigen Straßburger Handschriften, die L.s Werke enthielten (s. u. 7—10), die aus Freiburg mitgebrachten Eigenmanuskripte waren. Möglich bleibt es aber auch, daß sie alle in Straßburg entstandene Abschriften waren; die Zeitbestimmung der von Engelhardt wiedergegebenen Bilder spricht mehr für die erste Annahme. Über die Handschriften des 'Regimen' s. u. 6.

Chr. Mor. Engelhardt *Der Ritter von Stauffenberg* 1823, bes. S. 19, 55 f, 61 f, 64 f. E. R. Müller a. a. O. S. 3 ff. Ch. van den Borren *Le Manuscrit musical 222 C 22 ... reconstitué* 1924 (zuerst in: Annales de l'Académie Royale d'Archéologie de Belgique VII. Série, 1—4 [1923—27]). Wackernagel hielt die Liederhandschrift für autograph: WKL. II S. 565; vgl. aber die Beobachtungen bei Müller S. 11. Schriftproben bei Engelhardt Taf. 1 und Lippmann Bulletin de la Société pour la conservation des monumentes historiques d'Alsace II. Série, 7 (1869) 2. Partie S. 74/75. Die Datierung der Federzeichnungen verdanke ich den Herren A. Böckler und H. Wegener, Staatsbibl. Berlin.

3. Als Komponist muß L. zweifellos genannt werden, auch wenn er als Kontrafaktor weithin fremde Singweisen benutzte. Nach dem Verlust seiner Liederhandschrift ist jedoch ein Urteil über diese seine Tätigkeit nicht mehr möglich; selbst wenn man die ehemals Straßburger Handschrift M 222 C 22 (s. o. 2) mit ihm in Verbindung bringt und ihm die unter *Heinricus de Libero Castro* überlieferten Stücke zuweist, läßt sich über seine musikalische Kunst nichts Ausreichendes sagen.

Ch. van den Borren a. a. O. S. 19 f. Wilh. Ehmann *Adam von Fulda als Vertreter der ersten deutschen Komponistengeneration* 1936, S. 14.

4. L.s literarische Tätigkeit ist nach etwa 40 datierten Dichtungen von 1413 bis 1458 zu verfolgen. Seine Lieder stehen an erster Stelle und gaben ihm seinen Namen in der Literaturgeschichte. Von den übrigen Werken fand das 'Gesundheitsbuch' einige Verbreitung,

während die umfangreichen theologischen Übersetzungswerke 1870 in Straßburg verbrannt sind, ohne anderweitig überliefert zu sein. Verloren ist auch ein zweiteiliges geistliches Lehrgespräch in deutscher Prosa sowie eine Sammlung lateinischer Predigten. Eine Würdigung des Dichters wird immer Wärme des Gemütes, religiöses Ethos und poetische Kunst hervorzuheben haben; die Nachwirkung seines dichterischen Schaffens war — soweit wir sie kennen — im Verhältnis dazu auffallend und unverdient gering.

Ehrismann *L.G.* II, 2, 2 S. 596, mit weiterer Literatur.

5. Unsere Kenntnis der Gedichte L.s gründet sich auf die ehemalige Straßburger Handschrift B 121, eine Sammelhandschrift, die dem Dichter eigenes und fremdes Gut (deutscher 'Cato', Gedichte des Hermann von Salzburg, Heinrich von Mügeln u. a.) vereinigte. Die Echtheitsfrage ist für eine Reihe bisher zweifelhafter Gedichte von L. Boll positiv beantwortet, doch bedürfen m. E. die noch in anderen Handschriften überlieferten Gedichte einer besonderen Untersuchung.

Die Lieder der Handschrift sind fast sämtlich geistlichen Inhalts; es finden sich darunter Übersetzungen lateinischer Lieder, Kontrafakte und Glossenlieder, verschiedene ABC-Gedichte nach der Art des Mönchs von Salzburg und ähnliche von der Form her bestimmte Kunstdichtung, neben Liedern von innigem Gehalt. Die meisten der Gedichte sind an Maria gerichtet, einige beziehen sich auf Weihnachten und Neujahr; zwei geistliche Lieder sind einer *frow Margaret* gewidmet (WKL. II Nr. 737/38). 88 Gesätze *supra canticum canticorum*, die das Hohe Lied auf Maria deuten (Nr. 768), sind das einzige aus der Straßburger Zeit datierte Gedicht (1458). Zu vermerken sind auch zwei Reimpaarübersetzungen didaktischen Inhalts, der 'Facetus' (s. d.): *Man siht der lüten leider vil* und '*Der sele süzikeit*', beginnend: *Unser büchli lieber sun* (Müller S. 13f.).

Überlieferung und Ausgaben: Die verlorene Handschrift ist von Müller S. 11—22 rekonstruiert nach den Beschreibungen von Maßmann und Banga sowie nach den Abschriften von Wackernagel, die sich auf der Straßburger Bibliothek befinden. Nach Banga enthielt die Hs. 115—120 Lieder. Wackernagel hat aus ihr (KL. II Nr. 701—98) 101 Gedichte unter L.s Namen abgedruckt (716. 718. 719. 739. 740. 781 sind nicht aus dieser Handschrift, dafür unnumerierte Gedichte ganz oder teilweise bei Nr. 574. 734. 737. 741. 743. 760 [2]. 783. 790) und weitere 8 unter anderen Verfassern (443. 480. 554. 556. 574. 580. 585. 587); nicht abgedruckt wurden von W. 9 Gedichte (s. Müller a. a. O. zu Bl. 1b. 6a. 10b. 16b. 37b. 50a. 55a. 76a. 159b der Hs.; darunter sind von anderen Verfassern der dt. 'Cato' und '*Von den vier conplexionen*' [von Heinrich von Mügeln], s. Germania 20 [1875] S. 440 f.); 13 von den oben angeführten Nummern gab W. nur unvollständig wieder. Nr. 550 ist nach unserer Hs. von Wackernagel vollständig gedruckt in KL. (1841) S. 769. Nr. 764 mit der zugehörigen Melodie bei Ferd. Wolf *Über die Lais, Sequenzen und Leiche* 1841 S. 151, 491 f., Notenbeil. IX.

Zwölf andere Handschriften und einen Einblattdruck verzeichnet Müller S. 22 f., doch enthalten 8 davon nur Varianten zu einzelnen L.schen Gedichten. Von den anderen ist wichtig eine Niederschrift von WKL. II Nr. 772 (daselbst unvollständig), vollständig abgedruckt von Crecelius Alemannia 2 (1875) S. 223 bis 233; wichtiger noch die Zwickauer Hs. X (aus Kolmar), die vier auch in der Straßburger Hs. bezeugte Lieder enthält, davon zwei vollständiger als in WKL. (772 [s. vorher] u. bei 743, dies gedruckt von Buchwald Wissenschaftl. Beilage der Leipziger Zeitung v. 31. 12. 1886) und eins, das Wackernagel ausließ (Müller S. 16; gedr. bei Buchwald). Das nirgends für L. bezeugte *Wilkom lobes werde* (Variante zu 764) veröffentlichte aus Zwickau X mit Melodie P. Runge *Der Marienleich Heinrich Laufenbergs* in der Festschrift für R. v. Liliencron (1910) S. 228—40. Die Nummer 679 der *Einblattdrucke des 15. Jahrhunderts* (1914) ist nicht von L. (s. WKL. II Nr. 719).

Einige Melodien und kritische Anmerkungen bei Meister-Bäumker *Das kath. deutsche Kirchenlied* I, Reg. unter Heinrich; II Reg. unter Loufenberg.

Literatur: E. R. Müller a. a. O. Seitdem F. Arnold Mayer u. H. Rietsch *Die Mondsee-Wiener Liederhandschrift* 1894/96 Reg. R. v. Liliencron Monatsschr. f. Gottesdienst u. kirchl. Kunst 1 (1897) S. 265 (zu Nr. 764). Martin Vogeleis *Bausteine und Quellen zu einer Geschichte der Musik ... im Elsaß* 1911, S. 106—114 u. Reg. S. 832 (Zusammenstellungen). Luise Berthold *Beiträge zur hochdt. geistl. Kontrafaktur vor 1500*. Diss. Marburg 1923, S. 7 f. (zu Nr. 795. 796. 717. 720). Theodor Kochs *Das deutsche geistliche Tagelied* 1928, S. 82 ff. u. 87 ff. A. Hübner *Die deutschen Geißlerlieder* 1931, S. 223 (zu Nr. 705).

Lidwina Boll *Heinrich Loufenberg, ein Lieddichter des 15. Jahrhunderts.* Diss. Köln 1934. E. Löfstedt *Ein mittelostfäl. Gebetbuch* (Lunds Universitets-Årsskrift. NF. Avd. 1. Bd. 30. Nr. 5) 1935, S. 27 (WKL. Nr. 727 eine Übersetzung des '*Rosarium*' des Konrad v. Haimburg). Über moderne engl. Übersetzungen L.scher Lieder s. John Julian *A Dictionary of hymnology* 1925, S. 507.

6. Das 'Regimen' ist ein astrologisch-medizinisches Hausbuch in etwa 6000 Versen, vollendet 1429. Der Inhalt ist in sieben Kapiteln (nach der Münchener Handschrift): 1. Die zwölf Monate, mit Kalender. 2. Die sieben Planeten. 3. Die 12 Tierzeichen. 4. Die 4 Jahreszeiten, Elemente und Komplexionen. 5. Gesundheitsregeln, in 6 Stücken. 6. Schwangerschaft und Kindbehandlung. 7. Von der Pestilenz. Das Kinderbuch ist nach den Eingangsworten als letztes Stück gedichtet (es steht in der Berliner Hs. an letzter Stelle); der Pesttraktat könnte anfangs selbständig gewesen sein. Als Quellen des Werkes sind ermittelt: das '*Speculum naturale*' des Vincenz von Beauvais (s. d.), daneben Avicenna, Rhases und das '*Regimen sanitatis Salernitanum*' (?). Die Komposition ist in allen Teilen sorgfältig durchdacht, die Darstellung trotz des spröden Stoffes stellenweise poetisch gelungen.

Titel 'Das Regimen' in allen Handschriften. Akrostichon s. o. Abs. 1. Überlieferung: Aus dem Besitz des Johanniterhauses in Straßburg ist allein von diesem Werk L.s keine Hs. nachzuweisen; doch besitzen wir Abschriften noch aus der Lebenszeit des Dichters.

Berliner Hs. Germ. fol. 1191, elsäss., 1450/60, defekt. Mit 71 Bildern. Vgl. H. Wegener *Beschreibende Verzeichnisse d. Miniaturenhss. d. Pr. Staatsbibliothek* 5 (1928) S. 72ff.; einige Abb. bei E. Holländer *Die Medizin in der klass. Kunst*, 3. Aufl. 1923.

Berliner Hs. Germ. fol. 103, Sammelhs. d. 16. Jhs., aus dem Besitz Thurneissers; enthält Bl. 469a—477a das Pestkapitel und den Schluß.

Darmstädter Hs. 2781, elsäss., 15. Jh., defekt; der Text bricht im 2. Stück des 5. Kapitels ab. Bilder nicht ausgeführt. Verzeichnet von Roth Germania 32 (1887) S. 345 (ohne Angabe d. Verf.).

Münchener Hs. cgm. 377, elsäss., 15. Jh., Bilder nicht ausgeführt. Vgl. u. Baas (1905 u. 1906); eine moderne Abschrift erwähnt Müller a. a. O. S. 5.

Rosenthals Hs. Sammelhs., Mitte d. 15. Jhs., m. Bildern. Vgl. Sudhoff Mitteilungen zur Geschichte der Medizin u. d. Naturwiss. 15 (1916) S. 188—191. Verbleib unbekannt.

Züricher Hs. C 102 b, 15. Jh., defekt; mit 23 Bildern. Vgl. *Katalog der Handschriften der Zentralbiblioth. Zürich* 1 (1932) Nr. 133; Henry E. Sigerist *Eine illustrierte Handschrift von H. L.s 'Gesundheitsregiment'*, Zeitschrift f. Bücherfreunde N. F. 22 (1930) S. 41—48, m. Abb.

Augsburger Druck: *Versehung des leibs.* Augsburg 1491 [Erhart Ratdolt], m. 83 Holzschnitten. Hain 16017. Vorh. in Wolfenbüttel (Poet. 167, 9 4°) u. ö. Vgl. Karl Baas *Notiz über Heinrich Louffenbergs 'Gesundheitsregiment'*, Alemannia 33 (1905) S. 235—37, m. Abb.; K. Sudhoff *Deutsche medizinische Inkunabeln* (Studien z. Gesch. d. Medizin 2/3) 1908, S. 17—20, m. Abb.

Straßburger Pesttraktat: *Ein tractat contra pestem, Preservative und Regiment.* Straßburg 1500, Barth. Kistler, m. 12 Holzschnitten. Copinger 4704 u. 5848. Vorh. in Berlin SB. (Inc. 2550), München u. ö. Vgl. K. Baas *Zu Heinrich Louffenbergs 'Gesundheitsregiment'*, Alemannia 36 (1908) S. 138f.; Klebs u. Sudhoff *Die ersten gedruckten Pestschriften* 1926 Nr. 69.

Züricher Kalender auf das Jahr 1508. Enth. Stücke aus dem 1., 4., 6. u. 7. Kapitel. Vorh. Berlin SB. (Oz 13124). Vgl. K. Baas a. a. O. (1908) S. 137.

Textproben s. im Folgenden. Eine Ausgabe ist für die DTM. in Vorbereitung.

Literatur: Karl Baas *Gesundheitspflege im mittelalterlichen Freiburg*, Alemannia 33 (1905) S. 40—47, m. Textproben; ders. *Heinrich Louffenberg von Freiburg und sein 'Gesundheitsregiment'*, Zeitschr. f. Gesch. d. Oberrheins N. F. 21 (1906) S. 363—89, m. Textproben. Alex. Jentsch *'Regimen Sanitatis' von Heinrich von Loufenberg.* Diss. Straßburg 1908. Ulr. Hellmann *Die naturwiss. Lehrgedichte des Hans Folz.* Diss. Berlin 1920 (Masch.-Schr.) = Jahrb. d. Diss. d. Phil. Fak. Berlin 1919/20, S. 153—161.

7. Der 'Spiegel menschlichen Heils'. Erweiternde Übersetzung des '*Speculum humanae salvationis*' in etwa 15000 Versen (Engelhardt) mit dem zugehörigen Zyklus von 192 Bildern; vollendet 1437. Anfang: *Got vatter herr ein ewig wesen.* Akrostichon s. o. Abs. 1. (Vgl. auch u. Spiegel der menschlichen Seligkeit.)

Titel nach Witters Katalog (s. u. 10), Sign. B 94. Zum übrigen Inhalt der verlorenen Hs. s. o. 2. Beschreibung von Engelhardt a. a. O. S. 15—25, 29—42, 81—90; Abb. Taf. 17, 18, 21, 2.; von Maßmann Anzeiger f. Kunde d. dt. Mittelalters 1 (1832) Sp. 42 f., m. kleinen Textproben. Die von v. Keuffer im Zentralbl. f. Bibliothekswesen 9 (1892) S. 253 angezeigte Hs. enthält nicht die L.sche, sondern die md. Übersetzung des 'Spiegels' (s. d.).

8. 'Buch der Figuren'. Vielleicht eine Übersetzung des '*Opus figurarum*' des Konrad von Alzey (s. d.), vollendet 1441. Schilderte 136 Präfigurationen der Maria; jeweils zu einem Bild fügte sich eine Beschreibung der alttestamentlichen „Figur", die Ausdeutung auf Maria und ein Schlußgebet. Nach Engelhardt 15370 Verse. Beginn: *Got riches guot grundloser schatz*; Akrostichon am Schluß: *Heinricus Loufenberg dechen ze Friburg.*

Titel aus der Handschrift (Alte Straßburger Signatur A 80). Beschreibung von Engelhardt a. a. O. S. 41 u. 43 m. Textproben. Das Bild des Verf. auch bei Könnecke *Bilderatlas*[2] 1895, S. 102, und Lidwina Boll, s. o. 4.

9. Die oben Abs. 4 genannte Straßburger Liederhandschrift enthielt Bl. 161 bis 192 ein Gespräch zwischen einem Beichtvater und seiner geistlichen Tochter, '*Vom aufsteigen durch den adel der zit in einen höhern adel der gnoden des herren in ewikeit*'; davor ein Bild der beiden Personen mit Spruchbändern; Bl. 193 bis 238 enthielten als zweiten Teil dieses Werkchens 77 Ermahnungen des Beichtvaters, jeweils mit einem Gebet.

WKL. II, S. 574. Müller a. a. O. S. 21 f.

10. Im Jahre 1749 befand sich noch in der Straßburger Johanniterbibliothek unter D 13 ein Band *Henrici Loeffenburg sermones duplices de tempore et sanctis cum passione Domini. 1425.* Da der Katalog deutsche Handschriften sonst ausdrücklich bezeichnet, handelt es sich hier um eine lateinische. Zu bemerken ist, daß hier wie in der Heidelberger Matrikel (s. o. 1) der Name *Löffenburg* lautet.

J. J. Witter *Catalogus manuscriptorum in bibliotheca sacri ordinis Hierosol. Argentorati asservatorum* 1749. Ebenso noch Gust. Haenel *Catalogi librorum mss. qui in bibliothecis Galliae, Helvetiae etc. asservantur* (1830!) S. 456. Nach Engelhardt a. a. O. S. 26 Anm. war die Hs. im Jahre 1823 nicht mehr auffindbar.

Ludwig Denecke.

'Laurin', s. 'König Laurin'.

'Leben und Tod'.

1. Vollständig wenn auch mit manchen Flüchtigkeitsfehlern steht das Gedicht von 'L. u. T.' in der erstmals von mir ausgewerteten Helmstedter Hs. 1136 auf der Landesbibliothek zu Wolfenbüttel, Bl. 306/8 (Papier, kl. 8°, 15. Jh.). Einer zweiten Helmstedter Hs. (1233) fehlen die 13. und 14. Strophe, und ebenso fehlten sie in der Vorlage, von der diese Fassung nach der Schlußbemerkung abgeschrieben ist, einem Lübecker Druck von Bartholomeus Ghotan, von dem sich Bruchstücke eines in das Jahr 1484 zu setzenden Korrekturabzugs erhalten haben (Lübecker Stadtbibliothek, seit dem Abdruck durch Mantels noch um ein Stück vermehrt); er brachte, offenbar als Einblattdruck, die ganze Dichtung auf einer Folioseite.

2. Das Gedicht, wohl nordniedersächsischer Herkunft, hat recht regelmäßige Verse von mittlerer Füllung (Auftakt und Senkungen mit wenigen Ausnahmen einoder zweisilbig, Ausgang ein- oder zweisilbig voll oder zweisilbig klingend). Es besteht aus 21 vierzeiligen Strophen (Reimstellung *aabb*), die abwechselnd dem Leben (eigentlich einem Vertreter der im Leben Stehenden) und dem Tode zugeteilt sind. Das Vorbild gab ein lat. Gedicht, der im 15. Jh. überlieferte *Dialogus Mortis cum Homine*, der in einer Hs. dem hl. Bernhard zugeschrieben wird (Vorstellungen daraus — aus Str. 1 — sind anscheinend auch in der ersten Mehrstrophe der Helmstedter Hs. 1136 aufgenommen). Anders als in einem hd. Gedicht, das sich eng an das lat. anschließt, ist diese Vorlage jedoch so frei verwertet, daß man von einer selbständigen Dichtung sprechen kann. Eindruckskräftiger als das Vorbild, vergegenwärtigt sie als ein packendes Memento mori für den in Weltlust Befangenen die Furchtbarkeit, Allmacht und Unerbittlichkeit des Todes, der unerwartet dem Unvorbereiteten entgegentritt und ihn allen Flehens ungeachtet niederstreckt. Von der mehr und mehr sich steigernden Angst des zur Erkenntnis kommenden Menschen hebt sich die unberührbare gleichbleibende, überlegene Gemessenheit des Todes ab, vor dem alles Irdische, gleichviel ob niedrig oder hoch, ein Nichts ist. Durch diese gegenbildnerische Zeichnung, welche wirkliche Gestalten erstehen läßt, durch die schlichte und dabei doch so wirklichkeitserfüllte Knappheit und durch das steigernde Gegenwärtigwerdenlassen einer in mitleidloser Geradlinigkeit dem Abschluß zustrebenden Handlung ist das nd. Gedicht der lat. Vorlage und ihrer hd. Nachbildung, wo es nur bei Worten bleibt, weit überlegen.

3. Steht die kleine Dichtung nach Gehalt und Art den Totentanzgedichten nahe, die freilich in der Vorführung verschiedener Stände weit mehr den Einzelerscheinungen der Wirklichkeit zugewandt sind, so zeigt sich im Lübecker '*Dodes Danz*' von 1489 in der Wiederkehr einiger allerdings formelhafter Verse möglicherweise auch eine Nachwirkung. Selbst schon der dramatischen Darstellung fähig, hat das Gedicht auch dem noch vor der Reformation entstandenen Fastnachtsspiel von Nicolaus Mercatoris (s. d.), das mit seinem versöhnlichen Ausgang aber doch ganz anderen Charakter trägt, die Grundlage für den Anfangsteil gegeben; dort kehrt auch die erste Mehrstrophe der Helmstedter Hs. 1136 an entsprechender Stelle wieder (v. 93/6).

Ausgabe bei W. Seelmann *Mnd. Fastnachtsspiele* (Drucke des Vereins für nd. Sprachforschung 1) 1885, ²1931 und bei Stammler *Mnd. Leseb.* Nr. 73. Das lat. Gedicht *Analecta hymnica medii aevi* hg. v. Blume u. Dreves Bd. 33 (1899) S. 287 f., das hd. bei J. J. Eschenburg *Denkmäler altdeutscher Dichtkunst* 1799 S. 426/32; dazu Zwierzina ZfdA. 41 (1897) S. 66. W. Mantels Nd. Jb. 1 (1875) S. 54 ff.; 2 (1876) S. 131 ff.; 3 (1877) S. 161 ff. R. Sprenger Nd. Jb. 21 (1895) S. 135. C. Borchling Mnd. Hss. III (GGN., Phil.-Hist. Kl. 1902, Beiheft) S. 28. L. Wolff Nd. Kbl. 44 (1931) S. 51 ff. Borchling-Claussen, Nd. Bibliographie Nr. 82.

L. Wolff.

Lebenstein, s. Gabriel v. L.

Lebkuechner, Hans, von Nürnberg, schrieb 'Kunst des Messer Fechtens', Cod. pal. germ. 430 Univ.-Bibl. Heidelberg, 116 Blatt. Ferner Cod. germ. 582 Staatsbibl. München 1482, mit Bildern, 216 Blatt. Lebküchner bezeichnet sich selbst als Dichter und Verfasser seines Werks mit dem *Messer vechten*, d. h. mit dem damals gebräuchlichen einschneidigen Dolchmesser. Zu den Versen folgt dann jeweils die Auslegung darüber in Prosa, in welcher auch der letzte Teil endet (vgl. Thalhofer).

K. Bartsch *Hss.-Verzeichnis der Heidelberger Univ.-Bibl.* S. 136.

Eduard A. Geßler.

Leeuwen, s. Dionysius du Kartäuren.

Leidnitz, s. Fröschel v. L.

Leinau, s. Heinrich v. L.

Leiningen, s. Friedrich v. L.

Lempfrit, Bruder. Mystischer Prediger aus dem Augustinerorden, von dem nichts weiter bekannt und überliefert ist als zwei Stücke aus deutschen Predigten in der Berliner Handschrift Ms. germ. quart. 191, deren Inhalt zumeist dem 14. Jh. angehört. Das erste der bei Pfeiffer Germania 3 S. 231 f. abgedruckten Exzerpte handelt von den zwölf Wegen ins Himmelreich; das zweite Stück beantwortet die Frage, warum die Hölle ewig sei, wo doch die Sünde nur zeitlich wäre, mit dem Hinweis darauf, daß der Mensch auch ewigen Willen zur Sünde trage.

Hans Neumann.

Lentzfried, s. Wilhalm zum L.

Lenz, Hans, von Rottweil (Schwaben), seit 1494 Schulmeister zu Freiburg i. Ü., dann als solcher in Saanen, zuletzt als Stadtschreiber und Schulmeister in Brugg (Aargau), wo er 1541 starb. Verf. einer 1500 abgeschlossenen Reimchronik vom Schwabenkrieg, worin zwei hist. Lieder von ihm, 1. gegen den Schwäb. Bund: *Mit lust so wil ich singen*, bei Liliencron II S. 370 (*vom bruder Hans im finstern Tann*); 2. auf die Schlacht bei Dorneck, 1499: *Woluf, ir gesellen all mit schall*, bei Liliencron II S. 407.

Jahrb. f. Schweizergesch. XXX; M. v. Rauch Vierteljahrsschr. f. Landesgesch. N. F. XX.

O. v. Greyerz.

Leone, s. Michael de Leone.

Leonrodt, s. Johannes v. L.

'Leopold von Österreich, Markgraf'. Eine Geschichte des Lebens und der Wundertaten des Markgrafen Leopold III. von Österreich (regierte 1095—1136; heilig gesprochen 1485), in deutscher Prosa 1416 aufgezeichnet, enthält Hs. 1079, Bl. 3a—14a, der Stiftsbibliothek in Klosterneuburg. Mit Abweichungen überliefert auch in der Berliner Hs. germ. oct. 111 (15. Jh.). Der unbekannte Verfasser war aller Wahrscheinlichkeit nach ein Mitglied des Augustiner Chorherrenstiftes zu Klosterneuburg. Als Vorlagen dienten ihm lateinische Chronikenauszüge und Urkunden sowie eine lateinische Vita des Markgrafen vom Jahre 1371, die er meist wörtlich übersetzte. Aus eigenem fügte er nur wenige Sätze hinzu.

Ausgabe von B. Cerník, in *St. Leopold. Festschrift hg. von* S. Wintermayr 1936, S. 18 ff. Vgl. ferner H. Maschek Jb. d. österr. Leo-Gesellschaft 1936, S. 187 ff.

Hermann Maschek.

Lerbeke, s. Hermann v. L.

Lesch (sein Vorname Albrecht stammt aus späterer Zeit) (1) ist ein früher Meistersinger. Er mag um die gleiche Zeit wie Jörg Schiller (s. d.) — also etwa 1420—1480 — gelebt haben. Genaues über seine Lebenszeit ist uns nicht bekannt. Auch seine Herkunft ist ungeklärt. Dreyer (S. 343/4) hält Goedekes Ansicht, der Dichter sei Augsburger, für irrig; auch Bartschs auf Valentin Voigt sich stützende Angabe, er habe in Nürnberg gelebt, lehnt er ab. Er hält ihn für einen Münchener. Gewährsmänner sind ihm neben Hans Sachs — u. a. M 6, Bl. 260b—261b, in dessen mgq. 414 er ja auch erscheint — Daniel Holzmann und Benedikt von Watt. Als „kunstenreichen" Nachmeister nennt ihn Michel Beheim (s. d.; cod. pal. 312 Bl. 287; Holzmann Germ. 3 S. 309), als alten „nachdichter" die Heiberger Hs. (Schröer S. 227) und Puschman (s. Münzer Nr. 71), der ihn als Goldschmied führt; Hans Folz (s. d.) erwähnt ihn in seinem großen Dichterkatalog (mgq. 414 Bl. 476b; Mayer Nr. 94 S. 351).

2. Lesch ist vor allem religiöser Dichter voll großer Tiefe und Inbrunst. Er weiß, daß keine Zunge *volle sprechen* könne, *got fatter son / wie heilig ist din angesicht* (Kolm. Hs. Bl. 825b, s. Dreyer S. 344). Er hofft ein anderes Mal, daß seine Zunge ihm *helferin* sei, wenn er Maria ein Lied widmet: der *maget fron* will er nach bestem Vermögen singen. In immer wieder von neuem gern gepflegter, althergebrachter Weise — man denke nur an Konrads von Würzburg (s. d.) Beginnen — denkt er im Bilde des Schmiedens: Schlüssel und Schloß will er ihr fertigen, um ihre Einzigartigkeit als Mutter des Heilands zu verherrlichen. *Das ist vnser frauen guldein slozz, als sy mirs in mein hercze gos* . . ., so lautet das Ende seines mit Recht von Zingerle besonders hervorgehobenen Gedichtes (Zingerle S. 359/60 = Wiltener Hs. Bl. 22b). Besonders interessant ist die Parallele zu Kettner *Ich wil zu eim schloß guldein hie singen* . . . in der Schlüsselweise (s. d.).

Innig und gläubig klingt der Beginn eines geistlichen Liedes: *Zeuch durch die wolken mein gesank* (Aretin S. 1149ff.) und, ein anderes Mal, *Ave maria dich lobet musica* (Kolm. Hs. Bl. 18a; s. Dreyer S. 345). Ganz traditionell ist des Meisters Bitte um Beistand des Heiligen Geistes für sein Beginnen (s. Kolm. Hs., Bartsch Nr. 183, S. 51/52; Zingerle S. 360 usw.).

Daß dieser Meistersinger nicht wie mancher seiner Kunstgenossen — ich erinnere an Jörg Preining (s. d.) und an Zobel (s. d.) — altüberlieferte Legenden in neuer Form zu berichten weiß, sondern dem bekannten Stoffe durch Darbietung eigenen Erlebens anziehenden Duft zu verleihen versteht, erweist sein Lied: *Ich kam für aines fürsten haus.* L. erzählt hier die Legende vom Hl. Wolfgang; er selbst habe in dem bekannten Wallfahrtsorte im Salzburgischen Erhörung und Heilung gefunden: *wer noch dar kumbt vnd laist sein rist, / sein bueß vollend(e)t auch / vnd sucht das goczhaus sunder haim, / den hat genad vmbfangen. / Ir frawen vnd ir mannen, / ir nemend all bei dem Leschen war, / der gieng gesundt von dannen / vnd kam wol mer dann halber toter dar* (Zingerle S. 361 = Wiltener Hs. Bl. 26a).

L. ist auch insofern ein wahrer Meistersinger, daß er von „Gelehrsamkeit" künden will, daß er seine Verse mit Gleichnissen und Fremdworten belastet, daß er sich in mystischen Bildern ergeht. Man könnte sagen, daß die Vorliebe für fremde Worte und Wendungen eines Wolfram von Eschenbach sich bei einem Frauenlob (s. d.), Harder (s. d.), Hülzing (s. d.), Peter von Reichenbach (s. d.) (s. a. Kienast), Lesch manches Mal zu Undurchsichtigkeit und Undeutbarkeit fast steigert. Lesch sagt von Maria: *du pist schon durchpoliret* (in: *Gib dein hilf zu steure,* Aretin S. 1170), er gibt ein Rätsel auf von einem Geier, der auf einem *fiurîn bogen* geflogen kommt, sechzig Pfeile, zwölf Strahlen mit sich führt und dazu *von süezikeit ein ruot*, von zwölf Falken, die dem streitbaren Geier nahe sind, und von fünf Rosen. Der Geier aber ist Gott am jüngsten Tage, der auf einem Regenbogen *in wolken brunst* naht, die zwölf Falken sind die Apostel, die zwölf Strahlen bedeuten alle Christen, Maria ist die süße Rute usw. usw. (Kolm. Hs., Bartsch, Nr. 183).

3. Dieses Rätsel ist an die Sangesgenossen gerichtet. Mit seinem Eingange: *Waz hilft mich daz ich singe, / ir wegentz alle geringe, wan ein hoertz gern, / der ander nit / der drit* . . . gemahnt es an die Programmgedichte der Dichter seit frühen Zeiten: Walther von der Vogelweide (s. d.), der Marner (s. d.), Friedr. von Sunnenburg (s. d.) und viele andere müssen klagen, daß man es nie jemandem recht machen könne (Oppenheim S. 5 und ebd. Anm. 1). Auch andere Gedichte des Meisters sind nicht als eigentlich „geistlich" zu bezeichnen. Doch sein Denken ist so stark religiös fundiert, er sieht die Welt derart reflektierend an, er ist so wenig ergriffen von der Welt des Tages, daß seine Lieder doch niemals „weltlich" geheißen werden können. Weltabgewandt und gänzlich der klerikalen Klage über die Nichtigkeit des Irdischen entwachsen, lautet es (Zingerle S. 360 = Wiltener Hs. Bl. 25b): *Wann ich bedengk mein krangkes leben / so ist mir trauren eingegeben. / mit grossen sorgen / den abent den morgen / pin ich betruebet.* Auch hier ist an andere Dichter zu denken, die zutiefst die Endlichkeit und Unbeständigkeit des Daseins empfanden und besangen: nicht nur etwa Walther von der Vogelweide, Frauenlob (s. d.), Harder, Kebicz (s. d.) legen davon Zeugnis ab, seit alten Zeiten lebt das gleiche Empfinden (s. Oppenheim S. 35 und ebd. Anm. 3, 4). Auch die Klage über den allgemeinen Verfall der Mannestugend, die Überbewertung des Geldes (Zingerle S. 360) ist seit alters her zu vernehmen — ich denke an Boppe (s. d.), Hermann Damen (s. d.), Rûmzlant (s. d.), Muskatblüt (s. d.) und noch Balthasar Wenck (s. d.; s. Oppenheim S. 21 und ebd. Anm. 2). Auch das an gleicher Stelle erwähnte „Kleid der Frau Ehre" ist eine alte literarische Floskel, die schon bei Konrad von Würzburg (s. d.), dem Schulmeister von Eßlingen (s. d.), Reinmar von Zweter (s. d.), Kanzler (s. d.), Suchensinn (s. d.) und anderen Verwendung findet (s. Oppenheim S. 47f. und ebd. Anm. 2).

4. Dichter wie Frauenlob und Suchensinn lobten die irdische Frau in denselben geweihten Worten wie die eine himmlische: so klingt L.s weltliches Lied: *Ich lob die reine frauwen zart / vor allez daz vff erd ie wart* (Kolm. Hs. Bl. 821a; Bartsch S. 84) wie eine Verherrlichung Mariae. Den Vorzug vor des Maien Blüte gibt er — ebenso wie einst Marner und Suchensinn (s. Oppenheim S. 10 und S. 46) — der Frau; anmutig und zart, recht ein Zeugnis dafür, wie enge Beziehungen doch zwischen Minnesang und Meistergesang herrschen (s. Stammler), klingt es: *Man sol der zarten frauwen nit vergessen / wo sie by werten mannen sint gesessen, / da wirt fruntschaft gemessen / mit worten gut, / vnd suße red vß frauwen munt gyt mangen hohen mut.* Hier ist doch noch ein gewisses Ahnen wahren Ritterwesens: wie farblos dagegen bei Suchensinn und bei Muskatblüt bürgerliche Abneigung gegen höfische Wagehalsigkeit, im 'Grafen von Savoyen' (s. d.) das nur als Staffage benutzte Hofmilieu.

5. Nicht nur im obengenannten Rätsel wendet sich L. an seine Sangesgenossen und zeigt, daß er überzeugt ist von der Würde seiner *kunst*. Er fordert Bewährung, er fragt nach dem Meisterstuhl, den man innehatte, er erkundigt sich nach der Schule, die man besucht hat (Zingerle S. 362). Er selbst sehnt sich danach, *konstenrîche* zu sein (Kolm. Hs. Bl. 819b, s. Dreyer S. 346). Wenn sein Wunsch, *nüwen sang* (ebd.) zu singen, sich wirklich auf eine neue Melodie beziehen sollte, dann müßte unser Meister schon einen Abglanz Folzscher Meistergesangesreformation — etwa 1480 — verspürt haben (s. a. Nestler von Speyer; zur Revolution im Meistergesang Stammler *Wurzeln* S. 556 und *Von der Mystik zum Barock* 1927, S. 218ff.). Dreyer sagt zu Leschs

Lied: *Gesang ist wise meisterschaft* (Kolm. Hs. Bl 823b), der Meister sei sich dessen bewußt, daß die Gabe der Dichtkunst den Menschen angeboren sein müsse: kann man wirklich L. im reinsten Sinne des Wortes eine solche Ansicht zutrauen, dann erhöbe er sich weit über die überwiegende Zahl seiner Sangesfreunde: eine solche Meinung erlaubte sich wohl einmal Frauenlob (Ettmüller Nr. 321), im allgemeinen aber glaubte man, daß die „scientia", die sieben freien Künste, das Wesen der Dichtkunst vermittelten (s. Stammler *Wurzeln* S. 530, S. 543ff. und Literatur bei Oppenheim S. 6 Anm. 5, 6, 7 und S. 7 Anm. 1, 2).

Das Gesamtbild, das man von L. gewinnt, ist das eines formsicheren, nicht über allgemeines Maß als Individualität hervorragenden Dichters seiner Zeit, eines Meistersingers, der wohl einmal — im „goldenen Schloß" — über das Üblich-Gebotene hinausging, der sich aber dort eben selbst einmal übertraf. Sympathisch berührt sein Festhalten an einer Grundstimmung, sein Innehalten einer Schaffenslinie. Dem widerspricht nicht, daß er, der biedere Schulgenosse, auch ein siebenstrophiges Loblied auf die Handwerker Schmied, Köhler, Weber, Spinnerin, Müller, Gerber verfaßte (Bl. 818b—819a; s. Dreyer S. 346).

6. L. muß einen guten Namen gehabt haben. Nur so ist es zu verstehen, daß eine Anzahl von Liedern in den verschiedensten Hss. unter seinem Namen gehen und doch z. T. ihm nicht zuzuschreiben sind (s. Dreyer S. 347ff.; WKl. II Nr. 545, 546, 587, die nach Goedekes Meinung — I S. 313 — nicht von ihm gedichtet, nur in seinen Tönen verfaßt sind). Wie beliebt und allgemein anerkannt des Meisters Töne waren — noch Münzer S. 17b empfindet, wie eindrucksvoll sie sind — geht auch daraus hervor, daß — ebenso wie z. B. bei Drabolt (s. d.), Folz, Frauenlob u. a. — eine Unzahl von Dichtern sich noch lange späterhin seiner Weisen bedienten: so Adam Puschman, Daniel Holzmann, Albertus Krantz, Benedikt von Watt, Georg Holzbock, Jakob Mayr von Augsburg, Kaspar Klypisch, Hans Weidner, G. Winter, Mangen, Alexander Sauerweid, Wolf Bauttner, Ambrosius Metzger, Max Metzger (s. d.), Kilian Loer, Fritz Fesselmann, Joerg Frölich, Ha. Walter, H. Weber, A. Nehr, St. Stein, Stainschneider, Johannes Spreng (Angabe bei Dreyer S. 349).

Weisen Leschs: Feuerweise oder Mühlweise, Gekrönte Reie, Goldene Reie, Das goldene Schloß, Hofweise, Kurzer Ton, Süßer Ton, Tageweise, Zirkelweise oder Ziegelweise, Zugweise.

In folgenden Hss. erscheinen Gedichte des Meisters: Basler Hs.O IV 28; cgm. 351, Bl. 219 a—220 b, 258—259; cgm. 778, Bl. 141—144; cgm. 4997, Kolm. Hs., Bl. 18 a, 817 a—830 b (ich zähle nach Bartschs Angaben; Dreyer numerierte alles um vierzehn Zahlen später); cgm. 5198; Wiltener Hs., Bl. 22 a—29 a, 37, 413 b; Donaueschinger Hs. 262, Bl. 219—221; Heiberger Hs.; mgq. Berol. 414, Bl. 356 b ff.; pal. germ. 680, Bl. 154 b ff.; Puschmans Singebuch, Breslau; Wiener Hs. 2856, Bl. 275 b—278 b.

K. Bartsch *Die Meisterlieder der Kolmarer Handschrift* (StLV. 68) 1862. B. J. Docen *Beschreibung einer Sammlung alter Meistergesänge*, Aretins Beyträge IX (1807). A. Dreyer *Hans Sachs in München und die gleichzeitigen Münchener Meistersinger*, Analecta Germanica H. Paul dargebracht, 1906, S. 343 ff., 358 f., 371 ff., 375 f., 378 f. A. Holzmann *Meistergesänge des XV. Jh.s*, Germania 3 (1858) S. 314. Mone Anzeiger f. Kunde d. dtsch. Mittelalters 7 (1838) Sp. 380. G. Münzer *Das Singebuch von Adam Puschman* 1906. H. Oppenheim *Naturschilderung und Naturgefühl bei den frühen Meistersingern* (Form und Geist 22) 1931. K. J. Schröer *Meistersinger in Österreich*, Germ. Stud. II (1875) S. 197ff. W. Stammler *Die Wurzeln des Meistergesanges*, Dt. Vjschr. 1 (1923) S. 529 ff. Ign. v. Zingerle *Über die Wiltener Hs.*, Wiener Sitzungsberichte, Philos.-hist. Klasse 47 (1861) S. 331 ff.

Horst Oppenheim.

Lettland, s. Heinrich v. L.

Leupold, s. Leopold.

Leuthold v. Seven, s. Nachtrag!

Leutschau, s. Johannes v. L.

Liber, s. Vrie.

Lichtenauer, Johannes, Meister.

Cod. C. 487 Landesbibl. Dresden, Pergamenthandschrift, 15. Jh. 1. H. Cod. No. 57 Ambras. Sammlung kunsthist. Sammlungen Wien, 1459, Cod. ms. 3327. Germ. Museum Nürnberg, Sammelcodex. Bl. 13 b—40 a von 1389. Cod. Vatican. No. 1449. Rom, 1462. Cod. Ch. A. No. 558 Bibl. Gotha, 1443. Davon Abschrift des 18. Jh. Cod. phil. 61 Univ.-Bibl. Göttingen, Blatt 16—23.

Lichtenauer ist der Verfasser des ältesten deutschen Fechtbuches von 1389, das sich in einer Handschrift, aus der 1. H. des 15. Jh. stammend, in Dresden erhalten hat, es ist betitelt: *Hie hebt sich an die Ritterlich Kunst dess langen Schwerts. In sant Jorgen namen höbt an die kunst des fechtens, die gedicht und gemacht hat Johannes Liechtenawer.* Aus der Einleitung erfahren wir, daß der Text absichtlich mit verborgenen und versteckten Worten verfaßt wurde, damit er nur den Sachkundigen verständlich sei. Diese Worte hat Meister Siegmund Ringeck, des Fürsten Ruprecht III. Pfalzgrafen bei Rhein Fechtmeister, glossiert. In der Tat ist in diesen Anweisungen der Fechtkunst sehr vieles unmöglich zu erklären, die Bedeutungen einzelner Ausdrücke sind dunkel, und der Sinn absichtlich verwischt. Dies Fechtbuch bildet die Grundlage der verschiedenen Fechtbücher des 15. Jhs., so für dasjenige von Thalhofer (s. d.) und Kal (s. d.). Der Text ist bei Thalhofer am besten übermittelt in der Gothaer Bilderhandschrift von 1443. (Herausgegeben von G. Hergsell *Livre d'escrime de Thalhofer* (*Code de Gotha 1443*) 1901 S. 19—23.) Die Überschrift lautet: *Hye hebt sich an meister Liechtenawers chunst desz lengen swerts anno dni XLVIII jar.* Zuerst folgt die *gemeine ler des swertz*; hier werden die Fechtvorschriften gegeben und darauf die Namen der verschiedenen Hiebe, Stiche, Auslagen und Paraden. Ausnehmend lebenswahre und kräftige Bilder großen Formats erklären diesen teilweise unverständlichen Text.

M. Jähns *Geschichte der Kriegswissenschaften* 1889, S. 368—371. K. Bartsch ADB XVIII (1884) S. 536/37. Jacobs und Uckert *Beiträge zur älteren Literatur* III (1838) S. 107—114.

Lichtenauer war der Gründer einer ganzen Fechtschule; die Namen der Meister gibt Cod. 3227 a des Germ. Mus. Nürnberg wieder und ebenso Paulus Kal in seinem Fechtbuch (s. Kal).

Eduard A. Geßler.

Lichtenberger, Johann.

1. J. L. war ein Astrolog in der zweiten Hälfte des 15. Jh.s. Seine Heimat ist Lichtenberg im Kreise St. Wendel bei Trier. Er erfreute sich wegen seiner astrologischen Kenntnisse bei Kaiser Friedrich III. hoher Gunst. Seine '*Pronosticatio*' erschien 1488 in lat. Sprache, seine '*Practica*' 1499. Beide Werke sind sehr oft, auch in deutschen Übersetzungen, wieder aufgelegt. Ihre Nachwirkung kann man bis in den Beginn des 19. Jh.s verfolgen, noch 1806 nach der Schlacht bei Jena wurde sie als Orakel benutzt. Auf allen sächsischen Bibliotheken war die Nachfrage ,,unbegreiflich stark" (Ebert 11972).

2. Unter den deutschen Ausgaben ist die, die 1527 in Stephan Roths Übersetzung bei Hans Lufft zu Wittenberg erschien und von Lemberger mit Holzschnitten versehen wurde, von besonderer Bedeutung, weil Luther eine Vorrede dazu schrieb. Eine Prophezeiung, die an eine Planetenkonjunktion von Jupiter und Saturn im Zeichen des Skorpions anknüpfte, spielte in der astrologischen Literatur des 15. und angehenden 16. Jhs. eine große Rolle und wurde auch von L. in seine Pronostikation übernommen. Es sollte dadurch auf eine kirchliche Revolution hingewiesen werden, die ein Mönch hervorrufen würde. Durch den Bauernaufstand und Thomas Münzer glaubte man diese Voraussage erfüllt. Die Geistlichen und Herren lebten nach Niederwerfung des Bauernaufstandes in alter Sorglosigkeit dahin, und Luther wollte sie durch den Hinweis auf die Prophezeiungen L.s, die nach seiner Meinung zu Unrecht auf Th. Münzer und den Bauernkrieg gedeutet waren, erschüttern und aufrütteln. Dabei interessiert L.s Schrift Luther wegen ihrer astrologischen Weisheit nur wenig. *Die zeichen am hymel vnd auff erden feylen gewislich nicht / Es sind Gotts vnd der Engel werck / warnen vnd drewen den gottlosen herren vnd lendern / bedeutten auch ettwas / Aber*

kunst darauff zu machen ist nichts. Die L.schen Weissagungen wurden, was ja recht nahe lag, z. T. auch auf Luther selbst gedeutet, so steht in dem Hamburger Exemplar der lat. Ausgabe von 1492 auf einem Bilde, das den von einem kleineren Mönch begleiteten Propheten darstellt, neben der größeren Gestalt: *Dyth ist Martinus Luther* und neben der kleineren: *Philippus Melanton.*

Eine handschriftliche Überlieferung L.s birgt die Wiener Staatsbibliothek im Cod. 10528 (Philos. 429) Bl. 207 a bis 226 b: Johannes Lichtenberger *Responsa germanica de variis quaestionibus astrologicis.* Über die Drucke vgl. Ebert Nr. 11960—11972; Hain Nr. 10080—10089 und Supplement (by W. A. Copinger) Part I S. 295, Part II, Vol. I Nr. 3577; Proctor Nr. 161, 775, 3264; J. Ch. Brunet *Manuel du libraire* III (1862) S. 1071.

ADB. XVIII S. 538 ff.; A. Warburg *Heidnisch-antike Weissagung in Wort und Bild zu Luthers Zeiten,* Sitzungsb. d. Heidelb. Ak. d. W., Phil.-hist. Kl. 1920. Luthers Vorrede ist abgedruckt in der Weim. Ausg. XXIII S. 1—12.

Eduard Brodführer.

Lichtenstein, s. Gabriel u. Ulrich v. L.

'Von der Lieb des Nächsten'. Unter diesem Titel überliefert Hs. 363 der Stiftsbibliothek Klosterneuburg (15. Jh.), Bl. 161^b—163^b, einen mystischen Traktat, der inhaltlich der Schrift '*De dilectione Dei et proximi*' des Nikolaus von Dinkelsbühel (s. d.) nahestehen dürfte, die auch von Thomas Peuntner (s. d.) deutsch bearbeitet wurde. Anfang: *Item von der lieb des nagsten. Augustinus spricht das tugent nicht anders ist.* Schluß: *Davon das di aynung vollikleich hie ist. Amen.*

B. Cerník-H. Pfeiffer *Cat. cod. mss. qui in bibl. Claustroneoburgi asservantur* II (1931) S. 136.

Hermann Maschek.

'Liebe Buch, Der neuen'.

1. Überlieferung. Diese Minneallegorie ist uns in einem, in zwei Exemplaren auf uns gekommenen, Wiegendruck überliefert, der wahrscheinlich 1487/88 in der Offizin von Konrad Dinckmut (s. d.) in Ulm entstanden ist. Beiden Exemplaren fehlt leider das erste Blatt und damit die Angabe von Titel und Verfasser. Unser Titel, dem v. 1178 entnommen, ist ein Notbehelf: das Gedicht selbst nennt sich nicht 'Der neuen Liebe Buch', aber es dreht sich um ein geheimnisvolles Manuskript, das diesen Titel führt.

2. Inhalt. Der Dichter ruft zunächst Merkur um Hilfe an: *O Got Mercurius / Von dir ze furdernusz / Beger ich hilff und gunst / Syd du wolredens kunst / Ain got und geber bist.* Mit einem Gefährten geht er auf den Anstand, und bei dem Brunstgeschrei der Hirsche kommen ihm allerlei Gedanken über die Liebe. Jäh werden diese Betrachtungen gestört durch die Ankunft eines nackten Reiters, eines Boten aus „der alten Stadt" mit der „Freudenburg" im „Wasserland". Der gibt dem Dichter ein Buch, in dem Mittel beschrieben werden, wie er in dies Land der Buhlschaft gelangen könne. Statt des Dichters zieht sein Gefährte dorthin, kehrt nach sieben Jahren zurück und gibt dem Dichter „Der neuen Liebe Buch" nebst einem Brief, der eine Beschreibung der Stadt der Liebe enthält, des Reiches der neuen, idealen „Buhlschaft".

3. Metrik. Das 1791 Verse umfassende Gedicht ist in Reimpaaren verfaßt, und zwar bekennt der weder versgewandte noch reimreiche Dichter ausdrücklich, daß er sechssilbige Verse mit stumpfem Ausgang bauen wolle, die aufs genaueste abgemessen seien. Dieser Aufgabe wird er freilich nur unter starken Verstößen gegen Satz- und Wortakzent gerecht. Den Schluß des Ganzen markiert ein Dreireim.

4. Stil. Die äußere Form bedingt den Stil natürlich wesentlich: der monotone Sechssilbler erlaubt keine volle Entwicklung des Gedankens, sodaß die Darstellung sprunghaft erscheint. Im Einzelnen hat Hofmann (s. d.) gezeigt, wie Alltagsrede, Kanzleisprache und höfischer Stil zusammen mit einer gewissen Fremdwörtersucht einen sehr unpersönlichen Mischstil geschaffen haben, der sich in vielen Punkten mit dem Hermanns von Sachsenheim (s. d.) berührt.

5. Literarische Beziehungen. Der Verfasser erweist sich als ein Schüler H.s v. Sachsenheim, ist aber auch mit der

Jagdallegorie des Hadamar von Laber (s. d.), mit der Schachsymbolik des Jacobus de Cessolis und dem Liebestraktat des Andreas Capellanus bekannt.

6. Verfasser. Gottsched, der unser Gedicht bereits erwähnte, nennt als Verfasser einen gewissen Joseph, doch ist das offenbar ein Mißverständnis gewesen. Wir kennen den Dichter nicht. Wir wissen nur, daß er, wie auch sein Drucker, Schwabe war, und daß er sein Gedicht 1486 verfaßte. Vielleicht war er fürstlicher Kanzleibeamter, in einer Stellung also, wie sie am württembergischen Hofe wenige Jahre zuvor Niklas von Wyle eingenommen hatte. Jedenfalls deutet sein Streben, dem Geschmack der für ritterliche Dichtung eingenommenen Kreise Rechnung zu tragen, darauf hin, daß er Fühlung mit solchen Kreisen hatte.

Gottsched *Deutsche Sprachkunst*[2] S. 516. E. Martin AfdA. 5 S. 224. H. Hofmann *Ein Nachahmer Hermanns von Sachsenheim.* Diss. Marburg 1893 (darin ein Abdruck des Textes); dazu H. Wunderlich Litbl. 1895 Sp. 78 ff.

Arthur Witte.

Liebesberg, Der Schenk von. Edmund E. Stengel fand auf der Kasseler Landesbibliothek die Sammlungen von Briefen, Urkunden u. ä., die der aus Eisenach gebürtige und 1364 als Dekan des Mainzer Domkapitels verstorbene Rudolf Losse zusammengebracht hat. Die Aktenstücke betreffen zum geringeren Teile Privatangelegenheiten Rudolf Losses; in der Hauptsache handelt es sich um Kopien von Schriftstücken, die er im Dienste des Bischofs Balduin von Trier verfaßte oder bearbeitete. Mitten darin befindet sich ein Heft, das Lieder und Reimpaarreden der Zeit etwa von 1240 (Reinmar von Zweter) bis 1340 enthält. Unter den Stücken rheinfränkischer Herkunft „sind ... von besonderem Interesse die ... Lieder zweier bisher unbekannter Minnesänger, des Schenken von Liebesberg und des Knappen Ulrich von Baumburg, die unter dem Einfluß der schwäbisch-alemannischen Formenkunst stehen."

Vgl. Fr. Vogt PBB. 48 S. 125; *Nova Alamanniae, Urkunden, Briefe und andere Quellen besonders zur deutschen Geschichte des 14. Jh.s,* hrg. von Edmund E. Stengel, Bd. I Berlin 1921, Bd. II Teil I Berlin 1932 (Bd. II Teil II, der den Abdruck des Liederbuches bringen soll, ist noch nicht erschienen).

H. Niewöhner.

'Liebesbrief', s. Gozold.

'Liebesklagen'. So nennt Schmeller richtig das Gedicht, dem er anderwärts den Titel 'Des Lubrers Lehre' gibt. Siehe Luber und Laber! Niewöhner.

'Liebesstreit', s. Ruschart.

Liechtenauer, s. Lichtenauer.

Liechtenstein, s. Gabriel u. Ulrich v. Lichtenstein.

'Liederbuch, Hohenfurter', 1. ist in einer Papierhs. des Zisterzienserstiftes Hohenfurt in Südböhmen überliefert. Die Hs. enthält 79 Liedtexte und 38 Singweisen. Ihr Inhalt gliedert sich in zwei Teile, die wahrscheinlich von zwei verschiedenen Verfassern herrühren. Den zweiten Teil hat „ein großer Sünder" gedichtet, der sich dreißig Jahre in der Welt umtat, dann sich vom weltlichen Getriebe abwandte und seine Blicke auf das Jenseits richtete. Aus Andeutungen hat man gefolgert, daß er ein Gelehrter und wohl ein Laienbruder gewesen sei. Er war ein begabter Dichter, der die Lieder ihrer Sprachform nach in der 2. Hälfte des 15. Jh.s schrieb. Ihre Mundart ist bairisch-österreichisch. Die erhaltene Hs. dürfte nicht die Urschrift, sondern eine Abschrift von der Hand eines Hohenfurter Mönches sein.

2. Die Lieder 1—39 bilden eine Einheit; sie behandeln die Jugendgeschichte Jesu und die Passion. Sie halten sich an die Bibel oder die Tradition. Die dichterische Gestaltungskraft ist gering; nur die Teile, welche Christi Leidensweg darstellen, sind stellenweise gut und ergreifend. Im allgemeinen erheben sie sich nicht über die übliche geistliche Dichtung der Zeit und zeigen formell alle Schwächen des ausgehenden Mittelalters. Der zweite Teil umfaßt die Schilderung der einzelnen Stufen im Seelenkampfe des großen Sünders, bringt aber auch Weihnachts- und Osterlieder. Haben wir im ersten Teile den Eindruck, daß

ein Dichter eine ihm gestellte Aufgabe erledigt, so fühlen wir hier, daß ein Mensch aus seinem Innersten heraus schafft. Eine starke, naive, gemütvolle Persönlichkeit spricht zu uns, frei von allem Gesuchten und Erklügelten in Sprache und Bild. Neben Liedern mit rückhaltloser Selbstanklage stehen Lieder an Maria voll zarter Inbrunst. Die Melodien, denen die Texte untergelegt sind, stellen weltliche Weisen dar, wie das in jener Zeit öfters begegnet. Auch im Text finden sich Anlehnungen an das Volkslied. Formell stehen auch die Gedichte des zweiten Teiles nicht auf der Höhe, namentlich der Reim bleibt mangelhaft. Aber es sind eben Gebrechen, welche in der Zeit liegen, der Dichter verdient hohe Anerkennung.

3. Stehen die Lieder des ersten Teiles unter dem Einfluß der Franziskaner-Predigt, so wird der Gedankengang der Lieder im zweiten Teil durch die Mystik bestimmt. Die Schriften von Tauler (s. d.) und Seuse (s. d.) müssen unserem Dichter wohl bekannt gewesen sein. Die drei Wege, die ein „gelassener Mensch" nach Seuse gehen muß, der Reinigung, der Erleuchtung und der Einigung in Gott, lassen sich in seinen Liedern deutlich nachweisen.

Kehrein *Die ältesten katholischen Gesangbücher* II S. 694. W. Bäumker *Ein deutsches geistliches Liederbuch mit Melodien aus dem 15. Jh.* 1895; dazu R. Wolkan Mitt. d. Ver. f. Gesch. d. Deutschen i. Böhm. 34 (1896), Lit. Beil. S. 84.

E. Gierach.

Liegnitzer, Andres. 'Fechtbuch'. Cod. Vatican No. 1449 Rom, 1462. *Meister Andreas Kunst: Das kurcz swert zu gewappneter handt zu geleicher ritterlicher Were* ist als Anhang dem obigen Exemplar Lichtenauers (s. d.), als dessen Schüler, beigegeben.

M. Jähns *Geschichte der Kriegswissenschaft* 1889 I S. 371.

Eduard A. Geßler.

Lienau, s. Heinrich von Leinau.

Lienz, Burggraf von. Unter diesem Namen, ohne Vornamen, bringt die Heidelberger Handschrift zwei Lieder. Es ist daher schwer zu entscheiden, welchem der beiden in Frage kommenden Angehörigen der reichen kärntner Familie, Ministerialen des Grafen Meinhard von Görz, sie zuzuschreiben sind. Der Vater Heinrich, urkundlich von 1231—1258 belegt, wird in Ulrich von Lichtensteins (s. d.) 'Frauendienst' dreimal erwähnt (89, 26; 191, 5 und 11; 490, 11). In seine Lebenszeit würde auch die im ersten Gedicht als beabsichtigt erwähnte Kreuzfahrt sich besser einfügen, die auf 1227/28 bezogen werden kann. Für den Sohn, Konrad, belegt 1251—1269, spricht neben dem Vordringen der Mundart eine fast silbenzählende Metrik mit starken Kürzungen. Die beiden Lieder sind Tagelieder, von denen das erste nichts Besonderes bietet, während an das zweite, das Motiv des Scheidens weiter spinnend, eine 6. Strophe locker sich anschließt, worin von der vorhabenden Fahrt *ze Kristes grabe* gesprochen wird.

HMS. 1, 211 f.; 4, 149 f. Bartsch-Golther *LD.* XXXV. Wilmanns ADB. XIX S. 617. Kummer *Herrand von Wildonie* S. 71 ff.

G. Rosenhagen.

'Ligurinus', s. Gunther von Pairis.

'Die Lilie'.

Einzige Hs. 68 Nassauische Landesbibl. Wiesbaden, aus einem nassauischen ungenannten Kloster.

Der Verfasser ist in der Kölner Gegend zu suchen, weil 42, 19—43, 12 mit Maria, der „Kaiserin" des himmlischen Hofes, einzig die 11000 Jungfrauen als ihr „Gesind" genannt werden. Die anfangs in Prosa, später ganz in Reimen gefaßte allegorische Ausdeutung der 'L.' stellt in theologisch gut durchdachter Weise das heilige Leben für bürgerliche Kreise und besonders für Nonnen dar. Die Datierung, die Wüst der Hs. gibt (12. Jh.), wird durch die beigegebene Lichtdruckprobe widerlegt. Die Hs. ist später (13.—15. Jh.). Auch der theologische Inhalt setzt die Lit. des 13. Jhs. schon voraus; z. B. wird 43, 7—12 die Lehre von der Aureola, die Märtyrer, Jungfrauen und Lehrer im Himmel zieren wird, als selbstverständlich vorgetragen, obwohl sie bei Albertus Magnus (s. d.) noch nicht in dieser Form auftritt, bei Bonaventura aber und Thomas v. Aquino (s. d.) — bei letzterem auf grund eines

Textes von Beda — mit Zuversicht entwickelt wird und seitdem Gemeingut der Theologen bleibt. Beachtenswert die Herz-Jesu-Verehrung 2,34—3, 6; die eucharistische Frömmigkeit 38, 32—40, 34 und die edle bürgerliche Ethik mit ihrer übernatürlichen Weihe der Gatten- und Elternliebe, ihrer Verpflichtung zur Liebe des Gesindes und der Nachbarn, was in die Zeit der von Stammler (ZfdPh. 53 [1928] S. 8 ff.) auf Thomas v. Aquino zurückgeführten ethischen Richtung der „bürgerlichen" Dichtung weist. — Die Sprache ist mittelfränkisch. Rein äußerlich verbindet das Format der Hs., in der außer der 'L.' noch vier kurze Gedichte stehen ('Die drei Blumen des Paradieses', 'Das himml. Gastmahl', 'Der dreifache Schmuck der Jungfrauen', 'Warnung von der Sünde') diese mit der auch inhaltlich und sprachlich verwandten Hs. DG IV 17 des Prämonstratenser-Klosters Strahow bei Prag (aus Camp im nassauischen Rheinland), welche die 'Rede von den 15 Graden' enthält und von Pfeiffer und Wackernagel demselben Verfasser zugewiesen wird (vgl. die Auszüge daraus von W. Dolfel Germ. 6 S. 144: *Wan dat haven wir in der lilien vollicheren gesprochen*), und mit dem sog. Mahrenberger Psalter v. 1448, Hs. 1593 der Grazer Un.-Bibl., den Polheim zur Ausgabe in den DTM. vorbereitet. Alle drei sind „Nonnengebetbücher im Taschenformat", wie es dem 12. Jh. unbekannt ist.

Ausgabe von Paul Wüst in DTM. XV 1909. — Hoffmann v. Fallersleben Germ. 3 (1858) S. 56—58; Polheim AfdA. 38 (1912) S. 45 ff. J. B. Schoemann *Die Rede von den 15 Graden* (Germ. Stud. 80) 1930.

Engelbert Krebs.

Lilienfein, s. Gilgenfein.

Lilienfeld, s. Ulrich v. L.

Limburg, Schenk von. Minnesänger aus urspr. fränkischem Adelsgeschlecht, das unter den letzten Hohenstaufen das Reichsschenkenamt bekleidete und vor allem in der Gegend von Hall a. Kocher begütert war. Als Dichter kommt in erster Linie der zwischen 1256 und 1268 urkundlich nachweisbare Konrad von Limburg in Frage. Er begleitete Konradin, zu dessen engerer Umgebung er gehörte, nach Italien (eins der Lieder spricht davon, daß der Dichter durch Gebirge weit von der Geliebten getrennt sei) und hat bis zur Schlacht bei Tagliacozzo bei ihm ausgehalten. Gestorben ist er wohl um 1280 in der Heimat. Überliefert sind sechs Minnelieder, die nicht nur der Form nach auf hoher Stufe stehen, sondern die trotz des typischen Inhalts einen frischen, warmen und persönlichen Ton haben. Rhythmisch und klanglich sind sie sehr fein abgestimmt, Dreistrophigkeit, Refrain und Binnenreime ordnen sie schwäbisch-alemannischer Kunstübung ein.

Große Heidelberger Liederhs. *C* (Universitätsbibliothek Heidelberg Cod. Germ. Pal. 848, Nr. 32, Bl. 82c—83d mit Bild). Berliner Hs. *f* (Staatsbibliothek ms. germ. 4. 764, mit Bild). F. Pfaff *Die große Heidelberger Liederhs.* I (1909) Sp. 241—246. [Bodmer] *Proben der alten schwäbischen Poesie des 13. Jahrhunderts* 1748 S. 43—45 (= II, 2. III, 2. 3. V, 1. 2). Bodmer *Sammlung von Minnesingern aus dem schwäbischen Zeitpunkte* I (1758) S. 57—59. HMS. Nr. 35, I 131—134. III 599. 827. IV 126—132. B.-G. Nr. 44, S. LXVI f. 239—241 (= IV. V). F. Pfaff *Der Minnesang des 12. bis 14. Jahrhunderts* o. J., S. 180 f. (= V). Bragur 7, 1 (1802) S. 151 f. (= VI). L. Tieck *Minnelieder aus dem schwäbischen Zeitalter* 1803 S. 101—106 (= II—V). W. Storck *Buch der Lieder aus der Minnezeit* 1872 S. 218 f. (= V). K. Pannier *Die Minnesänger*[2] 1881 S. 250 f. (= V). R. Zoozmann *Deutscher Minnesang* o. J. S. 218 f. (= V). — Chr. F. Stälin *Wirtembergische Geschichte* II (1847) S. 600—606. 767 f. Fr. H. v. d. Hagen *Bildersaal altdeutscher Dichter* 1856 S. 75—77, 233; Taf. XVIII, XLVII. K. Burdach ADB. XXXI (1890) S. 61 f. = *Reinmar der Alte und Walther von der Vogelweide*[2] 1928 S. 395—397. F. Grimme *Vornamenlose Minnesinger*, Germ. 37 (1892) S. 159—161; ders. *Die rheinisch-schwäbischen Minnesinger* 1897 S. 192 bis 198, 292 f. E. Sievers *Zur Klangstruktur der mhd. Tanzdichtung*, PBB. 56 (1930) S. 195.

Elisabeth Karg-Gasterstädt.

Limburg, s. Gerlach v. L.

'Limburger Chronik', s. Elhen, Tileman.

Linau, s. Heinrich v. Leinau.

Lindau, Johannes, Verfasser der 'Geschichte des 13 jährigen Krieges von 1454—66'. Das Original ging verloren, ein Auszug daraus befindet sich im Königsberger Staatsarchiv (N 11 Folio pag. 79—123, neue Seitenzahl Bl. 45—69).

J. L. studierte 1443 in Leipzig und

wurde Magister. Um 1455 wurde er in Danzig Stadtschreiber, später oberster Sekretär und begleitete die Danziger Ratsherren auf ihren diplomatischen Reisen. Durch seine amtliche Tätigkeit und seine Wohlhabenheit nahm er eine geachtete Stellung in Danzig ein. Er starb um 1482. Seine Angaben über den 13 jährigen Krieg sind ausführlich und zuverlässig.

Scriptores rerum Prussicarum Bd. IV, besonders S. 490 ff.

Recke.

Lindau, s. Marquard v. L.

Linz, s. Georg v. L. sowie Lienz.

Lippe, s. Reinhold v. d. L.

'Litanei', s. Heinrich.

Der Litschauer, s. Nachtrag.

Liutgard v. Wittichen, s. Berthold v. Bombach.

Liutwin, s. Lutwin.

'Livländische Reimchronik', s. 'Reimchronik'.

'Lob Salomos', s. 'Salomo'.

'Lob der Weiber', s. Zilies von Sayn.

Löberer, s. Hadamar von Laber Sp. 138.

Lobkowitz, s. Boguslav v. L.

Lochner, Johann, Dr. med. zu Nürnberg, trat als zum zweiten Male Verwitweter (seine zweite Frau Barbara Pfinzing starb am 4. Febr. 1467) vor 1476 in den Orden der regulierten Chorherren nach der Regel des h. Augustinus im Stifte Neunkirchen am Brand. Zur Zeit seines geistlichen Standes schrieb er für seinen Sohn Johannes, der gleichfalls Arzt in Nürnberg war (s. Arch. f. Gesch. d. Med. 8 S. 104), ein deutsches '*Regimen praeservativum a pestilentia*', das Dr. Hartmann Schedel im Münchner Cod. lat. 441 Bl. 243—245 abschriftlich überliefert hat und ich daraus zum Abdruck bringen ließ im Archiv f. Gesch. d. Med. 8 S. 237—241; 14 S. 84—89. Sudhoff.

'Lohengrin'.

1. Die unter dem Namen 'Lohengrin' bekannte Dichtung besteht aus zwei von verschiedenen Verfassern herrührenden Teilen. Der erste reicht bis Str. 67 einschl. und ist in thüringischer Mundart geschrieben. Seinen Anfang bis Str. 30 einschl. finden wir auch im sogen. „Rätselspiel" des 'Wartburgkriegs' (s. d.). Diesem sind aber auch Str. 31—67 und dem Gehalt nach Str. 68, 1—2 zuzuweisen, nur sind sie in der Überlieferung weiter nicht erhalten. Mit Str. 68, 1 bzw. 68, 3 beginnt das Werk des eigentlichen Lohengrindichters, das mit Str. 767 abschließt. Jener hat einfach die Strophen des Lohengrinrätsels als Anfang für seine Darstellung übernommen. Mit den im „Schwarzen Ton" gedichteten Str. 1—67 entlehnte er aber auch die Rahmenerzählung, die für eine Lohengrindichtung eigentlich gar keinen Sinn mehr hat, sondern vielmehr störend wirkt. Sie schildert in Str. 1—30 den Rätselwettstreit zwischen Klingsor und Wolfram von Eschenbach. Erst mit Str. 31, die die Hss. des 'Wartburgkriegs' nicht mehr bieten, hebt die Geschichte Elsas von Brabant und des Schwanenritters an. In den Str. 68—767 gibt der Lohengrindichter der Rahmenerzählung noch dreimal Raum: Str. 106, 8—109, 10; 228, 4—231,3; 667, 1—10. Zu einem Abschluß bringt er sie aber nicht.

Daß Str. 68 ff. von einem anderen Dichter herrühren als der Eingang, wird schon durch die Sprache dargetan. Die Mundart ist bairisch. Die im thüringischen Teil häufige Bindung *-e* : *e-n* findet sich nur ganz selten als Zeichen unzulänglicher Reimkunst, die wir beispielsweise auch bei *retten* : *getrettet* (253, 7. 10), *da heime* : *eine* (601, 7. 10), *beleip* : *reit* (270, 1. 2; 294, 1. 2) und *eben* : *pflegen* (118, 4. 5) beobachten. Dreimal reimt *ī* mit *ei* : *wīt* : *beleit* (86, 8. 9), *zīt* ; *geleit* (92, 4. 5), *aptī*: *zwei* (733, 4. 5). Dies läßt ebenso wie das Fehlen von *ī* : *ī* auf Diphthongierung des *ī* zu *ei* schließen. Noch öfter findet sich *ou* für *ū*, so in *koume (: zoume)* 474, 6, *gesoumet (: getroumet)* 506, 3, *soumen (: boumen)* 517, 10, *erbouwen (: houwen)* 715, 7. Bairisch ist auch der Reim *ā* : *ō* in *bāten* : *unverschrōten* (300, 7. 10), *erlāzen* : *stōzen* (304, 7. 10), *nāch* : *krōch* (307, 4. 5), *gāch* : *zōch* (323, 1. 2) usw. Str. 69, 6 ist statt *verlāze verlōze (: schōze)* geschrieben. Zu solchen sprachlichen Unterschieden treten sachliche Gegensätze. Im ersten Teil ist Artus der König im Gralsreich. Er muß einen Kämpfer für Elsa nach Brabant senden: *wie Artus einen ritter lat, daz diu massenie niendert werdern hat* (50, 4 f.), *Artus der sol ir einen kempfen gewinnen* (51, 6). Er trägt die Krone: *der künec Artus der muoste uf sinem houbte tragen do vür den gral alda des riches krone* (42, 5 f.). Von ihm erbittet Lohengrin bei seinem Aufbruch Urlaub: *Do sprach er: Artus, künec wert, min herze nu urloubes von dir, herre, gert* (62, 1 f.). Parzival wird als *der riche* (49, 5), *der edel* (61, 2), *her Parzival der degen* (53, 1) bezeichnet. Dagegen ist er der König im zweiten Teil, was zu der Darstellung Wolframs von Eschenbach (s. d.) stimmt: *Des sun man nande Parcival, der ist min vater und ist herre da zem gral* (711, 1 f.). Von Artus heißt es jetzt: *so ist Artus min naher mac bekennet* (711, 6). Mit diesem Zwiespalt hängt zusammen, daß Lohengrin selbst im ersten Teil nur *her* (63, 1. 8) oder *vürste* (63, 3; 65, 8; 66, 6. 8; 67, 2) genannt wird, im zweiten dagegen sehr häufig den Titel *künec* führt: 68, 2; 77, 4; 79, 3; 81, 4; 86, 7; 89, 3; 92, 6; 103, 5; 122, 9; 136, 4 usw.

Von sonstigen Widersprüchen hat noch die abweichende Darstellung über den Gral besonderes Gewicht. Während in Str. 715 ff. die Gralsburg wie im 'Jüngeren Titurel' in Indien gesucht wird, heißt es in Str. 38 vom Klang der Glocke: *der galm gein Francriche gienc . . . da von Artus und al die sinen horten vremde mære*. Hiernach läßt der thüringische Dichter Artus und den Gral in Frankreich weilen. Daß vorher in Str. 36 gesagt wird, daß *in Francrich man dekeinen kempfen niendert vant*, widerstrebt dieser Angabe nicht, da ja die Boten der Herzogin nicht in das unzugängliche Gebirge eindringen konnten, wohin Artus entrückt war *(sit er von dirre werlte schiet* 26, 2). Nach diesen Merkmalen liegt die Grenze von I und II zwischen 65, 9 *(tugentlîch : mich)* und 68, 2 *(künec)* bzw. 69, 3 *(schôze : verlôze)*.

Bestätigt und gleichzeitig noch näher bestimmt wird die Scheide durch den 'Lorengel' (s. Anhang), dem in freierer Bearbeitung ebenfalls das Lohengrinrätsel des 'Wartburgkriegs' zugrunde liegt. Nach der bisherigen Auffassung folgt aus dem Vergleich von Loh. 67 und Lor. 59, daß die Dichtung des zweiten Verfassers mit Str. 67, 3 einsetzt:

'Loh.': *Der vogel huop an unde sanc,*
daz ez suoze dem vürsten in sin ore klanc,
wan er in engels wise was gestimmet.
in solher varwe er im erschein,
daz er gedaht; 'diz ist vür war ein engel rein,
der hie bi mir uf disem wage swimmet.
in hat got nach mir gesant, daz er mich habe in huote.
ich wil nu kleine sorge han
wie ez uf dem wilden wac mir müge ergan:
ich weiz wol daz min vart kumt zallem guote.'

'Lor.': *Der schwan aus süsser stimme sang*
dasz es dem ritter liplich in sein oren trang.
sein süsz gesank den fürsten schlafen lerte.
des engels stim was lobeleich,
des ward erfreut der edel fürst kün unde reich.
dar mit der helt gen Antorf schnell zukerte.
. . . .

Hierbei hat man aber übersehen, daß auch Str. 67, 3—10 in 'Lor.' 57 f. ihre Entsprechung findet: Hier dankt Lohengrin, was im 'Loh.' nicht berichtet wird, nach der Speisung durch die Oblate Gott und dem Schwan, der sie ihm dargereicht hat. Dann fährt er Str. 57, 7 fort:

ich wolt gern, wer es gotes will, dasz du mir solst zusprechen.
ob mir das gund die gotes kraft
so wolt ich mit dir haben gut geselleschaft.
sust musz vil freud und wort an uns gesprechen.
58. *Got grosse wunder worcht durch in.*
der schwan sprach; 'her, wolt ir nu wissen, wer ich bin,
ich bin ein engel und sol euch geleiten.
ich für euch zu einer stat zu,
dar inn solt ir beleibên, helt, bis morgen fru.
so solt ir euch fürbasz zu kampf bereiten.
ich bring euch da der grafe ist, das merket hie besunder.'
da sprach der fürst hoch eren wert;
'nu hör ich alles das mein junges herz begert,
wan ich erfur vor nie so grosse wunder.'

Noch in Str. 68, 2 f.:

Dasz schef vaste uf dem wage lief.
in diser süezen wunne der künec do entslief

stimmt der 'Loh.' zu 'Lor.' 59, 3. 6:

sein süsz gesank den fürsten schlafen lerte.
. . . .
da mit der helt gen Antorf schnell zukerte.

Erst mit Str. 68, 3 weicht er ab. Während im 'Lor.' die Ankunft in Antwerpen geschildert wird, heißt es 'Loh.' 68, 3 ff.:

nu lat in ligen, sin wart gepflegen schone;
got selbe wolt sin huoter sin.
nu sagen von der reinen klaren herzogin.

Die Strophen 57, 7—58, 10 im 'Lorengel' sind offenbar eine Umbildung der Verse 'Loh.' 67, 3—10. Auch sie gehören daher noch zum alten Lohengrinrätsel. Wenn Elster, ohne den Zusammenhang zu erkennen, darauf hinweist, daß in der Apokope bei *ein engel rein* 67, 5 (: *erschein* 67, 4) schon ein sprachliches Kennzeichen des zweiten Teils hervortrete, der erste also höchstens bei 67, 3 reichen könne, so ist die Unhaltbarkeit dieses Beweisgrundes leicht darzutun. In Str. 53, 7f. begegnet nämlich noch ein weiteres Beispiel für Apokope im ersten Teil:

Do sprach her Parzival der degen:
'min hat des grales engel noch unz her gepflegen,
swar ich ze stürmen quam oder in striten.
swaz ie hat schilt gein mir getragen,
die sint von miner hende gevangen unde erslagen.
diz weiz man wol in allen landen witen.
die heidenschaft dort jensit mers han ich mit suoche erbuwet,
und in der Persyanden lant
an ritterschaft ich niendert minen gaten vant.
ich bite ouch daz ir kampfen mir getruwet.'

Wenn Elster behauptet, daß *in* „ganz anstößig" sei und daß man statt des Dativs *lant* einen Akkusativ erwarte, der mit *die heidenschaft* in Einklang stehe, so ist er durch Rückerts Zeichensetzung irregeführt worden, der hinter *lant* einen Punkt bietet. In Wahrheit gehört v. 8 zum folgenden Vers. Bis Str. 67 einschl. hat der bairische Dichter also das Lohengrinrätsel des 'Wartburgkriegs' übernommen. Auch bei den ersten beiden Versen stützt er sich nach Ausweis von 'Lor.' 59, 3. 6 noch auf dieses. Ihre Fassung rührt aber, wie die Verwendung des Titels *künec* erkennen läßt, bereits von ihm her. Der erste ganz unabhängig vom ersten Teil gedichtete Vers ist v. 68, 3. Bei der Annahme, daß jener mit Str. 67, 2 endige, war nicht einzusehen, weshalb der zweite Dichter gerade an dieser Stelle eingesetzt haben sollte. Daß nämlich in 'Lor.' 59, 3—6 noch altes Gut hervortrat, ließ sich nicht in Abrede stellen. Jetzt ist der Tatbestand völlig klar. Der bairische Verfasser konnte dem Lohengrinrätsel überhaupt nur bis Str. 68, 2 folgen; denn hier hörte dieses auf.

Die Versuche, auch in den folgenden Strophen der Lohengrindichtung und vor allem im 'Lorengel' noch Eigentum des Thüringers nachzuweisen, blieben erfolglos. Was als solches angeführt wurde, ist nicht beweiskräftig. Daß im Gegenteil auch der 'Lorengel' nicht auf einer angeblichen Weiterführung des Lohengrinrätsels beruht, ergibt sich auch aus der verschiedenen Beurteilung des Helden. Während nach 'Lor.' 43 und 'Loh.' 55 die Tüchtigkeit des jungen Lorengel bzw. Lohengrin nur an seinem weiten Sprung ermessen wird, rühmt Lorengel in Str. 154:

ich kempf mit euch als ich vor han vil mangen man bestanden.
etlicher taucht sich kün als ir
die all ir ende namen gar in streit von mir:
das han ich wol bewert in mangen landen.

Nach den Strophen 85—87 des 'Wartburgkriegs' ('Loh.' 26, 27, 29) soll Wolfram künden, *wie Loherangrin von Artus wart uz gesant* (87, 5 = 'Loh.' 29, 5). Diese Aufgabe ist mit 'Loh.' 58, 2, 'Lor.' 59, 6 gelöst. Daß Wolfram mit diesen Versen aber auch wirklich seinen Bericht schloß, beweist wieder der 'Lorengel', wo genau an der gleichen Stelle die von der Lohengrinfortsetzung unabhängige und ganz anders gewendete Zudichtung einsetzt. Das Abbrechen des Lohengrinrätsels hat sowohl den Dichter des 'Lohengrin' als auch den Verfasser des 'Lorengel' veranlaßt, die auf die Aussendung des Schwanenritters folgenden Ereignisse darzustellen.

2. Über sich selbst handelt der Dichter des 'Lohengrin' in den Strophen 763 bis 765:

Nu ist der aventiure grunt,
swer daz buoch ist lesent, schon gsmachet kunt.
von swem daz si, dem wünschen reine vrouwen,
ob in daz rehte wol behage,
daz in diu saelde zuo des himels throne trage:
hab er dar an iht vremder sprüche gebouwen.
und durch rim etlich wort niht si ein evangelī
daz daz die sele niht beschiur,
swenn man gein der süeze wegent ist die siur,
daz der darumb niht werde dort diu quæli.

Hat er gehabt niht künste hort,
daz er hab diu wort verschroten unde verbort,
daz sie durch grop iht meisters kunst verhelzen
unt niht ze riche noch ze swach
sin in daz gedoene, als der von Eschenbach
sie schon floriert mit richer witze gesmelze,
swenn er in der künste ess sie worht nach siner lüste:

ez ist so meisterlich erhaben
sin getiht, swer eben stempft in daz ergraben,
daz ich den prüeve, er hab kunst under prüste.

Ist ein tragmunt bi siner arc
daz getiht uf künste se, daz maht der sarc
der in des tihters herzen ist verkluset.
unschuldec ist der zungen hamer.
ez muoz komen von des herzen künste kamer.
ob der in niht hat riche kunst gehuset,
so nemet willen vür diu werc an. des getihtes zimmer,
ob daz nach winkelmezze si
niht geschicket noch nach murers meisters bli,
daz nemt vür guot, daz uns got vreud gab immer.

Vogt, Pauls Grundr. II, 1 S. 293, hat zuerst bemerkt, daß die Anfangsbuchstaben der Stollen und Abgesänge den Namen *Nouhusius* ergeben. Nach Panzer wäre es „sehr sonderbar, wenn das Akrostichon gerade in diesen Strophen auf Zufall beruhte". Andererseits ist ihm aber doch „die lautliche Form des Namens für Baiern und seine Latinisierung für diese Zeit und nicht weniger für unseren Dichter, der nirgends eine Spur von irgendwelcher Buchgelehrsamkeit und Kenntnis des Lateinischen verrät, so auffallend, daß die Sache gleichwohl in der Schwebe gelassen werden muß. Neuhaus, Neuhausen u. ä. gibt es natürlich überall, und sie sind auch in bairischen Urkunden in Mengen zu finden; die urkundliche Festlegung einer danach benannten, im übrigen unbekannten Persönlichkeit könnte wohl nur durch besonderen Zufall gelingen". Von Panzers Bedenken entfällt zum mindesten der Hinweis auf das Lautliche. Nach Weinhold Bair. Gramm. § 101 begegnet *ou* und *au* in den bairischen Urkunden des 11.—14. Jh.s wiederholt statt *iu.* So finden wir *getrov (: Esau)* Vor. 21, 25, *nower* „novus" selbst 1316 in den Liedern aus der Klosterneuburger Hs. n. 1228 Nr. 166. Besonders zu beachten ist aber *Nouvenhusin* im Schenkungsbuch des Klosters St. Emmeram in Regensburg aus den Jahren 975—1220 (Quellen z. bayr. u. dt. Gesch. I 7—146 Nr. 127). In der Mundart treffen wir *ou* nach Ausweis von *nou* „neu", *four* „Feuer", *hour* „heuer", *stour* „Steuer" *toufel* „Teufel" an der Sempt, einem in die Isar mündenden Bach zwischen Freising und Mosburg (Schmeller *Die Mundarten Bayerns* 1821, § 259). Die Frage ist somit nur, ob die Latinisierung Anstoß erregt. Auch sie dürfen wir jedoch verneinen. Zu beachten ist nämlich, daß sich uns der Dichter als genauer Kenner der Rechtsverhältnisse erweist. So kann sich die Anfügung der Endung *-ius* etwa aus der Urkundensprache erklären. Andernfalls brauchte der Name auch nur in den beiden ersten Strophen verborgen zu sein, die auf *Nouhus* führen. *der von Neuhaus* wird daher der Verfasser des 'Lohengrin' tatsachlich geheißen haben.

Daß der Dichter ein Baier war, dürfen wir schon aus seiner Sprache entnehmen. Es geht aber auch sonst aus seinem Werk hervor. Wenn er auf die Baiern zu sprechen kommt, hebt er sie besonders hervor. Eine große Rolle spielen diese naturgemäß im Ungarnkrieg. Bei ihrem Zuge durch Baiern vernichten die Feinde *ein michel volc* (262, 3). Der Kaiser vermag ihnen nur 12000 Mann entgegenzustellen. Zwei Drittel seiner Anhänger fallen noch aus Furcht vor der Übermacht von ihm ab, nur die Baiern und Franken halten aus. *der von Prabant sich zuo in legt, wan sie im wol gevielen* (269, 7). Bei der Flucht der Ungarn erwirbt der Baiernherzog Arnolt besondere Verdienste. Im Sarazenenkrieg müssen er und die bairischen Bischöfe zwar *bi dem lande beliben und der marke pflegen, daz gewalt die Hiunn des minner möhten triben* (414, 7ff.), aber *der Beier doh vil durch ir manheit vuoren, die minne und hochgemüete jeit, daz man sie an der schar wol prüeven mohte* (415, 1ff.). Vor allem nimmt der Dichter jedoch am Schluß Gelegenheit, die Baiern rühmend zu erwähnen. Die auf die Schilderung von Lohengrins Taten folgende Chronik der sächsischen Kaiser endigt mit Heinrich II., dem Herzog von Baiern und Urenkel Heinrichs I. Unter seiner Herrschaft werden die Ungarn zum Christentum bekehrt und auch die Polen zur Taufe veranlaßt. Ja, *sich bekerten diu witsten lant bi im* (756, 4f.). Heinrich stiftet auch das Bistum Babenberg. *Papst Benedictus in besant, daz er quaem unt sinen küneclichen namen want in keisers wird durch groeze siner eren* (757, 1ff.). Weiter wird berichtet:

760 *Der keiser des mit bete ermant*
den pabest daz er mit im vüer in diutschiu lant
unt pabenberc sin stift mit wihe segenet.
der pabst den keiser des gewert
unt vuor mit im, als er an in het gegert.
von im daz tuom mit wihe wart beregenet.
diu stifte liebt dem pabest so daz er des was begernde
daz er des jungesten da erbite.
er wart siech. man tet nach siner bet da mite
unt legt in da. sus was man bete in wernde.

761 *Sin grap noch hiut da vunden wirt*
in dem hindern kor, da man es niht verbirt,
man pflege sin schone unt halt ez reinecliche,—

wobei dem Dichter verschiedene Irrtümer unterlaufen, da Papst Benedikt VIII. nicht, was allerdings auch sonst, beispielsweise in der vom Lohengrindichter benutzten 'Sächsischen Weltchronik', angegeben wird, den 1012 von Eberhard von Bamberg geweihten Dom, sondern 1020 das Kollegiatstift von St. Stephan weihte und nicht er, sondern Papst Clemens II. in Bamberg beigesetzt ist. Am Ende der eigentlichen Darstellung heißt es noch:

762 *so ist daz lant so tugentrich*
daz an triuwen niendert lant ist sin gelich,
daz ez pillich hat pfliht an dem getihte.

Die Fortführung der Kaisergeschichte bis auf Heinrich II. hatte also den Zweck, Baiern zu verherrlichen. Jetzt wird auch klar, weshalb der Dichter Heinrich I. als den Kaiser hinstellte, unter dessen Herrschaft der Schwanenritter für Elsam von Brabant kämpfte. „In Niederbaiern regierte damals Heinrich XIII. (1253—90); von Heinrich I. war bequem auf Heinrich II. zu kommen, und von diesem berühmten bairischen Herzog, dem außer der Kaiserkrone seit dem 12. Jh. auch der Heiligenschein ums Haupt strahlte, fiel wohl ein willkommener Abglanz auch auf den gegenwärtigen gleichnamigen Träger der Herzogswürde. Es ist bekannt genug, wie viel das Mittelalter auf solche mystische Symbolik gab, auch wo uns die Beziehungen vielleicht gleichgültig und nebensächlich erscheinen möchten" (Panzer, Lohengrinstudien S. 52).

Im Dienste des Baiernherzogs Heinrich XIII. wird der Dichter gestanden haben. Die zeitlichen Anhaltspunkte weisen uns in seine Regierungszeit. Einen terminus ad quem bietet der Hinweis auf die Kurwürde Baierns (198, 4; 737, 9). Am 4. März 1289 erkannte König Rudolf zu Eger das Erzschenkamt Böhmen zu und bestätigte dies in einer am 26. September 1290 zu Erfurt ausgestellten Urkunde mit dem Zusatz, daß es keinem anderen gebühre. Nach dem Jahre 1290 hätte daher auch ein bairischer Dichter nicht mehr schreiben können: *ein schenke der ist von Beierlant* (198, 4). Da Baiern erst bei der Wahl von 1273 als siebenter Wähler auftrat, und Rudolf 1275 ausdrücklich zu seinen Gunsten entschied, ist 1273 vielleicht schon als terminus a quo anzusehen. Zu bedenken ist freilich, daß der Herzog von Baiern schon 1239 die Kurwürde für sich in Anspruch genommen hatte. Wenigstens 1252 als untere Zeitgrenze gewinnen wir aber aus der Erwähnung von *guldin* (386, 2), da Gulden erstmals in diesem Jahre in Florenz geprägt wurden. Noch höher hinauf kommen wir für die Abfassungszeit des 'Lohengrin' durch die Angabe, daß Elsany Herzogin von Limburg und Brabant sei. So heißt es Str. 70, 1 ff.:

Nu het diu herzogin besant
In Lymburc die dienstman unde in Prabant,
die sich mit triuwen nie von ir geschieden.

Limburg erwarb erst Johann von Brabant, der nach dem Tode Irmengards († 1282), der Tochter Walrams, 1283 an Adolf von Berg seine Erbansprüche abkaufte. Endgültig wurden die beiden Lande sogar erst im Jahre 1288 durch die Schlacht von Woeringen vereinigt, da Irmengards Gemahl Reinald von Geldern Limburg nicht aufgeben wollte.

Daß der Dichter kein Geistlicher war, zeigen der weltliche Geist seines Werkes und seine kaiserliche Gesinnung. Gewisse Stellen mit dem Hinweis *als noch im strite oft und dicke geschiht* (525, 5; 585, 9) oder *daz doch nu vil selten me in strit geschiht* (545, 2) scheinen zu verraten, daß ihm der Kampf nicht fremd war. Ebenso läßt sich aus Str. 538, 6 ff. folgern, daß er dem Ritterstande angehörte:

welch ein orden
bist du, werde ritterschaft! vil herter dan Franzisse
und aller grawen orden si,
Benedic, Dominic, Augustin da bi,
swer dich mit wird wil tragen sunder misse.

Sehr wahrscheinlich war der Verfasser ein hochgestellter Ministeriale des Herzogs Heinrich XIII. Hierauf läßt seine wiederholt zu beobachtende Kenntnis des öffentlichen und Privatrechts sowie der Reichs- und Landesverfassung schließen. Hinzu kommt eine genaue Einsicht in den diplomatischen Geschäftsgang und die Feinheiten des höfischen Zeremoniells, die ihn zu weitschweifigen, aber gewiß wahrheitsgetreuen Schilderungen verleitete.

Der Dichter verrät eine hohe weltliche Bildung. Über die zeitgenössischen Verhältnisse ist er gut unterrichtet. Sein ausgedehntes geographisches Wissen scheint er durch eigene Anschauung erworben zu haben. Das Gottesgericht verlegt er nach Mainz, dem Ort so vieler Reichs- und Fürstentage. Den Zug dahin stellt er mit genauer örtlicher Kenntnis dar. Elsany beruft ihre Leute nach *Gient* (l. so mit M statt *Dient* 171, 1), der Bischof von Lüttich nach *Hoye* (172, 1), *der Flemminge herre* nach *Brücke* (172, 3), der Lothringer nach *Metze* (172, 3), wohin auch der von *Lützelburg* und *der von Par* kommen (172, 7 f.). In *Sarprücke* (174, 2) vereinigen sich alle und ziehen an den Rhein, wo sie zwischen *Oppenheim unt Menz* (188, 9) lagern. Dem Lothringer schließen sich *der Lininger* und *der von Sarbrücke* (189, 3 f.) an. Auch *der von Berge* (189, 6) stellt sich ein. Der Kaiser befindet sich währenddessen in *Frankenvurte* (190, 2). Nach der Verfolgung der Ungarn kehrt Heinrich auf dem üblichen Wege zurück. *In Regenspurc, da wart er schon enpfangen* (292, 3), dann begibt er sich über Würzburg, Frankfurt und Mainz nach Köln. Entsprechend wird das Heer von Rom über Konstanz, Basel, Straßburg, Worms, Mainz und Bingen nach Köln heimgeführt. Daß der Dichter Bamberg kannte, dürfen wir aus der oben angeführten Bemerkung über das Grabmal des Papstes Benedikt schließen. Seine Verwechslung von Benedikt VIII. mit Clemens II. fällt dabei nicht ins Gewicht. Auch in Aachen wird er gewesen sein. Über das Grab Karls sagt er: *daz im was so kurz daz er toter muost darinne nemen sturz. nu ligt er in eins schoenen grabes sarke* (748, 4 ff.), über Otto III., daß er in Aachen *noch hiut begraben lit* (752, 4). Sein dichterisches Vorbild ist Wolfram von Eschenbach, den er in den Strophen, in denen er über sich spricht, rühmt. Er ahmt ihm nicht nur äußerlich nach, sondern versucht, in seinem Geiste zu schaffen. Vielfach hat er die Eigenheiten Wolframs allerdings übertrieben. Schuld hieran hat auch der 'Jüngere Titurel', dessen geschraubte Ausdrucksweise er sich zu eigen machte.

3. Auf seine Quellen beruft sich der Dichter mehrfach. Sehen wir von allgemeinen Hinweisen wie *als mir ist geseit* oder *als ich horte jehen* ab, so stützt er sich zunächst auf die *aventiure* (70, 6; 71, 2; 98, 4; 172, 10; 235, 9; 236, 1; 245, 8; 291, 4; 310, 10; 423, 2; 463, 5; 499, 2; 587, 1; 658, 1; 661, 5; 706, 3; 725, 5). Hierunter ist die Sage vom Schwanenritter schlechthin zu verstehen. Besonders deutlich lehren dies Str. 600, 1 ff.:

Diu aventiure iu hat benant
in dem buoche vor, daz sie nu sint bekant
wen oder wie vil ie der man do valte.

Gewiß hat der Dichter aber auch an bestimmte Darstellungen der Lohengrinsage gedacht. Vor allem ist hier auf Str. 70, 5 f. und 71, 1 f. zu verweisen:

zAntwerf was diu sprache, als ich han vernomen
und uns diu aventiur seit in den lieden,

Wie lange er uf dem wage wær,
des bescheident mich der aventiure mær.

Wegen der Bestimmung *in den lieden* ist an eine in Strophen abgefaßte Quelle zu denken. Näheres über ihre Beschaffenheit ist jedoch nicht zu ermitteln.

Weiterhin führt der Verfasser die *koronic* als seine Vorlage an. Str. 263, 1 f. bemerkt er:

Sie heten hundert tusent man,
dannoch mere, als ez kronic wisen kan.

Dann sagt er Str. 735, 1 f.:

Pischof Ulrich von Ougspurc was
bi dem strit, als ichz an der koronic las.

Bald darauf heißt es Str. 742, 1 ff.:

Ir wurden also vil erslagen,
als uns diu koronic kan mit warheit sagen,
daz sich daz mer muost nach dem bluote verben.

und 747, 8 ff.:

diu botschaft keiser Otten vant,
als uns diu koronic tuot mit schrift bekant
zAche.

Schließlich bezieht sich auf die *koronic* auch Str. 755, 1 f.:

Der künec Heinrich ein swester het,
Gysel was ir name, als hiut (l. *hie*) *geschriben stet.*

Die *koronic* ist die 'Sächsische Weltchronik', die sehr rasch in Oberdeutschland Verbreitung fand. Von den reichlich zwanzig Hss. sind elf oberdeutsch und davon allein sieben bestimmt bairisch. Ein Schlaglicht auf die Arbeitsweise des Dichters wirft die letzte Berufung, wo er die *koronic* nicht ausdrücklich nennt, sondern auf sie mit *hie* hinweist. In der 'Sächsischen Weltchronik' entspricht: *des koning Heinrikes suster diu was geheten Gisle.* Der Verfasser des 'Lohengrin' hatte das aufgeschlagene Werk neben sich und schrieb so: *als hie geschriben stet.* Der 'Sächsischen Weltchronik' hat er fast alle Zutaten zur eigentlichen Lohengrinsage entnommen. Auf ihr beruht vor allem die Darstellung des Ungarnkrieges, des Sarazenenkampfes und der Kaisergeschichte am Schluß. Der Anschluß an die Quelle ist sehr eng. Wörtliche Berührungen sind wiederholt festzustellen.

Bei seinen Ausführungen über das Kurfürstenkollegium Str. 197, 2—198, 10 verweist der Dichter auf die *schriften:*

swer sin niht weiz, der suoche ez an den schriften.

Hier hat er aus dem 'Schwabenspiegel' geschöpft. Seine Angaben lassen sogar erkennen, welche Fassung er benutzt hat. Seine Vorlage gehörte nicht zur ältesten, sondern erst zur zweiten Gruppe der Handschriften, die durch einen Einschub in den ursprünglichen Text auch die Kurwürden von Köln und Trier auf deren Erzämter zurückführen. Für die Bemerkung, daß *keiser Karl alsus beschiet daz mære,* die an der betreffenden Stelle des 'Schwabenspiegels' keinen Anhalt findet, wird er der mit ihm in engem Zusammenhang stehenden geschichtlichen Einleitung 'Der künige buoch alter und niuwer e' gefolgt sein, wo unter Karl mitgeteilt wird, daß er die sieben Kurfürsten auf einem Mainzer Hoftage eingesetzt habe.

Weitere Quellen des Dichters sind Wolframs 'Parzival' und 'Willehalm' sowie der 'Jüngere Titurel', der ihm ja auch als dessen Werk galt. Da das alte Lohengrinrätsel jenem die Erzählung vom Schwanenritter in den Mund legt, verstand es sich von selbst, daß er seine Angaben verwertete. Für die Gesamthandlung bot ihm der Schluß des 'Parzival' den Rahmen, der in 90 Versen das Geschick Lohengrins berichtet. Bei der Schilderung des durch die 'Sächsische Weltchronik' angeregten Sarazenenkampfes schließt er sich eng an den 'Willehalm' und den 'Jüngeren Titurel' an, wobei er sich vor allem an den ersteren hält. Beiden Dichtungen sind die Namen für die Länder der Heidenkönige bis auf das durch die 'Sächsische Weltchronik' gebotene *Affrican* entnommen. Ihre Form läßt sogar ersehen, daß dem Dichter eine Vorlage der Willehalmhs. l vorlag. Aus dem 'Willehalm' und dem 'Jüngeren Titurel' stammt ferner, was über die Sarazenen selbst mitgeteilt wird. Auch bei der Darstellung des Kampfes bieten sie bis in die Einzelheiten hinein das Vorbild. Die Angaben über den Gral in Str. 715 ff. beruhen im wesentlichen auf dem 'Jüngeren Titurel'. Aus ihm wußte der Dichter, daß er sich in Indien befindet, war er über die Anwesenheit schöner Frauen unterrichtet, hatte er von dem durchfließenden Gewässer gehört, kannte er den Palast des Priesters Johannes. Nur in der Bemerkung, daß der Gral von einem Gebirge eingeschlossen werde, macht er ein Zugeständnis an die Schilderung der aus dem 'Wartburgkrieg' entlehnten Eingangsstrophen.

4. Durch die aus dem Rätselspiel entnommene Rahmenerzählung wird die Dichtung vom Schwanenritter an den Sängerkrieg auf der Wartburg angeknüpft. Klingsor fragt Wolfram nach König Artus, nach seinen Helden und nach den von ihm ausgesandten Kämpfern. Hierauf erzählt dieser die Geschichte Lohengrins, auf den Klingsor, ohne seinen Namen zu nennen, angespielt hat. Er löst so das ihm vorgelegte Rätsel und macht so seine Niederlage wett, die er durch den Teufel Nazarus (im 'Wartburgkrieg' *Nayon*), den höllischen Verbündeten Klingsors, erlitten hat.

In den noch der thüringischen Dichtung angehörenden Strophen 31—67 wird noch die Aussendung des Helden berichtet. Elsam von Brabant ist in großer Sorge. Friderich von Telramunt, dem der sterbende Herzog von Brabant sein Land anvertraut hat, hat sie vor dem Kaiser verklagt, daß sie ihm die Ehe versprochen habe. Sie soll nun einen Kämpfer für das angesetzte Gottesgericht stellen, vermag aber weder in Brabant noch in England noch in Frankreich jemanden zu gewinnen, der für sie einzutreten bereit ist. Auf den Rat ihres Kaplans fleht sie im Münster zu Gott, ihr Hilfe zu senden. Während Tränen aus ihren Augen brechen, beginnt eine goldene Schelle zu klingen, die sie einem Falken vom lahmen Fuß löste und an ihrem Paternoster trägt. Die Glocke ertönt *in doners wise* und wird von König Artus und den Seinen gehört. Des Grales Schrift verkündet, daß er einen Kämpfer nach Brabant entsenden solle, wo *eine edele reine magt* in Not sei. Artus selbst, Parzival, Gawein, Walwan, Lanzelet, Jorant wollen sich aufmachen. Als Streiter für Elsam bestimmt der Gral aber Lohengrin, den jungen Sohn Parzivals. Er rüstet sich und erbittet Urlaub vom König. Als er sein Roß besteigen will, kommt ein wilder Schwan geschwommen, der einen Nachen zieht. Er läßt jetzt das Pferd wieder zu seiner Krippe führen und setzt sich in das Boot. Sein Vater will ihm noch Speise und Trank mit auf die Fahrt geben, doch weist er beides zurück: „*durch den ich var, der lat min ungepflegen niht*". Fünf Tage ist er schon unterwegs, und noch immer hat er nichts genossen. Als der Schwan sich einen Fisch fängt und verschlingt, sagt er zu ihm, daß er ihn doch mit ihm hätte teilen sollen. Dieser taucht den Hals noch einmal in das Meer und bringt ihm eine Oblate. Lohengrin teilt sie mit ihm und erfreut sich am köstlichen Gesang des Vogels. Er ist überzeugt, daß der Schwan ein Engel ist, und hat keine Sorge mehr. In dem schnell dahingezogenen Schiff entschläft er.

Der bairische Dichter wendet sich nun wieder der Herzogin von Brabant zu, die jetzt mit entstelltem Namen *Elsany* (= *Elsani*, d. i. *Elsam*) heißt. Da die Schelle nicht mehr tönt, tröstet sie der Kaplan, daß ein Kämpfer für sie kommen werde. Sie bestellt ihre Dienstleute aus Limburg und Brabant nach Antwerpen, wohin der Schwan auch den schlafenden Lohengrin bringt, um dann selbst wieder fortzuschwimmen. Der Ritter wird mit allen Ehren empfangen und bewirtet. Lange Verhandlungen und Beratungen gehen dem Zug nach Mainz voraus, wo das Gottesgericht stattfinden soll. Als alle versammelt sind, rüsten sich die beiden Gegner zum Zweikampf. Nach hartem Ringen wird Friderich von Telramunt durch Lohengrin überwunden. Er gibt zu, gelogen zu haben. Die Herzogin wird nun vor dem Gericht frei gesprochen. Den Verleumder aber verurteilt der Kaiser zum Tode: *daz houbet wart im abe geslagen an der der stunt.* Nachdem Lohengrin somit seinen Auftrag erfüllt hat, will er wieder fort. Elsany will ihn aber nicht ziehen lassen, sondern begehrt ihn zum Gatten. Sie bittet den Kaiser, seine Entscheidung zu fällen. *diu urteil gegeben wart nu von den vürsten gemeine, sint daz er sie mit ritterschaft het versprochen unt waer worden sigehaft, so het in wol behabt diu kiusche reine.* Lohengrin erklärt sich bereit, doch macht er sein Verbleiben davon abhängig, ob sie ein Gebot von ihm halten würde. Elsany gelobt es, und hierauf spricht der Kaiser sie zusammen. Die Hochzeit wird mit großem Prunk in Antwerpen gefeiert.

Mit Str. 253, 4 beginnt die Schilderung der Taten, die Lohengrin im Dienste des Kaisers vollbringt. Zunächst wird der Kampf mit den Ungarn ausführlich erzählt, den Heinrich mit Hilfe des Schwanenritters siegreich beendet. Dann kommt der Dichter auf die Wahl von Heinrichs Sohn Bruno zum Bischof von Köln zu sprechen. Eine Fahrt des Kaisers nach dem Elsaß schließt sich an, wobei das Wunder von Ouwe mitgeteilt wird. Verhandlungen mit dem Brabanter und dem Lothringer sowie eine Falkenjagd folgen. Hierauf wird eingehend über den Tag von Bonn gehandelt. Str. 351 leitet den zur Unterstützung des Papstes gegen die Sarazenen unternommenen Zug nach Unteritalien ein. Lohengrin befiehlt Land und Gattin dem Bischof Wiprecht von Lüttich. Elsany hat ihm inzwischen einen Sohn geboren, den er nach dem Priester Johann *Johann* nennt. Schlacht und Sieg werden breit dargestellt. Bei der Rückkehr werden der Kaiser und die Fürsten in Rom festlich empfangen, wobei das ganze Krönungszeremoniell geschildert wird. Aus Italien zieht das deutsche Heer dann wieder nach Köln, wo der Bischof Bruno seine erste Messe singt und der Kaiser dem Fürsten von Lothringen seine Tochter vermählt. In Köln trifft Lohengrin auch seine Gattin und seinen Erstgeborenen wieder.

Str. 692 lenkt endlich zur eigentlichen Geschichte des Helden zurück. Auf die Verdächtigungen der Gräfin von Kleve hin, *der ir wirt gevellet wart von im zAntwerfe*, fragt Elsany ihren Gatten nach seiner Herkunft. Er verspricht ihr, es ihr in Antwerpen zu sagen, und bittet auch den Kaiser und die Fürsten, dorthin zu kommen. Hier erinnert er Heinrich daran, daß er vor seiner Vermählung seiner Gattin ein Gebot auferlegte. Dieses forderte aber, niemals nach seiner Art oder Herkunft zu fragen. *bræch aber sie die lere, daz sie des næm min sicherheit, ich müeste von ir, ez wær ir liep oder leit, daz sie mich gesæhe nimmer mære.* Nachdem die verbotene Frage gestellt ist, muß er antworten und scheiden. Er enthüllt seine Herkunft und berichtet, daß er vom Gral ausersehen worden sei, für die bedrängte Herzogin zu kämpfen. Vor seinem Abschied empfiehlt er dem Kaiser seine Gattin und seine beiden Söhne. Jetzt naht auch schon der Schwan mit dem Nachen. Lohengrin küßt Elsany noch *mer dan drizec stunt*, dann wird er fortgezogen. Die Trauer um ihn ist allgemein. Die Kaiserin nimmt seinen zweiten Sohn Lohengrin mit sich, um ihn an Kindes Statt zu erziehen. Die Herzogin *diu kunde sich nach witewen wise kleiden unt schuof ez in dem lande daz des iriu kint genuzzen.*

Mit Str. 730 endigt die Sage vom Schwanenritter. Str. 731—762 wird nun noch die weitere Geschichte Kaiser Heinrichs und seiner Nachfolger bis auf seinen letzten Nachkommen im Mannesstamme Heinrich II. chronikartig erzählt. Abgeschlossen wird die Dichtung durch die Strophen 763—767, in denen der Verfasser zunächst über sich selbst handelt, um dann noch die heilige Jungfrau anzurufen.

5. Der Lohengrin ist ganz aus ritterlichem Geist geboren. Höfisch ist das Benehmen bei allen Gelegenheiten. Bei den verschiedenen Mahlzeiten wird auf die Tischordnung besonders geachtet. Je ein Herr und eine Dame sollen nebeneinander sitzen (95, 1; 133, 9). Der Kaiser befiehlt, daß Elsany ihren Platz an der Seite der Kaiserin haben solle (194, 6). In Mailand prüfen er und Lohengrin die Tischordnung (407, 2). Als Lohengrin angekommen ist, bittet ihn die Herzogin, sich nicht als Gast zu betrachten (92, 1 ff.). Am nächsten Morgen erkundigt sie sich, wie er geschlafen habe, und ob er auch nicht durch den Lothringer zu früh geweckt worden sei (127, 3 ff.). Str. 621 entbrennt ein *kriec der zühte*, wen der Papst beim Besuch der Kaiserin an der Hand führen solle. Häufig werden höfische Unterhaltung geschildert und Besuche von Fürsten erwähnt. Immer wird dann die volle ritterliche Pracht entfaltet. Großen Wert legt der Dichter auf die Kleidung. Oft wird das Gewand gewechselt. Höfischen Anschauungen gemäß achtet er auf die Erweckung der *hochgemüete*. Ständig äußert er sich über die Stimmung der Personen. Prinz Goteharts *muot* wird durch die höfischen Reden der Frauen erhöht (167, 6). Als die welschen Frauen den Brabanter nicht gesehen haben, sagen sie: *so giht unmuot uf unser vreude pfandes* (613, 6). Zu allen diesen Zügen stimmt das Herausstellen der Minne. Schon gleich nach der Ankunft Lohengrins heißt es Str. 93, 1 ff. von ihm und Elsany:

sie waren beide so gestalt,
daz ietwederez dem andern gar sin klarheit galt.
seht ob diu minne da iht ze schaffen hæte.

Bei Tisch hindert die Minne sie am Essen (96, 1 ff.), und *manic ritter unde magt, die an den tischen sazen, diu minne liht da niht erlie des, daz eteswa ein solich rede ergie daz sie der spise beidenthalp vergazen* (96, 7 ff.). *daz ezzen niht ze lanc die duhte die diu minne in dem herzen twanc* (97, 1 f.). Das zweite Mahl verläuft nicht anders (134). Str. 151, 9 wird nochmals betont, daß der Gast *uf sich gevazzet het der minne last.* Auch vom Herzen des Prinzen Gotehart wird gesagt: *swie doch dar in diu minne ir anker sanket* (167, 10). Str. 180 wird wiederholt, daß *diu minne* sich Elsanys und Lohengrins *underwant* und *ietweders herzen grunt zesamne het verslozzen unde verrigelt.* Beim Zweikampf zwischen dem Schwanenritter und Friedrich von Telramunt *was diu minne da ir beider kerzen zündel* (216, 7). In der Brautnacht muß Elsany *der minne buhurt liden* (236, 10).

Trotz des sagenhaften Kerns spricht aus dem Werk eine realistische Auffassung. Der Dichter berichtet nichts über Zwerge, Riesen, Drachen, wovon in den Eingangsstrophen mehrfach die Rede ist. Was an wunderbaren Zügen begegnet, entspricht den damaligen Anschauungen. So kann es nicht auffallen, daß wiederholt wunderwirkende Edelsteine erwähnt werden, oder daß Elsany Lohengrin beim Auszug in den Kampf eine Spange von ihrem Hemd mitgibt, die Keuschheit bewirkt. Das Motiv vom Schwan nimmt eine Sonderstellung ein. Da er als ein von Gott gesandter Engel betrachtet wird, der dem Abt wegen seines reinen Lebens sogar *in engels pilde* erscheint, bis er vor den Augen des Niederknienden *wider in vogels pilde sich wandelt* (78, 1 ff.), so konnte dieser Zug in jener Zeit nicht befremden.

6. Der Lohengrin ist die Hauptquelle für Richard Wagners gleichnamiges Musikdrama. Dieser lernte die Dichtung im Jahre 1841 durch die 1838 veröffentlichte Abhandlung von Lucas über den 'Wartburgkrieg' kennen. Sie bot ihm ein „Referat über die Geschichte von Lohengrin, und zwar mit ausführlicher Mitteilung des Hauptinhalts dieses breitschweifigen Epos". Nachdem er sie

auch selbst gelesen hatte, schuf er 1845 sein Drama. Am 4. August 1845 schrieb er an seinen Bruder Albert: „Ich fühle mich in der Befriedigung des Reizes sehr glücklich, die fast ganz unkenntlich gewordene Sage aus dem Schutt und Moder der schlechten prosaischen Behandlung des alten Dichters erlöst und durch eigene Erfindung und Nachgestaltung sie wieder zu einem reichen, hochpoetischen Werke gebracht zu haben."

Überlieferung. Der 'Lohengrin' ist in drei Hss., einem Bruchstück und einer Umarbeitung erhalten. Die aus der ersten Hälfte des 14. Jh.s stammende Heidelberger Pergamenths. Pal. germ. 634 (A) bietet ihn auf Bl. 113—151 von derselben Hand, die auf Bl. 1—111 den 'Parzival' Wolframs von Eschenbach schrieb. Nur ihn überliefert die der Wende des 14. und 15. Jh.s angehörende Heidelberger Papierhs. Pal. germ. 345 (B). Auf S. 1—134 enthält ihn die Münchener Papierhs. in 4[0] Cgm. 4871 (M), die auf S. 135 noch das Wolkensteiner *Mir dringet zwinget fraw dein guet* und auf S. 137—146 *die schoene abentewer* Suchenwirts bringen. Über die Entstehung dieser Hs. unterrichtet der Eintrag auf S. 134 a nach der letzten Strophe: *Als man zalt von xpi gepurd Tausent vierhundert vnd Im ains vnd Sechtzigissten Jar An freytag nach sannd margreln tag Der Heyligen Junckfrawn Hab ich Johannes fritz von passaw An der zeyt Des Edeln vnd vesstn Herrn Artolffen von Trenbach von sand Mertln vogt vnd phleger ze Kamer gerichtsschreiber Das vorgeschribn püch aus geschribn ze Kamer In dem geschloss ze Lieb vnd geuallen dem Benantn meinem genadigen hern vnd wer füran das oder ander pücher schreibn well lassen der bedarff ze mir nitt fragen Aber zum wein geen verred ich nicht. Ich hoff auf genade.* Aus dem Besitz der Herren von Trenbach gelangte die Hs. in das Eigentum des oberösterreichischen Geschlechtes der Ferenberger. Auf der ersten Seite steht am oberen Rande *1588 Hanss Ferenberg zu Egenberg.* 1849 erstand sie die Hof- und Staatsbibliothek in München von einem Augsburger Antiquar, der sie, zusammengebunden mit Cgm. 4872. 4873, kurz vorher in Steyer erworben hatte. M ist nicht ganz vollständig. Es fehlen Str. 479, 567, 5—585, 6, 32, 6 und 586, 4. Dagegen weist es in der Lücke nach 585, 6 zwei überleitende Verse und nach 523, 3 zehn Verse mehr auf als AB. Im ganzen umfaßt es 749 Strophen mit 7488 Versen. — Zwei zu einer Pergamenths. gehörende Fragmente wurden in Koblenz gefunden (Cf). Auf ihnen finden sich Str. 455, 1—470, 4 sowie Str. 485, 8—516, 7. — Eine fünfte Hs. liegt in der Umdichtung des 'Lohengrin' vor, die Ulrich Füetrer (s. d.) seinem 'Buch der Abenteuer' eingegliedert hat. — Von den erhaltenen Hss. leiten sich A und B aus einer gemeinsamen Vorlage *AB her, die wieder mit Cf auf eine Hss. *ABCf zurückgeht. Versehen in Cf wie *schin* = *scham* ABM 487, 10 oder *werdicheit* = *verdecket* ABM 496, 2 schließen es aus, daß AB aus Cf abgeschrieben wurde. Aber auch Cf kann nicht auf AB zurückgehen, da es eine Reihe von Fehlern vermeidet, die A und B gemeinsam sind. Solche Abweichungen sind *hamer* CfM gegen *heme* A, *heyn* B 459, 2, *geruter* CfM gegen *ruter* (*rugter*) AB 450, 9. Unabhängig von ABCf ist M, dessen Lesarten größtenteils ursprünglicher sind. Leider ist die Hs., wenn sie auch äußerlich sauber geschrieben ist, sehr flüchtig. Zahlreiche Verse sind ganz sinnlos überliefert, Wörter mehrfach ausgelassen und Namen völlig entstellt (*parn vales* = *Parzivales* 46, 7; *der Babst* = *der von Rabes* 530, 4). Seltenere Wörter sind durch geläufige ersetzt (*gelt* = *glet* 419, 9, *fruhte* = *vrüete* 224, 6), aber auch sonst Ausdrücke einfach vertauscht (*telramunt* = *tavelrunde* 45, 8 *Elsam* = *alsam* 182, 8). Fast alle Fehler sind aber nur äußerlich und daher leicht zu beseitigen. Die Vorlage Füetrers war keine der überkommenen Hss. Im Namen *Jechenburg* (Cgm. 1 Bl. 66 c. d) wahrte sie nach Ausweis der 'Sächsischen Weltchronik' (*Jecheburch* 160, 6) das Ursprüngliche gegenüber *Jetpurgk* M und *Jethelburc* AB (263, 4; 266, 6; 282, 2; 286, 1). Im übrigen steht sie M näher als AB. So bestätigt sie die Lesart von M 269, 5 *Swabn vnd frankchen* gegen *Vnd die franken* AB. Das Verhältnis der Hss. ist somit:

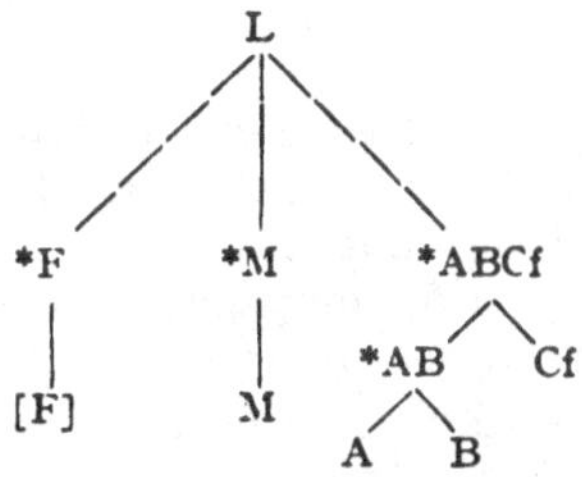

Ausgaben. Zuerst herausgegeben wurde der 'Lohengrin' 1813 von Jos. Görres nach einer Abschrift der Hs. A durch Ferd. Gloekle. Der Abdruck ist sehr fehlerhaft. Eine Neuausgabe lieferte 1858 H. Rückert: *Lohengrin. Zum erstenmale kritisch herausgegeben und mit Anmerkungen versehen.* Sie gründet sich auf A B und Cf. M vernachlässigt Rückert, obgleich auch diese Hs. damals schon bekannt war. Dieser Ausfall mindert den Wert des gebotenen Textes. Außerdem hat Rückert viele Fehler des Görresschen Druckes beibehalten. Auch die sprachliche Gestaltung ist nicht einwandfrei. Vgl. die Besprechung von Bartsch Germania 3 S. 244 ff. Eine kritische Ausgabe muß sich vor allem auf M stützen. Daneben ist aber auch die Bearbeitung Füetrers zu Rate zu ziehen. Fr. Panzer bereitete 1894 eine neue Ausgabe des Lohengrin vor, ist aber anscheinend von seinem Plan abgekommen. Cf wurde von Görres in der Einleitung sehr unzuverlässig abgedruckt. Eine sorgfältige

Wiedergabe des zweiten Fragments bietet Maßmann Germania 10 S. 230.

Übersetzung. Eine Übersetzung des 'Lohengrin' von A. Junghans ist in Reclams Universalbibliothek erschienen.

Schrifttum. Über den Lohengrin handeln Rückert in der Einleitung zu seiner Ausgabe; J. Traunwieser *Lohengrin ein Mosaik Wolframs von Eschenbach*, Progr. 1886; E. Elster *Beiträge zur Kritik des 'Lohengrin'* I. (Diss. Leipzig 1884), dass. I. II. PBB. 10 S. 81—194; Fr. Panzer *Lohengrinstudien* 1894 (1. Zur Überlieferung, 2. 'Lohengrin' und 'Lorengel', 3. Die Quellen des zweiten Dichters, 4. Verfasser und Datierung); E. Elster *Das Verhältnis des 'Lorengel' zum 'Lohengrin'*, Philol. Studien 1896 S. 252—276; C. Kraus *Lohengrinstudien von Friedrich Panzer*, Zs. f. d. österr. Gymn. 1897 Heft 6 S. 1—20; L. Textor *Untersuchungen über den Sprachgebrauch im 'Lohengrin'* (Diss. Greifswald 1911); Dora Busch *Studien zum II. Teil des 'Lohengrin'*, Zs. f. d. A. 69 S. 305—320 (Auszug aus einer ungedruckten Diss. von 1922); A. G. Krüger *Die Quellen der Schwanritterdichtungen* 1936, S. 65—96. Besprochen wird der 'Lohengrin' auch in verschiedenen Untersuchungen über den 'Wartburgkrieg' (s. d.). Den 'Lohengrin' im Verhältnis zu den mittelalterlichen Kulturzuständen betrachtet W. Golther *Ges. Aufsätze* S. 85—103; vgl. ders. *Parzival u. der Gral* 1925 S. 245—254.

Anhang: **'Lorengel'.**

Da der 'Lorengel' ebenfalls eine Fortsetzung des alten Lohengrinrätsels darstellt und fast ausschließlich im Zusammenhang mit dem 'Lohengrin' betrachtet wird, empfiehlt es sich, ihn unmittelbar anschließend zu behandeln.

1. Wie der 'Lohengrin' benutzt der 'Lorengel' die thüringische Dichtung bis zu deren Abschluß. Das Bestreben des Fortsetzers ist aber, die Rahmenerzählung zu beseitigen. Einen letzten Rest hat nur Str. 2, 8 ff. bewahrt:

da hort man den von Eschenbach
und Joram man auch bei den frauen sitzen sach.
Clingsor sprach; „singet fürbaß, meister weise“.

Im einzelnen ergeben sich starke Abweichungen. Schon die Namen sind vielfach verändert. Wenn Lohengrin selbst jetzt *Lorengel* heißt, so weist diese Namensform auf ein aus *Lorengrîn* umgebildetes *Lorenglîn* zurück. Das Ganze ist in meistersingerischem Stil gehalten, aber der Vorlage gemäß im „Schwarzen Ton“ dargestellt.

Der dem 15. Jh. zuzuweisende Bearbeiter setzt selbständig mit Str. 59, 7 ein. Für das Folgende bis zu einer Lücke nach Str. 86, 7 benutzt er offenbar ein selbständiges Gedicht. Hier wird dem Schwanenritter durch Waldemar von Etzels Zug an den Rhein erzählt. Mit Str. 112, 6 setzt die Überlieferung wieder ein und führt bis Str. 207. Sie berichtet eine zweite Landung und führt dann bis zum Zweikampf Lorengels mit Frider(e)ich von Dundramunt und zu seiner Hochzeit mit Isilie von Prafant. Die Dichtung scheint aber nicht vollständig erhalten zu sein. In der nur die ersten Strophen bis 56 mitteilenden Kolmarer Liederhs. heißt es nämlich: *Diss ist ein teile an dem Lorengel dez mit einander iiij lieder sint jm swartzen tone.* Der hier angegebene Umfang läßt vermuten, daß auch die Lorengeldichtung einmal bis zum Abschied Lorengels führte.

Ein Einfluß der bairischen Lohengrindichtung auf den 'Lorengel' ist nicht erkennbar. Es ist auch nicht anzunehmen, daß der Verfasser des 'Lorengel' den 'Lohengrin' kannte. Da er das Lohengrinrätsel des 'Wartburgkriegs' im wesentlichen ausschrieb, würde er sicher auch die Fortsetzung in entsprechender Weise benutzt haben. Daß sich die Handlung in den Grundlinien deckt, erklärt sich daraus, daß beiden Dichtern dieselben Quellen zur Verfügung standen. Viel zu allgemein sind aber angebliche wörtliche Berührungen wie Lor. 59, 10 *der purger sprach: wunder wil hie geschehen:* Loh. 72, 7 *er* (der Kaplan) *sprach: ich laz iuch wunder schouwen;* Lor. 61, 5 f. *der purger . . sprach: hört frau das sein gar wunderliche mere:* Loh. 73, 1 f. *sie waren dem gestade bi unt riefen ob diz niht ein wunder si;* Lor. 60, 10 *ich sach kein wapen nie so lobeleiche:* Loh. 77, 7 *do was sin wapenlich gewæt so rehte keiserlichen;* Lor. 64, 1 ff. *der purger sprach: ich pit euch fast daß ir seit heint bei mir selber wirt unde gast:* Loh. 92, 2 *ir sit hie heim. swaz ir gebietet daz geschiht;* Lor. 68, 7 *sein helm leucht als ein spigelglas:* Loh. 208, 9 *schilt unde helm gleiz luter als ein spiegelglas.*

2. Der 'Lorengel' beginnt nach drei ein-

leitenden Strophen mit dem Vers *Es saß ein herzog in Prafant.* Bis zur Speisung Lorengels durch den Schwan entspricht dann die Darstellung im großen und ganzen der Erzählung im 'Lohengrin'. Dann gelangt der Schwanenritter nach Antwerpen, wo ihn der am Ufer stehende Bürger Callebrant empfängt und nach dem Verschwinden des Schwans bei sich zu Gaste bittet. Er wird auf das beste bewirtet und von der Tochter des Bürgers bedient. Auf ihren Vorschlag hin holt Callebrant zwei Ritter namens Waldemar herbei, die für seine Unterhaltung sorgen sollen. Der eine von ihnen fragt Lorengel sogleich, ob er den Fürsten Parzefal kenne, dem er sehr ähnlich sehe. Ohne eine Antwort abzuwarten berichtet er dann eine von dessen Taten. In Köln suchte ein Graf mit Gewalt die Herrschaft zu erlangen. Sein Anschlag mißlang. Sein Bruder und zwölf Ritter wurden getötet. Er selbst konnte sich eben noch auf sein Schloß retten. Hier sann er auf Rache. Er ließ sich 32 Hufeisen aus Gold herstellen und mit ihnen seine Rosse beschlagen. Hierauf ritt er zu König Etzel nach Heunenland. Als der Hofschmied des Königs die goldenen Hufeisen erblickte, brach er sie ab. Der Graf hielt seine Diener an, dies ruhig geschehen zu lassen, aber zu sagen, daß es im Lande ihres Herrn Gold genug gebe. Zwischen dem Schmied und seinen Knechten entstand bald ein Streit über die Teilung der Hufeisen. Durch den Lärm und das Handgemenge erfuhr Etzel von der Sache, der den Grafen zu sich kommen ließ. Die Lücke in der Hs. beraubt uns des Schlusses der Erzählung. Aus vorherigen Andeutungen ist aber zu entnehmen, daß der Graf Etzels Habgier erweckte. Da die angeblich an Gold so reichen Länder ihm keinen Tribut zahlen wollten, brach er mit seinem Heere dorthin auf. Durch Tulant unterstützt, unterwarf er die Hälfte der Christenheit und zog bis nach Frankreich und Spanien. Der heftigste Kampf entbrannte vor Köln. An ihm nahm Waldemar selbst teil. 22 Tage wurde zu Wasser und zu Lande gestritten. Hierbei kamen die 11000 Jungfrauen um. Erst Parzefal, der mit dem Gral zu Hilfe kam, ließ Etzels Macht zunichte werden. Beim Wiedereinsetzen des Textes meldet Waldemar der Herzogin von Prafant, daß sich ein Kämpfer für sie nahe. Der Schwan bringt ihn noch einmal herbei, und Isilie empfängt ihn am Ufer. Sie wirft sich vor ihm auf die Knie, doch läßt er sie aufstehen. Er erklärt sich bereit, für sie zu kämpfen. Das Gottesgericht ist auf den nächsten Tag anberaumt. Im Kampf bezwingt Lorengel den Verleumder. Nachdem dieser gebeichtet hat, wird er geköpft. Der Sieger aber wird mit der Herzogin vermählt. *das lant regirt er loblich gar.* Die letzte Strophe wendet sich an die Fürsten, denen der Verfasser ein Beispiel geben wollte.

3. In späterer Zeit wird der 'Lorengel' noch einige Male erwähnt. Ein Hinweis findet sich in den Kolmarer Meisterliedern S. 249, 106 ff.:

sie spricht ich si ir gar ein gast
ich bringe ir denne den adamast
den da Lorengel uf im truoc
do er ein kempfe was der herzoginne,

ein zweiter S. 396, 24:

und war zwelf schuoch vor den Lorengel hin gesprungen.

Jener bezieht sich auf Lor. 174, 9 ff.:

die fürstin im auf den helm pant
ein guldin heftlein, dar aus laucht ein licht jachant
der auf seim helm gar wunniglich hergleste,

dieser auf Lor. 42, 10:

er sprang zwelf schuch weit für die plossen alle.

Weiter greifen auf die Dichtung die Worte *wie Laurengel sein vechten maß* im 'Friedrich von Schwaben' (Diutiska 2, 65) zurück. Zu erwähnen bleibt, daß ein Erfurter Haus 1485 *zum Lorengel* heißt, und daß *Lorengel* als Familienname bis in die Gegenwart vorkommt.

Überlieferung. Der 'Lorengel' ist einmal in der Wiener Piaristenhs. (W) überkommen, wo er auf Bl. 486—505 der jetzigen Zählung steht. Die Überschrift lautet: *Hie heben an die lieder von her lorengell in dem schwarzen don clingsors. der lieder sein zwei hundert und VII lider.* Nach Str. 14 ist ein Blatt mit sieben Strophen verloren, nach Str. 86, 7 fehlen drei Blätter, die den Text bis Str. 112, 6 umfaßten. — Den Anfang der Dichtung bietet auch die Kolmarer Liederhs., cod. germ. monac. 4997, (K) auf Bl. 701 b—705 b der neuen Zählung. Sie reicht bis Str. 66 einschl. und enthält im ganzen 41 Strophen, die, wie oben angegeben, als ein Teil des 'Lorengel' bezeichnet werden. K 1 entspricht W 5, 1—6 und 7, 7—10, K 2—5, W 10—13, K 7—13 den ausgefallenen Strophen W 15—21, K 14—16, 18, 17, 19 22—27, K 22—25, 31, 30, 33 W 34—40, K 27—29, 26, 32, 34—37 W 42—50, K 38—41 W 53—56. K 6 fehlt in W, stimmt aber zu Loh. 37. K 20 f. gibt W 28 wieder. K ist weder aus W, noch W aus K abzuleiten. Sie entstammen vielmehr einer gemeinsamen Vorlage, deren Beschaffenheit sich aus einem Vergleich der beiden Hss. und der Gegenüberstellung mit 'Loh.' erschließen läßt. Die Schreiber haben ergänzt und ausgelassen, auch sonst mannigfach geändert. Besonders dem Schreiber von W sind tiefere Eingriffe zuzuerkennen. Aufschlußreich ist seine Änderung in Str. 23, 3. Hier schrieb er von Key zunächst wie *K der trat fur*, was Loh. 46, 3 *er trat ir bi* entspricht. Dann strich er die drei Wörter jedoch, um sie durch *der was ein stum* zu ersetzen. Daß Key stumm gewesen sei, ist seine Erfindung, die er Str. 27, 6 noch einmal anbringt: *Kei was ein stum, sein red hat für gebrochen.*

Ausgabe. W hat Steinmeyer Zs. f. d.

A. 15 S. 181—226 abgedruckt. Über seine Abweichungen von der Hs. unterrichten seine Anmerkungen S. 226—232. Hier berücksichtigt Steinmeyer auch K, dessen Lesarten er mitteilt.

Schrifttum. Außer den zum Lohengrin angeführten Untersuchungen ist Steinmeyers Nachschrift a. a. O. S. 232—244 sowie seine Bemerkung Zs. f. d. A. 17 S. 389 zu beachten.

Willy Krogmann.

Longham, s. Wilhelm v. Langheim.

'Lorengel', s. 'Lohengrin'.

Lorenz, Meister, kaiserlicher Apotheker. Von ihm eine Verordnung für Fisteln im Ms. germ. fol. 8, saec. XV., zu Berlin, Bl. 91. Sudhoff.

Lortz, s. Wilhelm v. L.

Lose, Joh., s. Ekhardi.

Lot von Gmünd, Meister. Hs. Additional 16581 des Britischen Museums, 15. Jh. (1469), ostschwäbisch, Bl. 166 b, s. R. Priebsch *Deutsche Hss. in England* II (1901) S. 147—58. Ihm wird in den Mund gelegt der Spruch:

Es gibt die lenge gar bösen lon
Weyßlich reden vnd törisch tůn.

R. Priebsch.

Lothringen, s. Hans v. L.

Loveia, s. Hermann v. L.

Löwen, s. Heinrich v. L. u. Michael de Leone.

Lubbe, Jakob, Verfasser einer Familienchronik von 1465—89. Die Chronik ist nur in einer Abschrift von der Hand Martin Grunewegs, eines Verwandten von Lubbe, erhalten (Danziger Stadtbibliothek Ms. 1300).

J. L. wurde 1430 in Gr. Lichtenau bei Marienburg als Sohn eines Bauern geboren, kam 1440 nach Danzig und trat 1446 bei einem Kaufmann in die Lehre. Er war Mitglied und später Ältermann der Danziger Krämerzunft und wurde ein wohlhabender Kaufmann. Er starb bald nach 1500. — Seine Aufzeichnungen über die Bauten an der Marienkirche und am Artushof, über die innere Geschichte Danzigs (besonders die Unruhen von 1476) sind wichtig und wertvoll; seine Mitteilungen über Familienereignisse charakterisieren das bürgerliche Leben Danzigs im 15. Jh.

Scriptores rerum Prussicarum Bd. IV S. 692 ff. Simson *Geschichte der Stadt Danzig* I S. 318. Rühle *Jakob Lubbe, ein Danziger Bürger des 15. Jh.s,* Mitteilungen des Westpreußischen Geschichtsvereins 23 (1924) S. 17 ff., 33 ff.

Recke.

Lübeck, s. Heinrich u. Joh. v. L.

Luber, Lubrer. Schmeller nennt im Kataloge der Münchener deutschen Hss. das im cgm. 270 Bl. 96a und im cgm. 379 Bl. 56b überlieferte Gedicht *Ljbw kind nu hand für gůt Wie das mich zwinget aremůt* 'Des von Luber Lehren' bzw. 'Des Lubrers Lehre'. Außerdem gibt er dem im cgm. 270 Bl. 71a überlieferten Gedichte *Vil dick so rett der mund Das jm leit in sins hertzē grund* den Titel 'Des Lubrers Rat', während er dasselbe Gedicht beim cgm. 379 Bl. 34b richtiger 'Liebesklagen' betitelt. Diese Überschriften beruhen nicht auf den Hss. Die Namensform *Luber* bzw. *Lubrer* ergibt sich nur, wenn man die im cgm. 270 (und nur in dieser Hs.) überlieferte Augsburgische Schreibung *au* (für *â*) als bairische Diphthongierung von *û* irrtümlich deutet. Genannt ist in beiden Gedichten *der von Lâber* (s. Hadamar von Laber). Vgl. 'Des von Laber Lehren' und 'Des Labrers Rat'.

Niewöhner.

'Lucidarius' s. Nachtrag.

Lucken, s. Hans v. L.

Luder von Braunschweig.

1. Luder von Braunschweig war der jüngste Sohn des Herzogs Albrecht der Große von Braunschweig († 1279), ein Nachkomme Heinrichs des Löwen. Die Schwester seines Vaters, Helene, war die Gemahlin Hermanns, des Landgrafen von Thüringen und Sohnes der heiligen Elisabeth. Er war dadurch auch mit Kaiser Otto IV. verwandt. Außerdem stammte er in weiblicher Linie von Kaiser Lothar ab, dem Schwiegervater des Welfen Heinrich der Stolze. Wann L. geboren ist, wissen wir nicht. Im Jahre 1308 wurde er Komtur in Gollub, 1309 Hauskomtur in Christburg, 1313 Hauskomtur in der Marienburg, 1314 Komtur in Christburg und Oberster Trappier. Zum Hochmeister des Ordens wurde er am 17. Februar 1331 gewählt. Zwischen

dem 16. April und 3. Mai, wahrscheinlich am 18. April 1335 starb er auf der Heimreise von Königsberg, vermutlich in Stuhm, wo er am Ostermontag, dem 17. April, noch eine Urkunde vollzogen hatte. Beigesetzt wurde er in Königsberg in dem von ihm 1333 gegründeten Dom. Hier hatte er sich bei einer Schenkung, dank welcher an seinem Grabe ein ewiges Licht brennen, der Wein zum Hochamt geliefert werden und an seinem Todestage ein Gedächtnismahl mit Vigilien und Messe gehalten werden sollte, in der Mitte des Chores eine Grabstätte ausgesucht. Sein Grabstein befindet sich noch im Dom.

2. L. war eine bedeutende Persönlichkeit. Als Komtur von Christburg bemühte er sich um die Besiedlung seiner Komturei mit deutschen Siedlern. Hervorgehoben werden seine Bestrebungen zur Pflege des Gottesdienstes. Nach der Fortsetzung Nikolaus' von Jeroschin (s. d.) in der Stuttgarter Hs. ordnete er an, daß täglich in den Ordenskonventen eine Frühmesse zu singen sei, wobei sich eine Totenmesse und eine Marienmesse abwechseln sollten (27, 673—27, 682). Daß er selbst gerne im Chor sang, berichtet Wigand von Marburg (s. d.), wenn er über den Verstorbenen schreibt: *Frater Lutherus de Brunswig magister devotus in oracionibus et virtuosus multa memorie digna statuit et in bonis operibus finem clausit in choro canonicorum in Konigsberg, decimus octavus in ordine, magister nobilis, qui dux Brunswicensis, et prudens; ecclesias frequentabat, vulgares libros composuerat. Sepius in choro cantabat, quum notas novit dulciter modulare et signanter sanctissimam Elizabeth tanquam sibi specialem matronam devotissimis obsequiis et laudibus venerabatur* (Script. rer. Pruss. II S. 487). Rühmend heißt es auch in der 'Kurzen Reimchronik von Preußen' v. 132ff.:

Do wart zu homeister gekorn
ein edel herre wol geborn,
bruder Luder von Brunswic,
der vant zu himele den rechten stic;
des tugende waren behende.
Der was der vumfzende
des ordens homeister.
Ein gelobede gote leistte er:
er satzte ein gesetze gut,
daz man noch alle tage tut,
daz ist di erste messe.
Swo er ie daz weste,
daz gote gehorte zu,
. . . daz spate und vru;
des was er vlizic zu allen stunden.
Daz hat man wol bevunden
zu Merginburg und anderswa,
zu Golube, Kirsburg, hi und da
und in ander maniger stat
er gotis dienst gemeret hat
mit mancher lobelichen tat,
der in got genizen lat.

3. Bezeichnend für L.s geistige Haltung ist, daß er bestrebt war, die Dichtung zu fördern und Marienburg zu einem geistigen Mittelpunkt zu machen. Vorbild war ihm sicher sein Oheim, der Landgraf Hermann von Thüringen. Auf seine Anregung hin entstand nach seiner Wahl zum Hochmeister die dichterische Übertragung des Buches 'Daniel' (s. d.), wie der Dichter am Schlusse v. 8304ff. bezeugt:

Sulcher uzlegunge bat
Der reine und der wise,
Des urhab ich wol prise
In keiserlicher bluete.
Von sines stammis guete
Entsproz der tugende vas
Elysabet, die hie was
Zu Ungern des kunges kint;
Heilic ist sie worden sint
Bi Gote in ewikeit.
Disse vreude si bereit
Im ouch durch iren willen.
Sie sal den viant stillen,
Ob er en noch vichtet an.
Ein vurste ist dirre man,
Geborn von des adils zwic,
Gekreirt der von Brunswic,
Bruder Luder, dem orden
Homeister hie geworden
Genant der dutschen heren.

Zu Ehren L.s hat ferner Tilo von Kulm (s. d.) seine Dichtung 'Von siben ingesigeln' verfaßt, die nach einer lateinischen Nachschrift am 8. Mai 1331 abgeschlossen wurde. In den Eingangsversen sagt er, daß er sie dem Orden schenke. Anschließend heißt es v. 71ff.:

Ich mein den rittern, dinen (*Marias*) *kint,*
Di von dem duschen huse sint
Genennet und gemezzen,
In Prusenlant gesezzen,
Oder wo si indert wonen
Und in der werlde donen;
Zu vorderst doch dem vursten
Von Brunswic, der sich dursten

Let nach ern, daz im ie zam
Von dem alden edlem stam:
Wen her ist wol geschide
In dem virden gelide
Sente Elzebet verwar,
Und treit daz vrone cruce bar
Ůzen an dem mantel wiz,
Inninclich mit grozem vliz,
Und treit iz in dem herczen
Binnen an allez merczen,
Den der orden hat gekorn
Zu homeister ane zorn.

Zwei lateinische Gedichte Tilos auf L. sind auf der Vorder- und Rückseite der Hs. niedergeschrieben. Auch Nikolaus von Jeroschin wurde von L. beauftragt, die Deutschordenschronik Peters von Dusburg (s. d.) in deutsche Verse zu übertragen, damit sie auch von den des Lateins Unkundigen verstanden würde. Nach v. 182ff. schrieb er zu Lebzeiten L.s schon mehr als 40 Blätter, die ihm aber vernichtet wurden:

Ich weiz, iz ist gnuc luten kunt,
daz ich hatte vor der stunt
ouch zu tichtene begunt
bi meistir Ludere
(so got sin sele nere!)
diz buch durch sine bete
und des geschriben hete
quinternen me wen vire,
di von dem argen tire
vortilgit wurdin, goteweiz!
daz Josephis roc zureiz.

4. Daß L. auch eigene deutsche Dichtungen schuf, geht schon aus der Bemerkung Wigands von Marburg hervor: *vulgares libros composuerat.* Eines seiner Werke war eine Legende der heiligen Barbara. Nikolaus von Jeroschin bezeugt uns v. 6422ff., daß L. das Leben und die Marter der Heiligen in deutschen Versen erzählt und auch berichtet hat, wie ihr Haupt nach der Burg Sartowitz an der Weichsel kam:

Wi nu daz houbit dare
zu Schartwitz quem uf daz hus,
daz man iz barc in dem clus,
des will ich hi gedagin.
Swer daz nu wil irjagin
unde ouch wizzin ebin
di martir und daz lebin
Barbarin der herin,
den wil ich wege lerin.
Er suche an dem buche,
daz mit grozim ruche
von der selbin magit zart
der herzoge lichtir art
brudir Ludir, von Brunswic
des stammis ein vurstlicher zwic
und homeistir ouch irkorn
dem dutschin ordene bevorn,
hat gebracht zu dutsche ganz
mit getichte ane schranz;
da vindit er daz sundir wan.

Die heilige Barbara (s. d.) wurde im Deutschen Orden besonders verehrt. Ihr Haupt sollte nach der pommerellischen Burg Sartowitz gelangt sein, von wo aus die Reliquie in das Ordenshaus Kulm-Althaus kam. Sie fiel den Ordensrittern zu, als der Herzog Swantepolk in Pommerellen sich mit den heidnischen Preußen verbündet hatte und die Burg 1242 erobert wurde. Jetzt wurden der Heiligen im Ordensland, besonders im Kulmerland, zahlreiche Stätten geweiht. Eine dichterische Behandlung lag umso näher, als sie im 'Passional' (s. d.) nicht berücksichtigt wird. Wann L. sein Werk schrieb, wissen wir nicht. Noch als Hochmeister hat er verordnet, daß man den Tag der heiligen Barbara mit einer besonderen Historie halten und am Vorabend und am Tage selbst zwei Bedürftige speisen solle. Fr. Pfeiffer hat in seiner Ausgabe des Nikolaus von Jeroschin S. XXVI vermutet, daß L.s Dichtung in einer in verschiedenen Hss. überkommenen '*Translatio et miracula sanctae Barbarae*' in latein. Übersetzung erhalten sei. Erhärten läßt sich diese Meinung aber nicht. — Als eine zweite Dichtung L.s betrachtet K. Helm in seiner Ausgabe das Buch der 'Makkabäer' (s. d.). Seine Hauptstützte ist, daß sich auf Bl. 52 zu Beginn der eigenen Vorrede des Dichters in der Initiale N das braunschweigische Wappen befindet. Daß die Stuttgarter Hs. später geschrieben ist, brauchte nicht zu widersprechen, da in dem Teil, der Heslers (s. d.) 'Apokalypse' enthält, Miniaturen verwendet werden, die fast genau mit den in den beiden Königsberger Hss. vorhandenen übereinstimmen, der Schreiber sie demnach auch hier seiner Vorlage entnahm. Gegen die Verfasserschaft L.s entscheidet aber, daß ihn der Dichter des 'Daniel' bei der Erwähnung der 'Makkabäer' v. 6216ff. nicht ebenso nennt

nennt wie Nikolaus von Jeroschin beim Hinweis auf die Barbara:

Swer nu disser rede gert
Vurbaz, der suche sie dort
Machabeorum dutscher wort
Gemachet zum ersten an.

Dies ist umso gewichtiger, als der 'Daniel' ja gerade im Auftrage L.s entstand. Die Benutzung des braunschweigischen Wappens in der Initiale läßt sich auch weit besser verstehen, wenn wir annehmen, daß die Vorlage der Stuttgarter Hs. für L. angefertigt oder das Werk ebenfalls von ihm angeregt wurde.

Schrifttum. Zusammenfassend über L.s Stellung handeln Ph. Strauch *Die Deutschordenliteratur des Mittelalters* 1910, S. 14f.; W. Ziesemer *Deutschordensdichtung* § 5, Reallex. d. d. Literaturgesch. I Sp. 186; ders. *Die Literatur d. Deutschen Ordens in Preußen* 1928. Die Angaben über ihn bietet O. Schreiber *Die Personal- u. Amtsdaten der Hochmeister d. Deutschen Ritterordens von seiner Gründung bis zum Jahre 1525* (Oberländ. Geschichtsblätter H. 15 = Bd. III H. 5) 1913, S. 696ff. Über den Grabstein berichtet C. Steinbrecht *Hochmeister-Grabsteine in Preußen*, Altpreuß. Monatsschrift 52 (1916) S. 90ff.

Willy Krogmann.

Ludolf von Sudheim (*Suchen*).

1. L., Pfarrer der Kirche und *rector ecclesiae parochialis* zu Sudheim im Bistum Paderborn, hielt sich nach seinen Angaben in seiner lat. und deutsch erschienenen Reisebeschreibung von 1336 bis 1341 im Orient auf. Er widmete sein Werk dem Bischof Balduin von Steinfurt (1340—1361). Sein Name war lange umstritten. In der '*Bibl. hist.*' von Struve, ed. Meusel (1784) S. 77 heißt es: *auctor falso Ludolphus appellatur*. Damals nannte man ihn nach der ältesten deutschen Überlieferung: Petrus zu Suchen. Doch ist die in der lat. Fassung enthaltene Form *Ludolfus* als die ursprüngliche anzusehen. *Suchen* oder *Suchem* ist verlesen für *Suthem*, da in der Schreibung des 14. Jh.s c und t leicht zu verwechseln sind. Nach Evelt *Ludolf von Suthem* (Zs. d. Ver. f. Gesch. u. Altertumsk. Westfalens 10 [1859] S. 1 ff., 12) ist darunter Sudheim bei Lichtenau zu verstehen. Das Urteil über den Wert von L.s Reisewerk war früher ungünstiger als heute. Die '*Bibl. hist.*' sagt S. 76 f.: *Quae ingenio eius sat puerili memorabilia videbantur, sermone Theodisco barbaro consignavit.* Karl Ritter dagegen fällt das Urteil, L.s Werk verdiene den Geographen als eine „treffliche Quelle der Geographie des Mittelalters" empfohlen zu werden (vgl. auch Robinson *Palästina* I S. XXIII). Wenn sich L. auch selbstverständlich als Kind seiner Zeit von fabelhaften Berichten nicht frei machen kann (Evelt a. a. O. S. 19 f.), erweist er sich doch als ausgezeichneter Beobachter. Anklänge an die Heimat finden sich wiederholt bei ihm: die Grabeskirche vergleicht er mit der Kathedrale von Münster, den Libanon mit dem Osning.

2. Als Quellen für L.s Werk kommen die Reisebeschreibung des Wilhelm von Boldensele (s. d.) und ein niederrheinischer Bericht über den Orient (ZfdPh. 19 [1887] S. 1 ff.) in Betracht. Dieser ist erhalten in einer Handschr. des Kölner Stadtarchivs (frühere Signatur Nr. 261, jetzt MG Nr. 1). Andrerseits diente L. als Quelle für Felix Fabri (s. d.). A. Partz, der in v. d. Hagens Germania 6 S. 52 ff. Proben aus der mnd. geschriebenen Wolfenbüttler Handschr. 127 a gibt, glaubt in dieser Fassung den ersten Entwurf von L.s Arbeit zu erkennen; doch schrieb dieser als Kleriker des 14. Jh.s, der sein Werk einem Mitglied seines Standes widmete, sicher lateinisch; also ist die lateinische Fassung die ursprüngliche. Auch bietet der lat. Text die vollständigste Beschreibung des Heiligen Landes.

Ein Verzeichnis der gesamten lat. und deutschen Überlieferung L.s findet man am vollständigsten und bequemsten bei Potthast *Bibl. historica medii aevi*² 1896, I S. 748 ff. F. Deycks veranstaltete auf Grund der Cod. Berol. mss. Diez C. f. 60 und Cod. Berol. mss. lat. fol. 198 sowie des Straßburger Druckes, der nach Helmschrott, Panzer und Ebert um 1468 bei Eggestein erschien, einen Abdruck des lat. Textes, der gelegentlich durch Vergleich mit den Übersetzungen berichtigt wurde (Stuttg. Lit. Ver. XXV, 1851). Der Abdruck der alten hd. Übersetzung, den Sir Thomas Phillips zu Middlehill in England 1844 begann, blieb unvollendet. Die nd. Fassung, die im Wolfenb. Cod. Blancob. 127a Bl. 87—109 vorliegt, gab J. G. L. Kosegarten 1861 heraus (*Ludolf von Suchen, Reisebuch ins heilige Land in nd. Mundart*). 1895 erschien: *Ludolph von Suchems Description of* *the Holy Land, and of the way thither. Written in the year A. D. 1350. Translated by* Aubray Stewart (Palestine Pilgrims Text Society 27).

Kinderling *Gesch. der Niedersächsischen oder sogen. plattd. Sprache* 1800, S. 341 f. Scheller *Bücherkunde der Sassisch-niederd. Spr.* 1826, No. 165, 3 81. T. Tobler *Bibl. geogr. Palaestinae* 1867, S. 39 ff. Röhricht-Meisner *Deutsche Pilgerreisen nach dem Heil. Lande* 1880, S. 564 f. Röhricht *Deutsche Pilgerreisen* 1900, S. 43, Anm. 85. F. Deycks *Über ältere Pilgerfahrten nach Jerusalem, mit bes. Rücksicht auf Ludolfs von Suchen Reisebuch des Heiligen Landes* 1848. F. Falck *Die Druckkunst im Dienste der Kirche* 1879, S. 53 ff.

Eduard Brodführer.

'Ludus de Antichristo' (Antichrist-Dramen).

1. Stellung des mal. Gedichtes. 2. Seine Handschrift. 3. Seine Entstehung. 4. Sein Verfasser. 5. Seine Beurteilung durch Zeitgenossen. 6. Seine stoffliche Sondergestaltung als außerliturgisches Adventspiel für Gebildete im Gegensatz zu den zyklischen Verknüpfungen der kirchlich-volkläufigen Schauspiele. 7. Die Gestalt des Antichrist in der Offenbarung. 8. In der älteren Geschichtschreibung. 9. In vorausgegangenen Dichtungen. 10. Behandlung des Stoffes und der Vorlagen im 'Ludus'. 11. Die Personifikationen und Allegorien des 'Ludus' in Homiletik, Kunst und Spiel. 12. Inhalt des Vorspiels; 13. der ersten Handlung; 14. der zweiten Handlung. 15. Ihre künstlerische Gestaltung. 16. Die Bühne des 'Ludus'. 17. Deren Fortwirkung. 18. Die Spielgestaltung. 19. Das Erbauungsschrifttum als Nährboden der weiteren Antichristspiele. 20. Die Antichristdramen des 14. Jh.s.; 21. des 15. Jh.s. 22. Die Prozessionsspiele. 23. Die Rheinauer-Donaueschinger Gruppe. 24. H. Sachsens Tragödie und ihr angeblicher Kreis. 25. Tirolische Neigungen zur Eschatologie. 26. Das Haller Jüngste Gerichtsspiel von 1507. 27. Die Schwazer Spiele und ihre Verfasser. 28. Tiroler Aufführungen des 16. Jh.s und Beziehungen zu H. Sachs. 29. Die Wattener Spiele. 30. Die Altenmarkter Spiele und ihr Leiter aus Tirol. 31. Der Altenmarkter Spielplatz. 32. Wirkung solcher Aufführungen. 33. Die Axamer Spiele. 34. Der Ampasser Text. 34. Das Spiel von Barth. Kännberg. 35. Das Laaser Spiel. 36. Das Antichristspiel aus Landl-Thiersee. 37. Spiele in Flandern und Burgenland. 38. Säkularisierung der Ideenwelt durch die Aufklärung. 39. Wiederaufleben des 'Ludus'. 40. Literaturverzeichnisse.

1. Eine der gewaltigsten Dichtungen eschatologischen Sinnes und deutschen Geistes; ein titanisches, ja das reifste *Carmen buranum*, geboren aus der Vorstellung von der heilsgeschichtlichen Höchstaufgabe und dem Ende des heiligen römischen Reiches deutscher Nation; ausgereift im deutschen Kaiserglanz der römischen Theokratie, knapp vor dessen Untergang, als ein tief bewegter Weltanschauungs- und Zeitappell, in dem die religiöse, nationale und politische Hochströmung des deutschen Volkes sich mit der dem Kreuzzugsjahrhundert eigenen ernsten Sorge um die nächsten und letzten Dinge der Menschen vereinte. Wie die mannigfaltigen Feste und Symbole der Kirche sich damals in der katholischen Liturgie ausgestalteten und festprägten, so verdichtete sich das Weltringen der Barbarossazeit und der Begriff von der Gottesherrschaft der mittelalterlichen Menschheit in den knappen symbolischen Szenenbildern des *'Ludus'* zu ihrem stärksten dramatischen Weltoratorium von Diesseitsbejahung und Jenseitsstreben. In seiner zusammenfassenden Romanik und in seinem formelkräftig-liturgischen Wortgerippe und Aufbau ist er vergleichbar mit einer rheinischen Kathedrale oder mit den jüngeren Bamberger und Straßburger Münstern (s. K. Franck *Der Meister der Ecclesia und Synagoga am Straßburger Münster* Diss. Straßburg 1901. E. Panofsky *Die dt. Plastik d. 11. bis 13. Jhs.* 1924; H. Beenken *Roman. Skulptur in Deutschland* 1924; H. Jantzen *Dt. Bildhauer des 13. Jhs.* 1925; ders. *Bildwerke d. Bamberger Domes a. d. 13. Jh.* 1925; W. Pinder *D. Bamberger Dom u. s. Bildwerke* 1927; R. Hamann-H. Weigert *D. Straßburger Münster u. s. Bildwerke* 1928; dazu H. Schrade *Frühchristl. u. mal. Kunst*, Dt. Vjschr. 6 u. 7 [1928 u. 1929]). An diesen leuchtet noch heute die verkörperte Herrlichkeit und Gegensätzlichkeit jener dichterischen Gestalten.

Daß dieser 'Ludus' eines der verschiedenartigen Antichristspiele ist, die um die Mitte des 12. Jh.s auf dem gestaltungsfrohen bairisch-österreichischen Boden aufgeführt wurden, bezeugt die Polemik Gerhohs von Reichersberg (s. *Opera Gerhohi hactenus inedita cur.* Scheichelberger 1 [1875] S. 25). Schon K. Sturmhoefel *Der geschichtliche Inhalt von Gerhoh's von Reichersberg 1. Buche über die Erforschung des Antichrists* 1887 S. 9ff. wies nach, daß der 'Ludus' mit dem bei

Gerhoh erwähnten Antichristspiel nicht gemeint sein kann, sondern daß zu gleicher Zeit noch andere Antichristspiele in Oberdeutschland aufgeführt und weithin bekannt gewesen sein müssen. Als zwei Gegenstücke zu ihnen sind die Darstellung des Weltanfangs mit Luzifers Sturz und der ersten Menschen Paradies und Sündenfall mit dem Prophetenspiel aus dem Jahre 1194 zu Regensburg und ein gleichfalls lateinisches Prophetenspiel in Riga a. d. J. 1204 verbürgt.

2. Die Hs. des 'Ludus' stammt aus dem Benediktinerstift Tegernsee, das unter Pipin d. J. gegründet worden war (s. J. Obermeier *Gesch. Tegernsees bis 1429* 1888; P. Lindner *Familia S. Quirini in Tegernsee* Oberbayr. Arch. 50 [1897] S. 18ff.; G. Zacher *Das Kloster Tegernsee um das Jahr 1000*. Diss. Leipzig 1935. L. Tabor *Die Kultur des Klosters Tegernsee im frühen MA*. Diss. Göttingen 1935. R. Bauerreiß *Albert v. Tegernsee u. die Tegernseer Geschichtschreibung*, Stud. u. Mitt. z. Gesch. d. Bened.-Ordens 54 [1936] S. 7—14; *Die Tegernseer Briefsammlung* hg. v. K. Strecker 1925; B. Schmeidler *Über die Tegernseer Briefsammlung*, NA. 46 [1926]; E. Aßmann *Untersuchungen z. Codex III der Tegernseer Briefsammlung*, HistVjschr. 30 [1936] S. 625—661), und gelangte von dort an die Bairische (Hof- und) Staatsbibliothek als ihr clm. 19411 saec. XI.—XII., dessen reichen Inhalt W. Wattenbach Neues Archiv 1892 S. 33 schildert und Wilh. Meyer *Fragmenta Burana 1901* ausführt (je ein Faksimile in Zezschwitz' Ausgaben, in Könneckes Bilderatlas[2] [1895] S. 25 u. A. Salzers Literaturgeschichte[1] 1 [1912] S. 159). Er enthält auf 7 Bll. die 414 (nach Wilhelm Meyer), 438 (nach Froning) und 635 rhythmischen Verse (nach Zezschwitz) des *'Ludus'* mit seinen einzigartig zahlreichen Regiebemerkungen, trägt die Merkmale der Schrift aus dem Übergang vom 12. ins 13. Jh. und ist vereinzelt mit Neumen versehen. Es handelt sich hierbei um eine Abschrift aus zweiter Hand. Über das Original und die Zwischenhandschrift ist nichts bekannt.

3. Giesebrecht, Scherer, Vetter, W. Meyer und Manitius setzen die Entstehung des *'Ludus'* vor Walther von der Vogelweide und Dante Alighieri (s. auch K. Burdach *Der Streit um das mal. Imperium in den Gedichten Walthers v. d. Vogelweide*, Dt. Vjschr. 13 [1935] S. 509—62), nämlich in die Zeit um 1160 an, als die politischen Gegensätze zwischen Kaiser Friedrich I. und König Ludwig VII. von Frankreich reif zum Ausbruch eines Krieges geworden schienen und Prediger, wie der Baier Gerhoh aus Polling, Propst des Innviertler Chorherrenstiftes Reichersberg (s. W. Ribbeck *Gerhoh von Reichersberg*, Forschungen z. dt. Geschichte 24 [1883]; Kr. Grösslhuber *Gerhoh von Reichersberg* 1930; Handbuch d. Altertumswissenschaft 9 II 3 [1931] S. 61—67; H. Jacobs *Studien über Gerhoh v. Reichersberg*, ZfKg 3. F. 1 [1931] S. 315—77; dort weitere Literaturangaben. Nachzutragen noch: G. Weiß *Das Chorherrenstift Reichersberg am Inn* [1934] S. 23—29 u. 145. Fichtenau *Studien zu Gerhoh von Reichersberg*, in Vorbereitung), zugleich ein erbitterter Gegner der kirchenpolitischen Ziele Friedrichs I. geworden, eine Erneuerung des kirchlichen Geistes und des Lebens der Kleriker forderten. Zezschwitz, Wackernell u. a. bringen die Dichtung mit dem Reichstag von 1188 in Zusammenhang, der den Völkern des Abendlandes die Weltversöhnung im Zeichen des Kreuzes gebracht zu haben schien. Unter diesem Eindrucke wollte der greise Rotbart den Kaiserthron nicht mehr besteigen, weil Christus der oberste Herr der Menschheit sei. Nach Aschner hätte die verzweifelte Epoche nach dem Tode Barbarossas, um 1190—1191, dem (vielleicht wesentlich später schreibenden) Dichter vor Augen geschwebt. Michaelis leugnet jede politische Aktualität des Dramas und möchte es wegen der Berührungen mit Gedanken des hl. Bernhard vor die unglückliche Wendung des zweiten Kreuzzuges Barbarossas, ja in die Zeit Konrads III. setzen. Spuren der Zeitgeschichte sind im *'Ludus'* nicht zu verkennen. Auch W, Kamlah weist darauf hin, daß der letzte Zug des Kaisers Friedrich nach

Jerusalem und sein Kampf mit den Heiden (s. Meyer, Spielanweisung 29—37) für die Augen des 12. Jh.s das Ansehen eines Kreuzzuges gewinnt, wie umgekehrt die Kreuzfahrer apokalyptische Prophezeiungen auf sich bezogen haben. Die Sprache der Kreuzzugswerber klingt in v. 133/134 nach; der König von Jerusalem ist der Kreuzzugsgeschichte entnommen; unter den Heiden sind wohl die Sarazenen von damals zu verstehen. Vor allem aber wirkte auf den Verfasser das deutsche Nationalgefühl der ersten Barbarossazeit und die von Sorgen um die Weiterentwicklung angetriebene Vorstellung vom *Imperium sacrum* ein. Im übrigen dürften die Schriftweissagungen ihm nicht bloß Anhaltspunkte zu seiner Darstellung vom bevorstehenden Ende der christlichen Herrschaft und dem Untergang der Welt geboten, sondern die kirchliche Auffassung auch zu seiner Zurückhaltung in apokalyptischer Deutung veranlaßt haben. Der Dichter will nicht Zeit-, sondern Heilsgeschichte darstellen, und nur aus wenigen Einzelheiten kann man schließen, daß er sein Werk in der kaiserlichen Glanzzeit, wahrscheinlich um 1160, spätestens knapp vor Ausbruch des unglückseligen zweiten Kreuzzuges, zu dem der Kaiser am 11. Mai 1189 von Regensburg aufbrach, und der ihm am 10. Juni 1190 das Leben kostete, und in der Umgebung des Kaisers geschaffen hat.

4. Als Verfasser kommt nach Sprache und Inhalt nur ein oberdeutscher Kleriker in Betracht. Weder sein Name noch der Titel des Gedichtes sind im *'Ludus'* genannt. Es liegt nahe, einen zisterziensisch eingestellten Tegernseer Mönch — Engelhardt und Haase führten „Wernher von Tegernsee" an (s. P. Lindner *Familia S. Quirini in Tegernsee,* OberbayrArch. 30 [1897] S. 50f.), Froning, Creizenach, Brackmann und Krieger stellten den Dichter mit dem so ganz anders gearteten Archipoeta (s. d.; vgl. noch: H. Meyer-Benfey *War der Archipoeta ein Deutscher?* ZfdA. 71 [1934] S. 201—209; Wolfram v. d. Steinen *Die Heimat des Erzpoeten,* ZfdA. 72 [1935] S. 97—109; K. Langosch *Der Archipoeta war ein Deutscher,* Hist. Vjschr. 30 [1935] S. 493 bis 547; Gust. Luhde *Der Archipoeta* 1932; dazu Ltbl. 56 [1935] Sp. 444/6. J. L. Heller *A note of the so-called 'Confession of Golias',* Speculum 3 [1933] S. 257ff.) in eine Linie — dahinter zu vermuten, der einerseits in der vom hl. Bernhard entfachten Bewegung stand (vgl. Bühnenanweisung 99 mit der Erklärung Bernhards zu den betreffenden Hohenliedsversen; M. Dietrich *Die Zisterzienser und ihre Stellung zum mal. Reichsgedanken bis zur Mitte des 14. Jh.s* 1934. M. Preiß *Die polit. Tätigkeit und Stellung der Zisterzienser im Schisma 1159—1177,* Histor. Studien 248 [1934]; dazu K. Haid Cistercienser-Chronik 48 [1936] S. 10 bis 17; Eb. Pfeiffer *Die Cistercienser u. d. dritte Kreuzzug,* ebda. 48 [1936] S. 145ff.), andrerseits als Theologe im kaiserlichen Lager wirkte. Es ist die religiöse Entdeckung des Menschen und der Nation, die, im Irdischen verhaftet, das Ewige nicht verlieren sollen. In der Bibel daheim, hatte der Verfasser sich auch die übrige Bildung angeeignet und mit den Gebräuchen bei Hof und in den Kanzleien wohl vertraut gemacht. Er war erfüllt von jenem Tausendjährigen Reiche Gottes der Offenbarung (20, 2), das im Zusammenwirken von Kirche und Welt, von sakraler und kaiserlicher Öffentlichkeit, von Mysterium und Tageskampf im gesteigerten Kreuzzugsereignis der Nation und des einzelnen Deutschen sich gewaltig vor jedem Teilnehmer erhob, und vom Reichsgefühl des blühenden Rittertums und hing der kaiserlichen und nationalen Imperialpolitik an, nach der nicht bloß die römische Kaiserwürde und Schirmvogtei über die ganze Christenheit, den Bereich der Kirche, der deutschen Nation als Erbgut, sondern eine christliche Weltmonarchie unter Führung des deutschen Kaisers über die Heidenländer zur Verwirklichung des christlichen Gottesreiches sich befestigen sollte. Die anderen Herrscher, namentlich der Frankenkönig, der seit Kaiser Karl dem Großen gleichfalls auf die römische Kaiserwürde Anspruch erhob, würden dem deutschen Kaiser untertan sein. Der Dichter läßt den Kaiser

sich auf die deutsche Kriegstüchtigkeit, den geraden Sinn und die Frömmigkeit seines Volkes stützen. Er hält es nicht für notwendig, in die idealpolitische Auffassung Rainalds von Kassel, des Kölner Erzbischofs, einzustimmen, sondern stand selber eher der gemäßigteren und sachlicheren Ottos von Freising nahe. Er dürfte die Gebildeten schon durch das Antönen der kirchenpolitischen Zukunftspläne zur Mitwirkung am Kreuzzug als dem Mittel zum Zwecke begeistert haben. Seine staatspolitischen Hinweise ordnen sich dem weltgeschichtlichen Erlösungsgedanken vollends unter. Wäre der Dichter zur päpstlichen Politik gestanden, so hätte er dem kirchlichen Oberhaupte der Christenheit ebenfalls eine aktive Rolle in dem äußeren Spiel der Kräfte gemäß der Dynamik des 'Ludus' zugeteilt; es müßten ihn denn schwere theologische Bedenken und Rücksichten auf die Überlieferung vom universal-römischen Kaiserreich und von dem traditionellen Glauben an die Vereinsamung und Überdauerung des Papsttums für die Zeit des Antichrist zurückgehalten haben, wie sie bei Otto von Freising und hernach bei Engelbert von Admont anklingen.

5. Eine Äußerung des Propstes Gerhoh von Reichersberg in seiner Schrift *De investigatione Antichristi* (s. Migne *Patrologia Latina* 193ff.; Scheibelberger *Opera Gerhohi hactenus inedita*; Sakkur *Lib. de lite* 3; Lit. s. o. 1) wird trotz Sturmhoefel noch immer gerade mit dem '*Ludus*' in Zusammenhang gebracht. Gerhoh bezeichnete darin die Aufführungen von Schauspielen innerhalb der Kirche als einen jenem Antichrist geleisteten Dienst, der, wie er vom Hörensagen(!) wisse, auch in Schauspielen der Geistlichen stehe und neben dem Propheten Elias als Totenerwecker und dem rasenden Herodes in den Dreikönigs- und Weihnachtsspielen dargestellt werde. Der sittenstrenge Reformprediger war selbst einmal ein Freund und Förderer theatralischer Vorstellungen durch Klosterschüler gewesen. Die zunehmende Verweltlichung der Darstellungen in der Kirche und die damit zusammenhängenden Ausschreitungen in den Antichrist- und Weihnachtsspielen (s. das Benediktbeurer) erbitterten angeblich Gerhoh, ebenso wie die Dichterin Herrad von Landsberg, die Äbtissin auf Hohenburg oder Odilienberg im Elsaß war (1167—1195; vgl. Ch. Schmidt *Herrade de Landsberg*² 1897; Handbuch d. Altertumswissenschaft 9/II/3 [1931] S. 1010—1040; O. Gillen *Ikonographische Studien zum Hortus Deliciarum der Herrad von Landsberg* 1931), gegen derartige Schaustellungen im Gotteshaus. Sie erwähnen als solchen „Firlefanz", durch den die Hoheit der Kirche geschändet werde, die Darstellung des Wochenbettes Mariens und des Heilands in der Wiege, die Nachahmung des Kleinkindergeschreis und des grausamen Wütens der Herodianer, des Jammers der Rachel um ihr Kind und der dem Tode geweihten Kleinen, die Nachbildung des wie eine Sonne leuchtenden Sternes der drei Weisen aus dem Morgenlande, ferner das Waffengeklirr, mit dem die als Ritter verkleideten Kleriker aufzögen, das Auftreten des Antichrist und seiner in Teufelsmasken gehüllten Begleiter u. a. m. Insbesondere rügt Herrad, daß man die Kirche durch allerlei Possen, durch Essen und Trinken entweihe, wobei es außerdem nie ohne Streit abgehe. Die Benützung von gräßlichen Teufelslarven und die Einbeziehung grotesker Totenaufweckungen mögen durch die fahrenden Sänger und Spielleute begünstigt worden sein. Gerhohs und seiner Gesinnungsgenossen Auftreten dürfte auf die Stifte der Augustiner Chorherren nachhaltig eingewirkt haben; wenigstens wird noch hundert Jahre später in St. Florian der '*Ludus paschalis*' in seiner alten, ganz durch den Ritus der Kirche bedingten Form aufgeführt (s. K. Schiffmann *Drama und Theater in Oesterreich ob der Enns* 1905 S. 10—14). Selbst die Osternachtsfeier im Dom zu Brixen des 15. und 16. Jh.s, die ihr Vorbild wahrscheinlich in dem Kirchenbrauch der Chorherren der benachbarten Propstei Neustift besaß, ist gleichfalls ganz in die Liturgie des Festes eingebettet (s. A. Dörrer *Mittelalterliche Mysterienspiele in Tirol*, ArchfnSpr. 164 [1933] S. 162ff.; vgl. dem gegenüber das

im 14. Jh. erweiterte Osterspiel bei *Albrecht von Neustift*, Nachtrag).

6. Der '*Ludus*' wurde nach Auffassung von Pez als ein Osterspiel zur Aufführung durch Chorherren und Scholaren entworfen. In der Osternacht erwartet die katholische Kirche die Wiederkunft Christi. Eine Auferstehung des römischen Weltreiches unter dem deutschen Kaiser sollte durch den Kreuzzug erzielt werden. Vielleicht hatte Pez noch Kenntnis von der Überlieferung einer Antichristaufführung, etwa der in Xanten oder wahrscheinlicher einer in Oberdeutschland, und kannte er deren deutschen Text und damit den Titel des Spiels, den er daraufhin auch dem titellos überlieferten großen lateinischen Vorläufer gab. Da aber der '*Ludus*' im Anschluß an den Paulusbrief 2 Thess. 2 die apokalyptische Geschichte darstellt, der als Epistel am Quatembersonntag des Advents und als Hinweis auf das Erscheinen Christi als Mensch und besonders als letzter Richter und König in der hl. Messe gelesen wird, knüpft der Dichter an die Adventsliturgie an. Er läßt außerdem den Chor (nach v. 146) den Antiphon '*Judea et Jerusalem nolite timere*' aus dem Weihnachtsvigil singen und entnimmt die Parodie des Antichrist auf das Marienwort (v. 177) aus Lucas 1,34 dem Weihnachtsantiphon (s. *S. Gregorii M. liber regionalis*, Migne *P. L.* 78 Sp. 730, 733). Endlich sprechen auch die Erwähnung des '*Ludus*' mitten unter solchen des Weihnachtskreises, die am Schlusse des Benediktbeurer Weihnachtsspiels (s. Froning *DNL* 14 S. 875—901) angedeutete Antichristszene und der Ausgang des ersten Freisinger Weihnachtsspiels (s. K. Weinhold *Weihnachtsspiele u. Lieder* [1875] S. 61—65; A. Hartmann *Weihnachtsspiel und Weihnachtslied in Oberbayern* [1875] S. 8—10) sowie die Aufführungen der vorbildlichen Prophetenspiele in den Weihnachtstagen für ein außerliturgisches Adventspiel. Daß die eschatologischen Spiele überhaupt in die Adventszeit gehören, suchte P. E. Kretzmann *The liturgical element in the earliest forms of the mediaeval Drama* (The University of Minnesota, Studies in language and literature No. 4 [1916]) nachzuweisen. Dagegen wird das Evangelium vom Jüngsten Tage (Matth. 24, 15—36) am letzten Sonntag des Kirchenjahres (23. Sonntag nach Pfingsten) gelesen; es beschließt demnach das Kirchenjahr und deutet das Kommende an, das in jedem Jahre eintreten kann. Die sogen. 'Pfingstspiele' von Cividale in Oberitalien (1298) bis herauf zu jenen von Freiberg in Sachsen, Hall, Wattens und Axams in Tirol stellen die prophezeiten Ereignisse der letzten Dinge noch in kirchlicher Verbundenheit dar. Theatralische Veranschaulichungen des Pfingsterlebnisses selber, der Herabkunft des hl. Geistes auf die Apostel, sind in der Augustiner Chorherrenpropstei Neustift bei Brixen aus dem Jahre 1515 verbürgt (s. A. Dörrer *Mal. Mysterienspiele in Tirol*, ArchfnSpr. 164 [1933] S. 166) und in einem Spiele des Spielleiters Vigil Raber (s. d.) auf uns gekommen (abgeschrieben 1522).

Der '*Ludus*' nahm eine ähnliche und wahrscheinlich analoge Entwicklung wie das vorausgegangene Prophetenspiel. Aber durch seinen einzig dastehenden schöpferischen Gestalter erfuhr es eine plastische Formung aus dem prozessionalen Einzug des Klerus zum Gottesdienst, aus dem Chordienst der Benediktiner und Augustiner mit ihren Singknaben in der Richtung ihres Ausbaues kirchlicher Feste und Leitgedanken. Der Dichter knüpft an die Errungenschaften der bereits vorhandenen Oster- und Weihnachtsspiele an, steht aber weit über der üblichen Abhängigkeit von der Liturgie oder der *simplicitas* und *rusticitas* der gewöhnlichen Spiele und Predigten. Er ist Dichter und Dramaturg, Offenbarer und Gestalter, Theologe und Politiker zugleich und stützt sich auf den gebildeten Klerus und die kampferfahrene Ritterschaft. Er steigert die Gebärde und die allegorische Ausdeutung biblischer Handlung zu einer im MA. nie mehr erreichten Dramatik christlicher Weltgestaltung mit lebhafter, meist stummer, künstlerisch aufgipfelnder Handlung und tiefer, zielsicherer Symbolik als Höchstleistung altdeutscher Technik und knappester Formbewältigung solcher nichtzyklischer Oratorien. Sein hochpolitischer Gehalt und der Reformruf Gerhohs schließen nicht aus, diese Verselbständigung eines heilsgeschichtlichen Einzel- und Schlußmotivs als das hochwertigste Schul- und Lehrdrama eines gerade in der Klosterkantorei mitwirkenden freien Klerikers zu betrachten. Daß Stiftsschulen in die Prosa der Sequenzen, Antiphonen und Responsorien ihre Lieder einfügten und ihre verteilten Sermones durch eine weitere Auswahl von Psalmen und biblischen Lesestücken und durch Verkörperung kirchlicher Allegorien zu einer mehr oder minder dramatisch bewegten Festlichkeit zu steigern wußten, geht auch aus anderen lateinisch-deutschen und -englischen Spielen hervor. Einem bescheidenen Versuch, selbst das Dogma der Eucharistie zu versinnbilden, verdanken wir noch das älteste uns erhaltene deutsche Fronleichnamsspiel, das wahrscheinlich in dem südtiroler Augustiner Chorherrenstift Neustift bei Brixen vorgeführt wurde und sich am Credo als symbol. Glaubensstreit emporrankt. Diese Klosterspiele überragt das des Antichrist nach unserem Wissen als der *Ludus caesareus* des MA.s, wie Jak. Bidermanns '*Cenodoxus*' und Nik. Avancinis '*Pietas victrix*' jene der kirchlichen Restauration sind. Hier wie dort drängen das Theater, das Symbolische und die Staatsaktion vor.

Ein Einfluß weltlicher Spielleute und Goliarden auf die glückliche dramatische und dramaturgische Gestaltung und die Metrik (wie v. 213) läßt sich nicht übersehen. Solche Kräfte außerliturgischer Spielkunst wären jedoch in ihrer vollendeten künstlerischen Fortschrittlichkeit haltlos geblieben ohne Kulturgrund und Stilrahmen einer hochstehenden Klostergemeinschaft wie der Tegernsees, wogegen die breiten Volksfeste der Kirche und des Weltklerus sich in der zyklischen Darstellung von begehrten biblischen Bildern der größten christlichen Gedenktage zu entfalten vermochten.

Den letzten äußeren Anlaß zur Dichtung könnten die Vorbereitungen zum Kreuzzug gegeben haben, für dessen Beteiligung das Spiel mittelbar wirbt. Aus diesem Grunde mag es vor dem Aufbruch in den Orient, wenn nicht zuerst, so doch auch vor der Abteikirche von Tegernsee oder wahrscheinlicher in deren Friedhof (vgl. die Verbote solcher Aufführungen bei Joh. Ilg *Gesänge und mimische Darstellungen nach den deutschen Konzilien des MAs.* 1906, S. 19) aufgeführt worden sein. Dieses Kloster erfreute sich nämlich des besonderen Schutzes Kaiser Friedrichs. In diesem Falle mag die Aufführung in Anwesenheit des Kaisers selber stattgefunden haben, etwa damals, als noch mit einem gewaltigen Erfolge des großen Dreiherrscherkreuzzuges zu rechnen war. Die ungewöhnliche Pompentfaltung im Spiel, die jene der beiden aus dem Prophetenspiel selbständig hervorgegangenen Danielsspiele noch überbietet, spricht gerade nicht gegen eine Aufführung bei der Kirche; denn wie in den mal. Zeichnungen umfaßten auch im Drama die Burgen (Throne) kaum größere „Heere" als etliche Mann.

7. Die Hl. Schrift zeichnet die Gestalt des Antichrist. Der kirchlich-theologische Sprachgebrauch versteht darunter ein körperliches Individuum als Christusfeind im eminenten Sinne, welcher der Wiederkunft Jesu Christi und dem Weltende als warnendes Zeichen vorausgehen und dessen Auftreten zusammenhängen wird mit einem weit um sich greifenden radikalen Abfall vom christlichen Glauben und Leben. In der Hl. Schrift wird der Name Antichrist in der Einzahl (Joh. Ev. 2, 18, 22; 4, 3) für jene Person gebraucht, in der sich der ganze Haß der christusfeindlichen Welt verkörpert und vollendet (= Widerchrist), und die in der „letzten Stunde", in der Endzeit kommt (= Endchrist); in der Mehrzahl (Joh. 7) für die vielen *Antichristi*, die schon entstanden sind, d. s. die Irrlehrer (Gnostiker usw.), in denen der Geist des Antichrist als des Verneiners schlechthin wirksam und tätig ist. Der Apostel Paulus (II *Thessalon.* 2, 3—12) kennzeichnet Person, Kommen, Wirken und Ende des Antichrist auf das eingehendste (s. MSD. 1).

M. Dibelius im Lietzmannschen Handbuch

z. N. T.[2] (1925) S. 48 f. A. Hauck *Kirchengeschichte Deutschlands* IV (1903) S. 502. *Dictionnaire d'Histoire et de Géographie Ecclésiastique* I (1912) S. 636. *Die Religion in Geschichte u. Gegenwart* I (1927) Sp. 375—378; *Lexikon f. Theologie u. Kirche* I (1930) Sp. 483. *Handwörterbuch des Aberglaubens* I (1927) Sp. 479 bis 502. W. Kamlah *Apokalypse und Geschichtstheologie* 1935 (Histor. Studien Hft. 285). K. Holzinger *Erklärungen zu einigen der umstrittenen Stellen der Offenbarung Johannis und der Sibyllinischen Orakel mit einem Anhange über Martial XI, 33*, WSB. Philos.-histor. Kl. 216 (1936) Abhandl. 3.

Verschiedene Anzeichen sprechen dafür, daß die Figur des Antichrist in der jüdischen Apokalypse ihren Vorläufer (Beliar oder Belial) hat und auf die ältesten Überlieferungen zurückgeht, die mit der babylonischen Kosmogonie einsetzen. Der Urmythus stellt den Streit zwischen Gottheit und Chaos dar. Verwandte Züge fanden sich in der iranischen Eschatologie, in der nordischen Edda (Loki) usw. Im '*Ludus*' dringt kein Ton aus dieser vorchristlichen Vorstellungswelt hörbar durch.

H. Gunkel *Schöpfung und Chaos in der Urzeit und Endzeit* 1895, [2]1921. R. Reitzenstein *Die Weltuntergangsvorstellungen*, Kyrkhist. Årsskrift 1924. E. Wadstein *Die eschatologische Ideengruppe* 1896. E. Levi *Leggenda simbolica del pessimismo*, Studi critici in onore di G. A. Cesareo 1924; ders. *Uguccione da Lodi*; s. a. Hoops Reall. III (1915/16). A. Olrik *Die Sagen vom Weltuntergang* 1922. G. Neckel *Die Überlieferungen von Gott Balder* 1920. O. Höfler *Kultische Geheimbünde der Germanen* 1934. J. A. Mac Culloch *The mythology of all races II* (1930). H. Baumann *Schöpfung und Urzeit der Menschen im Mythus der afrikanischen Völker* 1936. *Handbuch der altoriental. Geisteskultur* 1913. E. Böklen *Die Verwandtschaft der jüdisch-christlichen mit der parsischen Eschatologie* 1902. H. Greßmann *Der Ursprung der israelitisch-jüdischen Eschatologie* 1905. I. Scheftelowitz *Alt-palästinens. Bauernglaube* 1925.

8. Als nächste, nicht ausschließliche Quelle diente dem deutschen Verfasser des '*Ludus*' wahrscheinlich das viel beachtete und bis auf Suarez (1601) in der katholischen Kirche maßgebende Werk vom Antichrist des Adso von Toul († 992; s. M. Manitius *Gesch. d. lat. Lit. d. MA.s* II [1923] S. 432—42), eines Vorkämpfers für die kluniazensische Klosterreform: '*De ortu et tempore Antichristi*', 954 entstanden (hg. von E. Sackur *Sibyllin. Texte u. Forschungen* [1898] S. 104—113). Adso faßt darin zusammen, was er an Berichten über Antichrist bei den Kirchenvätern und besonders bei dem Griechen Methodius fand. Der Geburtsort des Widersachers ist die Stadt Babylon, der Teufel fährt bei dessen Empfängnis in den Leib der Mutter. Wenn alle Länder der Erde vom römischen Reiche abgefallen sind, wird der Antichrist erscheinen. Mit ihm wird der Untergang der römischen und christlichen Welt erfolgen, sobald der letzte aller Könige nach Jerusalem gekommen ist und Zepter und Krone niedergelegt hat. Nun wird der Antichrist dreiundeinhalb Jahre herrschen und schließlich auf seinem Throne von Gott getötet werden. Adso richtete seine Epistel an die Königin von Franzien, Gerberga, eine Schwester des deutschen Kaisers Otto. Er lehrte darin, daß das Kaisertum den Franken gehöre und in einem letzten grossen Frankenkönig zur Vollendung gelange. Dieser werde das Römerreich wieder herstellen, nach Jerusalem ziehen, auf dem Ölberg Zepter und Krone niederlegen und das Reich an Christus übergeben. Wider diesen Frankenstandpunkt wendet sich vornehmlich der Dichter des '*Ludus*'; er spielt die politische Satire gegen den König von Frankreich aus, der sich bei ihm schon auf Geschenke hin dem Antichrist unterwirft und zugleich als einziger einen Kuß empfängt. Adsos Abhandlung wurde von einem Priester Alboin (Alwin) am Anfang des 11. Jh.s ausgeschrieben (hg. von Floß ZfdA. 10 [1856] S. 265 bis 270). Außerdem benützte der deutsche Dichter die ursprünglich griechische, byzantinisch überarbeitete, auch in Deutschland geläufige Weissagung des (Pseudo-) Methodius (s. Migne *Patrologia graeca* 100; E. Sackur *Sybillin. Texte u. Forschungen* S. 59—66). Danach werde der letzte römische Kaiser auf Golgatha hinaufsteigen und mit zum Himmel ausgebreiteten Armen das Christenreich übergeben; Kreuz und Krone werden sodann in den Himmel aufgenommen, und Christus zum Weltgericht erscheinen. Eine Erfüllung dieser Weissagung wird als Tatsache von dem byzantinischen Kaiser Heraklius (627) überliefert und in einer

Hrabanus Maurus (s. d.) zugeschriebenen Predigt nacherzählt. Gottfried von Bouillon verzichtete auf eine Krone in Jerusalem, wo sein Herr mit Dornen gekrönt worden sei. Auch der Dichter des '*Ludus*' läßt in seinem Zukunftsbild von der Wiedereroberung Jerusalems durch den deutschen Kaiser die Reichsinsignien im Tempel niederlegen und sprechen: *Tibi regi regum imperium resigno.* Walther von Lille zählte Kaiser Rotbart zu den *praecursores Antichristi* (s. Schmeller *Carmina Burana* S. 49; Wilh. Kayser gestaltet ihn 1936 in seinem Roman neuerdings als den „großen Widersacher"). Endlich berührte Otto von Freising im 8. und letzten Buche seines '*Chronicon*' von 1146 (1. 3c 16 u. 1. 8c 1ff.) die Hauptgestalt der mal. Eschatologie nach den Schriften Augustins, Hugos* von St. Viktor und des Kardinals Robert Pullus. In Einzelheiten, wie im Wirken der beiden jüdischen Propheten und der Trabanten des Antichrist, berührt sich der '*Ludus*' eher mit diesen Quellen als mit Adso. Bei diesem bleibt der Kaiser durchwegs die Idealgestalt des *Imperium sacrum*, wogegen der Dichter des '*Ludus*' ihn in seinem kaiserlichen Hoheitsgefühl und Nationalbewußtsein ein tragisches Opfer des Erzheuchlers werden läßt.

9. Die Gestalt des Antichrist wurde schon vor dem '*Ludus*' dichterisch behandelt, so im 'Muspilli' (s. d.; vgl. noch W. E. Peuckert *German. Eschatologien*, ArchfRw. 32 [1935] S. 1—37) und in der as. 'Genesis' (s. d.); in den mhd. Gedichten vom Jüngsten Gericht (s. d.); bei Frau Ava (s. d.); im Friedberger 'Christ und Antichrist' (MSD. 1893 Nr. 33, 2; W. Braun Friedberger Geschichtsbl. 9 [1931] S. 130—34; Christ u. Antichrist in neues Deutsch übertragen v. H. Braun 1936), Bruchstücken einer Heilsgeschichte aus der Zeit um 1120—1130; im alemannischen 'Entechrist' (um 1170; H. Hoffmann *Fundgruben* II [1837] S. 104—134. Ed. Schröder *Die Heimat des Linzer Entechrist*, Nachrichten v. d. Ges. d. Wiss. zu Göttingen, Philolog.-histor. Kl. 1918 S. 340 bis 346; ebda. Fachgr. 4 NF. I [1935] S. 100; K. Schiffmann *Die Hs. d. Linzer Entechrist*, ZfdA. 59 [1922] S. 163; A. Wundrack *Linzer Entecrist*, Marb. Diss. 1886), später in dem Gedicht aus dem 14. Jh. von dem Anticriste (ZfdA. 2 [1842], 4 [1844] S. 369, 6 [1848] S. 369ff.) und in Freidanks (s. d.) Spruch 49. In keinem dieser Werke ist sie so plastisch herausgearbeitet und in Gegensatz zum Menschenheil vom Gesichtspunkte christlich-deutscher Reichsherrlichkeit gebracht.

10. Der Verfasser des '*Ludus*' bediente sich nämlich der überlieferten theologischen Ausprägungen und ihrer dichterischen Bearbeitungen nur soweit genau, als sie in der Apokalypse und bei Autoren wie Adso als Tatsachen feststehen; im übrigen vollkommen selbständig. Er führte sie teils weiter aus (so in den Unterwerfungsszenen), teils schied er Unwesentliches, wie die Vorgeschichte des Antichrist, aus und bekundete seine künstlerische Freiheit noch in der straffen dramatischen Verdichtung des vielgliederigen Stoffes und durch ein feines Gefühl für die ästhetische Form und die szenische Wirkung des Spiels entsprechend der Feierlichkeit des gottesdienstlichen Hintergrundes als auch in der Gestaltung einer umfassenden kirchlich-theologischen und staatspolitischen Symbolik. Er verkörperte die höchste Sehnsucht seiner Zeit und Welt für uns zum erstenmal in noch heute greifbaren Personifikationen und Allegorien und schuf damit bewußt zugleich ein weit über sein Jahrhundert hinaus wachsendes, von Hochschätzung für den Kaisergedanken getragenes, national-deutsches Drama, das bei aller Anerkennung der Tapferkeit gegen die französischen Ansprüche scharf macht. Seine Technik erinnert an die beiden französischen Danielsdramen, denen er auch in bezug auf den Adel und Wohllaut der Sprache ebenbürtig ist. In der naiven Satzfügung des deutschmittelalterlichen Lateins stehen im '*Ludus*' als der lebendige Ausdruck eines weltumwälzenden Glaubens erstarrte Formeln aus der kultivierenden Fremdsprache wie Felsblöcke. Dieser Gegensatz trägt Sinn und

Rhythmus, Wortgehalt und Wortklang. Das deutschimperiale Latein des Spiels erreicht seine pathetische Wirkung in der Verbindung mit der germanischen Kühnheit, die sich u. a. in der das quantitierende Prinzip der Antike zugunsten eines spezifisch deutschen Verses aufgebenden sprachlichen Fügung kundgibt; sie erwuchs dem geistlichen Dichter aus seinem Leben in der gemessenen Würde und Kraft der geeinigten römischen Liturgie und in der scholastischen Bildung.

Er meißelte aber auch durchwegs deutlich voneinander sich abhebende, geradlinige Typen der Völker seiner Weltschau und ihrer Führer heraus; sie repräsentieren die realen Mächte seiner Zeit, die seelischen Kräfte und politischen Gegensätze der Deutschen und Franken, die Gewalten der europäischen und asiatischen Reiche, endlich die kirchlichen Begriffe und Ziele, auf die sich der christliche Glaube des MA.s festgelegt hatte, auch die weltgeschichtliche Notwendigkeit des Zusammenwirkens von christlicher und deutscher Kraft zur Neuordnung des Abendlandes. Sein Kaisergedanke ist ebenso in der Geisteskultur wie im Glaubensleben seines Jh.s verwurzelt und geht bis auf die liturgischen Gebete der ältesten römischen Sakramentarien für die Imperatoren (Karfreitag!) zurück. Der Dichter erfüllte in Anknüpfung an den *Ordo prophetarum* jene Allegorien mit pathetischem Leben, die kaum erst im Neustifter Fronleichnams- und Mariähimmelfahrtsspiel auf das deutsch geschriebene Klosterdrama als kirchlich-dogmatisches Werbestück übergingen (s. *Albrecht von Neustift*, Nachtrag).

Das ganze Vorspiel ist allegorisch gehalten, ein kleines Oratorium für sich. Daran schließen sich zwei an und für sich selbständig erscheinende Handlungen von der politischen und göttlichen Machtfülle. Das Drama bewegt sich im Ablauf der Geschehnisse. Die Charaktere sind fertig, wie sie auftreten; sie stehen sich groß und ruhig wie die Marmorstatuen des Bamberger Domes gegenüber, gemeißelt von einer Künstlerhand, mit unbefangener Sinnesfreude, in der Gewißheit des Hohen.

11. Diese ersten Personifikationen der dramatischen Dichtung Deutschlands und Vorläufer der Moralitäten führen die geistlichen und weltlichen Machtvorstellungen der Barbarossazeit vor. Die des Alten und Neuen Testamentes, *Synagoga* und *Ecclesia*, sind Verkörperungen des alten theologischen Prinzips der *Concordia Veteris et Novi Testamenti* und fanden schon frühzeitig ihre monumentale Darstellung, so in den beiden Frauengestalten von S. Sabina zu Rom mit den Unterschriften *Ecclesia ex gentibus* und *Ecclesia ex circumcisione*. Im MA. tritt die bildliche Darstellung zuerst ins Licht. Die beiden Frauen wurden seit dem 9. Jh. zu Seiten des gekreuzigten Welterlösers gerückt, die Kirche als jugendliche Königin und Braut Christi, reich und festlich gekleidet, in der einen Hand die Siegesfahne, mit welcher der Auferstandene Tod und Teufel überwunden hatte, in der anderen den Kelch haltend, in dem sie das Lebensblut des Gekreuzigten auffängt. Ihr gegenüber zur Linken des Kruzifixes die entthronte Königin der Synagoge, der die Abzeichen ihrer Würde entfallen; wankenden Schrittes entfernt sie sich vom Kreuze, durch das ihre Herrschaft im Reiche Gottes abgetan ist. Vom Ende des 12. Jh.s an treten diese Gestalten ohne die Kreuzigung als bes. betonte Bestandteile des monumentalen Portalzyklus auf (s. die Figuren am Südportal des Straßburger Münsters und am Dom zu Bamberg). Als frühe Variante dieser Konkordanz mag man die Mosaiken an den Seitenwänden des Presbyteriums von S. Vitale in Ravenna gelten lassen: Auf der Evangelienseite Johannes und Lukas, darunter Jesaias und Moses, die Gesetzestafeln empfangend; auf der Epistelseite Matthäus und Markus, darunter Moses und Jeremias. Das um 850 entstandene Dragosakramentar aus Metz enthält die erste datierte Darstellung der personifizierten Kirche mit Fahne und Kelch. Zahlreiche Elfenbeintafeln des 9. und 10. Jh.s zeigen die Gestalten der Kirche und Synagoge in mannigfaltiger

Darstellung. Sie stammen aus dem Landstrich um Metz und Tournai, wo nach der Völkerwanderung der Mittelpunkt germanischer Machtentfaltung und sodann die wichtigste Überschneidung germanischen und romanischen Wesens erfolgt war und die Überlieferung antiken Könnens am stärksten nachwirkte. Seit Augustinus, Leo dem Großen, Gregor dem Großen und Isidor von Sevilla sind die Begriffe *Ecclesia* und *Synagoga* bereits geläufig. Paul Weber (*Geistliches Schauspiel und kirchliche Kunst in ihrem Verhältnis erläutert an einer Ikonographie der Kirche und Synagoge* 1894; vgl. hierzu H. Lambel, Euphorion 4 [1897] S. 103—106 und Abh. d. Ges. d. Wiss. Göttingen phil.-histor. Kl. 1901 S. 50—58) sieht das eigentlich tragende Element für die Verbreitung dieser beiden Personifikationen in dem pseudo-augustinischen Sermon von der *Altercatio Ecclesiae et Synagogae*, die etwa in der Zeit Ludwigs des Frommen in einigen Diözesen des Frankenreiches und zwar in den oben genannten Mosel- und Rheingegenden in den Gottesdienst aufgenommen und die Grundlage eines liturgischen Dramas geworden sei, das dann, vermischt mit dem gleichfalls auf pseudoaugustinischer Grundlage, aus dem Weihnachts-*Sermo contra Paganos, Judaeos et Arianos de symbolo* (vor 600) entstandenen, schon von Mar. Sepet (*Les prophètes du Christ, Études sur les origines du théâtre au moyen-âge*, Bibliothèque de l'école des chartes 1867, 1868 u. 1877; vgl. hierzu W. Meyer Abh. d. Ges. d. Wiss. Göttingen, Phil.-histor. Kl. 1901 S. 50—58; Oscar Cargill *Drama and Liturgy* 1930; H. Reich *Der König mit der Dornenkrone*, Neue Jahrbücher 13 [1904] S. 721/22) eingehend erörterten und in seinen reichen Wirkungen auf die Kunst veranschaulichten Prophetenspiel, durch den seit dem Beginn des 2. Jh.s um sich greifenden eschatologischen Antisemitismus unter Einfluß der Kreuzzüge aus seiner ursprünglich örtlichen Beschränkung herausgehoben und verbreitet worden sei. Nach Weber seien durch die Verschmelzung der *Altercatio* mit dem Prophetenspiel Kirche und Synagoge, deren Streit ursprünglich wohl nur der Golgathaszene des Karfreitags ein- und angefügt gewesen sei (?), die Ecksäulen und Angelpunkte für die Aufführung der ganzen Heilsgeschichte geworden. Diese ganze Bewegung und Entwicklung spiegle sich aber auch in der bildenden Kunst, in der diese Gestalten allmählich bald den Mittelpunkt, bald den Rahmen der künstlerischen Darstellung der Heilsgeschichte einnehmen (vgl. dagegen K. Künstle *Ikonographie der christlichen Kunst* I [1928] S. 79—82). Jedoch kann bisher wohl nur von einer Förderung des liturgischen Dramas, vom Verhältnis der Kirche zur Synagoge durch die *Altercatio* oder von gleichlaufenden Strömung in Dichtung, Leben und Kunst die Rede sein, und selbst jene vermag Weber nicht ebenso einwandfrei zu belegen und zu veranschaulichen wie Sepet die Entwicklung des Prophetenspiels aus dem Sermo der Weihnachtsmatutin. Darstellerische Zusammenhänge zwischen dem Bilderkreise von Kirche und Synagoge und den dramatischen Personifikationen mögen bestanden haben, jedoch müßte, falls Webers These, daß diese Personifikationen aus der *Altercatio* in das geistliche Spiel und von diesem in den mal. Bilderzyklus kamen, zurecht bestände, schon vor dem Dragosakramentar ein geistliches Schauspiel mit solchen Personifikationen bestanden haben, von dem sich bisher jedoch keine Spur gezeigt hat. Darstellungen im Bildschmuck der Kirchen bieten wohl Ersatz für manches verloren gegangene Spiel, besonders in dem figurenreichen plastischen Schmuck der Freiburger Vorhalle, und wertvolle Annahmen für etwaige szenische Veranschaulichung (s. *Judenspiele* II Sp. 667—717).

Einige antithetische Gestaltungen aus der Zeit des '*Ludus*' lassen auch Deutungen vorchristlicher Volksvorstellungen zu. So ist z. B. in der romanischen Apsis der zwischen 1095 und 1098 erbauten Klosterkirche von Alpirsbach im Schwarzwald Christus als Weltrichter dargestellt, während an den vordersten Säulen des Münsters Masken schadenbringender Kreaturen, angeblich die Symbole des ungetauften und des getauften Christen mit den sich aufreckenden und den unterdrückten Dämonen, in Stein gehauen sind. In ihnen konnten auch älterer Naturglaube und mythologische Gegensätze fortleben (s. *Kloster Alpirsbach* [Dt. Kunstführer 8] 1927; O. Höfler *Kultische Geheimbünde der Germanen* I [1934] S. 46ff.). Vgl. damit die figürlichen Darstellungen der hundert Jahre jüngeren Staufenburg Wildenberg im Odenwald (s. W. Hotz *Burg Wildenberg*, Dt. Kunst u. Denkmalpflege 1936 S. 250).

Im '*Ludus*' sind die Personifikationen der Ecclesia und Synagoga fast ganz losgelöst von ihrem ursprünglichen Zusammenhang und den Variationen in den jüdischen und christlichen Kommentaren zu den beiden Testamenten (vgl. z. B. M. Ginsburger *Bibelerklärung der dt. Juden im MA.*, Hebrew Union College Annual 7 [1930]) und von weiteren typischen, symbolischen und allegorischen Gestalten umgeben. Die Konkordanz ist durch die sinngemäße Hochhaltung der neutestamentlichen Weissagung von der schließlichen Bekehrung der Juden zum Christentum in tiefergreifender Religiosität gewahrt. Schon die Eselsprozession von Rouen und das Benediktbeurer Weihnachtsspiel erweitern den *Ordo prophetarum* zum symbolischen Glaubensstreit, um den Bekehrungswillen zu wecken; bei letzterem Spiele sitzen Augustinus und die Propheten den Juden gegenüber. Desgleichen führt die Frankfurter Dirigierrolle (s. *Baldemar von Peterweil* I Sp. 155—158) den Streit zwischen Synagoge und Kirche so weit, daß erstere in ihrem Glauben verstockt bleibt und nur etliche ihrer Anhänger sich taufen lassen, worauf die Synagoge gewaltsam ihren Schmuck verliert. Im Frankfurter Passionsspiel (s. d.) bricht noch stärker die Gegensätzlichkeit und der Judenhaß und zwar hier infolge vorwiegend örtlicher Rivalitäten und wirtschaftlicher Hochspannungen hervor. Hier tritt Augustinus wider Synagogus und Anhang auf. Der Disput gibt zu mancher Satire Anlaß. Auf die messianischen Weissagungen antworten die Juden ähnlich dem Verhalten mancher Rabbiner und Schriftausleger mit Hohn und Spott. Auf die Prophezeiungen Davids und Salomons erinnern sie an deren Liebesschwächen; Daniel gilt ihnen laut christlicher Darstellung als Kläffer und Träumer, Zacharias als dummer Dreckschnacken, seine Weissagung als Spinnstubengeschichte. Jeremias und Jesaias täten zu viel *claffen* statt Geld schaffen. Im Gespräch zwischen Christus und Synagogus pocht letzterer auf seine Abstammung von Abraham, dem allein er folgen wolle. Im Donaueschinger Passionsspiel (s. d.) schließt die Disputation sich an den Kreuzestod Christi, den Lanzenstich des Longinus und an die Klage der Marien an, verbindet die Kirche die Augen der Besiegten; sie zerbricht deren Banner. Die beiden Gegnerinnen treten hier als Christiana und Judäa auf, ohne in ähnlichen Wortkampf zu geraten. Im Künzelsauer Fronleichnamsspiel (s. d. I Sp. 768—773) übernimmt der *Rector processionis* die Rolle der *Ecclesia* oder vielmehr die des hl. Augustinus und unterweist die Synagoge, die mit kleinen Juden erschienen war, sie verprügelt und gezwungen hatte, zum Publikum gewandt eine Rede wider die Christenaffen zu halten und darin gemäß jüdischen Bibelinterpreten auch ihren Zweifel an der jungfräulichen Herkunft Christi und dessen Gottesgleichheit vorzubringen; aber der Rector widerlegt alle ihre Zweifel, und sie muß beigeben, so daß schließlich zwei Engel in einen Preisgesang auf den Sieg der Christenheit einstimmen können. Am ausführlichsten ist die Disputation im Alsfelder Passionsspiel (s. d.) durchgeführt (783 Verse; vgl. auch die Friedberger Dirigierrolle). Das Streitgespräch artet in ein derbes, humoristisch wirkendes Gezänk aus. Die Synogoge bezeichnet die *Ecclesia* als Zarge (= Schachtel), Gauklerin, Rechtsverdreherin, die nichts als *snippen* und *snappen* könne und die Juden zu Affen machen möchte. Sie zeigt Lust, ihr eins *uff die kappen* zu geben, und will an die jungfräuliche Herkunft Christi nicht glauben, sondern um jeden Preis an der alten mosaischen Ehe festhalten. *Ecclesia* antwortet zurückhaltend, nur einmal vergleicht sie die Juden mit stinkenden Hunden. Somit vertreten die beiden Personifikationen auch die alte und neue Ehe (vgl. Fastnachtsspiel No. 1 *Die alt und die neu Ee* — bei Friedrichs III. Krönungsfahrt wurde ihm zu Losen= Lausanne ein solches Spiel am 19. Dez. 1442 vorgeführt — u. die Frage des Juden nach dem Antikrist in Gengenbachs 'Nollhart'; Fastnachtsspiel Nr. 106 *Der Juden und der Christen Streit vor Kaiser Constantinus*). Wie im Frankfurter Passionsspiel tritt noch in anderen geistlichen Spielen die Synagoge als Mann oder als Vorsteher der Judenschaft auf, so z. B. in der Himmelfahrt Christi des Benedikt Debs (s. d. I Sp. 405—408), in der David diesem Vorsteher entgegentritt, desgleichen der Prophet Jeremias. Die Figur der Synagoge in ihrer feindseligen Haltung gegenüber dem Christentum rückt noch schärfer in den romanischen Dichtungen des MA.s hervor (s. D. Strumpf *Die Juden in der mal. Mysterien-, Mirakel- und Moralitäten-Dichtung Frankreichs*, Diss. Heidelberg 1920) und verkörpert die mal. Anschauungen von dem von Gott ausgesetzten Volke (s. K. Burdach *Der Judenspieß und die Longinussage*, Vorspiel I/1 [1925] S. 66, 98, 174 bis 216; ders. *Der Longinusspeer im eschatologischen Lichte*, ebda. S. 217—252. H. C. Holdschmidt *Der Jude auf dem Theater des dt. MAs.* = Die Schaubühne 12 [1935]. Weitere Lit. s. II Sp. 717). An solchen Figuren haften eben auch Züge des Auftretens und der Lehren geistlicher Vertreter beider Religionen des MA.s, die Werbeabsicht der Kirche und ihr Antisemitismus. Früh vermehren sich die Antithesen. Im Sakramentar Heinrichs II. gruppieren sich um Crucifixus Sol und Luna, Ecclesia und Synagoga, Auferstehende und der zerrissene Tempelvorhang. In den Jedermanns-Dramen des 16. Jh.s werden Moses und Paulus gegenübergestellt usf. Die alten Figuren lebten im barocken Streitgedicht, Figurenumzug und Spiel, bes. seit der theatralischen Tätigkeit der Jesuiten und der alten Orden, unter dem Einflusse der Predigt- und Erbauungsliteratur von neuem auf und drangen Ende des 17. Jh.s in das Volksschauspiel wieder augenscheinlich ein (s. II Sp. 699; Kirchenplafonbild Mittenwald i. B.).

Der Antichrist selber und die Vorzeichen zum Jüngsten Gericht, die in den Homilien und Dichtungen des frühen und hohen MA.s immerhin einen ansehnlichen Raum eingenommen haben, sind in der darstellenden Kunst jener Zeit nur selten, in Deutschland überhaupt nicht vertreten. Die altchristliche Epoche kannte nur eine symbolische Darstellung des Jüngsten Gerichtes, das frühe MA. nur Vorstufen und tastende Versuche. Die ersten bildlichen und figürlichen Darstellungen vom Jüngsten Gericht verdanken wir den illustrierten Handschriften und dem Kirchenschmuck der Reichenauer Künstlerschule aus dem Ende des 10. und dem Anfang des 11. Jh.s Wichtig für die Veranschaulichung der Vorstellungen aus der Zeit des '*Ludus*' sind zehn Tafeln aus dem '*Hortus deliciarum*' der Herrad von Landsberg (s. d.) und ein Bild aus dem Wolfenbütteler Evangeliar vom Jahre 1194 (*Cod. Helmst.* 65; vgl. K. Künstle *Ikonographie der christlichen Kunst* I [1928] S. 525, 530, 532ff. Gg. Voß *Das Jüngste Gericht in der bildenden Kunst des frühen MA.s* 1884. P. Jessen *Die Darstellung des Weltgerichtes bis auf Michelangelo* 1883. A. Springer *Das jüngste Gericht*, Repertorium für Kunstwissenschaft 7 [1884] S. 375ff. L. Pfleger *Das Nackte in der religiösen Kunst*, Hochland 1b [1904] S. 269, 273—278. W. H. v. d. Mülbe *Die Darstellung des jüngsten Gerichts* 1911. F. X. Kraus *Die Wandgemälde der S. Georgskirche zu Oberzell auf der Reichenau* 1884 S. 15—22. G. Fleury *Étude sur le portails imagés du XIIe s.* 1904. E. Male *L'art religieux du XIIIe s.en France* 1923. A. Foratti *Il Giudizio Universale di Giotto in Padova*, Boll. d'arte I [1921/22] pp. 49—66). Über die Wechselbeziehungen zwischen dem geistlichen Schauspiel und der bildenden Kunst des MA.s überhaupt ergänzen und berichtigen sich die Arbeiten von Bebermeyer, Stammler-Merker II (1926—28) S. 158—169 u. K. Künstle S. 108—111 untereinander; weitere Literatur bei R. Stumpfl ZfdPh. 55 (1930) S. 245—247.

12. Als lenkende Kräfte greifen demnach zuerst die Weltreligionen in das mal. Weltdrama des 'Ludus' ein. Das Vorspiel umfaßt (v. 1—48 nach W. Meyers Zählung) das Auftreten der Heidenschaft (*Gentilitas*) in orientalischer Kleidung mit dem König von Babylon an der Spitze; sie preist in ihrem dogmatischen Gesange die Vielgötterei und sucht den Gedanken an einen alleinigen Gott als unvereinbar mit der Logik darzulegen. (Die ersten dieser Strophen sind in das Benediktbeurer Weihnachtsspiel übergegangen.)

Sobald die Heiden ihren Sitz eingenommen haben, folgt die Judenschaft, in den Schleier ihrer Blindheit gehüllt, mit ihren Volksvertretern (*Synagoga*); sie singt ihrem Bundesgotte zu, von dem sie das Heil erwartet, und schmäht hierbei Heiden und Christen. Endlich erscheint die katholische Kirche (*Ecclesia*), gleich den beiden anderen Repräsentanten der Religionen als Frau gekleidet, aber in einem Brustpanzer gehüllt und mit einer Krone auf dem Haupte ausgezeichnet. An ihren Seiten ziehen die Barmherzigkeit (*Misericordia*) mit dem Ölkruge zur Rechten und die Gerechtigkeit (*Justitia*) mit der Wage und dem Schwerte zur Linken auf die Weltbühne. Ihr folgen rechts der Papst (*Apostolicus*) mit der Geistlichkeit und weiter zur Linken der Kaiser (*Imperator*) mit der Ritterschaft. Im Wechselgesange die Menschwerdung Gottes preisend und diejenigen mit Verbannung bedrohend, die nicht daran glauben wollen, begeben sie sich zum Throne des Kaisers. Nun ziehen die Könige von Frankreich, Griechenland und Jerusalem mit ihren bewaffneten Scharen unter Absingung bezeichnender Lieder auf ihren Platz. Der christlich gewordene, erhöhte Tempel von Jerusalem und der Thron des deutschen Königs bleiben noch unbesetzt.

13. In der ersten Handlung erfolgt die symbolische Unterwerfung und Befriedung der Welt unter das Zepter der römisch-deutschen Universalmonarchie. Der deutsche Kaiser begründet seine Ansprüche auf die Weltmonarchie der alten Römer, erklärt, diese wieder aufrichten zu wollen, und sendet seine Boten an die übrigen Machthaber der Erde, um sie zur Einordnung aufzufordern und zur Entrichtung des Zinses zu verhalten. Die Franken werden von letzterem enthoben und als besonders waffentüchtig der Ehre bloßer Kriegshilfe gewürdigt. Aber ihr König verweigert in seinem Stolze die geforderte Gefolgschaft und heischt die Weltherrschaft für sich selber. Der Kaiser läßt die Waffen entscheiden, die Franken werden geschlagen, ihr König erkennt den deutschen Herrscher als Imperator an und läßt sich von ihm mit seinem Reiche begaben. Darauf ergeht in den aus sakraler Feierlichkeit der Liturgie übernommenen Wiederholungen die Aufforderung zur Entrichtung des Zinses an die Könige von Griechenland und Jerusalem. Ohne Weigerung kommen sie dem nach und werden vom Kaiser mit ihren Reichen belehnt. Damit ist die christliche Welt unter der Herrschaft des römischen Kaisertums deutscher Nation vereinigt. Darüber empört sich die heidnische Welt. Der König von Babylon führt Krieg und berennt zunächst Jerusalem. Die Stadt ruft den Kaiser zu Hilfe. Die christlichen Heere ordnen sich zur Schlacht gegen die Heiden, der Kaiser besiegt im Zweikampfe den babylonischen König. Da nun seine Aufgabe ihm erfüllt zu sein scheint, zieht der Kaiser in den Tempel ein, betet dort und legt Krone und Zepter auf dem Altare des Weltgebieters und Gottes nieder: *Suscipe quod offero*! Die Könige kehren auf ihre Sitze zurück, der deutsche Kaiser begnügt sich nunmehr mit dem des deutschen Königs, während *Ecclesia*, die mit ihm gekommen ist, im Tempel zurückbleibt. Die zu Beginn des Aktes vorgetragenen Gesänge beenden ebenso die Handlung. Wie an den Schlüssen, so fallen die Zuhörer noch an anderen ergreifenden Stellen in den ihnen geläufigen liturgischen Gesang mit ein. Weil der Schreiber des '*Ludus*' die Kenntnis von Text und Melodie dieser Gesänge voraussetzte (7, 35, 104), führte er nur ihre Anfangsworte an. Dem entspricht auch der Terminus *finito responsorio* (9, 36). Ein solches Rückgrat aus der Formenwelt kirchlicher Festoffizien stützt noch das in den Zwischenteilen schon deutsch gedichtete älteste Fronleichnamsspiel.

Die Verbindung der ersten Handlung mit der zweiten ist dadurch künstlerisch vermittelt, daß die Charakteristik in der ersten die Stellung ihrer Persönlichkeiten schon ahnen läßt, die sie dem Antichrist gegenüber einnehmen werden, und daß der Kaiser seine Aufgabe nur halb erfüllt, nämlich es unterlassen hat, die Heiden dem Christentum zuzuführen; so verfällt er wie Saul durch Untreue an seiner Sendung der Schuld. Nach Überwindung der äußeren Feinde müssen die inneren des Gottesreiches fallen. Die Parallelität der beiden Handlungen und die Analogien der Zeremonien, durch die Apokalypse angeregt und durch die Liturgie geheiligt, sind sorgfältig durchgeführt.

14. Mit dem Auftreten der Heuchler (*Hypocritae*), teuflischer Menschen, die den Antichrist für den wahren Gott ausgeben, beginnt die zweite Handlung des '*Ludus*'. Diese Scheinchristen bemühen sich in satanisch-parodistischer Gleichartigkeit auf die in der Stellvertretung Christi übernommene Unterwerfung der ganzen Welt unter das heilige Imperium um die Unterjochung der Menschheit unter den Antichrist. Sie suchen, durch üble Nachreden auf die „verweltlichte Kirche" und durch Schmeicheleien die Fürsten zu fangen. (Man hat in dieser Kennzeichnung einen Hinweis auf die Waldenser, Hospitaliter, Templer, vor allem aber eine satirische Tendenz des Verfassers vom Standpunkt der weltlichen Kleriker aus erblickt, die wegen ihres ungebundenen Lebens angegriffen und

deren Dichtungen, darunter auch geistliche Spiele, bekämpft wurden, und aus ihren Klagen, daß fremde Elemente in die Kirche eingedrungen seien, auf Vertreter der Mönchsorden geschlossen. [Vgl. auch R. Heinzel *Heinrich von Melk* 1867.] Sie deuten an, daß Gott diese verweltlichten Geistlichen nicht liebe [v. 171 ff.], und sprechen ihren Unwillen über die prächtige Kleidung der Prälaten mit denselben Worten aus, mit denen die neidischen Jünger über die verschwenderische Salbung Christi durch die Sünderin sich geäußert hatten [s. Er. Krüger *Die komischen Szenen in den dt. geistl. Spielen d. Ma.s.* Diss. Hamburg 1931]. Doch ist zu bedenken, daß das Spiel die Heilsgeschichte darstellt, in einem Kloster entstanden ist und alle Kräfte der Nation für den Kreuzzugsgedanken begeistern wollte. Es gibt noch manche andere weitgehende Interpretation von Einzelheiten des Spiels, auf die hier nicht eingegangen wird.) Wirklich gelingt es den Hypokriten, den König von Jerusalem für den Erzheuchler Antichrist zu gewinnen. Bald erscheint dieser selbst, unter dem Oberkleid in ein Panzerhemd gehüllt; seine Dienerinnen, die Heuchelei (*Hypocrisis*) zu seiner Rechten, die Ketzerei (*Haeresis*) zu seiner Linken. Er fordert sie auf, ihn als den Herrscher auf den Reichsthron zu erheben. Er will die Weltherrschaft erkämpfen und den Glauben an Christus aus aller Herzen reißen. Die Heuchelei hat zu diesem Zwecke die Laienschaft, die Ketzerei die Geistlichkeit zu betören. Der Antichrist zieht gegen Jerusalem, und seine Dienerinnen setzen ihn auf den Thron. Die Hypokriten huldigen ihm unter gotteslästerlicher Anwendung der Psalmworte und nennen ihn ihr Haupt. Der seines Schmukkes beraubte König von Jerusalem flieht zum Kaiser, die mit Schmach geschlagene Kirche aus dem Tempel zum Papst. Mit Schrecken, Geschenken und Wundern will der Antichrist die übrige Welt gewinnen. Der König von Griechenland unterwirft sich sogleich, als er mit dem Kriege bedroht wird. Der Frankenkönig gibt auf Geschenke hin nach, wird als einziger mit einem Kusse empfangen, weil er und seine Leute dem Antichrist den Weg geebnet hätten, und läßt seine Stirne mit einem A (= Antichrist) kennzeichnen. Der deutsche König durchschaut den Betrug und lehnt die Geschenke mit Stolz ab, die Dienerinnen des Antichrist weichen vor dem *Furor teutonicus* zurück. Der König wird aber ein Opfer seines wankenden Glaubens und seiner Wundersucht, als der Antichrist einen Lahmen und einen Aussätzigen heilt und einen dritten, der vortäuscht, im Kampfe gefallen zu sein, zum Leben erweckt. Er hält den Antichrist für den von Gott Gesandten, läßt sich das Mal aufdrücken und mit Krone und Reich belehnen, ja, er zwingt den König von Babylon zur Anerkennung des Antichrist als des neuen Gottes. Die Juden aber glauben an diesen als an den von ihnen langersehnten neuen Messias. Da treten die Propheten Enoch und Elias auf und erklären in zündender Rede den Antichrist als den Sohn des Verderbens. Sie nehmen der Synagoge den verhüllenden Schleier ab; darauf durchschaut auch sie den Betrug, sie warnt die Juden vor dem Antichrist und preist die heilige Dreifaltigkeit. Sie wird gleich den beiden Propheten von den Heuchlern des Widerchristen vor seinen Thron geschleppt und dieser läßt sie „wie Schlachtschafe" morden. Im Martyrium legt die Synagoge feierlich ihr Bekenntnis zu Christus ab. Der Antichrist ruft nun alle Könige vor seinen Thron, läßt sich in äußerster Parodie Christi anbeten und verkündet den Frieden und die Freuden seiner Welt. Da er die Menschheit auffordert, seine Herrlichkeit mit ihm zu genießen, erdröhnt es dumpf über seinem Haupte, er stürzt zusammen, die Kirche triumphiert, und die Zurückgekehrten werden von ihr wiederum aufgenommen. Sie stimmt ein Loblied auf Gott an, und alle fallen ein.

15. Das mimisch-musikalisch-dramatisch-opernhafte Schaustück ist lichtvoll und großartig angelegt, von Kraft und Schwung getragen und durchsetzt von stummer Handlung. Nur der Papst verhält sich passiv; mit dem Wirkungsbilde des Kaisers sollte vielleicht die Charakteristik der lange zuwartenden Deutschen nicht beeinträchtigt werden. Aber auch an ihn ergeht die Mahnung, durch seine Kirchenpolitik das Imperium sacrum nicht zu gefährden und dadurch die Geschäfte des Antichrist zu fördern. Im übrigen kennzeichnet die Dichtung eine seltene künstlerische Erfassung, Verarbeitung und anschauliche Gliederung des Stoffes und eine Prägnanz des Ideenganges, weit über die Bedeutung einer gelegentlichen Dichtung hinaus.

Die metrische Form des Antichristspiels hat schon Engelhardt zu deuten versucht. W. Meyer zählte 414 Verszeilen, davon 300 mit reimloser (erster) Halbzeile gebildet und mit je 13 Silben ausgestattet. Ausnahmen: die 11-Silblerverse der Propheten (die damit formal als die Boten aus einer anderen Welt gekennzeichnet sind), die 14-Silblerverse der Synagoge 365—368, 399—402 (damit ist die Synagoge als Bekehrte und Märtyrin gekennzeichnet). Aber auch diese Verse gehören durch die ungegliedert durchlaufende Versfolge noch mit dem 13-Silblervers zusammen. Dagegen fallen ganz heraus die strophisch gebauten Stücke (4-zeilige Strophen): 1—32, 33—

44, 45—48, 151—170 (nicht durch die Reimstellung, die teilweise auch paarig ist, sondern durch den Wechsel der Zeilenformen sind die Stücke als strophisch ausgezeichnet). Diese Stücke gehören formal zusammen, stehen als undramatische Liedformen den dramatischen, ungegliedert durchlaufenden Versen der Handlung klar gegenüber. Vetter zählte 297 13-silbige Verse in drei Gruppen: I: 49—150 (Dialog: Kaiser, Gesandte, Könige, Engel samt Chor); II: 171—328 (Dialog: Antichrist, Heuchler, Gesandte, Könige, Heidenschaft, Judenschaft); III: 361—364 (Judenschaft); 369—380 (Dialog: Heuchler, Antichrist, Diener); 383—388 (Antichrist); 393—398 (Antichrist); 403—414 (Antichrist samt Chor). Auch er hob damit die dialogischen Bestandteile der Dichtung heraus; der übrig bleibende Viertteil zeigt andere Versmaße; Vetter erklärte sie als Strophen von 8 und 4 kurzen Versen, teils in Jamben und Trochäen. Die trochäische Vagantenzeile herrsche im ersten langen Dialog, der jambische Alexandriner im zweiten langen und im dritten vor. Den Wechsel der Versmaße bezog er auf Fremdstücke, u. a. auf ein älteres Prophetenspiel. Die Verse fließen nicht immer so glatt dahin wie in der gleichzeitigen Kirchen- und Goliardenpoesie, unter deren Einfluß der Dichter gestanden sein mag.

16. Der vom Dichter in kühner Symbolik geschaffene Schauplatz seiner Welt, die Bühne, stellt die Erde mit den sieben „Thronen" oder „Burgen", wie das Spielgerüst in der Dortmunder Aufführung heißt, und dem Tempel des Herrn vor; sie öffnet sich (nach W. Meyer) gegen Norden; dort hätten die Zuhörer ihren Platz. Auch Kamlah hält sich an dieses Halbkreisfeld. Pleister hingegen gruppiert „Throne" und Zuhörerschaft in einem Kreise. Auf die Seite im Osten rückt Meyer den Tempel von Jerusalem, daneben den Sitz der Synagoge und den des Königs von Jerusalem, der später als Sitz des Antichrist in den Tempel gebracht wird. Auf der Seite im Westen steht das Imperium, der Sitz des Kaisers, der auch dem Umfang nach das Gegenstück zum Tempel von Jerusalem bildet, da außer dem Kaiser noch die *Ecclesia* mit ihren Allegorien Platz findet. Neben dem Imperium der anfänglich leere Sitz des deutschen Königs und jener des Königs von Frankreich. An der Hinterwand, der Südseite, der Sitz des Königs von Griechenland, der *Gentilitas* und des Königs von Babylon. Hier auch der Ein- und Ausgang. Die Mitspieler sind in Gruppen auf ihre Gerüste verteilt. Nach Michaelis säßen die Spieler im Halbkreis an der offenen Westseite, den Blick nach Osten die Zuhörer. Der Tempel in der Mitte trenne Christen und Nichtchristen. Die Antichristpartei spiele in der Mittelachse. Kamlah berichtigt diese Auffassung von der Bühne als Erde in perspektivischer Zusammendrängung. Die Handlung bewegt sich nicht in einem empirischen, sondern in einem dogmatischen Raume. Die Erde kommt nur eingeordnet in den Bau von Gottes Weltordnung hier in Betracht und ihre Teile werden daher nur angedeutet: Jerusalem im Osten, Frankreich und Deutschland gegenüber im Westen, kurz, die Mächte der Welt in Gottes Weltordnung. Kirche, Papst und Kaiser sind die vermittelnden Größen.

Damit ist von Anfang an der ganze Darstellungsraum für alle Handlungen des Spiels sichtbar und abgesteckt. Nach Aufzug aller tätigen Gruppen treten diese in Aktion. Sie vollzieht sich in epischer Folge bald auf dem, bald auf jenem Gerüst, ohne Unterbrechung, teils in Wort und Gesang, teils in Gebärden und Gesten. Was in der Folge an Personen hinzutritt, kommt neu in die Zeit und in die Welt: der Antichrist und sein Kreis.

17. Mit Hugo von Hofmannsthals 'Salzburger großem Welttheater' stand die Allerweltsbühne der christlichen Einheitsvorstellung in bürgerlich barockem Rahmen scheinbar wieder von den Toten auf (vgl. Joh. Sofer *Die Welttheater H. v. Hofmannsthals u. ihre Voraussetzungen bei Heraklit u. Calderon* 1934; W. Brecht *Die Vorläufer von Hofmannsthals 'Jedermann'*, Oesterr. Rundschau 20 [1924] S. 271—287; K. J. Näf *Das Salzburger Große Welttheater*, Zs. d. dt. Geistesgeschichte 2 [1936] S. 251—259; E. Waldmann *H. v. Hofmannsthal Ethos u. Bildungswelt*, Diss. Heidelberg 1934. E. Hannöver *Weltanschauung und Stil*, Diss. Bonn 1935; K. Jacoby *Hugo von Hofmannsthal-*

Bibliographie 1936; J. Gregor *Barocktheater auf der Bühne von heute,* Monatsschrift f. Kultur u. Politik 1 [1936] S. 338—344); in Wirklichkeit hatte sie sich in Einzelheiten verkümmert über Calderon und Goethes 'Faust' hinaus und in etlichen erstarrten Überlieferungen der Passionsbühnen des tirolisch-bairischen Stammesteiles erhalten. In ihrer repräsentativen Allegorik entspricht sie dem Charakter des christlich-deutschen Heilsdramas und katholischen Volksspiels besser als der Nacheinanderwechsel des Guckkastens, und bietet ihnen heute wiederum reichere Entfaltungsmöglichkeiten in einem der Liturgie genäherten Stil. Die bekannten ländlichen Passionsspiele wagten jedoch infolge ihrer fast drei Jahrhunderte langen, mehr oder minder starken Einbeziehung in die barocke Opernbühne noch nicht, davon Gebrauch zu machen. Doch auch in dieser hielten sich aus den Spielen vor der Kirche und auf dem freien Marktplatz die festen Plätze der Sitze oder Gebäude der kirchlichen und weltlichen Macht (Haus des Hohenpriesters und Haus des Pilatus) an den entgegengesetzten Ecken des halbkreisförmigen Spielraums in Erinnerung an die älteren Aufführungen auf dem Marktplatz aufrecht. Auch für andere Auftritte erhielt sich ein fester Standort und für Szenen, die Ort oder Zeit wechseln, der Wechsel des Spielplatzes. Die Dreiteilung der Passionsbühne kommt darin einer Verengung jenes mal. Weltspielraumes gleich. Bei ihrem fast plötzlichen Übergange von dem Dorf- zum Volksspiel wollten sich weder die Erler (1912, 1922, 1932) noch die Thierseer Passionsspieler (1927, 1935/36) von Theaterkram und Aktvorhang wie überhaupt nicht von gewissen keineswegs vollends sich zu eigen gemachten oder von abgestorbenen Formen der Bühne und Dichtung loslösen und in den gegebenen Landschaftsrahmen stellen, obgleich sie ihren Dorfbrauch im Grunde noch als religiösen Brauch der ganzen geschlossenen Gemeinde abhalten. Unter dem irreführenden Einfluß Oberammergaus haben sich nämlich falsche Vorstellungen vom Herkommen der eigenen Spiele festgesetzt. Außerdem bereiten die kirchliche Bindung und die wirtschaftlichen Verhältnisse Schwierigkeiten für Herausarbeitung eines urwüchsigeren, dem Charakter der Darsteller und Zuschauer, ihrer Landschaft und ihres Brauchtums entsprechenden Stils.

A. Dörrer *Von Erl über Oberammergau nach Oetigheim,* Das Neue Reich 5 (1922/3) S. 623 f., 695 f., 744 f., 795 f.; ders. *Thiersee — das österreichische Oberammergau?* Schönere Zukunft 10 (1935) S. 1301 f.; ders. *Das Erler Passionsbuch*[6] 1922; ders. *Die Thierseer Passionsspiele von 1799 bis 1935. Ringen um Bestand u. Gestalt eines Tiroler Volksbrauches* 1935 S. 135 ff.; ders. *Die Volksschauspiele in Tirol, Mittel u. Beiträge zur Erforschung ihrer Vergangenheit u. Gegenwart,* Tiroler Heimat NF. 2 (1929) S. 112 ff.

Das moderne Kulttheater, das katholische Persönlichkeiten und Kreise im Deutschen Reiche, in Österreich und in der Schweiz anstreben, lehnt sich teils an das der Mysterienspiele vor und in Kirchen und in barocken Sälen an (Salzburger und Einsiedler Welttheater, Spielleute Gottes in Wien, Luzerner Bekrönungsbruderschaft usf.), teils sucht es ein neues weltanschauliches Ganzes zu schaffen (s. Magdeburger, Luzerner und Wiener Theaterausstellung), zumeist freilich an das antike Spiel des Amphitheaters, an Stadion und Bayreuth, seltener an das Weltanschauungstheater von Tegernsee anknüpfend (vgl. Jb. 3 der Ges. f. schweizer. Theaterkultur 1930/31; K. Gutzeits Theatermodell, Hasenkamps Bühne usw.).

18. Dem welträumigen Schauplatz entspricht das alle Künste beanspruchende Schauspiel in aller Vollständigkeit. Das Wortdrama erreicht nur einen Teil des Heilswelterlebens. Die Bühnen- und Spielanweisungen sind daher im *'Ludus'* viel ausgiebiger und sorgfältiger angebracht als in den überlieferten Dirigierrollen der geistlichen Volksaufführungen. Die stummen Auftritte und das Gebärdenspiel überwiegen streckenweise und bereichern die kurzgefaßte Dichtung mit einer Fülle weiterer Ausdrücke und Erscheinungen dieses autoritativen Lebens, mit charakteristischen Aufzügen, Belehnungsfeierlichkeiten und anderen mal. Gipfelungen der Weltgeschichte, aber auch mit so manchem aufregendem Zwischenspiel, vornehmlich Kampfszenen, ähnlich denen des Regensburger und Rigaer Prophetenspiels (s. MGH. SS. XVII S. 590 u. B. Bischoff *Regensburger Beiträge z. mal. Dramatik u. Ikonographie,* HistVjschr. 27 [1933] S. 509f.; *Gesta Alberti Livoniensis* ed. Gruber, Origines Livoniae 1740 S. 34), im Rahmen der liturgischen Ordnung und der ritterlichen Zeremonie, die als der höfische Theaterstil des dt. MA.s bezeichnet werden können. In ihrer strengen Größe und überpersönlichen Erhabenheit erreichen sie eine einzigartige Vergeistigung und religiöse Weihe des nationalen Bewußtseins und Zielstrebens im Vorerleben des heilsgeschichtlichen Weltabschlusses. Dem stummen Spiel fallen wiederholt selbständige und wichtige Handlungen zu; es kann in einer anderen Szene neben dem Sprechauftritt verlaufen. Auch die Gebärden fügen sich in den gemessenen Stil. So dienen Dichtung und Musik, Gestik und Mimik in

höchster Anspannung ebenso wie die Großartigkeit des Weltraumes und Feierlichkeit des typischen Kostüms und des bewegten Vorgangs dem einen gewaltigen Erlebnis von der Höhe und dem Ausgang der deutschen Weltsendung (vgl. L. Wolf *Die Verschmelzung des Dargestellten mit der Gegenwartswirklichkeit im geistl. Drama des MA.s.*, Dt.VjschrLw.7 [1929] S.267ff.).

19. Die jüngeren dramatischen und epischen Antichrist- und die daran anschließenden oder damit verbundenen Dichtungen vom *Judicium extremum*, zu denen auch das 'Zehnjungfrauenspiel' (s. d.) und Dietrich Schernbergs (s. d.) 'Frau Jutta' zu zählen sind, entbehren der staatspolitischen Grundgedanken des '*Ludus*'. An dem Fortdichten der geheiligten Tradition wirkten die Bußprediger, vor allem der mächtigste Volksredner des dt. MA.s, Berthold von Regensburg (s. d.), auf das einflußreichste mit. Hierher gehören die beiden Antichristpredigten, die Salimbene sich abschrieb (s. A. Schönbach *Studien zur Geschichte der altdt. Predigt* IV S. 5—31, WSB 151 [1905]). Sie halten sich frei von den zeitpolitischen Ausschmückungen Adsos und stehen fast ganz auf dem Boden der Hl. Schrift. Starke Wirkung übte Bertholds Predigt über das Gericht unmittelbar nach dem Tode des Sünders aus (s. A. Schönbach *Studien* VII S. 98—104, WSB 154 [1906]). Sie findet in dem poetischen Beichtspiegel 'Der Sele Rat' des Bozener Franziskaners Br. Heinrich von Burgeis (s. d. u. A. Dörrer *Heinrich von Burgeis und sein 'Seelenrat'*, ArchfnSpr. 167 [1935] S. 177—192) ein äußerst dramatisch-anschauliches Seitenstück zur Bestätigung dessen, daß solche Bußpredigten unter den Barfüßern schon um 1300 eine lebhafte Schule erreicht hatten. Entscheidenden Einfluß auf die Vorstellungen vom Jüngsten Gericht nahm ein großer Sermon über das allgemeine Gericht am Jüngsten Tage, von dem Schönbach eine nicht sehr korrekte, lat.-dt. Fassung in seiner Arbeit 'Über eine Grazer Hs. lat.-dt. Predigten' (1890 S. 68—77) abdrucken ließ. Nach Schönbachs Ansicht ist dieses Stück die meistverbreitete Predigt des MA.s und begegnet im 14. und besonders im 15. Jh. ungezähltemal in Sammelhandschriften volkstümlicher Kanzelberedsamkeit. Wie sehr er als Vorlage diente, ist aus Schönbachs Studien VII S. 104, 107 zu entnehmen. Er lag wahrscheinlich auch dem Volksbuche 'Wahrhaftige Beschreibung des Jüngsten Gerichtes im Tal Josaphat' vor und lieferte augenscheinlich das Schema für den ältesten und weitverbreiteten Donaueschinger-Rheinauer Typus (auch die Zurückweisung der Fürbitte Mariens und verschiedene andere, kleinere charakteristische Züge der Dramatik finden sich dort [s. S. 74ff.]), während das mal. Theophilus- und Erlösungsmotiv mit den Gestalten des Pilgers und der Seele seine neue Einbürgerung auf der Bühne, in den Figuralprozessionen und Volksspielbräuchen dem tiroler Jesuiten Matthäus Rader verdankt, das in dieser Gruppe von Weltgerichtsspielen und anderen Dramen ausgeführt wurde.

20. Diese jüngeren und fast durchwegs mehr volksmäßigen als literarischen Spiele gleichen das kirchliche Wissen von den letzten Dingen mit den Vorstellungen der Menge aus, nehmen aber auch mit dem Fortschreiten der Geldwirtschaft und des Judenprivilegiums (s. *Judenspiele* II Sp. 667—717) die soziale Satire in sich auf. Dem '*Ludus*' zeitlich am nächsten stehen das '*Tournoiement de Antechrist*' von Huon de Méri (um 1228) und ein *Chester Play* des 14. Jh.s (s. J. Collier *Five Miracle Plays* 1836; W. Mariott *A Collection of English Miracle Plays or Mysteries* 1838 S. 16ff.; Manly 1877; vgl. E. K. Chambers *The mediaeval stage* II [1903] S. 407); es ist kein geistliches Drama mehr, sondern eher ein Volksstück, in dem der Antichrist auch einen Doktor zum Disput mit den Propheten hereinzieht und sich vornehmlich bei Frauen und mit Geld und Gut Anhänger verschafft. Das Antichristspiel von Besançon (s. Em. Roy *Études sur le théâtre français au XIVe Siècle. Le Jour du Jugement Mystère français sur le Grand Schisme publié pour la première fois d'après le manuscrit 579 de la bibliothéque de Besançon et les mystères Sainte-Geneviève*

1902) versetzt Noel Valvis (Journal des Savants, Déc. 1903) in die erste Hälfte der Regierungszeit Philipps VI. Es scheint auf die nun folgenden schweizerischen Antichrist- und Weltgerichtsspiele Einfluß genommen zu haben oder wahrscheinlicher einer gemeinsamen Entwicklung anzugehören. In dem Dramenbruchstück '*Der Entkrist*', das ein Jahrhundert darauf in ein Fastnachtsspiel umgestaltet wurde (Münchn. Fastnachtsspielhs. cgm. 714 Bl. 310ff. hg. von A. v. Keller *Fastnachtsspiele aus dem 15. Jh.* No. 68 [Bibl. d. Lt. Ver. Stuttgart 39]), ist ähnlich wie in dem französischen nochmals die Kirchenlehre mit der Politik seiner Zeit verknüpft. Es folgen auf den Streit für oder wider den Antichrist die Beratung des Kaisers, ob er sich dem Antichrist anschließen solle, und die Scheinwunder der Betörung, bes. die Auferweckung von Karls IV. Vater durch die Beschwörung des Antichrist, sowie die Bestechung von Kirchenfürsten, die schließlich im antichristlichen Wohlleben aufgehen. Im grotesken Bischof Gugelweit ist Dietrich von Kugelweit, der Finanzminister Karls IV., verhöhnt. Die persönliche Satire auf Kaiser und Kirche und die groteske Komik und Allegorik (die Gefräßigkeit tritt im erhaltenen Stücke allein unter den sieben Todsünden auf!) führten vermutlich zur vollen Preisgabe des ernsten Abschlusses zugunsten einer Fastnachtswendung. Das Stück dürfte in der Schweiz (s. S. 602, 34; 603, 27) gedichtet worden sein. Eine Reihe von Versen kehrt mit wenigen Umänderungen im Berliner Texte von 1482 (1510 Verse) des Weltgerichtsdramas (mgf. 722) wieder, von dessen Rheinauer Fassung von 1467 (923 deutsche Verse, am Schlusse etwas verstümmelt) Mone (*Schauspiele d. MA.s* I S. 265ff.; dazu R. Klee *Das mhd. Spiel vom jüngsten Tag* Diss. Marburg 1906 S. 69—124; J. Bolte ZfdA. 32 (1888] S. 1ff.; S. Singer *Die mal. Lit. d. dt. Schweiz* 1916 S. 53f.) einen Abdruck und damit den Anstoß zur allmählichen Herausschälung der Donaueschinger-Rheinauer Gruppe der Weltgerichtsspiele gegeben hat. In ihr fand die stammestümliche Ausprägung des Stoffes eine besonders lebhafte Pflege und Tradition, jedoch nicht die einzige in Deutschland.

21. Wahrscheinlich zwei Jahre hintereinander, 1468 und 1469, gelangte ein Antichristspiel in Frankfurt a. M. zur Darstellung (s. J. K. Fichard *Ordnung der Passionsspiele*, Frankf. Arch. f. ält. dt. Lit. u. Gesch. 3 [1815] S. 133). Der antisemitische Genius loci brach darin stark durch; denn das Bürgermeisterbuch hieß die Juden während des Spiels in ihren Häusern zu verbleiben und diese abzusperren. Die Aufführungen nahmen, ähnlich der Anlage eines etwas älteren französischen Textbruchstückes (s. L. Petit de Julleville *Histoire du théâtre en France au moyen âge* II [1880] S. 460), vier Tage in Anspruch; Froning vermutet, infolge Einbeziehung des Weltendes und Letzten Gerichtes. Nach einer lateinischen Vorlage (dem '*Ludus*'?) wurde 1473 und 1481 das *alte groze spil vom uff- und untergang des Antichrist* in Xanten aufgeführt (s. J. Janssen *Gesch. d. dt. Volkes* I [1879] S. 233). In Dortmund wurden 1513, wie die Westhoffsche Chronik (im Besitze der Theodorian. Bibliothek zu Paderborn) berichtet, zur stark antisemitischen Vorstellung am Faschingsabend auf dem Markte sechs Burgen errichtet, deren Besetzung der Chronist genau beschreibt (Chroniken d. dt. Städte XX S. 398). Döring *Joh. Lambach u. d. Gymnasium zu Dortmund 1543—1582* (1878) S. 126f., verweist hierzu auf die Übereinstimmung mit der Zahl der Gilden Dortmunds und schließt daraus, daß wahrscheinlich auch hier die Ausrüstung der Burgen von je einer Gilde besorgt wurde (vgl. noch G. Kinkel *Theaterspiele in Dortmund a. d. letzten Zeit d. MA.s u. im Jh. d. Reformation*, Monatsschrift f. d. Gesch. Westdeutschlands 7 [1881] S. 301ff. A. Mämpel *Das Dortmunder Theater* I [1936]), wie etwa die „Figuren" der Prozessionsspiele zu Bozen, Freiburg i. Br., Zerbst (und vermutlich auch von Biberach, Calw, Landeck) von Zünften und Bruderschaften der betreffenden Städte bestritten wurden. Diese „Burgen", die im Lu-

zerner Antichristspiel von 1549 wiederkehren, sind kaum viel anders als die *sedes* im '*Ludus*', die eine Schar von Menschen aufnehmen oder wenigstens andeuten sollten. Im übrigen scheint dieses Spiel eine ähnliche Einengung auf deutsche Innenzustände erfahren zu haben wie 'Der Entkrist'.

22. Der Stoff des Antichrist wurde früh in jene Prozessionsspiele aufgenommen, welche die ganze Heilsgeschichte vorführen, jedoch zumeist in Verknüpfung mit Szenen des Weltgerichtes, so im Künzelsauer Fronleichnamsspiel (s. Ausgabe von Alb. Schumann S. 182ff.; hier I Sp. 768—773), im Dresdener Johannesspiel (s. I 734; O. Richter *Das Johannesspiel zu Dresden im 15. u. 16. Jh.*, Neues Arch. f. Sächs. Gesch. 4 [1883] S. 101—114; M. Herrmann *Forsch. z. Theatergeschichte* 1914 S. 490, 492/3) und in der Löbauer Prozession des Kreuzerfindungstages von 1521 (s. K. Preusker *Blicke in die vaterländ. Vorzeit* I [1841] S. 96ff.), dem Aufzug der Darsteller im Umgang entsprechend in kurz abgerissenen Auftritten mit Monologen, zumeist „Figuren" genannt, die Hauptpunkte der heilsgeschichtlichen Lehre vor Augen führend. Nur das Letzte Gericht berücksichtigen das Neustifter (früher als Innsbrucker bezeichnete) Fronleichnamsspiel (v. 325ff., 433ff.; s. *Albrecht von Neustift*, Nachtrag), desgleichen die Prunkprozessionen des Spätma.s und der Renaissance in Bozen (s. I Sp. 698—730), Freiburg i. Br. (s. I Sp. 732—768; II Sp. 670), Calw (s. A. v. Keller *Fastnachtsspiele, Nachlese* 1858 S. 229/30), Biberach (s. A. Schilling *Die religiösen u. kirchlichen Zustände der ehemaligen Reichsstadt Biberach vor Einführung der Reformation*, Freiburger Diözesan-Archiv 19 [1887] S. 145/6), Zerbst (s. W. Reupke *Das Zerbster Prozessionsspiel 1507* [Quellen z. dt. Volkskunde 4] 1930), München (s. Al. Mitterwieser *Geschichte der Fronleichnamsprozessionen in Bayern* 1930), Ingolstadt (s. Nell C. Brooks *An Ingolstadt Corpus Christi Procession and the Biblia pauperum*, The Journal of English and Germanic Philology 35 [1936] S. 1—16) usf. Aus der barocken Erneuerung solcher Prozessionsspiele sind noch keine weiteren Antichrist- oder Jüngste Gerichtsauftritte bekannt geworden.

Ähnlich dem Dresdener Johannesspiel dehnten auch die Freiberger Pfingstspiele ihren Stoffkreis auf das Judicium extremum aus. Wie A. Möller *Theatri Freibergensis chronici pars posterior* 1653 S. 162 (fast wörtlich abgedruckt in ZfdA. 2 [1842] S. 264f.) ausführt, fanden an den Pfingstfeiertagen 1516 die alle sieben Jahre üblichen (s. I Sp. 756; II Sp. 697) *Ludi solennes* auf öffentlichem Markte zu Freiberg in Sachsen mit großer Pracht statt, die früher in der Marterwoche abgehalten worden waren und sich auf den ersten Sündenfall, das Leben und den Tod Christi beschränkt hatten, nun aber mit Auftritten vom Sterbenden Menschen und Jüngsten Gericht beträchtlich erweitert wurden (vgl. noch Joh. Bocer *Fribergum in Misnia* 1577 S. K 2. Stuttgarter Morgenblatt f. gebild. Stände 2 [1808] No. 278 S. 1109/10; J. Grimm *Die ungleichen Kinder Evas*, ZfdA. 2 [1842] S. 264/5; J. Winzer *Die ungleichen Kinder Evas in der Literatur des 16. Jh.s.* Diss. Greifswald 1908; Goedeke II [1886] S. 332/3; R. Buchwald Mitt. v. Freiberger Altertumsverein 61 [1906] S. 44—54). Nach den spärlichen Nachrichten über die in diesem Weltgerichtsspiel auftretenden Personen ist darin das Jüngste Gericht mit Auftritten vom Sterbenden Menschen vereinigt und die mal. *Ars moriendi* als Moralität auf den Markt gebracht, eine Verbindung, die noch weiter zurückreichen mag (s. *Dt. Literatur* Reformation Bd. 6 S. 136ff.), und die in der Typenfortpflanzung der meisten weiteren Antichrist- und Letzten-Gerichts-Spiele, Jedermannsdramen und vieler volkstümlicher Paradeis-, Nikolaus- und Dreikönigsauftritte und Mirakelspiele sich fruchtbar auswirkte und selbst Einfluß auf Gestalten und Vorgänge in Jakob Bidermanns Schauspielen, so in seiner Komödie vom Wucherer Jakobus und in 'Cenodoxus, dem Doktor von Paris' nahm (s. K. Goedeke *Everyman, Homulus und Hekastus, ein Beitrag z. internat. Literaturgeschichte* 1865. J. Bolte *Zu Strickers Düdeschem Schlömer* 1889.

J. Ehret *J. Bidermann u. d. Jesuitentheater*, Die Kultur 3 [1903]. Joh. Müller *Das Jesuitendrama i. d. Ländern dt. Zunge* 1930, bes. I S. 8, 43; II S. 16ff.; dazu AfdA. 51 [1932] S. 140—142 u. ZfdPh. 58 [1933] S. 81—84. Nik. Scheid *Das latein. Jesuitendrama im dt. Sprachgebiet*, Literaturwiss. Jb. d. Görres-Ges. 5 [1930] S. 1ff., bes. S. 43. W. Flemming *Geschichte des Jesuitentheaters i. d. Landen dt. Zunge* 1924; ders. *Das Barockdrama* 1930ff.).

23. Das 'Spiel von dem herzogen von Burgund' (Ad. v. Keller Nr. 20), vermutlich von Hans Folz in Nürnberg um 1493 niedergeschrieben, ist ein lebendiges, derbes, oft unflätiges Fastnachtsspiel, zugleich ein Zeugnis, daß damals die Vorstellung vom Antichrist keine Realität schlechthin mehr besaß, sondern von der Komik zersetzt worden war; d. h. jene einmalige naturhafte Zuordnung von deutschem Volkstum und göttlichem Mysterium, die dem christlichen MA. zu eigen war, hatte jener Humanismus gesprengt und aufgelöst, der sich mit dem Namen des Kaisers Karl IV. in Deutschland zuerst verbindet. Von nun an beharren nur mehr Teile unseres Volkes, vorab die religiös und landschaftlich ineinander stark verhafteten und darstellungsfrohen Alpenbewohner des bairisch-österreichischen Volksstammes, in einem gewissen Wachstum von Natur und Übernatur und überwinden die Ungerechtigkeiten ihres harten Lebens und die Dämonen menschlichen Beisammenseins als bodenhörigen Advent der Parusie. Den besonderen Stammes- und Standeseigenarten gemäß zerspielen und unter der Aufklärung verlieren sich die weiteren eschatologischen Spiele, bis in der neuesten Zeit fallweise in der einmaligen Begegnung von Gott und Mensch, im Leben aus dem Gewissen sich einzelne neue christliche Gestaltungen aus der Schwere des Weltlebens lösen. Die Nürnberger Komödie läßt wider den Antichrist eine Frau Sibylla auftreten, die ihn einen Betrüger nennt. Er schlägt zu seiner Rechtfertigung eine Wette zwischen ihm und dem Herzog von Burgund vor, kommt im Glücksrad unten zu sitzen und muß sich nun mit seinen Betrügern unter ein Schwein legen und dessen Unrat fressen. Hierbei werden die Juden des Ritualmordes beschuldigt (s. II Sp. 676ff. und Handwörterbuch d. dt. Aberglaubens VII [1935] Sp. 727—739. Er. Bischof *Das Blut in jüdischem Schrifttum u. Brauch* 1929; dazu ZfVk. 39 [1930] S. 309—311. E. G. Gudde *Social conflicts in Mediaeval German Poetry*, University of California Publications in Modern Philology 18 [1934] Nr. 1 S. 98. Ad. Mannheimer *Die Juden im altd. Fasnachtspiel*, Allg. Zeitung d. Judentums 23 [1870] 28. Aug. ff.). An das 'Spiel von dem herzogen von Burgund und des Entkrist Vasnacht' erinnert stellenweise wörtlich die Frage des Juden nach dem Antikrist in P. Gengenbachs 'Nollhart'.

22. Reuschel verlegt die Entstehung des Antichristspiels aus der ersten Regierungszeit Karls IV. nach Zürich. Dazu kommen noch die Weltgerichtsspiele aus Grüningen im Kanton Zürich (Cod. 338 d. kgl. Bücherei Kopenhagen, Bildertext mit 996 Versen a. d. 15. Jh.; vgl. H. Jellinghaus *Das Spiel vom jüngsten Gericht*, ZfdPh. 23 [1891] S. 426—36 m. Lesarten), aus Chur (aus 1517 im Staatsarchiv Chur, große Ähnlichkeit mit dem Kopenhagener Text, Aufführung nicht belegt), aus Bern (R. Nicolas *Die Hauptvorhalle des Berner Münsters* 1921 u. 1923, führt die Plastiken dieser Vorhalle auf Bühnenvorbilder zurück). Dem Rheinauer verwandte Texte besitzen Donaueschingen (Cod. 136 a. d. 1. Hälfte d. 15. Jh.s. Vgl. K. A. Barack *Die Hss. d. Hofbibliothek zu Donaueschingen* 1865 S. 135/6; J. Bolte *Kl. Beiträge z. Gesch. d. Dramas*, ZfdA. 32 [1888] S. 1) und Luzern (der Luzerner Schulmeister Jak. Amgrund verfaßte um 1468 ein solches Spiel. Ob es die sog. Rheinauer Fassung vom Jüngsten Gericht der Luzerner Bürgerbibliothek [Ms. 169] ist oder ob das Rheinauer Spiel darauf zurückgeht oder ob Amgrund das Rheinauer Spiel bearbeitet hat, ist erst zu untersuchen) und endlich das Jüngste Gericht von Zacharias Bletz (1541—49) in Luzern. Das kleine Churer Spiel vom Antichristus hält

sich noch an die religiösen mal. Überlieferungen. Antichristus wendet sich vornehmlich an die Juden als sein Volk, verlangt die Einhaltung des Sabbath u. dgl. m., findet getreue Diener in *Avarus, Luxuria, Ira* und *Gula* und stürzt bei seiner Himmelfahrt. Erst jetzt treten die Propheten mit Klagen und Mahnungen an die Verführten auf. Die knappe Darstellung entspricht einer Mahnrede an die Lauen und Leichtgläubigen und geht sodann in ein Weltgerichtsspiel über. Letzteres gilt schlechthin von dem St. Galler Jüngsten Gerichtsspiel (Hs. a. d. 15. Jh., 341 dt. Verse, auszugsweise bei Scherrer *St. Gallische Hss.* 1859 S. 33) und vor allem von dem zweitägigen Spiel des Zach. Bletz (5290 Verse, 6 Hss., Probestück bei J. Baechtold *Gesch. d. dt. Lit. in d. Schweiz* 1892 S. 381/3 u. Anm. S. 104/5; R. Brandstetter *Z. Technik d. Luzerner Heiligenspiele,* ArchfnSpr. 75 [1886] S. 383—418; Ms. 169 II abgedr. bei K. Reuschel *Die dt. Weltgerichtsspiele d. MA.s u. d. Reformationszeit,* Teutonia 4 [1906], S. 207—328). Bletz ist Hans Salats Nachfolger und Renward Cysats (s. I Sp. 387—396) Vorgänger in der Luzerner Staatskanzlei und Spielleitung († 1570). Er baut sein zweiteiliges Werk zwar noch auf dem Grundriß des mal. Dramas auf, schafft aber im Geiste des Humanismus und der katholischen Restauration und zeichnet seinen Antichrist als neugläubiges Gegenbild zum wahren Christus. Er ist ihm ein Werkzeug teuflischer Doktoren (vgl. Osk. Eberle *Theatergeschichte der inneren Schweiz,* Königsberger Dt. Forschungen 5 [1929], S. 21—25). Damit stellt er sich in Gegensatz zum Grundgedanken des *Pammachius* von Th. Naogeorg (1538; ed. Bolte u. Schmidt [Lat. Literaturdenkmale] 1891) und des knappen Aufzugs *'Von Papsts und Christi Gegensatz'* von Nikl. Manuel (1523; s. J. Baechtold *Niklaus Manuel* 1878 S. 103 ff.).

R. Klee rekonstruierte das Kernstück des alten Spiels vom Jüngsten Gericht, das in dem alamannisch-schwäbischen Stammesbereich vorherrschend wurde. Reuschel zählt zum Donaueschinger-Rheinauer Typus das Donaueschinger Spiel des 15. Jh.s, den Kopenhagener Text aus dem 15. Jh., den Rheinauer Text von 1467, Wülkers Handschrift aus dem Ende des 15. Jh.s aus der Berner Gegend, die Berliner Hs. von 1482 aus der Augsburger Gegend, die Churer Hs., die Münchner Hs. von 1510, Tennglers 'Buchlen vom jungsten gericht' von 1512, die Luzerner Hs. (um 1530), den Wallenstädter Text von Nik. Senn aus Buchs-Werdenberg, das Volksbuch vom Jüngsten Gericht nach Görres und die Altenmarkter Komödie vom Jüngsten Gericht aus Tirol. Einen Stammbaum abzuleiten, gelang ihm nicht, nicht nur, weil zu viele Zwischenglieder fehlen, sondern auch, weil in diese Gruppe noch wenigstens eine andere, ausgesprochen bairisch-österreichische, und vielleicht noch eine sächsische hineingreift.

24. Zu dieser Einsicht führt die Untersuchung über das Verhältnis der Hans Sachsschen Bearbeitung desselben Stoffes in seiner '*Tragedia mit 34 personen, des jüngsten gerichtes, auss der schrifft uberal zu sammen gezogen, und hat 7 actus*' (Bibl. d. Lit. Ver. 136 [1878] S. 400—450) aus dem Jahre 1558 zu den Freiberger Pfingstspielen von 1509 und 1516. Jac. Grimm (ZfdA 2 [1842] S. 257 ff.) und A. Hübner (*Studien zu Naogeorgs Mercator,* ZfdA. 54 [1913]) S. 329 nahmen an, daß Sachs sich an das Freiberger Spiel anlehnte, Reuschel (a. a. O. S. 350) und Bolte (Bibl. d. Lit. Ver. 269/70 [1927] S. VI) entschieden sich dafür, daß A. Möller in seinem Bericht über dieses das Rollenverzeichnis und die Akteinteilung aus der ihm bekannten Tragedia des Nürnberger Meisters geschöpft habe. Jedenfalls schloß sich Sachs einer oder mehreren ihm stark vorarbeitenden Überlieferungen an, legte sich das einfachere Schema gleich den Münchner Moralitäten zugrunde und schrieb sein Stück mit 1752 Versen in kaum ein und einem halben Monat zusammen. Zuerst scheint das Spiel in Augsburg zwischen 1560 und 1570 gegeben worden zu sein. Herzog Ludwig von Württemberg lud 1571 die Waiblinger ein, ihr Spiel von dem 'Jüngsten tag oder Lesten gericht' in Stuttgart zu halten.

1578 sah Nördlingen eine solche Aufführung. Um 1580 sei Sachsens Tragödie im katholischen Sinne umgearbeitet worden, führt Bolte a. a. O. an (cgm. 3635, Bl. 62a bis 100a). Eine katholische Fassung der 'Commedi vom Jungsten Gericht' mag es gewesen sein, die für 1598 in Schongau beurkundet ist. Zu Memmingen hielten die Meistersinger ein Jüngstes Gericht 1605 im Salzstadel ab, aus dem Jahre 1711 ist eine Aufführung in Kaufbeuren belegt, wo schon mehr als hundert Jahre zuvor ein altes Stück agiert worden sei.

Mögen auch diese und andere Aufführungen des Jüngsten Gerichts auf die Tragödie von H. Sachs hindeuten, so ist augenscheinlich der Stoff ungefähr zu selber Zeit mehrfach dramatisiert und u. a. auch vom Lande Sachsen aus verbreitet worden. In der Chronik des Danzigers Martin Gruneweg (Danziger Stadtbibliothek I E fol. 77) ist von vier Komödien die Rede, welche von Schülern und Handwerkern in der Fastnacht 1570 dargestellt wurden; die vom Jüngsten Gericht allein in der Hl. Geistkirche (s. J. Bolte *Das Danziger Theater im 16. u. 17. Jh.* S. 8. Vgl. Möllers Gemälde vom Jüngsten Gericht im Artushof; s. A. Grisebach *Danzig* [1908] S. 62). Der Hamburger Marionettenspieler Friedr. Hune versuchte 1603 vergeblich, *die 5 schone Christliche Commoedien* vom *Reichen Mann und armen Lazaro, Verlornen Sohn, geduldigen Job, Fall Adam und Evae* und *Jungsten Gericht unsers Erlosers Christi* in Danzig aufzuführen (Bolte S. 83). I. J. 1589 wurde von einem fahrenden Komödianten den Ständen Steiermarks eine Tragödie vom Jüngsten Gericht mit der Bitte vorgelegt, sie im Land-(Stände)hause zu Graz aufführen zu dürfen. Der evangelische Pastor Wilhelm Zimmermann berichtet darüber unterm 2. Sept. 1589, er habe *die Tragoediam sampt den Testimoniis* durchgesehen, welche der Komödiant *von etlichen Säxischen Stetten, darinnen solche Tragoedia gehalten worden, bekhomen hatt. Befinde auss der ablesung derselbigen, dass sie durchauss auss Gottes wortt genommen, demselben gleichförmig und ähnlich und allso gestellet sin, das einfelltige Christen darauß lehr, trost und warnung für sicherheyt schöpffen und bekhommen mögen* (s. Frz. Iwolf *Die Anfänge des dt. Theaters in Graz,* Mitt. d. histor. Ver. f. Steiermark 33 [1885] S. 126). Auf dem Schloß zu Trautenau in Böhmen führte ein fremder Puppenspieler am Christi Himmelfahrtstag 1590 das Jüngste Gericht mit *token wie zum kaukelspiel gehöret* vor (s. S. Hüttel *Chronik der Stadt Trautenau* 1881 S. 304). Im selben Jahre sah auch Rotenburg in Hessen ein Spiel vom Jüngsten Gericht (s. W. Lyncker *Geschichte des Theaters und der Musik in Kassel* 1865 S. 223).

25. So spät auch die archivalischen Zeugnisse für Aufführungen von Antichrist- und Jüngsten-Gerichts-Spielen einsetzen, ist doch eine frühe, lebhafte und die nachhaltigste Beschäftigung der Bevölkerung mit dem ganzen Stoffkreis in Tirol anzunehmen. Dafür zeugen, wenn wir von der Erwähnung im Neustifter (Innsbrucker) Fronleichnamsspiel und der Figur im Bozner Fronleichnamsspiel absehen, etliche Handschriften über den Antichrist und die Letzten Dinge in der Stiftsbibliothek der Zisterzienserabtei Stams im Oberinntale (s. A. Dörrer *Mittelalterliche Bücherlisten aus Tirol,* Zentralbl. f. Bibliothekswesen 51 [1934] S. 254—63, Fortsetzg. folgt!), der Staats- u. Universitäts-Bibliothek in Innsbruck (z. B. Cod. 219) usw., die in Tirol besonders verbreiteten Darstellungen vom Antichrist und Jüngsten Gericht (vgl. J. Weingartner *Frühgotische Malerei Deutschtirols,* Jb. d. kunsthistor. Instituts d. Zentralkommission f. Denkmalpflege 1916 S. 25 ff. H. Hammer *Mal. Wandgemälde in der Umgebung Innsbrucks,* Wiener Jb. f. Kunstgeschichte 5 [1928] S. 116 f. J. Garber *Die Magdalenakapelle in Hall i. T.* 1924 S. 15 ff; dazu noch die Amraser Friedhofkapelle) und die anschaulich-dramatische Szene vom Seelengericht in dem poetischen Beichtspiegel des Bozner Franziskaners Heinrich von Burgeis. Deutet gerade dieses Gedicht auf eine tirolische Verdeutschung und Veranschaulichung südlicher franziskanischer Predigerart und Erbauungsliteratur neben

der Einwirkung von Kanzelrednern wie Berthold von Regensburg hin, so dürfen doch auch die besonderen Beziehungen zwischen Tegernsee und Tirol hier nicht ganz übergangen werden. Der heutige Stadtteil von Bozen und frühere Vorort St. Quirein erinnert an den Patron des Stiftes Tegernsee. Sein Kult lebte noch im tiroler Volksspiel des 18. Jh.s. fort; denn noch 1752 wurde in dem Seitentale Sellrain bei Innsbruck „Marter, Leben und Tod des h. Quirini nach 30jähriger Unterbrechung 4 oder 5 mal ohne eingeschranckhter Pinn und Einlaßgeld" aufgeführt, „damit gleichwohl dies sonst unbekhante hl. Leben unter denen seith solcher Zeith gebohrenen und erwachsenen Thalleuten anwiderrumb bekhant: und das alte h. Verthrauen zu disem großen Kirchenpatron eingepflanzet und so forth bey ihnen Thalleuthen gleichsamb verewigt werde". Ein Jahr zuvor hatte die Gemeinde Prutz um Erlaubnis der Vorführung vermutlich derselben Legende „zu Lob des Allerhöchsten und Abwendung der schädlichen Inundation" gebeten, wurde jedoch auf das nächste Jahr vertröstet und verhalten, ein besseres Spielbuch vorzulegen. Die Zusammenhänge zwischen Tegernsee und Tirol gehen vor allem auf die Weingüter des oberbairischen Stiftes in Südtirol zurück (s. L. Steinberger *Auswärtige geistliche Grundherren als Weingutsbesitzer in Südtirol* 1934. O. Stolz *Die Ausbreitung des Deutschtums in Südtirol im Lichte der Urkunden* 3/1 [1932] S. 24—26). Entlang der ganzen Bremerstraße lagen Tegernseer Güter (s. A. Jäger *Geschichte der landständischen Verfassung Tirols* 1 [1881] S. 346/7). Die größten Gutsbesitzungen des Klosters Tegernsee dehnten sich im Unterinntal und im Achental aus. Die tirolischen Landesfürsten betrachteten das Stift wie ein eigenes; dort wurden z. B. ebenso die Seelsorgsgottesdienste für verstorbene Angehörige der tiroler Regentenfamilie gestiftet und abgehalten wie in den tirolischen. Viele Konventualen, auch mancher hervorragende Tegernseer Schriftsteller oder Würdenträger, stammten aus Tirol. Tegernseer Inwohnern und Benediktinern begegnen wir wiederholt in tirolischen Klöstern, so in Stams und insbesondere auf St. Georgenberg bei Schwaz. So war z. B. Abt Werner von St. Georgenberg (1212—1242) zuerst Konventuale und Kämmerer zu Tegernsee. Bei den von ihm ausgestellten Urkunden scheinen mehrere Tegernseer Benediktiner auf, desgleichen unter Abt Konrad II. von St. Georgenberg (1271—1287), und umgekehrt. Die innere Verbundenheit äußerte sich in gemeinsamen liturgischen Einrichtungen, Gebetsverbrüderungen und im Schriftenaustausch. Dieser Zusammenhang verdient erhöhte Berücksichtigung bei der auffallenden Tatsache der Entstehung oder starken Verbreitung eschatologischer Spiele in Orten, in denen Tegernsee seit langem Güter besaß, wie gerade in der Schwazer Gegend, und aus deren Bevölkerung das Stift öfters Kleriker erhielt. Besondere Bedeutung für die Spielgeschichte gewinnen solche Beziehungen durch das Auftauchen der tiroler Paradeis-, Reichenmann- und Jedermannsspiele.

26. Freilich, die ältesten uns bekannten Aufführungen stehen offenbar den Moralitäten um 1500 nahe. Noch vor dem Durchbruch der religiösen und sozialen Revolution traten neben den großen kirchlich-bürgerlichen Spielen auch Schulmeister und Handwerker mit kleineren Vorstellungen von Lazarus und dem Prasser, vom Verlorenen Sohn, Sterbenden Menschen, König David und Goliath eifrig hervor (s. II 687 f. u. A. Dörrer *Der Verlorene Sohn*, GRM 29 [1936] S. 21 ff.). Es handelt sich durchwegs um ernste, konfessionell - pädagogische Behandlungen des Stoffes für das im Glauben und im Boden verhaftete Volk der kleinen Leute, das sich gegen die Lebenslüge der großen im Hinblick auf das Ende stemmt. Infolgedessen hielten sie sich auch mehr oder minder im ursprünglichen Gedankengang der Offenbarung und Evangelien bis zu ihrer namentlichen Unterdrückung unter Maria Theresia, Josef II. und der bairischen Zwischenregierung von 1805 bis 1814. Aus der Quatemberwoche nach

Pfingsten 1507, drei Jahre vor dem Münchener Spiele (cgm. 4433 *ex Biblioteca Palatina Manhemensi*, 1991 Verse, die Reuschel als eine Bearbeitung des Donaueschinger-Rheinauer Typus kennzeichnet) berichtet das Raitbuch der Salinenstadt Hall im Inntal: *Zymerleut haben am Pfingisabend* (= 22. Mai) *nach feirzeit vnd am Pfingistag die hell zum Spil des jungisten gerichts in der eil zugericht, davon Jn zu trinckgelt geben ii lb.x kr.* Und in der Woche Viti: *Item Lorentzen Weissman Maler geben für sein arbeit des Malens des Regenpogen, Englflügen vnd anderes zu dem Spil des Jüngsten gerichts ii Mk.* In der Woche nach Mariens Geburt (= 8. Sept.): *Item Heinrichen Tischler geben vmb sein arbeit des Regenpogens vnd annder sein müve, so Er des Spilshalber des Jüngsten Gerichts zu Pfingsten vergangen gebraucht hat i Mk. vi lb. viii kr.* Hall besaß damals keine Druckerei, die nächste befand sich in München, wo 1510 der erste Druck eines solchen Spieles herauskam.

27. Das nächste Zeugnis der Vertrautheit mit einem solchen Spiel führt in den großen Knappenplatz Schwaz. Öffentliche Spiele waren hier seit alters unter den Bergwerksleuten üblich, so jährlich am Kirchtag zu Laurenzi, bis sie unter dem Eindruck der Folgen religiös-sozialer Verwirrungen 1536/37 verboten, damit „gezang und unzuchten zwischen den knappen und denen zu solchen offnen spil kommen", verhütet würden, und die Arbeiter in das Bergwerk zu treiben befohlen wurde, wie der dortige, schon II Sp. 688 erwähnte Bergwerkskodex (42 fol. 42 b vom 9. Aug. 1536 und fol. 49 vom 9. Aug. 1537, Innsbrucker Landesregierungsarchiv) berichtet. Im selben 1536er Jahre ließ Mattheis Gorgner aus Schwaz drei neue Lieder zu Augsburg drucken, von denen zwei, das von den fünfzehn Zeichen des Weltgerichts und das vom Reichen Mann, gleich Liedfassungen von Weltgerichtsauftritten aus einem Spiele, das noch im 18. Jh. fortlebt, zu werten sind (s. Goedeke II [1886] S. 258 No. 34). Auch von Spieldichtern des damaligen Schwaz mehren sich die Spuren. So führte der „Schwazer Poet" und Anführer einer Spielgesellschaft Peter Kirchpühler am Aschermittwoch um 1550 Passionsvorstellungen sogar wiederholt auf dem Rathause zu Innsbruck auf. Er war hier 1536 Besitzer eines Frundsbergischen Hauses geworden. Dieser oder (und?) der Schwazer Bergrichter Kirchpühler kommen weiters als Verfasser der Schwazer Chronik (s. Tiroler Bote 1841 S. 80, 1842 S. 352, 1867 S. 989; s. auch *Mynner Bartlmä*, Absatz 14) in Betracht. Er bestritt eine eigene Lateinschule in Innsbruck, gab sie aber auf, als die Jesuiten unter großen Kosten des Kaisers 1562 hier ein Gymnasium begründeten, und überließ ihnen seine Bücherei. Kirchpühler war als erster für die Errichtung einer Universität in Tirol eingetreten und hatte Kaiser Ferdinand I. für seine weitblickenden Pläne der Jugendbildung eingenommen. Infolge Unzulänglichkeit der (insbesonders von Hall) angebotenen Mittel und Mangel an genügenden hochstehenden Lehrkräften wurde sein Vorschlag erst 113 Jahre später in Innsbruck verwirklicht. In seiner Kontrafraktur klagt der Schwazer Volksdichter Hans Probst i. J. 1528: Wo soll ich mich hinkehren? Als ergrauter Mann überblickt er seine Tage und bricht in bewegliche Worte um die verlorene Zeit aus. Man könnte an seinem Hasten und Drängen irre werden, verriete ihn nicht der gläubige Aufblick zu Maria als Anhänger des alten Glaubens. Die religiös-soziale Bewegung der Wiedertäufer griff in das ganze damalige Leben des Knappenplatzes tief ein. Probst fühlte sich vereinsamt und hielt dafür, daß er nicht in eine Welt gehöre, die aus allen Herkömmlichkeiten gerüttelt werde (Simrock *Volkslieder* No. 504; Wackernagel *Das Kirchenlied* III 1055, V 852 N 1289). In seinen jungen Jahren hatte Probst 'Ein hipsches lied von dem Romzug' 1506 (veröff. von Frz. Pfeiffer in Mones Anz. 8 Sp. 479; Hildebrand S. 53 Nr. 10; Liliencron III Nr. 267) gedichtet, dem der Frundsbergische Landsknecht und Reimdichter Oswald Fragensteiner vor 1525 ein Gegenstück über die Schlachten bei

Bicocca und Genua folgen ließ (s. Fr. Zoepfl Histor. Jb. d. Görres-Ges. 50 [1930] S. 350—56; A. Dörrer Tirol. Heimatbl. 12 [1934] S. 118—20; P. Kopitsch *Die Schlacht bei Bicocca*, Diss. Berlin 1909). Probsts ergreifendes Einkehrlied steht nicht allein als Schwazer Zeitlied da (s. Literaturwiss. Jb. d. Görres-Gesellschaft 3 [1928] S. 89). Es genügt aber zur Kennzeichnung der aufgewühlten Zustände und der ernsten Einstellung im damaligen Schwaz, denen bei starkem Ausbruch von Leidenschaften die Vorstellung vom Letzten Gericht nahe blieb.

28. Im Jahre 1513 war Hans Sachs von Salzburg durch den Pinzgau über Kitzbühel, in dem gleichfalls die geistlichen Bürgerspiele gediehen (s. *Passionsspiele, Tiroler*), nach Schwaz gekommen, hatte hier als Geselle einen halben Monat gedient und wanderte dann nach Hall und Innsbruck. In 'Frau Sorge' versichert er, daß er am kaiserlichen Hofe Maximilians als Weidmann mitlief, im 'Kampfgespräch zwischen der Hoffart und der edlen Demut', daß er bis an die Martinswand bei Zirl gelangte. Nach tiroler Herkommen ging er auf die „Stör", d. h. auf Handwerksarbeit außer Hause seines Meisters. Vielleicht hat er an einem dieser Plätze einer Aufführung vom Jüngsten Gericht beigewohnt oder eines ihrer Spielbücher kennen gelernt. Dann bedürfte seine Tragödie keiner unmittelbaren Beziehungen zum sächsischen Spiele von Freiberg mehr, wie auch die katholischen Bearbeitungen des Stoffes, deren die Ostalpenländer mehrere aus den nächsten Jhh. überliefert haben, dafür sprechen, daß diese Spiele teils aus eigener Tradition und Stammeseinstellung hier entstanden, teils hier vermischt und fortgebildet worden sind. Der wandernde Schustergeselle erinnerte sich in seinem Schwanke 'Die pewrin mit der dicken millich' seiner Schwazer Zeit. Die Schwazer Meistersinger vergaßen gleichfalls seiner nicht, sondern verwiesen am Schlusse der Liedertexte zu den Bildern, die sie in ihrem Saale des Schwazer Gerichtshauses um 1536 anbringen ließen, in einer kulturhistorisch bedeutsamen Weise auf den Nürnberger Meister (s. J. Garber *Der Meistersingersaal in Schwaz*, Münchn. Jb. d. bildenden Kunst NF. 6 [1929] S. 298—301; L. Pirkl *Festschrift z. 50jähr. Stiftungsfeste des Schwazer Liederkranzes* 1908 S. 9f.). Außerdem ist in der oben erwähnten Schwazer Chronik Bl. c rückwärts vermerkt: *Anno 1551 ist Kaiser Karl u. Hanns Sax zu Insbrug gelegen.* Demnach hatte H. Sachs die Verbindung mit Tirol in Nürnberg nicht aufgegeben.

Die Ausschöpfung alter und insbesondere alpenländischer Volksquellen durch H. Sachs im Spiele vom Jüngsten Gerichte steht bei ihm nicht vereinzelt da. Schon J. K. Schröer *Deutsche Weihnachtsspiele aus Ungarn. Nachtrag: Das Verhältnis von H. Sachs zu den Weihnachtsspielen*[2] 1862 S. 162—214, nimmt ein altes alpenländisches Weihnachtsspiel als Grundlage für jene von H. Sachs, Ben. Edelpöckh (dem Trabanten Erzherzog Ferdinands II. v. Tirol; s. *Mynner Bartlmä*, Absatz 14) und Gg. Pfund (= Pondo; s. Goedeke [2]II S. 394; M. J. Rudwin *A historical and bibliographical survey of the German religious drama* 1924 S. 73; J. Bolte *Drei Weihnachtsspiele*, Berlinische Forschungen 1 [1927] Anm. 59) an und fand in den Textausgaben von A. Peter, G. Mosen, J. Bolte und vor allem von A. Hartmann weitere Stützen. Wenn auch K. Klimke *Das volkstümliche Paradeisspiel u. s. mal. Grundlagen* 1902 S. 54 ff., wahrscheinlich machte, daß die neueren Paradeisspiele, deren Ausbreitung von Elsaß bis Syrmien reicht, bis zu einem gewissen Grade H. Sachsens Tragödie von der Schöpfung und dem ersten Sündenfall (vollendet am 17. Okt. 1548, gedr. Nürnberg 1558 I S. 1—10) verpflichtet sind, sprach gerade er aus, daß H. Sachs darin ältere volkstümliche Überlieferungen aufgefangen habe und aus alpenländischen Volksschauspielen (s. jetzt L. Schmidt *Der Oberufener Spielkreis*, Sudetendt. ZfVk. 7 [1934] S. 152 f.) und H. Sachsischen Beständen in der 2. Hälfte des 16. Jh.s jener Mischtext im Salzburgischen entstanden sei, der weiterhin wirkte. Man erwähnt hierzu gerne H. Sachsens persönliche Beziehungen zu dieser Gegend und verweist hierbei auf die Widmung seiner ersten Ausgabe, in der die viel benützte H. Sachsische, von H. Löbner (VjschrLg. 4 [1891] S. 620) und Klimke als „Übersetzung" und Verkürzung von Hier. Zieglers '*Protoplastus*' (1. latein. u. deutsche Ausgabe: Augsburg 1545, 2.: Basel 1547; s. *Mynner Bartlmä*, Absatz 11; die dt. Ausgabe war ihnen entgangen; sie ist bruchstückweise im Tiroler Landesmuseum Ferdinandeum in Innsbruck erhalten) bezeichnete Tragödie aufgenommen wurde. Nicht H. Sachs, sondern sein Augsburger Verleger Gg. Willer, der mit den Restaurationsfürsten von Tirol und Salzburg in bester Geschäftsverbindung stand, verehrte den 1. Band dieser unhandlichen Folioausgabe dem Bergherrn von Gastein und Rauris, Christoph Weitmoser. Durch solche Verbindung mag die Bekanntschaft im Volke mit dem H. Sachsischen Stücke und dessen Vermischung mit einem älteren bodenständigen Spiele zustande gekommen sein. Die Ausgaben seiner Werke von 1558—1588 und 1613 gingen aus der Haller Jesuitenbücherei in die Univ. Bibliothek Innsbruck über.

Für die ältere volkläufige Fassung eines eigenen Paradeisspieles sprechen neben Spuren eines eigenen Spieles, Auftritten im Maastrichter Osterspiel und Figuren in verschiedenen Prozessionsspielen einerseits das Erlösungsdrama des Arnoldus Immessen (s. d.), andrerseits das tiroler Paradeisspiel (s. d.) und spärliche Anklänge in den jüngeren steirischen Paradeisspielen. Das tiroler Paradeisspiel blieb bisher ebenso unberücksichtigt wie die tiroler Fronleichnams-, Juden- (= Ritualmord-), Jüngsten-Gerichts-, Reichen-Mann- und Jedermannspiele. Es scheint freilich nur in zwei Handschriften auf uns gekommen zu sein. Das kleine tiroler Paradeisspiel in einer mit der Jahreszahl 1608 versehenen eines wipptaler Weilers, augenscheinlich aus dem Besitze einer fahrenden Spielgesellschaft oder von Bergknappen, wie solche i. J. 1597 zu Schwaz auf einer der dortigen Kirche gehörigen Pölzbühne das Spiel von Adam und Eva unter ungeheurem Andrange gegeben hatten. Spielleute von Bozen hatten schon 1547 die Erschaffung der Welt in ihrer Stadt vorgestellt, Bürger von Hall i. Tirol in den vierziger Jahren ein Spiel von Adam und Eva (von Macropedius?) in ihrer Zechstube sich vorgelesen oder aufgeführt. Die Handlung des genannten Paradeisspieles wird mit einem Einführungsprolog des Herolds eröffnet, worauf Gottvater sogleich mit dem ersten Menschenpaar auftritt. Im nächsten „Akt" verschwören sich Belial, Luzifer und Satan (ähnlich wie schon in der altsächs. Genesis), die Menschen um die göttliche Gunst zu bringen, und diese lassen sich tatsächlich von der Schlange betören. Im 3. „Akt" erfolgt die Verstoßung der Sündigen aus dem Paradies. Wesentliche Auftritte Zieglers und H. Sachsens fehlen hier. Der Wortlaut der gemeinsamen klingt schwach und nur ausnahmsweise an den H. Sachsens, nie an dessen Reim an. So beginnt Luzifer bei H. Sachs die Verschwörungsszene: „Ich zerspring vor leyd und zorn", im kleinen tiroler Paradeisspiel: „Vor Neid und Haß mein Herz zerspringt".

Diesen Text nenne ich das kleine tiroler Paradeisspiel, weil es augenscheinlich nur den ersten Teil oder die Wanderspielfassung des großen tiroler Paradeisspieles darstellt. Seiner Hs. fehlen die ersten vier Blätter; es beginnt mit der Verführungsrede der Schlange und deckt sich in der Folge bis auf etliche abweichende bäuerliche Ausdrücke und Schreibweisen mit den Akten des kleinen Spieles; daran schließen sich aber auch die vom MA. her geläufigen Auftritte in der Hölle, vom Streit der vier göttlichen Schwestern, den Propheten usw. an, kurz die altdeutsche Begründung und Darstellung des Erlösungswerkes, wie sie uns in der Nachricht vom Regensburger Prophetenspiel von 1194 zum erstenmal entgegentritt und in den Figuren der Prozessionsspiele (in dem von Calw ist ausdrücklich von den *Protoplasti* die Rede) noch nachlebt (vgl. dazu die Dramen von Macropedius und Ruf).

Darnach ist dieses tiroler Paradeisspiel eine Bearbeitung aus der 2. Hälfte des 16. und Niederschrift aus dem Anfang des 17. Jh.s einer oder mehrerer vor H. Sachs bestandenen, uns verloren gegangenen Erlösungs- oder Paradeisspiele (s. I Sp. 582—585; W. Köppen *Beiträge z. Gesch. d. dt. Weihnachtsspiele* 1893 S. 49 ff.; dazu J. E. Wackernell ZfdA. 41 [1896] S. 72 ff.), von denen er selber eines bei Abfassung seiner Tragödie wenigstens mittelbar (nach mündlicher Aufnahme?) mitbenützt haben muß, so daß schon sein Stück als ein Mischtext zwischen einem älteren Volksschauspiel und dem Schuldrama des genannten Ingolstädter Professors aufscheint, dessen Werk gleichfalls als eine Auswertung älterer Vorlagen in Betracht kommt, wie ja auch sein Zehnjungfrauenspiel zwischen Bürger- und Volksschauspiel steht.

Man muß sich die Motive und Gestalten vergegenwärtigen, welche aus dem MA. in den Alpen während des 16. und in späteren Jahrhunderten lebendig geblieben sind und gerade an Kulturmittelpunkten, wie Augsburg, Nürnberg, Ingolstadt, durch Schulmeister und Handwerker, mit Hilfe der Bücherpressen und Spielgesellschaften, erneuert und verbreitet wurden, bevor man aus stellenweisen Übereinstimmungen schon Entlehnungen aus H. Sachs herausliest. Wie so manche Schelmengeschichte in eigener Fassung im tiroler Volke fortlebt, die H. Sachs bearbeitet hat, zeigt J. Röd (Der Schlern 15 [1934] S. 285/6) auf. Auch Namen und Figur des Dilledapp, dem wir im Amraser Ritualmordspiel des Anderl von Rinn seit 1648 begegnen (s. II Sp. 692), wird man nicht auf H. Sachsens Posse '*Von Ule Lapp und Eberlein Dildapp*' (Erfurt 1628), sondern auf ältere Fastnachtsspiele, Murners 'Geuchmat', ja überhaupt auf alamannischen Witz und Spott zurückführen. Auch das nach Tirol weiseiende Krimmler Hexenspiel deutet auf eine gemeinsame volkstümliche Grundlage mit H. Sachs hin (s. L. Schmidt Wiener ZfVk. 39 [1934] S. 58—66). Daß noch andere Mischtexte zwischen bodenständigen Vorlagen und H. Sachsischen Bearbeitungen auf uns gekommen sind, zeigen neben den Paradeis- und Weihnachtsspielen (s. W. Köppen a. a. O. S. 96, 103) z. B. die zwei bisher gefundenen Fassungen des Halleiner Judasspiels. A. Hartmann *Volksschauspiele, in Bayern u. Oesterreich gesammelt*, 1880 S. 111 ff., führt eine mit etlichen Versen an, die mit solchen der Passionstragödie des H. Sachs sich decken, während K. Adrian u. L. Schmidt *Geistliches Volksschauspiel im Lande Salzburg* 1936 S. 239, eine andere vorlegen, der gerade jene fehlen.

Gg. Willer spricht in seiner Widmung davon, daß H. Sachs alte Geschichten in Sprache und Gestalt seines Volkes gebracht und an diesen Neuformungen jahrzehntelang gefeilt habe. Das mag nicht bloß bei Dramatisierung antiker Stoffe (s. Creizenach ²III S. 339 ff.), sondern auch bei Bearbeitung altdeutschen Volkserbes der Fall gewesen sein. Daß durch seine zeitgemäßeren und bühnenwirksameren Umarbeitungen solcher Vorlagen und durch den Druck seiner Werke die handschriftliche und spielmäßige Verbreitung älterer Volkstexte allmählich beeinflußt und gefördert und die Entstehung neuer Abschriften, Textvermischungen und Neubearbeitungen bedeutend erleichtert wurde, und zwar gerade in jenen spielfreudigen Ländern, aus denen H. Sachs solche volkläufige Vorlagen gewonnen hatte, ist ein natürliches Ergebnis seines Jh.s und ein Vorgang der Volksspielentwicklung und dürfte bei Verfolgung der Letzten-Gerichts- und Paradeisspiele noch deutlicher hervortreten, auch wenn über die persönlichen Beziehungen H. Sachsens zu Nordtirol und der Stadt Salzburg keine weiteren Daten aufzubringen wären (s. Fr. Windolph *Der Reiseweg H. Sachsens in seiner Handwerksburschenzeit nach s. eigenen Dichtungen*, Diss. Greifswald 1911. B. Keppelmüller *H. Sachs in Tirol*, Tiroler Heimatbll. 3 [1925] Hft. 7 S. 9/10; Euphorion 3 [1896] S. 160).

Leider lassen sich auch die nächsten Aufführungen vom Jüngsten Gericht nicht genauer als die Haller von 1507 bestimmen. In Meran sind solche vom

Jahre 1570 (s. A. Dörrer ArchfnSpr. 157 [1930] S. 69—71), in Bruneck 1583 (ebda. S. 4) erwiesen. Für erstere ist ausdrücklich eine Spielgesellschaft von ungefähr 30 Personen verbürgt, so daß auch hier dieselbe Rollenzahl wie angeblich in Freiberg und sicher bei H. Sachs anzunehmen ist. In Bruneck war außerdem 1549 das Spiel vom Sterbenden Menschen neben dem Passionsspiel im gleichen Jahre abgehalten worden. 1563 folgte dort eines vom Reichen Mann, wie V. Raber schon 1520 zum erstenmal ein solches abgeschrieben, ausgeliehen und 1539 nochmals abgeschrieben hatte. Aus den Archivalien von Kitzbühel läßt sich schon für Pfingsten 1538 das Spiel von dem kranken und sterbenden Menschen feststellen. Es liegt die Vermutung nahe, daß jenes Münchner Spiel vom Sterbenden Menschen, das dort 1510 zuerst nachzuweisen, dort in einem Exemplar aus dem Kloster Tegernsee vorhanden ist (s. K. Trautmann *Italienische Schauspieler am bayrischen Hofe*, Jb. f. Münchn. Geschichte 1 [1887] S. 196ff.; J. Bolte *Drei Schauspiele vom Sterbenden Menschen*, StLV. 269/70 [1927]) und vielleicht auf denselben Bearbeiter zurückgeht wie das dortige Jüngste Gericht desselben Jahres, mit P. Gengenbachs Spiel von den zehn Altern in Beziehung steht, mit den tirolischen Spielen vom Jüngsten Gericht, Reichen Mann, Sterbenden Menschen, Verlorenen Sohn verwandt, ja eine eigene Fassung in früherer Zeit hier vorgelegen ist und die Brücke zu den weiteren eschatologischen Spielen und Moralitäten schlug. Wie sehr diese Moralitäten auf die tirolische Dramatik Einfluß nahmen, bezeugt selbst das deutsche Prosadrama des Erzherzogs Ferdinand II. von Tirol 'Speculum vitae humanae' (1584; hg. v. J. Minor Neudrucke dt. Literaturwerke d. 16. u. 17. Jh.s 79/80, 1889), in dem die Gestalten des Jünglings, des Einsiedels (s. P. Gengenbachs 'Spiel von den zehn Altern' und 'Nollhart', Rosenplüts 'Von dem Einsiedel' usf.), der 7 Todsünden, des geizigen Kaufmanns deutlich genug auf die Verwandtschaft hinweisen. In den tiroler Jesuitenbibliotheken ließen sich verschiedene Moralitäten aus dem Beginn des 16. Jh.s als Spielvorlagen feststellen.

Daß H. Sachs als Schriftsteller später in Südtirol gut bekannt war, bestätigt eine Erwähnung in der Bozner Predigt des schwäbischen Dominikaners Gg. Münz von 1591 (s. A. Dörrer *Etschländer Buchwesen u. Geistesleben* 1933 S. 60 = Der Schlern 13 [1932] S. 469). Bühnenbearbeitungen seiner Stücke oder von Zwischengliedern besorgte der zeitweilige eisacktaler Richter Adam Purwalder aus Sillian im Pustertal für beide Täler (s. F. A. Schneider *Adam Purwalder ein tiroler Dramatiker des 17. Jh.s*, Euphorion 19 [1912] S. 546—562), so die 'Tragoedj von drey sterbenden Menschen' (gedruckt 1616) und 'Tobias' (1621). Erstere berührt sich mehrmals mit Auftritten der nachfolgenden Jüngsten-Gerichts-Spiele und verwandter Stücke, auch in Paradeis- und Nikolaus- und Dreikönigsauftritten und Mirakelspielen.

Manches in den Paradeis- und Nikolausspielen erinnert uns heute unmittelbar an H. Sachsens 'Spiel von der Schöpfung'. Die ersten Verse „Ich hab erschaffen alle ding" haben sich als stehende Formel in die Erinnerung des Volkes eingeprägt. Im Liezener Nikolausspiel (s. A. Schlossar *Dt. Volksschauspiele* 1891 v. 26) erzählt der hl. Nikolaus fast mit denselben Worten von Gottes Schöpfung. Eine verwandte Stelle trifft man im steirischen Paradeisspiel (s. Schlossar a. a. O. v. 40). Ähnliche Übereinstimmungen mit H. Sachs weisen die von J. R. Bünker herausgegebenen Volksschauspiele aus Obersteiermark (ZföstVk. Erg. Bd. 11, 1915), und zwar die Paradeisspiele aus Admont und Donnersbach auf. In einem Schwazer und einem Zeller Nikolausspiel berichtet Gottvater gleichfalls von seinem Werke; im Sextener erzählt der Teufel von der Erschaffung. Die meisten Gestalten und Motive aus unseren alten eschatologischen Spielen und Moralitäten vom Reichen Mann, Jedermann usw. dürfte eine Brunecker Hs. eines pustertaler Nikolausspiels vereinigt haben. Seb. Sailer nützte solche überkommene Motive und Formeln humoristisch aus. Die Klöster, wie Stift Stams und Wilten, ebneten seinen mundartlichen Stücken den Weg bis ins Volk von Tirol.

Noch eines anderen Zusammenhangs ist zu gedenken. Die Brücken zur Schweiz und zum Oberrhein hatten der Vintschgau, das Münstertal und die österreichischen Vorlande (Schwaben, Breisgau) hergestellt. Auf ihnen wurde um die Halbjahrtausendwende manches literarische Gut ausgewechselt. Auf Schloß Schenna bei Meran, das dem neugläubigen Grafen Philipp von Liechtenstein gehörte, befand sich noch 1563 ein *spil Valmäto*, das an Gengenbachs 'Gouchmat' erinnert (s. A. Dörrer *Mal. Bücherlisten aus Tirol*, ZblfBlw. 51 [1934] S. 256) und gleich diesem neben die Sterzinger Fastnachtsspiele 11, 14 und 15 zu reihen sein dürfte; jedenfalls steht Gengenbach diesen näher als sie dem Nürnberger Folz, in dessen Kulturkreis sie gerne gerückt werden. Wahrscheinlich benützte der ursprünglich Österreich zugewandte Gengenbach für seine 'Gouchmat' eine Vorlage, die in Tirol entstanden oder wenigstens hier vor ihm geläufig gewesen war (s. *Raber, Vigil*). Unter den durch die katholischen Bücherzensoren eingezogenen Schriften sind *Ludus peregrinorum, Der ungeraten Son, ain Tragoedi vom opfer der heiligen drei khunig, ain teutsch spil von den zehen Altern der ganzen welt, ain spil von Brueder Clas und brueder Tell, drei teutsche Comedien und die zehen Alter* und *ain teutscher alter passion* namentlich angeführt. Andere alte „Fasnacht- und seltsame Historien" übergingen die Landrichter als des Beschreibens gar nicht wert (s. A. Dörrer *Etschländer Buchwesen* S. 46 ff.). Es ist kaum anzunehmen, daß 1570 und 1583 ein öffentliches Spiel mit reformatorischer Tendenz in Meran oder Bruneck hätte geduldet werden dürfen, eher, daß man eine ältere oder eine rekatholisierte Fassung zugrunde legte. Zwischen der alamannischen Gruppe dieser Moralitäten und der bairisch-tirolisch-salzburgischen bestanden schon zu P. Gengenbachs Zeit Zusammenhänge. In der Folge befaßten sich verschiedene Anwärter öffentlicher Stellungen mit Bearbeitungen und Abhaltungen solcher geistlicher Spiele, um sich bei der Regierung und beim Volke ein gutes Bild einzulegen und ein kleines Verdienst inzwischen zu erringen. So erhielt der Deutschschulmeister Gg. Piffrader i. J. 1625 in Purwalders Heimat die Erlaubnis, zu Weihnachten und zu Ostern Spiele zu veranstalten; später konnte er den Schulunterricht in Sillian übernehmen (s. auch unter *Mynner Bartlmä*).

29. Auf dem Lande begegnen wird nur ausgesprochen katholischen Bearbeitungen des Antichrist und Jüngsten Gerichts. Es sind Orte, die einstmals durch den Bergbau belebt worden waren. Die älteste Spur verweist auf das schon II Sp. 688 angeführte Arbeiterdorf Wattens im Unterinntale. Das eschatologische Spiel von Wattens wurde seit hundert Jahren wiederholt genannt und verschiedensten Orten Tirols zugewiesen. Guido Görres spricht in den Historisch-polit. Bll. 4 (1840) von einem pustertaler Bauernspiel des Dorfes Waldens, das ihm der damalige Brunecker Kreishauptmann J. R. v. Kern hätte einsehen lassen. Tatsächlich hatte dieser als Gubernialsekretär um 1820 Bericht über Spielgesuche dem Gubernium in Innsbruck zu erstatten (s. A. Dörrer *Die Thierseer Passionsspiele von 1799 bis 1935, Ringen um Bestand und Gestalt eines Tiroler Volksbrauches* 1935 S. 54 f.). Hierbei mag auch das Wattenser Spiel vom Jüngsten Gericht zur Erlangung der Spielerlaubnis neuerdings eingerichtet worden und in Kerns Hände gelangt sein. Aug. Hartmann *Das Oberammergauer Passionsspiel* 1880 S. III/IV u. *Volksschauspiele* 1881 S. 339 f. deutet das unverständliche Waldens in Wattens oder Volders im Unterinntal; desgleichen J. E. Wackernell *Altdeutsche Passionsspiele aus Tirol* 1897 S. XCIV. K. Reuschel versteigt sich zu den Einödbauern von Walten bei St. Leonhard in Passeyer. Der Ort mit seinen rund 50 Häusern war jedoch gar zu klein und zu abseits gelegen, um ein ganzes Weltgericht vorführen zu können. Trotz Berichtigung

(Literaturwiss. Jb. d. Görres-Ges. 3 [1928] S. 107) wurde das Spiel weiterhin auf die Berghänge von Passeyer oder in eines der beiden pustertaler Dörfchen Wahlen bei Enneberg und bei Toblach verlegt oder die Verschreibung von Görres ohne weiteres beibehalten (s. M. Enzinger *Die dt. tiroler Literatur bis 1900* 1929 S. 43 u. *Die dt. Volkskunde* hg. von A. Spamer I² [1935] S. 372). Die Spielhs. liegt seit hundert Jahren im tiroler Landesmuseum Ferdinandeum zu Innsbruck (Cod. 491/III). Ihr deutlich geschriebener Titel lautet: *Spill Puech von dem Jungsten Gericht so Anno 1722 In Dorf Wattens gehalten worden.*

Im Bergbuche von Tirol aus dem Jahre 1556 ist das damalige Wattens (s. den Wattenser Neujahrsentschuldigungsbrief f. 1935) als Bergwerksort neben dem berühmten Fuggerischen Schwaz gewürdigt. Desgleichen schilderte noch H. Guarinoni das dortige Leben in seinen 'Greweln der Verwüstung' (S. 1206). Im Bereiche der Gemeinde Wattens besaß das Benediktinerstift Tegernsee seine ältesten tirolischen Besitzungen; ein Edelmann Reginbert übergab solche dem Kloster in der 1. Hälfte des 11. Jh.s (s. *Monum. Boica* VI S. 12).

Die nächsten Nachrichten von ländlichen Weltgerichtsspielen führen in das Oberinntal und dessen Seitentäler, in denen schon aus der Zeit des 30 jährigen Krieges solche und andere theatralische Vorführungen nachweisbar sind. Diese Hinweise lassen annehmen, daß die Spiele sich hier mit und neben den Moralitäten verbreitet hatten. Es liegt ein schwerer Ernst und eindringlicher Realismus in diesen ländlichen Aufführungen. Obgleich zufällig erst aus dem Jahre 1651 die älteste Kunde von einer Vorstellung in Axams, dem Hauptort auf dem südwestlichen Mittelgebirgsboden von Innsbruck, auf uns kam, scheint die Spielkultur von dieser weitreichenden Pfarre und vermöglichen Gemeinde, über welche das Stift Frauenchiemsee als Patron und Gerichtsherr gebot, weitergewirkt zu haben. Es steht aber noch in Zweifel, an welcher Stelle und von welcher Kulturstätte aus die ländlichen tiroler Weltgerichtsspiele eingesetzt haben.

Die erste Wattenser Spielerwähnung überhaupt verdanken wir dem Rechnungsbuche der benachbarten Stadt Hall vom Jahre 1549. Am 17. März d. J., einem Fastensonntag, hatten Wattenser in der damals noch wohlhabenden und lebensfreudigen Salinenstadt ein Stück aufgeführt und hierfür von ihr eine geldliche Entlohnung empfangen. Das nächste bisher aufgebrachte Spielzeugnis steht im genannten Spielbuche von 1722 (Quart, 80 von einer Hand beschriebene Bll. mit etlichen Streichungen und Einlagen). Die Schrift ist kräftig und sauber und weist eher auf einen Gebildeten als auf einen Handwerker hin. Die Abänderungen sprechen für wiederholte Aufführungen. In seinem „Vortrag" erwähnt der Spielführer: *doch ist es allen schon bekhandt / in dem die gmein zu 7 Jahrn sich verpflicht / zu spillen von dem Jungsten gericht / wegen des Hochgewiters, das gott verschon / anyezto vnd vor des richters Thron.* Tatsächlich suchte die Gemeinde Wattens noch in den Jahren 1751, 1752, 1754 und im Vormärz wiederholt und eindringlich um die Erlaubnis an, ihr auf alle 7 Jahre verlobtes geistliches Spiel vom Letzten Gericht — beim drittenmale heißt sie es das Schauspiel vom Antichrist und Jüngsten Gericht, später ist vom Spielverlöbnis nicht mehr die Rede — wiederum aufführen zu dürfen. Jedoch wurde sie jedesmal unter Berufung auf das Maria-Theresianische Verbot theatralischer Vorstellungen von Religionsgeheimnissen energisch abgewiesen. Sie wandte sich schließlich dem geduldeten Legendendrama zu, führte z. B. 1763 den hl. Alexius, 1764 ein Pastorell von der Geburt Christi, 1766 die gekrönte Tugend zweier engländischer Prinzen Ulfadus und Rufinus, 1792 den standhaften Glaubenshelden St. Laurentius und Patron der Stiftskirche Wilten mit dem Zwischenspiel in zwei Chören: Der standhafte Eifer und Kampf für die Religion des Eleazarus (Perioche auf gutem handgeschöpften Papier mit Wasserzeichen erhalten) und die in der Tugend der

Gedult gekrönte Heldin Griseldis, 1795 Revocatus vor, deren Texte teils handschriftlich, teils in gedruckten Periochen (etliche im Ferdinandeum zu Innsbruck), teils als Reste im Pfarrarchiv der Gemeinde Wattens, die im Befreiungskampf von 1809 durch Feuersbrunst schwer heimgesucht wurde, auf uns gekommen sind. Daß diese Spiele sich größerer Beachtung und Verbreitung erfreut hatten, bezeugt auch noch die Tatsache, daß z. B. das Wattenser Drama vom hl. Alexius 1769 in Oberaudorf, 1819 in Kiefersfelden und 1823 in Flintsbach in Oberbayern aufgeführt wurde (s. H. Moser *Die Geschichte des Volkstheaters zu Flintsbach*, Das bayrische Inn-Oberland 17 [1932] S. 58). Leider kennen wir noch keinen der Wattenser Spieldichter, Bearbeiter und Spielführer. Die Spielfreudigkeit erlosch in dem von Fabrikarbeitern und Geschäftsleuten stark durchsetzten Großdorfe bis auf den heutigen Tag nicht. Infolge der Unterdrückung der alten religiös-moralischen Gemeinschaftsspiele und jenes Unglückes von 1809 bestehen freilich seit ungefähr 100 Jahren nur mehr Vereinstheater in Wattens, in denen jedoch noch immer Volksstücke gelegentlich zur Aufführung gelangen. So 'St. Antonius oder Die Bestirmung von Gran, geschehen im Jahre 1732 zu Allicanti in der Franziskanerkirche und zu Gran' in einer Bearbeitung des gebürtigen Fulpmers und Schwazer Tabakspinners Veit Augetti (1816), ein Nikolausspiel mit 18 Auftritten von Josef Angerer in Volders aus dem Jahre 1859, das Anderl-von-Rinn-Spiel des Jahres 1893 (s. II Sp. 697).

Das Spielbuch von 1722 enthält ein stark mundartlich gefärbtes unterinntaler Werk, das aus etlichen alten Spielen und neuen Einschiebseln in vier Akte zusammengearbeitet wurde. Der erste Auftritt vom Weltmenschen, der sich der Weltfreuden rühmt und dem „Morpheus" ergibt, erinnert an die Spiele vom sterbenden Menschen. Während seines Schlafes treten mahnend der gute Engel, der Tod und Christus auf. In kurzen *firstöllungen* vollzieht sich die Verdammung und der Höllengang der Weltleute vor den Augen der Zuschauer. Erwachend, geht der Weltmensch infolge dieser drastischen Mahnung in sich. Der ganze Auftritt ist als Singstück durchgeführt und mag als Vorspiel gelten. An Stelle der Knittelverse mit ihren Reimpaaren, in welche der vorausgegangene „Vortrag" und die meisten Dialoge des Stückes gefaßt sind, wechseln hier Viertakter mit Dreitaktern und ihren Reimen kreuzweise ab. In allen weiteren Singteilen ist diese Form beibehalten. Der nächste Auftritt mit den drei Propheten Sophanius, Joel und Job ähnelt den Prophetenreden des Münchner Jüngsten-Gerichtsspiels von 1510. Dann schiebt sich ein Waldbruder (vgl. den Waldbruder aus den latein. Exempla im mhd. Gewande, German. Bibl. II 37 [1934] S. 107f.; seit der Kolmarer Ausgabe von Gengenbachs Spiel von den zehn Altern [s. K. Goedeke *P. Gengenbach* 1864 S. 446ff.] steht an Stelle des Einsiedels der Waldbruder. In Gengenbachs 'Nollhart' von 1522 gibt ein Waldbruder Unterricht, auch Sterk (Ischyrius) läßt einen Waldbruder in seinem 'Homulus' auftreten. Die Jesuiten bevorzugen Einsiedler als Eremiten und Büßer; s. B. Golz *Wandlungen literar. Motive* = Arbeiten z. Entwicklungspsychologie 4, 1920) mit zwei Spielbuben ein, die allen seinen Warnungen zum Trotz im Lasterleben ihrer Eltern fortfahren, bis der Teufel sie zum Entsetzen ihrer braven Gesellen holt. Der folgende Auftritt mit dem stolzen Jüngling zeigt fast durchweg weitere Teile als der 2. Akt bei H. Sachs und die entsprechenden Partien des Altenmarkter Spiels. Noch mehr als im Münchner Spiel haben hier die Viertakter meist vergröbernde Verlängerungen und Umstellungen erfahren, jedoch sinken Sprache und Vers nicht zu jener Verderbnis herab, die das dramatisch viel lebhaftere Amraser Judenspiel von 1648—1699 entstellt (s. II Sp. 690 ff.). Die Rolle des Priesters ist durch Hinweise auf das Buß- und Altarssakrament fast katechismusmäßig vermehrt. Außerdem tritt anschließend „Theopholus" mit einem Loblied auf die gnadenvolle

Helferin Maria auf. Ihm antworten, ebenfalls singend, der Jüngling, Maria Magdalena und Maria selber. Der Priester gibt seinen Segen, und der Teufel Belzebue sieht sich um seinen Erfolg gebracht. Gabriel verjagt ihn, und andere Engel tragen den Jüngling in den Himmel. Der zweite Akt beginnt mit dem Singspiel der frommen und der verdammten Seele; zwischen ihren Gesängen wird die Treibjagd des Teufels Mamon sichtbar. Eine Unterredung des Königs Salomon mit seinen Hofherren über das bevorstehende Letzte Gericht und das unchristliche Verhalten der Christenstaaten, die ein Prälat abschließt, leiten zum Wucherer oder Reichen Mann und dem armen Bauern über. Schließlich mischen sich der Teufel Mamon und der Schutzengel ein, der Wucherer verfällt der Hölle. Der nächste Auftritt vom Bürger, Handwerker und Bauer deckt sich wieder ungefähr mit den Schlußreden des 3. Aktes von H. Sachs und des Altenmarkter Spiels, jedoch steht dieses hier bald näher bei Sachs, bald bei Wattens. Den 3. Akt eröffnen König David und seine Hofherren singend, bis ihnen der Prophet Nathan bußpredigend entgegentritt. Darauf verkündigt Cherubim die 15 Zeichen aus der Sybillen Weissagung in 44 Versen. Der folgende Streit zwischen der Gerechtigkeit und Barmherzigkeit ist auf einen Duolog oder ein Duett beschränkt. Es ist der mal. Streit um die sündige Seele, *litigatio sororum*, ein damals äußerst beliebter Prozeß der 4 oder 2 göttlichen Schwestern; er bildete im altdt. Weihnachtsspiel ein Übergangsglied zwischen Anfangs- und Endpunkt, schob sich ins Maastrichter Osterspiel, in etliche Fronleichnamspiele, in den 'Sündenfall' des Arnoldus Immessen (s. d.) und in das große tiroler Paradeisspiel (s. d.) ein und hinterließ deutliche Spuren auch in den steirischen Gruppen der Paradeisspiele. Es wurde oft betont, daß diesen mal. Personifikationen und ihrem Streit, der sein Gegenstück im Streit der Engel und Teufel, des Guten und Bösen der Engels- und Nikolausspiele hat, das Münchner Spiel vom Jüngsten Gericht (1510; vgl. dazu Lukas Maiens *Schöne vnnd newe Comedien Von der wunderbarlichen vereinigung Göttlicher gerechtigkeit und barmhertzigkeit* ... Wittenberg 1562) und der Kapuziner Martin von Cochem (1634—1712) in seiner drastischen Anschaulichkeit zu neuer Belebung im Erbauungsschrifttum, in Kunst und Dichtung verhalfen (s. J. J. Ammann *Das Leben Jesu von P. Martinus von Cochem als Quelle geistlicher Volksschauspiele*, ZfVk. 3 [1893] S. 208—23, 300—29. H. Stahl *P. Martin von Cochem u. d. 'Leben Jesu'*, Beiträge z. Literaturgeschichte u. Kulturgeschichte des Rheinlandes 2, 1909. J. Chr. Schulte *P. Martin von Cochem* 1910; dazu Wackernell AfdA. 39 [1920] S. 43/6), ohne jedoch als einzige Quelle, sondern nur als eine Vorlage für Umarbeitungen unserer Spiele gelten zu dürfen. Die Vermittler waren Martins Ordensgenossen, welche figurierte Karfreitagsprozessionen einführten, so 1609 in Brixen, dann in Meran u. v. a. O.; andere Bußprediger folgten in Schwaz, Rattenberg, Kufstein, Klausen, Kastelruth usw. (s. Ag. Hohenegger *Das Kapuzinerkloster in Meran* 1898 S. 197 ff.; A. Dörrer *Altdt. Karwochen- u. Fronleichnamsspiele Südtirols im Zeitalter des Barock u. Rokoko*, Literaturwiss. Jb. d. Görres-Gesellschaft 4 [1929] S. 68 ff.; ders. *Sterzinger Schauspiele u. Schriftsteller*, Sterzinger Heimatbuch 1937; A. Pernthaler *Passionsdarstellungen in Klausen*, Forsch. u. Mitt. z. Gesch. Tirols u. Vorarlbergs 2 [1905] S. 153 ff.; J. Walchegger *Die Charfreitagsprozession in Brixen*, Brixener Chronik 1893 Nr. 26 u. 1899 Nr. 24/25; *Die hl. Kreuzprozession in Innichen*, Der Sammler 4 [Meran 1910] S. 148 ff.; K. Klaar *Hipp. Guarinoni u. die Bürgerkongregation in Hall* 1903 S. 10 ff.; G. Hetteger *Tamsweger Karfreitagsspiele*, Borromäusprogr. Salzburg 1906; K. Brunhuber *Ein Wasserburger Passionsspiel*, Bayerland 1908 S. 404 ff.). Tiroler hatten in Tamsweg, Wasserburg, Augsburg usf. besonderen Anteil an der Neueinführung. Aus diesen Prozessionsauftritten und Lebenden Bildern gewannen verschiedene geistliche Spiele auf dem Lande, besonders Passionsspiele, neue Anregungen zur Darstellung des Streites, so das Kastelruther Passionsspiel von 1750 (s. A. Dörrer *Die Volksschauspiele in Tirol*, Tiroler Heimat NF. 2 [1929] S. 81), das 'Geistliche Recht' in Kiefersfelden (s. H. Moser *Das Volksschauspiel zu Kiefersfelden*, Oberbayr. Archiv 66 [1927] S. 199). Dem Erler Passionsspiel diente er noch im ganzen 19. Jh. als Prolog (s. *Erler Passionsbuch für 1912*[4] S. LXXXI). Desgleichen lebte er in kärntnerischen, steirischen und böhmischen Spielen sowie solchen deutschen in der heutigen Slowakei (Altoberungarn) fort (vgl. Gg. Graber *Kärntner Volksschauspiele* II [1925] S. 5. ff. J. R. Bäumker *Volksschauspiele aus Obersteiermark* 1915 S. 28 f., 67 f., 104 f. *Die Knaffel-Hs. a. d. J. 1813* hg. v. V. v. Geramb 1928 S. 97 ff.). An diesen Streit schließt sich die Begegnung des seligen Vaters mit dem verdammten Sohn und deren Nachbarn Ambertin mit dem schon üblichen Engels- und Teufelsschluß an. Ihre Auseinandersetzungen sind nicht in Knittelversen, sondern im Versmaß der Singpartien verfaßt und fallen daher als neuere Teile auf. Mit dem 4. Akt setzt das Schlußgericht vor Christus, Maria, Johannes dem Täufer, den 12 Aposteln und 4 Engeln ein. Viele Ansprachen decken sich fast wörtlich mit solchen von H. Sachs oder Altenmarkt, jedoch ist die Zahl der Auftretenden viel geringer. Leib und Seele des ersten Verdammten beschuldigen sich gegenseitig. Sie wenden sich schließlich an Maria, diese an Christus, der durch Cherubim verkünden läßt, was er für die sündigen Menschen gelitten hat. Cherubim scheidet die Seligen von den Verdammten. Erstere preisen den Herrn, Adam und Eva, Magdalene, Prälat und König danken, der Prophet Moses klagt die Verdammten an, Christus ruft sie zur Verantwortung auf, der Teufel Belzebue unterstreicht ihre Schuld. Maria wirft sich auf ihre Knie, auch Johannes der Täufer bittet für die Sünder. Christus wehrt ab und läßt durch Gabriel Luzifer aus der Hölle herbeirufen. Die Teufel Mamon, Belzebue, Balbreit und Asmode berichten. Die Verdammten rufen um Hilfe, werden aber von den Teufeln in die Hölle getrieben. Christus weist die Auserwählten in sein Reich. Ein Danklied oder eine Mahnrede des Spielführers beenden die Vorstellung.

Rund 1200 Verse stark, ist das Wattenser Spiel mit seinen 60 Rollen trotz seiner lyrischen Vorspiele schon äußerlich noch auf bescheidene ältere und auf katholische Verhältnisse eingerichtet. Auf Spiel- und Bühnenanweisungen läßt sich der Spielbuchschreiber fast gar nicht ein. Die Akteinteilung ist zum Übersehen klein an den Rand geschrieben, dagegen sind die Sprechpartien der einzelnen Rollen fortlaufend wie Strophen gezählt (die tiroler Bauernspieler reden heute noch von ihrer Rolle als „mei Period"). Zumeist heißt es bei diesen nur: kommt, geht ab, singt, spricht. Nach einzelnen Gesangsauftritten und „Firstölungen" heißt es: „man zieht zue", so daß wir ähnliche Bühnenverhältnisse wie in Amras um 1699 (II Sp. 694 f.) annehmen können; es „eröffnet sich der Himbl", Teufel führen Verdammte zur Hölle, Engel Selige in den Himmel.

30. In Altenmarkt bei Radstadt im oberen salzburgischen Ennstale wurde die 'Comedy vom Jüngsten Gericht' im Jahre 1755 viermal, 1764 sechsmal, 1781 siebenmal unter Anleitung des dortigen Webermeisters Franz Platner auf dem Hornerfeld innerhalb sechs Stunden aufgeführt. In den beiden ersten Jahren wirkten 103, später sogar 105 Personen mit. Das Stück weist über 6700 Verse und Rollen wie Sonne und Mond, die Elemente, die Laster, die edle Zeit, dann Papst, Judas, Herodes, Kaiphas, Wirt, mehrere Teufel usw. aus.

Das Spielbuch hat wahrscheinlich Platner selber geschrieben. Die wesentlichen Vorlagen, kaum die ganze Fassung, brachte er aus seiner Heimat Tirol mit. Geboren am 4. Oktober 1706 zu Silz im Oberinntale, vermählte er sich dort im Juni 1733 mit Maria Spillmann zum erstenmal. Als Trauzeugen nahm Platner Michael Schuester und Simon Stoll. Letzterer war Pfarrmesner in Silz und wurde daher als Zeuge gerne herangezogen. Derselbe Stoll schrieb aber auch 1749 eine '*Commedi oder Geistliches Spill Puech Von der H. Magdalena als Ein Reu mietige Biesserin*'. Ein Peter Paul Stoll führte mit einem anderen Knaben Anton Bulacher (wahrscheinlich aus Telfs oder Oberhofen) und P. Benedikt Schultheiß bei der Prälatentafel des Stiftes Stams am 23. Februar 1786 das dramatische Spiel 'Adam und Eva' von Seb. Sailer, vertont vom Chorregenten Sandbichler von Bruneck, auf (s. II Sp. 706).

Das Stift Stams, ehrwürdig als Gründung der Mutter des letzten Hohenstaufen Konradin und als Grabstätte der tiroler Landesfürsten (s. Osw. Gf. Trapp *Die Grabstätten der Landesfürsten u. ihrer Familienglieder in Tirol*, Jb. d. Ver. kath. Edelleute in Österreich 1933 S. 85—105; J. Garber *Das Zisterzienserstift Stams* [Die Kunst in Tirol 13] 1926) mag durch seine eigenen theatralischen, vorwiegend musikalischen Veranstaltungen und deren schöpferische Kräfte und Ausstattungen etliches zum oberinntaler Volksschauspiel, wenn auch nicht in dem Ausmaße wie das bischöfliche Hoftheater und Gymnasium in Brixen, die Gymnasien der Dominikaner in Bozen und der Benediktiner in Meran, der Stifte Neustift und Wilten (s. II Sp. 703ff.) und das kgl. Damenstift in Hall, im Zeitalter der Jesuitenaufführungen von Innsbruck und Hall beigetragen haben. Eine Darstellung dieses Wirkens steht noch aus. Die ältesten Hinweise sind mir im Stamser Rechnungsbuch von 1696 begegnet: April. *Dem P. Jeremias* (= Kolb, 1644—1714, aus Landeck, *vir in poesi egregie doctus*, eine seiner Schriften verzeichnen Xenia Bernardina III [1891] S. 383), *als er nach Insprugg vmb die zur Commedi gehörigen Claider vereißt, geben 3 fl.* — Juli. *Dem buechpindter Luz wegen eingepuntner Comedi-biecher bezahlt 2 fl. 47 kr.* — *Wegen beschechner Exhibition ad sepulchrum Domini vnd der darzue entleihnter Comedi Klaider 12 fl.* usf. Vereinzelt wurde die Stiftsbühne, ähnlich wie jene des kgl. Damenstifts in Hall, als Kostümleihanstalt in Anspruch genommen. So ist im Diarium von P. Benno Voglsanger (1783—93) zu lesen: Am 1. April 1792 bittet der Landrichter Johann Linser (1768—1850) von Landeck, Sohn des Gerichtskassiers Franz (1738—1807), im Namen der dortigen Spielgesellschaft um Komedikleider bis Pfingsten für den Fall, daß sie die Spielerlaubnis von der Landesstelle erhalten werden. Der Stiftssekretär antwortet, daß noch nicht alle Kleider von den Dörfern Tösens und Kauns, beide im Gerichtsbezirk Ried des obersten Inntals, zurückgegeben seien, sonst könne Linser das wenige, so hier sei, haben. (Die Linser waren eine alte und angesehene, durch ihren Gasthof zur Post mit dem Volksspielwesen verbundene Landecker Familie, die manchen Gerichtsherrn und Landesverteidigungsführer stellte und ein wertvolles hsl. Hausbuch aus der Zeit von 1653—1807 hinterließ: Cod. 1036 der Univ.-Bibl. Innsbruck. Ludwig Linser [1634—1679] erhielt 1662 fünfzehn Gulden 25 kr. für die Zehrung, welche in der abgehaltenen Komödie zustande gekommen war, von geistlicher und weltlicher Obrigkeit ausbezahlt. Ob es sich bei dieser Komödie um das Fronleichnamsspiel gehandelt hatte, das dort für das Jahr 1627 beurkundet ist [s. I Sp. 724], ist nirgends festzustellen. Auch 1646 und 1673 wurden solche Rechnungen für Gastereien quittiert, welche von den Mitwirkenden bei oder wahrscheinlicher nach Vorstellungen gehalten wurden. Zwischen Spiel und Gasthaus bestand in vielen Orten Tirols ein enger Zusammenhanf; s. O. Potthoff u. G. Kossenhaschen *Kulturgeschichte der dt. Gaststätte* 1933 S. 328f.). Weiters ist im Tagebuch des Abtes Sebast. Stöckl unterm 13. Juni 1802 vermerkt, daß zwei Stamser Konventualen die Komödie in Ötz über Einladung des dortigen Kuraten besuchten. Das Stift stellte die Seelsorgsgeistlichkeit für die damalige Kuratie (jetzt Pfarre) Ötz wie auch für andere ötztaler Kirchengemeinden.

Silz mit seinem Gerichte Petersberg pflegte seit langem geistliche Volksaufführungen. In Steffens Briefsammlung, welche im Stifte Stams aufbewahrt ist, wird eine Komödie von Silz aus dem

Jahre 1646 erwähnt. In den Jahren 1629 und 1637 fanden dort Passionsspiele statt, welche noch im Jahre 1748, als für jedes 7. Jahr verlobt, verbürgt aufscheinen. Dazwischen und vor allem später gab man Legendenstücke u. dgl. m. wie in allen größeren Orten des Inntales. Da damals die Pfarre Silz noch das ganze Ötztal und etliche Orte des Mieminger Mittelgebirges umfaßte, sind hier die Aufführungen vom Antichrist und Letzten Gericht solcher Dörfer zu berücksichtigen. So hatte Umhausen im Ötztal zwischen 1680 und 1738 neun- oder zehnmal das Schauspiel vom Jüngsten Gericht abgehalten, die Gemeinde reichte Ende 1748 angesichts der neuen Vorschriften um Spielerlaubnis für Frühjahr 1749 ein. Der Text sei von einem Geistlichen revidiert und korrigiert worden. „Der spillplatz würdt nit ingefangen" (= eingezäunt), d. h. es wird kein fester Eintrittspreis erhoben, sondern nur abgesammelt. Als die Spielverbote teilweise aufgehoben wurden, stellte sich Umhausen Ende 1765 neuerdings mit einem Gesuche ein, wurde jedoch wegen Hoftrauer und aus prinzipiellen Gründen abgewiesen. Daß trotz jahrzehntelanger Unterdrückungen diese Spiele nicht ganz ausstarben, zeigt eine Aufführung des Antichrist zu Sautens im Ötztal a. d. J. 1791. Auch Kauns, der Hauptort des Kauner Tales, das vor (nicht: bei, s. II Sp. 695) Fließ, nämlich bei Prutz, ins Oberinntal mündet, hatte 1734 das Spiel vom Jüngsten Gericht aufgeführt und wollte es 1752 wiederholen; das in der Nähe liegende Pfunds im obersten Inntal hatte um 1690 das Spiel *von der gueten Kinderzucht, pess- und gueten Todt* gegeben und wollte es 1750 wieder aufführen, ähnlich Oberhofen bei Telfs im Oberinntale das Letzte Gericht 1759. Noch am 11. September 1811 reichten Math. Knoflach als Anwalt, Math. Pachnizer als Dorfmeister, Franz Vischer, Thom. Tabland, Ferd. Hirn, Roman Zeiler aus Silz bei der bair. Regierung in Innsbruck ein, im kommenden Frühjahr den 'Letzten Gerichtstag' wie ehedem aufführen zu dürfen; der Inhalt sei moralisch, alles Alberne und Religionswidrige werde vermieden, für größte Ordnung gesorgt, nichts Feuergefährliches oder Polizeiwidriges geduldet. Die Bittsteller seien infolge ihres Vermögens imstande, die Unkosten zu bestreiten, auch die einmalige Abgabe an die Armenkasse; das Stück sei geeignet als Gegenstück zum nächstjährigen Passionsspiel in Telfs und solle damit der Entgang, der durch die diesjährigen Spiele in Rietz und die nächstjährigen in Telfs dem Landgerichte Petersberg entzogen würde, hereinbringen. Das Landgericht befürwortete das Gesuch: „Man konnte diesorts die von dieser Gemeinde angenommenen Überzeugung nicht ablehnen, daß ein Antechrist, ein Luzifer und mehrere andere heilige und unheilige Personen heutigen Tages nicht wenig Neugierige herbeirufen und sie zum Beitrag auf diesfällig zu bestreitende Auslagen bewegen möchte." (Vgl. dazu die Beurteilung der tiroler Spielfreudigkeit durch die bairischen Behörden: A. Dörrer *Die Thierseer Passionsspiele* 1935 S. 47/49.) Die Spielgesellschaft hatte den Text zur Umänderung einem „Sachverständigen" übergeben und legte die Neubearbeitung am 26. Dez. 1811 vor. Die Spieler mußten vor jeder Aufführung drei Gulden an die Ortsarmenkasse entrichten (Innsbrucker Landesregierungsarchiv, Bayer. Arch., Hauptabt. 5 Classis 4 Sectio B 2/1 a).

Infolge der vielen und nachhaltigen Einschränkungen und Verbote religiöser Volksschauspiele durch die aufgeklärten weltlichen und geistlichen Behörden breiteten sich in den nächsten Jahrzehnten allmählich Ritterstücke, Singspiele mit vaterländischen und geschichtlichen Bildern, Darstellungen einfacher Volkserzählungen u. dgl. m. auf den ländlichen Bühnen aus. Gewisse Typen lebten weiter. Die französische Revolution wurde im Volke u. a. auch als Vorzeichen des Weltendes, Napoleon, ähnlich wie in Baden (s. El. H. Meyer *Bad. Volksleben* 1900 S. 521), als Antichrist betrachtet. Von der Aufführung eines Volksschauspiels '*Mannpart*' (= Buonaparte) in Umhausen berichtet der Schriftsteller Wilhelm Gärtner in L. Frankls Sonntagsblättern (1845 S. 169ff.); er teilt einige Auftritte des inzwischen verschollenen Stückes aus der Handschrift mit (s. A. Dörrer *A. Hofer in dichterischer Gestaltung*, Der Schlern 9 [1928] S. 289, 426ff.). Die wenigen noch erhaltenen und zugänglichen Zensurakte aus dem Vormärz erwähnen keine Antichrist- oder Letztes-Gerichts-Spiele aus dieser Gegend.

Aus diesen spärlichen Nachrichten ist immerhin zu ersehen, daß Platners Heimatort Silz und dessen Nachbardörfer das geistliche und nicht zuletzt das eschatologische Spiel eifrig pflegten. Sein Sohn oder Verwandter Anton heiratete eine Margaret Neureiter vom Ziberlehen (Ötztal), deren Vater und Onkel 1742 in die Nähe von Altenmarkt eingewandert waren. Platner scheint als junger Witwer seine Heimat verlassen zu haben — die Salzburger Erzbischöfe zogen gerne Tiroler in die durch die Auswanderung der Protestanten entvölkerte Radstätter Gegend — und wollte zuerst in Eben bei Altenmarkt eine zweite Heirat mit einer Tirolerin eingehen, erhielt jedoch hierzu nicht die behördliche Zustimmung und folgte daher 1744 einer Witwe von Altenmarkt in die Ehe und auf ihren Hof. Zur Zeit seiner Altenmarkter Aufführungen waren die eschatologischen Spiele in Tirol verboten, demnach die Handschriften leichter zu haben.

Sein Spielbuch schrieb und arbeitete Platner wahrscheinlich erst in Altenmarkt, ungefähr 1750 um und zwar nach Aufrichtung einer Rosenkranzbruderschaft, durch welche an manchen Orten Tirols Figuralprozessionen und Schauspiele begünstigt worden waren (s. K. Fischnaler *Eine Rosenkranz- und Geißler-Bruderschaft in Nordtirol*, Zs. f. Volkskunde NF. 4 [1933] S. 178—189; K. Klaar *H. Guarinoni* 1903 S. 13/18). Reuschel wies darauf hin, daß sich das Altenmarkter Spielbuch auf die verschiedensten Perioden unserer volkstümlichen dramatischen Literatur verteile, in wichtigsten Partien jedoch mit Sachsens Tragedia fast wortwörtlich decke. Mit einem ungeheuren Aufgebot von Auftritten und Gestalten aus Bibel, Legende, Dichtung und Predigtüberlieferungen rücke es ein reformatorisches Tendenzstück in katholisch-jesuitische (?) Umwelt. Solange die Frage der Vorlagen für H. Sachsens Tragedia nicht klargestellt ist, läßt sich eine endgültige Entscheidung über eine solche Abhängigkeit nicht fällen. Auf ältere Spiele weisen die Auftritte der Mutter Gottes, das Streitgespräch der Barmherzigkeit und Gerechtigkeit, die verschiedenen Sündenbekenntnisse und Klagen hin, doch sprechen auch sie dafür, daß uns unbekannte, dem Münchner Jüngsten-Gerichtsspiel zunächst stehende Fassungen dem Altenmarkter wie dem Wattenser Spiele vorausgegangen sind, die mit der sogenannten katholisierten Bearbeitung der Sachsschen Tragedia von 1580 erst zu vergleichen wären. Es bleibt außerdem auffällig, daß ein Tiroler in hervorragender Weise auch an den damaligen Regensburger Aufführungen beteiligt war (s. Reuschel a. a. O. S. 347).

31. Der Spielplatz von Altenmarkt, das Hornerfeld, lag neben dem kleinen Besitze Platners; es war der alte 100 m lange und 70 m breite Mesneranger zwischen dem jetzigen Schulhaus und dem Hornerhause. Die Höllenseite kam auf die ehemalige Begräbnisstätte der Irr- und Ungläubigen und Selbstmörder zu liegen. Die Schaubühne selber, ein ziemlich ausgedehntes Brettergerüst, breitete sich wahrscheinlich an der Südseite des Hauses und der Scheune des Hornerlehens aus. Über dem quadratischen Mittelraum, dem eigentlichen Theatrum der Bühnenanweisungen, erhob sich ähnlich wie in Hall ein gewaltiger Regenbogen, auf welchem zuoberst Christus als Richter thronte. Neben ihm saßen oder standen Maria und Johannes der Täufer, Gerechtigkeit und Barmherzigkeit, die Apostel einschließlich Paulus, Elisabeth, Josef, David, Anna und Magdalena, Lorenz und Zachäus, der rechte Schächer und St. Veit, endlich an den Anfängen des Regenbogens unmittelbar über der Bühne Adam und Eva, auf der Bühne selber zu beiden Seiten des Mittelraumes stehend und diesen gegen die

Seitenräume gleichsam abschließend rechts vom Richter Moses, links die Erde, ebenso verteilt Sonne und Wasser, Mond und Feuer, Edle Zeit und Luft als die acht Ankläger. Daran schlossen sich die sechs Engel. Von den beiden Vorhängen verhüllte der größere den ganzen Regenbogen, der kleinere und untere war hinter dem Regenbogen angebracht, so daß, wenn er aufgezogen war, der Regenbogen gleichsam ein großes Tor darstellte, aus welchem die Heiligen herauszogen, Cherubim mit dem Kreuze voran. Die kleine enge Himmelspforte befand sich wahrscheinlich an der bemalten Rückwand der sogen. Himmelsseite, wo auch der Platz der Seligen und Auserwählten war. Dieser Himmelsseite mit ihrer Kirchentüre gegenüber war die Höllenseite, der Standort der Verdammten, mit dem Höllentor in der Rückwand. Die Wohnung des geretteten Jünglings im ersten Vorspiel stand wohl in der Ecke des Mittelraumes gegen die Himmelsseite zu, das Wirtshaus entgegengesetzt. Diese Veranschaulichung des Weltgerichtes auf der Bühne lebte noch fort in der Aufführung der Seb. Sailer'schen 'Schöpfung' zu Fulpmes (s. L. v. Hörmann *Tiroler Volksleben* 1909 S. 474 f.) und in der bäuerlichen Hinterglasmalerei (s. M. Picard *Expressionistische Bauernmaleri* 1918. R. Kriß u. L. Schmidt *Bauernmalerei aus drei Jahrhunderten* 1936; dort ein Sandlbild vom Jüngsten Gericht von 1820 abgebildet. H. Buchner *Hinterglasmalerei in der Böhmerwaldlandschaft und in Südbayern* 1936).

32. Angeblich seien mehrere Personen unter der ergreifenden Altenmarkter Vorstellung wahnsinnig und deren Weiterführung daher eingestellt worden. Solche Sagen bestehen in verschiedenen Spielorten. Es läßt sich deren Richtigkeit kaum mehr überprüfen. Immerhin erzählt das Waldraster Wallfahrtsbuch von 1768 S. 166, daß zwei Jahre zuvor eine ledige Magd von Zirl mit zauberischen Banden belegt worden sei, als sie sich bei dem Schauspiele zu Amras (s. II Sp. 684 ff.) eingefunden hatte. Sie wurde nämlich unterm Zusehen ähnlich den Gebärden der verlarvten Teufel hin und her gewunden. Beim Heimwege rieb sich ihr Kopf derart, daß sie zu Boden sank. Daheim wurde sie aller Sinne beraubt, daß kein Lebenszeichen an ihr mehr verspürt wurde. Da keine Mittel mehr verfingen, gab ihr jemand geweihtes Waldraster Brot, worauf sie von allem Unheil befreit wurde, wie sie selber anzeigte. Gerade infolge solcher Anschauungen dürfte der aufgeklärte Absolutismus diesen Schauspielen auch im Lande Salzburg ein Ende bereitet haben.

Nach dem Weltkriege bearbeitete der geistliche Dramatiker aus dem ehemaligen tiroler Passionsspieldorfe Brixlegg und Salzburger Gymnasiallehrer Dr. Alois Außerer das Spiel zum Zwecke von Neuaufführungen, die in den Sommern 1924 bis 1926 zu Radstadt abgehalten wurden.

Die Comedy vom Jüngsten Gericht, ein altes Volksschauspiel von Altenmarkt bei Radstadt. Nach der einzigen Handschrift mit Inhaltsübersicht und Anmerkungen herausgegeben von Matthias Jäger 1900. *Das kleine Altenmarkter Spiel vom jüngsten Gericht. Nach der großen Comedy bearbeitet* von Al. Außerer 1924.

33. Der dritte tiroler Spielplatz, der durch seine eschatologischen Aufführungen im 17. und 18. Jh. hervortrat, das große Pfarrdorf Axams (s. II Sp. 606), vermag bisher das älteste Zeugnis für eine ländliche Vorstellung von den Vier letzten Dingen aus dem Jahre 1651 (Pfingstmontag) zu erbringen. An diesem Tage besuchte nämlich der Abt von Wilten das Spiel und trug diese Teilnahme in seinen Vormerkkalender ein. Es ist die älteste Aufzeichnung dieser Art, welche wir Wiltener Prälaten verdanken; in der Folge reihen sich viele ähnliche Spielbesuche in ihren Vormerkkalendern und Rechnungsbüchern an. Dieses Axams stand damals wegen seines reichen und feinen Flachses und seiner Hauswebereien ebenso in gutem Rufe wie wegen seiner Sticker. Hand in Hand mit solcher Hausindustrie und Geschicklichkeit ging die reiche Ausstattung für die Ornate der Kirche, die Kostüme der geistlichen Spiele und die ebenso kostbare Bekleidung der Krippenfiguren. Auch hier scheint bis 1750 die Vorstellung des Jüngsten Gerichts sich ohne behördliche Eingriffe abgewickelt zu haben. Das Gesuch um Spielerlaubnis für dieses Jahr wurde abgewiesen, jedoch dürfte die Gemeinde ihren Willen trotzdem durchgesetzt haben; denn es kam zur Anzeige, daß das benachbarte Oberperfuß ohne Erlaubnis ein Spiel aufführe, wodurch der Zulauf zum Spiel in Axams beeinträchtigt werden könnte. Von nun an hören wir nur mehr von anderen Aufführungen in Axams, vorab

vom Ägyptischen Josef, wofür 1677 und 1678 zwei Spielbücher, bisher die ersten Zeugen barocker Texte auf dem Lande in Tirol, in Axams angelegt worden waren; weiters Heiligenlegenden und Historien. Aus den Zeiten Napoleons ist als Stückschreiber von Axams der Schuster Franz Xaver Jordan (1741—1821) wegen seiner vielen Gelegenheitsdichtungen bekannt geworden. Der tiroler Literaturanwalt des Vormärz, Dr. Johannes Schuler, weist auf ihn als einen der beliebtesten Volksdichter hin (s. J. Schuler *Kennzeichnung der Tiroler Bauernspiele um 1822*, Tiroler Heimatbll. 9 [1931] S. 129—134). Noch heute besitzt Axams eine Reihe von alten Spieltexten und eine echtbäuerliche Bühne unter Führung seines Kapellmeisters, Stückschreibers und Krippenschnitzers Alois Zorn. Im Vergleiche zum weichen Unterinntal herrscht hier ein herber Holzschnitzerstil vor. Axams ist das Geburtsdorf des tiroler Dramatikers Karl Schönherr.

34. Der Spieltext von 1651, eine ältere oder jüngere Fassung des Jüngsten Gerichts, fand sich in Axams bisher nicht. Jedoch besitzt das Stift Wilten ein handschriftliches Fragment aus einer Pfarre Ampaß bei Innsbruck, das eher auf Axams denn auf Wattens zurückweist. Der Pfarrbereich von Axams und jener der Wiltener Prämonstratenser in Sellrain stoßen aneinander, ja überschnitten sich zeitweilig. Daraus erklärt sich, daß das Wiltener Mirakelstück in Axams aufgeführt wurde, und ist anzunehmen, daß jenes Manuskript aus Axams in eine Wiltener Pfarre gelangte oder die Bearbeitung eines Wilteners war. Es tritt darin die hl. Wilgefortis (Kummernus; vgl. J. Tremmel *St. Kümmernis in Deutschtirol*, Der [Tiroler] Kunstfreund 1910 u. 1911; ders. *Das Kummernusbild von Uderns im Zillertale und die Kümmernisfrage*, Tiroler Heimatbll. 4 [1926] S. 322—330, dort weitere Literaturangaben. J. Schnürer u. J. M. Ritz *St. Kümmernis u. Volto Santo* 1934. J. M. Ritz *S. Kümmernis u. Volto Santo*, Volk u. Volkstum 2 [1937] S. 364. G. Schreiber *Zur Kümmernisforschung*, ebda. S. 365) auf. Ihr zu Ehren wurde eine an die Axamer Pfarrkirche angebaute unterirdische Gruftkapelle des Friedhofs im Jahre 1666 geweiht und später auch ein eigenes Spiel in Axams aufgeführt. Jedoch führte auch Sautens im Ötztal, dessen Pfarrgeistlichkeit dem Stift Stams untersteht, 1751 ein Schauspiel von der Gefahr des Todes und der Welt Eitelkeit, später den Antichrist und das Schauspiel der hl. Kummernus auf. Zwischen den Stiften Stams und Wilten bestanden mehr Spiel- und Musikbeziehungen als zwischen ihnen und den Jesuiten von Innsbruck und Hall.

Das Ampasser Spielbruchstück, ein Quartband, beginnt mit Blatt 20 und endet mit Bl. 183; es dürften gegen 40 Bll. (5 Bogen) verloren gegangen sein. Nach Bl. „$36^1/_2$", desgleichen nach Bl. 127 wurde je ein Blatt, wahrscheinlich vom Schreiber selber beim Abschreiben, herausgerissen. Noch mehr als die Wattenser Hs. weist die Ampasser eine gewandte und sorgfältige Schrift auf, die kaum älter als jene ist. Die Überschriften wurden älteren Vorlagen nachgeahmt. Schreiber und Verfasser waren tirolischer Herkunft (z. B. *kniellen* statt *knien*). Das Spiel kommt an den Umfang des überreich aufgefüllten von Altenmarkt nur zu zwei Dritteln heran, übertrifft es jedoch an Rollen um ein Drittel. Es umfaßt nämlich auch das Auftreten des Antichrist und benötigt einen Präsidenten, Hofkanzler, Hofmeister, Hauptmann, Geheime Räte, jüdische Pfaffen, General, Kurier, König der Ägypter, Christen und Christinnen, Kaiser Konstantin und Diokletian, aber auch die Engel der Elemente, die Tugenden, die katholische Kirche, Schutzengel der Laster, des Antichrist usw. Zwischen den sechs Aufzügen sind je zwei Vorbilder als „Figuren" eingeschoben. Die Todsünder als personifizierte Laster und deren entgegengesetzte Tugenden streiten wider einander. Hinter ihnen stehen die Teufel und die Engel. Die katholische Kirche mit ihren Priestern ermahnt die Welt vergeblich zur Einkehr. Erst der Tod streckt die Sünder mit seiner Waffe nieder. Die Teufel bringen die Getöteten vor Gericht. Vor Christus geraten die Teufel und Engel in den Streit um die Seelen. Die katholische Kirche beklagt zu Beginn des 2. Aktes ihre Bedrängnis, indes der Antichrist sich der Hölle verschreibt. Christus tröstet die Heimgesuchte als ihr Schäfer, er werde sie nicht verlassen, aber ihrer und seiner Mutter Bitte um die Verdammten könne er nicht entsprechen. Die Hölle stellt sich dem Antichrist zu Diensten, vergeblich ermahnt ihn sein Schutzengel, er verbindet sich mit jener. Die Juden und ihre Pfaffen begrüßen den Antichrist als ihren König, der Hofmeister gibt ihm Krone und Zepter. Teufel bringen Geld, Hauptmann und Fähnrich sollen ihm ein mächtiges Kriegsheer zuführen. Der ägyptische König mit seinem Hofe beschließt, sich den Juden entgegenzuwerfen, er wird gefangen und verschreibt sich dem Antichrist. Dieser verlangt von den Teufeln Wunderwerke und will das Christentum ausrotten. Papst und Kardinäle und Ständevertreter beklagen ihre Bedrängnis. Die Hofleute des Antichrist aber rufen die Christen zum Abfall auf. Ein Prediger verkündet (in Prosa) das neue Licht, die Laster stimmen zu, ein anderer Priester warnt jedoch vor den falschen Propheten. Im 3. Akt beginnt die katholische Kirche eine Lamentation, Enoch und Elias trösten sie. Der Antichrist beschließt angesichts der verstockten Christen, ihre Bücher und Gotteshäuser zu vernichten. Teufel überfallen die Christen, und die Laster eilen herbei. Der Antichrist läßt durch Höllenkünste das Wasser in die Höhe steigen, die Wellen teilen sich vor seinen Füßen, Sonne und Mond stehen auf sein Geheiß still, jedoch die gläubigen Christen bleiben ihrem Glauben so treu, daß der Antichrist sie mit Waffengewalt überfallen läßt. Darüber weint die katholische Kirche, Christus bestärkt sie. Enoch und Elias ermuntern die Gefangenen und treten wider Antichrist auf. Die Peiniger martern die Christen. Im 4. Akt dankt die Kirche den beiden Propheten, indes das erste Vorbild die Anhänger des Antichrist in Schrecken vor den göttlichen Plagen zeigt. Das 2. stellt dar, wie St. Michael den Antichrist niederschlägt. Die Antichristianer murren schon, die Laster werden unzufrieden, Erdbeben und Pest erregen die Juden, die Christen verelenden fast ganz, aber die Propheten halten sie aufrecht, und schon wenden sich Juden ihnen zu. Der Antichrist läßt daher die Propheten fesseln und köpfen, doch sie stehen wiederum auf und bestärken neuerdings die Christen. Da beschließen Luzifer und Antichrist, zum Himmel aufzufahren, um die Christen zu betören, jedoch Christus erscheint in den Wolken und schlägt Antichrist nieder. Der Papst weist auf die Erfüllung der Worte Christi hin und alles betet Christum an. Im 5. Akt weist er als Schäfer die Kirche als die büßende Seele auf den Sinn des Glaubens hin. Die eine Figur zeigt die Auferstehung der Toten, die andere die Teufel mit den Verdammten und die Engel mit den Gerechten. Donner und Blitz fallen ein, Sonne und Mond stürzen vom Himmel, St. Michael ruft die Auferstandenen vor das Gericht, Papst, Kaiser und Könige, auch Pilatus treten vor, die Laster klagen an, eine selige Bauernfamilie begrüßt sich und preist Gott, während ein anderes Doppelpaar sich verflucht. Die Hölle wird eröffnet und Antichrist, Herodes und Judas hineingetrieben. Den 6. Akt eröffnet wiederum Christus als Schäfer mit der büßenden Seele. Die erste Figur zeigt das Gericht, die zweite die Verurteilung durch Christus. Engel richten das Kreuz auf, das der Papst, die Kaiser Diokletian und Konstantin usw. ansprechen. Christus erscheint und hält Gericht über Luzifer. Johannes der Täufer, der Nährvater Josef, Maria, Petrus und Paulus und die übrigen Apostel treten auf. St. Michael scheidet die Gerechten von den Sündern. Die Teufel reißen die ärgsten Sünder, Judas, Diokletian, Kaiphas, Herodes, Pilatus usw. zur Aburteilung hervor, in welche auch die Engel und Teufel, Mutter Anna und Maria, Gerechtigkeit und Barmherzigkeit, etliche tiroler Volksheilige wie Laurenz, Sebastian, Georg und Kummernus, und die Laster eingreifen. Auch die Juden- und Heidenschaft mit dem Antichrist erscheinen vor Gericht.

Im Aufbau wie die antithetischen Barock- und Prozessionsspiele eingeteilt, ist das Ampasser Spiel trotz seiner vielen Analogien mit dem Altenmarkter seiner ungefügen Stofflichkeit, seinem primitiven Spielcharakter gemäß weit mehr dem tragisch-ethischen Pathos und der theatralischen Fülle und Gegensätzlichkeit von Bildern der Erbauungsliteratur aus dem Klosterdrama verpflichtet, auf das schon die allegorischen Vorstellungen der Ordensbühne und der Figuralprozessionen vom Leiden und Sieg der katholischen Kirche hinweisen, angefangen von einem Stück '*Lamentatio Ecclesiae*' des Innsbrucker Jesuiten Wolfgang Stark, einem '*Judicium extremum*' und einem '*Mundus et Contramundus*' (Cod. lat. Monac. 19757/II S. 23—119 u. 129—226), dem Drama von Gottfried von Bouillon (Cod. lat. Monac. 549) und anderen Bühnenstücken der Innsbrucker und Münchener Jesuiten, und in seiner metrischen Form dem herrschenden Alexandriner, wenngleich in ländlicher Derbheit, angeglichen. Es spricht mehreres dafür, daß diese Bearbeitung des Stoffes auf einen Geistlichen, Lehrer oder Organisten zurückgeht. Der Ampasser Organist Blasius Netzer, welcher 'Das gnadenreiche und wundertätige Maria Hülfbild' für die Schwazer Aufführung von 1768 komponierte, ist die einzige Persönlichkeit des 18. Jh.s, von der wir bisher solche Betätigung beurkundet fanden. Der Verfasser dürfte verschiedene Volksdramen vom Antichrist und Letzten Gericht zusammengeschrieben und die Singauftritte und Allegorien vermehrt haben. Er rechnete mit einer Bühne, deren Vorhang man zusammen- und aufziehen konnte, wie auch jene vor Himmel und Hölle aufzuziehen waren. Beim Szenenwechsel „machen die Spilleith auf". Eine ungefähre Vorstellung von der Reichhaltigkeit und Pracht der Auftritte und Ausstattungen geben die großen Krippen des Axamer Mittelgebirges des 17. und 18. Jh.s mit ihren gekleideten Figuren, deren Kostüme aus Brokat, Atlas, Samt und Seide hergestellt und mit Perlen und Goldstickereien übersät wurden. Diese Krippendarstellungen der Weihnachts- und Fastenzeit stehen in innigem Zusammenhang mit den Spielen, wie auch der architektonische Aufbau der sogen. hl. Gräber mit den Bühnen der damaligen Passionsspiele sich entfaltete und auf die kühnsten Deckengemälde in Kirchen übertragen wurde (vgl. das hl. Grab der Stiftskirche Wilten, die Gemälde der Bozner Kalvarienbergkapelle usf.). Diesem barocken Aufbau und Prunke stehen die derben Teufelsauftritte und Beängstigungen des Gemütes gegenüber, wie sie schon im mal. Spiel stark hervorgetreten waren (s. Literaturverzeichnis bei K. Bauerhorst *Bibliographie der Stoff- u. Motivgeschichte der dt. Lit.* = Stoff- u. Motivgeschichte der dt. Lit. 1932 S. 51ff.). Sie hatten sich aus der Höllenfahrtsszene entwickelt und hängen mit der Ansage von der Begegnung der Altväter Enoch und Elias zusammen. Die Bevölkerung der Hölle mit neuen Seelen tritt uns zum erstenmal im Neustifter (früher nach Innsbruck benannten) Osterspiel entgegen; dieser Auftritt erfährt seine Erweiterung in den Passionsspielen als komische und satirische Galerie von Schwächen einzelner Berufe. Im Sterzinger und Haller Passionsspiel (s. d.) finden sich schon die meisten Namen von Teufeln, die in den späteren tirolischen Jüngsten-Gerichts- und Antichristspielen (wie auch in den Axamer Josephsspielen) auftreten: Wal, Sathanas, Welial, Astaroth, Ruffo, Amon, Welphegor, Titinil usw. Im Eisenacher Zehnjungfrauenspiel (s. d.) pocht Luzifer auf sein Anrecht auf die armen Seelen, im Luzerner Antichristspiel von 1549 verkörpern die Teufel verschiedene Laster wie in den Moralitäten. Mit einem gewissen Wonnegefühl werden diese und ähnliche Züge in den tirolischen Spielen erweitert und verstärkt. Im Ampasser Text erreicht die Teufelskomödie mit der religiös-sittlichen Volksaufklärung ihre bunteste Entfaltung und Veräußerlichung, das Barocke hat das herkömmliche biblisch-historische und moralische Bürger- und Dorfspiel durchdrungen und dadurch die Herrschaft scheinbar eigener Stoffe erreicht. Nur in bescheidenen Abkömmlingen lebt dessen Stil an abgeschiedenen Orten weiter fort. Es trifft daher für Tirol nicht zu, daß seine reiche ländliche Spielkultur des 17. und 18. Jh.s eine einseitige Folge des Klosterdramas war, sondern daß die meisten älteren Überlieferungen seit der 2. Hälfte des 17. Jh.s in seine Richtung eingefangen wurden, gleichwie das Ordensdrama und die Figuralprozessionen etliches altdeutsche Spielgut aufgefangen und vornehmlich an die vorausgegangenen Moralitäten angeknüpft hatten. Die Stifte, Gymnasien und ihre heimkehrenden Studenten stellten die Mittler zwischen den lateinischen Schulkomödien der Jesuiten und dem ländlichen Volksschauspiel in Tirol. Auch darin zeigt sich der konservative Sinn und die zähe Beharrlichkeit des tirolischen Volkscharakters, die durch die Hochtäler gewahrte Ab- und Geschlossenheit des Lebens, die dem barocken Klosterspiel ein Fortleben bis tief ins 19. Jh. fristen. Von 1300 an scheint die liturgisch-dramatische Kirchenfeier, von 1400 an das volksmäßiggeistliche Schauspiel sich ununterbrochen in Tirol fast ganz im Gegensatz zur höfischweltlichen Dichtung im Anschauungserlebnis und Gestaltungstrieb weiter entwickelt und verbreitert zu haben wie in keinem anderen Gebiete des bairischen Stammes. Darin, nicht im Alter liegt seine Stärke, in der sinnlichen und darstellenden Kraft aus innigster Beharrung von Religiosität und Bodenhörigkeit des Volkes. Und hierin ist Tirol das Kern- und Hochland stammestümlicher, religiös verwurzelter, aufs Letzte gerichteter Spielkultur.

34. Das Antichristspiel oder die Teufelskomödie des Studiosus Bartholomäus Kännberg in Innsbruck aus dem Jahre 1766 (Hs. Kleinoktav, 127 beschriebene Seiten im Landesmuseum Ferdinandeum, 12. 209/VIII) dürfte ein letzter Versuch der Bearbeitung des Stoffes für die Axamer Bühne gewesen sein; denn die Hs. gehörte 1820 dem Maler Josef Kirchebner im benachbarten Birgitz. Das Spiel besteht aus 5 Akten, in groben Alexandrinern ohne Zwischenspiele, aus breiter predigtartiger Dialektik und 62 Personen, darunter auch dem guten und faulen Knechte, dem Prasser, Henker, einem reichen und armen Bettler, einem frommen und gottlosen Vater, einem Verstockten und Büßer, Ketzer und Heiden, zwei Freunden, vier bekehrten Juden. Neben Pilatus, Judas und Herodes tritt noch Luther als Verdammter auf. Auch dieses Spiel setzt mit Antichrist auf der Höhe seiner Macht ein und endet mit dem Letzten Gericht.

35. Wenn wir auch infolge der einstmaligen Selbständigkeit der geistlichen Fürstentümer Brixen und Trient, der exemten Klöster, der Zugehörigkeit des westliches Teiles Südtirols zum Bistum Chur und des östlichsten Pustertales zu Salzburg, der selbständig verwalteten Städte und der besonders schwierigen Verhältnisse der Archiverhaltung und -forschung über die deutschen Volksschauspiele südlich des Brenners ungleich schlechter unterrichtet sind als über jene des Inntales und dessen Seitentäler, läßt sich doch schon mit Bestimmtheit sagen, daß auch dort solche vereinzelt vom Antichrist und Letzten Gericht (abgesehen von barocken Kunstdichtungen wie der melodramatischen '*Letzte Gerichts-Posaun*' von Joh. B. Gallanda, das dieser Südtiroler Student seinem Gönner Pfarrer Dr. Martin Warel von Pfalzen zueignete [Krems 1687; vgl. dazu *Catalogus religiosorum perantiqui Monasterii ad S. Lambertum* 1916 S. 96 u. J. Egger *Die Tiroler u. Vorarlberger* 1882 S. 453]) bis in hochgelegene Seitentäler im 18. Jh. gedrungen waren (z. B. 1763 das Letzte Gericht zu St. Martin in Passeyer). Während Passeyer, Ultental und Pustertal ähnliche Spielbräuche wie Nordtirol aufweisen, treten die Vintschgauer durch ihre mimischen Masken-Vorführungen wie das Wildemanns- und Gregorspiel stärker als Grenznachbarn der Alamannen u. Rätoromanen hervor, ein Zug, der auch im oberen Inntal (Schemenlaufen) und über den Fernpaß an der Stammesgrenze des Ammergaus fortlebt. Dabei war Vintschgau die Heimat verschiedener fahrender Spielgesellschaften, die selbst nach Bozen, Brixen und Innsbruck vordrangen (s. Ad. Sikora *Vintschgauer Komödianten*, ZföstVk. 12 [1906] S. 155 ff.). Ign. V. Zingerle erzählt in seinen Schildereien aus Tirol 1 (1877; geschrieben 1862) S. 42, daß noch in den ersten Jahrzehnten des 19. Jh.s in kleinen Dörfern wie Latsch und Burgeis Theater fortlebten und der regste Wetteifer unter ihnen herrschte. „Die größte Rivalität bestand aber unter den Theaterdichtern, die gewöhnlich Bauern waren, welche sich nicht selten durch poetische Fruchtbarkeit auszeichneten. So erzählte mir Peter Raas, Bauer und Poet zu Latsch, mit jugendlichem Feuer, daß er dem Theater seines Dorfes vor 40 Jahren vorstand und bestrebt war, ihm den Preis vor allen übrigen zu verschaffen . . ." (s. auch B. Weber *Das Land Tirol* I [1837] S. 451). Aus dem Nachbarorte Laas, der wegen seines Marmors bekannt geworden ist, stammt ein Spielbuch des Jahres 1805, das der dortige Johann Herbst geschrieben haben will. Sein Eintrag zeigt freilich eine ziemlich schlechte Schrift mit spitzer Feder, während der Text des Stückes breit und gewandt geschrieben ist. Vielleicht haben wir es bei ersterem nur mit einer späteren

Eintragung oder einem späteren Besitzer der Hs. zu tun. Der Schreiber der Hs. (Folio 154 S.) dürfte diesfalls in derselben Gegend zu suchen sein. Sein literarischer Anteil an dem Spiele kann nicht bedeutend sein; denn es ist eine letzte tiroler Überarbeitung von Spielen vom sterbenden Menschen und Jüngsten Gericht. Der Schluß (Schlußwort des Prologs) fehlt, weil die letzten Bll. herausgerissen sind. Ganz im Nachklange der mal. Predigtmärlein, Totentänze und Sterbebüchlein ist das Spiel durchaus religiös-didaktisch gehalten, obgleich der Hanswurst, ähnlich wie in etlichen Nikolausspielen aus Tirol, dem höllenanwaltlichen Teufel der alten Vorspiele vorarbeitet. Die Zuschauer sollen an die Folgen eines sündhaften Lebens gemahnt und zur Reue und Besserung angehalten werden. Der Prolog klagt, daß die Welt nur nach Ehre, Gut und Geld strebe, dem Wucher, Wohlleben und Fluchen verfallen sei, die Spielbuben sich breit machten, kurz der Verfasser beschränkt sich auf den Kaufmannsstand und die vergnügungssüchtige Jugend. Als Angeklagte treten ein Kaufmann, ein Jüngling und vier Spielbuben vor Gottvater, Christus, Maria, Engeln, Luzifer, vier Teufeln, dem menschlichen Geschlecht, einem Schriftgelehrten, dem Tode, der Kellnerin, dem selig und dem verdammt Sterbenden und dem Priester auf. Im Vorspiel ('Zwischenspiel') tritt der durch eine „Trampel" um sein Geld geprellte Hanswurst mit einem leeren Geldbeutel auf. Der Prolog eröffnet die 1. Vorstellung. In der Höhe Gottvater, Christus und Maria, auf beiden Seiten ein Engel, darunter das menschliche Geschlecht, weiß gekleidet, mit aufgehobenen Händen und auf dem Boden kniend. Hinter ihm 4 Teufel und Luzifer mit einem langen beschriebenen Zettel. Auf Gottes Befehl muß dieser seine Klage vorbringen. Er meldet, daß er viele Sünden in der Welt gefunden habe. Die 4 Teufel fordern Bestrafung der Sünder. Das menschliche Geschlecht fleht Christus und Maria um Fürbitte an, und über deren Vorsprache ermahnt Gott das menschliche Geschlecht, nicht wieder der Sünde zu verfallen. Der Vorhang wird zugezogen. Hanswurst kommt wieder mit dem Geldbeutel und beschließt, aufs Schatzgraben auszugehen. Der Prolog klagt über die Sünder, der Kaufmann ist geldgierig, der Schriftgelehrte warnt, der Jüngling will das Leben genießen, der Tod redet ihm ernstlich zu, schießt auf ihn, und der Teufel holt sich die Seele. Luzifer klagt den Jüngling an und überliefert ihn der Hölle. Der Kaufmann reißt sich vom Gelde los. Der 5. Auftritt führt vier lustige Bauernburschen beim Würfeln in einer Wirtsstube vor, sie lassen sich auch den Wein und das Essen schmecken. Beim Fluchen erwischt Luzifer den ersten beim Schopf, der zweite ruft um Hilfe, wird aber auch in die Hölle geschleppt. Im nächsten Zwischenspiel geraten Hanswurst und Teufel um den Schatz, den jener entreißt, in Streit. Der Prolog eröffnet die 6. Vorstellung, die Teufel bereiten in der Hölle sich für einen neuen Seelenfang vor. Ein Engel kündet singend das Weltgericht an. In der 7. Vorstellung wird der selig Sterbende in seinem Bette vorgeführt, der Tod schießt auf ihn, vergeblich hatten die Teufel sich um seine Seele bemüht. Die 8. Vorstellung zeigt im Gegensatz den verdammt Sterbenden, wie ersterer von Priester, Engel und Teufeln umgeben, in seiner Verzweiflung. Vor Gott findet das Gericht statt.

Das Spiel, fast 4000 Kurzverse lang, die kreuzweise gereimt sind, verweist nochmals auf eine alte Verbindung der beiden Stoffe vom sterbenden Menschen und vom Jüngsten Gericht und den damit zusammenhängenden Parabeln vom reichen Mann, vom reichen Prasser und armen Lazarus, die schon vor 1500 aus den *Artes moriendi* (vgl. z. B. *'Die liebe gotes mit sampt dem spiegel der kranken und sterbenden Menschen'*, Augsburg 1498, welches Werk auch in Tirol verbreitet war, und das Lied von dem Tod und einem jungen Mann VjschrLg. 4 [1892] S. 152) auf die Bühne versetzt, in Hall, München usw. als Volksstücke aufgeführt und früh in die Schauspielsammlung Vigil Rabers (s. d.) eingereiht wurden. Es entbehrt nicht der eindringlichen Darstellung der alten Moralitäten und charakteristischer Gestalten, die nach der Natur etwas umgezeichnet sein können und dadurch ein realistischeres, ja oft derb-komisches Bild entwerfen (vgl. A. Dörrer *Das Laaser Spiel vom Sterbenden Menschen, ein Text der Vintschgauer Komödianten*, Der Schlern 18 [1937]; das Zwischenspiel vom Hanswurst, welches in das alte Spiel hineingeschoben wurde, wird abgedruckt im Meraner Jahrbuch für 1937).

Gegenüber solchen unter geistlichem Einflusse entstandenen oder zusammengekoppelten Volksschauspielen, zu denen noch verschiedene andere Gruppen, so auch etliche zu Mirakel-(Rosenkranz-) Spielen abgewandelte Moralitäten gehören, nehmen die analogen Auftritte und Figuren in den ländlichen Umzügen und Spielen des Nikolaus- und Dreikönigsfestes eine breitere Stufe des Gemeinschaftswerkes und eine tiefere des „gesunkenen Kulturgutes" auf ursprünglicherer Form ein. In ihrer Anlage halten sie nämlich an den ältesten und grundlegenden Formen des Spieles fest, daß der Reihe nach ein Sprecher nach dem anderen auftritt, seinen „Spruch" sagt und dem nächsten Platz macht, ohne daß die einzelnen Reden sich zu Wechselgesprächen und Handlung steigern. Nur etliche Auftretende stehen in unmittelbarer Beziehung zum Festspielereignis selber. Diese Form übernahmen ebenso die Prozessions- wie die Fastnachtsspiele. Durch deren Entwicklung prägten sich gewisse Typen des menschlichen Zusammenlebens und der christlichen Moral in Verwandtschaft mit der Predigtliteratur aus, die in den ländlichen Umgangs- und Spielbräuchen, naiver gestaltet, fortlebten. Auch die Kirchenzeitbräuche des katholischen Volkes umfassen eine wechselnde Zahl von kleineren selbständigen Aufzügen, die sich aus allgemein-menschlichen und naturhaften Vorgängen, primitiven Religions- und Moralvorstellungen, legendären, gesellschaftlichen und literarischen Einflüssen auf Grund alten Herkommens um die Festtagsgestalten allmählich gereiht haben und nachweisbar mit dem 16. Jh. auf dem Lande verallgemeinert zu werden begannen. Sie wurden oder werden noch heute teils gruppenweise von Haus zu Haus vorgeführt, vornehmlich der Befragungsauftritt des hl. Nikolaus und der Aufzug der hl. drei Könige, und zwar im Rahmen verschiedenster Figuren und Bräuche, während die viel ältere Legende vom hl. Nikolaus und die Verehrung des Christkindes durch die Weisen vorwiegend als Schauspiel ausgebaut wurden. Schon in den eschatologischen Spielen Dietr. Schernbergs (s. d.) von 1480 und des Münchner Jüngsten Gerichtes von 1510, in etlichen Prozessionsspielen, wie dem von Künzelsau (s. d.), und in Figuralprozessionen tritt der hl. Nikolaus im Zusammenhang mit den vom Tode oder Letzten Gerichte bedrängten Menschen und Seelen auf. In späteren Nikolausspielen erscheinen der Tod mit dem Pfeil (s. L. Schmidt *Der grimmig Tod mit seinem Pfeil*, Wiener ZfVk. 37, 1932 S. 3338. J. Negelein *Der Tod als Jäger u. s. Hund*, ZfVk. 13, 1903 S. 237. E. Düring-Hirsch *Tod u. Jenseits im Spätma.* 1927. R. Sexau *Der Tod im Drama des 17. u. 18. Jh.s* 1907), der leichtfertige Jüngling, der von jenem gestellt und abgeschossen wird, der geizige Kaufmann, Arzt oder Hausierer (Zillertaler; s. K. Dürre *Die Mercatorszene im latein.-liturg., altdt. u. altfranzös. Drama*, Diss. Göttingen 1915), ja selbst der verlorene Sohn, der z. B. im Virgener Rosenkranzspiel von 1675 ein Schillerscher Räuberführer werden kann, gute und böse Geister, Theophilus, der gute Hirte, Schäfer, Vorläufer, Einsiedler, Hanswurst, der Kampf um die sündige Seele, die dramatisierten Traumvorstellungen des zur Einkehr führenden Sünders und andere Figuren und Motive. Ihre literarischen Unterlagen lassen sich nicht allein auf Totentänze und Erbauungsschriften, sondern unmittelbar auf Moralitäten, insbesondere auf die Spiele vom sterbenden Menschen und Jüngsten Gericht, und ihre Umgestaltungen im Ordensdrama und in den Prozessionen zurückführen. Ähnliche selbständige „Figuren" wurden in bescheidenerem Maße auch in Sternsingerauftritte und Dreikönigsspiele eingeschoben. Wahrscheinlich war schon dem oder den Verfassern der beiden Münchner Spiele vom sterbenden Menschen und Jüngsten Gericht (1510) ein Zusammenhang zwischen jenen Typen und Szenen und der Tätigkeit des hl. Nikolaus geläufig. Dieser Zusammenhang läßt sich in den meisten Nikolausspielen des 18. und 19. Jh.s verfolgen. Tirol allein weist wiederum zahlreichere Belege von Umzügen und Auftritten des Nikolaus- und Dreikönigsfestes auf und bewahrte mehr Spieltexte und mehr Varianten als die übrigen deutschen zusammen. Vornehmlich wegen der eschatologischen Darlegungen und der Vorführung von Tod und Teufel (der freilich meist nur mehr als „Verstellter" auf die Bühne trat) verfielen selbst diese dörflichen Umzugsbräuche und Stubenkomödien den Spielverboten der Aufklärung. Im J. 1816 scheint eine behördliche Aufnahme über den Stand der Nikolausspiele wie über den der Passionsspiele den neueingesetzten Kreisämtern Tirols abverlangt worden zu sein. Darnach waren die Nikolausspiele selbst in dem hochgelegenen Gericht Windisch-Matrei trotz aller Verbote fast noch in jeder Gemeinde erhalten geblieben, freilich meist ohne die Figuren aus der Eschatologie, um derentwillen das Josefinische Aufführungsverbot auch diese Nikolausbräuche betroffen hatte. Ungehört blieb die Mahnung, die der Imster Kreishauptmann R. v. Benz für Spielneigung und Brauchtum der Bevölkerung gewagt hatte: „Für den Volksgeist, für bessere Bildung der Nation, für die Heiterkeit des Lebensgenusses, also aus Achtung für die Freiheit und selbst aus Interesse des Staates scheint es wünschenswert, die Volkskomödien nicht zu verbieten, sondern nur vom Volksschauspiele alles Nachteilige zu entfernen." Nur einzelne größere Nikolausspiele fristeten sich über den Vormärz hinaus, so in Flirsch, Pians, Ötz, Inzing, Mutters (vgl. dazu das Deckengemälde der beiden Zoller in der dortigen Pfarrkirche), Wattens, Schwaz, Zell am Ziller, Hopfgarten und vor allem im Pustertal und dessen Seitentälern. Dort waren die zahlreichsten und umfänglichsten Umzüge und „Reime" nachzuweisen, noch anfangs des 20. Jh.s., bis die westlichen mit dem übrigen deutschen Brauch- und Volkstum der Fremdherrschaft verfielen. Im Zeitalter des erstarkten tiroler Fremdenverkehrs und der Andreas-Hofer-Spiele von Brixlegg und Meran unternahm der Maler J. Schretter während des Frühsommers 1902 in seiner Geburtsgemeinde Inzing im Oberinntal, das im 17. und 18. Jh. wegen seines Rosenkranzspieles gerühmt wurde, eine fast Makartartige Neugestaltung der alten Nikolausumzüge. Losgelöst von der Kirchenzeit und freien Gestaltung aus dem Volke, vermochte diese Brauchtumsrevue tiefere Wurzeln im Dorfe nicht zu schlagen. Sie ist insofern zu beachten, als sie eine Reihe von markanten Figuren und Auftritten zusammenstellte, die in tiroler Nikolausspielen vordem üblich gewesen waren. Außerdem regte sie den Spieltrieb und die Krippenschnitzerei in Inzing und Umgebung an.

Die ein Jahr zuvor versuchte Erneuerung des alten Inzinger Dreikönigsspiels, das dort zuletzt von Brennseifen vulgo Derflinger bearbeitet und 1834 und 1851 aufgeführt worden war, wirkte volksechter. Schon damals war Maler Schretter, aber auch der Bildhauer Edmund Klotz aus Inzing am Werke. Dieses Dreikönigsspiel mag hier als ein noch nie herangezogenes Beispiel für die verwandte Anlage etlicher Nikolaus- und Dreikönigsspiele und für die Neigung des Volkes, in diesen religiösen Spielbrauch und Umzug der Jahreswende gewisse Lebens- und Standesbilder im Hinblick auf Teufel, Tod und Gericht als eine Art Abrechnung (Haberfeldtreiben) einzuschalten, dienen. Es bestand nämlich gleichfalls aus einer Anzahl unverknüpfter Aufzüge, deren Darsteller wie in den Prozessionsspielen nur in einem einzelnen Auftritt, in ihrer „Figur", auftraten, von Haus zu Haus ziehend und in die Stube eintretend, um in jeder ihr primitives Spiel von neuem zu beginnen. Ihnen ging der Vorläufer oder Actor voran, der Läufer sagte die drei Könige an, der Kurier ermahnte die Familie und das Gesinde. Nun folgten die Hirten, Herodes und die drei Weisen aus dem Morgenlande, weiters Hirtenknaben, die ihr Schäferleben im Liede priesen, der Teufel und der fromme Klausner, die um die Seele des mörderischen Kaufmannssohnes rangen, ein anderer ungeratener Sohn, der auf Selbstmord sann und von seinem Schutzengel gewarnt wurde, der Tod, der Arzt, der Rechtsgelehrte, ein heiratslustiger Bauer und ein Kritikus, der die besondere Aufgabe der satirischen Jahresrundschau an Stelle des „Figatters" vom Imster Schemenlaufen übernahm, endlich Bauer und Knecht, Räuber und Dörcher, insgesamt 50 Rollen.

Die wichtigsten bisher veröffentlichten Nikolausspiele sind abgedruckt oder behandelt: A. Hartmann *Volksschauspiele* 1880. E. Schnell *St. Nikolaus* 1883. A. Depiny *Nikolausspiele aus Tirol*, Realschulprogr. Görz 1911/13. H. Mang *Unsere Weihnacht* 1927. J. Widmann *Die Brucker Fragmente*, Staatsgymnasialprogr. Salzburg 1890/91. A. Schlossar *Dt. Volksschauspiele* 1891. Veckenstedts ZfVk. 1 (1889) S. 347—54. Wiener ZfVk. 1 (1895) S. 43; 4 (1898) S. 100/106 u. 38 (1933) S. 65—75. Dt. Volkslied 35 (1933). Der Schlern 12 (1931) S. 32. Phönix 2 (Innsbruck 1851) S. 241. Fr. Vogt *Die schlesischen Weihnachtsspiele* 1901. K. Meisen *Nikolauskult und Nikolausbrauch im Abendlande* 1931; dazu R. Kriß Wiener ZfVk. 37 (1932) S. 42—50 u. A. Dörrer ArchfnSpr. 164 (1933) S. 86/88. Handwörterbuch des dt. Aberglaubens 6 (1934/35) Sp. 1086—1107 u. 2 (1929/30) Sp. 448—462. H. Moser *Das Volksschauspiel* (Spamers Dt. Volkskunde 1²) S. 361; ders. *Zur Geschichte des Sternsingens*, Bayer. Heimatschutz 31 (1935) S. 19—31. Ing. Greinz *Nikolaus-Volksschauspiele in Österreich*, Diss. Innsbruck 1935 (hier nicht mehr berücksichtigt). K. Adrian u. L. Schmidt *Geistl. Volksschauspiel in Salzburg* 1936. A. Dörrer *Nikolausspiele aus Tirol* (in Vorbereitung); ders. *Sternsingerbrauch u. Dreikönigsspiel*, Reimmichls Volkskalender f. 1937 (abgedruckt aus Augsb. Postzeitung 8. I. 1933); ders. *Das Schemenlaufen in Tirol*, Volk und Volkstum 3 (1937). J. Gasser *Sternsinger- und Weihnachtslieder* 1937. *Das Spiel vom Hl. Rosenkranz, nach dem Originalspiel von 1675 neubearbeitet* von F. Wibmer-Pedit 1936; vgl. dazu Der Schlern 17 (1936) S. 215.

Über das Inzinger Rosenkranzspiel von 1687 vgl. *Kurzer Bericht über das Gnadenbild Maria-Hilf in Inzing* 1885 S. 5ff. Das Kaltenbrunner Rosenkranzspiel wurde von Dekan J. Lorenz an J. E. Wackernell übergeben und ist seit dessen Tod verschollen.

36. Das jüngste tiroler Volksstück vom Antichrist stammt aus der nächsten Nähe des *'Ludus'*, aus dem Thierseetal bei Kufstein; es ist in einer Quarths. mit 28 Textbll. und je einem Deckenbl. aus dem Ende des 18. oder dem Beginn des 19. Jh.s von bäuerlicher Hand geschrieben als Abschrift einer Vorlage und zu Landl im Gemeindegebiet Thiersee als Dorfkomödie aufgeführt worden. Aus Landl sind mehrere solche Dorf- und Stubenkomödien verbürgt (s. Aug. Hartmann *Volksschauspiele* [1880] S. 352f., 339; A. Dörrer *Die Thierseer Passionsspiele von 1799 bis 1935* [1935] S. 17). In Prosa geschrieben und sehr einfach und volksmäßig gehalten, steht es weder mit den bisher beschriebenen Texten noch, wie Hartmann vermutete, mit einem der spanischen Dramen im unmittelbaren Zusammenhang, sondern klingt als primitivster Nachhall aus einer reichen, eben erst lückenhaft erschlossenen dörflichen Spielkultur jahrhundertelangen kirchlichen Bildung- und Anschauungsgutes d. h. theatralischer Volkspredigten nach. Es setzt wiederum sogleich mit der Huldigung der Getreuen Harascha, Musta, Abraham und Jakob, also der Heiden und Juden vor Antichrist ein. Er verspricht ihnen die Erfüllung ihrer Wünsche, freut sich sodann allein seines Verblendungswerkes und wird durch einen Teufel der höllischen Hilfe versichert, so daß im 2. Akt auch Europa, Asia, Africa, America, Spanien und Persien vor seinem Throne erscheinen, jedoch Europa und Spanien sich nicht verführen lassen wollen. Deshalb ruft Antichrist seinen göttlichen Vater an. Unter Blitz und Donner läßt sich eine Stimme vernehmen: „Nehmet hin meinen Sohn, der euch von mir gegeben ist!" Im 3. Akt läßt Antichrist Sonne und Mond in Licht und Blut erscheinen, den Nilus in Blut verwandeln und allen seinen Anhängern seinen Namen auf die Stirne brennen. Da erscheinen Enoch und Elias auf feurigem Wagen. Harascha schwebt aber in einer Wolke hernieder und läßt die beiden durch einen Blitz niederschlagen. Europa und Spanien nehmen Zauber an, Asien zweifelt, Antichrist will vom Berge Tabor aus in den Himmel fahren, eine Wolke trägt ihn schon empor, daß alle in Lob ausbrechen, da wird Antichrist zu Boden geschmettert und ein Engel ruft zu Gott empor.

Auch in diesem Dorfspiel ist auf die Bühnenausstattung Wert gelegt. Zuerst der Thronsaal des Antichrist, dann der Tempel mit der Arche des Bundes, 4 Ampeln und den Schaubroten, der dritte Akt zeigt die Nillandschaft, der 4. den Berg Tabor; dazu die Wunderereignisse von Sonne, Mond und Nil, die Auffahrten des Antichrist und Harascha und die Niederfahrt der Propheten, endlich den Flug und Sturz des Antichrist. Im ganzen ist damit ein naiv-bäuerliches Schau- und Predigtstück aus der Barockzeit in die nüchterne Prosa des ausgehenden 18. Jh.s aufgegangen.

Die genannten Antichrist- und Jüngstes-Gericht-Spiele vertreten nur einen Teil jener zahlreichen tiroler Aufführungen vom Sterben und den letzten vier Dingen der Menschen, gegen welche die aufgeklärte Zentralregierung von 1752 an immer wieder ihre Verbote und Einschränkungen richtete, ähnlich wie gegen die Passionsspiele und Figuralprozessionen. Verwandten Charakters scheint noch die Vorstellung von den sieben Todsünden in Rinn 1799 gewesen zu sein. Ähnlich den Komödien Seb. Sailers ist die sogen. Bauernkomödie in Knittelversen 'Des Teufels Bekehrung', welche *tempore Bachanaliorum producenda* und mit zwei Liedern, einem mit Noten, im Landesmuseum Ferdinandeum aus dem 18. Jh. erhalten ist (Dip. 598).

37. Außer den Tirolern scheinen nur noch die Vlamen dasselbe Thema verwendet zu haben, so in Oostacker 1764, Oohasselt 1769, Asper 1777 usw. (s. Van der Straeten *Le Théâtre villageois en Flandre* II S. 26, 177, 185 usw.), wogegen das schlesische Volksschauspiel, dessen Weihnachts- und Passionsspieltexte

manche Beziehung und Gemeinsamkeit mit den tirolischen aufweisen, sich nicht darauf erstreckt haben dürfte. Aus den deutschen Gebieten Alt-Ungarns erwähnt R. Sztachovics *Brautsprüche und Brautlieder auf dem Heideboden in Ungarn* 1867 S. III ein burgenländer Jüngstes Gerichtsspiel. Karl Horak fand in Illnitz eine Hs. 'Komedi von Jüngsten Gericht', die vermutlich zu dem von Sztachovics genannten gehört (vgl. L. Schmidt *Das Volksschauspiel des Burgenlandes*, Wiener ZfVk. 41 [1936] S. 90).

38. Bei Gründung der ersten Freimaurerloge in England (1717) wurde die Aufrichtung des Salomonischen Tempels der allgemeinen Duldung und tätigen Menschenliebe als ihr ideales Ziel verkündet und damit ein katholisches Symbol von der endlich erfolgten Vermählung Christi mit dem ehedem auserwählten Volke Gottes auf die Ideenwelt der Aufklärung angewendet. Seither erfuhren verschiedene Allegorien und Motive der eschatologischen Vorstellungen auch in Drama und Theater ihre Verweltlichung.

39. Mit der Neugründung des Deutschen Reiches bewunderten manche Gelehrte und Schriftsteller den *'Ludus'* als blitzenden Heiligenschein einer unversehrten großen deutschen Staatsidee. Das Spiel fand Entdecker, Erklärer und Übersetzer. Die neukaiserlichen Ideenträger Kleindeutschlands wußten jedoch das mal. Ideal unter Hinweis auf seinen mangelnden politischen „Reinertrag" bald wieder beiseite zu schieben. Als erste versuchten Name (Antichrist, Drama in 5 Akten, 1886), Karl Landsteiner (Der Antichrist, Trauerspiel der letzten Zeiten, [2]1892) u. a., die Gestalt des Antichrist ähnlich der des Faust der Bühne zurückzuerobern, sodann Sebastian Wieser den gewaltigen Stoff als Volksschauspiel in seiner Trilogie 'Der Antichrist' zu meistern (vgl. J. Sprengler *Zum katholischen Drama der Gegenwart*, Hochland 9/II [1912] S. 356—361). Im Weltkriege (1916) schuf der Westfale Karl Wagenfeld das gewaltige Epos 'De Antichrist' in erschütternden niederdt. Versen. Seit dem Weltkriege setzte eine neue reiche Literatur ein, welche sich mit der Parusie und ihren dichterischen Darstellungen beschäftigte. Gümbel-Seiling, Lehrer an der Münchner Schauspiel- u. Redekunstschule, stellte mit seiner Gruppe den Tegernseer Antichrist und andere altdeutsche geistliche Spiele dar. Ihnen folgten die ersten großen Laienspielscharen der Nachkriegszeit (s. *Gemeinschaftsbühne u. Jugendbewegung* hg. v. W. Gerst[2] 1924 S. 197ff.). Eine freigebildete studentische Spielschar veranstaltete am 16. Febr. 1932 in der Stadthalle zu Münster i. W. eine überwältigend große Darstellung vom Reiche des Königs der Könige in der Übertragung von Gottfr. Hasenkamp, die auch in Berlin, Hamburg, Hannover, Gelnhausen u. a. mit großem Erfolge als ein Zeichen des Rückverlangens nach der alten christlichen Herrlichkeit des Reiches der Deutschen zur Aufführung kam. Sie wurde dem großen geistlich-politischen Spiel des MA.s voll gerecht. (Vgl. dazu G. Hasenkamp *Grundfragen christl. Dichtung*, Literaturwiss. Jb. 7 [1932] S. 105ff.) Der Übertrager vermochte das hohe imperiale Latein der Vorlage, das in seiner germanischen Fügung die fruchtbare Verbindung vom römischen und deutschen Geiste und die Begegnung der antiken Kultur mit den christlichen Aufgaben der Deutschen bezeugt, stilgerecht nachzubilden. Die theologische Wahrheit der göttlichen Erst- und Endursächlichkeit bestimmt die Führung der dramatischen Handlung. Daraus ergibt sich die Darstellung des übermenschlichen Faktors der menschlichen Geschicke.

Die politische, religiöse und schöngeistige Literatur der letzten Jahre, deren Verfasser von dem Stoffe der Parusie erfaßt wurden, ist außerordentlich zahlreich geworden. In der Stimmung: „Herr, bleibe bei uns, es will Abend werden!", welche der Zusammenbruch des Weltkrieges, das Aufflammen des Bolschewismus und Spenglers 'Untergang des Abendlandes' in Volkskreisen aufkommen ließen, fanden Flugschriften vom Antichrist, 'Großen Monarchen' usw., die mit Weissagungen verschiedenster Güte gestützt wurden, neue weite Verbreitung. Darüber hinaus wuchs manche beachtenswerte

Dichtung. Der messianische Reichsmythos, von dem sehnsuchtsvollen Drange nach einer sieghaften Wiedereroberung aus der Tiefe des deutschen Zusammenbruchs gespeist, wurde von Stefan George und Artur Moeller van den Bruck in ihrer Verkündigung einer abschließenden Selbstgestaltung der deutschen Nation durch ein Leben im Bewußtsein der Werte und der Aufgabe dieser Nation neu vorgeformt. Kein Werk erreichte bisher nur annähernd die strenge Größe, harmonische Synthese und überpersönliche Erhabenheit der gewaltigsten Dichtung unseres MA.s.

40. **Textausgaben des 'Ludus':** Bernh. Pez *Thesaurus Anecdotorum novissimus* II 3 (1721) S. 186—196. T. Wright *The Chester Plays* II (1847) S. 227—241. J. P. Migne *Patrologia latina* 213 (1855) Sp. 950—959. G. v. Zezschwitz *Vom römischen Kaisertum deutscher Nation, ein mal. Drama, nebst Untersuchungen über die byzantinischen Quellen der deutschen Kaisersage* 1877 S. 217—248 (mit Facsimile aus der Hs.) Ders. *Das Drama vom Ende des römischen Kaisertums und von der Erscheinung des Antichrists nach einer Tegernseer Hs. des 12. Jhs. in dt. Übersetzung mit Einleitung* 1878; dazu A. v. Gutschmid, Sybels Histor. Zs. 41 NF. 5 S. 145—154. Ders. *Das mal. Drama vom Ende des römischen Kaisertums dt. Nation und von der Erscheinung des Antichrists nach einer Tegernseer Hs. des 12. Jh.s nebst dt. Übersetzung und Einleitung* (wohlfeile Ausgabe) 1880. W. Meyer *Tegernseer Antichristspiel*, MSB. 1882 S. 1—192 (Text S. 17—40); dazu LZbl. 1882 Sp. 1391. Ders. *Der 'Ludus de Antichristo' und die lateinischen Rhythmen*, Gesamm. Abhandlungen zur mal. Rhythmik I (1905) S. 136—339. R. Froning *Das Drama des MA.s* (DNL. 14) I (1891) S. 206—224. Fr. Wilhelm *'Ludus de Antichristo'*, Münchner Texte 1 1912, ²1930. L. Benninghoff *Ludus de Antichristo, Das Spiel vom Kaiserreich und vom Antichrist, der lateinische Urtext und die dt. Übertragung* 1922. *Das Tegernseer Antichristspiel Ludus de adventu et introitu Antichristi*, hg. von K. Schultze-Jahde = Eclogae Graeco-latinae 1932.

Übertragungen ins Deutsche: G. v. Zezschwitz s. o. J. Wedde *Das Drama vom römischen Reiche deutscher Nation* 1878; dazu J. E. Wackernell Edlingers Literaturbl. 2 (1878) Sp. 653—658 u. 686—690; Hamburger Nachrichten 1878 No. 253—4; Wesselofsky, Journal d. russischen Ministeriums f. Volksbildung Bd. 195 S. 173. W. Gundlach *Heldenlieder der dt. Kaiserzeit* III (1899) S. 808—843. V. Vetter *Das Tegernseer Spiel vom dt. Kaisertum und vom Antichrist*, MM. 2 (1914) S. 279—333. L. Benninghoff s. o. G. Hasenkamp *Das Spiel vom Antichrist* 1932, ³1933. W. H. Deus *Vom Kaiserreich und Antichrist, Ludus de Antichristo erneut u. in Töne gebracht von W. Hensel* 1932.

Abhandlungen über den 'Ludus' u. jüngere eschatologische Spiele: J. G. V. Engelhardt *Dies memoriae Jesu Christi vitae . . . Disseritur de ludo paschali saeculi duodecimi, qui inscriptus est: De adventu et introitu Antichristi* 1831. W. Wackernagel *Kleinere Schriften* II (1873) S. 77—79. H. Reidt *Das geistl. Schauspiel des MA.s in Deutschland* 1868 S. 37 f. K. Hase *Das geistliche Schauspiel* 1858 S. 25—30. H. Holland *Geschichte der altdeutschen Dichtkunst in Bayern* 1862 S. 612—622 (mit teilweiser Übersetzung). E. Wilken *Geschichte der geistlichen Spiele* 1872 S. 145—152. G. v. Zezschwitz *Der Kaisertraum des MA.s in seinen religiösen Motiven* 1877. W. Scherer *Zum Tegernseer Antichristspiel*, ZfdA. 24 (1880) S. 450—455. P. Piper *Spielmannsdichtung* DNL. 2/2 (1896) S. 319—323. Al. Baumgartner *Gesch. d. Weltliteratur* 4³ (1905) S. 434—437. W. Creizenach *Gesch. d. neuer. Dramas* 1² (1911) S. 70, 72—78, 122—124, 135 f., 205, 217 f., 251, 274, 297 f., 306, 3² (1923) S. 158, 229, 341. S. Aschner *Zum 'Ludus de Antichristo*, MM. 1 (1912) S. 355—362. E. K. Chambers *The mediaeval stage* II (1903) S. 62, 64, 151. Ed. Ad. F. Michaelis *Zum 'Ludus de Antichristo'*, ZfdA. 54 (1923) S. 61—67. V. Vetter s. o. W. Meyer *Fragmenta Burana* (1901) S. 58. P. Winterfeld *Dt. Dichter d. latein. MA.s*⁴ 1922 S. 479 f. R. F. Arnold *Das dt. Drama* 1925 S. 9, 32, 120. Merker-Stammler I Sp. 237 u. II Sp. 398. J. Schwietering *Die d. Dichtung des MA.s* 1932 f. S. 49 f. W. Pleister *Die Aufführungen des Ludus de Antichristo*, Dt. Volkstum 14 (1932) S. 122—126; vgl. dazu ebda. 10 (1928) S. 267—73. Th. Michels *Spiel von Antichrist*, Schönere Zukunft 8 (1933) S. 961. *Ludus de Antichristo, Aufführung des „Spieles vom Antichrist" durch eine studentische Spielschar*, Der Gral 26 (1932) S. 623/4. W. Jacobsthal *Spiel des Antichrist, zu den Aufführungen des Spiels im Friedenauer Gymnasium 1929*, Nationale Erziehung 10 (1929) S. 321. G. Hasenkamp *Christl. Dramen aus MA. u. Neuzeit*, Der kathol. Gedanke 6 (1933) S. 196—98. J. Bergenthal *Das Spiel vom Antichrist und vom Hl. Röm. Reich Dtr. Nation*, Das Neue Reich 14 (1932) S. 969. H. Dittmar *Das Christusbild in der dt. Dichtung der Cluniazenserzeit* 1934. H. Maschek *Die Christusgestalt im Drama des dt. MA.s*, Jb. d. österr. Leo-Ges. 1932 S. 70 f. W. Kamlah *Der Ludus de Antichristo*, Histor. Vierteljahrsschrift 38 (1933) S. 53—87. K. Schultze-Jahde *Zur Literatur über das Tegernseer Antichristspiel*, ZfdA. 57 (1932) S. 180—183. Ders. *Zum Tegernseer Antichristspiel*, ZfDtschkde. 1932 S. 665—68. H. Meyer-Benfey *Das mal. Antichristspiel*, Preuß. Jb. 238 (1934) S. 64—80. M. Manitius *Gesch. d. latein. Lit. d. MA.s* III (1931) S. 1052—56. G. Ehrismann *Gesch. d. dt. Lit. bis zum Aus-*

gang d. *MA.s* II 2 (1935) S. 555—557. A. E. Günther *Ludus de Antichristo, ein christl. Mythos vom Reich und dt. Herrscheramte*, Glaube u. Heimat 9 (1932) S. 117—23. O Schumann *Ludus de Antichristo im Unterricht*, Monatsschrift f. höh. Schulen 24 (1927) S. 343—49. H. Benzmann *Kaiser und Antichrist od. d. Spiel vom Kaiserreich u. Antichrist*, Propyläen 21 (1924/25) S. 267. A. Kracht *Tradition u. Neugestaltung des Antichristdramas*, Mitteilungen a. d. Quickborn 27 (1933) S. 107—12. V. Michels *Studien über die ältesten deutschen Fastnachtsspiele* (Quellen u. Forschungen 77) 1896 S. 81ff. R. Grieshammer *Sprachgestaltende Kräfte im geistl. Schauspiel d. dt. MA.s*. Diss. Jena 1930. Grau *Quellen u. Verwandtschaften d. älteren german. Darstellungen d. Jüngsten Gerichts* 1908; dazu AfdA. 35 (1912) S. 184. R. Klee *Das mhd. Spiel vom Jüngsten Gericht* Diss. Marburg 1906. E. Schröder *Das Hamburger Jüngste Gericht*, ZfdA. 71 (1935) S. 209/10. G. Neckel *Studien z. d. german. Dichtungen vom Weltuntergang*, Heidelb. SB. 1918. *The Play of Antichrist from the Chester Cycle* ed. by W. Grey 1935; dazu DLZ. 57 (1936) Sp. 886/7. R. Stroppel *Liturgie u. geistl. Dichtung zwischen 1050 u. 1300* (Dt. Forschungen 17) 1928. F. Liuzzi *Drammi musicali dei secoli XI—XIV*, Stud. Med. NS. 3 (1930) S. 82—109. G. Duriez *La théologie dans le drame religieux* 1914 S. 574—84. C. H. Haskins *The renaissance of the XIIIth century* 1927 S. 175.

Abhandlungen über einzelne Gestalten u. Motive: K. Raab *Über vier allegorische Motive in der latein. u. dt. Literatur des MA.s*, Gymnas.-Progr. Leoben 1885. G. Roskopf *Geschichte d. Teufels* I (1869) S. 365—67. W. Basewitz *Der Teufel in d. Poesie*, OEUR. (1869) S. 137 bis 151. A. Kahle *Der Teufel in der Poesie*, Geg. 49 (1896). M. J. Rudwin *Der Teufel in den dt. geistl. Spielen des MA.s u. d. Reformationszeit* (Hesperia 6) 1915 S. 64ff.; dazu W. Wagner LBEGPh. 37 S. 251—4; E. J. Haslinhuis Neoph. 2 S. 71—3. K. Reuschel *Die dt. Weltgerichtsspiele des MA.s u. d. Reformationszeit* (Teutonia 4) 1906 S. 5, 36, 50f., 55. Ders. *Untersuchungen zu d. dt. Weltgerichtsspielen* 1898; dazu K. Zwierzina AfdA. 23 (1897) S. 198-200. H. Balthasar *Geschichte d. eschatolog. Problems in d. mod. dt. Lit.* 1930. H. Walther *Das Streitgedicht in der lat. Literatur des MA.s* (Quellen u. Unters. z. latein. Philologie des MA.s 5 1920 Hft. 2). Fr. Hoepfinger *Der geistl. Streit, ein mhd. Gedicht*, Diss. Straßburg 1907. T. Weber *Die Präfigurationen im geistl. Drama d MA.s*, Diss. Marburg 1919. P. E. Kretzmann *The Liturgical Element in the Earliest Forms of the Mediaeval Drama* (Studies in Language and Lit. of the Univ. of Minnesota 4) 1920. M. J. Rudwin *Zum Verhältnis d. relig. Dramas z. Liturgie der Kirche*, Modern Language Notes 29 (1914) Nr. 4 S. 108—109. P. Weber *Geistl. Schauspiel u. kirchl. Kunst in ihrem Verhältnis erläutert an einer Ikonographie der Kirche und Synagoge* 1894. M. Meyer *Geistl. Schauspiel u. kirchl. Kunst*, Vierteljahrsschrift f. Kultur u. Lit. d. Renaissance 1886 S. 162—186, 409—439. B. Jessen *Die Darstellung d. Weltgerichts bis auf Michelangelo* 1883. G. Voß *Das jüngste Gericht in der bildenden Kunst d. frühen MA.s*, Diss. Leipzig 1884. F. X. Kraus *Geschichte der christlichen Kunst* II (1896) S. 373ff. G. Fleury *Étude sur les portails images du XIIe siècle* 1904. A. Springer *Das jüngste Gericht*, Repertorium für Kunstwissenschaft 7 (1884) S. 375. F. X. Kraus *Die Wandgemälde von S. Georgskirche zu Oberzell auf der Reichenau* 1884 S. 15—22. W. H. v. d. Mülbe *Die Darstellung des jüngsten Gerichtes a. d. roman. u. got. Kirchenportalen Frankreichs* 1911. G. Grau *Quellen und Verwandtschaften der älteren germanischen Darstellungen des jüngsten Gerichtes* 1908. G. Zeller *Die Sibyllenweissagung*, ZfdPh. 61 (1936) S. 136 bis 166 u. 274—288. *Die Zeichen des Jüngsten Tages a. d. J. 1347*, hg. v. Haupt ZfdA. 1 (1841) S. 117—320. Sommer *Die fünfzehn Zeichen des Jüngsten Gerichtes*, ZfdA. 3 (1843) S. 523—530. L. Darnedde *Dt. Sibyllen-Weissagung*, Diss. Greifsw. 1933. M. J. Wolff *Sibyllen u. Sibyllinen*, ArchfKultg. 24 (1934) S. 312 ff. E. Schröder *Das Mainzer Fragment vom Weltgericht, e. Ausschnitt aus dem dt. Sibyllenbuche*, Veröffentlichungen der Gutenberg-Ges. 5—8 (1908). *Die 15 Vorzeichen des jüngsten Gerichtes* (Aus dem Spiegel menschl. Behaltnis, Basel 1476) 1921. B. Willoughby *Zwei unbekannte Fassungen über 'Die 15 Zeichen' und 'Das jüngste Gericht'. Text u. Untersuchungen*. Diss. Wien 1909. Raederscheidt-Girkon-Schäfer *Das Theater im relig. u. nation. Erlebnis unseres Volkes* 1933. O. Schönwolf *Die symbol. Darstellung in der frühchristl. Kunst*, Diss. Straßburg 1907. L. Wolff *Die Verschmelzung des Dargestellten mit der Gegenwartswirklichkeit im geistl. Drama d. dt. MA.s*, Dt. Vjschr. f. Litwiss. 7 (1929) bes. S. 281. G. Bebermeyer *Die dt. Dicht- u. Bildkunst im Spätma.*, ebda. S. 341 f. Fr. W. Strothmann *Die Gerichtsverhandlung als literar. Motiv d. dt. Lit. d. MA.s*, Diss. Köln 1930. *Drei Schauspiele vom Sterbenden Menschen* hg. v. J. Bolte (StLV. 269/70) 1927. K. Goedeke *Every-Man, Homulus und Hecastus* 1865. J. Bolte *Zu Strickers Düdeschem Schlömer* 1889. S. Hardung *Die Vorladung vor Gottes Gericht*, Diss. Heidelberg 1934.

Zur Sage u. Dichtung vom Antichrist: Die Kommentare zu 2 Thess. 2, 1—12. J. Kaufmann *Encyclopaedia Judaica* II (1928) Sp. 906—910. E. Bernheim *Mal. Zeitanschauungen* I (1918) S. 70—97. Thom. Malvenda *De Antichristo* 1604, [2]1621, [3]1647. L. Lessius (= Leyr) *De Antichristo et ejus praecursoribus* 1611. W. Bousset *Der Antichrist in der Überlieferung d. Judentums, d. Neuen Testaments u. d. alten Kirche* 1895, [3]1926; ders. *Die Religion des Judentums im späthellenistischen Zeitalter* [3]1926. *Deux versions inédites de la légende de* *l'Antichrist en vers français du XIIIe siècle* publ. par E. Walberg 1928. A. Jeremias *Der Antichrist in Geschichte u. Gegenwart* 1930. Th. v. Karajan *Vom Antichrist*, ZfdA. 2 (1842) S. 9; 6 (1846) S. 369 u. 386. E. Wadstein *Die eschatolog. Ideengruppe*, ZfwissTheol. 38 (1895) S. 528—616. P. Wiegler *Der Antichrist, e. Chronik d. 13. Jh.s* 1928. H. Preuß *Die Vorstellungen vom Antichrist im späteren MA., bei Luther u. in der konfessionellen Polemik*, Diss. Leipzig 1906. Ders. *Der Antichrist* 1909. M. Friedländer *Der Antichrist in d. vorchristl. jüd. Quellen* 1901. C. Erbes *Der Antichrist in den Schriften d. Neuen Testamentes* 1897. C. Chauvain *Histoire de Antichrist* 1903. E. Michael *Die Kulturzustände d. dt. Volkes* 1906 S. 425—36. P. Althaus *Die letzten Dinge* [3]1926. E. Nöth *Weltanfang u. Weltende in der dt. Volkssage*, Diss. Frankfurt 1932. *Opusculum de Antichristo a fratre quodam ord. praed. compil.*: cod. 219 Univ.-Bibliothek Innsbruck. B. Rigaux *L'Antéchrist et opposition au royaume messianique dans l'Ancien et le Nouveau Testament*, Diss. Löwen 1933. P. Schütz *Der Antichristus, Studie über widergöttliche Macht und dt. Sendung* 1935. F. Spirago *Genaues über den Antichrist nach der Lehre der Hl. Schrift, Überlieferung und Privat-Offenbarung* 1922. E. Teichmann *Die paulinischen Vorstellungen v. Auferstehung u. Gericht u. ihre Beziehung z. jüd. Apokalyptik* 1896. Newman *The Protestant Idea of Antichrist*, in *Essays* 1897. A. Lémann *L'Antechrist* 1905. I. L. Ratton *Antechrist, An historical Review* 1917. W. Musken *Der Antichrist und das 1. Reich* 1931. Dionysius von Lützenburg *Leben Antichristi* 1716. ZfVk. 30/32 (1921) S. 109/10. H. Hintz *Ma.liche Geschichtsanschauung u. Eschatologie in einem Apocalypsekommentar a. d. 13. Jh.*, Diss. Greifsw. 1915. Fr. Radcke *Die eschatolog. Anschauungen Bernhards von Clairvaux*, Diss. Greifsw. 1915. Ed. Bühler *Das dt. Geistesleben im MA.* 1927. *Handwörterbuch d. dt. Aberglaubens* I (1927) Sp. 479—502, II (1929) Sp. 989—998, IV (1931) Sp. 859—896. S. auch oben Absatz 7.

Zur mal. Kaisertumsauffassung: F. Kampers *Kaiserprophetien u. Kaisersagen im MA.* 1895. Ders. *Das Lichtband der Seelen u. der hl. Gral* 1916, bes. S. 101 f. Ders. *Aus der Genesis der abendländ. Kaiseridee*, Mitt. d. Schles. Ges. f. Volkskunde 17 (1917). E. Bernheim s. o. G. Roethe *Vom Altertum z. Gegenwart* 1919 S. 152—73; [2]1921 S. 178—200. C. Erdmann *Endkaiserglaube und Kreuzzugsgedanke im 11. Jh.*, ZfKirchengesch. 51 (1933) S. 384—414. F. Schneider *Rom u. d. Romgedanke im MA.* 1929. E. Pfeil *Die fränkische u. dt. Romidee des frühen MA.s, Forschungen z. mal. u. neuer. Geschichte* 1929. C. Tellenbach *Röm. u. christl. Reichsgedanke in der Liturgie d. frühen MA.s*, SB. Heidelb. Ak. 1934/35, 1. H. v. Srbik *Deutsche Einheit* 1935 ff. J. G. Sprengel *Der Staatsgedanke in der dt. Dichtung vom MA. bis zur Gegenwart* 1933. H. Heimpel *Deutschlands MA., Deutschlands Schicksal* (Freiburger Univ.-Reden 12) 1933. Joh. Hartung *Die Lehre von der Weltherrschaft im MA.*, Diss. Halle 1909. L. E. Morawitzky *Beiträge zur Vorgeschichte der mal. Kaiseridee*, Diss. Breslau 1909. H. Nörenberg *Die Darstellung Friedrich Barbarossas in den Gesten Otto von Freisings mit Hinblick auf Ottos augustinische Geschichtsauffassung*, Diss. Greifswald 1917. Eb. F. Otto, *Otto v. Freising u. Friedr. Barbarossa*, HistVjschr. 51 (1937). Frz. Böhm *Das Bild Friedr. Barbarossas u. s. Kaisertum in d. ausländ. Quellen s. Zeit* (Histor. Studien 289) 1936. H. Karge *Die Erinnerung u. die Maßnahmen Alexanders III. gegen Friedrich I. Barbarossa auf Grund d. august.-eschatolog. Anschauungen*, Diss. Greifsw. 1914. H. Grundmann *Die Grundzüge d. mal. Geschichtsauffassungen*, ArchfKultg. 24 (1934) S. 326 ff. A. v. Martin *Die mal. Weltanschauung*, Dt. VjschrLiwuGeigesch. 3 (1925) S. 485 ff. G. Müller *Gradualismus*, ebda. 2 (1924) S. 681—720. H. Brinkmann *Diesseitsstimmung im MA.*, ebda. S. 726—752. W. Goetz *Die Entwicklung des Wirklichkeitssinnes vom 12. zum 14. Jh.*, ArchfKultg. 27 (1937). W. Dyckmanns *Das mal. Gemeinschaftsdenken* 1937. Al. Dempf *Sacrum Imperium* 1929. M. Vogelstein *Kaiseridee u. Romidee und das Verhältnis von Staat u. Kirche seit Constantin* (Histor. Untersuchungen 7) 1930. M. Hackelsperger *Bibel u. Reichsgedanke*, Diss. München 1932 u. 1934. H. Günter *Die Reichsidee im Wandel der Zeiten*, Histor. Jb. 53 (1933) S. 409—28. Ders. *Das dt. MA.* 1936 f. H. Wieruszowski *Vom Imperium zum nationalen Königtum* 1933. J. Bühler *Weltanschauungen u. Politik im MA.*, Geistige Arbeit 1934 No. 21. Friedr. Schneider *Neuere Anschauungen d. dt. Historiker zur Beurteilung d. dt. Kaiserpolitik des MA.s* 1934. M. Buchner *Die mal. Kaiserpolitik u. die Frage nach ihrer Berechtigung*, Gelbe Hefte 11 (1935) S. 257 mit weiteren Literaturangaben; dazu Rhenanus, Schönere Zukunft 10 (1935) S. 613/14.

Über Tegernsee u. die Tiroler Klöster: J. v. Hefner *Leistungen Tegernsees für Kunst u. Wissenschaft*, Oberbayr. Archiv 1 (1839) S. 15—35. P. Lindner *Familia S. Quirini in Tegernsee*, ebda. 50 (1897) S. 18. Ders. *Monasticon Metropolis Salisburgensis antiquae* 1908 S. 193—200 (mit Lit. über Tegernsee u. Abtlisten). V. Redlich *Tegernsee u. die dt. Geistesgeschichte im 15. Jh.* (Schriftenreihe z. bayer. Landesgeschichte 9) 1931, Vorrede u. bisher. Lit. S. 3 ff. Ders. *Beiträge zur Tegernseer Briefsammlung des 12. Jh.s.*, Stud. u. Mitt. z. Geschichte d. Benediktinerordens 50 (1932) S. 558. S. Geiger *Kloster Tegernsee, ein Kulturbild* (Beiträge z. altbayr. Kirchengeschichte 15) 1936. J. V. Zingerle u. K. Th. v. Inama *Die tirolischen Weistümer* I (1875) S. 6—8 (über Gewohnheitsrechte auf den Gütern des Klosters Tegernsee in Tirol). B. Schmeidler *Studien z.*

Geschichtsschreibung d. Klosters Tegernsee (Schriftenreihe z. bayr. Landesgeschichte 20) 1935. G. Zacher *Das Kloster Tegernsee um das Jahr 1000*, Diss. Leipzig 1936. Al. Mitterweiser *Die Anfänge des Buchdrucks in der Abtei Tegernsee* (unter Abt Quirin Röß oder Rest aus Schwaz), Gutenberg-Jb. 1932 S. 178—182. (P. Pockstaller) *Chronik der Benediktiner-Abtei St. Georgenberg nun Fiecht in Tirol* 1874. (P. Lindner) *Album Stamsense seu Catalogus Religiosorum in Stams* 1898. A. Dörrer *Spiele und Theater im Kulturkreis des Prämonstratenserstiftes Wilten* (ZfVk., in Vorbereitung); ders. *Axams, der Ausgangspunkt des tiroler Dramatikers Karl Schönherr* (in Vorbereitung).

A. Dörrer.

Ludwig, Bruder. Prediger, von dem in der Berliner Sammlung von Sprüchen deutscher Mystiker in Ms. germ. quart. 191 zehn Sprüche aus Predigten überliefert sind. Sie enthalten Lehren über die fünf Hindernisse der rechten Beichte, über den widerspenstigen Willen als Ursache der Sünde, über die wahre Gottesminne, über die Freuden des Himmelreiches usw.; das letzte längere Stück bringt ein Gespräch zwischen einem *leygebruoder in grawem orden* und seinem Abt über die drei Inhalte des Gebets. Eigentlich mystischen Geist verraten diese Spruchstücke nicht, und es ist wahrscheinlich, daß sich dieser Bruder Ludwig mit dem von A. Franz bekannt gemachten *frater Ludovicus* deckt. Von diesem sind in der Hs. C L P 719 der Leipziger Universitätsbibl. Bl. 1—81 56 lateinische Predigten *de tempore* und Bl. 82—144 38 *sermones de sanctis* überliefert; die Hs. selbst ist in einem Minoritenkloster der Erzdiözese Mainz in der ersten Hälfte des 14. Jh.s entstanden. Die Sonntagspredigten sind außerdem in CLP 639 (Mitte des 14. Jh.s) derselben Bibliothek Bl. 32—63 enthalten. *Frater Ludovicus* muß Ende des 13. Jh.s diese Predigten gehalten haben, da er darin auf die 1298 erfolgte Absetzung Königs Adolf von Nassau anspielt. Daß er ein Deutscher war, geht u. a. aus einer Bemerkung *hereticus in lingua nostra kezzer appellatur* hervor. Die Erwähnung der Grabstätte Ottos I. läßt vermuten, daß er dem sächsischen Anteil der Mainzer Diözese angehörte. Wahrscheinlich war er Franziskaner wie sein Zeitgenosse Berthold von Regensburg, als dessen Schüler man ihn bezeichnen darf, ist er ihm doch nicht selten auch wörtlich verpflichtet. Da Berthold selbst seine Ausbildung wahrscheinlich im Minoritenstudium zu Magdeburg erhalten hat, läßt sich eine persönliche Beziehung unschwer vermuten. Der Reichtum der Gedankenwelt bei *frater Ludovicus*, die klare, durchsichtige Darstellung verraten einen Prediger ungewöhnlichen Formats; sein Interesse für apokalytische Erwartungen, die scharfe Kritik an den Mißständen im Klerus und an den Sünden des gemeinen Mannes, die heftigen Anklagen gegen die Bedrücker der Armen zeigen eine unter dem Einfluß Joachimitischer Ideen stehende typisch franziskanische Geisteshaltung. Predigtauszüge hat A. Franz veröffentlicht. Möglicherweise gehört ihm auch ein '*Libellus artis sermonandi per fratrem Ludovicum ordinis minor.*' an, der in der Stadtbibliothek zu Rouen in Hs. O 52 (14. Jh.) Bl. 124—135 enthalten ist.

Die deutschen Sprüche sind abgedruckt von Pfeiffer Germania 3 S. 231f. Über *frater Ludovicus* vgl. Adolf Franz *Drei deutsche Minoritenprediger aus dem 13. und 14. Jahrhundert* 1907 S. 49—103.

Hans Neumann.

'Ludwig der Baier'.

1. Überlieferung. Von einem mhd. Gedichte auf Kaiser Ludwig den Baiern sind uns mehrere nicht zusammenhängende Bruchstücke erhalten, teils auf Doppel-, teils auf Einzelblättern einer Perg.-Hs., die 1621 von einem Buchbinder der Dillinger Jesuiten zerschnitten und zu Bucheinbänden verwendet worden ist. Diese von einem Schwaben des 14. Jh.s geschriebene Hs. enthielt mindestens 4 Lagen, vermutlich zu je 5 Doppelblättern. Da sie einspaltig mit je 28 Zeilen beschrieben ist, mag das ganze Gedicht etwa 2200 Verse umfaßt haben, von denen uns rd. 1000 erhalten sind. (Veröffentlichung der Bruchstücke bei Pfeiffer S. 328ff.; Englert S. 71ff.; Thoma S. 87ff.)

2. Den Inhalt unseres Gedichtes vermögen wir der Lückenhaftigkeit der Überlieferung wegen und weil die Reihenfolge der Bruchstücke nicht sicher festzustellen ist, nur ungefähr zu erschließen. Der

Dichter ist ausgezogen, um ein Mittel gegen die Not seiner Zeit, den Zwiespalt zwischen Kaiser und Papst, zu finden. Frau Venus, die er auf ihrer Feste *Solialt* aufsucht, verweist ihn an Frau Ehre, die just zu einem pfingstlichen Hoffest eingeladen hat. Zu diesem Fest nun kommt unser Dichter. — Am zweiten Tage — hier setzen unsere Fragmente ein — wird er Frau Ehre vorgestellt und bringt sein Anliegen vor: er möchte ein Schwert für den Kaiser. Darob entspinnt sich ein Gespräch über Ludwig, bei dem dieser und seine Gemahlin von dem Dichter wie von der Frau Ehre und ihrem Gefolge (Frau Venus, Maße, Keuschheit usw.) überaus gepriesen, und die schweren Zeitläufte (Wahl eines Gegenkaisers, Nichtanerkennung Ludwigs durch den Papst) geschildert werden. Schließlich bekommt der Dichter von Frau Ehre das gewünschte Schwert, das ausgestattet ist mit der Gewalt, die Widersacher Ludwigs zu bezwingen. — Eine lange Reihe von Ermahnungen gibt der Dichter als Lehren der Frau Ehre seinem Geschenke mit: die schlechten Ratgeber tadelt er, die Pflichten des Herrschers werden beleuchtet, und vor allem wird der Friede gepriesen, der dem unseligen Streit der beiden Schwerter, des geistlichen und des weltlichen, ein Ende machen soll. — Damit brechen unsere Fragmente ab, wie es scheint, kurz vor dem Ende des Gedichtes. Es ist also eine der im 14. Jh. so besonders beliebten Allegorien, vielleicht zu dem Zwecke geschrieben, dem kaiserlichen Ansehen in der Öffentlichkeit dadurch zu Hilfe zu kommen, daß man dem weltlichen Schwerte die von der Kirche versagte Weihe in allegorischer Form durch die personifizierten Tugenden zuteil werden ließ.

3. Der Dichter nennt sich mehrmals *schriber* und war, wie Reime und Wortschatz ausweisen, ein Schwabe (Pfeiffer S. 159ff.). Pfeiffer (S. 334ff.) vermutete daher in ihm Meister Ulrich von Augsburg, Pronotar Kaiser Ludwigs († 1346). Diese Vermutung ist aber nicht stichhaltig (Riezler). Schaus, der das Lob auf den Kaiser nur als einen Deckmantel für die ernsten Mahnungen und Anklagen des Dichters auffaßt, vermutet ihn daher (s. 97ff.) nicht in unmittelbarer Nähe des Kaisers, sondern weist ihn räumlich in die Nähe des schweizerischen Verfassers der 'Wünsche' (Laßberg *Liedersaal* III S. 477ff.) und des Johann von Winterthur (s. d.), also in das Schwaben zwischen Rhein und Alpen und am Bodensee, und zwar in eine der dort gelegenen Reichsstädte wie Lindau, Konstanz oder Zürich.

4. Die Entstehungszeit läßt sich gleichfalls nicht so genau bestimmen, wie Pfeiffer es wollte, der 1342/46 annehmen zu dürfen glaubte. Jedenfalls aber wird das Gedicht noch zur Zeit der Regierung Ludwigs (1314/47) und zwar mehr gegen das Ende zu entstanden sein.

Pfeiffer WSB. 41 (1863) S. 328 ff. Englert ZfdA. 30 (1886) S. 71 ff. Thoma ZfdA. 58 (1921) S. 87 ff. Riezler *Geschichte Baierns* II S. 554 Anm. Schaus ZfdA. 42 (1898) S. 97 ff. Pfeiffer Germania 9 (1864) S. 159 ff.

A. Witte.

Ludwig vom Dornberg, Graf. Hs. Additional 16581 des Britischen Museums, 15. Jh. (1469), ostschwäbisch, Bl. 161a; s. R. Priebsch, *Deutsche Hss. in England II* (1901) S. 147—58. Ihm wird in den Mund gelegt der Spruch:

Den mynndern nicht verschmäch,
Durch dein krafft biß nicht zü gäch.

(Vgl. Zarncke *Cato* S. 112 v. 49. 48 u. S. 33, v. 105f. nebst Laa. *DOrs.*)

R. Priebsch.

Ludwig von Eyb zum Hartenstein.

1. Cod. ms. 1390, Univ.-Bibl. Erlangen, 'Kriegsbuch', Papierhandschrift, Gr. fol. 322 Blätter mit vielen gemalten Handzeichnungen mit Beischriften. Diese Ikonographie ist im letzten Viertel des 15. Jahrhunderts entstanden, datiert 1506, und aus dem Besitz der ansbachischen Fürsten in die Bibliothek zu Erlangen gekommen.

2. Der Ritter L. v. E. gehörte einem alten fränkischen Adelsgeschlecht an und hat sich als Kriegsmann die nötige Erfahrung gesammelt, erst in reichsstädtischen, dann in kurpfälzischen Diensten, nachher finden wir ihn als brandenburgischen Hauptmann, Vizedom zu Amberg

und nachher als Hofrichter zu Kulmbach, gest. 1521.

3. Sein militärisches Bilderbuch faßt die Kenntnisse des 15. Jh.s zusammen. Der Inhalt, nah verwandt mit Kyesers '*Bellifortis*' (s. d.) und dem 'Feuerwerksbuch' (s. d.), ist trotz der Vielgestaltigkeit doch einigermaßen gegliedert. Die Fechtkünste mit Schwert, Spieß und Dolch kommen zur Darstellung, dann die Ringkunst und der gerichtliche Zweikampf, ein weiteres Kapitel handelt von den Wagenburgen und der Feldordnung, dann folgen die verschiedenen Kriegsgeräte, wobei, wie auch bei den früheren Kriegsbüchern, veraltete und teilweise phantastische Konstruktionen wiedergegeben werden. Schwimmer- und Taucherapparate fehlen nicht, ebenso Feuerapparate zur Brandlegung, daneben sehen wir Hammerwerke, Mühlen, Göpel und Pumpwerke. Das Hauptstück des Buches, mehr als 80 Tafeln, ist der Büchsenmeisterei und der Darstellung der Artillerie gewidmet. Darauf geht es zur Hydrotechnik über und behandelt nachher das Sturmzeug. Die Schlußabteilung gibt die allegorischen Rittergestalten der Planeten.

Irmischer *Handschrift.-Katalog der Universitätsbibl. Erlangen* S. 262, No. 3390. M. Jähns *Geschichte der Kriegswissenschaften* 1889, I S. 272—274, 309. Ders. *Handbuch einer Geschichte des Kriegswesens. Technischer Teil* 1880 S. 950. P. Sixl Zeitschrift f. hist. Waffenkunde I S. 254 Fig. 34 a u. b, S. 256 Fig. 36, S. 280 Fig. 46; II S. 446. A. von Essenwein *Quellen zur Geschichte der Feuerwaffen* 1877, S. 16/17, 19. Abb. A. 49/50. J. Würdinger *Kriegsgeschichte von Baiern, Pfalz und Schwaben 1347—1506*, 1868, S. 383—384. F. M. Feldhaus *Die Technik der Antike und des Mittelalters* 1931, S. 358. H. Delbrück *Geschichte der Kriegskunst im Rahmen der politischen Geschichte.* III. *Das Mittelalter* 1907, S. 509.

4. Vom gleichen Verfasser wurde 1519 ein Turnierbuch hergestellt: '*Buech mit anzaig des Turniers*'. Cod. germ. 961, Staatsbibl. München. 131 Blatt. Die Aufzeichnungen berücksichtigen von den älteren Turnieren nur diejenigen, welche in Regensburg abgehalten worden sind. Für die Geschichte des Turnierwesens ist diese Handschrift sehr wichtig. Von ihr ist das bekannte 'Turnierbuch' des Georg Rüxner 1530 stark abhängig.

Max Jähns *Geschichte der Kriegswissenschaften* 1889, I S. 667. Schmeller *Die deutschen Handschriften der k. bair. Hof- und Staatsbibl.* I 1866, S. 158. Anzeiger des germanischen Museums Nürnberg 1853 No. 2, Sp. 25—26. R. H. Roth von Schreckenstein *Die Ritterwürde und der Ritterstand* 1886, S. 614 Anm. 2. W. Boeheim *Handbuch der Waffenkunde* 1890, S. 543 Anm. Alwin Schultz *Deutsches Leben im 14. und 15. Jh.* Gr. Ausg. 1892, S. 540.

Eduard A. Geßler.

Ludwig v. Helmsdorf, s. Nachtrag.

Ludwig von Ulm. Von einem Holzschneider, der sich *ludwig mäler ze vlm* nennt, stammt die erste gedruckte deutsche Fassung der '*Ars moriendi*', eines Werkes, das vor allem in den Zeiten des schwarzen Todes, aber auch sonst, in der spätmittelalterlichen Laienwelt eine große Rolle spielte. Aus den Niederlanden stammt die editio princeps der '*Ars moriendi*' von 1460, deren einziges Exemplar das Britische Museum bewahrt. Text und Spruchbänder sind in lateinischer Sprache. Auf deutschem Boden kennen wir eine oberdeutsche Ausgabe, von Schreiber IV A bezeichnet, die ebenfalls den lateinischen Text aufweist. Daneben gibt es — Schreiber VII B — eine Ausgabe in Wolfenbüttel, die zwar noch lateinischen Text, aber deutsche Spruchbänder hat und einen Nachschnitt von IV A darstellt. Beide sind anonym. Erst eine vollständig verdeutschte Ausgabe aus Ulm ohne Jahr gibt uns den Namen, den wir durch Vergleich der Typen und Schnitte auch auf die beiden andern ausdehnen dürfen: L. v. U. Diese deutsche Ausgabe dürfte wohl die erste der drei genannten sein und ist um 1470, spätestens 1473 anzusetzen. Wer dieser Meister Ludwig war, ist nicht einwandfrei festzustellen. In den siebziger Jahren sind urkundlich in Ulm nachzuweisen ein Ludwig Kuch und ein Ludwig Frieß; Haßler nennt außerdem noch einen nur als Ludwig Maler oder Mauler bezeichneten in den Jahren 1449, 60, 61, 76, 84, den er irrtümlich mit Ludwig Hohenwang (s. d.) identifiziert, der jedoch in Augsburg druckte. Aus der Werkstatt unseres L. v. U. besitzen wir noch Einblattdrucke, die ebenfalls auf niederländischen Einfluß zurückgehen. Überdies vermutet man außer der '*Ars moriendi*' noch andere Blockbücher als seine Erzeugnisse, vielleicht die von Schreiber nach Basel versetzte dritte Ausgabe der '*Ars memorandi*'.

Da sich bisher nur Kunsthistoriker mit dem Werk befaßt haben, ist die Behandlung des — übrigens xylographisch hergestellten — Textes leider noch zu kurz gekommen. Der Anfang des Textes lautet: *Wie wol nach der lere: des natúrlichē maister an dem dritten bůch der gůttē sittē: aller erschrokēlichē dinge: der tod des libes ist dz erschrokēlichst.* .... Hier erkennt man den Gegensatz zwischen der heidnisch-antiken und der christlich-mittelalterlichen Auffassung. Der Schluß ist wie folgt: *Aber es sind laider wenig die iren nächsten in sterbenden nöten wellen by gestän / dar vm mange sel ellendich wirt versumet. / dar vor vns got der allmechtig welle behütten. Amen.* Der Inhalt, der in der Hauptsache durch die Holzschnitte ausgedrückt und durch den Text nur noch weiter erläutert wird, ist der Kampf der entfliehenden Seele mit den Teufeln, welche sie zum Abfall von Gott bringen wollen. Mit Hilfe der Engel jedoch gelingt es dem Sterbenden, sich zu retten. 11 Tafeln stellen diesen Kampf dar. Spätere Typendrucke dieser Fassung stammen aus dem Jahre 1493 (Leipzig, Konrad Kachelofen), 1494 (ebda.), 1496 (ebda.); vgl. *Gesamtkatalog der Wiegendrucke* II (1926) Nr. 2581—83.

Faksimile-Reproduktion nach dem Exemplar Xyl. 19 der Münchener SB. Dtsch. Übersetzung der '*Ars moriendi*' des Meisters Ludwig von Ulm, Vorwort von E. Weil 1922. E. Weil *Der Ulmer Holzschnitt im 15. Jh.* 1923 S. 20/22. Haßler *Ulmer Urkundenbuch* Sp. 54. Heitz-Schreiber VI S. 7—8. Schreiber *Basels Bedeutung für die Geschichte der Blockbücher* 1909 S. 29.

Ruth Westermann.

'Ludwigs Kreuzfahrt', s. 'Kreuzfahrt'.

'Ludwigslied'.

1. Hs.: Valenciennes Cod. 150 (aus St. Amand sur l'Elnon), enthaltend Werke des Gregor von Nazianz, Sequenzen und das altfranzösische Eulaliagedicht. Anschließend von derselben Hand auf Bl. 141^b—143^a in 59 Zeilen das ahd. 'L.'.

2. Das Gedicht ist von einem unbekannten Geistlichen im Jahre 881 oder 882 in rheinfränkischer Mundart verfaßt worden; niedergeschrieben ist es, wie aus der Überschrift *de piae memoriae Hluduico rege* hervorgeht, erst nach dem bereits 882 erfolgten Tode seines Helden.

3. „Als Kind noch verlor Ludwig den Vater, aber der Herr nahm sich seiner an, verlieh ihm alle Herrschertugenden und den Thron der Franken, den er mit seinem Bruder Karlmann teilte. Um ihn zu erproben, sandte Gott die Normannen ins Land, denn das Volk war in Sünde verstrickt. Zuerst herrschte Verwirrung, denn der König war fern; doch Gott erbarmte sich und befahl ihm, seinem Volk zu helfen. Sogleich machte sich Ludwig auf, sammelte Streiter und zog den Normannen entgegen. Mit 'Kyrieeleison' ritten die Franken gegen den Feind an, und niemand kämpfte tapferer als der König selbst. So gewann Ludwig den Sieg — möge Gott seine Macht noch lange erhalten."

4. Das geschichtliche Ereignis, das unserm Gedicht zu Grunde liegt, ist die Schlacht bei Saucourt in Französisch-Vlandern am 3. August 881. Hier besiegte Ludwig III., der jugendliche Sohn des verstorbenen Ludwigs des Stammlers und König des nördlichen Westfranken, die dort eingefallenen Normannen, nachdem er von der Belagerung einer burgundischen Stadt herbeigeeilt war. Der gleiche Stoff hat in dem altfranzösischen Epos 'Gormond und Isembart' (s. d.) eine mehr sagenhafte Ausgestaltung erfahren.

5. Diese geschichtlichen Tatsachen sind nach einem epischen Schema behandelt worden, dessen Motive in der deutschen Heldendichtung öfter wiederkehren: Ein junger Königssohn wird, früh verwaist, von einem getreuen Waffenmeister erzogen und mit einem Gefolge von tapferen Degen umgeben. Plötzlich brechen über See her die Feinde ins Land, während der König selbst auf einem Kriegszug abwesend ist; das Reich wird verwüstet, die Mannen werden bezwungen. Da reitet der König heim, hält Rat mit seinen Getreuen und verspricht reichen Lohn dem, der ihm folgt. Dann kommt es zum Kampf, in dessen Mittelpunkt der

König steht, der Wunder an Tapferkeit verrichtet; sein Preis bildet den Ausklang des Ganzen. Diese alten, epischen Formeln sind im 'Ludwigslied' Stück für Stück mit dem christlichen Geist erfüllt. Gott selbst ist der Erzieher des jungen Herrschers, er sendet die Not ins Land, um seinen Zögling zu versuchen und dessen Untertanen für ihre Sünden zu bestrafen. Mit Gottes Erlaubnis zieht der König in den Krieg, als Anführer einer Schar gottgefälliger Helden gegen die heidnischen Widersacher. Sein Schlachtgesang ist ein Hymnus, durch Gottes Kraft gewinnt er den Sieg, und Gott wird ihn weiter beschützen. Damit ist das alte Preislied ins Kirchliche übersetzt, der altgermanische Recke zum christlichen Ritter geworden.

6. Mit dem inneren Gehalt hat auch die äußere Form eine starke Wandlung erfahren. Der Stabreim ist vom endreimenden Vers Otfridscher Technik verdrängt worden, die der stabreimenden, epischen Dichtung so charakteristische Breite einem gedrungenen, offenbar aus der volksmäßigen Ausdrucksweise der damaligen Zeit erwachsenen Erzählerstil gewichen.

Text: Steinmeyer *Die kleineren ahd. Sprachdenkmäler* S. 85 ff. — Ehrismann *Geschichte d. deutschen Literatur bis z. Ausgang d. MA.* I S. 220ff. H. Sperl *Naturalismus u. Idealismus in der ahd. Lit.* 1928, S. 133ff. H. Naumann *Das Ludwigslied u. die verwandten lat. Gedichte.* Diss. Halle 1932.

Brauer.

Lüenz, s. Lienz.

Luitgard von Wittichen (bad. Schwarzwald), Franziskanerin.

Hss.: Donaueschingen Fürstl. Bibl. 1) Laßberg n. 241, Papier 8°, um 1400; 2) n. 245 folio, geschrieben 1745.

Um 1290 als kinzigtäler Bauernkind geboren und 12jährig in das Oberwolfacher Beginenhaus als Drittordensschwester des hl. Franziskus aufgenommen, wird sie durch wiederholte Visionen zur Gründung eines Klosters in einem Waldtal des Knibisgebietes aufgefordert, mißtraut mehrere Monate lang diesen Visionen, bis sie am 25. Nov. 1322 nachgibt. Nun begab sie sich in das Zisterzienserinnenkloster Günterstal nach Freiburg zur Vorbereitung und verließ am 18. Okt. 1323 mit einigen anderen Schwestern die Oberwolfacher Klause. Auf Bettelreisen zum Herzog v. Teck, Grafen v. Geroldseck, Königin Agnes v. Ungarn und einfachen Leuten erbettelte sie die Mittel zur Klostergründung, wobei sie unendlichen Spott und Verschmähung, aber auch wunderbare Hilfe fand. Am 28. Okt. 1325 zog sie mit 34 Schwestern von Oberwolfach in das hinter Schenkenzell gelegene Klösterlein ein. Mystisch begnadet, schaute sie 1327 in Königsfelden im Aargau, an der Tafel der Königin Agnes sitzend, den Brand ihres Klosters, 1330 schon konnte der Neubau mit Kirche eingeweiht werden. Agnes und andere Stifter statteten das Kloster mit Gutem aus. L. leitete, noch manche Proben ihres mystischen und prophetischen Schauens gebend, den Konvent bis zu ihrem Tod 16. Okt. 1347 (Grabmal in der heutigen Pfarrkirche von Wittichen). Ihr geistlicher Berater, der Priester Berthold, Kirchherr zu Bombach im Breisgau, schrieb noch vor 1350 ihr Leben in deutscher Sprache (s. d.).

Ausgabe des Lebensbildes bei F. J. Mone *Quellensammlg. der bad. Landesgesch.* III (1863) S. 438ff. — P. C. Reichenlechner *Das Luitgartenbuch* 1890. L. Heizmann *Das Frauenklösterchen Wittichen* 1925. Études Franciscaines 1905 S. 147ff., 297ff., 416ff., 515ff.

Engelbert Krebs.

'Lumen animae'. Hs. 130 Stift Vorau, v. J. 1332. Traktat über die 7 Tugenden u. Laster. 162 Bll.

Bl. 1a, Hd. XIV. Jh.s: *Iste liber vocatur lumen anime quem d. Gotfridus canonicus et confrater noster ecclesie nostre Veronensi diligentissime ordinavit.* D. h. doch wohl kaum, daß er es verfaßt, sondern „verordnet", gestiftet habe! Als Vf. im Verz. d. illustr. Hss. in Öst. IV 1 (1911) S. 202.

W. St.

'Lumen animae'.

1. *'L. a.'* nennt sich ein umfassendes Werk des 14. Jh.s, das aus dem erreichbaren Bestande der naturwissenschaftlichen, medizinischen und philosophischen, auch aus einer Anzahl theologischer Schriften die zu geistlicher Auslegung geeigneten Stoffe herauszieht und sie, besonders für die Predigt, unter moraltheologische Stichworte in annähernd alphabetischer Folge ordnet.

2. Entstehungsgeschichte. Der nicht genannte Verfasser schickt seiner Sammlung eine Vorrede voraus: *Summi michi pontificis favente gratia*. Er habe die Sammlung nach mehrjähriger Arbeit wegen der Schwierigkeiten des Unternehmens zunächst unvollendet beiseite gelegt. Papst Johannes [XXII.] habe sich aber den Text durch Remundus ep. Legunensis vorlegen lassen und zur Fortführung ermutigt; drei Gehilfen mit der Kenntnis des Lateinischen, Griechischen und Hebräischen seien zur Übersetzung noch nicht ins Lateinische übersetzter Werke dem Verfasser beigegeben worden. Er habe dreißig weniger ein Jahr unermüdlich gelesen, nach Hss. geforscht, übersetzt und das Gute vom Irrigen geschieden. Das Ergebnis sei ein Werk, das von den *pociores viri elegantissimi* als das beste ihrer Zeit betrachtet werde. Andere Werke mögen reiche Schätze der Wahrheit bieten, *in hoc autem opusculo maior curiositas et dileccio invenitur*. Hier sei der Kern des Vortrefflichsten zu finden, das alle Bücher bergen, das Ergebnis der Jagd auf die Werke von Philosophen; Toledo, England, Rom, *Cachintus* (!), *Palencia* haben ihre Bücherschätze beigesteuert. Da die Welt Neues lesen wolle und Altes verachte, habe er aus Vergessenem *struem novam stilo novo* geschaffen, um der menschlichen Blindheit den Weg zum himmlischen Lichte zu weisen durch Beispiele aus der Natur, die dem Ohre willkommener seien als das Wort Gottes. So solle der Prediger die Hörer von der Schöpfung zum Schöpfer hinleiten. Der Papst selber aber habe dem Werke, dessen Verfasser sich aus Demut nicht nennen wolle, den Titel *'Lumen anime'* gegeben.

3. Verfasser. Irrige Ausdeutung der Vorrede hat einige Hss. verleitet, Papst Johannes als Autor zu nennen; es kann nur Johann XXII. (1313—1337) gemeint sein. Der von ihm angeblich an den Verfasser gesandte Remundus ep. Legunensis (so lesen alle guten Hss. u. der Erstdruck des Matthias Farinator) ist irrig als Petrus Raimundi gedeutet worden, der 1354—1360 Bischof von Leon in Spanien war. Über den mutmaßlichen Verfasser Berengarius de Landora siehe diesen.

4. Quellen. Schon in der Einleitung beruft sich der Verfasser auf offensichtlich erfundene Quellen; andere Quellen hat er gewiß aus zweiter Hand zitiert; aber sehr viele hat er sicherlich selbst eingesehen, auch solche, die uns heute verloren sind. So wird das Werk der wichtigste Quellennachweis für die literarische und wissenschaftliche Blickweite der Avignoner Gesellschaft an der Schwelle vom Mittelalter zum Frühhumanismus. Hier ist auch zwischen der geistig-moralischen und der physischen Welt ein durchgehender Parallelismus versucht worden, der eindrucksvolle Beziehungen schafft und den Blick für die Naturbetrachtung schärft. Wir gehen auf die phantastischen Namen von Autoren und Werken nicht ein: *Morienes de zonis et climatibus mundi; Centobius de giro orbis* u. a. An christlichen Autoren sind z. B. benutzt Augustinus, Ambrosius, Alanus, Alkuin, Anselmus, Athanasius, Albertus Magnus (s. d.), Bernhard, Beda, Basilius, Boethius, Cassiodorus, Papst Coelestin, Cyprian, Johannes Damascenus, Dionysius Areopagita, Hegesippus, Eusebius, Fortunatus, Gregorius Magnus, Gratianus, Haimo, Helinandus, Hieronymus, Hilarius, Isidorus, Hugo a S. Victore, Lactantius, Leo Magnus, Johannes Chrysostomus, Johannes Beleth, Petrus Lombardus, Orosius, Origenes, Paschasius, Petrus Damiani, Petrus Heliae, Prudentius, Remigius, Rabanus Maurus, Sedulius, Tnugdalus (s. d.), Thomas de Aquino (s. d.), Vincentius Bellovacensis (s. d.) — Römische u. griechische Autoren: Aristoteles, Anaxagoras, Celsus, Chalcidius, Cicero, Constantinus Africanus, Demosthenes, Diogenes, Fulgentius, Fontinus, Galenus, Hermes Trismegistus, Hippocrates, Juvenalis, Cato, Macrobius, Horatius, Persius, Petronius, Philaretus, Plinius, Porphyrius, Pythagoras, Plato (*'Phaedon'*), Quinctilianus, Solinus, Sybilla, Statius, Sallustius, Strabo, Seneca, Ferentius, Themistius, Theophilus, Theophrastus, Valerius Maximus, Vergilius (*'Bucolica'*, *'Aeneis'*), Varro. — Araber: Avicenna,

Averroes, Avicebron, Alcabicius, Alpharabius. — Mittelalterliche Dichter und Autoren: Galterius, Gamfredus, Petrus Blesensis u. a.

4. Anlage des *'Magnum lumen animae'*. Vollhandschriften sind kaum noch nachweisbar. Die Abschreiber begnügten sich mit einer Auswahl der Beispiele und Titel. Die starken Abkürzungen, die das Textverständnis erschwerten und zu oft sinnlosen Auflösungen durch die Abschreiber führten, schreckten ab. Besonders von der Mitte ab erlahmte die Abschreibefreudigkeit. Das zeigen die ältesten und besten Hss. aus dem 14. Jh. Anderseits wuchs, besonders am Schlusse, das Fremdgut zu. Die Hs. Breslau St. u. U. B. IV. F. 44 (v. J. 1375) umfaßt in annähernd alphabetischer Ordnung auf 136 doppelspaltigen Blättern engster Schrift mit starken Abbreviaturen 112 Titel (*De amore, adventus spiritus sancti, de altitudine, de affluentia mundana* usw. bis *de Christo*) unter starker Vernachlässigung der Buchstaben M—R (die zusammen nur drei Titel bilden gegen 23 unter A und 25 unter C). Die Hs. Breslau St. u. U. B. IV. Q. 69 (v. J. 1374) enthält auf 184 Blättern, unter teilweiser Zerlegung längerer Titel in mehrere Stichwörter, nur 72 Titel, von denen sich 46 mit Hs. IV. F. 44 decken; fast alle sind stark gekürzt. Dagegen hat Hs. Breslau St. u. U. B. IV. F. 45 (um 1400) schon 241, allerdings sehr kurze Titel, wovon allein 78 auf den Buchstaben V fallen (gegen 6 in Hs. IV. F. 44). Diese überwiegend mit der Vorrede *Summi michi pontificis* beginnenden, auf den Volltext zurückführenden Hss. haben als 1. Titel *De amore divino. Avicenna libro quarto de diluviis: In profundo igitur fontis si quis steterit, stellas in die clare limpideque videt*; teilweise wird die erste Auctoritas gestrichen, so daß sie beginnen: *Amor. Gregorius super Ezechielem: Anima sine amore* usw. Sie stellen die Überlieferung des sogenannten *'Magnum lumen animae'* dar.

Einige Hss.: München clm. 3044 (15. Jh.); 3775 (1449); 3850 (14. Jh.); 6180 (1446); 7245 (15. Jh.); 8337 (15. Jh.); 9005 (15. Jh.); 9203 (1451); 12296 (15. Jh.); 15311 (15. Jh.). Wien N. B. 2310 (14. Jh.). Prag, U. B. 1811 (14. Jh.); Prag, Kap.-Bibl. 507 (v. J. 1409). Wolfenbüttel 759 (v. J. 1383). Breslau, St. u. U. B. IV. F. 44 (v. J. 1375); IV. F. 45 (um 1400); IV. Q. 69 (v. J. 1374). Hss. mit dem Anf. *Gregorius* z. B. Erfurt, Quart 83 (v. J. 1460); Prag, Kap.-Bibl. 524 (14. Jh.); Breslau, St. u. U. B. I. Q. 15 (14. Jh.; Auszug); IV. Q. 147 (v. J. 1472). Klagenfurt, Studienbibl. Papierhs. 139 (v. J. 1419).

5. *'Parvum lumen animae'*. Viel verbreiteter ist ein Auszug, der die Normalfassung des 15. Jh.s darstellt. Er beginnt mit dem 3. Titel (Kapitel): *De altitudine. Philosophus VI. Animalium libro: In cunctis quidem mortuis pectus altius solito elevatur.* Der Umfang schwankt, gewöhnlich übersteigt er 40 Folioblätter nicht.

Dieser Text liegt in zahllosen Hss. vor; z. B. München clm. 3041 (1486); 4369 (15. Jh.); 5393 (Bl. 102—137, v. J. 1369: *Expliciunt dicta domini apostolici Johannis modernioris*); 5976 (15. Jh.); 8970 (1422); 12296 (1446); 21075 (15. Jh.); 23973 (15. Jh.); 26694 (1460). Prag, Kap.-Bibl. 520 (14. Jh.); U. B. 48 (1466—72); 194 (15. Jh.); 413 (14.—15. Jh.); 469 (14. Jh.); 948 (1434); 1846 (1411); 2522 (1385). Wien, Schotten 263 (15. Jh.); 390 (15. Jh.). Berlin St. B. 297 (1428 u. 1424); 484 (15. Jh.); 761 (14.—15. Jh., Reste). Erfurt Q 156 (1369); 168 (Ende 14. Jh.), wo behauptet wird: *compilatus est a papa Johanne*. Danzig, Ms. Mar. F 253 (15^1. Jh.).

Andere Kurzfassungen begegnen seltener. Exzerpte sind zahlreich. Hs. Prag, Kap.-Bibl. 1042 (14. Jh., 36 Bl.) beginnt mit Titel: *Amor. Ptolomeus. Amor est ignis*; Hs. Prag, U. B. 702 (14. Jh., Bl. 13—226): *Aristoteles in problematibus. Homo cibatus*; dazu ein Anhang bis Bl. 298^b; Wien, Schotten 125 (v. J. 1485, Bl. 109—199^2): *Sangwis parvorum sanat hominem a lepra*. — Das Kap. *'De beata virgine Maria'* tritt auch mit Erweiterungen als eigener Traktat auf; Maria wird mit Dingen der Welt verglichen. In Hs. Breslau, St. u. U. B. I. F. 52 (15^1. Jh., Bl. 64^b—72): *Gloriosam illam virginem Mariam fore comparandam duximus infrascriptis, et primo celo*; Hs. Breslau, St. u. U. B. I. Q. 412 (v. J. 1425, Bl. 148—161): *Incipit liber, qui dicitur lilium et amenitas Marie. Maria celo comparatur. Efferendas itaque* usw., ebenso I. Q. 344; I. Q. 469 (v. J. 1415); ähnlich Hs. Maria Saal Nr. 5 (Bl. 225—233, v. J. 1448).

6. Deutsche Übersetzungen des *'Lumen animae'*. Im Jahre 1426 hat Ulrich Putsch, Pfarrer zu Tirol (s. d.), das *'L.a.'* übersetzt.

Als Vorlage für das niederdeutsche

Beichtbuch '*Das licht der sele*', Lübeck 1484 (Geffken *Der Bilderkatech. d. 15. Jh.* I [1855], Beilagen S. 127) hat das '*Magnum lumen animae*' gedient, das dem Verfasser als Werk von 30 großen Sexternen zur Verfügung stand.

7. Matthias Farinatoris (s. d.) hat 1477 das '*Magnum lumen animae*' erneuert.

K. Burdach *Zur Kenntnis altdeutscher Hss.*, Zentralbl. f. Bibliothekswiss. 8 (1891) S. 1ff., 145ff.; ders., *Vom Mittelalter zur Reformation*, 1. Heft (1893) S. 19—21; 22 Anm 1, 131—133; beides jetzt im *Vorspiel* I 2, S. 100ff. (1925). Rose *Kat. d. Berl. lat. Hss.* XIII S. 79 u. 341 zu den Hss. 296 Nr. 6 u. 484 Nr. 2. Cruel *Gesch. d. deutschen Predigt im Mittelalter* S. 460 f.

J. Klapper.

Lunden, s. Wedergang v. L.

Lunder, Kaspar. Von ihm eine Arznei gegen alle Schäden im Ms. allem. 164 der Pariser Nationalbibliothek, saec. XV/XVI., Bl. 238b. Sudhoff.

Lüneburg, s. Otto v. L.

Lupin, s. Christan v. L.

Lupold, s. auch Leopold.

Lupold v. Bebenburg, s. Nachtrag.

Lupus, Johannes. Johann L., eigentlich Wolff, war in der zweiten Hälfte des 15. Jh.s Kaplan an St. Peter zu Frankfurt, wo sich auch sein Bildnis befindet. Er vertrat eine strenge und reine Richtung des Katholizismus, die sich gegen Mißstände wandte und sich durch Ernst der Frömmigkeit, soziale Einstellung und volkstümliche Sprache auszeichnete. 1726 erwähnt ihn der protestantische Pfarrer J. B. Ritter in seinem 'Evangelischen Denkmahl der Stadt Frankfurth am Mayen' lobend und betont gewissermaßen in ihm eine dem Protestantismus verwandte Haltung. L. ist schriftstellerisch bekannt geworden durch sein Beichtbüchlein, das als Marienthaler Druck 1478 erschien. Es handelt sich um ein 4°-Bändchen von 26 einspaltigen Bll. mit je 36 Zeilen. Auf Bl. 1a findet sich der Titel: *Vor die anhebenden kynder vnd ander / zu bichtẽ in der ersten bycht. /* Der Text beginnt: *Ich armer sundiger mensche ich bekeñen mich dem allmechti/gen gode. . . . . . .* Der Verfasser ist angegeben als *iohann lupi Capellanus/capelle scī petri in suburbio franckfordensi.*

Exemplare sind erhalten: Seminarbibl. Mainz (Inc. 829), UB. Gießen (V 21, 810) und Landesbibl. Kassel. Bei Hain u. Goedeke nicht erwähnt. F. W. Battenberg *Das Beichtbüchlein des Mag. Joh. Wolff (Lupi)* 1907. F. W. E. Roth *Zur Literatur dt. Drucke des 15. u. 16. Jhs.*, ZfdPh. 26 (1894) S. 469. W. Stammler ebda. 53 (1924) S. 11. E. F. A. Münzenberger *Das Frankfurter u. Magdeburger Beichtbüchlein* 1880, S. 6—23.

Ruth Westermann.

Lurcker, Erhart.

Über die Persönlichkeit des Dichters ist wenig bekannt. Der Name wird genannt am Schluß der Historie vom Ritter Thorelle als „Erhart Lurcker das arm blůt". Ergänzend erfahren wir aus einem Druck des Giletta-Volksbuchs, daß er um 1520 zu Oberkirch am Schwarzwald gewohnt haben muß. Seiner Sprache nach ist er Alemanne, wahrscheinlich Elsässer. Die unter seinem Namen bekannten Werke sind:

1. 'Ein hüpsche hi- / storien von einem Rit- / ter genant herr Thorelle, geborn vß / den land Lombardia, wie er vom / grosen Soldan gefangen wardt / in den zytten da keyser Fri- / drich regiret gantz / Römisch rych' usw.; am Schlusse: „Getruckt zů Straßburg" (o. J. bei Grüninger um 1515). Lurcker nennt seine Erzählung eine „den Dütschen unbekannte Historie vßer welischem land". Es sei ihm schwer geworden, sie in „rimen maß" zu bringen. Sein Stil ist schwerfällig. Die Erzählung behandelt Kreuzzugmotive. Der große Sultan begibt sich als Kaufmann verkleidet nach Italien, um die Pläne Kaiser Friedrichs zu erkunden. Dort ist er Gast des Ritters Thorelle und wird reich beschenkt, als er ihn verläßt. Einige Zeit darauf wird Thorelle im Morgenland gefangengenommen. Aber der Sultan erkennt ihn, nimmt ihn mit Ehren auf. Er möchte ihn für immer bei sich behalten. Aber Thorelle hat Eile, in die Heimat zurückzukommen. Beim Abschied hat er seiner Frau versprochen, Nachricht zu geben, und sie verpflichtet, vor Ablauf

einer Frist von Jahr, Monat und Tag nicht wieder zu heiraten. Sie hat ihm zum Andenken ein Fingerlin gegeben. Da die Frist jetzt gerade abgelaufen ist, gerät Thorelle so in Sorge, daß er erkrankt. Der Sultan hilft ihm. Thorelle wird durch einen „drank von dolem wein" eingeschläfert, in ein Bett gelegt und mit reichen Geschenken zusammen durch einen Nekromanten in der Nacht des 14. April in das Münster zu Pafeiga geschafft. Der Abt, sein Vetter, findet ihn am Morgen. Thorelles Frau ist gerade im Begriff, sich auf Drängen ihrer Verwandten neu zu vermählen. Der Abt nimmt den Ritter mit zur Hochzeitstafel. „Die brut bot im zů drincken, in den guldinen kopff ließ er sinken Von gold ein kleines fingerlein, das im hat geben die zart und rein, Do er ſich von ir scheyden thet." Die Frau erkennt ihn daran wieder, und die neue Heirat wird verhindert. — Der Druck umfaßt 19 Blatt (4) zu 32 Zeilen. (Berlin Yg. 6831. 6832.)

2. 'Ein history lieplich vnd kurtzweilig zů lesen / Wie ein junckfraw genant Giletta / den Künig von Franckreich einer seiner kranckheit gesundt machet vnd jm sunst kein artzet helffen kunde. Und nach dem sie jm gehalff / begert sie für iren lon Beltramo einen heren von Siglione zů einem Eemann' usw. Am Schlusse: „Getruckt zů Straßburg jm 1520. jar". Der Verfasser sagt, er habe die Erzählung „ausser andern bůchern zůsammen gezogen". In der Tat handelt es sich um eine Übersetzung der neunten Novelle (dritter Tag) von Boccacios '*Decamerone*', die auf die Übersetzung Arigos zurückgeht. Hier wird die Entstehung und Ableitung eines Volksbuches faßbar. Der junge Graf Beltramo wird von der Jungfrau Giletta geliebt. Nach dem Tode seines Vaters aber kommt Beltramo nach Paris an den Hof des Königs. Giletta bleibt zurück und hält ihm lange Jahre die Treue. Da erkrankt der König an einer gefährlichen Krankheit, von der ihn niemand zu heilen vermag. Giletta, eine „große meisterin etlicher heimlicher stück der artzeney die sie von irem vatter erlernet hette", begibt sich nach Paris. Es gelingt ihr, den König in acht Tagen zu heilen. Da sie sich als Lohn eine Gnade ausbitten darf, fordert sie Beltramo zum Gemahl. Dieser wird gegen seinen Willen mit der nicht ritterbürtigen Frau verheiratet, läßt sie auch bald, ohne sie zu berühren, in seiner Grafschaft zurück und begibt sich nach Florenz. Auf ihre Bitte, zurückzukehren, läßt er ihr sagen, er wolle sie nicht eher als seine Gemahlin wieder anerkennen, ehe sie nicht einen Ring, den er stets am Finger trägt, und ein Kind, das sie von ihm empfangen, ihm vorweisen könne. Sie begibt sich darauf selbst nach Florenz, und durch eine List gelingt es ihr, an Stelle eines anderen Mädchens, das er liebt, mit ihm zu schlafen und in den Besitz seines Ringes zu kommen. Sie gebiert zwei Söhne und kehrt mit ihnen und dem Ring zu ihrem Gemahl zurück, der sie nun in Ehren aufnimmt und nach allem, was sie um ihn ausgestanden, lieb gewinnt. — Der Druck umfaßt 7 Blatt (4) mit Seiten zu 32 Zeilen, davon die vorletzte nur 15 Zeilen hat, die letzte leer ist. Er ist in einem Straßburger und einem Berner Exemplar erhalten. Das zweite hat ein Titelblatt mit zwei Holzschnitten, aber ihm fehlt das letzte Blatt.

Goedeke *Grundriß*² I S. 374. P. Heitz u. F. Ritter *Versuch einer Zusammenstellung der dt. Volksbücher* 1924, S. 61, 186, 216—218. — F. Ritter *Das Giletta-Volksbuch nach einem bisher unbekannten Straßburger Drucke erstmalig herausgegeben* 1928.

Heinz Stolte.

Lurlebat. Sonst unbekannter Name des Verf. eines 1476 entstandenen Liedes auf die Schlacht bei Murten: *Woluf, ir herren all im pund!* Aus der Chronik des Diebold Schilling (Hdschr. der Zürcher Stadtbibl.) hsg. von G. Tobler in der Schwz. Rundschau 1 (1893) S. 312. L. kommt als Ortsname in der Nähe von Chur vor. O. v. Greyerz.

Lutringen, s. Helferich v. L.

Lüttich, s. Nikolaus v. L.

Lutwin *(Liutwin).*

Überlieferung: Erhalten nur in der Pap.-Hs. Nr. 2980 (Ambras 259) der Wiener Nationalbibl. aus dem 14./15. Jh.

Der Dichter nennt sich selbst v. 59 und 1253; nach der Schreibung der Handschrift, die auch sonst vorzugsweise *u* für *iu* schreibt, hat sich die Namensform *Lutwin* eingebürgert, richtiger sollte man

Liutwin schreiben. Er war offenbar Österreicher mit md. Einschlag und hat wohl zu Beginn des 14. Jh.s gedichtet, viell. in Deutschböhmen (Leutwin d. Schreiber in Sedletz?).

Den Stoff seiner Dichtung 'Adam und Eva' bot ihm die '*Vita Adae et Evae*', die auch andern mhd. Gedichten zur Grundlage gedient hat (vgl. über sie und den Stoff Bd. I Sp. 4ff.). L. hat den Stoff episch ausgeweitet (3940 V.), indem er vor allem die Vorgeschichte aus der Genesis ergänzte und einige Zusätze machte. Allerdings hat man seine stoffliche Selbständigkeit bis vor kurzem stark überschätzt. Vor allem sah man in der eingeflochtenen Erzählung der Kreuzholzlegende eine eigene Leistung des Dichters, da seine Fassung nicht nur von dem, was einige Handschriften der Quelle gleichfalls davon bieten, stark abweicht, sondern ebenso von allen sonstigen Fassungen dieser Legende. Vor kurzem hat aber nun Dunstan nachgewiesen, daß L.s Quelle eine Version der '*Vita Adae et Evae*' war, die sich von den bis dahin berücksichtigten Texten stark unterscheidet; in ihr finden sich nach D. auch alle angeblichen Zusätze L.s. Eis, der nähere Beziehungen zum Magnum Legendarium Austriacum feststellt, hält zwar die biblischen Zusätze für selbständige Ergänzungen, sieht aber für die Kreuzholzlegende das Gedicht Heinrichs von Freiberg als Quelle an, was jedoch nicht überzeugend ist.

Daß L. jedenfalls kein sehr selbständiger Kopf war, zeigt seine stilistische Haltung: er steht außerordentlich stark unter dem Einfluß Wirnts von Gravenberg (s. d.), dem er auch die Dreireime abgesehen hat, hat auch aus Konrads von Heimesfurt (s. d.) 'Himmelfahrt Mariä' sowie aus Konrad Flecks (s. d.) 'Flore' einiges entlehnt. Daneben zeigt sich doch aber auch ein gewisser volkstümlicher Zug, eine Neigung zur Einflechtung sprichwörtlicher Redensarten u. dgl. und eine naive innere Beteiligung, die allen Schwächen zum Trotz der Dichtung einigen Reiz gibt.

Hrsg. v. K. Hofmann u. Wilh. Meyer (Speyer) (Bibl. d. Lit. Ver. 153) 1881; dazu Hofmann u. Meyer MSB. 1880, S. 598—616; E. Steinmeyer AnzfdAlt. 8 S. 222-30; Sprenger Litbl. 1881, S. 259. Über die „Zusätze" und die „freie Behandlung" des Stoffes s. bes. Ausg. S. 128 f. u. W. Meyer (Speyer) Abhandl. d. Münch. Akad. d. Wiss. 14 (1878) S. 216 ff. Bartsch ADB. XXI (1884) S. 21. A. C. Dunstan *The middel high german 'Adam and Eva' by Lutwin and the latin 'Vita Adae et Evae'*, The Modern Language Review 24 (1929) S. 191—99. Ehrismann *Litgesch.* II 2 S. 357. G. Eis *Beiträge zur mhd. Legende und Mystik* 1936, S. 23 ff.

H.-Fr. Rosenfeld.

'Luzifers Sturz'.

1. Schon im teilweise vorchristlichen Henochbuch steht, daß der oberste der ungehorsamen Engel seinen Thron oberhalb der Wolken setzte und Gott an Macht gleich sein wollte. In den ersten christlichen Jahrhunderten verbindet man Jes. 14, 12: *Quomodo cecidisti de coelo lucifer, qui mane oriebaris? corruisti in terram, qui vulnerabas gentes?* mit Stellen wie Luc. 10, 18: *Videbam satanam sicut fulgur de coelo cadentem* und formt die Lehre vom schönsten und ersten aller Engel, Luzifer, welcher in Sünde (meistens Hochmut) verfiel, deshalb aus dem Himmel auf die Erde hinunter stürzte und hier der Anstifter des Sündenfalls der ersten Menschen wurde. Diese im 5. Jh. voll ausgebildete Theorie ist seitdem ein unentbehrlicher Bestandteil des katholischen Dogmas und deshalb auch in zahlreichen religiösen Dichtungen, namentlich über die Heilslehre, erwähnt.

2. Die älteste Spur in deutscher Dichtung haben wir in der ags. aus dem As. übersetzten 'Genesis' (s. d.) (v. 246 ff.), wo ein Gedicht des Alcimus Avitus die Quelle ist. Es ist natürlich, daß der Engelsturz im Schöpfungsbericht oder vor dem Sündenfall erzählt wird; so finden wir die Geschichte auch in der Wien-Milstätter 'Genesis'; in der Vorauer 'Genesis'; in der 'Erlösung' (s. d.) (v. 210 ff.); in Gundackers von Judenburg (s. d.) 'Christi Hort' (am Anfang); in Tilos von Kulm (s. d.) 'Von siben ingesigeln' (v. 123 ff.). Aber auch sonst findet sich unschwer ein Anlaß zur Erwähnung: besonders sinnvoll ist die Verwendung in der 'Hochzeit' (s. d.) (Hauptstelle: v. 812 ff.), ferner z. B.: 'Von den

zehn Geboten'; Brun von Schoenebeck (s. d.) (2483—2509); Hugos von Langenstein (s. d.) 'Martina' (13, 55 ff. u. ö.); Seifried Helbling (s. d.) (VII, v. 541 ff.). In der 'Pilgerfahrt des träumenden Mönchs' (s. d.) (ed. Meiboom v. 7412 ff.) erzählt *Hoverdie* die Legende. Diese fehlt natürlich auch in Predigten nicht: Wackernagel S. 3 '*De angelis*', S. 154 Über Sap. 5, 1; der sog. St. Georger Prediger (hsg. Rieder S. 106); und ebensowenig im Drama: 'Spiel vom jüngsten Tage', 'Christi Auferstehung' (Schlußmonolog Lucifers), Dietrich Schernbergs (s. d.) 'Spiel von Frau Jutten' (Begrüßungschor der Teufel). Innerhalb der weltlichen Dichtung mögen die Darstellungen Wolframs (s. d.) in 'Willehalm' v. 308 und 'Parzival' v. 463 genannt werden.

3. Im ganzen muß man allerdings zugeben, daß die psychologisch-poetischen Möglichkeiten des Titanenstoffes wenig ausgenützt werden, da die Einstellung zu naiv-didaktisch ist.

Hoffmann *Fundgruben* II S. 11. Piper S. 3—5. Germ. 31 S. 57 ff. v. 207—222. Mone *Schauspiele des Mittelalters* S. 302. Ders. *Altdeutsche Schauspiele*. Das Dogmatische in den üblichen Dogmengeschichten und religiösen Enzyklopädien; vgl. bes. A. Vacant et E. Mangenot *Dictionnaire de Théologie catholique* IV, 1 (1920) Sp. 321—409. Ehrismann *Lit.-Gesch.*

L. L. Hammerich.

M.

Madach, s. Mardach.

'Magd, Die getreue'.

Überlieferung: I. Hochdeutsche Redaktion Hs. Nr. 481 der Landesbibliothek zu Karlsruhe (15. Jh.) u. Hs. cgm. 714 der Staatsbibl. zu München (15. Jh.); II. Niederdeutsche Redaktion in der Livländischen Sammlung, die, lange in Eschenburgs, dann Meusebachs Besitz, jetzt als Ms. germ. oct. Nr. 186 der Preußischen Staatsbibl. in Berlin gehört.

Die Novelle von der getreuen Magd gehört in den beliebten Kreis der Erzählungen von dem betrogenen Ehemann, der, ohne es zu merken, Zeuge der Liebschaft seiner Frau wird: Der frühmorgens heimkehrende Gatte tritt an das Bett, in dem seine Frau mit dem als Gast aufgenommenen Studenten liegt, hält aber die Verschlungenen bloß für den Fremden und bewundert mit seinem Begleiter dessen vermeintlichen weißen Arm. Den Hauptnachdruck aber legt der Dichter auf die Befreiung der Frau aus dieser Situation durch die Magd, die einen Stall anzündet und die Männer zum Löschen ruft. Danach gibt er der Erzählung nicht nur selbst den Titel, sondern geht in seiner Bewunderung für diese Treue so weit, daß er in einem Gebet Gott, Maria und Christus um seines bittern Todes willen bittet, beim Jüngsten Gericht ebenso treu erfunden zu werden. Dabei ist es ihm offensichtlich nicht um eine groteske Wirkung zu tun, sondern es ist der auf die Spitze getriebene Ausdruck der amoralischen Haltung des berufsmäßigen Erzählers.

Die Novelle ist in zwei nahe verwandten Redaktionen erhalten, einer knapperen hochdeutschen (I; 428 V.) und einer breiteren niederdeutschen (II; 624 V.). Beide gehen offenbar auf eine gemeinsame deutsche Grundlage zurück; daß diese hochdeutsch war, zeigen die zahlreichen hochdeutschen Reime in II, die nur in den mit I übereinstimmenden Partien begegnen. Aber I zeigt, von offensichtlichen Kürzungen abgesehen, gleichfalls Reime, die zu seinem sonstigen Charakter schlecht passen, und ist gewiß auch eine allerdings nur wenig eingreifende Reimbearbeitung der deutschen Urfassung, die vielleicht mittelfränkischer Herkunft und wohl nicht vor dem Beginn des 14. Jh.s gedichtet war. Da aber I bisher nur nach der unvollständigen und verderbten Karlsruher Hs. herausgegeben ist, läßt sich ein sicherer Schluß nicht ziehen.

Die rettende List mit der Entzündung der Scheune findet sich ebenso in dem 'Ritter unter dem Zuber' des Jakob Appet (s. d.), wo sie die Ausführung einer Anregung der französischen Quelle ist. Da unsere Erzählung auch im Grundgedanken Verwandtschaft mit jener aufweist und eine nähere Parallele bisher nicht nachgewiesen ist, ist es gut möglich, daß sie unter ihrem Einfluß entstanden ist.

Die hochdeutsche Fassung ist herausgegeben von Ad. Keller *Erzählungen aus altdt. Handschr.* 1855, S. 275 ff.; die niederdeutsche zuerst von Eschenburg *Denkmäler altdeutscher Dichtkunst* 1799, S. 235 ff. u. auszugsweise bei Herm. Oesterley *Niederdeutsche Dichtung im Mittelalter* 1871, S. 37; danach von v. d. Hagen GA. (II 1850) S. 309 ff. Nr. 42. Einen Paralleldruck beider Fassungen mit sehr abwegigen Bemerkungen gab K. Schmidt *Zu niederdeutschen Gedichten der Livländischen Sammlung*, Progr. Elberfeld 1901, S. 11 ff.; dazu Stehmann *Die mhd. Novelle vom Studentenabenteuer* (Palästra 67) 1909, S. 125 ff. Übersetzung bei L. Greiner *Altdeutsche Novellen* II S. 219.

H.-Fr. Rosenfeld.

Magdalene von Freiburg (auch **von Kenzingen**), Klarissin.

Hss. ihres Lebens und ihrer Visionen: Mainz, Stadtbibl. n. 16, Papier folio, geschr. 1491; Freiburg Br. Univ. Bibl. n. 185, Pap. 4⁰, geschr. 1656/57; Karlsruhe Gen.Land.Arch. n. 214, Pap. fol., 17. Jh. (Protokoll der Freiburger Franziskaner); ebd. n. 217, Pap. fol., geschr. 1628 (Protokoll der Freiburger Klarissen).

Druck: Die 15 geheime Leiden, welche einer Schwester Magdalena im Kloster zu Freyburg, Klarä-Ordens, . . . geoffenbart worden. Wie auch nach dero Ableiben in ihren Schriften diese folgende Offenbarung sich befunden. Freysing (Franz Singer) 1786. Joh. Nider *Formicarius* (Köln 1475) liber III. cap. 8.

Magdalene Beutler, 1409—1458, Kind eines Kenzinger Kaufmanns und der Margarete, die nach des Gatten Tod die Kleine zu den Klarissen in Freiburg gab, selbst auf 5jährige Pilgerfahrt ging und als Schwester Marg. v. Kenzingen (s. d.) im Kolmarer und Basler Dominikanerinnenkloster lebte. Magdalene, vom Reformeifer ihrer Mutter begeistert, bemühte sich um die Reform des Freiburger Klarissenklosters und setzte 1429 die Wiedereinführung der persönlichen Armut durch. Hierbei bediente sie sich eines trügerischen Verhaltens, um ihrem Drängen himmlischen Nachdruck zu geben: sie verschwand 3 Tage lang und ließ die Nonnen durch einen Brief vom Himmel wissen, daß sie entrückt sei und daß die Armut durchgeführt werden müsse, sonst komme Unsegen über das Haus. Als sie 1431 auf ein bestimmtes Datum ihren Tod voraussagte, strömten geistliche und weltliche Besucher in St. Clara zusammen, sie fingierte in der Kirche (!) Tod und Wiedererwachen, aber der Arzt stellte, wie Johannes Nider im '*Formicarius*' III c. 8 berichtet, fest, daß der Puls nie aussetzte. Von da an war ihr Ruhm nach außen zerstört, merkwürdigerweise im Konvent selbst nicht. Joh. Nider († 1438) sagt von ihr: *Conjicio, quod a natura, sicut et mater* (scil. Margareta), *imaginationem abstractissimam habuit.* Und von der Mutter sagt er: *Quanquam tantae laudis vidua foemina haec fuit, phantasiam tamen quandam fere usque ad ultima suae vitae tempora patiebatur creberrime.*

W. Schleußner *M. v. K. eine pseudomystische Erscheinung des späteren Mittelalters*, Der Katholik 87 (1907) S. 15—32, 109—127, 199—216. — Früher: Jos. Bader *Deutsche Frauenbilder* (1877) 83—106 (unkritisch); Schieler *Mag. Joh. Nider* (1885) 218/19.

Engelbert Krebs.

Magdeburg, s. Mechthild u. Meginfried v. M.

'Magelone'.

1. Aus zwei Wurzeln ist das Volksbuch von der 'Schönen Magelone' hervorgegangen, so wie wir es heute in den zahlreichen deutschen Drucken des 16. Jh.s und in J. Boltes Neudruck besitzen: uralte internationale Märchen-Motive liegen ihm zugrunde und daneben eine gewisse historische Tradition.

Wir können drei Hauptmotive feststellen, die in den verschiedenen Bearbeitungen mehr oder weniger variiert sind: ein liebendes Paar, das durch unselige Geschicke getrennt wird, sich aber wiederfindet; ein Raubvogel, der durch die Entwendung einer Kostbarkeit die Trennung verursacht; ein Fisch, in dessen Leib das verlorene Kleinod wiedergefunden wird (sog. Polykrates-Motiv). Diese Motive finden sich in zwei verschiedenen Gruppen von Erzählungen. Die eine umfaßt die Placidus-Legende, das Meisterlied von dem 'Grafen von Savoyen' (s. d.), die Novelle von der 'Guten Frau' (s. d.), den englischen '*Sir Isumbras*', den französischen '*Escoufle*' und seine deutsche Fassung, den '*Busant*' (s. d.). Ein Ehepaar wird auf der Flucht getrennt, die Kinder kommen abhanden, die Gattin wird als

Sklavin verkauft und späterhin einem Fürsten vermählt, an ihrem Hofe finden sich nach mancherlei Abenteuern Gatte und Kinder wieder. In den beiden letztgenannten Dichtungen wird die Trennung durch den Vogel bewirkt, und der Mann verfällt in eine Art Wahnsinn, der sich in besonderem Haß diesen Vögeln gegenüber auswirkt.

In der zweiten Gruppe steht die orientalische Urform und unsere 'Magelone'. Die orientalische Fassung 'Kamaralsaman und Badura' findet sich in den Novellen von 1001 Nacht; von ihr stammen die europäischen 'Magelonen'-Romane. Der Gang der Erzählung ist kurz dieser: Graf Peter von Provence erfährt von der Schönheit der Königstochter Magelone in Neapel; er zieht nach dort und gewinnt, unbekannt, durch seine Tapferkeit im Turnier und sein edles Wesen die Liebe der Magelone. Er entführt sie — warum, ist eigentlich nirgend ersichtlich; — bei einer Rast werden ihr von einem Raubvogel Kleinode entrissen; der Ritter verfolgt ihn, wird dabei von ihr getrennt und gerät in die Gefangenschaft der Heiden, an deren Hof er zu Ansehen gelangt. Magelone beginnt eine Pilgerfahrt und errichtet ein Spital, wo sie heiligmäßig lebt. Als Peter sich auf der Seefahrt befindet, um seine Heimat zu besuchen, erleidet er Schiffbruch und gelangt als Kranker in das Spital, wo dann das Erkennen und die Vereinigung mit der Geliebten und den Eltern erfolgt.

2. Die frühere Forschung lokalisierte die 'Magelonen'-Geschichte auf der Insel Maguelone an der südfranzösischen Küste, wo sich eine Peter-und-Pauls-Kirche findet. Dort soll auch das Grab der Helden sein, doch hat es sich als das eines Kardinals erwiesen. Um die Mitte des 17. Jh.s taucht die völlig unbegründbare Theorie auf, ein Kanonikus Bernhard de Treviez, dessen Name am Portal der Kirche genannt ist, sei der Dichter der französischen Fassung; ebenso unhaltbar ist die Nachricht von einer Überarbeitung des Stoffes durch Petrarca. Die historische Tradition bringt auch eine Schenkung mit unserm Roman in Verbindung, die von dem Grafen Pierre de Melgueil und seiner Gattin Almodis an die Apostel Peter und Paul, d. h. an den Papst, geschah. Die französische Fassung, die in den fünfziger Jahren des 15. Jh.s u. d. T. erscheint: *'listoire du vaillant cheualier Pierre filz du conte de Prouence et de la belle Maguelonne fille du roy de Nalles'*, galt darum auch lange für die europäische Urform des 'Magelonen'-Stoffes. Dabei übersah man vollständig die Worte der Vorrede: *mis en cestui languaige*, oder versuchte, sie als bedeutungslos hinzustellen. Noch Bolte geht nicht näher darauf ein. Es ist das Verdienst H. Degerings, einen Stammbaum der verschiedenen 'Magelonen'-Fassungen zusammengestellt zu haben. An die Spitze setzt er einen italienischen Archetypus, von dem zwei untereinander leicht variierende Abschriften genommen sind, Bi und Ci; alle drei sind uns verloren. Auf Bi geht die französische Rezension B zurück, die A. Biedermann neu herausgegeben hat. Sie ist erhalten in mehreren Hss. und einer vor 1480 liegenden Inkunabel. Auf Ci beruht die kürzende franz. Rezension C, die wir in der Koburger Hs. besitzen. Nun nimmt Degering an, daß von Ci eine deutsche Übersetzung vorhanden gewesen sein muß, die das Vorbild zu der Berliner Hss. Germ. 4⁰ 1579 war. Daß diese Hs. nicht selbst die Übersetzung ist, schließt er aus Fehlern und Ungenauigkeiten. Die Berliner Hs. umfaßt 56 Bll. mit zahlreichen Federzeichnungen. Der Dialekt weist auf Nürnberg; er enthält nordbairische, ostfränkische und mitteldeutsche Formen. Auf den italienischen Ursprung deuten die Namensformen. Den Verfasser haben wir in den humanistisch gebildeten Kreisen Nürnbergs zu suchen, einen Zeitgenossen des Arigo und Albrecht von Eyb. Die Erzählung nach dem Italienischen ist ziemlich frei, wie der Vergleich mit der franz. Version C zeigt, die von der gleichen Mutterhandschrift stammt: Motive sind umgestellt und abgewandelt. Die Federzeichnungen der Berliner Hs. sind als Schmuck, nicht etwa als Vorlage für einen Druck anzusehen. Sie gehören der Donau-Schule an; Degering stellt Verwandtschaft

mit Zeichnungen Albrecht Altdorfers fest. Das Gefühlsmoment ist betont; die Technik ist vollkommen beherrscht. Auffallend, besonders im Vergleich mit der Warbeckschen Übersetzung (s. u.), ist die Hervorhebung des Religiösen, der ausführliche Gebetsschluß, die Schilderung der Spitalgebräuche. Die darauf zielenden Sätze sind in der franz. Schwester-Fassung C verloren gegangen und haben sich auch weiterhin nicht mehr gefunden. Man kann daraus schließen, daß der italienische Verfasser ein Geistlicher war, der den Märchenstoff zu erbaulichem Zweck behandeln will. Auf Grund der historischen Tradition ist es wahrscheinlich, daß er aus Neapel stammte und in Südfrankreich tätig war.

Die Fassung der 'Magelone', wie sie uns die Berliner Hs. überliefert, ist für die Folgezeit ziemlich bedeutungslos geblieben; offenbar ist sie nach kurzer Zeit verschollen. Was wir an Drucken, Übersetzungen und Bearbeitungen kennen, geht alles auf die Übersetzung der französischen Version C zurück, die Veit Warbeck 1527 nach der Coburger Pergamenths. angefertigt hat.

3. Veit Warbeck stammt aus einer angesehenen schwäbischen Familie. 1490 ist er zu Schwäbisch-Gmünd geboren. Als Student ist er 1506 in Paris nachweisbar, wo er 1508 den Grad eines Magister artium erwirbt. Weiterhin betreibt er in Wittenberg das Studium der Rechte. Dort tritt er in Beziehung zu Luther und schließt Freundschaft mit Spalatin; beides spielt in seinem Leben eine bestimmende Rolle. Mit Spalatin führt er einen lebhaften Briefwechsel, den wir von dessen Seite noch besitzen. Durch Vermittlung des Freundes erhält er eine Stellung am kursächsischen Hof, als Erzieher eines unehelichen Sohnes von Friedrich dem Weisen. Daneben steht Warbeck dem Kurfürsten in politischer wie in kultureller Hinsicht beratend zur Seite. Er begleitet ihn 1520 zur Krönung Karls V., er ist bei Luthers Leipziger Disputation anwesend, er kommt zum Reichstag nach Worms im Jahre 1521. Am Weimarer Hofe leitet Warbeck die französischen Studien, die durch die beabsichtigte Vermählung des Kurprinzen mit einer Schwester des Kaisers angeregt wurden. Zugleich verwaltet er die Bibliothek, und hier ist ihm auch die französische Handschrift des 'Magelone'-Romans in die Hand gefallen. Vermutlich zur Hochzeit des Kurprinzen Johann Friedrich mit Sibylle von Kleve — das kaiserliche Eheprojekt hatte sich zerschlagen — stellte Warbeck seine 'Magelonen'-Übertragung fertig. Am Hofe Johann Friedrichs in Torgau verbringt er auch als Rat und Kanzler die letzten Jahre und stirbt dort 1534. Mit dem Wittenberger Kreise hat er immer die Fühlung aufrecht erhalten. Schon längst hatte er die Domherrenwürde gegen den protestantischen Glauben vertauscht und sich verheiratet. Seine Tochter ist mit einem Sohne Luthers vermählt gewesen. Aus dem Besitze Johann Friedrichs ist die Hs. der Magelone auf uns gekommen, die sich durch Handschriftenvergleich als das Originalmanuskript Warbecks erweist. Sie trägt die Überschrift: *Ein sehr Lustige Histori von dem Ritter mit den silbern schlusseln.* Es ist ein weißer Pergamentband in 4° von 111 Blatt, der sich jetzt auf der Landes-Bibliothek in Gotha befindet unter der Signatur cod. Chart. B 437. In der Übersetzung arbeitet Warbeck getreu, aber nicht sklavisch. Fremdartig Anmutendes gleicht er der deutschen Vorstellung an, gewagte Stellen werden fortgelassen, der größte Teil der Äußerungen, die sich auf den Katholizismus beziehen, wird gestrichen. Trotzdem entschuldigt Spalatin, der 8 Jahre später mit seiner Vorrede das Büchlein zum Druck befördert, die noch vorhandenen Katholizismen. Im übrigen betont aber der Herausgeber die moralische Einwandfreiheit des Romans und seine Eignung für das gebildete, in erster Linie das weibliche Publikum. Der Erstdruck erscheint 1535 (nicht 1539, wie bei Holstein!) bei Heinrich Stainer in Augsburg. Der Text ist, wie ein Vergleich mit der Handschrift zeigt, stellenweise verderbt, der Dialekt durch den Augsburgischen Drucker beeinflußt.

4. In rascher Folge erscheinen — von Bolte aufgezählt — nicht weniger als

14 Nachdrucke des 16. Jh.s. Der Frankfurter Verleger Feyerabend nimmt den Magelonen-Roman in seine Sammlung 'Buch der Liebe' auf. Valentin Schumann greift den Stoff 1559 auf und bildet danach seine 'Historia vonn Christoffel und Feronica', die viel nüchterner und reizloser als Warbecks Büchlein wirkt. Von den charakteristischen Märchen-Motiven wird abgewichen; weder der Raub durch den Vogel noch das Polykrates-Motiv findet sich. Alles ist farbloser, dafür aber breiter in der Schilderung des Gegenständlichen, genauer in Orts- und Personenangaben und durchsetzt mit vielen moralisierenden und religiösen Betrachtungen. Alles, was wunderbar und märchenhaft wirkt, ist fortgelassen, doch finden sich Anspielungen und Erwähnungen, die auf andere zeitgenössische Ritterromane Bezug haben, so den 'Hug Schapler', 'Gabriotto', 'Pontus' und weitere. Hans Sachs bringt eine Versbearbeitung in zwei Fassungen, deren eine, beginnend: *In der Frantzosen cronica* . . ., in A. v. Kellers Gesamtausgabe, StLV. CIII, S. 251, abgedruckt ist. Auffallend an diesem nüchternen Tatsachenbericht ist, daß sich keine direkte Rede findet. Noch einmal hat Hans Sachs sich für das Thema Magelone interessiert, nämlich in seiner Dramatisierung (Keller, Bd. XII, S. 431 f.). Dort nennt er auch ausdrücklich Warbeck; die Darstellung ist recht geschickt, läßt aber durchaus kühl. In sehr viel anziehenderer Form war der Stoff bereits kurz nach seiner Veröffentlichung dramatisiert worden, und zwar in dem Spiel eines unbekannten Leipziger Studenten, das 1539 unter dem Titel '*Historia Magelonae*' erscheint mit einer lateinischen Vorrede des Johannes Gigas, der sich ausdrücklich auf Spalatin beruft. Das fünfaktige Stück ist flott und mit großer Liebe geschrieben und kann sich durchaus ebenbürtig Warbecks Werkchen an die Seite stellen. Eine zweite Ausgabe, die, im Gegensatze zur mitteldeutschen ersten, oberdeutschen Dialekt aufweist, kommt 1540 in Frankfurt heraus. Die Reihe der Dramatisierungen des 16. Jh.s schließt die des Augsburger Meistersingers Sebastian Wild, die in seiner Ausgabe von 1566 enthalten ist, ein steifes langweiliges Machwerk. Gegen Ende des Jhs. nimmt das Interesse an der 'Magelone' ab; die Nachfrage auf den Messen zeigt das Buch nur selten, dann fällt es der Verachtung anheim, wie all die Ritterromane der früheren Zeit. Von den gebildeten Ständen, denen es zunächst ausdrücklich bestimmt war, kommt es auf die niederen Volksschichten, wo es aber ein zähes Weiterleben führt. Zahlreiche Erwähnungen im herabsetzenden Sinne bei Fischart, Moscherosch, Rist, Gryphius, späterhin der Karschin geben Zeugnis davon, verraten aber zugleich, wie viel gelesen derartige Bücher doch noch wurden, was auch die nicht abreißende Reihe der Jahrmarktsausgaben beweist. Neue Beachtung erlebt wie die anderen Volksbücher auch die Magelone mit der Romantik. Eine schöne Würdigung bringt Joseph von Görres in den 'Teutschen Volksbüchern'. Zum Thema einer eigenen dichterischen Arbeit macht Ludwig Tieck die Magelone in seinem Roman, wenn auch in ganz anderem Sinn als es vorher geschehen war. Die romantische Stimmungsmalerei herrscht vor; bezeichnend dafür sind die vielen eingestreuten Lieder, übrigens, besonders durch die Brahmssche Vertonung, das Schönste an Tiecks Werk; Motive sind in echt romantischer Weise neu eingefügt, so die Liebe der Sultanstochter zu Peter und Magelonens Aufenthalt in einer Schäferhütte. Die neuere Zeit bietet keine nennenswerten Behandlungen des 'Magelonen'-Stoffes mehr.

5. Eine ähnliche Entwicklung wie in Deutschland nimmt die 'Magelone' in den romanischen Ländern, doch wollen wir hier nicht näher darauf eingehen. Wir betrachten nur noch kurz die vom Deutschen ausgehenden Übertragungen. Das sind diejenigen in die östlichen und nordischen Sprachen. Zunächst ist noch die Übertragung ins Niederdeutsche anzuführen, das ja damals noch sein gleichberechtigtes Dasein neben dem Hochdeutschen führt. Wir besitzen eine nd. 'Magelone' aus Hamburg v. J. 1601, doch

ist zu vermuten, daß es bereits eine frühere gegeben hat, die uns verloren ist. Als Vorbild nahm der Übersetzer von 1601 die Frankfurter Ausgabe von 1540 (Bolte I 9). Wir sehen selbständige Neugestaltung bei aller Anlehnung; die protestantische Tendenz ist streng durchgeführt; die Verbürgerlichung ist fortgeschritten; stilistisch sowie geistig hat sich bereits die Wendung zum Barock vollzogen, das Buch soll bewußt als Erziehungsfaktor dienen, also wird Wert auf Klarheit und logischen Aufbau gelegt. Der norddeutsche Verfasser zeigt Kenntnis und Interesse für das Seewesen. — Von den nordischen Fassungen verdient die dänische besondere Aufmerksamkeit. Es liegt eine Hs. aus der ersten Hälfte des 17. Jh.s vor, die eine Abschrift von einem Druck darstellt, der 1583 zum erstenmal erschienen ist. Drucker und mutmaßlicher Übersetzer ist Laurentz Benedicht in Kopenhagen, der ganz im Sinne Spalatins arbeitet, auch teilweise dessen Vorrede benutzt hat. Seine geistige Einstellung, soweit sie sich in den Abweichungen vom hd. Vorbild kundtut, erinnert stark an die des Hamburger Übersetzers. Die Hauptarbeitsgebiete dieses von 1551—1601 nachweisbaren Druckers und Verfassers sind Pädagogik, protestantische Theologie, Rechtswissenschaft. Vielfach hat er in dt. Sprache gedruckt; dies sowie seine Hinneigung zum Deutschen überhaupt beruht auf dt. Herkunft. Die Entwicklung der dänischen 'Magelone' in der Folgezeit verläuft analog zu der in Deutschland. — Außer den genannten besitzen wir Übersetzungen ins Schwedische, Isländische, Polnische, Russische, deren Bibliographie Bolte gibt.

6. Unter den dt. „Volksbüchern" nimmt die 'Geschichte der schönen Magelone' eine gewisse früh bereits erkannte Sonderstellung ein. Die Handlung ist schlicht und klar durchgeführt, nicht verwirrt durch allzu große Fülle des Geschehens. Die Helden selbst, nicht das Abenteuer, stehen im Vordergrunde des Interesses; ihre Charaktere sind liebenswürdig gestaltet, der Wert ist auf seelische Vorgänge gelegt. Auch fehlt jede Spur von Roheit, die doch sonst so oft Merkmal der Zeit ist. An Einheitlichkeit und künstlerischer Durchbildung steht die Magelone an hervorragender Stelle in der zeitgenössischen Unterhaltungsliteratur.

Zusammenstellung der Literatur: N. Bees *Der franz.-mittelgriech. Ritterroman 'Imberios u. Margarona'* (Texte u. Forschgn. z. byzant.-neugriech. Philol. 4) 1924. Rich. Benz *Geschichte und Aesthetik des dt. Volksbuchs* 1924. *Pierre de Provence et la belle Maguelonne, Editee par* A. Biedermann 1913. Joh. Bolte *Die schöne Magelone, aus dem Französischen übersetzt von* Veit Warbeck 1527 (Bibl. ält. dt. Übersetzungen I) 1894. Chr. Bruun *Laurentz Benedicht, bogtrykker og xylograf i København* 1920. *Danske Folkebøger, VII. Bind, Udgivne af* I. P. Jacobson og R. Paulli 1918. Ruth Westermann *Die nd. u. dän. Übertragungen von Veit Warbecks 'Schöner Magelone'*, ZfdPh. 57 (1932) S. 261/313. *Die schöne Magelone. Älteste dt. Bearbeitung nach der Hs. der Preuß. Staatsbibliothek Germ. 4⁰. 1579, hrsg. v.* H. Degering 1922. Joseph Görres *Die teutschen Volksbücher, mit einem Nachwort von* Lutz Mackensen 1925. Heitz und Ritter *Versuch einer Zusammenstellung der deutschen Volksbücher des 15. und 16. Jh.s* 1924. Hugo Holstein *Veit Warbeck und das Drama von der schönen Magelone*, ZfdPh. 18 (1886) S. 186 f. R. Köhler *Das altdeutsche Gedicht 'Der busant' und das altfranzösische 'L'escoufle'*, Germ. 17 (1872) S. 62 f. Lutz Mackensen *Die deutschen Volksbücher* 1927. Rasmus Nyerup *Morskabslaesning i Danmark* 1816. R. Paulli *Bidrag til de danske Folkebøgers Historie* 1936. Valentin Schumann *Historia von Christoffel und Feronica, Neudruck* 1924. W. v. Tettau *Über einige bis jetzt unbekannte Erfurter Drucke aus dem 15. Jh.*, Jbb. der sächs. Akad. d. Wissensch. zu Erfurt, NF. H. 6 (1870) S. 292 f.

Ruth Westerman.

Magni de Jawor, s. Nikolaus v. Jauer.

Magnus von Reichersberg setzte die von einem Unbekannten begonnenen Annalen des Klosters Reichersberg am Inn in den Jahren 1167—1195 fort. Das Werk ist uns in mehreren von einander abweichenden Fassungen erhalten. Sein Wert ruht in den zeitgenössischen Nachrichten, die M. vom Standpunkt eines allerdings gemäßigten Anhängers, Papst Alexanders III. wiedergibt. Für den von M. in seine Chronik aufgenommenen Bericht über den III. Kreuzzug sei auf die Literatur über die Ansbert-Tageno-Frage verwiesen.

Hss.: Clm. 1090; Graz Joanneum, Vorau 190*. Eine verlorene Reichersberger Hs. im Druck bei Christoph Gewold *Chronicon monasterii Reicherspergensis* 1611. Druck: W. Wattenbach *Magni presbyteri annales Reicherspergensis*, MGH. SS. XVII S. 439—534. W. Wattenbach *Deutschlands Geschichtsquellen* II S. 314 ff.; die bei A. Chroust *Quellen zur Geschichte des Kreuzzuges Kaiser Friedrichs I.*, MGH. SS. N. S. V (1928) verzeichnete Literatur.

Otto Brunner.

Magog [Maggogg], der rot Jud. Hs. Additional 16581 des Britischen Museums, 15. Jh. (1469), ostschwäbisch, Bl. 142b; s. R. Priebsch *Deutsche Hss. in England* II (1901) S. 147—58. Ihm wird in den Mund gelegt der Spruch:

Wa man dienst für dienst hatt,
Da diene ouch frü vnd spatt.
Do man aber dienst nit für dienst haben wil,
Da dien ouch nit zů uil.

R. Priebsch.

'Mai und Beaflor'.

1. Der Stoff des glatt und nicht ohne Anmut erzählenden Gedichts geht weitverzweigt durch die Literaturen der westeuropäischen Völker. Beaflor, die schöne und liebenswerte Tochter eines Königs von Rom, entflieht vor den unnatürlichen Anmutungen ihres verwitweten Vaters mit Hilfe eines getreuen Dienerpaares auf einem Schiffe aus der Heimat. Sie landet in dem Gebiet eines Grafen Mai, der sie trotz des Widerspruchs seiner Mutter gegen die Verbindung mit einer unbekannten Fremden, die jede Auskunft über ihre Abstammung verweigert, zu seiner Gemahlin erhebt, bald darauf jedoch sie verläßt, um gegen die Ungläubigen zu kämpfen. Durch gefälschte Briefe meldet die intrigante Mutter dem fernen Sohne die Geburt eines unehelichen Kindes und sucht, als scheinbar von Mai angeordnet, die Tötung von Mutter und Kind herbeizuführen, die jedoch von zwei mitleidigen Hofbeamten auf dem alten Schiffe dem Meere überantwortet werden. Graf Mai, heimgekehrt, ersticht seine Mutter und wird kaum vom Selbstmord zurückgehalten. Das Schiff mit den Geretteten schwimmt nach Rom, wird von dem getreuen Dienerpaar erkannt, die Gräfin heimlich bei diesem untergebracht, das Kind als das eigene aufgezogen. Nach acht Jahren verzweiflungsvollen Lebens wallfahrtet Mai nach Rom, herbergt vor der Stadt in dem Hause des alten Paares und findet dort Frau und Kind unerwartet wieder. Der gleiche Novellenstoff ist bei uns später von Hans von Bühel in seiner 'Königstochter von Frankreich' und in dem Volksbuch von der geduldigen Helena behandelt worden. In den verwandten germanischen und romanischen Literaturen zeigt er die verschiedenste Ausschmückung und Lokalisierung.

2. Der Verfasser des in zwei Handschriften von nicht besonderer Zuverlässigkeit überlieferten Gedichts hat sich nicht genannt und war schon dem Büchersammler Püterich von Reicherzhausen (s. d.) in der Mitte des 15. Jh.s nicht mehr bekannt (ZfdA. 6 S. 51). Er gehört ins bairisch-österreichische Sprachgebiet, ohne daß eine festere Lokalisierung möglich wäre, und dürfte dem Ritterstande angehört haben. Sein Lob der Bildung der besseren Jugend im Lesen, Schreiben und fremden Sprachen mutet wie neidische Bewunderung der besitzlosen Klasse an. Seine unmittelbare Quelle war die mündliche Erzählung eines Ritters nach einer ungereimten Chronik, also wohl einer lateinischen Prosanovelle. Hartmann und Gottfried sind seine wahlverwandten stilistischen Vorbilder, in deren literarische Gefolgschaft er einzuordnen ist; doch sind daneben, wie so häufig, auch bei ihm nicht wenige sichere Anklänge an Wolframs Diktion als Zierat aufgeheftet.

Ausgabe: Leipzig 1848 (Dichtungen des deutschen Mittelalters 7) ohne verantwortlichen Namen; Herausgeber war W. Vollmer, nicht Franz Pfeiffer, wie man meist angegeben findet (ZfdA. 67 S. 284). — O. Wächter *Untersuchungen über das Gedicht 'Mai und Beaflor'*. Dissertation Jena 1889; dazu Steinmeyer AfdA. 16 S. 292. F. Schultz, *Die Überlieferung der mhd. Dichtung 'Mai und Beaflor'*. Dissertation Kiel 1890; dazu Steinmeyer AfdA. 17 S. 74; Wächter ZfdPh. 23 S. 491. R. Sprenger und F. Schultz *Zu 'Mai und Beaflor'*, ZfdPh. 28 (1896) S. 437. A. Leitzmann *Zu 'Mai und Beaflor'*, ZfdA. 67 (1930) S. 283. E. Scheunemann *'Mai und Beaflor' und Hans von Bühels 'Königstochter von Frankreich', eine vergleichende Untersuchung zur Darstellung im hohen und späten Mittelalter* 1934; dazu R. Westermann ZfdPh. 59 S. 283. — Zur Metrik: O. Jänicke ZfdPh. 5 (1875) S. 112. — Zur Stoffgeschichte: H. Suchier *Oeuvres poétiques de Philippe de Remi* I (1884) S. XXIII.

Albert Leitzmann.

Maienschein, s. Meyenschein.

Maier, s. a. Mair.

Maier, Konrad, s. Mayer.

Maier, Martin, auch Martin von Reutlingen genannt, (1) gibt für das Jahr 1511 als seinen Wohnort Eßlingen in Württemberg an. Er war Meistersinger und sehr wahrscheinlich auch Spruchsprecher. Er ist in der Hauptsache bekannt als Verf. der im 16. Jh. oft gedruckten, auch ins Dänische übersetzten Ballade vom 'Ritter Trimunitas' von Steiermark, eines Gedichtes, das Novellenmotive sicher in enger Anlehnung an eine bisher nicht aufgefundene Vorlage in meistersingerischer Technik im Herzog-Ernst-Ton erzählt. Die gleiche Vorlage ist anzunehmen für die ähnlichen Inhalt bringende Spruchdichtung vom 'Ritter Alexander' (Pr. Staatsbibl. Yd 7920, No. 13). Die Ballade hat zum Inhalt den Ehebruch einer Königin von Frankreich mit dem Ritter von Steiermark, der von seiner treuen Gattin, einer dänischen Königstochter, vor dem sicheren Tode durch Wechseln der Kleider aus dem Gefängnis gerettet wird. Der Ritter hatte die ausländische Königin besucht, um sich davon zu überzeugen, ob diese wirklich schöner als seine eigene Gattin wäre (vgl. dazu das ähnliche Motiv aus der Brembergersage). Das Motiv der Rettung durch Kleiderwechsel vor Bestrafung wegen Ehebruchs ist von Stiefel (Archiv f. d. Studium d. neueren Sprachen, Bd. 3, S. 158 ff.) und Voßler (Stud. zur vergl. Lit.-Gesch. Bd. 2, Jg. 1902, S. 16 ff.) in Indien und Frankreich nachgewiesen worden. M.s Vorlage hat zwischen der französischen und den indischen Fassungen eine Mittelstellung inne und bildet aller Wahrscheinlichkeit nach das Bindeglied zwischen ihnen. Diese inhaltlich unselbständige Ballade fällt nach Milieu und Wortwahl aus dem sonstigen Schaffen M.s, soweit es bisher bekannt ist, heraus; die Zahl der Auflagen beweist aber, daß das Umarbeiten solcher Stoffe aus der ritterlichen Sphäre für romantisch gesinnte Gemüter auch in der Zeit kurz vor der Reformation — als Zeit der Konzeption ist 1507 angegeben — noch einem Bedürfnis abhalf.

Der genaue Titel in dem mutmaßlich ältesten der erhaltenen 18 hd. Drucke (Nürnberg bei Jobst Gutknecht, um 1515; Pr. Staatsbibl. Hs. 7820) lautet: '*Ein schön lied von einem Ritter auß der Steyermark, genant Trimunitas, vnd von eines Künigs Tochter auß Denmark, genant Floredebel. In Herzog Ernsts thon.*' Neudrucke: Körner *Histor. Volkslieder* 1840, S. 68 ff.; Erlach *Histor. Volkslieder* II S. 71; Goedeke *Dt. Dichtung im MA.* 1854, S. 565; *Ambraser Liederbuch* (StLV. 12) S. 309 ff.; Goedeke-Tittmann *Liederbuch des 16. Jh.s* S. 340 ff. — Ein ndd. Druck: Bremen 1581, bei Ahrendt Wessel. — In hebr. Lettern, unvollständig; vgl. F. Rosenberg *Über eine Sammlung dt. Volks- u. Gesellschaftslieder in hebr. Lettern.* Diss. Berlin 1888, S. 67.

2. Als gesichert für M. gelten ferner folgende Gedichte: a) didaktischer und erzählender Art:

'*Ein schöner Spruch von einem kauffman, vnd von einem henker, wie er drew mördt verbracht*', gedr. v. Adam Dyon, Nürnberg (nach Weller Rep. No. 943 um 1515) (Pr. St. B. Yg 6241.) Inhalt: Ausführliche Erzählung eines Justizmordes in der Art der Gedichte der Spruchsprecher. Der Spruch muß als Vorlage für die Prosaerzählung No. 258 in 'Schimpf und Ernst' von Pauli (s. d.) angesehen werden.

'*Ein spruch von dem ehelichen stat*', gedr. in Nürnberg von Jobst Gutknecht (nach Weller Rep. No. 743 um 1512). (Pr. St. B. Yg 6255.) Ein belangloses didaktisches Gedichtchen mit hausbackenen Verhaltungsmaßregeln für die Ehe.

b) historischer Art:

Ein Gedicht über die Ermordung des Grafen Andreas von Sonnenberg, o. O. u. J. (Weller Rep. No. 660; nach Steiff *Geschichtliche Lieder und Sprüche Württembergs* 1912, S. 92, von Th. Anshelm in Tübingen um 1511 gedruckt). Ein anderer Druck bei Weller Rep. No. 661 angeführt; abgedr. bei R. v. Liliencron *Historische Volkslieder der Deutschen* III S. 55 ff. Der Spruch behandelt den Mord an einem schwäbischen Ritter unter starker Parteinahme für den Bruder des Mörders.

Ein Spruch vom Krieg in Italien, aus der Hs. Val. Holls abgedruckt bei Liliencron a. a. O. S. 43, ist die Übertragung in Reime eines Mandates vom Kaiser Maximilian I., das die Bitte um Geld zur Fortführung des Krieges zum Inhalt hat.

'*Ain spruch von der teuerung*', aus der gleichen Hs., abgedruckt bei Steiff a. a. O. S. 92, gibt der Erbitterung über die Wucherer und Brotverteuerer ungefähr ein Jahrzehnt vor dem Bauernkrieg scharfen Ausdruck.

Nicht fest gesichert, aber mit großer Wahrscheinlichkeit zuzuweisen ist:

'Sündenregister Herzog Ulrichs, zur Warnung vor ihm aufgestellt' (1520), abgedr. bei Steiff a. a. O. S. 189 ff., vorher bei Sattler *Geschichte Württembergs unter den Herzögen* II, Beilagen S. 136 ff. Ein Spruch von 962 Versen in Reimpaaren, der in oft wörtlicher Anlehnung an ein Mandat der württembergischen „Landschaft" unter Aufzählung aller seiner Schandtaten gegen Herzog Ulrich Stimmung machen soll. Die Ähnlichkeit mit den gesicherten Gedichten ist besonders in Hinsicht auf den Stil außerordentlich groß.

c) religiöser Art:

Ein Meistergesang über die Dreifaltigkeit, aus der Hans-Sachs-Hs. Berlin Cod. germ. Quart 414, setzt sich streng nach dem Dogma in dem bei Meistersingern sehr beliebten langen Marner-Tone mit dieser Frage auseinander. Das Lied besteht aus 3 Gesätzen und bringt eine Reihe von lateinischen Worten, die Erinnerungen an Kirchenliederanfänge zu sein scheinen.

'Ain schönen tagweis gaistlich von unsser frawen', handschriftlich ohne Namensangabe in der Berliner Hs. der Brüder Brentano Cod. germ. Quart 659, gedr. als fl. Bl. (Pr. St. B.: Libr. Impr. Rar. Fol. 116) mit Verfasserangabe, abgedr. bei Wackernagel. *Das deutsche Kirchenlied* II Nr. 1400, von diesem Herausgeber fälschlich einem unbekannten „Martin Weiß von Reutlingen" zugeschrieben. Es ist eine Kontrafaktur, die sich unter Angabe von sehr rationalistisch gedachten Gründen an Maria um Fürbitte wendet.

3. M.s Stil ist — mit der sehr bemerkenswerten Ausnahme der Ballade von Trimunitas — durchaus volkstümlich und stark mit Formeln durchsetzt, zeigt aber nur geringe Gestaltungskraft. Die metrischen Regeln sind streng eingehalten, die Rhythmik strebt regelmäßigen Wechsel von Hebung und Senkung auch in den Spruchgedichten an; die Sprache ist schwäbisch.

4. Von dem Leben M.s ist nichts bekannt und nur wenig aus seinen erhaltenen Gedichten zu schließen; er war wohl Spruchsprecher — darauf deuten das versifizierte Mandat und genaue Vertrautheit mit den Sitten und Verhältnissen dieser Dichter —, aber auch Meistersinger. Durch eine Chronik von Donauwörth wird die Existenz einer Meistersingerschule in Eßlingen für die Zeit vor 1528 bewiesen. Dieser wird er wohl angehört haben.

Sein Einfluß war sicher lokal recht beschränkt; lediglich durch seinen 'Trimunitas', den noch 1553 Felix Platter (s. dessen Selbstbiographie, hsg. v. H. Boos 1878, S. 213) auswendig hat singen hören, hat M. auf einen größeren Kreis gewirkt.

E. Hofmann, *Der Meistersinger M. M.* Diss. Greifswald 1930.

Erich Hofmann.

Mainz, s. Apolonius, Embricho, Han u. Joh. v. M.

Mair, s. auch Maier.

Mair, Hans, s. 'Buch von Troja'.

Maisterl, Thoms, von Laa. In der ehemaligen königlichen Bibliothek zu Dresden findet sich aus dem Nachlaß Gottscheds unter der Signatur M 65 eine Hs. von Hartmanns von Aue 'Iwein'. Sie ist auf Papier geschrieben und stammt aus der ersten Hälfte des 15. Jh.s. Außer dem Iwein enthält sie kürzere Spruchgedichte und — aus dem Jahre 1426 — die Erfahrungen eines Johann Bassenhaimer (s. d.) von einer Pilgerfahrt nach dem heiligen Lande. Im Anschluß an diese findet sich auf Bl. 89b ein Gedicht unter der Überschrift Thomas Maisterl von laa geporen, welches dem Bassenhaimer gewidmet ist. Anderweitig ist T. M. nicht bekannt geworden; die recht holprige und primitive Art seiner Verse läßt auch wohl kaum größere Bedeutung vermuten.

Anf. *O thichte du verslosen hort*
vergleich mir synn vnnd auch wort.
Schluß. *den spruch hab ich ze dienst gemacht*
dem passenhaimer der ie lacht
wo er raine frawen an sach
er hett frewd vnd guten gemach
wo er dez mocht stat gehaben
daz hort ich ye von jm sagen.

Germania 31 (1886) S. 235. — F. Schnorr von Carolsfeld *Katalog der kgl. öff. Bibl. zu Dresden* II (1883) S. 465 f. — Zur Hs. M 65 vgl. Henrici ZfdA. 25 (1881) S. 123 ff.

Ruth Westermann.

'Die Makkabäer'.

1. Der Dichter der 'Makkabäer' ist unbekannt. Helms Vermutung, daß Luder von Braunschweig (s. d.) der Verfasser sei, ist zurückzuweisen. Fest steht jedoch, daß er dem Deutschen Orden angehörte. Schon die Überlieferung weist darauf hin, da der Sammelkodex, der die 'Makkabäer' enthält, sich im Besitze der Deutschordensbibliothek zu Mergentheim befand. Auch sind die übrigen Stücke der Hs. Deutschordensdichtungen. Von Bedeu-

tung sind ferner innere Beziehungen zum 'Daniel' (s. d.) und zum 'Passional' (s. d.). Im 'Daniel' wird v. 6201 ff. auf die 'Makkabäer' hingewiesen:

swer nu disser rede gert
vurbaz, der suche sie dort
Machabeorum dutscher wort
gemachet zum ersten an.

Umgekehrt wird das 'Passional' in den 'Makkabäern' erwähnt:

14143 *Noch an sime tode er* [Herodes] *bat,*
als daz Passional dort hat,
sine swester (hiez Saloma),
daz sie nach sime tode sa
solde irslan der Juden vil,
die da hoften sins endis zil;
14199 *Wie er* [Herodes] *irstarb, daz vindet ir*
in Josepho nach uwer gir,
Scholastica, Passional
beschriben ez gar uber al.

Auf den Deutschen Orden weist auch der behandelte Stoff. Nur in seinem Kreise wurde den Makkabäern besondere Beachtung geschenkt, die man hier als Vorbild ansah. Papst Honorius III. bezeichnet die Ritter des Deutschen Ordens in einer Bulle von 1221 als *novi sub tempore gratiae Machabei.* Im Anschluß an Peter von Dusburg (s. d.) bezieht sich Nicolaus von Jeroschin (s. d.) mehrfach auf die Makkabäer, die er v. 5870 ff. unmittelbar mit den Deutschrittern vergleicht:

zu tihtene
wie herlich und wie ritterlich
der meister und die brudre sin,
die davor genennet sin
reht als der Machaben truht
wanten mit volliger tuht
daruf ire hende,
wie sie der Cristnen ende
gebreitten unde machten wit,
daz sie ouch so manchen strit
behielten gein der heidenschaft.

Im Prolog zu den Statuten des Ordens wird dieser unter Berufung auf die Bibel gerechtfertigt. Auch in diesem Zusammenhang werden die Makkabäer hervorgehoben: *Wir gedenken ouch des lobelichen strites, der wert vor Gote was, der rittere, die da heizent Machabei, wie stercliche die durch ir e unde umme den gelouben striten mit den heiden, die sie twingen wolden, daz sie gotes verlougenten, unde mit siner helfe sie so gar uberwunden unde vertiligeten, daz sie die heiligen stete wider gereinegeten, die sie heten geunreint, unde den vride macheten wider in dem lande. Disen striten hat nachgevolget hertecliche dirre heilge ritterliche orden des spitales sente Marien von dem dutschen huse.* Judas und Simon Makkabäus sind überdies wiederholt in Ordensburgen bildlich dargestellt, beispielsweise in Marienburg und Lochstedt. Der sprachliche Befund weist uns ebenfalls nach dem Ordensland. Besonders der mit polnischen Lehnwörtern wie *kosse* durchsetzte Wortschatz bietet manchen Anhalt.

2. Für die zeitliche Bestimmung der 'Makkabäer' ist zu beachten, daß sich auf Bl. 52 zu Beginn der eigenen Vorrede des Dichters in der Initiale N das braunschweigische Wappen findet, zwei nach links schreitende goldene Löwen in rotem Schilde. Es unterliegt kaum einem Zweifel, daß sich dieses Wappen auf Luder von Braunschweig bezieht, der von 1309—1314 Komtur zu Gollup, von 1314 bis 1331 Komtur zu Christburg und von 1331—1335 Hochmeister des Ordens war. In die überkommene Hs. ist die Initiale, wie in anderen Fällen, aus der Vorlage übernommen worden. Wir dürfen aus ihrer Verwendung schließen, daß die 'Makkabäer' durch Luder, der sich um die Ordensdichtung große Verdienste erworben hat, angeregt oder doch wenigstens ihm vom Verfasser gewidmet wurden. Spätestens bei seinem Tode im Jahre 1335 müssen sie daher vorgelegen haben. Aus der Erwähnung im 'Daniel' (s. d.), der ebenfalls auf Wunsch Luders gedichtet wurde, ergibt sich, daß sie vor dieser Dichtung, die den dreißiger Jahren angehört, entstanden. Die Berufung auf das 'Passional' (s.d.) gibt für die Datierung nichts her. Wichtig sind aber noch die Verse 777—788, die von der Kaiserwürde handeln:

Do bleib die uberste herschaft
daz ist der monarchien kraft
bi den Criechen vil manchen tac,
unz daz sie ouch nam uberslac,
daz sie quam an die Romere.
Manche zit bleib sie da here,
biz daz sie vurbaz wart gewant
unde hin quam in dutsche lant,
da sal sie ouch zu rehte sin.
Nu ist an got die bete min:
swer nutzet si der cristenheit,
des name mache got hie breit.

Die letzten Verse lassen erkennen, daß es bei ihrer Niederschrift einen unbestrittenen Kaiser nicht gab. Sie sind daher vor der Entscheidungsschlacht zwischen Ludwig dem Baiern und Friedrich von Österreich bei Mühlberg im Jahre 1322 anzusetzen. Daß der Dichter längere Zeit an seinem Werk gearbeitet hat, berichtet er selbst in v. 305ff.:

Ich han deiswar genuc arbeit
manche tage daran geleit,
wand ich diz vor bezzer hete
dan ob ich ein ergers tete
die stunde und ouch die wile,
darumme hat ich nicht ile.

3. In der Übersetzung der Bücher der Makkabäer schließt sich der Verfasser eng an den Vulgatatext an. Über seine Arbeit bemerkt er v. 311ff.:

Nu sult ir wizzen, daz ich man
von dirre beider buch angan
biz uz der capitel ende
keine rede darin wende;
ez ist gar der historien sin,
miner rede kumt niht darin;
ane ein weninc ist namen,
die unvernemelich quamen
und uz alden cronken here
der Juden, Criechen, Romere,
als sie die Scholastica treit
so vil ist darzu uzgeleit;
ouch ein teil geb ich underscheit
waz dirre und der hat geseit.

Mit der *Scholastica* ist die '*Historia Scholastica*' des Petrus Comestor gemeint, die mehrfach benutzt ist und für die Fortsetzung der jüdischen Geschichte von v. 11261 an fast die einzige Quelle darstellt. Weiter stützt sich der Dichter auf die '*Glossa ordinaria*' des Walahfrid Strabo (s. d.), die die zweite Nebenquelle darstellt und aus der auch die Erklärungen des Hrabanus (s. d.) stammen. Einige Erklärungen sind weiter aus dem Kommentar des Nikolaus von Lyra übernommen, der in v. 7142 ebenfalls als *glose* bezeichnet wird. An sonstigen Quellen nennt der Verfasser *der kunge buch* (809), die Glosse des Augustinus (7347) und den Meister Epiphanius (7414).

Die Dichtung zerfällt in drei Teile. Der erste und der zweite umfaßt die beiden Bücher der Makkabäer (393—7012, 7079 bis 11256). Dem ersten Buch der Makkabäer gehen die Vorrede des Dichters und der Prolog des Hieronymus voraus, dem zweiten eine Inhaltsangabe und Charakteristik im Anschluß an die *Praefatio* der '*Historia Scholastica*'. Mit v. 11262 beginnt der dritte Teil des Werkes nach einer kurzen Vorrede, in der der Verfasser sein Vorhaben ankündigt, die jüdische Geschichte vom Tode Simons bis zum Ende des Makkabäergeschlechtes zu erzählen, wobei er, da in der Bibel hierüber nichts stehe, der '*Historia Scholastica*' folgen wolle. Abgeschlossen werden die 'Makkabäer' durch eine Nachrede (14217—14410). Soweit der Verfasser sich in seiner Dichtung auf die Bibel stützt, weicht er kaum vom Wortlaut ab. Den übrigen Quellen gegenüber verhält er sich freier. Im allgemeinen verrät er eine gute Beherrschung des Lateinischen. Gering sind aber seine geschichtlichen und geographischen Kenntnisse. Die Namen sind vielfach entstellt.

Die dichterischen Fähigkeiten des Verfassers sind nur gering. Seine Darstellung ist trocken und oft ungeschickt. Die äußere Form ist aber sehr sorgfältig behandelt. Die Verse sind fast durchweg (98,43%) Achtsilbler. Diesen stehen nur 89 siebensilbige und 136 neunsilbige Verse gegenüber, von denen eine Anzahl noch durch den Schreiber aus Achtsilblern entstellt worden sein werden. Die Reimtechnik selbst steht nicht sehr hoch. Mehrfach begegnen rührende Reime. Dreireim wird nicht verwendet, dagegen 86mal vierfacher Reim. Sechsmal tritt auch sechsfacher Reim auf.

Überlieferung. 'Die Makkabäer' sind in der Stuttgarter Hs. H. B. XIII, poetae germ. 11 überkommen, die sie als dritten Teil auf Lage 7 bis 11, Bl. 52—96, neben dem 'Daniel', 'Esdra und Neemya', der 'Judith', 'Hester' und der 'Apokalypse' Heinrichs von Hesler (s. d.) bietet. Es handelt sich um eine Prachthandschrift, einen Pergamentfolianten von 173 Blättern in der Größe 36,5×49,5 cm. Jede Seite enthält drei Spalten mit gewöhnlich 54 Versen. Die Anfänge der einzelnen Abschnitte sind durch rote und blaue Initialen verziert, Kapitel- und Seitenüberschriften sind rot. Die von einer Hand geschriebene Hs. wird der zweiten Hälfte des 14. Jh.s angehören. In die Stuttgarter Landesbibliothek ist sie nach Ausweis des Eintrags auf Bl. 1: *Biblioth. Seminarii Merg.* aus Mergentheim gekommen, wo sich eine Kommende des Deutschen Ordens befand. Da sich bei der Säkularisation des Ordens im Jahre 1525 mehrere Ordensmitglieder dorthin begeben haben, scheint sie zu jener Zeit aus Preußen mitgebracht worden zu sein. Angefertigt wurde sie, wie oben bemerkt, wahrscheinlich für den Ordensmeister Luder von Braunschweig.

Die Beschaffenheit der Überlieferung ist sehr gut. Der Schreiber hat seine Vorlage mit großer Sorgfalt abgeschrieben und, wie seine Verbesserungen zeigen, die Abschrift noch einmal mit ihr verglichen. Schreibfehler und Sprachformen, die auf seine Rechnung zu setzen sind, sind nicht häufig.

Ausgabe und Schrifttum. Herausgegeben sind die 'Makkabäer' von K. Helm *Das Buch der Maccabäer in mitteldeutscher Bearbeitung* (StLV. 233) 1904. Vgl. zur Hs. E. Schröder Anz. f. d. A. 44 S. 32. Erwähnt werden die 'Makkabäer' wiederholt im Schrifttum über die Deutschordensdichtung. Eingehender besprochen werden sie von W. Ziesemer *Die Literatur des Deutschen Ordens in Preußen* 1928, S. 66—69.

Willy Krogmann.

Män, s. Wolfgang v. M.

Mandelreiß, Balthasar, fahrender Sänger. Im Auftrag des Kaisers Friedrich III. dichtete er den 'Türkenschrei' 1453.

Anf.: *Wol auf in gotes nam und kraft*
Mit sant Jörgens ritterschaft
Wider di Turken lesterei!
Schl.: *Die Turken werden all zertrant,*
In kurzer frist verdrungen!

Es ist offiziöse Reichspoesie, die die deutschen Stände zur Einigkeit im gemeinsamen Kampf gegen den Erbfeind der Christenheit ermahnen soll. Doch lodert in dem Verfasser weder Begeisterung noch überhaupt irgendwelcher Schwung, sondern es ist eine trockene und nüchterne Reimerei ohne höheren Gehalt. Zwei Fassungen sind erhalten, die erste in München clm. 9503 Bl. 348; hier steht unter dem Gedicht: *auß dem garten Walthasar Manndellreiß*, also eine Anspielung auf den Namen des Dichters. Eine spätere Umarbeitung ist in den Jahren 1455/56 erfolgt; ob vom Dichter selbst? Sie ist aufgezeichnet in dem Heidelberger cod. pal. germ. 525, Bl. 154a bis 156a.

Druck: R. v. Liliencron *Histor. Volkslieder* I Nr. 100.
Bartsch ADB. XX (1885) S. 170.

W. St.

Mandeville, John, s. Bernhard v. Breidenbach.

Manesse. Die Manesse waren ein um die Wende des 13. und 14. Jh.s blühendes ritterliches Geschlecht, das in Zürich seßhaft wurde. Der bekannteste und wichtigste war Rüdiger II., Inhaber der Burg Manegg (gest. 5. September 1304). Er besaß nach Hadlaubs (s. d.) Worten eine reiche Sammlung von Liederbüchern, und diese haben vermutlich den Grundstock zu der großen in Zürich entstandenen Liederhandschrift, der sogenannten Manessischen, gegeben (s. Merker-Stammler RL. I S. 228—231). Hadlaub erwähnt auch noch seinen Sohn, den *kuster* (gest. 20. Mai 1297). Für die deutsche Literatur kein unmittelbares Interesse hat der ältere seiner Söhne Rüdiger III. (gest. 18. März 1304).

HMS. IV 1, 627ff., sowie die Lit. zu Hadlaub, bes. Bartsch *Schweizer Minnesinger* No. XXVII.

Rosenhagen.

Manlius, s. Mennel.

Mann, Der wilde, s. Wilde Mann.

Mann, Heinrich, s. Hausbuch.

Mansfeldt, Balthasar. Er verfaßte deutsche Almanache auf die Jahre 1491 und 1492, die in München bei Benedikt Buchbinder gedruckt wurden.

Einblattdrucke des XV. Jhs. S. 234, Nr. 895, 896. — Der Druck von 1492 faksimiliert bei Heitz-Haebler *Hundert Kalender-Inkunabeln* 1905, Nr. 76.

W. St.

Manttel, Johannes, Augustiner und Dr. theol. Stücke aus einer deutschen Predigt von ihm in der St. Galler Hs. 512, Bl. 146f., v. J. 1507. W. St.

Marburg, s. Wigand v. M.

Marcus, Bruder, hieß ein irischer Mönch, der im Regensburger Nonnenkloster St. Paul nach dem Begehren der Äbtissin G. (vielleicht Gisela, aber sicher nicht mit der etwa 40 Jahre später von Alber genannten Nonne oder Laienschwester *Gîsel* identisch) den Visionsbericht eines irischen Ritters Tnugdalus lateinisch niederschrieb; er will die Erzählung aus dessen eigenem Munde gehört haben und behauptet, daß die Vision im Jahre 1149 gesehen wurde. Er erwähnt mehrere gleichzeitige Begebenheiten, und seine Zeitangaben stimmen sehr gut, wenn man annimmt, daß er nach irischer Art als Jahresanfang den 1. November (*Samhain*) rechnete. Da er einerseits die Anfang 1149 verfaßte

'*Vita S. Malachiae*' des Bernhard von Clairvaux kannte, aber andererseits Kaiser Konrad III. noch am Leben war, wird er zwischen 1149 und 1152 geschrieben haben. Im Prolog widmet er das Büchlein der erwähnten Äbtissin G. und bittet sie, seinen „ungelehrten" Stil verbessern zu wollen — welches kaum mehr als eine Höflichkeitsphrase ist. — Er war einer der phantasiereichsten und künstlerisch begabtesten unter den vielen nach Deutschland gekommenen „Schotten".

Vgl. die zu *Alber* genannten Werke, bes. Wagner S. XXI ff., Verdeyen-Endepols I S. 60 ff. Ferner: V. Friedel und Kuno Meyer *La Vision de Tondale* 1907 S. VI ff. H. Falk und Moltke Moe *Middelalderens Visionsdigtning*, Festschrift N. F. Fejlberg (1911) S. 440 f.: hier das richtige Jahr, während die meisten 1149 als Fehler statt 1148 betrachten. Friedel und Verdeyen wollen aus dem doch nur zitierenden Präsens *transscribit* (Wagner S. 5, 9) folgern, daß Marcus noch 1149 geschrieben hätte, nämlich zu einer Zeit, wo die '*Vita Malachiae*' noch im Entstehen war, und daß Marcus demnach in Clairvaux selbst Bernhard an der Arbeit hätte sehen müssen.

L. L. Hammerich.

Marcus v. Lindau, s. Marquardt v. L.

Marcus v. Weida, s. Markus von Weida.

Mardach (Madach), **Eberhard,** Dominikaner. Um 1405 trat er in das Dominikanerkloster zu Nürnberg ein, wo er 1415 und um 1425 als Prior erwähnt wird. Er starb vor 1428.

In den Jahren 1421 und 1422 verfaßte er eine deutsche Erbauungsschrift: *Diß ist ein abgeschrifft eins briefs, den ein geistlicher peichtvater* (am Rande von derselben Hand: *Eberhard Madach*) *gesent hat seim geistlichen kind in ein closter. Und die materie ist von rechtem warem sicherm andacht.* Es ist eine etwas breite warmherzige und wahrhaft religiöse Abhandlung, aber ohne mystische oder schwärmerische Gedanken. Das mönchische Leben wird nicht überschätzt, doch werden an die Klostergeistlichkeit hohe Anforderungen gestellt, ganz im Sinne der Reformbeschlüsse des Konstanzer Konzils und die des Basler Konzils vorwegnehmend. Tiefe seelsorgerische Pädagogik spricht aus den wenigen Blättern. Erhalten ist die Abhandlung in der Nürnberger Stadtbibliothek, Hs. Cent. VI 43e, Bl. 274a—282b. Für die Datierung kommt eine Stelle Bl. 274b in Betracht, wo M. von einer Jungfrau spricht, die bis zu zwei Monaten ohne Speise leben konnte, *die erst bei 3 jaren dort ist, das ist nach Christi geburt 14 hundert und 18 oder 19 jar.*

F. Bock Mitt. d. Ver. f. Gesch. Nürnbergs 25 (1924) S. 167f., 178.

W. St.

Margarethe v. Kentzingen, Dominikanerin.

Hss.: Ihre '*Vita*' in Johannes Meyers Buch der Reformacio Predigerordens, Buch V c. 11—14. St. Gallen, Papierhs. des Bischöfl. Ordinariats, geschrieben 1474. — Druck: Bernhard Pez *Bibliotheca ascetica* VIII S. 400—412, (aber mit falschem Todesdatum 1400 statt 1428).

Margarethe Beutler, Gattin des Kaufmanns B. in Kenzingen (Breisgau), übergab als junge Witwe um 1411 ihr Kind Magdalene (siehe Magd. v. Freiburg) den Freiburger Klarissen, ging auf 5jährige Pilgerfahrt, pflegte Kranke im Marburger Elisabeth-Spital, besuchte angeblich den Gottesfreund im Oberland (siehe Merswin) und trat auf dessen Rat bei den Dominikanerinnen von Unterlinden in Kolmar ein. Der Besuch beim Gottesfreund ist späterer Einschub in die Vita (vgl. Schleußner Katholik 87 [1907] S. 15—32, 109—127, 199—216). Mit anderen Schwestern dieses Klosters wurde sie zur Erneuerung der Ordenszucht *(reformatio)* in das Kloster „An den Steinen" in Basel gesandt. Schon als Kaufmannsgattin übte sie den allwöchentlichen Empfang des Bußsakraments. Im Kloster fiel sie durch ihr tiefes Schweigen, ihren Fleiß und ihre mystischen Erlebnisse auf, doch sagt Joh. Nider († 1438) von ihr: *phantasiam tamen quandam fere usque ad ultima suae vitae tempora patiebatur creberrime,* und vermutet, daß die pseudomystischen Schauspiele, mit denen ihre Tochter Magdalene im Freiburger Klarissenkloster Anstoß erregte, durch ein von der Mutter ererbtes Seelenleiden veranlaßt waren. Im Rufe der Heiligkeit starb Margarethe am 23. Dez. 1428.

Die Pezsche Ausgabe der '*Vita*' ist (mit dem falschen Todesdatum 1400 statt 1428) deutsch veröffentlicht durch L. Clarus 1863 in der

Sammlung: Reliquien aus dem MA. IV. Das Kloster 3: Lebensbeschreibungen ... S. 400—411 — Die St. Galler *Vita* hg. von H. S. Denifle ZfdA. 19 S. 478—491. Joh. Nider handelt von ihr '*Formicarius*' III c. 8.

Engelbert Krebs.

'Maria Aegyptiaca'.

1. Die Geschichte von der Buhlerin Maria, die nach einem langen Sündenleben in Alexandrien ihre Vergangenheit jenseits des Jordans sühnte, ist aus der Verknüpfung der anekdotenhaften Erzählung von einer Nonne und Einsiedlerin (*Pratum Spirituale* des Johannes Moschus) und des Berichtes von einer Tänzerin und Büßerin Maria (*Vita Cyriaci* des Cyrill von Scytopolis) entstanden und bildet das Kernstück der dem Erzbischof Sophronius von Jerusalem († 638) zu Unrecht zugeschriebenen griechischen Vita des hl. Zosimas (vgl. *Bibl. Hag. Graec.*² 1042/44). Von den lat. Übertragungen sind bedeutsam: *BHL.* 5415 (eine Paulus Diac. zugeschriebene Version, aufgenommen von Rosweyd in den '*Vitae Patrum*', abgedruckt Migne *PL.* 73 Sp. 671/90) und *BHL.* 5417 (im *Sanctuarium* des Mombritius Bd. II [1910] S. 134/43).

Gegen die Verfasserschaft der griech. Vita durch Sophronius H. Usener *Der hl. Tychon* (1907). Zur Quellenfrage F. Delmas Échos d'Orient 4 (1900/01) S. 35—42; 5 S. 15—17. Vgl. auch H. Delehaye *Sanctus* (Subs. hag. 17) 1927 S. 226—228 und H. Hansel *Die Maria-Magdalena-Legende* (Greifswalder Beitr. z. Lit.- u. Stilforschung H. 16, 1) 1937 S. 74f.

2. Die Legende der M. Aeg. erfreute sich im MA., besonders in den romanischen Ländern, einer großen Beliebtheit. Von älteren Dichtungen seien genannt: lat. Carmina des Flodoard und Hildebert (s. Art. Embrico Bd. I Sp. 565), die Vie in Adgars Marienlegenden, das Gedicht des Rustebuef, ein Bruchstück von 624 Versen des Martin von Thorout u. a. (vgl. Knust S. 212ff.; Baker S. 147ff.).

Zusammen mit dem Leben der Büßerinnen Afra von Augsburg (s. Nachtrag) und Maria Magdalena (s. d.) steht die Legende in der '*Rede von dem heiligen gelouben*' des Armen Hartmann (s. d.) und als Einlage in der '*Vorauer Sündenklage*' (s. d.) (A. Waag *Kl. dt. Ged.*² S. 161f. v. 653/91), bei Goedeke *MA.* S. 198 und von P. Sprockhoff *Ahd. Katechetik* (Diss. Berlin 1912) S. 80 mit der Geschichte der Maria Magdalena verwechselt '*Rheinischen Marienlob*' (s. u. Sp. 258); weiterhin in Legendensammlungen: '*Passional*' (s. d.), '*Väterbuch*' (s. d.), '*Buch der Märtyrer*' (s. d.), '*Wenzelpassional*' (s. d.).

Das von Ehrismann *Lit.-Gesch.* (Schlußband 1935) S. 398 unter Maria von Ägypten angeführte Bruchstück (K. Th. Heigel Germ. 20 S. 447f.) gehört zur Maria-Magdalena-Legende des '*Märterbuches*' (= V. 14502ff. der Ausg. von E. Gierach DTdMA. 32 Nr. 51). Zur Verwechslung der M. Aeg. mit M. M. in der '*Erinnerung*' des Heinrich von Melk s. Art. Maria Magdalena § 10. Über das Leben im '*Märterbuch*' und '*Wenzelpassional*': G. Eis *Die Quellen des Mb.* (Prager Dt. Studien H. 46) 1932 S. 63ff.; M. Höbing *Legendarische Erzählformen des Wp.* (Diss. Münster i. W. 1934) S. 49f.

Außer Prosatexten (u. a. Papierhs. des 15. Jh. bei K. A. Barack *Die Hss. d. Fürstl. Fürstenberg. Hofbibl. z. Donaueschingen* [1865] Nr. 451) eine selbständige Dichtung von etwa 1600 Versen:

Pergamenths. der Hamburger Stadtbibl., 13./14. Jh.; Anfang und Ende mitgeteilt von M. Lappenberg AnzfKddMA. 3 (1834) Sp. 38.

Die Hs. gehörte *den susteren zu Campe in der Clusen* und ist betitelt: '*Heilige Geschichte in Reimen*'. Das bisher unveröffentlichte Gedicht *Daz ist von Zozimas unde Marien egypciaca* steht an erster Stelle (Anf.: *Gy horet wi der gůte got / Durch siner tůgende gebot*...); es folgen Bearbeitungen von fünf weiteren Legendenstoffen.

H. Knust *Geschichte der Legenden der h. Katharina von Alexandrien und der h. Maria Aegyptiaca* (1890); auch A. T. Baker Rev. des langues rom. 59 (1916/17) S. 145ff.

H. Hansel.

'Maria Magdalena'.

1. Die Lösung der alten Streitfrage, ob Maria von Magdala mit Maria von Bethanien und der namenlosen Sünderin gleichzusetzen ist oder nicht („Magdalenenfrage"), bietet im Hinblick auf die mal. Dichtung des Abendlandes keine Schwierigkeiten. Seit Gregor d. Gr. († 604) bis zum Ausbruch des exegetischen Streites an der Sorbonne durch Jacques Lefèvre (1517) wird die Sünderin und Büßerin Maria Magdalena als Einheitsbild dreier biblischer Frauen angesehen:

a) Maria von Magdala, Lk. 8, 2 als dämonisch Besessene eingeführt (vgl. auch

Mk. 16, 9) und von sämtlichen Evangelisten in den Leidens- und Auferstehungsberichten erwähnt (Mt. 27, 55ff. 28, 1ff.; Mk. 15, 40ff. 16, 1ff.; Lk. 23, 49ff. 24, 1ff.; Jh. 19, 25ff. 20, 1ff.);

b) Maria von Bethanien, die als Schwester der Martha den Worten des Meisters lauscht (Lk. 10, 38—42), um ihren toten Bruder Lazarus weint (Joh. 11, 1—45) und den Heiland wenige Tage vor seinem Tode in Bethanien salbt (Mt. 26, 6—13; Mk. 14, 3—9; Joh. 12, 1—8);

c) namenlose Sünderin einer galiläischen Stadt, die beim Gastmahl im Hause des Pharisäers Simon zu den Füßen Christi ihre Sündenschuld beweint (Lk. 7, 36—50).

Nicht nur durch die entscheidende Stellungnahme zur Magdalenenfrage ist Gregor d. Gr. bedeutsam; seine Magdalenenhomilien (*Hom. 25* u. *33*, Migne *PL.* 76 Sp. 1188/96, 1238/46) bilden die Grundlage für Predigt (s. § 3), Klage (s. § 6) und Legende, soweit diese auf den Evangelienbericht Bezug nimmt (s. § 8).

H. Hansel *Die M. M.-Legende. Eine Quellenuntersuchung. Teil I* (Greifswalder Beiträge zur Literatur- u. Stilforschung H. 16, 1) 1937 [besonders S. 50ff.; Bibliographie zur Magdalenenfrage S. 130ff.].

2. Wie in den frühchristlichen Messiaden (Tatians *Diatessaron*, Paraphrase des Nonnus, *Evangelia* des Juvencus, *Carmen Paschale* des Sedulius) tritt die Verschmelzung der biblischen Erzählungen in den ältesten dt. Evangelienharmonien noch nicht zutage. Ein interessantes Beispiel für das Nebeneinander der Berichte liefert der ahd. Tatian (s. d.), besonders bei der Darstellung der Salbungsszene, während der as. 'Heliand' (s. d.) und Otfrids 'Evangelienbuch' (s. d.) nur die Auferweckungsgeschichte des Lazarus, die bethanische Salbung (Joh. 12, 1ff.) und die Begegnung des Auferstandenen mit Maria von Magdala verzeichnen. Nahezu vollständig berücksichtigt Frau Ava (s. d.) den biblischen M.-Stoff in ihrem 'Leben Jesu', das in Hs. *G* die Reue- und Noli-metangere-Szene als Miniaturen zeigt (Abb. bei P. Piper *Die geistl. Dichtung d. MA.s* I. S. 224ff., beschrieben ZfdPh. 19 S. 168 u. 281).

3. Zum Träger des einheitlichen Magdalenenbildes wird erstmalig die erbauliche Predigt: aus der Neigung zur Harmonie und Allegorie wächst M. M. zur Idealgestalt der bekehrten Sünderin. Die Entwicklung führt von den Homilien Gregors d. Gr. (s. § 1) über den '*Sermo de Maria Magdalena*' des Odo von Cluny (s. § 8) zu der wegen ihrer legendären Bestandteile bedeutsamen Predigt im '*Speculum ecclesiae*' (Migne *PL.* 172 Sp. 979/82) des Honorius Augustodunensis (um 1100), s. § 9 u. 10. An diese lehnen sich die vom Priester Konrad (s. d.) am M.-Tage gemachten Ausführungen 'Von sant Marien Magdalenen' (A. Schönbach *Altdt. Pred.* III S. 198f.) und die entsprechende Predigt im ahd. '*Speculum ecclesiae*' (s. d.) an. Einzelbilder von M. M. bringen die Leipziger und Oberaltaicher Predigtsammlungen (Schönbach I S. 20, 39, 48ff., 67ff., II S. 86ff.; H. Leyser *Dt. Predigten* S. 39ff.), das bei Fr. K. Grieshaber (*Dt. Sprachdenkm.* 1842 S. 28f.) abgedruckte Bruchstück, vor allem die Volkspredigt der Franziskaner und Dominikaner. Allein in 16 dt. Predigten verweist Berthold von Regensburg (s. d.) auf die *frouwe sant Mariâ Magdalênâ* (Ausg. Fr. Pfeiffer); am M.-Tage sind gehalten Nr. 34, 43 (vermutlich im J. 1263 in Österreich oder Mähren) u. 44 (vgl. auch Nr. 5, 11, 18, 21, 23, 24, 30, 31, 35—37, 53, 55); lat. M.-Predigten bei G. Jakob *Lat. Reden des B. v. R.* S. 69 (Nr. 94, 95) und A. Schönbach WSB. 151, 2 (1906) S. 54ff. (Nr. 62, 63, 81). Für die Predigt *Von Symôn pharisêô*, die Nikolaus von Straßburg (s. d.) den Dominikanerinnen zu Adelshausen bei Freiburg gehalten hat (Fr. Pfeiffer *Dt. Mystiker* I S. 282ff.), ist die Reueszene Lk. 7, 36—50 Ausgangspunkt, ebenso für *Von der gôtlichen minne* in der oberrheinischen Predigtsammlung (K. Rieder *Der sog. St.Georgener Prediger* S. 170).

4. Unter dem Einfluß des kluniazensischen Reformgeistes wird M. M. auch in der dt. Literatur, besonders in der Bußdichtung, neben dem reuigen Petrus, dem bekehrten Paulus, dem bußfertigen Zöllner Zachäus zum Beispiel

menschlicher Schuld und göttlicher Erbarmung. Weniger im Friedberger 'Christ und Antichrist' (s. d.) und Linzer 'Antichrist' (s. d.) als beim Armen Hartmann (s. d.) in der 'Rede von dem heiligen gelouben' tritt die Gestalt der bereuenden Sünderin hervor, zusammen mit den „heiligen Buhlerinnen" Maria Ägyptiaca (s. d.) und Afra von Augsburg (s. Nachtrag). Priester Wernher (s. d.) stellt sie im zweiten *liet* der 'Maria' dem erhabenen Bilde der sündenreinen Jungfrau gegenüber (H. Hoffmann *Fdgr.* II S. 180 v. 5/11; Abdruck bei C. Wesle *Priester W.s Maria* S. 127). Im St. Trudperter 'Hohen Liede' (s. d.) erscheinen Maria und Martha als Sinnbild für *daz gaistliche unde daz weltliche* Leben; das bittende Schwesternpaar im 'Rheinauer Paulus' (s. d.) und in der 'Millstätter Sündenklage' (s. d.). M. M. in der 'Erinnerung' des Heinrich von Melk und in Heinrichs 'Litanei' s. § 10. Schließlich M. M.-Szenen in 'Christi Hort' des Gundacker von Judenburg (s. d.), 'Gottes Zukunft' des Heinrich von Neustadt (s. d.), 'Saelden Hort' (s. § 6 u. 12) u. a.

5. Seit dem 9. Jh. wird im Abendlande als Nativitas der M. M. der 22. Juli bekannt, so in den Martyrologien des Beda (Migne *PL.* 94 Sp. 982), Hrabanus Maurus (ebd. 110 Sp. 1158), Wandalbert (ebd. 121 Sp. 605), Ado (ebd. 123 Sp. 163 u. 305) und Usuard (ebd. 124 Sp. 285f.). Mit der Einführung des Festtages nimmt die liturgische Magdalenenverehrung ihren Anfang. Als älteste Hymnen zu Ehren der M. M. begegnen seit der Wende des 10./11. Jh.s in den liturgischen Büchern von Verona, Seckau, Rheinau, Prüfening, Schäftlarn, Zwiefalten, Admont u. a.: *Jesu Christe, auctor vitae* und *Votiva cunctis orbita* (*Anal. Hymn.* 51 S. 196f.); zur ältesten Quelle: *Hymnarium et Capitularium S. Zenonis Veronensis* (? *Mantuanum*) *conscriptum a monacho quodam Germano* (persönlich mitgeteilt von J. Kösters aus dem Nachlaß des Cl. Blume). Schöpfer der ältesten M.-Sequenz *Exurgat totus almiphonus* (ebd. 44 S. 204ff.) ist Hermann von Reichenau († 1054). Einer größeren Beliebtheit erfreute sich die Sequenz *Laus tibi Christe* (ebd. 50 S. 346) des Gottschalk von Limburg († 1098).

Zwei Reimgebete auf M. M. stammen von dem Zisterzienser Christan von Lilienfeld († vor 1332): *Ave, clari generis* und *Ave, quae de noxiis* (ebd. 41 S. 142f). Das erste Gebet hatte G. Dreves *Anal. Hymn.* 3 S. 197 ursprünglich Ulrich von Wessobrunn zugeschrieben, doch ein späterer Vergleich mit den aus dem Stift Lilienfeld erhaltenen Hss. ergab Chr. als Verfasser. Er nennt sich an mehreren Stellen selbst, so in der in Frage kommenden Hs. 144 nicht nur am Ende, sondern auch Bl. 47 b: *Memento fratris Christani in bonum, qui scripsit haec.* In dem nach der Heiligenlitanei geordneten Liederzyklus des Kartäusers Konrad von Haimburg († 1360) sind ebenfalls zwei Reimgebete auf M. M. enthalten (ebd. 3 S. 100ff.), desgleichen in der '*Scala coeli*' des Albert von Prag (14. Jh.), einem Nachahmer Konrads, das 47 Strophen lange Gebet *Ave omni laude plena* (ebd. 3 S. 165ff.); daselbst ausführliche Behandlung des legendären Lebens (s. § 11).

Ein volkssprachliches Reimgebet auf die *Frowe scā Maria Magdalena* findet sich in den mhd. Upsalaer Frauengebeten (H. J. Psilander ZfdA. 49 S. 369f.).

Für die zahlreiche, hauptsächlich anonyme Hymnendichtung zu Ehren der M. M. sei auf den *Index I. Festorum, Sanctorum, etc.* bei U. Chevalier *Repertorium Hymnologicum VI* (1920) und Abdruck durch G. Dreves-Cl. Blume *Analecta Hymnica* (1896ff.) verwiesen.

6. Ihrer Quelle und dem Gehalt nach kennzeichnen sich die Magdalenenklagen als Reue- (Lk. 7, 36—50), Mitleids- (Joh. 19, 25—27) und Liebesklage (Joh. 20, 11—18). Die Reueklage (Klage bei Erkenntnis der Sündenschuld; Selbstanklage vor Christus) findet ihren tiefsten Ausdruck in den M. M.-Szenen des Passionsspiels (s. § 7), während die Mitleidsklage — im Gegensatz zu der aus gleicher Quelle fließenden Marienklage — weniger deutlich in Erscheinung tritt (z. B. in der dt. Osterfeier, s. § 7; oder in 'Gottes Zukunft' des Heinrich v. Neustadt, s. auch u.). Besondere Bedeutung erlangt die Liebesklage, als deren Grundlage sich *homilia 25* Gregors d. Gr. (s. § 1) erweist,

in der die Noli-me-tangere-Szene mit einzelnen Stellen aus dem Hohen Liede verknüpft ist: die um Christus trauernde Magdalena wird zur Braut, die ihren Geliebten sucht; so auch in dt. Predigten, vgl. A. Linsenmayer *Gesch. d. Pred.* (1886) S. 239; M. Goebel *Die Bearb. d. H. L. im 17. Jh.* (Diss. Leipzig 1914) S. 24. Charakteristische Teile der lat. Osterfeiern und -spiele gehen auf Gregors Homilie zurück und nicht, wie M. N. Hoffmann annimmt (s. § 7), auf die Festmesse vom 22. Juli. Klagehymnen dieser Spiele gewinnen als volkstümliche Lieder von M. M. (auch von den drei Marien) selbständige Form, z. B. *Owe der märe, / owe der jämerlichen chlage!* (Uhland *Alte hoch- u. niederdt. Volksl.* I 2 Nr. 324) oder *Weine herze, weinent ougen* (Fr. M. Böhme *Altdt. Liederbuch* Nr. 551).

Literarisch bedeutsam wird die Liebesklage durch zahlreiche Übertragungen und Nachdichtungen eines im MA. fälschlich unter dem Namen des Origenes weitverbreiteten lat. Sermons, dessen unbekannter Verfasser die Gedankenfülle aus Gregors Homilie mit mystischem Gehalt vertieft und szenenhaft dargestellt hat. Um 1300 hat diese Predigt allein drei dt. poetische Bearbeitungen erfahren: als Einlage in 'Gottes Zukunft' des Heinrich von Neustadt (s. d.; DTdMA. 7 v. 3709ff.) und im alemannischen 'Saelden Hort' (s. d.; DTdMA. 26 v. 9685ff.); als selbständiges Werk in der bairischen Magdalenenklage:

Pergamenths. 15 225 der Wiener Nat.-Bibl., 13./14. Jh., Bl. 1a—33a; s. J. Jaksche DTdMA. 18 [Einleitung zu 'Christi Hort' des Gundacker v. Judenburg (s. d.)].

Ausg.: G. Eis *Beiträge zur mhd. Legende u. Mystik. Untersuchungen u. Texte* (Germanische Stud. H. 161) 1935 S. 315—350.

Vgl. G. Eis a. a. O. S. 156—237; dazu G. Thiele AfdA. 54 S. 183; H. Hansel *Neue Quellen zur mal. Legende*, ZfdPh. 60 S. 390ff. Zur lat. Homilie des Pseudo-Origenes als Quelle: Ders. *Die Quelle der bairischen Magdalenenklage*, ZfdPh. 62 S. 363ff.; daselbst Gegenüberstellung des lat. und dt. Textes.

G. Eis weist das Gedicht in das nordwestbairische Sprachgebiet (um Regensburg), sieht aber zu Unrecht die Quelle in dem Sermon des Odo von Cluny (s. § 8); dagegen H. Hansel (s. o.). Die Vorlage für die Liedeinlage (v. 701/12), die Eis unbekannt geblieben ist, bilden zwei Strophen aus dem M. M.-Hymnus des Pariser Kanzlers Philippe de Grève (*Anal. Hymn.* 50 S. 533; Nachweis bei H. Hansel ZfdPh. 62 S. 382ff.). Entgegen der Annahme durch Eis scheint der Verfasser ein Geistlicher gewesen zu sein, dessen dichterische Selbständigkeit gering ist.

7. Ihre Rolle im geistlichen Schauspiel beginnt M. M. frühzeitig, zunächst in der liturgisch gebundenen Osterfeier (s. d.), im Osterspiel (s. d.), schließlich im Passionsspiel (s. d.).

Den Ursprung der M. M.-Szene bildet die *Visitatio sepulchri* der lat. Osterfeier (10. Jh.), jene Drei-Marien-Gruppe, aus der sich später M. M. durch die Einführung der Sequenz *Victimae paschali laudes* als Künderin des Ostergeschehens herauslöst (12./13. Jh.). Eine selbständigere Rolle gewinnt sie in der Erscheinungsszene (um 1100), nachgezeichnet Joh. 20, 11—18. Persönlicheren Charakter bringen die Klagehymnen: in der dt. Osterfeier als Mitleidsklage bekannt, während in Frankreich namentlich die Liebesklage hervortritt (s. § 6). Ansätze zur Dramatisierung enthält der liturgisch-biblische Dialog der Maria-Rabboni- u. Noli-me-tangere-Szene.

In den Passionsspielen treten Szenen vom Weltleben und der Bekehrung der M. M. hinzu: *Maria in gaudio* (Liebes- u. Naturlieder, die an Minnedichtung und Dorfpoesie anklingen); Bekehrung durch eine warnende Engelstimme (so in den ältesten Spielen: Benediktbeurer P., auch Wiener P.), durch die besorgte Schwester Martha (Wiener P., St. Galler P., Erlauer Sp., Maestrichter P. u. a.), schließlich durch die Predigt Christi (Frankfurter P., Heidelberger P., Alsfelder P.), während in späteren Spielen die Bekehrung unmotiviert erscheint (Brixener P., Augsburger P.); Sündenklage der M. M. (s. § 6); Salbenkauf; Selbstanklage zu den Füßen Jesu (in sämtlichen Spielen).

Über die M. M.-Szenen im besonderen zuletzt M. N. Hoffmann *Die M.-Szenen im geistl. Spiel des dt. MAs.* Diss. Münster i. W. 1933; Fr. O. Knoll *Die Rolle der M. M. im geistl. Spiel des MAs. Ein Beitrag zur Kultur- u. Theatergeschichte Deutschlands* (Germanisch u. Deutsch H. 8) 1934; dazu H. Hansel Ltbl. 56 Sp. 298ff.; ders. (s. § 1) S. 124ff. [zur Geschichte des Bekehrungsversuchs], S. 105 [Selbstanklage der M. M. im Odoschen Sermon].

8. Als Ersatz für eine besondere Vita mit den biblischen Ereignissen wird der *Sermo de Maria Magdalena* (*BHL.* 5439—41c) des Odo von Cluny († 941) in die lateinischen Legendarien aufgenommen — jedoch erst nach dem Aufblühen der Legenden von Vézelay (s. § 11). Diese sehr verbreitete, vielfach gekürzte Predigt (Hss. bei H. Hansel S. 100ff.) hat frühzeitig eine Überarbeitung (vgl. *BHL.* 5450—51b; Hansel S. 107f.) und von der Legende der hl. Martha her (s. § 11) legendäre Zusätze über die Herkunft der M. M. erfahren (Hss. u. Text bei Hansel S. 109ff.). Danach heißt der Vater Syrus und die Mutter Eucharia; in ihrem Besitze befinden sich der größte Teil von Jerusalem, ganz Bethanien und das Kastell Magdalum. Diese Auffassung wird im Abendland vorherrschend, u. a. bei Jacobus de Voragine, im mhd. 'Passional' (s. d.), besonders in der Legende von der Bekehrung, die seit dem 14. Jh. vereinzelt in Heiligenpassionalen begegnet (*BHL.* 5452). Die Überschrift *Ex Isidoro de vita et obitu sanctorum* ist irreführend; die Legende ist kein Werk des Isidor von Sevilla († 636), sondern anscheinend die Schöpfung eines niederländischen Mönches, der auf der legendären Ausschmükkung des Odoschen Sermon fußt und die mit dem *festum conversionis* (s. Hansel 126f.) verbundene Vorstellung von der Bekehrung der M. M. durch ihre Schwester Martha ausgestaltet hat. Dadurch tritt die Legende in eine bemerkenswerte Parallele zu den M. M.-Szenen des Passionsspiels (s. § 7). Außer mnld. Übertragungen (s. u.) sind nd. Prosafassungen bekannt: *Dit is die bekeirynge sent marien magdalena als ysiderus beschryfft* (Hs. 8826 des Germ. Nat.-Museums Nürnberg, 15. Jh., Bl. 1a—10b); *Vā sūte mariē magdalenē bekeryghe Scrift de meyster ysodorus De dar scrift vā deme dode der hilgē* (Hs. 239 der Bibl. Hannover, Anf. 16. Jh., Bl. 287b bis 296b); Lübecker Druck o. J.: *S. Marien Magdalenen bekerynghe* (Exemplare in Lübeck und Hildesheim).

Entwicklung der M. M.-Legende, soweit diese die biblische Überlieferung umrankt, bei H. Hansel (s. § 1): orientalisches Schrifttum (S. 81ff.), griechische Hagiographie (S. 90ff.), lat. Hagiographie (S. 94ff.). Daselbst erstmaliger Abdruck der Legende von der Bekehrung nach drei lat. Hss. (S. 115ff.); Überblick über die volkssprachlichen Fassungen (S. 121ff.). Mnld. Prosatexte hsg. von C. G. N. de Vooys *De legende 'Van sunte maria magdalena bekeringhe'*, Tijdschr. 24 S. 16—44.

9. Neben dem biblischen Einheitsbilde der M. M. tauchen im MA. folgende Verknüpfungen auf:

a) Nach einer inhaltlich und zeitlich verworrenen Überlieferung des Talmud wird Maria von Magdala (Lk. 8, 2) als Mirjam, Frauenhaarflechterin, zur Gattin des Pappos ben Jehuda, die mit dem Soldaten Pandera buhlt. Die ältesten abendländischen Spuren dieser Legende finden sich bei Honorius Augustodunensis und dem Priester Konrad (s. § 3).

b) Eine aus dem exegetischen Schrifttum aufkommende Legende über M. M. als verlassene Braut des Jüngers Johannes auf der Hochzeit zu Kana (Joh. 2, 1ff.) steht, eingeschoben zwischen zwei Wundererzählungen, in der *'Legenda aurea'*; ebenso kurz im mhd. 'Passional' (s. d.), romanhaft erweitert im alemannischen 'Saelden Hort' (s. d.; DTdMA. 26 v. 5453ff.).

c) Im ausgehenden MA. wird M. M. zur buhlerischen Samariterin, die am Brunnen von Sichar dem Heiland begegnete (Jh. 4, 1—42), wie ein über die nordeuropäischen Länder verbreitetes Volkslied bekundet (u. a. bei F. J. Child *The Engl. and Scott. Pop. Ballads* I 1882 Nr. 21; G. Doncieux *Le Romancéro pop. de la France* 1904 Nr. IX).

Zur Entwicklung dieser drei verschiedenartigen Legenden vgl. H. Hansel (s. § 1) S. 86ff., 94ff., 96ff.

10. Weit mehr als den biblischen Ereignissen gilt die Legende dem Leben der M. M. nach der Auferstehung Christi. Innerhalb der lat. Hagiographie wird zunächst als Vita in Hss. seit dem 10./11. Jh. ein kurzes Büßerleben überliefert, das in Anlehnung an das Wüstenleben der Maria Aegyptiaca (s. d.) entstanden ist; verbreitet in verschiedenen Fassungen (*BHL.* 5453—56) von Italien über Österreich (im *'Magnum Legendarium Austriacum'*) und Deutschland (s. u.) bis nach England (gekürzt in einem dem König Al-

fred zu Unrecht zugeschriebenen Martyrologium; vgl. H. Thurston The Month 93 S. 75ff.), während es in Südfrankreich (s. § 11) zuerst abgelehnt wird (s. H. Hansel Volk und Volkstum, Jb. f. Volksk. 1 S. 271).

Es steht eingeschoben als ein Beispiel der Buße in der 'Erinnerung' (R. Heinzel v. 26/34) des Heinrich von Melk (s. d.) und in Heinrichs 'Litanei' (s. d.) als Nachtrag in der Straßburg-Molsheimer Sammelhs. v. J. 1172/73 (C. v. Kraus *Mhd. Übungsbuch*[2] v. 1172/88), später im mhd. 'Buch der Märtyrer' (s. d.; DTdMA. 32 Nr. 51).

Die Quelle für das Büßerleben in der 'Erinnerung' und 'Litanei' ist bisher nur ungenau bestimmt worden. Während J. Diemer WSB. 28 (1858) S. 130ff. *Marîâ, diu suoze* für die ägyptische Maria (s. d.) hält, sieht R. Heinzel *Heinrich v. Melk* (1867) S. 104f. die Quelle im '*Speculum ecclesiae*' des Honorius Augustodunensis (s. § 3), die M. Rödiger ZfdA. 19 (1876) S. 329ff. schon richtiger in einer ihm unbekannten Vorlage der '*Legenda aurea*' vermutet. J. Kelle *Gesch. d. dt. Lit.* II (1896) S. 93 geht ebenfalls im Ungewissen, zumal er sich u. a. auf Hrabanus Maurus als Gewährsmann stützt, dem zu Unrecht der Legendenroman '*De Vita b. Mariae Magdalenae et sororis ejus s. Marthae*' (*BHL.* 5508) zugeschrieben worden ist; dazu H. Hansel (s. § 1) S. 111.

Als Quelle erweisen sich lat. Hss., die älter sind als jene, die das '*Magnum Legendarium Austriacum*' (s. o.) überliefern und die Vorlage für das Büßerleben im mhd. 'Buch der Märtyrer' (s. o.) bilden, z. B. Hs. 64 der Bibl. Royale zu Brüssel, 11. Jh., Bl. 128a—129b, die aus dem Schottenkloster vor der Stadt Regensburg stammt (*Catal. codd. hag. bibl. reg. Bruxell.* I [1886] S. 3ff.: 49⁰). Eine solche Hs. mag auch Honorius Augustodunensis (s. o.), der mit dem Würzburger Schottenkloster in Beziehung stand (vgl. Manitius III S. 369), vorgelegen haben.

Über die zeitlich falsche Einordnung des Büßerlebens durch die Bollandisten u. a. s. H. Hansel a. a. O. S. 17f. Verzeichnis der Hss. mit Abdruck des Textes ebda. (demnächst Teil II). Zum '*Magnum Legendarium Austriacum*' vgl. G. Eis *Die Quellen des Märterbuches* (Prager Deutsche Studien H. 46) 1932; dazu H. Hansel a. a. O. S. 108; ZfdPh. 60 S. 390ff.

11. Die abendländische Legendenbildung über das nachbiblische Geschick der M. M. setzt in erhöhtem Maße ein, als um die Mitte des 11. Jh.s im Kloster Vézelay die Heilige als Gefangenenbefreierin Verehrung findet. Zahlreiche Wundererzählungen kommen auf (*BHL.* 5459—87); zwei Berichte bezeugen die Überführung der Gebeine aus der Provence nach Burgund (*BHL.* 5488—95a); schließlich macht eine Legende die Meeresfahrt der M. M. von Palästina nach Marseille mit St. Maximinus als Begleiter glaubhaft (Reisebericht: *BHL.* 5443 *pars prima et postrema*).

Gegen Ende des 12. Jh.s wird das Büßerleben der M. M. (s. § 10) in die südfranzösische Überlieferung aufgenommen, indem St. Maximinus als dritte handelnde Person eingeführt wird (*BHL.* 5443 *pars media*); es verwurzelt sich in Sainte-Baume, das zum berühmtesten Kultort der Büßerin M. M. wird. Diese Vita begegnet erst spät in dt. Dichtung: kurze Hinweise im 'Heiligenleben' des Hermann von Fritzlar (s. d.), Versdichtung in der Berliner Hs. Germ. Fol. 245, Bl. 107a—121a (s. § 12) mit zehn Federzeichnungen.

Zu dem Legendenkreis von Vézelay tritt mit Beginn des 12. Jh.s die Legende des in Autun und Marseille verehrten Lazarus (Meeresfahrt zusammen mit M. M.: *BHL.* 5442). Nach der Auffindung der Gebeine der hl. Martha in Tarascon (1187) entsteht eine zur M. M.-Legende parallele Vita (*BHL.* 5545—46) u. a. m. — Zur „südfranzösischen Überlieferung" vgl. H. Hansel *Magdalenenkult und Magdalenenlegende* (2. Vereinsschrift der Görres-Gesellsch.) 1936 S. 45ff.; ders. *Zur Geschichte der Magdalenenverehrung in Deutschland*, Volk u. Volkstum, Jb. f. Volksk. 1 S. 269ff., Lit.; ders. (s. § 1) S. 15ff., ausführlich demnächst in Teil II.

12. Um 1200 wird im nördlichen Frankreich der Legendenroman von den wunderbaren Erlebnissen des Fürstenpaares von Marseille bekannt, der sich in kompilierten Viten zwischen Reisebericht und Büßerleben von Sainte-Baume (s. § 11) eingeschoben hat (sog. „Episode": *BHL.* 5457—58), so auch in den gekürzten Legendensammlungen: '*Speculum historiale*' des Vinzenz von Beauvais, '*Legenda aurea*', mhd. 'Passional'.

Literarhistorisch bemerkenswert ist die „Episode" wegen ihrer Handlungsmotive (Trennung des Helden von Gattin und Kind und Wiedervereinigung). Sie berührt sich motivgeschichtlich u. a. einerseits mit dem lat. 'Apollonius von Tyrus' (s. Heinrich v. Neustadt) und afrz. '*Jourdain de Blaivies*', andererseits mit den Wilhelmsepen (besonders '*Guillaume d'Angleterre'*) und bildet eine Vorstufe zum 'Wilhelm von Wenden' des Ulrich von Eschenbach.

Zur Motivgeschichte G. Huet *Un miracle de M.-M. et le roman d'Apollonius de Tyr*, Rev. de l'hist. des religions 74 S. 249—55; Ch. Liersch *Motivgesch. u. stilistische Untersuchungen z. aleman. M.-Legende*, Diss. Marburg 1936. Liersch bemüht sich ohne Quellenkenntnis (s. u.).

Nicht nur die „Episode" in der '*Legenda aurea*', vor allem die lat. Originalfassung wird wiederholt von der volkssprachlichen Literatur aufgegriffen. Zur inhaltlichen Unterscheidung s. H. Hansel Arch. Rom. 20 (1936) S. 263f.

Abdruck der lat. Fassung (*BHL.* 5457) *Catal. codd. hag. lat. Bibl. Nat. Paris.* III S. 525—530; Anfang mit gekürzter Lesart (*BHL.* 5458) bei H. Hansel a. a. O. S. 265. Auszüge afrz. Versionen ebda. S. 266f. Altspanische Prosa hsg. von J. Ruggieri ebda. 17 (1933) S. 189ff. Überblick über volkssprachliche Fassungen bei L. Karl ZfromPh. 34 (1910) S. 362—367.

Bereits Anfang des 13. Jh.s wird der lat. Prosatext durch Guillaume le Clerc (?) in 710 Achtsilbner umgegossen (hsg. v. R. Reinsch ArchfnSpr. 64 S. 85ff.; A. Schmidt RomStud. 4 S. 523ff.). Eine zweite anglonormannische Legende ist nur als Bruchstück von 13 sechszeiligen Strophen erhalten (hsg. v. M. Keuffer, H. Suchier, zuletzt v. G. Doncieux Rom. 22 S. 265ff.). Drei me. Verslegenden bei K. Horstmann *Altengl. Legenden* (1878) S. 148ff. (= Early Engl. Text Soc. 87, S. 462ff.), S. 163ff. u. N. F. (1881) S. 81ff.; vgl. außerdem Texte: ArchfnSpr. 68 S. 52ff.; Altengl. Bibl. I (1883) S. 126ff.

Dt. Versbearbeitungen der „Episode":

a) Schlußteil des alemann. 'Saelden Hort' (s. d.), dessen Quelle H. Adrian *Das alemann. Gedicht von Joh. d. T. u. d. M. M.* (Diss. Straßburg 1908) zu bestimmen versuchte (vgl. auch DTdMA. Bd. 26); nach ihm Ch. Liersch (s. o.).

b) md. Dichtung.

Überlieferung. Steinmeyer ZfdA. 19 S. 159ff. veröffentlichte aus M. Haupts Nachlaß ein „Bruchstück eines unbekannten Gedichtes" von insgesamt 132 Versen, das er nach Zupitza als eine M. M.-Legende bekannt gab (AfdA. 6 S. 111), die den Text der '*Legenda aurea*' zur Quelle habe (vgl. auch K. Vollmöller Ltbl. 1 Sp. 162). Das fragliche Gedicht ist indes keine Teilbearbeitung der '*Legenda aurea*', sondern eine Nachdichtung des selbständigen lat. Prosatextes; als solche vollständig überliefert in Hs. Germ. Fol. 245 der Berliner Staats-Bibl., 15. Jh. (aus dem Prämonstratenserkloster Steinfeld), Bl. 73a—106a (s. H. Degering *Kurzes Verz. d. germ. Hss.* 1925 S. 35), die zwischen 1440/50 am Mittelrhein geschrieben und mit 34 getuschten Federzeichnungen (darunter 24 Bilder zur „Episode") illustriert ist (vgl. H. Wegener *Beschr. Verz. d. Min. in dt. Hss.* 1928 S. 52ff.). Diese Hs., die auch das '*Speculum humanae Salvationis*' (s. d.) enthält, ist nach H. Schmidt-Wartenberg (Publ. of the Mod. Lang. Ass. of America 14 S. 153 Anm.) „sehr fehlerhaft und ohne weitgehendste Konjekturalkritik kaum lesbar"; die daselbst angekündigte Ausgabe ist nicht erschienen.

Nach Steinmeyer ZfdA. 19 S. 163 ist der Dichter auf Grund weniger dialektischer Reime ein Mitteldeutscher, der in der Gegend des Berthold von Holle (s. d.) zu suchen, aber älter sei als dieser.

c) das mnd. Gedicht 'Van sunte Maria Magdalenen' von 800 paarweise gereimten Zeilen.

Hs. der Wolfenbüttler Bibl. Helmstedt 894, 15. Jh. (v. J. 1449), Bl. 60b—73a; s. O. von Heinemann *Hss. d. Bibl. z. Wolfenbüttel* 1. Abt. II 1886 S. 287f. — Hsg. v. C. E. Eggert *The middle low German version of the legend of M. M.*, JGPh. 4 (1902) S. 132ff.; dazu J. Frank DLZ. 24 Sp. 2080f.; ders. NdJb. 29 S. 31ff.; C. Borchling AfdA. 29 S. 234ff.

Quelle, für die Eggert nur den Text im '*Speculum historiale*' und das Gedicht des Guillaume le Clerc als Zwischenstufe anführen konnte, ist die lat. Originalfassung der „Episode" (s. o.). Ihr gegenüber fällt besonders die Erweiterung der Predigt auf, die M. M. vor den Einwohnern von Marseille hält (Hinweise auf den Fall der Engel, das Leben im Paradies, auf die verlorene Welt und ihre Errettung durch Christus; v. 131/216). Der Dichter ist nach Eggert ein Mitteldeutscher, dem Stande nach wahrscheinlich ein Mönch; die Mundart weist in das Gebiet zwischen Braunschweig, Halberstadt und Quedlinburg. Dagegen sieht Borchling im Verfasser einen Niederdeutschen, der hd. dichten wollte und deshalb seinen heimischen Dialekt großenteils unterdrückt hat, während Frank hinweist, daß die Dichtung aus einer md. (thüringischen) Vorlage umgeschrieben worden ist. Die Entstehungszeit des Gedichtes, das nach Eggert von einem hd., nach Borchling von einem nd. Schreiber aufgezeichnet ist, fällt in die Jahre 1400/49 als terminus ad quem.

H. Hansel.

'Mariengebet von Arnstein'.

1. Verfaßt um die Mitte des 12. Jh.s von einer geistlichen Frau. Die in einer Handschrift des Klosters Arnstein a. d. Lahn erhaltene Aufzeichnung gehört derselben Zeit und mundartlich der Arnsteiner Gegend an (Jörß S. 11 ff.).

Die Burg Arnstein a. d. Lahn wurde 1139 durch Ludwig III., den letzten Grafen von Arnstein (1109—1185), in ein Prämonstratenser-(Marien-)kloster umgewandelt, in das er selbst eintrat; seine Gemahlin Guda erhielt in unmittelbarer Nähe eine Klause. Von A. aus wurden damals vier Prämonstratenser-Nonnenklöster gestiftet, deren Patronin ebenfalls Maria war: 1140 Marienthal, 1148 Enkenbach (beide b. Kaiserslautern, Pfalz), 1146 Gommersheim (Rheinhessen), nach 1160 Beselich (bei Hadamar). Sicherlich hängt die Entstehung des Mariengebetes mit diesen Vorgängen zusammen. Durch den Fundort und die Mundart der Handschrift wird indessen Arnstein selbst in den Vordergrund gerückt; die nach diesen Gesichtspunkten noch in Betracht kommenden Klöster Beselich und das Arnstein benachbarte Brunnenburg sind erst nach der Entstehung der Handschrift gestiftet. Vgl. Annalen d. Vereins f. Nass. Alttskde. 16 (1881) S. 40, 113 f. u. 185 ff.; ebd. 18 (1883) S. 259 f.

Müllenhoffs Vermutung, die Gräfin Guda von Arnstein (geb. Gräfin von Bomeneburg) sei die Verfasserin des Gebetes, bleibt ein ansprechender Gedanke, der bisher durch keinen triftigen Grund hinfällig gemacht ist, während auch inhaltliche Beziehungen (Jörß S. 88 f.) diese Vermutung zu unterstützen scheinen. Gräfin Guda starb nach 1179.

Vgl. Annalen 16 S. 153 u. 18 S. 249. Rudolf von Buttlar *Stammbuch der althess. Ritterschaft* (1888) Tafel 'von Boyneburg I': Jutta von B. — Der für das Gedicht angenommene terminus a quo 1147/48 — als Entstehungszeit der Schlußworte des '*Salve regina*': *O clemens, o pia, o dulcis Maria*, die v. 312 ff. verwandt sind — ist hinfällig, da er sich auf eine Legende gründet; vgl. Kelle a. u. a. O. II S. 76.

2. Umfang, Form und Bestimmung. Erhalten sind 325 Verse; zu Anfang sind (höchstens) 73, zu Ende 12 Verse durch Rasur in der Handschrift vernichtet (Steinmeyer MSD. II³ S. 243; vgl. unten 'Handschrift'); es folgte danach ein weiteres (deutsches?) Gedicht mit der Überschrift '*De spiritu sancto*', dessen Anfang (8 Zeilen) ebenfalls durch die Rasur, die Fortsetzung durch den Verlust des letzten Blattes der Hs. vernichtet ist. — In der Form des Mariengebetes sind starke Einflüsse der lat. Sequenz zu erkennen, ohne daß das Gedicht selbst ein Leich — viel weniger ein Lied — genannt werden kann. Es war jedenfalls zur Lesung, nicht zum Gesang bestimmt, und zwar m. E. zur persönlichen Andacht; denn in der Kirche hatte es keinerlei Platz, und zu sonstiger Vorlesung erscheint es als Gebet ungeeignet (gegen Ehrismann L. G. II 1, S. 213). Um so wertvoller ist das Gedicht als eindrucksvolles Zeugnis persönlicher Marienverehrung in seiner Zeit.

Zur Metrik vgl. Paul Grundriß II, 1² S. 132. Saran *Deutsche Verslehre* S. 254.

3. Inhalt und Quellen. Der Inhalt, soweit er erhalten ist, hat folgenden Aufbau: a) V. 1—77 Anrufung der Jungfrau unter Betrachtung verschiedener Sinnbilder der magdlichen Geburt; V. 78 bis 119 Lob und Ehre der Himmelsherrin. b) V. 120—197 Gebet zu Maria um Befreiung aus Sünden und um fernere Hilfe in Leben, Tod und Auferstehung; V. 198 bis 225 Anrufung Christi; V. 226—261 Gebet an Maria als Mittlerin zu ihrem Sohne; V. 262—291 Anempfehlung anderer. c) V. 292—326 Schlußhymnus auf die Himmelskönigin. Die verwendeten Gedanken und Bilder finden sich vielfach in Sequenzen (Jörß S. 89—98) und anderen liturgischen Vorbildern (Stroppel); wörtlich benutzt sind *Ave Maria* und *Salve regina*. Das von Ehrismann (a. a. O. Anm. 8) besonders herangezogene Reimofficium '*De conceptione b. Mariae virginis*' (Mone *Hymnen* II S. 8—12) ist eine Variation zu *Analecta hymnica* V Nr. 12 und ist in dieser Fassung auch von Stroppel berücksichtigt.

Handschrift: Bl. 129ᵇ—135ᵇ eines kleinen Psalteriums, jetzt im Staatsarchiv Wiesbaden, Sign. C 8. Beschrieben von H. Jellinghaus ZfdPh. 15 (1883) S. 345 f., danach von Steinmeyer (s. u.). Die ganze Hs. ist von einer Hand geschrieben; die Datierung auf Mitte des 12. Jh.s wird durch den Buchschmuck gesichert. Die Mindestzahl der am Anfang des Gebetes verlorenen Verse ist 59 (vgl. auch oben 2). Die Angaben von L. Jörß (a. a. O. S. 3 f.) über die radierten Seiten 130 u. 135 erweisen sich durchweg als falsch; insbesondere wurden von dem nachfolgenden Gedicht nicht 10, sondern nur 8 Zeilen eingenommen, lesbar ist jedoch kein einziges Wort. Alle radierten Seiten sind (wohl durch Steinmeyer) mit einem Reagenzmittel behandelt; bei Quarzlicht sowie auf Infrarot- und Ultraviolett-Photographien ergaben sich keine neuen Lesungen. Der Einband der Hs. stammt übrigens erst aus dem 15., frühestens aus dem 14. Jh.; sie wurde also damals noch benutzt u. vermutlich auch radiert. —

Ausgaben: MSD.[3] Nr. 38; dazu II S. 237—244. Waag *Kleinere dt. Ged.*[2] Nr. 10; dazu S. LXXIX —LXXXIII. — Zum Text: Jellinghaus a. a. O. S. 350—358; Th. Schneider Nass. Annalen 48 (1927) S. 170 [zu v. 38]. Edw. Schröder ZfdA. 47 (1904) S. 124 [zu v. 174]; 67 (1930) S. 96; K. Wagner ZfdM. 1921 S. 137 [zu 151 (*dad*, nicht *daz*].

Literatur: Kelle *Gesch. d. dt. Lit.* II (1896) S. 75—77 u. 286 f. Ehrismann L.G. II, 1 (1922) S. 212. Lisbeth Jörß *Das Arnsteiner Mariengebet und die Sequenzen des Mittelalters.* Diss. Marburg 1920. Robert Stroppel *Liturgie u. geistl. Dichtung zwischen 1050 u. 1300* 1927, S. 131—134.

Ludwig Denecke.

'Marienklage, Bordesholmer'.

1. Die 'B. M.', richtiger wohl als 'Jasenitzer M.' zu bezeichnen, ist, mit Noten ausgezeichnet, wiewohl nicht ohne kleine Schreibversehen, in einer Sammelhandschrift aus dem Besitz des Augustinerklosters Bordesholm in Holstein überliefert (Kieler Universitätsbibliothek, Cod. Bord. mscr. 53, 4⁰, Papier mit dem gleichen Wasserzeichen wie in andern Bordesholmer Hss.). Die erste, auch die 'M.' enthaltende Hälfte der Handschrift ist am 23. Dez. 1476 in Jasenitz in Pommern, einem zu Bordesholm in engster Beziehung stehenden Kloster, abgeschlossen und ist ebenso wie die folgenden Teile von Johannes Reborch geschrieben, der wahrscheinlich aus dem Lübeckschen stammt, 1488 als Propst in Bordesholm auftritt (1479 noch Martin Kale, Propst) und bei der Reformation des Klosters 1490 zurücktreten muß, ohne sein Ansehen zu verlieren (Urkunden von 1490 und 1495). Ihm die Bearbeitung der 'Marienklage' zuzuweisen fehlt die zulängliche Begründung; mehr noch als die auf Abschrift weisenden Schreibfehler spricht hiergegen, wie die Einleitung ersichtlich schon auf Grund von Erfahrungen von der Dauer und Wirkung der Aufführung spricht, die er also irgendwo (in Jasenitz?) miterlebt haben wird.

2. Die Marienklagen als selbständige dramatische Dichtungen leiten sich bekanntlich gleich den Klagen im Passionsspiel, zu denen sie in engster Verwandtschaft und Wechselbeziehung stehen, aus der schon früh ins Deutsche übertragenen Sequenz *Planctus ante nescia* her und sind vielleicht als eigene Aufführungsgattung erst durch Verselbständigung aus den großen Spielen entstanden, wodurch zugleich der freiere Ausbau im weiteren Anschluß an die nicht dramatischen, teils sanglichen, teils bloß zu lesenden Dichtungen gleichen Inhalts und Ursprungs möglich wurde. In dieser Entwicklung bezeichnet die 'B.M.' (ostfälischen Ursprungs) den Höhepunkt. Ihre Vorlage, sehr frei verwertet, war vielleicht die Vorstufe der deutlich nächstverwandten 'Wolfenbüttler Marienklage'; die Mehrzahl der im Vergleich mit dieser stark vermehrten Gesangsstrophen stammt aber aus einem der böhmisch-schlesischen Gruppe nahestehenden Text. Dazu hat der Dichter selbständig die ebenfalls auf dem *Planctus* beruhende und auch anderwärts öfter benutzte niederrheinische Dichtung '*Unser Vrouwen Klage*' herangezogen und manche Versreihen mehr oder minder wörtlich übernommen. Für den recht ausführlichen Prolog, der die Stimmung vorbereiten und insbesondere entlastend alle nicht zum Grundmotiv gehörigen Tatsachen vorwegnehmen soll, ist das niederdeutsche 'Daghetydenlied' verwertet.

3. Die 'B. M.', in der Einleitung ausdrücklich von den zeitläufigen Spielen abgehoben, an denen das Weltliche Teil gewonnen hat, ist im Sinn des Gottesdienstes gleich der dramatischen Feier alten Stils, aber in der weiten Ausführung der neuen Zeit, die alle Tiefen voll ausschöpfen will, ohne fremden Beiklang nur der frommen Empfindung hingegeben, ein dienendes Glied am religiösen Leben. Bestimmt zur Darstellung in der Kirche am Karfreitag ist sie in gottesdienstliche Handlungen eingebettet, die das Ganze als innerlich zugehörige Teile abrunden. Fernab von dem Gedanken an naturwahre Wiedergabe irgendwelcher Wirklichkeitstatsachen bewegt sie sich, wie es

die Aufführungsanweisungen bis ins Einzelne bestimmen, in sinnbildlichen Formen, damit dadurch Geistiges lebendig wird. Alles, was nicht der Vergegenwärtigung von Marias Trauererleben zugehört (selbst bis zu Christi Worten), ist ausgeschieden: das gibt die durchgehende Stimmungseinheit. Der Aufbau zeigt im Inhalt (wie er auf wechselnden Gestalten und Gestaltengruppen ruht) und im aufsteigenden, den Höhepunkt erreichenden und wieder abebbenden Gefühlsgehalt eine ebenmäßige Gleichordnung, die den Abschluß mit dem Anfang verbindet. Die Darstellung der Empfindungen bewegt sich vom wogenden Gefühlserguß bis zu dem wortarmen Ausruf, der einmal um das andere, alles Zuspruchs ungeachtet, nur die eine Tatsache des Todes fassen kann. Der stimmungweckenden Entfaltung der Gefühle dient die Fülle der teils auch zu wiederholenden Gesänge. Wenn sich hierbei das Versmaß auch den Melodien anschmiegt, so wirkt in den nicht gesungenen Teilen der stark bewegte, wechselmächtige Versbau als unmittelbarer Ausdruck des hervordrängenden oder auch gehaltenen Innenlebens. Diesen ihm eigenen Versstil mit zahlreichen schweren, vielsilbigen Füllungen hat der Dichter durch überall auftretende Erweiterungen auch in den Versen durchgeführt, die er aus seinen Vorlagen übernommen hat. Trotz starker Benutzung älterer Formungen ist also ein Werk von vollkommener künstlerischer Einheit entstanden, auf Grund dichterischen Nacherlebens in freiem Um- und Ausbau aus einem einzigen Motiv entwickelt; die Einheit zeigt sich auch im Musikalischen. Durch ihre Geschlossenheit, Kraft und innenwärts gewandte Eigenart erhebt sich die 'B. M.' über die anderen Gestaltungen dieses Stoffs und wird zu einem der schönsten Denkmäler mittelalterlicher Frömmigkeit, die das Erleben der Gottesmutter menschlich und doch in religiöser Andacht nachempfinden will.

Erstausgabe: K. Müllenhoff *Die B. M.*, ZfdA. 13 (1867) S. 288—319. Jetzt G. Kühl *Die B. M., hg. u. eingeleitet*, Nd. Jb. 24 (1898) S. 1—75. H. Ratjen *Zur Geschichte der Kieler Universitätsbibliothek*, Schriften der Universität Kiel 9 (1862) VI, 2 S. 40; 10 (1863) VI, 2 S. 78 ff. A. E. Schönbach *Über die Marienklagen* 1874, S. 35—39. W. Stammler N. Jbb. 45 (1920) S. 134.

L. Wolff.

'Marienlied, Heltauer'. Das schönste Denkmal geistlicher Lyrik aus dem MA. in Ungarn. Die Hs. fand Heinrich Wittstock in einem Kodex der Kirchenbibliothek zu Heltau (Siebenbürgen), in den sie als selbständiges Blatt eingefügt war. Das Marienlied nimmt auf diesem Blatt nur die eine Seite ein, der auf der anderen Seite stehende lateinische Text — der Anfang eines kirchlichen Sermons — rührt aller Wahrscheinlichkeit nach von derselben Hand her. Die Abfassungszeit ist nach den Schriftzügen der Hs. und nach den Sprachformen des Gedichtes in die zweite Hälfte des 15. Jh.s — keinesfalls nach 1500 — zu setzen. Hinsichtlich des Verfassers fehlt selbst zu bescheidensten Vermutungen jeder Anhaltspunkt. Das Lied besteht aus sieben reimlosen Strophen; liebevolle Anhänglichkeit zur Mutter Gottes, ein unvermitteltes innig-persönliches Verhältnis zwischen dem unbekannten Dichter und der heiligen Jungfrau kommt in den bescheidenen Versen zum Ausdruck. Sie gehören der spätmittelalterlichen Marienlyrik an, die bereits unter dem Einfluß der von den Predigtmönchen verkündeten Laienreligiosität und der Mystiker steht, doch ist das Gedicht mit keinem der bekannten Marienlieder verwandt und deshalb wohl als eigentümlich siebenbürgisches Produkt zu betrachten. Die Sprache des Liedes hat entschieden mundartlichen Einschlag. Kennzeichnende Idiotismen sind *globen* = „glauben", *schocz* = „Schutz", *led* = „Leid", *geclacht* = „geklagt", *vorstu* = „wurdest du", *Vunsemkeith* = „Wonnesamkeit". Freilich sind diese sprachlichen Eigentümlichkeiten keineswegs spezifische „Saxonismen", sondern führen über die Grenzen Siebenbürgens hinaus und ergeben sich an der Hand anderer Sprachdenkmäler, vor allem der Stadtrechnungen und Stadtordnungen, als Formen eines Schriftdeutsch, das sich auch als lebendige Gemeinsprache mindestens bis nach Nordungarn verfolgen läßt.

Ausgaben: *Ein Marienlied. Mitgeteilt v. H. Wittstock*, Archiv des Vereins für Siebenbürgische Landeskunde N.F. 10 (1872) S. 161 ff. R. Csáki *Anthologie siebenbürgisch-deutscher Dichtungen* (Festschrift der Hermannstädter Oberrealschule zur Fünfzigjahrfeier). 1915. S. 163. Vgl. A. Schullerus *Prolegomena zu einer Gesch. der dt. Schriftsprache in Siebenbürgen*, Archiv des Vereins f. Siebenb. Landeskunde N.F. 34 (1907) S. 408 ff. A. Scheiner *Die „Saxonismen" des Heltauer Marienliedes*, ZfdMa. 1923 S. 286 ff.

B. v. Pukánszky.

'Marienlied von Melk'.

Ein Chorgesang in 14 sechszeiligen Strophen, deren jede durch die Worte *Sancta Maria* abgeschlossen wird.

1. Der Inhalt ist eine Lobpreisung Marias als der Gottesmutter. Ausgehend von den alttestamentlichen Präfigurationen wird sie als Vorsprung des Erlösers und damit als Versühnerin der Menschheit verherrlicht *(Eva-Ave)*; in der letzten Strophe wird sie, die *porte des paradyses*, um Beistand am jüngsten Tage gebeten. Als Quelle kann eine Predigt des Honorius Augustodunensis '*In annunciatione S. Mariae*' (Migne 172 Sp. 901) angesehen werden; vgl. bes. Ehrismann a. a. O.

2. Die Heimat des Liedes ist Österreich, wie Vogt an Beziehungen zu Wiener 'Exodus' (s. d.) und Vorauer 'Moses' (s. Bücher Mosis) nachgewiesen hat. Die Entstehungszeit wollte Scherer noch in das Ende des 11. Jh.s legen; Müllenhoff begrenzte das bis „vor 1130" (MSD. II, zu v. 9, 6 und I³ S. XXXIX), während Ehrismann, wohl im Anschluß an Vogts Entlehnungsreihe 'Exodus'-'Moses'-'Marienlied', dieses um „1140" ansetzt. Der Annahme einer solchen Reihenfolge ist aber zu widersprechen. Für 'Exodus' und 'Moses' ist „irgendeine Abhängigkeit überhaupt zu bezweifeln" (Alb. Münscher *Die Bücher Mosis der Vorauer Hs.* Diss. Marburg 1908. S. 133—140). Bei der schlagenden Übereinstimmung von 'Moses' 34, 29—30 mit 'Ml.' 2, 1—4 glaube ich dagegen nicht an eine verkürzende Übernahme der Vorauer Verse durch das Lied, welches sich vielmehr an den Textbestand seiner Vorlage (Migne 172 Sp. 904 A) hält; wahrscheinlicher ist ein Einfluß des leichter beweglichen und auch sonst (s. u.) nachwirkenden Liedes auf das epische Werk. Die Aufzeichnung des 'Ml.' weist überdies paläographisch eher auf das 11. als das 12. Jh.; daß sie von derselben Hand vorgenommen wurde, die 1123—1143 an den 'Melker Annalen' schrieb (vgl. bes. Strobl), erscheint mindestens unsicher. Die Datierung des 'Ml.' müßte demnach lauten: vor dem Vorauer 'Moses' (1130) und in diesem Zeitraum so weit zurück, wie die Anlage der Melker Nekrologhandschrift (die ich nicht nachprüfen kann; vgl. u. 'Handschrift') es zuläßt. Mit Steinmeyer (ZfdA. 20 [1876] S. 127) halte ich im übrigen die Eintragung für nicht autograph. Eine Nachwirkung des Liedes findet sich außer in Vorau (s. o.) in Wackernagels *Altdeutschen Predigten* IX, 25 und X, 26, wo die Verse 10, 1.2 und 2, 1.2 zitiert sind (vgl. Steinmeyer AfdA. 2 [1876] S. 215 f. und Vogt a. a. O. S. 462). Vgl. auch 'Kaiserchronik' v. 9554 f. mit v. 2, 3 f.

3. Der Versbau ist regelmäßig, die Strophen gleichmäßig gebaut. Die in der Hs. dem Liede beigeschriebenen Noten gehören dem 15. Jh. an und geben die Melodie einer frz. Ballade des 14. Jh.s wieder, welche zu verschiedenen weltlichen und geistlichen Texten auch in Deutschland verbreitet war.

Saran *Deutsche Verslehre* 1907, S. 257. Fr. Ludwig Arch. f. Musikwiss. 5 S. 284; ders. *Handb. d. Musikgeschichte*, hrsg. von Adler² (1930) S. 276.

Handschrift: Bibliothek des Stiftes Melk Hs. 383 (neue Sign.); beschrieben von Wattenbach Archiv d. Ges. f. ältere dt. Geschichtskunde 10 (1851) S. 603—606. Das Gedicht ist auf Bl. 1ª vor dem Nekrologium von Melk eingetragen; die 'Melker Annalen' sind der Hs. erst im 14./15. Jh. beigebunden worden. Faksimile: *Das Melker Marienlied ... in photogr. Nachbildung hrsg. von* Jos. Strobl 1870; dazu Scherer (1870), s. u.

Ausgaben: MSD. I³ Nr. XXXIX; II S. 244—48. Waag *Kleinere Gedichte* 1916 Nr. XV. Ältere Ausgaben bei Ehrismann, dazu noch WKL. II Nr. 29. Zum Text: Scherer ZföG. 21 (1870) S. 192; Wesle *Frühmhd. Reimstudien* 1925 S. 87 [beide zu 1, 1]. Steinmeyer ZfdA. 20 (1876) S. 127. Sprenger ZfdPh. 26 (1894) S. 285; Kraus ZföG. 45 (1894) S. 139 [beide zu 6, 4].

Literatur: Scherer ZföG. 21 (1870) S. 187—193 [zu Strobl's Faksimileausg., = Kl. Schr. I S. 597—603]; ders. *Gesch. d. dt. Dich-*

tung im 11. u. 12. Jh. 1875, S. 55 f. Kelle *Gesch. d. dt. Lit.* II S. 78 u. 286. Vogt PBB. 45 (1920/21) S. 459 ff. Ehrismann L.-G. II, 1 S. 210 ff. Rob. Stroppel *Liturgie und geistl. Dichtung zwischen 1050 u. 1300* 1927, S. 134 f. Leopold Nowak *Das Melker Marienlied*, Unsere Heimat. N. F. 7 (Wien 1934) S. 184—195 (Bibliographie zur Frage der Noten).

Ludwig Denecke.

'Marienlob, Rheinisches'.

1. Handschrift, Ausgabe und Name. Die Dichtung ist allein in einer dem 13. Jh. angehörigen Pergamenthandschrift in kl. 8⁰ der Provinzialbibliothek zu Hannover (Cod. I. 81) überliefert, die außer ihr noch die Gedichte des Wilden Mannes (s. d.), Wernhers vom Niederrhein (s. d.) und anderes (s. unten 4) enthält. Das 'Rh. M.' steht auf Bl. 1a—93b und stellte ursprünglich eine selbständige Hs. dar, die jedoch vielleicht schon im 13. Jh. mit den andern Teilen zusammen gebunden wurde. Es ist (nach Müller S. 7 und entgegen Prönnecke S. 9, 17) vollständig erhalten und umfaßt 5144 + 2 (vom Schreiber ausgelassene) Zeilen. Die Hs. wurde von 2 Schreibern geschrieben: A füllte Bl. 1a—80b (= 4328 Verse), B dagegen Bl. 81a—93b (= 815 Verse). Beide Schreiber entstammten, wie der Dichter, dem rip. Sprachgebiet; daher weist die Überlieferung nur kleinere Versehen auf. Beide haben zeitlich sehr bald nach der Entstehung des Originals geschrieben und vielleicht es selbst als Vorlage benutzt. Auch dieser Umstand mag die gute Überlieferung erklären. Nach einer Bemerkung auf Bl. 1a gehörte die Hs. im Jahre 1455 dem 1334 gestifteten Kartäuserkloster zu St. Barbara in Köln.

Die erste Erwähnung der Hs. in der Lit. findet sich bei J. C. Eccard *Catechesis theotisca* 1713, S. 11. Beschrieben wurde sie von H. F. Massmann in v. d. Hagens Germania I S. 170 ff. W. Grimm *Wernher vom Niederrhein* 1839 S. III—VIII = *Kl. Schr.* IV S. 232; ZfdA. 10 (1856) S. 133 f. K. Köhn *Die Gedichte des Wilden Mannes und Wernhers vom Niederrhein* 1891 S. VII ff. W. Prönnecke *Studien über das Niederrhein. Marienlob.* Göttinger Diss. 1904, S. 8 ff. Artur Müller *Das Niederrhein. Marienlob.* Berliner Diss. 1907, S. 13 ff. Eine handschriftl. Beschreibung von A. Müller befindet sich im Hs.-Archiv der Akademie der Wiss. in Berlin. Über die Sprache der Schreiber s. Müller S. 13 ff.

Einen buchstabengetreuen Abdruck des Textes gab W. Grimm 1856 in ZfdA. 10 S. 1—137. Zahlreiche Berichtigungen, Ergänzungen und textkritische Bemerkungen sind veröffentlicht worden von Cl. Schröder Prgr. v. Bedburg 1863, S. 25; K. Köhn ZfdA. 34 S. 40—47; Prönnecke S. 21 ff.; Müller S. 7 ff. Eine kritische Ausgabe habe ich 1934 in der Bibliothek des Literar. Vereins zu Stuttgart (Nr. 281) herausgegeben.

Da Grimm keine durchgehende Verszählung bietet, zitieren wir das Denkmal hier nach Seiten- und Zeilenzahl bei Grimm (15, 15 = S. 15, Z. 15).

W. Grimm sah in der Dichtung eine Nachbildung lat. Kirchenlieder (ZfdA. 10 S. 134); er nannte sie daher 'Marienlieder'. Sicherlich besteht dieser Name nicht zu Recht. 122, 18 sagt der Dichter selbst, daß sein Werk zum Lesen bestimmt sei. Der Eingangsvers (1, 1): *ich bin de lof der reinester vrouwen* führt auf den Titel, der dem Denkmal von Norrenberg (PBB. 9 S. 412) gegeben wurde: 'Das Niederrheinische Marienlob'. Ich schließe mich hier Köhn (ZfdA. 34 S. 1), Herm. Schneider u. a. an und rede vom 'Rh. M.' W. Scherer (QF. XII, S. 118) nannte die Dichtung: Das 'Niederrheinische Frauenlob'.

2. Alter und Heimat. Das Denkmal gehört nicht dem 12. Jh. an, wie W. Grimm (ZfdA. 10 S. 134; 'Kl. Schr.' IV S. 232 f.) behauptet, sondern ist wahrscheinlich erst in den 1220er oder 30er Jahren entstanden. Die stilistische Betrachtung ergibt deutlich, daß der Verf. mit der klassischen mhd. Literatur vertraut gewesen ist, besonders mit dem Werke Gottfrieds v. Straßburg (s. d.).

Prönnecke S. 78 ff. Über Gottfrieds Einfluß vgl. besonders ebd. S. 82 ff. Über Anklänge an andere mhd. Dichter der Blütezeit s. ebd. S. 81. Müller S. 112 f.

An der rip. Herkunft des 'Rh. M.' kann nicht gezweifelt werden. Allerdings ist es nicht möglich, seine Heimat innerhalb des Kölner Kulturraumes näher zu bestimmen. Der Versuch Norrenbergs, auf Grund des Wandels von mhd. $i > o$ (*ich bon* „bin": *Syon* 34, 17. *du wolt* [*wilt*]: *holt* 12, 19. 132, 11. *zerozen* „zerrissen": *vergoszen* 27, 31. *wizzen: gegozzen* 125, 7) das Ahrtal, und zwar das Augustinerinnenkloster Marienthal bei Dernau, als Heimat des

Denkmals zu bestimmen, muß als gescheitert gelten, nachdem ich jenen Lautwandel für ein großes westdeutsches Gebiet nachgewiesen habe. Daß Dernau die Heimat des 'Rh. M.' ist, bleibt möglich, wird aber durch keinen positiven Grund erwiesen. Auch Norrenbergs mehr beiläufiger Hinweis auf die Stelle 84, 39 ff.: *mine duve, du wanes ind weines / in den lochen des schiversteines* (= Hohes Lied 2, 10 ff.: *columba mea in foraminibus petrae*) kann sowenig wie andere von ihm beigebrachte „sachliche" Gründe überzeugen. N. bezieht sie auf das zerklüftete Schiefergestein, das für die Gegend von Mariental charakteristisch ist: dem Dichter sei es eine so gewohnte Vorstellung gewesen, daß sie sich bei jener Stelle des Hohen Liedes sofort eingestellt habe, da, wie später, wohl auch zu seiner Zeit Tauben in den zerklüfteten Schieferfelsen des Ahrtals genistet hätten. — Das 'Rh. M.' weist eher nach dem rip. Süden als nach dem Norden. Seine Sprache mutet für seine Zeit vielfach altertümlich an.

K. Norrenberg PBB. 9 S. 414 ff. Prönnecke S. 30 ff. Müller S. 23 ff. (Syntax S. 36ff., 60 ff. A. Bach *Über Heimat und Verfasser des 'Rh. M.'*, Teuthonista 1932 S. 210ff. Weiteres in meiner Ausgabe S. XVf.

3. Verfasser. Das 'Rh. M.' ist das Werk eines Verfassers. Der Autor nennt seinen Namen nicht, da ihn Maria auch ohnedies kenne (1, 18). Zweifellos war er geistlichen Standes (39, 35 ff. 133, 33; vgl. auch 40, 19. 43, 19. 81, 19 ff. 81, 29). Seine Zuhörer nennt er *megede* (63, 12 ff.). Einmal bezeichnet er sie als die reinen Täubchen (*die reine duvechen* 63, 35), die *der duve sunder gallen* nachfolgen sollen; er redet sie als Jungfrauen an, die der Welt entsagt und das Gelübde der Keuschheit abgelegt haben (63, 23), und bittet Maria, sie, die offenbar seine Schutzbefohlenen sind, zu geleiten und zu behüten (63, 33). Daraus hat man geschlossen, daß er Priester in einem Nonnenkloster war.

Nur ein Verf.: dies zu Schönbach *Über Marienklagen* 1874 S. 47. W. Scherer QF. XII S. 118.

Wäre wirklich das Kloster Mariental bei Dernau die Heimat des 'Rh. M.', was nicht ausgeschlossen, aber durch nichts bewiesen ist, und wäre der Dichter in diesem Kloster um 1230 Prior gewesen, so dürfte er doch nicht, wie Müller will mit der Person des Grafen Theoderich von Ahr gleichgesetzt werden. Wirtz weist mit Recht darauf hin, daß ein Angehöriger des hohen Adels, dem die höchsten geistlichen Würden offenstanden, kaum Prior „bei den Töchtern und Schwestern von Ministerialen seines und des Saffenburger Hauses" in Mariental gewesen sein könne. Er hält seinerseits mit stichhaltigeren Gründen den 1242 und 1252 urkundlich genannten *Thomas prior de Valle sancte Marie* für den Autor, der einer Ministerialenfamilie (*de Are*) der Grafen von Ahr-Hochstaden entstammte, und glaubt, die Annahme Müllers, daß der Dichter durch seinen Vergleich vom beutespähenden Aar (64, 11 ff.) auf die den Adler im Wappen führenden Grafen von Ahr habe hinweisen wollen, sei viel besser begründet, wenn der Verfasser einer Ministerialenfamilie dieses Hauses angehörte.

Müller S. 114 ff. Lud. Wirtz *Der Ahrgau im Wandel der Zeiten* B III, 5: *Das Augustinerinnenkloster Marienthal an der Ahr* (handschriftlich vorhanden im Stadtarchiv der Stadt Ahrweiler). Über die Ausführungen von Wirtz berichtete Bach in Teuthonista 1932.

Der Dichter muß zur Zeit der Abfassung des 'Rh. M.' schon ein älterer Mann gewesen sein. Bezeichnet er sein Werk doch als sein letztes (133, 33). Ausdrücklich sagt er (15, 15. 36, 4. 82, 24), daß er schon früher zum Lobe der Gottesmutter gedichtet habe.

Prönnecke (S. 11. 95) wollte ein früheres Werk des Autors in der 'Marienklage' erblicken, die in der gleichen Hs. wie das 'Rh. M.' überliefert wird und eine Übersetzung des *Planctus ante nescia* darstellt. Sie umfaßt 77 vierhebige Reimpaare und entstand wohl um 1180. Den Ausführungen Prönneckes ist von Müller (S. 120) mit Recht widersprochen worden.

W. Grimm *Unser vrowen clage* ZfdA. 1 S. 34 bis 38. O. Schade *Geistl. Gedichte des 14. u. 15. Jh.s vom Niederrhein* 1854, S. 208 ff.

4. Inhalt und Aufbau des Rh. M. Das 'Rh. M.' besteht nicht aus Einzelliedern, wie W. Grimm annahm, sondern zeigt eine plan- und kunstvolle Komposition, die zuerst von Prönnecke in ihren

Einzelheiten herausgestellt wurde. Sie deutet sich schon an durch die Gliederung des Textes in der Hs., auf die der Grimmsche Abdruck nicht überall Rücksicht nimmt, wie in einem Ausdruck des Dichters, der (133, 33) sein Werk einen *bû*, also ein geschlossenes Ganzes, nennt. Die Grundzüge des Aufbaus der Dichtung, wie ich ihn sehe, sind folgende:

Einleitung: Des Buches Rede 1, 1—1, 20. Anrufung Jesu 1, 21—2, 20. Anrufung Mariens 2, 21—3, 4.

Hauptteil: I. Mariens Symbole und ihre Bedeutung 3, 5—15, 1.
1. Maria — *de himel ho* 3, 9—3, 32. — 2. Maria — *die erde reine* 3, 33—5, 20. — 3. Maria — *de schöne mane* 5, 21—5, 30. — 4. Maria — die zweite Eva 5, 31—5, 38. — 5. Maria — *de beslozzene garde* 6, 1—10, 24. — 6. Maria — *de besigelde brunne* 10, 25—12, 26. — 7. Maria — *die heilich elterstat* 12, 27—14, 36.

II. Die Bedeutung des Namens der Maria 14, 37—37, 16.
1. Maria = *erliuchtet* 16, 1—16, 29. — 2. = *leidesterre* 16, 30—19, 9. — 3. = *bittercheit* 19, 10—36, 12. Darin: Mariens Klage 24, 33—35, 24. — 4. Maria = *vrowe* 36, 13—37, 16.

III. Die Freuden Mariens 37, 17—52, 10.
1. Über Jesu Geburt 37, 17—39, 30. Einlage: Bitte des Dichters um Anteil an ihrer Freude 39, 31—41, 38. — 2. Bei der Darstellung Jesu im Tempel 41, 39—43, 28. — 3. Über Jesu Erlösungswerk und Auferstehung 43, 29—46, 20. — 4. Bei Jesu Himmelfahrt 46, 21—47, 26. Einlage: Mariens Sehnsucht nach dem Aufgefahrenen 47, 27—51, 6. — 5. Über ihre Aufnahme in den Himmel 51, 7—51, 30. Übergang 51, 31—52, 10.

IV. Mariens Erhabenheit über die neun Engelchöre 52, 11—109, 12.
1. Ihre Erhabenheit über die Engel 52, 11—53, 25. — 2. Über die Erzengel 53, 26—54, 24. — 3. Über die Kräfte 54, 25—56, 8. — 4. Über die Mächte 56, 9—57, 24. — 5. Über die Fürstentümer 57, 25—59, 14. — 6. Über die Herrschaften 59, 15—61, 37. — 7. Über die Throne 62, 1—69, 38. — 8. Über die Cherubim 70, 1—88, 14. — 9. Über die Seraphim 88, 15 bis 109, 12. Übergang 109, 13—110, 4.

V. Mariens himmlische Schönheit 110, 5—129, 2.
1. Allgemeines Lob ihrer Schönheit 110, 5 bis 111, 38.
2. Mariens himmlisches Gewand 112, 1—118, 34.
a) Das Gewand 112, 1—114, 8. — b) Die Edelsteine an Mariens Gewand 114, 9 bis 118, 28: der Sardius 114, 9—22, der Topas 114, 23—115, 4, der Jaspis 115, 5 bis 24, der Chrysolith 115, 25—116, 6, der Onyx 116, 7—16, der Beryllus 116, 17—29, der Saphir 116, 30—117, 8, der Karfunkel 117, 9—30, der Smaragd 117, 31—118, 18. — Rückblick 118, 19—28. — Übergang 118, 29—34.
3. Mariens himmlische Kronen 118, 35—129, 2.
a) Die goldene Ehrenkrone mit den zwölf Sternen 118, 35—121, 32. — b) Die Märtyrerkrone mit dem Rubin des Martyriums 121, 33—125, 14. — c) Die goldene Predigerkrone mit dem Smaragd des Glaubens 125, 15—126, 4. — d) Die Blumenkrone der Jungfräulichkeit 126, 5—128, 4. — Übergang 128, 5—18.
4. Mariens himmlischer Schmuck an Händen und Füßen (der Jachant) 128, 19—24. — Übergang 128, 25—129, 2.

V. Der thronenden Maria himmlische Glückseligkeit 129, 3—132, 23.

Schluß: Gebet zu Maria 132, 24—133, 12. — Gebet zu Jesus 133, 13—36.

Gewiß sind nicht alle Teile dieses kunstvoll aufgebauten Werkes mit der gleichen Rundung ausgeführt. Im IV. Abschnitt wird die Darstellung allzu ausführlich, im V. bleibt sie demgegenüber allzu knapp, offenbar, weil der Dichter zum Schlusse drängt (vgl. 118, 29). Abschnitt V, 3 ist der dürftigste; er ist nüchtern und reich an Wiederholungen.

Prönnecke S. 12 ff. Müller 81 f. Über die Marienklage ebd. S. 120 f. Bach RhM. S. LXXIII.

5. Quellen. Die Hauptquelle des Denkmals sind die hl. Schriften Alten und Neuen Testaments, auf die sich der Dichter öfters bezieht. Andere, auf die er sich gelegentlich beruft (82, 23. 92, 15. 108, 9.), hat man nicht zu ermitteln vermocht. Für die Behandlung der Legenden der Maria Aegyptiaca (17, 5—17, 26) und des Theophilus (17, 27—18, 36) sind gleichfalls unmittelbare Vorlagen nicht zu bestimmen. Die Steinsymbolik in Abschnitt V, 2 setzt wohl die Bekanntschaft mit einem der Steinbücher voraus. Trotz manches Gemeinsamen ist das 'Trudperter Hohe Lied' (s. d.) kaum als Quelle zu betrachten. Beziehungen zu andern mhd. Mariendichtungen sind nicht nachgewiesen worden, wenn auch auf die Marienklage ältere Denkmäler der Art gestaltend eingewirkt haben müssen.

Müller S. 108 ff., 120 f.

6. Metrik. Das 'Rh. M.' ist in Verszeilen zu 4 Takten geschrieben, mit Ausnahme der Marienklage (24, 33—35, 24), in der zwei-, drei- und viertaktige wech-

seln. Klingende Schlüsse kennt das 'Rh. M.' nicht; die Verse mit dem Schluß –́ ⏓ sind alle weiblich voll. Der volle Schluß ⏓́ — ist infolge der Dehnung der alten Kürzen mit dem Schluß –́ ⏓ zusammengefallen. Der Dichter steht metrisch also im Gegensatz zur klassischen mhd. Dichtung und (trotz Veldeke) im Banne der heimischen rheinischen Tradition. Nach Müller S. 113 läge bei ihm eine bewußte Ablehnung des hd. Vorbilds vor „offenbar aus dem richtigen Gefühl heraus, daß die strenge Metrik des Minnesangs nicht genügte, um darin die in ihm drängenden und stürmenden Empfindungen zum Ausdruck zu bringen".

Der Reim ist durchweg rein, wenn auch einige Bindungen nur aus der Mundart des Dichters zu erklären sind (s. 4). Rührender Reim ($8^1/_2$ v. H. aller Verse!), Mittelreim und andere Formen werden in künstlerischer Absicht verwandt.

Der Eingang des Gedichts (1, 1—3, 4) besteht aus drei Abschnitten zu 5, 6 und 5 Strophen; jede von ihnen hat — nach Gottfrieds Vorbild — vier Verse mit gleichem Reim. Eine Einzelstrophe mit 2 verschiedenen Reimpaaren leitet zum Text über. Der zweite und der dritte Abschnitt des Eingangs zeigen die Akrosticha *Jhesus* und *Maria*. Prönnecke vermutet, daß der Schluß (133, 13—133, 36) dem Eingang entsprechend angelegt war. Erhalten sind jedenfalls nur 6 Strophen zu 4 gleichreimigen Verszeilen, und es steht m. E. nichts im Wege, mit Müller diesen Schluß als vollständig zu betrachten.

Der Hauptteil ist in Reimpaaren abgefaßt, in die allerdings auch Drei-, Vier- usw.reime eingefügt sind (gelegentlich zur Betonung eines Sinneseinschnittes).

Im Hauptteil hebt sich die von Maria gesprochene Marienklage metrisch deutlich von ihrer Umgebung ab. Sie zeigt sehr lebendige, wechselreiche kurze Rhythmen mit verschiedenen Reimverschlingungen.

W. Grimm *Zur Geschichte des Reims* (1852) = *Kl. Schr.* IV S. 232 f. Prönnecke S. 33 ff. Müller S. 65 ff., 119 Anm., 120. A. Heusler *Deutsche Versgeschichte* II, 3 S. 132 f. § 593.

7. Stil. Untersuchungen des Stils der Dichtung lieferten Prönnecke S. 48 ff., Müller S. 50 ff. Dort die weitere Literatur. Über die Abhängigkeit von Gottfried von Straßburg s. oben 2.

8. Würdigung. W. Grimm hat über die Dichtung ein ungerechtes Urteil gefällt, indem er (ZfdA. 10 S. 134) ihr und besonders der Marienklage zwar Wahrheit und Innigkeit des Gefühls zuspricht, aber den poetischen Wert der gesamten Dichtung anzweifelt und die gelegentlichen Wiederholungen sowie „den engen Kreis der Gedanken" tadelt. Grimms hartes Urteil ist mit dafür verantwortlich zu machen, daß die älteren Darstellungen der Geschichte der deutschen Literatur das 'Rh. M.' gar nicht oder nur nebenbei erwähnen. Allerdings hat Wolfg. Menzel (*Deutsche Dichtung* I S. 264 ff.) das Gedicht schon 1858 als das schönste Marienlied des deutschen Mittelalters bezeichnet, und Cl. Schröder 1863 mit Schärfe Grimms absprechende Beurteilung zurückgewiesen. Erst durch Wilhelm Scherer (Q.F. XII S. 118) aber ist der Dichtung endlich Gerechtigkeit widerfahren; seitdem erfreut sich diese „prachtvolle Bilder- und Hymnenkette", diese „wahrhaft berauschende Dichtung" (Herm. Schneider) verdienten Ansehens. Vorteilhaft unterscheidet sich das Denkmal von der anspruchsloseren Dichtung auf die Gottesmutter des 12. Jhs. Vor der gepflegteren Mariendichtung der späteren Zeit aber (Konrad v. Würzburg [s. d.], Eberhard von Sax [s. d.] usw.) hat sie mehr als die Innigkeit der Empfindung voraus. Am Stile der Predigt geschult, bleiben ihr weithin die Mängel der zeitgenössischen Lehrdichtung fern dank der lyrischen Begabung des Verfassers, den die Minnedichtung befruchtete. Auch wenn er kein Erzähler ist, dürfen wir den Dichter mit Schneider „einen geistlichen Bruder Gottfrieds von Straßburg" nennen, der „mit den gleichen gleißenden Farbentönen" malt und ihm ebenbürtig ist „auch in dem geistvollen, nirgends spielerischen Hin- und Herwenden des Begriffs, der ständig neuen Beleuchtung eines Gedankens von allen Seiten". Trotz seiner dialektischen Schulung ist er ein Mystiker,

„der die Welt ablehnt, aber sie klar genug erschaut hat, um ihre Geschehnisse und Erscheinungen in höchst eindringlicher Allegorie umzudeuten; er ist „der erste deutsche Vertreter der sich selbst aufgebenden mystischen Kontemplation Bernhards und der Viktoriner, ein Visionär großen Stils, ein mitreißender Interpret der Seelenstimmung der von ihm angebeteten göttlichen Personen, des Sohnes und zumal der Mutter".

John Meier P. B. B. 16 S. 95, 99. H. Schneider *Heldendichtung, Geistlichendichtung, Ritterdichtung* 1925 S. 162. Über die Gedankenwelt des Dichters vgl. Müller S. 82 ff. Weiteres zur Würdigung bei Bach Rh M. S. XXII ff.

Adolf Bach.

Marienwerder, s. Joh. v. M.

'Marina'.

1. Die orientalische Legende von der hl. Marina, die als Mönch in einem Kloster lebte und die Verleumdung, Vater eines unehelichen Kindes zu sein, stillschweigend ertrug, liegt im lateinischen Abendland ihrer ältesten Gestalt nach (*BHL.* 5528) in der Sammlung der '*Vitae Patrum*' vor, hsg. von Rosweyd (Migne PL. 73 Sp. 691 bis 94), später aufgenommen in das '*Compendium seu Legendarium sanctorum diversorum*' (1523) Bl. C iiij C 5ᵛ, bei Surius *De probatis sanctorum vitis* II (1618) S. 129 bis 30 und in *Act. SS.* Jul. IV S. 286/87. Von diesem in mannigfaltigen Versionen erhaltenen Text unterscheidet L. Clugnet (Revue de l'Orient chrétien 6 S. 360 ff.) drei Typen, die sich wiederum in verschiedenen Lesarten untereinander abheben. Eine davon abweichende Vita (*BHL.* 5529), die den Namen des Vaters der M. (Eugenius) anführt, ist aus dem '*Magnum Legendarium Austriacum*', der Hauptquelle für das mhd. 'Buch der Märtyrer' (s. d.), bekannt. Die lat. Vita als Reimlegende (*BHL.* 5530) abgedruckt Anal. Boll. 11 S. 246/49; Auszüge der Legende bei Vinzenz von Beauvais, Jacobus de Voragine und Petrus de Natalibus.

Die Legende erfuhr zahlreiche Übertragungen (griech., kopt., arab., äthiop., franz. u. dt. Fassungen bei L. Clugnet *Vie et off. de s. M.* 1905). Aus dt. Sammlungen sind durch Abdruck bekannt: *Von sante Marina einer juncvrowen* im mhd. 'Passional' (s. d.) (Köpke 1852 S. 305/07; Clugnet a. a. O. S. 128/34), *Von Sant Marina* im 'Leben der Heiligen' bei Günther Zainer, Augsburg 1472 (Clugnet S. 126 bis 28), und *Van suntc Marina* im Lübecker 'Leben der Heiligen' (1492) bei Steffen Arndes (Clugnet S. 137/39). Vgl. noch Hs. Düsseldorf A 234 (s. Borchling *Mnd. Hss.* IV S. 63).

2. Nd. Gedicht '*Van der hilgen Juncfruwen sunte Marinen*' (329 V.).

Hs. Helmstedt 1203 der Bibl. Wolfenbüttel, 15. Jh., Bl. 72ᵃ—80ᵇ; s. O. v. Heinemann *Hss. der Bibl. zu Wolfenbüttel* 1. Abt. III 1888 S. 110 (Nr. 1311).

Ausgaben: P. J. Bruns *Ged. in altplattdt. Sprache* (1798) S. 141—158. C. Schröder *Mnd. Gedichte* (1869) S. 23—35. L. Clugnet *Vie et office de Ste. Marine* (Bibl. hag. orient. 8) 1905 S. 139—147.

Literatur: Lediglich Erwähnung bei Oesterley in Goedeke MA. II S. 16f. [Teilabdruck]; Goedeke *Grundr.* I² S. 469; Jellinghaus *PGrundr.* VII³ S. 7; Ehrismann *Lit. Gesch.* Schlußbd. (1935) S. 398.

Der unbekannte Verfasser folgt der ältesten lat. Vita (*BHL.* 5528) als Vorlage und vermeidet es bei engster Anlehnung, die Umarbeitung mit fremden Zutaten und zeitgemäßen Schilderungen auszubauen. Eine gefällige, flüssige Darstellung der Legende, deren Stoff von einer kurzen Einleitung und *Eyn narede* eingerahmt wird.

Das Gedicht gehört der zweiten Hälfte des 14. Jhs. an, wahrscheinlich in der Gegend des Nordharzes geschrieben (C. Schröder).

Außer den Untersuchungen von Clugnet (s. o.; dazu Revue de l'Orient chrétien 13 S. 67 ff.) vgl. H. Usener *Acta Marinae et Christophori* (1886) S. 3—53; N. Giron *Légendes coptes* (1907); H. Delehaye *Légendes hagiographiques*³ (1927) S. 188—193. — Zum Motiv des Geschlechtswechsels (Mönch-Jungfrau), das auch sonst in der Legende (Eugenia, Euphrosyne, Pelagia, Theodora u. a.) begegnet, K. Zwierzina *Der Pelagiatypus der fabulosen Märtyrerlegende*, GGN. 1927 S. 130—156.

H. Hansel.

Markus von Weida.

Geb. etwa um 1450, seit 1483 urkundlich faßbar, gest. 1516. Weida bezeichnet seine Herkunft aus dem Städtchen südlich Gera. Markus war Prediger des Dominikanerkonvents St. Pauli in Leipzig, war auch im Leipziger Ordensstudium (Lector), seit 1513 an leitender Stelle (Regens), tätig.

Schriften:

1. '*Spigell des ehlichen ordens*'. 1487. Dem Kurfürsten Friedrich dem Weisen gewidmet. Hs. Wolfenbüttel 23. 35 Aug. 4°. Noch ungedruckt, eine Ausgabe wird vom Vf. vorbereitet.

Der Traktat steht der humanistischen Literatur noch völlig fern; die warmherzige Durchdringung seines Gegenstandes entspringt rein der Persönlichkeit des Markus. Grundlagen des Werkes sind: Patristik, kanonisches Recht und die thomistische Moralphilosophie (Petrus Paludanus, Antoninus). Auch Traktate seiner Vorgänger (Pisonella, Holkott) hat M. benutzt.

Die vier Gründe, die M. für den göttlichen Charakter der Ehe anführt, sind dem Schrifttum geläufig: Gott hat den Orden der Ehe selbst gestiftet; die *allirbesten frunde gottes* haben im Ehestand gelebt; auch die Gottesmutter hat den Segen des Ehestandes nicht entbehren mögen, und Christus hat sein erstes Wunderzeichen (Hochzeit zu Kana) in diesem Orden getan. In der Grundhaltung ist M. zumeist Thomas von Aquino (s. d.) verpflichtet, wie die folgenden Lehren zeigen:

Drei Ursachen ehrwürdigen die Ehe und entschuldigen sie von Sünden — sie ist durch das Sakrament *ein erlicher und seliglicher stand*; um der Zeugung willen sind die *ehelichen wergk* von allen Sünden entschuldigt, und schließlich dient der *gloube*, d. h. die Treue, um Unzucht zu meiden und die eheliche Schuld zu zahlen. Ehebruch ist für Mann und Frau gleichschwere Sünde, was die Treue anbetrifft; für den Mann die schwerere, die Vernunft angesehen, für die Frau die schwerere, die Umstände betrachtet. Versagung der ehelichen Beiwohnung ohne redliche Ursache ist Todsünde. Der komplizierte Recht- und Pflichtenkodex des ehelichen Geschlechtslebens wird in einem sehr ausführlichen Kapitel dargestellt. Ohne des Partners Zustimmung kann kein Teil in der Ehe ewige Keuschheit geloben. Auch der leprose Eheteil hat Anspruch auf Beiwohnung: *den besser sey, das kinth ein aussetzigk wesen habe, wen das es gar nicht zcur werlt qweme.*

M. persönlich ist ein unbedingter Anwalt und Förderer der Ehe. Vom weiblichen Geschlecht spricht er nie anders als mit uneingeschränkter Hochachtung. Aus innerer Überzeugung ist er ein Gegenpol des frauenfeindlichen Asketismus: *weyber nymmer bosen willen der vnzcucht... zcu mennern tragen.* Grundstein der Ehe ist in seinen Augen die ordentliche, d. h. die von der Vernunft geleitete Liebe, die die Gottes- und Nächstenliebe und der Seelen Seligkeit nicht schmälert. Diese Liebe schließt die Wollust aus, soll aber herzlich sein und alle Liebe der Menschen übertreffen. Die meisten scholastischen Traktate überragend, betont M. die sittlichen Rechte der Frau: der Mann soll sein gehorsames Weib in herzlicher Liebe und Ehren halten, es *senfftmutiglich* regieren; denn er ist ein *sunderlicher trost des weybes.* Die Treuepflicht gilt für beide Eheteile. *Hastu frolich gehortt vom gehorsam der weyber ... hore auch in gedultt vnd frewden was menner yren weybern vorpflicht*, so leitet er seine Ermahnungen von den Pflichten des Ehemannes ein. Die Schrift gipfelt in der Erkenntnis, daß Gott keinen Menschen höher begnaden könne als mit dem Ehestand. Die beiden letzten Kapitel befassen sich mit Kinderzucht und Kindespflichten.

Wie der 'Ehespiegel' an vielen Stellen erkennen läßt, war M. ein Mann, der auch das *buch der irfarung* bei hohen und niederen Ständen gründlichst studiert hatte. Das gibt dem Werk schließlich sein ganz besonderes Merkmal, daß es Leben und Lehre zu vereinigen trachtet.

2. '*Ein Nutzliche Lere vnd vnderweysunge wye vnd was der mensch bethen solle vnd Sonderlich außlegunge des heylgen Vater vnßers durch eynen Bruder Prediger Ordens tzu Leyptzk gepredigt vnd vordeutzscht*'. Leipzig 1502, Straßburg 1516, 1520,

Köln 1573, Regensburg 1883. — Ist eine erbauliche Katechese des Vaterunsers.

3. *'Der Spiegel hochloblicher Bruderschaft des Rosenkrantz Marie'*. Leipzig 1515.— Ein bemerkenswertes Zeugnis für die Ausbreitung der Rosenkranzandachten und Rosenkranzbruderschaften, deren erste deutsche 1475 zu Köln gegründet wurde. Das heute der Univ.-Bibl. Jena gehörige Exemplar (Op. th. IV, q. 28) versah Martin Luther mit scharfzüngigen Randbemerkungen.

4. Die Herausgabe zweier lateinischer Erbauungsschriften verdeutscht: *'Das Buch geistlicher Gnaden der hl. Mechtild und Gertrud'*, Leipzig 1503, und *'Das Buch der Botschaft der hl. Gertrud'*, Leipzig 1505. Außerdem veröffentlichte M. fünf lateinische Reden Nikolaus von Schönbergs, des Generalprokurators des Dominikanerordens, Leipzig 1512.

5. Ein Band von 108 Predigten in der Leipziger Univ.-Bibl. (Hs. 868) wird M. von G. Löhr zugeschrieben.

Falk Histor.-pol. Blätter 108 S. 553 ff., 682ff. Nik. Paulus *M. von Weida*, Zs. f. kath. Theologie 26 (1902); ders. *Mittelalterliche Stimmen über den Eheorden*, Hist.-pol. Blätter 141 (1908); ders. *Geschichte des Ablasses im Mittelalter* III (1923) S. 144 ff. Schmitz S. J. *Das Rosenkranzgebet im 15. und im Anfang des 16. Jahrhunderts* 1903, S. 13, 16, 49, 51. R. Koebner *Die Eheauffassung des ausgehenden dt. Mittelalters*. Diss. Berlin 1911, S. 11, 25, 27, 34, 43. Kalkoff *Zu Luthers römischem Prozeß*, Zs. f. Kirchengeschichte 33 (1912) S. 68. Kawerau *Luthers Randglossen zum Marienpsalter 1515*, Theol. Studien und Kritiken 80 (1917) S. 81 ff. W. Stammler *Von der Mystik zum Barock* 1927, S. 251 f., 490. P. Gabriel Löhr OP. *Die Kapitel der Provinz Saxonia im Zeitalter der Kirchenspaltung* (QF. z. Geschichte des Dominikanerordens in Deutschland 26) 1930, S. 9, 61; ders. *M. von Weida*, Lexikon für Theologie und Kirche V Sp. 960; ders. *Die Dominikaner an der Universität Leipzig* (QF. z. Gesch. d. Dominikanerordens in Deutschland 30) 1934, S. 74 ff. F. Breitkopf *M. von Weida, ein Prediger und theologischer Volksschriftsteller des ausgehenden Mittelalters*. Diss. Greifswald 1932. W. Fischer *Lob des Ehestandes* 1936 (Proben aus dem Ehespiegel).

Walter Fischer.

Marner, Lieder- und Spruchdichter bürgerlicher Abstammung. Er ist ein Schwabe, doch läßt sich an Ulm als seiner engeren Heimat nicht mehr festhalten, seit A. Götze ZfdPh. 53 (1928) S. 184 ff. nachgewiesen hat, daß die nur für diese Stadt belegbare, vom Weberschiffchen übertragene Bedeutung *marner* „Weber grober Tuche oder Friese" nicht vor 1434 vorkommt, man also für das 13. Jh. noch von dem allgemeinen *marner* „Schiffer, Seefahrer" ausgehen muß. Die meistersingerische Tradition legt ihm den Vornamen Konrad bei. Er gehörte zu den Fahrenden und kam als solcher weit umher; seine Gedichte lassen auf Beziehungen nach Kärnten und dem Rhein, zu Herzog Friedrich dem Streitbaren von Österreich, zu Heinrich von Seckau, Bischof Bruno von Olmütz und dem aus dem Wartburgkrieg bekannten Grafen Hermann von Henneberg schließen. Er war ein gebildeter Mann, vielleicht ein ehemaliger Kleriker, der auch lateinische Gedichte zu machen verstand und im Wissen seiner Zeit zu Haus war. Seine äußere Lage war nicht günstig. Er beklagt sich bitter darüber und fordert unverhüllt die Freigebigkeit seiner Gönner. Um 1270 ist er, wohl auf einer seiner Fahrten, als blinder Greis ermordet worden. Meister Rumsland von Sachsen (s. d.), der ihn vorher in literarischer Fehde heftig angegriffen hatte, beklagt seinen Tod in einem schönen Spruch. Bei den Zeitgenossen stand der M. in hohem Ansehen. Er war sich seines Wertes aber auch voll bewußt, und seine Polemik, z. B. gegen Reinmar von Zweter (s. d.) oder den Meißner (s. d.), ist nicht immer frei von Anmaßung. Der Meistergesang verehrte ihn als einen seiner 12 Gründer. Seine Weisen wurden viel benützt, vor allem sein „langer Ton", der unter die „gekrönten" Töne der Zunft gehörte.

Das erste sicher datierbare seiner Gedichte ist zwischen Dez. 1230 und Okt. 1231 entstanden, ein lat. Spruch zu Gunsten des Propstes von Maria Saal in Kärnten, Heinrich von Zwettl. Das letzte richtet sich an Konradin und fällt in das Jahr 1267. Er selbst bezeichnet Walther v. d. Vogelweide (s. d.) als seinen Meister. Wir besitzen von ihm eine Reihe von Liedern, zwei wohlgelungene Tagelieder (II. III), zwei Tanzlieder (IV. X) und einige Minnelieder, die sich aber z. Tl. an alle Frauen wenden und mehr Reflexionen über die Minne als Liebesempfindung bieten. Sein eigentliches Können offenbart sich in seinen Sprüchen. Sie beschäftigen sich mit allen die Zeit bewegenden Fragen: mit Religion, Politik, Kunst und Sitte. Deutlich spiegeln sich in ihnen die trüben Wirren des Interregnums, der Feindschaft aller gegen alle. Oft kleidet sich die politische Betrachtung auch in das Gewand der Fabel. Daneben finden sich Parabeln, Rätsel, Lügenmärchen u. a. In ihrem kunstvollen Aufbau verrät sich ein ausgesprochener Formsinn, die Sprache ist klar und gewandt, oft auch voll Leidenschaft. Als Persönlichkeit reicht der M. jedoch nicht an Reinmar von Zweter heran.

Große Heidelberger Liederhs. *C* (Universitätsbibliothek Heidelberg Cod. Germ. Pal. 848, Nr. 100, Bl. 349—354, mit Bild). Heidelberger Hs. *D* (Universitätsbibliothek Heidelberg 350, Sammlung H Nr. 89; h Bl. 64rw; R Nr. 13). Würzburger Hs. *E* (Universitätsbibliothek München, Cod. germ. 731, Bl. 225b). Jenaer Liederhs. *J* (unter Kelin, Bl. 20a—c = XIII, 1. 3. 4, vgl. Holz, Einl. VI). Kolmarer Meistersingerhs. *K* (Universitätsbibliothek München Cod. germ. 4997, Bl. 434c—494a). Benedictbeurer Hs. *M* (Universitätsbibliothek München Clm. 4660 fol. 105a). Leipziger Hs. *n* (Stadtbibliothek Leipzig II, 70a, Bl. 96a. 102b). Berner Hs. *p* (Staatsbibliothek Bern Nr. 260, Bl. 216). Wiltener Meistersingerhs. *W* (Staatsbibliothek Wien Nr. 2701, Bl. 11a). Hans-Sachs-Hs. (Staatsbibliothek Berlin Ms. germ. 4°. 414, Bl. 354). — F. Pfaff *Die große Heidelberger Liederhs.* I (1909) Sp. 1140 bis 1173. H. Holz *Die Jenaer Liederhs.* I (1901) S. 37 f. Jac. Grimm *Kleinere Schriften* III 1866 (Beil. Faks.). Melchior Goldast *Paraeneticorum veterum pars* I (1604) S. 357. 373. 385. 412. 426 (= XV, 15. 20. XIII, 4. XV, 2). [Bodmer] *Proben der alten schwäbischen Poesie des 13. Jahrhunderts* 1748, S. 220—231 (= I, 2. 3. VI, 1. 3. XI, 2. 3. XIV, 6. 8. 12—14. 16. 18. XV, 10. 11. 13. 20—22). Bodmer *Sammlung von Minnesingern aus dem schwäbischen Zeitpunkte* 1759 II S. 166—177. Bragur 4 (1796) 92—102 (= XV, 13. XIV, 14, von C. P. Conz). HMS. Nr. 118, II 236—258. III 332—334. 451. 468h—i. 702—705. 803. 822. 834. 842 f. IV 524—536. 883. BG. Nr. 42, S. LXIV—LXVI. 227—233 (= XI, 2. 3. XIII, 12. 18. XV, 9. 13. 20. 22). F. Pfaff *Der Minnesang des 12.—14. Jahrhunderts* o. J., S. 171—179 (= II. XI, 2. XIII, 1. 2. 8. 14. 18. XV, 16. 20). J. A. Schmeller *Carmina Burana* 1847, S. 79 f. K. Goedeke *Deutsche Dichtung im Mittelalter* 1854, S. 945 f. (= VI. XI. XIV, 6. 12. 18. XV, 20. 22). K. Bartsch *Meisterlieder der Kolmarer Hs.* 1862, S. 160—162. 424—453. W. Wackernagel *Das deutsche Kirchenlied* II (1867) S. 94—103 (= I. *J* XII. XII. XIV, 4. 11. 1. *K* 102, 5. XIV, 3. XV, 24—41. 14. 42. Hans-Sachs-Hs.). W. Wackernagel *Altdeutsches Lesebuch* [5]1873, Sp. 925—930 (= XI, 2. 3. XIV, 18. XV, 11. 13. 20). Phil. Strauch *Der Marner* (QF. 14) 1876; dazu A. Schönbach AfdA. 3 (1877) S. 118 bis 129; K. Bartsch Germ. 22 (1877) S. 95—97). W. Meyer *Fragmenta Burana* 1901; dazu G. Ehrismann ZfdPh. 36 (1904) S. 401. L. Tieck *Minnelieder aus dem Schwäbischen Zeitalter* 1803, S. 179 f. (= XII). W. Storck *Buch der Lieder aus der Minnezeit* 1872, S. 198—200 (= IX). K. Pannier *Die Minnesänger* [2]1881, S. 244—247 (= XI, 2. 1. XIV, 12. XII, 12). B. Obermann *Deutscher Minnesang* (Recl.) o. J., S. 147—149 (= XIV, 4. 10. XII, 2. XIV, 14. XI, 1). R. Zoozmann *Deutscher Minnesang* o. J. S. 251—256 (= VII. VI, 1. XI, 1. XII, 2. XIV, 6. XIII, 3). F. Meyer *Über Leben und Dichten des Marners.* Diss. Gießen 1873. B. Schneider *De vita et carminibus Marneri.* Diss. Leipzig 1873. F. Fischer *Beiträge zur Literatur, Kritik und Erklärung des Marner.* Progr. Berlin 1876. F. Bech *Zum Marner,* Germ. 22 (1877) S. 385 bis 390. Ph. Strauch *Egregius dictator Marnarius dictus,* ZfdA. 23 (1879) S. 90—94. W. Wilmanns ADB. XX (1887) S. 396. F. Grimme *Beiträge zur Geschichte der Minnesänger,* Germ. 32 (1887) S. 419 f. G. Roethe *Die Gedichte Reinmars von Zweter* 1887 (s. Reg.). R. Krauß *Zur Biographie einiger württembergischer Dichter,* ZfdA. 41 (1897) S. 88. P. Sparmberg *Zur Geschichte der Fabel in der mhd. Spruchdichtung.* Diss. Marburg 1917. A. Götze *Der Name Marner,* ZfdPh. 53 (1928) S. 184 bis 186. E. Sievers *Zur Klangstructur der mhd. Tanzdichtung,* PBB. 56 (1930) S. 206.

Elisabeth Karg-Gasterstädt.

Marquard von Lindau.

1. Leben. Über Bruder M. v. L. am Bodensee sagt die '*Chronica fratris Nicolai Glasbrenner de Moravia*', geschr. 1508 (Analecta Franciscana II [1887] S. 218): *Marquardus de Lindavia, vir doctus et magnus praedicator. Hic multos sermones ac tractatus conscripsit, tam in latino quam in vulgari, id est theutonico.* Er war vom 19. Nov. 1389 bis zu seinem Tode (Konstanz 15. Aug. 1392) Provinzial der Straßburger (oberdeutschen) Minoriten-Ordensprovinz. Er hielt Provinzkapitel zu Nürnberg 1390, zu Eßlingen 1391, zu Basel 1392. Er gehört dem Kreise Taulers (s. d.), Seuses (s. d.), Merswins (s. d.) und ähnlicher „Gottesfreunde" an, mit denen er auch

die Gesprächform zwischen Jünger und Meister gemeinsam hat, und deren theologische Richtung der Mystiker teilt. Luther hat ihn gekannt.

2. Werke. a) Glasbrenner zählt 29 Werke von ihm auf: 1. '*De reparatione hominis*': *Postquam suprema sapientia dixit: Faciamus hominem.* Hs. St. Gallen Nr. 733, lat.; Ende: *Explicit fratris Marquardi provincialis fratrum minorum alemaniensis provincie.* Einst auch in Straßburg vorhanden; vgl. Hänel *Catalogi* 1830, S. 449. Breslau, Staats- u. Univ.-Bibl. I. F. 234 Bl. 192b v. J. 1440: *Faciamus hominem ... Gen. 1. Postquam suprema substancia* (!) ..., Bl. 193 unvollständig abbrechend *sive socio venamque soli* ... Berlin Ms. lat. 518 Bl. 259b: *Faciamus hominem ... Gen. 2. Karissimi ad huius verbi introductionem* [= München Clm. 8987: *ventilacionem*] *est notandum: Cum ipsa divina sapiencia omnia posuerit* ... Ende: *lumen veritatis ministret.* — 2. '*De arca Noe*': *Fac tibi arcam.* Straßb., Hänel S. 451. München Clm 18729 Bl. 184. — 3. 'De exitu filiorum Israel': *Noli timere;* meist verbunden mit Traktat Nr. 25 von den 10 Geboten. Ohne diesen Traktat überliefert z. B. München Clm. 9003 Bl. 99; Clm. 15325 Bl. 195. Deutsche Überlieferung: St. Gallen Nr. 787 (mit den 10 Geboten): *Also stat geschrieben in dem ersten buch der alten e, daz got sprach zu dem heyligen patryarchen Jacob: Du solt dir nit fürchten* ... S. 50: *Höre ysrahel die gebot dines heren etc. Dise mylch ist anders nit denne die luter minekliche menscheit etc.* .. Ende der Auslegung der 10 Gebote S. 259: *Hie ist anders nit denne ein ewig rasten in dem grundlossen wessen etc. Amen.* S. 260 Fortsetzg. u. Schluß des 'Auszugs': *Nu han ich dir gesait als verre ich mich verstund wie die X gebot* ... Ende: *und och mich blinden man in demselben zil vindest Das uns das beiden wider vare das verlieh mir und dir got der vatter etc. Amen.* St. Gallen Nr. 1151 enthält nur die '10 Gebote', aber S. 184—231 noch den Schlußteil des 'Auszugs'. Der 'Auszug' ohne die '10 Gebote' in Nr. 373 S. 565; München Cgm. 838, 15.—16. Jh.; Gießen 813 Bl. 210—252: *Hör Israhel die pot deines hern*; Ende: *Vor allem ubel. Amen. Jorg Mulich 1450*; dann Bl. 254—282: *Hie vacht sich an der ausgang von Egypto der Kinder von Israhel. Noli timere etc.*, Ende: *Vor allem herzen lait. Amen* .. *Jorg Mulich 1450* ... *nach Jerusalem gehen*; Berlin Gq. 127 Bl. 49, v. J. 1438, Anf. fehlt; Gq. 817 nur Fragm. beginnend mit d. Tode des Moses (9 Bll.), Schreiber *Gherijt Dircszoen* 1476; Gq. 107 Bl. 33, mit den 10 Geboten; Gf. 1028 Bl. 81 mit den 10 Geboten; Gq. 1085, mittelniederländisch, mit den 10 Geboten; Gq. 1259 (geschr. v. Otto Hufener, Besitz der Erfurter Kartause), thüringisch, darin Bl. 19—138 die 10 Gebote: *Nu wuste ich gerne, wz synnes die zehen gebot yn on selbir trugen*; Gq. 1488 Bl. 154b—206a mit den 10 Geboten, schwäbisch; Karlsruhe, Cod. S. Blasien 11 (Th. Längin *Deutsche Hss.* [1894] S. 94 Nr. 112), Ende 15. Jh., alemannisch-schwäbisch, mit den 10 Geboten; Karlsruhe, Cod. Pap. Germ. LXX, v. J. 1480, Bl. 48—88 .. *der vssgang der kinder von jsrahel durch das rott mer jn die wuestin. Noli timere sed descende*, ohne die 10 Gebote (Th. Längin *Deutsche Hss.*). Dieser 'Auszug' ist später Geiler v. Kaisersberg zugeschrieben worden und etwas verändert als 2. Stück in dessen 'Granatapfel' 1510 gedruckt worden; vgl. Göttinger Kat. II 379. — 4. '*De Job*': *Per multas tribulationes.* — 5. '*De quadruplici homine*': *Dicturus de homine*; München Clm. 8434; 8715. — 6. '*De nobilitate creaturarum*': *Si cognovisses et tu*; München Clm. 8987, v. J. 1423, Bl. 300; 15175 Bl. 153; 18729 Bl. 161. — 7. '*De paupertate*': *Quaerite primum regnum dei.* — 8. '*De anima Christi*': *Inspice exemplar.* — 9. '*De vita Christi*': — 10. '*De perfectione humanitatis Christi*': *Gavisi sunt discipuli*; Berlin Nr. 518 Bl. 248: *Gavisi sunt discipuli viso domino. Joh. Venerabilis doctor sanctus Bernhardus* ... Ende: *in illo non poterant esse ociose;* liegt wohl auch vor Clm. 9022 u. 8434 Bl. 304, v. J. 1418, geschr. v. *Joh. Sculteti de Reichenbach stud. Wiennae;* Clm. 18729 Bl. 155. — 11. '*De augmento cari-*

tatis'; item, *'de virtutibus': Amice, ascende superius.* — 12. *'De fide': Justus ex fide vivit.* — 13. *'De horto paradisi': Hortus conclusus,* wohl gleich München Clm. 8434 Bl. 292, v. J. 1418, *'De horto spirituali'*. — 14. *'De paradiso spirituali': Plantaverat autem dominus.* — 15. *'De poenis inferni'* [wohl: *purgatorii*]: *Beati mortui, qui in domino moriuntur.* — 16. *'De poenis damnatorum'*; München Clm. 8987 Bl. 352 (v. J. 1423, aus dem Franziskanerkl. zu Landshut): *'De penis inferni'*; Clm. 18729 Bl. 145 (Tegernsee); Berlin 518 Bl. 238: *Querebant eum inter cognatos ... Unde ut ostendamus, quas penas ...*; der gleiche Anf. Basel A VI 4 Bl. 175, geschr. in Basel 1453—1455 von Balthasar *abbas in Czenna Brandenburgensis dioecesis ord. Cist.*; A VIII 8 Bl. 229, 1. Hälfte d. 15. Jh., einst Eigentum des Joh. dę Ragusio. — 17. *'De quinque sensibus': Beati oculi, qui vident;* München Clm. 8987 Bl. 360. — 18. *'De sacramento eucharistiae': Audi filia et vide;* lateinisch Clm. 8367 Bl. 93; Vatic. lat. 8966 Bl. 245. Die Form ist das Zwiegespräch zwischen Meister u. Jünger; Inhalt ist die Lehre vom Gottesfronleichnam. Viel häufiger deutsch überliefert; Berlin Gq. 738 Bl. 139: *Also spricht der edel künig David in dem psalter* [44, 11]: *Hör tochter vnd sich vnd naig dein or hie zu, wan der künig hat deiner begert. Ach ewige weishait, wie sind dein züg so minnereich;* Heidelberg Cod. Pal. germ. 66 v. J. 1449 (Bartsch Nr. 42); Berlin Gq. 1198 Bl. 108, oberdeutsch, v. J. 1438; Gq. 1112 B. 285, 15.—16. Jh., hier Geiler v. Kaisersberg zugeschr.; Gq. 1134 Bl. 109, v. J. 1490, *Audi filia ... Also spricht der edel künig David*; Gq. 730 Bl. 139, v. J. 1451, schwäbisches Andachtsbuch; Gq. 90 Bl. 96; Gf. 1155. — 19. *'De sacramento corporis Christi': Nolite solliciti esse;* wohl der in den 'Schriften des Bodenseevereins' II S. 43 in der Geschichte des Lindauer Franziskanerklosters erwähnte Traktat vom Sakrament Gottes. — 20. *'De missa': Missa autem, quid significat.* — 21. *'De septem diebus': Dicturus de septem diebus.* — 22. *'De throno Salomonis': Fecit sibi Salomon thronum*; München Clm 8987. Nicht von Marquard, aber mit gleichen Motiven wie bei ihm: *'De throno Salomonis ex scriptura': Gloriosissimum illi thronum,* Berlin 577[1] u. Breslau, Staats- u. Univ.-Bibl. I F 234 Bl. 249 bis 311. — 23. *'De Nabuchodonosor': Fili, accedens ad servitutem.* — 24. *'De Daniele': Visiones Danielis.* — 25. *'De decem praeceptis': Septies in die.* Vgl. Nr. 3. Sowohl die lat. wie die deutschen Hss. sind zahlreich. Lateinisch: München Clm. 9003; Wien Staatsb. 363; Wien Schottenkl. 203; 301; Straßb. B 140; B 135; St. Gallen Nr. 1151. Deutsch: St. Gallen 961 v. J. 1467; 967 S. 268; 982 S. 77; 995: *Dis ist das bottbuch. Also sprichet der wis Salomon: Suben stund an dem tag;* Nr. 1140: *Hie vohent an die zehen gebot. Sepcies in die cadit iustus. Prov. 24. Also sprichet der wis Salomon etc. Ach hohiu grundlossy wisheit ...*; Ende: *ein ewig rasten in dem grundlosen wesen. dz wir dar in versinken und all unser sälikeit do beholend dz helf ...*; Gießen 849 Bl. 8: *Diss buchlin heisset Moyeses und sint die zehen gebotte zu tusche. Sepcies in die cadit iustus ...*; Basel A X 138 (v. J. 1436, aus einem Baseler Kloster) Bl. 127: *Also spricht der wise Salomon. siben stunt an dem tag so vellet der Gerechte. Ach hohi grundlose wisheit ...*; Ende: *vnd ouch mich blinden man an diner hand die selben wege wizest jn jemer werender selikeit. Amen.* Basel A X 139, 2; Heidelberg Nr. 31; Berlin Gf. 847; Gf. 1313; Gq. 107; Gq. 1198, v. J. 1438; Leipzig, Un.-Bibl. cod. theol. 154, Bl. 194^a—274^b; Annaberg, Ratsarchiv, Hs. alt 329, Bl. 84aα—133aα; Innsbruck, Jesuitenkoll. Nr. 22. 347 (Fach 1015); vgl. F. Hotzy Z. f. österr. Gymn. 64 (1913) S. 407; 63 (1912) S. 1057; wesentlich mit dem Druck v. 1483 übereinstimmend. Geffcken *Der Bilderkatechismus des 15. Jh.s* (1855) verzeichnet sieben ihm bekannte Hss., darunter eine v. J. 1509 von *broder Johann van Kochem zo den Olyuen bynne Collen: Hye begyunent de tzyen gebode mitter glossen. Als sy der eirwerdige leirer vnd meyster Marcus van der Lyndauwe gemacht hait. Dit is de vorrede. Seuen werff an demdage.* Gedruckt ist das Werk 1483 in Venedig (Hain 4030) von *meister Erhart Ratdolt* (s. d.) *von Augspurg: In dem nomen des vaters ... facht an das buch der zehen gepot. Disz buch der zehen gepot, das da gezogen ist aus der h. geschrift sagt und leget ausz* ... Abweichend davon sind die Drucke Straßb. 1516 u. 1520 bei Joh. Grüninger, die mit 10 Holzschnitten von Hans Baldung Grien geschmückt sind; vgl. Passavant III S. 320; Nagler *Monogr.* III S. 358; Heller *Holzschneidekunst* S. 91. Die Auslegung der 10 Gebote ist als Ergänzung des Traktats *'De exitu filiorum Israel'* gedacht. Bei jedem Gebote werden zuerst die Sünden und die Materien festgestellt, dann, „wie sich Maria in diesem Gebote und wie sich Gottes Freunde in diesem Gebote gehalten haben." Häufig werden Stellen aus der Bibel und den Kirchenschriftstellern bis zu Thomas v. Aquino (s. d.) und Bonaventura herangezogen. Es finden sich Abschweifungen; zum 4. Gebot wird auch über das Fegfeuer, den guten Tod und die Beichte gehandelt. Öfter wird untersucht, ob eine Übertretung eine leichte oder schwere Sünde sei. Bemerkenswert sind Betrachtungen über Wucher, Spielergut, „ungerechtes Gut", die Arten der Armut. Der Stil ist frisch, die Bearbeitung gründlich, die Auffassung selbständig. So gehört der Traktat zu den katechetischen Hauptwerken, die am Ende des Mittelalters die Erziehung des Volkes übernahmen, an Bedeutung dem 'Seelentrost' (s. d.) vergleichbar. — 26. *'De tribus regibus'.* — 27. *'De septem verbis domini in cruce'.* — 28. *'De et super Evangelio': In principio erat verbum; incipit: Ambulavi in magnis et mirabilibus super me;* Kommentar zu Joh.-Ev. 1, 1—15. Hss. München Clm. 215 u. 5136, v. J. 1437: *Die ler des Br. Marquarcz von Lindaw vber daz Evangelium In principio;* Berlin Gq. 1110; Gq. 107 Bl. 229; hier als Einschub in den Text des 'Auszugs'. — 29. *'De virginitate et proprietate floris': Flores apparuerunt in terra nostra. Cant. 1.*

b) Glasbrenner fährt fort: *Et praeterea multa alia opuscula fecit, quae ad manus meas non venerunt, sed praedicta omnia vidi.*

c) Eine Hs. in Middlehill (Bibliotheca M. Chardin; Hänel *Cat.* Sp. 818; wohl aus Rebdorf stammend), 14. Jh., enthält *'Marquardi itinerarium mentis'*, wohl gleich München Clm. 18412 Bl. 127: *'De septem itineribus mentis'*, ein sonst Gerson zugeschriebener Traktat. Unter M.s Namen steht Clm. 9003 ein Traktat *'De instinctibus'*; Clm. 18729 Bl. 174 *'Collatio de virtutibus'*; bei Adrian *Cat. cod. ms. bibl. acad. Gissensis* (1840) werden in der Gießener Hs. 850 Bl. 194b—239a aufgeführt: *Des minoriten bruders marcus von Lindawe Sermones: Item drier hande lute werden getrieben von dem geiste; Item wie die Judden und die phariseyen zu Johanne santen.* Ein *'Sermo'* auch in dem teilweise 1423 von *Fridericus Veldner vicegardianus domus Lanczhütt* (Franziskaner) geschriebenen Clm. 8987 Bl. 287. Als Einschub in den 'Auszug' erscheinen Berlin Gq. 107 Bl. 235b Predigten von den 4 Sonntagen im Advent. In Berlin Gf. 1041 (aus Inzigkofen, geschr. von Schwester Ann Jäkin im J. 1430) stehen Festpredigten v. J. 1389. In Berlin Nr. 518 Bl. 243b findet sich ein *'Tractatus de remuneracione clericorum': Reddet deus mercedem laborum suorum,* über die *12 partes beatitudinis, 6 corporis, 6 animae.* Wahrscheinlich stammt von M. auch ein *'Sermo'* Berlin Nr. 518 Bl. 251: *Lux venit in mundum. Joh. 3. Karissimi, Phylaretus in de naturis morborum dicit: Cum sol in ortu suo ...* Die Predigt steht mitten unter echten M.-Traktaten. — Von wesentlicher Bedeutung für die Verbreitung der Werke ist die Hs. der Breslauer Staats- u. Univ.-Bibl. I F 234, 15[1] Jh., Bl. 180b: *Incipit tractatus fratris Marquardi de Lindovia de primis motibus brevis et utilis. Obsecro vos tamquam advenas ... 1 Petr. 2. In hijs verbis apostolus primo ...;* Bl. 182: *Incipit prologus tractati fratris Marquardi predicti de paciencia Job. Hec reprehendit me... Job. 27. Quamquam felix esset homo...* Ende Bl. 192b: *que duplicia vobis concedat Jesus. Explicit tractatus de tollerancia passionum. Editus quidem in vulgari a fratre Marquardo de Lindowia, sed trans-*

latus in latinum et extensus per fratrem Thedericum Struven anno domini M 414 in Hildensi. Et nota, quod linee posite in marginibus cum tali signo y demonstrant addiciones predicti fratris Thiderici; Bl. 235: *De animabus descendentibus ad purgatorium. Sancta et salubris est cogitacio* mit gleicher Schlußschrift (Bl. 238[2]) des Dietrich Struven. Die Schriften sind also auch in Niederdeutschland in Religiosenkreisen ins Lateinische übersetzt und ausgestaltet worden.

Zu vergleichen: Cruel *Gesch. d. deutschen Predigt* S. 402. [Scherrer] *Verz. d. Hss. der Stiftsbibl. v. St. Gallen* 1875, Nr. 787. Rose *Kat. d. lat. Hss. der Staatsbibl. zu Berlin* [zu Nr. 518]. J. Geffcken *Der Bilderkatechismus d. 15. Jh.* 1855, wo 7 Hss. angeführt sind, S. 42 ff.; 109. F. Falk *Der Unterricht des Volkes in den katechetischen Hauptstücken am Ende des Mittelalters*, Hist.-polit. Blätter 109 (1892) S. 81 ff. Ch. Schmidt *Hist. litt. de l'Alsace* II S. 380. P. Eubel, *Gesch. d. oberd. Minoritenprov.* 1886, S. 35; 164; Anm. 246—248.

J. Klapper.

Marquart von Stein.

Drucke: Basel 1493. 1513. Augsburg 1495. 1498. Straßburg 1519; 1538. Frankfurt a. M. 1560; 1572; 1587; 1593. Nürnberg 1680; 1682.

1. Marquart von Stein (auch *Stain*) stammt aus einem alten württembergischen Adelsgeschlecht, das seinen Stammsitz in Rechenstein hatte. Er wurde als dritter Sohn Konrads von Stein zwischen 1425 und 1430 geboren. Er genoß eine sorgfältige Erziehung, lernte Latein. Französische Kenntnisse erwarb er sich am burgundischen Hof. Dort kam er in Beziehung zum Haus der Châlons. Mit Wilhelm von Ch. unternahm er im Frühling 1453 eine Pilgerfahrt ins Heilige Land, die ihn über Bern, Luzern, Venedig, Rhodos nach Jaffa führte. Die Rückkehr war stürmisch. 1457 ist M. v. St. als Pfandherr von Florimont nachzuweisen. Im gleichen Jahr nahm er dauernden Aufenthalt in Blumenberg, nahe der Schweizer Grenze. Gute Wirtschaft und vernünftige Geschäftsgebarung trugen ihm Vermögen und Ansehen ein. 1459 heiratete er Agnes, die Tochter des Ritters Peter von Mömpelgart. Der Ehe entstammten zwei Töchter Elsa und Jakobea, die spätere Gemahlin Bernardins von Reinach. 1460 wurde M. Landvogt der Grafschaft Mömpelgart. Während der bis 1466 dauernden Fehde mit den Grafen von Thierstein zeigt er vorsichtige Entschlossenheit in der Wahrung der Interessen seiner Herren. An den späteren Kämpfen gegen Karl den Kühnen von Burgund nimmt er teil. 1483 ließ M. Befestigungen anlegen. In seinen letzten Lebensjahren unterhielt er Beziehungen zu Basel. Er starb 1495 oder 1496. Er wurde mit seiner Gemahlin in der Abtei Lützel beigesetzt.

2. M.s literarische Tätigkeit setzt nicht vor 1460, wahrscheinlich erst zwischen 1478 und 90 ein. Er ist ein regsamer und nüchterner Geist. Sein Werk 'Der Ritter von Turn, von den Exempeln der Gottesfurcht und Ehrbarkeit' ist die deutsche Übersetzung des 1371 entstandenen '*Livre du Chevalier Geoffroy de la Tour Landry pour l'enseignement des ses filles*', eines sehr beliebten Volksbuches, in dem an einzelne Erzählungen moralische Belehrungen für Mädchen angeknüpft werden. Die Wirkung der Lektüre dieser oft recht schlüpferigen Novellen soll durch die Erläuterungen des Nutzens der einzelnen weiblichen Tugenden behoben werden. Böse und gute meist biblische Frauen werden vorgeführt. Vom Stil des Originals, das in einer Druckausgabe vorlag, ist die Übersetzung wenig beeinflußt. Sie bemüht sich zu vereinfachen; die Fremdwörter entstammen der Kanzleisprache, undeutsche Wendungen sind selten. M. übernimmt die französischen Eigennamen, er legt den Hauptwert auf den erzählenden Teil und kürzt die moralischen Ermahnungen. Gegen Ende des Werkes lehnt er sich nicht mehr so eng an das Original. In der Vorrede ist der Stil schwerfällig, charakteristisch ist die Koordination. Die Ausgaben des Werkes von der Mitte des 16. Jh.s an sind Umarbeitungen in protestantisch-polemischem Sinn.

3. Die erste Ausgabe ist das schönste illustrierte Buch des 15. Jhs. Der Illustrator, dessen Kunst an Schongauer erinnert, doch über diesen hinausgeht, greift stets den Höhepunkt der Erzählung heraus, er stellt die dramatische Katastrophe der Geschichte dar. Dürer und Grüne-

wald wurden als Künstler vermutet, doch liegen die nächsten Beziehungen zu den Holzschnitten des 'Narrenschiffes' (Basel 1495) vor.

4. Es ist nicht festzustellen, daß M. dem Kreise Mechthilds (s. d.) angehörte. Begründeter ist die Vermutung, daß er Beziehungen mit den Basler Humanisten um Heinlin von Stein (s. d.) unterhielt. Seine Stellung zwischen MA. und Renaissance paßt zu beiden Kreisen. Fast möchte man ihm einen ähnlichen Platz an den südwestdeutschen Höfen wie Hartlieb (s. d.) in Baiern zuweisen. Bei beiden wird die Erzählerfreude durch didaktische Absichten eingedämmt. Für M. gilt „das Frauenideal der stillen werkheiligen Frömmigkeit und sittigen Zucht".

'Le livre du Chevalier de la Tour Landry pour l'enseignement des ses filles', publ. par M. Anat. de Montaiglon 1854. O. L. B. Wolff *Volksroman* 1849/50, 8. Teil. — Über die Familie: Hattstein *Die Hoheit des deutschen Reichsadels* II S. 390ff. ADB. XXXV S. 608ff., 666. — A. Kehrmann *Die deutsche Übersetzung der Novellen des Ritters vom Turm.* Diss. Marburg 1905. L. Poulain *'Der Ritter v. T.', von M. v. St.* Diss. Basel 1906. W. Stammler *Von der Mystik zum Barock* 1927, S. 257. — W. Weisbach *Der Meister der Bergmannschen Offizin.* Diss. Leipz. 1896. F. Bock *Die Werke des Matthias Grünewald* (Stud. z. deutsch. Kunstgesch. 54) 1904, S. 18, 24. *Die Holzschnitte zum 'R. v. T.' Basel 1493 mit einer Einl. von* R. Kautzsch (ebda. 44) 1903. H. Koegler *Die Basler Gebetbuchholzschnitte vom Illustrator des 'Narrenschiffs' und 'R. v. T.'*, Gutenberg-Jahrb. 1926, S. 117ff. F. Weitenkampf *'Der Ritter vom Turn' and the dawn of the Renaissance in the book illustration,* Bullet. of the New York Publ. Library 35, 9 (1931) S. 611/17.

R. Newald.

Martin von Amberg.

1. Herr M., Prediger von Amberg, hat ein Büchlein „zu deutsch gemacht", das u. d. T. 'Der Gewissensspiegel' seit dem Ausgange d. 14. Jhs. handschriftlich vorliegt. Über den Verf. sind nur Vermutungen möglich. Eine in Wien geschr. Hs. (München cgm. 3764 Bl. 35—40) enthält von einem M. v. A. einen '*Modus predicandi*', dessen Verf. hier als *hereticorum inquisitor* bezeichnet wird. Das ist der Inquisitor, der mit dem Coelestiner Petrus Zwicker aus Oybin 1391 in Erfurt wirkt [Haupt, *Waldensertum und Inquisition im südöstl. Deutschl. seit d. Mitte d. 14. Jhs.*, Dt. Z. f. Geschichtswiss. Bd. 3 (1890), S. 337ff., hier S. 346, Anm. 1]. Der 'Gewissenssp.' weist auf derartige Tätigkeit nirgends hin. Als Inquisitor wird in derselben Zeit auch ein M., Altarpriester der Marienkirche vor dem Teyn in der Prager Altstadt, genannt. Da der Verf. des 'Gewissensspiegels' in Prag gewirkt haben muß, kann es sich um dieselbe Person handeln.

2. 'Der Gewissensspiegel' ist eine in Prosa geschriebene Anleitung für Laien zur Vorbereitung auf die Beichte, eine Christenlehre und insbesondere eine Belehrung über den rechten Empfang des Abendmahls; er handelt im Rahmen der zahllosen lat. Beichtspiegel vom Glauben, den 10 Geboten, den Lastern und Tugenden, den gebotenen Feiertagen und Fasttagen und dem Sakrament des Leibes des Herrn. Bei dem losen Gefüge der Teile konnten rasch Einschübe vorgenommen werden; die Lambacher Hs. enthält so eine Aufzählung der allegorischen Darstellungen von Lastern und Tugenden, die Prager Hs. eine Ordnung der Messe (Bl. 114^a—122^b) und Monatsregeln (Bl. 123^a—128^b), die Breslauer theologische Auctoritates. Von volkskundlichem Werte sind in der Erklärung der 10 Gebote die Bemerkungen über Teufelsbanner, Wahrsager, Traumdeuter, Wachsgießer, Feuermantik, Handleser, Losbücher, Schwertbriefe, Eisvogel, Wurzelgräber (Betonie), Alraun, Vogelschrei, verworfene Tage, Angangsglaube, Handgift, Gebet zu Sonne, Mond und Sternen, Amulette und Segen, die Percht mit der Eisennase, Herodiades, Nachtfahren, Hinpriten, Trut und Alp, Horoskop und das Mondfasten, das Fasten mit einem, zwei oder drei Bissen oder Körnern, oder „bis man den Stern am Himmel sieht". Bedeutsam ist das Werk auch für die Geschichte der deutschen (Prager) Hofsprache; es ahmt bis ins kleinste die Syntax des Kanzlers Johann v. Neumarkt (s. d.) nach; aus dessen 'Hierony-

mus', der zwischen 1371 u. 1375 entstand, sind für die Schlußschrift ganze Stücke wörtlich entlehnt. Das Werk tritt auch wiederholt in Hss. (Basel, Wien, Nat.-Bibl. 2932) in Verbindung mit Gebeten des Joh. v. Neumarkt auf. Eine solche Anlehnung und Entlehnung ist doch wohl erst für die Zeit nach Johanns Tode (24. Dez. 1380) denkbar. Gewidmet ist das Werk Herrn Johann von Scharffeneck, der als höchster Rat des Königs Ludwig (I. 1342—1382) von Ungarn bezeichnet wird. Dieser ist urkundlich nachweisbar 1375 (Apr. 9.) im Kreise K. Karls IV. und später auch Rat des jungen mit Maria v. Ungarn verlobten Sigismund (1361—1437). (Winkelmann *Acta Imperii* [1885] Nr. 946, S. 617.) Scharfeneck ist heute Burgruine bei Landau, bair. Pfalz. Das erklärt die Beziehungen, die in der Heidelberger Hs. angedeutet werden. Diese ist der Pfalzgräfin bei Rhein und Herzogin in Baiern gewidmet. Es wird sich hier um ein Exemplar des 'Gewissensspiegels' handeln, das Johann v. Scharfeneck seiner Herrin überreicht hat. Elisabeth, die Gemahlin Ruperts d. Ä. (1309—1390), war die Tochter des Grafen Johannes I. v. Flandern; sie starb 1382. Der Pfalzgraf war ein besonderer Vertrauter K. Karls IV. (Wille ADB. XXIX S. 731). Für die Abfassungszeit des Werkes ergibt sich somit die Zeitspanne 1381—1382.

Hss.: 1. Wien, Nat.-Bibl. 2932 (= Hoffmann *Verz. d. altd. Hss.* Nr. CCCXXII), Papier, wohl spätere Abschrift einer 1390 geschr. Vorlage; Bl. 1a: *Hie hebt an ein puechlin der gewissenspiegel genant vnd wer eijnem menschen vil nützer zu lesen zu horen vnd die ding die darjnn geschriben sein dichk zu vberlesen denn grossere hubschere pucher vnd auch tijfer gerlich wen sich ain mensch wol erchlagen wil seiner sunde in der peichte. Das puchlin hat getutschet her mertin prediger von amberg durch gross begir her hansen von scharpffen Ekk vnd desz kuning von vngern hochster Rat. Von der vorred leret Martinus vnd sprichtt. Das wais man wol das*... Ende: *Ditz püchlein des her mertens das der gewissz spiegel genant ist hat ein end das geschriben ist worden Anno domini Millesimo Trecentesimo nonagesimo.* — 2. Ebd. Nr. 2749 [= Hoffmann CCCXXXIII], Pergam. 15. Jh. Hieraus Abdr. der volkskundl. Stellen durch v. d. Hagen Neues Jahrb. d. Berlinischen Gesellsch. Bd. 2 S. 63—65; vgl. Germania 2 S. 64. — 3. Wien, Schottenkl. Nr. 301 [54. d. 8], Papier, 15. Jh., Bl. 196a—211b. — 4. Ebd. Nr. 215 [53. c. 12], Pap. 15. Jh., Bl. 70b—113a. — 5. Prag, Univ.-Bibl. 2033 [XI. C. 9], Papier, 15. Jh., Bl. 89a—128b. W. Dolch *Kat. d. dt. Hss.* I (1909), Nr. 88, S. 34; Kelle Serapeum 1859, S. 71. — 6. Lambach, Stiftsbibl., Papierhs. Nr. 194, 15. Jh. Vgl. Pius Schmieder Anz. f. Kunde d. dt. Vorzeit 15 (1868) Sp. 326. — 7. Breslau, Staats- u. Univ.-Bibl., IV Q 156b, Papier, 15[1] Jh., Bl. 24a—83b, wohl in Nürnberg geschr. — 7. Basel, Univ.-Bibl. A X 138 (= Binz *Die dt. Hss.* I [1907] S. 264), Papier, frühes 15. Jh., Bl. 1a—41b; der Anf. fehlt hier. Aus einem Baseler Kloster (Dominikaner?). Vgl. *V. Mittelalt. z. Reformat.*, hg. v. K. Burdach, 6. Bd., *Schriften Johs. v. Neumarkt*, 4. Teil (1935) S. XLV—XLVII. — 8. München, Cgm. 113, Papier, 15. Jh., Bl. 115a—125a, in Wien geschr. — 9. Berlin, Staatsb. G q 1526, Papier, 15[1] Jh., Bl. 1a—46b, aus der Kartause zu Erfurt. — 10. Ebd. G oct 631, Papier, 15. Jh., Bl. 1a—74a; aus dem Katharinenkl. zu Nürnberg, also die im Kat. dieses Klosters (um 1500) erwähnte Hs. B VII: *Item ein püchlein das heist der gewissenspiegel* [usw.]; vgl. Jostes Collectanea Friburgensia IV (1895) S. XXII. — 11. Heidelberg, Pal. germ. 439, Ende 14. Jh., Bl. 1a—117b; der Pfalzgräfin Elisabeth gewidmet; vgl. Bartsch *Die altd. Hss. der U.-B. in Heidelberg*, Nr. 241.

Jos. Klapper.

Martin von Bolkenhain, neben Eschenloer (s. d.) und Froben einer der bedeutendsten schlesischen Geschichtschreiber des Mittelalters.

Seine Chronik ist nur in einer Abschrift (aus dem Kloster Heinrichau) des Nikolaus Zobten in Rohnstock aus dem Jahre 1480 in der Staats- und Universitätsbibliothek zu Breslau (IV 4° 229) erhalten.

Der Chronist erscheint seit 1433 in den Bolkenhainer Schloßregistern als *Martinus Kotbus* (*Cromer*), war Krämer, gehörte zu den wohlhabenden Bürgern der Stadt und bekleidete von 1435 bis 1445 das Amt eines Ratmannes, Ältesten der Bürgerschaft, Schöppen und Salzmanns. Nach der Zerstörung Bolkenhains 1444 scheint er gestorben oder ausgewandert zu sein.

Die Chronik behandelt die Hussitenkämpfe der Jahre 1421 bis 1444, ohne die chronologische Reihenfolge streng innezuhalten. Der Verf. weiß als scharfer Beobachter und welterfahrener Mann, voll Haß gegen die Ketzer, äußerst anschaulich zu schildern (z. B. die Eroberung von

Wünschelburg 1425) und die Darstellung durch Einführung redender Personen und volkstümliche Redensarten lebendig zu gestalten. Daher hat auch Gustav Freytag die Chronik in seinen 'Bildern aus der deutschen Vergangenheit' benutzt.

Die erste Ausgabe besorgte Hoffmann von Fallersleben *Scriptores rerum Lusaticarum*, N.F. I (1839) S. 351—379. Franz Wachter gab die Chronik in den *Geschichtschreibern Schlesiens des 15. Jahrhunderts* (*Scriptores rerum Silesiacarum* XII) 1883 S. 1—18 heraus; Grünhagen hat sie in *Die Hussitenkämpfe der Schlesier* (1872) verwertet. B. Krusch *Krämer Martinus Kotbus, der Chronist von Bolkenhain*, Zs. des Ver. f. Gesch. Schlesiens 37 (1903) S. 310 ff. Langer *Martin von Bolkenhain, der älteste und berühmteste Bürger unserer Stadt*, Bolkenhainer Heimatsblätter 2 (1913) S. 26 ff.

Wilhelm Dersch.

Martin von Emden, Angehöriger der Brüder vom gemeinsamen Leben, Rektor des sog. Niesinghauses in Münster, als solcher am 21. Sept. 1521 gestorben. Als volkstümlicher Prediger wurde er sehr gerühmt, und die Chronik des Hauses Niesing sagte von ihm: *Merten van Emden, de hir was sint III iair und hoirde uns de bicht unde dede uns untertiden colacie.*

Geschichtsquellen des Bistums Münster II (1853) S. 424. F. Landmann *Das Predigtwesen in Westfalen in der letzten Zeit des MA.s* 1900, S. 58 f.

W. St.

Martin von Oppau, } s. Martin v. Troppau.
Martin Polonius, }

Martin v. Reutlingen, s. Maier, Martin.

Martin von Salzburg. Im Cgm. 715 heißt es Bl. 1ᵃ... *geistliche vnd werltliche lied, so ein wolgelerter herr, her Hermann ... mit sampt ainem laypriester herrn Martein gemacht haben vnd zw dewtsch bracht ... darvmb jn der bemelt herr* [Erzbischof Pilgrim von Puchheim] *ze den selben czeiten ein ritter pfruent geben hat.* Diese Angabe kann kaum auf einem Mißverständnis des Schreibers beruhen, der sich durch die Überschriften der Martinslieder in seiner Vorlage hätte irreführen lassen (Mayer-Rietsch S. 36, Anm. 3 und S. 204); denn der Schreiber ist auch sonst glaubwürdig, und die Angaben sind zu genau, um nur auf einem Irrtum zu beruhen. Da es nicht wahrscheinlich zu machen ist, daß die genannten Lieder von mehr als einem Verfasser herrühren (Mayer), bleibt die Annahme gegeben, daß Martin dem Mönch von Salzburg als Komponist zur Seite gestanden hat. Der Versuch, Martin mit dem *plebanus Richer* (s. d.) gleichzusetzen (Rietsch Musica divina 2 [1914] S. 307 u. 311; H. J. Moser *Paul Hofhaimer* 1929, S. 8), erscheint abwegig. Vgl. auch Hermann, Mönch von Salzburg.

F. A. Mayer u. H. Rietsch *Die Mondsee-Wiener Liederhandschrift* 1896, S. 32 ff., 202 ff, 535 f.; dazu Wilmanns AfdA. 24 (1898) S. 157.

Ludwig Denecke.

Martin von Troppau.

Das Hauptwerk des vielgelesenen Schriftstellers, die 'Chronik', liegt in einer zwar nicht allen heutigen wissenschaftlichen Erkenntnissen (Holder-Egger), wohl aber dem praktischen Bedürfnis entsprechenden Gestalt und Ausgabe durch Ludwig Weiland vor. Über das Leben des Verfassers, die Quellen und Art des Werkes und die gesamte Schriftstellerei Martins kann man danach folgendes sagen.

1. Martin ist der Verfasser des bekanntesten geschichtlichen Handbuches (Chronik) des späteren Mittelalters, von seinem Leben ist nur weniges bekannt aus den Vorreden seiner Werke, einer Papsturkunde und einem Briefe eines Bruders Hiacinth aus dem Dominikanerkonvent S. Clemens in der Altstadt Prag, der wohl der Prior dieses Konvents gewesen ist. Unter den mehr als 20 für Weilands Ausgabe benutzten Hss. zählt der Hsg. deren 7, in denen der Verf. sich als einen *de regno Boemie oriundus, patria Oppaviensis* bezeichnet. Das ist Troppau in Österreichisch-Schlesien, das nach Dudiks Nachweis bis zum Jahre 1318 zu Mähren und dem Königreich Böhmen, nicht wie das übrige Schlesien zu Polen gehörte. Als einen Polen (*Martinus Polonus*) bezeichnet ihn schon im Anfang des 14. Jh.s Tholomeus von Lucca und nach ihm andere Schriftsteller (Bernardus Guidonis u. a.), *genere Polonus* nennt ihn der polnische Geschichtsschreiber Dlugosch im 15. Jh. († 1480) in seiner Geschichte Polens; in der Geschichte der Erzbischöfe von Gnesen läßt er ihn von einer (sonst unbekannten) Familie der Strepae oder Strepsky abstammen, was offenbar eine

Fabel ist. Nach der bisher überwiegenden Meinung rührt die Bezeichnung als Pole (bei Tholomeus und anderen) vielleicht daher, daß Martin von Papst Nikolaus III. am 22. Juni 1278 (Potthast *Regesta nr.* 21340) zum Erzbischof von Gnesen ernannt worden ist, oder aber daher, daß die Konvente des Dominikanerordens in Böhmen (Martin war Mitglied des Konvents der Prager Altstadt) bis zum Jahre 1301 zur Ordensprovinz Polens gehört haben. Demgegenüber ist sicher nur seine eigene Angabe, daß er in Troppau geboren ist, sicherlich nicht als Deutscher (das wird man aus seiner durchweg feindseligen Einstellung gegen das deutsche Kaisertum wohl schließen können). Welches aber genauer seine Nationalität gewesen ist, kann man mit Bestimmtheit nicht sagen; am nächsten läge wohl die tschechische, wenn man berücksichtigt, daß er in Prag aufgewachsen und Ordensbruder gewesen ist; aber auch die Behauptung des fast zeitgenössischen und über seine Ordensbrüder sicherlich gut unterrichteten Tholomeus von Lucca (wenn man schon auf die Angabe des späteren Polen Dlugosch nichts geben will), daß er Pole gewesen sei, könnte doch richtig sein (auch Holder-Egger NA. 28 S. 220 sagt: „der Pole Martin von Troppau"), zumal wenn man noch bedenkt, daß Papst Nikolaus III. ihn doch leicht aus diesem Grunde gerade für ein polnisches Erzbistum bestimmt haben könnte. Nach dem genannten Briefe des Bruders Hiacinth an Martin selbst war dieser in S. Clemens in Prag aufgewachsen, geschoren, Mönch und Priester geworden (*non immemor, qua ille* [S. Clemens] *tibi olim lac dedit, parvulo panem fregit, tonsuravit, monachum et sacerdotem fecit;* bei Hagek *Annales Bohemiae ed.* Dobner III S. 11, wieder abgedruckt im Archiv der Gesellschaft für ältere deutsche Geschichtskunde 4 S. 67 f.). Weiland sagt, daß wir Martin aus diesem Briefe als Magister, sicherlich der Theologie, kennen lernen (allerdings nur durch die Anrede: *M. F. Martino = Magistro* [?] *fratri Martino*), auch in der Note des Codex von San Germano (siehe weiter unten) wird er als *magister* bezeichnet; aber es ist sonderbar, daß sich Martin in den Vorreden seiner verschiedenen Werke niemals als Magister, immer nur als päpstlichen Pönitentiar und Kaplan bezeichnet, auch von Papst Nikolaus III. in der erwähnten Urkunde nur so genannt wird. Nach Vermutung von Dobner a. a. O. könnte Martin vor seiner Ernennung zum päpstlichen Pönitentiar und Kaplan päpstlicher Inquisitor in Prag gewesen sein und mit dem Martinus personengleich sein, der in der Zahl der päpstlichen Inquisitoren bei S. Clemens in Prag (Dobner sagt nichts darüber, in was für einem Schriftstück und aus welcher Zeit) genannt wird. — In dem erwähnten Briefe dankt Hiacinth dem in Rom befindlichen Ordensbruder für die durch ihn bewirkte Privilegienbestätigung für S. Clemens durch den Papst sowie für die durch den Propst Petrus von Wissebrad geschehene Übersendung von Martins Chronik, die nach Hiacinths Worten damals schon weltberühmt war (*Iste idem dominus prepositus* [*Petrus Wissegradensis*] *tradidit nobis chronicam tuam; illius sonus iam exiit in omnen terram, mirantur in ea universi populi sapientiam tuam et collaudant Deum, quoniam mirabilia in te operari dignatus est*). Hiacinth bittet schließlich Martin um Verwendung an der Kurie für einen *lector O., spiritualis filius noster*; Martin scheint also tatsächlich Einfluß bei den Päpsten der 60er und 70er Jahre des 13. Jhs. gehabt zu haben. Er selbst bezeichnet sich in den frühesten Formen seines Werkes, die bis zum Tode Clemens' IV. reichen (1268), als *domini pape penitenciarius,* in allen folgenden, auch schon in einigen vor der Wahl Gregors X. geschriebenen Fassungen, als *penitenciarius et capellanus*; er ist also jedenfalls von Clemens IV. an bis zu Nikolaus III. Inhaber dieser Ämter gewesen, wie ihn ja auch Nikolaus III. selbst in der erwähnten Ernennungsbulle vom 22. Juni 1278 so nennt. Nach Dlugosch wäre er einer der geringeren Pönitentiare gewesen, was Weiland als wahrscheinlich annimmt. Sein Gnesener Erzbistum hat Martin nicht antreten können, auf der Reise dorthin ist er noch im selben Jahre 1278 in Bologna gestorben und in der Kirche des hl. Dominikus daselbst beigesetzt worden, wo noch Bzovius (*Annales ecclesiastici* XIII, 1278, nr. 32) und Ughelli (*Italia sacra* IX, S. 299, ed. Coleti IX, S. 219) seinen Grabstein mit Inschrift (die sie aber in verschiedenem Wortlaut mitteilen) gesehen haben wollen. Daß er Castres in Südfrankreich selbst gesehen oder einmal dort gelebt habe, kann man aus den von Weiland in diesem Sinne angeführten Worten (*sicut ab ipsis fratribus veraciter compertum est*) m. E. nicht schließen. Die angeführte Tatsache (der Translation des hl. Vincenz) konnte er von Abgesandten der Brüder auch in Rom *veraciter* erfahren.

2. Martins berühmtestes Werk ist seine 'Chronik', die Grundlage eines sehr großen Teils der allgemeinen Geschichtschreibung des späteren Mittelalters. Er schrieb sie in der Art der in Italien seit 1125 vorkommenden Kaiser- und Papstkataloge, in denen in zwei Kolumnen die jeweils gleichzeitig regierenden Päpste und Kaiser mit Anfangsjahren und Regierungszeiten aufgezählt werden und meist weniger dürftiger Text über ihre wichtigsten Taten und die Ereignisse unter ihnen hinzugesetzt wurde. Martin richtete sein Werk nach dem Vorbild dieser Kataloge ursprünglich so ein, daß er je auf eine Seite links (fol. verso) die Päpste, rechts (fol. recto) die Kaiser setzte. Jede Seite erhielt 50 Zeilen, jede Zeile bedeutete ein Jahr und erhielt eine Jahresbezeichnung; jedem Papst und Kaiser wurden so viele Zeilen zugewiesen, als er (nach Martins Meinung) Jahre regiert hatte. Das war ein sehr unbequemes und auf die Dauer schwer festzuhaltendes Schema, es führte bei vielen Abschriften zu vielen störenden Fehlern besonders chronologischer Art, auch zu großer Textverwirrung. 1276 kamen im gleichen Jahre drei Päpste zur Regierung, da ließ sich das Schema gar nicht mehr durchführen. Martin gab daher selber in den letzten Fassungen seines Werkes die Verteilung auf Seiten und Zeilen nach Jahren auf und schuf zwei je in sich zusammenhängende Corpora von Text, a) über die Päpste, b) über die Kaiser, nach der ausführlichen allgemeinen Einleitung (über die vier Weltreiche, Babylon, Rom und seine Bauten, die römische Geschichte [diese nur in C], die geistlichen Gewalten in Rom und endlich seine [Martins] Quellen für dieses Werk). So hat auch Weiland die Chronik in den *Monumenta Germaniae* herausgegeben.

Sie ist in der erstmaligen Niederschrift und ältesten Fassung nach dem Tode Clemens' IV., also um 1268/69 abgeschlossen worden; ob Martin die Arbeit im Auftrage dieses Papstes in Angriff genommen hat, wie eine Notiz in einem Codex seiner Chronik (von San Germano; SS. XXII, 381, N. 49) angibt, hat er selber in der Vorrede nicht gesagt, doch ist es nicht unmöglich. Weiterhin hat der Verf. dann sein Werk in vielen Hss. unermüdlich weiter- und umgearbeitet, doch ist die Fülle der vorhandenen Hss. und ihrer Fassungen schwerlich schon ganz geklärt; Weiland hat sich begnügt, aus der Masse mehr als 20 durchzuarbeiten und mit Benutzung von 13 davon für die Ausgabe die Unterschiede von drei Hauptfassungen klarzulegen: A, in einer Prager Hs. und einem Kölner Druck, das bis zum Tode Clemens' IV. reicht und viele Sätze der Hauptmasse der Hss. noch nicht enthält; B, aus vier Hss., in denen der Haupttext durch viele Sätze und Einzelbestandteile umfangreicher ist als in A, wobei aber wieder auch manche Bestandteile von A in B fehlen; C, aus 9 Hss., ist wieder im Haupttext fortschreitend mit weiteren Sätzen und Bestandteilen vermehrt — wobei dieser Zuwachs in den Hss. auch wieder noch schrittweise und allmählich, in jeder anders, vor sich geht — und enthält vor allem als große Zusätze zur Einleitung die römische Geschichte (aus Livius und anderen Quellen) und am Schluß die Fortsetzung der Erzählung bei den Päpsten und Kaisern bis auf Nikolaus III. und den Kreuzzug Ludwigs IX. von Frankreich.

Als Quellen benutzte Martin nach eigener Angabe in der Vorrede und nach der (aber noch nicht abschließenden und endgültigen) Quellenanalyse von Weiland Titus Livius (nur in C, in der Einleitung), den '*Liber Pontificalis*', des Orosius '*Adversus paganos libri septem*', die '*Historia ecclesiastica'* des Eusebius in der Übersetzung und mit der Fortsetzung des Rufinus, des Paulus diaconus *'Historia Romana'* mit einer auf den Namen des Landulfus Sagax gehenden Fortsetzung (aber nicht die *'Historia Miscella'*; Bestandteile davon erklären sich durch den benutzten Papst- und Kaiserkatalog der 'Chronik von Tivoli'), die Chronik des Mönches Benedikt von S. Andrea in Monte Soracte (nicht die Chronik des Bonizo von Sutri im vierten Buche seiner Dekretaliensammlung; Sätze aus dieser sind vielmehr in Martins 'Chronik' wieder durch Vermittlung der verlorenen 'Tivoleser Chronik' hineingekommen), die Papst- und Kaiserchronik des sogenannten Gilbert, die Chronik des Richard von Poitou in zwei Fassungen, des Gervasius von Tilbury *'Otia imperialia'*, die *'Mirabilia Romae'*, das *'Pantheon'* des Gotfried von Viterbo, die Chronik des Vincenz von Beauvais (s. d.), einen Brief des Königs Theobald von Navarra an den Kardinalbischof von Tuscolo 1270 über den Tod Ludwigs IX. von Frankreich; das Register Gregors I., das *'Decretum Gratiani'* mit der Glosse des Uguccio einmal, die Pseudo-Isidorischen Dekretalien sehr oft, endlich viele Legenden der Heiligen, den *'Liber de infantia Salvatoris'*, die *'Legenda aurea'* des Jacobus a Varagine (oder ihr verwandtes Material). Doch ist zu den geschichtlichen Quellen zu bemerken, daß Holder-Egger die Benutzung der Kaiser- und Papstkataloge und der ihnen verwandten Chroniken erst geklärt und nachgewiesen hat, daß eine römische Papst- und Kaiserchronik in Form einer verlorenen 'Chronik von Tivoli' eine sehr wichtige Quelle für Martin gewesen ist, der viele Angaben jener anderen, von Weiland zu Unrecht als benutzt angenommenen Quellen in Wahrheit entnommen sind. — An literarischen Quellen kannte Martin die *'Aeneis'* des Vergil, die *'Collectanea rerum memorabilium'* des Solinus, die 6. Satire des Juvenal und Schriften von Hieronymus und Rufinus.

Martins Chronik wurde frühzeitig (z. T. fast unmittelbar nach ihrem Entstehen, dann mehrfach im 14. und 15. Jh.) ins Deutsche, Französische, Italienische, Tschechische und Griechische übersetzt, von unzähligen Chronisten und Annalisten der nächsten Jh. zur Grundlage ihrer eigenen Werke gemacht. Sie hat Inhalt und Haltung der Geschichtsschreibung des späteren Mittelalters so zu einem beträchtlichen Teile mit bestimmt.

3. Andere Werke Martins sind: *'Tabula Decreti'*, später: *'Margarita Decreti seu tabula Martiniana'* genannt, dessen häufiger Druck noch im 15. Jh. (Hain nr. 10834 bis 10852) und Name: *'Margarita Decreti'* die ihm gespendete Wertschätzung in der scholastischen Wissenschaft zeigten, ein alphabetischer Index zum kanonischen Recht (Dekret und Dekretalen), und: *'Sermones de tempore et de sanctis'* (Hain nr. 10853—10856). — Ein angebliches Werk: *'De diversis miraculis* möchte nach Vermutung von Echard wohl nur das Verzeichnis von Exempeln und Wundern am Schluß der *'Sermones'* sein; zwei von Bzovius ihm zugeschriebene, angeblich in der Vatikanischen Bibliothek von ihm gesehene Werke: *'De schismate ecclesie Grecorum'*, und: *'Historia de Guelfis'*, sind sonst völlig unbekannt.

4. Martin hat seine 'Chronik' nach eigener Erklärung in der Vorrede möglichst kurz für den Gebrauch von Theologen und Juristen geschrieben, damit es die Theologen mit der *'Historia scholastica'* des Petrus Comestor und die Juristen mit einer Handschrift des Dekrets oder der Dekretalien zusammenbinden lassen könnten. Es ist ein Handbuch der Art, wie sie von den Dominikanern und Franziskanern auf allen Gebieten des Wissens vom 13. Jh. an massenhaft verfaßt worden sind, die Summen und Sentenzensammlungen, die zum Auswendiglernen und für den Unterricht größerer Massen der Brüder in den Konventen dieser Orden erforderlich waren. Es gehört damit ebenso wie die *'Tabula decreti'* in die Reihe der systematisierenden, bequem rubrizierenden, aber oberflächlichen Handbücher, die für den scholastischen Wissenschaftsbetrieb vom 13. Jh. an kennzeichnend sind. Auf dem Gebiet der Geschichtschreibung und Geschichtsforschung mußte

diese ganze Richtung besonders verhängnisvoll wirken, das von Wattenbach beklagte Sinken des Niveaus der deutschen Geschichtschreibung des späteren Mittelalters im Verhältnis zum früheren hat in dieser Art der Geistesrichtung der Bettelorden und der Scholastik eine Hauptursache. Bei Martin und in verwandten Werken zeigt es sich in einer Neigung zu Fabeln und zum Teil abgeschmackten Wundererzählungen, in Gleichgültigkeit und Verständnislosigkeit gegenüber den großen (staatlichen) Inhalten des geschichtlichen Werdens. In den späteren Fassungen von Martins 'Chronik' (die aber von ihm selbst ausgegangen sind) steht, wenn nicht erstmalig, so doch als in einem der ersten Geschichtswerke, die Fabel von der Päpstin Johanna, bei ihm auch die von der Entstehung des Kurfürstenkollegs nach dem Tode Kaiser Ottos III. und vieles Ähnliches der Art. Auch wenn er nichts von diesen Dingen selber erfunden hat, so haben sie doch erst durch seine 'Chronik' ihre Verbreitung und Wirkung auf die geschichtliche (oder vielmehr ungeschichtliche) Anschauungsweise des späteren Mittelalters erlangt. Gerade die (scholastischen) Vorzüge seines Werkes, die Kürze und der Schematis-mus, erleichterten und verbreiterten die jedem wahren geschichtlichen Verständnis abträgliche Wirkung. Zur Gesamtbewertung des Schriftstellers darf man immerhin noch auf den, vielen damaligen Dominikanern eigentümlichen und gemeinsamen großen Fleiß in der beständigen Weiterarbeit an ihren Werken und Anpassung an den praktischen Gebrauch aufmerksam machen.

'Chronicon pontificum et imperatorum' ed. Ludovicus Weiland, Mon. Germ. SS. XXII (1872) S. 377—475; vgl. auch Weiland *Zur Ausgabe der 'Chronik' Martins von Troppau* Archiv der Gesellschaft f. ältere deutsche Geschichtskunde 12 (1872) S. 1—79. W. Wattenbach *Deutschlands Geschichtsquellen im Mittelalter*[6] II 1894, S. 466—471. O. Lorenz *Deutschlands Geschichtsquellen im Mittelalter seit der Mitte des dreizehnten Jhs.* 1886, Einl. S. 4—12. O. Holder-Egger *Einiges zur Quellenkritik Sicards*, NA. 26 (1901) S. 471—555, besonders S. 484 ff.: *Über die verlorene 'Cronica Tiburtina'*; ders. *Über eine römische Papst- und Kaiserchronik*, ebda. 28 (1903) S. 193—226.

B. Schmeidler.

'Martina' des Hugo von Langenstein.

1. Die 'M.' ist nur in einer Pergamenthandschrift des 14. Jh.s überliefert (Cod. B VIII 27 der Basler Univ.-Bibl., Bl. 1—292), die außerdem die 'Mainauer Naturlehre' und den 'Litower' von Schondoch (s. d.) enthält (vgl. Wackernagel *Altdt. Hss. der Basler Univ.-Bibl.* [1836] S. 39 ff.). Die Hs. gehörte, wie mehrere Vermerke ausweisen, den Kartäusern zu Basel. Bl. 1 trägt die Überschrift: *diz ist sce martinen bůch einer megede von Rome diu einlif marter erlitten hat.* Der in den Schlußversen genannte Schreiber (*der diz bůch geschriben hat / der heizit von sant Gallen Cůnrat*) ist nicht mit dem Kopisten der Basler Hs. identisch.

2. Der Dichter nennt sich (Bl. 292 v. 36 ff.) selbst: *ich bin geheizin bruder Huc / ze nachnamen von langenstein / da was miner vordern hein / zim tiuschin huse ein brůder.* Urkundlich ist das Geschlecht derer von Langenstein im schwäbischen Hegau, Ministerialen der Äbte von Reichenau, mehrfach erwähnt (s. Dold S. 4 ff.; Wiegmann S. 42 ff.). Von besonderer Wichtigkeit ist die Nachricht, wonach ein Arnold von Langenstein unter der Bedingung, daß er mit seinen vier Söhnen, darunter zwei Hugo, in den Deutschorden aufgenommen werde, seinen gesamten Besitz zur Errichtung einer Komturei auf der Mainau stiftete. Der Eintritt in den Orden erfolgte zwischen 1270/72, wie Wiegmann entgegen der früheren Forschung nach den Angaben Roths v. Schreckenstein (*Die Insel Mainau* 1873) ausführt.

Während Dold nur einen Hugo annimmt und in falscher Deutung eines Villinger Verkaufsbriefes den anderen Bruder mit dem Namen Friedrich belegt, weist Wiegmann mit größerer Wahrscheinlichkeit zwei Brüder namens Hugo nach, von denen der eine als der Dichter der 'M.' anzusehen ist. Dieser wird, erstmalig 1257 mit seinen Eltern Arnold und Christine, seinem Bruder Hugo sowie seiner Großmutter Mathilde von Ramsberg erwähnt (*Wirtemberg. Urkundenbuch* V [1889] S. 218), in einer Urkunde vom J. 1291 des Komturs Eberhard von Sulzberg im Deutschordenshause Beuggen bei Basel *brûder* genannt (Kindler v. Knobloch *Oberbadisches Geschlechterbuch* II 1899 S. 459) und später (1298) unter den *sacerdotes* des Hauses zu Freiburg im Breisgau aufgezählt. Seine Geburt kann um die Mitte des 13. Jh.s angesetzt werden; das Todesjahr ist unbekannt.

3. Über das persönliche Leben des Dichters fehlen in der 'M.' nähere Angaben; wohl in Anlehnung an eine Lokalsage (Schönhuth *Die Ritterburgen des Höhgaus* III 1833) vermutet Wackernagel aus Bl. 125 v. 108ff., daß H. v. L. infolge des Todes seiner Geliebten in den Deutschorden eingetreten sei, während Dold zur Annahme neigt, daß das Dahinscheiden der Gattin ihn zur Weltflucht bestimmt habe. Dagegen erfahren wir (Bl. 292 v. 65ff.) für die Abfassungszeit der Dichtung das Jahr 1293 *(als man mit warheit spurte / do was nach gottes geburte / diz bûch gemachet daz ist war / do man zalte tusent iar / unde dar zû zwei hundert / mit warheit us gesundert / driu und nunzic darzû)*. H. v. L. dichtete die 'M.' vermutlich im Deutschordenshaus Beuggen, von wo sie später durch Abschrift in den Handschriftenbestand der Kartäuser zu Basel gelangte (s. § 1).

4. Den Grundstock des 32 588 Verse zählenden Epos bildet die Legende von der hl. Martina, die H. v. L. einer bejahrten Nonne des Predigerordens verdankt (Bl. 287 v. 99ff.). Wie aus der 'M.' hervorgeht, hatte diese Klosterfrau über die bis dahin in Deutschland unbekannte Heilige, durch eine Traumerscheinung mit deren Wunderkraft bekannt geworden, im Martyrologium Aufschluß erhalten und H. v. L. gebeten, die Legende in dt. Reime zu bringen (Bl. 284 v. 93ff.). Als unmittelbare Vorlage ergibt sich eine lat. Vita *(BHL.* 5587/90e), deren Lesart von dem in *Act. SS.* Jan. I S. 11/17 abgedruckten Text abweicht (so Köhler und Dold, während jüngst Ehrismann die Fassung in *Act. SS.* als Quelle angibt) und dem Abdruck im '*Sanctuarium*' II (1910) S. 246/56 des Boninus Mombritius nahesteht (Wiegmann). Daneben sind verschiedene andere Werke benutzt, besonders lat. theologische wie das '*Compendium theologicae veritatis*' und die Schrift '*De contemptu mundi*' von Papst Innozenz III.

Zum Ursprung der Martinalegende vgl. P. Franchi de' Cavalieri *S. Martina*, Römische Quartalsschrift 17 (1903) S. 222—236.

5. Den Stoff der Legende hat der Dichter ungewöhnlich breit gestaltet (lange Gebete dogmatischen Inhalts, endlose Dialoge zwischen Kaiser Alexander und Martina, ausführliche Schilderung der Martern). Die Komposition der Dichtung ist um so mangelhafter, als zwischen den Beschreibungen der elf Martern größere Abschnitte mit langatmigen Allegorien und lehrhaft moralischen Ausführungen eingeschaltet sind (so nach der vierten Marter eine Darstellung '*Von des menschen nature*', die allein 2400 Verse umfaßt). Von dem Tode der Heiligen an zählt die Dichtung noch 7300 Verse, angefüllt mit Abhandlungen über das Wesen der Engel, die Freuden des Himmels, die himmlischen Jahreszeiten, die fünfzehn Gänge und Beigerichte des Himmelreiches und die sieben Weltalter des Mittelalters; es folgen Hinweise auf die Auffindung der Gebeine von St. Stephanus, auf das Grab der hl. Martina und die Wunderkraft ihrer Reliquien, eine kurze Aufzählung der Siebenschläfer, abschließend Angaben über die Entstehung des Gedichtes. In den letzten 200 Versen empfiehlt H. v. L. sein *bûchelin* der Gnade der Meister.

6. Neben der Auswertung bestimmter Quellen verrät die 'M.' mannigfache Beeinflussung durch die höfische Dichtung. Literarische Vorbilder sind weniger der 'Hlg. Georg' des Reinbot von Durne (s. d.) als im besonderen Maße das dichterische Werk des im nahen Basel lebenden Konrad von Würzburg (s. d.), vor allem dessen 'Goldene Schmiede' (auffallende Parallelen z. B. in der bildhaften Deutung der Kleider und Haare der Heiligen).

Während die Schreibweise der Basler Hs. mitteldeutsche Einflüsse aufweist, zeigt die Sprache der 'M.' hegauischen Lautbestand. Der Dichter war bemüht, gröbere dialektische Verstöße zu vermeiden, indem er im Reimgebrauche seinen Vorbildern folgte. Die 'M.' ist nach dem Muster des höfischen Epos in kurzen Reimpaaren gedichtet, außerdem in 202 Fitten von verschiedener Größe eingeteilt, wobei jede Fitte in einem Vierreim endigt.

7. Wenn H. v. L. als einer der letzten Vertreter der Gottfriedschen Schule anzusehen ist, die die Kunstmittel des weltlichen Epos auch für die Legendendichtung anzuwenden versuchte, so steht die 'M.' nur wenig in der höfischen Zeit, sie kommt mehr dem neuen Zeitgeschmack entgegen: das Stoffliche tritt zugunsten des Didaktischen zurück; lehrhaft-allegorische Ausschmückungen verdecken auf weite Stellen hin die historischen Elemente und zerstören die Einheit der Handlung. Bei Anerkennung der dichterischen Freude am Stoff der Legende ist die 'M.' als literarisches Kunstwerk weniger wertvoll, jedoch wegen der anschaulichen erläuternden Darstellungsweise als ein Zeugnis für die Kultur- und Sittengeschichte bedeutsam. Der Geist der Dichtung kennzeichnet den geistlichen Stand und asketischen Sinn des Verfassers.

8. Die 'M.' zählt zu den ersten Werken der Deutschordensliteratur und scheint den von Luder v. Braunschweig angeregten 'Daniel' (s. d.) literarisch beeinflußt zu haben (vgl. A. Hübner *Daniel, eine Deutschordensdichtung* S. 151 ff.; dazu K. Helm ZfdPh. 46 S. 479). Zur Benutzung der 'M.' im 'Ackermann aus Böhmen' des Johannes v. Saaz (s. d.) vgl. DLZ. 39 (1918) Sp. 850.

Ob H. v. L. auch die 'Mainauer Naturlehre' der Basler Hs. (s. § 1) zuzuschreiben ist, wie Dold S. 3f. und A. Schirokauer PBB. 47 (1923) S. 124 annehmen, ist nicht erwiesen.

Ausg. der 'M.' von Ad. v. Keller StLV. 38 (1856), daselbst S. 737f. die ältere Lit. Teilabdruck: Graff Diut. 2 S. 115—166; Wackernagel a. a. O. S. 47—50; Goedeke *MA.* S. 221—224. — Zur Quelle: R. Köhler Germ. 8 (1863) S. 15—35 = *Kl. Schriften II* S. 188 bis 146; P. Dold *Untersuchungen zur M. Hs. v. L.* Diss. Straßburg 1912; K. Helm PBB. 43 (1918) S. 343f.; E. Wiegmann *Beiträge zu H. v. L. u. seiner M.* Diss. Halle 1919. — Sprache und Text: Fr. Lauchert Alem. 17 (1889) S. 211—238; F. Bech und Fr. Lauchert ebda. 18 S. 53—62; K. Zwierzina AfdA. 26 (1900) Reg. S. 351 u. 27 Reg. S. 347; H. Schneider *Die Geschichte u. die Sage von Wolfdietrich* 1913 S. 308; H. de Boor Festschr. Ehrismann 1925 S. 144f.; H. Lichtenberg *Die Architekturdarstellungen in der mhd. Dichtung* (Forsch. z. dt. Sprache u. Dicht. 4) 1931 S. 26f. — Abhandl.: Steinmeyer ADB. XVII S. 673f.; K. Helm *Die Lit. d. dt. Ordens im MA.*, ZfdU. 30 (1916) S. 297f.; E. Klibansky *Gerichtsszene u. Prozeßform in erzählenden dt. Dichtungen des 12.—14. Jh.s* (Germ. Stud. 40) 1925 S. 31—34; W. Ziesemer *Die Lit. d. dt. Ordens in Preußen* 1928 S. 36f.; G. Ehrismann *Lit.-Gesch.* Schlußbd. (1935) S. 401—403.

H. Hansel.

'Märtyrer', s. 'Buch der Märtyrer'.

Mathilde, s. Mechthild.

Matthäus, Bruder. Ein nicht weiter bekannter Prediger, von dem ein Spruch über die drei Dinge, die von der Sünde frei machen, in der Berliner Handschr. Germ. Quart 191 angeführt wird. Abdruck von Pfeiffer Germania 3 S. 232.

Hans Neumann.

Matthäus von Krakau. Matthäus von Krakau ist einer der Theologen, die in die Zeit des Schismas schriftstellerisch eingriffen und einen bedeutenden Ruf als Menschen und Gelehrte genossen.

1. Über seine Herkunft herrschten seit dem 17. Jh. Zweifel, indem man M. v. K. auf das pommerische Adelsgeschlecht von Krakow (Chrochow) zurückführte. Diese Ansicht kann heute als widerlegt gelten. M. v. K. stammt aus Krakau in Polen. Er ist geboren etwa zwischen 1335 und 1340 als Sohn eines dt. Stadtschreibers. 1355 wird er in der Artistenfakultät der Prager Universität als *baccalareus in artibus* genannt. Sein Studium hatte also hauptsächlich Aristoteles umfaßt, und er war jetzt berechtigt zu lehren. Erst 1367 *magister in artibus*, scheint er sich dann dem theologischen Studium zuzuwenden, dessen Grade er durchläuft (1384 sicher als Mag. der Theologie genannt). Gleichzeitig war M. v. K. Stadtprediger an der Kirche der hl. Jungfrau auf dem Teyn. Seine Predigttätigkeit, im Dienst einer maßvollen, aber bestimmten Kirchenreform, hat recht großen Wirkungsbereich gehabt und ihm den Ruf eines bedeutenden Redners erworben. Die Universität, die in der ersten Hälfte

der 80 er Jahre dem nach ihrer Meinung rechtmäßigen Papst Urban VI. ihre Treue ausdrücken wollte, setzte M. an die Spitze einer Gesandtschaft (1382 bis 1384 oder vorher). In Rom hat M. dann den Papst angeredet. Eine 2. Rede ('*Quomodo facta est meretrix...*') mag er 1385 in Genua vor der römischen Kurie bei einem zweiten Besuch Italiens gehalten haben. Danach wird er Synodalredner, der auf den jährlich zweimal stattfindenden Synoden seine bedeutende Rednergabe in den Dienst kirchlicher Lebenserneuerung stellte. Er wandte sich in diesen Reden an den Klerus, und besonders die Rede vom 18. Oktober 1386 greift den Lebenswandel der Geistlichen scharf an. Wertvollen Einblick in die Wirren seiner Zeit gibt die Rede '*Venit indicare in terram,...*' (Marbg. Codex 23) (über die Reden mit Inhaltsangaben vgl. Francke).

1387 Reise nach dem Ordensland Preußen, 1390 nach Krakau. Dann verläßt M., wie schon die meisten der vielen bedeutenden Zeitgenossen und Kollegen, die Universität Prag, um nach Heidelberg (nicht nach Paris!) zu gehen. Juli 1394 hier urkundlich belegt, wird er 1395 Professor der Theologie an der jungen Universität. (Über seine Heidelberger Zeit vgl. besonders Sommerlad.) Ehe er 1400 wieder in Heidelberg gewesen ist, muß er einige Jahre (seit 1397) in Krakau gewesen sein, wo er vielleicht Rektor war (wie in Heidelberg schon 1396/97). Nun beginnt seine politische Tätigkeit im Dienste des Kurfürsten Ruprecht, der ihn zu seinem geheimen Rat und Beichtvater ernannte. Für den zum König gewählten Fürsten führt er mancherlei diplomatische Aufträge aus, u. a. eine Gesandtschaft zu Papst Bonifaz IX. nach Rom 1403, um die Approbation Ruprechts abzuschließen. (Die Reden, die er dort an den Papst hielt, bei Duellius *Miscellanea* 1723, I S. 139, 151.) In die Zeit nach seiner Rückkehr fällt die Abfassung seiner bedeutendsten Schrift '*De squaloribus curiae Romanae*'. Ende 1404 wiederholte sich M.s Romfahrt durch die Wahl Innozenz VII. zum Nachfolger Bonifazius'; M. führt die Gesandtschaft Ruprechts, die den neuen Papst begrüßen soll. 1405 wird M. Bischof von Worms, vor allem vom Papst gefördert. Die Ämter an der Universität Heidelberg, wo er auch wohnt, und seine politische Tätigkeit führt er aber weiter, und die nächsten Jahre sind noch erfüllt von Kämpfen mit der Wormser Bürgerschaft, die nun fast ein Jh. angedauert hatten, und die M. allmählich mit Geschick und Beharrlichkeit beizulegen verstand. Noch einmal hatte er im Jahre 1409 in kaiserlicher Mission aufzubrechen als Gesandter beim Konzil von Pisa. Papst Gregor XII. scheint M. sehr geschätzt zu haben, wie man aus der Ernennung zum Legaten schließen kann. Am 5. März 1410 starb M., der sein Haus und seine Bibliothek der Universität Heidelberg vermacht hat, und wurde im Wormser Dom beigesetzt.

2. M. v. K. war ein umfassend gebildeter und belesener Mann, ein begabter Redner und ein wirkungsreicher Schriftsteller. Sein Charakter zeigt Güte, Milde, Treue und hohe moralische Qualitäten, aber sein Handeln gewisse Widersprüche. Er trat immer für Reinigung der Kirche ein und ist einer der Ersten in Deutschland gewesen, die unter diesem Gedanken nicht nur sittliche Besserung des Klerus, sondern auch Beseitigung der Mißstände an der Kurie forderten. Er verband dies mit dem Gedanken eines allgemeinen Konzils, das die kirchlichen Wirren als oberste Autorität lösen sollte. Er ging also in den Bahnen der von Marsilius von Padua und Wilhelm von Occam bestimmten fortschrittlichen Richtung, wenn er sich auch gemäßigt hielt und Kirche und Autorität des Papstes nicht anzweifelte. In den letzten Jahren seines Lebens geriet er mit seinen früheren Anschauungen etwas in Widerspruch und trat mehr zur Seite des Papstes hinüber.

3. Werke: Übersicht in der verdienstlichen Zusammenstellung Franckes a. a. O. S. 114—135. Hier auch Angaben über Hss. und Drucke. Eine riesige Zahl von Hss., besonders der Hauptschriften, sehr viele in Breslau, Wien, München, Prag,

Krakau und sonst. Ich nenne nur einige der wichtigeren Schriften:

a) Auf die Reden wurde schon hingewiesen. Genannt seien noch: *'Sermones latini de sanctis per circulum anni ...'*

b) 1. Die *'Revelationes beate Birgitte de Swecia de passione Christi'*, 1385, eine Sammlung von Offenbarungen der hlg. Birgitte, beweist neben anderem, daß M. zum Birgittenorden in näherer Beziehung stand.

2. Der *'Tractatus de modo confitendi et poenitendi ...'*, *'Confessionale'* genannt, beginnt in der Krakauer Hs. mit einem Gebet in deutscher Sprache.

3. *'Rationale divinorum operum libri VII'*, ein Zwiegespräch zwischen Vater und Sohn über den Ursprung und die Zulassung des Bösen, über die Prädestination und Gottes Vaterwillen.

4. *'Liber de consolatione theologie'*.

5. *'Dialogus rationis et conscientiae de communione, sive de celebratione missae'*. Diese ungemein verbreitete Schrift, die zum Gegenstand die Frage der Häufigkeit und Art des Abendmahlgenusses hat, ist der Beitrag des M. v. K. zu einer Kontroverse des Jahres 1388. Damals wurde Matthias von Janow zum Widerruf seiner Lehren betr. des häufigen Genusses des Abendmahls gezwungen. M. stellt sich, in Maßen zwar, doch auf die Seite derer, die öfteren Gebrauch des Abendmahls für richtig halten. So läßt er die Vernunft — denn es ist ein Zwiegespräch zwischen Vernunft und Gewissen — dem Gewissen mit Erfolg entgegentreten. In dem Dialog, der oft bewegte, fast heftige Formen annimmt, wird mit weitsehender Unterbauung aus den Schriften der Kirchenväter die Frage der Sakramente gründlich theologisch erörtert. Die sehr interessante deutsche Übersetzung (Hss. in Prag, Königsberg, Wien): *'Buch des kampfkriges der vernunfft und des gewissen von der entpfaung des heiligen sakraments gotes leichnams'* nennt den Willen den *zusprecher oder ansprecher, verantworter und griszwartel oder vrteyler, der in einem iglichen kampfstreyt sein* soll. Aber dieser Kampfrichter fällt kein Urteil am Schluß (aus Vorsicht des Verfassers wohl). Der *'Dialogus'* ist öfters gedruckt worden: 1457 oder 1458 von Gutenberg, in Köln um 1466, in Memmingen 1494, in Paris 1497 usf.

6. *'De squaloribus curiae Romanae'* ist eine der ersten Schriften, in denen die Mißstände an der Kurie aufs schärfste gegeißelt werden, und die eine Überordnung und Richtergewalt eines Konzils über den Papst vertreten. Daß M. diese mutige und sehr wirkungsreiche Schrift wenigstens in den Hauptteilen, wenn auch vielleicht nicht ganz allein verfaßt hat, ist nicht lückenlos zu beweisen, hat aber die größte Wahrscheinlichkeit. Vielleicht schrieb oder konzipierte er sie in Rom 1403.

Eine dieser verwandten Abhandlung in Dialogform, *'Speculum aureum de titulis beneficiorum'*, 1404 verfaßt, ist wohl nicht von M.

7. Noch der näheren Erörterung harrt die Frage, ob M. der Autor von *'De arte moriendi'* (Hain 5801, 5802) ist (dafür: Sommerlad; dagegen: Falk und Francke). Auch die Verfasserschaft mancher Werke, die von älteren Biographen und Enzyklopädisten dem M. zugeschrieben werden, steht dahin.

F. Francke *M. v. Krakau. Sein Leben, Charakter und seine Schriften zur Kirchenreform.* Diss. Greifswald 1910 hat alle andern Darstellungen überholt, auch die von Th. Sommerlad *M. v. Krakau.* Diss. Halle 1891. Francke führt die Literatur an, von der noch G. Sommerfeldts zahlreiche Beiträge zur Erforschung des Themas genannt seien (z. B. MIÖG. 36). Ferner vor allem J. v. Haller *Papsttum u. Kirchenreform* 1903. M. Reinhildis Ferber O. Pr. *Die Quelle des 'Creuziger' des Joh. v. Frankenstein.* Diss. München 1935.

Gumbel.

Matthias von Beheim. Die Bezeichnung „Evangelienübersetzung des Matthias von Beheim" ist zum mindesten mißverständlich. M. v. B. ist nicht der Übersetzer; es handelt sich um eine für ihn gefertigte Abschrift. Die Pergamenthandschrift der Leipziger Universitäts-Bibliothek Ms. 34 enthält eine von Wilhelm Walther als

20. Zweig gezählte Übersetzung der vier Evangelien, sodann eine davon ganz unabhängige Passionsgeschichte, die aus einer sehr wichtigen und verbreiteten Evangelienharmonie stammt. Hinter dieser Passionsgeschichte findet sich die Angabe: *Dise dutunge des latines in daz dutsche ist gemachit Mathie von beheim dem clusenere zu halle*; es folgt die Datierung, wonach das Buch i. J. 1343 an St. Jakobs des Apostels Abend vollendet ist. Also für einen Klausner Matthias von Beheim (= aus Böhmen?) ist diese Handschrift hergestellt. Wer war der Schreiber, wer der Übersetzer? Diese Fragen sind nach heutigem Wissen nicht zu beantworten. Seit Walthers Untersuchungen ist namentlich die Erforschung der erwähnten Evangelienharmonie besonders durch die Arbeiten von W. Lüdtke und Fr. Maurer stark gefördert worden. Doch fiel dabei auch neues Licht auf jene der Passionsgeschichte voraufgehende Übersetzung der Evangelien. Erwähnt sei noch Walthers Hinweis auf das an die Vorrede der Wenzelbibel erinnernde Lob des *einvaldigen textes* gegenüber den Zutaten der *Ohrenkützeler*.

R. Bechstein *Des Matthias von Beheim Evangelienbuch in mitteldeutscher Sprache* (Mitteilungen der deutschen Gesellschaft zu Leipzig III) 1867. W. Walther *Die dt. Bibelübersetzung des MA.* 1889—92. E. Ronneburger *Untersuchungen über die deutsche Evangelienharmonie der Münchener Hs. Cg. 532 aus dem Jahre 1367.* Diss. Greifswald 1903. Fr. Maurer *Ein neues deutsches Evangelienbruchstück des 14. Jahrhunderts aus dem Bensheimer Stadtarchiv* (= Schriften der Hessischen Hochschulen, Univ. Gießen, 1925, 4). W. Lüdtke *Die Uffenbachsche Evangelien-Harmonie,* Orientalia Hamburgensia 1926, S. 59—83. Fr. Maurer *Studien zur md. Bibelübersetzung vor Luther* 1929. C. C. de Bruin *Middelnederlandse vertalingen van het Nieuwe Testament* 1934, bes. das II. u. IV. Hauptstück u. die deutsche „Zusammenfassung" S. 524 ff. [Willem van Affligem der Übersetzer der nl. Evangelienharmonie in ihrer ursprünglichen Form]. H. Vollmer *Bibel u. deutsche Kultur* V (1935) S. 55 f.

Hans Vollmer.

Matthias von Kemnat.

1. Er hieß eigentlich Matthias Widman und stammte aus Kemnat, im bairischen Nordgau, der seit dem Vertrag von Pavia (1329) politisch zur rheinischen Pfalz gehörte und daher als die „obere Pfalz" (Oberpfalz) bezeichnet wurde; so erklären sich seine späteren Beziehungen zum Heidelberger Hofe. Geboren etwa um 1430, wurde er im Sommer 1447 in Heidelberg immatrikuliert; am 28. Juli 1449 bestand er hier das Bakkalaureatsexamen. 1465 (24. September) wurde er auch zum Bakkalaureus im kanonischen Rechte graduiert. Anfang 1457 treffen wir ihn auf der bei Kulmbach gelegenen Plassenburg als Schüler des italienischen Humanisten Arriginus. Im Februar 1457 kam er neuerdings nach Heidelberg, ausgestattet mit Empfehlungsschreiben an den pfälzer Kurfürsten Friedrich den Siegreichen und an Peter Luder, den ersten „Humanisten" am Heidelberger Hofe, der auch an der Universität Vorlesungen hielt. Nach seiner Übersiedlung nach Heidelberg wurde M. v. K. Hofkaplan Friedrichs des Siegreichen; er wurde von diesem mit einer Mehrzahl von Pfründen ausgestattet und hat die ihm erwiesenen Wohltaten mit Versen vergolten, in denen er den Kurfürsten recht und schlecht gefeiert hat. Wir wissen auf Grund einer Mehrzahl von Briefen, die M. an seine Freunde und Bekannten schrieb, oder die er von ihnen erhielt, so manches von seinem Privatleben und seiner Persönlichkeit: ein Typ jener zahlreichen Gestalten, die als erste Zugvögel des Humanismus im Norden sichtbar werden, hatte er Beziehungen zu manchen im geistigen Leben jener Zeit nicht unbekannten Persönlichkeiten: außer zu Peter Luder auch zu Jakob Wimpfeling, zu Jakob Lichtenberg, zu Petrus Antonius, zu Stephan Höchst von Lauterburg. Eine Probe seiner Gelehrsamkeit legte er gelegentlich seiner Graduierung zum Bakkalaureus im kanonischen Rechte ab — eine der wenigen gedruckten akademischen Gelegenheitsreden aus dieser Zeit. Trotz seiner Zugehörigkeit zum Klerus hat er doch ein wenig asketisches Leben geführt, war vielmehr, wie ihm sein hoher Gönner vorhält, in gleicher Weise Bachus und Venus ergeben — *amoris meretricis expertissimus,* sagt Luder von ihm. Das vertraute Verhältnis zu dem im Rufe großer Liederlichkeit stehenden Peter

Luder ist auch für Matthias selbst kennzeichnend. Die Folgen seines wenig erbaulichen Lebenswandels zeigten sich in Podagra und Chiragra. Zwischen dem Herbst 1475 und dem 9. April 1476, kurze Zeit vor seinem Protektor Friedrich, ist er gestorben.

2. Sein einziges größeres schriftstellerisches Erzeugnis ist ein eigentlich universalhistorisches Elaborat, das von der Geburt Christi bis in die Tage des Autors reicht und noch die Zeit Friedrichs des Siegreichen eingehend behandelt. Es stellt zunächst eine Papst- und Kaisergeschichte dar. Der erste Teil ist nicht gedruckt; der größte Teil des zweiten Buches ist auch in einem Münchener Codex überliefert (clm. Nr. 338 fol. 139—189). Die Ausgabe Hofmanns in den 'Quellen und Erörterungen' bringt nur einen Teil des gesamten Werkes — jenen Teil, der eben für die Geschichte Friedrichs des Siegreichen, für welche in jenen Bänden der 'Quellen und Erörterungen' das Material gesammelt werden sollte, interessant ist. Sie führt daher hier den (für das ganze Werk eigentlich nicht recht angebrachten) Titel: 'Chronik Friedrichs des Siegreichen'. Wenn der Chronist hier eine ganze Reihe klassischer Autoren wie Cäsar, Strabo, Vergil, Lukan, Prudentius, Rufus Sextus, Ovid, Plinius, Aristoteles, Macrobius als seine Quellen anführt, so hat er sicher nicht alle diese Werke gekannt, die Griechen gewiß nicht im Urtext, sondern höchstens in Übersetzung, die meisten, wie ich meine, überhaupt nur auf Grund von Zitaten in irgendwelchen Florilegien und ähnlichen Hilfsmitteln. — Von den zahlreichen Gedichten, die sich in der Chronik des M. vorfinden, rühren viele von Jakob Wimpfeling her, so u. a. ein Lobgedicht auf den späteren Bischof Matthias Ramung, der Kanzler Kurfürst Friedrichs des Siegreichen war. Auch bei Peter Luder hat M. sehr starke literarische Anleihen gemacht. Geistige Selbständigkeit ist nicht seine Sache. Aber deshalb entbehrt sein Werk doch keineswegs des Interesses: was er über Hexenglauben, Landstreichertum u. dgl. überliefert hat, ist sehr dankenswert. Allerdings hat die neuere Forschung erkannt, daß er auch hier keineswegs immer aus eigenem Wissen schöpft, sondern andere Schriften geplündert und all das, was ihn von Kuriositäten interessiert hat, gesammelt und in seine Chronik hineingestopft hat (so manches vom Inhalt eines heute in der Vaticana liegenden Codex Pal. lat. 870). Für die kulturwissenschaftlichen Anschauungen und Kenntnisse der Zeit findet sich manches Interessante, so sehr auch unser Autor dem allgemeinen astrologischen Wahn huldigte. — Jedenfalls hat das ganze Werk neben seiner stark höfischen und lobhudelnden Tendenz auch manche erfreulicheren Züge und entbehrt einer gewissen Eigenart und eines Reizes nicht. Auch als Geschichtsquelle ist die Chronik recht beachtenswert, da ihrem Verfasser nicht nur Akten des Heidelberger Archivs und die Bestände der Heidelberger Hofbibliothek zur Verfügung standen, sondern weil er auch selbst Augenzeuge einer Reihe der von ihm berichteten Tatsachen war. — Der panegyrischen Haltung des Verfassers gegen den pfälzischen Kurfürsten entspricht natürlich eine stark antikaiserliche Stimmung, da ja das Reichsoberhaupt Jahre und Jahrzehnte hindurch in schroffstem Gegensatz zum Pfälzer stand. Dennoch ist ein gewisser nationaler Zug nicht zu verkennen — auch er entspricht der Geistesrichtung der Humanistenkreise. Die moralischen Betrachtungen und Erwägungen, welche der Chronist einzustreuen sucht, passen zu dem Lebenswandel des Autors fast wie die Faust aufs Auge und erinnern nur allzu sehr an die guten Lehren eines alten Sünders, entsprechen aber einer Gepflogenheit der Zeit. Die Rhetorik mancher Teile des Werkes steht im Gegensatz zu der schlichten, ja trockenen Darstellung anderer Partien.

3. In wechselseitiger Beziehung steht die Chronik des Matthias von Kemnat zu einem anderen gleichzeitigen Werke der pfälzischen Hofhistoriographie: zur Reimchronik Michel Beheims: dieser benutzte das Werk des Matthias, während M. v. K. gleichzeitig auch größere Teile der Reim-

chronik Beheims verwertet hat. Das universalhistorische Elaborat des Matthias ist die Grundlage für das erste Buch der Reimchronik des Michel Beheim (s. d.). Auch Trithemius hat unsern Autor stark ausgebeutet.

Die Chronik herausgegeben von Conrad Hofmann in den 'Quellen und Erörterungen zur baierischen und deutschen Geschichte' II S. 1 ff.; Varianten ebda. III S. 303 ff. Hartfelder *Mathias von Kemnat*, Forschungen zur deutschen Geschichte 22 (1882) S. 329ff.; ders. *Zur Gelehrtengeschichte Heidelbergs*, Zeitschrift für Geschichte des Oberrheins N.F. 6 (1891) S. 145 ff. Wattenbach *Peter Luders Lobrede auf Pfalzgraf Friedrich den Siegreichen*, ebda. 23 S. 21; vgl. 33 S. 439. M. Buchner *Ein Jugendgedicht Jakob Wimpfelings auf Matthias Ramung von Speyer*, ebda. N.F. 22 (1907) S. 478ff. J. Wille *Der Humanismus in der Pfalz*, ebda. NF. 23 (1908) S. 16ff. G. Ritter *Aus dem Kreise der Hofpoeten Pfalzgraf Friedrichs*, ebda. NF. 37 (1923) S. 109ff. O. Lorenz *Deutschlands Geschichtsquellen im Mittelalter*³ I (1886) S. 135ff. Vgl. auch Vjschr. f. Kultur u. Lit. d. Ren. 1 (1886) S. 121ff.

Max Buchner.

Matrey, Clausen von, schrieb 1488 ein Buch '*Etlich stuckh in der arzney vnd andern sachen*' auf Pergament für den Großgewerken und Gerichtsherrn von Lienz, Christoph Freiherrn von Wolkenstein auf Schloß Rodenegg. Demnach dürfte es sich eher um einen Arzt oder Schreiber von Matrei in Osttirol als um den 1473 erstmals bezeugten Bürger Nikolaus Ramser von Matrei am Brenner handeln.

A. Dörrer *Tirolisches aus der Bücherei des Freiherrn Christoph von Wolkenstein auf Rodenegg*, Tirolensia zum 80. Geburtstag Konr. Fischnalers, Schlern-Schriften 30 (1935) S. 24.

A. Dörrer.

Maulberg, s. Mulberg.

Maximilian I.

1. Hss.: Gedenkbücher (= Notizbücher): 1. Wien Staatsarchiv Nr. 13. 2. Wien Kunsthistor. Museum Abt. XXa 105 (früher 85). 3. Wien Nat.-Bibl. 2900 (= Ambr. 332), manche Übereinstimmung mit 2835 (vgl. Art. Treitzsauerwein). 4. Kunsthist. Mus. Abt. XXa 11 (früher 99). — Gesammelte Diktate: Staatsarch. 16. — 'Freydal': Kunsthistor. Museum XXa 82. Nat.-Bibl. 2831 (Ambr. 336). — 'Ehrenpforte': Nat.-Bibl. 2835. Lichtensteinsche Bibl. Albertina. Druck: Wien 1559 bei Raphael Hofhalter. — 'Triumph': Nat.-Bibl. 2805. — Bücherverzeichnis: Wien Nat.-Bibl. 7999*. Innsbruck Univ.-Bibl. 909. — 'Geburtsspiegel': Nat.-Bibl. 3072*. 3073. — 'Gejaidbuch': Nat.-Bibl. 2834. Hierzu das dem Kaiser von Sebastian Rank gewidmete 'Jagdbuch' 5213. — Fischereibuch Nat.-Bibl. 7962. — 'Zeugbücher': Nat.-Bibl. 10824. Cod. icon. 72222.

Über die Überlieferung und Ausgaben seiner Werke 'Weisskunig' und 'Teuerdank' vergl. die Art. Treitzsauerwein und Pfinzing.

2. M. I., Römischer König, geb. 22. März 1459 zu Wiener Neustadt, † 12. Januar 1519 zu Wels. Als letzter Kaiser des Mittelalters und erster der Neuzeit nimmt M. auch mit seinen literarischen Bestrebungen eine eigenartige Stellung im deutschen Geistesleben ein. Das Verhängnis seiner Regierung war das Dilemma zwischen seiner politischen Aufgabe der Wahrung des Deutschtums im Osten und der Gegnerschaft gegen Frankreich. Er begründete den habsburgischen Großstaat und verstärkte durch seine Ehe mit Maria von Burgund den romanischen Einschlag in der österreichischen Kultur. M. sucht Dantes Kaiserideal zu verwirklichen, er will die alte höfische Kultur mit dem neuen humanistischen Ideal vereinigen. Er ist waghalsig, setzt sich unnötigen Gefahren aus, ist ein leidenschaftlicher Jäger, sein 'Jagdbuch' kann als Sportchronik bezeichnet werden. Jeder zeittötenden Beschäftigung ist er abhold. Seine impulsive Natur wird durch vielseitige Interessen in Spannung gehalten. Streben seine eigenen Werke und die Bevorzugung der mittelalterlichen Epik darnach, das romantische Ritterideal wieder aufleben zu lassen, so macht ihn die Begünstigung der Wissenschaften doch zum ersten Renaissancekaiser. Die Universitäten — besonders Wien durch die Berufung Pergers, Celtis' und Chelidonius' — werden gefördert, gelehrte Gesellschaften unter seinen Auspizien gegründet, neue Professuren geschaffen, Poeten gekrönt. Bebel, Pirckheimer, Wimpfeling u. a. weiht er in seine wissenschaftlichen Interessen ein, die vornehmlich der Geschichte gehören. Doch auch der Kalenderreform schenkt er besondere Aufmerksamkeit. Zur Ausführung seiner poetischen Pläne zieht er die Vertreter

der neuen Geistesrichtung kaum heran. Keinem seiner Räte erschloß er sich ganz. Die für die Politik beigezogenen hielt er von seinen poetischen Plänen fern. Hochstehende Persönlichkeiten duldete er wenige um sich. Drei Schwaben genossen sein Vertrauen: Graf Heinrich von Fürstenberg, Graf Eitel Fritz von Zollern und Matthäus Lang, der spätere Erzbischof von Salzburg. Im Allgemeinen bevorzugt M. Tiroler: Fuchsmagen, Krachenberger, Paul von Lichtenstein. In seinem Auftrag sammeln Stabius, Peutinger, Suntheim (s. d.), Cuspinian, Jakob Mennel (s. d.) Material für ein großes Geschichtswerk. Er veranlaßt die Sammlung einer groß angelegten habsburgischen Genealogie, deren reiches Bildermaterial uns erhalten ist. Beatus Rhenanus berichtet über diesen Plan einer Familiengeschichte, Sebastian Brant (s. d.) studierte hierzu in des Kaisers Auftrag die habsburgischen Heiligen. Aufschluß über die vielseitigen, sich beinahe überstürzenden Ideen und Absichten des Kaisers, von denen kaum ein Bruchteil zur Ausführung kam, geben die 'Gedenkpüchel'. Großes Interesse zeigte der Kaiser auch an theologischen Fragen. Die Tragweite der Reformation kann er freilich nicht ermessen. Sein Verkehr mit dem gelehrten Abte Trithemius und Geiler (s. d.) deutet darauf hin, daß er nach mittelalterlicher Religiosität strebte. Sein Gebetbuch läßt er durch wertvolle Handzeichnungen Dürers verzieren.

3. Groß angelegt sind des Kaisers poetische Werke, die er zu einer Einheit gestalten wollte. Für uns heute ist der geistige und formale Anteil des Anregers und der Mitarbeiter nicht mehr festzustellen. 'Teuerdank' und 'Freydal' wurden zu gleicher Zeit begonnen. Jener sollte vorwiegend die Jagdabenteuer, dieser die Turniere, Ritterspiele und Mummereien des Kaisers behandeln. Der 'Weißkunig' sollte mit den Großtaten des Kaisers im ernsten Streit die Trilogie beschließen. Die allegorische Behandlung Karls des Kühnen im '*Chevalier deliberé*' des Olivier de la Marche mag vielleicht den großen poetischen Plan des Kaisers ins Leben gerufen haben. An die drei Werke sollte eine Satire und Mahnrede 'Die vier namhafften Königreich' angeschlossen werden. Überall wird die Absicht des Kaisers deutlich, sein lebendiges Bild zu verschleiern, ja seine eigene Lebensgeschichte zu mythologisieren. Seine Vorliebe für ritterliches Wesen und seine Absicht, die Türken zu bekämpfen, kommen überall zum Ausdruck. Inhalt, Erfindung und Anlage stammen vom Kaiser, doch ist er an der endgültigen Textgestaltung kaum beteiligt. Auch diese Werke entstammen letzten Endes der ruhmfreudigen Renaissanceidee des Fortlebens, sie können in die beste Parallele gesetzt werden zu dem Grabmal des Kaisers in der Innsbrucker Hofkirche, das die Idee Papst Julius' II. und der Mediceer übernimmt.

4. Vom 'Freydal' (= *Freyd-alb*, der weiße *freydige* Jüngling) ist nur der Plan vorhanden (s. u.). Einzelne Bezeichnungen können nicht als poetische Fiktion gelten, sie beziehen sich auf wirkliche Personen. Der Schluß des 'Weißkunig' spielt deutlich auf den 'Fr.' an, der, was den Wechsel der Epitheta anlangt, über dem 'Teuerdank' steht. Der 'Fr.' sollte die Vorliebe des Kaisers für Verkleidung und Mummerei zum Ausdruck bringen. Zwei Gruppen — eine ruhig marschierende und eine lebhaft bewegte — heben sich deutlich von einander ab. Die Minnefahrt des Kaisers zu Maria von Burgund sollte auch hier poetisch und künstlerisch verherrlicht werden.

5. Die älteste Nachricht über den 'Teuerdank' stammt aus dem Jahr 1505. Bis 1512 fehlen die Nachrichten. Als Mitarbeiter wird außer Pfinzing, der gleich zu Anfang mit seiner Aufgabe betraut wurde, und Treitzsauerwein noch der Silberkämmerer Sigmund von Dietrichstein herangezogen. Stabius erhielt eine mitberatende Stellung. Den geschäftlichen Teil leitete Peutinger. In der Hauptredaktion wurde Treitzsauerwein später von Pfinzing abgelöst, von welchem Anfang und Ende des Werks stammen. Des Kaisers Plan sucht jede Fährlichkeit des Helden auf schlechte Einflüsse der

Gestirne zurückzuführen, um dadurch den Glauben an seinen Beruf, ein Werkzeug Gottes zu sein, zu erwecken. Der 'Teuerdank' erzählt die idealisierte Geschichte von M.s Brautwerbung. Des Königs Romreich (= Karls des Kühnen) Tochter Ehrenreich (= Maria von Burgund) wird von vielen Freiern umworben. Sie läßt Boten an Teuerdank abgehen. Unterdessen bildet sich eine Verschwörung der Großen des Reiches, die beschließen T. entgegenzutreten. Dieser unternimmt sofort seine Reise. Am ersten Paß erwartet ihn Hauptmann Fürwittig, doch besteht T. sämtliche ihm auferlegten (meist Jagd-)Abenteuer. Das gleiche wiederholt sich beim zweiten Paß, den Unfallo, und dritten, den Neidelhart bewacht. Jeder der drei Hauptleute flieht. Bei Hofe wird T. glorreich empfangen, doch hat er auf Veranlassung der drei Hauptleute noch ein Turnier zu bestehen. Er siegt. Sodann wird Fürwittig zum Schwert, Unfallo zum Galgen und Neidelhart dazu verurteilt, vom Turm herabgestürzt zu werden. Die Strafe wird vollzogen. Nach einem Kampf gegen die Ungläubigen findet die Hochzeit statt. — Schon Pfinzing verfaßte eine Erläuterungsschrift, die manchen Exemplaren der ersten Druckausgabe beigegeben ist, Sebastian Franck verfaßte eine zweite Clavis. Die Allegorie läßt mehrere Deutungen zu. Die drei Hauptleute werden als Jugend, Mannes- und Greisenalter und dementsprechend als Tollkühnheit, böser Zufall und Neid, der die Erfolge zu zerstören sucht, oder die Niederlande, Italien und Deutschland angesehen; auch werden sie mit Jetzund = ungünstige Zeitverhältnisse, Heltlass = Abfall von Helden, Tartan = Dürftigkeit, Mangel in den Wundererepisoden (= Ludwig IX. von Frankreich) in Parallele gesetzt. Die drei Gegner des Helden sind also gleichzeitig allegorische und wirkliche Gestalten; als Räte der Königin fürchten sie für ihre Macht und greifen tätig in die Handlung der Erzählung ein. Der Held gebärdet sich wie der irrende Ritter der Heldensage. Seine Gestalt in der Druckausgabe hat der Fassung in den Handschriften gegenüber an Frische und Lebendigkeit verloren. Viele Gedanken, wie der von der weltlichen Ehre und göttlichen Huld, erinnern an höfische Epik ('Iwein') und Minnesang. Der frische volkstümliche Ton, die persönlichen Bemerkungen und die dreihebigen Verse werden dem Kaiser selbst zugeschrieben. Doch wird eine selbständige Tätigkeit M.s neuerdings bezweifelt. Jagdabenteuer sind der Hauptinhalt. Die Schlachtepisoden werden in Einzelkämpfe aufgelöst.

6. Den Charakter von Memoiren trägt am meisten der 'Weißkunig'. Er stellt sich so in eine Reihe mit der im Zeitalter des Humanismus sehr beliebten autobiographischen Kunstform (nach Caesars Vorbild Karl IV., Phil. de Commines, Markus Spittendorf [s. d.] u. a.). Ursprünglich war wohl eine Dichtung in humanistischem Geist gedacht, welche das Gegenstück zum 'Teuerdank' bilden sollte. Mit ihrer Abfassung war Celtis betraut. Auch in der vorliegenden Form wird die Geschichte so erzählt, wie M. wünschte, daß sie von seinen Zeitgenossen geglaubt würde. Als Gegenstück zum 'Teuerdank', der die persönlichen Abenteuer des Kaisers berichtet, sollte der 'Weißkunig' seine öffentlichen schildern und gleichzeitig den Enkeln des Kaisers ein Beispiel dafür geben, daß er selbst in größter Bedrängnis den Mut nicht verlor. Die Parallelisierung der Geburt des Helden mit dem Weihnachtsevangelium zeigt, daß er in höhere Sphären gehoben werden soll. Als lateinische Quelle des Eingangs — die Reise der Gesandten Friedrichs III. nach Portugal, um um Eleonora zu werben, — läßt sich der Bericht des späteren Hofkaplans Nikolaus Langkmann von Falkenstein feststellen. Der Schilderung der Hochzeitsfeierlichkeiten folgt die Darstellung der Geburt, Jugend, Erziehung und Vermählung des Helden. Nach der Darstellung der Kriegstaten bis 1513 sollte seine letzte Großtat, die M. sich immer erträumte, verherrlicht werden, der vollständige Sieg über die Türken und die Eroberung von Konstantinopel. Sie sollte den Gipfel des ganzen Werkes bilden. Da aber in der Wirklichkeit keine Entsprechung vorhanden war,

mußte sie unterbleiben. Der Inhalt ist bedeutender als der des 'Teuerdank', die wirklichen Personen sind verdeckt, Auslassungen und Änderungen werden aus poetischen Gründen vorgenommen; die Zeitbestimmungen sind verwirrt, die Orte verschleiert. Die Nebenumstände sind dichterisch erfunden und zusammengesetzt, um die Wirkung zu erhöhen. Die Anhänger des Helden sind wie ihr Herr weiß, nicht weise. Frankreich ist blau, ursprünglich schwarz. Der König vom Feuereisen ist Karl der Kühne, der König von Pluemen Eduard IV. von England (= weiße Rose), der rote König ist Richard III., der grüne ist der König von Ungarn, der König vom Schwan der Herzog von Cleve, der König vom Fisch der Doge von Venedig; die Holländer sind die graue Gesellschaft. Der 'Weißkunig' kann somit als „kaiserliche Selbstbeschreibung mit verkappter Namengebung und Verlarvung von Orten und Personen" bezeichnet werden.

7. Die 'Ehrenpforte' soll den Triumph des Kaisers nach dem Vorbild des antiken Triumphbogens als allegorischer Siegeszug abschließen. Der Innsbrucker Wappenturm ist nach der 'Ehrenpforte' gebildet. Stabius berät in historischen Fragen, Dürers Mitarbeit tritt zugunsten der des tiroler Meisters Jörg Kölderer zurück, welcher auch am Jagd- und Fischereibuch und an M.s Grabmal tätig war. Daß er dieses jedoch entworfen habe, ist zweifelhaft. Künstlerische Interessen zeigen sich auch in praktischen Bedürfnissen dienenden Nachschlagewerken wie den 'Zeugbüchern' (s. u.). Die drei Bände stellen das Befestigungsmaterial dar: 1. Innsbruck, Siegmundskron und Verona, 2. Wien, Hochosterwitz, Graz, Görz, 3. Breisach und Lindau. Stets zeigen die dekorativen Beigaben, wie kunstfreudig diese Zeit war, als deren interessantester Vertreter Kaiser Maximilian gelten kann.

H. Ulmann *Kaiser M. I.* 1884—91; ADB. XX S. 725—736. Nagl und Zeidler I S. 426 ff. Merker-Stammler II S. 587. Stammler *Von der Mystik zum Barock* 1927, S. 186 ff., 264 ff. Chr. Hare *M. the dreamer* 1913. Th. Gottlieb *Die Ambraser Hss.* I 1900. Jos. Strobl *Studien über die literarische Tätigkeit Kaiser M.s* 1913. F. Redl *K. M. von Habsburg in seinen Beziehungen zur Dichtkunst, Wissenschaft und Kunst*, ZföG. 63 (1912) S. 693—723, 873—892. A. W. Ward *'Teuerdank' and 'Weisskunig' and their historical interest*, An English miscellany presented to Dr. Furnivall 1901 S. 462 ff. O. Bürger *Beitr. z. Kenntnis d. 'Teuerdank'* (QF. 92) 1902. Strobl *Kaiser M.s Anteil am 'Teuerdank'* 1907. Th. Heppner *Die Laut- und Flexionsverhältnisse in B. Waldis' Bearbeitung des 'Teuerdank' im Verhältnis zu denen des Originals.* Diss. München 1907. K. Ries *Die Bearbeitung des 'Teuerdank' durch B. Waldis*, Diss. Heidelberg 1921. C. Biener *Die Fassungen des 'Teuerdank'*, ZfdA. 67 (1930) S. 177—196; ders. *Die Entstehungsgesch. d. 'Weißkunigs'*, MJÖG. 44 (1930) S. 83—105. M. Wackernagel *Die Darstellung und Idealisierung höfischen Lebens in den Werken K. M.s*, Diss. Berlin 1905. Über die 'Gedenkbücher': Primisser in Hormayrs Taschenbuch 8 (1827) S. 186 ff. Die lateinische Autobiographie des Kaisers in Alwin Schultz' Ausgabe des 'Weißkunig'. — 'Freydal' herausg. unter der Leitung des Oberstkämmerers Franz Grafen Folliot de Crennevile von Quirin v. Leitner 1880. — 'Die Ehrenpforte' herausg. von Ed. Chmelarz, Jahrb. d. kunsthist. Sammlgen. 4 (1883) S. 289—319. C. Fischnaler *Kölderer u. die 'Ehrenpforte' M. I.*, Zeitschr. d. Ferdinandeums 3. F. 46 (1902) S. 308—327. F. v. Wieser ebda 41 (1897) S. 307—311. S. Laschitzer *Die Heiligen aus der Sipp-, Mag- und Schwägerschaft Kaiser M.s*, Jahrb. 7 (1886) S. 70—88, 117—222 und Th. v. Frimmel Jahrb. 10 (1889) S. CCCXXV f. *Das Diurnale oder Gebetbuch des K. M.*, Jahrb. 3 (1882) S. 88—102. W. Boeheim *Die 'Zeugbücher' des K. M.*, Jahrb. 13 (1892) S. 94—201. Das 'Fischereibuch' M.s unter Mitwirkung von L. v. Lazarini herausg. von Mich. Mayr 1901. Das 'Jagdbuch' K. M.s in Verbindung mit W. A. Baillie-Grohman herausg. von M. Mayr 1901.

R. Newald.

8. Die systemlose Entwicklung der dt. Artillerie, wie wir sie nicht nur aus dem 'Feuerwerksbuch' und ähnlichen Handschriften und Ikonographien, sondern auch aus den historischen Quellen kennen, hatte zu Ende des 15. Jh.s einen solchen Umfang erreicht, daß Reformen unbedingt nötig waren. Die ersten Schritte zur Vereinheitlichung der Kaliber und der Rohrlänge geschahen, bedingt durch die schlechten Erfahrungen im Schwaben- (Schweizer-)Krieg 1499, unter Maximilian I., der die guten Traditionen weiter entwickelte, die ihm von den Büchsenmeistern seines Schwiegervaters, Herzog Karls des Kühnen von Burgund, überliefert worden waren. Die verschiedenen Arten der Geschütze, die in den kaiserlichen Zeughäu-

sern standen, wurden zu Beginn des 16. Jh.s neu klassifiziert, veraltetes Material umgegossen und der ganze Bestand in ein bestimmtes Größenverhältnis zueinander gebracht, ebenso Form und Maß des einzelnen Geschützrohrs gemäß seiner Art und Zweckbestimmung, auch wurde die Lafettierung eingreifend verändert. Von dieser Neugestaltung geben uns die reich mit Aquarellbildern illustrierten 'Zeugbücher' ein treffliches Anschauungsmaterial. Die Reformen des Kaisers, nicht nur im Artillerie- sondern auch im sonstigen Kriegswesen, waren grundlegend für die folgende Zeit. Der Schwabenkrieg ist die treibende Kraft gewesen, welche in Deutschland aus dem mal. die Grundlagen des modernen Geschützwesens schuf, die sich im Prinzip bis zur Mitte des 19. Jh.s erhalten haben. Die 'Zeugbücher', welche der Kaiser herstellen ließ, sind nicht nur von speziell kriegstechnischem und -geschichtlichem, sondern auch vom kulturellen Standpunkt äußerst wichtig, sie bildeten die Grundlagen für die Verbesserungen unter Kaiser Karl V. und erlangten dann sozusagen europäische Geltung. Sie sind in drei wenig voneinander abweichenden illustrierten Hss. erhalten: a) Cod. icon. 222, Staatsbibl. München, 296 Bll. Papier und Pergament, wohl 1502 entstanden, Blätterfolge seit Mitte des 16. Jh.s in Unordnung. b) Cod. No. 10824, Staatsbibl. Wien, 408 Bll. Papier. c) Cod. Ambras No. 53, Kunsthist. Sammlg. Wien, 631 Bll. Pergament (endgültige Fassung).

9. Das Bilderinventar der Zeughäuser Maximilians (Cod. 222) diente als Vorbild für die übrigen Zeugbücher. Es zeigt den Stand der technischen Entwicklung des Kriegswesens zu Ende des 15. Jh.s: '*Inventarij und was die Ro. Ko. Mt. von allerley Zewg von newem erdacht, angebenn und von Barth. Freyssleben, diezeit seiner Mt. obersten Hauszewgmeister, hat machen lassen. Auch was von zewg in alten stetten und slossen in seiner Mt. Erblandenn ist, den bemelter zewgmeister beritten, eygentlich besichtigt und aufgeschrieben hat.*' Bartholomäus Freysleben hatte an der Maximilianischen Reform des Geschütz- und Kriegswesens überhaupt den größten Anteil und war Verfasser der vorgenannten Hss. Er stammte aus Franken, war schon vor 1490 als Zeugschlosser in den Diensten Erzherzogs Sigmunds und wurde 1493 Zeugmeister des damaligen Königs Maximilian. Er amtete als Verwalter der Zeughäuser Innsbruck und Sigismundskron seit 1495. Die Einrichtung des Zeughauses in Wien wurde ihm 1503 übertragen, zugleich wurde er 1509 zum obersten Hauszeugmeister in Österreich ernannt und erhielt eine Bestätigung seines Adels und Wappens durch den Kaiser. Er starb nach 1511. Der erstgenannte Codex zerfällt in zwei Teile: I. ein reines Bilderinventar, das Geschütze, Handpulverwaffen, blanke Waffen und Kriegsmaterialien der kaiserlichen Zeughäuser in absoluter Treue, technisch sorgfältig gemalt, wiedergibt, von erklärenden Reimen und Aufschriften begleitet. Der II. Teil ist ein bloßes Verzeichnis alles kaiserlichen Kriegszeugs außerhalb der Zeughäuser in festen Plätzen, Schlössern und Städten der Erblande. Die Bilder stammen von Jörg Kölderer (nicht, wie früher unrichtigerweise angenommen wurde, vom Nürnberger Albrecht Glockendon); er war als Hofmaler schon 1497 tätig, sein Werk sind unter anderem die Fresken in Schloß Runkelstein; 1505 malte er in Innsbruck und im Schloß Fragenstein. Nebenbei hatte er auch artilleristische Kenntnisse und wurde, zu seinem Amt als Hofmaler, 1518 zum Baumeister für Tirol ernannt. Auch am Grabmal Maximilians in der Hofkirche zu Innsbruck hat er mitgeschaffen, er starb 1540. Eine Reihe Bilder des Codex 222, teilweise monogrammiert, stammen von seiner eigenen Hand; durchaus realistisch, gibt er die Gestalten der Landsknechte wieder, nicht im Prunkgewand, sondern in ihrer zerschlissenen Gebrauchstracht, die nachher zur Mode stilisiert wurde. Der Großteil jedoch sind von ihm übergangene und kontrollierte Werkstattarbeiten. Der Codex ist teilweise unvollständig; er darf als Vorarbeit zum folgenden (Cod. 10824) betrachtet werden. Dieser ist hingegen, verfaßt von Freysleben, bedeutend erweitert worden. Seine Entstehung ist 1490—1509 anzusetzen. Die

Malereien sind nicht mehr von Kölderers Hand, doch teilweise Kopien nach ihm, jedenfalls sind alle Darstellungen stark abhängig vom vorigen Werk. Schreiber der beiden Codices waren der „Hausgegenschreiber" Ludwig Stecher und Hans Kugler, der 1515 vom Dienst im Zeughaus zu Innsbruck zurücktrat; der erstere verblieb und dürfte auch die drei späteren offiziellen 'Zeugbücher' geschrieben haben.

10. Diese 'Zeugbücher' (alte Sign. Ms. 132 H. 1—134 H. 3) sind ein Werk aus einem Guß und vollständig komplett. Sie sind nicht vor 1515 auf Befehl des Kaisers begonnen worden; sie fußen vollständig auf den Vorarbeiten Freyslebens und sind teilweise Kopien der oben genannten Codices. Der Nachfolger von Freysleben war Michael Ott (s. d.) von Echterdingen, vorher Zeugmeister von Sigmundskron und Innsbruck. Wir dürfen annehmen, daß die dreibändigen Zeughausbücher (Ambras No. 53 Pergament) unter Otts Leitung vollendet worden sind. Daß sich der Kaiser an der Entstehung dieses 'Zeugbuchs' persönlich betätigt hat, bestätigen seine eigenhändigen Aufzeichnungen und Randbemerkungen in beigefügten Blättern des Manuskripts. B. I, 280 Bll., *'Zeug D. G.* (der Grafschaft) *Tirol'* umfaßt *der alt Inventarij, so vom Kayser Friedrich III. und Ertzherzogk Sigismunds bliben sein. Was die k. Mt. von newe hat angeben und machen lassen.* Es folgen die Zeughausbestände von Innsbruck, Sigmundskron und *in Italia*, d. h. Verona. B. II, 247 Bll., *'Zeug D. G.* (w. o.) *Osterland'* (Österreich), umfaßt die Bestände von Wien, Osterwitz, Graz und Görz. B. III, 104 Bll., *'Zeug D. G. VOR. D. LANND'* (der Bestand der vorderösterreichischen Lande), die Zeughäuser von Breisach und Lindau. Die Bände sind reich in Aquarellmalerei illustriert, die hauptsächlichsten Gegenstände wiedergebend. Als Maler erweist sich urkundlich Wolfgang Reisacher, *Briefmaler* von Innsbruck; er schließt sich eng an Jörg Kölderer und seine Schule an, der Charakter der Malereien ist sowohl von deutscher wie italienischer Renaissance beeinflußt, hingegen sind die Vorbilder teilweise schablonenhaft wiedergegeben. Immerhin ist es interessant, daß in dem kurzen Zeitraum der Wechsel der Kostüme, der Landsknechtstracht, mit aller Genauigkeit zu erkennen ist. Die 'Zeugbücher' sind frühestens 1519, vielleicht sogar erst nach dem Tode des Kaisers zu Ende geführt worden.

Der Inhalt jedes Zeughauses erscheint nach einem festbestimmten System eingeordnet. Da Register fehlen, kann man sich dadurch orientieren. Immerhin muß gesagt werden, daß die Reformen M.s nur durch genaue Betrachtungen und Vergleichungen dieser 'Zeugbücher' erkannt werden, denn es sind eben Inventare und keine Nachschlagewerke. Es folgen sich die Hauptbüchsen, Hauptstücke, die meist noch in das 15. Jh. gehören und als Legbüchsen auf einem hölzernen Balkengerüst als Breschgeschütze dienten. An Stelle der früheren steinernen verfeuerten sie jetzt eiserne Kugeln. Dann folgen die „Scharfmetzen" (mezza-bombarda oder halbes Hauptstück), ein fahrbares Geschütz schweren Kalibers, das die obigen ersetzen sollte. Daran reihen sich die Basiliken, große Feldschlangen, die Viertelbüchsen, „Kartaunen" (quarta bombarda), die Hauptmörser als Steilfeuergeschütze; Singerinnen, Dorndrell und Teraßbüchsen, Drachenköpfe, Feld- und Mittelschlangen, Falkonette bilden die Feldartillerie, kleine Mörser und Haufnitzen dienen als Steilfeuergeschütze; Bockhaken- und Handbüchsen sind leichte Artillerie, ebenso eiserne Falkonette und Kammerschlangen, letztere Hinterlader; dann werden die Streitwagen aufgezeichnet. Sogar die „Bleyden", die alten Gegengewichtswurfzeuge, kommen noch vor; darauf treffen wir Sturmbrücken, Halbarten, Landsknechtsspieße und das Gezeug (die verschiedenen Materialsorten), Kugeln, Pferdegeschirre, Werkzeuge, Feuerwerkskörper, Munitionssorten, Pontonniergeräte, dazwischen die Schaufel- und Musterbüchsen, mehrere Rohre tragbar nebeneinandergeordnet, Heb- und Steigzeuge, Harnische, Handbögen, Fortifikationseinrichtungen, Armbruste, Pavesen und

Tartschen, Kampfschilde, Armschilde, Zelte, Feldpulvermühlen, Sturmkarren (sog. „Durchbruch"), Reiterausrüstungen und fertiges Pulver. Selbstverständlich ist in allen diesen 'Zeughäusern' noch altes Material vorhanden, wie die Hauptbüchsen. M. erleichterte sein Positionsgeschütz und gestaltete das Feldgeschütz in den verschiedenen Arten, so gut es sich damals praktisch ermöglichen ließ, einheitlich. Alle seine Geschützrohre besaßen Balanceschildzapfen. Die Lafette nach Burgundersystem, Lade und Bank verschwand. An ihre Stelle trat zuerst die starre Block- und nachher die bewegliche Wandlafette, die eine schnelle Elevation zuließ und durch Verschieben auch eine rasche Seitenrichtung. Sämtliche späteren Geschützsysteme, die auf einer Vereinfachung des Maximilianischen beruhen, nahmen von hier aus ihre Entwicklung.

M. Jähns *Geschichte der Kriegswissenschaften* 1889, I. S. 317, 375, 419, 423; ders. *Geschichte des Kriegswesens, technischer Teil* 1880 S. 971 bis 973. B. Rathgen *Das Geschütz im Mittelalter* 1928, S. 525—528. W. Böheim *Die Zeugbücher des Kaisers Maximilian I.*, Jahrbuch d. Kunsthistor. Smlg. d. Kaiserhauses 13 (1892) S. 94—201; 15 (1894) S. 295—391 (Originalwiedergabe der Texte und Abb. der Zeugbücher, hier im Einzelnen nicht angeführt). A. von Essenwein *Quellen zur Geschichte der Feuerwaffen* 1877, S. 23—24, 26 A. 26. c. d. g, 30, 45—48, 53—56, 64—65, 70—96. G. Köhler *Die Entwicklung des Kriegswesens und der Kriegsführung* 1889, B. III Abt. 1 S. 312; B. V. S. 399, 512. J. Würdinger *Kriegsgeschichte von Baiern, Franken, Pfalz und Schwaben, 1347—1506* 1868, II S. 342, 349, 350, 355, 356. P. Sixl *Die Waffeninventarien Kaiser Maximilians* 1493—1519, Ztschr. f. hist. Waffenkde 3 (1902—1905) S. 269. W. Boeheim *Studie über die Entwicklung des Geschützwesens in Deutschland*, Ztschr. f. histor. Waffenkde 1 (1897) S. 57. ADB. XX (1884) S. 725—736. E. A. Geßler *Schweizerisches Geschützwesen z. Z. des Schwabenkriegs 1499*, Neujahrsblatt der Feuerwerkgesellschaft in Zürich Hft. 119 (1927) S. 16,18; desgl. 121 (1929) S. 23—25. P. Sixl *Mehrläufige Hand- und Hakenbüchsen*, Festschrift Moritz Thierbach, Beiträge zur Geschichte der Handfeuerwaffen 1905 S. 92, Taf. 6. L. Beck *Geschichte des Eisens*, Abt. I (1884) S. 19, 758, 905, 906, 934—938. Abt. II S. 321, 323—324, 335.

11. Neben diesem dreibändigen offiziellen Werk haben sich noch Inventare einzelner Zeughäuser erhalten, welche teilweise als Vorarbeiten für erstere zu gelten haben: Ms. No. 10815 und 10816, Papier, Staatsbibl. Wien. '*Machinae bellicae Maximiliani Imp. et Sigismundi archiducum Austriae*'. Letzterer Codex, 115 Bll. mit sorgfältig ausgeführten Aquarellen, ist der ältere von 1517, ersterer mit 60 Bll., eine jüngere Kopie. Der Inhalt zeigt gleiche Anordnung wie die Zeugbücher; behandelt wird das Wiener Zeughaus. Ähnlich Ms. 12, Stadtbibl. Regensburg. Ferner '*Inventari des Zewghauses zu Insprugg 1515*' aufgenommen von Michel Ott (s. d.) und Hans Kugler, Bibl. Ferdinandeum, Innsbruck. Die Einteilung auch dieses Inventars ist verwandt mit denen der 'Zeugbücher', und der Inhalt entspricht, allerdings noch ausführlicher, den obigen.

M. Jähns *Geschichte der Kriegswissenschaften* 1889, I S. 422—424. W. Böheim *Die Zeugbücher* w. o. 13 (1892) S. 115. Ders. 15 (1894) S. 296—305. P. Sixl w. o. S. 269.

12. '*LERE, so Kayser Maximilian in seiner ersten Jugent gemacht unnd durch eyn trefflichen erfarn man seiner kriegsräth im zugestellt ist*'. Staatsbibl. Wien. Die L., entstanden in der 2. H. des 15. Jh.s, ein didaktisches Lehrgedicht über das damalige Kriegswesen, ist abgedruckt im 'Kriegsbuch', welches die Ausgaben der Übersetzungen von Frontinus und Onesander (antike Kriegsschriftsteller) enthält, Mainz 1524 und 1532. Das Buch ist speziell auf die Erziehung des jungen M. I. für das Kriegswesen gestimmt; als Sprechender der Verse ist ein erfahrener alter Kriegsmann vorgeschoben. Der Anfang ist allgemein moralischen Inhalts, setzt sich dann fort in der Schilderung der Pflichten eines Fürsten und in der Art seiner Kriegführung; darauf lesen wir Anweisungen über den Kriegsbedarf, besonders über das Geschütz und sein Zubehör. Diesem schließt sich ein Abschnitt über Disziplinarvorschriften an, darauf wird die Feldschlacht taktisch untersucht, ebenso der Belagerungskrieg, und zum Schluß wird auf die Wichtigkeit des Studiums der antiken Kriegsschriftsteller hingewiesen. Das Werk ist, gleichsam als Handbuch, durchaus für die

praktische Verwendung eingestellt. Seinen Verfasser kennen wir nicht, es hat jedenfalls auf die Entwicklung des späteren Kaisers seinen Einfluß geübt.

M. Jähns *Geschichte der Kriegswissenschaften* 1889, I S. 333—339, 451, 495, 540. J. Würdinger *Kriegsgeschichte von Baiern ... 1347 bis 1506*, 1868, II S. 376.

13. Ähnlicher Art ist eine Handschrift: '*DREWER RATH UND BEDENKEN EINES ALTEN wol versuchten und Erfarhnen Kriegsmans, Wie sich ein König oder Fürst Im anfang in Krieg richten und verhalten, Auch wie man vorsichtiglich und ordentlich die Regiment Reuter und Knechte sampt der Arckaley und Schlachtordnung anstellen und führen, Wie man auch einen Ahnschlag über einen Herren der fast mechtigk ist, machen so wol auch für Stedte sich lägern und wie man eine Stadt mit guter Ordnung behalten solle*'. Ms. Friedensstein, chart. Fol. 574, Bibl. Gotha. Druck 1588, Wintzenberger, Dresden. Mit größter Wahrscheinlichkeit ist der D. R. von dem berühmten Obersten der Landsknechte, Georg Frundsberg um 1522 verfaßt worden. Aus der Schrift ist der persönliche Einfluß des Kaisers deutlich erkennbar. Sie stellt ein praktisches Handbuch des damaligen Kriegswesens dar und behandelt die Aufstellung eines kriegsmäßigen Heeres. Der Verfasser ergeht sich über den Oberbefehl, Wesen und Pflichten eines Feldherrn; daran schließen sich die '*Artickel des Eides der Kriegsleutte*'. Dann folgt die '*Ordnung eines Zugs*', d. h. die Gliederung eines Feldheeres mit allen Einzelheiten, nebst der zugehörigen Artillerie. Die Aufstellung für die Feldschlacht wird geschildert, dann ihre Durchführung und die anzuwendende Taktik, sowohl für Infanterie wie für Kavallerie. Der Einfluß der eidgenössischen Schlachtordnung ist dabei deutlich erkennbar; viele Vorschriften muten geradezu modern an. '*Der treue Rat*' ist wohl das bedeutendste Dokument zur Kriegführung und zur Kenntnis des deutschen Heerwesens zur Zeit der Landsknechte vom Anfang des 16. Jh.s.

M. Jähns *Geschichte der Kriegswissenschaften* 1889, I S. 474—477, 481, 514, 575, 583, 585, 587, 588. H. Delbrück *Geschichte der Kriegskunst* IV. Neuzeit, 1920, S. 63—64, 67, 142.

14. Wie intensiv sich M. I. mit dem Kriegswesen seiner Zeit beschäftigt hat, zeigen auch seine '*Gedenkbüchlein*', Smlg. Ambras, Staatsbibl. Wien, 1502, 1505 bis 1508.

M. Jähns w. o. S. 418; ders. *Geschichte des Kriegswesens, techn. Teil,* w. o. S. 812, 917.

E. A. Geßler.

Mayer, Mayr, s. auch Maier u. Mair.

Mayer, Konrad, Maler in Ulm, der sich auch schriftstellerisch betätigte.

Von ihm rührt her: 1. 'Lied von dem Württembergischen Krieg'.

Anf.: *Ain news lied will ich singen*
Jezund zů diser frist.
Schluß: *Das schenkt euch Conrad Mayer*
Auß frischem freien můt.

Es ist gerichtet gegen Herzog Ulrich von Württemberg, als Reichsstädter steht der Dichter auf seiten des Schwäbischen Bundes. Selbst hat er an den kriegerischen Ereignissen nicht teilgenommen, sondern berichtet nur vom Hörensagen. Für die ersten 13 Strophen arbeitet er ein anderes Lied gegen Ulrich um, um sich in der zweiten Hälfte selbständig zu bewegen. Es muß in den Mai 1519 fallen.

Drucke: R. v. Liliencron *Histor. Volkslieder* III Nr. 317 (die Anm. S. 251, die die Verfasserfrage erörtert, ist unrichtig). Stauff u. Mehring *Geschichtliche Lieder Württembergs* Nr. 41.

2. *Ain spruch von der Ordnung eins Ersamen Radts zu Vlm, abzustellen die Gottlosen laster vnd sünd, nemlich das Zutrincken, Gottlesterung vnd Eebruch, nach der Pfaffen Hurey, berüfft auf den achten Tag Merzen, im MD.xxxi. Jarr.* 156 Verse, von stramm reformatorischer Gesinnnung. Am Schl.: *Solchs thut vns Conrad Mayer dichten.*

Weyermann *Nachrichten von Gelehrten, Künstlern und andern merkwürdigen Personen aus Ulm* 1798 II S. 303f. Goedeke *Grundr.* II S. 280f.

W. St.

'Diu mâze'. Das Gedicht umfaßt außer den nachträglich hinzugefügten Versen der Überschrift:

Ditz buchel heizet die maze,
Got helf uns an die himel straze

und zwei Schreiberversen am Schluß 217 Verse, doch ist nach Vers 11 etwas ausgefallen. Es preist die Mäßigkeit als die Quelle aller Tugenden:

Muter aller tugende
gezimet wol der jugende,
Mazze ist si genant:
da von sit gemant.

In den Versen 11—119 fordert der Dichter die Männer auf, in allem Tun Maß zu halten. Dabei schildert er die Vorteile, die ihnen dann erwachsen. In der gleichen Weise wendet er sich in den Versen 120—209 an die Frauen. Er schließt mit den Versen:

Ichn wil dir niht mere sagen
wan daz du wunne must haben;
hie wil ich die rede enden.
Got der muz uns senden
sin schones himelriche
vil genedecliche.
Des sei unser volleist
der vil heilige geist.

Bartsch hat die '*Mâze*' spätestens um 1175 angesetzt, und hierauf hat Scherer sie zwischen Meinloh von Söflingen (s. d.) und '*Tougen minne*' einerseits und die 'Ratschläge für Liebende' anderseits gestellt. Hiergegen hat G. Rosenhagen in seiner Ausgabe mit dem Bemerken Einspruch erhoben, daß sie nach Gehalt und Gestalt hinter das höfische Epos und hinter die gute ritterliche Didaktik gehöre, und sie deshalb an das Ende des 13. oder den Anfang des 14. Jhs. verlegen wollen. Gegen den Widerspruch von E. Schröder folgt ihm hierin Stammler, der wegen des „bürgerlichen" Geistes das Gedicht um 1300 entstanden wissen will. Wägen wir die von beiden Seiten vorgebrachten Gründe gegeneinander ab, so werden wir die '*Mâze*' doch zu den Dichtungen der Spätzeit rechnen müssen.

Kein Kennzeichen für frühe Entstehung sind etwa die zahlreichen unreinen Reime, die mit etwa 38% noch stärker auftreten als in Wernhers 'Marienleben', dem 'Anegenge' oder der 'Erinnerung' Heinrichs von Melk. Das 14. Jh. bringt auch wieder Gedichte mit unreinen Reimen.

Vergeblich beruft E. Schröder als Zeugen für die Entstehung des Gedichtes in der zweiten Hälfte des 12. Jhs. ferner die Fügung *biderbe unde gut*, die zweimal in den gleichlautenden Versen 178f. und 194f. Verwendung findet:

swelch vrowe ditz tut,
die ist biderbe und gut.

Die Behauptung, daß *biderbe* von Frauen nur in den Dichtungen der Frühzeit auftrete, ist irrig. Schröder selbst muß es in dieser Verwendung noch in Hartmanns 'Iwein' Vers 3860ff. feststellen. Darüber hinaus kann aber Stammler zeigen, daß es auch von Frauen durchsteht. Noch im 17. Jh. sagt denn auch Jak. Ayrer: *die ist ein Weib ehrlich und bieder* (Opus theatricum [1618] Bl. 269b).

Der Geist des Gedichtes ist auch keineswegs ritterlich und höfisch. Nur um Nachklänge handelt es sich, wenn es heißt Vers 40ff.:

Swer die mazze rechte hat,
des wirt vil dicke gedaht
von rittern und von vrowen;
der mag auch taugen
haben der vrouwen minne
mit aller slachte dinge

oder Vers 76f.:

ern sol sich selben niht loben,
weder da heime noch ze hove.

Ganz allgemein verbreitet ist auch die Bezeichnung Gottes als des *trechtin* in Vers 112f.:

daz maistert allez die mazze.
min trechtin uns si lazze!

Ein Ausfluß bürgerlichen Geistes ist es vielmehr, wenn sich der Dichter Vers 28ff. die *mâze* als Gattin wünscht:

eya, Mazze, werstu ein wip,
ich wolde immer minen lip
arbeiten umbe dich,
daz du woldest nemen mich
und wurdest min wip.
so were harte vro min lip
unde weste wol zu ware
daz nieman baz were

Ähnlich verhält es sich auch mit Versen wie 154ff.:

si suln auch gutlich sprechen
unde kein leit rechen;
wider leit tun si lip,
daz mag in gewerren niht.
so minnent si alle gelich
beide arme unde rich.

Überlieferung, Ausgaben und Schrifttum. Die '*Mâze*' ist in der Heidelberger Hs. Cod. Pal. germ. 341 Bl. 238b—239c (P) und der Kalocsaer Hs. (K) überliefert. In beiden, in derselben Schreibstube entstandenen Hss. ist sie zwischen den 'Borten' Dietrichs v. d. Glesse und dem 'Weltlohn' Konrads von Würzburg eingeschoben. K steht auf späterer Stufe als P und ist vermutlich aus ihm abgeschrieben. P bildet daher die Grundlage für die Herstellung des Textes. — Zuerst herausgegeben wurde die '*Mâze*' von Bartsch Germ. 8, S. 97—105. Weitere Ausgaben stammen von Meyer-Benfey *Mhd. Übungsbuch* (1909, ²1920) S. 24—30 und Rosenhagen *Kleinere mhd. Erzählungen, Fabeln und Lehrgedichte* III. *Die Heidelberger Hs. cod. Pal. germ.* 341 (= Dt. Texte d. MAs.) 1909, S. 103—107. Die bisherigen Ausgaben sind ganz oder im wesentlichen Abdrucke von P. Eine kritische Ausgabe, die die ursprüngliche Form des Gedichtes herzustellen sucht, steht noch aus. — Über die '*Mâze*' handeln, außer Bartsch und Rosenhagen in ihren Ausgaben, Scherer QF. 12 S. 89f.; Pfeiffer Germ. 8 S. 99 Anm. zu v. 85 [86]; Roethe in Rosenhagens Ausg. S. 106ª Anm. zu v. 138; E. Schroeder ZfdA. 52 S. 56—60; W. Stammler ZfdPh. 53 S. 18; 62 Heft 2; Ehrismann *Gesch. d. dt. Literatur* 2, 2 (1935) S. 308.

Willy Krogmann.

Mechinger, s. Widman, Joh.

Mechthild v. Hackeborn, Mystikerin des Zisterzienserordens.

Hss.: Die wichtigste ist der Codex der Bibl. zu Wolfenbüttel '*Liber specialis gratiae*', geschrieben 1370 vom Priester Albert, Vikar von St. Pauli in Erfurt, und sorgfältig verglichen mit dem (jetzt verlorenen) Original aus Helfta in Eisleben. Über weitere Hss. vgl. die Praefatio der Ausgabe von Solesmes.

Als Siebenjährige kam M. (geb. 1241) mit ihren Eltern zu Besuch in das 1229 von Elisabeth Gräfin v. Mansfeld gegründete Zisterzienserinnenkloster Rodersdorf (Bistum Halberstadt), wo unter der ersten Äbtissin Kunigund von Halberstadt ihre ältere Schwester Gertrud Nonne war. Durch ungestümes Bitten erreichte sie von den widerstrebenden Eltern, daß sie bleiben durfte. 1251 folgte der ersten Äbtissin die erst neunzehnjährige Gertrud v. Hackeborn († 1292), und diese verlegte den Konvent aus dem wasserarmen Rodersdorf in das den Herren Albrecht und Ludolf v. Hackeborn gehörige Helfta oder Helpede, wo das Kloster in hoher Blüte blieb, bis es 1343 in einer braunschweigisch-mansfeldischen Fehde zerstört und nach Eisleben verlegt wurde. Die Familie M.s erscheint demnach als begütertes Adelsgeschlecht, während M.s berühmte Mitschwestern in Helfta, Gertrud d. Gr. (s. d.) und M. v. Magdeburg (s. d.), unbekannter Herkunft sind. Die geistliche Leitung des unter der Äbtissin Gertrud durch Studium der freien Künste, eifrige Schriftlesung und Pflege der Liturgie hochgebildeten Frauenkonventes hatten die Dominikaner von Halle, deren größte Ordens-Theologen Albert d. Gr. († 1280, s. d.) und Thomas v. Aquin († 1274; s. d.) der M. vertraute Gestalten waren ('*L. sp. gr.*' V 9: Vision M. v. H. über die Glorie der beiden im Himmel). Die Bildung M.s verrät sich auch dadurch, daß ihr die Grübeleien der damaligen Gelehrten über das Jenseitsschicksal des Samson, Salomon, Origenes v. Alexandrien und Kaiser Trajans bekannt sind (V 16). Sie selbst war eine Meisterin des liturgischen Chorals und Vorsängerin beim Gottesdienst. Das mystische Leben M.s begann frühe und stand wie bei Gertrud d. Gr., wenn nicht noch mehr, unter dem starken Einfluß der liturgischen Texte, bei deren Hören ihr sehr oft Visionen aufsteigen. Erst als sie fünfzigjährig, durch harte Bußübungen, Leber- und Steinleiden und Kopfweh geschwächt, bettlägerig wurde, eine Zeitlang ihrer Gnadenerfahrungen entbehrte und sie dann wieder zurückgewann, brach der Jubel darüber das lang gehütete Geheimnis, und sie begann zu erzählen. Jahrelang schrieben Gertrud d. Gr. und eine Ungenannte das Erzählte auf und ordneten es zu dem '*Liber specialis gratiae*', ohne daß M. Kenntnis davon hatte. Als sie ihr das Ms. zeigten, war M. zuerst betrübt darüber, prüfte und billigte aber dann das Geschriebene, in welchem nur einige Briefe an eine Matrone aus ihrer eigenen Feder stammen (IV c. 59). Die sieben Teile des nach M.s Tod vollendeten Buches schildern: 1. M.s Schauungen im engen Anschluß an die liturgischen Texte des Kirchenjahres, 2. ihren vertrauten Umgang mit Jesus, 3. die rechte Weise des Gotteslobes und 4. der mystischen Hingabe, 5. ihre Jenseitsvisionen, 6. Tugend und Seligkeit ihrer Schwester, der Äbtissin Gertrud, und 7. ihren seligen Hingang am 19. November 1299. Manche Berichte des '*L. sp. gr.*' betreffen Schauungen, die einer mit M.

befreundeten geistlichen Person zuteil wurden, die sich durch Parallelen im '*Legatus divinae pietatis*' als Gertrud d. Gr. erkennbar macht. Beide Werke wurden meist zusammen abgeschrieben und gedruckt. Durch ihre zahlreichen Herz-Jesu-Visionen, -Gebete und Andachtsübungen haben M. und Gertrud starken und Jahrhunderte langen Einfluß auf die katholische Frömmigkeit ausgeübt. Der Versuch, M. v. H. oder M. v. Magdeburg zum Urbild der Danteschen Matelda zu machen, ist seit F. Koenens Arbeit über die Markgräfin Mathilde v. Tuscien und ihre Wertschätzung in Dantes Zeit wohl endgiltig zu begraben (Deutsches Dante-Jahrbuch 10 NF. 1 (1928) S. 155—172).

Beste Ausgabe: *Revelationes Gertrudianae et Mechtildianae*, hgb. v. den Benediktinern v. Solesmes II (Paris 1877). Dtsch v. J. Müller *Leben u. Offenbarungen der hl. M.* 1880. E. Michael *Gesch. des deutschen Volkes* III (1903) S. 176—181. M. Buber *Ekstatische Konfessionen* 1909 S. 77 ff. A. Hauck *Kirchengeschichte Deutschlands* V 1 (1911) S. 389 ff. Dom Besse *Les Mystiques Bénédictins des origines au 13e siècle* 1922 S. 254 ff. O. Karrer *Die große Glut* 1926 S. 203 ff. A. M. Heiler *Mystik deutscher Frauen im MA.* 1929 S. 127 ff. u. 228 ff. C. Richstätter *Herz-Jesu-Verehrung d. dtsch. MA.*[2] 1924 S. 80—94, 310—10. W. Oehl *Deutsche Mystikerbriefe d. MA.* 1931 S. 228 bis 235.

Engelbert Krebs.

Mechthild von Magdeburg.

1. Hss. Deutsch: I. Einsiedeln, Stiftsbibliothek Nr. 277 (Bl. 1—166), 14. Jh. II. Würzburg, Minoritenkloster Nr. 1 110 (Bl. 40a—62b), 15. Jh. III. Missionshaus Wolhusen bei Luzern: Oberdeutsche Rückübersetzg aus dem Latein 1517 (wertlos für Textgestaltung). — Latein: Basel I, Pergt. B IX 11 (Bl. 51—91), 14. Jh. II. Papier A VIII 6 (Bl. 99 ff.), 14. Jh. Im lat. Text fehlt das 7. Buch des dt. Textes.

2. In Niedersachsen von wohlhabenden Eltern, die wahrscheinlich nicht dem Adel angehörten, um 1207 geboren und, wie ihr Bruder Balduin, weltlich wohlgebildet, vor allem mit der weltl. Dichtung vertraut, ward M. im 12. Lebensjahr „gegrüßt vom heil. Geist", und diese inneren Grüße wiederholten sich und wuchsen „über 31 Jahre" (da die Niederschrift der 'Offenbarungen' um 1250 begann, wird obiges Geburtsjahr auf frühestens 1250—31—12 = 1207 errechenbar), so daß ihr „leid ward aller Welt Süßigkeit" (IV 2). Um 1230 zog sie in freiwillige Verbannung nach Magdeburg, wo sie nur einen Menschen in der Stadt kannte, dem sie sorgfältig auswich, um ganz Gott und den Kranken zu dienen. Wie in anderen Beginen- und Schwesternhäusern (vgl. die Anfänge von Adelhausen bei Freiburg) übten auch in dem Magdeburger Haus, dem M. als Begine angehörte, Dominikaner die Seelsorge, und M. gewann den Orden und seinen heiligen Stifter besonders lieb. Sie beeinflußte ihren leiblichen Bruder Balduin, daß er scholastische Theologie studierte, Dominikaner wurde und als Subprior seines Klosters wie als Schreiber eines Bibellektionars sich verdient machte. Die strengen Abtötungen, mit denen M. die eigene Sinnlichkeit bezwang, wurden belohnt durch mystische Gesichte und Gespräche, die sie von 1250—65 auf losen Blättern niederschrieb und ihrem Seelenführer Heinrich v. Halle, Lektor der Dominikaner zu Ruppin, übergab. Dieser redigierte die Blätter zu 6 Teilen eines Buches (Notiz am Ende des II. Teils des lateinischen Textes). Vielleicht unter seinem Einfluß trat M. (um 1270?) in das Zisterzienserinnenkloster Helpede (Helfta) im Mansfeldischen ein, dessen Nonnen ebenfalls von Dominikanern pastoriert wurden. Dort lebte sie noch 12 Jahre (lat. Prolog), fügte den 6 Teilen eine 7. Sammlung zu, und starb wohl um 1282 (so A. Hustache gegen Stierling: 1294). Dietrich v. Apolda (s. d.) zitiert Texte, *quae scripta reliquit*, in seiner Vita des hl. Dominikus, die er unter dem Ordensgeneral Nic. Boccasinus (1296—98) vollendete (womit allerdings A. Hustache einen ihrer Gegengründe gegen Stierlings Ansatz des Todesjahres 1294 verliert, da sie fälschlich annimmt, Dietrich habe die Dominikus-Vita spätestens 1291 beendet). M.s Tod ist von Gertrud d. Gr. (s. d.) miterlebt und beschrieben worden ('*Legatus divinae pietatis*' l. V. c. 7). In Helfta, das unter der Äbtissin Gertrud v. Hackeborn († 1292) damals seine höchste Blütezeit erlebte, war M. mit Gertrud d. Gr. († 1302) und Mecht-

hild v. Hackeborn († 1299) in wahrhaft kongenialer Umgebung. Waren diese beiden mystischen Schriftstellerinnen die stärksten Anregerinnen für die mittelalterliche deutsche Herz-Jesu-Verehrung, so ist ihre bejahrtere Mitschwester M. die erste Autorin in der gesamten geistlichen Literatur, die eine an sie gerichtete Offenbarung des Herzens Jesu mitteilt (VI 24). Die Visionen und Ansprachen, die in der selbstgewählten Einsamkeit in Magdeburg begonnen hatten, zeigen ihr die Trinität, die Person Jesu Christi in menschlicher Gestalt, die Gottesmutter, Engel und Teufel, geben ihr Mut, gegen Mißstände in der Zeit aufzutreten, erleuchten sie über heilige Zeitgenossen (Elisabeth v. Thüringen) und über Absichten der göttlichen Vorsehung, entzünden aber vor allem in ihr eine mystische Liebe zu Gott, die in höfischer und leidenschaftlicher Sprache sich ausspricht. Die Seele ist die minnende Königin, die Hausfraue im Himmelreich, Gott geht mit ihr als seiner Braut um in innigster Umarmung. Dabei sind die Schriften M.s voll gediegener Kenntnis theologischer Lehren, wenn auch noch nicht in der vollendeten Reife der späteren Mystiker, so doch in treffender Sicherheit des Ausdrucks. Die Terminologie weist Anklänge an Richard von St. Viktor auf, ähnlich wie das bei Hadewych (s. d.) der Fall ist. Aber immer wieder durchbricht die Dichterin mit Reimen und Bildern alle prosaische Darlegung. M. ist eine Dichterin von „unbegreiflicher Sprachgewalt", „so daß ihre Gedankenpoesie als wundervolles Präludium der späteren, großen gedankenreichen Prosawerke ertönt" (G. Lüers S. XII). „Ich bin in dir, und du bist in mir", so klingt in M.s Mystik schon das weltliche Minnelied im Voraus: *Du bist mîn, ich bin dîn.* Von hohem Interesse ist es zu sehen, was G. Lüers gezeigt hat, daß nämlich der mönchische lateinische Übersetzer die bildhaft sinnliche Sprache der Dichterin an vielen Stellen farblos abgeschwächt hat und das kühne erotische Bildmotiv: *Je das minnebett enger wird, je die umbehalsunge naher gât* einfach ausläßt. Wie der Geist der Dichtung, so offenbart sich in M.s Werk auch der Geist der kirchlichen Liturgie. Aus ihr strömt ihr Wissen um die Bibel, die Dogmatik, die Askese. Darum lernten die wenigen aber eindringenden Leser bei M. vor allem die Kunst des ernsten innerlichen Gebetes. Auf die Nachwelt hat M. nicht sehr weit gewirkt, das beweist die Seltenheit der Hss. Aber durch Dietrich v. Apolda und durch die oberdeutsche Übersetzung des Heinrich v. Nördlingen (s. d.) wird sie noch einmal in Süddeutschland und den Hochtälern der Schweiz zum Leben erweckt, wovon der Einsiedler Codex, die Basler Lateintexte und die Wolhusener Rückübersetzung Zeugnis geben. Die Pregersche Vermutung, daß Dante von M.s Jenseitsvisionen sich inspirierte und gar in seiner Matelda der Magdeburger Begine ein Denkmal gesetzt habe, wird weder durch Schleußners noch durch Ancelet-Hustaches Zustimmung wahrscheinlicher. Die Mateldafrage dürfte durch Ferd. Koenens Arbeit im Deutschen Dante-Jahrbuch 10 (1928 S. 155—171) über die schon zu Dantes Zeit in der italienischen Literatur längst zum Typus der anmutigen keuschen Frau und tätigen Helferin der Kirche gewordenen Markgräfin Mathilde v. Tuscien gegen M. v. M. entschieden sein, woran auch durch das Nachwort von L. Hausius zu Koenens Aufsatz nichts geändert wird.

Gall Morel *Offenbarungen der Schwester M. v. Magdeburg oder das fließende Licht der Gottheit* [aus der Einsiedler Hs.] 1869 (mit Verweis auf die ersten Exzerpte aus der Eins. Hs. bei C. Greith *Die dt. Mystik im Predigerorden* 1861). *Solesmenses Monachi, Revelationes Gertrudianae ac Mechtildianae* II (1877) S. 423 bis 707: *Sororis Mechtildis Lux divinitatis.* H. Stierling *Studien zu M. v. M.* Diss. Gött. 1907. W. Schleußner *M. v. M. Das fließende Licht der Gottheit, nach einer neu gefundenen Hs. hgb.* 1929. Wilh. Oehl *M. v. M. Das fließende Licht der Gottheit* (Bd. II der Köselschen Sammlg: Deutsche Mystiker) o. J. K. Richstätter *Die Herz-Jesu-Verehrung des deutschen M.A.*[2] 1924, S. 77—82. Jeanne Ancelet-Hustache *Mechtilde de Magdeburg,* Paris 1926. Grete Lüers *Die Sprache der deutschen Mystik des MA. im Werk der M. v. M.* 1926. W. Oehl *Dt. Mystikerbriefe des MA.s* 1931, S. 222—227. R. Hünicken *Studien über Heinrich v. Halle,* Thür.-Sächs. Zs. f. Gesch. 23 (1935) S. 102—117.

Engelbert Krebs.

Mechthild v. Österreich, s. Nachtrag.

'Meerfahrt, Wiener', s. Freudenleere, Der.

'Das Meerwunder'. 'Das Meerwunder' ist die einzige Dichtung des 'Dresdener Heldenbuches', die nur hier überliefert ist; es gehört zu den Stücken, die von dem Genossen des Kaspar von der Rhön (s. d.) geschrieben sind, und die, soweit sie kontrollierbar sind, durch ihn oder seinen Vorgänger einer stark kürzenden Bearbeitung unterzogen sind. Auch für das 'Meerwunder' macht Sprachliches sowie der stark gestörte Eingang eine ältere Fassung wahrscheinlich, ohne daß sich für sie eine sichere Datierung gewinnen ließe.

Die vorliegende Fassung in 31 Strophen der 13zeiligen Berner Weise mit stark meistersingerischem Charakter und vielfacher Sprachvergewaltigung kann jedenfalls nicht wesentlich älter sein als die Aufzeichnung (1472). Der fränkisch-bairische Sprachcharakter weist am ehesten auf Entstehung in der Nürnberger Gegend, vielleicht unter dem Einfluß der dortigen Meistersingertradition.

Das Gedicht, das keinerlei Personennamen bietet, erzählt von einer Königin, die am Meeresufer von einem Meerungeheuer überwältigt und geschwängert wird; der daraus entspringende Sohn ist von ungeheurer Wildheit und Kraft, wendet sich schließlich gegen seinen vermeintlichen Vater und seinen Bruder, findet aber im Kampf mit diesen durch Pfeile seiner eigenen Mutter den Tod. Diese beichtet darauf den Sachverhalt, und das Meerungeheuer wird getötet.

Der Eingang zeigt eine überraschende Ähnlichkeit mit der Stammsage der Merowinger bei Fredegar *Historia epitom.* cap. 9 (MG. SS. rer. Merov. II S. 45). Bei Hans Sachs, der den Stoff zweimal, als Meisterlied und als Spruchgedicht, mit deutlichen Wortanklängen an das 'Meerwunder', aber sicher nicht nach der Hs. des 'Dresdener Heldenbuches', sondern nach einer Vorstufe behandelt hat, heißt die Königin Teudelinda, Gemahlin des Agilulphus. Drescher hat daher den Versuch gemacht, das 'Meerwunder' als echte Heldensage mit der Grundlage merowingisch-langobardischer Verhältnisse zu erweisen. Seine Argumentation ist aber nicht haltbar; die Benennung gehörte nicht der Vorstufe an, sondern ist willkürliche Zutat von Hans Sachs.

Auch ein organischer Zusammenhang mit der merowingischen Stammsage ist sehr fraglich, zumal A. de Torquemada im 16. Jh. eine ganz entsprechende Erzählung von der durch einen Meermann (in der dt. Übersetzung auch Meerwunder) geschwängerten Stammutter aus Spanien zu berichten weiß (Parallele zur Bärensohnformel). Wichtiger ist daher der mythisch-dämonische Charakter des Bastards im 'Meerwunder', der Jungfrauen vergewaltigt und frißt; auffallend auch, daß er als *weidman* bezeichnet wird (Str. 2, 13 *do von der weidman wart geporn*; Str. 22, 9 *er ist der teuffel weideman*).

Hrsg. bei F. H. v. d. Hagen u. A. Primisser *Heldenbuch* 1825 II S. 222. Das Meisterlied des Hans Sachs bei K. Goedeke *Dichtungen von Hans Sachs* 1876 I S. 299; das Spruchgedicht bei Keller-Götze *Hans Sachs* XVI (1886) S. 228 ff.; dazu Brüder Grimm *Deutsche Sagen* 2. Aufl. 1866, S. 45 f. (Nr. 405); Carl Drescher *Studien zu Hans Sachs I. Hans Sachs und die Heldensage* (Acta Germanica Bd. II 3) 1891, S. 436—74; A. L. Stiefel Litbl. f. germ.-rom. Phil. 13 (1892) S. 188 f.; ders. Hans-Sachs-Festschrift (1894) S. 177 u. 264 A. Zur merowingischen Stammsage s. Müllenhoff ZfdA. 6 (1848) S. 430 ff.; Pio Rajna *Le origini dell' epopea francese* 1884, S. 51 f.; Godefr. Kurth *Histoire poétique des Mérovingiens* 1893, S. 147 ff. C. Voretzsch Philologische Studien, Festgabe f. E. Sievers 1896, S. 73 f.; ders. *Epische Studien* I (1900) S. 281 f.; Herm. Schneider *Die Gedichte u. die Sage v. Wolfdietrich* 1913, S. 213 A. 1 und 339. Eine Untersuchung des Unterzeichneten steht bevor.

H.-Fr. Rosenfeld.

Meffreth v. Meißen, s. Nachtrag.

Meffrid ist ein Meistersinger, dessen Heimat in Oberdeutschland zu suchen ist. Zeitlich ist er wohl bereits in die Mitte des 14. Jh.s zu setzen. Die Reinheit seiner Reime und der Umstand, daß die 9. Strophenzeile wahrscheinlich in ihrer ursprünglichen Gestalt auftaktlos war, sprechen nach Bartsch S. 181 gegen Holzmanns Auffassung, der Dichter habe im 15. Jh. erst gelebt.

M. ist durchaus traditionell eingestellt, was Stoffwahl und Form anbetrifft. Wie so viele Meistersinger, man denke z. B. an Frauenlob (s. d.) und Harder (s. d.), ist er ein Mahner an die Endlichkeit alles Seins (Kolm. Hs. Nr. 165). Wirklich eindrucksvoll, frei von Künstelei, klingt seine Klage: *wie rîch wie starc wie schoen wir sîn, / wir müezen doch von hinnen. / Eist vater müter vor geschehen! / des selben wir uns auch versehen* (Str. 14 ff.); fern der tatennahen und ritterschaftsfrohen Minnesangszeit muten seine lehrhaften Klagen an, angesichts des *kerners* (Leichenhaus) sei die Frage gleichgültig, wer die Schilde *zerhouwen* habe, für welche schöne, schapeltragende Frau man Speere verstach. Lehrhaftigkeit ist auch das Grundmotiv für sein Kampflied (Kolm. Hs. Nr. 164) gegen das *hat zît genûc* und *kümt noch wol*; während er hier abweichend von Dichtern wie z. B. Suchensinn (s. Zusammenstellung bei Oppenheim S. 47 u. Anm. 3) vom Kleide der Ehre des Mannes spricht, ist ein anderes Lied (Kol. Hs. 167) dem Lobe der Frau gewidmet. Hier ist die Ähnlichkeit mit Suchensinns Fügungen geradezu auffällig: ebenso wie jener nennt er z. B. das *wîp* den *leitvertrîp*. In der Kolmarer Hs. folgen Suchensinns Lieder fast unmittelbar auf jene Meffrids.

Religiös steht M. ganz und gar in der Überlieferung der Meistersinger, die sich dem Lobe Marias widmen. So weiß er (Kolm. Hs. 163), nach dem Beginn: *Herz unde sin, nu müeje dich / daz ich mit worten wünniclich / gelobe die hôchgezierten meid* der Gottesmutter in immer neuen Benennungen zu huldigen; sie ist die blühende Gerte von Yesse, das hochgezierte Himmelskleid, das hochgezierte Paradies, die Königin, deren Lob niemand *vollensprechen* kann.

Erwähnenswert andererseits ist der mystische Zug — man denke an die Vorliebe für das Bild des Fließens (Mechthild z. B.) —, der durch dies Gedicht geht. Andere Meistersinger, so z. B. Frauenlob (s. d.) und Harder (s. d.), pflegten diese Sangesart in weit höherem Maße. — Der Gegensatz zwischen Pfaffe und Laie ist in M.s Meistergesang nicht derjenige zwischen dem volkstümelnden nichtgelehrten Künstler und dem Kunstdichter, sondern, wie u. a. bei Hülzing (s. d.), jener zwischen Geistlichem und Nichtgeistlichem (s. dazu Stammler S. 536 und ebd. Anm. 4; Oppenheim S. 53 Anm. 1).

Zwei unter dem Namen des Dichters überlieferte Lieder (Kolm. Hs. 166 u. 168), von denen das erstere wiederum die Mahnung an die Vergänglichkeit alles Seienden und der Bitte an die Jungfrau gewidmet ist, das andere eins der beliebten Hohnlieder auf künstelose Sänger darstellt, gehören nach Bartschs Forschungen M. wohl nicht an; sie zeigen eine M. nicht geläufige Reimfreiheit und sind mitteldeutsch gefärbt. Besonders das letztgenannte Gedicht ist M. abzusprechen.

M.s Lieder stehen sämtlich in der Kolmarer Hs., kein Ton ist ihm zugeschrieben.

K. Bartsch *Meisterlieder der Kolmarer Handschrift* (StLV. 68) 1862. A. Holzmann Germania 5 S. 212. H. Oppenheim *Naturgefühl und Naturschilderung b. d. frühen Meistersingern* (Form u. Geist 22) 1931. W. Stammler *Die Wurzeln des Meistergesanges*, Dt. Vjschr. 1 (1923) S. 529 ff.

Horst Oppenheim.

Megenberg, s. Konrad v. M.

Megensberger, s. Ortolf v. Baierland.

Meginfried von Magdeburg, ein mlat. Schriftsteller aus der ersten Hälfte des 11. Jh.s, der die Schule des Domstifts zu Magdeburg leitete. Was wir von seinem Leben und Wirken wissen, verdanken wir dem Prosaprolog, den Arnold von St. Emmeram (s. d.) an seinen Abt Burchard richtete und seinem um 1036 vollendeten '*Liber I. de miraculis beati Emmerami*' vorausschickte (SS. IV 547). Arnold, der während seiner Verbannung nach Sachsen M. zum Freund gewann, rühmte ihn als klugen Lehrer: *Hunc dum audirem frequenter disputare sapienter, mirabar eius ingenium* . . . M. ließ sich nach längerem Sträuben von Arnold bereden, die '*Vita Haimhrammi*' des Arbeo von Freising (s. d.), von der Arnold eine Handschrift mitgebracht hatte, neu zu bearbeiten und damit einen Vorsatz auszuführen, den Arnold selber gefaßt hatte, und um deswillen er aus St. Emmeram hatte fliehen müssen. Mit dieser Arbeit begann M. noch zu Lebzeiten Kaiser Heinrichs II., also vor 1024 (*opus ..., dum temporibus Heinrici augustissimi imperatoris esset coeptum*), und schickte sie vollendet dem inzwischen nach Regensburg zurückgekehrten Freund erst 1030 (in jenem Brief Arnolds steht als Zeitangabe u. a. *in adventu vestro*; gemeint ist Burchard, der 1030 [s. MGH. SS. I 94 und V 121] sein Amt als Abt antrat).

Als Arnold in den drei Jahren, die er in Sachsen weilte, den langsam arbeitenden M. zur Vollendung des Werks drängte, erhielt er zur Antwort: *summa diligencia in laribus probandum, quod extra parietes multorem oculis foret presentandum*. In Anbetracht der langen Arbeitszeit enttäuschen Umfang und Inhalt des fertigen Werks: von den 47 Kapiteln Arbeos verwertete M. nur die ersten 34, d. h. wenn man die Zusammenziehungen am Schluß mit in Rechnung bringt, nur etwa zwei Drittel der Vorlage; vor allem aber schaffte er keinen neuen Stoff herbei. Die '*Vita*' besitzt daher als Geschichtsquelle keinen Wert, ihre Bedeutung liegt allein auf literarhistorischem Gebiet. — Am Schluß ändert M. wohlbedacht die Reihenfolge der Kapitel (nach 24 erst 31—34, dann 26—29, 30 und 25): da die in Kap. 25 bis 30 erzählten Wundergeschichten den fortlaufenden Gang der Erzählung unterbrechen, in der Arbeo sie zwischen Tod und Begräbnis des Heiligen eingeschoben hatte, brachte sie M. ans Ende, nach der Beisetzung. Auch bei der Anordnung der Wundergeschichten bewies er Geschick: er stellte die vernichtende Bestrafung der drei Folterknechte Lamperts und die Lamperts selber voran, um mit der Glorifizierung zu schließen, mit den Wundern an den Orten von des Heiligen Verstümmlung und Tod (so nach Ablauf der Geschehnisse ordnend, d. h. Arbeos c. 30 vor 25), wo beidemal die gläubigen Bauern eine Kirche bauen (s. dazu das Ende von § 22, AA.SS. Sept. 4, 494b). — Die Wiedergabe ist im Anfang breit gehalten, breiter als bei Arbeo (Arbeos c. 3 hat bei M. fast den doppelten Umfang), zum Schluß hin wird sie knapper. Vor allem kürzt M. die Wundergeschichten. Bereits den Ausgang der Vitalisepisode (Arbeo c. 20—21) und das Wunder, das mit den abgeschnittenen Gliedmaßen des Heiligen geschieht (Arbeo c. 22—23), zieht er zusammen (in den einen § 17). Der letzte Abschnitt (§ 23) verhält sich an Umfang zu Arbeos c. 30 und 25, deren Inhalt hier steht, wie 1:2.

M.s Streben ging dahin, einen Text zu schaffen, der von Arbeos *rusticitas*, den Barbarismen frei ist — oder, wie man wie Arnold damals fälschlich glaubte, von den Verderbnissen der Überlieferung; dabei gehörte M.s Vorlage zur Fassung B (s. B. Krusch Arbeo-Ausgabe 1920, S. 24 Anm. 1), einer verbreiteten Überarbeitung aus dem Anfang des 9. Jh.s, deren Verfasser schon mancherlei geglättet, die Verschnörkelung und Geblümtheit zu beseitigen und zu kürzen gesucht hatte. Er verfaßte einen neuen Text, in den er sehr selten Worte Arbeos aufnahm. Was Arbeo erzählte, wollte er nur in den Hauptzügen wiederbringen. Viele Einzelheiten ließ er weg und fügte dafür anderes ein, was er, wie schon dessen Allgemeingültigkeit und Substanzleere zeigen, nicht etwa aus neuen Emmeramquellen schöpfte, sondern selber hinzuerfand. Er goß das Ganze in eine flüssige Sprachform, die von der Höhe der damaligen Bildung zeugt. Seinen Stil charakterisieren eine öfter schon hohl klingende Breite, Vorliebe für unpersönlich abstrakte und bildliche Ausdrucksweise, die nicht selten ins Gespreizte abgleitet. Unter dem äußeren, rhetorischen Schmuck begegnen Wortwiederholung, Spiel mit derselben Wortwurzel, Anapher, chiastische Wortstellung oder Antithese nicht allzu häufig, dagegen fallen auf die durchs ganze Werk durchgeführte Reimprosa, die öfter schon zweisilbigen und manchmal auch Vielreim zeigt (s. K. Polheim *Die lat. Reimprosa* S. 402), und der überall begegnende Kursus. Außer der Umsetzung in eine gezügeltere glattere Sprache hat M.s Arbeit gegenüber der Arbeos gewonnen durch straffere, geschicktere Komposition (s. o.) und starke Beschneidung der Wundergeschichten, von denen M. nur die aufnahm, die sich an St. Emmerams Martyrium und Überführung anschließen (die von M. fortgelassenen c. 35—47 enthalten nur Wunder): dadurch steht der Heilige bis zuletzt im Mittelpunkt der geschlossenen Erzählung, die wirkungsvoll mit der Bestrafung der Peiniger und den beiden Kirchenbauten (s. o) endet. Freilich gefiel gerade das Zurückdrängen der Wunder seinem Auftraggeber nicht: Arnold fühlte sich veranlaßt, die *miracula* hinzuzufügen.

M. schickte einen Brief an Arnold und einen Prolog voraus, beides kurz und in Prosa. — Die bisher bekannte, aber noch nicht systematisch gesammelte Überlieferung (7 Handschriften des 11.—13. Jhs.) spricht dafür, daß Ms. '*Vita*' im Mittelalter häufiger gelesen wurde. Die andere Bearbeitung von Arbeos '*Vita Haimhrammi*' kann sich damit nicht messen: sie ist zwar in Gedichtform (in rhythmischen Achtsilbern) abgefaßt (wohl auch im 11. Jh.), aber nicht vollendet und nur in einer Hs. aus St. Emmeram, die wohl das Original bietet, erhalten; s. E. Dümmler NA. 7 (1882) S. 605 ff.

M. schrieb ferner einen Hymnus auf den hl. Emmeram in der sapphischen Strophe. Wie Arnold in der zitierten Prosavorrede an Abt Burchard berichtet, ist dies Gedicht ebenfalls von Arnold veranlaßt: als bei dessen Abreise von Magdeburg M. noch nicht mit der Vita fertig war, bat er M. wenigstens um ein *versiculum*. Nach AA.SS. Sept. 4, 512 ist uns unter den Werken Arnolds im Regensburger Codex (clm. 14870) ein Emmeram-Hymnus in der sapphischen Strophe erhalten (Inc.: *Christe, cui iustos hominum favores*), er umfaßt 6 Strophen. Es ist so gut wie sicher, daß er dem M. gehört.

Ausgaben der '*Vita s. Emmerami*': Canisius *Antiqua Lectio* (1602) II S. 11 ff. und C.-Basnage (1725) III 1 S. 92 ff.; dies wieder abgedruckt Migne PL. 141 Sp. 971 ff.; besser AS. *Sept.* 4 (1757) S. 488b—494b. Der Begleitbrief Meginfrieds an Arnold auch MGH. SS. IV S. 548 Anm. 5. Eine kritische Ausgabe fehlt. Handschriften: clm. 2610, 14870, 22243; Leipzig Stadtbibl. 195; Stuttgart Biblia 56; 2 in Admont, s. Archiv 6 S. 172 und 174. — Ausgabe des Hymnus: AS. *Sept.* 4 S. 512. — Manitius II S. 307, (311), vgl. 574. B. Krusch *Arbeonis ep. Frising. vitae sanctorum Haimhrammi et Corbiniani* (1920) S. 24 f.

Val. Rose *Verzeichnis der lat. Handschriften der Kgl. Bibl. zu Berlin* I (1893) S. 310 schreibt dem M. noch zwei weitere Schriften zu: 1) das komputistische Gedicht Inc. *Annus solaris, qui magnus saepe vocatur* mit 900 Hexametern (gedruckt von Migne PL. 94 Sp. 641 ff.), weil der Verfasser, wie aus einem der schließenden Verse hervorgeht, ein *Manfredus* ist und als Zeit der Abfassung in einem Vers das Jahr 1050 angibt (s. Migne 94 Sp. 651 D), weil er dem Inhalt nach wohl ein Magister war; 2) ein kleines komputistisches Prosastück Inc. *In primo anno igitur embolismi hoc est in ogdoade tertia* (gedruckt von Migne PL. 90 Sp. 821 ff.), weil es in der alten Bedaausgabe (Basel 1563, I S. 539) unmittelbar hinter dem zuerst genannten Gedicht steht und die Überschrift trägt: *Eiusdem Manfredi embolismorum ratio*. Diese These suchte Manitius II S. 574 ff. für 1 zu stärken, für 2 aber lehnte er sie ab, weil diese Prosa schon in einer Handschrift des 10. Jahrhs. überliefert werde. Die Datierung jener Handschrift jedoch trifft nicht zu. Berlin Meerm. 138 (Phill. 1833) f. 22b, wo jene Prosa nicht vollständig (nur Migne 90 Sp. 821—822 Anfang) steht, ist nicht von der Haupthand, die Rose ins 10. Jahrh. setzt, geschrieben, sondern von einer deutlich etwa 1—2 Menschenalter späteren. Außerdem ist jene Datierung unhaltbar. Die Schriften, die der Hauptschreiber eintrug, stammen von Abbo von Fleury, der erst gegen 950 geboren und 1004 gestorben ist, können also frühestens gegen 1000 geschrieben sein. Außerdem ist der Brief Bl. 56αβ 1003 verfaßt: *nunc millesimus tercius, ab incarnacione domini agitur annus*, kann also erst im 11. Jh. eingetragen sein. Diese Hand ist der des Hauptschreibers mindestens ähnlich, sicher mit ihr gleichzeitig. Unser Prosastück fällt schon dem Schreibcharakter nach nicht ins 10., sondern 11. Jahrh. Ob die beiden Stücke eines Manfred unserm M. zugeteilt werden dürfen, muß noch eingehender untersucht werden. Die bisher angeführten Gründe der Gleichsetzung sind äußerlich und wenig beweiskräftig (beachte auch die Namensformen: Ms. Freund Arnold schrieb in der Prosa *Meginfredus*, zweimal, im Vers verkürzt *Menfredus;* im komputistischen Gedicht steht aber *Manfredus*); innere Gründe sprechen dagegen. Trotz der Verderbnis der Überlieferung scheint die Prosodie des Gedichts so schlecht, daß sie unserm M. nicht zugetraut werden kann. Die knappe, rein schulmäßig belehrende Art des komputistischen Gedichts steht im Gegensatz zum breiten, rhetorisch ausgeschmückten Stil der Vita und des Hymnus.

K. Langosch.

Meichsner, s. Meißner.

Meier, s. Maier, Mair, Meyer.

'Meierin, Die, mit der Geiß'.

Überlieferung: I. Hs. Nr. 2885 der Wiener Nationalbibliothek von 1393; Hs. 16. 0. 9 des Innsbrucker Ferdinandeums von 1456; Hs. Nr. 6

der Landesbibliothek zu Dresden von 1447; II. Hs. Nr. 481 der Landesbibl. zu Dresden, 15. Jh.

Der recht unbedeutende Schwank liegt in zwei wenig von einander abweichenden Redaktionen vor, die im Grunde nur handschriftliche Variationen desselben Gedichtes sind. Die Kürze (164 V.) erlaubt keine sicheren Schlüsse auf die Herkunft dieses Grundgedichtes, doch ist es wohl um die Mitte des 14. Jh.s entstanden. Die persiflierend betonte *hûte* des bäuerischen Gatten wird durch Entführung einer Geiß, der er nachjagt, durchbrochen, nachdem zuvor ein aus der Tristansage bekanntes Motiv wohl mit bewußter Ironie angeschlagen war. Quelle oder Parallelerzählungen sind nicht bekannt.

I hrsg. von v. d. Hagen GA. II (1850) S. 283 ff. Nr. 40; jetzt bei *Niewöhner* NGA. I (1937) S. 96 ff.; II hrsg. v. Ad. v. Keller *Erzählungen aus altdeutschen Handschriften* 1855 S. 270 ff. Dazu Leitzmann PBB. 48 S. 268; Zwierzina *Die Innsbrucker Ferdinandeumshandschrift*, Festgabe für S. Singer 1930, S. 158 u. 165. Ehrismann *Litgesch.* II 2, S. 221.

H.-Fr. Rosenfeld.

Meiler, Peter, *von Rapperswil, seßhaft zu Luzern und auch in Appenzell bekannt* nennt sich der Verf. eines Liedes auf den Schwabenkrieg, 1499: *Wie wol ich bin ein alter gris,* bei Liliencron II S. 420. Vielleicht liegt eine Verwechslung mit Peter Müller (s. d.) vor.

O. v. Greyerz.

Meiningen, s. Hugo v. M.

Meinloh von Söflingen.

Cod. Pal. Germ. 848 (C) Bl. 121 a: *Her Milon von Seuelingen* = Pfaffs Textabdruck Sp. 405. Weingartener Liederhandschrift in Stuttgart (B) S. 20: *H. Meinlo von Sewelingen* = Pfeiffers Abdruck (Stuttg. Lit. Ver. 5) S. 25. Die Weingartner Liederhs. in Nachbildung hrsg. v. K. Löffler (1927).

1. Das alte Pfarrdorf Söflingen mit seiner reichsunmittelbaren Frauenabtei ist heute ein Vorort der Stadt Ulm. Herren von *Sevelingen* sind urkundlich nur aus dem 13. Jh. bekannt, und zwar als Ministerialen der Grafen von Dillingen. Ihr Schildzeichen (3 silberne Löwenköpfe auf schwarzem Grunde) ist vielleicht nur eine Abwandlung des 4-Löwen-Wappens ihrer Dienstherren. Im J. 1240 bestätigt Graf Hartmann *ministeriali suo Meinloho de Sevelingen* eine Ablösungsgebühr für Giebigkeiten des Klosters Kaisheim. Ein *Rudolfus de Sevelingen* (zuerst 1220) erscheint 1239 als Dienstmann, 1246—1264 als Truchseß des Grafen. 1270 wurde die Burg Söflingen in ein Frauenkloster umgewandelt, in welchem nach schweren Schicksalsschlägen Hartmanns Witwe Wilburgis als Äbtissin ihre Tage beschloß.

2. Der Meinloh der Urkunden mag ein Enkel des Minnesängers sein, denn dessen Dichtung läßt sich nicht über 1170 herabrücken. Seine Strophen (12 in 3 Tönen) sind noch ganz altertümlich aus 6 (einmal 8) stumpfreimenden Langzeilen gebaut, meist mit Einschub einer Waise vor der Schlußzeile. Überraschend modern aber mutet bei der altertümlichen Form der Inhalt einiger Lieder an, der schon völlige Vertrautheit mit der Minnetheorie der Provenzalen bekundet. Wie Jaufre Rudel sich die „ferne Prinzessin" zur Herrin erkor *per lo gran ben qu'en ausia dire,* so pilgert der schwäbische Trobador landaus landein zu einer gepriesenen Frau. Und als er sie mit Augen sieht, das Weib der Weiber, trägt er ihr feierlich seinen Dienst an. Sinn und Leben habe sie ihm so gewandelt, daß er willig alle früheren Freuden hingebe für das Liebesweh um sie. Je länger er ihr dient, desto lieber wird sie ihm: „Stürbe ich vor Liebe zu dir und würde ich wieder lebendig, ich würbe abermals um dich!" Nach außen ist er frohgemut, innerlich aber oft leidvoll; dennoch preist er den Tag, da er sie erblickt. Sein Bote mahnt sie, der Sommer sei nah, sie solle ihren Ritter nicht länger schmachten lassen. Allein ob sie ihn erhört oder nicht, sie bleibt als die Schönste und Beste auch die, der er immer dienen will. *Amor cortes,* hohe Minne, ist das Thema, das in dieser Strophenreihe als Erlebnis des Sängers abgehandelt wird. Und wie für Neophyten faßt er die neuen Satzungen noch einmal lehrhaft zusammen: „Wer edeln Frauen dienen will, der muß klüglich zu Werke gehn, muß jeden Anstoß meiden und darf sein heimliches Sehnen ja nicht verraten. Auch ist der Lohn, den er erringt, von solcher Art, daß begehr-

liche Herzen, wie ich glaube, nie ernsthaft diesem Dienste sich widmen werden."

3. Aber Meinloh ist selbst ein Neuling in diesen Dingen und kommt von der heimisch derben und gesunden Auffassung noch lange nicht los. So trägt er das Gebot der Verschwiegenheit in Liebessachen auch in einer Fassung vor, die mit hoher Minne nichts zu tun hat (14, 14). Und wenn er gar ein andermal (12, 14) langer Werbung den Namen Minne abspricht und zu raschem Genusse auffordert, denn allzu treu mache wankelmütig, so sind das Ketzereien für einen zünftigen Minner. Seine Frauen vollends reden wie die des Kürnbergers (s. d.). Die eine frohlockt, daß sie über ihre Nebenbuhlerinnen den Sieg davongetragen; die andere verwünscht die Merker, die sie ins Gerede brachten, um ihr den Liebsten zu verleiden, aber — „alle mögen es wissen, daß ich seine Traute bin, doch *âne nâhe bî gelegen*, und keinen andern will ich haben!" Die dritte aber jubelt über die Ankunft ihres Ritters und will ihn gerne zu sich betten, *den selben kindeschen man*. Diese Frauen oder Mädchen (in 13, 14 spricht offenbar eine *maget*) wissen noch nichts von den idealen Forderungen des Minnedienstes. Und doch haben gewiß die Frauen der neuen Hofsitte, die ihnen so überschwenglich huldigte, den Weg bereitet. Waren etwa Meinlohs neuhöfische Lieder ihnen zugedacht, die volkstümlich derben und kecken aber für Männerohren bestimmt? (Man denkt dabei an die Entgleisung Albrechts von Johannsdorf [s. d.] 89, 15 und an einschlägige Kürnbergstrophen). Jedenfalls spiegelt das Liederbuch des ersten Ministerialen unter den Minnesängern die widerspruchsvolle Einstellung seiner Zeit und seiner Heimat zu den eindringenden Neuerungen in Sangeskunst und Sitte.

HMS. Nr. 43. B.-G. Nr. IV. MF. Nr. III. Scherer *Deutsche Stud.* II S. 18—27. Paul PBB. 2 S. 418, 452. E. Joseph *Das Liederbuch M.s v. S.*, Verhandl. d. 45. Philologen-Versammlung zu Straßburg 1899, S. 115. Burdach ADB. XXXIV S. 72. Grimme *Die rheinisch-schwäb. Minnesinger* S. 123, 272.

Anton Wallner.

Meister . . ., s. unter dem betreffenden Namen.

'Meister, Sieben weise'. (*'Septem Sapientes'*).

1. Inhalt der abendländischen Normalfassung. Ein Kaiserssohn, dem das Reden bis zu einer bestimmten Zeit durch die unheildrohenden Gestirne verboten ist, kehrt mit seinen sieben weisen Meistern an den Hof seines Vaters zurück. Er widersteht der Verführung der Stiefmutter, die ihn anklagt, daß er sie habe verführen wollen. Er soll hingerichtet werden, aber die Meister schieben die Hinrichtung durch je eine Geschichte hinaus, wogegen die Kaiserin jedesmal die Wirkung der Geschichte durch eine Gegenerzählung entkräftet. So werden in sieben Tagen vierzehn Geschichten vorgetragen. Nun ist die Zeit erfüllt, der Sohn redet, die Stiefmutter wird verbrannt; der Sohn erzählt die fünfzehnte Geschichte. Die Literaturforschung faßt die Erzählungen in die folgenden Stichworte zusammen: 1. Baum, 2. Hund, 3. Eber, 4. Brunnen, 5. Schatzhaus, 6. Elster, 7. Kaiser geblendet, 8. Geduldproben, 9. Vergil, 10. Hippokrates, 11. Marschalk, Roma, 12. Drei Liebhaber, 13. Königin eingeschlossen, 14. Witwe von Ephesus, 15. (Verurteilung der Kaiserin,) Weissagung, Freunde.

2. Die orientalischen Fassungen. Die Überlieferung kann hier, besonders im Hinblick auf die volkssprachlichen abendländischen Texte, nur soweit herangezogen werden, als es für die Klärung der Abhängigkeitsfragen der deutschen Überlieferung nötig ist. Eine vorauszusetzende indische Urfassung ist durch Vermittlung einer wohl aus dem Pehlevi geflossenen arabischen Übersetzung zu den Hebräern, Syrern, Griechen, Persern und Spaniern gelangt; sie wirkt auch in Tausendundeine Nacht nach. Erhaltene östliche Fassungen: a) Der griechische *'Syntipas'* von Michael Andreopulos (2. Hälfte d. 11. Jh.s) aus dem Syrischen übersetzt, das seinerseits auf einen Perser Musos zurückging.

Ausg.: J. Fr. Boissonade *De Syntipa et Cyri filio Andreopuli narratio* 1828; Eberhard *Fabulae Romanenses graece conscriptae* I 1872.

b) Der syrische 'Sindban', auf dem Arabischen des Mûsâ beruhend, zwischen Mitte des 8. Jhs. und dem Ende des 11. Jhs. entstanden.

Ausg.: Baethgen *Sindban oder die sieben weisen Meister, syrisch u. deutsch.* Diss. Leipzig 1879; vgl. Nöldeke Zs. d. Morgenl. Ges. 33 (1879) S. 513.

c) Der altspanische 'Libro de los Engannos', 1253 aus dem Arabischen übersetzt.

Ausg.: Comparetti *Ricerche intorno al libro di Sindibâd* 1869, S. 37 ff. Engl. Übers. Folklore Society 1882. Bibl. Hispan. XIV 1904.

d) Der persische 'Sindabâd-nâmeh', nach einer persischen Prosa des 12. Jh.s, deren Verfasser aus Arabien stammte, im J. 1375 entstanden.

Übers. ins Englische v. W. A. Clouston *The Book of Sindibâd* 1884.

e) Die arabische Bearbeitung: 'Die sieben Vezire', in drei Fassungen von 1001 Nacht.

Ausg. der Kairo-Hs. bei Bulaq III (1863) S. 75. Übersetzung der tunesischen Hs. v. J. 1371 in Habichts Ausg. 1825, XV 144; Übersetzung der bengalischen Hs. bei Clouston a. a. O. 127.

f) Die achte Nacht des 'Tûtî-nâmeh' des Persers Nachschebî († 1329).

Ausg.: Brockhaus *Die 7 w. Meister von Nachschebî, pers. u. deutsch* 1845. D'Ancona *Il libro dei sette savj di Roma* 1864, S. XXXVII ff.

g) Die hebräischen 'Mischle Sendabar', nach einem arabischen Original, vielleicht aus der 1. Hälfte des 13. Jh.s. Sie haben den Stoff wohl dem Abendlande vermittelt.

Ausg.: H. Sengelmann *Das Buch von den 7 w. M. aus d. Hebr. u. Griech. zum 1. Male übers.* 1842; Carmoly *Paraboles de Sendabar* 1849; P. Cassel *Mischle Sindbad* 1888.

3. Die abendländischen lateinischen Fassungen. a) Die lat. Übersetzung der 'Mischle Sendabar' liegt in einer von A. Hilka gefundenen Hs. Berlin St. B. lat. qu. 618 (aus Cividale bei Bergamo) v. J. 1407 vor.

Ausg.: A. Hilka *Historia septem sapientum* I (1912).

b) Der 'Dolopathos' des Zisterziensers Johannes de Alta Silva (Haute Selve, Bistum Nancy), dem Bischof Bertrand von Metz (1179—1212) gewidmet, behauptet, sich auf mündliche Überlieferung zu stützen; er ändert stark und verlegt die Handlung nach Palermo.

Hss. Luxemburg, Stadtb. 110 (Ende 13. Jh.); Prag, U.-B. 2125 (Anf. 15. Jh.); Prag, Kap.-Bibl. 1036 (1. Hälfte d. 15. Jh.); Wien N.-B. 4739 (1459—1460); Innsbruck, U.-B. 60 (1471); London, Brit. Mus. Additional 18922 (15. Jh.). Ausg. H. Oesterley *Joh. de Alta Silva 'Dolapathos'* 1873; A. Hilka *Historia septem sapientum* II 1913, wo auch S. XII f. eine Bibliographie der einzelnen Erzählungen gegeben wird. Vgl. G. Paris Romania 2 S. 485; V. Chauvin *Bibliogr. des ouvrages arabes* VIII (1904) S. 30 f.; Killis Campbell *The seven Sages of Rome* 1907.

Der lat. Prosatext, der gegen Ende des 12. Jh.s entstanden sein mag, ist die Grundlage des 12901 Achtsilbler umfassenden altfranzös. Epos des Herbert, der am Hofe König Philipp Augusts († 1223) lebte.

Ausg.: Anatole de Montaiglon *Li Romans de Dolopathos* 1856.

Eine deutsche Übersetzung des Prosatextes enthält die Hs. Leipzig, U.-B. 1279 (15. Jh.).

Ausg.: M. Haupt Altd. Blätter 1 (1836) S. 119.

c) Die Fassung der 'Scala celi'. Vor dem Jahre 1230 widmet der französische Dominikaner Johannes Gobii Junior sein Predigtexempelwerk '*Scala celi*' dem Prior von Aix en Provence Hugo de Colubreriis. Hier steht eine Fassung der '*Septem Sapientes*' unter dem Stichworte *Femina*; die Erzählungen sind darin wie folgt geordnet: 1. *Arbor*, 2. *Canis*, 3. *Aper*, 4. *Medicus*, 5. *Gaza*, 6. *Tentamina*, 7. *Senescalcus*, 8. *Puteus*, 9. *Virgilius*, 10. *Avis*, 11. *Septem Sapientes*, 12. *Vidua*, 13. *Filia*, 14. *Noverca*, 15. *Vaticinium*. Sie ist eng verwandt mit der zweiten Fassung bei G. Paris *Deux rédactions du Roman des Sept Sages* 1876. Die Vorlage der '*Scala celi*' ist nach G. Paris eine französische Prosa gewesen, die selbst auf eine Fassung zurückgeht, die bis zur 11. Erzählung der von Leroux de Lincy 1838 veröffentlichten entspricht, im Schlusse aber einer metrischen Vorlage entstammte. Diese metrische Version war eine Vorstufe für den Text, wie er in Adelb. Kellers Ausgabe '*Li Romans di Sept Sages*' 1836 vorliegt und für die von

G. Paris veröffentlichte erste Fassung, einen in Prosa aufgelösten Verstext.

Hss.: Breslau, St.- u. U.-B. I. Q. 454 (v. J. 1452); Brügge, Stadtb. 494 (15. Jh.); Krakau, U.-B. 1410 (15. Jh.); Lemberg, Ossolineum 415 (1446); Wien N.-B. 13538 .(15. Jh.). Alte Drucke: Lübeck 1476, Ulm 1480, Straßburg 1483, Löwen 1485, Sevilla 1496. Gekürzter Text in *'Summa recreatorum'*; vgl. Mussafia WSB. 57 (1868) S. 89. Über die Verwandtschaft Plomp *De Middelnederlandsche bewerking van den VII Vroeden van binnen Rome*. Diss. Utrecht 1899, S. 39; Botermans *Die hystorie van die seven wijse mannen van romen*. Diss. Utrecht 1898, S. 15. Ausg. A. Hilka Beitr. z. Sprach- u. Völkerkunde, Festschr. f. A. Hillebrandt 1913, S. 54 ff.

Sämtliche englischen Übersetzungen der Hss. des Britischen Museums decken sich mit dem Texte der *'Scala celi'*.

Galba E IX, engl. Versübers.; Egerton 1995, engl. Verse; Arundel 140, engl. Verse. Ebenso die italienische Prosaversion Additional 27429, die von Herm. Varnhagen *Eine ital. Prosaversion der '7 W. M.'* 1881 gedruckt ist. Vgl. Ward *Cat. of. Romances* (Brit. Mus.) II S. 199 ff.

5. Die übrigen lateinischen Hss. Die älteste lateinische Hs. ist die Innsbrucker v. J. 1342. Da ihr Text mehrfach in den *'Gesta Romanorum'* (s. d.) wiederkehrt, ist es nicht ausgeschlossen, daß der Verfasser der *'G. R.'* auch diese Gemeinfassung der *'S. S.'* angefertigt hat.

Hss. der Gemeinfassung; aus d. 14. Jh.: Innsbr. U.-B. 310 (v. J. 1342); Admont 362 (1375); Kolmar Cod. Iss. Nr. 10; Erfurt Q. 391. Aus d. 15. Jh.: Basel (1434); St. Gallen (1430). Prag, Fürstenbergsche Bibl. I a 37 (1418); München Clm. 17273 (1426); 18786 (1419); 3861 (1448); 21049 (1446); 4691 (1457); Greifswald, St. Nikolaikirche V E 72 (1460); Leningrad NF 15. 13 (1462); Nürnberg, Germ. Mus. Lat. 27983 (1486); Berlin St.-B. lat. 409; 67; Freiburg U.-B. 392 a; London, Brit. Mus. Egerton 2258; Maihingen, Wallerst. Bibl. II Lat. 1, 4⁰, 70 (1455); II Lat. 1, 4⁰, 1; München Clm 21049; 3040; 563; 19848; Paris, B. N. Lat. 8506; Weilburg, Gymnas. 4; Wien N.-B. 10454; 12449; Bonnberg Q III 25; London, Brit. Mus. 15685. Verschollene Hss. waren in Ansbach, Rom Vat., Straßburg.

Sämtliche Hss. fließen aus einem verlorenen lateinischen Original; sie gliedern sich in drei Gruppen; die erste geht auf die Innsbrucker Fassung zurück und enthält die Mehrzahl der Hss.; die zweite Gruppe umfaßt Berlin 67, Weilburg, Kolmar, Freiburg, Clm. 3040 und 563. Die Drucke fußen auf einer Hs. dieser Gruppe. Eine dritte Gruppe liegt in Wien 10454, Greifswald, Wien 12449, Nürnberg und Clm. 19848 vor; sie sind freie Bearbeitungen; ihnen gehört auch die italienische Fassung München 11726 (15. Jh.) an, die enger mit der Wiener Hs. 10454 verwandt ist.

Lat. Drucke. 1. Ohne Ort u. Jahr (*Coloniae*): *Incipit historia septem sapientum. (P)oncianus regnavit in vrbe roma prudens* (Hain 8722). 2. *Historia Septem Sapientum Albie impressa.* Ohne Jahr (H. 8723). 3. *Historia de Calumnia novercali. Prefacio. (C) Omposita pridem calumnie nouercalis historia que septem sapientum dicitur.* Antwerpen bei Gerardus Leeu 1496 (H. 8724). 4. Köln, Joh. Koelhof 1490 (H. 8725). 5. Delfis per Christianum Snellaert 1495.

Vgl. H. Fischer *Beiträge z. Lit. der 7 weisen Meister I. Die hschr. Überlieferung der 'Hist. septem sapientum'*. Diss. Greifsw. 1902. G. Buchner *Die 'hist. S. S.' Nach der Innsbrucker Hs. v. J. 1342* (Erlanger Beitr. z. engl. Philol. 5) 1889. F. Moldenhauer *Die hschr. Überlieferung der 'Hist. septem sapientum Romae'*, Münchener Mus. 3 S. 235—247; ders. *Verzeichnis der Drucke der 'H. S. S. Romae'*, ebd. 3 S. 327—333 (10 Drucke bis 1526); ders., *Verz. d. Drucke der 'H. s. s.'*, Zs. f. Bücherfreunde, N. F. 6 II S. 226—231. J. Rest *Zum Verz. d. Drucke d. 'H. s. s.'*, Münchener Mus. 4 (1923) S. 231—232.

6. Deutsche Prosaübersetzung. Es gibt nur Prosaübersetzungen des 15. Jh.

Hss.: Eine 1. Gruppe umfaßt Leipzig, Stadtb. Hss. Rep. II 159 (v. J. 1492); Berlin St.-B., Gf. 1001, niederd.; Heidelberg, Pal. germ. 149; Stuttg., Cod. chart. 157. Die zweite Gruppe, einer anderen Vorlage entstammend, Frankfurt, Stadtb. Ms. 5 (1477 bis 1498); Trier, Stadtb. Cat. ms. 1935, num. loci 1432 (Bl. 51ᵃ—76ᵇ Anf.: *Poncianus der keiser reichsnet in der stat zu Roma*); Berlin St.-B. Gf. 59; Karlsruhe Cod. pap. germ. LXXIV (1448); Donaueschingen 146 (1478) u. 145. Eine dritte Gruppe ist nur durch Heidelberg, Pal. germ. 106 vertreten; ihre lat. Vorlage gehörte zu einer aus der Innsbrucker Hs. geflossenen Version. Zu untersuchen ist noch Berlin, St.-B. Gq. 763.

Drucke: Unter den 72 lat. u. deutschen Drucken, die 1470—1687 erschienen, sind allein 57 deutsche. Auf der Fastenmesse 1569 verkaufte der Frankfurter Buchhändler Michel Harder 233 Exemplare des Volksbuches. 38 Drucke sind hochdeutsch. Der erste Druck der *'Hist. S. S.'* ohne Ort u. Jahr um 1470 ist bereits deutsch: *Hie nach volget ein gar schön Cronick vnd histori . . . (P) Oncianus der keiser . .* (Hain 8727); 2. Augsburg, Joh. Bämler 1473; 3. 1474; 4. Augsb., A. Sorg 1478; 5. Augsb., A. Sorg 1480; 6. Augsb., Joh. Schönsperger 1481; 7. Augsb., Schönsperger 1486; 8. Kirchheim

i. Elsaß: *zu clain Troyga* 1497; 9. Augsb., Schönsperger 1497; 10. belgisch: *Die hystorie van die seuen wise mannen van Romen. Te Delf in Hollant* 1483; 11. Antwerpen 1488 bei Niclaes de Leeu; 12. Delf 1493. Nach 1500 wechseln als Druckorte Augsburg (1511), Straßburg (1512 u. ö.), Köln (um 1530), Ingolstadt (1540 u. ö.), Frankfurt (1554 u. ö.), Erfurt (1664), Nürnberg (1670), Reutlingen (o. J.). Im 19. Jh. gibt es Drucke o. O. 1819, Leipzig o. J., Berlin o. J., Frankfurt o. J. bei Winter, erneuert v. Simrock, Neuhaus o. J., um 1865, bearbeitet v. Jos. Hanfstängel. Niederdeutsch: Magdeburg bei Brandis 1494: *Eine schone Cronica vnd historia van den souen wisen meisteren getogen vth den geschichten der Romere*; Hamburg 1502, Rostock o. J., um 1600—1625; Hamburg 1601; 1618; 1687. Letzte Ausg. v. Rich. Benz 1911, nach Hs. Pal. germ. 149 u. 106 u. den Drucken d. 15. Jh.s.

7. Deutsche Versbearbeitungen. Neben der Prosaübersetzung entstanden zwei metrische Bearbeitungen. Der elsässische Dichter Hans von Bühel (s. d.), der zeitweise in Poppelsdorf bei Bonn im Dienste des Kölner Erzbischofs Friedrich III., Grafen v. Saarwerden lebte, schrieb seine Versbearbeitung i. J. 1412 unter dem Titel 'Dioclecianus Leben'. Er benutzte eine deutsche Prosa, die auch in Cod. Pal. germ. 106 vorliegt. Ein anonymes Gedicht, das gegen Ende des 14. Jh.s entstanden sein mag, stammt von einem Dichter, der wohl im südlichen Hessen gelebt hat. Er übersetzte unmittelbar aus der lateinischen Vorlage. Seine Kunst ist gering; er arbeitet mit formelhaften Versen und Reimen.

Ausg. beider Gedichte v. A. Keller *Diocletians Leben v. H. v. Bühel* (Bibl. d. ges. dtsch. Nationallit. 22) 1841; Ders. *Altd. Gedichte* 1846, S. 15—241. F. Seelig *Der elsäss. Dichter H. v. B.*, Diss. Straßb. 1887 (= Straßb. Studien 3, S. 243). Das anonyme Ged. war einst in Eschenburgs Bibl. (Keller *Diocl. Leben*, Einl. S. 37); eine von dieser verlorenen Hs. angefertigte Abschrift in Berlin, St.-B. Gf. 460. Dazu Erlanger Hs. v. J. 1476, jetzt nicht auffindbar; Hamburg C. ch. Fol. Scr. 91 c (C. U. p. 33) v. J. 1454. Vgl. P. Paschke *Über d. anonyme mhd. Ged. v. d. 7 W. M.* Diss. Breslau 1891.

Auf die lateinischen Hss. der Innsbrucker Gruppe geht wohl auch ein Schauspiel des Augsburger Meistersingers Sebastian Wild (um 1560) zurück.

Zu der angeführten Literatur vgl. noch: Murko *Die Gesch. v. d. 7 Weisen bei den Slaven*, WSB. 1890. Leroux de Lincy *Li Livres des VII sages de Rome* (in: Deslongchamps *Fables indiennes* 1838) teilt zwei franz. Redaktionen mit; Hss. der 1. Red. Paris, B. N. 189; 1444; 19166; 22933; 24431; Arsenal 3354; die der 2. Red. sind angeführt bei G. Paris *Deux rédactions*, Einl. S. 16, wo statt. Bibl. nat. 93 zu lesen ist: 95; dazu Bern 354; 388; Arras 657; Brit. Mus., Harlay 3860. Eine franz. Prosa des 15. Jh.s, die auf eine franz. Versdichtung des 13. Jh.s zurückgeht, liegt vor in Paris, B. N. 5036. Frühdrucke: *Les sept sages de Rome traduit du latin attribué à Dom Jehan Moine de l'Abbaye de Hauteselve per Jacobum Arnollet.* Imprimé à Geneve 1490; sowie 1492 u. 1494. Alessandro d' Ancona *Sette Savj* 1864. *Il libro dei sette Savi di Roma* (14. Jh.) (Scelta di curiosità letterarie XXIII) 1865.

Jos. Klapper.

Meister Arnolfus, *der ersame Doktor in der Kunst der Erznei, hat gemacht zu bete des rewirdigen Herrn, Herrn Richard von Gottes gnaden, Erzbischof zu Cantelberg* (was Canterbury ist) einen *edlen tractatus*, der da handelt von der heilenden Kraft des Eichbaumes, seines Holzes, seiner Früchte und seiner Blätter in drei Abschnitten; auch die Eichenmistel ist nicht vergessen. Das kleine Buch steht in deutscher Sprache aufgezeichnet im Codex C. 278 der Dresdener Landesbibliothek von einer Hand der ersten Hälfte des XV. Jh.s in sauberer Schrift auf Blatt 229b—230b. Sudhoff.

'Meister Reuauß'.

1. Überlieferung. Die Wiener Papierhs. 2880 aus dem 15. Jh. (vgl. Hoffmann S. 158 ff.), welche u. a. die Gedichte des Teichners (s. d.) enthält, überliefert auf Bl. 130b—141a ein 669 Verse umfassendes ironisches Lehrgedicht der Zeit um 1400, in dem sich mehreremale der *Meister Reuauß* nennt (Abdruck von Schönbach unter dem falschen Titel 'Meister Rennaus').

2. Inhalt. Meister Reuauß wandert *nach diser osterlichen zeit* durch die Lande und bietet als seine Salben die sieben Todsünden aus: Hoffart, Geiz, Unkeuschheit, Zorn, Gefräßigkeit, Haß und Neid, an Gottes Dienst Trägheit. Diese Laster werden beschrieben und als Salben ironisch angepriesen. Zum Schluß aber warnt Reuauß vor seinen Salben die, die das ewige Leben dereinst erlangen wollen. Schließlich ergreift noch sein Knecht

Lasterpalk das Wort und betont seine Bereitwilligkeit, die Salben zu verkaufen. *Da vor behüt uns herre got!* schließt der Verfasser unvermittelt.

3. Der Dichter nennt sich nicht. Nach Ausweis der Reime ist seine Mundart bairisch-österreichisch; ebenso gehört eine Anzahl seltener Wörter diesem Dialekt an, während der Schreiber mitteldeutsche Wortformen verwendet. Hugo von Trimberg (s. d.) hat in seinem 'Renner' die sieben Todsünden in Lebensbildern und moralischen Bemerkungen behandelt; ihm verdankt unser Gedicht wohl die Anregung und die Disposition, doch sind seine Schilderungen wahrer und lebendiger als die des trockenen Hugo. Manche Verse sind freilich unmittelbar aus dem 'Renner' entlehnt (Schönbach S. 15 f.). Möglicherweise schöpfte der unbekannte Dichter auch aus Freidanks 'Bescheidenheit'.

Schröder hat darauf hingewiesen, daß der Meister Reuauß identisch sei mit dem Ausschreier und Quacksalber Rubinus des jüngeren Osterspiels. Der und sein Knecht, Teufel Lasterpalk, erscheinen z. B. im Innsbrucker Osterspiel. Reuauß sei als *Riw(e)ûz*! zu deuten, also als eine Travestie auf die Figur und auf den Namen (*Rub(in)us* > *Ruw(in)us* > *Riwe-ûz* oder *Ruwin* > *Riuwe-în* > *Riuwe-ûz*!).

Hoffmann v. Fallersleben *Verzeichnis der altd. Hss. der k. k. Hofbibl. zu Wien* 1841. Schönbach Wagners Archiv f. d. Gesch. deutscher Sprache u. Dichtg. 1873, S. 17 ff. Edw. Schröder ZfdA. 59 (1921) S. 47f.

A. Witte.

Meisterl, s. Maisterl.

Meisterlin, Sigismund.

1. Überlieferung. 'Augsburg. Chron.': Augsb. Stadtbibl. 4° Aug. 1. 2° Aug. 56. 57. 58. 59. 61. Berl. Preuß. Staatsbibl. Ms. germ. 406, 4°. Cod. Pal. 676. Clm. 516. Cgm. 213. 379. Cod. bav. 2035. Nürnberg Stadtbibl. cent. IV. Nr. 91. Wien 3214. 3310. 3363. 3478. Druck 1522 durch Melchior Ramminger. — 'Ind. Monast. SS Ud. et Afrae': Aug. 320. clm. 22104. Maihingen II, 3. Bl. 27. — 'Nürnberg. Chron'.: Nürnberg. Germ. Mus. 3994. 3994 a. 15956. Stadtbibl. Schw. 198. 199. III 405. Will. I 231. Handelsbibl. 21. Arch. Konserv. 81, Bl. 128—176. 113. Jena UB. Bud. F 268. Clm. 23788. Wolfenbüttel 5. 6. Aug. Ms. 30. 9. Aug. Ms. Vgl. Priebsch II 235. 236. — 'Vita St. Sebaldi': Clm. 901. 23877. — Gedichte: Clm. 4408. — Briefe: Kolmar Stadtbibl. 45. Bl. 180 b—182 a. Clm. 4393. 4416. 23877. Cgm. 213. München UB. 667, 2°, Bl. 198b—204b. Augsburg Stadtbibl. 11, 4°. 320, 2°.

2. M. stammt wahrscheinlich aus Augsburg. Fünfzehnjährig, vielleicht noch vor der Reform durch Schlitpacher (s. d.), trat er in das Benediktinerkloster St. Ulrich und Afra ein. Zur Zeit der Auffindung der Gebeine der hl. Digna (1454) beginnt er schon Material für seine historische Arbeit zu sammeln. Angeregt wird er durch den Verkehr mit Sigismund Gossembrot. Die '*Chronographia Augustensium*' wurde am 20. Juni 1456 beendet. Am 9. April 1457 zog M. nach Italien vor allem, um das kanonische Recht zu studieren, doch interessierte ihn der Humanismus mehr. Zu Padua verweilt er im Kloster St. Justina. Studiengenossen klagen über seine zänkische und leicht erregbare Natur. 1461/62 verließ er Italien. Mai 1462 ist er Novizenmeister in St. Gallen. Zwei Jahre später finden wir ihn in Murbach die Reformbestrebungen des Abtes Bartholomäus von Andlau unterstützen. Auch da ist er, wie sein Eintreten für die Erhaltung eines Teppichs, der die Privilegiensammlung des Klosters enthält, zeigt, mit historischen Studien und der Materialsammlung für eine Klostergeschichte beschäftigt. 1469, als Sekretär und Kapellan des Grafen Ulrich von Öttingen, kann er ebenfalls seinen historischen Neigungen nachgehen; so kauft er 1470 auf der Nördlinger Messe Bücher ein. Bald nachher befindet er sich im Benediktiner-Priorat St. Valentin in Ruffach, wo er Beziehungen zu Murbach und Augsburg unterhält. Dem Buchdruck widmet er reges Interesse. Wie Gossembrot verband ihn freundschaftlicher Verkehr mit den elsässischen Humanisten. 1476 wirkte M. als Prediger in Würzburg. 1477 erhielt er als Pfründe die Pfarre Laudenbach; bald nachher bekleidete er eine Stelle als Prediger zu St. Sebald in Nürnberg, wo er in eine heftige Kanzelfehde mit dem Dominikaner Peter von Kadan geriet. 1481 erhielt er die Pfarre Gundlach. Von da ab entfaltete M. eine fruchtbare historio-

graphische Tätigkeit. Juli 1483 vollendete er das von Abt Johann von Giltingen angeregte '*Chronicon ecclesiasticum*', eine Geschichte der Heiligen, Bischöfe und Äbte von Augsburg, mit dem Jahr 1474 abschließend. Dann arbeitete er den '*Index monasterii Ss. Udalrici et Afrae*' aus. Auf offiziellen Auftrag entstand sodann die '*Vita S. Sebaldi*' und die 'Nürnberger Chronik', deren erster Teil 1485 vollendet wurde. Die Verdeutschung von 1488 ist als neues Werk anzusehen. Infolge M.s Einstellung zu den Burggrafen konnte das Werk nicht als offizielle Stadtchronik ausgegeben werden. Neue Pläne, die als Ergänzung zur 'Chronik' gedacht waren, wurden nicht mehr ausgeführt. 1489 wurde M. Pfarrer in Feucht bei Nürnberg. Von da ab ist kein historisches Werk mehr nachzuweisen. 1491 verließ er die Nürnberger Gegend. Vielleicht beschloß er seine Tage in seinem Heimatkloster.

3. M.s Bedeutung liegt in der Geschichte der deutschen Historiographie. Er ist der erste, der planmäßig Notizen sammelt und sie verwertet, er will eine Geschichte des deutschen Volkes schreiben. Er ist stark von seinen Quellen abhängig. Die Frage nach des Plinius deutscher Geschichte in der '*Chronographia Augustensium*' zeigt sein Verlangen, fremde literarische Quellen zu verwerten. Theologische Anschauungen mischen sich mit humanistischen. Die Übereinstimmung der Quellen erzielt er nicht auf kritischem Weg, sondern durch Umdeutung. Humanistisch ist die Absicht, die Gegenwart aus der Geschichte zu erklären. Die von Gossembrot angeregte deutsche Übersetzung der 'Augsburger Chronik' steht unter den Verdeutschungsversuchen von Steinhöwel, Eyb und Wyle; sie soll den neuen Stoff für die Bildung nutzbar machen. In diesem Sinn belebte sie auch Augsburgs städtische Geschichtsschreibung und regte zwei anonyme Chroniken, Bolstätters Kompilation und Hektor Mülichs (s. d.) Chronik, an. Die direkte Berührung mit dem italienischen Humanismus äußert sich bei M. in einem freieren Stil. Im '*Index monasterii Ss. Udalrici et Afrae*' zieht er Grabsteine, Inschriften, Wandmalereien als Quelle heran. Die Anregung zu einer Inschriftensammlung läßt ihn als Vorläufer Peutingers und Aventins erscheinen. Zusammenhänge mit großen historischen Ereignissen werden hergestellt. Auch in der Gruppierung des Stoffes zeigen sich Fortschritte. Die '*Vita S. Sebaldi*' ist ebenfalls einheitlich und lebendig gestaltet. Die Ergebnisse von M.s Forschungsreisen, auf denen er sich Exzerpte und Auszüge anlegte, sind gering. Die Stadtbeschreibung in der 'Nürnberger Chronik' und der '*Index*' zeigen Enea Silvios Einflüsse. Die zweite Bearbeitung der 'Chronik' ist gerundeter, oft scheint der frühere Text kombinierend umgestaltet zu sein. Im Mittelpunkt steht der Zunftaufruhr von 1348. Das Werk warnt die Bürger, adelige Sitten anzunehmen. Wie die meisten Frühhumanisten ist M. patrizisch gesinnt und verachtet Pöbel und Zünfte. Die Darstellung ist von Sallust abhängig. Bilder und Allegorien weisen auf Kenntnis der Dichtungen von Rosenplüt (s. d.) und Folz (s. d.). Die deutsche Bearbeitung hat sich vom lateinischen Vorbild befreit. Wendungen der Urkundensprache sollen das Vertrauen zur Darstellung heben. Die Anwendung der Volkssprache erreicht Deutlichkeit und Verständlichkeit. Mitteldeutsche Elemente verbinden sich mit dem schwäbischen Unterbau in seiner Sprache. Anreden und Ermahnungen verweisen auf die Predigt als Vorbild.

Wegele ADB. XXI S. 264—66. P. Joachimssohn *Die humanistische Geschichtschreibung in Deutschland. Die Anfänge. Sigismund M.* 1895. Ders. *Zur städt. u. klösterl. Geschichtschreibung Augsburgs im 15. Jh.*, Alem. 22 (1894) S. 1—31. D. Kerler *Nachträgliches zu S. M.*, Forsch. z. dt. Gesch. 12 (1872) S. 659—66. P. Braun *Notitia historico-litteraria de codicibus manuscriptis in bibl. liberi ac imperialis monasterii OSB. ad SS. Udalricum et Afram Augustae extantibus.* II (1793) S. 42—75. B. Pez *Thesaurus anecdotorum novissim.* II, 3 (1721) S. 382—398. Pistorius-Struve *Rer. Germanic. veteres iam primum publicati scriptores* VI (1726) S. 657—84. *Chroniken d. dt. Städte 4. Augsburg* 1865. A. Steichele *Fr. W. Wittwers Katalog der Äbte v. Ulr. u. Afra*, Arch. z. Gesch. d. Bist. Augsburg 3 S. 302 f. *Chroniken d. dt. Städte 3: Nürnberg* 1864. Th. v. Liebenau *Murbacher*

Annalen, Anz. f. Schweiz. Gesch. 14 (1883) S. 167—176. R. Busch *Murbachs Bibliothekskatalog*, ZblfBblw. 3 S. 365. Zarncke *Analecta Murbacensia* II, Philologus 49 (1890) S. 626 ff. Fr. X. Kraus *Kunst und Altertum im Oberelsaß* II (1884) S. 477—481. Westd. Zeitschr. 4 (1885) S. 299—310.

R. Newald.

Meißen, s. Heinrich, Meffreth, Neidhart v. M. sowie Frauenlob.

Der Meißner. Spruchdichter aus der 2. Hälfte des 13. Jh.s. Seine Sprache weist ihn nach Mitteldeutschland, worauf auch sein Name deutet. Als Fahrender scheint er seinen Aufenthaltsort öfter gewechselt zu haben; ob er in Süddeutschland war, steht nicht fest, doch hatte er sicher Beziehungen zum böhmischen Hof und vor allem zu den Markgrafen von Brandenburg, deren drei er mit Lobsprüchen bedenkt. In märkischen Urkunden begegnet der Name „Meißner" von 1273 an bis weit ins 16. Jh. hinein. Ob man den Dichter aber mit dem Ritter *Henricus Misnere*, der von 1282—1303 bezeugt ist, gleichsetzen darf, scheint mir zweifelhaft. Am 15. Juni 1303 verrechnet H. Studer, Propst in Ulten: *item Mihsnerio cantori lib. XX per litteras ducis Ottonis* (Forschgn. u. Mittlgn. z. Gesch. Tirols 8 [1911] S. 6). Vielleicht haben wir darin unseren Fahrenden zu erblicken, der also eine Zeitlang in einem gewissen Dienstverhältnis gestanden zu haben scheint. Seine äußeren Verhältnisse waren offenbar nicht günstig, denn er bittet wiederholt um Lohn für seine Kunst. Andrerseits hält er sich aber von den niederen Fahrenden fern; durch seine große Gelehrsamkeit und eine — vielleicht klösterliche — Bildung hebt er sich scharf von ihnen ab. In seiner Kunst ist er ein Schüler Reinmars von Zweter, wie dieser pflegt er den Spruch in allen seinen Gattungen. Verschiedentlich sehen wir ihn in die literarischen Fehden, wie sie zwischen Spruchdichtern der 2. Hälfte des 13. Jh.s üblich waren, verwickelt. So greift er den Marner wegen zweifelhafter Gelehrsamkeit, mit der er zu Unrecht prahle, an, wird aber selbst von Meister Gervelin aus ähnlichem Anlaß gescholten. Hermann Damen und Konrad von Würzburg erwähnen ihn rühmend. Stark ausgeprägt sind bei ihm die religiösen Sprüche. Es sind Gebete oder Abhandlungen zu theologischen Fragen, die eine gute Bibelkenntnis verraten. In seinen didaktischen Sprüchen bahnt sich die Umwandlung des alten ritterlich-höfischen Ideals zu einer bürgerlichen Ethik bereits stark an. Weder dem Geist noch der Form nach erreicht er die Höhe seines Meisters Reinmar.

Jenaer Liederhs. *J* (Nr. 25, Bl. 81—101^b, mit 15 Melodien). G. Holz, E. Bernoulli u. F. Saran *Die Jenaer Liederhs.* 1901 I S. 135 bis 168; II S. 53-65, 89 f. B. Chr. B. Wiedeburg *Ausführliche Nachricht von einigen alten teutschen poetischen Manuscripten aus dem dreyzehenden und vierzehenden Jahrhunderte, welche in der Jenaischen akademischen Bibliothek aufbehalten werden* 1754, S. 43—48. Myller *Sammlung deutscher Gedichte aus dem 12. 13. und 14. Jh.* II (1785): *'Ein Aldt Meister Gesangbuch'* S. 31—48. Bragur 6, 1 (1798) S. 19 f. (= VI, 9). HMS. III 86—110, 744—747; IV 720—723, 755. W. Wackernagel *Das deutsche Kirchenlied* II (1867) S. 146—156 (= I, 1. 3. II, 2. IV, 2. 3. 12. V, 1. 3. 4. VI, 2. 9. VII, 1—3. VIII, 1. 2. 5. IX, 1. 2. X, 1. 4. 5. XII, 3. 4. XVI, 1. 7. XVII, 5—7. 15. XIX, 1. 2. XIV, 1. XV, 4). R. Zoozmann *Deutscher Minnesang* o. J., S. 313 (= X, 1). A. Frisch *Untersuchungen über die verschiedenen mhd. Dichter, welche nach der Überlieferung den Namen Meißner führen.* Diss. Jena 1887. G. Roethe *Die Gedichte Reinmars von Zweter* 1887 (s. Reg.). A. Wallner *Sechs Rätselsprüche: 5. Meißner*, PBB. 44 (1920) S. 115 f.

Elisabeth Karg-Gasterstädt.

Melk, s. Heinrich u. Peter v. M. sowie 'Marienlied v. M.'

Melzer, Bernhardin, Görlitzer Unterstadtschreiber und Bürgermeister um 1500.

1. Er stammte aus Sagan und wurde in Leipzig im Winter 1476 immatrikuliert, dort wurde er 1478 Baccalaureus. Bürger und zugleich *subnotarius* der Stadt Görlitz wurde er 1488, als sein Vorgänger Matthias Breitmichel wegen seiner schlechten Amtsführung und seines gröblichen Betragens in der Fastenzeit 1488 das Amt niederlegen mußte. 1491 wird er in den Rat gezogen, 1495, 1499, 1503, 1506 und 1508 war er Bürgermeister. Er starb an der Wassersucht am 29. Juni 1512. M. war ein sehr sorgfältiger treuer Beamter, der sich um die innere Verwaltung und die

Kanzlei große Verdienste erwarb. Das Politische wurde meist von den Oberstadtschreibern besorgt.

2. Wir verdanken M. zwei Bände Annalen, die fast ausnahmslos von seiner gleichförmigen schönen Hand geschrieben sind. Der erste Band umfaßt 282 fast durchweg beschriebene Bll. und berichtet von den Jahren 1480—1495; den zweiten Band füllen nur 57 beschriebene Bll., die bis 1497 reichen. Nur wenige Stücke greifen in die Vergangenheit zurück. Man kann die Annalen in der Hauptsache als ein Urkundenbuch seiner Zeit bezeichnen. Viele eingehende und ausgehende Schreiben sind in vollem Wortlaut abgeschrieben, anderes urkundliches Material schließt sich an. Wenn auch ein Teil davon anderswo überliefert wurde, so doch keinesfalls alles. Daneben spielen chronikalische Nachrichten kaum eine Rolle. Alles in allem: M. hat sich um die Geschichte der Oberlausitz und der Stadt Görlitz ein großes Verdienst erworben.

Gedruckt sind die zwei Bände Annalen von J. L. Haupt *Script. rerum Lusatic.* NF. II (1841) S. 1—305, 309—390. Leider ist das Register unvollständig, vor allem wäre eine Regestierung der Urkunden von großem Nutzen. Quellen: Stadtbücher, Kaufbücher, Geschoßbücher neben M.s Chronik selbst. Vgl. O. Lorenz *Deutschlands Geschichtsquellen* II (1877) S. 121. R. Jecht *Gesch. v. Görlitz* S. 243, 247, 399.

R. Jecht.

Memmingen, s. Abraham v. M.

Memento mori, s. Nachtrag.

Menger, Konrad, Propst zu Bränigen (?) in der Schweiz. Eine deutsche Predigt über die Geburt Christi erhalten in der Hs. 302 in Kloster Engelberg, Bl. 22a—33b: *Sermo de nativitate domini. Compilatus per magistrum Conradum Menger, praepositum Bregniani, ad devotam et religiosam dominam Margaretham am Grund, sanctimonialem monasterii montis angelorum, anno domini M°CCCC°LXXXIII° in die nativitatis dominicae. M. A. G. Impleti sunt dies Marie ... Ir andechtigen in got. Dise wort, die ich gesprochen han zu latin...* Er hat also diese Predigt am 25. Dezember 1483 an die Nonne Margarete am Grund in Engelberg gesandt, die sie vermutlich von ihm gehört und um ihre Niederschrift gebeten hatte. W. St.

Mennel, Jakob. 'Schachzabel' (586 V.), wenig überarbeiteter, allerknappster Auszug, ohne Quellenangabe, aus Konrad von Ammenhausen (s. d.). M. ist Doktor und aus Bregenz gebürtiger Rechtsgelehrter, er hat jenes Plagiat in Konstanz 1507 besorgt und drucken lassen: *allem adelichen gemüt, so in diser übertreffenlichen versamlung erschynt.* Dieser Druck umfaßt 13 Quartblätter, Bl. 8—11 sind für Handzeichnungen freigelassen, dafür später Holzschnitte. Dem 2. Buche Konrads entsprechen v. 219—280, und zwar jedesmal dem Anfang der einzelnen Kapitel über die edlen Figuren, ohne Erzählung. Das wichtigste und ausführlichste Buch III bei Konrad über die gemeinen Schachfiguren ist nur mit v. 281—288 angedeutet, die Arbeit ist eben nur zunächst für jene hohen Kreise des Konzils bestimmt. Als Hofchronist schreibt er u. a. eine kleine wertlose deutsche Reimchronik *'Chronica Habspurgensis nuper Rigmatice edita'* 1507.

Text bei F. Vetter *Das Schachzabelbuch Kunrats v. A.* 1892 [unter dem Text dieser Vorlage], nach dem Druck Oppenheim 1520 bis v. 248, weiter mit Variantenangabe für 1—248 nach dem 1. Druck von 1507. A. v. d. Linde *Gesch. u. Lit. d. Schachspiels* 1874, I, 2 S. 134. Über die Gesamttätigkeit M.s vgl. Horawitz ADB. XXI (1885) S. 358.

Mitzka.

'Merigarto'.

1. Das Gedicht ist nur in Bruchstücken auf zwei zusammenhängenden Pergamentblättern überliefert. Die beiden Blätter stammen aus der Wende des 11./12. Jhs. und wurden zum Einband einer lateinischen Handschrift benutzt, die sich in der Fürstlich Fürstenbergischen Bibliothek zu Prag befindet. Dort entdeckte Hoffmann v. Fallersleben die Bruchstücke, die er — soweit sie noch lesbar waren — unter dem Titel '*Merigarto*' (1834) zum ersten Male veröffentlichte und später in seinen 'Fundgruben' (1837) erneut abdruckte. Den besten Text bietet jetzt Braune *Althochdeutsches Lesebuch* (von der 4. Auflage [1897] an). Er nahm die von Kelle neu entzifferten Anfangsverse auf, schloß sich sonst aber überwiegend an die von Steinmeyer besorgte 3. Auflage der 'Denkmäler' an, da dieser gegenüber Müllenhoff wieder strenger

der handschriftlichen Überlieferung gefolgt war. (Roediger S. 418 f.; Pretzel S. 236.)

2. Die Dichtung ist in Reimpaaren verfaßt — erhalten sind wenig mehr als 200 Verse — und zeigt ausgesprochen bairische, gelegentlich auch ostfränkische Merkmale (z. B. *n*-Verlust im Infinitiv). Das Klangbild, aus dem Sievers schwäbische Heimat erschließen zu können glaubte (PBB. 56 [1932] S. 203 Anm.), dürfte als Beweis gegen die sprachlichen Kriterien nicht ausreichen. Die Reimtechnik (Pretzel S. 239—242) macht die Datierung gegen Ende des 11. Jh.s wahrscheinlich; diese wird auch durch eine inhaltliche Angabe gestützt (s. u. 4). Der Name des Verfassers ist nicht bekannt.

3. Der von Hoffmann geprägte Titel geht nach seiner eigenen Angabe auf ein von Jacob Grimm *Mythologie* (1835) S. 458f. erschlossenes Wort *merigarto* zurück, das dieser aber in der 2. Auflage (1844) II S. 754 berichtigte. Vielleicht auch deswegen beanstandete Jacob Grimm in einer Besprechung der 'Fundgruben' (1838) die Überschrift; freilich fährt er fort: „Denn weder im Bruchstück selbst begegnet dieser altertümliche Ausdruck, noch braucht er vielleicht in dem ganzen Werke, wenn es erhalten wäre, vorzukommen." Trotzdem hat der Titel sich durchgesetzt. Das Wort bedeutet „der vom Meer umgürtete, meerumflossene Raum, Erdkreis, Welt" (Ehrismann S. 231) und gibt einen durchaus möglichen Hinweis auf den Stoff, welchen der Dichter insgesamt behandelt haben könnte; außerdem ist es in mittelhochdeutscher Zeit gut bezeugt (Belege bei Grimm *Mythologie* [⁴1875f.] II S. 662f.; Ehrismann S. 231 Anm. 3) und findet sich bereits in dem sogenannten 'Keronischen Glossar' (s. Kero von St. Gallen) des 8. Jhs. in der Form *merikerte* = *In etherium* (Steinmeyer *Die althochdeutschen Glossen* I [1879] S. 188, 12. Zu *merigarto* vgl. MSD. II S. 195).

4. Obwohl es sich um kein Denkmal von poetischem Wert handelt und der Inhalt schon damals weder neu noch bedeutungsvoll war, verdienen die Bruchstücke dennoch Beachtung. Sie bilden nämlich sehr wahrscheinlich Teile einer umfassenden Erdbeschreibung und haben als solche keine Parallele im deutschen Schrifttum der gleichzeitigen Epoche. Es ist in ihnen die Rede von verschiedenen Gewässern (Quellen, Flüssen, Meeren), deren Kenntnis der Verfasser teils direkt oder indirekt Isidors 'Etymologien' (besonders Buch XIII, Kap. 12—22), teils mündlichen Berichten verdankt. So nennt er z. B. als Gewährsmann für seine Schilderung der Insel Island einen Pfaffen *Reginpreht*, den er in Utrecht kennenlernte. Dorthin war er auf der Flucht aus seiner Heimat gekommen:

ih uuas zÛztrehte in urliuges fluhte,

[so Schade und nach ihm wieder E. Schröder statt *urliugefluhte*, vgl. im zweiten Abschnitt *urliuges strîte*]

uuant uuir zuêne piskoffe hêtan,
die uns menigiu sêre tâtan.
duone maht ih heime uuese.

Daß sich diese Verse auf den Kampf des von Heinrich IV. 1085 abgesetzten Bischofs von Würzburg Adalbero mit seinem Rivalen Meginhart beziehen (so schon MSD. S. 197), kann keinem Zweifel unterliegen. Ebenso die Tatsache, daß die einzelnen Kapitelüberschriften erst vom Abschreiber hinzugefügt wurden und damit alle aus ihnen gezogenen Schlußfolgerungen hinfällig sind (vgl. hierzu neuerdings wieder E. Schröder). Treffend charakterisierte Ehrismann die Dichtung mit den Sätzen: „Erdkunde, in deutsche Verse gebracht, ein profaner Gegenstand aus dem Gebiete der Schulwissenschaft der sieben freien Künste. Aber doch sind die herrschenden Ideen der Zeit, die religiösen, hineingetragen, denn am Eingang steht Gott als Schöpfer, der die Dinge hervorgebracht hat, von denen der Verfasser lehren will" (S. 233).

Ausgaben: H. Hoffmann *Merigarto. Bruchstück eines bisher unbekannten deutschen Gedichts aus dem 11. Jh.* 1834. Teilweise wieder abgedruckt in: Fundgruben II (1837) S. 1—8. Dazu Jacob Grimm Götting. Gelehrte Anzeigen 1838, S. 547 ff. = Kl. Schriften V (1871) S. 279f. O. Schade *Veterum Monumentorum theotiscorum Decas* 1860, S. 18—29. W. Wackernagel *Altdeutsches Lesebuch* ⁴1859, Sp. 139—142; ⁵1873, Sp. 317—320. P. Piper *Lesebuch des Althochdeutschen und Altsächsischen* 1880, S. 196

—199; ders. *Die geistliche Dichtung des Mittelalters* [1888] I S. 54—60. K. Müllenhoff und W. Scherer *Denkmäler* ³1892 I, Nr. 32, S. 93—100; II S. 188—197. W. Braune *Althochdeutsches Lesebuch* (⁹1928) Nr. XXXXI, S. 157—160, 208.

Literatur: M. Roediger ZfdA. 33 (1889) S. 417 ff. J. Kelle *Geschichte der deutschen Literatur* II (1896) S. 40 ff., 266 ff. F. A. Wood Modern Philology 12 (1915) S. 502. Th. von Grienberger PBB. 45 (1921) S. 417—429. G. Ehrismann *Geschichte der deutschen Literatur bis zum Ausgang des Mittelalters* II, 1 (1922) S. 231—234. F. Vogt *Geschichte der mittelhochdeutschen Literatur*³ 1922 S. 71 f. E. Schröder ZfdA. 72 (1935) S. 281 f. U. Pretzel *Frühgeschichte des deutschen Reims* 1 S. 236 bis 242 (im Druck).

Hans Bork.

Merlinger, s. Metlinger.

Merode, Peter, s. 'Pilgerfahrt'.

Merswin (Merschwin, Meerschwein), **Rulmann,** gest. 18. Juni 1382.

1. Hss. I. Früheres Bezirksarchiv Straßburg: 1. Urkunde der Abtlg. H 1352 ff. 2. Kopialbücher H 1616—1618. 3. Hss. 1) H 2185 Briefbuch, teils Pgt. teils Pap. zu je 35—40 Zeilen, geschr. zw. 1391 u. 1402; 2) H 2184 Neunfelsen (*De novem Rupibus*), Pgt. 31 × 22 cm, vollendet nicht vor 1385 (sog. zweites übriggebliebenes Lateinbuch); 3) H 1383 Drei-Pfleger-Memorial, Pap. 4⁰, 15. Jh. Schreiber: Komtur Amandus; 4) H 2190 Erweitertes Pfleger-Memorial, Pgt. 4⁰, 16. Jh.

II. Frühere Univ.- u. Landesbibl. Straßburg: 1) L als 96ª (sic), Großes deutsches Memorial, Pgt. 29 × 20½ cm, vollendet zw. 1391 u. 1400; 2) L germ. 665 Neunfelsen (*Rulmanni de 9 Rupibus autographus*), Pap. 14 × 21 cm, geschr. um 1350, hg. v. C. Schmidt *Das Buch v. d. neun Felsen* 1859; 3) L germ. 642 Zwei-Mannen-Buch, Pgt. 12⁰, hg. v. F. Lauchert 1896; 4) L als 109, Necrologium des Johanniterhauses z. Grünen Wörth, Pgt. fol., 15. Jh. 5) L als 96, Erstes lateinisches Memorial u. Pflegermemorial, Pap. fol., abgeschr., übersetzt, beschrieben von F. J. Goetzman (1693—1770) 1745; 6) L als 740 Johanniter-Chronik, Pap. 4⁰, 1764.

III. Stadtarchiv Straßburg: 1) Hs. B 54 (VD G68) Erweitertes Pflegermemorial, Pap. 4⁰, 18. Jh. (stimmt mit H 2190 des Bezirksarchivs überein); 2) Urkunden der Abteilg. GUP 35. 37; VDG 67; KuN9; PfThG 7; Hosp.Arch. I 34 fasc. 2.

IV. Freiburg i. B. Univ.-Bibl.: 1) 470 Pap. 4⁰, 1465 'Das Buch v. d. neun Felsen'; 2) 194 Pap. 4⁰, 14./15. Jh. 'Das Meisterbuch'; 3) 467 Pap 4⁰, 14. Jh. Regeln des Johannitermeisters Raymundus; enthält auch: 'Ordnung der Pfleger des Hauses zum Grünenwörth'.

V. Karlsruhe, Landesbibl. St. Georg 80: 'Das Meisterbuch', Pap. 4⁰, 1425.

VI. München, Staatsbibl. Cgm. 818, Pap. 12⁰, 15. Jh.: Rusbruch 'Geistl. Brautlauf', enthält auch den Traktat '*von der fürkummenem gnoden*'.

VII. Berlin Staatsbibl. Cod. ms. germ. quart 839 vom Jahre 1435: Das kleine Memorial.

VIII. Neunfelsenhss. außerdem in St. Gallen, Königsberg, München, Stuttgart, Maihingen, Hildesheim, Delft usw.; vgl. Strauch in seiner Ausgabe (s. u.) S. VII f. u. XII.

2. Geschichte. Rulmann M. (auch *Delphinus*), mit schwarzem Schwein (nicht Meerschwein) im gelben Schild, 1307 geboren als Kind einer vom 14. — 16. Jh. viel in den Straßburger Urkunden genannten Familie, war Kaufmann und Wechsler in seiner Vaterstadt, Bruder des als „Burggraf" v. Straßburg (bis Anfang 1374) und Pfleger des Grünenwörth oft in Urkunden genannten Johannes M., der die Wache über die Bischofsburg und die Rechtsprechung über die Handwerkerzünfte hatte. Rulmann M. war zeitweise „Geschworener der Münze". Nach dem frühen Verlust der ersten Frau heiratete er Gertrud, Witwe des Joh. Völtsche und Tochter des Reimbold Reimböldelin (*UB. d. Stadt Straßburg* VII Nr. 1002) aus Bütenheim (daher G. v. B.) und verlor sie durch den Tod am 6. Dez. 1370. Als Vierzigjähriger verabredete er — wenn das 'Buch von den vier Jahren' hierin Vertrauen verdient — mit dieser zweiten Gattin (1347) künftig enthaltsam zu leben, zog sich vom Geschäft zurück (Rieder S. 189* u. 191*) und begann ein ganz dem Religiösen zugewandtes Leben, wobei er Tauler zum Beichtvater wählte. Unterm 8. Jan. 1350 erwerben sich beide Gatten von Klemens VI. einen Sterbeablaß. Am 2. Jan. 1367 läßt Rulmann sich um 500 Mark Silber von den Benediktinern zu Altdorf das Benützungsrecht des verödeten Klosterbaus auf dem Grünenwörth auf 100 Jahre übertragen, am 29. Nov. 1367 kauft er sämtliche an diesen anstoßenden Güter des durch die Engländereinfälle völlig verarmten Klosters Altdorf „ausgenommen das Kloster, die Kirche, den Friedhof und alle geweihten Orte und Dinge, welche an obige Güter anstoßen", um 60 Pfund Pfennig. Damit war selbstverständlich trotz dieser

Ausnahme Kirche und Kloster für immer den Altdorfer Benediktinern entzogen und das Besitzverhältnis rechtlich kaum mehr erkennbar. Ein radikaler Umbau, dessen Kosten ebenso wie die 500 Mk. Silber im Falle einer Kündigung von den Benediktinern an die Erben M.s zu vergüten wären, sicherte den Besitz noch mehr, und so ist denn im Vertrag mit den Johannitern vom 12. Jan. 1371 und in der eigentlichen Übergabe des Klosters an deren Orden v. 23. März 1371 keine Rede mehr vom Besitzrecht der Benediktiner. Ein kundiger Geldmann hatte die verarmten Benediktiner außer Besitz gesetzt und brachte die neuen Besitzer mit gleicher Klugheit nur so weit in den Gebrauch des Klosters, als die von ihm eingesetzten „Pfleger" aus dem Laienstand an Hand des Stiftungsvertrags es zulassen sollten. Die urkundlich belegte Schilderung dieses Handels durch K. Rieder (s. u.) zeigt, wie durch die Übertragung an die Johanniter und durch den Pfleger-Vertrag nicht nur die Altdorfer Benediktiner, sondern auch der Straßburger Bischof beiseite geschoben waren, der nach einem ersten Vertrag vom 17. Aug. 1366 (Text bei Rieder S. 239*—241*) dem Rulmann auf 12 Jahre hinaus die Vollmacht erteilt hatte, an der wiederherzustellenden Kirche „legale und geeignete Priester erprobten Lebens und ehrbaren Wandels nostra auctoritate anzustellen" (*Straßburger Urkundenbuch* V Nr. 563). Von 1371 an hat der Bischof nichts mehr über die anzustellenden Priester zu sagen, denn der Johanniter-Orden ist exempt. Aber auch der Orden hat in diesem Haus seiner „Ballei Oberland" nur sehr beschränkte Rechte: Die Verwaltung der Güter untersteht der Aufsicht der Pfleger, die Anstellung der Ordenspriester an der Kirche erfolgt auf Vorschlag der Pfleger; das für den Orden wesentliche Krankenspital wird schon nach den ersten Jahren durch Rulmann wieder abgerissen und durch ein Pfründnerhaus ersetzt; Pfründner und selbst Pfründnerinnen müssen aufgenommen werden auf Verlangen der Pfleger; das Haus darf nie vom Orden mit Abgaben belastet werden; die Aufsicht über die Beobachtungen der Satzungen liegt bei den Pflegern, die innerhalb eines Monats Rechtsentscheidung beim Komtur von Dorlisheim verlangen und bei Rechtsverweigerung sofort — ohne Appellation — sämtliche Güter außer Friedhof und Kirche an sich ziehen können. Kurz, die Stellung des Johanniterhauses ist eine ganz einmalige: ein Ordenshaus auf immer in die Gewalt von drei Kaufleuten gegeben. Daß Konrad von Braunsberg im Vertrag vom 12. Jan. 1371 (Abdruck bei Rieder S. 172*—175*) den Kaufleuten so weitgehende Zugeständnisse machte, bleibt ebenso erstaunlich wie die Bestätigung eines so exorbitanten Vertrags durch Bischof Lambert von Straßburg am 22. Febr. 1372 und durch den obersten Johannitermeister Raimund Berengar schon am 20. Okt. 1371. Die Stiftung selbst blühte, durch die klugen Kaufleute verwaltet, so auf, daß Grünenwörth bald der finanzielle Mittelpunkt der übrigen elsässischen Johanniterklöster wurde und nacheinander das Haus zu Rheinau und das zu Schlettstadt sich inkorporieren konnte. Aus dem Kloster war — „in der Tat ein Pfründhaus für vornehme Straßburger Familien" geworden (Rieder S. 149).

Rulmann M. zog sich selbst als Pfründner in seine Stiftung zurück und starb in Grünenwörth als 75jähriger am 18. Juni 1382.

2. Die sog. Autographa Rulmanns. Der Hss.-Katalog, den Joh. Jak. Witter 1746 von den Manuskripten des Johanniterhauses aufstellte (*Catalogus Codicum Ms. in bibliotheca S. Ord. Hiersolymithani Argentorati asservatorum*... 1746), sagt S. 56: „Rulmanni Merswini Fundatoris Domus Viridis Insulae scripta. Teutonice M. f. [= Großes Deutsches Memorial?]. Eiusdem Scripta quaedam ex Teutonico in Latinum translata. Praemittitur iis brevis Narratio de Fundatione, Renovatione et Incremento laudatae Domus M. f. [= Lateinisches Memorial?]. Eiusdem Tractatus. Von den nien Felsen M. 4. Eiusd. Tr. de Egressu spirituali ex Aegypto. Teutonice M. 12. Eiusd. Narratio quid sibi evenerit in Vigilia Nativitatis Christi 1356 Teutonice M. 12 [= Send-

schreiben]. Ein Buch, welches seit von unseres Herren Christus Leiden, das er hat gelitten in der Zit, und von siner Herrschaft, die er hat in Ewigkeit M. 4."

Diese späte, nicht in allem mehr verständliche Aufzählung des Grünenwörther Hss.-Bestandes, soweit er damals Rulmann M. zugeschrieben wurde, findet nun eine gewisse Erklärung und große Bereicherung einmal in den Memorialbüchern des Grünenwörth, sodann im sog. Briefbuch, wo es über dem Traktat 'Von den vier Jahren' heißt, daß er *sin selbes hant und geschrift* sei (Rieder S. 18* und 144* 24). Dieser Traktat soll die autographe Selbstbiographie Rulmanns enthalten. Er ist heute am besten ediert durch Strauch (Altdtsche Textbibl. 23) 1927.

Ein zweites Autograph von Rulmanns Hand soll die von K. Schmidt 1859 herausgebene Hs. der Landesbibliothek Straßburg L. germ. 665 sein: *Rulmanni Merschwin de 9 rupibus autographus* (das 'Buch von den neun Felsen'), geschrieben 1352, Edition von Strauch a. a. O. Nr. 27 (1929). Ein drittes soll das 'Zwei-Mannenbuch' (19*) sein, das in der Hs. der Landesbibl. L germ. 642 erhalten und von Lauchert (1896) ediert wurde.

Sämtliche anderen Schriften, die Rulmann in den Grünenwörther Memorialbüchern zugeeignet werden, sollen von ihm auf „Wachstafeln" geschrieben worden sein, die nicht mehr im Original, sondern nur in den nach Merswins Tod gefertigten Abschriften in den Memorialbüchern erhalten sind, und handeln „von vil mirakeln und von großen übernatürlichen frœmeden wundern, die got mit in selber [nämlich mit R. M. und seinem „heimlichen Gesellen", dem „liebe sunderlich verborgene gottes frúnt in Öberlant"] und mit anderen gnodenrichen erluchteten menschen gewurcket het, die sie wol bekantent und in heimelich worent" (Rieder 17*). Diese Bücher soll R. M. erst „ vier Jahre vor seinem Tode" „mit sin selbs hant in wahs" geschrieben und seine Vorlagen, Schriften des angeblichen Gottesfreundes und eigene Schriften, verbrannt haben (20*). Die Titel der vom angebl. Gottesfreund stammenden Bücher sind nach dem großen deutschen Memorial (20*ff.): 1. 'das buch von den zweyen jungen fünfzehen ierigen Knaben'; 2. 'das buch von dem gevangen ritter'; 3. 'd. b. von einre heiligen closnerin, hies Ursula'; 4. 'd. b. von zweyen heiligen closterfrowen in Peyerlant'; 5. 'd. b. v. d. geistlichen stegen, die dem lieben gottes frunde in Oberlant in einem sloffe geoffenbaret wart'; 6. 'd. b. v. einre geistlichen leitern'; 7. 'd. b. v. dem fünckelin in der selen'; 8. 'eine letze' (= lectio); 9. 'd. b. v. einem eiginwilligen weltwisen manne, der von einem heiligen waltpriester gewiset wart uf demütige gehorsami'; 10. 'd. b. von einre offenbarunge, die dem lieben gottes fründe in Oberlant in einre Kristnacht geoffenbart wart...' 1356; 11. 'die materie von eime jungen weltlichen manne, wie er...in der tütschen Herren orden kam und priester wart'; 12. 'die tovele, die der...frunt gottes in Oberland...gesendet het dem gemeinen volke zu einre warnunge'. Die eigenen Schriften R. M.s sollen folgende sein (22*ff.): 1. 'das bannerbüchlein'; 2. 'das buch von den dryen durchbrüchen'; 3. 'die sieben werg der erbermede'; 4. 'das buch v. d. fürkomenen gnoden u. v. d. verdienlichen gnoden, in dem ouch geschrieben stot die 7 goben des hl. geistes'; 5. 'die drü büch von den nün velsen'; 6. 'von den zwein menschen'; 7. 'von dem meister mit dem a. b. c.' Später wurden diesen Schriften im großen Memorial beigefügt: die 'Neun Felsen', das 'Zwei-Mannenbuch' und das 'Meisterbuch'.

Von diesen Büchern heißt es in den näheren Erklärungen des großen deutschen Memorials, daß das 'Bannerbüchlein' gleichlaute dem 'Buch von den vier Jahren seines Anfangs', das R. M. „selber geschrieben hat"; von dem 'Buch der 3 Durchbrüche' heißt es, es handle auch von einem gelehrten Pfaffen, „der meister Eckhart...strofete und sine...hohe lere" und „enthalte noch andere güte materie, die R. M. selber schreip und si auch vermüschete mit sinen inbrünstigen hitzigen zu geleiten minne worten". Von den 7 Werken der Barmherzigkeit heißt es: „die schreip R. M. aus eines juristen Buch und verbarg darin sine...meinunge, das die wort gemerret wurden", und „ouch die 7 gaben... darzu geschrieben usser eime anderen buche, das die bewerten lerer gemaht hant". Dazu kommt noch eine Anleitung zur Vorbereitung auf die hl. Kommunion. 'Das Buch von der vorkommenden Gnade' soll Rulmann geschrieben haben „von gotte betwungen" in seinen „aller hintersten siechetagen der großen geswulst, dez er ouch zu hant darnoch starp"...„und er endorfte es ouch ime selber nüt zu legen, er sollte es in das brutlof buchelin schriben und die ere gott geben und das werg zu legen brůder Johanse von Rusebruch [Ruysbrock; siehe daselbst], dem lieben hl. waltpriester in Brobant". — „Dies veriach der lb. R. M. in sinre hindersten krangheit öffenliche vor ettelichen brüderen, und enwolte doch vormoles kein solich gnodenrich werg us rehter grundeloser demutigkeit von ime selber nie veriehen. Doch wart er dovor kürtzliche in den hindersten ziten sines lebendes ouch von gotte getriben und vermant, das er müste den brüderen sagen und ouch geschriben geben ettewie viel trostlicher worte und übernatürlicher gnodenricher werke von ime selber" (23*). In den Abschriften der angeblichen Wachstafeln heißt es dann beim 'Büchlein von der Klausnerin Ursula', R. M. habe diese Wachstafel 1377 geschrieben, beim 'Buch von den 2 Klosterfrauen' wird die Wachstafel 1378 geschrieben, 'Die geistliche Stege' soll dem Gottesfreund i. O. 1350 geoffenbart sein, 'Die geistliche Leiter' 1357; 'Die letze' geschrieben 1345; 'Die Besserung des weltweisen Mannes und sein Abschied vom Gottesfreund' werden auf 1338 datiert; die 'Offenbarung in der Christnacht' stammt von 1350, die 'Tafel an das gemeine Volk' von 1356; das 'Buch von den drei Durchbrüchen' betont in seiner Überschrift wieder, daß es von R. M.s eigener Hand in Wachs geschrieben sei; beim 'Buch von den 9 Felsen' wird gesagt, „das got dise nun felsen ouch durch in geschrieben het" (38*), wie das 'Buch von den vier Jahren', „alse die daten sagent, die beide gliche sprechent in diesen zweygen büchern"... „wenne in ir ieglicheme sunderliche geschriben stot, das es vollbracht wurde des iores...1352" (38* vgl. 48*, 196*, 198*). — Schließlich heißt es in „des meisters buch mit dem a. b. c" (42*), daß der Gottesfreund vom O. den Meister der hl. Schrift, den er nachmals von seinem selbstzufriedenen Leben bekehrte, erstmals besucht habe 1346 (= die angebliche „Bekehrung Taulers", die man aber erst in späteren Jahrhunderten literarisch daraus gemacht hat).

Das 'Pflegermemorial' schreibt über das 'Buch von den 4 Jahren', daß R. es „mit sin selbs hant an bappire geschrieben und ouch zu urkunde sin eigen silberen ingesigel mit eime riemen hatte selber daran gehencket" (190*), und dieses Buch soll nach den Angaben im Briefbuch (115*) „umb sant Marien Magdalenen dag anno 1382" nach Rulmanns Tod aufgefunden worden sein „in eime beslossen kensterlin und sin eigen silberin ingesigel ussewendig von dem coopertorio hangende". Dieses Original soll im Briefbuch (Hs. 2185 Straßb. Bezirksarchiv) auf 8 Papierblättern erhalten sein.

Ein Autograph des Gottesfreundes soll das 'Fünfmannenbuch' sein, das ebenfalls dem Briefbuch im Original auf „vier bogene bappieres" angefügt ist (69*, 71*) und das 1377 „umb pfingsten" vom Gottesfreund als Selbstbiographie für die Brüder vom Grünenwörth geschrieben sein soll (199*). Es ist mit dem 'Vier-Jahre-Buch' von Strauch, Altdeutsche Textbibl. Nr. 23 (1927) herausgegeben.

Das Rätselhafte in dieser ganzen Literatur ist dieses: Zwar sollen wir von Rulmann M. noch drei Autographe in den Hss. der Landesbibliothek 1. L germ. 665 ('Neun Felsen'); 2. L germ. 642 ('Zwei-Mannenbuch') und 3. des Bezirksarchivs Hs. 2185 ('Vier Jahre') besitzen; alles andere jedoch soll Rulmann im Original verbrannt haben, um alle Namen zu verdecken, und nur in vielen von ihm gefertigten Abschriften auf Wachs hinterlassen haben, die dann in den Memorialen und Urkundenbüchern des Johanniterhauses zwischen 1382 und 1402 in weiteren Abschriften kopiert wurden. Von den angeblichen Wachstafeln aber ist keine mehr vorhanden.

Rieder hat es wahrscheinlich gemacht, daß die Zuweisung aller dieser angeblichen „Autographa" an R. M. als Verfasser reine Erfindung des oder der Verfertiger der Grünenwörther Memorialbücher ist; vor allem des Nikolaus v. Löwen (s. d.), daß 'Neunfelsen' und 'Zweimannen' zwar aus dem Nachlaß von Rulmann stammen, sich aber nicht als seine Hss. geben, und daß 'Vier Jahre' (R.s angebl. Autograph) und 'Fünfmannen' (des Gottesfreunds angebl. Autograph) auf ganz demselben Papier geschrieben sind, obwohl Rulmann 1352 in Straßburg und der Gottesfreund im sagenhaften Oberland 1377 sein „Autograph" geschrieben haben soll.

4. Die Gottesfreundgestalt. 1. Im 'Buch v. d. Zwei Mannen', 2. im 'Traktat von den zwei 15jährigen Knaben', 3. im 'Meisterbuch', 4. in der 'Geistlichen Stegen' und 5. im 'Fünfmannenbuch' spricht der Gottesfreund von sich, seinem Leben in der Welt, seiner Bekehrung, seinem Zusammenleben mit vier anderen Gottesfreunden, seiner Bekehrungsarbeit an einem Meister der Schrift. In allen fünf Schriften stellt er sich anders dar. Nach 3. und 4. geschah seine Bekehrung 1339 oder später, nach 5. genau i. J. 1342; nach 1. morgens, nach 2. nachts; nach 1. hat er nie eine Todsünde begangen, nach 2. hat er in der Jugend eine solche begangen; nach 4. hat er vor der Bekehrung ein unreines und schamloses Leben geführt. Zahlreich sind auch andere Widersprüche dieser Berichte, worauf H. Denifle (s. u.) aufmerksam gemacht hat. Denifle zeigt auch die Unmöglichkeit der im 'Fünfmannenbuch' erzählten Romreise und die Schemenhaftigkeit aller in den Erzählungen auftretenden Personen. Schon das legt den Schluß nahe, daß wir keine geschichtliche Gestalt, sondern eine Legenden-Dichtung vor uns haben. In Rulmanns 'Buch von den vier Jahren' und im 'Zweimannenbuch' wird dieser Gottesfreund mit dem geistlichen Leben des Rulmann in Verbindung gebracht, und schließlich werden in den späteren Redaktionen der in denMemorialbüchern enthaltenen Traktate überall Rulmann und der Gottesfreund zu den dargestellten Personen. Nun aber hat Denifle die Vorlagen einer Anzahl dieser Traktate aufgedeckt und gezeigt, daß diese die Namen R.s und des Gottesfreundes nicht enthalten. Endlich erscheint der Gottesfreund in den Grünenwörther Memorialen und im Briefbuch als Hauptanreger und Berater des Stifters, ja als Mitstifter des Grünenwörth und steht in mahnendem, warnendem und richtungweisendem Briefwechsel mit Rulmann, mit den Brüdern und besonders mit Nik. v. Löwen. Sein Einfluß soll bis Ungarn, Rom, Genua, Mailand, Metz reichen, er soll der geistliche Leiter zweier Reklusen Ursula und Adelheid zu Verona sein und in Korrespondenz stehen mit den Mystikern der Niederlande. Ja bis zu den Muselmannen wirkt er, denn ein Mohammedaner empfängt einen Brief von ihm, bekehrt sich und antwortet, durch Gottes Inspiration, mit einem Brief in gutem Deutsch. Die Beziehungen, die der Gottesfreund mit den Frommen im Elsaß anknüpft, so mit dem Generalvikar des Bischofs, dem Augustinerprior Johannes von Schaffoltsheim, und mit anderen, gehen alle durch seinen treuen „Knecht Ruprecht", der heimlich zu Rulmann kommt und nur von Rulmann gesehen wird, so daß Rulmann der einzige Vermittler zwischen dem Gottesfreund und den von ihm mit Briefen beehrten Süddeutschen ist. Angebliche Expeditionen nach Österreich und der Schweiz, ausgehend von Straßburg und Freiburg i. Br., verlaufen alle ergebnislos: niemand weiß den Gottesfreund zu finden — obwohl eine Gruppe sogar auf ihrer Suchreise eine zeitlang bei ihm zu Gast war, ohne ihn zu erkennen. Das Märchenhafte dieser ganzen Erzählungen wurde nicht nur im Mittelalter geglaubt, sondern später sogar noch konkretisiert, so daß aus dem vom Gottesfreund anno 1346 bekehrten „Meister der Schrift" seit der ersten Druckausgabe der Taulerpredigten (durch Konrad Kachelofen Leipzig 1498)

einfach „die hystorien des erwirdigen doctors Johannis Thauleri" wird (entnommen dem Text des Meisterbuchs ms. 559 der Univ.-Bibl. Leipzig von 1386) und sofort in den Ausgaben von Augsburg 1508 als Anhang, Basel 1521 und 1522 aber als Einleitung der Taulerpredigten erscheint. Durch alle weiteren Taulerausgaben und Übersetzungen, vor allem durch die lateinische Übersetzung des Laurentius Surius (Köln bei Joh. Quentel 1548 und 1553), begleitet das ehemalige Meisterbuch als Bekehrungsgeschichte Taulers die Predigten des Straßburger Mystikers. Nur Quétif und Eckart in ihren '*Scriptores ordinis Praedicatorum*' (1719) I S. 677 verneinen die Frage, ob Tauler der im Meisterbuch geschilderte „Meister der hl. Schrift" gewesen sein kann. Aber die Ausgaben Taulers verbreiteten den Irrtum weiter, und als im 19. Jh. die germanistischen Studien erwachten, konkretisierte der Straßburger Professor Karl Schmidt die Legende noch mehr, indem er Tauler durch den Laien Nikolaus von Basel (s. d.) bekehrt werden ließ und in diesem den Gottesfreund vom Oberland entdeckt zu haben glaubte (K. Schmidt *Nikolaus v. Basel u. die Gottesfreunde* 1856; *Nikolaus v. Basel, Leben u. ausgewählte Schriften* 1866; *Nik. v. B. Bericht v. d. Bekehrung Taulers* 1875). Erst H. Denifle (*Taulers Bekehrung kritisch untersucht* [QF. 36] 1879; *Die Dichtungen des Gottesfreundes im Oberland*, ZfdA. 24 u. 25 [1880 u. 1881]; *Merswins Betrug in der Gottesfreundfrage*, Deutsche Lit.-Zeitg. 1 [1880] Sp. 244/5) hat die Gestalt und das Schrifttum des Gottesfreundes als Mystifikation nachgewiesen und dafür Rulmann Merswin verantwortlich gemacht. Ph. Strauch ist ihm beigetreten (s. die Lit.angaben unten) und — wenn auch mit einer verunglückten psychopathischen Erklärung von Merswins Absichten — A. Jundt (*R. M. et l'ami de Dieu de l'Oberland* 1890). Trotz Pregers Widerspruch (im III. Bd. seiner *Gesch. d. dtsch. Mystik* 1893) setzte sich Denifles Hauptthese durch, wurde aber von K. Rieder dahin umgeändert, daß nicht Rulmann Merswin, sondern dessen früherer Handlungsgehilfe, der spätere Johanniterpriester Nikolaus von Löwen, der Erfinder der Gestalt des Gottesfreundes und der Umfälscher der anonymen Traktate in Schriften des Gottesfreundes sei (K. Rieder *Der G. Fr. vom O.* 1905). Strauch und Schönbach lehnten Rieders Aufstellung ohne genügende Begründung ab (vgl. Rieders Replik in Göttinger Gel. Anz. 1909 S. 450—500), Strauch hielt auch nach Rieders Replik seine und Denifles Ansicht fest, überließ aber die Antwort an Rieder „einer jüngeren Kraft", die nochmals das Straßburger Urkundenmaterial „einer genaueren Nachprüfung" unterziehen soll (Altdtsche Textbibl. Nr.22 [1927] S. VIII). Inzwischen sind Rieder und Strauch in die Ewigkeit gegangen, und die Auseinandersetzung hat ihr Ende gefunden. Die Gottesfreundgestalt bleibt Erfindung, vielleicht des Rulmann Merswin, wahrscheinlich des Nikolaus von Löwen.

5. Die geistesgeschichtliche Bedeutung. Wer immer der Erfinder und Fälscher der Gottesfreundgestalt und ihrer Schriften gewesen sein mag, unabhängig davon bleibt der starke Eindruck, den diese Schriften seinerzeit gemacht haben— fügt doch der Dominikanerhistoriker Joh. Meyer (s. d.) in seiner Geschichte der Marg. v. Kentzingen (s. d.) noch eine legendäre Wallfahrt dieser Mystikerin zu dem über 100jährigen Gottesfreund ein —, und wertvoll bleibt der Einblick, den sie uns in die Geschichte der Frömmigkeit des 14. Jhs. in Deutschland gewähren. Diese Literatur entstand unter den Einwirkungen der drei Dominikanermystiker Eckhart, Seuse und Tauler und des niederländer Mystikers Johannes Ruysbrock und zeigt die geistigen und literarischen Wechselbeziehungen zwischen den Mystikerzentren am Oberrhein und in Brabant. Sie läßt erkennen, wie sehr die Laien auch der reichen Stände, der Kaufleute und Ritter, von der mystischen Bewegung erfaßt sind, und welche phantastische Legendenliteratur damaliges Gegenwartsleben schilderte — und Anklang fand. Die Abenteuerlichkeit der Zeit, in der gewaltige Erdbeben, große Seuchen,

Kaiserstreit (Ludwig der Baier und Friedrich von Österreich), beginnendes Schisma (Rom—Avignon), Reichtum der Städte und Verfall des Rittertums, Unsicherheit der Straßen durch Kriegsvölker und Räuber die Gemüter erschütterten, boten einer Literatur frommer Legenden, menschlicher Sendschreiben und vom Himmel gefallener Briefe mächtigen Vorschub. Die Zusammenfassung einer ganzen Schriftensammlung zu einer großen Mystifikation durch den Fälscher der Gottesfreundschriften diente, wie Rieder überzeugend nachgewiesen hat, einem reformatorischen Ziel: Durch das Geheimnis des großen Gottesfreundes vom Oberland sollte das Kloster vom Grünenwörth, das ein Johanniterkonvent und gleichzeitig ein Pfründhaus vornehmer Straßburger Familien werden sollte, in strenger Ordnung und Zucht gehalten und mit mystischem Geist erfüllt werden und bleiben. Es ist bezeichnend, daß die einzige Handschrift des sog. „Exemplar" der Schriften des sel. Heinrich Seuse (eines Zeitgenossen von Rulmann Merswin), auf die alle anderen Handschriften dieser Schriftensammlung zurückgehen, um dieselbe Zeit wie die Gottesfreundschriften entstanden ist — und der Bibliothek des Grünenwörth gehört hat. Der Geist des Hauses blieb so gut, daß noch im 15. Jh. der fromme Dichter und Musiker, der Freiburger Münster-Dekan Heinrich Laufenberg (gest. 1460) (s. d.), sich für seinen Lebensabend in den Grünenwörth zurückzog. Wenn das Mittel, mit dem die Erhaltung des mystischen Geistes im Grünenwörth erstrebt wurde, auch eine literarische Fälschung war, das erstrebte und erreichte Ziel und die Absicht des Fälschers waren gut.

Texte: Karl Rieder *Der Gottesfreund vom Oberland, eine Erfindung des Straßburger Johanniterbruders Nikolaus v. Löwen* 1905 (mit 12 Schrifttafeln). Darin Textbeilagen S. 3*—47*: Das große Deutsche Memorial; 48*—64*: Das 2. übriggebliebene Lateinbuch; 64*—157*: Das Briefbuch; 158*—209* Das Pflegermemorial; 210*—244* Das erweiterte Pflegermemorial; 225*—236* Das erste übriggebliebene Lateinbuch; 237*—243* Urkunden. — Diese Rahmenedition verweist bezüglich ausgelassener Teile auf die Texte, die ediert sind bei Karl Schmidt, *Nikolaus v. Basel, Leben u. ausgewählte Schriften* 1866; bei A. Jundt *Les amis de Dieu au quatorzième siècle* 1879; A. Jundt *Rulman Merswin et l'ami de Dieu de l'Oberland* 1890; bei A. Jundt *Histoire du panthéisme populaire au moyen âge* 1875; bei Ph. Strauch *Schürebrand, ein Traktat aus dem Kreis der Straßburger Gottesfreunde* 1903; bei Engelhardt *Richard v. S. Victor u. Johannes Ruysbroek* 1838; bei Fr. Lauchert *Des Gottesfreundes Buch v. d. 2 Mannen*; bei Karl Schmidt *Das Buch von den Neun Felsen von dem Straßburger Bürger Rulman Merswin 1352, nach des Verf. Autograph* 1859.

Seitdem sind an Texteditionen hinzugekommen: Ph. Strauch *Schriften aus der Gottesfreundliteratur. 1. Heft: Sieben bisher unveröffentlichte Traktate u. Lektionen* (= Altdeutsche Textbibliothek Nr. 22) 1927; *2. Heft: Merswins Vier anfangende Jahre. Des Gottesfreund Fünfmannenbuch* (*Die sog. Autographa*) (ebda. Nr. 23) 1927; *3. Heft: Merswins Neun-Felsenbuch* (*Das sog. Autograph*) (ebd. Nr. 27) 1929.

Untersuchungen. Außer den eben genannten Schriften von Schmidt, Jundt, Lauchert, Strauch u. Rieder sind vor allem zu nennen: Heinrich Seuse Denifle *Der Gottesfreund im Oberland u. Nikolaus v. Basel, eine kritische Studie* 1875. A. Lütolf *Der Gottesfr. i. O.*, Jahrb. f. Schweiz. Geschichte 1 (1876) S. 1 ff.; ders. *Besuch eines Kardinals beim G. i. O.*, Tübinger Theol. Quart.-Schrift 58 (1876) S. 580 ff. Denifle *Taulers Bekehrung kritisch untersucht* (= Quellen u. Forschungen 36) 1879; dazu Strauch AfdA. 6 S. 203 ff. Denifle *Die Dichtungen des G. i. O.*, ZfdA. 24 (1886) S. 101 ff. W. Kothe *Kirchl. Zustände Straßburgs im 14. Jh.* 1903. Strauch *Rulman M. u. die Gottesfreunde*, Realencykl. f. prot. Theol. XVII (1905) S. 203—227 (mit reicher Lit.-Angabe); ders. ZfdPh. 34 (1902) S. 259 ff. (Hss. des Neunfelsenbuchs); ZfdPh. 39 (1907) S. 101—136 (über Rieder, Der Gottesfreund); K. Rieder Gött. Gel. Anz. 1909 S. 450—500 (Besprechg. von Bihlmeyers Seuse-Ausgabe u. Auseinandersetzung vor allem mit Strauch). A. Chiquot *Jean Tauler et le Meister-Buch* 1922. (Wissenschaftlich wertlos ist das anthroposophische Schriftchen: W. Rath *Der G.f. v. O., sein Leben auf Grundlage der Urkundenbücher des Grünenwörth* 1930.)

Engelbert Krebs.

Merz (*Mercz*), **Martin,** gebürtig aus der Pfalz, Ort und Datum unbekannt, gest. in Amberg 1501. Von ihm: '*Hie hebt sich an ain bewerte warhafte kunst, die aus den püxcsen zu schiessen fast enttlich wol dient . . .*' Cod. ms. 3, 1471, Bibl. Hauslab. Liechtenstein, Wien. Sammelband, im I. Teil das 'Feuerwerksbuch' (s. d.), II. Teil Merz, III. Teil Abb. von

Geschützen und Kriegsgeräten. — Desgl. cgm. 599, Staatsbibl. München, Bl. 66 bis 101, im I. Teil Abb. von Geschützen und Kriegsgerät, im II. das 'Feuerwerksbuch' (s. d.), im III. die obige 'Kunst aus Büchsen zu schießen'. M. war Büchsenmeister Herzogs Friedrich des Siegreichen zu Baiern: *in der kunst mathematica, buchssenschissens vor andern berumbt, der seyn hercz und wergk allweg zu aufnemen der Pfalcz vor andere Fürstenthumb bis an seyn end geseczt und getrewlich gedynet*, wie die Inschrift auf seinem Grabmal an der Stadtkirche zu Amberg berichtet. Wir wissen von ihm, daß er nicht nur einer der bedeutendsten Büchsenmeister seiner Zeit war, sondern, daß er bereits auf mathematischer Grundlage arbeitete. Er wirkte auch als Lehrer und Ausbilder von andern Büchsenmeistern. Sein Grabmal zu Amberg zeigt ihn uns auf einem Geschützrohr stehend in reicher Tracht, mit einem Pflaster über dem rechten Auge, welches er wohl im Kriege verloren hatte. Zu seinen Füßen stehen zwei Wappenschilde, der eine mit einem Basilisken, der andere mit einem Geschütz, welches denen in den Zeugbüchern Kaiser Maximilians I. (s. d.) gleicht. Seit der Zusammenfassung der artilleristischen Kenntnisse im 'Feuerwerksbuch' (s. d.) ist M.s Arbeit die erste selbständige. Er gibt Rezepte für die Pulverbereitung, verbreitet sich über die Ladungsweise, vor allem aber über das Zielen, das Richten der Geschütze, wobei er von dem damals üblichen sog. „Grundbrett' abging, den 1450 von Purbach erfundenen Quadrant benützte und bereits einen Geschützaufsatz erfand. Vor allem wichtig sind seine Anweisungen, sowohl theoretisch wie praktisch, in bezug auf die Schießlehre. Er kennt den direkten und den indirekten Schuß, den Göll- und Prellschuß und begleitet seine Ausführungen mit Zeichnungen der Schußlinien. M. darf als Erfinder dieser neuen Schießarten in Anspruch genommen werden.

M. Jähns *Gesch. d. Kriegswissenschaft* 1889 I S. 409—411; ders. *Handbuch einer Gesch. d. Kriegswesens, technischer Teil*, 1880 S. 800, 803, 807, 811, 965, 966. A. von Essenwein *Quellen zur Geschichte der Feuerwaffen* 1877 S. 53—60 (S. 57 Abb. d. Grabmals). J. Würdinger *Kriegsgeschichte von Baiern, 1347—1506*, 1868 II S. 337, 344, 347, 349, 353, 355, 398, 399. P. Sixl Ztschrft. f. histor. Waffenkde. 1 S. 255 Fig. 35, 256 Fig. 37, 305; 2 S. 116, 117, 442; 3 S. 232 Fig. 93, 233, 235 Fig. 97, 236 Fig. 99, 285. B. Rathgen *Das Geschütz im MA*. 1928, S. 150, 235. F. M. Feldhaus *Technik d. Antike u. d. MA*. 1931, S. 355, Abb. 378 (Grabmal). G. Köhler *Die Entwicklung des Kriegswesens* 1887, III Abt. 1, S. 336. L. Beck *Gesch. des Eisens* I (1884) S. 926, 933.

Ed. A. Geßler.

Messenpegk, s. Trennwegk.

Metellus von Tegernsee, mlat. Dichter aus der Mitte des 12. Jhs.

1. Quelle für das Leben Metells sind nur seine Verse, in denen er selten über sich spricht. Der Name, der uns allein in der Überschrift der Dichtung überliefert ist, ist sicherlich ein wohl aus der Antike genommener Deckname (er begegnet sonst nicht unter den Namen der Tegernseer Mönche). Als Deutschen bezeichnet er sich selber (Ode 18, 44 *nos Teutonici*). Im St. Quirinuskloster von Tegernsee fand er als Fremder Aufnahme, s. Ode 12, 11f. *Hospes introiveram Amabilis sacram domum Quirini*. Aus Baiern kann er auch deswegen nicht stammen, weil er bei einer Maßangabe die Umrechnung auf die bairische Bezeichnung unpersönlich gibt: *quod decies septem mansus gens Norica dicet* (Ode 72, 42); vgl. 46, 29f., wo er bei einem deutschen *peregrinus* hervorhebt, daß ihm die bairische Sprache fremd war. M. muß lange Zeit in Tegernsee geweilt haben und in Baiern herumgekommen sein, da er viel vom bairischen Land und seiner Geschichte kennt und das zum größten Teil durch mündliches Zutragen und Nachforschen, und da er auch die Namen richtig schreibt. In Ode 11a, 8 setzt er den Gründer seines Klosters *Otcarius* mit dem *Osigerius* der altfranzösischen Dichtung gleich; wie hier so spricht er auch 15c, 31 von Liedern, in denen die Burgunder ihre Fürsten besingen. Da die Ogierdichtung nicht auf Burgund beschränkt gewesen sein kann, so ist anzunehmen, daß M. sie in Burgund kennen lernte. Er scheint also wie viele seiner Zeit in Frankreich studiert zu haben.

Die Zeitangabe in Ode 3, 11ff., nach der M. 1067/8 gedichtet hätte, muß M. aus einer Vorlage, die zu dieser Zeit verfaßt wurde, unverändert übernommen haben. Die spätesten Geschehnisse, von denen er berichtet, fallen in die Mitte des 12. Jhs.: er spricht 76, 1 von der Zeit des Vogtes Ottos III. von Wolfratshausen (1121—27) als *tempore nostro*; der in 63 erwähnte Gutstausch ist 1140 beurkundet, M. nennt ihn kürzlich *(noviter)* geschehn; das in 26 erzählte Wunder ereignete sich nach der jüngeren Passio s. Quirini unter Abt Konrad von Tegernsee (1135—55); die Verheiratung von Adelheids von Wolfratshausen Tochter mit dem byzantinischen Kaiser fand 1146 statt, s. 78, 3. Den Terminus ante quem gibt die jüngere Quirinuspassio, die Metells Verse in Prosa umsetzt: die Vorauer Hs., in der sie steht, ist auf Kosten des Propstes Bernhard (1185—1202) angefertigt. Man setzt danach die '*Passio*' etwa in die Zeit von 1160—80, die '*Quirinalia*' in die Mitte des 12. Jhs., etwa 1150—60.

2. Als Werk des M. ist bis jetzt nur eine Sammlung von Gedichten gesichert, die sich auf den hl. Quirinus beziehen und vom Dichter *Quirinalia* genannt wurden. In der umfänglichsten der beiden auf uns gekommenen Fassungen, die uns die Admonter Hs. überliefert, stehen 106 Gedichte mit fast 5000 Versen; das letzte Gedicht bricht mit dem Blattschluß unvollständig ab. M. teilte das Ganze in sechs Bücher, die sich schon äußerlich in drei Gruppen scheiden. Buch 1—4, die '*Odae Quirinalium*', bilden das Hauptstück und hängen inhaltlich und formal eng zusammen: des Heiligen Abstammung, Leben und Martyrium (Buch I), die Übertragung seiner Gebeine von Rom nach Tegernsee (II) und die Wunder, die am Grab des Heiligen, in seinen Kirchen oder sonst geschehen (III—IV), sind in den lyrischen Versmaßen der Antike, besonders des Horaz geschildert. Buch V und VI heben sich schon durch die geringere Zahl der Gedichte ab (beide zusammen haben nur 21 Nrn., soviel wie jedes Buch von I—IV durchschnittlich) und durch die Form (während in I—IV fast jedes Gedicht ein andres Versmaß hat, sind alle 10 Gedichte von V in Hexametern mit leoninischem oder seltenerem Endreim abgefaßt, ebenso die 11 von VI). Bereits die besonderen Titel (V '*Bucolica Quirinalium*', VI '*Periparacliton sive de advocatis*') deuten an, daß sich auch der Inhalt vom Vorhergehenden abhebt, was auch der Prolog vor V durch seine Länge und sein abliegendes Thema unterstreicht. V mit den Eklogen bringt im Gegensatz zu den Oden mit ihren Wundern an Menschen oder selten an Pferden (32, 39, 40, 61) Wunder an Kühen oder Kälbern, die dem hl. Quirinus versprochen, aber vorenthalten werden, was die Wunderkraft des Heiligen in verschiedenster Weise auslöst; die letzte Ekloge ausgenommen, die zwar auch von einem Kalb erzählt, aber so wie sonst die Oden. Vom eigentlichen Thema rückt M. im 6. Buch noch weiter ab. Wie er im einleitenden Gedicht ankündigt, in dem er über die herrschende Käuflichkeit des Rechts klagt, stellt er das schlimme Treiben der Klostervögte, die die Kirchen um ihr Gut betrügen, an den Pranger. Hier begegnen zwar auch noch einige Wunder, bei denen freilich M. die wirkende Kraft mehr von Gott als von St. Quirin ausgehend darstellt, aber daneben wunderlose Ereignisse aus der Geschichte des Klosters Tegernsee (75, 80, 81) und reine Invektiven außer gegen die Rechtskäuflichkeit (71) gegen Vogt Siboto (74) und gegen das Schisma (79).

Ein solches Werk kann nicht in einem schnellen Zug geschaffen sein. Das 5. Buch entstand nach den Oden, s. Prolog v. 46f.; der Dichter war bereits ein alter Mann, s. Ekloge 4, 3 *Tegrineoque seni.* Das 6. Buch hat einen besonderen Anlaß: M. fühlt sich durch die Klagen der von den Vögten geplagten Kirchen dazu getrieben, deren Gebaren der Öffentlichkeit preiszugeben (71, 32ff.) — über den Anlaß der Oden s. 12, v. 15ff., auch 11ff. Dies Buch fehlt in der durch drei Hss. des 15.—16. Jhs. repräsentierten andern Fassung (β), die auch nach den Textänderungen in der Admonter Hs. zu urteilen als die ältere anzusehen ist. Das

6. Buch ist also nach dem 5. entstanden zu denken; die *'Quirinalia'* sind in der Reihenfolge der Bücher, wie sie die Admonter Hs. bietet, nacheinander geschaffen, mit einer Ausnahme. In der letzten Ode (70) sagt M., er habe die Oden eine Zeit lang unvollendet liegen lassen. Die Admonter Hs., die M. vermutlich selber schrieb, hat zwischen Oden und Eklogen den einzigen in den 'Quirinalien' begegnenden Zwischenraum (von 1 1/4 Seite): M. kann für die Vollendung der Oden ursprünglich mehr Raum freigelassen haben, als er später brauchte. In der früheren Fassung β fehlen grade die 6 letzten Oden (65—70): sie sind zuletzt, mindestens erst nach dem 5. Buch, gedichtet.

3. Die wichtigste schriftliche Quelle, aus der M. seinen Stoff schöpfte, ist die ältere *'Passio s. Quirini'* (in der Urfassung aus dem Ende des 9. Jhs. hsg. von B. Krusch MGH. SS. rerum Merov. III S. 8—20), aber in einer erweiterten Fassung, vielleicht von 1067/8 (s. 3, 11ff.), die vielleicht auch die letztlich auf die Chronik des Eusebius-Hieronymus zurückgehenden Geschichten enthielt. Der Stoff der *'Passio'* erstreckt sich aber nur bis 22, d. h. nur über das erste Drittel des Ganzen, und liegt auch hier höchstens 3/4 dieses Drittels zugrunde (an der alten *'Passio'* gemessen nur 1/2). In Ode 19, die das 3. Buch eröffnet, gibt M. an, daß er bisher viele alte Schriftquellen benutzt habe, daß er im folgenden Schriftliches und Mündliches verwerte. Das Schriftliche bezieht sich wohl nur auf 20—22, deren Wunder aus der Passio stammen; die übrigen Wunder, z. T. als jung bezeugt, sind ihm mündlich zugetragen oder hat er selber erlebt. Fürs 5. Buch verweist M. durch v. 45 seines Prologs *(viventi . . . teste)* auf mündliche Quellen, vgl. Ekloge 5: *abbas s. Georgii, qui ipsum miraculum enarravit;* fürs 6. Buch kommen ebenfalls nur mündliche in Frage (vgl. auch 78, 10), so daß also M. das Meiste mündlich zufloß.

Die metrische Form entlehnte M. zumeist aus der Antike. In 1—22 ahmte er die verschiedenen Versmaße der Horazischen Oden und Epoden nach (s. die Überschrift), in 23—70 vorwiegend die der Dichtungen des Boëthius in *'De consolatione philosophiae'* und des Prudenz. Die beiden letzten Bücher sind zwar in gereimten Hexametern verfaßt, also einer mittelalterlich gefärbten Form der Antike, aber in etwa 1/5 ist der leoninische Reim mit weiblicher Zäsur im dritten Versfuß gebaut: dies fand W. Meyer (*Ges. Abh. zur mlat. Rythmik* I S. 85) nur bei M.; es kann auf Virgil, Buc. 8, 80 direkt zurückgehen, da das 5. Buch dieser Dichtung nachgebildet ist.

Die Nachahmung der antiken Vorbilder erstreckt sich auch auf Text und Stil. Sie ist selten so stark wie in 2, wo auf die ersten 5 Strophen verteilt etwa die Hälfte der Worte von Horaz Ode I 2, Str. 1—3 wiederkehren; dagegen klingt z. B. in 9 nur das erste Wort, in 1, 16—22 kein Wort an Horaz an. Ähnlich ist das Textverhältnis des 5. Buchs zu den Eklogen Virgils; hinzukommt, daß der Wechsel von Erzählung und Dialog und die Namen der redenden Personen aus Virgil genommen sind. Wenn auch aus Boëthius und Prudenz zu den Metra noch Phrasen entlehnt sind und solche antiken Wendungen auch außerhalb des eigentlichen Einflußbereichs bekommen (Virgilisches z. B. auch in den Oden), überhaupt M.s Stil durch die antiken Vorbilder geschult ist, so ist doch der antike Einfluß mehr äußerlich und ist selbst hier beschränkt: M. wollte nicht etwa ein möglichst rein antikes Gepräge erreichen, s. den Reim, der den Hexameter und zwar schon in den Odenstrophen schmückt, die biblischen Ausdrücke, die mittelalterlichen Vokabeln *(arvicola, decapitare, hebefacere, refotare, sorech . . .)* uam. Vom Heidnisch-Antiken hielt ihn schon sein christlich-kirchliches Bewußtsein zurück, vgl. Ekloge 6, in der er seine frühe Liebe zu Virgil gesteht, dem er aber alles Sterblich-Heidnische weggeschnitten habe.

4. Das Wichtigste der künstlerischen Leistung ist das Mittelalterliche, Selbständige. Was er an Stoff über seinen Heiligen zusammentragen konnte, der großenteils aus dem 11.—12. Jh. stammt,

stellte er in der Sprache und Auffassung seiner Zeit dar und suchte jedes Gedicht zu einem geschlossenen Gebilde abzurunden. So unterbrach er auch öfter den Gang der Handlung, sprach z. B. in drei Gedichten (6—7a) über die allegorische Bedeutung der Zahlen 7 und 20, die im Leben des Heiligen eine Rolle spielen, brachte mehr persönliche Bemerkungen für den Leser (11, 12, 19) uam. Manchmal gelingt es ihm, klar und anziehend zu erzählen, oft aber nicht. Schon die gespreizte, blümelnde Ausdrucksweise, die neben ausmalender, parallele Wendungen häufender Breite den Stil des M. am meisten charakterisieren, verdunkelt oft den Sinn; es scheint M. öfter die nötige dichterische Kraft zu fehlen, trotz der gehobenen Diktion verständlich und anschaulich zu bleiben. Dafür ist es wohl auch bezeichnend, daß er einen hohen Prozentsatz seiner Reime nicht zweisilbigrein bildet, wie es bei den besseren Dichtern seiner Zeit gang und gäbe ist. So gewandt er z. T. die Sprache handhabt, so vermißt man doch Wärme und inneren Schwung. Ihn hemmt die starke Neigung zum Rhetorischen, Gekünstelten, Gelehrten: er hat Freude am Spiel mit demselben Wort oder derselben Wortwurzel, an Antithese und weitgehendem Parallelismus; die Hexameter des 6. Buchs sind so gebaut, daß ihre Worte von rückwärts geordnet wieder Hexameter ergeben, um so die geschilderte Verkehrtheit der Klostervögte zu malen (s. 71, 48ff.); die gelehrte Verstandesbildung zeigt sich u. a. in den Namensbildungen für Regensburg (neben dem üblichen *Ratisponae: Hyatospolis, Imbripolis*). So mußte sich sehr bald das Bedürfnis einstellen, die schwer lesbaren Verse in leichte Prosa aufzulösen, wie es der Mönch Heinrich tat.

Unter den erhaltenen Quirinuslegenden ist die des M. die literarisch wertvollste. Nächst dem etwa gleichzeitigen Antichristspiel zeugt sie für die Höhe der literarischen Kultur zur Zeit der Nachblüte in Tegernsee; sie war auch über das Kloster und die Zeit des Dichters hinaus verbreitet. Als Geschichtsquelle sind die 'Quirinalien' von einigem Wert: wenn auch das wirkliche Geschehen aus dem Sagengut schwer zu erkennen ist, so erhalten wir doch in den Streitigkeiten mit den Vögten und selbst in den Wundern Stoff zur Zeitgeschichte und erfahren mancherlei über Sitte und Klosterleben jener Zeit. Öfter spricht M. von der mündlichen Sagenüberlieferung, so u. a. von den deutschen Heldenliedern über Rüdiger von Bechlarn und Dietrich von Bern (s. 30, 8ff.).

Ausgaben: Buch I—IV und VI von Paul Peters *Die Quirinalien des M. v. T. mit Ausnahme der Eklogen auf die Quellen hin untersucht und her.*, Diss. Greifswald 1913; dazu die Lesarten vom Cod. Wilhering. bei Grillenberger *Zur handschriftl. Überlieferung der Quirinalien des M. v. T.*, Studien u. Mitt. z. Gesch. des Benediktinerordens 6, 2 (1885) S. 371 ff. — Buch V: H. Canisius *Antiqua Lectio* I (1601) *Appendix* 152—184 und Canisius-Basnage III² (1725) S. 179 ff. — Würdigung: Öfele ADB. XXI (1885) S. 508 f.; Manitius III (1931) S. 848 ff.; B. Schmeidler *Studien zur Geschichtschreibung des Klosters Tegernsee vom 11. bis 16. Jh.* 1935, S. 81 ff.; L. Tabor *Die Kultur des Klosters Teg. im frühen Mittelalter*, Diss. Göttingen 1935, S. 94 ff. — Einzelnes: Bursian *Beiträge zur Gesch. der class. Studien im Mittelalter*, MSB. 1873, S. 473 ff.; S. Riezler *Naimes von Baiern und Ogier der Däne*, MSB. 1892, S. 739 ff.; W. Wattenbach *Über die Quirinalien des M. v. T.*, BSB. 1897, S. 782 ff.; Carl Weymann *Beiträge z. Gesch. der christl.-lat. Poesie* 1926, S. 246 ff.

In der Admonter Hs. steht nach den 'Quirinalien' eine Versifizierung der '*Historia Hierosolymitana*' des Robert von St. Remi in leoninischen, seltener endgereimten Hexametern, die z. T. die Metell eigentümliche weibliche Zäsur im Reim haben. Den Verfasser, der sicher ein Deutscher war, will Manitius III (1931) S. 851 (vgl. 425 f.) mit Metell identifizieren. Das bedarf aber noch näherer Untersuchung. Stücke daraus mitgeteilt von W. Wattenbach NA. 2 (1877) S. 414 ff.

K. Langosch.

Metlinger oder **Mettlinger,** fälschlich später in Merlinger umgewandet, (1) war der Familienname zweier Augsburger Ärzte, Peter und Bartholomäus, Vater und Sohn. Wir finden den Sohn 1472 in der eben gegründeten Universität Ingolstadt inskribiert, ein Ehrungs- und Huldigungs-Akt für die junge Hochschule, wie ihn viele gelehrte Baiern damals übten. Er hatte sein Studium damals schon länger abgeschlossen und steht 1472 schon in den Augsburger Steuerbüchern als selbständiger Steuerzahler, wo wir auf den Vater *Meister Peter* bis zum Jahre 1483 (auch *Magister Petrus Mettlinger* bezeichnet) stoßen. *Meister Barthelme*, auch als *Dr. Barthelme Mettlinger* verzeichnet, ist ununterbrochen bis ins Jahr 1491 in diesen Steuerbüchern zu finden, 1492 schon seine Witwe, später seine Kinder. Er hat also wohl kein allzuhohes Alter erreicht.

2. Dauernden Nachruhm hat sich *Bartholomeus Metlinger in ertzney doctor von Augspurch* durch ein kleines Buch in deutscher Sprache erworben, das davon handelt: *wie die kind in gesuntheit und in krankheiten gehalten werden sollen*, und das die Presse des Augsburger Druckers Günther Zainer 1473 *an dem achtenden tag sant Endris des zwölffboten*, also am 7. Dez., verließ. Den Anstoß zu seiner schriftstellerischen Arbeit hatten B. M. und sein Verleger durch die Arbeit eines Paduaner Professors der Medizin erhalten, Doktor Paolo Bagellardi aus Fiume, '*Libellus de egritudinibus infantium*', das im April 1472 zu Venedig erschienen war, einer gelehrten Arbeit nach arabischer Vorlage, der der Augsburger junge Arzt eine Arbeit entgegenstellt, die mutig auf eigener Erfahrung und Beobachtung fußte, wenn sie auch der gelehrten wissenschaftlichen Fundierung nicht entbehrte und entbehren wollte. Das Büchlein, 27 bedruckte Kleinfolioblätter bei seinem ersten Erscheinen füllend und später mit dem Titel '*Ein Regiment der jungen kinder*' ausgestattet, fand freundlichste Aufnahme und machte schnell seinen Weg. Schon am 28. August 1474 erschien bei Johann Bämler zu Augsburg ein Neudruck, dem ein dritter in der gleichen Offizin am 5. August 1476 folgte. Bekannt sind weitere Drucke in kleinerem Format mit lockendem Titelbilde bei Hans Schauer in Augsburg vom 10. November 1497 und 13. Februar 1500. Auch noch im 16. Jh. sind Drucke aus den Jahren 1511, 1531 und 1539 bekannt. 1904 hat dem Büchlein der Wiener Dozent L. Unger ein modernes deutsches Sprachgewand angezogen, 1925 habe ich selbst den ersten Druck faksimiliert erneuert.

L. Unger *Das Kinderbuch des Bartholomäus Metlinger. Ein Beitrag zur Gesch. d. Kinderheilkunde d. MA.* 1904. R. Landau *Z. Gesch. d. Kinderheilkunde*, Wiener Med. Presse 1904 Nr. 28. Sudhoff *Dtsche med. Inkunabeln* 1908 S. 38—43 (Nr. 35—39); ders. *Erstlinge der pädiatrischen Literatur, drei Wiegendrucke über Heilung u. Pflege des Kindes, Faksimile* (Münchner Drucke) 1925, S. XXIII—XXXII u. Faksim. John Ruhräh *Pediatrius of the Past* 1925, S. 71—98 (gründliche Analyse der Leistung M.s).

Sudhoff.

Metz, s. Walther v. M.

Metzger, Marx, ist ein Meistersinger, der nach der Augsburger Hs. 2⁰, 370 und cgm. 5453 (i. J. 1570) (= früher 2. Steirer Hs.), wo seine Töne verwandt werden, aus Ulm stammt, der aber bei Puschman (Münzer S. 22^b) als *Marckus Mezzker* unter der Rubrik: *Der Augsburger Tichter Töne etlich* erscheint. Er wird in der Heiberger (Steyrer) Hs. als dritter *alt nachdichter* genannt, steht also gleich hinter dem sagenhaften Klingsor (s. d.) und Erenpott (aus Reinmars v. Zw. [s. d.] „Frau Ehren Ton"; s. Bartsch *Meisterlieder d. Kolmarer Hs.* [St. L. V. 68] 1862, S. 159) und vor dem Meistersinger Hopfengarten (s. d.). In dieser Hs. ist er mit seinem „langen ton" (auch von anderen Dichtern benutzt) und seiner „jarweis" vertreten. Münzer (Puschman Ld. Nr. 192) nennt außerdem noch den „verborgenen ton" des Meisters, der durch seine sehr zahlreichen Repetitionen auffällt. Die Töne der Augsburger sind ja figurenreicher als die der einfacher komponierenden Nürnberger (s. z. B. Kettner [s. d.], Örtel [s. d.], Fritz Zorn [s. d.]), die damit in der Weisenbildung mehr den frühen Meistern ähneln.

Wir wissen leider nichts über die Lebenszeit und das Wirken des Meisters. Er darf nicht verwechselt werden mit Ambrosius Metzger, einem späten, aber bedeutenden Dichter, für den die beste Quelle Weim. Codex Q. 576 ist, oder mit dem Augsburger Konrad Metzger, den Keinz nennt.

Lieder in der Heidelberger Hs., Puschmans Singebuch Breslau.

F. Keinz *Hans Sachsens Zeitgenossen u. Nachfolger im Meistergesang*, Stiefels Hans

Sachs-Forschungen (1894). G. Münzer *Das Singebuch von Adam Puschman* 1906. K. J. Schröer *Meistersinger in Österreich*, Germ. Stud. II (1875) S. 197 ff.

Horst Oppenheim.

Meurer, Johann, auch Sprottow, aus Krossen, kam 1432 auf die Leipziger Hochschule, errang das Bakkalariat 1434, das Magisterium 1436 und gehörte damit bis 1442 der Artistenfakultät an. Er studierte sodann Medizin, errang 1447 den medizin. Doktorhut und gelangte auch bei der Stadt zu Ehren, wurde 1452 in den Rat gewählt und für das Jahr 1465 zum Bürgermeister. Beim Herzog Kurfürst Friedrich II. dem Sanftmütigen (1428—1464) stand er in Schätzung und verfaßte für ihn ein Gesundheitsregimen (s. u.), war vermutlich auch dessen behandelnder Arzt, als er gelegentlich eines Aufenthaltes in Leipzig am 7. Sept. 1464 nach kurzer Krankheit verstarb, erst 54 Jahre alt. Intrigen brachten M. bei dem Nachfolger in schwere Ungnade und in den Kerker, in dem er am 7. Februar 1465 auf das Bürgermeisteramt verzichten mußte. Nach fünfmonatigem Gefängnis wurde er mit einer Geldstrafe von 600 Gulden begnadigt und verschwindet dann aus Universität und Stadt, vielleicht nach Breslau. Das Gesundheitsregiment für Friedrich den Sanftmütigen '*Doctrina bona et utilis .. per Johannem Meurer medicinae Doctorem*' habe ich aus Ms. 1584 der Leipziger Universitätsbibliothek Bl. 1—3 im Studienheft 8 (1909) S. 200—203 veröffentlicht. Der Cod. III. Q. 7 zu Breslau, Univ.-Bibl. saec. XV bringt auf Bl. 62ª '*pillule doctoris Mewrer contra scabiem*' und Cod. I. 86. A der Staatsbibliothek zu Hannover saec. XV auf Blatt 468ᵇ ein deutsches '*Regimen pestilentie Doctoris Mewrersch*' beginnend mit den Worten: *tum yrsten wie wir uns halden sulte*.

Sudhoff *Die med. Fakultät zu Leipzig im 1. Jh. d. Univ.* 1909, S. 103—106, 200—203. Arch. f. Gesch. d. Med. 6 S. 184.

Sudhoff.

Meußkünigin, Margereth. Hs. Additional 16581 des Britischen Museums, 15. Jh. (1469), ostschwäbisch, Bl. 147ª; s. R. Priebsch *Deutsche Hss. in England* II (1901) S. 147—58. Ihr wird zugeteilt der Spruch:

Maniger spott des andern ser,
Der selber spottes wertt wer.
Wer den andern für ain spott hatt,
Der spott über in gewiß gatt.

R. Priebsch.

Meyenschein (*Meienschein, Meischein*) ist ein Meistersinger, über dessen Leben und Wirken uns nichts bekannt ist. Bei den Zeitgenossen und den dichterischen Nachfahren muß er einen guten Namen gehabt haben. Wird der Meister doch zweimal in dem von Hans Sachs (s. d.) zum größten Teil 1517/8 selbst niedergeschriebenen Codex mgq. Berl. 414 genannt und zwar in den großen Dichterkatalogen von Meister Hans Folz (s. d.) auf Bl. 476 (Mayer *Meisterlieder* Nr. 94 v. 75) und von Kunz Nachtigal (s. d.) auf Bl. 426 b (WKl. II Nr. 1311 Gesätz 3); finden wir ihn doch in der Heiberger Hs. als 20. *alt nachdichter* angegeben (Schröer S. 227). Sein „langer ton" wird von Münzer (S. 18ᵇ) dahin charakterisiert, daß die in der Erfindung nicht hervorragende Melodie wegen ihrer Anklänge an bekannte Choräle bemerkenswert sei. Außerdem wird M. in der Heiberger Hs. noch ein „unbekannter ton" zugeschrieben. Der „unbekannte", eigentlich „unerkannte Ton" nun ist Eigentum und dichterische Tat Nestlers von Speyer (s. d.), jenes dichterischen Parteigängers von Hans Folz. Die Heiberger Hs. gibt aber bei den Namen M. an: *Meyenschein, Nestler von Speyer*! (s. a. Keinz, S. 337). Mir scheint, daß durch eine (vielleicht später hinzugefügte) Berufsbezeichnung unseres Meisters eine Verwechslung mit seinem bedeutenden Kunstgenossen eingetreten ist, und daß man dann irrtümlicherweise M. einen „unbekannten Ton" zuschrieb. Lieder in der Heiberger Hs. und in Puschmans Singebuch.

F. Keinz *Hans Sachsens Zeitgenossen u. Nachfolger im Meistergesang*, Stiefels Hans Sachs-Forschungen (1894). G. Münzer *Das Singebuch von Adam Puschman* 1906. K. J. Schröer *Meistersinger in Österreich*, Germ. Stud. II (1875) S. 197 ff.

Horst Oppenheim.

Meyer (Meyger), Johannes, O. P.

Hss. in St. Gallen (Bischöfl. Ordinariat): 'Buch der Reformacio Pred. Ordens', Pap. 1474;

u. Freiburg i. Br. (Stadtarchiv). Hier 1) '*Vitae fratrum*', 4⁰ Papier; 2) 'Chronik der Päpste' in Gebweiler 1470—75 geschr., Pap. 8⁰; 3) 'Cronica des Pred. Ord.', geschr. 1480; 4⁰; 4) 'Das Ämterbuch' (Vorrede datiert 1454), Pap. 4⁰; 5) 'Excerptum', Auszug v. d. 'Buch des lebens der sel. ersten Swestern in Adelhusen' 1482 „na dem als ich me dan 50 jar in pred. orden unwirdenklich gelept hat".

In Zürich 1422 geboren und schon 1432 im dortigen Dominikanerkloster als Novize aufgenommen, siedelte M. 1442 in den (von Joh. Nider [s. d.] 1329 reformierten) Basler Konvent über und stellte sich unter die Leitung des dortigen Lesmeisters Johannes Fintzel von Mainz. Da er kränklich war und voll Eifer für die Erneuerung des Ordenslebens, wurde er hauptsächlich als Beichtvater in den Frauenklöstern der Provinz verwendet und wirkte als solcher bei den Schwestern Predigerordens in Bern (St. Michaels-Insel), Schönensteinbach bei Gebweiler (1457—65), Silo bei Schlettstadt, Liebenau bei Worms, Adelhausen bei Freiburg i. B. (1482/5). Der Erneuerung der Ordens-Observanz dienten auch seine Schriften, die z. T. ungedruckt und verloren sind. Vor allem lag ihm daran, den Brüdern und Schwestern eine gründliche Kenntnis der Vergangenheit des Ordens, seiner Regel und deren praktischer Handhabung, seiner vorbildlichen Brüder und Schwestern der Vorzeit zu geben. So gewährt er uns einen Einblick in die von den Besten der Genossenschaft ersehnte, oft unter den schwierigsten Verhältnissen erkämpfte Neugestaltung des Ordens und in ihr eigenes asketisches Ringen und mystisches Gnadenleben. Von M.s Werken sind erhalten: 'Leben der sel. Elsbeth Stagel' (hgb. v. F. Vetter *Leben der Schwestern zu Thöß* [Deutsche Texte des MA. 6] 1906 S. 1/11); 'Ämterbuch u. Buch der Ersetzungen f. d. Schwestern des Predigerordens' (Auszug im Freib. Diözesan-Archiv 1880, S. 196/210); '*Liber de viris illustribus OP.*' (hgb. v. P. v. Loë, Quellen u. Forschgen z. Gesch. des Dom.-Ordens in Deutschland 12 [1918]); 'Buch der Reformacio Pred. Ordens' (hgb. v. Bened. M. Reichert, ebd. 2/3 [1908/9]), hauptsächl. d. h. zu drei Fünfteln vom Kloster Schönensteinbach handelnd, darin u. a. das Leben der Marg. v. Kenzingen (s. d.); 'Leben der sel. Brüder P. Ordens'; '*Chronica brevis O. P.*' (hgb. v. Chr. Scheeben ebd. 29 [1933]); 'Chronik der Generalmeister Predigerordens'; 'Verzeichnis der Provinziale u. Provinzialkapitel der Dom.-Provinz Teutonia' (hgb. v. P. v. Loë ebd. 1 [1907] S. 26/44); 'Leben der ersten Schwestern zu Adelhausen' (Freib. Diözesan-Archiv 1880, S. 210/25); eine 'Kaiserchronik u. eine Papstchronik' 1216—1470.

v. Loë u. Scheeben in den Einleitungen zu ihren Ausgaben. P. Albert Zschr. f. Gesch. d. Oberrheins 1898 S. 255/63; 1906 S. 504/10. P. Lehmann Sitz.-Ber. Bayr. Ak. d. W. 1916 S. 14 f. A. Barthelmé *La réforme dominicaine au XVe siècle en Alsace* 1931. A. Auer *Ein neu-aufgefundener Katalog der Dominikanerschriftsteller* 1933. Monographie von J. Gabler in Vorbereitung.

Engelbert Krebs.

Meyer, Nikolaus, Ratsherr zu Basel, übersetzte 1471 die 'Melusine' aus dem Franz. des Couldrette. Die eigenhändige Hs. ist erhalten in der Un.-Bibl. Basel, O. I. 18. Eine Untersuchung steht noch aus.

K. Escher *Die Miniaturen in den Basler Bibliotheken* 1917.

W. St.

Michael von Frankfurt, Dominikaner im dortigen Konvent, Beichtvater der Nonnen seines Ordens in Gnadental. Predigten und Predigtauszüge, die er in Gnadental 1516—18 gehalten, hat eine Zuhörerin aufgezeichnet im Stuttgarter cod. theol. et philos. octav. 3, Bl. 12 b bis 77 b, 88 a—101 b, 131 b—142 b. Sie sind lebhaft und anschaulich, prägnant und populär, mit Exempeln verziert. — Zu dem Namen *Michahel N von Franckfurt* in der Überschrift (Bl. 12 b) hat eine andere gleichzeitige Hand am Rande vermerkt: *de werdea* (= Donauwörth ?).

W. St.

Michael de Leone.

1. Michael de Leone oder von Löwen, ursprünglich Michael Jud, war der Sohn des Magisters und Lizentiaten der Rechte Konrad Jud aus Mainz, der sich als Advokat und Prokurator der geistlichen Gerichte in Würzburg niederließ. Er gehörte einem Mainzer Patriziergeschlechte an, dessen Name auf jüdische Herkunft weisen dürfte. Michael erwarb sich eine

beträchtliche theologische und juristische Gelehrsamkeit zu Bologna, wo er 5 Jahre studierte. Er wurde dann in Würzburg Chorherr und Schulmeister (*canonicus et scholasticus*) am Neumünster und Protonotar der Bischöfe Otto II. von Wolfskehl (1333—1345) und Albrecht II. von Hohenlohe (1345—1375), als solcher in Urkunden und Handschriften der Zeit ein vielgenannter Mann. Er starb am 3. Jan. 1355.

2. Sein Vermögen erlaubte ihm, in Würzburg den Hof „zur Katze" zu erwerben, der dann aber, da er das Tor durch das steinerne Bild eines Löwen schmücken ließ, „zum Löwen" hieß, und so nahm er selber den Namen *de Leone* oder auch *von Löwen* an. In diesem Hause lebte auch die Familie seines Neffen Jakob von Löwen, dem er das Haus vermachte und als Beigabe dazu, die mit dem Hause verbunden bleiben sollte, solange sein Geschlecht darin wohnen würde, das Hausbuch, in dem seine Beziehung zur deutschen Literatur enthalten ist. Die Anregung dazu hat er aus Italien mitgebracht. In einem Bande größten Formats und mächtigsten Umfangs sollte alles mögliche Wissens- und Lesenswerte dauerhaft vereinigt sein: Lateinisches und Deutsches, Medizinisches und Juristisches, Grabschriften und Gedichte gegen die Juden und die Sekte der Geißler, ein deutsches Kochbuch, eine Schrift über die Taten der Bischöfe Otto und Albrecht und eine lateinische Chronik bis 1343 (beide lat., von Michael selber verfaßt), und vor allem deutsche Gedichte, auch diese unter sich sehr verschieden. Das Ganze aber wird eingeleitet und auch unterbrochen durch Gebete und andere fromme Stücke. Es sollte zusammenfassen und zusammenhalten, was in Handschriften, Heften und Heftchen verschiedenster Art zu finden war. Das Format, die gleichmäßige Einrichtung in zwei Spalten, die ungemein kräftige, buchmäßige gotische Schrift aller beteiligten Schreiber (sieben Hände unterschied W. Meyer), alles gibt der Handschrift dies Ansehen. Die ganze Masse war in zwei Teile geteilt. Davon ist aber nur der zweite erhalten. Der erste ist vermutlich bald auseinander gekommen und dann vernichtet. Jakob von Löwen, der Erbe, beteiligte sich 1399 an einer Empörung gegen den Bischof, seine Partei unterlag, er wurde hingerichtet und sein Eigentum eingezogen. Im 16. Jh. taucht dann die Handschrift, so wie sie jetzt erhalten ist, im Besitz des Joseph Egolph von Knöringen auf, der seine Bücher der Universität Ingolstadt zuwandte. Von dort ist sie später an die Universitätsbibliothek München gekommen. Der erste Teil ist dagegen zerschnitten und als Hüllen von Rechnungen und dgl. verwandt. In dieser Form haben sich Teile des 'Renner' gefunden, der im ersten Teile gestanden hat. Wir wissen das aus dem Repertorium, mit dem der erhaltene zweite Teil beginnt. Aus diesem ergibt sich aber auch, daß dies der Hauptverlust ist, während im Übrigen das Meiste und Wertvollste aus der deutschen Dichtung bewahrt ist. So ist diese Handschrift als Quelle der mittelalterlichen Dichtung im vergangenen Jh. oft und ergiebig verwertet worden.

3. Wir sehen an ihr, was dem Michael de Leone in der Mitte des 14. Jh.s in Würzburg an handschriftlicher Überlieferung der deutschen Dichtung des 13. Jh.s und der eigenen Zeit zugänglich war. Der Art des Hausbuches entspricht es, daß er alles hat hineinbringen lassen, dessen er habhaft werden konnte. Von einer Auswahl kann die Rede nicht sein. Es haben als Einzelstücke vorgelegen außer dem 'Renner' der deutsche 'Cato' (s. d.) (auch verloren), ein Freidank (s. d.), die 'Goldene Schmiede' (so bezeichnet!) und der 'Turnei von Nantes' von Konrad von Würzburg (s. d.), der deutsche 'Lucidarius' (s. d.), eine Sammlung von Beispielen und Mären des Strickers (s. d.), eine Sammlung von 46 Gedichten Walthers v. d. Vogelweide (s. d.) und 44 von Reinmar dem Alten (s. d.), die vielleicht zusammengehört haben; dazu 2 kleinere Hefte mit Gedichten Frauenlobs (s. d.) und einzelne Gedichte des Marner (s. d.); ferner, dem

Hersteller der Handschrift örtlich und zeitlich nahe stehend, die „Reden" (der Ausdruck *rede* für diese Gattung von Reimpaargedichten unterscheidend gebraucht) des Königs von Odenwald (s. d.) und von Lupold Hornburg (s. d.) von Rotenberg, und anderes mehr. Es ist im Grunde nicht eben viel, wenn wir uns von Würzburg und dem Jahrhundert vor der Niederschrift entfernen. Die Blütezeit ist nur durch die Walther-Reinmarsammlung und die 'Welt' des Strickers vertreten. Schon damals hing die Erhaltung der Dichtung des 13. Jh.s an einer verhältnismäßig beschränkten Zahl von Handschriften, schon damals war manches verloren, und das Bild, das sich die Deutschen des 14. Jh.s von der Literatur des 13. machten, war ein anderes als das, was wir haben Die spätere Literatur, etwa seit dem Interregnum, war ihnen die nähere und die lebendigere.

4. In dem Hausbuch des M. d. L. fand sich auch die bekannte Grabschrift auf Walther: *Pascua qui volucrum* usw., aus deren Erwähnung hier wenigstens die Tatsache, daß Walther im Neumünster seine letzte Ruhestatt gefunden hat, mit aller Wahrscheinlichkeit hervorgeht, während die Verse der Inschrift ein literarisches Erzeugnis sein mögen. Sie ist auch in einer anderen Handschrift erhalten, die auf Michael zurückgeht. Es ist das 'Manual', das er für das Neumünster hat anfertigen lassen (jetzt auf der Universitätsbibliothek zu Würzburg). Es enthielt mit einer Ausnahme nur Lateinisches, dies aber übereinstimmend mit dem Hausbuch, dem es in seinen einzelnen Teilen als Vorlage gedient hat.

A. Ruland *Die Würzburger Handschriften der Königlichen Universitätsbibliothek zu München*, Archiv des historischen Vereins von Unterfranken 11 (1851). Wattenbach ADB. XVIII S. 299. Zarncke PBB. 7 S. 582 ff. W. Meyer *Die Buchstabenverbindungen der sogenannten gotischen Schrift*, Abh. der Kgl. Ges. der Wiss. zu Göttingen NF. I, 6 (1897) S. 103 ff. E. Schröder *Die Gedichte des Königs vom Odenwalde*, Archiv für Hessische Geschichte NF. 3 (1900) S. 3ff.

Rosenhagen.

Michel, Heinrich.

1. Heinrich Michel nennt sich der Verf. eines Gedichtes auf den hl. Erkenbrecht, den Stifter des Klosters Frankental; dies Gedicht ist uns in vier Hss. überliefert, die, sämtlich nach 1650 entstanden, aus dem Dalbergischen Familienarchiv stammen. Die Vorlage dieser Hss. soll sich im Archiv des Klosters Frankental befunden haben, scheint aber verloren zu sein.

2. Inhalt. Das bisher noch unedierte Gedicht beginnt mit einer Bitte des Verf. an Gott, ihn an Worten reich zu machen, und der Mahnung an die Leser, Gott in seinen Heiligen zu ehren. Darauf wird die Lebensgeschichte des hl. *Erkunbrecht* erzählt. Schon früh verspürte dieser ritterliche Jüngling mehr Neigung zu geistlichen denn zu weltlichen Dingen, aber erst sein Scheintod anläßlich eines Brandes von Worms, ein Scheintod, in dem er eine Vision erlebte, veranlaßte ihn, dem Weltleben ganz zu entsagen und sein Haus zu einem Spital zu machen. 1125 stiftete er sodann das Kloster Frankenthal, empfing die Priesterweihe und ist als Abt des Klosters (1132) gestorben, nicht ohne vorher noch einige Tochterklöster gegründet zu haben.

Ich Heinrich Michel han gesehen,
der brief ein theil wie es sei geschehen,
die Buggo der würdige bischof
zue stetigkeit hat im geben daruf . . .

versichert der Verfasser und berichtet darauf von den weiteren Schicksalen des Klosters. Der letzte erwähnte Abt, Wernher (1277 urkundlich belegt), wird mit *du* angeredet, war also möglicherweise der Vorgesetzte unseres geistlichen Poeten, der sich am Schlusse noch einmal nennt als einer, der im Dienst des Klosters Frankenthal steht. Mit der Bitte um gütige Aufnahme seines Gedichtes schließt er.

3. Quelle. Die Lebensgeschichte Erkenbrechts ist uns in der Wormser Chronik des Monachus Kirsgartensis (um 1500 entstanden) überliefert. Sie weist einige Übereinstimmungen mit den Angaben unseres Gedichtes auf, doch kann sie nicht das *buch* sein, auf das sich Michel mehrere Male beruft. Vielleicht gehen beide Fassungen auf eine ältere Vita zurück, es ist aber noch nicht gelungen, diese aufzufinden.

4. Der Dichter ist bisher nicht urkundlich festgestellt. Ton und Haltung des ganzen Gedichtes tragen mittelalterlichen Charakter, und zuweilen bietet sich auch unter dem modernisierten Sprachgewande ein mhd. Reim; aber der Text ist im Ganzen so verderbt, daß ohne eine genauere Untersuchung keine Angaben über Entstehungszeit und -ort möglich sind.

A. Kaufmann *Ein Gedicht auf den heiligen Erkenbert*, Picks Monatsschrift f. d. Gesch. Westdeutschlands. 4. Jhrg. (1878) S. 25 ff.

Arthur Witte.

Michel, Magister, Prediger. Die Bibliothek des Katharinenklosters zu Nürnberg bewahrte einst einen Band Predigten von ihm. Im Katalog des XV. Jhs. wird er unter M XII angeführt: *Jtem ein puch, sten vil schoner predig an, die vater Gerhart und vater Herolt und meister Michel gepredigt haben. Jtem daz puch hat Cecilia Rotin geschriben.* Es scheint sich demnach um Predigten zu handeln, die vor den Nonnen gehalten worden sind. Vielleicht war Michel Beichtvater des Klosters. Doch war nichts Näheres über ihn auszumachen.

F. Jostes *M. Eckhart und seine Jünger* 1895, S. 147.

W. St.

Michel, Meister. Der Codex 938 der Leipziger Universitätsbibliothek teilt auf Bl. 194[b] ein Rezept dieses *Doctors* gegen den Harnstein in deutscher Sprache aus dem Jahre 1429 mit. Es geht wohl nicht an, ihn mit einem *Magister artium, decretorum baccalarius Michael Falkonis, doctor medicine Montispessulanus* (Pansier 259) zu identifizieren, der am 12. April 1417 in die Wiener Medizinische Fakultät aufgenommen wurde (Schrauf), noch weniger mit einem *rusticus nomine Michel Stulpe in Hirsberg,* der kurpfuschend Schanker mit einer Salbe aus Eidotter und Bockstalg behandelte, *laudatus ultra superlativum,* wie Doktor Pankraz Sommer zu Hirschberg in seiner '*Cyrologia collecta*' vom März 1453 berichtet (vgl. Beitr. z. Gesch. d. Chirurg. im MA. II [1918] S. 511).

Sudhoff.

Mickell, Hans, Kartäuser in Buchsheim bei Memmingen, 1495 Prior, gest. 1508 in Gutenstein. Er übersetzte das '*Alphabetum divini amoris*' ins Deutsche, das 1493 gedruckt wurde.

L. Le Vassau *Ephemerides ordinis cartusiensis* 1890. *Gesamtkatalog der Wiegendrucke* II Nr. 1567.

W. St.

Miller (Müller), **Martin.** Auch Millius oder Myllius. Zu Anfang des 16. Jhs. Augustiner-Chorherr im Wengenkloster zu Ulm, von wo er auf 7 Jahre zum Studium nach Wien beurlaubt wurde; ein *Martinus Molitoris ex Ulma* ist u. d. 29. Juli 1510 daselbst in der Universitätsmatrikel eingetragen. Trotz mehrfacher Aufforderung kehrte M. jedoch von Wien nicht zurück, so daß endlich 1519 seine Chorherrn-Stelle in Ulm anderweitig besetzt wurde. In Wien war er an der Herausgabe des Bandinus ('*Liber sententiarum*' 1519) durch Benedikt Chelidonius, den Abt des Schottenklosters, beteiligt und war in dieser Zeit selbst Plebanus an der Schottenkirche; im Nachwort des genannten Werkes nennt er sich jedoch *canonicus Ulmensis.* Einen akademischen Grad hat er offenbar nicht erworben. In seinen letzten beiden Lebensjahren war M. Propst des Augustinerstiftes Schrattenthal in Niederösterreich; das Jahr seines Todes ist ungewiß — vielleicht 1521.

Seine Liedersammlung '*Passio Christi*' (o. O. [Straßburg bei J. Knoblouch] 1517, verlegt von Joh. Hasselberg von der Reichenau) enthält 26 geistliche Gedichte nach Singweisen lat. und dt. Kirchengesänge, darunter auch Übersetzungen zweier Hymnen (*Salve sancta facies* und *Vexilla regis prodeunt*). Es wird darin das Heilswerk — der Sündenfall, die Menschwerdung Christi und die Passionsgeschichte bis zur Kreuzabnahme — dargestellt. Das Ganze ist offenbar nur eine Brotarbeit. Sapphische Strophen und Alexandriner in den Gedichten finden zu wollen (Wackernagel u. a.), ist verfehlt.

Lebensgeschichte auf Grund von Ulmer Quellen: *Collectio scriptorum rerum hist.-monast.-eccles.*, hrsg. von Propst Michael Kuhn V (1765) S. 404 ff.; Auszüge daraus von J. E. F. Bernhard bei Chr. G. Göz *Beitrag z. Gesch. d. Kirchenlieder* 1784, S. XLI ff. A. Weyermann *Neue hist.-biogr.-art. Nachrichten* 1829,

S. 334; der daselbst genannte '*Hortus philosophicus*' (Görlitz 1597) ist nicht von unserem Verfasser. ADB. XXIII (1886) S. 145. — Über Schrattenthal: Maximilian Fischer Archiv f. Kunde öster. Gesch.-Quellen 2 (1849) S. 85—87.—Die Prüfung der Wiener Matrikelbücher verdanke ich Herrn Staatsarchivar Dr. v. Reinöhl.

Über die Liedersammlung zuerst: D. G. Schöber *Zweiter Beitrag zur Liederhistorie* 1760, S. 93 und J. G. Schelhorn *Ergötzlichkeiten* I (1762) S. 55, beide mit Textproben. Hoffmann v. Fallersleben *Gesch. d. Kirchenliedes* 1861, S. 482—85. Abdruck von 10 Liedern: WKL. II Nr. 1337—46. Vollständiger Abdruck der Lieder von Aug. Hagemann, Progr. d. Gymn. Friedland 1861. W.B. Nr. LXXX m. Inhaltsangabe. Rob. Proctor *An Index to the early printed books in the Britiih Museum* II, 1 Nr. 10111. Exemplare in Berlin, München, Ulm, Zwickau.

Ludwig Denecke.

Miller, Michael, s. Müller, Michael.

Milner, s. Müller, Michael.

Minden, s. Gerhard v. M.

'Minneallegorien', s. 'Minnereden'.

'Der Minne Gericht'.

Die Minnereden (s. d.) entwickeln aus dem Schema des Streitgedichtes und aus den an sich mehr lyrisch gehaltenen Klagen und Anklagen [1]) heraus Schilderungen von Gerichtsszenen. In der Technik am vollkommensten einem profanen Gerichtsverfahren nachgebildet ist die Darstellung in den beiden anderswo (s. u. 'Minnereden und -allegorien' Bd. III Sp. 415ff.) ausführlicher gewürdigten Gedichten des Verfassers der Schlacht bei Göllheim [2]), die regelrechte Minnegerichtshöfe und ein Minnegesetzbuch voraussetzen, und später mit vollendeter Sachkenntnis in der 'Möhrin' Hermanns von Sachsenheim (s. d. im Nachtrag), wo über dem Gerichtshof der Königin Venus sogar ein Berufungsgericht der Kaiserin Abenteuer besteht [3]). Auch der Schluß der zweiten Bearbeitung der 'Minneburg' (s. d.) benutzt das beliebte Motiv.

In den kleineren selbständigen Gedichten, die Gerichtsszenen bieten, erscheint Frau Minne teils als Richterin, teils als Angeklagte.

Von der ersten Gruppe bietet Kurt Matthaeis Band 'Minnereden I' (Deutsche Texte des Mittelalters Bd. XXIV) unter dem gleichen Titel 'Der Minne Gericht' drei Gedichte: 1. als Nr. 1 das 1459 verfaßte [4]) Gedicht des Elenden Knaben (s. d.): *Ain liebe sach hat mich bezwungen Und mit lust dar zů gedrungen* ..., 1843 Verse, Hss. Heidelberg cpg. 344 und 310, ferner ein Straßburger Druck von 1499; 2. als Nr. 12: *Des morgens in dem külen tow Kam ich gegangen in ain ow* ..., 854 Verse, Hs. Heidelberg cpg. 393; 3. als Nr. 15: *Do der summer was da hin Und do der winter ungewin* ..., 222 Verse, Hs. Heidelberg cpg. 393. Das in derselben Hs. auf Bl. 82a—87b stehende Gedicht 'Der Minne Gericht' druckt Matthaei nicht ab, da es aus dem Liederbuch der Hätzlerin bereits durch Haltaus veröffentlicht ist (Nr. 55 S. 226) [5]). Dies Gedicht schließt in der Situation deutlich an 'Der Minne Gericht' vom Elenden Knaben an, gehört also in die Jahre 1459—1471 (wo Klara Hätzlerin ihre Hs. schrieb). Als fünftes Gedicht ist 'Frau Venus und die Minnenden' zu nennen: *Ach Venus, waz du wunders kanst! Ey süssi Min, wem du es ganst!*..., 334 Verse, Laßbergs Liedersaal Nr. 32.

Umgekehrt ist die Minne Angeklagte bei Peter Suchenwirts (s. d.) 'Minne vor Gericht' [6]), in 'Die Minne vor Gericht' (*Ich rait durch ainen walt Min truren waz manigualt* ..., 376 Verse, Laßbergs Liedersaal Nr. 29; andere Hss.: Heidelberg cpg. 313 und 314, Wien Nationalbibl. Poem. Germ. 2959) und in 'Die Minne und die Ehre' (*Min Minne gernder tumber sin Tut mich der werlte toren sin* ..., 234 Verse, Laßbergs Liedersaal Nr. 205; auch im Heidelberger cgp. 313).

Das in Laßbergs Liedersaal als Nr. 139 stehende Gedicht 'Stät und unstät' (*Ich minne aller tugent waiß Vnd waz der blaneten kraiß* ..., 232 Verse; auch im Heidelberger cpg. 313) mutet inhaltlich geradezu an wie eine breiter angelegte Verteidigungsrede für die Minne, genau dem entsprechend, was in der oben erwähnten 'Minne vor Gericht' (LS. Nr. 29) zugunsten der Minne ausgeführt wird: Der Minne ist vorgeworfen worden, sie begünstige die Unstäte; sie wälzt aber den Vorwurf auf die Unminne ab. Die Verteidigungsrede hält nicht der Dichter, sondern in 'Stät und unstät' die Minne selbst. Von einer Gerichtsszene ist nichts zu bemerken. An Verfassergleichheit ist für beide Gedichte nicht zu denken; sprachlich und stilistisch sind sie zu verschieden; eher ist 'Stät und unstät' durch Peter Suchenwirt beeinflußt.

[1]) Vgl. etwa die 'Liebesklage' bei Wilh. Brauns *Mhd. Minnereden Bd. II* (Deutsche Texte des Mittelalters Bd. 41) Nr. 28: *Ich moes clagen clegelich, Mynne, vandier bitterlich* oder die 'Klage der Treue': *Ich trüwe klag min ellend* Hs. L. germ. 358. 4° der Universitäts- und Landesbibl. Straßburg (siehe A. Becker *Die deutschen Hss. der . . . zu Straßburg* S. 92) und viele andere. [2]) Vgl. A. Bach *Die Werke des Verfassers der Schlacht bei Göllheim* (Meister Zilies von Seine?) 1930 (Rheinisches Archiv Bd. XI). [3]) F. W. Strothmann *Gerichtsverhandlung als literarisches Motiv des ausgehenden Mittelalters* (1930) bietet abgesehen von dem, was über die 'Möhrin' gesagt wird, wenig für uns. [4]) Die Jahreszahl zweifelt H.-Fr. Rosenfeld VL. II Sp. 823 an. [5]) V. 1—24 druckte K. Geuther (*Studien zu dem Liederbuch der Hätzlerin* S. 145) nach dem Heidelberger cpg. 393 ab. [6]) Primissers Ausgabe Nr. XXIV.

H. Niewöhner.

'Minne und Gesellschaft' und **'Die Schule der Ehre'.**

Minne und Gesellschaft: Anfang: *Mich betwang ein swerer můt Alz noch dicke manigen tůt*, 572 Verse; überliefert in den Hss. Berlin Staatsbibl. Ms. Germ. Fol. 922 Bl. 37[aα] und Heidelberg cpg. 358 Bl. 94[b]; gedruckt: Kurt Matthaei, Mhd. Minnereden I (DTMA. XXIV) Nr. 6.

Die Schule der Ehre: Anfang: *(I)ch solde zu einē tzyden An mȳ geschefde ryden*, 850 Verse; ausführliche Inhaltsangabe ZfdA. 13 S. 366 ff.; Hs. Berlin Staatsbibl. Ms. Germ. Fol. 922 Bl. 42[bα] (also unmittelbar hinter 'Minne und Gesellschaft'); gedruckt demnächst: W. Brauns *Mhd. Minnereden* II (DTMA. XLI) Nr. 31.

Inhalt: A) 'M. u. G.': Der Dichter trifft eine Frau und eine Jungfrau, die zusammen in einem Buche von Tristrant und Isot (diese beiden Formen sind im Reim belegt!) lesen. Die Frau preist das Glück der Minne, die Jungfrau will nicht *wider die ere* streben und lobt die Gesellschaft. Der Redestreit geht hin und her, und der Dichter wird um Entscheidung gebeten. Er bittet: *Und gebt mir frist ein halbz jar.* Er vertraut sich dem Glücke an, um Belehrung zu finden, und begegnet einem *knappen von den wappen; er sagte von ainem hoffe groz*, bei dem Männer und Frauen versammelt seien. Der Dichter wird dort wohl empfangen, und als er einmal in einem Zelte viel edle Ritter vereinigt findet, legt er ihnen seine Frage „Minne oder Gesellschaft?“ vor. Die Befragten sind: der König (Johann) von Böhmen, Graf Johann von Sponheim, Herr Konrad von Winsberg, Heinrich von Fleckenstein, Herr Simon von Gontheim, Herr Eberhard vom Stromburg (Stromberg), Gerhard von Biegen, Herr Gerhard von Wachenheim, Herr Konrad von Lussenich, Herr Konrad (Berliner Hs. *Gerhairt*) von Landeskrone, Herr Gerhard von Schafsberg, Herr Otte von Dietsch (Berliner Hs. *vā Prissich*) und Herr Lutz (Berliner Hs. *Gotze*) von Hohenloch. Der König lobt die Gesellschaft; von den 12 anderen Herren stimmen 7 für die Minne, 5 gegen sie. Der Dichter beschließt, weiter durch die Lande zu fahren, andere um ihr Urteil zu fragen, und bittet auch die Zuhörer um ihren Rat.

B. 'Sch. d. Ehre': Der Dichter findet im Walde eine schöne alte Frau. Diese erzählt ihm, sie habe vor 30 Jahren eine Schule errichtet und mit Erfolg versucht, ihre Schüler — 12 an der Zahl — auf den Stuhl der Ehre zu setzen. Unter den 12 Auserwählten, die sie nennt, sind 6, die auch in 'M. u. G.' genannt sind (Johann v. Sponheim, Heinrich v. Fleckenstein, Konrad von Lussenich, Gerhard von Landeskrone, Gerhard v. Biegen, Otto von Brisseche); die andern heißen Graf Wilhelm von Holland (wohl der III.), . . . (eine Reimzeile fehlt) von Saarbrücken, Graf Wilhelm von Montfort, Graf (Johann) von Nidda, Konrad von Esch und Herr Gerhard von Aldenhoven (*mit dem bairte* genannt). Die Frau Minne (oder Frau Ehre?) will nun diese 12 aus der Schule entlassen. Der Dichter rät ihr, 12 Junge neu aufzunehmen, und schlägt vor: Herzog Ruprecht von Baiern, Pfalzgrafen zu Rhein (den er nennt *den heren myn*), Graf Adolf von der Mark, den jungen Grafen Johann von Katzenellenbogen und Herren Reinhart von

Westerburg; und des weiteren werden bald von ihr, bald von ihm vorgeschlagen: Herr Beißel, Herr Johann von Wachenheim (Gerhard v. W., wohl sein Vater, war in 'M. u. G.' aufgetreten), Rüdiger von Bassenheim, Johann von dem Steine, Herr Orte von Weingarten, Gilbert Leu von Steinfurt, Herr Heinrich von Cramborg und Herr Herbort Ring. Dann muß der Dichter auf Pergament für diese Schüler ein ABC der Minne schreiben, mit dem die Unterweisung ihren Anfang nehmen soll[1]). Zum Schlusse gibt der Dichter Andeutungen über sich selbst und seinen Stand: *Ich sulde myn heubit bilcher slan Nu iarling om einen elter Und beden mynen selter Om ein kerch ein rauchuas dragen Dan das ich lere desen jongen sagen Und ir sonde of mich laden. Alt und dorflich sint II schaden Des kan ich nit bedencken nv* ...

[1]) A bedeutet 'alle Tugend', B 'barmherzig', C 'keusch', D 'demütig' usw.; vgl. 'Der Buchstaben Bedeutung', VL. I 333.

In der Art, viele Eigennamen zu nennen, berühren sich beide Gedichte mit dem 'Minnehofe', den Adolf Bach dem Meister Zilies von Seine zuschreiben möchte[2]). Doch sind die sechs von Adolf Bach behandelten Gedichte zwischen 1280 und 1300 anzusetzen, während 'M. u. G.' um 1325, die 'Sch. d. Ehre' zwischen 1331 und 1340 entstanden ist. Beide Gedichte entstammen dem nördlichen Rheinfranken. Den Dichter der 'Sch. d. Ehre' möchte man — nicht nur nach dem, was er selbst am Schluß des Gedichtes über sich angibt, sondern auch nach seinen geistlich-gelehrten Interessen — für einen ehemaligen Kleriker halten; der Dichter von 'M. u. G.' gibt sich bedeutend ritterlicher. Ob es eingehender Untersuchung je gelingen wird, Verfassereinheit oder -zweiheit zu erweisen, ist zweifelhaft; ganz eng sind beide Gedichte jedenfalls miteinander verwandt.

[2]) *Die Werke des Verfassers der Schlacht bei Göllheim (Meister Zilies von Seine?)* (Rheinisches Archiv XV) 1930.

Über stoffliche Verwandtschaft beider Gedichte mit andern Minnereden vgl. Minnereden.

'Minne oder Gesellschaft': K. Matthaei, *Mhd. Minnereden* I (DTMA. XXIV) Nr. VI; dazu Leitzmann PBB. 44 S. 129—131 (u. a. Erläuterungen zu v. 142. 229. 451. 532); Ernst Martin ZfdA. 13 S. 364ff. (Das von Maßmann ZfdA. 3 S. 7ff. abgedruckte Stück gehört zu den Werken des Verfassers der 'Schlacht bei Göllheim'!).

'Die Schule der Ehre': W. Brauns *Mhd. Minnereden* II (DTMA. XLI) Nr. 31; E. Martin ZfdA. 13 S. 366ff. Über beide Gedichte vgl. außerdem A. Bach a. a. O.

H. Niewöhner.

'Der Minnen Klaffer'. Zwei Gedichte tragen in Hss. die Überschrift '*Der Klaffer*' bzw. '*Der Minnen Klaffer*': a) Ruscharts (s. d.) Gedicht; Laßbergs Liedersaalhs. und der Heidelberger cpg. 313 bieten alle Gedichte ohne Überschrift, die Wiener und die Innsbrucker Hs. benennen es aber *Der* (bzw. *Von dem*) *klaffer*. b) Das in Kellers *Erzählungen aus altd. Hss.* S. 123 abgedruckte Gedicht von 310 Reimpaarversen (v. 27ff., 156ff. und 235ff. sind Dreireime, v. 226 ist versehentlich zweimal geschrieben), Anfang: *Kinder wölt ir stille sweigen Ich wölt euch kürczweilen* ..., Hs. Karlsruhe, Landesbibl. Cod. 408 Bl. 6^{aa}-$8^{a\beta}$. Die Überschrift lautet *Der mynnen klefferer* (im Register *Der mynnen kleffer*), und sie geht zurück auf die Angabe am Schluß des Gedichtes (v. 307ff.): *Wer hat gemacht daz mer? Daz hat der mynnen klaffer Vnd der daz mere hat geschrieben Der ist an schöne frauwen blieben.* (Diese zwei letzten Zeilen über den Schreiber kehren in der Hs. öfter wieder; vgl. Keller-Sievers *Verzeichnis altd. Hss.* S. 6—21 zu den Gedichten Nr. 17, 19, 25, 33, 39, 85, 90 dieser Hs.).

Beide Gedichte haben gleichen Inhalt: Ein Liebhaber wirbt mit Worten um seine Schöne; sie wehrt sich mit Widerrede, gibt sich aber am Schlusse besiegt. Doch sind beide Gedichte auf ganz verschiedenen Ton gestimmt. Ruscharts Gedicht ist langatmig, betreibt Werbung und Gegenwehr mit Ernst und Eindringlichkeit, ist in seiner Sprache zwar einfach und ungeblümt, hält aber selbst da, wo es sprichwörtliche Formeln und Vergleiche verwendet, eine gewisse Höhenlage des Ausdrucks fest. 'D. M. Kl.' dagegen ist derb, sprunghafter, arbeitet nicht nur mit längeren Wechselreden, sondern auch mit Stichomythien, ist vor allem im Ausdruck volkstümlicher, in seiner Lebensweisheit hausbackener. Die eingesprengten Blüten gehobener Minnesprache wirken nicht parodisch, aber reden doch von einer andern Minne als der, die der Dichter im Auge hat; sein Ziel ist *underhalp der gürtel daz* (v. 27)! Zwischen der Karlsruher Hs. und der Wiener, die Ruscharts Gedicht überliefert, bestehen inhaltliche Beziehungen. Es hat geradezu den Anschein, als sei in der Karlsruher Hs. Ruscharts Gedicht mit Absicht beiseite geschoben und 'D. M. Kl.' als Ersatz und Protest an seine Stelle gesetzt, so wie sonst gelegentlich in Hss. verwandten Inhalts ein Gedicht gegen eine andere Fassung desselben Stoffes ausgewechselt wird.

'D. M. Kl.' gehört in die zweite Hälfte des 14. Jhs. Sprachlich ist er nicht ganz sicher zu bestimmen. Er gestattet sich ziemlich viele Assonanzen lichterer Art (*swîgen: kurzewîlen, ougen : vrouwen, erwürbe : würde, adel : nagel, geben : erwegen, einhalp : gewalt, diep : niet = niht*). v. 295 *vrouwen : glouben* wird man aber wohl als einen md. reinen Reim bewerten dürfen, und ins Md. weist auch v. 291 *worten : envorhte.* Die sonstigen *-n* -ungenauigkeiten erwecken aber Verdacht auf *-n*-lose Infinitive: 163 *bœse : erlœsen*, 183 *minne : gewinnen*, 211 *hœren : tôre*, 273 *bî : gesîn;* so ist auch *dierne : stirne* (v. 7) und *: birne* (v. 267) als md. aufzufassen. v. 263 reimt *rôt : er stât.* Die beiden Reime 11 *gerne : wœren* und 228 *gebeten : rœten* sind durch textliche Unklarheit der betr. Stellen sehr entwertet. Thüringische Heimat des Gedichtes ist wohl am wahrscheinlichsten. Bemerkenswert sind altertümliche Wörter wie *cristenbarn* v. 109 und *trehtîn* (*: vîn*) v. 224.

H. Niewöhner.

'Minne, Das Kloster der'.

1. Das umfangreiche Gedicht (1890 Reimpaarverse) ist in drei Hss. überliefert: a) Donaueschingen, Fürstl. Fürstenbergische Hofbibl. Nr. 104 (L. 177) Bl. 114bβ—125bβ (danach abgedruckt in Laßbergs LS. Nr. 124, Bd. II S. 203 ff.); b) Heidelberg Universitätsbibl. cpg. 313 Bl. 43b—74b; c) Dresden, Sächsische Landesbibliothek M 68 Bl. 65aβ—76tα. Anfang: *Ich wolt ains tages mich ergan Als ich dick me han getan.* Eine Überschrift gibt dem Gedichte nur die Dresdener Hs.: *De monte feneris agitur hic*[1]).

[1]) Damit stellt der Schreiber das 'K. d. M.' in den Kreis der Gedichte vom Venusberg; vgl. außer der Tannhäusersage Meister Altswerts 'Der Tugenden Schatz' (VL. Bd. I Sp. 70 und Ehrismann *Gesch. d. dtsch. Lit.* Bd. II 2, 2 S. 499).

2. Inhalt: Auf einem Spaziergang trifft der Dichter eine schöne Frau, die von ihrer Herrin, der edlen Minne, ausgesandt ist, würdige Insassen für das Kloster der Minne zu suchen (v. 1—139). Sie preist ihm das Kloster und das Leben, das seine Insassen führen, und weist ihm den Weg dorthin (v. 140—426). Er findet das Kloster; eine Schar von Männern und Frauen — darunter gute Bekannte des Dichters — zieht gerade durch die offene Klosterpforte ins Freie zu einem Reigen (v. 427—534). Plötzlich schlägt einer die Glocke an: Eine Schar von 500 Rittern und Knechten begehrt mit den Klosterinsassen zu turnieren (v. 427—651). Unter den Frauen entdeckt der Dichter eine gute Bekannte, die ihm dann Führerin durch das Kloster ist (v. 652—752). Sie zeigt ihm den Hof, den Palast mit seiner Terrasse, auch das Gefängnis, in dem ein Klaffer, ein Rühmer, ein Spötter, ein Neider, ein Wankelmütiger und andere Missetäter liegen (v. 753—1066). Dann sehen sie die Klosterbrüder und die Fremden zum Turnier aufziehen; die Führerin erläutert den Verlauf des Waffenspieles (v. 1067—1369). Da der Dichter vom Turnier wenig ritterlich denkt (v. 1370—1385), bietet sich Gelegenheit, von Wesen und Sinn des Turniers und überhaupt von der Regel des Klosters der Minne zu reden (v. 1386—1508). Der Dichter wünscht, die Minne in Person zu sehen, doch diese ist nur unsichtbar zwischen all den Männern und Frauen und ist nur an ihren Wirkungen zu erkennen (v. 1509—1634, darunter v. 1595—1631 Anaphern von der Minne Kraft). Er bedankt sich bei seiner Führerin. Da die im Turnier unterlegenen Gäste nach 12 Tagen noch einmal wiederkommen wollen, so ladet sie auch ihn auf diesen Tag ein (v. 1635—1728). In einer köstlich geschmückten Zelle trinkt er mit ihr noch St. Johannis Minne (v. 1729—1834), dann geht er den Weg zurück, den er gekommen. Sein Bedauern, nicht länger dort geblieben zu sein, wird gemildert durch die Hoffnung auf den Tag, an dem er sich ganz *in daz closter geben* will (v. 1835—1890).

3. Eine Minneallegorie ist das Gedicht nur mit Einschränkung zu nennen: Es tritt keine allegorische Gestalt (Minne, Ehre, Stäte u. ä.) auf; Frau Minne, der das ganze Kloster dient, bleibt unsichtbar, ist überhaupt nicht körperlich vorgestellt. (Ganz beiläufig heißt es einmal nur: *Wann mich säld her hat gesant* v.

1732, ohne daß diese allegorische "Frau Sälde" Leben gewänne.) Auch der Palast der Minne — denn es ist in Wahrheit mehr ein Palast als ein Klostergebäude — wird nicht allegorisch ausgedeutet. Wohl finden wir einzelne, jedoch nicht zu voller Anschaulichkeit durchentwickelte Züge, die an die allegorischen Minnepaläste des Andreas Capellanus (siehe 'Warnung für hartherzige Frauen') und der 'Minneburg' (s. d.) uns erinnern: *Das closter das ist sinwel. Ez wart kain* ...[1]) *nie so snel Das es jn ainem gantzen jar Das closter vmbe lüffe gar* (v. 261 ff.). Das Kloster hat zwölf Pforten; *Ieder monat hat sin port* (v. 320), und vor jeder Pforte liegt ein Bezirk, der in Pflanzen- und Baumwuchs und Witterung dem Monat entspricht, für den die Pforte gilt: *Welter zit din hertz begert, Wol bistu der do gewert. In welhem monnat ain man wil, Dar jn vint er geselschaft vil, Die mit jm rittent vnd gand* (v. 339 ff.). Der Dichter betritt den Klosterbezirk im Bereiche des Monats Mai; doch wird dies Motiv dann nicht weiter verfolgt.

[1]) Laßbergs Hs. hat irrig *closter* (aus v. 261 wiederholt).

4. So gehört das 'K. d. M.' mehr in den Kreis der Gedichte vom Minneorden als derer, die ein Gebäude (Kloster, Burg, Palast) allegorisch ausdeuten. Trotzdem sei auf diese letzteren kurz eingegangen, da das 'K. d. M.' aus diesem Vorstellungskreise seinen Ausgang nimmt und vielleicht (s. u.) durch die berühmteste der Minneburgen, die Stiftung Ludwigs des Baiern zu Ettal, angeregt ist[1]).

[1]) Über die weite Verbreitung des Motivs von der Minneburg vgl. vor allem Ehrismann *Gesch. d. dtsch. Lit.* Bd. II 2, 2 S. 502f.

Die kurz vor 1200 verfaßten *'De amore libri tres'* des Andreas Capellanus[1]) und Gottfrieds v. Straßburg (s. d.) Verse von der Minnegrotte[2]) bilden den Auftakt für die dem 14. Jh. angehörende 'Minneburg' (s. d.) und den vielleicht noch älteren mfrk. 'Bergfried der Minne', in dem der Dichter seine Geliebte preist und beschließt, ihr zu Ehren ein Haus zu bauen, dessen vier Säulen heißen Hute, Wahrheit, Treue und Stäte (Anfang: *Ich lach an einre helden In eines meies zit*, 69 vierzeilige Strophen, gedr. in v. d. Hagens 'Germania' 7 S. 328 und in Franz Pfeiffers 'Übungsbuch' Nr. XX S. 165). Eberhard von Cersne (s. d.) ist in dem, was er im 1. Teile von 'Der Minne Regel' über das Schloß der Minne sagt, von Andreas Capellanus unabhängig. Regelrecht durchgeführte Allegorie, wenn auch etwas anderer Art, bieten auch 'Die sechs Kronen' (Anfang: *Die alden frommen hant uns geseyt Daz tugent ist ein erencleit*[3]), gedr. bei Keller *Erzähl. aus altd. Hss.* S. 604; Hss. zu Würzburg, Idstein [vgl. Herrigs Archiv 11 S. 453] und Lana [vgl. ZfdPhil. 57 S. 373]). Von den zweimal sechs Kronen, die dort im Palaste der "alten Ehre" aufgestellt sind, sind sechs für Frauen bestimmt als Belohnung für stäte Treue, Tugend, Zucht, Scham, Maße und Verschwiegenheit; die andern sechs sind für Männer, die Treue, Zucht, Tugend, Scham, Verschwiegenheit und Wahrhaftigkeit üben. Zwei Gedichte nennen ein Schloß der Minne mit Namen, ohne es zu beschreiben, geschweige denn allegorisch auszudeuten: in dem nur in der Londoner Hs. Addit. 24946 Bl. 122[b] unter der sinnlosen Überschrift *Newraitt* überlieferten Gedichte *Ich kam ains mals dartzue Das ich in meines pettes rue* ... heißt das Schloß *newnburg* (Entstellung aus *minnburg*?); in 'Frau Minne weiß Rat' (gedr. bei K. Matthaei *Mhd. Minnereden* I [DTdMA. XXIV] Nr. 14) hat die Minne ein Haus zu *Hoffenhail* (vgl. v. 409. 423)[4]).

Nur erwähnt wird die Burg, in der 'Frau Ehrenkranz' haust (Anfang: *An ainem morgen eben fru Do ez begund tagen zu*, 408 Verse, gedr. Laßbergs LS. Nr. 50 Bd. I S. 367; sonst noch zweimal im Heidelberger cpg. 313 überliefert); ebenso flüchtig wird das Zelt der Minne genannt in 'Frau Venus und die Minnenden' (Anfang: *Ach Venus, wes du wunders kanst, Ey süssi min, wem du ez ganst* ..., 334 Verse, gedr. Laßbergs LS. Nr. 32 Bd. I S. 233). 'Die alte und die neue Minne' (Anfang *Sich füegt ains males das ich wart Anthaissig ainer bette vart*, 442 Verse, gedr. Laßbergs LS. Nr. 182 Bd. 3 S. 81) zeigt die alte

Minne als blau gekleidete Frau in einem blauen Hause; die neue Minne sitzt dagegen in einem Zelte, dessen Dach und Wände wie *topel stain* gefärbt sind, und ihre Gewänder, ebenso die ihrer Gefährtin *Wankelmůt* sind ebenso. Die Farben "blau" und "*topel stain*" spielen auch die Hauptrolle in dem Gedichte, das meist nichtssagend 'Der Traum' überschrieben wird, das aber besser 'Das Zelt der Minne' hieße (Anfang: *Mir trombt ain waidenlicher trom Könd ich dez geloben schon*; gedr. mit einer durch Blattverlust verursachten Lücke in Laßbergs LS. Nr. 25 Bd. I S. 129; sonstige Hss.: London Addit. 10010 und 24946; vgl. ferner Anz. f. K. d. dt. Vorzeit, Neue Folge 2 (1854) Sp. 80; Rob. Priebsch dachte daran, das Gedicht herauszugeben). Zu einer ganzen Stadt der Minne erweitert sich die Hofburg der Venus in dem kurz vor 1487 oder 1488 (wohl zu Ulm) verfaßten Gedichte 'Der neuen Liebe Buch' (s. d.).

[1]) Eine Teilübersetzung daraus ist die kurz nach 1460 verfaßte 'Warnung für hartherzige Frauen' (s. d.).

[2]) 'Tristan' v. 16679 ff.; vgl. auch Ranke *Die Allegorie der Minnegrotte* (Schriften d. Königsberger gelehrt. Ges. II, 2) 1925.

[3]) Über die Kleiderallegorie, die in den Eingangsversen eine Rolle spielt, vgl. G. Roethes Anmerkung zu Reinmar von Zweter 41.

[4]) Nicht hierher gehört das 'Schloß Immer' (Anfang: *Sich fůgt ains tags zeitt Das zween gesellen on neidt* . . ., gedr. bei Haltaus *Liederbuch der Hätzlerin* Nr. 14 S. 152 ff.; unvollständig überliefert im Liederb. d. Hätzlerin und in Bechsteins Hs.; andere Hss.: Heidelberg cpg. 313; Berlin Ms. Germ. Fol. 488; London Addit. 29946 und Trier). Hier ist der Leib der Geliebten als Schloß beschrieben (als Wohnsitz der Frau Minne wird er aber nicht ausdrücklich bezeichnet): *ain goltvar dach* die Haare, *under dem tach zway vensterlein* die Augen, *zway ärggerlein* die Brüste, um alles herum *der aller pest zwinger*, die Arme. Anderswo ist diese barocke Idee nicht zu belegen.

5. Gedichte vom Orden der Minne haben ganz verschiedene Grundhaltung. Die aus der verbrannten Hs. Cod. A 94 der Johanniterbibl. zu Straßburg in Chr. H. Myllers 'Sammlung deutscher Gedichte' Bd. III Fragmente S. XXX abgedruckte 'Sekte der Minner' (Anfang: *Ich bredie unde lere An froeiden michel ere*) schildert übermütig diese Sekte mit ihren neuen zehn Geboten und neuem Credo. (Auch die Gründung eines Klosters wird erwähnt, ohne daß aber das Gebäude als solches eine besondere Rolle spielt.) Mit satirischer Geißelung kirchlicher Mißstände verkoppelt tritt das Motiv vom Minnekloster in dem südrheinfränkischen, 1472 verfaßten 'Weltlichen Klösterlein' auf, das in manchem dem 'K. d. M.' recht nahe steht, ohne daß unmittelbare Beziehungen nachweisbar sind. Das 'K. d. M.' hält sich, seiner Entstehungszeit entsprechend, an das Lehrhafte: die Vorstellung einer Schule der Minne, aus der Schüler nach vollendeter Lehrzeit entlassen, und in die auch neue aufgenommen werden [1]), ist auch ihm geläufig; vgl. v. 1106 f.: *Ich sprach: Die münch mag die minn Wol in ir schul gezogen han.*

[1]) Vgl. 'Minne und Gesellschaft' und 'Die Schule der Ehre', ferner Reinmar von Zweter Nr. 31 (nebst Roethes Anmerkung dazu) und S. 211, ferner Nr. 254, 8.

6. Genaueren Anhalt für die Entstehungszeit des 'K. d. M.' hat man von drei Punkten aus zu gewinnen versucht: E. Schaus wies darauf hin, daß für die Vorstellung des Minneklosters die 1332 von Ludwig dem Baiern gegründete Ritterstiftung von Ettal das Muster abgegeben habe; ferner zeigte er, daß das 'K. d. M.' deutliche Beziehungen zu der in Laßbergs Liedersaalhs. unmittelbar folgenden (auch im Heidelberger cpg. 313 stehenden) 'Klage um eine edle Herzogin' habe. Da mit dieser aller Wahrscheinlichkeit nach die 1331 verstorbene savoyische Gräfin Beatrix, die 3. Gemahlin Heinrichs V. von Kärnten und Tirol, gemeint ist, findet er seinen Ansatz der Entstehungszeit (bald nach 1332) bestätigt und schreibt das 'K. d. M.' und die 'Klage um eine edle Herzogin' einem und demselben Dichter zu. Georg Richter wies auf die ausgesetzten Turnierpreise hin. V. 633 ff. heißt es: *Wer der best ist mit dem sper Dem ziech man ainen lewen her Mit ainer ketten guldin Die sol dez besten ritters sin So git man dem besten knecht Ain leobart nach sinem recht Mit ainer ketten von silber wiß.* Und v. 1298 ff. wird der Tapferste der Ritter, der Prior, be-

lohnt *Vnd mit der auentür beclait Dar jn erschain ain lewe fin Mit ainer ketten guldin Köstlich was dez lewen bild Als mans jn banern vnd in schilt Ze schimpf vnd ze ernst füren sol.* Dem Tapfersten unter den Knechten, dem Pförtner, wird der andere Lohn (v. 1346 ff.): *Man gab jm auentür vnd sper Dar jn was ain lewarte* [1]) *Mit einer ketten silberin Nach siner gestalt gefierniest rain Merckent eben wie ich ez main Als mans jn banern füren sol Vnd jn schilten als jr wol Offt vnd dick gesechen hant.* Das deutet Georg Richter (S. 21) so, dem Dichter hätten dabei die Abzeichen der 1379 gegründeten Löwengesellschaft vorgeschwebt. Deren Bundesbrief schrieb vor, jeder Ritter habe einen goldenen, jeder Knecht einen silbernen Löwen als Abzeichen zu tragen. Einige Jahre später aber nennt die Chronik des Jakob Twinger von Königshofen (s. d.) denselben Bund die Löwen- oder Panthergesellschaft; jedes Mitglied desselben trage einen Löwen oder einen Panther aus Gold oder Silber [2]). Vielleicht entspricht das, was Twingers Chronik angibt. genau dem, was das 'K. d. M.' angibt, so daß nicht vier Kombinationen möglich waren (Löwe aus Gold oder aus Silber, Panther aus Gold oder aus Silber), sondern nur zwei (Löwe aus Gold, Panther aus Silber), und daß diese dem Rang ihrer Träger gemäß unterschieden wurden: für Ritter der goldene Löwe, für Knechte der silberne Panther.

Jedenfalls: wenn die Turnierpreise des 'K. d. M.' in Anlehnung an die Abzeichen der Löwengesellschaft gestaltet wären, wäre das 'K. d. M.' rund 50 Jahre jünger, als man sonst anzunehmen geneigt wäre. Aber es ist auch denkbar, daß der Löwenbund an bereits Vorhandenes anknüpfte. Der silberne Panther ist das Wappentier der Steiermark; drei Löwen sind im Wappen von Kärnten. Und wenn das 'K. d. M.' im Wortlaut unabweisbare Beziehungen hat zu der Klage um die Herzogin Beatrix von Tirol und Kärnten, so mag man daran denken, daß Tirol und Kärnten schon im Jahre nach dem Tode der Beatrix an Albrecht II. und Otto den Fröhlichen, die Herzöge von Österreich und Steiermark, fielen (i. J. 1335). Die Vereinigung von Löwe und Panther könnte daher die Vereinigung von (Tirol und) Kärnten mit Steiermark (und Österreich) darstellen. Verschwiegen sei allerdings nicht: Im 'K. d. M.' ist nicht der Löwe golden, der Panther silbern, sondern es heißt nur "ein Löwe mit einer goldenen, ein Panther mit einer silbernen Kette". Der Löwe, der an einer Kette hängt, den Konrad Gruenenbergs Wappenbuch darstellt, ist noch nicht einwandfrei gedeutet. Die Herausgeber des Wappenbuches, Stillfried Alcantara und Ad. Hildebrandt, deuten ihn als Abzeichen des Löwenbunds; A. Schultz (*Deutsches Leben* S. 546) bestreitet diese Deutung (vgl. Richter S. 21).

[1]) Das Reimwort *fin* fehlt in Laßbergs Liedersaalhs.

[2]) Chr. Fr. Stälin *Wirtembergische Geschichte* III S. 333.

7. Jedenfalls ist das 'K. d. M.' jünger als die 'Klage um eine edle Herzogin'; wieviel jünger, das muß offen gelassen werden (über 1350 möchte ich nicht hinausgehen). Die 'Klage um eine edle Herzogin' ist ihren Reimen nach von einem alem. Dichter. Das 'K. d. M.' ist ebenfalls alem., aber mit viel stärkerem bairischem Einschlag; an Verfassergleichheit, die E. Schaus annahm, ist nicht zu denken; und wiederum von einem anderen rein alem. Dichter, der beste Schule Konrads von Würzburg (s. d.) verrät, ist die in Laßbergs 'Liedersaal' nicht weit davon entfernt stehende Klage über den Tod des Grafen Wernher von Honberg, den Sohn des 1320 verstorbenen Minnesingers (Laßbergs LS. Nr. 128).

8. Wer 'K. d. M.' und 'Klage um eine edle Herzogin' demselben Dichter zuschreiben will, müßte außer über die sprachlichen Unterschiede noch hinwegsehen über beträchtliche Unterschiede in Verstechnik und Stil. Solche Enjambements z. B., wie sie das 'K. d. M.' aufweist, fehlen in der 'Klage um eine edle Herzogin' völlig. Im Stile das Konventionellere ist das 'K. d. M.'; die 'Klage um eine edle Herzogin' ist viel lebhafter, auch viel weniger gewählt in ihren Ausdrücken. (Anders urteilt Ehrismann S. 505.)

Jedenfalls ist kein Gedanke daran, daß Heinzelin von Konstanz (s. d.) der Dichter des 'K. d. M.' sei, wie Laßberg kurzerhand vermutete (LS. Bd. II S. XIX f.; zustimmend Lit. Centralbl. 1852 Nr. 38; dagegen Pfeiffer *Heinzelin von Konstanz* S. XIV); weder der echte Heinzelin noch der Dichter der 'Konstanzer Minnelehre', Johann von Konstanz (s. d.), kommen als Verfasser des 'K. d. M.' in Betracht.

E. Schaus ZfdA. 38 S. 361 ff. G. Richter *Beiträge zur Interpretation und Textrekonstruktion des mhd. Gedichtes 'Kloster der Minne'*. Diss. Berlin 1895. Ehrismann *Gesch. d. dtsch. Lit. bis z. Ausgang d. Mittelalters* Bd. II 2, 2 S. 504 f.

H. Niewöhner.

'Der Minne Rat'. So oder ähnlich muß der Titel eines verschollenen deutschsprachigen Werkes des Gutolf von Heiligenkreuz (s. d.) gelautet haben. Erhalten hat sich davon lediglich eine gekürzte Übersetzung ins Lateinische in der Klosterneuburger Hs. 435, Bl. 291a bis 312b (14. Jh.). Anfang: *Incipiunt exercitationes quedam specialiter pertinentes ad statum religiosorum et monialium, excepte (!) de quodam libello intytulato Consilium amoris, quem edidit in lingwa theotunica vir quidam religiosus ordinis Cysterciensis nomine Guettolfus et eum direxit cuidam sancti moniali eiusdem ordinis nomine Margarete. Status presentis vite est status mutabilis et variabilis.* Schluß: *Non mittendus canibus. Explicit libellus qui intytulatur Consilium amoris, extractus de quodam libello eiusdem tytuli, quem edidit in theonica (!) lingwa frater quidam Guettolfus* ... Gutolf hat sich also, was bisher unbekannt war, auch als Schriftsteller in deutscher Sprache betätigt. Das '*Consilium amoris*', wahrscheinlich ein Prosawerk, widmete er einer Nonne Margareta, die identisch mit der Äbtissin Margareta des St. Nikolausklosters in Wien sein dürfte. Die Übersetzung weist an einigen Stellen auch deutsche Sätze und Wörter auf (so Bl. 291a β: *Swelich tugent nicht der warhait hat, di achtet got an sunden stat*). Ob diese aus dem deutschen Original übernommen wurden, oder ob sie vom Übersetzer herrühren, ist nicht zu entscheiden. Inhaltlich erweist sich das '*Consilium amoris*' als eine Anleitung zur Askese, eine Darstellung des Tugendlebens, mit besonderer Berücksichtigung der Ordensleute. Eingestreut sind auch einige Exempla.

B. Cerník-H. Pfeiffer *Cat. cod. mss. qui in bibl. Claustroneoburgi asservantur* II (1931) S. 211.

Hermann Maschek.

'Minneburg', s. Nachtrag.

'Minnereden und -allegorien'.

Abkürzungen: Myller = Myller, Sammlung altdeutscher Gedichte Bd. III Fragmente; LS = Laßbergs Liedersaal; MR I = Kurt Matthaei, Mhd. Minnereden Bd. I (Deutsche Texte des Mittelalters Bd. XXIV); MR II = Wilh. Brauns, Mhd. Minnereden Bd. II (Deutsche Texte des Mittelalters Bd. XLI); Hätzl. = Haltaus, Liederbuch der Hätzlerin Teil II (Teil I der Hs.!); Keller = Adalb. v. Keller, Erzählungen aus altd. Hss.; Ehrismann = Ehrismann, Geschichte der deutschen Literatur bis zum Ausgang des Mittelalters Bd. II 2, 2.

Außer der im Folgenden einzeln angeführten Literatur vgl. den Abschnitt 'Die Minneallegorie' bei Ehrismann S. 495 und H. Schneiders Artikel 'Minneallegorie' bei Merker-Stammler, Reallexikon der dtsch. Literaturgeschichte Bd. II S. 351.

Das Wort 'Minnerede' ist in der mhd. Literaturgeschichtschreibung noch nicht alt. Kurt Matthaei nannte 1907 seine Marburger Dissertation 'Das 'weltliche Klösterlein' und die deutsche Minneallegorie' und bot darin S. 10ff. ein sehr nützliches Verzeichnis von Minneallegorien. 1913 gab er dann Bd. I der 'Mhd. Minnereden' heraus. Die begriffliche Klärung, daß nicht jede Dichtung, in der Frauen als Verkörperung von 'Minne', 'Ehre', 'Stäte' usw. auftreten, allegorische Dichtung sei, brachte Friedr. Ranke[1]), und so ist's wohl angemessen, nicht mit willkürlicher oder schwankender Grenzziehung die 'Minneallegorien' gesondert zu betrachten, sondern 'Reden' und 'Allegorien' in ihrem Zusammenhang ins Auge zu fassen.

Die *rede* will lehrhaft sein; wo sie die Belehrung in Handlung einkleidet, erhält sie einen epischen Einschlag; da sie von Minne redet, steht sie auch der Lyrik nicht fern. Vor allem wenn der Dichter in der 1. Person spricht, ist inhaltlich der Abstand etwa einer lyrischen Liebesklage von einer *rede* sehr gering[2]). Man wird die

Grenze wohl nach der Form abstecken dürfen: hie Strophen bei Liedern und Sprüchen, dort Reimpaare bei *reden*. Doch gibt es Grenzüberschreitungen: Der 'Minnekampf' (MR II Nr. 23) hat gekreuzte Reime (a b a b c d c d usw.)[3], und was uns als Reimpaardichtung erscheint, das faßt bisweilen im 15. Jh. ein Dichter als strophisch auf[4]. Vor allem aber darf man die eindruckvollste, in ihrer allegorischen Form am klarsten durchgebildete und in der Wirkung auf die Nachwelt unübertroffene 'Jagd' Hadamars von Laber (s. d.) und all das, was sich nach ihm der Titurelstrophe bedient, nicht beiseite lassen.

Eine Lücke bleibt selbstverständlich unausgefüllt, solange man die einschlägige niederländische Dichtung nicht einbezieht. Hss. wie das Ms. Germ. Fol. 922 der Berliner Staatsbibliothek[5]) und die Haager Hs. Nr. 721[6]) zeugen von den engen Beziehungen zwischen deutscher und niederländischer Dichtung[7]). Vor allem aber steht noch eine Vergleichung der mhd. Minnereden und -allegorien mit der reich entwickelten lat. und afrz. Literatur verwandten Inhalts aus. Die Bedeutung des 'Rosenromans' z. B. für Deutschland übersieht heute noch niemand!

Minnelehre bietet die höfische Epik reichlich, seit Heinrich von Veldeke das Muster dafür im Gespräch zwischen Mutter und Tochter gegeben hatte[8]). Auch alle Tugendlehren (der 'Wälsche Gast', Winsbeke und Winsbekin, Cato, Facetus usw.) enthalten Kapitel über die Minne. Tugendlehre im Allgemeinen, nicht bloße Minnelehre ist auch der 'Heimliche Bote' aus der 2. Hälfte des 12. Jh.s[9]). Was in Frankreich ums Jahr 1200 der Kaplan Andreas für die königliche Hofgesellschaft schrieb[10]), das blieb zunächst in Deutschland ohne unmittelbare Wirkung.

Das älteste deutsche Gedicht, das Minnelehre als selbständiges Thema behandelt, bietet vielmehr rein sachliche Belehrung ohne epische Einkleidung; es ist 'Der Minne Freigedank'[11])[12]). Der Dichter tritt mit seinem Ich gar nicht in Erscheinung; für ihn spricht das Gedicht: *Ich bin ein minnebüechelin Und tûn manegem helfe schin*[13]). Genau so sachlich ist noch um 1400 das in vielen Hss. überlieferte 'Lob der guten Frau' (Anfang: *Waz got ze vröuden hat erdaht, Daz hat er wunneclich volbraht*)[14]) oder im 15. Jh. das einem Bilde als Erklärung beigeschriebene Gedicht 'Wer nicht weiß, was rechte Liebe sei'[15]). Rein lehrhafte Aufzählung bieten um 1300 die ostfrk. Minnerede vom 'Roten Munde'[16]), die gute Frauen preist, oder das Gedicht 'Der Minne Kraft'[17]), das in gehäuften Anaphern sein Thema behandelt.

Die Mittel, solche einfache Belehrung aus ihrer unvermeidlichen Eintönigkeit zu erlösen, sind mannigfalt:

Der Dichter fingiert eine Frage, die an ihn gerichtet wird: so im 'Lob der stäten Frauen' (LS Nr. 174; v. 11: *Mich batt ain minneclicher munt...*) oder in den 'Sechs Farben I' (vgl. VL. Bd. I Sp. 603ff.). Er selbst fragt eine Jungfrau, ob nur Ritter oder auch Knechte Minne erwerben können (LS Nr. 213)[18]); ein Knappe ist der Frager in dem nur 36 oder 50 Zeilen umfassenden ostfrk. Gedichte, das sich in der vorletzten Zeile *der minne lere* nennt und das beginnt: *Ein knappe zeiner vrouwen saz; Einer frage er nicht vergaz*[19]). Die Person des Fragenden kommt so wenig zur Geltung wie in den Gedichten des Teichners, die diesen Eingang stereotyp haben.

Nur wenig Auflockerung ergibt es, wenn dem Fragenden Zwischenfragen in den Mund gelegt werden: das ist ein bequemes Mittel zur Kapiteleinteilung und zur Gliederung besonders bei größeren beschreibenden Gedichten (vgl. etwa das 'Kloster der Minne' VL. Bd. III Sp. 395). Belebung erwächst aus solchem Scheindialog wenig.

Die entsteht erst, wenn entgegengesetzte Meinungen verschiedenen Personen in den Mund gelegt werden, also bei Werbung und Abwehr, so in Ruscharts (s. d.) 'Klaffer', im 'Gewerbe eines und einer' (vgl. unter Ruschart), in 'Der Minnen Klaffer' (vgl. VL. Bd. III Sp. 394) oder im 'Geprüften Minner'[20]), und vor allem im Streitgedicht[21]).

Ganz dürr ist die Anlage bei Heinrich dem Teichner: *Ein ritter, ain knecht mich batten machen Wider strit von den sachen, Wellern* (lies *Welher*) *bessern lon solt tragen Gen den frowen, daz sölt ich sagen. Do sprach ich ...*[22]), und damit ist beider Frager Rolle ausgespielt; nur der Teichner spricht noch. In eigener Person streiten aber mit Rede und Gegenrede der Minner und der Kriegsmann [23]). Der Dichter enthält sich der Entscheidung: *Ich waiß wedrem gelang baß.*

Eine der ältesten Minnereden dieser Art ist die vom 'Minner und Trinker (Luderer)' [24]). Ganz kurze Spaziergangseinleitung: *Ich kam uff ain gefilde Da ich zway menschen bilde So erstochenlichen kriegen sach Das mir das hertze min veriach Das ich von worten sölichen strit Nie gehört by miner zit. Daz ain waz ain minnerlin ... Das ander ain ludrär.* Beide preisen ihr Leben; der Trinker hat das letzte Wort. Erst ganz am Schluß spricht der Dichter, nicht zu den Streitenden, sondern zu seinen Zuhörern: *Wer sy nu wol schaiden, Der sum sich nit ze lange, E das der schad ergange* [25]). Genau so ist der Streit 'Von Frauen und Jungfrauen' [26]) gebaut: *Ich kam vff ainen anger witt. Da hört ich ainen herten stritt Von zwain bilden wolgeuar; Der nam ich togenlichen war. Das ain waz ain raines wib Und daz ander durch lait vertrib Ain vß erwelti junckfro zart ... Yglichy wolt die besser sin.* Der Dichter greift erst ganz am Schluß ein (v. 115—124): *Ich sprach: 'Den krieg lat an mich!'* und fällt das salomonische Urteil, *das wib vnd junckfro wol gemut Got vnd der welt sanfte tut.*

Dieser Kern der Streitgedichte erweist sich über die Maßen erweiterungsfähig: Spaziergang und die idyllische Landschaft werden geschildert; der Dichter hört von einem Versteck aus *(tougenlichen)* den Streit an; sein schließliches Hervortreten und seine Urteilsfällung werden ausführlicher dargestellt. Derart ist der 'Streit für und gegen die Minne' [27]) und ähnlich das 'Streitgespräch über die Minne' (MR II Nr. 6; Hätzl. Nr. 9), der 'Krieg zwischen einer Stäten und einer Fürwitzigen' [28]) oder 'Von der Frauen Alefanz' (Hätzl. Nr. 56) wo die eine Frau stäte Minne lobt, die andere dagegen Minne mit Gabe.

Ein neues Moment wird in diese Gattung dadurch hineingebracht, daß nicht mehr Personen streiten, sondern personifizierte Abstrakta (Liebe und Schönheit, Treue und Untreue u. ä.), oder daß die Entscheidung nicht der Dichter fällt, sondern eine höhere Instanz, Frau Minne oder Frau Ehre. Damit ist dann Tür und Tor geöffnet für ein Schwelgen in Schilderung: Behausung, Hofstaat und Begleiterinnen, dann der Weg, den der Dichter zur Gebieterin hin geführt wird, all das läßt sich breit ausmalen.

Das älteste [29]) dieser personifizierenden Streitgedichte, das von 'Liebe (= Freundlichkeit!) und Schönheit' [30]) beginnt [31]): *Ich sach eins males heimlich Zwei klüge bilde vröudenrich, Daz was liebe und schœne ... Ietwederz wolt daz beste sin.* Die Entscheidung fällen die beiden Streitenden allein ohne fremde Hilfe: die Schönheit unterwirft sich [32]). Dasselbe Thema behandelt auch Peter Suchenwirt (s. d.) [33]). Andere Streitfragen sind: Ritter und Pfaffe (bei Heinzelin von Konstanz, vgl. VL. Bd. II Sp. 371), Minne und Pfennig (beim Elenden Knaben, MR I Nr. 4; vgl. VL. Bd. II Sp. 824), Gut und Liebe (München, cgm. 466), der Minne Freud und Leid (beim Elenden Knaben, MR I Nr. 5; vgl. VL. Bd. II Sp. 824) usw.

Eigener Art sind die Versuche einer epischen Belebung da, wo aus monologischer Betrachtung ein Zwiegespräch nach Art der weitbekannten '*Psychomachia*' des Prudentius gemacht wird. So spricht der Minner mit seinem Herzen bei Egen von Bamberg (s. d.) und im 'Unentschlossenen Minner' [34]), Herz und Leib reden Hätzl. Nr. 47, Herz und Zunge Hätzl. Nr. 48.

Vor allem aber wird die Urteilfällung reich ausgestaltet. So erwachsen aus den Streitgedichten die vom Gerichte der Minne oder der Ehre und weiterhin die, in denen Frau Minne als Angeklagte erscheint [35]). Daneben ist aber auch eine andere Vorstellung lebendig, die von einer Schule der Minne oder der Ehre [36]). Das späte Gedicht 'Von zwei Schwestern' [37]) behandelt die Streitfrage, ob man einen Bürgerlichen lieben solle. Die Jüngere, die Adelsstolze, muß sich von ihrer Schwester böse zurechtweisen lassen: ihr adeliger Liebster ist ein Feigling und ein Rühmer. Am Schluß entscheidet *Vrou Minne, Der liebe schůlmeistrinne*, in eigener Person den Streit.

An sich ist mit all diesem noch nicht der Schritt von einfacher Minnerede zur Minneallegorie getan. Es macht wenig Unterschied, ob zwei Menschen oder zwei personifizierte Eigenschaften miteinander streiten, ob der Dichter selbst oder eine Frau Minne oder anderswo gar Hadamar von Laber in eigener Person [38]) die Fragenden oder Streitenden belehrt.

Denn das Wesen der Allegorie im mittelalterlichen Sprachgebrauche ist ja, daß dem, was sie erzählt, außerdem noch ein anderer Sinn innewohnt [39]). So gesehen ist nur Weniges rein allegorische Dichtung: die Fabel, die bisher nur sehr wenig durchforschte geistliche Allegorie und im Kreise der Minnedichtung der Abschnitt über die Minnegrotte in Gottfrieds 'Tristan' [40]), dem dann über ein Jahrhundert nichts Gleichartiges folgt, bis mit Hadamars (s. d.) Jagdgedicht und der 'Minneburg' (s. d.) plötzlich wieder ein Höhepunkt erreicht wird.

Der rein erzählenden Fabel entsteht schon im 13. Jh. eine ungeheure Konkurrenz in dem Bispel. Das Belehren stand so hoch im Ansehen, daß neben dem reinen Unterhalten kein „Belehren d u r c h Unterhalten", sondern nur ein „Belehren u n d Unterhalten" sich entwickelte [41]). War aber die Fabel als Gattung wenigstens durch ihre lat. Vorbilder, die immer wieder benutzten großen Fabelsammlungen, gesichert, so kam die Minneallegorie zunächst überhaupt nicht auf. Selbst da, wo reine Allegorie gedacht ist, ist das Bedürfnis nach Auslegung übermächtig: Wenn Meister Alexander Amor als blindes, nacktes Kind schildert, so erscheint ihm die „Glosse" unentbehrlich [42]).

So borgt die Minnerede wohl allegorische Motive, wird aber damit ebensowenig ohne Weiteres zur Minneallegorie wie etwa ein lehrhafter Traktat über die pseudoaristotelische Schrift '*De physiognomia*' dadurch zur Allegorie wird, daß sein Dichter seine Kenntnisse aus einem Zwiegespräch haben will, dessen ihn *Vrouwe Phisionomia* gewürdigt habe [43]).

So ist die Zahl der mhd. Minneallegorien nach Ausscheidung der „Reden" und der bloßen Personifikationsgedichte kleiner, als es zunächst den Anschein hat. An der Spitze steht einsam und in ihren Zusammenhängen mit lat. und afrz. Dichtung uns noch nicht ganz greifbar 'Der werden Minne Lehre' von Johann von Konstanz [44]). Dann stehen ein halbes Jahrhundert später plötzlich nebeneinander die 'Jagd' Hadamars von Laber (s. d.) [45]), das 'Kloster der Minne' (s. d.) und die 'Minneburg' (s. d.). Diese liefern auch den Stamm der Motive, aus dem spätere Dichter von Allegorien ihren Bedarf decken. Die Burg der Minne wird zur ganzen Stadt ausgebaut in 'Der neuen Liebe Buch' [46]), das Minnekloster hat 1472 einen späten Nachfahren im 'Weltlichen Klösterlein' [47]). Charakteristisch heben sich gerade unter den Gebäudeausdeutungen einige heraus: der 'Bergfried der Minne' die 'Sechs Kronen' und das 'Schloß Immer' [48]). Frau Minne ist Meisterin einer Schule oder Gebieterin eines Klosters. Ihre Gebote oder Ordensregeln, in Minnereden ernsthaft abgehandelt [49]), bietet in leichtem, durch den Aufputz mit geblümter Rede fast ein wenig parodistisch wirkendem Tone ohne jede Allegorie das Gedicht 'Der Minne Regel' [50]). Ein einzelnes Minnegebot, das da lautet 'Harre!' ist mit Selbstironie Hätzl. Nr. 15 in 52 Versen behandelt [51]). Richtig allegorisch durchgeführt ist aber in ganz übermütigem Tone um 1300 schon die 'Sekte der Minner' [52]), die eigene 10 Gebote, ein eigenes Glaubensbekenntnis hat, ein Kloster gründet und den Minnern Ablaß und Segen gewährt: ein erfreulicher Vorläufer der Paternoster- und Avemaria-Parodien. Als weltliche Herrscherin faßt nicht nur Konrad Harder (s. d.) die Minne in 'Der Minne Lehren' [53]); Frau Venus sendet ihren Anhängern in einem „Brief" ihre Gebote in dem Gedichte 'Der Frau Venus neue Ordnung' [54]), und ein Minner verschreibt sich im Jahre 1371 in einer regelrechten 'Urkunde der Minne' [55]) seiner Geliebten zu eigen.

Wenn man so gesuchte Allegorie wie 'Des Kranichhalses neun Grade' [56]) (s.d.) gelesen hat, erfrischt einen um so mehr die aus volksmäßigen Wurzeln erwachsene Allegorie der Blumen- und Kräuternamen. Walther von Griven (s. d.) rät schon im 13. Jh. den Frauen einen Zauber, mit dem sie ihre Männer gut machen können. Sie sollen ihnen ein Gemisch aus 9 Kräutern kochen und zu essen geben; die Kräuter sind Demut, weibliche Güte, sanftes Gemüt usw. [57]). Ein 'Zauberkraut' [58]) zwingt alle Männer, ihre geheimsten Gedanken über die Minne einer Fragerin zu offenbaren. Frau Wandelmůt sät 'Schaidsamen' [59]), um das Glück zweier Liebenden zu vernichten. Fast nichts als „Rede", lehrhafte Auslegung bietet '*Von maniger-lay plümlen*' [60]): Die Blumen werden nach ihren Farben gedeutet; blau ist Wohlgemut, rot *Prynn in der lieb*, gelb *Tormentillo*. Die Rahmenerzählung, die sich aus der Farbenfolge blau-rot-gelb ergibt, ist ganz dünn. Man legt also Blumen und Blättern genau so wie den Farben oder den Jahreszeiten [61]) allegorische Bedeutung im Minneleben bei [62]). Als Minneallegorie am besten gelungen und verdientermaßen in vielen Hss. überliefert ist das Gedicht 'Von dem Wurzgarten' [63]): Frau Ehre klagt über ihren Garten, in dem früher auch Minne, Treue und Stäte sich so gern aufgehalten hätten. Jetzt sei er durch die Nachlässigkeit des Gärtners verwildert. Statt Wohlgemut, Vergißmeinnicht, Augentrost und Denkanmich wachsen jetzt Wermut und Brennesseln darin, und Schlangen haben überhand genommen. Als Nebenmotiv benutzt die Kräuternamen auch der Dichter des 'Sterns der Treue' [64]), und der zweite Teil des 'Hurübels' [65]) (s.d.) nennt drei Heilkräuter gegen die als Krankheit dargestellte Minnesehnsucht: *miden*, *maßelieb* und *abelan*.

Soweit die Motive der Minnereden und -allegorien nicht volkstümlich sind wie die Auslegung der Kräuter- und Blumennamen, sind sie ihrer Herkunft nach schwer zu bestimmen. Vieles entstammt der lateinischen weltlichen Dichtung des Mittelalters, vieles der altfranzösischen, vor allem dem 'Rosenroman'. Manches hat aber auch seine Wurzeln in der geistlichen Literatur, anderes in der Antike unmittelbar.

Der früher gelegentlich Bernhard von Clairvaux zugeschriebenen Allegorie vom 'Geistlichen Kloster' [66]) (Anfang: *Ein fridsam herz ist ein geistlich kloster*) verdankt das 'Herz als Garten der Liebe' [67]) seine Anregung, und das 'Geistliche Lehrgedicht von der Minne' [68]) zeigt, wie nahe die weltliche Minnerede mit der geistlichen verwandt ist.

Die Vorstellung vom Schlosse der Minne ist zweifellos schon antik [69]); aber die Wunderburg der Tugend, die Reinbot von Durne [70]) schildert, weist alles auf, was spätere Minneallegorie von der Burg der Minne sagt. Antike Symbolik formt das Bild der Minne (Venus) und ihres Sohnes Amor (Cupido) bei Heinrich von Veldeke, bei Meister Alexander, bei Johann von Konstanz (s. d.) bis hinab zu dem Bildgedichte des 15. Jhs. 'Wer nicht weiß, was rechte Liebe sei' [71]).

Kennzeichnend ist, was von des Andreas Capellanus Traktat '*De amore*' in deutsche Minneredendichtung übernommen wird. Für 'Der werten Minne Lehre' des Johann von Konstanz ist weder Benutzung des Andreas Capellanus [72]) noch des 'Rosenromans' [73]) völlig gesichert; man muß wohl weiter nach einer (lat. oder afrz.) Quelle vor allem für den I. Teil des Werkes suchen. Im Jahre 1404 benutzt Eberhard von Cersne (s. d.) die '*De amore libri tres*' frei: Der Anfang, die Fahrt zur Minnekönigin, die Schilderung von Mauer, Garten und Saal scheinen seine freie Erfindung, und erst der Schluß des I. Teiles, der die 23 Gebote der Minne bringt, mündet in eine Übertragung des entsprechenden Abschnittes des Andreas aus, dem Eberhard dann auch für Teil II und III zu Dank verpflichtet ist. Im Vordergrund des Interesses stehen bei ihm Regeln, Gesetze, Gebote sowie Fragen und Antworten. Ein halbes Jahrhundert später wird dann auf einmal des Andreas Werk von dreien benutzt, ohne daß diese zueinander Beziehungen hätten: 1440 oder kurz vorher überträgt Johann Hartlieb (s. d.) Buch I und II des Andreas in deutsche Prosa und fügt 1449 die Übertragung von Buch III hinzu. Der Elende Knabe[74]) benutzt die Gebote der Minne und weiter nichts in seinem Gedichte 'Der Minne Gericht' [75]). 1460 oder kurz danach entsteht dann in der 'Warnung für hartherzige Frauen' (s. d.) eine Reimpaarübertragung des umfangreichen Zwiegespräches *Loquitur nobilis nobili* aus dem Traktat des Andreas [76]). Um 1473/74 entsteht der erste in Deutschland (Straßburg) hergestellte Druck der '*Libri tres de amore*'.

Man würde aber irren, wenn man aus dem späten Einsetzen der unmittelbaren Nachwirkungen des Andreas Capellanus und daraus, daß die eigentlichen Minneallegoriensammelhss. alle erst dem 15. Jh. angehören, dem 14. Jh. auf diesem Gebiete zu wenig zutrauen wollte. Die Minneallegorie ist von Johann von Konstanz an bis zu Hadamar von Laber, der 'Minneburg' und dem 'Kloster der Minne', also bis um 1350 zu voller Blüte entwickelt. Von 'Der Minne Born' [77]) haben wir ein Pergamentbruchstück des 14. Jhs.[78]); das von Herbert Thoma gefundene 'Bruchstück aus einer unbekannten Minneallegorie' [79]) ist ebenso alt und stammt sichtlich aus einer Einzelausgabe des Gedichtes, nicht einer Sammelhs.

Minnerede ist nicht nur Belehrung der Mutter an die Tochter (wie bei Heinrich von Veldeke) oder Catos an seinen Sohn, auch nicht lyrische Einzelklage oder Lob der Frauen und Betrachtung über Wesen und Wert der Minne, sondern zu einem wesentlichen Teile höfische Gesellschaftsdichtung. Was vor dem vierten und fünften Jahrzehnt des 14. Jhs. vorhanden war, läßt uns an zwei Punkten den geistigen und gesellschaftlichen Umkreis ahnen oder erkennen, in dem diese Dichtungen erwuchsen: schattenhaft nur im Cod. A 94 der ehem. Johanniterbibliothek zu Straßburg, deutlicher in der nordrheinfränkischen Hofdichtung, die Adolf Bach dem Meister Zilies von Seine zuweisen möchte [80]). In der Straßburger Hs. erscheint höchster Adel nicht nur fördernd, sondern selbst dichtend. Die nordrheinfränkischen Minnereden und -allegorien sind Herolds- und Schreiberdichtungen, im Dienste des hohen Adels verfaßt. Und dann folgt die Zeit, wo die gesellschaftlich dienende Minnedichtung sich frei macht. Dichter höchster Lebensstellung von Hadamar von Laber bis zu Hermann von Sachsenheim und neben ihnen natürlich auch geringere wie Meister Altswert oder Elblin von Eselsberg schaffen nicht für einen bestimmten Kreis, sondern für ein großes Publikum. Peter Suchenwirt steht auf der Grenzscheide.

Der Straßburger Cod. A 94 ist elsässisch, vielleicht sogar Straßburgisch (womit über die Herkunft der in ihm überlieferten Gedichtsammlung noch nichts ausgesagt ist). Das Alter der 1870 leider verbrannten und daher nicht mehr genau nachprüfbaren Hs. ist auf 1330—1350 abzuschätzen [81]).

Die Hs. enthält Mären (Nr. 2, 3, 5, 18, 21, 24, 25, 26) [82]), dazu den 'Armen Heinrich' (Nr. 17) und am Schluß ein Stück vom 'Barlaam' Rudolfs von Ems (Nr. 27). Was sie sonst bietet, hat eine ganz bezeichnende Anordnung: Nr. 1, 4, 6 sind Minnereden. Dann folgt eine Gruppe volkstümlicher Prägung (Nr. 7 'Mahnung', Nr. 8 Kettenreime, Nr. 9 Lügenmäre, Nr. 10 Tragemundslied, Nr. 12 vom Tavernenleben; etwas fremd steht dazwischen Nr. 11 der Judeneid). Dann folgen, wieder als geschlossene Gruppe, Minnereden altertümlicher Art: Nr. 13 'Wer kann allen recht tun' [83]), Nr. 14 'Die sechs Farben I' [84]), Nr. 15 'Minner und Trinker', Nr. 16 'Liebe und Schönheit'. Vier weitere Gedichte stehen paarweis zusammen zwischen den Mären: Nr. 19 des Königs vom Odenwald 'Vom mangelnden Hausrate' [85]) und Nr. 20 die älteste Fassung des Gedichts 'Was der Pfennig Wunders kann', dann Nr. 22 'Herbst und Mai' und Nr. 23 die übermütige 'Sekte der Minner'. Man sieht: der diese Sammlung zusammenbrachte, hatte an vielerlei Freude. Die sicher nicht ohne Bedeutung am Anfang eingefügten Minnereden lassen uns etwas von der Luft ahnen, die in diesem Kreise wehte. Am wenigsten das Gedicht Nr. 6, 'Neun Männer, neun Frauen' [86]). Im Anfangsstück aber, dem 'Traum von der Liebe' [87]), sagt der Dichter stolz von sich (v. 345): *So bin ich fursten wol genos* und (v. 416f.): *Ane got bin ich genos Allen kúnigen mit gewalt.* In 'Frau Minne warnt vor Lügen' [88]) schilt Frau Minne den schon bejahrten [89]) Dichter, daß er (doch jedenfalls in einem früheren, den Zuhörern wohlbekannten Gedichte) Parzival und Wigalois gelobt habe, die beide keine Vorbilder an Stäte gewesen seien. Gottfrieds Polemik gegen Wolframs 'Parzival' ist wohl dem Dichter und den Zuhörern in der Erinnerung gegenwärtig [90]), wenn Frau Minne ihm vorwirft (v. 87f.): *Du wenest uzer zunder Machen golt von Araby.* Viel ist es also nicht, was diese beiden in keiner andern Hs. überlieferten (auch das ist nicht unwesentlich) Spitzengedichte der Straßburger Hs. uns ahnen lassen. Aber auch das Gedicht des Königs vom Odenwald ist wohl kaum durch den Küchenmeister, eher vielmehr durch seine hohe Dienstherrschaft an den Zusammensteller der Straßburger Sammlung gekommen, und die 'Sechs Farben I' berufen sich auf Werner von Hohenberg als Gewährsmann, während Heinzelein von Konstanz, der als Koch und Dichter dem König vom Odenwald vorangeht, im Dienste des Konstanzer Domherrn Albrecht V. von Hohenberg stand, dessen Vater Rudolf im Elsaß Landvogt war [91]). Da gehen also Fäden hin und her.

Deutlicher ist greifbar, was um 1300 in einer adligen Gesellschaft des nördlichen Rheinfrankens an Minneredendichtung gepflegt wurde. In einer ganzen Reihe von merkwürdig über die Lande verstreuten Bruchstücken sind Teile von sechs Gedichten eines und desselben Verfassers erhalten [92]). Davon lohnen zwei, 'Minnehof' und 'Ritterfahrt', in unserm Zusammenhang eine kurze Inhaltsangabe.

Im 'Minnehof', dessen Anfang verloren ist, bittet eine Dame den Dichter um Rat, wie sie einem Ritter, der ihr lange treu gedient habe, lohnen könne, ohne ihrer Ehre etwas zu vergeben. Er rät: *Lant mich vragen unde sayn Dye de minne kunnen drayn, Dat si mir geyuen lere ... Vil mangis rudis mundis schin Dye herze kunnent heylen Solen mir helpen deylen.* Sie stimmt zu. Er reist dahin, wo die Minne Gericht hält. Dort wird ihm als Fürsprech Herr Kraft von Greifenstein zugeteilt, der seine Sache vorträgt. Der aus Rittern und Damen bestehende Gerichtshof berät. Eine Dame trägt ihre Ansicht vor. Die beiden von Frau Minne noch besonders dazu befragten Grafen Gerhard von Jülich und Johann von Sponheim stimmen der Dame zu. Dann wird das Urteil schriftlich ausgefertigt, und der Dichter überbringt es seiner Auftraggeberin.

In der 'Ritterfahrt' hat Frau Minne eine Heerfahrt aufgeboten gegen die Burg einer Dame [93]), die ihre Gunst einem Manne namens Paffinanc [94]) zugewandt hat, der weder Ritter noch Knecht, sondern Kleriker ist. Als Stellvertreterin der Minne führt Irmgard von Rheinfels, die Gemahlin des Grafen Wilhelm I. von Katzenellenbogen, den Zug, dessen Teilnehmer namentlich aufgezählt werden. Die Schlachtrufe der beiden Parteien lauten *Minne* und *Paffinanc.* Die Burg wird zur Übergabe gezwungen und die Dame vor einen Gerichtshof gestellt. Dort ist Kraft von Greifenstein der *noitbode* der Minne. Die Beklagte bietet den Reinigungseid an, und das Gericht ist bereit, darauf einzugehen entsprechend den Bestimmungen des „Minnerechts". Dem aber widerspricht der von Greifenstein; er will „ihr den Eid brechen". Die Schöffen des Gerichts sind über das weitere Verfahren nicht einig. Graf Wilhelm von Katzenellenbogen — und auch wohl sein Lehnsmann Konrad von Schöneck — schlagen vor, der Dame Acht und Bann der Minne anzukündigen ... (damit schließt das Bruchstück).

Französischer Einfluß ist unverkennbar. Die Einrichtung regelrechter Minnegerichtshöfe, wie sie Andreas Capellanus kennt, ist hier zum ersten Male auf deutschem Boden bezeugt. Und für lange Zeit auch zum einzigen Male. Erst als Johann Hartlieb für Herzog Albrecht VI. von

Österreich Buch I und II des Andreas Capellanus übertragen hat, hören wir wieder Ähnliches: Hartlieb scheint vor einem Minnehofe wegen seiner Übersetzung angegriffen worden zu sein; ein Neydecker (Hans?) scheint sein einziger Verteidiger dabei gewesen zu sein, und so liefert Johann Hartlieb die Übersetzung auch des III. Buches ('*De reprobatione amoris*') nach [95]).

In den Kreisen jenes nordrheinfränkischen Adels riß aber die Pflege von Minnerede und -allegorie, wie sie uns, mit heroldsmäßigem Ritterpreis vermischt, in den Werken des Verfassers der 'Schlacht von Göllheim' entgegentritt, nicht ab. Drei bis vier Jahrzehnte später entstehen in denselben Kreisen die beiden Minnereden 'Minne und Gesellschaft' (s. d.) und 'Die Schule der Ehre' [96]), und wieder etwa ein Jahrhundert später dichtet Erhard Wameßhaft (s. d.) für die Nachkommen jener Grafen und Ritter ein Gedicht über die Pilgerfahrt des Grafen Philipp von Katzenellenbogen, eine Minnerede 'Von Liebe und Glück' und vielleicht auch die 'Warnung an hartherzige Frauen' (s. d.), eine getreue Reimpaarübersetzung eines großen Abschnittes aus Andreas Capellanus.

Von einem andern Punkte aus wird auf die Minnerede und -allegorie der Zeit von 1400—1450 erst einiges Licht fallen, wenn das Werk Hermanns von Sachsenheim (s. d. im Nachtrag) einigermaßen zu übersehen ist. Wir kennen von ihm bisher nur Altersdichtungen. Ob er wirklich in Jugend und Mannesalter nicht gedichtet hat? Das als sein Werk Bezeugte verrät aber in Versbildung, Reimtechnik und Reimwahl noch eine solche Entwicklung, daß es sehr schwer sein wird, ihm auf Grund formaler Kriterien einzelne Werke mit Sicherheit zu- oder abzusprechen [97]). Man möchte vielmehr beinahe sagen: Zeigt ein Werk auf den ersten Blick deutlich den Stempel von Hermanns Eigenart, so gehört es eher einem Nachahmer als ihm selber an [98]). Zu klären ist vor allem noch, wo die deutlich miteinander verwandten ostschwäbischen Minneredenhss. des 15. Jhs. ihre Wurzel haben [99]).

Es macht sich in jener Zeit ein Bestreben bemerkbar, vom abgebrauchten Schema loszukommen. Neben Frau Minne, Ehre, Stäte usw. tritt Frau Aventiure auf: bei 'Der Minne Gericht' des Elenden Knaben, in der 'Möhrin' und im 'Spiegel' Hermanns von Sachsenheim und auch im 'Minneturnier' [100]). Ein Hang zu barocken Erfindungen tritt deutlich hervor. Schon das unten (Sp. 424 Anm. 92) erwähnte Prager Bruchstück ersetzte den Spaziergang durch eine Seefahrt; das Gleiche tut der 'Minner im Garten' [101]). Auf einem Bache kommt ein Zwerg dahergefahren im 'Spiegel' Hermanns von Sachsenheim. In dessen 'Möhrin' wird der Dichter übers Meer durch die Luft ins Reich der Venus entrückt. Ein nackter Reiter fliegt durch die Luft bei dem „Nachahmer Hermanns von Sachsenheim" [102]). Zwerge sind die Geleiter in der 'Möhrin' und im 'Spiegel' Hermanns von Sachsenheim, im 'Minneturnier' (MR I Nr. 10) und in 'Frau Ehrenkranz' (LS Nr. 50). In Meister Altswerts 'Der Tugenden Schatz' werden sogar ein Martinsvöglein und ein Zwerg als Führer bemüht. Wenn Meister Altswert sich im 'Alten Schwert' als Mann in mittleren Jahren seiner Geliebten empfiehlt, so stellt sich Hermann von Sachsenheim als Greis vor [103]). Auch die Landschaft wird anders: An Stelle der klassisch-idyllischen Aue tritt die romantisch-heroische Gebirgslandschaft (etwa im 'Minneturnier' MR I Nr. 10, in 'Frau Ehrenkranz' LS Nr. 50 und im 'Stern der Treue' MR I Nr. 13'), und so gewinnt die Sage vom Venusberge Eingang in die eigentlich ganz anders geartete Welt der Minneallegorien: Die 1447 zu Augsburg geschriebene Dresdener Hs. M 68 gibt dem Gedicht vom 'Kloster der Minne' die Überschrift: *De monte Feneris agitur hic.*

Solche Gruppenbildungen, wie sie sich aus Stil- oder Motivwandlungen ergeben, sind aber für die zeitliche Aufeinanderfolge der Gedichte nur mit großer Vorsicht zu verwerten. Es lebt auch im 15. Jh. noch die Minnerede einfachster Art. Der Münchener cgm. 5919 enthält unmittelbar hintereinander auf Bl. 153a bis 174a zwei Minnereden gegen Klaffer, die von einem

Dichter herrühren, auch beide in der Schlußzeile übereinstimmend ihren Titel angeben (*Dy red haist der posen claffer triegen* bzw. *Dy red hayß ich der valschen claffer list*). Das Wort *minne* erscheint nicht einmal in beiden Gedichten, dafür vielmehr *lieb* und *pulschaft*. Der Dichter nennt aber, was ihm als Ideal der Minne vorschwebt: Wolframs Willehalm und Arabele.

[1]) *Zur Rolle der Minneallegorie in der deutschen Dichtung des ausgehenden Mittelalters* (Germanistische Abhandlungen Bd. 67 1933, Festschrift für Th. Siebs, S. 199ff.). [2]) Vgl. etwa LS Nr. 46 'Klage über Trennung', Nr. 54 'Fluch über die Ungetreuen', Hätzl. Nr. 49 '*Von großem senen ainer frawen*' usw. [3]) Vgl. außerdem noch MR II Nr. 11 12, 20. [4]) Michael Behaim erfindet zu seinem reimpaarigen 'Buch von den Wienern' eine Weise, die je 6 Verse zu einer Strophe zusammenfaßt, *damit man es lesen mag als ainen spruch oder singen als ain lied* (vgl. H. Becker *Das Epos in der deutschen Renaissance*, PBB. 54 S. 221). Genau so faßt Erhart Wameßhaft (s. d.) 1474 sein Gedicht auf die Pilgerfahrt der Grafen Philipp von Katzenellenbogen als 240 Strophen zu je 10 gleichgebauten Versen auf (vgl. A. Bach Nassauisches Archiv 44, 1916—17, S. 115 und 150 v. 2140—2144). [5]) Vgl. ZfdA. 13 S. 348ff. und MR II Einleitung. [6]) Vgl. ZfdA. 1 S. 227ff. und A. Kalla *Über die Haager Liederhs. Nr. 721* (Prager Deutsche Studien hsg. von C. von Kraus Heft 14) 1909. [7]) Man möchte dafür die Jahre 1345—1433 für besonders ertragreich halten, in denen Holland von bairischen Fürsten regiert wurde. Aber die genannten Hss. schlagen die Brücke nicht zwischen bairischer und niederländischer, sondern zwischen mittelrheinischer und niederländischer Dichtung. Die beiden in der Berliner Hs. am deutlichsten greifbaren Gedichte, 'Minne oder Gesellschaft' (s. d.; MR I Nr. 6) und die 'Schule der Ehre' (MR II Nr. 31), gehören dem nördlichen Rheinfranken und den Jahren 1325 bis 1340 an, sind also nicht bairisch und älter als die Herrschaft der Baiern über Holland. [8]) Eneit v. 9788—9990. [9]) Vgl. Verfasserlexikon I Sp. 270; Ehrismann S. 307. [10]) *Andreae Capellani regii Francorum De amore libri tres* hsg. von E. Trojel, Kopenhagen 1892. [11]) So konjizierte Lachmann mit Recht und unabhängig von ihm Edw. Schröder GGN. 1937 (Phil.-hist. Kl., Fachgruppe IV. N. F. Bd. 2) S. 38. [12]) Hs. München, cgm. 717; gedruckt Docen *Misc.* II S. 172—188; vgl. Ehrismann S. 332 und Ehrismann *Das ritterliche Tugendsystem*, ZfdA. 56 S. 137ff., besonders S. 214. [13]) Darin ähnelt es auffällig dem 'Heimlichen Boten', der beginnt: *Ich bin ein heimlicher bote.* [14]) Gedruckt Hätzl. Nr. 1. Hss. außer dem Liederbuche der Hätzlerin und Bechsteins verlorener Hs. noch: Heidelberg cpg. 393; London Brit. Mus. Addit. 24946; Berlin Staatsbibl. Ms. Germ. Fol. 488; München cgm. 270, 568 und 5339; Nürnberg Germ. Mus. Val. Holls Hs. (dreimal! vgl. Verf.-Lex. Bd. I Sp. 657 s. v. 'Frauenscherz'); Freiburg i. B. Univ.-Bibl. Cod. 362; Weimar Landesbibl. Mscr. O. 145 (wo statt der Verse 185 bis 214 des Liederbuchs der Hätzlerin ein anderer Schluß von 112 Zeilen steht; darin heißt es Bl. 140b Zeile 1: *Daz spricht mit namen* . .; der Schreiber ließ den Raum für den Namen frei, und um 1600 setzte ein Benutzer *Ramiger* ein, weil dieser in andern Gedichten als Verfasser genannt ist). [15]) Hs. Dresden Landesbibl. Mscr. M. 67; gedruckt Germ. 36 S. 319. Vgl. H. Rosenfeld *Das deutsche Bildgedicht* (Palaestra Bd. 199) 1935 und ders. ZfdA. 72 S. 241ff. [16]) Hss. München cgm. 714 und Karlsruhe Nr. 408; gedruckt durch Adalb. v. Keller: Beilage zum Tübinger philol. Doctorenverzeichnis 1873/74; vgl. auch Edw. Schröder ZfdA. 68 S. 195. [17]) In denselben beiden Hss. wie der 'Rote Mund'; gedruckt bei A. v. Keller *Altdeutsche Gedichte* VI 2 und bei H.-Fr. Rosenfeld *Mhd. Novellenstudien* (Palaestra Bd. 153) 1927 S. 227 v. 631ff. (als Anhang zu der Novelle vom 'Schüler zu Paris M'; vgl. dazu Niewöhner AfdA. 47 S. 116ff.). [18]) Andere Hss.: Heidelberg cpg. 313; München cgm. 270 und 713; London Brit. Mus. Addit. 24946; Stuttgart Landesbibl. Cod. poet. et philol. Q 69. [19]) Ungedruckt. Hss.: Gotha Herzogl. Bibl. Cod. Ch. A 216 (um 1400 geschrieben, aber inhaltlich nicht über die Mitte des 14. Jhs., die Zeit Michaels de Leone, hinabreichend) 50 Verse; V. 1—36 auch in Nürnberg, Germ. Mus. Val. Holls Hs. Bl. 153a. Der Inhalt ist sehr realistische Lehre: Die Frau belehrt den Knappen: *wie sol ein man der minne phlegen....Swenne ein man sich des enpart Daz er zeiner vrouwen zart Kumt und mit ir slafen gat.* (Einfluß Ovids?) [20]) Dies Gedicht, dessen Titel von Laßberg stammt, war beliebter, als uns sein Inhalt zu rechtfertigen scheint. Es liegt in drei Fassungen vor: I Anfang: *Von stetter trů min herce wůt Ze aller zit nach minne gůt*, 490 Reimpaarverse, LS Nr. 173 (auch im Heidelberger cpg. 313). — II Eine kürzende, nur 337 Verse umfassende Bearbeitung von I, die deren v. 1—12 wegläßt und daher beginnt: *Ach won wil vngelucke mich Auf geben vnd verkeren sich* (Hss. München cgm. 379 und 270). — III Weitere Verkürzung, wie II beginnend, aber mit 30 Versen eigenen Schlusses, 313 Verse, unter der Überschrift *Das chain puler ablassen sol* gedruckt Hätzl. Nr. 7 (auch in Bechsteins verlorener Hs. und in Berlin Staatsbibl. Ms. Germ. Fol. 488). Der Ausgang ist nicht Gewährung, sondern Vertröstung. Der Mann wirbt in gehobenem Stile, die Frau antwortet derb. I gehört der 1. Hälfte des 14. Jh.s an und ist alem.; der Bodensee wird v. 334 erwähnt. Die Verse, mit denen der 'Geprüfte Minner' ausklingt: *Mir mag bringen noch ain tag Daz ain jar nit bringen mag* (I v. 483f.) stehen auch am Schluß der 'Klage eines Minnegerenden' (LS Nr. 122 v. 323f.): *Sid mir noch bringen mag ain tag Daz ain jar nit bringen mag.* Stilistisch unterscheidet sich aber

dies Gedicht durch seine geblümte Rede deutlich vom 'Geprüften Minner', ist also schwerlich demselben Verfasser zuzuschreiben. Vgl. K. Geuther *Studien zum Liederbuch der Hätzlerin* 1899, S. 83. [21]) Vgl. Jantzen *Geschichte des deutschen Streitgedichts im Mittelalter* (Germanistische Abhandlungen Bd. XIII), 1896. [22]) So im LS Nr. 88, auch im Heidelberger cpg. 313. [23]) Im so betitelten Gedichte LS Nr. 90; auch im Heidelberger cpg. 313. [24]) Denselben Stoff behandelt ein Lied im Münchener cgm. 379, gedruckt durch Joh. Bolte in Birlingers Alemannia 18 S. 97ff. Nr. 92. In einem lat. Streitgedichte läßt später Philippus Beroaldus Säufer, Hurer und Spieler miteinander streiten. [25]) So im LS Nr. 129; andere Hss.: Straßburg Johanniterbibl. Cod. A 94 (danach gedruckt bei Myller S. XV); Pommersfelde (Laa. daraus bei Bartsch *Md. Gedichte* S. V—VII); Wien 2885; Innsbruck Ferdinandeum, Vermischte Gedichte 16. o. 9; Karlsruhe Nr. 408; Nürnberg Germ. Mus. Mscr. 5339a. [26]) LS Nr. 131. [27]) Ungedruckt; Anfang: *Ich wil iuch ein abenteur sagen wolt ir dar zů getagen*; Hss. München cgm. 379 und 270. [28]) Hätzl. Nr. 8; andere Hss.: die verlorene Bechsteinsche Hs.; Heidelberg cgp. 313; München cgm. 439 und (zweimal) cgm. 713; Wien Ms. 2959; Stuttgart Landesbibl. Cod. theol. et philol. Q 69. [29]) Der Spruch Reinmars von Brennenberg von 'Liebe und Schönheit' (HMS I 337) ist allerdings älter. [30]) Gedruckt: Myller S. XXXIV (nach dem Cod. A 94 der Straßburger Johanniterbibliothek) und Keller S. 624 (nach der Karlsruher Hs. Nr. 408). [31]) Fast wie der oben (Sp. 407) erwähnte jüngere Streit 'Von Frauen und Jungfrauen'. [32]) Der Schluß bei Keller a. a. O. v. 16—23 ist unecht; diese Verse stehen in der Straßburger Hs. als selbständiges Stück; vgl. Graff, Diut. I S. 322. [33]) 'Krieg der Liebe und der Schöne', Werke hsg. von Primisser Nr. XLVI. [34]) LS Nr. 121. Virtuos handhabt im Bereiche der Novellendichtung dies Motiv der Dichter der 'Frauenlist' GA Nr. 26, NGA Nr. 13. [35]) Vgl. Verf.-Lex. Bd. III Sp. 390. [36]) Vgl. Verf.-Lex. Bd. III Sp. 392. [37]) Hätzl. Nr. 18. [38]) Vgl. Verf.-Lex. Bd. III Sp. 1 s. v. 'Des von Laber Lehren'. [39]) Vgl. Friedr. Ranke *Zur Rolle der Minneallegorie*, aaO. [40]) Vgl. Friedr. Ranke *Die Allegorie der Minnegrotte in Gottfrieds 'Tristan'*, Schriften der Königsberger Gelehrten Gesellschaft, Geisteswissenschaftl. Klasse 2, 2 (1925). [41]) Die Märendichtung bietet schlagende Beweise dafür. Auch die Exempla sind in ihrer lat. Grundform rein erzählend; bei ihrer Umsetzung in deutsche Verse erhalten sie zumeist das, was aus einer Fabel ein Bispel macht: einen belehrenden, ausdeutenden Anhang. [42]) Vgl. Ehrismann S. 296. [43]) Hss.: München Univ.-Bibl. Cod. 708 (Hs. des Michael de Leone); Heidelberg cpg. 539; Salzburg Studienbibl. Cod. V 1. A 3; vgl. G. Kriesten *Über eine deutsche Übersetzung des pseudoaristotelischen 'Secretum Secretorum' aus dem 13. Jh.*, Diss. Berlin 1907. [44]) S. d. Verf.-Lex. Bd. II Sp. 605ff.; Käthe Mertens *Die Konstanzer Minnelehre* (Germanische Studien Heft 159) 1935 tut einen kräftigen Schritt in der Richtung auf die Quellen; ihre Nachweise aus der mlat. Literatur wirken überzeugender als die aus der afrz. [45]) Über die wohl sämtlich von ihm angeregten allegorischen Jagdgedichte vgl. Verf.-Lex. Bd. II Sp. 561ff. s. v. 'Jagdgedichte'. Unter den von Hadamar formal abhängigen Gedichten in Titurelstrophen (vgl. Verf.-Lex. Bd. II Sp. 137ff.) sind eigentlich Allegorien nur 'Der Minne Falkner' und der 'Ehrenthron' (MR II Nr. 11). [46]) Vgl. Verf.-Lex. Bd. III Sp. 47 und H. Hofmann *Ein Nachahmer Hermanns von Sachsenheim*, Diss. Marburg 1893. [47]) Vgl. Matthaei *Das 'weltliche Klösterlein' und die deutsche Minneallegorie*, Diss. Marburg 1907. [48]) Vgl. Verf.-Lex. Bd. III Sp. 395 s. v. 'Minne, Kloster der'. [49]) Siehe oben (Sp. 412) die aus Andreas Capellanus schöpfenden Gedichte. [50]) Hätzl. Nr. 58. Der Dichter erwähnt Neithard Fuchs; ist Hätzl. Nr. 42 auch von ihm? [51]) Gedruckt auch bei Wackernagel *Lesebuch*[1] (1835) Sp. 745. [52]) Myller S. XXX aus dem Cod. A 94 der Straßburger Johanniterbibliothek. [53]) Hs. München cgm. 714; vgl. Keller *Fastnachtsspiele* Bd. III S. 1378. [54]) Gedruckt: Keller *Fastnachtsspiele* Bd. III S. 1407ff.; Anfang: *Laß wir die rede vallen zu tal Wann es ist ein teil zu schmal*; Hss.: München cgm. 439; Freiburg i. B. Univ.-Bibl. Cod. 362; London Brit. Mus. Addit. 10010 und 24946. Der Heidelberger cpg. 313 überliefert nur V. 112ff., den Brief selbst: *Wir fraw Venus von gots gnaden Erlauben on allen vnsern schaden...* [55]) LS Nr. 232. [56]) Vgl. Verf.-Lex. Bd. II Sp. 938f. [57]) Gedruckt: Hätzl. Nr. 50 und S. XXXIV der Einleitung, ferner bei Rosenhagen *Kleinere mhd. Erzählungen, Fabeln u. Lehrgedichte II. Die Heidelberger Hs. Cod. pal. germ. 341* (Deutsche Texte des Mittelalters Bd. XVII). Hss.: Außer dem Liederbuch der Hätzlerin und Bechsteins verlorener Hs. noch Heidelberg cpg. 341 und 384; Kalocsa Erzbischöfl. Bibl. Cod. A 1. [58]) So betitelt Laßberg das Gedicht MR II Nr. 16 und LS Nr. 30; andere Hss.: Heidelberg cpg. 313, 355 und 696; Wernigerode Fstl. Stolbergsche Bibl. Cod. Zb 15 (mit einer Nachrede, die eine Frau als Dichterin bezeichnet) (heutiger Aufbewahrungsort der Wernigeroder Hs. unbekannt). [59]) LS Nr. 118; andere Hss.: München cgm. 717 und 5919. [60]) Hätzl. Nr. 17 (stand auch in Bechsteins verlorener Hs.). [61]) 'Über die Jahreszeiten und ihre allegorische Bedeutung' MR II Nr. 13. [62]) Vgl. die Prosa '*Was allerley pletter bedeüten*' Hätzl. Nr. 22 (auch in der Hs. Berlin Staatsbibl. Ms. Germ. Fol. 488 und in Bechsteins verlorener Hs.). Eine Prosa '*Von der baume bletter*' aus einer Trierer Hs. ist abgedruckt *Altd. Wälder* I S. 144—158, ein ähnliches Stück aus einer Brüsseler Hs. durch R. Priebsch ZfdPhil. 38 S. 329. Denselben Stoff behandelt ein Lied in einem um 1469 geschriebenen Liederbuche: Berlin Staatsbibl. Ms. Germ. 4⁰ 719 Bl. 124a. [63]) Hätzl. Nr. 59; Anfang: *An ainem tag ich baissen rait Mit aim habich in ain awe brait*; andere

Hss.: Bechsteins verlorene Hs.; Heidelberg cpg. 313, 355 und 393; Wien Cod. 2959; Berlin Staatsbibl. Ms. Germ. Fol. 488 und 4° 1107; Trier (vgl. Anz. f. Kunde d. dtschen Mittelalters I [1832] Sp. 260 und noch einmal ebda II [1833] Sp. 50). [64]) MR I Nr. 13 v. 309ff. [65]) Verf.-Lex. Bd. II Sp. 544. [66]) Deutsche Übersetzung gedruckt bei W. Wackernagel *Altdeutsche Predigten und Gebete* (1876) S. 609 nach der Straßburger Hs. B 146 (Pap., 15. Jh.) Bl. 36; andere Hss. z. B. München cgm. 30 Bl. 77; Heidelberg cpg. 472 Bl. 126bβ; Basel Univ.-Bibl. Cod. A V 33 Bl. 26bα. [67]) Hs. München cgm. 714; gedruckt: Litterarische Blätter, Nürnberg 1805, Sp. 324. [68]) Gedruckt durch G. Roethe ZfdA. 41 S. 243 nach einem Bruchstück des Marburger Staatsarchivs. [69]) Vgl. K. Matthaei *Das 'weltliche Klösterlein'* ..., Diss. Marburg 1907 S. 48f. [70]) Heil. Georg v. 5751—5898; vgl. dazu die Anmerkung von C. v. Kraus in seiner Ausgabe S. 289. [71]) Vgl. oben Sp. 420 Anm. 15. [72]) Die Erfindung etwa des Blutsees mit brennendem Ufer könnte unter seinem Einfluß stehen. [73]) Trotz Käthe Mertens a. a. O. S. 38ff. [74]) Vgl. Verf.-Lex. Bd. II Sp. 823f. und Ehrismann S. 507. [75]) MR I Nr. 1 v. 1107 und 1197ff.; H.-Fr. Rosenfeld bezweifelt im Verf.-Lex. Bd. II Sp. 823 die im Gedichte angegebene Jahreszahl 1459 und möchte den Dichter einige Jahrzehnte früher ansetzen. [76]) Trojels Ausgabe S. 80—110. [77]) MR II Nr. 32. [78]) Berlin Staatsbibl. Ms. Germ. 4° 648. [79]) Vgl. ZfdA. 73 S. 105—108. [80]) A. Bach *Die Werke des Verfassers der Schlacht bei Göllheim* (*Meister Zilies von Seine?*) 1930 (Rheinisches Archiv Bd. XI). [81]) Edw. Schröder neigt wegen des darin enthaltenen Gedichtes des Königs vom Odenwalde ('Vom mangelnden Hausrat') der Zahl 1350 zu (vgl. ZfdA. 71 S. 113ff.). Vor ihm hatte man die Hs. lieber etwas älter angesetzt. [82]) Ich zähle die Stücke nicht wie Graff, Diut. I S. 314ff. [83]) Das so oft abgeschriebene Gedicht: *Ein vrouwe minen dienst verspricht Durch wandel den si an mir siht*, gedruckt Myller S. XXVII, LS Nr. 227; Hätzl. Nr. 13; Mones Anzeiger f. Kunde d. dtschen Mittelalters III (1834) Sp. 22 (nach der Heidelberger Hs. cpg. 393). Andere Hss.: Bechsteins verlorene Hs.; London Brit. Mus. Addit. 10010 und 16581; Karlsruhe Nr. 408; Berlin Staatsbibl. Ms. Germ. Fol. 488. [84]) Vgl. Verf.-Lex. Bd. I Sp. 603. [85]) Vgl. Edw. Schröder ZfdA. 71 S. 107ff. [86]) Gedruckt Graff, Diut. I S. 314 und nach der Hs. Rep. II 70a der Leipziger Stadtbibl. bei HMS. III S. 441a. [87]) Myller S. XLII: Frau Minne zeigt dem träumenden Dichter seine Geliebte und befiehlt ihm, an seinem Kleide den Spruch zu tragen: *Min liep mir liebet iemer. Dem brich ich trúwe niemer.* [88]) Myller S. XXVI. [89]) V. 131f.: *Du bist doch zů dem alter komen Daz dir das har ist grise.* [90]) Tristan v. 4669f.: *Die golt von swachen sachen Den kinden kunnen machen.* [91]) Vgl. Edw. Schröder Hessisches Archiv, Neue Folge Bd. XVIII S. 4. [92]) Hsg. von A. Bach a. a. O.; ergänze dazu: A. Bach *Ein neues Bruchstück der 'Ritterfahrt'*, ZfdA. 69 S. 91ff. Das von Mourek ZfdA. 47 S. 197ff. nach einem Prager Pergamentblatt (Ende des 13. oder Anfang des 14. Jh.s) veröffentlichte und von C. v. Kraus *Mhd. Übungsbuch*[2] S. 168f. wieder abgedruckte Bruchstück möchte man wegen der Sprache der Hs. in diesen Kreis einbeziehen, doch gestattet der geringe Umfang (116 Verse, davon 58 verstümmelt) nicht, über den Inhalt des Stückes ins klare zu kommen. [93]) Gemeint ist wohl Uda von Limburg, die zweite Gemahlin des Grafen Johann I. von Limburg. [94]) Über den Namen vgl. ZfdA. 71 S. 180. [95]) Vgl. H. G. Wieczorek *Johann Hartliebs Verdeutschung von des Andreas Capellanus 'Liber de reprobatione amoris'*, Diss. Breslau 1929, besonders S. 5f. [96]) E. Stengel wird im Schlußband seiner *Nova Alamanniae* ein *Carmen de Cronenberg* veröffentlichen (289 Verse; der Schluß fehlt). Nach den Einleitungsworten, die eine Erzählung verheißen... *von guden wibin Und eime ritter hochgemot Der allin dogedin rechte dot, Von wapen und von minne*, glaubte ich, dies könne identisch sein mit dem ebenfalls nur als Bruchstück (38 Verse) überlieferten Gedichte 'Wappen und Minne' (Anfang: *(w)art ich vrauwe Seilden ey gewar So drůch si mich seluer dar)* der gegen 1375 geschriebenen sogen. Blankenheimer Tristanhs. Berlin Staatsbibl. Ms. Germ. 4° 284. Doch ist nach E. Stengels freundlicher Mitteilung das 'Carmen de Cronenberg' keine Minnerede, sondern ein panegyrisches Gedicht nach der Art des 'Ritterpreises', der auch vom Verfasser des Gedichts von der 'Schlacht bei Göllheim' stammt. [97]) Vgl. Edw. Schröder *Hermann von Sachsenheim*, GGN. philol.-hist. Klasse 1931 S. 196ff. [98]) So etwa der 'Rat der Frau Ehre an einen Minner' Keller S. 596 mit seinem Reim *scherz: falkenterz* v. 23f. [99]) An Einzeluntersuchungen liegt bis jetzt wenig vor, so für die 'Bestrafte Untreue' (MR I Nr. 11) die Londoner Diss. von John Wilks 1923. [100]) MR I Nr. 10; vgl. dazu Edw. Schröder am eben a. O. S. 209. [101]) MR I Nr. 5; auch abgedruckt bei Matthaei *Das 'weltliche Klösterlein'* ... S. 82ff. [102]) Vgl. Verf.-Lex. Bd. III Sp. 47 s. v. 'Der neuen Liebe Buch'. [103]) Vgl. Verf.-Lex. Bd. II Sp. 567.

H. Niewöhner.

Minner, s. Mynner.

Minsinger, s. Münsinger, Albrecht.

Mirs, Friedrich (Federl). Augenmittel und Geburt befördernde Rezepte im Cod. XI. D. 10 der Prager Univ.Bibl., saec. XV., Bl. 73^b und 74^b.

Sudhoff.

Mißner, s. Meißner.

Molck, s. Mulk.

Molsheim, s. Joh. v. M.

Monachio, Christophorus a, s. Christophorus v. München.

Monasterio, Theodoricus de, s. Coelde.

'Mönch Felix'.

1. M. F. ist Hauptperson und Titel eines Ende des 13. Jh.s in Thüringen von einem Zisterzienser verfaßten Gedichtes von 380 Reimzeilen. Es enthält die Geschichte von einem Mönch, der, in Gedanken über die ewige Seligkeit vertieft, eine kurze Weile, wie er vermeinte, einem lieblich singenden Vöglein lauschte; als er aber, nachdem der Vogel verstummt war, ins Kloster zurückkehren wollte, erkannte man ihn nicht und war ihm alles fremd geworden, denn beim Anhören des Vogelgesanges waren ihm unvermerkt 100 Jahre verflossen. Der Stoff ist im deutschen MA. auch sonst behandelt, so im Gedicht 'Der Zweifler' (Germ. 25 S. 339), in einem fragmentarischen Gedicht aus dem 13. Jh. (ZfdA. 5 S. 433), in einem Predigtmärlein (Germ. 30 S. 431) und einer Anekdote (Vulpius *Curiositäten* IV [1815] S. 348); ferner im mnd. *'Spieghel der Leien'* (ZfdA. 6 S. 439), schließlich mnld. in *'Des Coninx Somme'* (hsg. von Tinburgen S. 178) und in Exempeln. Die Quelle dieser und aller späteren Versionen in lateinischen und volkssprachlichen Exempeln, Gedichten, Erzählungen usw. ist ein Exempel in einer französischen Predigt von Maurice de Sully († 1190) (P. Meyer Romania 5; 23; 28). 'M. F.' beruht teils auf dem von Maurice abhängigen Odo de Ceritonia (Hervieux *Les fabulistes latins* IV S. 295), teils auf der abgeleiteten Version des 'Zweiflers' und hat selbst zahlreiche Bearbeitungen bis in das 19. Jh. hervorgerufen, deren älteste ein isländisches Märchen ist (14. Jh.; Gering Nr. 43), und deren berühmteste in Longfellows *'Golden Legend'* steht. Auch Volkssagen und vielleicht auch Volkslieder gehen auf 'M. F.' zurück.

2. Verwandte Geschichten sind u. a. 'Der italienische Herzog im Paradies' (12. Jh.; ZfdA. 13 S. 338 ff.), *'Viaggio di tre santi monaci al paradiso terrestre'* (Zambrini *Miscellanea* 1861; es gibt mehrere Versionen), die zusammen als Voraussetzung eine Ableitung (9.—10. Jh.) der griechischen Legende von Macarius Romanus (7. Jh.) haben, welche wiederum auf die syrische Alexiuslegende (5. Jh.) zurückgeht. Die Motive „Übernatürlicher Schwund der Zeit" und „Der verschwundene Mönch oder Bräutigam" sind sehr verbreitet, aber in orientalischer Dichtung besonders alt; vgl. vor allem die jüdische Oniaslegende (Mischna Taanith III 8). In späterer Zeit kommen die sonderbarsten Mischungen vor (Bolte ZfdA. 34 S. 18 ff.).

3. Dem Stoff des 'M. F.' eigentümlich ist aber der Vogelgesang, der in dieser Verwendung sonst nur im Keltischen vorkommt: im wallisischen, teilweise in Irland spielenden Mabinogi von Branwen vergessen die Krieger sieben Jahre alles, so lange die drei Vögel der Fee Rhiannon singen (vgl. auch John Rhŷs *Celtic Folklore* I [1901] S. 153 f.). In irischen Sagen und Legenden hören wir immer wieder von übernatürlichen Vögeln: im Himmel sind vor dem Thron des Herrn drei Vögel und vier Erzengel; die Vögel der Feen wünschen dem heiligen Patricius Willkommen in Irland, und Seelenvögel versammeln sich trauernd bei seinem Sterbelager; Vögel zelebrieren die Horae canonicae usw. Und während wir in Irland ebenfalls, aber ganz spät, die gewöhnliche Vogel-Mönch-Geschichte finden (Kennedy *Fireside Stories of Ireland* 1870, S. 199), gibt es daneben eine ältere, abweichende Geschichte, teils vom h. Brendán von Clonfert, teils vom h. Mochoe oder Coelán erzählt. Besonders aber haben wir als Glossen zum sog. *'Calendar of Oengus'* zwei Strophen auf den erwähnten Mochoe überliefert, die vor etwa 1150 gedichtet sein müssen und kurz, aber deutlich unsere Geschichte enthalten. — Also wie 'Brandan' (s. d.), 'Tundalus' (s. d.) und 'Fegfeuer des h. Patricius' ist auch diese Geschichte im 12. Jh. aus Irland nach dem Kontinent gekommen.

W. Grimm *Altdeutsche Wälder* II S. 70 ff. v. d. Hagen *Gesamtabenteuer* III S. 613 ff. E.

Mai *Das mhd. Gedicht vom Mönch Felix* (Acta Germanica, N.R. 4) 1912 (beste Ausgabe, Hauptwerk, breit). Fritz Müller *Die Legende vom verzückten Mönch.* Diss. Erlangen 1912. de Vooys *Mnl. legenden en exempelen*[2] 1926, S. 35ff., 315. L. L. Hammerich *Munken og Fuglen, en middelalderstudie* 1933; dazu J. Bolte Zs. f. Vk. NF. 5 (1934) S. 110. Ehrismann *Lit.Gesch.* — Zur irischen Überlieferung: Boswell *Visio Adamnani* (Grimm Library nr. 18) S. 32; vgl. die zahlreichen Nachweise — nicht immer die Deutung! — bei Boswell und bei Kuno Meyer and Alfred Nutt *The Voyage of Bran* (Grimm Library nr. 4 und 6). Ferner: O'Donovan *Martyrology of Donegal* 1864, S. 129, 177f. Whitley Stokes *Lives of Saints from the Book of Lismore* XIII (1890); C. Plummer *Lives of Irish Saints* LXVII (1922). Whitley Stokes *On the Calendar of Oengus* (Transactions R. Irish Academy) 1880 S. 89 f.; ders. *The Martyrology of Oengus the Culdee* (Henry Bradshaw Society 29) 1905, S. 158 f.

L. L. Hammerich.

Mönch, Philipp. Verfasser von '*Dys buch der stryt und buchßen Ward gemacht in der Vaßnacht als man zalt von christvs geburt 1496 Jahr. Daruff söllen die Büchßenmeister haben groß acht fer war*'. Cod. palat. germ. 126 (Universitätsbibl. Heidelberg), 46 Bl. Von M. wissen wir, daß er Büchsenmeister der Pfalz war. Das Werk ist reich illustriert und ist ein Ausläufer der früheren kriegstechnischen Ikonographien. Es zeigt Streitkarren mit Geschützen, Pulverstampfen, dann eine Steinbüchse. Beachtenswert ist eine große Geschützbohrmaschine, allerlei Maschinen, Kranen, Schöpfräder, ferner Wagen, Brücken, Sturmbrücken und Leitern. Dann folgen kleinere Feldgeschütze, sogar noch Wurfzeuge, Bliden, Hebezeuge und Geschützzubehör, nebst Darstellungen von Befestigungen.

M. Jähns *Gesch. d. Kriegswissenschaften* 1889, I S. 271. F. M. Feldhaus *Technik der Antike u. d. MA.* 1931, S. 357, Taf. 14, 359, Abb. 383. B. Rathgen *Das Geschütz im MA.* 1928, S. 150, 160. W. Gohlke *Das Geschütz des Altertums u. d. MA.*, Ztschr. f. histor. Waffenkunde 5 S. 983 Abb. 36. R. Schneider *Die Artillerie d. MA.* 1910 S. 70—75 Taf. II Abb. 7 Taf. III 9.

Ed. A. Geßler.

Mönch von Heilsbronn.

1. Hss. I. 'Die 7 Grade' nur in Heidelberg, Pgt. Cod. Pal. germ. 417, geschrieben 1390. Dieser enthält auch den Fronleichnamstraktat.

II. Das 'Buch der 6 Namen des Fronleichnams' in 27 Hss.: 1. Berlin germ. 1486, datiert 1323; 2. München cgm. 100, Pgt., 14. Jh.; 3. clm. 9004 (1399); 4. cgm. 683 (14.—15. Jh.); 5. cgm. 292 (1423/4); 6. cgm. 354 (15. Jh. I. Hälfte); 7. cgm. 784 (1458); 8. cgm. 366 (1467); 9. cgm. 523 (1571); 10. cgm. 828 (1480); 11. cgm. 372 (15. Jh.); 12. cgm. 179 (15. Jh.); 13. cgm. 64 (15. Jh.); 14. clm. 8961 (15. Jh.); 15. Heidelberg cod. pal. germ. 417 Pgt. (1390); 16. cod. pal. germ. 567 (1439); 17. cod. pal. germ. 28 (15. Jh.); 18. cod. pal. germ. 472 (15. Jh.); 19. cod. pal. germ. 633 (15. Jh.); 20. St. Gallen Perg., 14. Jh.; 21. Gotha, Herzogl. Bibl. 138 Ch. A. 27 (15. Jh.); 22. Straßburg, L. germ. 156, Pgt. (14. Jh.); 23. Karlsruhe, Pap. 19 (1478); 24. Ebda. St. Georgen XCIII, Pap. (16. Jh.); 25. Nürnberg, Stadtbibl. Cent. VI f. (15. Jh.); 26. Ebda. Cent. VI 57 (15. Jh.); 27. Rom Cod. Vat. 11006, Pap. (15. Jh.). Erstdruck: Th. Merzdorf (1871).

2. Einem *muniche von Halsprunne* schreiben der Cod. germ. monac. 100 und der Gothaer cod. 138 Ch. A. 27 das '*Buch der sechs namen des fronleichnam*' zu. Da der Verfasser sich als Zisterzienser kenntlich macht — *mein vater sant Bernhart* ('Sieben Grade' v. 1374) — so kann nur das Zisterzienserkloster Heilsbronn zwischen Ansbach und Nürnberg gemeint sein, auf dessen Gegend auch der Dialekt der Schriften hinweist. Das gereimte 'Buch von den sieben Graden' (nämlich des Gebetes) umfaßt 2218 Verse; der Traktat von den 'Sechs namen des Fronleichnams' fährt, nach einer Einleitung von 80 Reimversen, in Prosa fort. In diesem Traktat klingen manche Stellen so sehr an Alberts d. Gr. (s. d.) zwischen 1270 und 1280 geschriebenen Traktat '*De sacramento eucharistiae*' (vgl. F. Pelster *Kritische Studien zum Leben und zu den Schriften A. d. Gr.* 1920, S. 175) und an die Predigten des Heilsbronner Abtes Konrad v. Brundelsheim an, der seine '*Sermones*' wohl zwischen 1306 und 1317 geschrieben hat (G. Muck *Gesch. d. Klosters H.* [1879—80] I S. 102), daß man die Niederschrift unserer Traktate nicht vor 1306 ansetzen darf, obwohl man natürlich mit der Möglichkeit rechnen muß, daß der Mönch die Predigten des Abtes schon vor deren Niederschrift gehört hat — oder — um das gleich vorweg zu nehmen, daß der anonyme Mönch und der Abt eine Person sind. In diesem Falle wären die Traktate sicher mit 1321, dem Todesjahr des Abtes, als spätestem

Termin der Niederschrift begrenzt. Aber auch wenn das nicht der Fall sein sollte, so setzt die Datierung des wichtigen Berliner cod. germ. 1486 auf das Jahr 1323 eine ähnliche obere Grenze. Dazu kommt, daß diese Hs. nicht das Original, sondern schon eine von Frauenhänden geschriebene Kopie des Fronleichnamtraktates ist. Daß die 'Sieben Grade' ebenfalls in Frauenklöstern gern gelesen wurden, erkennt man aus Christine Ebners (s. d.) 'Büchlein von der gnaden überlast', in dem sich Anklänge an diesen Traktat nachweisen lassen, die nicht auf wörtliche Herübernahme, sondern auf unbewußtes Verwerten von Texterinnerungen hindeuten. Damit ist 1340 als das Jahr erkennbar, vor dem die 'Grade' schon bekannt gewesen sein müssen.

Im Fronleichnamstraktat verspricht der Mönch (19, 34—20,2) ein *puchlein von der Minne* zu schreiben. Böckl vermutet, daß damit die fränkische 'Tochter Syon oder die minnende sêle' gemeint ist, die mit den beiden anderen Traktaten und der Alexiuslegende dem Mönch ebenfalls zugeschrieben wird (Pfeiffer I S. XLIII). Wagner jedoch glaubt, diese beiden Schriften ihm absprechen zu müssen (s. u.). Sollte der Mönch derselbe sein, der als Abt Konrad v. Brundelsheim (Herkunftsbezeichnung; Familienname wohl *Schuh*, da er sich *Soccus* nennt) seine '*Sermones*' vor den Brüdern im Kapitel hielt und sie in einer Zeit niederschrieb, da er „in ein Stilleben versetzt" (*nos in ocio positi*) war, so hellt sich sein Leben für uns auf. Er hat den Abtsstab zweimal geführt, 1303—06 und 1317—21, und war, nach Ausweis seiner Predigten wie dieser Traktate, ein glühender Verehrer des heiligsten Fronleichnams, ein Förderer der Herz-Jesu-Andacht und ein Meister der mystischen Frömmigkeit. Seine Predigten sind in Straßburg 1484 gedruckt erschienen ('*Socci sive Conradi de Br. Sermones de tempore*' und '*Sermones de Sanctis*'). Ist der M. nicht identisch mit Konrad, so bleibt er doch dessen geistesverwandter Zeit- u. Klostergenosse und verdient den Ehrentitel einer „Leuchte der deutschen Mystik". Von den pantheisierenden Spekulationen seines Zeitgenossen M. Eckhart (s. d.) hält er sich ganz frei. Mag die *ainung* zwischen der Seele und ihrem Gott noch so innig sein und die Seele gleich dem Wassertropfen im Fuder Wein sich scheinbar in Wein verwandeln: *Doch hat got pei dirr ainung über all geschepfde di vorsprung, daz si alle sprechent pilleich: niemant, herre, ist dir gleich* ('Grade' v. 1491—1494).

Abhängig erscheinen die 'Sieben Grade' des M. von David v. Augsburgs (s. d.) 'Sieben Staffeln des Gebetes' (Pfeiffer I S. 387—397), der ersten vollstufigen Gebetsleiter in deutscher Sprache, wovon der lat. Urtext (im clm. 9667, Bl. 97—99) noch ungedruckt ist (D. Stöckerl *Bruder David v. Augsburg* 1914, S. 205f.), sodann natürlich von S. Bernhards '*Sermones in cantica*' und von dessen Fortsetzer Abt Gilbert v. Hoyland, aus dem Zisterzienserkloster Swineshead (gedr. bei Migne *Patr. Lat.* 184 Sp. 11—298), in etwa auch von Richard u. Hugo v. St. Victor (s. d.). Seine Abhängigkeit von oder Identität mit Abt Konrad tritt wie in der Eucharistielehre so auch in der mystischen Gebetsstufenlehre beider Autoren zutage. Mit der '*Epistola ad fratres de monte Dei*' (Migne *Patr. Lat.* 184 Sp. 349ff.) des Kartäuserpriors Guigo († 1137), dessen Schrift man früher Bernhard zuschrieb, zeigt der M. manche Berührungspunkte. Mit ihm und Richard, Bonaventura und einem bei Jostes (*Meister Eckhart* 1893, S. 205) gedruckten anonymen deutschen Mystiker ist der M. überzeugt, daß auf den obersten Stufen der Einigung ein Dauerzustand des Nichtmehrsündigenkönnens erreicht wird, nicht durch eigene Kraft, sondern durch die Fülle der Gnade. Die Heils-Sicherung als Folge der mystischen Liebeseinigung erscheint in den Erzählungen des 14. Jh. vom heiligen Leben mystisch Begnadeter oft (vgl. E. Krebs *Die Mystik in Adelhausen* 1904, S. 24ff.). Die Theorie dieser Sicherung bei unserm M. nimmt theologische Gedankengänge vorweg, wie sie später in der spanischen Mystik und heute in der umfassenden Arbeit von Jos. Gummersbach *Unsündlichkeit und Befestigung in der Gnade* (1933) S. 273ff. vorgetragen werden.

3. Th. Merzdorf *Der Mönch v. Heilsbronn* (bringt außer dem Text der beiden Traktate auch den der 'Tochter Sion oder die minnende Seele' und der Alexiuslegende) 1871. K. Bartsch ADB. XI (1880) S. 318f. A. Wagner *Über den M. v. H.* (Qu. u. F. XV) 1876; ders. *Zum M. v. H.* (die Münchener Hs. 100 der 6 Namen), ZfdA. 20 (1876) S. 92ff. Dazu H. S. Denifle Anz.f.d.A. 2 (1876) S. 300 bis 313. J. B. Wimmer *Beiträge zur Kritik u. Erklärung der Werke des M. v. H.* Programm Kalksburg bei Wien 1895. C. Richstätter *Die Herz-Jesu-Verehrung des dtsch. MA.*[2] 1924, S. 120/3. I. M. Schürer *Des Mönches v. Heilsbronn Lehre vom Kontemplieren*, Frbg. theol. Diss. 1923 (Maschinenschrift). C. Böckl Zs. f. Kath. Theol. 1928, S. 239/9 [sucht die Identität des M. mit Soccus (Konrad v. Brundelsheim) u. Echtheit der 'Tochter Syon' u. Alexiuslegende nachzuweisen]. — Neuausgabe der Werke des M. vorbereitet von Dr. A. Semler, Prof. in Überlingen am See.

Engelbert Krebs.

Der Mönch vom Maine. Ein aussätziger Franziskaner dichtete und komponierte um 1368 am unteren Main viele weitverbreitete volkstümliche Lieder, Reihen und 'Widersänge' (Lieder von 3 Gesätzen, vgl. Limb. Chron. 49, 6 Wyss). Tilemann Elhen (s. d.) berichtet davon in der Limburger Chronik und gibt drei Liedanfänge wieder.

Die Limburger Chronik des Tilemann Elhen von Wolfhagen, hrsg. von Arth. Wyß (MGH. Deutsche Chroniken 4, 1), S. 70, 24—71. Vgl. auch Th. Kochs *Das deutsche geistliche Tagelied* 1928, S. 59.

Ludwig Denecke.

Mönch v. Salzburg, s. Hermann v. S.

Monpolir, s. Nikolaus v. Polen.

Montau, s. Dorothea v. M.

Montfort, s. Hugo v. M.

Montigel (auch *Monzigel* geschrieben), **Rudolf,** laut Bürgerrodel von Luzern bei Grandson verwundet und in Bern verpflegt, Verf. eines Liedes auf die „Ewige Richtung" mit Österreich, 1474: *Der süeße sumer fröwet mich* (Liliencron II S. 23 u. L. Tobler I S. 15), und eines zweiten auf die Schlacht bei Grandson, 1476: *Oesterrich, du slafest gar lang* (Liliencron II S. 74). O. v. Greyerz.

'Morant und Galie', s. 'Karlmeinet'.

Moreller, der Zauberer. Hs. Additional 16581 des Britischen Museums, 15. Jh. (1469), ostschwäbisch, Bl. 158[a]; s. R. Priebsch *Deutsche Hss. in England* II (1901) S. 147—58. Ihm wird zuerteilt der Spruch:

Schweygen nyemant arges pringt,
Kainen klaffer selten wolgelingt.

R. Priebsch.

'Moretus', s. 'Facetus'.

Morgenrot. In der Hs. I fol., Anf. XVI. Jh., Bl. 107a—108b der Kreisbibliothek zu Regensburg befindet sich (noch ungedruckt): *Ain spruch vom glück und des menschen son.* Anf.:

Anf.: *O sach in allen sachen*
Hilff mir armen schbachen.
Schl.: *Also sprach der Morgenrott.*
Thüt recht und sorget auf den hôt
So hilft uns got aus aller nöt.

W. St.

'Moritz von Craon'.

1. Mauricius von Craun heißt der Held eines mhd. Gedichts, das im Anfang des 13. Jh.s verfaßt ist, aber nur in der bekannten Ambraser Handschrift des Kaisers Maximilian I. (s. d.) auf uns gekommen ist. Das Gedicht nimmt in der Zeit seines Entstehens einen besonderen, man muß sagen, einzigen Platz ein. Gegenüber den umfangreichen, in einer reichen Vielfaltigkeit entwickelten Ritterromanen der Zeit hat es einen geringen Umfang, 1784 Verse, worin es nur mit dem 'Armen Heinrich' zusammengeht, und die Handlung, obwohl im Einzelnen ausführlich berichtet, geht ihren graden Weg. Es handelt sich darum zu zeigen, wie eine Dame den Dienst eines Herrn entgegennimmt, aber ihn nicht belohnt — und dafür wird sie bestraft. Seltsam ist die Schuld und auch die Strafe. Sie läßt den Ritter, am Abend eines Turniers, das er mit großem Aufwand auf ihre Veranlassung unternommen hat, durch eine Vertraute in ein Zimmer ihrer Burg führen. Im Gespräch mit diesem Mädchen wird der Ritter von der Müdigkeit nach dem schweren Tage überwältigt und schläft in ihrem Schoß ein. Da kommt die Dame und verläßt ihn zornig wieder. Der

Ritter erwacht, erfährt, was geschehen, und geht ihr nach ins Schlafgemach, wo sich ihr Gatte befindet. Dieser liegt in tiefer Trauer und Sorge. Er hat am Anfang des Turniers einen Ritter versehentlich getötet und sich tief ergriffen zurückgezogen. Da tritt in das nächtlich beleuchtete Gemach der fremde Ritter, der noch seine zerissenen, mit Blut befleckten Turnierkleider trägt; er sagt, er sei der tote Ritter und wolle ihn in die Hölle holen. Der Gatte fährt entsetzt auf und stößt sich dabei so am Schienbein, daß er ohnmächtig umsinkt, und nun legt sich der Ritter zu der Frau, die willenlos alles über sich ergehen lassen muß. Dann aber verläßt er sie mit höhnischen Worten: *nû ziuwerm manne* (*dem ist wê*) *und habet den ân êre.* Mit dem Bild der Beschämten, Verlassenen schließt das Gedicht.

2. Das Gedicht ist, daran ist kein Zweifel, nach einer französischen Vorlage gearbeitet, der es in allem Tatsächlichen genau gefolgt zu sein scheint. Auch dies französische Gedicht ist in seiner Zeit etwas Einziges gewesen. Von der nach dem Umfang und der allgemeinen Art der Erzählung nahestehenden Gattung der Fabliaus unterscheidet es sich durch die Tendenz, die ganz dem Sinne des nordfranzösischen Hochadels des 12. Jh.s entspricht. Die Frau handelt *déslé al* gegen den dienenden Ritter, und darum wird sie von Rechts wegen bestraft.

3. Nun aber ist der Name, den der Held des Gedichtes führt, der wirkliche Name eines Angehörigen jenes Adels. Der Herr M. v. C. war in der Grafschaft Anjou ansässig, er lebte von 1131/32 bis 1196, war ein Vasall der Könige Heinrichs II. und Richards I. und sogar zweimal im Heiligen Lande. Es fragt sich, was in dem Gedichte zu diesem historischen Herrn von Craon gehört. Die nächtliche Geschichte weist aber auf eine uralte Gespenstersage zurück: der Tote, der der Ritter zu sein vorgibt, ist er ursprünglich selber. Diese Sage ist nur in die ritterliche Umwelt und die Vorstellungen der höfischen Liebe hineingesetzt. So bleibt, als etwas, das mit dem historischen Herrn von Craon zu tun gehabt hat, nicht viel mehr als das Prunkschiff übrig, auf dem sich der Herr zu dem Turnier fahren läßt, dessen kostbare Ausstattung er am Abend als Geschenke verteilt. Was den Dichter veranlaßt hat, diese Geschichte, von der er in irgend einer Form Kenntnis hatte, mit jener Gespenstergeschichte (von der es übrigens auch eine verwandte Fassung gibt, das Fabliau vom Revenant: Montaiglon et Raynaud *Recueil général des fabliaux* VI S. 136) zu verbinden, ist schwer zu sagen, nur dürften es weniger persönliche als allgemeine Gründe gewesen sein. Vielleicht geschah das in einer Gegend, wo die Person des Herrn von Craon wenig oder nur dem Namen nach bekannt war, in den romanischen Niederlanden, zwischen der *Mase und dem Rîn*, wie das deutsche Gedicht sagt.

Edward Schröder *Zwei altdeutsche Rittermaeren, Moritz von Craon, Peter von Staufenberg*[2] 1913 (noch immer wichtig wegen der ausführlichen Einleitung), [4] (Studentenausg.) 1929. G. Rosenhagen Vierteljahrsschr. für Litteraturwiss. u. Geistesgesch. 2 (1924) S. 795—815.

G. Rosenhagen.

Morsbrunn, s. Heinrich v. M.

Morsheim, s. Johann v. M.

Morungen, s. Heinrich v. M.

'Mose', s. 'Bücher Mosis'.

Moser, Ludwig. Geb. gegen Mitte des 15. Jhs. zu Weinfelden im Thurgau, gest. am 16. Juli 1510 in Basel. Kartäuser des Klosters St. Margaretental in Klein-Basel. 1482 kam er als 3. Prior nach Ittingen bei Frauenfeld, kehrte jedoch 1486 nach Basel zurück.

Werke: In der Öffentlichen (Universitäts-)Bibliothek in Basel ist vor allem der Hss.-Codex A. IX. 27 teilweise von M.s Hand (vgl. das Basler Hss.-Verzeichnis 1907, S. 133 ff., vgl. auch Cod. A. X. 113).

1. '*Speculum Marie. Marie Spiegel Sant Bonaventure*' gedruckt 1506 in Basel (durch Michael Furter) (vgl. Weller 352; in St. Gallen und Freiburg, das Freiburger Exemplar K 358). Inhalt: Augustin: *Von dieser Welt uppikeit* / Bernhard: *Von der menschlichen hartseligkeit* / Augus-

tin: *Von den dryen wonungen / Paradys lettern* / Bonaventura: *des lebens brunn* (2. Abtlg.), ... *Soliloquium* / Augustin: *Manuale* u. a. m. Dieser 1. Band enthält aus dieser Abteilung noch Augustins '*Manuale*' als letztes Stück! Das Ende der Vorrede sagt: *Alle dise styck synd getruwlich on alle verendrung uss latin In tütsch gezogen durch den Andechtigen wirdigen vatter Ludovicum Moser Carthuser ordens ze Basel in sent Margreten tal.* Auch am Ende des 4., 5., 7. und 9. Stückes, die mit Holzschnitten gerahmt sind, wird M. als Übersetzer genannt. Eine andre Ausgabe bei Weller Nr. 377: *Eyn schon nutzlich büchlin dryen stetten der heiligen Christenheit*, Basel 1507.

2. '*Bereittung zu dem heiligen sacrament mit andechtigen betrachtungen ... vor und nach*' o. O. und J. (vgl. Weller *Rep. typogr.* 101) mit 55 Holzschnitten (vorh. in St. Gallen und Luzern, Bürgerbibl.).

3. '*Der guldin Spiegel des Sunders*' von Dionysius de Leeuwis, deutsch von L. M., handschriftlich im cod. A. IX, 27[12] in Basel, mit einigen Änderungen gedruckt von M. Furter in Basel 1497 (auch Augsburg 1497, vgl. Hain Nr. 14951). „Den Inhalt bilden deutsche Übersetzungen mehrerer lateinischer Traktate von Mitgliedern seines Ordens, welche Anweisungen und Ermahnungen zur Beichte enthalten". Größeres Stück daraus bei Hasak *Der christl. Glaube des dt. Volkes* 1868, S. 208—224. Vgl. E. Löfstedt *Ein mittelostfäl. Gebetbuch* (Lunds Universitets Årsskrift, NF. Avd. 1. Bd. 30. Nr. 5) 1935, S. 26f.

4. Das von Schubiger *Die Pflege des katholischen Kirchengesanges ... in der deutschen katholischen Schweiz* 1873, S. 31 genannte „Volksbuch": '*Ein vast notdürftige materi*' ..., „bei Beicht- und Kommunionsandachten für den Volksgebrauch bestimmt".

5. Leben des hl. Ludwigs, Bischofs von Toulouse, bearbeitet von L. M., enthalten im cod. A. IX. 27[20] zu Basel.

6. '*Ein kurtz hupsch dancksagung*', Gebet, das M. vielleicht nur übersetzt hat, ebd. A. VIII. 19, 2. Beilage.

7. Deutsches Gebet auf Elisabeth und Zacharias, ebd. A. IX. 27[16]; vierhebige Reimpaare.

8. Im gleichen cod. an 19. Stelle stehen Gebete des S. Erasmus, teilweise übersetzt von L. M.; daselbst einige biographische Angaben.

9. Auslegung des *Gloria patri* übersetzt von L. M., ebd. A. IX. 27[13], gedruckt von M. Furter in Basel 1492: '*Der Curß vom sacrament. Vßlegung des Gloria patri. Sant Bernarts Rosenkrantz*'.

10. H. Gerson: '*Sinen swestern was sy yeglichs tags der wochen betrachten sollen*', ebd. A. IX. 27[14], übersetzt von M. (?).

11. Wilhelm Zewers' '*Migrale*' übersetzt, ebd. A. X. 117[1] (vgl. Borchling-Claussen *Nd. Bibliogr.* Nr. 378): '*Eyn seer vruchbars boexken genant Mygrale ... eyn guede underwysonge der bichtvaders und dienres in der Firmirie ... uiß den latin im duytzschen durch lieffden des deuoten vaders und priors tzo Basel in der Cartuiß ...*' Köln 1503.

12. '*Sermones duo capitulares*' Basel A. IX. 27[23], vielleicht auch von M.

13. Schließlich kommt M. als Kirchenliedübersetzer in Betracht. Er brachte mehrere alte lateinische Kirchengesänge in deutsche Strophen, vgl. Hoffmann von Fallersleben *Geschichte des deutschen Kirchenlieds bis auf Luthers Zeit* 1861, S. 265; Wackernagel *Das deutsche Kirchenlied* II S. 869ff.; Baechtold *Geschichte der deutschen Literatur in der Schweiz* S. 204. In einem Anhang zum 'Guldin Spiegel des Sunders' (s. o.) erschienen sie gedruckt. Die Übersetzungen sind geistesgeschichtlich wie stilistisch typisch. Man findet den Apparat der mystischen Metaphorik mit Lieblichkeit verdeutscht und einen Reichtum an Substantiven verwendet, die additiv, ohne Rücksicht auf logischen Sinn oder Rhythmus, nebeneinanderstehen, hart und stoßend. Meist ist die Übersetzung ans Lateinische angelehnt. Die besten Stücke sind die Übersetzung von *Veni creator spiritus* und *das obrist wort ist gangen us.*

ADB. LIII S. 485. Daselbst weitere Angaben. (Bei Mülinen *Helvetia sacra* über St. Margarethental, nichts über L. Moser.) Wackernagel *Deutsches Lesebuch* Sp. 330a. Chevalier II² 3268. Gervinus II S. 458.

Gumbel.

'Moses', s. 'Bücher Moses'.

Mosin, s. Joh. v. Molsheim.

Moßbach, s. Günther v. M.

Möttinger, Hans (keinesfalls mit dem Müttinger identisch). Die um 1525 in Augsburg geschriebene Hs. cpg. 793 der Heidelberger Universitätsbibliothek enthält Bl. 83ª—84ᵇ ein 15-strophiges Gedicht: *In der flamweyß zü singen.* Es beginnt: *Da man zalt. 48. jar / nun hört was ward mir offenbar* und schließt: *hanns möltinger in der flammweyß / die parall hat gedicht.*

Der Dichter sieht im Traum einen alten Mann mit einem langen grauen Barte, der ihn fragt, wie es in der Stadt jetzt stehe. Der Dichter klagt ihm: *Ain kranckhayt auff gestanden ist / . . . wilt platter ist sy genant / oder frantzoßen haist man auch . . .* Der alte Mann erklärt: *vmb dhoffart man die plag müß han,* und schilt dann die Kleiderhoffart bei Männern und Frauen; niemand wolle sich mehr an das halten, was im Konzil zu Basel für die Kleidung der einzelnen Stände verordnet worden sei. Teuerung, Tod und Pestilenz seien eine Folge von Hoffart, Unkeuschheit, Fluchen und Schwören. Solange das weltliche Regiment nicht diese drei Laster bessere, werde die Not kein Ende nehmen. Damit erwacht der Dichter aus seinem Traume: *Mir was mein krüg gefallen vmb / wasser auff mich gerunnen.*

Der Sprache nach ist der Dichter wohl Augsburger. Obwohl um 1450 in Augsburg recht viele Hss. geschrieben wurden, ist sein Name sonst nicht bekannt.

Niewöhner.

Muffel, Nikolaus.

1. A. 'Beschreibung der Stadt Rom 1452'. Hs. in der Staatsbibliothek München, Cod. germ. no. 1279. Herausgegeb. von W. Vogt, Publikationen des Stuttgarter Lit. Ver. Bd. 128. B. 'Gedenkbuch'. Originalhs. seinerzeit im Besitz des verstorbenen Geheimrats Prof. Dr. Karl v. Hegel, der sie im 11. Bande der 'Dt. Städtechroniken' herausgegeben hat. Eine kurze Familiengeschichte mit frommen Ermahnungen an seine Kinder.

2. N. M. stammte aus altem Nürnberger Patriziergeschlecht und wurde 1410 als Sohn des N. M. und der Brigitta Tetzel zu Nürnberg geboren. 1431 heiratete er Margaretha von Lauffenholz (Hegel gibt in den 'Mitt. des Vereins f. Gesch. Nürnbergs' Bd. 14 irrig den Namen Brigitta an). Schon 1433 kam er in den Rat und erlangte sehr schnell Amt und Würden. Im selben Jahre noch wurde er Pfleger zu St. Egidien, 1440 zu St. Klara, 1443 älterer Bürgermeister, 1445 ein „Älterer Herr". Im Jahre 1452 brachte er als Gesandter der Stadt Nürnberg im Gefolge Kaiser Friedrichs III. zu dessen Krönung die Reichskleinodien nach Rom. Während seines Aufenthaltes daselbst wurde er als Vertreter Nürnbergs von Kaiser und Papst geehrt. Er erlangte die kaiserliche Bestätigung der Nürnberger Privilegien und half bei der päpstlichen Messe. Er sagt selbst: *Item kein potschaft von den anderen reichstetten wurd also geert als die stat Nuremberg; die het den grosten namen.* Während seines Aufenthaltes in Rom ernannte die Stadt Nürnberg ihn zum obersten Hauptmann, und nach seiner Rückkehr erhielt er das große Siegel und die Schlüssel zu den Reichskleinodien in Verwahrung. 1457 war er bereits erster Losunger und bekleidete somit das höchste Amt, das ihm seine Vaterstadt bieten konnte.

In seinem 'Gedenkbuch' sagt M., daß er sich den Neid und die Feindschaft vieler Ratsmitglieder zugezogen habe, Tatsächlich stand er sich mit seinen Amtskollegen sehr schlecht, und das Verhältnis wurde mit der Zeit immer unerträglicher. Ein Grund dafür lag in M.s leidenschaftlicher Natur, die ihn zu beleidigenden Reden hinriß. Um nur zwei Beispiele anzuführen: im Jahre 1460 weigerte er sich, als Gesandter des Rats den Streit zwischen Markgraf Albrecht und Herzog Ludwig von Baiern zu schlichten; bezüglich der Klage eines unterdrückten Hintersassen sagt er, das sei nun das 38. Stück, worin man ihm Widerwille beweise. Als der Rat ihn aufforderte, diese 38 Beschwerden schriftlich zu belegen, machte er solange Ausflüchte, bis er seine Äußerung zuletzt widerrufen mußte. Obgleich M. ein sehr vermögender Mann war — er hatte verschiedene Güter in der Umgebung sowie Häuser in der Stadt Nürnberg —, scheint doch ein Teil seines Besitztums belastet gewesen zu sein. Die vielen kleinen Schulden, die er nie beglich, sowie das unbezahlte Heiratsgut für seine Frau und Töchter, auch seine bewiesene Gewissenlosigkeit in der Verwaltung des ihm anvertrauten Gutes — als Pfleger von St. Klara behielt er eine Stiftung von 900 fl. für sich, so daß der Rat, bei dem der Priester eine Klage einreichte, ihn zur Rückerstattung des Betrages auffordern mußte —, aus all diesem geht hervor, daß M. oft Mangel an Bargeld gehabt zu haben scheint. Als Ratsherr mußte er auf großem Fuße leben; außerdem hatte er eine zahlreiche Familie zu versorgen — sechs Söhne und drei Töchter. Seine bedrängten Verhältnisse scheinen noch durch eine unüberwindliche Verschwendungssucht verschlimmert worden zu sein; dieser Fehler war jedenfalls durch die traditionelle Religiosität des 15. Jh. hervorgerufen, die ihn dazu verleitete, Reliquien zu sammeln. Er klagt in seinem Gedenkbuch, er habe in 33 Jahren nur 308 Stücke sammeln können; er hätte gern für jeden Tag eins gehabt, weil er dann täglich 800 Tage Ablaß erlangt hätte. Seine 'Beschreibung der Stadt Rom' ist eine Aufzählung von Wundern, Legenden, Reliquien und Ablaßgewährungen; M. hatte für diese Sachen mehr Sinn als für Architektur und Kunst. Er war sehr stolz auf seine religiösen Stiftungen; viele erwähnt er in seinem 'Gedenkbuch'.

Im Juni 1468 kam Muffel zuerst wegen Diebstahls in Verdacht, als ihm in der Losungsstube einige Goldstücke aus dem Ärmel fielen. Als er darauf angesprochen wurde, sagte er, das Geld gehörte nicht ihm, sondern der Stadt. Etwas später wurde ein Sack von 1000 Goldgulden aus der Stadtkasse vermißt. Wieder fiel der Verdacht auf M., da er kurz vor dem Verschwinden des Beutels seinen Mantel auf verdächtige Weise über eine Geldtruhe ausgebreitet hatte. Im Februar 1469 wurde er verhaftet und, nachdem er mit und ohne Tortur alles gestanden hatte, am 28. Februar gehängt.

Kurz vor seinem Tode bat er seinen Beichtvater, seine Hinterbliebenen dazu zu bewegen, dem Rat die Rückerstattung der 1000 fl. anzubieten, aber auch zugleich um die Erlassung eines Teiles dieses Betrages zu bitten. Der Rat verzichtete großmütig auf die ganze Summe und ließ die Söhne des Vaters Schuld nicht entgelten, denn, obgleich der älteste Sohn Niklas es in Nürnberg nicht mehr aushalten konnte und sich nach Ermreuth zurückzog, führte Gabriel die Nürnberger Linie weiter und war schon zehn Jahre nach des Vaters Hinrichtung im Rat.

3. Es wurde bald allgemein der Verdacht ausgesprochen, daß M. das Opfer eines Justizmordes gewesen wäre. Seine Ämter und Würden sollen ihm, wie er ja selbst behauptet, den Neid seiner Kollegen eingetragen haben. Die Geschwindigkeit, mit welcher das Urteil vollzogen wurde, verschaffte dem Rat viel üble Nachreden. Diese Verbitterung gegen den Rat kommt in einem Gedicht von Heinz Übertwerch (s. d.) zum Ausdruck. Es scheint jedenfalls ohne Zweifel bewiesen zu sein, daß M. schuldig war, auch wenn man die durch sein leidenschaftliches Auftreten hervorgerufene Gereiztheit des Rates berücksichtigt. Bis jetzt hat man dem Rat keine gesetzwidrige Handlung in dieser Sache vorwerfen können.

Eine ausführlichere Behandlung des Falles Muffel, die hier nicht am Platze wäre, befindet sich in Mummenhoffs Artikel in der ADB. XXII S. 444, auch bei Hegel *Städtechroniken* Bd. XI, und Reicke *Geschichte der Reichsst. Nürnberg* S. 443 ff.

K. Hegel *Niklas Muffels Leben und Ende*, Mitteilungen des Vereins für Gesch. der Stadt Nürnberg Bd. 14. R. v. Liliencron *Die historischen Volkslieder der Deutschen* I S. 363—5. Adolf Freiherr von Muffel *Familiengeschichte der Muffel* 1897—1902 (10 handschriftliche Bände im Staatsarchiv Nürnberg = Hs. 293).

Hannah Amburger Stuart.

Mügeln, s. Heinrich v. M.

Mügling, s. Heinrich v. Mügeln.

Mühldorf, s. Jakob v. M.

'Mühlenlied'.

1. Mit wechselnden Umstellungen und Auslassungen einzelner von den 24 Strophen liegt das aus dem 15. Jh. stammende, vielleicht in Mecklenburg entstandene 'M'. in der ursprünglichen nd. Sprachform in fünffacher Überlieferung vor: im Werdener und im Ebstorfer Liederbuch (Fr. Jostes Nd. Jb. 14 S. 83 f.; E. Schröder ebd. 15 S. 6 f.), auf einem um 1520 anzusetzenden Rostocker Druckblatt, in einer Handschrift des Revaler Ratsarchivs (C. M. Wiechmann und A. Hofmeister *Meklenburgs altniedersächsische Literatur* III [1885] S. 228 ff.; L. Mackensen *Baltische Texte der Frühzeit* 1936, S. 13 f., 305) und in dem erst dem 18. Jh. angehörigen '*Chronicon tragicum curiosum Kiliense*' von Asmus Bremer, das die Abschrift eines alten Textes gibt (H. Jellinghaus Nd. Jb. 3 S. 86ff.). Dazu treten verschiedene hd. Fassungen, erhalten in der Helmstedter Hs. 1140 (15. Jh., mittelfränk.; U. Steinmann Nd. Jb. 56/57 [1930/1] S. 107 f.), in zwei Wiener Handschriften vom Anfang des 16. Jh.s (H. Brandes Nd. Jb. 9 S. 49 ff.; Steinmann aaO. S. 109 f.), in den 'Bergkreien', von denen 4 Ausgaben von 1531—1537 überliefert sind (John Meier *Bergreihen* [Neudrucke deutscher Literaturwerke des 16. und 17. Jh.s 99/100], 1892, S. 12 ff.), und in einem Quedlinburger Druck von 1552, der sich an eine Handschrift aus Korvey anschließt (Ph. Wackernagel *Das deutsche Kirchenlied* II 1867, S. 165 f.). Dazu findet sich noch eine niederländische Übertragung in einer Handschrift des 15. Jhs. (Hoffmann von Fallersleben *Niederländische geistliche Lieder des 15. Jh.s*, Horae belgicae 10 [1854] Nr. 121; genauer Steinmann aaO. S. 106 f.).

2. Die Strophe des 'M.s' schickt einen Viertakter mit einsilbig vollem Ausgang als Weise einem klingenden Viertakterpaar voraus und bindet darauf in einem zweiten Reimpaar mit einsilbig vollem Schluß einen Zwei- und einen Viertakter, so daß das Ende zu der metrischen Form des Anfangs zurückkehrt. Die Reimkunst ist bescheiden, die Ausdrucksweise schlicht. Auch die Allegorie, die den Inhalt dieses Liedes bildet, einem einzigen Grundgedanken entnommen und nicht als Beschreibung sondern als Handlung gestaltet, ist bei natürlich fortschreitendem Aufbau sowohl der bildlichen wie der geistigen Seite und gleichzeitigem Hinstellen von Bild und Bedeutung einfach und durchsichtig, wenngleich einerseits der sinnlichen Vorstellungsfolge auch einige nicht allegorisch aufzufassende Glieder angehören und anderseits einiges von den großen Heilstatsachen bloß unbildlich ausgesprochen wird.

3. Der Ausgangspunkt für die Vorstellung von der geistlichen Mühle, in der dem frommen Christen die Nahrung für sein seelisches Ich bereitet wird, ist letzten Endes Christi Wort, in dem er sich das Brot des Lebens nennt (Joh. 6, 51). In der Dichtung (in 'König Tirol' [s. d.], bei Barthel Regenbogen [s. d.], Muskatblüt [s. d.] und anderen) und in der bildenden Kunst, die sich wechselseitig beeinflußten, ist das Motiv seit dem 13. Jh. in Deutschland oft behandelt. Ob einige von den seit Anfang des 15. Jh.s häufig auftretenden kirchlichen Bildwerken auf die anregende Wirkung des nd. Liedes zurückzuführen sind, ist angesichts der Abweichungen freilich zu bezweifeln. Immerhin mag eine in Doberan, Retschow, Rostock und Tribsees in engem Umkreis beisammen befindliche Gruppe seine nähere Heimat bezeichnen. Die Überlieferung zeigt die große und verständliche Beliebtheit dieser Dichtung, die gleich den Bildern in spät-mittelalterlichem Stil das Geistige in ein einfach und kräftig gezeichnetes Bild aus dem täglichen Leben kleidet.

Zur Reihenfolge der Strophen Brandes a. a. O. C. Wendeler ArchfLg. 7 (1878) S. 321 ff. Wiechmann u. Hofmeister a. a. O. S. 60 ff.

u. 228 ff. W. Seelmann NdKbl. 10 (1885) S. 61. Hofmeister ebd. S. 83. W. Stammler NJbb. 45 (1920) S. 118. — Bildwerke: F. Kugler Baltische Studien 8 (1840) S. 194 ff. G. C. F. Lisch Jbb. des Vereins f. mecklenburg. Geschichte u. Altertumskunde 9 (1844) S. 422 ff.; 18 (1853) S. 289 ff. K. E. H. Krause Rostocker Zeitung 8. 8. 1879, Nr. 183 Beilage (vgl. JBfgPh. 1 S. 184 sowie Brandes a. a. O.). St. Beißel *Geschichte der Verehrung Marias in Deutschland während des MA.s* 1909, S. 483 f. P. Remigius Boving *Zur Theologie eines Altarbildes aus der ehemaligen Franziskanerkirche in Göttingen*, Franziskanische Studien 5 (1918) S. 26 ff. V. C. Habicht *Die mal. Malerei Niedersachsens* (Studien zur dt. Kunstgeschichte Heft 211) 1919, S. 201 ff. u. 218 ff. Th. Murner *Deutsche Schriften Bd. 4, 'Die Mühle von Schwindelsheim' und 'Gredt Müllerin Jahrzeit'* hg. v. G. Bebermeyer 1923 S. 77 ff. Vgl. auch die Nachweise bei W. Stammler GRM. 13 (1925) S. 445. U. Steinmann *Das mnd. Mühlenlied.* Diss. Rostock 1931 = Nd. Jb. 56/57 S. 60ff. A. Thomas *Die myst. Mühle*, Christl. Kunst 31 (1934) S. 129ff. H. Schulz *Die mal. Sakramentsmühlen in Mecklenbg.*, Meckl. Mhh. 11 (1935) S. 108ff.

L. Wolff.

Mulberg, Johannes. Als Sohn eines Schuhflickers 1350 in Basel geboren, erlernte M. zunächst das väterliche Gewerbe, trat aber schon 1370 in den Dominikanerorden ein, studierte auf der Prager Universität und nahm an der Ordensreform tätigen Anteil. Als Prior in Würzburg wurde M. 1395 von der reformfeindlichen Partei vertrieben; 1399 war er Prior in Kolmar, 1400 in seiner Heimatstadt, wo er als volkstümlicher Prediger großen Einfluß gewann und den Erlaß strenger Sittenmandate veranlaßte. Durch seinen Kampf gegen Beginen und Begarden in Wort und Schrift erreichte er 1405 die Aufhebung der Baseler Beginenhäuser. Zum Rechenschaftsbericht nach Rom geladen, verweilte er dort bis 1411 und erhielt von Gregor XII. den Auftrag, gegen das Schisma zu predigen. Von der Partei des Gegenpapstes als Schismatiker der Ketzerei beschuldigt, mußte er Basel verlassen und starb 1414 in Maulbronn.

Über sein Leben berichtet sein Ordensbruder Johannes Nider (s. d.) im '*Formicarius*' Buch II, Kap. 1, der ihn einen gewaltigen Prediger nennt. Von seinen deutschen Predigten enthält der Cod. m. ch. fol. 20 (Ende d. 15. Jh.s) der Würzburger Univ.-Bibl. acht größere Stücke von Bl. 127—148 unter der Überschrift: *diß han der liebe bruder Hans Mulberg prediger orden zu Basel in irem closter gepredigte offenlichen*; beginnend: *o Basel du edel stat frawe dich der grossen eren.* Ein kurzer Traktat, wohl auch nur ein Predigtexzerpt, findet sich in der Hs. Bibl. fol. 35 der Stuttgarter Landesbibl. Bl. 106 mit der Bezeichnung *bruder Mulbergs* unter dem Titel: *Daz sint die siben farwen natürlich da by ain jeglich mensch gaistlich erkennen mag waz er thůn und lassen sol in götlicher minn.* Daß M. sich auch mystischer Terminologie bedient und die mystische Ordenstradition nicht verleugnet hat, beweist eine längere Predigt in Ms. germ. quart 149 (15. Jh.) der Berliner Staatsbibl., Bl. 84—93, in der unter der Überschrift *des Mulberges bredige* über Röm. 11, 36 gehandelt wird; M. vergleicht darin die Ausführung Israels aus Ägypten mit dem „anfangenden Menschen", der sich von der Sünde scheidet, den Zug durch die Wüste mit dem „zunehmenden Menschen", der in lebenslänglicher Tugendübung verharrt, den Einzug ins gelobte Land mit dem „vollkommenen Menschen", der den ewigen Frieden des lauteren Gewissens erlangt. Nach dem von Jostes abgedruckten Bücherverzeichnis des Nürnberger Katharinenklosters aus dem 15. Jh. besaßen die Dominikanerinnen unter Nr. LIV ein Buch mit deutschen Predigten Mulbergs: *Dar nach sten aber schôn predig, die der pruder Hans Maulperg gepredigt hat von dem heiligen sacrament und von dem leiden unsers herren und von den kreften der sel und dar nach die X gepot und ein predig von der menschwerden unsers herren und ein predig von der gotlichen mynne und von der ewigen weißheyt*; sein Verbleib ist noch unbekannt. Die Predigt von der göttlichen Minne wird mit der der Stuttgarter Handschrift identisch sein. Die lat. Fassung der Predigt über die zehn Gebote findet sich in der Hs. A IV 14 der Basler Univ.-Bibl. Bl. 119—122 unter der Überschrift: *Collecta per dominum Johannem Mulberg de VII peccatis mortalibus et decem preceptis*; der erste Teil enthält auch deutsche Sätze. Die Hs. A VI 28 derselben Bibl. birgt u. a. die Predigt über das Leiden des Herrn, ebenfalls lateinisch mit deutschen Worten und Sätzen untermischt; das Register verzeichnet von Bl. 1—225 folgende Predigten: *sermones Mulberg de septem sacramentis, de septem donis spiritus sancti sc. septem virtutibus, de statu viduitatis et matrimonii, de passione Christi et eius fructibus.* Seine Kampfschrift gegen das Beginenwesen ist in Exzerpten bei Mosheim wiedergegeben unter dem Titel: *Liber contra beginas et beghardos super reprobatione status eorundem scriptus.* Eine von M. veranstaltete Sammlung von Abhandlungen und Verordnungen gegen die Beginen ist durch H. Haupt ZfKg. 7 S. 511 ff. abgedruckt.

RE³ XIII S. 566 f.; ADB. LII S. 493 f. J. L. v. Mosheim *De beghardis et beguinabus commentarius* 1790, S. 455 ff. und 554 ff. K. Schiller *Magister Johannes Nieder* 1885, S. 164 f. Franz Jostes *Meister Eckhart und seine Jünger* 1895, S. 128. W. Boehm *Friedr. Reisers Reformation* 1876, S. 145 f.

Hans Neumann.

Mulck, s. Mulk.

Mülenheim, Mühlheim, Mülheim, s. Pötze v. Molenheim.

Mülich, Hektor (aus Augsburg).

1. Geboren zwischen 1410 und 1420 in Augsburg als Sohn des reichen Kaufmanns Jörg M. und seiner Ehefrau Anna Peutinger. Seine Bildung dürfte die herkömmliche der Kaufmannssöhne jener Zeit gewesen sein: Kenntnis der ital. und lat. Sprache und Reisen an die damaligen großen Handelsplätze. Er gehörte zur Zunft der Kramer und saß als deren Zunftmeister mehrere Male im Rate der Stadt, bekleidete auch einige Ehrenämter, ist aber politisch nicht besonders hervorgetreten. In erster Ehe verheiratete er sich mit der Patrizierstochter Ottilie Könzelmann, seine zweite Gemahlin war Anna, die Schwester Jakob Fuggers; das Jahr seines Todes ist nicht bekannt.

2. Für sein Interesse an Geschichte ist es bezeichnend, daß er sich von Siegmund Meisterlins (s. d.) dt. 'Augsburger Chronik', die bis zum Tode Kaiser Ludwigs des Baiern reicht, eine Abschrift anfertigte (1458). Sein eigenes Werk setzt mit dem Jahre 1348 ein, ist demnach geradezu als Fortsetzung Meisterlins zu betrachten; es läuft bis 1487. In der Auswahl des Stoffes tritt die innere Stadtgeschichte gegenüber der äußeren sehr zurück, sogar höchst bedeutende Begebenheiten, die er als Augenzeuge oder Mithandelnder erlebte, sind entweder nur ganz kurz erwähnt oder völlig übergangen. Zur Geschichte des Reiches und der außerdeutschen Staaten wird eine Fülle wichtigster Tatsachen beigebracht. Seine Quellen — die Arbeit von Erhard Wahraus (s. d.) und andere Stadtchroniken — hat M. kritisch benützt und gut verarbeitet. Ungefähr bis 1400 ist das Werk in einem Zuge niedergeschrieben worden, von da ab arbeitete er offenbar das gesammelte Material nach und nach in größeren Zwischenräumen aus. Seit 1440 berichtet er wahrscheinlich auf Grund des Materials, das ihm aus seiner amtlichen Tätigkeit in der Stadtverwaltung und aus seinen weitreichenden kaufmännischen Beziehungen zu Handen kam; manches mag auch aus verlorenen literarischen Quellen stammen. Was er aber auch immer berichtet, macht den Eindruck unbedingter Zuverlässigkeit. Die Chronik wurde öfter abgeschrieben, überarbeitet und ergänzt (von Manlich, Demer, Walther und Rem) und diente der späteren Augsburger Geschichtschreibung als Hauptquelle. Der Stil ist knapp und klar, bei längeren Erzählungen etwas nüchtern, das Urteil ruhig und sachlich, bedingt durch M.s Stellung als Reichsstädter, Anhänger des Zunftregiments und der Kirche.

Eine kritische Ausgabe besorgte Fr. Roth in den 'Chroniken der deutschen Städte' 22, 1892; vgl. ferner ADB. XXII (1885) S. 491.

Paul Ruf.

Mülich, Hektor, aus Nördlingen, s. 'Buch von Troja' (I Sp. 327).

Mülich von Prag. Von ihm überliefert die Kolmarer Liederhs. (Staatsbibl. München Cod. germ. 4997) vier Lieder, von denen eines, die 'Figurierung', auch in der Heidelberger Hs. 680 steht. Von seinem Leben wissen wir nichts, außer daß er nach seinem Beinamen aus Prag stammt. Von seinen Gedichten ist der 'Reigen' ganz im Tone der höfischen Lyrik, zwar ohne Ursprünglichkeit der Gedanken, aber von reiner Form und Sprache. Die drei im „langen Ton" verfaßten geistlichen Lieder sind in der roheren Sprache bürgerlicher Meister des 14. Jh.s geschrieben, verkünstelt, gelehrt tuend, didaktisch-mystischer Richtung. Wie dieser Zwiespalt der Überlieferung zu deuten ist, bleibt strittig. Entweder der 'Reigen' ist ihm fälschlich zugeschrieben, oder er gehört seiner Jugendzeit an, und die geistlichen Lieder sind Altersdichtung. Dann könnte der Reigen noch unter Wenzel II., der Rest unter Karl IV. entstanden sein. Die Melodie des Reigens ist in der Kolmarer Hs. überliefert, ebenso die des langen Tones, diese aber zum Gedichte eines Nachahmers. Mülich hat auch noch einen „Hofton" geschaffen, in dem das Liebeslied eines Nachahmers (in der Heidelberger Hs. 392) verfaßt ist, den aber auch Heinrich von Mügeln (s. d.) in der 'Ungarischen Reimchronik' verwendet hat. Die o. g. 'Figurierung' erscheint in der Heidelberger Hs. 680 fälschlich unter der Bezeichnung: *In Müglings Hoff don*, schon damals wurden M. v. P. und Heinrich v. Mügeln verwechselt. Als Dichter ist M. ohne Bedeutung, aber seine Weisen sind die ältesten deutschen Tondenkmäler aus Böhmen. Und kulturgeschichtlich ist es bemerkenswert, daß die Bürgerschaft Prags Anfang des 14. Jh.s einen deutschen Sänger stellt.

Ausgabe: R. Batka *Die Lieder M.s v. Pr.* 1905. Bartsch *Meisterlieder der Kolmarer Hs.* (Stutt. lit. Ver. Bd. 68) 1862, S. 199. Runge *Die Sangesweisen der Kolm. Hs.* S. 24 u. 168. Wilmanns ZfdA. 14 (1869) S. 159 f.

E. Gierach.

Mülinen, s. Kaspar v. M.

Mulk (*Molcke*) ist einer jener Meistersinger, dessen Name uns nur durch die umfangreichen Dichterkataloge von Hans Folz (s. d.) und Kunz Nachtigal (s. d.) in dem von Hans Sachs (s. d.) zum größten Teil 1517/8 selbst geschriebenen Kodex mgq. Berol. 414 überliefert ist. Folz nennt ihn Bl. 476 a (Mayer *Meisterlieder* 94, 52), Nachtigal Bl. 426 f. (WKl. II 1311, Gesätz 2). Horst Oppenheim.

Müller, s. auch Miller.

Müller, Bernhard.

1. 'Familiengeschichte'. Hs. im Staatsarchiv Nürnberg, Nr. 290; Papierhs. in Großfolio, 131 Bll. Ende 15. Jh.

2. Über B. M. haben wir nur spärliche Nachrichten. Der größte Teil derselben ist in seiner Familiengeschichte zu finden. Er war der Sohn von Hans M. und einer geborenen Hollertau und wurde am 17. November 1547 geboren. Er berichtet verschiedenes über seine Ahnen und Verwandten. Sein Vater hatte 13 Geschwister, von denen neun Brüder und beide Schwestern früh gestorben zu sein scheinen, wahrscheinlich vor dem Tode ihres Vaters Hans, Bernhards Großvater, der 1480 im Alter von 76 Jahren gestorben ist. Von ihm weiß der Enkel, daß er ein *poß pain* hatte, *daß man in auf eim sessel umbfuert.* Von seinen ihn überlebenden drei Söhnen studierte Konrad Theologie, erwarb den Dr.-Grad und bekleidete kirchliche Ämter bei St. Egidien in Nürnberg und auch in Ansbach. Ende 1479 verlobte Bernhard sich mit Margareth Harsdörfer; die Hochzeit fand Anfang 1480 statt. Dieser Ehe entprossen zwei Söhne, Sebastian und Hans. Der letztere lebte nur eine Stunde und erhielt die Nottaufe. Im Jahre 1494 starb die Frau bei der Geburt ihrer Tochter Margareth und wurde zu St. Egidien begraben. Darauf wurde der 13 jährige Sohn Sebastian vom Vater nach Böhmen geschickt. Am 12. Jan. 1496 verheiratete Bernhard sich zum zweiten Mal mit Katharina Tetzel. Das Paar erhielt vom Rat die selten erteilte Erlaubnis, den Hochzeitstanz im Rathaus abzuhalten. Bei der ersten Ehe war die Bitte abgeschlagen worden. Eine Tochter, Veronika, wurde zwei Jahre alt; sie starb drei Tage vor dem nur fünf Monate alten Bruder Balthasar.

Wir erfahren noch aus einer anderen (Harsdörferschen) Chronik, daß B. M. Genannter des Großen Rats war. Sein Todesdatum ist unbekannt.

3. Seine 'Familiengeschichte' ist ein interessantes Beispiel einer Genealogie mit Urkunden verbunden. Die Dokomente und Abschriften derselben stehen vorne, die Familiengeschichte fängt hinten an. Bernhard ist als Genealoge ungenau, mehreremale gibt er falsche Daten an, und oft läßt er die Jahreszahl oder das ganze Datum aus. Obgleich er einige Tatsachen mehreremale erzählt, ist seine Chronik doch lückenhaft.

Hannah Amburger Stuart.

Müller (*Mylher*), **Meister.** Von ihm *ein gut augen wasser* im Ms. Zb. 4. m., vielleicht noch saec. XV., der Bibl. zu Wernigerode. Sudhoff.

Müller, Michel (auch *Miller, Milner* genannt) ist ein Meistersinger des 16. Jhs. Bestimmt ist er um 1587 bereits wegen der Frage der Datierung (s. Weller I) geschätzt und gewertet gewesen, denn aus diesem Jahre stammt eine „neujahrswünschung" in seiner Schneeweise in der Heiberger Hs. (Schröer S. 213 f.); ebendort wird er im Register als 19. Nachdichter aufgeführt (Schröer S. 228). Er war Ulmer, vielleicht Säckler seines Handwerks. Zwei Meisterlieder sind ihm sicher zuzuschreiben: '*Ain hibsches junckfraue lob in Schilhers hoffthon*' und das Gedicht von dem Kaufmann, der einem Juden ein Marienbild versetzte, das im „späten thon" verfaßt wurde.

Das Lob des Jungfrauenstandes geht durchaus in traditionellen Bahnen; es ist reich an altüberlieferten Floskeln: so übertrifft der jungfräuliche Stand alle *Creature / Und was Gott selbst gestifft, / Zahm, Wild und Ungehure, / Was in dem Meer und in den Lüften schwebet* (Belege zum Formelhaften s. Oppenheim S. 20/21 u. S. 20 Anm. 1, S. 28 u. Anm. 4). Die Frau wird aber nicht in der detaillierten und sinnlichgeschauten Art eines Oswald von Wolkenstein (s. d.) und anderer beschrieben. In dem Liede vom Marienbild wird die Bekehrung eines Juden zum Christentum durch die Wunder, die ein bei ihm versetztes Marienbild verrichtet, bewirkt. Genau wie die altercatio Augustin zum Verfasser haben mußte, so beruft sich auch M. auf Quellen, wenn er beginnt: *In einer Cronick ich das laß* ...

Roethe hat in ADB. XXXI die Ansicht ausgesprochen, das Gedicht Hätzlerin I Nr. 28 sei nicht Jörg Schiller (s. d.), sondern M. M. zuzuschreiben. Ich denke, daß man sich Junghans' Meinung anschließen kann, daß kein stichhaltiger Grund dafür besteht, das Lied Schiller — der ja um die Mitte des 15. Jh.s lebte — zuzuschreiben; auch die sehr starke Ähnlichkeit der Naturschilderung (s. Oppenheim S. 63 ff.) von Jörg Schillers 'Des Meyen Zyt' und dem Gedicht Hätzlerin I Nr. 28 spricht dafür, daß Schiller das Lied zuzugestehen ist. M. M.s Töne, die „schneeweiß" und die „engelweis", erfreuten sich großer Beliebtheit. In der Augsburger Hs. 2°. 270, 8°. 32, in cgm. 5102, in Puschmans Hs., in der Steyrer (Heiberger) Hs. werden Töne des Meisters benutzt.

Es befinden sich Gedichte M.s in cod. pal. germ. 109, Bl. 107ᵃ—109ᵇ, und in der Steyrer (Heiberger) Hs.

Hans Martin Junghans *Studien z. Meistersinger Jörg Schiller*. Diss. Greifswald 1931. H. Oppenheim *Naturschilderung und Naturgefühl bei den frühen Meistersingern* (Form und Geist Bd. 22) 1931. K. J. Schröer *Meistergesang in Oesterreich*, Germ. Stud. II (1875) bes. S. 213 f., S. 227 f. Weller *Annalen* I S. 208, Nr. 139: „In der schneeweis Michel Millers von Ulm" (*eine neujarswünschung* wird das Lied im Register genannt); in 20 Reimen.

Horst Oppenheim.

Müller, Peter, vom Zürichsee, Verf. eines Liedes zum Schwabenkrieg, 1499: *Es schwert ein pur in zoren* (Liliencron II S. 381 u. L. Tobler I S. 25). In der Schlußstr. sagt der Dichter von sich selbst: *Peter Müller ein Schwizerknab ... im Rintal ist er gesessen, im Appenzeller biet*. Vgl. auch Peter Meiler. O. v. Greyerz.

Müller, Sebald, *physicus Nürmbergensis*. Von ihm eine Anweisung eines *Lautertrank* im clm. 14245, saec. XV, Bl. 85. Einen Arzt solchen Namens vermag ich bei E. Mummenhoff nicht in Nürnberg zu finden, nur einen Dr. Sebald Wagner, der 1510 starb. Sudhoff.

Müllner, s. Miller, Michel.

Mülnhausen, s. Wachsmut v. Mühlhausen.

Mumpelyr, s. Arnold v. M. u. Nikolaus v. Polen.

München, s. Christophorus und Heinrich v. M.

'Mund, Der rote'.

Überlieferung: Hs. der Landesbibliothek zu Karlsruhe Nr. 481 (15. Jh.) u. Hs. der Staatsbibliothek zu München cgm. 714 (15. Jh.).

In dem stark lyrischen Reimpaargedicht (360 V.) preist ein nicht ungewandter Dichter die Schönheit seiner Geliebten, indem er sich vor allem in Bildern von der Röte ihres Mundes übersteigert, und klagt über seinen Liebeskummer. Er ist ein glühender Bewunderer Wolframs v. Eschenbach (s. d.), dem er auch den 'Lohengrin' (s. d.) zuschreibt, ist aber auch sonst in höfischer Dichtung wie in der Heldensage bewandert. Gedichtet hat er wohl in Thüringen um die Mitte des 14. Jhs.

Hrsg. von Ad. v. Keller *Die altdeutsche Erzählung vom rothen Munde*, Beilage z. Verzeichnis der Doctoren der philos. Fak. in Tübingen 1874.

H.-Fr. Rosenfeld.

Munegiur, s. Ulrich v. M.

Münnerstadt, Johannes; als Prior des Dominikanerklosters in Nürnberg 1453 gestorben. Von ihm stehen deutsche Predigten in der Hs. Cent. VI, 52 Bl. 109ff. der Stadtbibliothek zu Nürnberg.

F. Bock Mitt. d. Ver. f. Gesch. d. Stadt Nürnberg 25 (1924) S. 183.

W. St.

Munre, s. Rüdiger v. M.

Münsingen, Heinrich von, s. Münsinger, Heinrich.

Münsinger (Minsinger), **Albrecht,** Dr. med., war eine „gute zit" Arzt in Konstanz, wie im dortigen Missiven-Buch 1491 Nr. 60 Bl. 31b zu ersehen, zog dann nach Württemberg und Mainz. Verhandelte 1483, 1488 und 1493 um Anstellung als Stadtarzt in Frankfurt (G. L. Kriegk *Deutsches Bürgerthum im MA.* 1868, S. 49/51) ohne Ergebnis. Deutsche Briefe (Originale) im Frankfurter Stadtarchiv M. W. I. 147a und 748b.

Sudhoff.

Münsinger, Heinrich (*Henricus, Heinricus de Munsingen,* der württemb. Ob.-Amtsstadt), eigentlich Krauwel (*Crowel*) geheißen, um 1400 geboren, wurde 1413/14 in Heidelberg immatrikuliert, im Juli 1415 Baccal. artium, 1417 Mag. artium dortselbst; studierte seit 1421 auf Kosten des Pfalzgrafen Ludwigs III. zu Padua und promovierte dort zum Dr. med. Am 30. Aug. 1428 trat er in den Dienst Ludwigs III. Er war verheiratet und hatte zwei Söhne Johann und Heinrich, die in Heidelberg gebührenfrei immatrikuliert wurden als Söhne des verdienten Arztes (*propter reverentiam* Töpke I S. 324 u. 335, Aug. 1468 u. Jan. 1472), der auch zu der mediz. Fakultät in nahen Beziehungen stand, ohne unmittelbar am Lehramt beteiligt zu sein. Noch unter Friedrich I. stand er in kurfürstl. Diensten, für den er ein lat. *'Regimen sanitatis pro Friderico Palat. Rheni'* schrieb, heute noch im clm. 224 Bl. 160f. erhalten.

2. H. M. beschäftigte sich auch mit Chirurgie und wurde 1430 in einen Rechtshandel verwickelt, weil ein zu Ladenburg bei einer Schlägerei verletzter Student unter seiner Behandlung gestorben war. Es handelte sich um einen komplizierten Schädelbruch, bei dem H. M. einige Knochensplitter herausgenommen und die Wunde etwas erweitert hatte. Seine lateinische Verteidigungsschrift vor dem Universitätsgericht ist erhalten und bei Ed. Winckelmann *Urkundenbuch der Univ. Heidelberg* I (1886) No. 91, S. 124 bis 128 abgedruckt. Die Verhandlung fand am 15./16. Okt. 1430 statt; H. M. wurde von der Schuld am Tode des Stephan Minner v. Rottweil freigesprochen (vgl. auch den Bericht bei Aug. Thorbecke *Die älteste Zeit der Univ. Heidelberg* 1887, S. 80*—84*). Die Verteidigungsschrift stützt sich auf die größten chirurgischen Autoritäten des MA.

3. Vier der chirurgischen Verordnungen H. M.s hat Hans Suff (s. d.) in seinem 'Manual' aus dem Ende des 15. Jhs. erhalten: ein Wundöl, eine Terpentinsalbe, eine Kühlung (*die kiellung kompt von diem Münsinger*) und ein Pulver für Krebs und Fistel (*von diem altem doctor Heinrichen Münsinger von Heidelberg ... hatts gut mit verdient zu fisteln und krepsen mit*

zu haillen), alle deutsch im Cod. med. et phys. Fol. 8 zu Stuttgart, samt Faksimilien bei E. Stübler *Gesch. d. med. Fak. d. U. Heidelberg* 1926, S. 27—31 veröffentlicht. Weitere deutsche Verordnungen bringt der Berliner Cod. germ. in 4° Nr. 15 Bl. 129ᵇ und 131: *Zu den Fellen in den Augen* und *für den Reysend stain.* H. M. war 1472 noch am Leben.

Schönmetzel *Continuatio tentam. hist. facultat. med. Heidelberg.* 1771. Sudhoff *Beitr. z. Gesch. d. Chir. im MA.* II S. 595/96. Baas *Anfänge des Heilwesens in Alt-Heidelberg,* Fortschritte d. Med. 1914.

4. Es scheint nicht unmöglich, daß das Büchlein '*Von Falken, Pferden und Hunden*' (hrsg. v. K. D. Haßler 1863 als Nr. LXXI der Bibl. d. Lit. Ver. in Stuttgart) von dem gleichen H. M., Leibarzt der Pfalzgrafen bei Rhein, stammt. Der Verf. heißt dort *Doctor der Arznei Maister Hainrich Mynnsinger.* Verfaßt ist das Büchlein zwischen 1440 und 1450 und nach einer Abschrift der Klara Hätzlerin, zu Augsburg 1473, herausgegeben. Jeder der vier Teile des Buches (Falken, Habichte und Sperber, Pferde, Hunde) hat auch sein Kapitel von den Krankheiten der betr. Tiere. Die Abschnitte über die Beizvögel berufen sich auf den Falkner König Rogers von Sizilien, Meister Wilhelm, offenbar der auch sonst bekannte *Guilelmus falconerius.* Am Pfalzgrafenhof fehlte es nicht an Pferden, Hunden und Jagdvögeln.

H. Meisner *Die Lobriser Hs. von H. M.,* ZfdPh. 11 (1880) S. 480/82. *A. Schmidt* ebda. 28 (1896) S. 26/31 (Darmstädter Hs. Nr. 448 in 4°).

Sudhoff.

Münster, s. Christoph v. M.

Münster, Dederich v., s. Coelde.

Müntzinger, Johannes.

Die Familie M. (auch *Mynsinger, Münsinger, Minsinger* kommt vor), die auch einige namhafte Mediziner hervorgebracht hat, stammt vielleicht aus der Schweiz und ist im 14. Jh. und später in Ulm nicht selten belegt. (Andere nicht mit J. M. zu verwechselnde Namenträger sind z. B. Joh. Münsinger um 1450 in Wien, Joachim Münssinger im 16. Jh.) Der 1417 gestorbene hier zu behandelnde Angehörige des Dominikanerordens erscheint 1375—78 als Baccalaureus in artibus an der Prager Universität, ist daselbst bis 1383 geblieben, 1384 Rektor der Schule in Ulm, bald danach in demselben Amt in Rottweil (clm. 8855: *rector scholarum in Rotwil*); abgesehen vielleicht von einer Aufenthaltszeit in Nürnberg kurz vor 1396 (Erfurter Hs. Q 17: *iacens tum Norenberga*) blieb er in dieser Stelle. Seine bedeutende Bibliothek von 91 Bänden, die mit 23 Werken philosophischen Inhalts, 15 aus dem logischen, 16 dem grammatikalischen, 20 dem medizinischen, 6 dem theologischen Gebiet die gelehrte Bildung ihres Besitzers bezeugt, vermachte er der Heidelberger Universitätsbibliothek. Als typischen Vertreter einer gewissen Schicht von Vermittlern der Universitätsgeistigkeit in den Lehrbetrieb der höheren Schule erweist den hervorragenden Schulmann weiter ein Streit mit den Dominikanern in Ulm über eine Frage des Abendmahls, der ihn bekannt gemacht hat. M. hatte auf der Grundlage der in Prag vertretenen Lehren die Ansicht dargetan, daß die Hostie nicht Gott sei und nicht göttliche Verehrung verdiene u. dgl. m., da trotz der „hypostatischen Union die menschliche Natur, der Leib, das Blut, die Seele Christi endlich und geschöpflich bleiben". Die nach M.s Erklärung vom 12. Sept. 1385 von Prag und Wien eingeholten Gutachten rücken M.s Unklarheiten zurecht, decken ihn einigermaßen und legen ihn glimpflich aus; sie geben guten Begriff von der scholastischen Behandlungsweise solcher dogmatischen Fragen.

Die Protokolle bei Schelhorn *Amoenitates Liter.* VIII S. 511 f., IX S. 222 f. gedruckt, die Hss. bei Lang 1208 f., wozu noch Stadtbibliothek Braunschweig Nr. 79.

Der wissensdurstige und geistig regsame Mann ist schriftstellerisch recht fruchtbar gewesen und hat die Literatur, die das läufige Universitätswissen in Lehrbücher umsetzt, durch mancherlei grammatikalische, theologische und philosophische Schriften bereichert, die bei Lang systematisch behandelt sind, und von denen hier genannt seien:

1. *'Quaestiones circa Doctrinale Alexandri de Villa Dei'* (Erfurt ampl. Hs. Q 17), ein zwischen 1386 und 1396 abgefaßter Kommentar.

2. *'Tractatus de anima'* (clm. 8349 und Cod. A VI 4 Basel Öffentl. Bibl.), eine kompilatorische Arbeit, die sich nicht auf eine theologische Richtung festlegt, mit stark moralischer Hinwendung zum praktischen Leben.

3. Drei Auslegungen (*Expositiones*) zu den drei Symbola, dem apostolischen, nicäanischen und athanasianischen Glaubensbekenntnis (Hss. wie 2).

4. Eine Anzahl pastoraltheologischer Kommentare; eine Anweisung zur Verwaltung des Bußsakraments (*'De poenitentiis et remissionibus'*), kleinere Schriften zum Problem der Eucharistie, *'Quaestiones circa orationem dominicam'* (alle diese in Hss. von 2, s. oben); weitere Hss. Einsiedeln Nr. 49 S. 991—594; Nr. 228 Bl. 33a—35a; Nr. 229 Bl. 73a—86b.

5. Am bekanntesten und verbreitesten wurde M.s Auslegung und Erklärung des Vaterunsers: *'Expositio super oratione dominica'* (6 Hss. in München; Cod. Pal. lat. 385, Bl. 76a ff.). Sie wurde auch bald ins Deutsche übersetzt und frühzeitig gedruckt (cgm. 660, v. J. 1448—1475, Bl. 329—340; St. Gallen Nr. 842; Berlin mgo. 222 Bl. 1a—20b; Einsiedeln Nr. 225, v. J. 1449, S. 1—136). Diese *'Auslegung des Vaterunsers'* ist in den 70er—80er Jahren des XV. Jahrhunderts in Augsburg vielleicht bei Anton Sorg gedruckt worden (Hain Nr. 11626—11631; Copinger II Nr. 4379 [Magdeburg. Simon Mentzer]; Panzer I Nr. 32 S. 25).

Bei Hasak *Der christliche Glaube des deutschen Volkes* 1868, S. 50—54, ein Stück daraus abgedruckt.

6. Das manchmal mit der Auslegung des Vaterunsers zusammen auftretende *'Büchlein von dem sterbenden Menschen'* (nach Hain Nr. 11626—29, jedoch bei 11628 nicht, wie er angibt; übrigens nicht identisch mit: *'Von deme stervenden mynsschen Unde dem gulden selen troste'*, Magdeburg; Inc. 1496. 8⁰, München) kann M. nicht sicher zugeschrieben werden und würde ihn als Verfasser allenfalls nur wegen der Gelehrsamkeit und Zitatenfülle vermuten lassen.

Literatur: Albert Lang *Johann Müntzinger, ein schwäbischer Theologe und Schulmeister am Ende des 14. Jahrhunderts*, Aus der Geisteswelt des Mittelalters. Studien u. Texte Martin Grabmann zur Vollendung des 60. Lebensjahres. II (1936) S. 1191 ff. (M. Flacii Illyrici *Catalogus testium veritatis* 1562, S. 523. Weyermann *Nachrichten von Gelehrten, Künstlern ... aus Ulm* 1798, S. 414. Chevalier II² 3276.)

Gumbel.

Munzingen, s. Anna v. M.

Mure, s. Heinrich v. d. M.

Murnauer, Alexander und **Paul.**

1. Beide waren Stadtschreiber von Landshut; der ältere, Paul, ist als solcher von 1439—1464 nachzuweisen, sein Sohn Alexander verwaltete als sein unmittelbarer Nachfolger das Amt bis 1488.

2. Ihren Platz in der bairischen Historiographie hat ihnen erst K. Th. Heigel angewiesen, der in eingehender Untersuchung darlegte, daß P. M. den von 1439—1464 reichenden Teil, A. M. die Jahre 1464—1488 der sog. 'Landshuter Ratschronik' bearbeitet hat. Diese Chronik enthält geschichtliche Aufzeichnungen, welche die Stadtschreiber den von ihnen Jahr für Jahr weitergeführten Ratsregistern angefügt haben. Es sind Berichte über die wichtigsten Begebenheiten des Jahres in Stadt, Land und Reich, doch überwiegen bei weitem die Stadtereignisse. Das Meiste ist unter dem unmittelbaren Eindruck des Erlebten niedergeschrieben. Ob freilich nicht nachträgträglich doch Zusätze angehängt wurden, läßt sich im einzelnen nicht entscheiden, da die Originalhandschrift verloren ist. Die Erzählung ist einfach und kunstlos, ohne literarische Bedeutung, inhaltlich jedoch für die Geschichte der Stadt und der Herzöge von Wert.

Nach der ältesten Abschrift (cgm. 3063 der Staatsbibliothek in München) besorgte die Erstausgabe A. F. Oefele u. d. T. *'Fasti consulares Landeshutani'* in den *'Rerum Boicarum scriptores'* II (1762) S. 760 ff. Oefele schrieb die ganze Ratschronik dem Stadtschreiber Johann Vetter zu (s. dort), der aber nur als Verf. des Teils von 1489—1504 in Betracht kommt. Eine kritische Bearbeitung liegt vor von K. Th. Heigel in den 'Chroniken der deutschen Städte' XV (1878) S. 273 ff. Vgl. auch S. Riezler *Geschichte Baierns* III (1889) S. 917.

Paul Ruf.

Murner, Batt.

1. B. M. war ein jüngerer Bruder Thomas Murners. Er ist zwischen 1488 und 1492 geboren. Von Beruf war er Buchdrucker. 1511 und 1512 ist er als solcher in Frankfurt tätig. Aus diesen Jahren kennen wir von B. M. neun Drucke, darunter die '*Schiffart von dissem ellenden iamertal*'. Die andern acht Drucke sind Schriften Thomas Murners. Nach 1512 schwindet von B. M. jede Spur; 1526 ist er schon tot, da Thomas in diesem Jahr in einem Brief an den Rat von Straßburg nur seinen Bruder Johannes (s. d.) erwähnt, der bis 1539 lebte.

2. Ob B. M. der Verfasser der 'Schiffahrt' ist, steht nicht fest. Da unter der Vorrede die Buchstaben *B M* stehen, wurde er von Panzer (*Ann.* I S. 712) und W. Scherer (Einleitung der 'Schelmenzunft' Thomas Murners S. 6) für den Verfasser gehalten. Auch M. Sondheim vertrat noch 1885 diese Auffassung, kommt jedoch in seiner 1922 erschienenen Schrift über die 'Schiffahrt' zu dem Ergebnis, daß sie ein frommer Barfüßermönch verfaßt habe. Darauf weisen der Inhalt und die ganze Anlage hin: Es handelt sich um eine religiöse Erbauungsschrift, wie sie am Ausgang des 15. und zu Beginn des 16. Jh.s von der für solche Fragen aufgeschlossenen Menge eifrig begehrt wurden. Die poetische Form soll die darin enthaltenen Lehren dem Gedächtnis besser einprägen. Das Gedicht will dem einfachen Mann zeigen, wie er aus diesem Leben der Prüfungen und Leiden den Weg zur Seligkeit finden kann Es zählt 432 Verse und zerfällt in eine Einleitung, fünf Hauptteile und einen Schlußteil. Die Einleitung erhebt den Vorwurf, daß es an guten Werken mangle:

Mit namen sind wir cristen all,
Der werck hant wir ein cleine zall.

Die fünf Hauptteile sind: 1. *Gotz forchtig syn.* 2. *Lieb habenn Mariam.* 3. *Des engels bewarung.* 4. *Gedenck das endt.* 5. *Der sind beycht.*

3. Exemplare der 'Schiffahrt' besitzen die Staatsbibliotheken zu Berlin und München, die Stadtbibliothek zu Frankfurt und die Herzog-August-Bibliothek in Wolfenbüttel. M. Sondheim stellte nach dem Frankfurter Exemplar ein Faksimile her.

Goedeke *Grd.* I (1884) S. 396. M. Sondheim *Die ältesten Frankfurter Drucke*, Ges. Schriften (1927) S. 36 ff., bes. S. 74 ff.; ders. '*Schiffart von dissem ellenden iamertal*', Ges. Schr. S. 335 ff.

Eduard Brodführer.

Murner, Johannes.

1. J. M. war ein Bruder Thomas Murners, mit dem er zeitweilig in Unfrieden lebte. Er war zu Straßburg geboren und verheiratete sich mit Magdalena Putz, der Schwester des Stadtschreibers Peter Putz. Zuerst als Anwalt tätig, trat er später infolge von Streitigkeiten mit Angehörigen der einflußreichen Straßburger Familie Wolf, die seine Sicherheit bedrohte, in auswärtige Dienste, zunächst in die des Herzogs Anton von Lothringen und dann des Herzogs Ruprecht von Veldenz. Die letzte Nachricht von ihm haben wir aus dem Jahre 1539, wo er als Gesandter des Bischofs von Straßburg einen Streit zwischen der Stadt Rottweil und den Herrn von Landenberg vermittelte.

2. Unter dem Namen von J. M. geht eine Schrift mit dem Titel: '*Von Eeclichs Stadts nutz und beschwerden durch Joannem Murner gedicht und gemacht*'. Sie zerfällt in 8 Kapitel: '*Des jungen Eemans klag*'. '*Verspruch des Eewybs*'. '*Des alten straffred gegen dem frewelin*'. '*Des jungen straffred*'. '*Des alten klag: das er nit frieg sich vermehelt hat*'. '*Trost der alten Vermehelung*'. '*Klag der beschwerden alter Vermehelung*'. '*Trost und freud rechtmessiger Vermehelung*'. Den Beschluß bildet die '*Entschuldigung des Dichters*'. Das Werk hat 24 Bll. Unter jedem Abschnitt befindet sich ein Holzschnitt. Der Inhalt ist folgender: Ein junges Paar, ein Greis, ein weiser Mann und ein in mittleren Jahren stehender Mann wägen die Vorzüge und Nachteile früher und später Verheiratung gegeneinander ab. Zuletzt wird die in mittleren Jahren geschlossene Ehe als die beste hingestellt.

3. Man hat das Gedicht Thomas Murner zusprechen wollen, da J. M. sonst lite-

rarisch gar nicht hervorgetreten ist und man aus der elsässischen Schreibweise und dichterischen Eigenart auf Thomas Murner schließen zu dürfen glaubte. Doch hat Fr. Rödiger gezeigt, daß es J. M. zuzuweisen ist, indem er besonders die Satzbildung und Reimkunst untersuchte. Der Verfasser hat eine Vorliebe für die Umschreibung mit dem Verbum *tun*, während Thomas nur sehr selten diese Ausdrucksweise gebraucht, andererseits kommen bestimmte Lieblingsreime des Thomas bei J. M. gar nicht vor. Wir haben es mit einem Dichter zu tun, der mit diesem Werke zum erstenmal an die Öffentlichkeit getreten ist. Der Verfasser erweist sich als Laie, während Thomas Angehöriger des Barfüßerordens war.

4. Das Gedicht ist etwa 1510 bei Hüpfuff in Straßburg erschienen. Fr. Rödiger benutzte ein Exemplar aus der Münchener Staatsbibliothek.

Goedeke I (1884) S. 396. Fr. Rödiger *Johannes und Thomas Murner. Ein sprachlicher Vergleich.* Diss. Greifswald 1925.

Eduard Brodführer.

Murner, Walther, Domherr und Dompropst zu Brixen, aus Munderkingen bei Ehingen (Diöz. Konstanz), Magister, 1367 unter Papst Urban V. Prokurator der Pönitentiarie, 1375 Kanoniker zu St. Michael in Beromünster. Als 1380 das Schisma beginnt, bleibt M. auf Seite Urbans VI. als *scriptor et corrector litterarum penitentiarie.* Angesichts des allgemeinen Wirrwarrs schafft M. ein großes Sammelwerk, in dem er das '*Formularium poenitentiariae*' für Papst Bendikt XII. erweitert und den Zeitverhältnissen entsprechend umgestaltet, die damals noch vorhandenen Aufzeichnungen über die Kompetenz, den Geschäftsgang und die Verfassung dieser Behörde sammelt und sie noch durch eine große Anzahl von Notizen aus seiner eigenen Erfahrung und Praxis ergänzt. M. zeigt sich in diesem Werke als vorzüglich geschulter Kanonist und mit dem Geschäftsgang bis ins kleinste vertraut. Seine Sammlung bildet nicht nur die Grundlage zur Geschichte der Pönitentiarie, sondern ist zugleich eine Fundgrube und Quelle ersten Ranges zur Geschichte der päpstlichen Gnadenverleihungen und Indulte, des Absolutions- und Dispensationswesens an der Kurie überhaupt. Papst Klemens VII. ging gegen M. vor, nahm ihm seine Präbenden und Pfründen; er taucht trotzdem 1387 wieder als Dompropst von Brixen, 1400 als Pfarrer von Axams, ein Jahr darauf als Domherr zu Konstanz auf und starb als *scriptor litterarum poenitentiarie,* Dompropst von Brixen und Kanoniker von Konstanz und Beromünster am 18. Dezember 1407 oder 1408 und wurde im Dom zu Konstanz beim Hl. Kreuz-Altar begraben.

E. Göller *W. Murner von Straßburg u. das päpstl. Dispensationsverfahren im 14. Jh.*, Zs. d. Savigny-Stiftung 33 (1912) Kan. Abt. S. 182—207. L. Santifaller *Das Brixner Domkapitel in seiner persönl. Zusammensetzung im MA.* (Schlern-Schriften 7) 1925, S. 393—96.

A. Dörrer.

Muskatblüt.

1. Der Name ist in verschiedenen Formen überliefert, z. B. *Müschkatblüt, Müstgatblüt* bei Konrad von Weinsberg; *muscaplůt, muschgaplůt* in der Trierer Hs.; *müschetplůt* bei Jakob Kebicz (s. d.); *Muschkenblut* bei Adam Puschman; *Muscablüe* bei Hans Sachs. Urkundlich wird der Dichter 6 mal erwähnt: 1414 in einem Geschenkverzeichnis der Stadt Nürnberg: *item 1 guldein dem Muskatblüt*; 1437 und 1439 im Einnahmen- und Ausgabenregister Konrads von Weinsberg: *Item darvff han ich Müschkatblüt geben vir gulden,* und *Item Müstgatblüt j gulden*; 1441 in den 'Kleinen Registern' in Nürnberg: *Item dedimus 1 guldein dem Müscatplüt des von Mencz varend man*; 1453 und 1458 in dem '*Registrum Quietanziarum temporibus Johannis de Nassau*' des Erzbischöflich Mainzischen Ingrossaturbuches Nr. 62: *Conradus Muscatpluet 10 fl.* und in der Reihe von Musikern: *Cuntz Muscatplut.* Da im Gegensatz z. B. zu Rosenblüt (s. d.) sowohl in den Urkunden wie bei den späteren Meistersingern nur der Name Muskatblüt auftaucht, ist hierin der Familienname des Dichters zu sehen. Der Vorname ist unbekannt. Weil das erste datierbare Gedicht nach Veltman 1410, das letzte 1438 entstanden ist, der

Dichter sich schon vor 1434 als alten Mann bezeichnet, muß mit Bartsch sein Geburtsjahr in das letzte Viertel des 14. Jh.s gelegt werden. Damit würden sich die Eintragungen von 1453 und 1458, in denen *Conradus* (*Cuntz*) erscheint, entweder auf einen Nachkommen des Dichters beziehen oder gar nichts mit ihm zu tun haben. Die Bezeichnung *Hans* bei Konrad Nachtigal (s. d.), Valentin Voigt, Hans Sachs ist nicht beweiskräftig, da sie erst längere Zeit nach Muskatblüts Tode auftritt, der wohl bald nach 1438 erfolgt ist. Die mundartliche Heimat ist nach den Reimen in den Gedichten im östlichen Ostfranken in der Nähe von Bamberg zu suchen. Der Dichter stand nach den Angaben in den Urkunden, bei Michel Beheim (s. d.) und in den eigenen Gedichten als Fahrender im Dienst verschiedener Herren, so z. B. bei Konrad von Weinsberg und dem Erzbischof Dietrich von Mainz. Büchsenmacher, wie W. Uhl irrtümlich annahm, ist er nicht gewesen. Seine Reisen scheinen sich nur auf den Süden Deutschlands erstreckt zu haben. So war er nach Veltman zur Zeit des Konzils 1415 in Konstanz, 1422 in Nürnberg, 1437 in Mainz (nach Konrad von Weinsberg), 1441 in Nürnberg (nach den 'Kleinen Registern'), wahrscheinlich 1410 in Frankfurt und 1427 und 1431 in Nürnberg. Ferner hat er wohl an den Hussitenkriegen von 1420, 1422, 1427 und 1431 teilgenommen. Nach der Anzahl der Hss. und Drucke, der Verwendung der Melodien, dem Auftreten seines Namens in Meistersingerregistern und bei späteren Dichtern war Muskatblüt als Dichter und Komponist beliebt.

2. Die 104 Marienlieder, Minnelieder, didaktischen und politischen Gedichte sind z. T. vollständig, z. T. in Bruchstücken in 22 Hss. und 2 Drucken überliefert. 95 stehen in der Trierer Hs. (abgeschlossen am 26. Januar 1434), 3 im Liederbuch der Klara Hätzlerin, 3 im Cod. Pal. 392, 1 im Cod. Germ. Vill. 74, 1 im Cgm. 351, 1 in der Wiltener Meistersinger-Hs. Sie sind in 4 verschiedenen Tönen abgefaßt: 70 im Hofton mit 22 Versen, 21 im langen Ton mit 16 Versen, 10 im fröhlichen Ton mit 26 Versen, 3 im unbenannten Ton mit 26 Versen.

3. Muskatblüt ist Meistersinger. Als gelehrter Dichter zeigt er Selbstbewußtsein, wissenschaftlichen Stolz, weist er auf Quellen hin, stellt er sich in Gegensatz zu den *dommen* Laien. Seine Kunst ist als *scientia* durch Beherrschen der 7 freien Künste und deren Krone, der Philosophie, erlernbar. Er systematisiert. In der Musiktheorie zeigt er Kenntnisse. Über die Instrumentalmusik stellt er mit andern Meistersingern den Gesang, den er sogar als Hort der 7 freien Künste erklärt. Mit dem Kranzsingen verschmilzt er scholastischen Inhalt. Sein naturwissenschaftliches Wissen stammt aus dem 'Physiologus' (s. d.). Wie Beheim verfaßt er ein Lügengedicht. Einer Meistersingerzunft oder -schule scheint er nicht anzugehören, doch ist vielfach deren Einfluß zu erkennen. In Fachausdrücken ist er bewandert, verwendet davon z. B. „Singer", „Meister", „Merker".

4. Muskatblüt ist von der sittlichen Wirkung der Dichtung überzeugt. Deshalb kämpft er um Geltung, sieht wie der Teichner (s. d.) in seiner Kunst einen Spiegel für die Mitmenschen. Er dichtet vom „Lauf der Welt", nicht um Gut oder Geld, sondern um der Wahrheit willen, auch wenn er dadurch die Gunst seines Herrn verlieren sollte. Er will Ratgeber sein. Als solcher ermahnt, warnt und klagt er.

5. In seinen geistlichen Gedichten ist M. Bewahrer scholastischen Gutes (v. Liliencron, Stammler). Doch auch mystischer Einfluß ist unverkennbar. Der Dichter behandelt die Wunder der Trinität, der Präexistenz Mariä, der Schöpfung, des Sündenfalles, der Menschwerdung Gottes, des Vaters, des Erlösungstodes des Sohnes. Er verwendet beliebte Motive: das geistliche Ackerwerk, die Minneburg, die Mühle, die z. B. bei Regenbogen und oft in der bildenden Kunst, die Schiffahrt, die beim Kanzler (s. d.), bei Frauenlob (s. d.), Hugo v. Montfort (s. d.) auftreten (Oppenheim), die Heilkraft der Edelsteine. Muskatblüts geistliche Dichtung gipfelt in der Verherrlichung der Jungfrau Maria. Von

seiner dogmatischen Einstellung her begreift sich sein Haß gegen Hus (wie auch z. B. beim Teichner und bei Beheim) und gegen die Juden.

6. In den Minneliedern steht Muskatblüt (nach Brinkmann) tief in der minnesingerischen Tradition. Er ist Diener der Frau, die er um Mariä willen verherrlicht, deutet die Farben, die er in ihrem Dienst trägt, wendet sich aber scharf gegen den übertriebenen Minnedienst. Die Körperteile der Geliebten „beredet" er mehr, als er sie beschreibt (Brinkmann). Er verfaßt ein Abschiedslied, fügt oft in seine Gedichte Reflexionen über die Minne ein. Er verwendet Natureingänge, beobachtet jede Lebensäußerung der Natur (Oppenheim), die ihm Maler der Pflanzen ist. Ihre Mutter ist die Erde. Den Mai lobt er, besonders weil er mit dem Winter im Kampf liegt. Neu ist bei M. (nach Oppenheim) das Eingehen auf Einzelheiten: den Halm, das Blatt, den Tautropfen.

7. Von Muskatblüts Auffassung des Dichterberufes als Ratgeber seiner Mitmenschen her sind seine moralischen Gedichte zu verstehen. Sein Idealbild vom Adel sieht er im schroffen Gegensatz zur Wirklichkeit. Hieraus entspringt seine Pflichtethik für das Rittertum, dessen Niedergang er mit den Dichtern seiner Zeit beklagt (Rehm). Das Amt des Fürsten stammt von Gott. So dichtet er einen „Fürstenspiegel", in dem er die Aufgaben seines Herrn zeichnet. Als Menschen des Spätmittelalters beherrscht ihn eine „düstere Lebensstimmung" (Rehm). Zu seiner Gegenwart stellt er die Vergangenheit in Gegensatz. Sein Blick ist auf das Jenseits gerichtet. Das Diesseits ist ihm nur ein Übergang. Er verfaßt Gedichte über die 7 Todsünden und die 10 Gebote. Bei Adel, Geistlichkeit, Bürgern und Bauern bekämpft er Wucher, Geiz, Hoffart, Lüge, Zorn, Trunksucht, Spiel, Putzsucht, Trägheit, Unkeuschheit. Vielfach gibt er Anweisungen für das tägliche Leben. Er tadelt ungerechte, bestechliche Richter, Betrüger, Simonisten. Sein Schutz gilt den Armen. M. ist ein Verteidiger der Ehe. Die Frauen sind ihm das Höchste, denn *si meren gode sin thron.* Alles Übel kommt nach dem Dichter von der Macht des „Pfennigs". Die Herrschaft des Geldes untergräbt die Sittlichkeit (Rehm). Darin ist er sich z. B. mit Rumslant (s. d.), Damen (s. d.) einig. Überall sieht er Verfall. Der Antichrist hat sein Reich aufgerichtet.

8. In seinen politischen Gedichten zeigt M., daß seine Stellung zu Sigismund, den 6 Kurfürsten, den Konzilien von deren Haltung den Hussiten gegenüber abhängt (Veltmann). So ist er ein Anhänger des Konzils von Konstanz, verwirft dagegen das zu Basel. Sein Lob erteilt er Herzog Johann von Neumark. Wie gegen die Hussiten fordert er auch zum Kreuzzug gegen die Polen zur Unterstützung des Deutschen Ritterordens auf. Das kirchliche Schisma beklagt er sehr. Als Parteigänger des Konzils von Konstanz ist er ein Feind des Papstes Johann XXIII., von dem sich Herzog Friedrich von Österreich bestechen ließ: *vmb den pennyng ist er worden zů schanden.* Der Wahl des Herzogs Albrecht von Österreich durch die Kurfürsten im Jahre 1438 stimmt er jubelnd zu. Seine ganze Hoffnung auf Besserung setzt er auf den neuen Herrn des Reiches. Trotzdem der Dichter alle politischen Ereignisse seiner Zeit beachtet, erheben sich seine Kenntnisse hiervon, wie Veltman zeigt, doch nicht über die des Durchschnittes.

9. Für die Metrik fordert M. strenge Beachtung von *silben vnd zal.*

Ausgabe: E. v. Groote *Die Lieder Muskatbluts* 1852.

Literatur: J. Albrecht *Conrads von Weinsberg, des Reichs-Erbkämmerers, Einnahmen- und Ausgaben-Register* (StLV. 18) 1850. R. v. Liliencron *Über den Inhalt der allgemeinen Bildung in der Zeit der Scholastik* (Rede in der Münchener Akademie) 1876. A. Puls *Untersuchungen über die Lautlehre der Lieder Muskatblüts.* Diss. Kiel 1881; K. Bartsch ADB. XXIII (1886) S. 99f. G. Frh. Schenk zu Schweinsberg *Muskatblüt,* ZfdA. 31 (1887) S. 287. F. Keinz *Zu Muskatblüts Mühlenlied,* ebda 38 (1894) S. 158. W. Uhl *Muskatblut,* ebda 39 (1895) S. 152f. A. Veltman *Die politischen Gedichte Muskatbluts.* Diss. Bonn 1902. M. Jellinek *Zu Muskatblut,* PBB. 44 (1920) S. 188. A. Leitzmann *Zu Muskatblut,* ebda. S. 301ff. Rolf Weber *Zur Entwicklung und Bedeutung des dt. Meistergesanges im 15. und 16. Jh.* Diss. Berlin 1921. W. Stammler *Die Wurzeln des Meistergesangs,*

Dt. Vjschr. 1 (1923) S. 529. Theodore Meyer *Muskatbluts Marienlieder*. Diss. Marburg 1924 (Mschr.). W. Rehm *Kulturverfall und spätmhd. Didaktik*, ZfdPh. 52 (1927) S. 289. H. Brinkmann *Zu Wesen und Form mal. Dichtung* 1928. H. Oppenheim *Naturschilderung und Naturgefühl bei den frühen Meistersingern* (Form und Geist 22) 1931. S. Junge *Studien zu Leben und Mundart des Meistersingers Muskatblüt*. Diss. Greifswald 1932.

Siegfried Junge.

'Muskate, Die goldene', Prosatraktat von Christi Passion in Form eines Zwiegesprächs des auswendigen Menschen mit seiner inwendigen Seele. Die Sprache ist schwungvoll und mystisch gefärbt. In den Vergleichen (Christi Leiden = Muskatnuß u. a. m.) werden Geilers von Kaisersberg (s. d.) Einkleidungen vorbereitet. Eine alem. Hs. liegt in der Un.-Bibl. Heidelberg, cod. Salemit. IX, 16 (früher 137) Bl. 3a—26a; eine mndld. in der Bodleiana zu Oxford, cod. Thom. Mareschalli 119, v. J. 1475, Bl. 112a—162a (Priebsch *Dt. Hss. in.England* I S. 161f.). Welche Fassung ursprünglich und welche Übersetzung ist, muß erst eine genauere Untersuchung lehren.

W. St.

'Muspilli'.

1. Hs.: München cim. 21 (14 Pergamentblätter, losgelöst aus der ehem. Regensburger Hs. clm. 14098), enthaltend Anfang und Ende des pseudoaugustinischen '*Sermo de symbolo contra Judaeos*' mit den beigeschriebenen Resten des ahd. Gedichtes 'Muspilli'.

2. An der Verfasserschaft scheinen mehrere bairische Geistliche aus dem 9. bzw. 10. Jh. beteiligt zu sein. Die Aufzeichnung ist, vielleicht zu Beginn des 10. Jh.s, in ungelenken Schriftzügen mit schlechter Tinte rücksichtslos auf das feine Pergament unter und neben die zierlichen Buchstaben der lateinischen Predigt hingesetzt worden. Ihr Anfang und ihr Ende sind wahrscheinlich beim Umbinden der Hs. mit den Buchdeckeln, auf deren Innenseiten sie standen, verloren gegangen.

3. „Wenn die Seele den Körper verläßt und sich auf den Weg macht, so kommt ein Heer vom Himmel, das andere aus der Hölle — die kämpfen um sie. Fällt sie des Satans Gesinde anheim, so warten ihrer Feuer und Finsternis, wird sie der Engel eigen, so findet sie Seligkeit ohne Sorge. So mag denn jedermann bereits auf Erden Gottes Willen tun, daß er nicht einst, in der Hölle schmachtend, vergebens zu Gott rufe. Wenn der mächtige König Gerichtstag hält, darf niemand fernbleiben, jedermann muß sich stellen und Rechenschaft ablegen für sein Wirken in der Welt.

Von den Weltweisen hörte ich, daß der Antichrist mit Elias kämpfen werde; Elias streitet für das ewige Leben, der Antichrist stellt sich für den Satan. Zwar soll er sieglos werden, doch glauben viele Gottesmänner, daß auch Elias verwundet werde. Wenn sein Blut auf die Erde träuft, geht alles in Flammen auf, und niemand vermag dem andern zu helfen vor der Weltzerstörung (*muspille*). Da hat auch alles irdische Gezänk ein Ende. — Der Richter soll Gerechtigkeit üben und sich nicht bestechen lassen — muß er doch gewärtigen, daß als verborgener Aufpasser der Teufel dahintersteht und am Sühntag alles wiedererzählt. Wenn das Himmelshorn Laut gibt, so fährt der höchste Richter mit großem Gefolge zur Malstätte. Engel wecken die Toten, die ihre Körperlichkeit wiedererhalten, und alle müssen sich vor Gericht stellen. Da wird jegliche Mordtat kund, und nur der mag beruhigt sein, der sie mit guten Werken bereits gebüßt hat."

Inhaltlich zerfällt das Gedicht in zwei Teile; es gehören zusammen die Verse 1—36 und 63—103 (Jüngstes Gericht), während der Einschub 37—62 (Weltbrand) selbständigen Charakter trägt. Auch sprachlich zeigt sich ein deutlicher Unterschied, da alle Zeichen höheren Alters in Teil 1 zu finden sind. Schließlich ergibt eine Untersuchung des Versbaus für den 1. Teil ungleiche, strophische Gliederung, während der 2. stichisch gebaut ist; offenbar ist dieser Teil von einem Abschreiber des ersten aus dem Gedächtnis eingefügt worden. Die Zusammensetzung der beiden, ursprünglich selbständigen Gedichte, des aus dem Anfang des 9. Jh.s stammenden 'Jüngsten Gerichts' und des in die Wende des 9. zum 10. zu stellenden 'Weltbrandes', dürfte zu Beginn des 10. Jhs. in St. Emmeram, der späteren Heimat der Hs., erfolgt sein. Beide Gedichte, wertvoll für uns neben allem andern als einziges Beispiel für den Gebrauch der altheimischen Kunstform des Stabreims zu kirchlichen Zwecken auf ahd. Boden, bilden das Gegenstück zu dem wohl ebenfalls nach St. Emmeram gehörigen „Wessobrunner"Gebet (s.d.); in diesem ist vom Zustand vor Erschaffung der Welt die Rede, während im 'Muspilli' das Thema von der Weltzerstörung und den danach kommenden „letzten" Dingen behandelt wird. Alle derartigen eschatologischen Betrachtungen knüpfen letzten Endes an einen sog. Sibyllinischen Spruch an, der aus der römischen Kaiserzeit stammt. Durch Vermittlung Augustins ist dieser in den christlichen Gedankenkreis gerückt und auch in die Predigt übernommen worden, die den ursprünglichen Inhalt unserer Hs. bildet, hat also vielleicht den unmittelbaren Anstoß zur Aufzeichnung des 'Muspilli' gegeben. Bemerkenswert ist, daß Christliches und Heidnisches hier unvermittelt nebeneinanderstehen, denn im Elias ist leicht der altgermanische Thor zu erkennen, der auf seinem Feuerwagen in den letzten Kampf fährt, verwundet wird und durch sein Blut den Weltbrand entfacht. Daß in den christlichen Gedankengang des ersten Gedichts ein solches Stück überhaupt eingefügt werden konnte, ist wohl dadurch zu erklären, daß Augustin selbst in diesen Dingen Heterodoxie gestattet hatte.

Text: Steinmeyer *Die kleineren ahd. Sprachdenkmäler* S. 66ff. Ehrismann *Geschichte d. dtsch. Lit. d. M.-A.* I S. 141ff. Baesecke BSB. XXI (1918) S. 414ff. W. Krogmann *Mûdspelli*, GRM. 17 (1929) S. 231—238; ders. Wörter u. Sachen 14 (1932) S. 68—85; ders. *Mudspelli auf Island, Eine religionsgeschichtl. Untersuchung* 1933; ders. *As. Mûdspelli*, Teuthonista 10 (1934) S. 138—155; ders. *Ein verlorenes as. Lied vom Ende der Welt in hd. Übersetzung* (German. Stud. 196) 1937.

Brauer.

Der **Müttinger** *(Mütinger)*. Die Zimmerische Chronik sagt: *Ich hab von disem herr Conradten von Bickenbach in ainem gar alten geschribnen buch ain lied gefunden . . . und seitmals auch anderer furnemer leuten lieder, die sie selbs gedicht und gemacht, darbei gestanden, wie hernach volgen wurt . . . Herr Herman von Labern, ain Bayr, und herr Wolfram von Eschenbach, baid freiherren, . . .* [es wird nach dem Stande geordnet] . . . *deßgleichen der Marner, der Muetinger, der Öttinger . . .* usw. Eine Konstanzer Chronik (Mone *Quellensammlung zur badischen Geschichte* I S. 323) vermerkt zum Jahre 1383: *Item anno 83 do starb der sälig Müttinger an sant Polaijen tag* [also am 28. August] *der was ain gûter tichter ze latin und ze tútsche.* Wenig Wahrscheinlichkeit hat Mones und K. Bartschs Vermutung für sich, wonach die Gedichte Nr. 1—23 in Laßbergs 'Liedersaal' dem M. zugehören. Wohl ist die Laßbergsche Liedersaalhs. aus Konstanz oder dessen nächster Umgebung, wohl sind die 23 ersten Gedichte des 'Liedersaals' von einem Verfasser. Aber unter Gedichten *ze latin und ze tútsche* wird man kaum solche verstehen, die lateinische Zeilen zwischen die deutschen Reimzeilen einlegen. Man muß sich also damit vorläufig abfinden, daß uns vom M. nichts als sein Name bekannt ist.

HMS. IV S. 883. Zeitschrift für die Geschichte des Oberrheins 8 S. 69; 39 S. 273, 329. Barack *Die Zimmerische Chronik* (Bibl. des Litt. Vereins in Stuttgart XCII) [2]II S. 239. K. Bartsch Germ. 32 S. 246.

Niewöhner.

Mylher, s. Müller, Meister.

Myllius, s. Miller, Martin.

Mynsinger, Hans, s. Müntzinger.

—, **Heinrich,** s. Münsinger.

Mynner, Bartlmä.

1. Schulmeister, revidiert für die Herren der Regierung des Königs Ferdinand I. und der tirolischen Kammer in Innsbruck etliche Komödien und erhält von letzterer am 1. März 1530 dafür fünf Gulden ausbezahlt (Raitbuch der Tyrol. Kammer, 1530, Staatssarchiv Innsbruck). Auftrag und Vergütung deuten daraufhin, daß dieser Schulmeister zu jenen humanistisch gebildeten Persönlichkeiten des 16. Jh.s zu zählen ist, durch welche Spiel und Theater in Tirol ihrer umwälzenden sozialen, weltanschaulichen und

künstlerischen Neugestaltung zugeführt wurden. Die Grundlinien dieser Renaissance-Einbürgerung treten langsam ans Licht (s. VL. II Sp. 687 f., I Sp. 706 f., I Sp. 405 f., II Sp. 767 f. u. I Sp. 543 f.). Es sei daher hier zum erstenmal versucht, die Wirksamkeit solscher Schulmeister und der ihnen verpflichteten Handwerker in Tirol auf Grund archivalischer und bibliographischer Belege ergänzend festzustellen.

2. Das Geschlecht der Mynner ist um dieselbe Zeit in Meran beglaubigt. Der Tuchscherer Jörg Minner in Meran verkaufte 1545 seine Ökonomiebehausung in Sterzing (s. Konr. Fischnaler *Sterzing im Ausgang des MA.s*, Festschrift zu Ehren E. v. Ottenthals [Schlern-Schriften 9] 1925, S. 136). Aus Meran besitzen wir die älteste Erwähnung fahrender Spielgesellschaften. Im Jahre 1522 verrechnete der Schreiber des dortigen Bürgermeisters: *In der vasnacht dem matheiss Scherer und Andern Seinen mitverwohnt vnd purger hie auf beuelch meiner Herrn hie zu Stewr geben 1 Mark.* Die Stelle findet nähere Aufklärung und Erweiterung durch die Raitung des Bozner *Hannsen Gadolten alls Burgermaysters* vom Jahre 1522: *Ausgab der eerung von ratswegen: Item dem Casper Seckler vnd seiner geselschafft alls sy mit dem spil an Meran vnd hie auf dem rathauß spillen gehabt in der Faßnacht geben 2 Mark 6 Kreuzer.* Damals war ein Andre Seckler Torwart am Metzgertor in Meran. Wir haben es demnach mit einer oder mehreren Meraner Spielgesellschaften zu tun, die auch schon in Bozen auftraten. Leider versagen die Meraner Stadtarchivalien weitere Auskünfte. Nur ein kleines Gemeinschaftsspiel ist um dieselbe Zeit verbürgt und zwar aus dem Rechnungshefte des Bürgermeisters Sigmund Eisenschmidt vom Jahre 1519, *Gemeins Ausgaben: Mer Ausgaben am Weichen pfinztag* (= Gründonnerstag), *als Hermann Aychorn das spil in sand Nicolaus-*(Stadtpfarr-)*kirche* (die aus dem 14. u. 15. Jh. stammt) *geha*(l)*ten hat, umb Negl vnd Latten, auch den zimmerlewten* (das Gerüst) *aufzemachen vnd abzeprechen 5 Pfund Berner.* Es handelt sich demnach um eine kirchlich-bürgerliche Darstellung des 'Mandats', d. h. der Abendmahlvorgänge des Gründonnerstags, vornehmlich der Betrauung der Jünger mit dem Priestertum durch Christus, die u. a. 1478, 1481 und 1482 in Bozen gesondert stattgefunden hatte und noch 1533 und 1567 in Hall und 1536 in Kitzbühel abgehalten wurde. Vermutlich versuchten Meraner, das in Bozen 1514 mit großem Aufwand zum letztenmal veranstaltete Passionsspiel in ihre an solchen Aufführungen arme Stadt zu verpflanzen, vielleicht auch, um dem um sich greifenden zwiespältigen Geiste in ihrer Pfarrgemeinde zu steuern. Aber was Bozen nach der Seuche von 1515 ohne Bened. Debs (s. d.) nicht mehr weiterzuführen vermochte, konnte noch weniger von den Meranern fortgesetzt werden. Aichorn ist ein altes Etschtaler Geschlecht; seit 1450 ist eine Familie dieses Namens als Hofbesitzer in Mölten bekannt. Oswald Eingehüren war 1426 Landrichter zu Meran, der Brixner Domherr Dr. jur. Blasius Aichhorn 1518 Pfarrer im nahen Algund, der gebürtige Meraner Christian Aichhorn 1490—1525 Pfarrer hier. Hermann Aychorn erhielt bald nach der Aufführung 7 Pf. 6 kr. für Hosentuch bezahlt. Hatte er solches für Kostüme benötigt, oder war er ein Tuchlieferant der Stadt, oder erhielt er das Tuch zur Belohnung für seine Leitung?

3. Eine Spur von der Familie Mynner führt ins Engadin. Dort sind in der Zeit um 1370 ein Heinrich Minnor mit Kindern und dessen Eidam mit Kindern vermerkt (s. Fr. Jecklin *Land und Leute des Unterengadins und Vintschgaus im 14. Jh.* 1922 S. 48). Die jüngere Spur verläuft von der Sterzinger Gegend zurück nach Brixen. Im Jahre 1457 erwerben Jörgen Mynner von Mittewald an der Brennerstraße und seine eheliche Wirtin Margaret vom Brixner Dompropst und vom Domkapitel die Gerechtsame der Mühle samt Hof, Stampfe und Gärtlein an der Wassermauer am Gries gegen Zins. 1460 und 1469 tritt der Müller Jörg Mynner unter den Steuerträgern von Brixen auf. Um jene Zeit zählen das alte liturgische Osterspiel am Karsamstag im Dom zu Brixen und das

breitspurige Passionsspiel der Brixner Bürger zu den wechselnden Einrichtungen des Kirchenjahres. Nach dem Bauernkriege von 1525 konnten sich solche Spiele nur mehr mühsam weiter erhalten. Auch weltliche Spiele waren selten geworden. Selbst mimische Volksbräuche wie der Schwerttanz, der in Brixen, Sterzing, Innsbruck, Hall, Kitzbühel usw. beurkundet ist, scheinen damals in der Bischofsstadt abgestorben zu sein (s. A. Dörrer *Das Schemenlaufen in Tirol und verwandte Masken- und Fasnachtsbräuche* 1937). Am 16. April 1559 baten Bürger den Stadtrichter, Bürgermeister und Ausschuß von Brixen, da schon seit langer Zeit hier von der Bürgerschaft und den Nachbarn keine Komödie oder sonst ehrliche Kurzweil unternommen worden sei, wie es sonst in anderen Orten des Landes üblich sei, ihnen zur Durchführung einer solchen ehrlichen Komödie behilflich zu sein; sie wollten sie in Ordnung aufführen und durch drei Personen hiefür Bürge leisten, und legten Komödien vor. Die Entscheidung wurde dem Bischof Christoph von Fuchs überlassen (Brixner Hofarchiv No. 9129), ist aber nicht auf uns gekommen. Von einem Volksspielbrauch der Brixner Nachbarschaft scheint das Brixner Dommeßnerbuch von 1550 zu berichten. Es beschreibt dort die Arbeiten des Meßners für den Ostersonntag und vermerkt hiebei für den Nachmittag: *Item der pfarmesner sol feyerabendt leiten, wans ains schlegt. Die Vespern seint langer. Auch sol es dester fruer die vespern sein, damit man beizeiten das nachmal essen. Nach dem Nachtmal wer da will, der get gen Sant Zirillen gengen zum Schwestern, nachmals auff den anger* (Fol. 101 et a tergo, in: *Directorium seu Rubrica pro vtilitate chori ac editui Ecclie Brixinen.* 1550). St. Zyrill ist eine einsame Kirche auf einem waldigen Hügel, wenig unter Tils bei Brixen gelegen. Auf dem Angerfeld heißt man es noch heute unmittelbar neben den Klarissen, dem 1221 gegründeten Frauenkloster Brixens. Andere Schwestern gab es damals im Fürstentum Brixen nicht. Welche sonstige Veranstaltung könnte bei dieser Schilderung in Betracht kommen, um derentwillen sogar die Gottesdienstordnung im Dom verschoben wurde, wenn nicht ein geistlicher Volksspielbrauch? Freilich wissen wir bisher nur noch von einem Heischespiel, von dem das Ausgabenbuch des Neustifter Propstes Augustin Distelfink am 6. Januar 1587 vermerkt: *Den schuellern zu Brichsen als sy das heillig drei Khinig spill gehalten geben 2 fl.* (Neustifter Archiv). Solche Sternsinger- und Dreikönigsspiele sind Jahrzehnte früher in Sterzing und Innsbruck verbürgt (s. A. Dörrer *Dreikönigsspiel und Sternsingerbrauch*, Reinmichls Volkskalender f. 1937). Die ersten Zeugnisse für ein Brixner Hoftheater setzen erst in der zweiten Hälfte des 17. Jh.s ein. Es dürften jedoch die Chorknaben von Neustift schon um 1300 liturgische Oratorien an ihren hohen kirchlichen Festtagen im Chore ihrer Propsteikirche mit Hilfe der Chorherren aufgeführt und dadurch (vielleicht neben den Innicher Chorherren) die reichen geistlichen Spiele der tiroler Städte im 14. Jahrhundert vorbereitet haben (s. *Albrecht von Neustift*, Nachtrag). Aus den ersten erhaltenen Ausgabebüchern der Neustifter Pröpste von 1511 an ist eine Reihe von geistlichen und weltlichen Spielen zu entnehmen. Sie verbuchen Zahlungen für Textbücher, Maler u. dgl. m.

4. Schon im April 1494 führte ein *Schulmeister* Udalricus dem Stadtrat von Innsbruck ein Osterspiel vor. Solche Aufführungen von Singknaben und Lateinschülern waren besonders in der Hauptstadt üblich. Diesen Gewohnheiten paßte sich auch der Hof an. Desgleichen nahmen die Landesfürsten an Bürgerfesten teil. Kaiser Maximilian I. ließ im Falle seiner Anwesenheit keine Fastnacht vorübergehen, ohne daß er seiner lebensfrohen Residenzstadt ein Spiel darbot. Am 9. Januar 1502 lud er den Erbmarschall von Tirol *Unsern getreuen lieben Sixten Trautson* aus Matrei am Brenner zur Kurtzweil *mit vasnachtspielen* und am 14. Februar 1500 zu *hochzeitlicher Freud* nach Innsbruck ein (Ladschreiben im Stiftsarchiv Wilten;

vgl. auch Kopiebuch Geschäft von Hof 1502 fol. 154, Tiroler Staatsarchiv). Am 20. Februar 1503 führten der Maler Sebald Poxtorff und seine „Mitverwandten" den Herren der Raitkammer ein Fastnachtsspiel im Gebäude des Goldenen Dachls auf. 1509 gab es ein 'Affenspiel'. 1523 sah der Hof ein Ritterspiel. 1519 benötigte der Hof Sturm- und Schützenhauben zu dem *spil* (Raitbuch 1519, S. 171, ebd.). Waren damit die Freudenfestlichkeiten gemeint, die Innsbruck anläßlich der Erwählung Karls V. zum römischen König auf dem Stadtplatz abhielt? Im Jahre 1522 veranstaltete die von Kaiser Maximilian I. stark geförderte St. Sebastiansbruderschaft ein St. Georgsspiel, wahrscheinlich als Gegenstück zu dem des Bozner Fronleichnamsspiels (s. d.). M.s Bühnenbearbeitungen dürften für den Innsbrucker Aufenthalt des neugekrönten Kaisers Karl V., der am 4. Mai 1530 von Bologna hieher kam und dem Augsburger Reichstag zur religiösen Befriedung Deutschlands zustrebte, bestimmt gewesen sein (vgl. St. Ehses *Kardinal Lor. Campeggio auf dem Reichstage von Augsburg 1530*, Röm. Quartalschr. 17 [1903] S. 383ff.; Vandenesse *Carls V. Itinerär*, Hormayrs Archiv für Geographie, Historie, Staats- und Kriegskunst 1 [1810] S. 497). Ein Hinweis auf eine solche Aufführung aus diesem Anlasse fehlt jedoch im betreffenden Raitbuche der tirolischen Kammer und war auch anderweitig für eine solche während des Innsbrucker oder Augsburger Aufenthaltes nicht festzustellen. Einzig davon ist die Rede, daß in der Innsbrucker Burg *auf dem guldin sal ain gross pin mit ainem gatter vnnd mit thürn aufzuthuen vnnd ain clainers tisch-pin von zwainen stuckhen* aufzustellen sei (Podium mit Balustrade zur Erbhuldigung?).

5. Dagegen berichtet der Chronist Sebastian Franck, daß der Kaiser auf der Reise zu jenem denkwürdigen Augsburger Reichstage in Begleitung seines Bruders Ferdinand, des pästlichen Legaten Campeggi und eines großen Gefolges in der Pfingstwoche München berührte und dort den hohen Gästen unter freiem Himmel drei Komödien vorgeführt wurden: *Als sie nun in die statt kömen / etwan cc schritt vom thor / wurd auff ainer pyn so lieplich / kunstlich vnd wolgeordent / das menigklich verwundert / vnd nit wol müglich zu bessern gewesen war / die histori Hestre spilweis gehalten / Darnach aber etwa über cc schrit / die geschicht Thamaris / die dem künig Cyro sein abgeschlagen haupt in ain zuber voll bluts stosset / Vnd zum dritten / in der Purckgassen / die Geschicht Cambysis Persas / der ein vngerechten richter schinde(n) ließ vnd sein haut in ein sessel spannen / darein sein sun zum richter verschuff vnd ordnet / damit er bey der haut des vngerechten vrtheils seines vatters ingedenck / er recht vrteilet nach gerechtigkeit. Diß alles mit so lebendigen wunderbarlichen possen / Kei. Mai. zu ehren gehalten auff dem platz / Auch ein geschloß von leinwath und holtzwerck mit etlich hundert schlüssel schüssen zugericht / vnnd zum Freüdenfeür angezündt / vnd zu pulver verprent* (s. *Ain kurtze anzaigung vnd beschreibung Röm. Kays. Mai. einreyten ...* [Augsburg] *anno 1530* S. 8).

Es spricht manches dafür, daß diese drei Münchner Komödien die von Bartlmä Mynner revidierten Stücke waren; denn zwischen dem Innsbrucker und Münchner Hofe bestanden damals freundschaftliche Beziehungen und wiederholter künstlerischer und literarischer Austausch (vgl. K. Trautmann *Italienische, französische und dt. Schauspieler am bairischen Hofe*, Jb. f. Münchner Geschichte 1 [1887] S. 193—212; 2 [1888] S. 185—334; 3 [1889] S. 259—430). Dagegen spricht zunächst der Bildcharakter dieser Münchner Vorstellungen.

6. In Frage könnten auch die italienischen Spielleute, Operisten und Gymnasten gestellt werden, die meist über Trient nach dem Norden vorwärts drängten und ihrer Aussage zufolge Kaiser Karl V. nachzogen. Der Rechner der kleinen schwäbischen Reichsstadt Nördlingen erwähnt als erster einen tiroler Impresario, als er im Jahre 1549 in sein Ausgabebuch schrieb: *Zalt funff Venedi-*

gischen spilleuten, die sich durch Anthonien von Botzen, jrn dolmetschen, anzaigen lassen kay. Mait. nachzeziehen, vff jr ansuchen ehrgelt ... 1 fl. Hippolyt Guarinoni (s. VL. II Sp. 677 ff.) schildert diese welschen Komödianten in seinem Buche *'Grewel der Verwüstung'* genauer: *allda zwey, drey oder mehr person, als etwan ein Magnificus oder Venedischer Burger, sonsten meister Pantalon, welcher der Herr, vnd Zane sein Knecht, jre lustige bossen, gesprächen, geberden vnd dergleichen fürbringen, darob einer lachen muß, es sey jm lieb oder leyd.* Es sind die Vertreter der *Commedia dell'arte*, welche sich in Norditalien, vornehmlich durch die Bauernkomödien Ruzzantes und seines Nachfolgers Andrea Calmo, entwickelt und die wichtigsten Figuren der Stegreifkomödie, den Bergamasker Landknaben mit seiner Ungeschlachtheit, der in Venedig und Padua als Diener sein Unterkommen sucht, geschaffen, jenen Johann (Giovanni, venetianisch gesprochen Zanni), der mit seinen Tänzen und Akrobatenstücken Hofgesellschaft und geringes Volk erheiterte, und ihm den Arlecchino (vgl. jetzt auch M. Appollonio *Storia della Commedia d'arte 1930;* K. Meisen *Die Sagen vom Wütenden Heer und Wilden Jäger* 1935 S. 33, 62 ff., 67, 73, 76 ff.; Flasdieck *Harlekin*, Anglia 61 [1937] S. 225—340) zugesellt hat; sie sind die Kameraden unserer Hof- und Schalksnarren, Dilledapp, Hanswurst, Peterl, Wastl, Hiesl usw., für welche das Bauern- und Bergland Tirol einen günstigen Boden besaß. Berühmt wurden der Trienter Goldschmied und Komödiant Battista Scolari als Zanni unter Orlandus de Lassus am Münchner Hofe; er beherrschte auch die deutsche und französische Sprache. Weiters sein Landsmann Giorgio d'Ori u. a. m. Im *'Speculum vitae humanae'* des Erzherzogs Ferdinand II. treten etliche italienische Narren, Zanni usw. schon als selbstverständliche Figuren auf. Irgend ein Hinweis, daß solche welsche Komödianten in Innsbruck oder München vor 1548 agiert hätten, ist nicht aufgespürt worden; wenn die tiroler Landesordnungen von 1532 (und 1574) *den vergebenen, unnotdurftigen Personen, den wälschen und andern frembden aus- und inlendischen Geigern, Pfeiffern u. dgl. Hofierern und Spielleuten* den Aufenthalt verboten und die Regierung 1545 verfügte, *daß Richter noch Rat zu Ynnsprugg yezt noch für an nit leidn noch gedulden sollen, dass welsche Pfeifer und Geiger also von Haus zu Haus hofieren*, läßt sich daraus kein Hinweis auf italienische Komödianten entnehmen. Noch unwahrscheinlicher bleibt, daß ein deutscher Schulmeister italienische Stegreifstücke „revidiert" hätte.

7. In Betracht kämen noch kaiserliche Spiele, wie sie durch die Humanisten am Hofe Maximilians I. eingeführt und durch Grünpeck, Celtes und Jakob Locher gepflegt worden waren. Daß solche Dichtungen in Tirol damals bekannt waren, geht aus dem Besuch manches Tirolers an fremdländischen Hochschulen hervor, an denen solche Humanistenspiele gehalten wurden (s. *Tiroler Hochschüler auf der ehemal. Universität Ingolstadt*, Die Heimat 3 [Meran 1914/5] S. 230). L. Santifaller *Deutsch-Südtiroler an mittelalterlichen Universitäten*, Der Schlern 1 [1920] S. 295—98; 2 [1921] S. 392—393; ders. *Verzeichnis der Deutschtiroler an der Wiener Universität im MA.*, Tiroler Heimat NF. 1 [1928] S. 258—272. G. C. Knodt *Dt. Studenten in Bologna 1289—1562* 1898. A. v. Luschin-Ebengreuth *Österreicher an italien. Universitäten z. Z. der Rezeption d. röm. Rechtes*, Blätter des Ver. f. Landeskunde v. Niederösterreich 15 [1881]. *Acta nationis Germanicae universitatis Bononiensis* ed. E. Friedländer et C. Malagola 1887. H. Denifle et E. Chatelain *Auctuarium Chartularii Parisiensis* 1894—97. K. H. Schaefer *Die dt. Mitglieder d. Heiliggeistbruderschaft zu Rom am Ausgang des MA.s* (Quellen u. Forsch. a. d. Geb. d. Geschichte 16) 1913. A. Zingerle *Über Dom- u. Stiftschulen Tirols im MA. mit bes. Berücksichtigung ihrer Lehrmittel* 1896). Daß sie auch gelesen und verbreitet wurden, bezeugen die mal. Bücherverzeichnisse (s. u.), insbesondere die Werke Jakob Lochers

in der ehemals bischöflichen Bücherei zu Brixen, die in jene des bischöfl. Priesterseminars übergegangen ist. Locher besaß in dem gebürtigen Brixner Matthias Alber einen treuen Schüler zu Ingolstadt und Nachfolger in der Professur und Dichtkunst. Etliche Lobgedichte und Reden vereinigte Alber in einem Büchlein, das 1519 im Drucke erschien. Alber wurde später tirolischer, brixnerischer, kaiserlicher und salzburgischer Kanzler. Schon Sigmund Tuchinger, Meister der Kunst und Philosophie, Chorbenefiziat und St. Augustin-Kaplan am Dom zu Brixen, scheint sich dem Humanismus angeschlossen zu haben († 1515). Die Brixener Bischöfe und Fürsten Ulrich Putsch, Nikolaus von Kues (s. d.) Melchior von Meckau usw. standen den humanistischen Bestrebungen nahe. Bischof Christoph von Fuchs bestellte Ende 1539 über Empfehlung des Wilhelm v. Schurf, seines Schwagers, zum Unterricht der Edelknaben an seinem Hofe Bartlmä Amantius, Dr. med. und Poet, als Lehrmeister und Aufseher, einen würdigen Nachfolger der Brixner Schulmeister und Humanisten Konrad Wenger (s. d.) und Peter Treibenraiff (s. d.), welch letzterer angeblich die Vertonungen zu den Chören und Tänzen des dramatischen Singspiels '*Ludus Dianae*' von Celtes geschaffen hatte.

Da der Fürstbischof sich vorher beim Prediger Gall Müllner in Innsbruck erkundigt hatte (s. F. A. Sinnacher *Beyträge z. Geschichte d. bischöflichen Kirche Säben u. Brixen in Tyrol* 7 [1830] S. 357 f.), ist anzunehmen, das B. A. damals gerade in Innsbruck tätig gewesen war. Zehn Jahre früher erwähnt das Raitbuch der benachbarten Salinenstadt Hall (10 fol. 813 v. J. 1527) einen Magister und Poeten *Barthlmee Amancius*. Die Knaben, die er hier zu unterrichten hatte, erhielten jeden Sonntag rund 6 kr. zum *schießen* (ebda. fol. 596). Es liegt nahe, in dem Namen des Brixner und Haller Amantius die Latinisierung für Mynner zu erblicken. Folgendes zeugt für die Identität mit dem kaiserlichen Poeten Bartholomäus Amantius aus Landsberg in Baiern, den A. M. Kobolt im *Baier. Gelehrtenlexikon* I (1795) S. 34f. und, wie wir noch hören werden, schon der Herausgeber seines letzten Werkes Dr. Gemelius als Rechtsgelehrten bezeichneten. Er gehört in den Humanistenkreis Joach. Camerarius, Joh. Secundus, Hel. Eobanus Hessus usw. Zwei der humanistischen Werke Mynners, '*Inscriptiones sacrosanctae vetustatis*' (1534) und '*Flores celebriorum sententiarum graecarum ac latinarum*' (1556), erhielten sich aus tiroler Klosterbesitz in der Innsbrucker Universitätsbibliothek, weitere in der Bair. Staatsbibliothek zu München (s. *Gesamtkatalog d. Preuß. Bibliotheken* III [1933] Sp. 819). Nach C. Prantl *Geschichte d. Ludwig-Maximilians-Universität in Ingolstadt, Landshut, München* II (1872) S. 489, habe der Familienname des Landsbergers ursprünglich Pelten gelautet. Dieser habe in Tirol studiert (vgl. nach Chr. G. Jöcher, J. Chr. Adelung u. G. A. Will [*Nürnberg. Gelehrten-Lexikon* 5, 1802, S. 28—31] auch K. v. Reinhardstöttner *Z. Geschichte d. Humanismus u. d. Gelehrsamkeit in München*, Jb. f. Münchn. Geschichte 4 [1890] S. 116). In dem obenerwähnten Werke '*Flores*', das Dr. legum sacrum J. Gemelius herausgab, und das sich auch in der Bibliothek der Augustiner Chorherren von Neustift bei Brixen a. Eisack seit alters her befindet, berichtet dieser in seiner Widmung an Erzherzog Maximilian über den Verfasser, seinen Schwager, den er als hervorragenden Gelehrten, Redner und Poeten feiert, auszugsweise folgendes: *D. Amantius prima suorum studiorum rudimenta in comitatu Tyrollensi jecit: eoque post suam adolescentiam revertens a Ferdinando Germanorum Caesare ac ejusdem consiliariis et administratoribus innumeris beneficiis est affectus ... Oeniponti ac Hallae nobiles pueros instituendi provinciam suscepit, quos magna diligentia ac fide summa instituit, ut quam plurimi velut ex Isocratis scola in summos viros evaserint. Inter quos est nobilis ac magnificus vir D. Georgius Sigismundus Seldius Caes. Maj. Vicecancellarius dignissimus, qui nostra quidam tempestate pro sua aetate et prudentia vir incomparibilis esse videtur ... Itemque et alii viri amplissimi Reg. Maj. Senatores D. D. Joannes Trautsam* (= Trautson) *Baro in Sprechenstain* (b. Sterzing) *Reg. Ferdinandi Consiliarius et Marescalcus: Joannes a Wolchenstain Baro, Sebastianus Zot, Christofforus et Josephus Zoppelii fratres magnifici viri Michaelis Zoppelii ejusdem Ferdinandi in administratione Oenipontana Consiliarii ... Deinde artem oratoriam in celebri Ingolstadiensi Academia magna cum laude et auditorium frequentia publice professus est. Postea illustrissimi principis Wirtenbergensis jussu Tubingam, deinde elapsis aliquot annis Gripswaldium per principes Pomeraniae vocatus fuit: ubi magna autoritate et auditorum applausu jurisprudentiam docuit. Istinc per illustrissimum principem D. Othonem Henricum S. R. J. Electorem ad dignitatem senatoriam accersitus est, eaque clementia, qua viros principes decet, tractatus. Quibus in locis licet consiliis dandis et agendis causis civilibus occupatissimus fuerit, tamen nihil tantis negotiorum undis impeditus, hunc librum annis plusquam viginti quatuor summa fide ac diligentia succesivis horis concinavit: adjutus interea insigni sua bibliotheca, refertissima omni scriptorum genere, cuius precium quingentos florenos excedit.* In dem Exemplar dieses Werkes, das die Haller Jesuiten seit 1564 besaßen, und das nach deren Aufhebung in das Eigentum der Univ.-Bibliothek Innsbruck überging, bezeichnete der Herausgeber seinen Schwager Amantius als *vates caesareus* — die Dichterkrönung muß um 1530 erfolgt sein — und widmete das Buch dem hochw. Herrn Christian Sandvogel, *dispensatori in Keyserheim.* Die in seiner Vorrede übergangene Brixner Wirksamkeit Mynners dürfte über zwei Jahre nicht hinausgereicht haben; im zweiten hatte er schon 24 Edelknaben am Hofe zu Brixen heranzubilden. Heftigen Gemütes, wechselte Mynner oft seine Stellung. Sein Briefwechsel mit Camerarius gewährt Einblick in sein Wesen.

Am fürstbischöflichen Hofe zu Trient waren damals italienische Festfreudigkeit und das Schaugepränge der Renaissance zur Herrschaft gelangt, zwei Jahrzehnte nachdem Vigil Raber (s. d.) im dortigen deutschen Viertel noch ein altdeutsches Passionsspiel zur Aufführung gefördert hatte.

Unmittelbaren Zeugnissen für Humanistendramen begegnen wir weder am Brixner noch am Innsbrucker Hofe, obgleich dort schon unter Herzog Sigismund dem Münzreichen und seiner Gattin Eleonore (s. d.) der Humanismus hoch in Ehren und Pflege gestanden war und Kaiser Maximilian I. Celtes für dessen Linzer Aufführung des 'Ludus Dianae' (1501) zum Dichter krönte und im 'Weiskunig' solche Spiele ausführlich schilderte (s. Jb. d. ah. Kaiserhauses 6, Weiskunig hg. v. A. Schulz Kap. 63 S. 135).

8. Es kann sich bei den Bearbeitungen M.s daher auch um Allegorien nach der Art von Seb. Brant, Pincianus, Chelidonius, Joh. Reuchlin oder — was wahrscheinlicher ist — um Bibel- und Exempelstücke aus der alten Geschichte gehandelt haben, wie sie in den damaligen Ratsschriften der Städte und Raitbüchern der Regierung wiederholt erwähnt werden. So hatte der Maler Vigil Raber in Sterzing 1515 einen *König David und Golias,* 1520 einen *Reich man und Lazarus* in sein Spielinventar aufgenommen. Darin liegen außerdem noch zwei Eingaben der *Burger, hanndwerchsleuth unnd Mitverwonte des Spils der zehn alter* vor. Solche Spielgesellschaften bestanden auch in Sterzing schon vor Rabers Hervortreten als Führer einer solchen; denn schon am *6. tag marti* 1527 verabfolgte der Sterzinger Bürgermeister Jörg Artzberger dem *Stoffl Schopfer fünf Pfund Berner, daß er das spil auf dem rathaus hat ghalten.* Im nächsten Jahre erheiterte eine Gesellschaft lustiger Knappen aus dem nahen Gossensaß die Stadtväter von Sterzing und deren Frauen in der fröhlichen Fastnachtzeit, desgleichen traten i. J. 1533 der Balbierer und seine „Verwandten" mit einem Narrenspiel hervor. Aber auch ernste Spiele, wie Rabers 'Ein Recht, daß Christus stirbt' (1529), fallen in diese Zeit. Von 1533 an war Raber die führende Persönlichkeit der örtlichen Spiele, wenngleich nach wie vor die großen geistlichen in Händen der Stadtherren blieben.

Mit diesem Jahre setzt die Sterzinger Nachblüte der bürgerlich-kirchlichen Aufführungen ein; sie währte bis 1543. I. J. 1548 versuchte man noch ein Auffahrtsspiel, 1550 ein *Spüll der heilig drey kunige*, am 4. Juni 1570 agierte der *Lateinsche schuelmaister mit seinen schueler knaben ain geistlich Spill* auf dem Rathaus, 1580 wurde zum letztenmal das alte Passionsspiel hervorgeholt, aber schon in den Sommer verlegt. Etliche Jahrzehnte später griff die kirchliche Restauration das geistliche Spiel innerhalb der Karfreitagsprozession auf; sie eröffnete eine neue Zeit der Volksspielkultur im untergehenden Bergwerksort am Brenner.

Wie Raber selber von 1534 an wiederholt als Veranstalter weltlicher Spiele auf dem Rathaus zu Sterzing hervortrat und mit solchen herumzog — das *mit dem Pawrn vnd Juden* ist am 4. Febr. 1543 namentlich angeführt —, gaben auch andere Handwerker und Schulmeister von Sterzing, Knappen und Spielleute von Gossensaß und Stilfes, 1571 auch *Wälisches Volch*, 1578 die Spielleiterin und Schulmeisterin Barbara Frölichin solche Aufführungen auf dem Rathaus oder bei Wirten in der Stadt zum Besten. Über die Spiele der lateinischen und deutschen Schulmeister von Sterzing sind wir nicht näher unterrichtet.

9. Ein bescheideneres Bild bieten die Ratsschriften von Bruneck, dem pustertaler Städtlein, das zum geistlichen Fürstentum Brixen gehörte. Es sind freilich erst die Ratsprotokolle von 1532 an erforscht. Darin wird das Passionsspiel vom Jahre 1538 als erlaubt bezeichnet, wofern die Bruderschaften (= Zünfte) für die Kosten aufkämen. 1542, 1545, 1549, 1573, 1577 wurde die Bühne auf dem Platz vor der Rainkirche zum Spiel aufgeschlagen, 1548 spielten etliche Bürger auf dem Rathaus. Zur Anwesenheit der Kinder des Königs Ferdinand I. führten Brunecker und Sterzinger 1544 Spiele in deren Hause auf. 1549 gab man vor dem Rathaus die Figur des sterbenden Menschen, 1563 das Spiel mit dem reichen Mann, 1583 das Jüngste Gericht, im selben Jahre trat eine Spielgesellschaft Souj hervor, 1598 wird zum erstenmal das St. Katharinenspiel angeführt, welches sich zur Feier der Patronin einbürgerte, 1593 ein Spiel um Pfingsten. Im Jahre 1610 führten die Kapuziner hier die figurierte Karfreitagsprozession ein.

10. Mit dem Tode des Lateinschulmeisters Benedikt Debs erloschen die großen Passionsspiele von Bozen. Als Nachzügler erscheint noch ein Palmsonntagspiel im Jahre 1522. Langsam besinnen sich die Bozner Zünfte wieder auf ihr Fronleichnamsspiel (s. d.). Daneben setzten auch hier die Moralitäten ein. Im Jahre 1545 gab der Stadtrat auf Rechnung der Pfarrkirche den Spielleuten, die am Sonntag nach dem Margaretentag den Verlorenen Sohn vorgeführt hatten, 3 Mark. 1546 folgte das Spiel der Susanna, 1547 das der Erschaffung der Welt und seitdem fast alljährlich ein ähnliches, freilich mit abnehmender Unterstützung der Stadt bis ins 17. Jh.; denn die Kostendeckung müsse Sorge der Veranstalter sein. I. J. 1617 führten die Bindergesellen noch das Spiel von den zehn Altern auf, aber schon pflegten fahrende Komödianten auf den Plätzen von Bozen sich zu produzieren; sie drängten die Handwerkerspiele in den Hintergrund. Die Dominikaner führten an ihrer Lateinschule Schulkomödien ein.

11. Hall, aus dem die ältesten städtischen Rechnungsbücher und daher auch die erste Nachricht zweier tiroler Fastnachtspiele aus dem Jahre 1426, für deren Bühne die Stadt 7 Pfund und 6 Groschen aufwendete, und eines tiroler Passionsspiels aus dem Jahre 1430 überliefert sind, erlebte 1511 dessen glänzendste Aufführung, 1515 folgte noch *die Figur der Urstend unsers Herrn*. Schon 1507 hatte man ein *Spil des jungisten gerichts* aufgeführt, 1529 Sankt Johannis Enthauptung, 1530 ein Weihnachtsspiel, 1533 und 1567 das Spiel des Abendmahles, 1540 das Spiel von den zehn Altern, 1569 das Spiel von den drei Jünglingen im brennenden Ofen, 1570 ein Leidenchristispiel und 1571 ein Spiel mit einem Schloß. Außerdem las man in der Stubengesellschaft Sixt Birks '*Sapientia Salomonis*', Georg Macropedius' '*Re-*

belles' und '*Aluta*' in den Verdeutschungen von Simon Roth, Kaspar Bruschius' 'Die sieben Weisen aus Griechenland', 'Adam und Eva', 'Der ägyptische Josef', Simon Gerengels 'Enthauptung Johannes'. Vielleicht kamen diese Stücke auch zur Aufführung, ähnlich wie um dieselbe Zeit in München durch den ehemaligen Studenten und schließlichen Poetikprofessor von Ingolstadt, den katholischen Humanisten und Schuldramatiker Hieron. Ziegler (s. J. Bolte ADB. XLV [1900] S. 173/75; S. Riezler *Geschichte Baierns* 6 [1903] S. 121f., 282, 315, 322ff., 343, 400, 405), dessen Stücke und Spielplan auf die Haller und übrige Spielkultur miteinwirkten. Ein Sammelband gedruckter Spieltexte wurde vom Volksspielforscher Ad. Pichler dem Tiroler Landesmuseum Ferdinandeum überlassen (F. B. 3148). Es ist ein Kleinoktavband folgenden Inhalts: Ein Bruchstück der deutschen Fassung von H. Zieglers '*Protoplastus*' (Augspurg, Hainr. Stayner, im selben Jahre 1545 wie Zieglers latein. Dichtung erschienen, drei Jahre vor H. Sachsens Tragödie *von der Schöpfung*. Im J. 1554 führte Ziegler seine *Comedj von den heiligen dreijer khönig vnnd khönig herodes* in München gleichfalls lateinisch und deutsch vor; s. Jahrbuch f. Münch. Geschichte 2 [1888] S. 280. Desgleichen bearbeitete er seinen 'Isaak' in beiden Sprachen); 'Der ägyptische Joseph' von X. Betulius (= S. Birk, Augspurg 1539; unter Birks Rektorat war Ziegler Gymnasiallehrer in Augspurg gewesen); '*Sapientia Salomonis*' von X. Betulius, verdeutscht von Hieron. Bayer von Augsburg, o. J.; 'Enthauptung Johannis des Tauffers' von S. Gerengel (1553); '*Rebelles*' von Gg. Macropedius, verdeutscht von S. Rot (1557); 'Von den Siben Weysen auß Kriechenlandt' von G. Bruschius, o. J. u. O.; '*Amicus verus*' von A. W. (= Andr. Waldner ?, 1558); '*Aluta*' von Gg. Macropedius, verdeutscht von S. Rot (1557); 'Quaternio. Ein schoenes Tractatt . . .' (1558). Ad. Pichler schrieb auf das erste Vorsatzblatt dieses Sammelbandes: 'Enthält eine Reihe von Stücken, welche zu Hall in der Zechstube vorgelesen und aufgeführt wurden, wie in den Haller Raitbüchern noch zu lesen ist', leider ohne die Belegstellen anzuführen, die nicht mehr ausfindig zu machen sind (s. auch H. *Die Stubengesellschaft in Hall u. ihr Gründer*, Der Sammler 1 [Meran 1906] S. 1; R. Jud *Die Stubengesellschaft in Hall* 1908). Dieses Haller Schauspielbuch des Ferdinandeums hat seine Gegenstücke in der Univ.-Bibliothek Innsbruck. Vor allem den dortigen Sammelband 500230 aus der Haller Jesuitenbücherei mit den latein. Dramen '*Susanna*' von X. Betulius (1537), '*Jobus*' von Joh. Lorichius (1543), '*Pedonothia*' von H. Ziegler (1543), '*Judith*' von X. Betulius (o. J.), '*Imolatio Isaac*' von H. Ziegler (1543, daran angeschlossen die dt. Fassung, gedr. v. Phil. Ulhart in Augsburg 1544). Dazu die in GRM. 24 (1936) S. 24f. geschilderten weiteren zwei lateinischen Sammelbände, den des Basler Buchdruckers Nik. Bryllinger vom Sept. 1541 aus der Innsbrucker Hofturmbibliothek (116209) und den der Haller Jesuiten mit Werken von J. Reuchlin, Gg. Macropedius, J. Sapidus, J. Driesch und J. Peregrinus (11575). Außerdem hinterließ der Historiker Gerard de Roo derselben Bibliothek einen Band lateinischer Tragödien von Coriolanus Martiranus (Neapel 1563) u. dgl. m. Vgl. noch M. v. Isser *Die Pelzbühne in Hall*, Der Sammler 4 (Meran 1910) S. 126; Fr. Bucher *Geschichtliche Daten über den großen Tanzsaal . . . zu Hall*, Der Münzerturm 3 (Hall 1910) Nr. 5.

Von einer Skt. Achatiengesellschaft, die eine Figur auf einer Bühne vorstellte, ist schon 1515 die Rede. Am 17. 3. 1547, einem Fastensonntag, führten Wattener in Hall ein Stück auf und wurden dafür von der Stadt entlohnt. Hipp. Guarinoni führte hier 1601 die figurierte Karfreitagsprozession nach dem Vorbild der Innsbrucker Kongregation ein, demnach noch vor der ersten, welche die Kapuziner in Brixen 1609 veranstalteten, und förderte die neuen barocken Schauspiele, die seit 1573 ihren festen Mittelpunkt im Haller Jesuitengymnasium und kgl. Damenstift fanden.

Letzteres wurde insoferne für Gemeinden der ihm unterstellten Gebiete Osttirols eine Nährquelle der Volksspielkultur, als es Ausstattungen und Texte dorthin weitergab. So richtet das Dorf Virgen noch i. J. 1747 an das Stift die Bitte, für sein Passionsspiel Ausstattungsstücke aus dem Vorrat des Stiftes oder des dortigen Jesuitenkollegs zu überlassen (Staatsarchiv Innsbruck, Stift Hall, Lienzer Amtsbuch III fol. 688). Aus dem Besitze des Haller Stiftes ging u. a. ein Sammelband kurzer deutscher Moralitäten an das Tiroler Landesmuseum über. Er enthält das Bruchstück eines Magdalenenspiels, sodann acht „bewährte Historien zur Erweckung heilsamer Furcht" 'Göttlicher Gerichtsprozeß' (Innsbruck, M. Wagner 1648), neun bewegliche Geschichten 'Buesspiegel' (ebda. 1649) und acht kurze Schauspiele 'Augenschein göttlicher Gnaden' (ebda. 1650), die als Stubenkomödien benützt wurden. Aus ihrer Drucklegung ist zu schließen, daß schon damals größere Nachfrage nach solchen dramatisierten Predigten bestand und sie geradezu berufsmäßig in und auf dem Lande verbreitet wurden. Während der ehemalige Innsbrucker Hofschauspieler Laurentius Martin von Schnüffis den Zuger Dichter J. K. Weißenbach befeuerte, der dort in der Innerschweiz das religiöse und staatliche Barockdrama schuf, wanderte eine Sammlung von handschriftlichen Barockstücken, die zu Anfang des 18. Jahrhunderts in Hall aufgeführt wurden, nach Arth als kostbarster Schatz der dortigen Bühne. Solche Belege des neuen Gemeinschaftsspiels sind um so beachtenswerter, als archivalische Erwähnungen von deutschen Volksaufführungen in Hall, abgesehen von den 1601 zum erstenmal und 1748 nach längerer Unterbrechung neuerdings aufgenommenen Karfreitagsprozessionen mit ihren lebenden Bildern, erst nach deren behördlicher Unterdrückung mit Passionsspielen i. J. 1752 einsetzten. Im Gegensatz zu Innsbruck und seiner Umgebung erlebt Hall nach seinen großartigen Bürgerspielen des 15. und 16. Jh.s keinen ähnlichen Aufschwung mit der übrigen Tiroler Volksspielkultur im Barock mehr.

12. Die Knappen von Schwaz pflegten alljährlich zum Laurentiusfest offene Spiele abzuhalten, bis die Regierung 1536/37 angeblich aus Sittlichkeitsgründen dagegen einschritt. Die religiösen und sozialen Erschütterungen dürften dazu geführt haben. Die Schwazer Chronik meldet von großem Schaden, den das Volk beim Passionsspiel von 1551 im Franziskanerkloster erlitten hätte. Im benachbarten Vomper Feld gab man 1565 das Spiel von Judith und Holofernes, 1588 in Schwaz selber das *Spill vom verlohrnen Sohn*, 1597 auf einer der Kirche gehörigen Pölzbühne das Spiel von Adam und Eva, wobei infolge des ungeheuren Andranges der Zuschauerboden teilweise einstürzte, im selben Jahre noch das Spiel vom geduldigen Job und 1606 *haben die khlainen Pueben von 10 Ellte rn auf der Pölz Pin ain Comedi gehalten.*

13. Zu Kitzbühel erfahren wir aus dem Jahre 1534 zum erstenmal von einem Osterspiel auf dem Freithof, zu dem die Zimmerleute Schranken machten. Im nächsten Jahre wiederholt sich die Auslage in der Kirchpropstrechnung. 1536 wurden jene entschädigt, welche das Spiel *von unseres Herrn Abendessen* zu Ostern gehalten und *die Hütten* dazu gemacht hatten. Im selben Jahre fand noch ein Spiel mit den zwei Richtern statt. Am Sonntag nach Ostern 1537 gab man das Spiel *mit den Jungen gsöllen, wenn si der priester straffen thuet,* zu Pfingsten 1538 das Spiel *von dem krankhen sterbenden menschen,* wozu wiederum Schranken vonnöten waren, 1545 ein Spiel *von wegen junggsölln, der sich bekehrt hat,* 1567 belohnte der Bürgermeister *den Stöffen Klofinger und Hanns Rechen als sy uns mit dem Spill gehofiert wie man Burger gemacht*; er verköstigte auch die Spielleute. 1569 hielten *der Hupfauf, Hans Oxenwaider und jre mitgehilfen ein spil.* Vielleicht ist es das vom Ostertag, wofür der Bürgermeister die Spielleute belohnte. Am 16. Juli 1570 wurde ein Spiel auf dem Stadtplatz abgehalten, am 24. Mai 1572 das Spiel vom geduldigen Job, zu Weihnachten 1579 das *spill von den hl. drej Kinig,* im Sommer 1579 oder 1580 ein Spiel *vom Encoestus* vor dem Rathaus, 1585 wie-

derum ein Spiel vor dem Rathaus, 1586 ein Spiel auf dem Rathaus durch den Lateinschulmeister, 1601 erließ der Bürgermeister ein Verbot, spielen zu lassen, 1603 hielt der Schulmeister *eine Comedi* auf dem Rathaus usw. Diese Beispiele aus verschiedenen Städten Tirols müssen hier genügen.

Mitte des 16. Jh.s gibt es in mehreren Landgemeinden Deutschtirols schon herkömmliche Volksschauspiele, wie die Amraser, Wattener und Passeirer Spielleute, das Weihnachtsspiel zu Fließ im obersten Inntal, das Paradeisspiel zu Ellbögen an der alten Brennerstraße, andere Aufführungen in alten Bergwerksorten, Handwerker- und Bauerndörfern und noch weitere Spielgesellschaften, die aus solchen gemischten Landgemeinden zu bestimmten Anlässen regelmäßig in ihre Stadt zogen, bezeugen. So führten z. B. die Jochberger Bergleute noch 1623 das Spiel von den zehn Altern auf dem Rathaus zu Kitzbühel auf und entrichteten dafür 24 kr. an den Stadtsäckel. Im nächsten Jahre traten Leute von der Kirchberger Hütte dort auf und steuerten 18 kr. usf., ähnlich wie die Knappen von Gossensaß und Stilfes in Sterzing. Auch an ihrer Spitze scheinen Schulmeister und Handwerker gewirkt zu haben. Während das große Bürgerspiel der tiroler Städte vollständig untergeht, greift das Volksschauspiel immer weiter im Lande um sich und ergötzt selbst die Städter. Diese Ausbreitung erreicht mit Ende des 16. Jh.s fast alle Landbezirke, so daß die Annahme, daß Erl i. J. 1613 aus dem Brixental sein Osterspiel (s. VL. II Sp. 694/5), Kiefersfelden um 1618 durch tiroler Hammerschmiede sein Bauerntheater erhielten und Oberammergaus Passionsspiel durch die vielen eingewanderten Inntaler gefestigt wurde, allein schon aus der geographischen Entfaltung wahrscheinlich gemacht wird.

14. Im Rathaus zu Innsbruck (in der heutigen Herzog-Friedrichstraße, damals Stadtplatz geheißen) lassen sich von 1537 bis 1539 meist von Malern veranstaltete Spiele bei festlichen Anlässen nachweisen, so 1539 unter Leitung von Paul Dax. 1536 hatten die edlen Knaben der königlichen Kinder Komödie gespielt und vom Hofschneider Max Erlich um 10 fl. 28 kr. Kostüme erhalten. 1540 führte Maler Paul Dax mit Bürgern oder (und?) der Lateinschulmeister Rupprecht Puechauer mit seinen Schülern Joseph von Ägypten auf dem Stadtplatz, 1541 sein Nachfolger Bartholomäus Gamedurus von Schainga David und Golia den kgl. Kindern vor. Am 10. April 1545 erhielt *der Camerlander* für sich und seine Mitgesellen für ein Fastnachtspiel 4 fl. von der Stadtkammer. Zu Ostern 1545 führten gewöhnliche Handwerker etliche Historien aus dem Alten und Neuen Testamente vor, wofür Tischler Hans Camerlander 10 fl. erhielt; in den Pfingsttagen von 1548 fand ein Spiel vom Job vor den Töchtern des Königs Ferdinand I. statt, wofür die Spielleute 12 fl. empfingen, am Dreikönigstag 1549 ein *Spiel oder Komödi* vor denselben Erzherzoginnen (4 fl. Ehrung), 1550 ein *Spil von den zechen Altern allhie auf dem hof*, wofür den Spielleuten von Amras (s. II Sp. 684ff.) 3 fl. verehrt wurden. Lateinschulmeister Andreas Pangelius hielt mit seinen Knaben in der Fastnacht 1550 *zwo Comödien bei hof* ab (12 fl. Ehrung). Zwei Jahre zuvor hatte er gleichfalls vor „der kgl. Jungfrau“ gespielt. Endlich belohnten die Erzherzoginnen 1548 den Peter Kirchpühler (geb. 1500) *poet allhie, so in der nächst vergangenen fastnacht mit seinen Knaben ein Comödi gehalten* hatte, mit 3 fl. Kirchpühler gab mit seiner Gesellschaft am Aschermittwoch ein Spiel auf dem Innsbrucker Rathause (s. *Ludus de Antichristo* Absatz 27). In den Jahren 1548—54 werden die beiden Innsbrucker Praeceptores Kirchpühler und Pangelius wiederholt genannt, daß sie *mit iren knaben in der vasnacht vor den kgl. junckfrauen am hofe ein comedi gehalten* haben. Kirchpühler ist bekannter unter seinem Humanistennamen Petrus Collatinus Posthumus. Er stammte aus dem unterinntaler Dorfe Kirchbichl (oder Schwaz?) und war seit 1538 lateinischer Pfarrsingschulmeister in Innsbruck. Sein Zusammenhang mit dem gleichnamigen Schwazer Bergrichter und mit dem Bergbuch von Tirol aus dem Jahre 1556, einer

Bilderhandschrift, die neben bergrechtlichen Bestimmungen zahlreiche und wichtige Aufschlüsse über die technischen, wirtschaftlichen und kulturellen Verhältnisse des tirolischen Silberbergbaus um die Mitte des 16. Jh.s enthält (3 Exemplare im Tiroler Landesmuseum Ferdinandeum zu Innsbruck, je eines in der Bibliothek der Montanist. Hochschule in Leoben, Nationalbibliothek in Wien und Staatsbibliothek in München; s. VL. II Sp. 688 u. III Sp. 134) ist noch ungeklärt. Später scheint K. eine Privatschule für Edelknaben eingerichtet oder bei Hofe unterrichtet zu haben. Er war Doktor der freien Künste, geziert mit dem Titel eines Pfalzgrafen, und führte den Beinamen „Poet". Die von ihm veranstalteten Spiele waren demnach wahrscheinlich von ihm selber, etliche, wenn nicht alle, lateinisch verfaßt. Er wurde auch für höfische Schönschreibarbeiten und als kaiserlicher Notar verwendet und wegen seines Rats in Kulturfragen mit kaiserlichen Gnadengaben bedacht. Seine seit Anfang 1540 auf Errichtung einer Universität in Tirol hinzielenden Bemühungen und Pläne zur Erstarkung des religiösen und geistigen Lebens in Tirol wurden erst mehr als 120 Jahre später in Innsbruck in die Tat umgesetzt. Als die Jesuiten in Innsbruck einzogen, schloß er entgegenkommenderweise seine Lateinschule und überließ 1562 eine wertvolle Bücherei, in der sich viele kostbare Hebraica befanden, um den bescheidenen Betrag von 100 fl. an die ihrige (s. O. Braunsberger *B. Petri Canisii S. J. epistulae et acta* III [1896] S. 711; J. Hirn *Erzherzog Ferdinand II. v. Tirol* I [1885] S. 343, 354). 69 Jahre alt, starb K. i. J. 1569 zu Wilten (Innsbruck). Sein Schüler, der Historiker Christoph Wilhelm Putsch (1542—72), ein Großneffe des erwähnten Brixner Bischofs Ulrich Putsch, gedenkt seiner zweimal in den Aufzeichnungen seines Tagebuches und in seinem geschichtlichen Sammelwerke. Auch er war gleich seinem Bruder Johannes (1516—42), dem Mathematiker und Feldsekretär Königs Ferdinand I., als Humanist dichterisch tätig.

Wie Kirchpühler führte Pangelius den Titel eines lateinischen Präzeptors, was darauf hindeutet, daß auch er bei Hofe, vielleicht als Lehrer von Edelknaben, angestellt war. Die Spiele dieser beiden Schulmeister waren offenbar kleiner als die der Handwerksleute und wurden nicht auf offenem Platze, sondern im geschlossenen Raume bei Hofe oder im Rathaus aufgeführt. In der Burg des Mitterhofes befand sich *das paradeis und der guldensaal*, die 1530 zu den Kaiserfeierlichkeiten benützt und 1534 durch Feuer zerstört wurden. König Ferdinand ließ sie beide *wo nit köstlicher, doch zum wenigsten mit der zier als sie hievor gehabt*, wiederherstellen. Das waren vornehmlich die Räume der höfischen Spiele, Mummereien und Tänze.

Im J. 1548 erhielten auch die ersten *walchen* (= Wälschen), *so vor den kgl. Junckfrauen ein spiel gehalten*, 10 fl. 30 kr. Dagegen hatte ein Schulmeister aus Telfs zu Anfang des Jahres 1550 vor den Ratsherren ein Spiel von der Geburt Christi auf dem Rathause vorgeführt und dafür 5 Pfund und 8 Kreuzer empfangen. Zu diesen Komödien kommt noch das Volksstück 'Homulus', das angeblich seit 1553 von tiroler Artisten oftmals in Wien dargestellt wurde (s. Ferd. Lentner *Deutsche Volkskomödie und Salzburgisches Hanswurstspiel* 1893 S. 3) und aus einem Kölner Buche von 1540 oder 1548 abgeschrieben war (cod. 9935 der Wiener Nationalbibliothek. Nach der Anrede zu urteilen, war der Schreiber ein Pritschenmeister, vielleicht Ben. Edelpöckh. Nachweisbar ist eine Wiener Studentenaufführung von 1554 mit dem Klageschrei der verdammten Seele des Euripus [*Litt. Quadr.* III p. 710f. der Jesuiten in Wien]). Am Sonntag vor Matthäi 1551 führte eine Gesellschaft das Schauspiel vom Verlorenen Sohne auf dem Stadtplatze vor dem Goldenen Dachl auf. Zu Ostern 1554 stellte man die Urstend Christi dar. Tischler Camerlander erhielt 7 fl., seine Spielleute 5 fl. Im J. 1555 bestellte die Stadt zwei Fastnachtspiele, desgleichen 1558. 1567 kam eine Schar Passeirer, Perl Martin und Balser, Fleiser Christian und Gfaler

Andrä mit noch fünf anderen, dank einer Empfehlung des Meraner Landrichters über den Jaufen gezogen; sie baten, *das weihnachtlich spill der hl. drei könige* bei Hofe vorstellen zu dürfen. Erzherzog Ferdinand II. von Tirol, Begründer der kostbaren Sammlungen auf Schloß Ambras, führte ein kunstsinniges und festfreudiges Regiment der Renaissance, bevorzugte Freudenspiele und figurierte Umzüge der Bürger, tauschte die Programme und Texte der figurierten Fronleichnamsprozessionen mit den Höfen von Graz, München, Wien usw. aus (jetzt in der Handschriftenabteilung der Wiener Nationalbibliothek), veranstaltete Aufzüge von antiken Heroen, ließ Bauernspiele vor seinem Hofe aufführen und begünstigte das deutsche Kunstdrama, in dem er sich selber betätigte, trat seit 1572 für die Aufführungen der Jesuiten und seit seiner Wiederverheiratung mit einer Mantuaner Prinzessin (1582) auch stark für italienische Komödianten und Operisten in Innsbruck ein.

Im Jahre 1572 ließ er anschließend an seine Burg am Innsbrucker Rennplatz ein Ballspielhaus erbauen, das zehn Jahre später durch den Baumeister Albrecht Lucchese bedeutend erweitert und umgebaut und in Anwesenheit des Venetianischen Ballonspielers Paolo de la Croce eröffnet wurde. Es diente immer mehr theatralischen und musikalischen Vorführungen und wurde vereinzelt auch von den Jesuiten hiefür benützt. Ferdinands zweiter Nachfolger, Erzherzog Leopold V. von Tirol, ließ in dieses Gebäude endgültig ein ganz eigenartiges Turnier-, Opern- und Komödienhaus nach oberitalienischen Vorbildern einbauen, das gegenüber den Hofbauten des beginnenden 16. Jh.s von Kassel noch alle Schaufeste des Fürsten in einer Halle vereinigt. Im J. 1581 erhielt der Innsbrucker Hofbuchdrucker Hans Paur 7 fl. von Erzherzog Ferdinand für eine gedruckte Komödie, die dessen und der Philippine Welsers Sohn, Kardinal Andreas von Österreich, gewidmet war. Im Juni 1583 wurde die Taufe der erstgeborenen Prinzessin Anna Eleonore mit Kampf- und Festspielen, Feuerwerken und theatralischen Vorstellungen gefeiert. H. Paur erhielt 13 fl., *umb das er aus unserem gned. bevelch etliche teutsche und wälsche exemplare des dialogi oder gesprächs gedruckt hat.* Das wahrscheinlich von Erzherzog Ferdinand selber gedichtete 'Gespräch' umfaßte einen Prolog und fünf Akte in Prosa (ohne weitere Szeneneinteilung) mit eingestreuten Liedern und hatte den Raub der Proserpina zum Gegenstande (s. VL. II Sp. 684/5; Freieslebens Nachlese zu Gottscheds *Nöthiger Vorrath*). Im J. 1584 druckte H. Paur *Eine Schöne / Comoedi Speculum Vitae Humanae / Auff Teutsch / Ein Spiegel des Menschlichen Lebens genandt* von Erzhg. Ferdinand in Quart auf 48 Bll. 1592 das lateinische Schauspiel *Deiparae virginis tvtela / Dialogikos concinnata super verbis Refore flebiles — quicunque celebrant tuam sanctam commemorationem* des nachmaligen Brixner Weihbischofs Hieron. Otto Agricola (Paur) in Oktav auf 70 S. Im J. 1586 ließen die Innsbrucker Jesuiten, die seit 1563 Schulkomödien, zuerst '*Euripus*' im Rathaus und auf einer eigens hiezu gezimmerten Brücke im Burghof, ähnlich der 'sprachprucken' der Haller Passionsspiele von 1430 und 1479, und später wiederholt öffentliche Schauspiele, teils im Freien, teils in der Burg und im fürstlichen Ballspielhaus am Rennweg, aufführen ließen, über Drängen des Erzh. Ferdinand, dem an allgemein zugänglichen deutschen Schauvorstellungen sehr gelegen war, anläßlich des Besuches von Herzog Wilhelm von Baiern ein Schauspiel von der Geburt Christi in der „Volkssprache" von 150 Mitwirkenden vorstellen, das viele Zuschauer zu Tränen rührte.

Die übrigen, viel bescheideneren deutschen Volksschauspiele besorgten die Pfarrsingmeister bis zum letzten, Gg. Angermann (1596—1634), der vornehmlich Weihnachts-, Dreikönigs- und Fastnachtsspiele mit seinen Knaben veranstaltete, aber gegenüber der neuen „zierlichen Musik" als Komponist nicht mehr recht aufkam. Im J. 1607 verweigerte der Stadtrat den Tischlern die Vorführung ihres üblichen Fastnachtspiels '*Den Bauern zu hobeln*'. Dieser Beschluß bedeutet insofern einen Endpunkt, als die alten derben Spiel- und Maskenbräuche der Zünfte und Burschen aus der Stadt verdrängt wurden wie die Schulmeister- und Handwerkerspiele, welche hier hundert und mehr Jahre zuvor hochgekommen waren. Jesuitenkomödien, Hofballette, Opern, Schauspiele italienischer, nieder- und engländischer und deutscher fahrender Komödianten beherrschten in der Folge das Theaterleben der Gesellschaft in der Residenz- und Landeshauptstadt. Dagegen hielten sich jene noch lange in den Vororten von Innsbruck und in anderen Städten und Märkten Tirols und auf dem Lande.

Der Stiftsarzt der Haller Erzherzoginnen Hippolyt Guarinoni schilderte in seinen 'Greweln der Verwüstung' die neue Zeit des Theaters und Dramas, die nach dem endgültigen Untergang der großen geistlichen Bürgerspiele um 1580 die Städte erfaßte. Ferdinands Trabant Benedikt Edelpöckh berichtete in seiner Widmung eines Spiels von der Geburt und Kindheit Christi (1568) an Kaiser Maximilian II. (Cod. VI 9835 der Wiener Nationalbibliothek), daß er (nicht: die Tiroler, wie Ferd. Lentner a. a. O. S. 2 aufbrachte) *zeit seines lebens eine sonnderliche lieb und neigung, teutsche comedien oder andere spil in reimen zu verfassen, unnd . . . zu agiern gehabt* habe. Die erwähnte *Comedie von der freudenreichen geburt unsers Ainigen Trost und Hailandt Jhesu Christ* (ed. Weinhold *Weihnachtsspiele* 1853 S. 193—288) wurde auf Schloß Ambras aufgeführt. Sie weist mit Hans Sachsens Weihnachtspiel auf ein sehr altes alpenländisches zurück. Im J. 1575 durften die Jesuitenschüler, die seit 1563 Komödien zu ihrem Schulschluß im September darzustellen pflegten und 1574 ein Spiel von der Auferstehung des Herrn gegeben hatten, von Regierungs wegen auch das übliche Weihnachtsspiel abhalten, das 1584 wie bisher ausdrücklich wieder dem Lateinschulmeister allein auf offener Statt vom Stadtrat erlaubt wurde; denn der Provinzial der oberdeutschen Jesuitenprovinz P. Bader hatte sich am 27. Jan. 1583 wegen der vielen Schulversäumnisse für die Abschaffung des Weihnachtsspieles, soweit es die armen Studenten des Kollegs übernommen hatten, ausgesprochen. Im J. 1579 lud der Reiseschilderer Georg Ernstinger den Innsbrucker Stadtrat zu einem Spiel *Gott sei lob, der korb ist gmacht* auf seinen Höttinger Besitz (heute Malfatti-Schlößl genannt) ein. Im selben Jahre scheint knapp vor Weihnachten ein Spiel bei Hofe, wahrscheinlich nachstehendes Plagiat von Georg Lucz, abgehalten worden zu sein; denn die oberösterreichische Kammer befahl Hanns Habisraidinger: *Bezahlet im Auftrage des Erzherzogs dem Georg Hopffner, Bäcker allhier, für Wein und Brot, so er etlichen Kriegsleuten, die zu jüngst allhier gehaltener Tragödie gebraucht worden, dargegeben hat, 98 fl. 15 kr. 4 Vierer* (Gem. Miss. 22. 12. 1579 Bl. 2199f., Tiroler Staatsarchiv). Am 5. März 1578 verlangte Erzherzog Ferdinand vom Bürgermeister Mich. Lustrier, da die Meister des Bäckerhandwerks ihrem Berufsgenossen Gg. Stanger im Ofenloch, *weil er sich im Spyl zu hof in der person eines züchtigers gebrauchen lassen*, das Handwerk niedergelegt haben, daß die Bäcker Stanger *unbekhumert* lassen; denn er habe auf landesfürstlichen Befehl gehandelt (Stadtarchiv). Am 9. Jänner 1585 vollführte der Lateinschulmeister Johannes Collerus mit seinen Singschülern ein Spiel von den hl. drei Königen, das bis 1632 regelmäßig wiederholt wurde. Als erstes antikes Stück widmete Georg Lucz eine *Schöne Tragedi von sechs streitbaren Kempffern zu Rom* dem Erzherzog; sie war aber schon 1569 in Wien aufgeführt worden (s. J. E. Schlager *Wiener Skizzen* NF. 1839 S. 212) und stammte von H. Sachs (Nürnberg 1570 = Keller VIII; s. *Ludus de Antichristo*, Absatz 27). Durch die Handelsbeziehungen mit Augsburg und Nürnberg und durch Komödianten, die von auswärts ins Land und von Tirol in die Fremde fuhren, waren schon früh neben den Stücken von Sixt Birk, Georg Macropedius, Simon Gerengel solche von Basti Wild und H. Sachs hieher gekommen, desgleichen vom Oberrhein und von der Schweiz Werbestücke des neuen Glaubens (s. II Sp. 687ff.). Diese Dramatik, so originell und umwälzend sie auch sonst gewesen sein mag, setzt wiederum ältere Spiele, Aufzüge und Volksbräuche voraus, für welche noch etliche Sterzinger Spiele und ihre Zusammenhänge mit den schweizer Moralitäten wie auch verschiedene Jesuitenkomödien, selbst Fastnachtspiele, wie z. B. das handschriftlich erhaltene Programm von '*Vitia vini et virtutes*' (Tiroler Landesmuseum Ferdinandeum 572 Nr. 3), das sich in Stoff und Form an die tiroler Fastnachtspiele anlehnt, Zeugnis ablegen.

Bei den politischen, gesellschaftlichen und kirchlichen Umwälzungen, die nach dem Tode des Kaisers Maximilian I. auftraten, zum entsetzlichen Bauernaufstand von 1525 ausarteten und noch lange Jahre Regierung und Bevölkerung in Spannung erhielten, gingen durch Plünderung und Konfiskationen (s. *Ludus de Antichristo*, Absatz 28) viele Spielbräuche und Texte zugrunde. Auch die Regierung vernichtete solche teils, teils ließ sie sie revidieren, wofür M. verwendet worden sein mag. Auffallend bleibt noch, daß die Bücherverzeichnisse und Sammlungen des Kaisers Maximilian I., der Innsbrucker Hofburg und des Schlosses Ambras Mummereien, Musikalien und dichterische Werke, jedoch mit Ausnahme etlicher zurückgehaltener Drucke von Moralitäten keine Spieltexte ausweisen (s. Theod. Gottlieb *Die Ambraser Handschriften* 1900).

Dem entgegen steht die frühe und reiche Verbreitung von Ausgaben des Terenz, Plautus und Seneca in herrschaftlichen und geistlichen Bibliotheken Tirols. Der berühmten Ambraser Sammlung steht zunächst die Liebhaberbücherei des Freiherrn Christoph von Wolkenstein (1530—1600) auf Schloß Rodenegg, das am Eingang ins Pustertal über der Rienz thront. Sie wies nicht weniger als acht Ausgaben der Komödien von Terenz aus, zwei in handschriftlichen Foliobänden, davon die eine in Pergament, die andere aus dem Jahre 1431; sechs gedruckte lateinische (und eine gedruckte italienische) Ausgaben von Straßburg 1521, Basel und Lyon 1540, Paris 1541, Venedig 1546, Lyon 1547 und Ausgburg 1564. Desgleichen besitzen die Bibliothek des fürstbischöflichen Priesterseminars in Brixen am Eisack, deren Grundstock aus älteren Schätzen von Bischöfen und Priestern der Diözese gebildet wurde, die Stamser Stiftsbibliothek und die Innsbrucker Universitätsbibliothek aus altem tirolischem Besitztum Ausgaben von Terenzkomödien aus der 2. Hälfte des 15. und 1. Hälfte des 16. Jh.s. Ähnlich verhält es sich mit den übrigen römischen Lustspieldichtern. Daneben standen Bearbeitungen und Übertragungen von A. v. Eyb, Nachahmungen von J. Wimpfeling, Reuchlin usf., dann Gengenbach, Seb. Brant, aber auch einzelne Florentiner und Venezianer Schauspiele und Beschreibungen der Triumphwagen aus dem Faschingszug der Zeit Lorenzos des Älteren von 1559 usw. Hier zeigt sich Tirol als Brücke und die Zeit der Kaiser Karl V. und Ferdinand I. als Übergang.

Ad. Pichler *Über das Drama des MA.s in Tirol* 1850; ders. *Das Drama des MA.s in Tirol*, Oesterr. Revue 4 (1866) S. 27—48. O. Zingerle AfdA. 7 (1881) S. 413. L. Schönach *Urkundliches über die Spielleute in Tirol* (nicht: Komödianten), ZfdA. 31 (1887) S. 171—185; ders. Forsch. u. Mitt. z. Gesch. Tirols u. Vorarlbergs 8 (1911) S. 1—8, 119—126. H. Hammer *Literar. Beziehungen u. musikal. Leben des Hofes Herzog Siegmunds in Tirol*, Zs. d. Ferdinandeums 3. F. 43 (1899) S. 69—124. A. Zingerle *Der Humanismus in Tirol unter Erzherzog Siegmund dem Münzreichen*, Tirolensia 1898 S. 138—162. Dav. v. Schönherr *Die Kunstbestrebungen der Habsburger in Tirol*, Gesamm. Werke I (1900) S. 46—109. F. Waldner *Quellenstudie z. Geschichte d. Typographie in Tirol bis z. Beginn d. 17. Jhs.*, ZdFerdinandeums 32 (1888) S. 1—122 u. 34 (1890) S. 167—256. A. Dörrer *Brixner Buchdrucker*, Gutenbg-Jb. 1937; ders. *Etschländer Buchwesen u. Geistesleben* 1933; ders. *Das Innsbrucker Verlagshaus Fel. Rauch u. s. Vorgänger von 1673 bis 1929* 1929; ders. *Mal. Bücherlisten aus Tirol*, ZblfBlw. 51 (1934) S. 245—63; ders. *Tirolisches aus der Bücherei des Freiherrn Christoph v. Wolkenstein auf Rodenegg*, Tirolensia zum 80. Geburtstag Konr. Fischnalers (Schlern-Schriften 30) 1935 S. 21—26; ders. *Der Verlorene Sohn*, GRM. 24 (1936) S. 21—35; ders. *Mal. Mysterienspiele in Tirol*, ArchfnSpr. 164 (1933) S. 162 bis 177 u. 165 (1934) S. 6—17; ders. *Die geistl. Bürgerspiele in Bruneck*, ebda. 157 (1930) S. 1 bis 12; ders. *Das Spiel vom Jüngsten Gericht in Meran 1570*, ebda. S. 69—72; ders. *Altdt. Karwochen- u. Fronleichnamsspiele Südtirols im Zeitalter des Barock u. Rokoko*, Literaturwiss. Jb. d. Görres-Ges. 3 (1928) S. 86—152 u. 4 (1929) S. 61—82; ders. *Komödianten auf den Bozner Märkten*, Der Schlern 10 (1929) S. 223—233; ders. *Die Volksschauspiele in Tirol*, Tiroler Heimat N.F. 2 (1929) S. 69—126; ders. *Spielbräuche im Wandel von sechs Jahrhunderten*, Tirol, Natur, Kunst, Volk, Leben 2 (1931) S. 298 bis 320; ders. *Die alten Tanzhäuser u. Spieltennen in Tirol*, ZfVk. N.F. 3 (1931) S. 50—56; ders. *Dreikönigsspiel u. Sternsingerbrauch*, Reimmichls Volkskalender f. 1937; ders. *Das Erler Passionsbuch* [6]1922; ders. *Die Thierseer Passionsspiele von 1799 bis 1935*, 1935; ders. *Das Laaser Spiel vom Sterbenden Menschen, ein Text der Vintschgauer Komödianten*, Der Schlern 18 (1937); ders. *Das Zwischenspiel des Vintschgauer Hanswurst*, Meraner Jb. 1937 S. 70—76; ders. *Das Schemenlaufen in Tirol u. verwandte alpenländ. Masken- u. Fasnachtsbräuche* 1937; ders. *Deutschlands älteste Theaterbauten*, ArchfnSpr. 172 (1937) S. 11—27 u. Forsch. u. Fortschr. 13 (1937) S. 413—15; H. Mang *Der Domgottesdienst in Brixen um 1550*, Zs. f. kathol. Theologie 52 (1928) S. 540—49; ders. *Vom Altar zur Bühne*, Der Schlern 9 (1928) S. 601/2. Conr. Fischnaler *Innsbrucker Chronik* 3 (1930) S. 8 ff.; ders. (ps. L. Pardeller) *Spiele u. Vergnügungen in Alt-Innsbruck mit Bezug auf das goldene Dachl* 1923; ders. *Vigil Raber, der Maler u. Dichter* 1894; ders. *Die Volksschauspiele zu Sterzing im 15. u. 16. Jh.*, Zs. d. Ferdinandeums 3. F. 38 (1894) S. 353—382; ders. *Die Meistersinger in Schwaz*, ebda. 46 (1902) S. 300—307; ders. *Eine Rosenkranz- und Geißler-Bruderschaft in Nordtirol*, ZfVk. N.F. 4 (1933) S. 178 bis 189. J. Garber *Das goldene Dachl in Innsbruck*, Die Kunst in Tirol SB. 4 (1922) S. 32 ff.; ders. *Der Meistersingersaal in Schwaz*, Münchn. Jb. d. bildenden Kunst N.F. 6 (1929) S. 298—301. M. Straganz *Hall in Tirol* I (1903) S. 301 ff. L. Schönbach *Beitrag z. Geschichte d. Meistersinger in Schwaz*, Forsch. u. Mitt. z. Gesch. Tirols u. Vorarlbergs 2 (1905) S. 72 f. Der Sammler 1 (1906/7 Meran) Hft. 8 S. 8 f.; Hft. 10 S. 23 f. Frdr. Windolph *Der Reiseweg Hans Sachsens in s. Handwerksburschenzeit nach s. eig. Dichtungen*. Diss. Greifswald 1911. Leop. Pirkl Festschrift z. 50 jähr. Stiftungsfeste des Schwazer Liederkranzes 1908 S. 16 ff. J. E. Wackernell *Altdt. Passionsspiele aus Tirol* 1897. J. Hirn *Erzherzog Ferdinand II. von Tirol* I (1885) S. 367 ff.; II (1888) S. 421 f., 476 f. K. Trautmann *Dt. Schauspieler am bair. Hofe*, Jb. f. Münchn. Gesch. 3 (1889) S. 35; ders. *Italien. Schauspieler am bair. Hofe*, ebda. 1 (1887) S. 232 f. Jak. Minor *'Speculum vitae humanae', ein Drama von Erzherzog Ferdinand II. v. Tirol (1584) nebst einer Einleitung üb. d. Drama d. 16. Jh.s* 1889; dazu J. Bolte ZfdA. 32 (1888) S. 12 ff. J. Jung *Z. Gesch. d. Gegenreformation in Tirol* 1874 S. 25 ff. T. Kluibenschedl *Erzh. Ferdinand II. v. Tirol als Schauspieldichter*. Gymn.-Progr. Görz 1891. A. Hartmann *Volksschauspiele* 1880. W. Pailler *Krippenspiele aus Oberösterreich u. Tirol* 1883. K. Weinhold *Weihnachtsspiele u. -lieder aus Süddeutschland u. Schlesien* 1875. H. Moser *Das Volksschauspiel zu Kiefersfelden*, Oberbair. Archiv 66 (1928) S. 117—208; ders. *Oberammergau*, Bair. Heimatschutz 1930 S. 24—28; ders. *Von fahrendem Volk, Ansingern u. Fastnachtsleuten des 16. Jh.s in Altbaiern*, ebda. 1931 S. 60—71; ders. *Archival. Belege z. Geschichte altbair. Festbräuche im 16. Jh.*, Festgabe f. K. A. v. Müller 1933 S. 167—98; ders. *Volksschauspiel*, A. Spamers Dt. Volkskunde I (1934) S. 349—87. R. Stumpfl *Schauspielmasken d. MA.s u. d. Renaissancezeit u. ihr Fortbestehen im Volksschauspiel*, N. Arch. f. Theatergeschichte 2 (1931) S. 1—77; ders. *Kultspiele der Germanen als Ursprung d. mal. Dramas* 1936; dazu E. Scheunemann, ZfdPh. 61 (1936) S. 432—43; 62 (1937) S. 87—105; Stumpfl *Süddeutsche Bühnenformen*, ebda. 53 (1928) S. 55—73; ders. *Die Bühnenmöglichkeiten des 16. Jhs.*, ebda. 54 (1929) S. 42—80 u. 55 (1030) S. 49—78; ders. *Bühnenbearbeitungen i. d. Dramatik d. 16. Jhs.*, Euph. 31 (1930) S. 562—77; dazu Euph. 29 (1928) S. 257 u. ZfdPh. 58 (1933) S. 73. K. Adrian u. L. Schmidt *Geistl. Volksschauspiel im Lande Salzburg* 1936. O. Eberle *Theatergeschichte der inneren Schweiz* (Königsberger Dt. Forschungen 5) 1929. — Über H. Guarinoni vgl. VL. II Sp. 681 ff. Über *Judenspiele* s. d. Über *Antichrist- und Letztes Gerichtsspiele* s. *'Ludus de Antichristo'*.

A. Dörrer.

N.

Nachtigal. I. Konrad (Kunz), ist ein Meistersinger des 15. Jhs. Er steht an erster Stelle unter den Nürnberger „Nachtichtern" („im Römischen Reich") in dem Schulregister des Münchener cgm. 826, das wohl mit Puschmans „Bericht" zusammengebunden ist, aber mit ihm nichts gemein hat (Dreyer Anal. Germ. S. 380 u. S. 385). Die Bedeutung dieses Nürnberger Dichters, eines Bäckers von Beruf, beruht nicht zum geringsten auf der Tatsache, daß wir durch eines seiner Gedichte (mgq. Berol. 414, S. 426 f.), eine Schulkunst, eine Reihe von Meistersingern kennenlernen, die uns sonst nicht einmal namentlich überliefert sind. Allerdings muß betont werden, daß N., der auf einem Gedicht Hans Folzens (s. d.; dies Lied bei Mayer Nr. 94) fußt, eine Reihe von Namen in entstellter Form wiedergibt. Hans Sachs seinerseits führt K. N. als einen der zwölf alten Nürnberger Meister an.

In einigen Liedern hat K. N., getreu alter Meistersingertradition, sich mit den religiösen Fragen beschäftigt; auch seine Schulkunst endet mit Worten tiefster Demut vor dem Weltenschöpfer, der nie genug gelobt werden kann. So singt er ein Weihnachtslied zu Ehr und Lob Mariae, so verfaßt er '*Ein new lied von der entfencknuß*', so wendet er sich vertrauensvoll an die Gottesmutter, die *küniginne* ('*Von Jesse ist entsprossen*'). — Der Anruf an Maria, in welchem körperliche Sünde zur Rettung der Seele, Teufelsverfallenheit zur Gottseligkeit, irdisches Jammertal zu ewiger Himmelsherrlichkeit in starken Gegensatz gebracht werden, ist irrtümlich von Wackernagel dem Meister zugeschrieben worden.

N.s Töne sind von ganz besonderem Wert. Münzer nennt den Dichter einen der bedeutendsten Musiker. Die Klarheit, Einfachheit und charaktervolle Frische seiner Melodien hebt er stets hervor. Nicht nur Hans Sachs, sondern auch andere Dichter, so Daniel Holzmann bedienten sich des Meisters Töne, wie z. B. aus der Steirer Hs. und aus einem Lied in pal. germ. 680 Bl. 60^a hervorgeht. Weisen Kunz Nachtigalls sind: abentton, geschiden oder abgeschiden ton (nach Münzer N.s schönste Weise und überhaupt hervorragend unter allen Meistersingerweisen), geteilter ton, hoher ton (Überlieferung ist fraglich), kurzer ton, langer ton, leitton (als einziger Ton von Münzer als monoton bezeichnet), schlechter langer ton, schöner ton, sanfter ton, süßer ton, starker ton (Münzer meint, der Name der Melodie käme von ihrem kräftigen und bestimmten Charakter; nicht der Inhalt eines Liedes aber hätte die Benennung veranlaßt), tage weis, nach Wagenseil ‚kurtze Tageweis', nach cgm. 826 tag weis und geschnidner ton.

Lieder von Konrad N. finden sich in dem zum größten Teil von Hans Sachs niedergeschriebenen mgq. Berol. 414, Bl. 414^a, 426^b, 433^b; Steyrer (Heiberger) Hs. Puschmans Singebuch verdanken wir die genauen Aufzeichnungen einer Reihe von Melodien des Meisters.

G. Münzer *Das Singebuch von Adam Puschman* 1906. H. Oppenheim *Naturschilderung u. Naturgefühl bei den frühen Meistersingern* (Form und Geist 22) 1931. K. I. Schröer *Meistersinger in Oesterreich*, Germ. Stud. 2 (1875) S. 197 ff. W. Stammler *Die Wurzeln des Meistergesanges*, Dt. Vjschr. 1 (1923) S. 529 ff.

II. Michel, ein Meistersinger, der von Kunz Nachtigal (s. d.) in seinem nach Folzens (s. d.) Liede in dem von Hans Sachs 1516/17 gesammelten mgq. Berol. 414 Bl. 475 ff. verfaßten Dichterkataloge genannt wird.

Er pflegt den „geblümten" Stil, der seit Konrad von Würzburg (s. d.) besonders geschätzt wird und den die Meistersinger seit je lieben (z. B. Marner, s. d. usw.; s. Oppenheim S. 8 ff.). Des Meisters Gedicht auf Bl. 452^a in seinem kurzen ton: *Der winter lank zwank mank vogelein geschwind* gemahnt mit seinen Reimspielereien, besonders mit der Verwendung des Schlagreimes, an Schöpfungen des Kanzlers (s. d.), auch an die Kunstfertigkeit Meister Frauenlobs (s. d.; s. a. H. Oppenheim *Naturschilderung und Naturgefühl bei den frühen Meistersingern*, S. 26 ff. u. a. S. 32).

Horst Oppenheim.

'Der Narren kappen'
ist ein leider unvollständiges satirisches Gedicht in der Wiener Hs. 3027, Bl. 177^b—180^a (15. Jh.) überschrieben. Es handelt sich um eine sprachlich nicht ungewandte Kritik der verschiedenen Stände und Lebensalter, in der Art des Rosenplüt (s. d.) oder Folz (s. d.).

Abgedruckt bei A. v. Keller Fastnachtsspiele (StLV. 46) S. 286 ff., ohne Angabe, aus welcher Wiener Hs. das Gedicht entnommen wurde, ferner bei H. Maschek *Dt. Lyrik von Neidhart bis Folz* 1938.

Hermann Maschek.

Neidhart (Neytthartt) von Meißen. Hs. Additional 16581 des Britischen Museums, 15. Jh. (1469), ostschwäbisch, Bl. 141[a]; s. R. Priebsch *Deutsche Hss. in England* II (1901) S. 147—58. Ihm wird zugeteilt der Spruch:

Schon enpfacht mich yedermann,
Wenn ich gůtt vnd pfennig hon,
Aber baldt verkerett sich der syn,
Wenn das gůtt gatt da hyn.

Er erscheint noch einmal Bl. 157[b] als Der Meychßner, Synger mit dem Spruch:

Sorgen machet grawe har,
Wie wol der mensch nit hatt die jar.

R. Priebsch.

Neidhart von Reuental.

1. N.s Name erscheint zuerst bei Wolfram (s. d.) im 'Willehalm', v. 312, 11; von seinem Rennewart, der sich gewaffnet zu Tische setzt, sagt er: *man můz des sîme swerte jehen, het ez hêr Nîthart gesehen über sînen geubühel tragen, er begundez sinen friunden klagen.* Der Hinweis auf die Dörper N.s v. R. wird durch den Spott über dessen ständige Klagen noch besonders unterstrichen. Die Stelle steht im VI. Buch, ist also vor der Erwähnung der Krönung Kaiser Ottos (VIII, 390) und vor der des Todes Hermanns von Thüringen (1217) (X, 422) geschrieben, also etwa im Anfang des 2. Jahrzehnts des 13. Jh. Etwas jünger mag das Gedicht Walthers von der Vogelweide (s. d.) sein, das sich über das *unhovelîche singen* beschwert, die *unwîse: bi den gebûren lieze ich sî wol sîn, dannen ists ouch her bekomen* (64, 31). Die zornige Abwehr gegen N. ist bei Walther durchaus begreiflich, auch werden seine Hörer sie ebenso gut verstanden haben wie die Andeutung Wolframs. Walther verrät seinen Gegner auch durch die Verwendung des „Harfens in der Mühle", das von N. einfach in seinem sprichwörtlichen Sinne gebraucht (69, 38), von ihm aber auf die *unwîse* umgedeutet wird. Hingegen enthalten seine späteren Lieder Hinweise auf die österreichischen Verhältnisse der 30er Jahre, auch wird als Minnesänger am Wiener Hofe von ihm Tröstelin genannt, der kurz vor 1240 und später in Urkunden und zu 1240 von Ulrich von Liechtenstein (s. d.) erwähnte Meinhart Tröstel. Aber von dem Tod des Herzogs Friedrich (1246) hören wir nichts. So mag N. vor 1246 gestorben sein, während er um 1210 als Dichter auftrat.

2. Doch vor diesem Auftreten lag die Zeit des Lernens. N. hat sich die musikalische und sprachliche Kunst des Minnesangs angeeignet, er war mit den Werken der angesehensten Meister vertraut, wie die Anklänge besonders an Heinrich von Morungen (s. d.) und Reinmar den Alten (s. d.) zeigen. Auch kennt er höfische Epen, und wir dürfen den Ausdruck: *der dâheime tiuschiu büechel las* (102, 36) auf das Vorlesen solcher Dichtungen beziehen. So wird er gegen 1190 geboren sein. In Österreich war er schon ein älterer Mann, und so sind die Klagen der späteren Lieder altersecht: er lehnt es ab, Minne- und Freudenlieder zu singen, weil sie seinem Lebensalter nicht mehr passen.

3. Von den einzelnen Tatsachen seines Lebens wissen wir nicht viel Zuverlässiges. Er war ein bairischer Ritter, und vielleicht ist er schon als Knappe zuerst mit dem Vortrag seiner Gedichte hervorgetreten. Von Baiern aus hat er an einer Kreuzfahrt teilgenommen (1227/28), von der er Grüße an seine Freunde in Landshut, also doch am Hofe des bairischen Herzogs, entbietet. Auch hat er den Erzbischof Eberhard von Salzburg auf einer, anscheinend nicht besonders kriegerischen, Fahrt nach Steiermark begleitet, deren Zeit sich nicht näher bestimmen läßt. Dann aber ist er genötigt gewesen, Baiern zu verlassen, weil er seines Herren Hulde verloren hatte, und sich an die Gunst des Herzogs Friedrich (des II., 1230—46) zu wenden. Dieser hat ihn zunächst in Melk *behûset*. Doch ist er später zu Lengenbach, südlich von Tulln, vielleicht im Dienst und unter dem Schutz des Otto von Lengenbach. In der Umgebung von Lengenbach und Tulln liegen auch die meisten der kleinen Ortschaften, die in N.s Liedern genannt werden. Am Ende aber wendet er sich nochmals an den Herzog mit der Bitte um *ein kleinez hiuselîn.* Seine äußere Lage in Österreich ist sicher nicht sehr glänzend ge-

wesen, wie auch seine Verhältnisse in der Heimat dürftig waren. Er hat dort das sorgenvolle Dasein eines von der Gunst der Mächtigen abhängigen Dichters geführt, wie es auch das seines Vorgängers Walther v. d. Vogelweide war.

4. Die persönlichen Angelegenheiten, welche als wirkliche deutlich sind, werden, mit wenigen Ausnahmen, wo sie durch ein ganzes Gedicht sich hinziehen, in einzelnen Strophen berührt, die als letzte, oft ohne auch nur formalen Zusammenhang angehängt sind. Das ist seine Form für dergleichen, ein Gegenstück zu den Sprüchen Walthers, die er nur einmal, aber auch da in den Zusammenhang eines anders gerichteten Liedes einigermaßen, übernimmt, so daß das Vorbild doch erkennbar ist, so in dem Liede über seinen Abschied aus Baiern (73, 21). In einer solchen Schlußstrophe beklagt er sich darüber, daß man „ihn angezündet" habe; danach ist dieser Hausbrand als wirkliches Erlebnis anzusehen. Der Vorfall gehört nach Baiern, es ist ein bairisches Lied. Ob sich die Bitte um die Brandsteuer an den Herzog von Baiern wendet, läßt sich nicht sagen.

5. Ob und wie weit man sonst den sich persönlich gebenden Inhalt seiner Dichtung auf Wirkliches zu beziehen habe, das hängt von der Auffassung dieser Dichtung als Ganzes ab. Den sicheren Boden dafür gibt ihre Stellung im Zusammenhange der Geschichte des Minnesanges. Ihrer Form nach, der musikalisch-strophischen, wie auch in weitem Umfange des sprachlichen Stils, beruhen seine Lieder auf dem höfischen Minnesang der reinst entwickelten Gestalt, wie sie bei Morungen und Reinmar erscheint. Aber sie haben einen ganz anderen, einen neuen Inhalt. Dieser Inhalt besteht aus Bildern aus dem bäuerlichen Tanzleben, und zwar in zwei sachlich und formal unterschiedenen Gruppen, den Sommerreien und den Winterliedern. In den Reien ist es die Einladung und Aufforderung zum Tanz unter der Linde, ausgesprochen in einem Dialog zwischen der warnenden, auch tätlich wehrenden Mutter und dem Mädchen, oder auch zwischen dem Mädchen und einer Gespielin. Die andere Gruppe zeigt den winterlichen Tanz in der Stube, und dabei das großspurige Auftreten der Bauernburschen, der *getelinge*, der *dörper*, in ihrer übertrieben bunten, kostbaren Kleidung und mit ihren ungeheuerlichen Waffen, die als Werber um die Gunst der Mädchen sich grob, unanständig, durchaus unhöfisch betragen. Die Reien werden regelmäßig durch ein Frühlingsbild, die Winterlieder durch ein Winterbild eingeleitet. Dem entspricht nach der aus dem früheren Minnesang geläufigen Formel: Sommer — Freude, Winter — Leid in der Liebe, auch die Rolle des Dichters, der überall als Sänger und Lehrer erscheint: im Sommer ist er der Begünstigte, mit dem die Mädchen tanzen und den Ball werfen wollen, im Winter der Erfolglose oder der grob Bedrängte und Verdrängte. Die Trennung der beiden Gruppen geht bis in die Form. In den Reien wendet N. im allgemeinen eine im Wesen altertümlichere Form der Strophe an. Bei aller Mannigfaltigkeit geht sie auf die Reimpaarreihe zurück und ist nur selten zur Ausbildung zweizeiliger Stollen des Aufgesangs gekommen. Die Winterlieder dagegen haben überall den meist mehrzeiligen Stollenbau und zeigen die Kunst der Minnesänger in der vollkommensten Entfaltung. Die Behandlung des Verses aber ist in beiden Gruppen die seit Friedrich von Hausen (s. d.), seit dem Eindringen der „welschen Welle", herrschende. Auch von seinen Weisen vermitteln uns einzelne Proben einen Eindruck, für die auf H. J. Moser *Gesch. d. deutschen Musik* I S. 203 ff. verwiesen werden darf.

6. Von dem Schema: Reien und Winterlieder hält sich nur das Gedicht über die Fahrt nach Steiermark frei. Sonst ist die eine oder die andere Form, manchmal nicht ohne Zwang, durchgeführt, wo der Inhalt sich nicht fügen will. So sind die beiden Botenlieder von der Kreuzfahrt, aber auch eine Klage über die aus Österreich geschwundene *vrômût* als Reien gestaltet, so ist das Lied auf den Abschied aus Baiern und den Übergang nach Österreich, das Lied, das die *vrômût* in Österreich begrüßt, sich den alten Dichter davon ausschließt, sind die beiden Absagelieder

an Frau Welt (die Töne der *werltsüeze*) als Winterlieder gebaut. Das ergibt für viele Gedichte einen widerspruchsvollen, sich schlecht zusammenfindenden Inhalt. Das auf den ersten Blick verwundernde Nebeneinander tritt besonders in den Winterliedern in Erscheinung, wo zu den übrigen Elementen noch häufig die Minnestrophen kommen, die meist sich zwischen Winterbild und Dörperstrophen einschieben oder auch sich durch das ganze Gedicht ziehen. Es sind das z. T. Strophen, die ebenso in einem regelrechten Minneliede stehen könnten, z. T. aber schlagen sie plötzlich aus dem minniglichen Ton in den dörperlichen und umgekehrt über. Die in zarten Versen besungene Schöne wird auf einmal eine Magd, die Rüben im Garten gräbt, oder er wendet sich von den *geilen sprenzelaeren* Giselbolt und Engelram, Erkenfrit und Uozeman unvermittelt zu der *wolgetânen* und bittet sie um *gnâde*, das *saelige wîp* soll seinem Liebeskummer ein Ende schaffen, *ê daz mîn vil tumber lîp in senden sorgen alte*. Am grellsten ist dieser Mißton in dem frechen Verse *mîner ougen wunne greif er an den fudenol* (65, 12). Diese Gegensätze fügen sich gleichwohl zu einem Zusammenhange, wie meist aus der geschickten Überleitung von einem zum andern und immer aus dem deutlichen, mit dem Umfang der Strophen feinfühlig rechnenden Bau der ganzen Lieder zu ersehen ist. Es stellt sich dadurch die überschäumende ländliche Lebens- und Liebeslust an Tanz und Spiel, an Prahlen und Raufen mit dem überhöhten Bild der sehnenden Minne zusammen als Einheit vor Augen. Auch wo die ländlichen Bilder sich alleine, für sich geben, steht die höfische Minne doch immer dahinter, als ein Schatten, den sie höhnen, und der sie verhöhnt.

7. Der Dichter, der diese merkwürdigen Lieder schuf, wendet sich von Anfang her an höfische Hörer, die den Minnesang kennen, vielleicht schon bis zum Überdruß. Den dörperlichen Dingen steht er gegenüber, wie schon die Rolle zeigt, die er sich selber darin zuweist. Auch dieser besondere Inhalt, nicht nur die Formkunst, gibt ihm seinen Platz in der Geschichte des Minnesanges. Nachdem dieser in Reinmars Liedern ein Äußerstes erreicht und seine Möglichkeiten erschöpft hatte, wandte N. sich dem Gegensätzlichen zu und tat damit im Grunde nichts anderes als Walther mit seinen Liedern der niederen Minne und den der Wirklichkeit zugewandten Sprüchen, nur in anderer Richtung und nach anderen Vorbildern. Während Walther die hohe Minne zur herzlichen Zuneigung wandelt, die auch in dem einfachen Mädchen die Persönlichkeit achtet, weiß N. von einer solchen Achtung nichts. Liebe ist bei ihm der Zug vom Geschlecht zum Geschlecht, ohne Ansehen der Person, im Trubel der gemeinschaftlichen Feiern; dafür gibt er seine bunten, oft grellen Bilder. Diese sind aber durchaus nicht unmittelbar der Wirklichkeit entnommen. Sie sind schon stofflich einseitig und unvollständig; es fehlt als Bauernlaster ganz und gar das Trinken, wogegen man die Martinsnacht des wirklichen Realisten Stricker (s. d.) vergleiche. Auch sind die Dialoge sowie die winterlichen Dörperauftritte ihrem Wesen nach unlyrische Elemente, die als solche nicht unvermittelt, unvorgebildet für seine Lyrik gestaltet worden sein können. Aber als Inhalt volkstümlicher Tanzlieder sind sie nicht gut vorzustellen, wenigstens nicht von Chorliedern, Mädchenliedern, wie wir sie als volkstümliche Tanzweisen anzunehmen haben und auch kennen. Darum sucht Singer N.s Ahnen in den Spielleuten, und zwar in Darstellungen, die ihre Wurzel teils in den aus der alten Frühlingsfeier entwickelten Fastnachtsbräuchen, teils in Überlieferungen haben, die auf den Mimus des Altertums zurückgehen. Als solche eigentlich gemimte Auftritte hätten wir die Streitdialoge zwischen der Alten und der Jungen aufzufassen, während der prahlerisch gekleidete und gewaffnete Geteling eine ländliche und zeitgemäße Umformung des miles gloriosus sein würde. Dazu kommen noch andere nur angerührte Dinge, wie z. B. das Stelzenlaufen der Bauern. Beides aber muß N. schon in einer poetischen Gestalt kennengelernt haben. Es war der Weiberzank als Spielmannsweise zur

Einleitung zum Frühlingstanz unter der Linde geworden, und der Dörper wurde in das Lied hineingeflochten, das vor dem ausgelassenen Winterliede der (oder die) *voretenzel* sangen, s. 40, 25—36 (an der Personaleinheit von Spielmann und Bauern ist kein Anstoß zu nehmen). Der vertrackte Inhalt der Leiche des Tannhäusers (s. d.), die auf dem gleichen Vorbilde beruhen, macht das wahrscheinlich. Auf dem Unterschied der beiden Arten ist die eigensinnige Unterscheidung der beiden Gruppen N.s erwachsen, und wenn wir mit Singer in 4, 31 eine Probe der Frühlingslieder, wie sie N. vorlagen, erkennen dürfen, so ergibt sich auch daraus die Entstehung seiner besonderen Reienstrophen. Dies ist im einzelnen noch etwas unsicher, aber dürfte im ganzen in die Richtung weisen, woher die Anregungen für N.s Art gekommen sind. So wäre auch Walthers *von dannen ists ouch her bekomen* zu verstehen.

8. Zur spielmännischen Art gehört auch die Nennung oder Andeutung des Namens gewissermaßen als Urhebermarke. So bezeichnet sich N. in einer erheblichen Zahl von Liedern, regelmäßig in der letzten Strophe als den *von Riuwental.* Aber in ganz bestimmter Einfassung. In den Reien spricht diesen Namen das Mädchen aus, gelegentlich auch die Mutter, dem Mädchen antwortend. In den Winterliedern haben wir fünf Erwähnungen, wo der Dichter klagt, daß die Getelinge ihm das Leben zu R. unbehaglich machen. In zwei Reien dagegen und vier Winterliedern spielt er, teils klagend, teils spöttisch mit dem Wortsinn „Schmerzental". Zugleich verbindet sich damit (mit einer Ausnahme) der Gedanke, daß das Mädchen nach R. kommen solle: *gûtes gibe ich ir die wal, Riuwental gar vür eigen: deist mîn Hôhiu Siene!* Schließlich bildet er auch noch das Gegenwort *Siuftenecke* (47, 39), wie er dem Lengebach (31, 4) einen *Lugebach* und ein *Lugetal* gegenüberstellt (93, 26; 30). Es liegt hier also ein allegorisches Spiel vor, und so hat Seemüller, weil ja die Neigung zum Allegorischen bei N. so ausgeprägt ist, den Namen R. überhaupt für erdichtet, für einen Decknamen angesehen, und in der neuen Ausgabe Wiessners heißt der Titel darum einfach N.s Lieder. Aber nach dem Sinne paßt der Name gar nicht zu der ersten recht umfänglichen Reihe, und auch in der zweiten kennzeichnet er in erster Linie die Person des Dichters. So scheint es doch eher, als ob der Dichter mit der Lautform eines gegebenen Namens spiele, vgl. Lengenbach und Lugebach. Nun ist auch der Name *Rewental* in einem Urbar des Klosters Tegernsee etwa um 1250 durch Fr. Wilhelm nachgewiesen, und es liegt wirklich kein Grund vor, ihn von N. zu trennen. Den Namen R. verwendet N. zum letztenmal in dem Abschiedsgedicht von Baiern: *wâvon sol man hine vüre mîn geplätze erkennen? hie envor dô kande man iz wol bî Riuwental* (74, 26). Durch eine sehr scharfsinnige Deutung dieser Worte, als ob N. jetzt seinen Decknamen ablege, gewinnt Seemüller die festeste Stütze für seine Ansicht. Aber in dem Zusammenhange dort, in dem es sich um durchaus wirkliche Dinge handelt, ist nicht zu verkennen, daß der Fortgang N.s aus seiner Heimat irgendwie mit dem Verlust seines kleinen Besitzes verbunden gewesen ist, war er nun *eigen* oder *lêhen* (74, 28). Dem Herren, dessen Hulde er verloren hat, stellt er den Herzog Friedrich gegenüber, der ihn *behûset* hat, und zwar zweimal mit demselben Worte, 73, 12 und 75, 6. So wäre R., solange er in Baiern war, der ihm zukommende Name gewesen, nach dem er sich in den Mädchenstrophen grade so nennen ließ, wie Ulrich von Winterstetten (s. d.) in dem Neidhart nachgebildeten Liede als Schenken.

9. Zum Stil der Winterlieder gehören die Namenreihen besonders der Dörper, die in ihrer Masse eine komische Wirkung üben, wie ähnliche in Mengen auftretende Dinge in den Leichen und Sprüchen des Tannhäusers. Besonders fallen die vielen Namen auf, die mit *Engel-* gebildet sind. Wir werden darin einen spielmännischen Zug zu sehen haben. Das hindert nicht, daß hinter diesem oder jenem Namen eine wirkliche Person stecken mag, so hinter dem Engelmar, der anfangs so freundlich

erwähnt wird: *Engelmar, dîn stube ist gût.* Aber das hat mit dem Sinn der Lieder nichts zu tun. Und das gilt auch für die Vermutung R. v. Liliencrons, daß die Bauerntypen (z. T.) Masken einzelner Hofleute wären. Nun ist aber Engelmar in den österreichischen Liedern der, der der Friderun den Spiegel, ein Geschenk des Dichters, entriß, ein Vorfall, auf den immer wieder hingewiesen wird. Es gilt das als ein Beweis des unhöfischen Betragens des Engelmar und seiner Feindseligkeit gegen N. Aber der ständige andeutende Hinweis zeigt doch, daß Dichter und Hörer damit einen andern Sinn verbanden. Da Engelmar als Name für „Gott" erscheint (bes. Frauenlobs Marienleich v. 12, 38), Neidhart aber als ein Name des Teufels, so liegt die Erinnerung an das Spiel von *Maria in gaudio* nicht fern, das hie und da im geistlichen Spiel vorkommt, aber ursprünglich selbständig gewesen ist. Da reizt der Teufel mit dem Spiegel die Maria Magdalena zur Weltlust. Allerdings sind die Rollen bei N. ein wenig verschoben und in die Voraussetzungen der Winterlieder hineingebracht.

10. Wie dem nun auch sei, wir haben die Lieder N.s so zu nehmen, wie sie sich uns bieten, mit all den Spielen und Sprüngen der Phantasie, die nicht immer für uns klar sein können. Sie nährt sich, wenigstens in den früheren Gedichten, an einer nicht zu sättigenden Freude an den ländlichen Bildern, die der Dichter bald zart, bald grob, bald liebenswürdig, bald zornig, bald scherzend, bald scheltend, immer aber höchst lebendig im engen Rahmen zu gestalten weiß. Grade in allen körperlichen Dingen ist der Ausdruck von unerschöpflicher Frische und erstaunlichem Reichtum. Viele Wörter erscheinen nur bei ihm, oder doch zum erstenmal, und manche dürfte er gradezu erfunden haben, die aber doch ohne weiteres verständlich sind, getragen durch den Rhythmus und den Zusammenhang.

11. Freilich wird gegen Ende seiner langen Laufbahn der Ausdruck matter, der Inhalt trüber. Er hat keine Lust mehr zu Liedern der Freude und fügt sich widerwillig äußerer Nötigung: er war nun einmal an die Form gebunden, die er sich selbst geschaffen hatte. Während er von der Frau Welt sich heftig abwendet, geht die Wirkung seiner so weltlichen Lieder über sein Leben und seine Heimat hinaus, und zwar in anderer Weise als bei andern Dichtern. Die Spielleute, die den Minnesang weitertrugen, begnügten sich bei ihm nicht mit Zusatzstrophen und Liedern, in denen seine Art vergröbernd nachgeahmt wurde, sondern sie stellten sich zu seiner Person in ein Verhältnis des Gegensatzes, das sich zunächst in Kampf- oder Trutzstrophen aussprach. Zugleich drangen sie mehr und mehr in bäuerliche Kreise, die schon früh einen gereizten Anteil an N.s sie verhöhender Dichtung genommen haben mögen. Es entwickelte sich N. in der immer gröberen Nachdichtung als Gegenstand oder Held von mannigfachen Schwänken zur epischen Gestalt des Bauernfeindes.

Neidhart von Reuenthal, hg. v. M. Haupt 1858; 2. Aufl. *Neidharts Lieder*, hg. v. Wiessner 1923. *Neidharts von Reuenthals Lieder*, hg. v. F. Keinz ²1910. ADB. XXIII S. 395. Wilmanns *Über Neidharts Reien*, ZfdA. 29 S. 64. A. Bielschowsky *Geschichte der deutschen Dorfpoesie im 13. Jh.* (AG. I) 1891. K. Credner *Neidhartstudien* 1. Diss. Leipzig 1897. K. Gusinde *Neidhart mit dem Veilchen* (Germ. Abh. 17) 1898. J. Seemüller *Zur Poesie Neidharts* (Prager deutsche Studien 8) 1898. R. Brill *Die Schule Neidharts* (Pal. 37) 1898. F. Mohr *Das unhöfische Element in der mhd. Lyrik*. Diss. Tübingen 1913. S. Singer *Neidhartstudien* 1920. Fr. Wilhelm *Neidhart von Reuenthal in Oberbaiern*, Münch. Museum 4 S. 228. G. Müller *Zu Neidharts Reienstrophik*, PBB. 48 (1924) S. 492. R. Stumpfl *Kultspiele der Germanen* 1936.

G. Rosenhagen.

Neifen, s. Gottfried v. N.

Neperschmid, s. Fabri de Werdea.

Nestler von Speyer (die Augsburger Hs. 4° 218 Bl. 309 heißt ihn Leonhart Nestler von Speyer, Puschman — s. Münzer S. 18 Nr. 93 — benennt ihn gar Wolf Nesteler von Ulm) ist einer jener Meistersinger der 2. Hälfte des 15. Jhs., von denen wir sehr wenig wissen. Aber er ist wichtig. Ist er es doch, der den größten Teil der Kolmarer Hs. niederschrieb, den ganzen Kodex redigierte und der es für seine Pflicht hielt, die veröffentlichten Lieder durch Umarbeitung und Verschmelzung der älteren Strophenformen den Forderungen seiner Zeit anzupassen. Nur eine Weise, den „unerkannten ton", kennen wir von ihm, nur ein Lied, das die zweiundsiebenzig Namen Mariae verherrlicht — dies ist auch Beheims (s. d.) Beginn in einem Meisterliede (s. Boltes Ausgabe). Über die Herkunft dieser Benennungen und ihre Bedeutung für den Betenden äußert er sich (Kolm. Hs. 479[a]) selbst: *Wyse namen worden vnser lieben frauwen geben von dem heiligen vnd die der heilige theophile in sinen wunder zeichen sach vnd worden geoffenbaret einem seligen bischofe von sclavonia In solcher wyse wer sie all samßtage spreche vor ihrem bilde mit einem gantzen fursacz vnd nach ydem namen eyn ave maria dem wirt die maget vor sinem ende her schynen.* Die Namen selbst fand, wie es heißt, *dyser dictator zu regenspurg im tueme an einer tafel: cum talibus verbis super scriptis.* Dieses Lied an die Jungfrau zeugt in keiner Weise von einem eigenartigen Künstler. Getreu dem alten Herkommen wendet er sich an Gott und Maria, *die gehiure,* die gnadenreiche, um Hilfe für sein dichterisches Beginnen und für sein Leben. Von mystischem Gehalt darf wohl trotz Wendungen wie: *mir kam în geflozzen / Heiligen geistes flamme* (9/10) nicht gesprochen werden.

Mag der Inhalt der Tradition folgend gewählt sein: die Fassung war neu und bedeutungsvoll. Und hier liegt ein zweiter Grund, weshalb der Dichter wichtig für die Geschichte des Meistergesanges ist. Durch die Erfindung eines eigenen, eben des unerkannten Tones, der etwa 1460 verfaßt wurde, durchbricht er die Schranken der altehrwürdigen Vorschriften. Viele Mitglieder seiner Sangesschule in Mainz hangen am Alten und Festgelegten, es gibt Streitigkeiten; sicherlich sind diese Mißhelligkeiten die Ursache dafür, daß mehrere Meistersinger von Mainz nach Nürnberg übersiedelten. Auch Folz, der eifrige Reformator des Meistergesanges, der Dichter, der seiner Kunst neue Lebensberechtigung verschaffte (s. d.), hatte ähnlicher Forderungen wegen sich nach Nürnberg wenden müssen; Folz, Konrad Nachtigal (s. d.), Nunnenbeck (s. d.) und sein großer Schüler Hans Sachs sowie andere verfaßten Lieder im unerkannten Ton, der bald auch der „unbekannte" Ton geheißen wird. Goedekes Ansicht nach benutzte Folz absichtlich für seine polemischen Lieder gegen die Verächter der neuen Töne N.s Weise, deren leichte Veränderung vom unerkannten Ton zum unbekannten Ton ihm vielleicht auch zuzuschreiben ist.

Lange Zeit aber galt der „unerkannte" Ton überhaupt als Folz' Eigentum. Hans Sachs übernahm diese Annahme wohl von Nunnenbeck; auch Valentin Voigt zitiert noch so — bei einer späteren Überarbeitung von mgq. Berol. 414 aber änderte er den Namen des Verfassers des Tones; ihm endlich ist auch der Name „Nestler von Speyer" zu verdanken.

In der Heiberger Hs. (Schröer S. 227) wird dem Namen des Meistersingers Meyenschein (s. d.) hinzugefügt, er sei ein „Nestler aus Speyer", ebda. wird Meyenschein ein „unbekannter Ton" zugeschrieben. Ich denke, daß hier ursprünglich eine (später hinzugefügte?) Berufsbezeichnung vorliegt und daß dann die Verwechslung mit unserm Dichter soweit getrieben wurde, daß Meyenschein als Schöpfer eines unbekannten (unerkannten!) Tones zu gelten hatte.

K. Bartsch *Meisterlieder der Kolmarer Handschrift* (St. L. V. 68) 1862. K. Goedeke *Zur Geschichte des Meistergesanges,* Germania 15 (1870) S. 197 ff. G. Münzer *Das Singebuch von Adam Puschman* 1906. K. J. Schröer *Meistersinger in Österreich,* Germ. Stud. 2 (1875) S. 197 ff.

Horst Oppenheim.

'Netz', s. 'Des Teufels Netz'.

Neuenburg, s. Friedrich u. Matthias v. N. sowie Rudolf v. Fenis.

Neumarkt, s. Joh. v. N.

Neune. Es ist sehr unsicher, ob es einen Dichter dieses Namens überhaupt gegeben hat. Die in den beiden Heidelberger Handschriften von ihm überlieferten Strophen und Gedichte, die zum größten Teil auch andern beigelegt werden, weichen nach Form und Inhalt so voneinander ab, daß man sie unmöglich einem Verfasser zuschreiben kann. Neben ganz Altertümlichem stehen Strophen, deren Bau eine reife, entwickelte Kunst voraussetzt, neben echten Minneliedern mit der Bitte um Huld und der Versicherung treuen Dienstes Lieder unverhüllt erotischen Inhalts. Burdach vermutet deshalb, daß es sich bei dem Ganzen um das Liederbuch eines österreichischen Spielmanns handle, das in die Heidelberger Handschriften geraten ist.

Heidelberger Hs. *A* (Universitätsbibliothek Heidelberg 357, Bl. 21b—24b). Große Heidelberger Liederhs. *C* (Universitätsbibliothek Heidelberg Cod. Germ. Pal. 848, Nr. 94, Bl. 319a bis 320a, mit Bild). F. Pfeiffer *Die alte Heidelberger Liederhs.* 1844, S. 118—136. F. Pfaff *Die große Heidelberger Liederhs.* I (1909) Sp. 1027—1030. Bodmer *Sammlung von Minnesingern aus dem schwäbischen Zeitpunkte* II (1759) S. 117—119. HMS. Nr. 110, II 171f. III 331f. 684. 803. 834. IV 484f. W. Storck *Buch der Lieder aus der Minnezeit* 1872, S. 56f. K. Burdach ADB. XXIII (1886) S. 549 = Reinmar der Alte[2] (1928) S. 375.

Elisabeth Karg-Gasterstädt.

Neußen, s. Kol v. N.

Neustadt, s. Heinrich v. N.

Neustift, s. Albert v. N. (Nachtrag).

'Nibelungenlied' und 'Klage'.

A. Das Nibelungenlied.

1. Die Überlieferung. Das NL. hat stark gewirkt, als es am Anfang des 13. Jh.s erscheint. Es wird in ununterbrochener Überlieferung durch drei Jahrhunderte gelesen, vor allem im bairischen und alemannischen Süddeutschland und im rheinischen Franken. Erhalten sind 10 mehr oder minder vollständige Hss. (einschließlich einer Überarbeitung des 15. Jh.s) und etwa 22 Bruchstücke.

Von den Hss. seien genannt: A, Münchner Hs. aus Hohenems (Vorarlberg), Ende des 13. Jh.s. — B, jetzt St. Gallen (einst auch in der Nähe von Hohenems), um 1260 (?). — C, ursprünglich Hohenems, durch Freih. Josef v. Laßberg nach Donaueschingen, vor 1250 (die älteste der vollständigen Hss.). — D, Münchner Hs. aus Schloß Prunn a. d. Altmühl, 13.—14. Jh.; Überschrift: *Daz ist das Buch Chreimhilden.* — J, Berliner Hs. aus Tirol, 14. Jh. — b, Berliner Hs., aus dem Besitze Hundeshagens, 15. Jh. (mit Bildern). — d, Ambraser Hs., Anfang des 16. Jh.s durch Hans Ried (s. d.) geschrieben, jetzt Wien (die jüngste Hs.); Überschrift: *Ditz Puech heysset Chrimhilt.* — k, Hs. des Piaristenkollegiums in Wien, Bearbeitung des 15. Jh.s (hsg. v. Ad. v. Keller *Das Nibelungenlied. Nach der Piaristen Hs.* 1879, StLV. 142; vgl. J. Lunzer *Die Nibelungenbearbeitung k,* PBB. 20, 1895, S. 345ff.).

Von den Bruchstücken seien erwähnt: O, Berlin, Ende des 13. Jh.s, aus Tirol (?), eine Fassung, aus der auch d stammt; vgl. H. Schmidt *Die Nibelungenhs. O,* ZfdA. 54 (1913) S. 88ff. — S, jetzt Prag u. Wien, vor 1250. — Z, jetzt Klagenfurt, vor 1250; vgl. H. Menhardt *Nibelungenhs.* Z, ZfdA. 64 (1927) S. 211ff. — T, Gent, nfr., noch 13. Jh.

Schon die ältesten Hss. geben nicht Abschriften, sondern Auflagen (Fassungen) des NL.s. Daher wechseln die Strophenzahlen: A = 2316 Str., B = 2379 Str., C = 2439 Str. Die Forschung steht vor der Frage, welche Fassung der ursprünglichen Fassung des NL.s am nächsten kommt. Die Lösung dieser Frage ist im 19. Jh. dadurch gestört worden, daß sie eng mit der Frage nach der Entstehung des NL.s verknüpft wurde (s. u. Abschn. 2). Eine Ordnung der Hss. versuchten: Fr. Zarncke *Zur Nibelungenfrage* 1854, *Der Nibelunge liet* [1]1856; K. Bartsch *Untersuchungen über das NL.* 1865, *Der Nibelunge Nôt,* 1. Teil 1870, Einl.; H. Paul *Zur Nibelungenfrage,* PBB. 3 (1876) S. 464ff. Die grundlegende Untersuchung der Hss. brachte erst W. Braune *Die Handschriftenverhältnisse des NL.,* PBB. 25 (1900) S. 1—222.

W. Braune kommt zu folgenden Ansetzungen: Die Überlieferung führt auf zwei Grundhss. y und z zurück. In der Grundhs. y liegt im wesentlichen die Urfassung x vor. — In der Grundhs. z wird der Unterbau für eine Entwicklung geschaffen, bei der der Einfluß der 'Klage' mitwirkt (s. d.). Ein Ziel dieser Entwicklung: Kriemhild wird gehoben, Hagen gedrückt. Am Anfang dieser Entwicklung steht (im Text noch der Urfassung nahe) die Fassung d* (hierhin die Hss. O, d), so daß der späte Text d als vollständiger Vertreter dieser Gruppe Wert behält. Am Schluß dieser Entwicklung steht die Umarbeitung C* (hierhin die Hss. Z und C), die „Sinn und Wortlaut meist um des Inhalts willen" ändert. Schluß der Umarbeitung C*: *der Nibelunge liet* statt *der Nibelunge nôt.* (Zu dieser Änderung des Schlusses vgl. man E. Schröder *Aus den Anfängen des deutschen Buchtitels*, GGN. 1937, N. F. Bd. II 1, S. 13.) Zwischen der Fassung d* und der Fassung C* steht die Fassung I*. W. Braune nahm dabei an, daß die verhältnismäßig frühe und schnelle Entwicklung von z = d* über z^1 = I* zu C* denselben Urheber habe (a. a. O. S. 192/93; anders K. Zwierzina ZfdA. 45 [1901] S. 396ff.). — Die Grundhs. y spaltet sich in die beiden Fassungen ADb* und B* auf. Die Fassung B* wird als Text allein durch die Hs. B vertreten. Innerhalb der Gruppe ADb* schließt sich die Gruppe Db* zusammen, deren Anfang (Str. 1—268 [1]) sich zur Fassung C* stellt. In die Gruppe Db* gehören die Hss. S, D, b, von denen vor allem die Hs. D viel geändert hat. Besonders geartet ist der viel umstrittene Text A*, überliefert in der lässigen Hs. A. Er zeigt den Grundtext in einer Art freieren Wiedergabe, bei der Sorglosigkeit entscheidender mitspielt, als W. Braune annimmt. Der Fassung A* fehlen gegenüber der durch die Hs. B vertretenen Fassung 61 Str., von denen 55 Str. in den Raum der VI. bis XI. Av. gehören. — Für sich stehen die Str. 1 bis 21 des NL.s. Von ihnen gehören die Str. 1, 3, 7 bis 12, 16, 17, 19, $20_{3.4}$ (und A $21_{1.2}$) nicht zum Urtext, sie stammen fast alle aus C*. (Vgl. a. a. O. S. 155ff. Über Verdachtsgründe gegen die Str. 4, 6 und damit auch gegen die Str. 5 vgl. K. Zwierzina ZfdA. 44 [1900] S. 76ff.; 45 [1901] S. 395/96.) Der einleitende Teil des NL.s umfaßte daher in der Grundfassung die beiden ersten Av. der heutigen Ausgaben. Die ursprüngliche Überlieferung des Eingangs wird am besten durch die Hss. I, d wiedergegeben. — Im ganzen zeigt sich, daß die Hs. B als gute Hs. des 13. Jh.s die Grundfassung vertreten kann.

W. Braune hat die Eigenart der Fassung B* und auch der Fassungen ADb* und A* nicht genug verdeutlicht. Demgegenüber hat V. Michels versucht, die Fassung B* näher an die Grundhs. z heranzurücken und der Fassung A* ein hohes Maß an Ursprünglichkeit zuzuweisen (*Zur Handschriftenkritik des NL.*, Abh. d. sächs. Ak. d. Wiss. Bd. 39, 1928). Man darf jedoch nicht den Urtext in ein ungreifbares Unreines verwandeln (vgl. A. Heusler DLZ. 1929 Sp. 16—20). Auch ist nicht erwiesen, daß das Fehlen der Str. in der Fassung A* einen Zustand des Urtextes anzeigt (doch vgl. hierzu K. Zwierzina ZfdA. 44 S. 67ff., 101; 45 S. 393/94; ferner: A. Ursinus *Die Handschriftenverhältnisse der Klage*, Hall. Diss. 1908, S. 38ff.). Erwägenswert bleibt, daß die Fassung B* unmittelbar auf die Urfassung zurückgeht. Auch wird man sagen müssen, daß mindestens in der Fassung B* die Richtung angelegt ist, die zu C* führt. — H. Hempel sucht an eine Urfassung heranzukommen, der gegenüber schon die Texteinheit ADb*+B* eine bearbeitende Erweiterung darstellt (*Pilgerin und die Altersschichten des NL.s*, ZfdA. 69 [1932] S. 1 ff.). Man darf jedoch die Urfassung nicht allzu glatt gebaut sehn und alle Unebenheiten dem Überlieferten zusprechen.

Die in der Hs. B aufgenommene Fassung B* gehört gewißlich dem Schöpfer des NL.s zu. Über sie hinaus gibt es keine Sicherheit des Textes. — Alle uns erreichbaren Grundfassungen, also nicht nur die Fassungen B* und ADb*, sondern auch die Grundfassung z (= d*, I*, C*) führen in den Kreis hinein, in dem und für den das NL. geschaffen ist. (Den Bearbeiter C* sucht K. Droege genauer zu kennzeichnen: *Die Fassung C des NL.s*, ZfdA. 75 [1938] S. 89ff.)

2. Das NL. in der Neuzeit. a) Ausgaben. b) Übersetzungen. — a) Ausgaben. J. J. Bodmer war der erste, der das NL. wieder als Dichtung gewertet hat, wenn auch noch vom Standort einer Art Renaissancepoetik aus. Der Arzt J. H. Obereit fand i. J. 1755 die Hs. C (Joh. Crueger *Der Entdecker der Nibelungen* 1883). J. J. Bodmer druckte ohne Wirkung den 2. Teil der Hs. (von Str. C $1682,_4$ an): '*Chriemhilden Rache und die Klage; zwey Heldengedichte aus dem schwäbischen Zeitpunkte*.' (Zyrich 1757). Für den vorausliegenden Teil erhielt Bodmer i. J. 1779/1780 die Hs. A (vgl. Crueger a. a. O. S. 45). Nunmehr ein

erster Abdruck der ganzen Dichtung durch C. H. Myller: *'Der Nibelungen Liet, ein Rittergedicht aus dem XIII. oder XIV. Jh.'* (Berlin 1782); der Text aus den Hs. A u. C. zusammengesetzt (1. Teil = A, 2. Teil = C) und ohne Wiedergabe der Strophenform. Eine Würdigung des Gedichts, die im 18. Jh. allein steht, durch den Historiker Joh. (v.) Müller, GGA. 1783, S. 353ff. — Über die „Aufnahme der Nibelungen" vor dem Anfang des 19. Jh.s vgl. A. W. Schlegel *Aus einer noch ungedruckten hist. Untersuchung über das Lied der Nibelungen*, Fr. Schlegels Deutsches Museum, 1812, 1. Bd., S. 9ff. Die erste Ausgabe des NL.s im 19. Jh. stammt von Fr. H. v. d. Hagen: *'Der Nibelungen Lied'*, [1] 1810, angeschlossen an C. H. Myllers Abdruck; [2] 1816 zum 1. Male nach der Hs. B, [3]1820 („berichtigte" Ausgabe) mit dem Titel 'Der Nibelungen Noth'. Als Merkwürdigkeit ist die wertlose Ausgabe A. Zeunes erwähnenswert: *'Das Nibelungenlied'*, 1815 („ein traulicher und treulicher Feld- und Zeltgesell"). Von allen späteren Ausgaben können hier nur die Ausgaben von wissenschaftlicher Bedeutung genannt werden.

Die 1. kritische Ausgabe gibt K. Lachmann: *'Der Nibelunge Not mit der Klage'*, 1826, [3] 1851 (Textabdruck [13]1910). Dazu die „Anmerkungen": *'Zu den Nibelungen und zur Klage'*, 1836. Lachmann folgt der Hs. A und hat versucht, aus diesem seinem Text 20 siebenteilige Lieder herauszuschneiden, die zum NL. zusammengeordnet sein sollen, Sonderausgabe dieser seiner Lieder: *'Zwanzig alte Lieder von den Nibelungen'*, 1840. (Über K. Lachmanns Auffassung s. u. Abschnitt 5). — Die Hs. C legt Fr. Zarncke zu Grunde: *'Das Nibelungenlied'*, 1856, [6]1887. (In der 6. Aufl. wird C nicht mehr als Vertreter des ursprünglichen Textes angesprochen.) — Der Hs. B schließt sich K. Bartsch an: *'Das Nibelungenlied'* (Deutsche Classiker des Mittelalters 3. Bd.) 1866, [6] 1886; *'Der Nibelunge Nôt'* I: Text 1870; II: Lesarten 1876; III: Wtbch. 1880. — Einen B-Text bringt auch E. Sievers: *'Der Nibelunge Not. Kudrun'*, 1921 (Insel-Verl.). — Eine Ausgabe auf Grund der Handschriftensichtung fehlt. Eine Ausgabe von „B* und C*" kündigt D. v. Kralik für die Altd. Textbibl. an.

b) Übersetzungen. Einen Überblick über die deutschen Übersetzungen des 18. u. frühen 19. Jh.s gibt Fr. Zarncke in seiner Ausg. von der 3. Aufl. (1868) an. Ferner vgl. man: R. v. Muth *Einleitung in das Nibelungenlied* [1877] [2]1907 (hsg. von J. W. Nagl) S. 486ff. Hier können nur einige bemerkenswerte Übersetzungen herausgehoben werden. Am Anfang steht wieder J. J. Bodmer: *'Die Rache der Schwester'*, Kalliope II 1767 (= NL. Hs. C, 2. Teil; Übersetzung in Hexametern) und die „Balladen" *'Sivrids mordlicher Tod'*, *'Die wahrsagenden Meerweiber'*, *'Der Königinnen Zank'* (*Altengl. u. altschwäb. Balladen* 1781). Mit dem Beginn des 19. Jh.s setzt die Wirkung des NL.s ein; vgl. J. Körner *Nibelungenforschungen der deutschen Romantik* (1911). A. W. Schlegel spricht in seinen Berliner Vorlesungen d. J.s 1803/04 wegweisend über das NL. Eine Übersetzung L. Tiecks wird für das J. 1805 angekündigt, ohne zu erscheinen (vgl. Germania 10 [1853] S. 1ff.). Im J. 1807 kommt Fr. H. v. d. Hagens „Accomodation" des NL. an das Neuhochdeutsche heraus: *'Der Nibelungen Lied'*. Von da an etwa gehört das NL. zu der Zeit des Freiheitskampfes. Im J. 1812 erscheint nach langer Vorbereitung „umgebildet" *'Das Lied der Nibelungen'* Joseph v. Hinsbergs, nach J. Grimms ablehnendem Wort im „Stil aus der Wielandschen Schule" (Kl. Schr. VI S. 200ff.). — Aus der Forschung erwächst K. Simrocks Übersetzung in der Nibelungenstrophe: *'Das Nibelungenlied'* (1827). Sie führt zu Goethes Skizze einer Besprechung (WA. XLIV, 2, S. 471 ff.). Simrocks Übersetzung steht am Anfang einer Reihe ähnlich gearteter Versuche.

Über die ersten englischen und französischen Übersetzungen berichtet Fr. Zarncke gleichfalls a. a. O. Zum Englischen vgl. man F. E. Sandbach *The Nibelungenlied and Gudrun in England and America* 1904 und D. B. Shumway *The*

Nibelungenlied 1909 (Wiedergabe in Prosa). Zum Französischen vgl. man E. Tonnelat *La chanson des Nibelungen* 1926, S. 10.

Auf die neuzeitliche Dichtung hat nicht bloß das NL. sondern allgemein die Nibelungensage in ihren verschiedenen Ausprägungen gewirkt. Man vgl.: G. R. Roepe *Die moderne Nibelungendichtung* 1869; J. Stammhammer *Die Nibelungen-Dramen seit 1850 u. deren Verhältnis zu Lied u. Sage* 1878; K. Weitbrecht *Die Nibelungen im modernen Drama* 1892. — Dem NL. bleiben Fr. Hebbels 'Nibelungen' stofflich am nächsten (abgeschlossen 1860). Die neuzeitlichen Nibelungendichtungen müssen natürlich aus den Antrieben ihrer Entstehung beurteilt werden. Man vgl. etwa die Reihe der Dramen: E. Geibel 'Brunhild' 1857; Fr. Hebbel 'Nibelungen' 1862; R. Waldmüller (Ch. E. Duboc) 'Brunhild' 1874; A. Wilbrandt 'Kriemhild' 1877; den epischen Versuch W. Jordans 'Die Nibelunge': 'Sigfridsage' 1867/68, Hildebrands Heimkehr' 1874 und Agnes Miegels Ballade 'Nibelungen' 1905.

3. Der Aufbau. Im NL. haben ältere Sagenstoffe eine hochmal. Darstellung gefunden. Das NL. steht daher unter der Gefahr, daß man es nicht genügend als Gesamtschöpfung aufnimmt. Jede Behandlung des NL.s setzt voraus, daß man seinen ihm eigentümlichen Aufbau nicht künstlich verkürzt, indem man allzusehr nach der Sage sucht und allzusehr auf den Fortgang der Handlung achtet. Die folgende Skizze hält die einzelnen Av. getrennt, da sich die Dichtung aus Ereignissen und aus Gruppen von Ereignissen aufbaut.

I. II. Im Lande der mittelrheinischen Burgonden wächst Kriemhild auf, die Schwester der Burgondenkönige Gunther, Gernot, Giselher. Sie träumt: Einen Falken, den sie zieht, zerkrallen ihr zwei Adler. Der Falke ist in alter lyrischer Sprache das Sinnbild des Geliebten, im Zusammenhang des NL.s das Sinnbild des ritterlich-heldischen Geliebten (vgl. Th. Frings *Und was im sîn gevidere alrôt guldîn*, PBB. 54 [1930] S. 144—155). Kriemhild hält jungfräulich spröde die Liebe von sich fort. — In den rheinischen Niederlanden und zwar in Xanten wächst Sivrit auf, der Sohn des Königs Sigmund (vgl. Th. Frings *Siegfried, Xanten, Niederland*, PBB. 61 [1937] S. 364 ff.). Das Fest der Schwertleite wird geschildert. Damit wird die ritterliche Lebenskunst dargestellt, die Sivrit durch Erziehung beherrschen lernt. — III. Sivrit will aus Liebe um Kriemhild werben. Die Fahrt wird beraten und vorbereitet. Der Hinweis auf Gunthers Gefolge bringt Hagens Namen. Hagen ist zu hochfahrendem Verhalten fähig. Sivrit ist entschlossen, auch gegen Widerstand seine Werbung zum Ziele zu führen. Mit wenigen Begleitern reitet er in prächtiger Ausrüstung nach Worms. — Ehe Sivrit bei den Burgonden empfangen wird, spricht Hagen über Sivrits früheres Leben: Sivrit (*der starke Sîvrit, der helt von Niderlant*) sollte einst den beiden Nibelungen ihren Hort teilen. Hierbei fallen sie Sivrit an, ohne daß die Ursache deutlich wird. Sivrit erschlägt die beiden Nibelungen und ihre Riesen. Er überwindet zugleich den „starken Zwerg" Albrich und gewinnt so die Tarnkappe. Albrich hat für ihn den Schatz der Nibelungen zu verwalten. Sivrit hat auch einst einen Drachen erschlagen und sich im Drachenblute gehörnt. Wann das geschah, bleibt im Dunkeln. — Sivrit bei den Burgonden. Er fordert ihr Land. Für den Fall seiner Niederlage bietet er sein Erbeigentum als Kampfpreis an. Die Burgonden ersetzen den Kampf um die Macht durch einen Vergleich: sie wollen sich mit Sivrit in die Macht teilen. Klare Folgerungen werden aus diesem Vergleich nicht gezogen. Sivrit lebt nach ritterlicher Art in Worms. Die nie gesehene Geliebte trägt er im Herzen. — IV. Liudiger von Sachsen und Liudegast von Dänemark erklären in Worms den Krieg. Man lehnt den Vergleich ab, da sich der Gast Sivrit erbietet, den Kampf zu führen. Man greift in Sachsen an. Sivrit fängt auf einem Erkundungsritt den Dänenkönig. Der Sachse gibt sich in der Schlacht gefangen, als er Sivrit erkennt. Kriemhild läßt sich berichten. Sivrit bleibt bei den Burgonden um Kriemhilds willen. In Worms rüstet man ein Fest. (Daß Sivrit die Nibelungen überwindet und den Drachen schlägt, sind überkommene Taten, deren Ergebnisse man braucht. Der Sachsenkrieg ist eine Großtat Sivrits, die fest zum Stil des NL.s gehört.) — V. Das Fest in Worms hat romanhaften Glanz: Kriemhild das herrlichste Weib, Sivrit der vollkommenste Mann. Die Liebenden sprechen sich zum erstenmal. — VI. Gunther will Prünhild für sich gewinnen, die jenseits des Meeres wohnt. Sivrit wird für seine Hilfe und damit als Endpreis für seine Leistungen Kriemhild versprochen. Die höfische Vorbereitung der Fahrt und der Abschied bringen Kriemhild und Sivrit abermals zusammen. Im Gegensatz zu dieser Vorbereitung ist die Fahrt selbst „in Recken Weise" eine Viermännerfahrt auf kleinem Schiff. Sivrit will vor Prünhild Gunthers „Mann" sein, ein Dienst, der als Dienst um Kriemhilds willen schwach begründet wird. (Sivrit wird aus dem selbständigen Helden, der ein unmittelbares Kampfziel hat, zum notwendigen Helfer Gunthers.) — VII. In Prünhilds Burg folgt dem höfischen Einzug der höfische Empfang. Prünhild muß erkämpft werden, der erfolglose Werber verwirkt sein Leben. Dieser Kampf ist eine Leistungsprobe, bei der Prünhild selbst mit dem Werber um den Sieg ringt. Der Kampf: Sivrit, durch die Tarnkappe unsichtbar, ist der eigentliche Gegenspieler Prünhilds, während Gunther allen sichtbar die Gebärde des Gegenspielers ausführt. Auf diese Weise siegt Gunther im Gerschießen, im Steinwurf und im Weitsprung. Dieser Wettkampf ist also zugleich Überlistung einer riesenstarken Frau durch die Hilfe eines stärkeren Mannes. Er hat in seiner Unwirklichkeit etwas von dem belustigenden Ernst eines Märchenauftritts. — Die Sieger fühlen sich bedroht, als Prünhild ihre Mannen kommen läßt. — VIII. Sivrit fährt verborgen durch die Tarnkappe ins Nibelungenland, wo er „Landesherr" ist. Den Eingang in seine Burg muß er sich gegen einen Riesen und gegen Albrich erkämpfen, die ihn nicht erkennen. Sivrit führt aus seinem Lande Gunther ein großes Gefolge zu. — Von Prünhilds Reichtum wird verschwenderisch ausgeteilt. Aufbruch aus Prünhilds Burg. (Eine romanmäßige Av., in der die Selbständigkeit Sivrits sichergestellt wird.) — IX. Auf den Rat Hagens wird Sivrit als Bote nach Worms vorausgesandt. Er tut es um Kriemhilds willen. — In Worms rüstet man sich für einen glanzvollen Empfang des Paares Gunther-Prünhild. — X. Höfisch-ritterliche Begrüßung der Ankommenden. — Sivrit mahnt Gunther an das Versprechen. Vor der Tafel dürfen sich daher Sivrit und Kriemhild im Ring des Gefolges verloben. Bei der Tafel der Doppelhochzeit (Gunther-Prünhild, Sivrit-Kriemhild) weint Prünhild, daß Kriemhild an einen Unfreien gegeben ist. Sie will sich Gunther versagen, bis sie den Anlaß weiß. Gunthers Angaben befriedigen sie nicht. — Prünhild fesselt in der Brautnacht den andrängenden Gunther und hängt ihn an einen Wandnagel. — Am nächsten Tage, dem Tage der kirchlichen Einsegnung, verspricht Sivrit seine getarnte Hilfe. — In der nächsten Nacht wird Prünhild von Sivrit in einem derb wilden Ringkampf für Gunther überwunden. Sivrit nimmt ihr Ring und Gürtel, die er beide an Kriemhild gibt. Prünhild verliert mit ihrer Jungfräulichkeit ihre Stärke. (Das Motiv von der Frau, die ein Helfer durch List seinem Herrn erwirbt, ist hier zu einer Art Schwank von großartiger Wildheit ausgestaltet. Doch wird Gunther dadurch nicht spürbar gedrückt, weil der epische Ablauf des Geschehns betont bleibt. Die Hochzeit Sivrit-Kriemhild tritt hinter dieser neuen Prünhildav. Sivrits zurück.) — XI. Sivrit lehnt (im Gegensatz zu seinem ersten Auftreten) ab, daß die Wormser Fürsten ihren Herrschaftsbereich mit ihm teilen. — Sivrit zieht mit Kriemhild in seine Heimat und wird dort König neben Sigmund. — XII. Mit der Doppelhochzeit und der Trennung Sivrits von Worms erreicht die Erzählung einen Halt. Neuen Antrieb gibt, daß von Prünhild die Unabhängigkeit Sivrits nicht begriffen wird, weil er sich vor ihr in den Dienst Gunthers gestellt hat. Prünhild erwirkt, daß man Sivrit und Kriemhild nach Worms einladet. — Botenfahrt Geres zu Sivrit. Empfang am Hofe Sivrits. Beratung und Zusage. — Die Botengaben Sivrits entlocken Hagen den Wunsch, den Nibelungenhort im Burgondenland zu haben (!). — XIII. Großer Empfang Sivrits und Kriemhilds in Worms. Prünhild sieht in Sivrit einen Unfreien von größtem Reichtum. — XIV. Prünhild und Kriemhild streiten über den Rang ihrer Männer. Kriemhild ordnet Sivrit und Gunther rechtlich gleich, sie erklärt Sivrit für den wertvolleren Mann. Zum Erweis will sie vor Prünhild ins Münster gehn. — Kriemhild siegt. Sie spricht vor dem Münster Prünhild als Dirne Sivrits an und zeigt zum Beweise Ring und Gürtel Prünhilds vor. (Vgl. H. Naumann, *Brünhilds Gürtel*, ZfdA. 70 [1933] S. 46 ff.) — Die Frage der beleidigten Prünhild lautet, ob sich Sivrit dessen gerühmt hat, was Kriemhild sagt. Im Ring der Burgonden kann Sivrit diese Frage unter Eid verneinen. — Hagen will an das Leben Sivrits heran. In seinen Worten berücksichtigt er Sivrits Eid nicht. Er gewinnt Gunther mit einem Plan zur heimlichen Tat. (Der Streit der Frauen ist das erregende Ereignis des Gesamtgeschehens. Vgl. Str. B 6 und Str. B 876.) — XV. Man gibt einen erneuten Krieg gegen Liudeger und Liudegast vor. Sivrit ist wiederum bereit. Hagen erfährt durch die besorgte Kriemhild, daß Sivrit durch seine Hörnung nur zwischen den Schultern verwundbar ist. Der Krieg wird durch eine Jagd ersetzt. — XVI. Kriemhild hat ahnende Träume. — Eine romanhaft übersteigerte Jagd zeigt nochmals, was Sivrit bedeutet. Nach Abschluß der Jagd laufen auf Vorschlag Hagens Sivrit, Gunther und Hagen nach einem Brunnen um die Wette, nachdem Hagen dafür gesorgt hat, daß die Getränke fehlen. Der Wettlauf wird zum letzten Sieg Sivrits. Hagen erschießt den trinkenden Sivrit durch einen Gerstoß. Hagen beglückwünscht sich, daß er den Mächtigen beseitigt hat. (Stets ist es Hagen, der die Handlung vorwärts treibt. Nur Str. B 917 wird Prünhild als Ratgeberin genannt; man vgl. auch die Str. B. 845, 864, 1010, 1013.) — XVII. Hagen läßt den Leichnam Sivrits vor Kriemhilds Tür legen. Kriemhild weiß sofort, was geschehn ist. Der Rachegedanke ist da (Str. B 1024). Klug verhindert Kriemhild einen sofortigen Angriff gegen die Burgonden: „bis es sich besser füge". Einsargung Sivrits. Der „Mörder" wird festgelegt: Sivrits Wunden bluten, als Hagen an die Bahre tritt. Kriemhild bezeichnet Gunther und Hagen als schuldig (Str. B 1046). Die Totenfeier. Der überschwengliche Schmerz der Witwe. — XVIII. Sigmund reitet mit Sivrits Mannen fort; sie scheiden aus der Erzählung aus. Kriemhild bleibt zurück. Prünhild kümmert nicht Kriemhilds Schmerz (Str. B 1100).

(Prünhild wird hier zum letzten Male betont erwähnt. Nach dem Frauenstreit tritt sie nicht mehr als handelnde Person auf.) — XIX. Auf Hagens Antrieb erreicht man, daß sich Kriemhild mit Gunther versöhnt und den Hort nach Worms schaffen läßt. Man nimmt Kriemhild den Hort. Hagen versenkt ihn im Rhein. — XX. Der verwitwete Etzel wirbt durch Rüdeger von Bechlarn um Kriemhild. Botenfahrt Rüdegers nach Worms. — Nur Hagen ist dagegen, Kriemhild wieder mächtig zu machen. Kriemhild sagt der Werbung erst zu, nach dem sich Rüdeger heimlich besonders verpflichtet. Sie denkt an Rache für Sivrit und an Ersatz ihrer früheren Machtmittel. Hagen verhindert nochmals, daß Kriemhild Nibelungengold verteilt. Das ist, als ob der Nibelungenhort noch nicht versenkt wäre. Abreise Kriemhilds. (Man spürt, daß der Verbindung Kriemhilds mit Etzel ursprünglich von den Burgonden nicht widersprochen wurde.) — XXI. Reise Kriemhilds Donau abwärts über Passau bis Traismauer (*Treisenmûre*) am Eingang des Tulner Feldes. — XXII. Empfang durch Etzel in Tuln. Hochzeit Pfingsten in Wien. Reise nach der Burg Etzels. (Die Gesamtfahrt eine Einholung von Passau her nach Wien, wenn man das landschaftliche Blickfeld der Erzählung beachtet.) — XXIII. Damit die Erzählung weitergeht, muß genau wie nach Av. XI die eine Partei an die andere herangezogen werden: Kriemhild erreicht, daß Boten nach Worms reiten, um die Wormser einzuladen. Die Boten sollen verheimlichen, daß Kriemhild noch trauert. — XXIV. Ankunft der Boten in Worms. Rat der Burgonden. Hagen widerspricht (unterstützt vom Küchenmeister Rumold) ohne Erfolg der Fahrt. — Abschied, Rückreise, Bericht der Boten. — XXV. Hagen wendet sich gegen den warnenden Angsttraum Utes. Es wird hinzugesetzt: er tue es, weil man ihm Furcht vorgeworfen habe. Rumold, erneut eingeführt, warnt, ohne daß seine Worte an seine Küchenmeisterstellung erinnern. — Aufbruch der Burgonden und Nibelungen (Str. B 1522ff.). Von jetzt an heißen die Burgonden gelegentlich auch Nibelungen (zuerst Str. B 1526). Stockung an der Donau. Hagen wird von zwei Wasserfrauen (Nixen) gewarnt. Hagen erschlägt den widerspenstigen Fährmann. Er setzt das Ritterheer in einem Schiffe über die Donau. Er sucht vergeblich den Kaplan zu ertränken, um die Weissagung der Wasserfrauen zu widerlegen. Hagen zerschlägt das Schiff. (Die Erzählung ist hier an bildhaften Einzelereignissen auffallend reich.) — XXVI. Nächtlicher Kampf der Nachhut unter Hagen und seinem Bruder Dankwart gegen die Baiern. — Passau. An der Grenze von Rüdegers Mark warnt Eckewart, der im Schlafe von Hagen überrascht wurde. Eckewart meldet die Burgonden bei Rüdeger an. — XXVII. In Bechlarn. Auf Anregung Hagens wird die Tochter Rüdegers mit Giselher verlobt. Die Heimführung verschiebt man für die Rückkehr. Die bindenden Geschenke Rüdegers. — Die wartende Kriemhild erinnert an ihr Leid. — XXVIII. Dietrich von Bern reitet den Burgonden entgegen und warnt vor der trauernden Kriemhild. — Die Burgonden am Fahrtziel. Kriemhild fragt beim Empfang Hagen in einem streitenden Gespräch nach dem Hort. Dietrich bekennt, gewarnt zu haben. — XXIX. Hagen und Volker sitzen zusammen. Kriemhild treibt Mannen Etzels zur Rache an Hagen. Hagen und Volker verpflichten sich zur Treue. Sie bleiben nach Hagens Willen vor Kriemhild sitzen. Hagen bekennt, Sivrit erschlagen zu haben, weil Prünhild von Kriemhild geschmäht sei. Die Hunnen wagen nicht, Hagen und Volker, die fest verbunden sind, anzugreifen. — Empfang bei Etzel. — XXX. Hagen und Volker halten die nächtliche Schildwacht. Der fiedelnde Volker. Die Hunnen unterlassen einen Überfall, als sie Hagen und Volker sehen. — XXXI. Vor dem Kirchgang rät Hagen zur Bewaffnung und weist auf das Kommende. Der fragende Etzel wird nicht aufgeklärt. — Im Massenkampfspiel durchsticht Volker einen Hunnenritter. Etzel verhindert den allgemeinen Kampf. — Kriemhild sucht Hilfe. Dietrich lehnt ab. Blödel, der Bruder Etzels, sagt zu. — Kriemhild läßt ihren kleinen Sohn zur Tafel bringen, um einen Anlaß zum Streit zu schaffen. — XXXII. Blödel greift Dankwart und die Knappen an. Blödel fällt. Dankwart schlägt sich durch. (Dankwarts Kampf ist wie alle folgenden Kämpfe übersteigert gesehen.) — XXXIII. Auf Dankwarts Anruf erhebt Hagen im Saal den Kampf gegen die Hunnen, indem er den Sohn Etzels erschlägt. — Dietrich bringt mit seinen Mannen auf Bitten Kriemhilds Etzel und Kriemhild aus dem Saal. Rüdeger folgt. Volker tritt als Kämpfer stark hervor. Die eigentlichen Hunnen sind nach diesem ersten Saalkampf abgetan. — XXXIV. Die toten Hunnen werden aus dem Saal geworfen. — Etzel wird von Hagen verspottet. — XXXV. Der Däne Iring fällt nach mannigfachen Kämpfen durch Hagen. Alle Dänen und Thüringer werden erschlagen. — XXXVI. Die Burgonden sprechen mit Etzel und Kriemhild über die Kampfbedingungen. Die Auslieferung Hagens wird von den Burgonden verweigert. Kriemhild läßt den Saal anzünden. Alle Angriffe werden abgeschlagen. — XXXVII. Der trauernde Rüdeger wird von Kriemhild an seinen Eid erinnert. Kriemhild wird von Etzel unterstützt. Der Seelenkampf Rüdegers. — Abschied Rüdegers von den Burgonden. Rüdeger gibt seinen Schild an Hagen. (Vgl. zum Sinnbildlichen dieser Szene: H. Naumann *Rüdegers Tod*, D. Vierteljahrss. f. Liter. u. Geistesgesch. 10 [1932] S. 387ff.) — Gernot und Rüdeger erschlagen sich gegenseitig. Rüdegers Mannen fallen. Kriemhild wird von Volker angesagt, daß Rüdiger tot ist. — XXXVIII. Hildebrand, begleitet von den Mannen Dietrichs, fordert von den Burgonden den Leichnam Rüdegers. Der jugendliche Wolfhart wird durch Volker zum Kampfe gereizt. Der Kampf entbrennt von neuem. Volker fällt durch Hildebrand. Wolfhart und Giselher erschlagen sich gegenseitig. Hildebrand, von Hagen verwundet, entkommt allein von allen Mannen Dietrichs. Im Saal leben nur noch Gunther und Hagen. Klage Dietrichs. (Gunther tritt in allen Kampfszenen wie auch sonst gegenüber den Lieblingsgestalten der Erzählung zurück.) — XXXIX. Dietrich fordert Gunther und Hagen vergeblich auf, sich ihm gefangen zu geben. — Hagen und dann Gunther werden von Dietrich nach ihrer Verwundung gefangen und gefesselt. — Nach der Gefangennahme Gunthers und Hagens wird die Erzählung in steilem Abfall durch etwa ein Dutzend eindrucksvoller Strophen zu Ende geführt: Kriemhild stellt an Hagen die Frage nach dem Hort, ohne daß diese Hortfrage von ihr erläutert würde. Hinhaltende Antwort Hagens. Tod Gunthers hinter der Szene. Hagens Weigerung. Hagen wird von Kriemhild erschlagen, Kriemhild von Hildebrand. Klage Dietrichs und Etzels.

4. Quellenfrage. Es ist der Forschung lange Zeit schwer geworden, die verschiedenen Gestaltungen des Sagenstoffes, der auch im NL. aufgenommen ist, gemäß ihrem geschichtlichen Entstehungsort als Einheiten eigener Art zu sehn. Bezeichnend ist die Auffassung W. Grimms (*Die deutsche Heldensage* 1829). Ihm gilt zwar das NL. als eine zeitbestimmte „Äußerung" von Sage. Diese Sage selbst aber nimmt er als ein einheitliches Ganzes, das zum mindesten als Möglichkeit den verschiedenen (und zwar vor allem den älteren) Darstellungen zu Grunde liegt. Bei dieser Auffassung wird die „ursprüngliche" Sage nur zu sehr zu einem vollkommenen Gebilde, das sich als geschichtliche Einzelschöpfung nicht greifen läßt. Auch den Begriff des Epos schränkt W. Grimm nicht auf bestimmte, geschichtlich greifbare Werke ein. Epos ist nahezu der Formbegriff, der zu der gedanklichen Einheit der „ursprünglichen" Sage gehört. Der „ursprünglichen" Sage wird durch diesen Formbegriff zugesprochen, daß sie „das ganze Leben" darstellen will. Vom Epos kann daher gesagt werden, daß es sich bewege und umgestalte, solange es „die Kraft lebendiger Einwirkung" habe. Dementsprechend wird das NL. nicht so sehr auf Grund überkommener Sage geschaffen, als vielmehr hergerichtet. W. Grimm läßt dabei unentschieden, ob das NL. „eine Sammlung und Verbindung" einzelner Lieder sei oder ob man in ihm „ein daneben längst bestehendes, das Ganze oder einen großen Teil des Ganzen befassendes Gedicht" durch einzelne Lieder erweitert habe. Ganz anders trat für A. W. Schlegel das geschichtliche Einzelwerk heraus. Auch er sonderte weder stofflich noch gattungsmäßig das NL. von früheren Gestaltungen der Sage. Aber er hatte nicht nur den Begriff der „Heldendichtung", zu der wirkliche Verfasser gehören (Heidelberger Jahrb. 1815, Nr. 46. 48). Der Verfasser des NL.s war ihm obendrein „ein sehr kunstreicher und bis in die feinsten Züge sorgfältiger Dichter" (Deutsches Museum 1812, I, 1, S. 9ff., I, 6, S. 505ff., II, 7, S. 1ff.; vgl. Fr. Schlegel *Wiener Vorlesungen* 1812). Angeregt durch Joh. v. Müller (*Schweizer. Geschichte*, 2. Ausg. II, 2, Anm. 130) setzte er vier Entwicklungsstufen der Dichtung an: 1) Grundlage „kurz nach den Zeiten Attilas und Theoderichs des Großen", 2) „Umgestaltung" des 10. Jh.s in der Zeit Pilgrims v. Passau, 3) „vor Erhebung Österreichs zum Herzogtum (1156)", 4) das NL. als Werk eines Österreichers „im Dienste eines Babenbergischen Fürsten". — Es kam darauf an, W. Grimm und A. W. Schlegel zugleich in der Forschung zur Wirkung zu bringen. Aber der Fortgang der Forschung ist stark durch K. Lachmanns Ansicht vom NL. bestimmt worden. Lachmann glaubte (durch Fr. A. Wolffs Auffassung der Ilias beeinflußt: *Prolegomena ad Homerum* 1795) 20 Lieder, „die schönsten Volkslieder aus den Jahren 1190—1210", aus dem NL. ausschneiden zu können (*Zu den Nibelungen und zur Klage* 1836. Vgl. auch: *Über die ursprüngliche Gestalt des Gedichts von der Nibelungen Noth* 1816 = *Kl. Schr.* I S. 1ff., wo zugleich angedeutet war, was für „einen einzigen Verfasser" zu sprechen scheine). Mit dem Begriffe des Liedes war ein wichtiger Begriff eingeführt. Aber schon J. Grimm hat von seinem Standort aus den Stil des Epos von dem „knappen Romanzenstil" des Volksliedes abgesetzt (*Rede auf Lachmann* 1851 = *Kl. Schr.* I S. 145ff.).

Lachmanns Auffassung, die ein Ganzes zersprengte, was nicht ausschloß, daß sie sich auf richtige Beobachtungen stützte, hat nie allgemein gegolten. Doch hat sie, wohl nicht wenig unter K. Müllenhoffs Einfluß, lange gewirkt. In W. Scherers *Geschichte der Deutschen Literatur* (1. Aufl. 1883) war sie festgehalten. Demgegenüber seien hier einige Stellen angeführt, an denen Lachmanns Auffassung nachdrücklich oder zurückhaltend abgelehnt wird, wobei unbeachtet bleiben muß, welche Gründe zu einer solchen Entscheidung führten oder welches Gewicht sie hatten: W. Müller *Über die Lieder von den Nibelungen* 1845; A. Holtzmann *Untersuchungen über das Nibelungenlied* 1854; Fr. Zarncke *Zur Nibelungenfrage* 1854; H. Fischer *Nibelungenlied oder Nibelungenlieder?* 1859; K. Bartsch *Untersuchungen über das Nibelungenlied* 1865, — weiterhin etwa aus dem Schluß des 19. Jh.s: W. Wilmanns, Besprechung v. H. Lichtenberger, *Le poème et la légende des Nibelungen* (1891), AfdA. 18 (1892) S. 66ff.; E. Kettner *Die österreichische Nibelungendichtung* 1897; A. E. Schönbach *Das Christentum i. d. altd. Heldendichtung* 1897. Um die Jahrhundertwende ist die Überzeugung durchgedrungen, daß man nicht aus dem NL. ursprünglichere Zustandsformen seines Erzählungsstoffes herausschneiden kann (vgl. W. Braune PBB. 25 [1900] S. 1 und auch K. Zwierzina ZfdA. 44 [1900] S. 86).

Trotz aller Ansätze zu einer Geschichte des Erzählungsstoffes, der in das NL. eingegangen ist, lagen um die Jahrhundertwende die Beobachtungen eines Jh.s als eine verhältnismäßig ungestaltete Masse da. Diese Masse wurde durch A. Heusler entscheidend in Bewegung gebracht, als er die Eigenart der Darstellungsformen „Lied" und „Epos", soweit in ihnen germanische Sage geschichtliches Leben gewinnt, zu bestimmen suchte (*Lied und Epos in germ. Sagendichtung* 1905; Anregung durch W. P. Ker *Epic and Romance* 1897). Ihm ergab sich etwa folgendes: Das epische Lied ist wie das Epos auf eine ganze Fabel gerichtet. Lied und Epos lassen sich daher nicht an der Fabel, sondern nur an der „inneren Erzählform" unterscheiden: zum Liede gehört „Knappheit" und „Gedrungenheit", zum Epos „Breite". Lachmanns Lieder sind keine Lieder, sondern unselbständige Teile eines Epos (vgl. schon Fr. Zarncke *Das Nibelungenlied*, 1. Aufl. 1856, S. XXXV). Aus dem Zusammenordnen von Liedern entsteht kein Epos: „Der Weg vom Liede zum Epos ist Anschwellung". Das NL. weist auf zwei grundlegende „Liedinhalte" zurück: auf die „Brünhildsage" und die „Burgundensage". (Über diese Charakteristik von Lied und Epos siehe unten Abschn. 8.) Aus den Bestimmungen A. Heuslers folgt: Wer nach den Quellen des NL.s fragt, muß festlegen, in welchen geschichtlichen Sondergestaltungen sich die sagenmäßigen Inhalte des NL.s von ihrem Ursprung her bis zum NL. hin verwirklicht haben. Im folgenden ist daher eine Geschichte dieser sagenmäßigen Inhalte zu skizzieren, soweit sie für die Entstehung des NL.s Bedeutung haben. Dabei muß von den Sageninhalten, die wirklich überliefert sind, ausgegangen werden. (Die Behandlung einer Geschichte der Nibelungensage im allgemeinen liegt außerhalb der hier vorliegenden Aufgabe.)

Germanische Liedinhalte. Sie sind nur in nordgerm. Form altisl. Überlieferung durch die sog. Liederedda erhalten, die als Sammlung etwa gegen die Jahrhundertmitte des 13. Jh.s entstanden ist. Es muß hier genügen, auf die altertümlichsten Dichtungen hinzuweisen.

1) Die sog. Jungsiegfriedsage. Die nordgerm. Fassung liegt in den Reginsmál und Fáfnismál und den Andeutungen der Sigrdrífumál, die auf die Fáfnismál aufschließen, vor. (Vgl. den Artikel vom 'Hürnen Seyfrid'.) Der Held, der einen großen Wurm schlägt und einen Hort gewinnt, der elbischen Wesen zugehört und eine Jungfrau erlöst, bewegt sich in einem märchenhaften Lebenszug und hat daher bei aller sagenmäßigen Härte etwas von der Unbestimmtheit des Märchenhelden. Es läßt sich nichts Siche-

res darüber ausmachen, in welcher Form diese Motive ursprünglich gelebt haben (s. u.). Doch ist dieser Sigfrid—Sigurd streng auf den Helden der Sigfrid-Brünhildsage bezogen.

2) Die Sigfrid-Brünhildsage (nach der zum größten Teil verlorenen ältesten Fassung: dem 'Brot af Sigurđarkviđu'):

Sigurd, durch besondere Taten ausgezeichnet, hat sich mit Gunnar und Högni, den Söhnen Gjukis (Gibichs) verbunden. Ihre Schwester Gudrun wird Sigurds Frau. Gunnar will Brynhild zur Frau. Sigurd weist zu Brynhild den Weg. Er reitet zu ihr in Gunnars Gestalt durch die Waberlohe und erhält so ihren Ring. Im Bad streiten sich Brynhild und Gudrun über den Wert ihrer Männer. Gudrun entscheidet durch den Ring für Sigurd. Die getroffene Brynhild will von Gunnar Sigurds Tod: Sigurd habe ihn betrogen. Gunnar ist bereit, Högni rät ab. Sie lassen Sigurd von ihrem Bruder Guttorm „südlich des Rheins" erschlagen. Högni sagt der Gudrun an, was geschehen ist. Brynhild lacht. Gudrun flucht dem Mörder Gunnar. Brynhild bekennt, daß Sigurd die Eide hielt. Das 'Lied' bricht ab. (Daß Brynhild den Tod sucht, ist notwendige Folge.)

3) Das Ende der Gibichungen (nach der 'Atlakviđa'):

Gunnar und Högni, die Söhne Gjukis, werden von Atli eingeladen. Atli verspricht reiche Schenkung. Gunnar, der Besitzer eines reichen Hortes und zwar des Nibelungenhortes, braucht keine Gaben. Högni stellt fest, daß die Schwester Gudrun, die Gemahlin Atlis, die Brüder warnt. Gunnar will, daß man sich der Gefahr stellt. Ritt zu Atli. Durch neue Warnung der Schwester wird das drohende Unheil aufgewiesen. Gunnar (*vinr Borgunda*) wird gefesselt, Högni wird überwältigt. Frage an Gunnar, ob er mit Gold, also mit Preisgabe seiner Machtmittel das Leben kaufen will. Gunnar verlangt Högnis Herz. Er nimmt so den Hunnen den vollen Erfolg: der Rhein wird der Herr über das streitschaffende Erz sein. Gunnar im Schlangenhof. Gelage der Hunnen. Rache der Gudrun: Sie gibt Atli das Herz seiner Söhne Erp und Eitel zu essen. Sie tötet Atli. Sie zündet die Halle Atlis an und findet so selbst den Tod.

Die älteste dieser Liedfabeln ist die Geschichte vom Ende Gunthers und Hagens, die zugleich auch die Geschichte von der Rache der Schwester und damit vom Ende Etzels ist. Dieser Liedgehalt setzt den Tod Attilas (v. J. 453) voraus, der nach Jordanes-Priscus in der Hochzeitsnacht mit einer Ildiko durch Trunkenheit erstickte. Für die Zeit bald nach 435 (etwa für das J. 436/437) wird berichtet, daß der Burgundenkönig Gundicarius mit seinem Volke (also wohl mit seinem Heere) von den Hunnen vernichtet sei. Das Ereignis selbst, das sich westlich des Mittelrheins abgespielt haben muß, liegt in einem nicht aufhellbaren Dunkel (vgl. E. Stein XVIII. Bericht der röm.-germ. Kom. 1928 S. 92ff. und K. Weller *Die Nibelungenstraße*, ZfdA. 70 [1933] S. 57/58). Die Fassung, die der Norden überliefert, mit ihrem machtgierigen Etzel und der Frau, die den Tod ihrer Brüder an ihrem Manne rächt, weicht von der ma.-deutschen Überlieferung ab, in der sich die Frau des zurückhaltenden Etzel für den Tod Sigfrids rächt. Die Fassung des Nordens, die ohne Beziehung auf das Ende Sigfrids verständlich ist, stellt die älteste Fassung dieses germ. Liedgehaltes dar. Diese alte Dichtung braucht als männliche Gegenspieler Etzels nur Gunther und Hagen. — A. Heusler spricht ihren Schöpfer als einen merovingischen Franken an: das Lied „die Zeugung eines namenlosen Dichters, dessen Bilddrang befruchtet, vielleicht angeregt war, durch Gerüchte aus der rheinischen Nachbarschaft und von weit hinten im Hunnenland" (*Nibelungensage und Nibelungenlied* 1921, S. 43). D. v. Kralik sieht in ihrem Verfasser einen burgundischen „Hofpoeten" (*Deutsche Heldendichtung* = Das MA. in Einzeldarst., 1930, S. 187). H. de Boor hat die Ansicht ausgesprochen, daß diese alte Fassung noch vor d. J. 500 im germanischen Ostraum entstanden und von da unmittelbar nach dem Norden gewandert sei (*Das Attilabild in Geschichte, Legende und heroischer Dichtung* 1932). Demgegenüber weise ich auf die Bedenken hin, den Gunther dieser Fassung von dem burgundischen Gunther und ihren Hagen vom Hagen der Sigfridsage abzulösen. — Eine Frage für sich ist, ob die Geschichte von Sigmund, Signy und Siggeir der Völsungasaga (Kap. 3ff.) ihrem Ursprunge nach als ein späteres Nachbild des Gibichungenendes zu gelten hat (so A. Heusler BSB. 1919, S. 162ff. und Fr. v. d. Leyen *Deutsches Sagenbuch* [2]II [1923] S. 277ff.) oder aber als sein älteres Vorbild (so D. v. Kralik *Deutsche Heldendichtung* 1930, S. 188/89).

Die Geschichte von Sigfrids Tod gleicht in ihrer ethischen Grundhaltung der Geschichte vom Ende der Burgunden, hat aber bemerkenswerte Sonderzüge. Sie bekommt durch den Streit zweier Frauen (zweier Hilden) über den Wert ihrer Männer einen novellistischen Zug. Vor allem unterscheidet sich die Gestalt Sigfrids von den bezeichnenden Gestalten der Heldensage. Er ist der aus der Ferne Eindringende mit einer ins Märchenhafte abgewandelten Vergangenheit. Sein Tod läßt sich daher doppelt begründen: Rache Brünhilds und Beseitigung des allzu Mächtigen, der eingesippt ist. Sigfrid hat außerdem weder im Widerstand noch im Angriff an der entscheidenden Schlußhandlung teil (vgl. auch H. de Boor a. a. O. S. 38). Sein Ende hat insofern Beziehung zu einem Märchen- oder Novellenende mit unglücklichem Ausgang. Zwar kann man nicht die Geschichte von Sigfrids Tod mit Fr. Panzer (*Studien zur germ. Sagengeschichte II. Sigfrid* 1912) auf echte Märchen zurückführen. Aber die innere Form der Sage hat, wenn man von der eigentlichen Brünhildtragödie absieht, eine Unbestimmtheit, die bis in das NL. wirkt. Man beachte auch, daß am Schluß die burgundischen Brüder und ihre Schwester für weitere Schicksale frei bleiben. All diese Züge sprechen für eine jüngere Entstehung der uns greifbaren Sagenfassung. — Versuche, den unmittelbaren Anstoß zur Geschichte von Sigfrids Tod in einem geschichtlichen Ereignis festzulegen, haben dazu geführt, Motive von verschwimmender Ähnlichkeit in der Geschichte Chlodwigs und der beiden ihm folgenden Generationen aufzuweisen (vgl. hierzu H. Schneider *Germ. Heldensage* I S. 186/87 u. 189). Zum Ziele führt das nicht. Man sieht das besonders deutlich an den künstlichen Umgestaltungen des Geschichtlichen, die G. Schütte ansetzen muß, um die Geschichte von Brünhilds Rache und Sigfrids Tod gegenüber veralteten romantisch-mythischen Auslegungen des 19. Jh.s an Einzelereignisse der merowingisch-fränkischen Geschichte anzuknüpfen (*Sigfrid und Brünhild. Ein als Mythus verkannter historischer Roman aus der Merowingerzeit* 1935). Dasselbe gilt grundsätzlich für eine Geschichte, die Prokopios in seinem Gotenkrieg (3, 1) gegen 550 von einer gotischen Königin berichtet, die im Bade von einer Gotin beleidigt wird und durch den Gotenkönig den Mann ihrer Feindin beseitigen läßt (vgl. A. Heusler *Nibelungensage und Nibelungenlied* ²1923, S. 13/14 u. AfdA. 53 [1934] S. 169ff. zu M. Lintzel *Der historische Kern der Siegfriedsage* [Histor. Studien 245] 1934). All diese Geschehnisse mit ihren novellistischen Zügen zeigen uns, was dem Germanentum dieser Zeit im germ. Westraum möglich ist. Als Ergebnis bleibt: Die Sage fügt sich in der gegebenen Prägung am besten in das austrasische Franken der Merowingerzeit ein. Sie mag im späteren 6. Jahrhundert oder spätestens in der 1. Hälfte des 7. Jahrhunderts entstanden sein. Vor 800 wanderte sie nach dem Norden (G. Neckel *Beitr. z. Eddaforschung* 1908, S. 190ff.). — Es läßt sich nichts Gewisses darüber ausmachen, ob eine ältere Dichtung benutzt ist (Erwägungen, die auf ein älteres Vorbild der Fabel hinweisen bei D. v. Kralik *Deutsche Heldendichtung* 1930, S. 189). Die für uns greifbare Dichtung setzt die Dichtung (Heldensage) vom Ende der Gibichungen (Nibelungen) voraus, zu der das feste Paar Gunther-Hagen und ihre Schwester gehören. Die Lex Burgundionum (Beginn des 6. Jh.s) nennt für das 5. Jh. *Gibica*, *Godomar*, *Gislahari*, *Gundahari*, deren Namen in der Sage als Namen eines Vaters und seiner drei Söhne erscheinen. Für die drei Brüder, zu denen Hagen in unsicherer Stellung (etwa als Halbbruder) tritt, gibt erst die Geschichte von Sigfrids Tod Raum. Giselher muß zum mindesten in einem Teil der Überlieferung ausgefallen sein; ich verweise auf den Norden. Der Name Godomars ist in der Überlieferung zum mindesten verändert worden. Es bleibt zu erwägen, daß schon bei der Entstehung der Sage literarisches Wissen bei der Namengebung mitgeholfen hat (vgl. etwa W.

Wilmanns, Abh. d. Gött. Ges. d. Wiss., NF. VII, 2, 1903, § 26).

Es bleiben die Fragen: Seit wann leitet man gemäß der mal.-deutschen Fassung das Ende Gunthers und Hagens aus einer Rache ab, die ihre Schwester für den Tod Sigfrids nimmt? Und damit zusammenhängend: Seit wann hilft Dietrich von Bern, der einem milderen Etzel verbunden ist, Gunther und Hagen besiegen und rächt sie sodann an ihrer Schwester? A. Heusler (*Nibelungensage und Nibelungenlied* 1921, § 27ff.) setzt diese Umformung als einheitlichen Vorgang in den bairisch-österreichischen Raum des 8. Jh.s. Das Etzelbild der gotisch-alpenländischen Sage vom Schicksal Dietrichs von Bern würde an dem äußeren Anstoß dieser Umformung beteiligt sein. H. Hempel (*Nibelungenstudien* I, 1926, S. 82. 101ff.) glaubt die Rollenvertauschung zwischen Etzel und der Schwester der Burgunden erst dem 11. oder 12. Jh. zuweisen zu dürfen. Zum mindesten scheint ihm der Dietrich von Bern, der in dieser Fassung ursprünglich (statt Hildebrand) die Schwester der Burgunden erschlagen haben muß, für die ältere Zeit nicht zum Dietrich von Bern der alpenländisch-bairischen Dietrichsage zu passen. Auch D. v. Kralik (a. a. O., 1930, S. 190) setzt die Rache an den Brüdern erst spät, etwa um 1100 an. Iring, Rüdeger und Dietrich sollen erst in einer weiteren Umarbeitung hinzugetreten sein, die ihm für 1160 durch Metellus von Tegernsee (vgl. W. Grimm *Die deutsche Heldensage* Nr. 31) gesichert gilt. Für H. de Boor, der die Geschichte vom Ende Gunthers und Hagens in einem ostgotischen Einflußraum des 5. Jh.s entstehen sieht (*Das Attilabild* usw., 1932, S. 39/40), läßt der germ. Norden die beiden Liedfabeln von Sigfrids Tod und vom Ende Gunthers und Hagens ohne innere Verbindung, weil die Heldenfabel vom Ende der Brüder aus dem alten östlichen Gotenraum und die Heldenfabel von Sigfrids Tod von Franken her in den Norden einwandert. Daraus folgt ihm: im Süden hat man schon „frühzeitig" (also doch wohl vor dem 8. Jh.) das Ende der Burgunden als Folge von Sigfrids Tod dargestellt und zwar grade in Franken, wo die Geschichte von Sigfrids Tod bodenständig ist, sodaß der Einfluß der Dietrichsage mit ihrem Etzelbild nur mithilft. Dabei könnte sich für ihn die innere Angleichung ungefähr so vollzogen haben, wie sie A. Heusler betrachtet. Es bleibt als Ergebnis: Wir kommen hier nie über das Mögliche und allenfalls über das Wahrscheinliche hinaus (vgl. auch H. de Boor, a. a. O. S. 36). Die Grundfassungen des germ. Südens sind nun einmal nicht mehr vorhanden. Das Dunkel, das hier über der Geschichte liegt, will als Tatsache hingenommen sein. — Der Name Gudrun des Nordens für die Kriemhild des Südens mag als Gundrun ursprünglich dem Liede von Sigfrids Tod zugehört haben wie der Name Grimhild dem Untergangslied. Hießen die Helden des Untergangsliedes ursprünglich Nibelungen, um erst durch das Lied von Sigfrids Tod auch zu Gibichungen zu werden, oder war es umgekehrt? (Vgl. H. Schneider *Germ. Heldensage* I [1928] S. 205ff., der dafür eintritt, daß der Name Nibelungen ursprünglich den Burgunden etwa als „Bezeichnung des Herrschergeschlechts" gehörte.) Gewiß ist, daß Ausgleiche zwischen den Fassungen vorliegen. — Es fällt auf, daß *Grīmhild* im NL. *Chriemhild* heißt: mit anlautendem *Ch* = *C*(*K*) und vor allem mit *ie* < *ē*. (Ich verweise auf die Form *Chūdrun*, Bd. II Sp. 961/62.) Soll man wirklich in dem anlautenden *Ch* den südostdeutschen Ersatz eines mündlich weitergetragenen nordwestdeutschen *G* sehn? (Vgl. etwa A. Heusler *Heldennamen in mehrfacher Lautgestalt*, ZfdA. 52 [1910] S. 100. 105/06, wo weitere Lit.) Oder ging der Weg dieses Namens von Franken nach Baiern, dann mit einer Art bairischen Form nach Franken zurück (Lorsch 766 = *Cremhild*) und schließlich mit dieser oberdeutsch-fränkischen Form wieder nach Baiern? (So G. Baesecke, Wissensch. Forschungsber. III [1919] S. 89 und: *Gudrun-Kriemhilt, Grimhild-Uote, Guthorm-Gernot*, PBB. 60 [1936] S. 371ff.; dazu E. Schröder AfdA. 56 [1937] S. 56/57.) Deutlich ist nur, daß es sich wie bei dem Namen *Chu-*

drun um eine Namensform handelt, die als Überlieferungsart der Heldenfabeln den mündlichen Vortrag der liedmäßigen Heldendichtung voraussetzt.

Die Ottonenzeit. In der 'Klage' (V. 3464—80) heißt es, daß Bischof Pilgrim von Passau (971—91) die 'Not' vom Ursprung bis zum Ende durch Meister Konrad *mit latînischen bûchstaben* habe schreiben lassen. Von hier aus hat W. Wilmanns wenigstens für den eigentlichen Untergang der Burgunden mit einem lat. Werk der Ottonenzeit gerechnet, ohne zu glauben, daß es auf das NL. entscheidend eingewirkt habe (*Der Untergang der Nibelunge*, Abh. d. Gött. Ges. d. Wiss., NF. VII, 2, 1903, § 27). G. Roethe hat versucht, diese lat. Dichtung aus dem 2. Teil des NL.s heraus zu bestimmen (*Ueber Nibelungias und Waltharius*, BSB. 1909, S. 649ff.). Dagegen hat vor allem Fr. Vogt gesprochen, wobei er die Quellenangabe der 'Klage' als literarische Wendung nimmt (*Volksepos und Nibelungias*, Mitt. d. schles. Ges. f. Volkskunde 13/14 [1911] S. 484ff. u. *Zur Gesch. d. Nibelungenklage*, Festgabe z. 52. Vers. deutscher Phil. u. Schulm. zu Marburg [1913] S. 139ff. — Zur Quellenangabe der 'Klage' vgl. auch Fr. Wilhelm, PBB. 33 [1908] S. 331ff.). Nochmals hat sodann H. Bork versucht, die Möglichkeit einer Nibelungias zu erwägen (*Nibelungenlied, Klage und Waltharius*, GRM. 15 [1927] S. 395ff.). — Der '*Waltharius*' Ekkehards v. St. Gallen (s. d.) zeigt, wie in einer lat. Dichtung des 10. Jh.s Gestalten von Heldenfabeln gesehn werden. Von einer ähnlich gearteten 'Not'-Dichtung, die übrigens als Buchdichtung nicht ohne Andeutung der Vorgeschichte, nämlich der Geschichte von Sigfrids Tod ausgekommen wäre, gibt es im NL. keine sichere Spur. Falls es diese unwahrscheinliche lat. Dichtung gegeben haben sollte, können wir sie nicht erkennen. In der Vorgeschichte des NL.s hat sie keine Stelle. — Daß mit den *latînischen bûchstaben* der 'Klage' (v. 2145) nur die lat. Sprache und nicht eine Schriftart gemeint sein kann, darüber abschließend: C. v. Kraus, *Die 'latînischen bûchstabe' der 'Klage' v. 2145*, PBB. 56 [1932] S. 60ff., 318/19; E. Sievers *In lateinischen bûchstaben*, PBB. 56 (1932) S. 75ff. Auch ohne dies ist es unmöglich, ein deutschsprachiges Epos vom Untergang der Burgunden für das 10. Jh. anzusetzen, wie dies A. Schröfl tut, der ein solches Werk von Pilgrim von Passau für die Ungarnmission schaffen läßt (*Der Urdichter des Liedes von der Nibelunge Nôt und die Lösung der Nibelungenfrage* 1927; *Und dennoch — die Nibelungenfrage gelöst!* 1931). Die deutsche Sprache ist in diesem Sinne für das 10. Jh. keine Buchsprache. Pilgrim von Passau wird erst im NL. mit den Burgunden-Nibelungen verknüpft sein, da die Entstehung des NL.s mit Passau zu tun hat (vgl. unten Abschn. 7).

Deutsche Dichtungen in der norwegischen Thidrekssaga. (Ausgabe der Thidrekssaga: H. Bertelsen *Þidreks Saga af Bern*, Samfund til udgivelse af gammel nordisk litteratur 34, 1. 2, Kopenhagen 1905—11. Übersetzung: F. Erichsen *Die Geschichte Thidreks von Bern*, Thule, 2. Reihe, 22. Bd., 1924.) Um 1250 wird in Norwegen, wahrscheinlich in Bergen, eine Dietrichchronik geschrieben, die sich aus Erzählungen und Liedern deutscher (sächsischer) Männer herleitet. Über die Entstehungsweise dieser sagenmäßigen Chronik vgl. D. v. Kralik *Die Überlieferung und Entstehung der Thidrekssaga* (Rheinische Beitr. u. Hülfsbücher 19) 1931; dort Auseinandersetzung mit der älteren Literatur.

Diese Dietrichchronik berichtet auch von Sigurd und den Niflungen (wie allein hier die Burgunden heißen) in Teilen, die durch andere Erzählungsstücke getrennt sind.

1. Der junge Sigurd (I S. 282—319 = Kap. 262ff.). Sigmund wirbt mit Erfolg um Sisibe. Diese wird von den Vertretern des Königs schuldlos verläumdet und in den Wald verbannt. Sie gebiert Sigurd und stirbt. Sigurd, auf wunderbare Weise gerettet, wird von einer Hindin gesäugt (Kap. 262—67). Der Schmied Mime nimmt Sigurd auf. Sigurd wird überstark. Mime will den Lästigen durch seinen Bruder Regin, der ein Drache geworden ist, erledigen. Sigurd erschlägt den Drachen und hörnt seine Haut im Drachenblut. Auch er-

schlägt er Mime (Kap. 268—72). Sigurd vor Brünhilds Burg. Er sprengt die Tür und überwältigt die Wächter. Brünhild nennt ihm seine Herkunft. Er fängt sich das Roß Grane, eine Leistungsprobe (Kap. 273). — 2. Sigurd und Gunnar heiraten (II S. 37—43 = Kap. 319). Sigurd im Niflungenland. Er heiratet Grimhild, die Schwester Gunnars und Högnis und erhält das halbe Reich Gunnars. Gunnar und Sigurd begeben sich nach Seegard zu Brünhild. Sigurd wirbt durch Überredung bei Brünhild für Gunnar. (Nach nordischer Sage ist hierbei vorausgesetzt, daß sich Sigurd bei einem ersten Zusammentreffen bedingt an Brünhild gebunden hatte.) Gunnar wird von Brünhild in der Brautnacht gefesselt. Sigurd nimmt ihr im Einverständnis mit Gunnar das Magdtum und damit die Kraft. Sigurd zieht einen Ring von Brünhilds Hand. Heimkehr von der Burg Brünhilds in das Niflungenland. — 3. Die Geschichte von den Niflungen: Sigurds Tod, Rache Grimhilds (II S. 258—68, 275—328 = Kap. 387—91, 396—413. — Eingeschoben ist nach Sigurds Tod die Geschichte von Hertnid und Ostacia: II S. 268—75 = Kap. 392—95. Aber die älteste norweg. Pergamenths. Mb von Ende des 13. Jh.s gibt eine Überschrift über den ganzen Teil. Vgl. D. v. Kralik a. a. O. S. 31/32). Über das Niflungenland herrschen in Werniza die beiden Brüder Gunnar und Högni und mit ihnen Sigurd. Sigurds Frau ist Grimhild, die Schwester der beiden Brüder, Gunnars Frau ist Brünhild. Die beiden Frauen streiten in der Halle um den Vorrang. Grimhild zeigt durch den Ring, wer Brünhild das Magdtum genommen hat. Die erniedrigte Brünhild regt Gunnar, Högni und Gernoz (!) zur Rache an. Man will sich vom Machtdruck Sigurds befreien. Jagd. Sigurd wird von Högni erschlagen. Man legt den toten Sigurd der Grimhild ins Bett. Grimhild bezeichnet den Mörder. Die Brüder und Brünhild sind guter Laune (Kap. 387—91). — Attila von Susat (Soest) wirbt durch Osid um Grimhild: Einigung. Attila in Werniza: Heirat, Rückkehr ins Hunnenland, Grimhild weint um Sigurd. Grimhild legt ihrem Manne ihren Anspruch auf Sigurds Reichtum dar: Einladung an die Brüder Gunnar, Högni, Gernoz und Giselher (!). Högni warnt: Streitrede mit Gunnar; Högni bei Folkher. Die Mutter Oda warnt: Högni lehnt Frauenträume ab. Der junge Giselher entscheidet sich gegen den Wunsch der Mutter für die Fahrt. Aufbruch. Högni und die Wasserfrauen. Fahrt über die Donau: Högni und der Fährmann. Högni und Eckeward an der Grenze von Rodingeirs Land: Eckeward warnt. Beim Markgrafen Rodingeir: Giselher wird mit Rodingeirs Tochter verlobt. Ankunft in Susat: Thidrek begrüßt die Niflungen; Grimhild trauert um Sigurd. Auseinandersetzung zwischen Högni und Grimhild. Begrüßung durch Attila. Das Paar Högni und Folkher. Die Gasterei im Garten: Grimhild sucht vergeblich Hilfe bei Thidrek, Blodlin und Attila, nur Irung sagt zu. Grimhild erregt den Kampf, indem sie Högni durch ihren Sohn ins Gesicht schlagen läßt. Der Kampf (von den nd. Gewährsleuten des Sagamannes als ein Kampf in Susat = Soest beschrieben!): Thidrek zieht sich zurück. Gunnar von Osid gefangen, er stirbt im Schlangenhof. Blodlin von Gernoz, Irung von Högni erschlagen. Rodingeir fällt durch Giselher. Thidrek greift ein. Folkher von Thidrek, Gernoz und Giselher von Hildebrand erschlagen. Högni von Thidrek, der vor Zorn feurigen Atem hat, gefangen. Thidrek schlägt auf Befehl Attilas die teuflisch-rohe Grimhild mitten durch. Thidrek hilft, daß der totwunde Högni vor seinem Ende einen Sohn zeugen kann (Kap. 396—413). — 4. Die Rache des Hagensohnes = Attilas Tod (II S. 369—75 = Kap. 427/28). Der Sohn Högnis führt seinen Pflegevater Attila in den Berg, in dem der Niflungenschatz liegt. Er schließt Attila ein. Er sagt Brünhild an, was geschehen ist.

Die Erzählung der ThS. läßt sich nicht aus dem NL. herleiten (wie H. Paul wollte: *Die Thidrekssaga und das Nibelungenlied*, MSB. 1900, S. 297ff.). Wohl aber führt die ThS. auf Quellen des NL.s, die dem 12. Jh. zugehören. Seit der Jahrhundertwende verfestigt sich die Auffassung, daß der 2. Teil des NL.s auf einer für sich stehenden Dichtung beruhe, die durch die ThS. durchscheine: vgl. W. Wilmanns AfdA. 18 (1892) S. 89; GGA. 1898, S. 31ff. u. *Der Untergang der Nibelunge*, Abh. d. Gött. Ges. d. Wiss. 1903; W. Braune PBB. 25 (1900) S. 182, Anm. 1. (Über Eigentümlichkeiten des 2. Teiles vgl. auch K. Zwierzina ZfdA. 44 [1900] S. 71 u. 85ff.; G. Roethe BSB. 1909, S. 653ff.) Mit dem Blick auf die ThS. ist man zu verschiedenen Auffassungen über die unmittelbaren Quellen des NL.s gekommen. Nach W. Braunes Ansicht war das Geschehen des 1. Teiles in der älteren Notdichtung des 12. Jh.s „wohl nur kurz als Einleitung" gegeben. Damit mußte der 1. Teil quellenmäßig überwiegend einer Sonderdichtung verpflichtet sein. A. Heusler hat eindrucksvoll versucht, die unmittelbaren Quellendichtungen des NL.s aufzubauen: für den 1. Teil ein rheinisches Brünhildlied des späteren 12. Jh.s, für den 2. Teil ein bairisch-österreichisches Epos aus den „1160er Jahren", das erst mit der Werbung Etzels einsetzt (*Lied u. Epos* 1905, S. 29; *Die Heldenrollen im Burgundenuntergang*, BSB. 1914, XLVII, S. 1114ff.;

Die Quelle der Brünhildsage in Ths. u. NL., Aufsätze f. W. Braune [1920] S. 47ff.; *Nibelungensage und Nibelungenlied* [1] 1921). Seiner Auffassung ist weitgehend zugestimmt worden. K. Droege hat dies ältere Epos als ein rheinisches Epos zeitlich vor den 'König Rother' (s. d.) und damit in die ersten Jahrzehnte des 12. Jh.s eingewiesen und ihm außer der Geschichte vom Ende der Nibelungen auch den Stoff zuerteilt, den der 1. Teil des NL.s bringt (*Die Vorstufe unseres Nibelungenliedes*, ZfdA. 51 [1909] S. 177ff.; *Zur Geschichte der Nibelungendichtung und der Thidrekssaga*, ZfdA. 58 [1920] S. 1ff.; *Das ältere Nibelungenepos*, ZfdA. 62 [1925] S. 185ff.). H. Hempel (*Nibelungenstudien* I, 1926 [Germ. Bibl. II 22]) bestimmt Zeit und Ort des älteren Epos wie Droege, nimmt aber weitgehend den Gesamtstoff, der dem Sagamann zur Geschichte Sigfrids und der Nibelungen (Burgunden) vorliegt, in dies Epos hinein, sogar die Sisibeerzählung, Jungsigfrids Abenteuer, die Rache des Hagensohnes (zur Kritik vgl. D. v. Kralik, Herrigs Archiv, 82. Jhg., 1927, S. 229ff.). C. Wesle endlich grenzt die ältere 'Not' wie A. Heusler ab, vermutet aber außerdem ein Sigfridepos, ohne es nach Zeit und Ort zu bestimmen (ZfdPh. 51 [1926] S. 33ff.). Zu besonderen Entscheidungen kommt D. v. Kralik (a. a.O. u. *Deutsche Heldendichtung* = Das MA. in Einzeldarst., 1930, S. 168ff.): Er hält mit A. Heusler die Geschichte von Sigfrids Tod und die ältere 'Not' getrennt. Gleichwohl ist ihm das NL. unter den Heldenepen des MA.s das erste eigentliche „Buchepos". Die ältere 'Not' wird bei aller Ausdehnung als eine episch dramatische Dichtung angesprochen, die der Dichtungsgattung nach mit den liedhaften Quellendichtungen des NL.s artgleich ist und daher ohne die Vorgeschichte von Sigfrids Tod bestehen kann. Diesem „Vortragslied" oder „Vortragsepos" von der Nibelungen-Not, zu dem allenfalls das Vortragsheft, nicht die kunstgewerbliche Buchaufzeichnung gehört, spricht er rheinische Herkunft zu.

Man wird selbst bei gleicher Forschungsrichtung hier niemals zu schlechthin gültigen Gesamtauffassungen vordringen. Denn Verlorenes läßt sich selbst unter günstigen Bedingungen nicht wiederherstellen. Man kann zwar die ältere 'Not' in Umrissen sehen. Trotzdem ist sie schon nach Gattung und Umfang schwer zu bestimmen. Es wird für das Ma. nicht genügen, wenn man ein streng vorliterarisches Lied und ein streng buchmäßig-literarisches Epos gegenüberstellt. Man muß mit Großliedern rechnen, die eine behelfsmäßige Aufzeichnung suchen (vgl. etwa E. Schröder *Die deutschen Personennamen in Ekkehards Waltharius*, Ehrengabe f. K. Strecker, 1931, jetzt auch: *Deutsche Namenkunde* 1938, S. 35ff.). Die literarische Buchkunst, die aus dem Liede herauswächst, hat selbst im NL. trotz aller Buchkunst noch etwas bedingt Literarisches. Gleichwohl wird man gerade auf Grund der ThS. die ältere 'Not' als literarisch gefestigte, buchmäßige Erzählung (!) nehmen müssen. Ohne die Vorgeschichte von Sigfrids Tod bliebe aber diese 'Not' eine Rumpferzählung, die als literarische Größe nicht recht zu greifen ist. Diese 'Not' mit Vorgeschichte (!) ist auch durch den eigentlichen Niflungenteil der ThS. (s. o. ThS. 3) deutlich gegeben, wenngleich durch niederdeutsche Liedüberlieferung, durch Soester Darstellung und die Erzählart des Sagamannes verändert: Die Vorgeschichte hat ihre erste große Szene im Frauenstreit, dem eine zureichende Einführung der Personen vorausgeht. Der Hauptteil schließt unmittelbar an Sigfrids Tod an. Er endete wohl mit der Horterfragung, der Tötung Hagens durch Grimhild, der Tötung Grimhilds durch Dietrich. All das wird vor allem auf Handlung, weniger auf Darstellung abgestellt gewesen sein, so daß man eine solche Buchdichtung mehr als buchmäßiges Großlied denn als echtes Epos empfinden mag. Das NL. bedeutet in seiner Darstelllung wirklich einen neuen Schritt. Und wo mag diese ältere 'Not' entstanden sein? Beachtlich bleibt, was für rheinisch-mittelfränkische Beziehungen spricht. Aber den österreichischen Rüdeger von Bechlarn wird man nicht übersehen. Auch ist gerade eine Kleinigkeit wie die Ortsangabe des Donauübergangs bei Mehring (anord. *Moere*) bezeichnend (K. Weller *Die Nibelungenstraße*, ZfdA. 70 [1933] S. 50 bis 51). Ich erinnere hier an die Erzählung vom 'König Rother' (s. d.), entstanden um 1160, die rheinisch-mittelfränkisch und bairisch zugleich ist und zeigt, daß damals für Dichtung und Dichter ein Weg vom rheinischen Franken nach dem deutschen Südosten ging. Die ältere 'Not' wird, wie A. Heusler annimmt, nach dem 'König Rother', also nach 1160 entstanden sein (vgl. C. Wesle, ZfdPh. 51 [1926] S. 34/35). (Daß auch schon in den 1. Teil des NL.s ein archaischer, bairisch-österreichischer Reimbrauch, wie *Sivrit: ich bit(e)*, auf Grund der Quelle hineinwirkt, bespricht K. Zwierzina ZfdA. 44, [1900] S. 98ff., wobei er noch an Einzellieder denkt.)

Die Jungsigfrid-Abenteuer der ThS. gehören, wie auch das NL. zeigt, in einen eigenen Dichtungsbereich (s. den Artikel über das Lied vom 'Hürnen Seyfrid'). Die Geschichte von Sigfrids Geburt ist wohl eine rheinische Erweiterung des Heldenmärchens von Sigfrids Jugend. (Anders über die Sisibegeschichte D. v. Kralik, Herrigs Archiv, 82. Jhg., 1927, S. 236. Zum Motiv vgl. H. Hempel a. a. O. S. 179ff. u. S. 230ff.) — Gunnars Heirat (s. o. Nr. 2) ist aus einem derben rheinischen Sigfrid-Brünhildlied herausgenommen. Dies Lied muß auch die übersteigerten Kampfspiele gehabt haben. Der Sagamann konnte diese Kampfspiele um so eher ersetzen, als für den Frauenstreit die wirkliche Überwindung der Brünhild und die zu ihr gehörige Wegnahme des Ringes entscheidend waren. — Die Rache des Hagensohnes (s. o. Nr. 4), für H. de Boor (*Die färöischen Lieder des Nibelungenzyklus* 1918, S. 209ff.) ihrem Ursprung nach eine Rache an Grimhild, gehört nicht zur älteren 'Not', sondern weist auf eine rheinisch-niederdeutsche Fassung des Nibelungenendes (vgl. H. Schneider *Germ. Heldensage* I [1928] S. 113—15).

5. Die Entstehung des NL.s. Das NL. umspannt den Lebensraum Kriemhilds. Man kann es daher zur Not in zwei Teile gliedern: 1. Kriemhild und Sivrit (I bis XXIX); 2. Die Rache Kriemhilds (XX bis XXXIX). Aber auch andere Haltepunkte sind zu beachten: A. Vorgeschichte (I—XI): Kriemhild wird von Sivrit erworben. (Ein Mittel dazu ist die Erwerbung Prünhilds für Gunther durch Sivrits Hilfe.) B. Hauptgeschichte. (Den Antrieb bildet der Streit der Frauen. Der Hort wird gelegentlich als Machtmittel angesprochen, ohne durch seine Bedeutung das Geschehen anzuregen.) 1. Die Verwitwung Kriemhilds durch Sivrits Ermordung (XII—XIX). 2. Kriemhilds Rache. a) Kriemhild wird Etzels Frau (XX—XXII). b) Die 'Not' der Burgonden - Nibelungen (XXIII bis XXXIX). Keine Gliederung geht ganz auf. — Etwa vom Streit der Frauen an liegt unter dem Ganzen eine Fassung von Sivrits Tod und eine Fassung vom Untergang der Wormser Könige, die wohl beide bereits zu einer buchmäßig epischen Erzählung größeren Umfangs zusammengefaßt waren, nämlich: zu der sog. 'Älteren Not', entstanden nach 1160 (s. o.). Der Traum Kriemhilds mag schon den Eingang dieser 'Älteren Not' gebildet haben. — Dazu tritt für den Ausbau der Erzählung von Sivrits Tod ein 'Brünhildlied', das stofflich die übersteigerten Kampfspiele und vor allem die wilde Bändigung Prünhilds bringt. — Abenteuer Jung-Sivrits werden angedeutet: Horterwerbung durch den Kampf mit zwei (elbischen?) Brüdern und mit einem Zwerg, Drachentötung; vielleicht Teilberichte aus einer veränderlichen Liedeinheit, die sich nicht mehr greifen läßt, weil ihr Abschluß im NL. durch die Erwerbung Kriemhilds ersetzt ist. — Genauere Interpretation hat zu erwägen, wie weit noch andere Fassungen der Geschichte von Sivrits Tod und selbst der Geschichte vom Untergang der Burgonden-Nibelungen in das NL. hineinwirken. (Vgl. für den Sivritteil A. Heusler *Nibelungensage und Nibelungenlied* 1921 § 70; zum Ganzen die Andeutungen D. v. Kraliks *Deutsche Heldendichtung* 1930, S. 173/74.)

Die Quellenforschung, die vom Sagenstoff ausgeht, muß durch eine Motivforschung ergänzt werden, die das mal. Schrifttum in seinen verschiedenen Arten (die lat. Chroniken eingeschlossen) durchprüft. Am meisten verspricht für eine solche Untersuchung die Geschichte von Sigfrid, die sich schon durch das Motiv der Werbung und das Motiv des listigen Helfers mit mal. Erzählungen berührt und von ihrem fränkisch-merowingischen Ursprung her (!) für novellistische und romanmäßige Ausgestaltung besondere Möglichkeiten enthält. Über die „Motivgemeinschaft" von „deutscher und französischer Heldenepik" im allgemeinen vgl. H. Schneider, ZfdPh. 51 (1926) S. 200ff. Man vgl. auch die lehrreichen Betrachtungen von M. Braun und Th. Frings *Heldenlied*, PBB. 59 (1935) S. 289ff. — Die Motivforschung hat da, wo sie Beziehungen sieht, nicht bloß auf die Ähnlichkeiten in einer Motivreihe, sondern auch auf die Unterschiede zu achten. Sie wird gerade beim NL. im ganzen nicht dazu dienen, greifbare Abhängigkeiten zu bestimmen. Sie soll aber mithelfen, die mal. Eigenart des NL.s zu erkennen. Sie führt daher nahe an die Stilforschung heran.

Der Schöpfer des NL.s hatte gewisse, wenn auch schwebende Vorstellungen von der Vergangenheit, in denen sich nach mal. Weise die Zeiträume verkürzten und ineinanderglitten. Chronikenwissen wird ihm aus dem Kreise heraus, in dem er seine Meisterkunst übte, zugeleitet sein. Dazu tritt, daß er bewußt von einem großen Geschehen der Vergangenheit berichten wollte (s. u. Abschn. 8). Die 1. Strophe des NL.s (*Uns ist in alten maeren wunders vil geseit* ...) gehörte zwar nicht der Urfassung des NL.s an, aber sie hat mal. richtig auf den Gehalt der Dichtung hingewiesen. Mancher Versuch, versprengte geschichtlich klingende Einzelheiten in altgeformte Sage einzudeuten, leitet sich davon her, daß dieser Wille des Meisters nicht genügend beachtet wurde.

6. Die metrische Form und die Sprache. Das NL. ist das älteste der erhaltenen strophischen Epen des deutschen MA.s.; Literatur über die Metrik des NL.s: A. Heusler *Deutsche Versgeschichte*, II. Bd., Teil 3 (1927), § 729ff. — Die Nibelungenstrophe gliedert sich in vier Langreihen, die aus einem Anvers und einem Abvers bestehen. Die Abverse (also die Schlüsse der Langreihen) sind paarig gereimt (a : a, b : b). Die Reime sind, abgesehen von bestimmten und seltenen Altertümlichkeiten, so rein wie in der streng höfischen Epik (vgl. K. Zwierzina ZfdA. 44 u. 45 [1900/01], Register unter NL.). Jeder Anvers und Abvers beansprucht den metrischen Raum eines Viertakters. Für die sprachliche Füllung gilt als Regel: die vier Anverse bestehen aus weiblich schwerklingenden Dreihebern (Versschluß etwa: -́ ◡), die ersten drei Abverse aus männlichen Dreihebern, der 4. Abvers (also der Strophenschluß) aus einem männlichen Vierheber. Außerdem ist im 4. Abvers der 2. Takt in der Regel einsilbig gefüllt (Str. 2, 4. Abvers: *vil verlìesèn den lîp*). Die metrische Fügung der Gesamtstrophe ist verhältnismäßig glatt und eben. — Besonderheiten, die aus älterem Brauch stammen und altertümlich wirken, müssen wenigstens andeutend erwähnt werden. So sind die ersten beiden Abverse gelegentlich durch weiblich schwerklingende Dreiheber gefüllt (B Str. 14 *ir mûter Ûten: baz der gûten*). Diese Dreiheber zeigen zweisilbigen Versschluß (*Ûten : gûten*) in B = 12mal, davon 10mal in der 2. Hälfte des NL.s (Av. XXff.) und dreisilbigen Versschluß (*Hágenè : dégenè*) in B = 53mal, davon 47mal in der 2. Hälfte des NL.s. Siehe darüber und über den Versuch, altertümlichen Teilbau oder Gesamtbau von Strophen zu erweisen, Fr. Draeger *Die Bindungs- u. Gliederungsverhältnisse der Str. des NL. u. ihre Bedeutung für Quellenkritik und Altersfragen* (Germ. Stud. 28) 1923. — Von den Anversen sind 650 = 7% männliche Vierheber, in etwa 550 Fällen dadurch erleichtert, daß Eigennamen der Form — — (*Gêrnôt*) den Versschluß bilden (vgl. K. Bartsch *Untersuchungen über das NL.* [1865] S. 163ff., E. Schröder Nachr. d.

Ges. d. Wiss. zu Gött., ph.-hist. Kl., 1918, S. 507ff.). An Zäsurreimen (Anversreimen) finden sich in B 30 in der 1. Strophenhälfte und 12 in der 2. Strophenhälfte, in C 48 in der 1. Strophenhälfte, 28 in der 2. Strophenhälfte, 7 in beiden Strophenhälften (vgl. W. Braune PBB. 25 [1900] S. 158ff.). Man spürt auch hier den Wandel des Empfindens von B* zu C*.

Ein lyrisches Gegenstück dieser Strophenform ist für die Zeit um 1160 im österreichischen Raume unter den Kürenbergliedern überliefert (MF. 7, 19ff.). Auch da bleiben die Anverse ohne Reim, und auch da ist der Strophenschluß betont. Die unterliterarischen Heldenlieder des 12. Jh.s benutzten wahrscheinlich als lockere metrische Form die Verbindung zweier Langreihen, deren Abverse reimten (vgl. A. Heusler a. a. O. § 731—33). In der Kürenbergstrophe wird diese zweireihige Strophenform zu einer neuen Einheit von individueller Form verdoppelt. Im NL. hat sich dieselbe Form an die metrische Gleichförmigkeit angepaßt, die der romanische Einfluß seit dem Ende des 12. Jh.s bringt. Es besteht also gewiß ein Zusammenhang zwischen der Kürenbergstrophe und der Nibelungenstrophe. Der Entstehung nach ist die Strophe eine lyrisch-epische Zwischenform der Zeit um 1150/60. Wer eine 'Ältere Not' für die Zeit nach 1160 als buchmäßige Großdichtung ansetzt, wird ihr eine freiere Frühform der Nibelungenstrophe zusprechen müssen. Es wäre auch schwer zu begründen, wie diese Strophenform noch im beginnenden 13. Jh. von einer Buchdichtung neu aufgegriffen werden konnte.

Die Sprachmittel des NL.s sind nach verschiedenen Richtungen durchgeprüft worden. Diese Untersuchungen haben ergeben, daß die Sprache des NL.s ein Eigenleben hat und trotz gewisser Schwankungen sehr einheitlich ist. Arbeiten, die sich auf die Sprache und Darstellungsweise des NL.s beziehen, können hier nur im Auszug genannt werden. Eine umfassende Untersuchung über den Sprachstil des NL.s fehlt.

Die äußere Sprachform beobachtete zuerst K. Lachmann in seinen *Anmerkungen* (1836), deren Ergebnisse durch Lachmanns Liedertheorie bestimmt wurden. K. Zwierzina betrachtete Laute, Formen und Wortschatz im Rahmen wichtiger Reimstudien: *Mhd. Studien*, ZfdA. 44 (1900) und 45 (1901); siehe das Register und zum Allgemeinen vor allem ZfdA. 44 S. 67—101. Zur Ergänzung vgl. E. Schröder *Reimstudien* I II, GGN. 1918, S. 378ff., 407ff. und *Beiträge zur Textform des NL.s I, II, III*: ZfdA. 70 (1933) S. 145ff., 72 (1935) S. 51ff., 74 (1937) S. 87ff. Die Darstellungsweise und die Darstellungsmittel des NL.s untersucht zugleich mit dem Blick auf Lyrik und Epik des 12. Jh.s. E. Kettner *Die österreichische Nibelungendichtung* 1897. (Vorarbeiten E. Kettners: *Zur Kritik des NL.s*, ZfdPh. 15. 16. 17 [1883—85] u. 19. 20 [1887/88].) Es kommt dabei stets auf die Beobachtungen E. Kettners, nicht auf seine Ansichten über die Entstehung des NL.s an. Die religiösen Formeln des NL.s stellt A. E. Schönbach zusammen: *Das Christentum in der altd. Heldendichtung* 1897. Vgl. ferner A. Heusler *Der Dialog in der altgerm. erzähl. Dichtung*, ZfdA. 46 (1902) S. 224ff., L. Wolf *Der groteske und hyperbolische Stil des mhd. Volksepos* (Palästra 25) 1903; W. Schwartzkopff *Rede und Redeszene in der deutschen Erzählung bis Wolfram von Eschenbach* (Palästra 74) 1909. Über die Art, wie im NL. das stofflich Gegebene sprachlich gestaltet wird, spricht A. Heusler *Nibelungensage und Nibelungenlied* ² 1922 § 56—67 („Höfische Verfeinerung", „Glättung der Form", „Ausweitung").

Man kann sehr Verschiedenartiges an der Sprache des NL.s herausheben: Altertümlichkeiten des Wortschatzes, Berührungen mit der berichtenden Erzählsprache der frühhöfischen Zeit und zugleich Anklänge an die lyrisch darstellende Sprache ritterlich-höfischer Epik von der Art etwa der Sprache Hartmanns von Aue (s. d.), Gebrauch formelhaften Ausdrucks und zugleich die Fähigkeit, den Eindruck einer Einzelszene zu vermitteln. Den eigentlichen Sprachstil des NL.s erfaßt man erst, wenn man die innere Form gefunden hat, die diese verschiedenen Sprachmittel zu einer einheitlichen Leistung zusammenführt. Die Sprache des NL.s, das typische Lebensläufe darstellt, führt auf eine Art lyrisch aufgehöhten Historienstiles hin. Das Greifvermögen dieser Sprache hat freilich seine Grenzen. Die Sprache des NL.s ist nicht nur „handwerklich" bestimmt, sie ist auch durch die Sprache der Reimpaardichtungen ihrer Zeit geformt. Das Entscheidende bleibt: Im NL. wird eine mal.-deutsche Sprache entwickelt, die epische Wirklichkeiten darzustellen vermag, in denen sich etwas von der Echtheit des geschichtlichen Lebens spiegelt. Deshalb eignet auch dieser Sprache eine eigentümliche Wärme und die in der mal. Literatur seltene Fähigkeit, den Hörer zu erschüttern.

7. Entstehungszeit. Entstehungsort. Der Dichter. Die Sprache des NL.s setzt den allgemeinen Sprachstand Hartmanns von Aue voraus, ohne daß man von Abhängigkeit sprechen kann (vgl. W. Braune PBB. 25 [1900] S. 89). Damit ist als erster Ansatz gegeben: Entstehungszeit des NL.s nach 1200. Man sucht darüber hinaus das Verhältnis des NL.s zu Wolframs 'Parzival' (s. d.) genauer festzulegen: 1) NL. B Str. 362 u. Parz. II. XV. XVI bringen den Ländernamen *Zazamanc*; NL. B Str. 439, die in A fehlt, u. Parz. I. V. XV den Ländernamen *Azagouc*. Beide nach Nordafrika weisende Namen werden, wie schon K. Lachmann und u. a. A. Heusler annimmt, aus dem Parz. stammen. 2) Rumolds Rat an Gunther (s. o.), wie ihn Parz. VIII 420, 26ff. bringt (*er bat in lange sniten bæn und inme kezzel umbe dræn*), hat in der Fassung B* des NL.s (Str. 1465—69) keine entsprechende Stelle, wohl aber in der neu gebauten Str. 1497 der Bearbeitung C* (*ich wolde iu einer spîse den vollen immer geben, sniten in öl gebrouwen: deist Rûmoldes rât*). (Zur Literatur vgl. H. de Boor *Rumoldes Rat*, ZfdA. 61 [1924] S. 1ff.) Da F. Droeges Versuch, die scherzhafte Wendung Wolframs auf eine 'Ältere Not' zurückführen (ZfdA. 58 [1921] S. 3/4), ausscheiden muß, erhebt sich die Frage: Gilt hier die Reihe: B* > C* > Wolfram? (So u. a. W. Braune, PBB. 25 S. 87/88 u. H. de Boor.) Oder gilt die Reihe: B* > Wolfram > C*? (So u. a. E. Martin Germ. Handbibl. IX, 2, 1903, Einl. S. LXXXVI bis VII; H. Fischer Münch. SB. 1914, 7, S. 18ff.; Fr. Wilhelm Münch. Archiv 7 [1916] S. 14ff.; A. Heusler *Nibelungensage u. NL.* § 52.) Die Wendung Wolframs wird man als seinen Einfall anzusprechen haben. Daraus folgt die Reihe: B* > Wolfram > C*. Dies schließt nicht einmal aus, daß auch B* mindestens die für sich erschienenen Parzivalbücher I—VI kennt. E. Schröder hat sogar angenommen, daß das Wort *harnaschvar* NL. B Str. 2088 aus Parz. XII (!), 588, 13, herzuleiten ist (ZdfA. 59 [1922] S. 244). Aus all dem ergibt sich etwa folgendes: 1. Man kann die Entstehung des NL.s, das überdies als strophische Dichtung ganz anders als eine Reimpaardichtung für Eingliederungen offensteht, nur ungefähr festlegen, zumal die Arbeit an der Grundfassung bis zur Ausgabe B* über mehrere Jahre gegangen sein wird. 2. Das NL. entsteht, als Wolfram am Parz. schreibt. Ein vorläufiger Abschluß ist um 1204/05 wahrscheinlich, als etwa Wolfram am 8. Buch des Parz. arbeitet. (Zur Chronologie Wolframs vgl. hier L. Wolff ZfdA. 61 [1924] S. 181ff.) Eine Art Schlußtext der ADb* + B*-Fassung braucht gerade auch im Hinblick auf den Sprachstand und die Metrik des NL.s nicht vor 1210 zu liegen. (Es ist übrigens durchaus glaubhaft, daß Wolfram bei seiner Art dem Parz. nach der ersten Ausarbeitung noch Stellen zugesetzt hat.) 3. Da die 'Klage' vor der Bearbeitung C* entstanden sein muß (vgl. etwa W. Braune PBB. 25 [1900] S. 175/76), wird die Bearbeitung C* frühstens dem endenden 2. Jahrzehnt angehören. Damit bleibt C* zeitlich noch immer nahe genug an den übrigen Fassungen. (Fr. Wilhelm *Nibelungenstudien* I, Münch. Archiv 7, 1916, S. 18ff., rückt wie K. Lachmann die Bearbeitung C* erst in das endende 3. Jahrzehnt. Zur Entstehungszeit der Klage s. u.)

Das NL. entsteht in einem Kreise und für einen Kreis, dem der Weg von Passau nach Wien heimatlich vertraut ist. Damit sind das Babenberger Wien und der Hof von Passau als mögliche Entstehungsorte gesichert. H. Hempel versucht als Heimat der Urfassung Wien zu erweisen und die Verstärkung Passaus erst der unsere Hs. begründenden Fassung (x = (ADb)* + B*) zuzuweisen (*Pilgerin und die Altersschichten des NL.s*, ZfdA. 69 [1932] S. 1ff.). Gewiß ist, daß Wien und Passau für die Entfaltung des NL.s etwas bedeutet haben, wobei Passau besonders hervortritt. (Über die landschaftlichen Kenntnisse des NL.s: K. Weller *Die Nibelungenstraße*, ZfdA. 70 [1933] S. 49—66, vor allem S. 64/65; dort weitere Literatur.) Das NL. gehört in all seinen Fassungen durch Landschaft und Zeit mit Walther v. d. Vogelweide zusammen, obwohl es von Walther so wenig wie von Wolfram stilistisch beeinflußt ist. Die epische Lyrik der V. Av. paßt zu dem Walther der Zeit vor und um 1210 (vgl. J. Lunzer ZfdA. 69 [1932] S. 83/84), die sog. „Elegie" Walthers (1227/28) klingt im Metrum an die Nibelungenstrophe an (vgl. C. v. Kraus, Festschr. f. Zwierzina 1924, S. 17ff.; *Walther v. d. Vogelweide — Untersuchungen* 1935, S. 465). Auch muß der Hörerkreis, den Wolfram für Erstvorlesungen des 'Parzival' in seiner weiteren Heimat hatte, das NL. gekannt oder gar mit dem frühen Hörerkreis des NL.s Berührung gehabt haben.

Das NL. ist für einen Hörerkreis gedichtet, dessen Lebensauffassung durch die höfisch-ritterliche Erziehung bestimmt wird. Aber es hat einen anderen Stil als die damals herrschende Rittererzählung, der sog. Ritterroman. Man sollte daher das NL. um seiner Eigenart willen nicht ohne zureichende Sicherung als „höfische" Dichtung ansprechen. H. Naumann hat dagegen gesprochen, Dichtungen wie das NL. als Leistungen der Spielleute zu nehmen (zusammenfassend: *Spielmannsdichtung*, Merker-Stammler III [1929] S. 253ff.). Doch zeigt die Darstellungsart des NL.s, daß seinen Dichter weder die Berufsritter noch die Berufskleriker oder die Mönche stellen. Eine Dichtung wie das NL. gehört der nicht fest eingeordneten. Gruppe der Berufssänger und damit der mehr oder minder gelehrten „Meister" an, deren zwischenständische Stellung nichts über ihre Herkunft oder über den Grad ihrer Ausbildung aussagt. (Über diese Berufskünstler vgl. D. v. Kralik *Deutsche Heldendichtung* = Das MA. in Einzeldarst., 1930, S. 179/80.) Im NL. spürt man das Wirken eines Meisters von stilbildender Kraft und echt epischem Raumgefühl. Gleichwohl bleibt bei seiner Dichtungsart mit ihrer strophischen Durchgliederung, daß das Werk im Einzelnen Unausgeglichenes verträgt und daher für Bearbeitungen durch den eigentlichen Meister, durch seine Mitarbeiter und durch ihm verwandte Nacharbeiter offen steht. Es spricht für die Größe der Ursprungsleistung, daß diese handwerkliche Weiterarbeit selbst in einer wirklichen Bearbeitung, wie sie C* darstellt, in engen Grenzen bleibt. Daher geht es nicht an, die Ursprungsleistung nach irgend einer Richtung für vollkommener zu halten als das, was uns die beste Überlieferung gibt. Nur vom Ganzen des Werkes und vom Ganzen seiner Unterteile her kann man das NL. würdigen. (Über Unebenheiten im Einzelnen vgl. etwa die Interpretation der Av. IV u. V durch J. Lunzer ZfdA. 69 [1932] S. 71ff.) Das NL. verbindet in eigener Weise die Einheit einer großen, buchmäßig gefeilten Gesamtschöpfung mit den Unausgeglichenheiten eines dichterischen Berichtens, das aus Überlieferungen und Erinnerungen lebt. Sein Schöpfer hat damit die ritterliche Heldendichtung des deutschen Mittelalters als große künstlerische Leistung ermöglicht. Zu diesem Sonderstil des NL.s gehört es, daß vom eigentlichen Schöpfer kein Dichtername genannt wird. Das NL. hält sich damit aus seinen Entstehungsbedingungen heraus an den Brauch des vorliterarischen Erzählens.

8. Der Gehalt. Für das Verständnis des NL.s ist notwendig, daß man es so aufnimmt, wie es sich als Gesamtwerk

im Fortgang seiner Strophen aufbaut. — Der Ablauf des Gesamtwerkes wird durch das Leben Kriemhilds begrenzt. Das Schwergewicht der Erzählung kann gleichwohl verschieden gelagert sein: So wird der Eindruck, den Kriemhild bei dem Hörer hervorruft, im 1. Teil durch die Leistungen Sigfrids, im 2. Teil durch die Leistungen der Burgonden-Nibelungen bestimmt. Die einzelnen Gestalten leben mithin weitgehend aus den Ereignissen heraus. Man darf daher nicht etwa den Entwicklungsbegriff auf Kriemhild ohne starke Sicherung anwenden. Man darf auch nicht die einzelnen Gestalten zu Charakteren im Sinne des 18. und 19. Jahrhunderts umdeuten. Man darf ebensowenig Unvermitteltes durch psychologische Ausdeutung der Personen verbinden. Jede Szene des NL.s hat insoweit im bindenden Ablauf der Gesamterzählung eine Art eigenes Dasein. Das Leben Kriemhilds bildet zudem nur den Rahmen des NL.s. — Das NL. weist selbst auf seine Entstehungsgeschichte hin. Aber man darf den Blick nicht zu ausschließlich auf den Sagenstoff festlegen, der die Erzählung unterbaut. Man darf auch nicht im Zusammenhang damit zu ausschließlich dem nachgehn, was man die Handlung nennt. Denn man steht damit in der Gefahr, nicht in zureichender Weise die spannungsreiche Einheit des NL.s aufzunehmen. Der Gehalt des NL.s, soweit er den Stil des Gesamtwerkes bestimmt, liegt im eigentlich Epischen: in der Abfolge bewegten zuständlichen Lebens, wie es sich im Gang der Handlung entfaltet. (Über den äußeren Aufbau s. o. Abschnitt 3. Eine weitgespannte Darstellung des NL.s: J. Schwietering *Deutsche Dichtung des MA.s*, Handbuch der Literaturwiss., S. 197ff; Versuch, den Aufbau des NL.s wiederzugeben: Fr. Knorr, NJbb. 1937 Heft 4; ZfDk. 1938 S. 73ff.)

Das NL. stellt in der betonten Form der Vorzeitgeschichte, die auf das Leben Kriemhilds bezogen ist, typische Abläufe eines gehobenen männlichen und weiblichen Daseins dar: den Aufbruch, die Ankunft, den Abschied, das Abenteuer, die große Fahrt — die Werbung und die Verlobung — den Krieg, die Jagd, den Überfall, die Not des Kampfes — den Streit, die Beratung, den inneren Kampf (Rüdeger) — das festliche Leben mit seiner Aufrüstung und die große Trauer — um nur einige Bewegungen und Erregungen dieser Daseinsweisen zu bezeichnen. Dies wesentlich Epische kommt gelegentlich mit dem, was Sage oder Überlieferung ist, nicht zum rechten Einklang. Oft breitet es sich zwischen der Sage hin. In Szenen von besonderer Würde entfaltet es sich frei aus der Sage heraus oder bildet sogar mit ihr eine innere Einheit. Das Gesamtwerk ist durch eine bestimmte Weltansicht ausgerichtet: ein gewisser Sinn für das Tragische bleibt dauernd lebendig, aber das Tragische wird nicht eigentlich in einem streng germanischen Sinne als Schicksal, sondern nach einem Worte K. Lachmanns (*Anmerkungen* 1836, S. 3) als „beklagenswerte Erfahrung" aufgenommen. In dieser, wenn man so will, Abflachung des Tragischen hat der Schöpfer des NL.s und sein Kreis den Entgelt an das ritterlich-höfische Mittelalter entrichtet. Auch zeigt sich darin der allgemeine Einfluß der Entstehungszeit, daß immer wieder gemäß dem Stil der Rittergeschichten und Abenteuererzählungen romanhafte Übersteigerungen und Ausschmückungen gewählt werden. Gleichwohl ist das NL. mehr als ein Heldenroman und mehr als erweiterte und umgebaute Sage. Diese deutsche 'Fornaldarsaga' des NL.s, die durch die Kraft ihrer Quellen germanische Antriebe tätig werden läßt, hält im mal.-deutschen Raume für ein deutsches Wirklichkeitsempfinden Grundzustände geschichtlich gewachsener Lebenszusammenhänge fest. So wird durch das NL. trotz aller Hemmungen nach einem Ausdruck A. W. Schlegels eine „vollständige Weltansicht" geformt und damit trotz aller romanmäßigen Schwellungen die innere Form des echten Epos erreicht. (Über das NL. als Epos: A. W. Schlegels Vorlesungen v. J. 1803/04, DLD. 19, 1884, S. 125. — Über den Begriff des Epos: H. Steckner *Epos, Theorie*, Merker-Stammler IV S. 28ff.)

Literatur. Eine zureichende Literaturübersicht läßt sich wegen des Umfangs und wegen der Bewegtheit der Forschung nicht geben. Wichtige Beobachtungen sind über den Gesamtbereich der Nibelungenforschung verteilt. Im Text ist versucht worden, diese Forschung bei der Arbeit zu zeigen. Untersuchungen, die dort nicht erwähnt werden, sind damit nicht als bedeutungslos angesprochen. Weil eine abgekürzte Literaturübersicht nur bedingten Wert haben könnte, sei hier zusammengestellt, wo die wichtigste Literatur zu finden ist:

Die Nibelungenliteratur im allgemeinen: Fr. Zarncke *Das Nibelungenlied* [3] 1868, [6] 1887, Einl. H. Fischer *Die Forschungen über das NL. seit Karl Lachmann* 1874. R. v. Muth *Einleitung in das Nibelungenlied* [1] 1877, [2] 1907 (hsg. mit des Verf.s Nachträgen und mit literarischen Nachweisen bis zur Gegenwart von J. W. Nagl). P. Piper *Die Nibelungen*, DNL. 6 [1889]. H. Lichtenberger *Le poème et la légende des Nibelungen* 1891. Th. Abeling *Das Nibelungenlied und seine Literatur*, Teutonia 7, 1907; 2. Teil (Supplement), Teutonia 7 II, 1909; *Zu den Nibelungen*, Teutonia 17, 1920. E. Tonnelat *La chanson des Nibelungen* 1926. G. Ehrismann *Geschichte der deutschen Literatur bis zum Ausgang des Mittelalters*, 2. Teil, Schlußband, 1935, S. 123ff.

Zur Sage: W. Grimm *Die deutsche Heldensage* [1] 1829, [3] 1890 (hsg. v. R. Steig). A. Heusler, Hoops Reall. I (1911—13), unter *Burgundensage*; III (1915/16), unter *Nibelunge*; IV (1918/19), unter *Sigfrid* und unter *Vǫlsungar*. Fr. v. d. Leyen *Deutsches Sagenbuch II* (*Die deutschen Heldensagen*) [2] 1923, S. 253ff. H. Schneider *Germanische Heldensage* I (PGrundr. 10/1) 1928, S. 73ff. u. 384ff.

Zur neueren Forschung über das NL.: G. Baesecke *Deutsche Philologie*, Wissenschaftliche Forschungsberichte III 1919, S. 84ff. H.-Fr. Rosenfeld *Nibelungensage und Nibelungenlied in der Forschung der letzten Jahre*, Neuphilologische Mitteilungen 26 (1925) Nr. 5/7. Fr. Neumann *Das Nibelungenlied in der gegenwärtigen Forschung*, DVjschr. 5 (1927) S. 130ff. H. Naumann *Stand der Nibelungenforschung*, ZfDtk. 41 (1927) S. 1ff. H. de Boor *Heldensage ist Literaturgeschichte*, ZfdtBildung (1929) S. 449ff.

B. Die Klage.

1. Die Überlieferung. Das NL. war schon in der Grundhs., aus der unsere Überlieferung stammt, mit der Grundhs. der 'Klage' verbunden (vgl. E. Schröder ZfdA. 69 [1932] S. 5 Anm. 4). Die 'Klage' wird daher in allen vollständigen Hss. des NL.s überliefert (abgesehen von der Umarbeitung des 15. Jh.s). Zur Überlieferung ist zu vergleichen: A. Ursinus *Die Handschriftenverhältnisse der Klage*, Hall. Diss. 1908. Den besten Text bringt auch hier die Hs. B. Die Hs. A hat 55 Verse weniger als die Hs. B, von denen etwa 40 Verse, darunter die 38 Schlußverse, in der 1. Fassung gefehlt haben werden (vgl. Ursinus a. a. O. S. 38ff.). Die Bearbeitung C* steht dem allgemeinen Text näher als im NL. Denn die 'Klage' hat durch ihre Auffassung der Ereignisse der Bearbeitung C* vorgearbeitet (s. o. Teil A, Abschnitt 1). H. Hempel sucht einen noch stärkeren Einfluß der 'Klage' zu erweisen (*Pilgerin und die Altersschichten des NL.*, ZfdA. 69 [1932] S. 5ff.).

2. Die Ausgaben. Schon J. J. Bodmer hat die 'Klage' mit dem 2. Teil des NL.s nach der Hs. C abgedruckt: '*Chriemhilden Rache und die Klage; zwey Heldengedichte aus dem schwäbischen Zeitpunkte . . .*' (Zyrich 1757). Des Frh. v. Laßbergs Lieder Saal brachte unter dem Jahre 1821 (4. Bd. S. 579ff.) einen Abdruck nach der Hs. C, unter der Überschrift: *Aventure von der Klage.* — Von den Ausgaben der 'Klage' seien hier genannt: K. Lachmann *Der Nibelunge Noth und die Klage* 1826, [3]1851, Textabdruck [13]1910 (nach der Hs. A). A. Holtzmann *Die Klage in der ältesten Gestalt* 1859 (nach der Hs. C. in Laßbergs Abdruck). K. Bartsch *Die Klage mit den Lesarten sämmtlicher Hss.* 1875 (nach der Hs. B). A. Edzardi *Die Klage mit vollständigem kritischen Apparat und ausführlicher Einleitung* 1875 (Text nach den Hss. B. und C, die reichste Ausg.) — Über die Anforderungen an eine neue Ausgabe: E. Schröder *Zur Klage*, ZfdA. 70 (1933) S. 67.

3. Inhalt (Verszahlen nach K. Bartsch). — Kriemhild rächte sich für Sivrits Tod. Sie handelte aus *triuwe* (aus echter Liebe) und ist deshalb als unschuldig anzusprechen (v. 139ff.). (Von der entsprechenden Stelle V. 569ff. vermutet Fr. Vogt, Marburger Festgabe 1913, S. 148ff., daß sie der Grundfassung nicht angehört; doch vgl. H. Bock *Nibelungenlied, Klage u. Waltharius*, GRM. 15 S. 397f.) Kriemhild konnte wegen der alten Schuld Hagens nicht von ihrer Rache lassen. Aber seine burgondischen Herrn gaben ihn nicht preis. Etzel wurde nicht rechtzeitig unterrichtet. So wurde alles unabwendbar. — Klage Etzels. Klage der Bevölkerung. Klage Dietrichs. Ein überschwengliches Klagen, das sich, wenn man von Hagen

absieht, vor jedem bedeutenden Toten erneuert. Man klagt, daß Kriemhild von Hildebrand (*mit unsinne*) erschlagen ist. Dietrich klagt, daß er Kriemhild ihre Treue nicht vergelten kann. Etzel, der sich ehedem *vernoijierte*, indem er nach seinem Übertritt zum Christentum wieder zum Heidentum abfiel, spürt in allem Gottes Zorn und verzweifelt. Hagen wird von Hildebrand als der *valant* angesprochen, *der ez allez riet* (v. 1250/51). Die Gefallenen haben von lange her *durch ir übermůt* Gottes Zorn verdient (v. 1270—82). Dem toten Hagen wird geflucht (v. 1297). Am Schluß des Klagens am Hofe Etzels steht die große Klage um Rüdeger. Die Toten werden aufgebahrt und bestattet. — Swemmel, der *videlaere*, wird mit den Waffen der Toten an den Rhein geschickt. Die Fahrt. In Wien bei der Herzogin Isalde. Zu Bechlarn. Dort mißlingt es gegen den Rat Dietrichs von Bern, den Tod Rüdegers zu verschweigen, weil schließlich die Boten das Weinen nicht unterdrücken können. In Passau bei Bischof Pilgrim. Pilgrims Urteil: Hätten die Burgonden das rote Nibelungengold nicht angerührt, wäre es eine gute Fahrt geworden; ihr starker *übermůt* brachte ihnen den Tod (v. 3430ff.). Pilgrim will alles aufzeichnen lassen: *ez ist diu groezeste geschiht diu zer werlde ie geschach* (v. 3480/81). In Worms bei Prünhild. Die alte Königin Ute stirbt aus Leid. Prünhild ist so dargestellt, daß sie an Sivrits Tod nicht unmittelbar mitschuldig erscheint. Rumold zieht das Ergebnis: Hagens *übermůt* ist die letzte Ursache der Ereignisse. Prünhilds Sohn wird gekrönt. — Swemmel kehrt zurück an Etzels Hof. Dietrich von Bern, Frau Herrat und Hildebrand nehmen Abschied von Etzel. Dieser dämmert dahin. Dietrich zieht über Bechlarn. Dort ist inzwischen Rüdegers Weib aus Schmerz gestorben. Rüdegers Tochter Dietlinde wird durch Dietrich Hoffnung auf neues Lebensglück gemacht: Dietrich will sie einem Manne geben. — Bischof Pilgrim von Passau ließ das ganze Geschehen vom ersten Anfang bis zum Ende lateinisch aufzeichnen (v. 4295—4322). Mit dem Ansetzen dieser lateinischen Chronik wird echt mal. der Inhalt des NL.s gesichert (s. o. Teil A, Abschn. 5 über die Frage der sog. Nibelungias). — Als eine nachträgliche Anmerkung, die nicht zur Grundfassung gehören wird, ist angefügt, daß es über Etzels Ende keine sichere Nachricht gebe (s. o. Abschn. 1).

4. Die Entstehung. Die 'Klage' ist eine Dichtung in Reimpaaren von etwa 4350 Versen (A = 4320, B = 4352, C = 4388 Verse). Sie hebt sich daher als Klangeinheit und in ihrem Umfange stark vom NL. ab. Sie ist in unserer handschriftlichen Überlieferung als eine Betrachtung über das Ende der Burgonden an das NL. angeschlossen. Die Forschung des früheren 19. Jh.s hat jedoch bei den schwebenden Vorstellungen, die über die Lebensweise der Heldensage verbreitet waren, in der Klage vor allem eine eigene Überlieferung älterer Sagenkunde gesehn. Die Quellenangabe der 'Klage' hat dabei mitgeholfen. Auch glaubten W. Grimm und K. Lachmann im Verfasser der 'Klage' zugleich den Verfasser einer anderen Reimpaardichtung zu sehn, die Heldensage widergibt, nämlich des 'Biterolf' (s. d.). Da die älteren Vorstellungen lange, wenn auch noch so abgeblaßt, nachgewirkt haben, müssen sie erwähnt werden. — W. Grimm sprach der 'Klage' als Quelle ein Gedicht zu, das „in Ton und Weise, namentlich im Gebrauch der epischen Strophe" mit großer Wahrscheinlichkeit dem NL. geglichen habe (*Die Deutsche Heldensage* 1829 [^{3}1889, S. 132]). Der Verfasser der 'Klage' habe das Ende dieses Gedichts „zu einer besonderen, redseligen, etwas ängstlichen Bearbeitung" herausgenommen. K. Lachmann (*Anmerkungen zu den Nibelungen und zur Klage* 1836, S. 287—291) sah im Verfasser der 'Klage' den Bearbeiter einer älteren strophischen Dichtung des 12. Jh.s., die ihm eine Sammlung von Liedern gewesen war. Diese Vorlage der 'Klage' vermutete er für die 80er, allenfalls die 70er Jahre des 12. Jh.s. Die vorliegende Reimpaardichtung der 'Klage' setzte er in die 90er Jahre. Er nahm ähnlich wie W. Grimm an, daß das NL. dem Verfasser („dem Umdichter") der 'Klage' noch unbekannt gewesen sei. Damit stand die uns erhaltene 'Klage' zeitlich neben oder vor dem NL. Von der angenommenen Quelle erklärte er freilich, im Verhältnis zur „Nibelungensage" sei sie „nicht ein nachgewachsener Zweig, sondern eine willkürlichere Forsetzung, wo keine nötig war, . . .". — Fr. Vogt hat im J. 1913 in abschließender Weise festgelegt, wie das Verhältnis der 'Klage' zum NL. zu beurteilen ist (*Zur Geschichte der Nibelungenklage*, Festgabe der Univ. zur 52. Versammlung deutscher Phil. u. Schulm. zu Marburg, S. 139—167). Das Ergebnis ist etwa folgendes: Dem Verfasser der 'Klage' hat als seine Quelle die Grund-

fassung des NL.s vorgelegen. Er weist wohl mit den Bezeichnungen der *tihtaere* (v. 18) und *der rede meister* (v. 24) auf den Schöpfers des NLs. hin. Er erfand für den Vater der Burgondenkönige den Namen Dankrât, gab Volker das rheinische Alzey als Geburtsort und setzte Ute nach dem rheinischen Lorsch. In diesen Fällen hat er den Bearbeiter C* des NL.s beeinflußt. (Über die Beziehung der Bearbeitung C* zur 'Klage' vgl. man auch W. Braune *Die Handschriftenverhältnisse des NL.*, PBB. 25 [1903] S. 175/76.) A. Heusler faßt zusammen: Die 'Klage' ist „eine Phantasie über unser Nibelungenlied — nicht über dessen Vorstufen" (*Nibelungensage u. Nibelungenlied* [1]1921, § 106).

Die 'Klage' ist demnach zwischen der Grundfassung des NL.s und der Bearbeitung C* des NL.s entstanden. Ihr Verfasser hat sich etwas deutlichere Begriffe als der Schöpfer des NL.s vom Wormser Rheingebiet zu machen gesucht. Der Bearbeiter C* des NL.s ist darin dem Verfasser der 'Klage' gefolgt. Der Verfasser der 'Klage' gehört in den Kreis hinein, in dem zunächst das NL. aufgenommen wurde. (E. Schröder spricht von dem „gleichen engen Entstehungskreise", ZfdA. 70 [1933] S. 66.) Darum ließ sich der Bearbeiter des NL.s vom Verfasser der 'Klage' anregen, darum gibt es auch eine 'Klage' der Bearbeitung C*. Fr. Wilhelm wies darauf hin, daß im J. 1214 die Rheinpfalz (mit Alzey) an das Herzogtum Baiern kam. Ihm war daher der Verfasser der 'Klage' kein Passauer oder Österreicher, sondern ein geborener „herzoglicher Baier"; die 'Klage' entstand ihm nach 1214 (*Nibelungenstudien* I, Münch. Arch. 1916, 7, S. 10 bis 14). A. Leitzmann spürt in der 'Klage' nicht nur Ankläge an Wolframs 'Parzival', sondern auch an Wolframs 'Willehalm' (*Nibelungenklage u. höfische Dichtung*, ZfdA. 61 [1924] S. 49ff.). — Auf Grund der vorliegenden Ergebnisse ist die 'Klage' unweit Passau wahrscheinlich im 2. Jahrzehnt des 13. Jh.s und zwar vielleicht erst gegen 1220 entstanden.

5. Der Gehalt. Das NL. schließt in einer verhältnismäßig knappen Darstellung mit dem Tode Hagens und Kriemhilds ab. Der Verfasser der 'Klage' sucht zu berichten, was aus den Überlebenden am Hofe Etzels und in ihrer Heimat geworden ist. Er folgt darin einem romanmäßigen Empfinden, das Gestalten der Erzählung, soweit wie möglich, erst dann frei gibt, wenn es sie durch den Tod oder durch die Aussicht auf ein dauerndes Glück aus dem Gang der Ereignisse ausscheiden kann. Bezeichnender ist für die 'Klage', daß sie den Ablauf der Klagehandlung benutzt, um das Ende des NL.s zu erklären und die führenden Gestalten zu beurteilen. Folgende Gedanken treten hervor: Das Geschehn wird durch den *übermût* der Burgonden und vor allem Hagens (durch eine Überspannung des Mut- und Machtempfindens) verursacht und bestimmt. Kriemhilds Tun erklärt sich durch ihre *triuwe*, sie vermochte nichts zu ändern. Etzel hätte alles wenden können, wenn man ihn genügend verständigte; ihn traf Gottes Zorn. Das Gold (*daz Kriemhilde golt rôt* V. 234, *der Nibelunge golt rôt* V. 3736) hat seinen Anteil am Ganzen. — Der Schöpfer des NL.s zeigt seine Stärke darin, daß er ein gewaltiges Geschehn so festhält, wie er es als Vorzeitgeschichte sieht. Doch hat sich ihm echtes Schicksal in eine für ihn schwer deutbare Handlung des Leides hinüberentwickelt. Der Verfasser der 'Klage' geht weiter. Er erklärt sich das Geschehn als ein Verhängnis, hinter dem alte Schuld steht, die auf einem Mangel an Einsicht beruht. Auch hier spricht sich ein romanmäßiges Empfinden aus, das den Ausgleich sucht. Der Bearbeiter C* hat von diesem Gesichtsfeld aus das NL. gelesen.

Der Verfasser der 'Klage' war kein bedeutender Dichter. Aber er hat in bestimmten Grenzen eine Darstellungsgabe. (Über die Darstellung des Klagens im allgemeinen vgl. man: Richard Leicher *Die Totenklage in der deutschen Epik von der ältesten Zeit bis zur Nibelungenklage* [GermAbh. 58] 1927, S. 143ff. Zum Titel *ditze liet heizet diu klage* v. 4702: E. Schröder *Aus den Anfängen des deutschen Buchtitels*, GGN. 1937, NF. Bd. II, Nr. 1, S. 13.) Es liegt an der Art des Werkes, daß in seiner Sprache neben der selbstverständlichen Abhängigkeit vom NL. literarische Beziehungen hervortreten. Bei der Beobachtung einzelner Anklänge sind als gebend angesetzt: der 'Herzog Ernst' (Fr. Vogt, Marburger Festgabe 1913, S. 164ff.), Hartmann von Aue (A. E. Schönbach *Das Christentum in der altd. Heldendichtg.* 1897, S. 82ff.), Wolfram (vor allem A. Leitzmann ZfdA. 61 [1924] S. 49ff., der auch Hartmann anführt), Walther von der Vogelweide (E. Schröder ZfdA. 70 [1933] S. 66/67). Über die Sprache der 'Klage' im allgemeinen verweise ich hier nur auf die Ausgabe der 'Klage' durch A. Edzardi (1875) und auf K. Zwierzina *Mittelhochdeutsche Reimstudien*, ZfdA. 44 (1900) und 45 (1901), Register.

Es scheint zunächst nahe zu liegen, im Verfasser der 'Klage' einen Kleriker zu sehn. Bei W. Braune heißt er der „gelehrte und spekulierende Dichter der Klage" (PBB. 25 [1903] S. 175). (Über die Behandlung der Verfasserfrage im 19. Jh. vgl. A. E. Schönbach *Das Christentum in der altd. Heldendicht.* 1897, S. 89/90.) Doch gibt es keinen sicheren Anhalt, daß der Verfasser berufsmäßig ein „geistlicher" Mann war. Wohl aber darf man ihn in einem schulmäßigeren Sinne als den Schöpfer des NL.s einen „Meister" nennen. Bei allem Unterschied der Persönlichkeiten sei an die berufsmäßige Meisterart Freidanks erinnert (s. d.).

Die Klage zeigt uns etwas davon, wie das NL. in dem Kreise wirkte, der es zunächst aufnahm und trug. (Vgl. J. Schwietering *Deutsche Dichtung des MA.s*, Handb. der Literaturwiss. S. 209.) Das NL. erzeugte in seinem Entstehen eine Art mittelalterlicher Nibelungenfrage. Es erschütterte durch die Darstellung ungewöhnlichen Geschehns. Es trieb auch dazu, die in ihm neu geschaffene Vorzeitgeschichte mit den Wertungen zu befragen und zu beurteilen, die in der geltenden Bildungswelt den Maßstab gaben. Im Schöpfer des NL.s mag diese Nibelungenfrage angeklungen sein. Seine kleineren und wohl auch generationsmäßig jüngeren Arbeitsgefährten, wie der Verfasser der 'Klage', haben diese Nibelungenfrage aufgegriffen und im Gedanklichen weitergetrieben.

Literatur: Wichtige Einzelliteratur im Text. Außerdem ist die Literatur über das NL. zu vergleichen.

Überblick über die Literatur: Gustav Ehrismann *Geschichte der deutschen Literatur bis zum Ausgang des MA.s*, 2. Teil, Schlußbd., 1935, S. 143/44.

Friedrich Neumann.

Nicolaus, s. Nikolaus.

Nider, Johannes.

1. Leben. J. N. ist gegen 1380 zu Isny in Schwaben geboren. Um 1400 tritt er in das Dominikanerkloster zu Kolmar ein, das damals unter dem Prior Konrad von Prussia ein Musterkonvent war. Seine Studien macht er in Wien, wo Franz von Retz sein Lehrer ist; in Köln beendet er das Studium und wird Priester. Er nimmt am Konstanzer Konzil teil und geht nach Italien. Nach Wien berufen, ist er dort 1425 Doktor der Theologie; er lehrt in Wien bis zu seiner Berufung als Prior ins Nürnberger Kloster, wohl Anfang 1428. Er wird Vikar aller reformierten Klöster der deutschen Ordensprovinz. Das erste von ihm reformierte Kloster war St. Katharina zu Nürnberg 1428. Er predigt das Kreuz gegen die Begarden, gegen den Glauben an falsche Offenbarungen, und unter dem Eindrucke des um sich greifenden Hexenglaubens schreibt er das 5. Buch des '*Formicarius*', das später in den '*Malleus maleficarum*' aufgenommen wird. Als Inquisitor ist er wohl nicht selbst tätig gewesen. Im '*Praeceptorium divinae legis*' bekämpft er den Aberglauben der Zeit. Seit 1431 reformiert er die beiden Klöster seines Ordens in Basel und gehört hier zu den besten Theologen der Synode, wo er in deutscher Sprache die Eröffnungsrede hält. Er gehört zur Opposition gegen die Auflösungsbulle Papst Eugens. Als Legat des Konzils wirkt er in Böhmen gegen die Hussiten, auch als Unterhändler des Konzils (1431—1432); er bereitet so den Fürstentag von Eger vor, der die Böhmen nach Basel führt (1433). Dann verhandelt

er auf Grund der Prager Kompaktaten auch in Regensburg (1434) und hat somit Anteil an der Union von 1437. Er hat Basel wohl erst 1435 verlassen, als die Synodalen sich den Weisungen Eugens offen widersetzten. In Wien ist er noch zweimal Dekan der Theologenfakultät, wo er die Reformarbeit in Österreich fördert. 1438 ist er in Kolmar reformatorisch tätig; auf der Rückreise stirbt er am 13. August 1438. Er ist in Nürnberg an der Seite des Ordensmagisters Raimund von Capua begraben worden.

2. Werke. a) *'Formicarius'*, Das 'Ameisenbuch'; sein Lebenswerk; eine Apologie der christlichen Lehre, mit spannenden Geschichten aus seinem Leben durchsetzt. Auch theologische Fragen werden erörtert. Als Vorbild dient der *'Apiarius'* des Thomas Brabantinus (Cantipratensis). Er setzt den Bienen die Ameisen gegenüber. Quellen seiner naturkundlichen Kenntnisse sind Solinus, Isidor, Plinius, Aristoteles und Albertus Magnus *'De animalibus'*. Den 5 Eigenschaften der Ameisen entsprechend teilt er in 5 Bücher, jedes zu 12 Kapiteln, die gegliedert sind in Eigenschaft, moralische Lehre, Schriftbeweis (Exegese, Kirchenväter, kirchliche Schriftsteller, auch Cicero, Ovid, Horaz, Plinius, Plutarch), Beispiele. Die Methode ist streng scholastisch, logisch, gelehrt, klug und moralisch streng. So ist das Buch ein Sittenbild des Jh.s. Er wählt die Form des Dialogs zwischen Theologe und *Piger* (der Träge). Das Werk entstand im wesentlichen zur Zeit des Baseler Konzils. — Die Hss. sind sehr zahlreich: München, Wien, Basel, Breslau usw.; dazu treten 6 Drucke, die beiden ältesten Inkunabeln ohne Ort und Jahr, der 3. Straßb. 1517 von Jak. Wimpheling besorgt, bei Joh. Scotus (Hain 11830 ff.), der 4. Paris 1519 bei Engelbert u. Joh. Manref. Diese 4 Ausg. sind benutzt von Georg Colvenerius für die Ausg.: *'Formicarium'* (Douay 1602). Das 5. Buch ist in den *'Malleus maleficarum'* aufgenommen u. d. T. *'Fratris Nyder Suevi Ord. Praed. S. Theologiae Professoris et haereticae pestis Inquisitoris liber insignis de Maleficis et eorum deceptionibus'*. Eine besondere Ausg. Helmstadii 1692 u. d. T. *'De visionibus et revelationibus Liber V. de maleficis'*. — b) *'Praeceptorium divinae legis, id est Tractatus de decem praeceptis'*; ein Moralwerk im Anschluß an den Dekalog. — München besitzt allein 10 Hss.; clm. 3551 v. J. 1411. Drucke (Hain 11780—11796): Köln 1472, Ausgsb. 1475, Straßb. 1476, Paris 1479 u. 1482 usw. Von den bei Hain angeführten 17 Drucken vor 1500 sind 6 um 1472 erschienen; 1611 noch gab der Jesuit Gibbon das Werk in Douay neu heraus. — c) *'Tractatus de contractibus mercatorum'*, über die Verträge der Kaufleute; 8 Drucke vor 1500 (Hain 11820—11827), ferner Paris 1514, Lyon 1593. — d) *'Consolatorium timoratae conscientiae'* ('Trostbüchlein eines ängstlichen Gewissens'). München besitzt 15 Hss.; Hain (11806—11812) kennt 7 Ausg. vor 1500. Noch 1604 in Rom gedruckt. — f) *'De lepra morali'* ('Der moralische Aussatz'). In München 9 Hss.; 6 Frühdrucke (Hain 11813 bis 11819). — g) *'Manuale confessorum ad instructionem spiritualium pastorum'* ('Handbuch für Beichtväter zur Belehrung der Seelenhirten'); zahlreiche Hss., in München 14; Frühdrucke 12 (Hain 11834—11845); auch Paris 1513 u. 1514. — h) *'Dispositorium moriendi'* ('Vorbereitung auf den Tod'); Hss. München clm. 3049 Bl. 59; 3050 Bl. 27; 2 Frühdrucke (Hain 11828—11829). — i) *'De reformatione religiosorum seu status coenobitici'* ('Über die Reformation der Ordensleute'); München 5 Hss.; Wien Staatsb. 3628, 2 u. 4502, 4; Wien, Schottenkl. 347; Breslau, Staats- u. Univ.-Bibl. I Q 133. Gedr.: Paris 1512; Antwerpen 1611. — k) *'De paupertate perfecta'* ('Über die vollkommene Armut'); auch u. d. T. *'Admonitorium ad spiritualem vitam de imitatione Christi'*. Hss. selten, z. B. München clm. 5030 Bl. 165. — l) *'De vigore consuetudinis et dispensatione canonica'* ('Über die Kraft der Gewohnheit u. die kanonische Dispens'); Hss. fehlen. — m) *'De saecularium religionibus'*; Hs. München clm. 18195 Bl. 229. — n)

'De abstinentia esus carnium' ('Über die Enthaltung von Fleischspeisen'). Hs. z. B. München clm. 18381 Bl. 4. — o) *'Locus de restitutione famae'* ('Über die Wiederherstellung des guten Namens'): *Notandum, quod laedere alienum;* Hs. Wien, Staatsb. 4118, 34. — p) *'Commentarius in IV libros Sententiarum';* Hss. fehlen. — q) *'Liber contra thesim Hussitarum in Bohemia degentium';* Hs. Prag, Univ.-Bibl. 543; St. Gallen Nr. 142. — r) Briefe, gedr. in: *Monumenta conc. gener. saec. XV.* 1857. — s) *'Sermones modo vulgari'* (nach Jacobus de Voragine): *'Sermones de epistolis'*, 72 Stücke, gedr. Straßb. 1489; *'Sermones de evangeliis'*, 72 Stücke; *'Sermones quadragesimales'*, 74 Stücke; *'Sermones de sanctis'*, 32 Stücke. Hss. z. B. clm. 3435 v. J. 1474; 4714 v. J. 1474; 4715; 4768; 5617 v. J. 1476; 18296; 18736 Bl. 115. Es gibt von sämtlichen *'Sermones aurei'* 5 Ausg. (Hain 11797—11805). Es sind einfache, teilweise lange Skizzen voll Originalität. Sie dienen der praktischen Exegese, enthalten Vergleiche aus der Natur u. dem täglichen Leben. Sie beginnen ohne Prothema mit einer Schriftstelle und sind nach ihr gegliedert. Nur in Hss. sind einige andere Predigten erhalten, darunter auch deutsche über die 10 Gebote und die 7 Sakramente. Eine Hs. war im Besitz des Pfarrers Hasak i. Weiskirchen bei Teplitz. Sie stammte a. d. Jahre 1474; vgl. Hasak *Eine Wanderung durch das Gebiet der religiösen Literatur am Schlusse des Mittelalters*, Beilage Nr. 21 bis 31 zur 'Augsburger Postzeitung' 1880; auch Separatdruck; ders. *Der christl. Glaube des deutschen Volkes beim Schlusse des Mittelalters* 1868, S. 12. Eine Hs. Basel A X 130 enthält von Nider *'Eine nützliche Lehre den lieben Frauen in Steinbach geschrieben';* Berlin G oct. 453 (Phillipps 3973) Bl. 99^b—105^a, 15. Jh., Betrachtungen von drei Dingen: Bescheidenheit, zeitlicher Seligkeit u. den Stücken, mit denen man sich Christo vermählen soll; Anf.: *Dienan die da begerund des aller siesesten kriz denerin ze sind, dienan winscht bruder her hans Nider in sunder jhesus ze suchend mit flis.* — t) Fraglich ist die Verfasserschaft für das *'Alphabetum divini amoris'* oder: *'De elevatione mentis in deum'* ('Alphabet der Liebe zu Gott oder Erhebung des Herzens zu Gott'). Das Werk ist auch Gerson zugeschrieben: *Opera* (Antw. 1706) III S. 770; eine Art Exerzitienbüchlein: *Via inchoativa, purgativa, illuminativa, instructiva, exemplativa, admirativa, peregrinativa, comparativa, affectiva, superlativa, orativa, unitiva, exultativa.* Hss., die es Nider zuschreiben, z. B. Prag, Univ.-Bibl. 687; 2030. — u) Ein auch fälschlich Bernhard von Clairvaux zugeschriebenes, für eine Klosterfrau bestimmtes Büchlein *'De modo bene vivendi';* gedr. Migne *Patr. lat.* 184, Sp. 1199. — v) In deutscher Sprache wird ihm ein Werk zugeschrieben, als dessen Verfasser handschriftlich auch ein Bruder Heinrich Predigerordens genannt wird; so in dem Drucke: Augsburg 1470 bei Joh. Bämler (Hain 11846): *Hie hebt sich an das aller nuczlichest buch genant die vyerundzwainczig guldin harpffen, die durch ain hochgelerten doctor, bruder hainrichen prediger ordens zu Nurenberg also geprediget, vnd durch bet vnd liebe ersammer burgerin daselbst, in ain teutsch buch ordenlich zesamen beschriben sind.* Der Augsburger Druck v. J. 1472 (Hain 11847) besagt in seiner lateinischen Vorrede dagegen: *hic liber a quodam egregio sacrarum litterarum professore magistro Johanne Nider, ordinis predicatorum fratre de latino in vulgarem Nuremberge translatus est;* im deutschen Vorwort ist ebenfalls *Bruder Hansen Nyder* eingesetzt. Damit decken sich die Ausg.: Augsburg 1473 (Hain 11848); 1476 (Hain 11849); dagegen hat die Ausg. Hain 11850 in der Übersetzung der lateinischen Vorrede als Verfasser: *hanns pfarrer zu sant Mauricien zu Augspurg.* Weitere Drucke: Augsb. 1487 (H. 11851); Augsb. 1488 (H. 11852); Augsbg. 1491 (H. 11853). Mit Holzschnitten Straßburg 1493 bei Martin Schott (H. 11854); nach dieser Ausg. hat Nider Predigten auf Bitten von Klosterfrauen in Nürnberg zusammengestellt unter dem Titel: *'Vierund-*

zwanzig guldin Harfen halten den nächsten Weg zum Himmel'. Es handelt sich darin nur um eine freie Bearbeitung der 24 Kollationen des Cassiodor. Das deutsche Werk liegt in alt. Rückübersetzung vor in München clm. 5605, 15. Jh., als *'Liber XXIV cythararum ex lingua Alamannica in Latinam translatus'* mit Verseinleitung und -schluß. Deutsche Hss. München cgm. 602; Basel A III 17b; Berlin Gq 175 in elsässischer Mundart; Wolfenbüttel 3709 Bl. 142 bis 278, Bruchstücke Augsburger Herkunft. — w) Ein Traktat *'De nobilitate'*, der N. zugeschrieben ist, findet sich Bamberg (Kat. 1811) Q V 3 Bl. 34—343: *Quoniam in multis secularium locucionibus in dubium vertitur;* Ende: *patrem Abraham habemus;* andere Hss. München clm. 7719 (14. Jh.) Bl. 169, einst in Tegernsee; clm. 18566 Bl. 138; clm. 27106 Bl. 15; Basel A X 131: *'De vera et falsa nobilitate'*.

K. Schieler *Magister J. Nider* 1885; bespr. Theol. Literaturbl. (1886) Sp. 134; Lit Rundschau 11 Sp. 303; Theol. Quartalschr. 68 S. 525; DLZ. 1885 Sp. 1298. Fabricius-Mansi IV S. 446. Quétif-Échard I S. 793. Hurter *Nomenclator lit. theol. cath.* II³ (1906) S. 863. Aschbach *Gesch. d. Univ. Wien* I S. 446—451. P. Beck ADB. XXIII S. 641—646. Cruel *Gesch. d. deutschen Pred.* S. 457, 468.

J. Klapper.

Niederrhein, s. Werner vom N.

Niem, s. Dietrich v. N.

Nieman, s. Altswert.

Niemand.

Überlieferung: Laßbergs Liedersaalhandschrift, LS. Nr. XLIII.

Den Decknamen *Niemand* gibt sich der Verfasser der Verserzählung von den 'Drei Märchen von Kolmar', wohl nicht ohne Bedacht, da er dem derb humorvollen Schwank durch die Verlegung nach Kolmar eine deutliche Spitze gegen die dortigen nach ihrer Ordenszugehörigkeit gekennzeichneten Klöster gibt. Er beruft sich dabei allerdings auf einen von Kolmar kommenden Gewährsmann und hätte danach nicht selbst in Kolmar gelebt. Nicht allzuweit davon war aber gewiß seine Heimat, seine Sprache ist alemannisch mit fränkischem Einschlag, also gewiß niederelsässisch. Gedichtet hat er wohl um die Mitte des 14. Jh.s.

Der Schwank erzählt, wie einer schönen Frau bei der Beichte von drei Mönchen Anträge unter Anbietung von Geld gemacht werden; voll Entrüstung erzählt sie es ihrem verarmten Gatten, der Rache und Gewinn zu vereinen beschließt: die nacheinander bestellten Liebhaber finden in einem Zuber mit heißem Wasser ihren Tod. Für Beseitigung der Leichen bedient er sich eines angetrunkenen fahrenden Schülers; für einen geringen Entgelt erklärt dieser sich bereit, den einen ihm gezeigten Mönch in den Rhein zu werfen; bei seiner Rückkunft aber wird ihm der zweite und später ebenso der dritte als der wiedergekehrte erste bezeichnet. Über die dreifache Arbeit entrüstet, hält der Schüler einen ihm begegnenden Mönch für denselben Wiederkehrer und wirft ihn gleichfalls in den Rhein. Das Ganze ist frisch, aber ohne besondere Kunst erzählt.

Der Schwank ist nahe verwandt mit dem afrz. Fabliau *'Estormi'* des Huon Piaucele (ed. Montaiglon-Raynaud *Recueil général des fabl.* I S. 198ff.); doch kann dies nicht die unmittelbare Quelle sein. Vielmehr gehen wohl beide Dichtungen auf mündliche Grundlage zurück, worauf auch beide Verfasser ausdrücklich hinweisen. Die Erzählung gehört in die weit verbreitete Gruppe von den *Trois bossus ménestrels,* deren orientalische Heimat Pillet erwiesen hat. Aus der Urform ist unsere Gruppe abgezweigt durch Verschmelzung mit dem ersten Teil des Erzählungstypus von den gefoppten Liebhabern, wie er im Fabliau *'Constant du Hamel'* vorliegt. Die Grundlage dafür bildete eine schon im Orient entstandene Variante, die die Buckligen durch Geistliche ersetzte. Sie spiegelt sich wieder in dem Meisterlied 'Von einer Fischerin' des Jörg Graff (s. d.; Keller *Erzählungen aus altdeutschen Handschriften* S. 345ff.).

Sehr nah im Aufbau steht dem Eingang unserer Erzählung (Anträge der Mönche) der erhaltene Teil des fragmentarischen mittelniederdeutschen Gedichtes *'De segheler'* (hrsg. von St. Waetzold *Flos und Blankeflos* 1880, S. 55ff.), das den Eindruck einer unmittelbaren Kopie der 'Drei Mönche von Kolmar' macht; daraus läßt sich wohl erschließen, daß auch der weitere Verlauf der gleiche war, während rein inhaltlich gesehen das Fragment auch die Einleitung zu einer Variante des Erzählungstypus von den gefoppten Liebhabern gebildet haben könnte.

Der auch späterhin beliebte Erzählungstypus hat verschiedentlich Verbindungen mit dem gleichfalls orientalischen Schwanke von der viermal getöteten Leiche eingegangen.

Ausgabe von Laßberg *Liedersaal* Nr. XLIII; von der Hagen GA. III S. 159 ff. Nr. 62; Niewöhner NGA. I (1937) S. 127ff. Übertragung bei L. Greiner *Altdeutsche Novellen* S. 223. — Jos. Bédier *Les fabliaux* [5] 1925, S. 236 ff., 262 f. Alfr. Pillet *Das Tableau von den Trois Bossus ménestrals und verwandte Erzählungen früher und später Zeit* 1901, bes. S. 83 ff.; dazu G. Paris Romania 31 (1902) S. 136 ff.; P. Toldo Romania 32 (1903) S. 552 ff.; Walther Suchier *Fablelstudien*, Zs. f. roman. Phil. 42 (1923), S. 561 ff., bes. S. 514 ff. W. Suchier *Der Schwank von der viermal getöteten Leiche in der Lit. d. Abend- und Morgenlandes* 1922, bes. S. 26 f., 68 f., 75. W. Stammler *Mnd. Lesebuch* (1921) Nr. 53, S. 82 f., 141.

H.-Fr. Rosenfeld.

Nifen, s. Gottfried v. Neifen.

Nigri, s. Schwarten u. Schwarz.

Niklas, s. Nikolaus.

'Niklashauser Fahrt' s. Böhm, Hans.

'Nikolaus'.

1. Der später so volkstümliche St. Nikolaus wird erstmalig in der griechischen Legendenbildung seit dem 6. Jh. sichtbar: als Thaumaturg und Ortsheiliger von Myra, erwachsen aus der Verknüpfung zweier geschichtlicher Gestalten (Bischof N. v. Myra, wahrscheinl. 4. Jh., und Abt N. v. Sion, Bischof v. Pinora, † 564). Über Süditalien dringt sein Kult ins westliche Abendland, wo zunächst die lateinische Vita des Johannes Diaconus von Neapel (um 880), eine freie Bearbeitung von '*Methodius ad Theodorum*' und anderer griechischer Quellen, bedeutsam wird (*BHL.* 6104/17; veröffentlicht im '*Sanctuarium*' des Boninus Mombritius [vor 1480], ebenso bei Lipomanus [16. Jh.], wogegen die von Falconius [1751] besorgte Ausgabe abweicht); s. § 3. Diese und später aus dem Griechischen übertragene oder nachgebildete Viten (vgl. *BHL.* 6118/29), darunter besonders die Darstellung des Metaphrasten, verbinden sich innerhalb der lateinischen Hagiographie mit zahlreichen neu entstandenen Wundererzählungen (*BHL.* 6130/76; Schülergeschichte s. § 2, II).

Über das Nachleben des hl. N. in der griechischen Hagiographie, in Kult, Kunst und Brauch vgl. besonders G. Anrich *Hagios Nikolaos. Der hl. Nikolaos in der griechischen Kirche. Texte u. Untersuchungen*, 2 Bde. 1913/17 und K. Meisen *Nikolauskult u. Nikolausbrauch im Abendlande, eine kultgeographisch-volkskundl. Untersuchung* (Forschungen z. Volkskunde, H. 9/12) 1931 [Lit.]. Dazu neuerdings P. Aebischer *Sur deux caractéristiques du culte populaire de S. Nicolas*, Archivum Romanicum 16 (1932) S. 125—34; G. Franke *Der Einfluß des Nikolauskultes auf die Namengebung im französischen Sprachgebiet* (Romanische Forschungen, Bd. 48, 1) 1934; O. E. Albrecht (s. § 2).

2. Frühzeitig erscheint die N.-Legende in dramatischer Form, zuerst in lateinischen Spielen, deren rhythmische Verse dazu bestimmt waren, gesungen zu werden.

I. Die Geschichte von den drei verarmten Jungfrauen, die durch das Eingreifen des Heiligen, der nachts dreimal einen Beutel voll Gold ins Haus wirft, vor der drohenden Unzucht bewahrt werden (*BHL.* 6217).

Liber S. Godehardi in Hildesheim (jetzt London, Brit. Mus., Add. 22 414), 11./12. Jh. Hrsg. v. E. Dümmler ZfdA. 35 (1891) S. 402—05; K. Young a. a. O. S. 312—14. — Hs. Orléans 201 (einst 178) aus dem Kloster Fleury, 12./13. Jh., Abdruck durch Wright, Coussemaker u. a., zuletzt von Young S. 316—21 und Albrecht a. a. O. S. 118—25.

II. Das Schicksal der drei Kleriker, die von ihrem Wirte geschlachtet und später von N. zum Leben erweckt werden (*BHL.* (6218/19).

Hs. Hildesheim (s. o.): Dümmler S. 405—07; Young S. 325—27. — Bruchstück Stiftsbibl. Einsiedeln Nr. 34, 12. Jh.; hrsg. v. G. Morel AnzfKddV. N. F. 6 (1859) Sp. 207 f. u. Young S. 335 f. — Hs. Fleury (s. o.): Young S. 330—32; Albrecht S. 126—29.

III. Die Erzählung vom N.-Bilde, das von einem Wandalen (Juden) zum Hüter seines Schatzes eingesetzt wird: N. verscheucht die Diebe, der Heide bekehrt sich zum Christenglauben (*BHL.* 6220).

Hs. Fleury (s. o.): Young S. 344—48; Albrecht S. 129—34.

IV. Der Bericht von der wunderbaren Rückkehr von Gethrons Sohn Adeodatus (*BHL*. 6221).

Hs. Fleury (s. o.): Young S. 351—57; Albrecht S. 134—42.

Die Legenden I, III u. IV haben ihre Quelle in der griechischen Überlieferung: I zählt zu den verbreitetsten Wundergeschichten und steht in allen irgend vollständigen Viten, III u. IV sind jüngeren Ursprungs (als Anhang der Vita im '*Sanctuarium*' des Mombritius; vgl. *BHL*. 6164/67); s. auch § 3. Westeuropäischer Herkunft ist die Schülergeschichte (II), deren Entstehung vielfach gedeutet wird (Nachbildung der '*Praxis de stratelatis*' infolge eines ikonographischen Mißverständnisses; Umformung eines St. Georg-Wunders; Auswertung des Schutzpatronates der wandernden Schüler u. a.), wobei der in lateinischen Legendaren enthaltene Prosatext (*BHL*. 6158) kaum Beachtung gefunden hat.

Diese Legendenstoffe tauchen auch sonst in selbständiger Gestaltung auf: so u. a. I als Szene im Künzelsauer Fronleichnamsspiel (s. d., besonders Sp. 770 u. 772), vgl. den Abdruck durch E. Schröder ZfdA. 36 (1892) S. 240 und Meisen a. a. O. S. 235; II seit dem 15. Jh. im französischen Volksgesang, s. G. Doncieux, *Le Romancéro populaire de la France* (1904) S. 376—86; III im '*Ludus super iconia s. Nicolai*' [mit franz. Versen als Refrain] des Hilarius (Mitte 12. Jh.), hrsg. v. J. B. Fuller (1929) und '*Jus de S. Nicolai*' des Jehan Bodel (1200), hrsg. v. A. Jeanroy (1925); IV als Mirakelspiel des 15. Jh.: *moralite de monseur sant nicholas a XII personages*, hrsg. v. P. Aebischer (1930).

Vgl. besonders E. Dümmler u. E. Schröder *Zu den Mirakeln des hl. N.*, ZfdA. 36 (1892) S. 238—40. O. Weydig *Beiträge z. Geschichte des Mirakelspiels in Frankreich. Das Nikolausmirakel*, Diss. Jena 1910. K. Fissen *Das Leben des hl. N. in der altfranz. Lit. u. seine Quellen*, Diss. Göttingen 1921. Ida del Valle de Paz *La leggenda di S. Nicola nella tradizione poetica medioevale in Francia*, Florenz 1921. F. Ermini *Il miracolo di san Nicola di Mira e la leggenda dei tre chierici risuscitati*, Studi medievali 3 (1930) S. 111—20. P. Aebischer *Le miracle des trois clercs ressuscités par saint Nicolas*, Archivum Romanicum 15 (1931) S. 383—99. K. Young *The Drama of the medieval Church II* (1933). G. Ehrismann *Lit.-Gesch*. (Schlußband 1935) S. 578. O. E. Albrecht *Four Latin Plays of St. Nicholas, from the 12th century Fleury Playbook*, Diss. Pennsylvania 1935 [ausführl. Lit.]; dazu H. Spanke Litbl. 59 (1938) Sp. 256—61.

3. Die volkssprachlichen Bearbeitungen epischen Charakters zeigen wie die lateinischen Viten ein Nebeneinander der verschiedenen Einzellegenden. Nächst der *Vie de S. Nicholas* von Maistre Wace (12. Jh.) ist in zeitlicher und literarischer Hinsicht das Bruchstück einer mhd. Dichtung aus der zweiten Hälfte des 13. Jh.s von Bedeutung.

Überliefert in einer Perg.-hs., Ausg. 13. Jh., von der nur einzelne Doppelblätter erhalten sind: A. B in Karlsruhe, hrsg. v. Mone AnzfKddV. 6 (1837) Sp. 418—20; C. D in Melk, hrsg. v. Diemer Germ. 2 (1857) S. 96—98; E—H in Nürnberg, hrsg. v. Bartsch Germ. 4 (1859) S. 241—44; I in Freiburg, hrsg. v. Steinmeyer ZfdA. 19 (1876) S. 228—36; K. L in Kolmar, hrsg. v. Bartsch Germ. 29 (1884) S. 36—42.

Da die Dichtung sich eng an eine lat. Quelle (s. u.) anschließt, lassen sich Umfang des Werkes und die Lagen der Handschrift bestimmen (vgl. Bartsch Germ. 29 S. 36f.). Danach ergeben sich die Doppelblätter als Bl. 10. 15 (= B), 17. 24 (= E), 28. 29 (= A), 41. 42 (= K), 47. 48 (= L), 59. 62 (= I), 68. 69 (= F), 75—78 (= G. H), 97. 98 (= C), 103. 104 (= D), wobei die von Mone veröffentlichten Karlsruher Doppelblätter (B. A) folgendermaßen zu lesen sind: v. 95—111, 62—94, 112—128, 31—44, 1—30, 45—61. Einspaltig geschrieben mit 18 Zeilen auf der Seite, mag die Handschrift eine Dichtung von etwa 4550 Versen überliefert haben. Die von Bartsch *K.s v. W. Partonopier* (1871) S. 333—42 versuchte Gesamtausgabe zählt nur 572 Verse und ist mit den Freiburger und Kolmarer Doppelblättern (I—L) zu ergänzen.

Wegen der verhältnismäßigen Reinheit des Reims und der Vorliebe für besondere Ausdrücke (wie *milte, gunst, wirde, landes kreiz, getât, geschiht, herzen acker*) hielt Bartsch diese Legendendichtung für ein Jugendwerk Konrads v. Würzburg (s. d., besonders Sp. 923). Gegen diese Ansicht sprach sich namentlich Steinmeyer (ZfdA. 19 S. 232ff.) aus, der des näheren nachwies, daß einzelne durchgehende Reime (*sân*: *lân, rote*: *gote, sust*: *gelust*; dagegen Konrad stets: *sâ, rotte, sus*) und die häufige Verwendung gewisser Phrasen (u. a. *vorgenant, vorgeseit*; *selch, solch*) dem Gebrauch Konrads widersprechen. Als Verfasser erweist sich ein unbekannter Dichter, der in einer nördlicheren, an Mitteldeutschland grenzenden Gegend beheimatet gewesen zu sein scheint.

In ihrer Anlage folgt die Dichtung der lateinischen Vita des Johannes Diaconus (s. § 1), wie sie etwa im '*Sanctuarium*' des Mombritius (Bd. 2, 1910², S. 296—309) vor liegt: Bericht über Eltern und Geburt des Heiligen, Legende von den drei Jungfrauen (s. § 2, I), Bischofswahl, Seefahrergeschichte, Legende von den Kornschiffen, Dianawunder, Stratelatengeschichte, Legende vom wunderwirkenden Standbild (s. § 2, III). Statt der bei Mombritius abschließenden Geschichte vom geraubten Sohn (s. § 2, IV) bringt der Dichter selbständige Ausführungen über die Quelle (*und in latîne vür geleit / diu wunder diu ich hân beschriben / und mit rîme in tiutsch getriben*) und läßt sich lobend über deutsche Art und Frömmigkeit aus, wovon uns im Doppelblatt D (Germ. 2 S. 98 v. 24ff.; Bartsch, *K.s v. W. Partonopier* v. 524ff.) 49 Verse erhalten sind. Wenn die im Mombritianischen Sammelwerk stehende Fassung, wie Steinmeyer (ZfdA. 21 S. 417ff.) nachweist, die unmittelbare Vorlage gebildet hat, muß dem deutschen Dichter eine gedanklich freiere Behandlung der Legende als literarische Leistung zuerkannt werden.

Die im mhd. Passional (s. d., Ausg. Köpke S. 6—25) und im 'Märterbuch' (s. d., Ausg. Gierach Nr. 96) überlieferte Vita steht dem Text der '*Legenda aurea*' nahe.

Goedeke *MA.* S. 226; K. Bartsch *Konrads v. Würzburg Partonopier und Meliur* (1871) S. XII—XIV, 333—42, 428—30. P. Piper *Die geistl. Dichtung d. MA.s* (1888) Bd. 2 S. 83; G. Eis *Die Quellen des Märterbuches* (Prager Dt. Studien, H. 46) 1932 S. 287—92. Ehrismann *Lit.-Gesch.* (Schlußband 1935) S. 54 u. 389f. — Über die zahlreichen Prosatexte, Predigten, Reimgebete u. a. vgl. außer den Verzeichnungen in Hss.-Katalogen die im Hss.-Archiv d. Dt. Kommission (Preuß. Akad. d. Wiss.) unter 'Nicolaus' vorliegenden Beschreibungen.

H. Hansel.

Nikolaus, Meister, Arzt des Herzogs von Württemberg. Vielleicht ist an einen „Meister Claus" zu denken, der als Wundarzt bald, bald auch als *Artzit* in Frankfurter Stadtakten zwischen 1378 und 1380 vorkommt (Kriegk *Dtsch. Bürgertum* 1863, S. 36). Von M. N., Arzt des Herzogs von Württemberg, überliefert der Cod. germ. 591 der Münchner Staatsbibliothek eine '*Behütnus für die pestelenz und ist ein underweisung*' auf Bl. 122—124, in der Mitte des 15. Jh.s geschrieben, die ich im Arch. f. Gesch. d. Med. Bd. 8 (1915) S. 274—276 zum Abdruck gebracht habe. Sudhoff.

Nikolaus von Bamberg ist einer jener Meistersinger, über deren Leben und Schaffen keine Überlieferung vorliegt. Wir kennen nur seinen Namen. Und da er nicht wie die Mehrzahl ähnlicher Dichter außerdem in den großen Autorenkatalogen Hans Folzens (s. d.) und Kunz Nachtigals (s. d.) in dem von Hans Sachs um 1517 z. T. selbst geschriebenen Berliner mgq. 414 (Bl. 475f. und 426f.), sondern nur in der von Peter Heiberger 1612 geschriebenen Steyrer Hs. als der vierundzwanzigste *alt nachdichter* erscheint, kann man die Zeit seines Wirkens in keiner Weise bestimmen. Er ist in Heibergers Hs. mit einem Lied in seinem „langen ton" erwähnt.

M. J. Schröer *Meistersinger in Österreich*, Germ. Stud. II (1875) S. 222.

W. St.

Nikolaus von Basel. Im VL. hat dieser (nach Joh. Nider, *Formicarius*, Straßburg 1517, 40a) um 1395 zu Wien wegen begardischer Irrlehren verbrannte Laienprediger nur deshalb einen Platz, weil K. Schmidt in seinem Buch: *Nikolaus v. Basel, Leben u. ausgewählte Schriften* (1866) ihm die Rolle und die Schriften des angeblichen Gottesfreundes im Oberland, „Rulman Merswins (s. d.) heimlichen Gesellen", zuschrieb und aus dessen phantastischen Traktaten eine Biographie des N. zusammenbaute, die aller Geschichtlichkeit entbehrt. Weil in den Traktaten die jeweils Bekehrten „sich dem Gottesfreunde zu Grunde an Gottes Statt lassen", und weil in der Verurteilung eines der damaligen Benediktinerabtei (heute Zisterzienser) Mehrerau bei Bregenz angehörigen Mönches Martin v. Mainz die Beschuldigung steht, er habe sich dem *quidam laycus, N. d. Basilea* zu Grunde ergeben (*te funditus submisisti*), so schloß Sch. sehr voreilig, N. müsse der Gottesfreund sein. Die im Prozeß des Martin dem N. zugeschriebenen Irrtümer sind die bekannten libertinistischen Grundgedanken der Begarden, daß sie ein vollkommeneres Evangelium bringen, daß man dem Papst und den Bischöfen nicht zu gehorchen brauche, daß auf Befehl des N. begangener Mord oder Unzucht keine Sünde sei und dergl. Schmidt hätte schon aus dem Inhalt der Traktate sehen müssen, daß diese von ihm selbst S. 67 aus dem Prozeßbericht abgedruckten Lehren des Nikolaus mit den Lehren des Gottesfreundes nichts gemein haben. Die ganze Identifizierung ist darum ebenso unbegründet wie die Geschichtlichkeit des Gottesfreundes überhaupt.

H. S. Denifle *Der Gottesfreund im Oberland und Nikolaus v. Basel*, Hist.-Pol. Blätter 75 (1875) S. 17/38. 93/122. 245/66. 340/54 (auch separat). K. Rieder *Der Gottesfreund v. Oberland* 1905. Vgl. die Artikel Merswin u. Nik. v. Löwen.

Engelbert Krebs.

Nikolaus von Blaufelden, Franziskanerlesemeister, der Ende des 14. Jh.s anscheinend in Straßburg gelebt hat. Vermutlich stammte er aus Blaufelden in Wttbg. (Oberamt Gerabronn); ob aus der ritterlichen Familie derer von Blaufelden oder von bürgerlichem Herkommen, ist nicht bekannt. Der St. Gallener Handschriftenkatalog nennt ihn irrtümlich als Verfasser des mystischen Traktats 'Der Schürebrand' (s. d.). N. hat das Werk, das ihm als geistlichem Berater von zwei jungen Ordensschwestern zur Begutachtung vorgelegt wurde, nur geprüft, vielleicht hie und da redigiert und selbständig drei Regeln angefügt, die als sein Eigentum bezeichnet werden. Die erste rät, sich gegenüber den Bedrängnissen des Geistes, der Natur oder der Welt mit dem unschuldigen Leiden Christi zu waffnen; die zweite besagt, daß das Fehlen einer solchen Anfechtung ein sicheres Zeichen der Liebe Gottes sei; die dritte empfiehlt, das Leiden mit Freude als Mittel der Läuterung zu empfangen. Diese Regeln hat der anonyme Verfasser in einer Nachschrift ausdrücklich gebilligt. Von sonstiger literarischer Tätigkeit ist nichts bekannt; „Chronikschreiber", wie *A.* Schubiger (*Heinrich III. von Brandis und seine Zeit* S. 258) N. nennt, war er nicht. Seinen Namen bieten die Handschriften in den Formen *Claus von Blovelden, Blafellden, Balfellden.*

Ph. Strauch *Schürebrand, ein Traktat aus dem Kreise der Straßburger Gottesfreunde*, Studien zur deutschen Philologie, Festgabe der Germ. Abt. der 47. Versamml. deutscher Philologen (Halle 1903) S. 59ff. K. Schmidt *Nikolaus von Basel* 1866, S. 30. Jundt *Les amis de Dieu* 1879, S. 30 Anm. Scherrer *Verzeichnis der Handschr. der Stiftsbibliothek v. St. Gallen* 1873, S. 369f. 381.

Hans Neumann.

Nikolaus v. Böhmen, s. Nikolaus v. Polen.

Nikolaus v. Cues, s. Nikolaus v. Kues.

Nikolaus von Dinkelsbühl.

1. N. Prunzlein v. D., ein bedeutender Gelehrter und Prediger, geb. 1360 in der schwäbischen Reichsstadt. Seit 1385 findet man ihn auf der Wiener Universität, zunächst als Baccalareus der artistischen Fakultät. Er hält, 1389 Lic. u. Dr., über verschiedene philosophische, mathematische und physikalische Gegenstände Vorlesungen, bekleidet oft Fakultätsämter, steigt rasch zu höheren Graden und Ehren auf und dies dann auch an der theologischen Fakultät, zu der er 1405 übergeht, nachdem er schon seit 1400 etwa theologische Vorlesungen gehalten hatte. (1406 Bacc. in theologia formatus, 1408 Licentiat, 1409 Dr. der Theologie.) 1405—06 war er Rektor der Universität. N. v. D. war zu seiner Zeit die angesehenste und berühmteste Persönlichkeit der Wiener Universität (*lux Sueviae*) und ihr Vertreter und Gesandter in wichtigen kirchenpolitischen und politischen Angelegenheiten. So vertrat er neben mancherlei andern Missionen z. B. die Wiener Universität (und seinen Herzog Albrecht V.) auf dem Konstanzer Konzil (Rechtsstreit gegen

den Passauer Domdechanten Thiem, Reden an Kaiser Sigismund und an den von ihm mitgewählten neuen Papst Martin V.). Erst 1418 kehrte er nach Wien zurück und nahm den Lehrbetrieb wieder auf. Seit 1425 Beichtvater Herzog Albrechts V., dessen Erzieher er von 1406—14 gewesen war. Auch in der Kirchenreform war der gefeierte Gelehrte (übrigens Weltgeistlicher) führend tätig. Er starb am 17. März 1433 zu Wien und wurde im Stefansdom begraben.

2. N. v. D. ist ein sehr fruchtbarer theologischer Schriftsteller und ein überragender Prediger gewesen. Die vielen Schriften, die er hinterlassen hat, sind in einer ungemeinen Zahl von Handschriften vorhanden, von denen die meisten in Wien, München, Bamberg, aber auch in Basel, Augsburg, Straßburg, Regensburg, Weingarten, Klosterneuburg, Mainz, Erfurt, Frankfurt, Karlsruhe, Leipzig, Wolfenbüttel, Melk, Klagenfurt, Rom, Padua und sonst vorhanden sind. (Drucke bei Hain und Copinger, H. v. d. Hardt u. a.)

Seine Schriften haben fast durchweg theologischen Inhalt und betreffen die Dogmatik und Exegese (Kommentare zu den Sentenzen und Quästiones) sowie Homiletik (*Sermones*, besonders die *Sermones de tempore sive dominicales*), Asketik und Moral (Traktate); dazu Gutachten, Briefe, Reden (beachte: *'Quaestio, utrum sit licitum sacros libros in vulgari editos seu de latino in vulgari translatos legere vel habere'* [Wien]).

Gedruckt sind: a) *'Postilla cum sermonibus'*.... Straßburg 1496. (Ex. Frankfurt a. M. Stadtbibliothek u. Tübingen.) Hain 11760. Die Predigten betreffen die verschiedensten Gegenstände der kirchlichen Dogmatik und Symbolik (besonders häufig über Maria, den Teufel, das Fasten, die Juden, selten über rein begriffliche und abstrakte Themen wie *ratio, voluptas* oder *anima*).

b) *'Collecta et praedicata de passione... Christi'*. Speier 1472. Hain 11761 (Tübingen).

c) *'Concordancia in passionem dominicam'*. Ulm (Tübingen); Hain 11762. Augsburg 1490; Copinger II Nr. 4407.

d) *'Nicolai Dünckelspühel Tractatus'*, Folioband zu Straßburg 1516, von J. Wimpfeling hrsg. (bei Joh. Schott) mit 8 Traktaten, d. h. wohl eigentlich Predigten (u. a. *de tribus partibus poenitentiae, de octo beatitudinibus, de septem peccatis*). Wimpfeling eröffnet den Band mit einem Widmungsbrief an Konrad Wickram, in dem er seine Sympathie für N. v. D. bezeugt. Er berichtet, daß Geiler den N. sehr hoch geschätzt habe und ihn noch immer für lesenswert erklärt, und schließt es mit einem Nachtrag. (Vgl. J. Knepper *Jakob Wimpfeling* 1902 S. 301.)

e) *'Oratio Nicol. de Dinckelspuhel... ad Sigismundum caesarem in concilio exordia habita'* bei H. v. d. Hardt *In magnum Oecumenicum Constantiensie Concilium* 1700, II S. 182.

f) *'Oratio ad Martinum Papam'* gehalten am 11. Nov. 1417, hsl. im Wiener Kodex 4710, gedruckt von G. Sommerfeldt Hist. Jahrbuch 26 S. 323 ff.

g) Nach Weller Nr. 442) *'Die liebe gottes mitsampt dem spiegel der krancken und sterbenden menschen'*, Augsburg, von dem Falk *Die deutschen Sterbebüchlein* 1890, S. 54 f. die Ausgaben aufzählt (5 von 1482—1508). Falk sagt nichts von der Verfasserschaft N.s und findet keinen Anhaltspunkt, daß „der Karthäuser", der Verfasser des ersten Büchleins, auch das zweite verfaßt habe. Nach dem Münchener Exemplar der Ausgabe von 1508 (Augsburg, bei Erhard Oeglein) wird in einem Eingangsbrief N. v. D. als einer der geistlichen Gewährsmänner hingestellt für die Güte des Büchleins und es heißt: *N. v. D., von dem die naehfolgende Vorred ist, den hab ich wol bekannt do ich ain student was zu Wien...* Aber auch die Vorrede ist in der ersten Person und als briefliche Widmung gefaßt. So sehr die Themen die gleichen sind wie auch in N.s Schriften, so sehr auch die erziehlichen Vorschriften und Bemerkungen zu N. passen (beispielsweise zu den Exzerpten und Zitaten aus N.s v. D. Werken im cod. L. XVII (St. Georgen) in Karlsruhe), so möchte ich die Autorschaft

N.s doch bezweifeln (obwohl N. ja über die Liebe zu Gott und den Nächsten gepredigt hat und gerade diese Predigten sehr verbreitet waren, vgl. unten Münchner cod. 4590). Vielleicht ist N.s empfehlende Vorrede weggelassen oder vom Drucker (von 1508?) mißverstanden und in die Ich-Form umstilisiert worden. Erst recht für den *'Spiegel der krancken ... Menschen'* muß Verfasserschaft N.s wohl ausscheiden. Auch in der Baseler Hs. des *'Büchleins von der Liebe Gottes'* (A. X, 117[4]) steht nur, daß der Autor es den Lehren des N. v. D. entnommen habe, *der ouch ettwe vil das buch vberlesen hatt.*

3. Handschriften: An wichtigen deutschen Hss. nenne ich noch von N.: Klosterneuburg Nr. 48 u. 49: *'Summa theologia germanice de ieuneis...'* Inc.: *von den vyrteig tagen der heiligen vasten.* Wien 12546, 3042. München cgm. 248, 392, 4590 *'Von der liebhabung Gottes ...'* 23 Kapitel (vgl. o. bei g). Karlsruhe cod. pap. Germ. LXVII, 303 ff. *...von den anfechtungen...*

4. N. v. D. ist ein sehr gelehrter kenntnisreicher Mann gewesen, der doch seine reiche theologische Bildung seiner Zeit gemäß anzuwenden und zu benutzen verstand zur geistlichen Erziehung und Seelsorge, in der er zum unerhört geschätzten Autor wurde (dazu Schäffauers aufschlußreiche Nachweise: N.s Werke gehörten „zu den verbreitesten Predigtbüchern des Mittelalters"). Er steht hier nicht auf seiten der mystischen und legendarischen Erbauungsliteratur, sondern entgegengesetzt auf streng scholastischem, dogmatischem Standpunkt, doch ist an der Diktion, der Themenwahl und der Polemik auch seine Zeitzugehörigkeit ersichtlich. Sein Ruhm als Prediger und Redner hielt lange an und wird außer von Geiler und Wimpfeling auch von Aeneas Sylvius und Surgant (vgl. Geffcken S. 14) weiter getragen.

Vor allem F. Schäffauer *N. v. D. als Prediger,* Theol. Quartalsschrift 115 (1934) S. 405 ff. J. Aschbach *Geschichte der Wiener Universität* I (1865) S. 430. Geffcken *Der Bildercatechismus des 15. Jh.s* I (1855) S. 14. 32 u. ä. Buchberger *Kirchl. Handlexikon* II Sp. 1143. ADB. XXIII S. 622. Chevalier I[2] Nr. 3331.

Gumbel.

Nikolaus von Flüe.

1. Handschriften.

I. Briefe: 1. an *Burgermeister und rat* v. Konstanz, datiert 30. Jan. 1482. Pap. Original im Rosgarten-Museum zu Konstanz; 2. an die Gemeinde von Sachseln 12. Okt. 1482. Pgt. Original Gemeindelade Sachseln B VIII 3 nr. 1 und nr. 2; 3. an den Rat v. Bern 4. Dez. 1482. Das Pap.-Original in barockem Rahmen unter Glas im Histor. Museum von Solothurn; alte Kopie von 1618 im Pfarrarchiv Sachseln.

II. Schilderungen durch Besucher: 1. Bericht eines Predigermönchs über Besuch am 8./9. Juni 1469, Quartheft des Staatsarchiv Luzern (16. Jh.); 2. Besuch Hans v. Waldheims aus Halle am 26. Mai 1474, Original Memorial, Papier. Codex 17, 2. Ausg. 4° in Wolfenbüttel; 3. Besuch des Dekans Albrecht v. Bonstetten aus Einsiedeln am 31. Dez. 1478, zweisprachiges Exemplar des Berichtes, von Bonstetten an den Rat v. Nürnberg geschickt (auf Grund des heute verlorenen Berichts vom Februar 1479), in Nürnberg, Kreisarchiv, Losungsamtliche Reserve Rep. 93 Nr. 19 Pap. Orig. v. 1485.

III. Älteste Biographie durch Heinrich v. Gundelfingen, Vorwort datiert vom 13. Aug. 1488. Staatsarchiv Obwalden Pap.-Hs. von 1591, Prozeßakten der Seligsprechung.

IV. Das Kirchenbuch von Sachseln mit Protokoll der Zeugenaussagen über Br. Klaus vom 14. Sept. 1488. Pfarrlade in Sachseln.

2. Der eigentliche nationale Heilige der Schweiz, Bruder Klaus, 1417 im heute noch erhaltenen Bauernhaus auf der Flüe über Sachseln geboren, aber in Kerns getauft, als 40jähriger in einem Prozeß der Gemeinde mit dem Kirchherrn von Sachseln der führende Vertrauensmann seiner Mitbürger (Original-Pergament mit richterl. Urteil vom 17. Febr. 1457 in Sachseln), 1443—1460 mehrfach als Gemeiner, als Fähnrich und als Rottmeister in eidgenössischen Kriegen als Mitkämpfer beteiligt, verließ am 16. Oktober 1467 fünfzigjährig seine Frau und 10 Kinder, von denen das Jüngste erst 16 Wochen alt war (gest. 7. Okt. 1503 als Pfarrer zu Sachseln), und weihte sich eine Viertelstunde unterhalb seinem Wohnhaus im Ranft, einem Hang des Melchtals, ganz dem Fasten und Beten. Sein Beichtvater Oswald Ysner, der Kirchherr von Kerns, riet ihm, als er ihn nach 11tägiger Enthaltung von aller Speise um seelsorglichen

Rat bat, er solle, solange Gott es ihn ohne Schaden ertragen lasse, es fortsetzen, und dieser selbe Pfarrer bezeugt am 14. Sept. 1488, daß Bruder Klaus 20½ Jahre ohne alle Nahrung gelebt habe. Die Obrigkeit des Heimatortes ließ bald nach Beginn des Wunderfastens den Ranft umstellen und den Bruder überwachen, um den Betrug oder das Wunder festzustellen, der Bischof Hermann von Konstanz schickte schon Anfang April 1469 seinen Weihbischof Thomas, um die verdächtige Enthaltsamkeit zu prüfen (Erzb. Archiv Freiburg i. Br., Konstanzer Konzeptbuch E 8. 247), der Ruf des Wunders zog die Pilger von nah und fern zu dem „lebendigen Heiligen". Dieser aber machte gar kein Wesens daraus und pflegte auf Anfragen von Besuchern nur zu sagen: „Ich habe nie gesagt und sage nicht, daß ich nichts esse", oder „Gott weiß". Der einzige Vertraute in dieser Sache war, außer dem erwähnten Kirchherrn von Kerns, sein jüngerer priesterlicher Freund Haimo Am Grund, zuerst Priester in Luzern, dann Pfarrer in Stans und schon vor dem Einsiedlerleben des N. sein religiöser Berater, der ihn, den Lesens und Schreibens Unkundigen, auch in die betende Betrachtung der Passion Christi eingeführt hatte. Dem Beichtvater Ysner gestand N. auf dessen Drängen, daß er bei der heiligen Messe, wenn er den Priester das Sakrament genießen sehe, selbst eine solche Stärke davon empfange, daß er Speis und Trank nicht mehr benötige. Sonst vermöchte er es nicht zu ertragen (Aussage Ysners vom 14. Sept. 1488). N. selbst empfing das Sakrament nur jeden Monat einmal, konnte aber seit Mai 1477, da der Kirchherr von Horw als Kaplan in die von den Mitbürgern dem Einsiedler gebaute Kapelle im Ranft eingezogen war, täglich die hl. Messe von seinem Klausenfenster aus mitfeiern.

Seit 1473 beginnt man, ihn zum politischen Vermittler zu bestellen: Erzherzog Sigismund gewinnt durch ihn die Obwaldener für einen endgültigen Ausgleich mit Österreich, gleichzeitig aber warnt der kluge Schweizer seine Eidgenossen, sich in keine Dienst- und Pensionsverhältnisse mit dem Hause Habsburg einzulassen. „Die Eidgenossen sollten der fremden Herren und ihres Geldes müssig gehen, ihrer Lande und Freiheiten getreulich und einhellig warten und der Gerechtigkeit anhängen" (Berner Chronik des Valerius Anshelm 1529). Aus dieser Gesinnung heraus beeinflußte er 1480 die Truppenverweigerung der Unterwaldner und Schwyzer gegenüber dem lockenden Gold des Franzosenkönigs. Die schönste Friedenstat des Seligen ist seine Mitarbeit zur Beilegung der inneren Krise zwischen den Bauernkantonen und den Städten, die von 1480 das beginnende Staatsgebilde der Schweiz nach dem Sieg über Burgund zu zerstören drohte. Der Ausgleich auf dem berühmten Tag zu Stans kam am 22. Dez. 1481 zustande auf der Grundlage der Vorschläge, die Haimo Am Grund nach einem Besuch im Ranft von Bruder Klaus mitbrachte: Die Bauernkantone sollten die Aufnahme von Freiburg und Solothurn zugeben, die Städte aber ihr sonderbündlerisches „Burgrecht" untereinander aufheben. Das enthaltene offizielle Tagsatzungsprotokoll vom 22. Dez. spricht dem Bruder Klaus ebenso amtlich den herzlichen Dank der vor dem Bruderkrieg Geretteten aus, wie Freiburg und Solothurn dies ihm gegenüber tun wegen ihrer Aufnahme in den Bund. Nikolaus erwies sich damals als den „ersten eidgenössischen Patrioten, der praktisch und theoretisch den Begriff eines gemeinsamen schweizerischen Vaterlandes uneingeschränkt vertrat" (Durrer S. XXIX). Das Vertrauen in ihn war bei Bauern- und Stadtregierungen gleich groß. Vor allem hatte der Rat von Luzern schon 1478 mehrmals wegen des Burgrechthandels Gesandte in den Ranft geschickt, und Konstanz und Bern wandten sich in ihren Streitfragen gleichfalls an ihn. Der Brief an Bern vom 4. Dez. 1482 enthält sein einfaches politisches Programm: Er verlangt zuerst Gehorsam gegen die Obrigkeit auch im demokratischen Freistaat, Weisheit und Gerechtigkeit von der Regierung und Schutz der Schwachen, vorab der Witwen und Waisen, von allen. Geheime Sünden sind im Beichtstuhl zu sühnen, öffentliche Sünden hat die Regierung zu strafen. Bemerkenswert ist die Warnung an die Berner, sich vor Glaubenszweifeln zu hüten.

Der Dank der Fürsten, Bauern und Städte strömte in kostbaren Geräte-Stiftungen in die Ranftkapelle, an der frühzeitig auch eine Kaplanei errichtet wurde.

Die Visionen des N. sind beachtenswert. Wenn er dem Haimo Am Grund gesteht, daß er sich Erinnerungen aus dem Mutterschoß (!) und Einzelheiten von seiner Taufe im Gedächtnis bewahre, so kann man an Retroprojektionen kindlicher Phantasien denken. Praktische Winke entnahm er anderen Visionen: die Lilie, die er aus einem Pferd wachsen, dann aber sich auf ein Häuslein neigen und verdorren sah, bestätigte ihm den inneren Ruf, Haus und Familie zu verlassen und Einsiedler zu werden; geheimnisvolle Lichter am Rand des Melchtals bezeichnen ihm die Stelle, wo er seine Siedelei bauen soll. Vor allem aber ist wichtig seine Vision des Rades mit 6 Speichen, die er einem Pilger mit einer schlichten Zeichnung erklärte (älteste Reproduktion in dem wohl noch zu Lebzeiten des N. in Augsburg bei Peter Berger vor 1488 gedruckten Traktat vom Bruder Klaus und einem Pilger, bei Durrer S. 303) und sagte: *Das ist mein buch, darin ich lern und such die kunst diser lere.* Die Auslegung ist trinitarisch und christologisch. 1528 ist durch einen Briefwechsel von Bovillus und Horius, den Luther veröffentlicht, aus dieser Vision eine antipäpstliche Prophezeiung geworden (Durrer S. 643).

Die Betrachtungen und Gebete, die Petrus Canisius auf Grund einer Hs. im Besitz des Ritters M. Lussy 1585 herausgab, sind nur insofern N. zuzuschreiben, als er durch Am Grund in die betrachtende und mit mündlichen Gebeten unterbrochene Versenkung in die Passion Christi eingeführt, dieses „Große Gebet" fleißig geübt hat. Jodoch hat Odilo Ringholz (s. u.) gezeigt, daß dieses heute noch in der Schweiz übliche Gebet (es dauert mehr als 2 Stunden) schon vor N. da und dort gebräuchlich war und nur durch die Verbindung mit seinem Namen weitere Verbreitung fand.

Am Benedictustag (21. März) 1487 verschied Bruder Klaus — und alsbald begannen die Wallfahrten und die Sammlung der Zeugnisse von Leuten, die ihn gekannt. Darunter ragen außer den genannten von Haimo Am Grund und Oswald Ysner vor allem die seiner Freunde seit kindlichen Tagen, Erni Rorer und Erni an der Halten von Unterwalden, hervor, Greisen von 80 und 75 Jahren. Selbst der Vater des Seligen überlebte ihn. Alsbald verfaßte der Waldkircher Stiftspropst Heinrich Gundelfinger die erste Biographie und sandte sie an den Rat von Luzern, 1501 schreibt Heinrich Wolflin (Lupulus) ein Leben des Seligen, Gedichte und Lieder werden auf ihn gesungen und verbreitet, 1535/37 erscheint aus der Feder von Hans Salat die erste gedruckte Lebensbeschreibung, 1570 besucht der hl. Erzbischof Karl Borromeo das Grab des N., 1571 erscheint die Bruderklausen-Vita des Ulrich Witwyler, und 1587 beginnt der kanonische Seligsprechungs-Prozeß.

Den deutschen Mystikern im literarhistorischen Sinn ist N. nicht zuzurechnen. Die ihm zugeschriebenen Gebete und Lehrsprüche, die Canisius 1587 edierte, sind fromme Betrachtung und christliche Moral. Das 'Büchlein von der Abgeschiedenheit' und 'Ein herrlicher Brief von dem ganzen Prozeß der Buße und leidentlichen Reinigung zur wahren Erleuchtung und Vereinigung mit Gott', die 1670 erstmals in einer Frankfurter Ausgabe des pseudotaulerischen Buchs 'Von geistlicher Armut' dem sel. Bruder Klaus zugeteilt werden, sind apokryph (Durrer S. 1214 bis 1216). Erst recht gilt dies von einer konfusen Prophezeiung, die zuerst 1712 gedruckt erschienen sein soll, aber erst seit 1834 wirklich im Druck vorliegt. Dieses Machwerk vermengt urgermanischen Mythenstoff und apokalyptische Ideen mit Polterpredigten gegen Neuerungen in Sitte und Mode, tauchte aber in politisch erregten Zeiten, zuletzt 1914, immer wieder auf.

In Wirklichkeit lassen sich für N. nur Beziehungen zu dem frommen Laienkreis um das Frauenkloster Engelberg (jetzt Benediktinerinnen in Sarnen) feststellen, das seinerseits um 1470—1500 mancherlei Verbindungen mit den Grünenwörther Gottesfreunden in Straßburg durch sein Jahrzeitbuch zu erkennen gibt. Insbesondere stellt Johannes v. Bolsenheim aus Straßburg, der 1485 Leutpriester in Stans, 1487 Benediktiner in Engelberg wurde, eine lebendige Verbindung zwischen den schweizer und Straßburger Gottesfreunden her.

R. Durrer *Bruder Klaus, Die ältesten Quellen über den sel. Nikolaus v. Flüe, sein Leben und seinen Einfluß, gesammelt und erläutert im Auftrag der h. Regierung des Kantons Unterwalden* 1917—21 (enthält alles bis dahin erreichbare Quellenmaterial in chronologischer Ordnung u. sorgfältigem Abdruck; dadurch ersetzt es die sämtl. früheren Biographien). W. Oehl *Br. Klaus u. die deutsche Mystik*, Zschr. f. Schw. Kirch.-Gesch. 1917; vgl. dazu auch Durrer S. 1053ff.: *Das Frauenkloster Engelberg als Pflegestätte der Mystik u. seine Beziehungen zu den Straßburger Gottesfreunden u. den frommen Laienkreisen der Innenschweiz.* Odilo Ringholz *Die Verehrung des sel. Bruders Klaus im Stifte Einsiedlen*, Zschr. f. Schw. K.-G. 1917, S. 1ff. und *Das Große Gebet* (ebd. 126ff.); A. Stöckli *Die Visionen des sel. Bruders Klaus* 1933. *Acta Sanctorum* III S. 398/439. ADB. VII S. 135/9. K. Künstle *Ikonographie der Heiligen* 1926, S. 458.

Engelbert Krebs.

Nikolaus (*Claus*) **von Freiburg (i. Br.)**, Meister. Eine deutsche Klistierlehre unter seinem Namen in der Additional-Handschrift 17987, saec. XV, des Brit. Museums.

Sudhoff.

Nikolaus von Jauer.

1. Die Hss. der einzelnen Traktate sind bei Franz aufgezählt; in Frühdrucken ist nichts erschienen. Nachzutragen ist eine *'Questio an liceat uti ministerio daemonum'*, die sich auf dem Collegium universitatis zu Erfurt befand, Standortsregister (nach 1497) Ms. FF 12 (P. Lehmann *Mal. Bibl.-Kataloge D.s u. d. Schweiz* II S. 117, Z. 27); nach dem Titel muß sich die Schrift nahe mit dem *'Tractatus de superstitionibus'* berührt haben. Ferner ein *opus valde solenne, quod etiam publice legit: 'De accessu altaris seu preparacione'* (F. Schillmann *Wolfg. Trefler u. d. Bibl. d. Jakobsklosters zu Mainz* [43. Beih. z. ZblfBblw.] 1913, S. 157 Nr. 210). Zwei dt. Predigten über Luk. 11, 5: *Quis vestrum habet amicum*, und Joh. 3, 16: *Sic deus dilexit mundum*, die *meister niclaws von heidelberg* während des Basler Konzils 1434 [sic!] im Dominikanerkloster An den Steinen in Basel hielt, sind beide in zwei Berliner Hss. enthalten: Ms. germ. 4⁰ 166, Bl. 307ᵇ bis 319ᵇ und 4⁰ 206, Bl. 348ᵃ—367ᵃ (über diese Hs. ausführlich Luz. Pfleger *Z. Gesch. d. Predigtwesens i. Straßburg* 1907, S. 17 ff.). — In der Hs. der Mainzer Stadtbibl. Ms. 37 findet sich als Autograph ein *'Excerptum de interdicto ecclesiastico, ex tractatu Johannis Caldrini ... propria manu scripsit venerandus valde pater magister Nycolaus de Jawer'* (H. Schreiber *D. Bibl. d. ehemal. Mainzer Kartause* [60. Beih. z. ZblfBblw.] 1927, S. 82). — Die aus der Kartause Buxheim stammende, einst im Besitz von Franz befindliche Hs. des Traktates *'De tribus substantialibus votis religiosorum'* (Franz S. 205, Nr. 7) eignet heute dem Erzbischöfl. Diözesanarchiv in Breslau, Cod. 310 (P. Ruf *Mal. Bibl.-Kataloge D.s u. d. Schweiz* III 1 S. 87, Z. 40). — Das verbreitetste Werk war der *'Tractatus de superstitionibus'*, von dem Franz S. 256 ff. 58 Hss. aufzählt. Die S. 262 Nr. 46 genannte Hs. befindet sich jetzt auf der Preuß. Staatsbibl. zu Berlin, Ms. lat. theol. fol. 525 (vgl. auch Ludwig Rosenthals Antiquariat, Catalogue 40 [Bibliotheca Carthusiana] 1884, S. 39, Nr. 626); die im Besitze von Franz befindliche Hs. (S. 265 unter den Berichtigungen und Zusätzen zu S. 150 ff. erwähnt) ging nach seinem Tode an die Dombibl. zu Breslau, Ms. 309, über. Auf Grund einiger Bibl.-Anfragen und neuerer Kataloge lassen sich noch 19 weitere Hss. dieses Traktates nachweisen: 1) Bamberg, Staatsbibl., Ms. Q. II. 8 (Leitschuh u. Fischer *Katal. d. Kgl. Bibl. z. Bamberg* I 1, S. 579); 2) das. Ms. Q. II. 9 (S. 644); 3) das. Ms. Q. III. 20 (S. 665); 4) das. Ms. Q. V. 26 (S. 825); 5) das. Ms. Q. VI. 58 (S. 681); 6) Basel, Univ.-Bibl., Ms. A. II. 34 (Haenel

Catal. Sp. 619); 7) das. Ms. A. IV. 24 (G. Binz *D. Hss. d. öff. Bibl. d. Univ. Basel* I 1, S. 17 f.); 8) das. Ms. A. VII. 31 (Binz S. 84); 9) das. Ms. A. X. 124 (Binz S. 186); 10) Berlin, Preuß. Staatsbibl. Ms. germ. 4° 1577 (Degering *Hss.-Verz.* II S. 291); 11) Cheltenham, Bibl. Phill. 575 (Priebsch *Dt. Hss. in England* I S. 52); 12) Innsbruck, Servitenkloster, Cod. I b 8; 13) Melk, Stiftsbibl., Ms. 94 [B. 62] (*Catal. codd. mss.... Mellicensis* 1899, S. 163 f.); 14) Prag, Univ.-Bibl., Cod. Lobk. 248, Bl. 135^a—163^a (P. Lehmann MSB. 1931/32, Heft 6, S. 11); 15) Wien, Schottenkloster, Ms. 50. c. 11 (A. Hübl *Catal.* S. 30); 16) Maihingen, Fürstl. Öttingen-Wall. Bibl., Cod. II Lat. fol. 155 (E. Zoepfl Arch. f. d. Gesch. d. Hochstifts Augsburg 6 [1929] S. 757, Nr. 9). Von drei weiteren Hss. wissen wir aus älteren Katalogen: 17) Melk, Stiftsbibl., Katalog von 1483, Ms. C 13 (Th. Gottlieb *Mal. Bibl.-Kataloge Österreichs* I S. 178, 6); 18) das. Ms. D 62 (S. 205, 13); 19) Wurzen, Stiftsbild., II. Schrank, Nr. 160 (G. Waitz Arch. d. Ges. f. ält. dt. Gesch.kunde 8 [1843] S. 714).

2. Der Familienname ist *Magni* (*Groß*); meist indes wird N. nach seinem Geburtsort Jauer (Niederschlesien; lat. *Jawor*) genannt; es findet sich in Hss. auch die Bezeichnung *Nikolaus von Heidelberg*. Um 1355 geboren, erfuhr er seine theologisch-wissenschaftliche Ausbildung auf der Prager Universität und stieg hier in den akademischen Würden bis zum Rektor auf: 1378 Baccalareus, 1381 Lizentiat, wahrscheinlich seit 1395 Magister der Theologie, 1397 Rektor. Schon vor seinem Eintritt in die Artistenfakultät (vor 1378) ist N. als Kleriker in Prag tätig und behält die praktisch-kirchliche Ausübung als Prediger an der deutschen Kirche St. Gallus bei, genießt hier das Altarbenefizium St. Johannis Evangelistae und übt in einem Frauenkloster die Seelsorge aus. Die für die Deutschen immer unerfreulicher werdenden Verhältnisse in Prag mögen ihm gleich anderen Kollegen den Wunsch nach einem neuen Wirkungsorte nahegelegt haben, und so wurde er 1402 in die Matrikel der 1386 gegründeten Universität Heidelberg aufgenommen. Er erwarb sich auch hier das Vertrauen seiner neuen Kollegen und nahm bald in der theologischen Fakultät und in der Universität eine führende Stellung ein. 1407 wurde er Rektor, 1407—1421 Vizekanzler bei den feierlichen Promotionen, 1413—1418 Dekan an der Heiliggeistkirche, an der die sonn- und festtäglichen Predigten der Universitätsangehörigen gehalten wurden; etwa seit 1405 war er Senior und Dekan der theologischen Fakultät und behielt dieses Amt bis zu seinem Tode bei. Vom März 1416 bis November 1417 nahm er an der Abordnung teil, die die Universität auf das Konzil nach Konstanz entsandte, vom Mai bis Ende 1432 war er auf dem Basler Konzil, nicht als Abgeordneter der Universität, sondern als *ambassiator domini comitis Palatini* (worauf Albert im Gegensatz zu Franz hingewiesen hat). Am 22. März 1435 ist er gestorben. — Häufig wird N. mit Nicolaus de Gorram (Gorran, Gorra), O. P., Prior von St. Jacques in Paris, † um 1295, verwechselt, der vielgelesene Schrifterklärungen schrieb (vgl. Heinr. Ostlender *Scientia sacra*, Theol. Festgabe Kardinal Karl Joseph Schulte 1935, S. 85 ff.).

3. Von seiner schriftstellerischen Tätigkeit in Prag sind nur zwei Arbeiten erhalten, eine Predigt über die Passion nach den vier Evangelien und ein Traktat für die seiner Seelsorge unterstellten Klosterfrauen *'De tribus substancialibus votis religiosorum'* (etwa um 1400).

Reicher ist die Überlieferung aus der Heidelberger Zeit. Eine Quaestio über das Zinsennehmen und -geben ist nicht mehr erhalten; dagegen zwei andere über das Mendikantentum (gegen die Beginen und Begarden gerichtet) und über die Behandlung der Ketzer. Auf dem Konzil zu Konstanz hielt er am 3. Oktober 1417 eine Rede über die gründliche Besserung der Sitten des Klerus und eine Reform des Benefizienwesens; auf einer Synode zu Worms, die nach Herkommen der Bischof für seinen Klerus berief, eine Rede über das Thema: *In ecclesia sacer-*

dotes solent consecrare orare laudare evangelizare. Von den Predigten, die er als Universitätslehrer an der Heiliggeistkirche zu Heidelberg hielt, sind in einem Sammelkodex der Trierer Stadtbibl. 17 Predigten, in einem Kodex aus der Buxheimer Kartause 9 Predigten erhalten. 1405 wurde ein Augustinerlektor Werner von Freiburg wegen abergläubischer Vorstellungen angeklagt; die Klageartikel wurden widerlegt, wahrscheinlich ist N. der Verfasser. Vor allem aber wurde dieser Vorfall die Veranlassung zu seinem '*Tractatus de superstitionibus*', der weiteste Verbreitung fand (s. darüber unter 1). Die Schrift setzt sich mit dem Aberglauben in jeder Form auseinander und sucht ihn zu bekämpfen. Ob N. auch der Verfasser eines '*Speculum artis moriendi*' ist, bleibt fraglich (vgl. dazu auch K. Burdach *Vom M.-A. zur Reform.* 1. Heft, 1893, S. 135).

Aus den aufgezählten Titeln seiner Schriften geht die Einstellung N.s deutlich hervor. Er ist ein eifriger Verfechter der kirchlichen Lehren und sucht sie bei Laien und Priestern vor dem Eindringen irriger Vorstellungen, vor Häresie und Sektenwesen zu schützen. Die Verhältnisse der Kirche und des Klerus sucht er zu reformieren, ohne doch in all dem wesentlich originelle Gedanken zu äußern. Als Vertreter der älteren Richtung an der Heidelberger Universität, vor dem Eindringen des Humanismus, spielt er eine bedeutende Rolle. Bemerkenswert ist seine von der Lehre der Kirche abweichende Stellung, daß nur solche Ketzer, die auch andere verführten, dem Tode zu überliefern seien; denen, die das nicht täten, müsse man zwar die gesellschaftliche, brauche ihnen aber nicht die persönliche Liebe zu entziehen; Ketzerei als solche ist aber stets auszurotten.

Adolph Franz *Der Magister Nikolaus Magni de Jawor. Ein Beitrag zur Literatur- und Gelehrtengesch. des 14. u. 15. Jh.s* 1898. Aus dieser grundlegenden Arbeit stellen die übrigen Aufsätze usw. nur Auszüge dar: P. Albert Literar. Rundschau f. d. kathol. Deutchland 24 (1898) Sp. 201 bis 203; N. Paulus Histor.-pol. Blätter 121 (1898) S. 815—19; Martin Spahn Der Katholik Jg. 78, Bd. 2 = Folge 3, Bd. 18 (1898) S. 457—66; Lauchert *ADB.* L (1905) S. 642f.; Hans Heckel *Gesch. d. dt. Lit. in Schlesien* I (1929) S. 72—74. 389.

Wieland Schmidt.

Nikolaus von Jeroschin.

1. Über das Leben des Dichters sind wir lediglich durch persönliche Bemerkungen in seinen Werken unterrichtet. In den zahlreichen Urkunden des Deutschen Ordens wird er an keiner Stelle erwähnt. Woher er stammt, läßt sich nicht mit Sicherheit entscheiden. Orte mit den Namen *Jeroschin, Jaroschin, Joroschin* o. ä. gibt es in Oberschlesien, in Posen und im Kulmer Land. Vermutlich wurde er im Deutschordenslande selbst, also im Kulmer Land, geboren, wo ein Dorf Jeroschen im Kreise Johannisburg liegt. Sein Geburtstag ist wie sein Todestag unbekannt. Die '*Vita sancti Adalberti*' des Johannes Canaparius übertrug er nach v. 137 ff. auf Veranlassung Gottfrieds von Heimburg, der vom 6. April 1327 bis zum 3. Sept. 1329 als Komtur von Königsberg bezeugt und wohl mit dem Gottfried zu gleichen ist, der 1314 Kompan des Komturs von Elbing und 1316 Pfleger des dortigen Spitals war. Da der heilige Adalbert Hauptpatron des Königsberger Doms und des Bistums Samland war, ist anzunehmen, daß es während Gottfrieds Königsberger Amtszeit geschah. N. v. J. wird damals als *capellan* (v. 179) im Ordenshause zu Königsberg gelebt haben. Durch Gottfried hat er nach v. 155 ff. auch des Deutschen Ordens Kleid erhalten:

wen ich sal billich unde wil
unz an mines todes zil
an dienst und an gebete
mich im bigen stete;
sint mir hat gegeben
in diz geistliche leben
diss heiligen ordens abit
der selbe bruder Gotfrit.

Die '*Cronica terre Prussie*' Peters von Dusburg übersetzte er nach v. 177 ff. unter den Hochmeistern Luder von Braunschweig (17. Febr. 1331—18. April 1335) und Dietrich von Aldenburg (3. Mai 1335—6. Okt. 1341). Wahrscheinlich hatte Luder (s. d.), der als Hochmeister mehrfach in Königsberg weilte und sehr um die Förderung der Deutschordensdichtung bemüht war, seine Übersiedlung nach der Marienburg veranlaßt. Auch hier war er *capellan* (v. 148). Wenn er in seiner Chronik v. 18882 ff. berichtet, daß einem Bruder auf sein Gebet hin das Haar wieder gewachsen sei, und v. 18918 fortfährt:

O wolde sich daz zeichin
ouch uf mich armin (kalin) reichin!
Ich wold min crullil streichin
unde in losim smeichin
di andiren kalin leichin,
. . . .
A hui! so wer ich hochgemut,
so ich ir stirne sehe bloz
und min schopfil were groz
mit cruspelechtin endin!,

so dürfen wir annchmen, daß er bei ihrer Niederschrift schon in höherem Alter stand. Die Einweihung der erweiterten Schloßkirche der Marienburg am 1. Mai 1344 wird er noch erlebt haben, da er v. 27670 von ihr sagt, daß sie *nu in schoner zirde stat*. Dagegen dürfen wir ihn nicht mehr in dem hochmeisterlichen Kaplan Nikolaus suchen, der am 27. Jan. und 17. Aug. 1378 in Handfesten Winrichs von Kniprode für Rastenburg und Hela erwähnt wird. Daß N. v. J. nicht vornehmer Abkunft war, lehren v. 302 ff.:

. . . *want ich tummer sinne bin,*
meisterlicher kunste wan,
darzu lutzil dutschis kan,
ot alse mich di larte,
der spune mich e narte,
davon ouch umbesnittin
nach hovelichin sittin
mines mundis lippen sin
und an sprechin nicht so fin
als in siner schichte
eischit diz getichte.

Aus diesen Versen sowie aus v. 133 ff. der Übersetzung der '*Vita sancti Adalberti*':

[daz] ist sent Adalbrechtes leben;
darzu han ich mich gegeben,
daz ich ez betichte
latin in dutsch berichte.
Swi min kunst si dunne
und ich sin lutzel kunne,
so wil ich ez doch grifen an

schließen zu wollen, daß er nicht aus deutschem, sondern aus polnischem Geschlechte stammte, ist nicht zulässig. Er gibt im Gegenteil ja gerade das Deutsche als seine Muttersprache an und will nur bemerken, daß ihm eine höhere Ausbildung in ihr fehle. Es ist nicht einmal zu erhärten, daß er überhaupt polnisch verstanden habe. Wenn er in der 'Deutschordenschronik' v. 15042 f.:

unde zugin danne
vor ein ozzek dort gesat

propugnaculum nicht, wie sonst, durch *hagen*, sondern durch *ozzek* wiedergibt, so kann *ozzek* durchaus zu den zahlreichen slavischen Lehnwörtern gehören, die in die Sprache des Deutschordenslandes eingedrungen waren.

2. N.s erste Dichtung ist nach v. 111 ff. seine Übersetzung der '*Vita sancti Adalberti*' des Johannes Canaparius. Über ihre Veranlassung heißt es v. 139 ff.:

so wil ich ez doch grifen an
durch got und den erberen man,
der noch reines herzen rat
mit gebote mich des bat
von Heimberg bruder Gotfrit.

Mit seiner Übertragung füllte N. v. J. bewußt eine Lücke aus, da das 'Passional' (s. d.), wie er v. 128 ff. hervorhebt, den heiligen Adalbert von Prag, der im Samland den Märtyrertod erlitten hatte, nicht behandelt. Eingeleitet wird das Werk durch zwei Vorreden, von denen die erste (v. 1—110) eine Anrufung des Heiligen Geistes darstellt und lateinische Hymnen verwertet, die zweite (v. 111—182) über die Veranlassung berichtet. Leider ist nur ein kurzes Bruchstück der Dichtung überliefert. Außer den beiden, z. T. noch unleserlichen, Vorreden sind nur 96 Verse (v. 183—277) erhalten. Sie reichen für eine nähere Beurteilung nicht aus. Immerhin lassen sie einiges über die Besonderheit der Übersetzung erkennen. N. v. J. vereinfacht die schwülstigen Sätze der Vorlage. Weiter übergeht er die vielen auszeichnenden Angaben über die Mutter Adalberts, um gleich auf ihn selbst zu sprechen zu kommen. Seinen slavischen Namen *Woytech* läßt er unerwähnt. Unabhängig von Canaparius entwickelt er v. 217—236 sein Thema. Dann behandelt er im Anschluß an ihn die Schönheit des Knaben. Im Ganzen scheint er bei seiner Übertragung ziemlich frei verfahren zu sein.

3. Über die Entstehung der '*Deutschordenschronik*' heißt es v. 177 ff.:

Niman mich hi vordenke,
daz ich di rede lenke
brudir Ditiriche zu,
der homeistir wesit nu,
want ich daran rechte tu.
Ich weiz, iz ist gnuc luten kunt,
daz ich hatte vor der stunt
ouch zu tichtene begunt
bi meistir Ludere
(so got sin sele nere!)
diz buch durch sin bete
und des geschriben hete
quinternen me wen vire,
di von dem argen tire
vortilgit wurdin, goteweiz!
daz Josephis roc zureiz.
Davon, swaz ich nu mache,
des ist gar ein sache
der homeistir Ditirich.

Hiernach ist die Übersetzung durch den Hochmeister Luder von Braunschweig angeregt worden, zu dessen Lebzeiten auch noch mehr als vierzig Blätter mit etwa 6000—8000 Versen niedergeschrieben wurden. Das Bild von dem argen Tier, das Josephs Rock zerriß, läßt erkennen, daß neidische Ordensbrüder das Fertiggestellte vernichteten. Dietrich von Aldenburg veranlaßte dann aber den Dichter, seine Arbeit wieder aufzunehmen. Über den Zweck seines Werkes sagt dieser v. 158ff.:

. . . (Ditirich) hiz di sinne mine
mich daruf arbeitin
unde in dutsch bereitin,
uf daz er sus beduten
mug allen dutschin luten
di wundir unde zeichin gots,
di nach gute sins gebots
in Pruzinlande sin geschen,
und swa man ir hort vorjen,
daz sich da gote mere
lob, wirdekeit und ere.

Die Vorlage N.s v. J. ist die 1326 vollendete '*Cronica terre Prussie*' Peters von Dusburg. Sie beginnt nach einer an den Hochmeister Wernher von Orseln gerichteten *Epistola* mit dem *Prologus*, der ein Lob des Deutschen Ordens bringt. Der folgende *Modus agendi* gibt eine kurze Inhaltsangabe. Dann bittet der Verfasser Christus um Erleuchtung durch seinen Geist und um Stärkung. Eine weitere *Prefacio*, die das erste Buch eröffnet, behandelt das Wort aus *Proverb.* 9: *Sapiencia sibi edificavit domum.* Als *sapiencia* wird Papst Coelestinus III., als der Fels, auf dem er baut, Christus hingestellt. Dann berichtet P. v. D. von der Stiftung des Deutschen Ordens und den ersten vier Hochmeistern, von denen Hermann von Salza eingehend gewürdigt wird, weil er den Orden erstmals mit Preußen in Verbindung gebracht hat. Das 2. Buch spricht von der Schenkung des Kulmer Landes an den Orden, von der Kriegführung der Brüder und dem Einzug des Ordens in Preußen. Im 3. Buch wird die Besitznahme des Landes dargestellt. Der erste Teil (Kap. 1—220) erzählt vom Kampf gegen die Preußen (1230—1283), der zweite (Kap. 221—362) vom Kampf mit den Litauern (1283—1326). Nur in losem Zusammenhang mit der eigentlichen '*Cronica*' steht das 4. Buch, das die seit der Stiftung des Deutschen Ordens herrschenden Päpste und Kaiser und vorgefallenen Ereignisse aufzählt. Die Thorner Hs. bietet noch eine bis 1435 reichende Fortsetzung, deren bis 1330 reichender Teil, der die Vorkommnisse im Gegensatz zum folgenden sehr ausführlich schildert, ebenfalls noch P. v. D. zuzuerkennen ist.

N. v. J. hat P.s v. D. Einleitung (*Epistola*, *Prologus*, *Modus agendi*, *Prefacio*) beiseite gelassen. Sein Eingang umfaßt ein Gebet an die Dreieinigkeit (v. 1—86), eine Paraphrase der Worte Daniels: *signa et mirabilia* (v. 87—114), die Angabe über die Entstehung der Übersetzung und die Nennung seines Namens (v. 115—220), eine Bemerkung über die Behandlung von Inhalt und Form (v. 221—255), eine Einteilung des Stoffes (v. 256—281), eine Erklärung über die Übertragung des 4. Buches (v. 282—293), eine weitere Bemerkung über den Versbau und eine Bitte um Nachsicht (v. 294—314) und schließlich ein Gebet an Maria um Hilfe bei der Arbeit (v. 315—330). Die Übersetzung der vier Bücher D.s reicht von v. 331 bis 26655, woran sich mit v. 26656—26687 noch ein Epilog schließt. Nur in der Stuttgarter Hs. sind noch weitere 1051 Verse überliefert, die aber auch für N. v. J. in Anspruch zu nehmen sind. In ihnen hat er das *Supplementum* P.s v. D. übertragen (v. 26688—27582) und noch eine eigene Fortsetzung geliefert (v. 27583—27738). Vermutlich hat er die Chronik bis zur

Gegenwart fortsetzen wollen, seine Absicht aber nicht zu Ende führen können, weil er über der Arbeit gestorben ist. Er ist nur bis zum Jahre 1331 gelangt und hat zuletzt den großen Polenkrieg ziemlich oberflächlich behandelt.

Das bei P. v. D. lose angehängte 4. Buch hat N. v. J. in die Chronik einbezogen. Er hat es in sieben Teile zerlegt und diese an passender Stelle eingeschaltet. Vor jeder Einfügung bemerkt er, daß er nun die eigentliche Darstellung unterbreche, um die Zeitgeschichte zu berücksichtigen, und ebenso erklärt er nachher, daß er sich wieder zur *cronike* wende. Den ersten Einschub, der die Jahre 1190—1230 umfaßt, macht N. v. J. zwischen Buch I und II (v. 1212—1497), den zweiten (v. 5739 bis 5860) nach dem 1. Abschnitt von Buch III (Kap. 30). Er behandelt die Jahre 1231 bis 1240. Der dritte Einschub, der die Jahre 1241—1251 zum Gegenstand hat, hat nach P.s v. D. 2. Abschnitt (Kap. 67) seinen Platz gefunden (v. 9245—9728). Der vierte, der sich auf die Jahre 1254 bis 1274 bezieht, ist nach der Darstellung des großen zweiten Aufstandes (Kap. 174) eingefügt worden (v. 15367—15800). Der fünfte folgt auf die Beendigung der Preußenkämpfe (Kap. 220) und schildert die Jahre 1274—1283 (v. 18036—18292). Der sechste ist Buch III, Kap. 278 eingegliedert worden und betrifft die Jahre 1285—1300 (v. 21354—22158). Der siebte endlich, der die Jahre 1301—1326 berücksichtigt, erscheint nach Buch III, Kap. 338 (v. 25178—25610).

N. v. J. hat sorgfältig übersetzt, sich aber nicht sklavisch an seine Vorlage angeschlossen. Er hat manches ausgelassen, anderes hinzugefügt, weiteres berichtigt. Seine Zusätze und Richtigstellungen gründen sich auf seine bessere Kenntnis der betreffenden Ereignisse. Aus der Bibel hat er nur wenig hinzugefügt. Stärker benutzte er Luders 'Barbara', Gerstenbergs 'Otter' und die deutsche Fassung des Prologs der Ordensstatuten. Ferner kannte er das 'Passional' und Hch. Heslers 'Apokalypse', an die er sich hinsichtlich des Versbaus anschloß. Die meisten Ergänzungen schöpfte er aus der Ordensüberlieferung, seinen persönlichen Erlebnissen und seiner Ortskenntnis in Preußen. Sie finden sich vorwiegend in den späteren Teilen seiner Chronik. Aus der Ordensüberlieferung stammen die eingehenden Mitteilungen über den Hochmeister Burkart von Schwanden, den P. v. D. nur nebenbei erwähnt. Mit besonderer Anteilnahme spricht er über die Verwandten Luders von Braunschweig, die heilige Elisabeth, ihren Gatten und Otto von Braunschweig. Was er seit 1311 an vielen Einzelheiten beisteuert, hat er aus seiner eigenen Erfahrung entnommen. Sehr genau äußert er sich über Witens Niederlage bei Woplauken, über den Tod des Marschalls Heinrich von Plotzk, über den Zug des Polenkönigs Loket nach der Mark Brandenburg, über den Streit zwischen dem Orden und dem Erzbischof von Riga, über die Eroberung Wischegrods, über die Ermordung und die Grabstätte Werners von Orseln. Ihm selbst gehört auch an, was er über P.s v. D. Fortsetzung hinaus berichtet. Vor allem die Persönlichkeit und das Wirken Luders von Braunschweig werden von ihm in den Schlußabschnitten gewürdigt.

Daß sich N. v. J. in seinen Anschauungen vielfach mit P. v. D. deckt, ist natürlich. Wie dieser ist er überzeugt, daß Gottes Hand die Geschicke des Ordens lenkt. Die Heiden sind auch für ihn das Gesinde des Teufels. Besonders wettert er gegen Swantepolk, der sich mit ihnen gegen den Orden verbündet hatte. Er nennt ihn *des tuvils lastirbalc, der unvlate kolc, den argen hunt.* Ritterliche Lebensart schätzt er hoch, auch verwendet er gelegentlich ritterlich-höfische Ausdrücke wie *ritterspil, just, hurdiren, turniren, vorlankeniren.* Wahrscheinlich hat er als Ordensgeistlicher selbst an einigen Kriegszügen teilgenommen.

V. 23722 ff. unterbricht er den Gang der Erzählung und rückt, nach dem Vorbilde des 'Passionals', folgendes Kampflied gegen die Litauer in der Schlacht bei Woplauken ein:

Andit gemein
des lastirs mein,
den e bot uwirm gote

di rote
so gar unrein,
di jamirvlut,
daz reine blut
der uwern vil armen;
irbarmen
lat uwern mut
di kirchin vron,
ir zirheit schon,
di vorbrunnen ligen
geswigen
des lobis don.
Rechit um des himels lon
des jamirs stric:
des lastirs blic
an den reinen vrouwen,
juncvrouwen,
si uch ein schric
zu der rache widdirbic!
O ir werdin rittir,
lat bittir
uch sin di not,
di sich von den leiden,
den heiden,
den uwern bot!
O we der not,
si ligen tot,
besulwit in ir blute rot!
Dawiddir slat
mit vrechir tat,
und ir dekeine schone hat!

Gegenüber P. v. D. zeichnet sich N. v. J. durch einen Reichtum an anschaulichen Bildern aus. Sie sind Haus und Hof, dem Handwerk, dem Essen und Trinken und vor allem der Natur entnommen. Mehrfach verwendet er auch Schimpfwörter, die zumeist auf die Tierwelt zurückgehen. Beispielsweise bezeichnet er die Bürger von Riga v. 21049 als *di weligen statvarrin*. Seine Darstellung und Sprache sind lebensnahe. Er erzählt, während P. v. D. einfach berichtet. Namentlich in den Abschnitten, die auf seinen eigenen Erlebnissen beruhen, erweist er sich als wirklichen Dichter.

4. Nach einer Vermutung Ziesemers gehen auf N. v. J. noch einige kleine Versinschriften zurück. In der Schloßkirche der Marienburg zieht sich über den Einzeldarstellungen der Heilsgeschichte eine in alten Majuskeln ausgeführte Inschrift mit einer gereimten Spruchleiste hin, die über den Tag der Einweihung berichtet:

Vnsirs heren jare louf
tusunt drihundirt was czu houf
daruf vir und virczik jar
ich gotis hus volbracht wart gar
also der zwelfbotin tag
Filipi und Jacobi gelag
zu lobe got an. . . . . . .
. . . .
O mildir got gehilf uns dar
da wir in diner clarheit clar
mit dir voreinit minneclich
an underbruch beschouwen dich
und dir lobsingen immer me.
Amen und benedicte.

Da wir sahen, daß N. v. J. die Einweihung der erweiterten Schloßkirche erlebt haben wird, kann er sehr wohl diese Inschrift verfaßt haben. Die unter dem Spruchband befindlichen Bilder entstammen zwar erst der zweiten Hälfte des 14. Jh.s, doch kann dieses selbst schon vorher angebracht worden sein. Zu beachten ist ferner die etwas früher anzusetzende gereimte Inschrift auf dem Grabstein Dietrichs von Aldenburg in der Annenkapelle der Marienburg:

Do unsers heren Cristi jar
Was M dri C XLI gar
Do starb der meister Diterich.
Hie legin die meistere begraben,
Der von Aldenburc hat angehaben. Amen.

Die Technik, daß bei der Jahreszahl die Buchstaben als solche zu lesen sind, ahmt die Inschrift auf dem ebenfalls in der Annenkapelle befindlichen Grabstein Heinrich Dusemers vom Jahre 1353 nach:

(Do) unsers hern jar was louf
M(dri)CL dri I czu houf
Begraben wart alhie di lich
Des (homeister Heinrich) . . .

Überlieferung und Schrifttum. Das Bruchstück der Adalbertdichtung ist von J. Voigt auf einem aus dem 14. Jh. stammenden Pergamentdoppelblatt in Kleinfolio im Provinzialarchiv in Königsberg, Schublade LXII, entdeckt worden. Jede Seite des Doppelblattes umfaßt drei Spalten. Da es früher als Umschlag von Archivalien diente, ist die Schrift an mehreren Stellen durch Brüche und auf den beiden äußeren Seiten größtenteils durch Abreiben zerstört worden. Das eine Blatt, das ursprünglich wohl das zweite war, bietet ein Bruchstück der Lebensbeschreibung des heiligen Antonius, das andere überliefert den Anfang von N.s v. J. Übersetzung. Die erste Seite ist abgerieben und nicht mehr vollständig zu lesen. Teilweise Abdrucke bieten J. Voigt *Über eine bisher unbekannte dichterische Bearbeitung der Lebensbeschreibung des heiligen Adalbert vom Ordenskaplan Nicolaus von Jeroschin*, Neue Preuß. Prov.-Bll. 3. Folge Bd. 7 (1861) S. 329ff. und E. Steffenhagen *Die altdeutschen Handschrif-*

ten zu Königsberg. G. Handschriften-Fragmente des Provinzial-Archivs, ZfdA. 13 (1867) S. 505. 560ff. Um eine vollständige Ausgabe bemüht sich E. Strehlke *Scr. rer. Pruss.* II S. 423ff. Über die Übersetzung vgl. noch W. Ziesemer *Nicolaus von Jeroschin und seine Quelle* (Berliner Beiträge z. germ. u. rom. Phil. XXXI) 1907, S. 20ff.; ders. *Die Literatur des Deutschen Ordens in Preußen* 1928, S. 60f.; K. Helm Zs. f. d. dt. U. 30 (1916) S. 432; G. Ehrismann *Gesch. d. dt. Lit. b. z. Ausgang d. Mittelalters* II, 2 (1935) S. 676.

Die 'Deutschordenschronik' ist in mehreren Hss. und Bruchstücken auf uns gekommen. Die vollständigste und beste Hs. ist die dem 14. Jh. angehörende Stuttgarter Hs. (S), die aus der Deutschordensbibliothek zu Mergentheim stammt. Sie umfaßt 188 Pergamentblätter in Großfolio, die mit Ausnahme des letzten zweispaltig mit je 38 Zeilen beschrieben ist. Das erste Blatt war schon im 16. Jh. herausgerissen, da eine aus dieser Zeit stammende Stuttgarter Abschrift mit dem zweiten Blatt (v. 145) beginnt. Die Hs. ist von einem zeitgenössischen Korrektor durchgesehen worden, doch hat dieser verschiedene Versehen unberichtigt gelassen. Sie fallen jedoch nicht erheblich ins Gewicht. S bietet allein die letzten 1051 Verse. — Die Königsberger Hs. fol. 1574 (K) ist eine Pergamenths. in Kleinfolio mit 216 Blättern, von denen Bl. 66, 93 und 95 doppelt gezählt sind. Sie ist jünger als S, jedoch auch noch dem 14. Jh. zuzuweisen. Jede Seite enthält zwei Spalten mit je 32 Zeilen. Die Überlieferung ist ebenfalls recht gut. Im Gegensatz zu S bringt sie das Verschleifen von Silben auch graphisch zum Ausdruck. Altertümliche Formen und Ausdrücke sind mehrfach durch neuere ersetzt. Eine Abschrift befindet sich in der Stadtbibliothek zu Danzig (Politische Geschichte, I, quarto E. 78). Sie stammt aus der Bibliothek des Ratsherrn Valentin Schlieff und ist von Christoph Falk und zweien seiner Schüler geschrieben worden. Falk hat nach seiner Angabe die Abschrift am 8. November 1557 begonnen „aus der alten Pergamen grossen Cronick, so ich von F(ürstlicher). Gn(aden). Canczler zu leihen bequam a. 1557." Vollendet wurde sie „im 13 jar Adi 16 Dec." durch Michel Vos und Joachim Gros. Eigenen Wert besitzt die überdies häufig unverständig abgeschriebene Hs. nicht. Der Inhalt einiger Abschnitte der Schlußkapitel wird auch in einem aus dem Anfang des 15. Jh.s stammenden annalistischen Werk zur Geschichte Preußens in lateinischer Sprache wiedergegeben. Es ist in einer Abschrift des 17. Jh.s im Wolfenbüttler Cod. Aug. 7. 11. fol. S. 171 ff. erhalten. — Der Sammelband der Universitätsbibliothek zu Heidelberg fol. 367, ein Pergamentkodex, enthält auf S. 1—172b die Reimchronik N.s v. J. (H). Auf S. 192—265b ist von anderer Hand die 'Livländische Reimchronik' geschrieben. Die Hs. ist um die Mitte des 15. Jh.s entstanden. Jede Seite bietet zwei Spalten mit je 40 Versen. Die Hs. weist eine Menge von sinnlosen Lesearten auf. Im übrigen steht sie K näher als S. Eine junge Abschrift besitzt die Preußische Staatsbibliothek zu Berlin (Ms. Borussica folio 303). — Die Dresdener Hs. in Kleinfolio Ms. G. 38a (D) ist eine Papierhs. aus der Mitte des 15. Jh.s. Sie besteht aus 425 Seiten, von denen jede, bis auf die nur viertel beschriebene letzte Seite, zwei Spalten mit je 33 Zeilen aufweist. D teilt mit H zahlreiche Fehler und Auslassungen und wird mit ihr aus einer Quelle geflossen sein. Die Überlieferung ist weitgehend verderbt. — Aus dem Jahre 1702 stammt weiter M, der Münchner cod. Germ. 233 (früher P. 228). Die Vorlage ist nicht ermittelt. — Eine 1601 vom Deutschordensritter Kaspar von Flachsland nach einer, wie er mitteilt, lange verborgenen Hs. verfertigte Hs. befand sich im Besitze O. Schönhuths zu Edelfingen (E). Nach seiner Angabe, Anz. f. K. d. dt. MA.s 1858, Sp. 332 ff., besteht sie aus 273 Blättern in Folio mit zwei Spalten zu je 30—32 Verszeilen. Bl. 1—255 bieten den Text. 15 weitere Blätter enthalten ein Register. Die gereimte Überschrift des Registers, die ersten 46 Verse und die gleichfalls gereimte Nachrede des Ritters von Flachsland sind a. a. O. abgedruckt. — 1572 besaß Melchior von Lesgewang eine Pergamenths. der Ordenschronik. Ein Auszug stammt von Kaspar Hennenberger, der von 1561 bis 1590 Pfarrer in (Preußisch) Mühlhausen war. Er bemerkt zu ihm in dem jetzt auf der Danziger Stadtbibliothek befindlichen Kollektaneenband (I. E. folio 17): „1572 aus eynem alten Exemplar auf Pergament geschrieben, den edlen Melchior Leßewang gehorig, diesen Auszugk gemacht". Der Auszug füllt 63 Blätter. — Ein halbes Blatt einer aus dem Ende des 14. Jh.s stammenden Pergamenths. ist aus der Bibliothek Hoffmanns von Fallersleben in die Preußische Staatsbibliothek zu Berlin gekommen (B) [ms. germ. fol. 725]. Jede Seite enthält eine Spalte von 32 Zeilen (v. 20005—20036 + 20097—20125). — Das aus zwei zusammenhängenden Blättern einer Pergamenths. in Folio bestehende Elbinger Fragment El bildete das innerste Doppelblatt einer Lage. Es gehört wohl dem 15. Jh. an und steht K näher als S. Jede Seite bringt zwei Spalten mit je 32 Zeilen. Überliefert sind v. 11648—11890. — Das Straßburger Bruchstück St besteht aus einem Pergamentblatt in Quart, das einer Hs. des 14. Jh.s entstammt. Es ist zweispaltig mit je 43 Zeilen beschrieben und bietet v. 9728—9893. Vgl. K. A. Barack Germ. 25 S. 184 ff. — Das Kreisarchiv zu Amberg besitzt fünf halbe Pergamentblätter (A), von denen zwei allerdings so zerschnitten sind, daß nur noch Versreste zu erkennen sind. Jede Quartseite enthielt 2 Spalten zu je 32 Zeilen. Bl. 1a überliefert v. 2092—2123 und die Anfangsbuchstaben von v. 2124—2153, Bl. 1b v. 2186—2217, Bl. 2a v. 10449—10478, Bl. 2b v. 10538—10569, das zerschnittene Bl. 3 auf S. a v. 22921—22950, auf S. b v. 23015—23046, Bl. 4a v. 25051 bis 25078 und die Anfangsbuchstaben von v. 25079 bis 25110, Bl. 4b die Ausgänge von v. 25111 bis

25142 und v. 25143—25173, das zerschnittene Bl. 5 auf S. a v. 25079—25110, auf S. b v. 25111—25142. Vgl. H. Nigg ZfdA. 25 S. 80. — Außerdem liegen in der Kirchenbibliothek zu Annaberg 4 Pergamentstreifen (An), die zu einer Hs. des 14. Jh.s gehörten. Die beiden ersten sind einem Blatt entnommen, von dem auf der Vorderseite v. 17978—17986 und 18010 bis 18018, auf der Rückseite v. 18041—18049 und 18073—18081 erhalten sind. Die beiden anderen Streifen bieten v. 23783—23786, 23815 bis 23818, 23846—23850, 23878—23882, 24040 bis 24044, 24072—24075 samt der folgenden Überschriftzeile, 24103—24107 und 24133—24137. — Schließlich ist noch eine für Johann Długoz hergestellte auszugsweise Rückübersetzung ins Lateinische zu erwähnen. Die Hs., die sie bietet, gehörte der Familie Schottendorf in Thorn und kam von dieser an die dortigen Strobande. Später wurde sie im Thorner Bernhardinerkloster aufgefunden und dem Staatsarchiv zu Königsberg übergeben.

In Auswahl herausgegeben wurde die 'Ordenschronik' 1854 von J. Pfeiffer: *Die Deutschordenschronik des Nicolaus von Jeroschin. Ein Beitrag zur Geschichte der md. Sprache und Literatur.* Die Auswahl ist geschickt, aber die Textgestaltung unzureichend. Eine vollständige Ausgabe unternahm 1861 Strehlke *Scr. rer. Pruss.* I S. 291—624. Sie weist namentlich metrische Mängel auf.

Zusammenstellungen über das Schrifttum zur 'Deutschordenschronik' geben Piper *Die geistliche Dichtung des MA.s* II (DNL. 3,2) S. 136ff. und Ehrismann a. a. O. S. 670. Besonders zu nennen sind W. Ziesemer *Nicolaus von Jeroschin und seine Quelle* (Berliner Beiträge z. germ. u. rom. Phil. XXXI) 1907; ders. *Die Literatur des Deutschen Ordens in Preußen* 1928, S. 60 ff.; K. Helm *Lit. d. Deutschen Ordens* S. 95ff.; ders. Zs. f. d. dt. U. 30 S. 431 ff. Über die Sprache handelt Zwierzina Festschrift f. Sievers (1925) S. 402ff.

Über die Inschriften vgl. W. Ziesemer *Deutsche Inschriften in der Marienburg*, ZfdA. 47 S. 280ff.; ders. *Die Literatur des Deutschen Ordens* S. 110 f.; C. Steinbrecht *Hochmeister-Grabsteine*, Altpreuß. Monatshefte 52 (1916) S. 92 f.

Willy Krogmann.

Nikolaus Johannes, s. Johannes, Nikolaus.

Nikolaus der Kartäuser, Prediger aus dem Kartäuserorden, der, wenn der Angabe in cgm. 468 zu trauen ist, in Nürnberg gewirkt hat; als Zeit kommt nach den Hss. zu urteilen das Ende des 14. und der Beginn des 15. Jh.s in Frage. Da N. als *magister* oder *meister* bezeichnet wird, hat er wohl das höhere Studium absolviert wie sein etwas jüngerer Ordensbruder Nikolaus Kemp von Straßburg (*Nicolaus de Argentina, Nicolaus Gemnicus* oder *Gemnicensis*), mit dem er nicht verwechselt werden darf. Mehrfach überliefert ist ein '*Sermon wenn man eine einsegent oder gehorsam thut*', der bei Einsegnung einer Nonne gehalten worden ist; vgl. Handschr. Germ. Quart 1133 (15. Jh.) Bl. 40b—43a der Berliner Staatsbibliothek; Handschr. Cent. VI 43 B (v. 1450) Bl. 21aff. der Nürnberger Stadtbibliothek; cgm. 750 (v. 1454—68) Bl. 100—105 der Münchener Staatsbibliothek. Die Predigt behandelt im Anschluß an Sacharja 9, 9 den Jubel der Bräute Christi über ihre Vermählung mit dem himmlischen König. Einen Sermon von der Kirchweih enthält cgm. 627 (v. 1458) Bl. 287—290, der nach Richardus und Beda gearbeitet ist. Dieselbe Handschr. bringt auf Bl. 282—287 eine Übersetzung von Rabanus Maurus *Lectiones VI in festo omnium sanctorum.* cgm. 468 (v. 1448) enthält verdeutschte Gebete und die sieben Bußpsalmen deutsch von *Niclas prediger carteuser ordens zu Nürnberg.* Vielleicht gehören ihm auch die '99 geistlichen Sendbriefe an Nonnen' zu, die cgm. 778 (15. Jh.) Bl. 54—92 bietet, da N. offensichtlich als Beichtiger eines Nonnenklosters für seine Beichtkinder zur Feder gegriffen hat.

Hans Neumann.

Nikolaus von Köln. In der Berliner Handschr. Germ. Quart 191 steht Bl. 393b—394a ein Predigtstück mit der Überschrift: *Nicolaus von Koeln Von dem würdigen liden unsers herren.* Wer unter dieser Beziehung zu verstehen ist, ergibt ein Vergleich mit der in Pfeiffers 'Deutschen Mystikern' I S. 285ff. unter Nr. 9 abgedruckten Predigt des Nikolaus von Straßburg (s. d.), der in Köln Lesemeister war. Das Stück ist veröffentlicht im Freiburger Diözesanarchiv 13 (1880) S. 192f. Von einem anderen *Lesemeister Nikolaus zu Köln* befindet sich in cgm. 451 Bl. 42ff. der Münchener Staatsbibliothek ein Exempel mit dem Anfang: *In dem jar da man zalt MCCCC° vnd LXXVII° ist gewesen ein lesemaister zu Kellen mit namen Nickolaus, der gar wenig von diser pruederschaft halten was*; ob dieser Nikolaus Verfasser des Exempels ist, bleibt zweifelhaft. Hans Neumann.

Nikolaus von Kosel, Franziskanerprediger aus Kosel in Oberschlesien. Zuerst im Kloster Oberglogau, tat 1414 Profeß in Časlau (Böhmen); 1416 in Olmütz, *praedicator Bohemorum*, 1417 in Oppeln beim Provinzial-Ordenskapitel, 1421 Sakristan in Jägerndorf (südöstl. Sudetengau). Eine Sammelhandschrift (*Papiarius*) aus seinem Besitz enthält Aufzeichnungen persönlicher und praktisch-theologischer Art aus den Jahren 1416 bis 1423, darunter Kirchenlieder in lat., tschech. und deutscher Sprache. Von den deutschen Liedern ist eins mit Sicherheit nicht von ihm selbst verfaßt, da es schon früher überliefert ist (vgl. WKL. II Nr. 665); bei den anderen muß seine Verfasserschaft als fraglich gelten. Bemerkenswert sind seine Aufzeichnungen des deutschen Vaterunser, Credo u. a. (Klapper S. 14).

Handschrift I Q 466 der Staats- u. UB. Breslau. Darüber zuerst Hoffmann v. Fallersleben Monatschrift von u. für Schlesien (1829) 738ff., m. Abdruck d. tschech. Lieder. Abdruck der deutschen Lieder WKL. II Nr. 664f., 666f., 674. Monographie von J. Klapper in: Aus Oberschlesiens Vergangenheit u. Gegenwart II (1922) S. 3—20. Danach H. Heckel *Geschichte d. dt. Literatur in Schlesien* I (1929) S. 65—68; vgl. Klapper ZfdPh. 55 (1930) S. 101. Ludwig Denecke.

Nikolaus von Kues (Cusanus).

1. Leben. Geboren 1400 oder 1401 als Sohn des Moselschiffers Henne Krebs (*Chrypffs* usw.) in Kues unfern Bernkastel, erhielt N. seine erste Ausbildung bei den Brüdern vom gemeinsamen Leben in Deventer; 1416/17 studierte er in Heidelberg, 1417/23 in Padua. Zum doctor decretorum promoviert, widmete er sich 1425 in Köln der Theologie. Bei den Humanisten erlangte er schon damals durch seine Handschriftenfunde, insbesondere die Entdeckung von zwölf Komödien des Plautus, höchstes Ansehen. Mit 30 Jahren war er Dechant von St. Florin in Koblenz und Inhaber anderer einträglicher Pfründen. Am Baseler Konzil nahm er (seit 29. Febr. 1432) zunächst als Advokat Ulrichs von Manderscheid teil, der durch ihn — freilich erfolglos — seine Ansprüche auf den Erzbischöflichen Stuhl in Trier durchzusetzen suchte. Durch die Veröffentlichung seiner kanonistisch-theologischen Schrift '*De concordantia catholica*' (1433) wurde er aber bald einer der angesehensten Konzilsteilnehmer. Den Ruf an die junge Löwener Universität, den sie ihm 1435 eintrug, lehnte N. ab. In der Frage nach dem Verhältnis von Papst und Konzil stand er zunächst auf seiten der Baseler Mehrheit, die dem Konzil die Superiorität zuerkannte. Er trennte sich von ihr, als er die Unfähigkeit des Konzils erkannte, der Kirche die ihr so notwendige Einheit wiederzugeben. Die Teilnahme an der Gesandtschaft nach Konstantinopel 1437 bis 1438 zu Unionsverhandlungen mit den Griechen führte ihn nicht nur endgültig auf die Seite des Papstes, sondern brachte ihm auch reichen wissenschaftlichen Gewinn. Höher als den Erwerb kostbarer griechischer Hss. schätzte er selbst die Erleuchtung, die ihm auf der Heimfahrt über die Erfassung des Unbegreiflichen in „belehrter Unwissenheit" und ihr Hauptprinzip, die *coincidentia oppositorum*, zuteil wurde. Nach der Einigung mit den Griechen in Florenz kämpfte er fast zehn Jahre als Gesandter Eugens IV. auf mehreren deutschen Reichstagen, um die deutschen Fürsten von ihrer Neutralität gegenüber Papst und Konzil abzubringen und der Obödienz des Papstes zuzuführen. Das Wiener Konkordat vom 14. Februar 1448 bildete den erfolgreichen Abschluß dieses zähen Kampfes. Zum Dank erhob ihn der Papst zur Würde eines Kardinals und verlieh ihm 1450 das Bistum Brixen. Das folgende Jahr bildet den Höhepunkt seines Lebens: als päpstlicher Legat reist er durch die deutschen Lande, um den Jubiläumsablaß zu verkünden und die kirchliche Reform zu fördern. Von diesem Reformstreben ist auch die Arbeit in seiner Diözese getragen, die er zu einer Musterdiözese machen wollte. Wenn er hier eine fast vollständige Niederlage erlitt, so deshalb, weil er allzu schnell zu Gewaltmitteln griff und seine Bemühungen um die religiöse Reform mit einem von vornherein aussichts-

losen Kampf um die Wiedererlangung der landesherrlichen Rechte verknüpfte, die dem Brixener Bischof längst entglitten waren. 1458 mußte er Brixen verlassen und war im folgenden Jahr als Legat des Papstes mit der Reform des römischen Klerus beauftragt. Seine Rückkehr nach Brixen brachte den Konflikt mit Herzog Sigismund zum offenen Ausbruch; N. wurde in seiner Feste Bruneck belagert und mußte kapitulieren. Die letzten Lebensjahre verbrachte er in Italien, mit wissenschaftlichen Arbeiten und kirchlichen Reformplänen beschäftigt. Am 15. August 1464 starb er in Todi. Sein Herz ruht in der Kirche des von ihm gestifteten Hospitals in Kues, sein Leib in seiner Titelkirche S. Pietro in Vincoli. Das Bildnis auf dem Grabdenkmal ist als Porträt anzusehen.

2. Schriften.

Der unmittelbare Beitrag des Cusanus zur deutschen Literatur beschränkt sich auf zwei Erklärungen des Vater Unsers (vgl. unter d). Seine lateinischen Werke müssen aber auch berücksichtigt werden, weil sie einen sehr starken Einfluß auf das deutsche Geistesleben des 15. Jh.s ausgeübt haben. Das ergibt sich schon aus der Tatsache, daß die allermeisten Cusanus-Hss. auf deutschem Boden geschrieben worden sind, mögen auch manche von ihnen heute in ausländischen Bibliotheken liegen.

Einen ersten Überblick über die Hss. gewinnt man aus E. Vansteenberghe *Le Cardinal Nicolas de Cues* 1920, S. 472—475. Durch die Forschungsarbeit der Heidelberger Cusanus-Kommission ist diese Liste wesentlich erweitert worden. Ein Bericht, der alle Funde zusammenstellt, fehlt bisher. In den Prolegomena zu den einzelnen Editionen findet sich aber jeweils eine kritische Übersicht über die benutzten Hss. Die wichtigsten Sammel-Hss. sind: Eisleben 960; Kues 218. 219; München clm. 18711. 18712; Nürnberg V 72; Trier 1926/1470.

Ausgaben. Nach der Straßburger Teilausgabe (1488, in Mailand 1502 nachgedruckt) veranstaltete J. Lefèvre d'Étaples (*Jacobus Faber Stapulensis*) mit Hilfe einer Anzahl gelehrter Freunde eine, von den willkürlichen Textänderungen abgesehen, sehr gute und fast vollständige Gesamtausgabe (Paris 1514), die von H. Petri in Basel 1565 nachgedruckt und durch ein paar inzwischen veröffentlichte mathematische Opuscula bereichert wurde.

Von der kritischen Ausgabe, welche die Heidelberger Akademie der Wissenschaften veranstaltet (*Nicolai de Cusa opera omnia*) liegen vor: I. '*De docta ignorantia*', hrsg. von E. Hoffmann und R. Klibansky; II. '*Apologia doctae ignorantiae*', hrsg. von R. Klibansky; V. *Idiota: 'De sapientia' I. II. 'De mente'. 'De staticis experimentis'*, hrsg. von L. Baur; XIII. '*De concordantia catholica' I.*, hrsg. von G. Kallen.

a) Kirchenpolitische Schriften. '*De concordantia catholica*' (1433, Faksimiledruck der Pariser Ausgabe: Bonn, 1928) entfaltet auf breiter geschichtlicher Grundlage die Anschauungen N.s über das Wesen der Kirche, die Verteilung der Gewalten zwischen Papst und Konzil und das Verhältnis von Kirche und Staat. Die Hauptgedanken der beiden ersten Teile des Werkes sind zusammengefaßt in dem 1434 dem Baseler Konzil vorgelegten Gutachten '*De auctoritate praesidendi in concilio generali*' (lat. u. deutsch mit Erläuterungen hrsg. von G. Kallen, HSB. 1935/36 3. Abh.). Erweist er sich in beiden als Anhänger der konziliaren Theorie, so zeigt sein berühmter Brief an den kastilianischen Gesandten Rodrigo Sanchez de Arevalo vom 20. Mai 1442 (abgedruckt a. a. O. S. 106—112) den inzwischen erfolgten Wandel seiner Anschauungen zugunsten des Papsttums, den man keineswegs opportunistisch deuten darf (vgl. Kallen S. 80ff.). N. hat auch, wie '*De pace fidei*' (1453) und '*Cribratio Alchorani*' (1460/61) zeigen, viel über die Vereinigung aller Menschen im Glauben an Christus nachgedacht.

b) Die philosophisch-theologischen Schriften sind in den Ruhepausen entstanden, die N. inmitten seines vielbewegten Lebens vergönnt waren. '*De docta ignorantia*' (1439/40) ist der geniale Entwurf seines Systems; Buch I entwickelt das Prinzip des Zusammenfallens der Gegensätze in Gott und die sich daraus ergebende Gotteslehre; in II zeichnet er sein Weltbild, in III behandelt er die zentrale Stellung Jesu als Mittler zwischen Gott und den Menschen. Von dem Heidelberger Professor Joh. Wenck von Herrenberg der Häresie beschuldigt ('*De ignota literatura*', hrsg. von E. Vansteenberghe, Beiträge z. Gesch. d. Philos. d. MA. VIII 6, 1910), verteidigte er sich in '*Apologia doctae ignorantiae*' (1449). Eine Ergänzung zum Hauptwerk ist '*De coniecturis*' (1440), worin er die Lehre vom Menschen behandelt; auch der Dialog *'De Deo abscondito'* dürfte ihm zeitlich nahestehen. 1445/46 entstand *'De quaerendo Deum'*, *'De filiatione Dei'*, *'De dato patris luminum'*, 1447 *'De Genesi'*. Die Muße, die ihm 1450 bei seinem Aufenthalt in Italien blieb, benutzte er zur Abfassung von vier Dialogen, die nach der Hauptperson, dem „Laien", der die Gedanken des Verfassers ausspricht, den gemeinsamen Titel *'Idiota'* tragen (I und II übers. von E. Bohnenstädt *Der Laie über die Weisheit*, Meiners Philos. Bibl. 216a, 1936). Im Anfang der Brixener Tätigkeit entstand das für die Tegernseer Freunde bestimmte Büchlein *'De visione Dei'* (1453), an ihrem Abschluß steht *'De beryllo'* (1458, übers. von K. Fleischmann, Philos. Bibl. 217, 1938). Während der unfreiwilligen Muße der letzten Lebensjahre schrieb er *'Tu quis es?'* (1459, eine Abh. über das Prinzip der Dinge), *'De possest'* (1460), *'De non aliud'* (1462, hrsg. von J. Uebinger *Die Gotteslehre des N. C.* 1888, S. 150—198), *'De ludo globi'*, *'Compendium'*, *'De venatione sapientiae'*, *'De apice theoriae'* (1462/64). Auch die ungedruckte *'Elucidatio epistulae ad Collocenses'* (Vat. lat. 1245, Bl. 288—292) dürfte dieser letzten Zeit angehören.

c) N. hatte auch für die Probleme der Mathematik und Naturwissenschaft ein sehr reges Interesse, das wohl in Padua geweckt worden ist. Bereits 1432 trat er in Basel mit einem Vorschlag zur Reform des Kalenders hervor; später verbesserte er die als *Tabulae Alphonsinae* bekannten astronomischen Tabellen. Zwischen 1450 und 1458 schrieb er mehrere mathematische Abhandlungen, die vor allem sein Interesse für die Quadratur des Zirkels verraten. Diese war für ihn das mathematische Beispiel für den Zusammenfall der Gegensatze. Sein astronomisches Weltbild läßt sich aus *'De docta ignorantia'* II, aus einer seit A. v. Humboldt sehr beachteten Notiz in Cod. Cus. 211 Bl. 55b (vgl. die Textbeilage von R. Klibansky zu E. Hoffmann *Das Universum des N. v. Cues*, HSB. 1929/30, 3. Abh. S. 41—45) und aus einer Anzahl verstreuter Notizen, besonders in den Predigten, rekonstruieren. Die in Orvieto 1463/64 abgefaßte Schrift *'De figura mundi'* ist bisher nicht wiedergefunden worden.

Ausdrücklich sei bemerkt, daß N., soviel wir bisher wissen, abgesehen von den Bemerkungen in *'De staticis experimentis'* (S. 121ff.), keine medizinischen Schriften verfaßt hat. Die ihm von J. Marx (*Verzeichnis der Hss.-Sammlung des Hospitals zu Cues* 1905, S. 219) zugeschriebene Hs. 222, die Erläuterungen eines *cardinalis* zu medizinischen Traktaten enthält, gehört dem 14. Jh. an.

d) Die Predigten sind uns in lateinisch abgefaßten Entwürfen, aber nicht (mit einer Ausnahme, siehe unten) in Nachschriften überliefert. Von den Entwurfbüchern ist nur das erste, Cod. Cus. 220, und ein Doppelblatt aus dem zweiten in Cod. Bruxellensis 1327 (9799 bis 809, Bl. 1—2) erhalten. Jenes enthält Entwürfe aus den Jahren 1431—1446 und einige von 1451/52, dieses die Mainzer Martinspredigt von 1444. In den fünfziger Jahren ließ N. seine Predigten in zwei Pracht-Hss. kopieren, die heute als Vat. lat. 1244 und 1245 in der Vatikanischen Bibliothek stehen. Aus ihnen ließ Lefèvre d'Étaples Auszüge machen, die er zu *'Excitationum Libri X'* (Bd. II der Ausgabe) verarbeitete. Sie enthalten etwa 2/5 des Inhaltes der Hss., manche Predigten ganz, von andern nur kleine Stücke. Über die gesamte hsl. Überlieferung vgl. meine Abhandlung in HSB. 1936/37.

In der zeitlichen Abfolge der Predigten kann man vier Gruppen unterscheiden; von 1431 bis 1449 betätigte N. sich als Prediger an den kirchlichen Hochfesten in Koblenz, Mainz, Trier und Augsburg. Aus dieser Zeit stammen rund 50 Entwürfe. Die zweite Gruppe, die eine etwa gleich große Anzahl ganz kurzer Skizzen umfaßt, verdankt ihr Entstehen der Legationsreise 1451/52. Am 31. Juli 1452 hielt N. seine erste Predigt in Brixen, jedoch beginnt er erst ein Jahr später regelmäßig zu predigen. Vom 29. Juni 1453 bis zum gleichen Tage des Jahres 1457 hat er rund 160mal in Brixen und anderen Orten seines Bistums gepredigt. Diese Entwürfe sind durchweg sehr sorgfältig. Die letzte Gruppe umfaßt nur 5 Predigten, von denen eine 1458 in Bruneck, die andern 1459 bei der Visitation des Klerus in Rom gehalten wurden.

Es unterliegt keinem Zweifel, daß N. dem allgemeinen Brauch folgend vor dem Klerus (bei Visitationen, Synoden usw.) lateinisch, vor dem Volk aber deutsch gepredigt hat. Leider kennen wir bisher nur zwei deutsche Predigten über das Vater Unser.

α) Die erste Predigt hielt N. 1440 in Augsburg und schrieb sie dort auf Wunsch des Bischofs nieder. Sie ist am besten überliefert in der Hs. Trier, Stadtbibl. 813/1343: *Ihesus in eyner allerdemuttichſter menſchheit waer got was, vnd alſo waren ſyne wort vnd lere. . . . Dar vm heiſſet der ſurſt erloſer von allen vbel, den wir bitten vns zu erloſen von der hellen vnd allen vbel. Amen.* Nach H. Teske stehen dieser, in moselfränkischem Dialekt geschriebenen Fassung die Hss. Krakau 682, Salzburg, Studienbibl. 26 A 8 und die lateinische Übersetzung des Marcellus Geist in Mainz 190 nahe. Eine zweite bairische Überlieferung, die deutliche Spuren von Bearbeitung (durch die Tegernseer Mönche?) aufweist, bieten die Hs. München clm. 18711 und die von ihr abhängigen clm. 7008, cgm. 628 und Wien, Nationalbibl. 3588.

β) Zum zweiten Male predigte N. am 7. März 1451 in Wien über das Vater Unser; es war, soviel wir wissen, die erste Predigt auf der Legationsreise. Sie ist — wohl in einer Nachschrift — in Hs. 57 des Wiener Schottenklosters überliefert: *Am erſſten zw reden von dem gepet des heyligen Pater Noſter, den der allerhochſt mayſter vnser liber herre Iesus Chriſtus ſein lieb junger gelernet hat vnd vns zw lecz gelaſſen hat, wie vnd was wir pitten ſullen. . . . Das ist der hymel vnd die ewig freüd vnd ewige wunn, vnd nichcz peſſers iſt noch geſein mag dan an der ſtat, da alles vbel ennd hat. Das verleich vs der allmachtig got* usw.

Der Erklärung der einzelnen Bitten geht in beiden Predigten eine Einleitung voraus, die den unergründlichen Inhalt der Lehre Jesu, insbesondere des von ihm gelehrten Gebetes betont. Die sieben Bitten werden beidemal in ähnlicher Weise ausgelegt. Während aber die Predigt von 1451 recht volkstümlich gehalten ist und die Zuhörer vor allem zu Buße und Bekehrung aufruft, kommt es N. in der älteren Predigt darauf an, den Sinn der Gebetsworte möglichst auszuschöpfen. Für die Art der hier gebotenen Auslegung ist besonders kennzeichnend, daß N. gewissermaßen das ganze Weltgeschehen aus dem Gebet abzulesen sucht. Von dem Ursprung aller Dinge handelt die Anrede und die ersten beiden Bitten, von ihrem Ausfluß die dritte, von dem Mittel des Rückflusses in Gott die vierte bis sechste, von dem Ziel die letzte. Zerfällt demnach das Gebet in zwei große Teile zu je vier Gliedern, deren viertes aus den drei vorhergehenden folgt, so sind diese im einzelnen trinitarisch geordnet. Denn der Ursprung ist der dreieinige Gott, der in sich eins (Vater), sich selbst gleich („Name" = Sohn) und (durch den hl. Geist) die absolute Vereinigung („das Reich") ist. Die Ordnung des Ausflusses ist ebenfalls dreieinig: der Himmel, die Erde und zwischen beiden der Mensch, der in sich die himmlische und irdische Natur verbindet. Das Mittel des Rückflusses ist Jesus Christus, der nach seinem Wesen, seiner Erkenntnis und seiner Liebe unsere Speise wird, uns von der Sünde befreit und in der Gnade bewahrt. So führt er uns durch die Erlösung von allem Übel zu Gott zurück. — Die Vater-Unser-Auslegung läßt die Grundgedanken des Cusanus deutlich erkennen.

Die vollständige Edition der lateinischen und deutschen Predigten ist ein dringendes Anliegen der Cusanusforschung. Sie füllen (wenn man so sagen darf) die Lücken zwischen den übrigen Schriften aus und lassen darum die innere Entwicklung des Cusanischen Denkens viel besser erkennen; dabei ist noch besonders zu beachten, daß N. bei der Niederschrift seiner Entwürfe nicht daran dachte, sie später zu sammeln und herauszugeben. Dieser Gedanke beschäftigt ihn erst 1453. So zeigen die Entwürfe den Theologen und Philosophen unmittelbar bei der Arbeit, und die vielen Autorenzitate geben uns Aufschluß über die von ihm benutzten Quellen. Dazu kommen die tiefen Einblicke in die Frömmigkeit des Cusanus, die uns die Predigten ermöglichen, eine Frömmigkeit, die echt und warm, schlicht und ungekünstelt ist. Bisher liegen nur wenige Predigten in kritischem Text mit Übersetzung und Erläuterungen vor: 1. *Dies sanctificatus* vom Jahre 1439, hrsg. von E. Hoffmann und R. Klibansky, HSB. 1928/29, 3. Abh. 2./5. Vier Predigten im Geiste Eckharts [*Verbum caro factum est* (1453), 3. *Verbum caro factum est* (1454), 4. *Ubi est qui natus est rex Iudaeorum?* (1456), 5. *Loquimini ad petram* (1457)], hrsg. von J. Koch HSB. 1936/37, 2. Abh. In den Predigten 2—5 ist Eckharts Johannesauslegung stark benutzt. Die von H. Teske und J. Koch vorbereitete Ausgabe der beiden deutschen und einer lateinischen Vater-Unser-Predigt wird in HSB. 1938/39 erscheinen.

e) Briefe. Die Pariser Ausgabe enthält in Bd. II neun Briefe, und zwar in II, 1 je einen Brief an Peter von Erkelenz (Bl. 15—21) und an einen Unbekannten (Bl. 49[b]—50), in II, 2 den schon erwähnten Brief an Rodrigo Sanchez und sechs Sendschreiben an die Böhmen (Bl. 1—22). E. Vansteenberghe veröffentlichte in *A'utour de la Docte ignorance* (Beiträge z. Gesch. d. Philos. d. MA. XIV 2—4) 1915, 36 Briefe, die 1451/56 zwischen Cusanus und dem Kloster Tegernsee gewechselt wurden (teilw. übersetzt von W. Oehl *Deutsche Mystikerbriefe* 1931, S. 547—569). Einen weitern Brief veröffentlichte V. Redlich *Tegernsee und die deutsche Geistesgeschichte im 15. Jahrhundert* 1931, S. 202f. Vansteenberghe hat nach seiner Angabe (*Dict. de théol. cath.* XI Sp. 606) mehr als 150 bisher unbekannte Briefe zur Veröffentlichung vorbereitet. Die Kenntnis der gesamten Korrespondenz wäre deshalb besonders erwünscht, weil sie uns die Einflußsphäre dieses außerordentlichen Mannes klarer, als das bisher möglich ist, erkennen ließe. Ein Teilbild gibt der Briefwechsel mit Tegernsee; er zeigt zweierlei: einmal erhält das religiöse Leben des Klosters durch die eigenen Schriften und Briefe des Kardinals und durch die von ihm übersandte mystische Literatur reichste Anregung und Vertiefung; sodann aber begeisterte er seine Tegernseer Freunde auch so für den Humanismus, daß sie selbst eifrige Förderer dieser Bewegung in Deutschland wurden.

3. Bedeutung. Auch aus dem hier gegebenen kargen Bericht über das Leben und die Schriften des Cusanus dürfte seine überragende Größe deutlich werden. Er ist einer der großen Kirchenpolitiker seiner Zeit, und wenn er auch als Bischof schließlich versagte, so bleibt ihm doch das große Verdienst, während der Legationsreise in Deutschland mit unermüdlichem Eifer und sichtbarem Erfolg für die Reform der Kirche gearbeitet zu haben. Es ist erstaunlich, daß N. inmitten dieser vielseitigen Tätigkeit noch Zeit zu einer Schriftstellerei fand, die von umfassender Begabung zeugt. Er hat nicht nur als Kanonist und Historiker bedeutende Leistungen aufzuweisen, sondern auch als Mathematiker und Naturkundiger, vor allem aber als Philosoph und Theologe. Geschichtlich betrachtet, vollendet sich in dem Denker Cusanus die geistige Bewegung, die von Platon ausging und im Neuplatonismus auf das Christentum übergriff, im Osten bei Dionysius Areopagita, im Wesen bei Augustinus. Die christlichen Platoniker des Mittelalters, insbesondere Johannes Scottus Eriugena, die Schule von Chartres und Meister Eckhart, sind auch die Vorgänger und Wegbereiter des Cusanus. Er zehrt nicht wie ein Epigone von den Schätzen der Vorfahren, sondern gestaltet in frischem Anlauf ein neues Weltbild, das ebenso sehr den Geist Platons wie den des Christentums atmet. Und es dürfte das spezifisch Deutsche im Wesen des Mannes sein, daß er mit dem ersten Entwurf sich nie zufrieden gab, sondern in jeder neuen Schrift wieder das Ganze in Angriff nahm, bald von dieser, bald von jener Seite. Infolgedessen haftet allen seinen Schriften der Charakter des Unvollendeten an,

seine Gedankenbewegung blieb bis zuletzt in lebendigem Fluß. Gerade hierdurch wurde N. aber auch der große Wegbereiter und vielfältige Anreger der wissenschaftlichen und insbesondere der philosophischen Entwicklung der neuen Zeit. Es sei nur hingewiesen auf Faber Stapulensis und Carolus Bovillus in Frankreich, Kopernikus, Kepler und Paracelsus in Deutschland, Leonardo da Vinci und Giordano Bruno in Italien. Als Theologe blieb er ohne spürbaren Einfluß. Es bedurfte der Reformation, um die Schulen von ihren unfruchtbaren Streitigkeiten weg- und zu ihren ursprünglichen Aufgaben zurückzurufen.

Die erste Biographie schrieb C. Hartzheim *Vita Nicolai de Cusa, Treveris* 1730; die beste E. Vansteenberghe (vgl. unter 2); er gibt auch ein recht genaues Verzeichnis der ältern Literatur. Vgl. auch seine Darstellung *Dict. de théol. cath.* XI Sp. 601—612 (mit neuer Literatur). P. Mennicken *N. v. K.* 1932. E. Hoffmann in *Die großen Deutschen* I (1935) S. 246—266. Derselbe *N.v.C. als Philosoph* (Geleitwort zu der Übers. v. E. Bohnenstädt, siehe oben). Außer den oben genannten Arbeiten über einzelne Fragen seien noch folgende erwähnt: A. Posch *Die concordantia cath. des N. v. C.* 1930. J. Hommes *Die philos. Grundlehren des N. K. über Gott und das Verhältnis Gottes zur Welt* 1926. J. Ritter *Docta ignorantia, die Theorie des Nichtwissens bei N. C.* 1927. E. Cassirer *Individuum und Kosmos in der Philos. der Renaissance* 1927. M. Losacco *La dialettica del Cusano*, Rendiconti dell'Accademia dei Lincei, ser. VI vol. 4 1928. R. Odebrecht *N. v. C. und der deutsche Geist* 1934. D. Mahnke *Unendliche Sphäre und Allmittelpunkt* 1937, S. 140ff. H. Bogner *Die Bewegung des Erkennens u. das Sein in der Philosophie des N.v. C.*, Diss. Berlin 1937. — Zur Quellenfrage vgl. R. Klibansky *Ein Proklosfund und seine Bedeutung*, HSB. 1928/29, 5. Abh. E. Hoffmann *Die Vorgeschichte der Cusanischen Coincidentia oppositorum* (Geleitwort zu der Übers. von K. Fleischmann, siehe oben). M. Honecker *N. v. C. und die griechische Sprache. Nebst einem Anhang: Die Lobrede des Giovanni Andrea dei Bussi*, HSB. 1938/39, 2. Abh. (H. zeigt, daß N.s Kenntnisse im Griechischen nicht zum Verständnis griech. Texte ausreichten). Über die Beziehungen zu Meister Eckhart: J. Koch HSB. 1936/37, 2. Abh. M. Honnecker *Lullus-Hss. aus dem Besitz des Kardinals N. v. C.*, Spanische Forschungen 1. Reihe 6 (1937) S. 252—309. — Über seine Bedeutung für den deutschen Humanismus: R. Newald *Beiträge zur Geschichte des Humanismus in Oberösterreich*, Jahrb. des oberösterr. Musealvereins 81 (1926) S. 161ff. V. Redlich *Tegernsee u. die deutsche Geistesgeschichte im 15. Jahrhundert* 1931, S. 95—104, 119—124.

Jos. Koch.

Nikolaus von Landau, Zisterzienser.

1. Hs. Kassel, Landesbibl. Ms. theol. 4. 11 u. 12 (früher bis 1686 Besitz der Heidelberger Bibl.). 2 Bde. 25 × 17 cm. Pgt., geschrieben zwischen 1341 (Schlußdatum des 1. Teils) und 1370 (Todesjahr des Abtes Nikolaus v. Otterberg). Aus dem Zist.-Kloster Schönau bei Heidelberg.

2. Im Zisterzienserkloster Otterberg, dessen gewaltige romanische Kirche mit einigen Resten der Klosterbauten, im gleichnamigen pfälzischen Ort an der Otter, nördlich v. Kaiserslautern, heute noch besteht, hat N. als Mönch und häufig zum Predigen verpflichteter Seelsorger für sich und für die jüngeren Mitbrüder eine Predigtsammlung mit theoretischer Einführung in vier Bänden geschrieben, *non sine labore taliter qualiter* sammelnd, was er an damals modernen Predigten für nützlich hielt. Die beiden letzten Bände fehlen, doch steht am Anfang des 2. Bd. ein Inhaltsverzeichnis für alle vier. Am Ende des ersten Bandes gibt der Verfasser als Datum seiner Vollendung den 1. Mai (*Philippi et Jacobi*) 1341 an. Die erhaltene Hs. scheint das Original des Verf. zu sein, denn Zuchold findet die Schriftzüge vom „selben Charakter", den er „in den Urkunden des Klosters Otterberg aus dem 14. Jh. fand" (vgl. *Urkundenbuch d. Kl. O.* hgb. von M. Frey und F. H. Remling 1847, worin in der Vorrede der Hinweis auf Hs. B 3 der Mainzer Stadtbibliothek, Lagerbuch der Pflege Otterberg, das solche Originalurkunden enthält). Im Incipit des 2. Bandes heißt der (im 1. Bd. *Nic. monachus de Otterberg* genannte) Verf. *Nycolaus de Landauwe, monachus in Otterberg*.

Der Verf. ist vielleicht identisch mit dem 1370 in Urkunden erscheinenden Abt Nikolaus v. O., auf den im selben Jahr ein anderer Abt folgte. Der Abt, unter dem N. die Sammlung schrieb, war wohl der in den Urkunden 1340 genannte Abt Peter.

Der Zisterzienser macht sich erkennbar durch besondere Verehrung der hl. Jungfrau Maria und der hl. Ordensstifter

Benedikt und Bernhard sowie durch den Hinweis auf das berühmte Schweißtuch Christi „im Kloster unseres grauen Ordens" zu Cadouin (Dep. Dordogne), das erstmals 1214 als „schon öfters ausgestellt" in der dortigen Klostertradition bezeugt ist (Artikel Cadouin im Lexikon f. Theol. u. Kirche II (1931) Sp. 690).

Die zeitgenössischen Prediger, die N. auszog, um sie, mit eigenen Einleitungen und Anwendungen versehen, für seine praktischen Ziele brauchbar zu machen, entstammen zum großen Teil einer verlorenen Sammelhandschrift, deren Schwesterhandschrift in Oxford aufbewahrt und durch Ph. Strauch ediert wurde unter dem Titel *Paradisus animae intelligentis*. Eine zweite Hs. fand W. Stammler in der Hamburger Staatsbibl. (ZfdPh. 55 [1930] S. 321). Die Predigten sind wörtlich in großen Stücken übernommen. Es sind hauptsächlich Predigten aus der Erfurter Zeit des Meisters Eckhart und aus dem Kreise seiner Jünger. Wir begegnen Texten aus Eckhart selbst, aus Bruder Erbe, Giselher v. Slatheim, Florentius v. Utrecht, Eckhart Rube, Helwig v. Germar, aber auch von „einem Barfüßer Lesemeister", und von „Hane dem Karmelit" (wohl identisch mit dem englischen Provinzial der Karmeliter, 1254 gewählt, *Henricus de Hanna*). Eckhart wird aber nie mit Namen genannt, sondern als „ein Meister" zitiert, während die Kirchenlehrer, bes. Augustin, häufig mit Namen zitiert sind.

Die Predigten sind, nach einer latein. Einleitung, im hessisch-pfälzischen Mittelhochdeutsch geschrieben, etwas schablonenmäßig eingeteilt und, neben asketischen Themen, sehr viel den Geheimnissen des myst. Lebens (Abgeschiedenheit, Kontemplation, Göttliches Licht, Gottes-Vereinigung und -Erfahrung) gewidmet. N. ist kein selbständiger Geist, aber ein schlichter Lehrmeister für Prediger seiner Zeit.

H. Zuchold *Des N. v. L. Sermone als Quelle für die Predigt M. Eckharts u. seines Kreises* (Hermaea 2) 1905. Ph. Strauch *Paradisus animae intelligentis* (DTMA. 30) 1919.

Engelbert Krebs.

Nikolaus von Laufen, s. Nikolaus von Löwen.

Nikolaus von Löwen. Seinen Lebensgang hat N. selbst in Kürze auf der Innenseite des Rückendeckels der Handschrift H 2185 des Bezirksarchivs zu Straßburg, die das sog. 'Briefbuch', des Straßburger Johanniterhauses enthält, berichtet. Danach ist er am 19. Mai 1339 geboren, trat mit 20 Jahren als Schreiber in die Dienste des Tuchhändlers Heinrich Blankhart von Löwen in Straßburg. Nach siebenjähriger Tätigkeit kam er am 17. Okt. 1366 als Sekretär zu Rulman Merswin (s.d.), einem Freunde seines Kaufherrn, auf den Grünen Wörth. Dort empfing er am 13. Dez. die niederen Weihen, wurde am 13. Dez. 1366 zum *epysteler* (Subdiakon) geweiht, am 12. Juni 1367 zum Diakon, am 18. Sept. 1367 zum Priester. Als Weltpriester versah er vier Jahre lang sein Amt an der durch Merswin gestifteten Grünenwörther Kirche und trat am 24. Juni 1371 in den Johanniterorden ein, dem der Grüne Wörth zur Betreuung 1372 übergeben ward. Nach einer Notiz von späterer Hand ist N. 1402 gestorben: *anno 1402 die 3. aprilis obiit iste fr. Nicolaus de Lovanio, primus conventualis huius domus ad Viridem-Insulam.* Die in Urkunden und Briefen schwankenden Formen seines Namens sind *Clawes* oder *Claus von Lôfene, Lefene, Nicolaus de Lovanio, Nicolaus dictus de Lŏuen.* Man hat N. nach dem Vorgange von C. Schmidt früher als Nikolaus von Lauffen bezeichnet, was jedoch dem orthographischen Befunde nicht entsprechen kann. K. Rieder deutet den Namen als *Löwen* und läßt N. aus dem brabantischen Löwen stammen. Daß N. selbst noch in Brabant aufgewachsen ist, erscheint aber kaum denkbar, da seine Sprache ein reines Elsässisch darstellt.

Heinrich Blankhart wurde ein Hauptwohltäter für den Grünenwörth — vergabte er doch schon zu Lebzeiten 1300 Gulden an dieses Werk und stiftete am 22. Sept. 1371, kurz vor seinem Tode (11. Okt. 1371) — da er die Sühnewallfahrt zum Grab des hl. Jakobus nicht hatte durchführen können — eine jährliche Gülte von 4 Pfund Pfennigen, die dem N. v. L. zukommen sollte, und eine St. Jakobsmesse mit einer jährl. Gülte von 8 Pfund, durch die ein eigener Kaplan bepfründet werden sollte. Da diese Summe nicht zureichte, bewog N. die Witwe Blankharts, Lukhart oder Luitgart (urkundlich auch Luscha), am 24. Sept. 1372 eine Zustiftung zu machen. Die Durchführung dieser Stiftung hatte Schwierigkeiten, da Rulman das Geld für den Bau des großen gedeckten Wandelgangs verwandte, und so suchte N. v. L. später durch Anlegen des sog. Großen deutschen Memorials die Durchführung der Stiftung mit moralischen Gründen zu sichern.

Wie N. 1371 seinem einstigen Herrn Blankhart im Tode beigestanden, so erwies er 1382 denselben Dienst dem Stifter Rulman Merswin. Auch hier sah er sich vor die Aufgabe gestellt, die Durchführung der Stiftung im ganzen zu sichern. Zu diesen Zweck legte er von 1282 (1285?) —1402 die Memorialbücher und das Briefbuch des Grünenwörth an, in denen er Rulman als einen bis zu seinem Tode der Welt verborgenen Mystiker, einen Gottesfreund und heimlichen Gesellen eines großen Gottesfreundes im Oberland schilderte, um mit der Autorität dieses fernen, von niemand gesehenen aber durch Briefe und Traktate den Grünenwörth beratenden Geistesmannes die Brüder für immer auf den Geist und die Absichten des Stifters zu verpflichten. Sicher ist, daß alle Memorialbücher und das Briefbuch von Nik. v. L. erst nach 1382 angelegt wurden. Nicht ganz sicher ist, ob er dabei einige Mitarbeiter verwendete und die (nicht mehr vorhandenen) Originale der Briefe nicht doch von Rulmans Fälscherhand stammten. Ganz sicher ist aber wieder, daß die in die Memoriale hineingearbeiteten Traktate großenteils anonyme erbauliche Geschichten waren, die N. v. L. (oder schon Rulman?) in die (widerspruchsvolle) Geschichte des Gottesfreundes im Oberland umdeutete.

O. Clemen (Zbl. f. Bblw. 23 S. 242ff.) bezieht auf N. ein lateinisches Mariengedicht von 20 Zeilen Umfang, das unter einem um 1500 vermutlich im Elsaß gedruckten Holzschnitt (Schreiber I S. 333, Nr. 1115) wiedergegeben ist. Es nennt sich *Carmen in laudem et honorem dive virginis Marie editum ab egregio viro domino magistro Nicolao Lowen* und beginnt: *Maria ros, celorum flos, omni carens spina. Tu victrix spes, reductrix es, lapsorum medicina.* Schon die wenigen von Schreiber abgedruckten Zeilen lassen das Gedicht als minderwertiges Produkt von herkömmlicher Form erkennen. Unter einem Holzschnitt aus der Presse des Adam Petri in Basel (ein Exemplar davon in der Zwickauer Ratsschulbibliothek) finden sich fünf deutsche Mariengrüße mit der Überschrift: *diße fünff gebetlyn sind gmacht uß den fünff bůchstaben des namens unßer lieben frawen M.a.r.i.a. vnd vohet yedes an eym bůchstaben an vnd wer das alle tage spricht mit andacht vnd mit reuwen syner sünd, der kompt nit in die hell als das ein Johanser herr zů Straßburg offentlich gepredigt vnd syn sel zů pfand gesetzt hat;* Clemen hält Nikolaus von Löwen für den Verfasser dieser Mariengebete. Eine ähnliche Einleitung zeigen auch die Gebete auf einem schwäbischen Holzschnitt um 1500 (Schreiber I S. 295 Nr. 1009). Falls es sich wirklich um unsern N. handelt, ist zumindest die Angabe unrichtig, er sei Magister gewesen. Die Vita weiß davon nichts, und der Brief an den Gottesfreund zeigt nicht eine Spur theologischer Bildung.

Lit. s. b. Rulman Merswin. Dazu W. L. Schreiber *Manuel de l'amateur de la gravure sur bois et sur métal* 1891.

Engelbert Krebs. Hans Neumann.

Nikolaus v. Monpolir, s. Nikolaus v. Polen.

Nikolaus von Nürnberg.

Nycolaus karthewser magister wird der Verfasser von zwei und Übersetzer einiger weiterer Predigten in der zweiten Hälfte des 15. Jh.s genannt. Über sein Leben ist uns nichts überliefert, seine Art zu schreiben ist äußerst lebendig und eindringlich, mehr allgemein verständlich als gelehrt, und mit vollem Recht wird er verglichen mit dem volkstümlichen Kanzelredner des 17. Jh.s Abraham a Sta. Clara. Wir besitzen von N. folgende Schriften:

In der Münchener Hs. cgm. 750 Bl. 100a—107b, die zwischen 1454 und 1468 entstand, schrieb die Pröbstin Anna Ebyn vom Augustiner-Chorfrauenkloster Pillenreuht bei Nürnberg zwei Predigten N.s auf, die ihren Nonnen gehalten worden waren, und zwar im Jahre 1455. Es sind dies:

1. *Sermo, wenn man eine einsegnet oder gehorsam tut.* Die Predigt bewegt sich im Ideenkreis der Brautmystik, ist überaus lebendig in Stil und Inhalt, durch Verse und direkte Rede belebt.

2. *Sermo in dem aderlaz, wenn man frölich ist zu tysch.* Es handelt sich also um eine Tischrede. Die Laßtage werden vom hygienischen sowie religiösen Standpunkt aus beleuchtet.

Außerdem sind von N. noch Predigtübersetzungen überliefert und zwar in den Hss. cgm. 627 Bl. 282 aβ—290 bβ und cgm. 628 Bl. 111 bβ—116 bβ. Erstere ist 1458 durch Konrad Welker von Eichstätt im Augustiner-Chorherrenstift Rebdorf geschrieben und enthält hauptsächlich Taulersche Predigten neben den 1452 entstandenen Übersetzungen N.s. Die Übersetzungen gehen zurück auf ältere lateinische Predigten. Nikolaus erweitert seine Vorlage, die uns nicht unmittelbar erhalten ist, durch Zwischenstücke, kürzt den Schluß und teilt in Lektionen ein. Wir haben: 1. *Lecciones in festo omnium sanctorum oder Rabanus etc.* Hier findet sich der Vermerk: *Diß vor geschriben leccionem hat uns dewtsch gemacht Nicolaus ein karthawßer anno dn̄i M·cccc·l·ii·.* 2. *Aber Nicolaus: von der kirchweih, Rychardus in excepcionibus.* Der Inhalt ist eine allegorische Ausdeutung einer Kirche und erinnert stark an Gottfrieds Minnegrotte; es ist eine Paraphrase aus Richard an St. Viktor. Bl. 289 a β ist noch angemerkt: *Die omelie Bede über das ewangelium von der kirchweihe und daz ander hat der Dewtschmacher hin zu gesetzt.*

Cgm. 628 ist 1468 in Tegernsee geschrieben, jedoch in schwäbischer Mda. und gleichen Inhalts, aber nicht so genau dem gemeinsamen Vorbild entsprechend, sondern fehlerhaft und auch ohne Angabe des Übersetzers und der Quelle. N.s Stil ist aber auch hier unverkennbar.

Umfassende Behandlung des N. durch Irma Lamprecht *Der Mönch N., ein Vorläufer Abrahams a Santa Clara*, Münchener Museum 5 (1929) S. 116ff.; dort auch Textabdruck.

Ruth Westermann.

Nikolaus von Polen (auch „von Böhmen" genannt), Magister und Bruder des Predigerordens, (1) lebte 2—3 Jahrzehnte des 13. Jh.s zu Montpellier (1248—1278?) und war von deutscher Herkunft. Um 1270 schrieb er eine Streitschrift, den „Gegenhippokrates" in lateinischen Versen, betitelt '*Antipocras, quem composuit et similiter noncupavit frater Nicholaus fratrum predicatorum, alisautem nomine appellatur liber empiricorum*', den ich im Arch. f. Gesch. d. Med. Bd. IX (1916) S. 31—52 zum erstenmal herausgab, und dem Diels in den Sitzungsber. d. Berliner Akademie XVI (1916) S. 376—394 seine klassisch-philologische Pflege angedeihen ließ. Ob er als unmittelbaren Vorläufer Arnalds von Villanova († 1311) anzusehen ist oder mit ihm in persönlicher Beziehung und unter seinem Einfluß stand, ist noch nicht klar. „Empirisches" Geheimwissen klingt auch aus andern seiner Schriften vor, so aus den '*Experimenta Magistri Nicolai*', die J. W. S. Johnson (Kopenhagen) zuerst 1911 in dem Bulletin de la soc. française d'histoire de la médecine X S. 269 bis 290 veröffentlichte.

2. Von ihm stammt auch angeblich '*Ein hübsch Cyrurgia, dy do bewert ist von Meyster Nicklas von Monpolir*', die in einem Sedezkodex aus Heidelberg auf der Bibl. Vaticana zu Rom Pal. lat 1117, Bl. 171ᵃ—218ᵇ, aufbehalten ist, in dem es von Nikolaus heißt, daß er *wol 30 Jar sich hat geübet in der Cyrurgia*, was wie eine Paralleläußerung zu der Titelangabe bei den '*Experimenta fratris ordinis Predicatorum Nicolai, Medici de Polonia*' anmutet, die besagt: *fuit in Monte Pessulano 20* [al. *30*] *annis.* Im allgemeinen ist diese '*Cyrurgia*' eine chirurgische Rezeptsammlung im Stile der verschiedenen Rogerglossen, wie sie zu Ende des

12. und während des 13. Jh.s entstanden sind (vgl. meine *Beitr. z. Gesch. d. Chir.* II S. 237 ff.). Nur gegen Ende der weiland Heidelberger Rezeptsammlung kommt ein längeres Stück Bl. 217a—218a, überschrieben *'von der Slangen'*, was an die Absonderlichkeiten der *'Experimenta Magistri Nicolai'* anklingt und von mir im Archiv 9 S. 36—38 herausgehoben ist. Vgl. auch den deutschen Schlangentext bei J. W. S. Johnsoon *Les 'Experimenta Duodecim Johannis Paulini'*, Bull. d. la Soc. française d'histoire de la médecine XII (1913) S. 265—267. Im Ms. 1186 der Leipziger U.B. wird (an achter Stelle) *'De scorpionibus buffonibus atque ranis agrestibus ... cum anguibus .. ad calculum frangendum'* dem *Nicolaus de Bohemia* zugeschrieben.

3. Auch in polnischen Quellen haben sich Spuren des Nikolaus erhalten, so in alter Chronik unterm Jahr 1278: *eodem anno surrexit quidam religiosus nomine Nicolaus, natione Theutonicus ordinis fratr. Praed., qui docuit homines comedere serpentes, lacertas et ranas contra quamlibet infirmitatem.* R. Ganszyniec hat nicht nur den *'Antipocras'*, die *'Experimenta'* erneut und einen *'Tractatus de oleo philosophorum'* sowie die deutsche *'Cyrurgia'* vollständig neu herausgegeben, sondern auch wertvolle geschichtliche und kulturgeschichtliche Beiträge zu dieser ganzen halbmystischen Schlangen- und Kriechtiermedizin geliefert: *Brata Mikolaja z. Polski Pisma Lekarskie* 1920 (vgl. den Bericht in d. Mitt. z. Gesch. d. Med. 19 S. 281 f.). Auch Alex. Brückner hat den *'Antipokras'* neu bearbeitet in d. Zeitschr. 'Pamiętenik Literacki' 16 (1918) S. 284—288.

Außer den im Text gegebenen Verweisen s. Sudhoff *Beitr. z. Gesch. d. Chir.* II (1918) S. 490—494; R. Ganszyniec og J. W. S. Johnsson *Om Nicolaus de Polonia, hans Liv og hans Skrifter, Oversigtsartikel*, Bibl. for Laeger, August 1921, S. 281—284, u. die weitere dort angegebene nordische u. polnische Literatur. Wittkowski *Stan. Lekarz Mikolaj z. Polski* [ein neuentdeckter latein. Schriftsteller des XIII. Jh.s], Abh. d. Akad. d. Wissensch. i. Krakau, Philol. Fak. 58 (1919) Nr. 4; vgl. Mitt. z. Gesch. d. Med. 19 S. 282 f.

Sudhoff.

Nikolaus v. Posenau, s. 'Hedwigslegende'.

Nikolaus von Regensburg, Meister. Von ihm hat Hans Suff (s. d.) von Göppingen in seinem 'Manual' (Cod. Med. et phys. Fol. 8) ein *grau Pflaster* aufbehalten (Bl. 13b), das *recht alte Schäden noch zu heilen vermag*, ferner ein *Eiter-Salblein*, mit dem man Quellmeißel und *feßlon* (Charpiestreifen) bestreicht und sie in die Wunden legt (Bl. 14b), sowie eine Wundkühlung zu Umschlägen bei Entzündungen (Beitr. z. Gesch. d. Chir. i. MA. Bd. II S. 595). Offenbar der nämliche Name wie Magister Nikolaus Hagen (s. d.), dem Meister Joh. Schenk (s. d.) von Würzburg so viel verdankt. (Vgl. an gleicher Stelle S. 561, 571, 576—579.) Sudhoff.

Nikolaus v. Sax, s. Der Sachse.

Nikolaus v. Straßburg, Dominikaner.

1. Hss.: 1. Predigten: Heidelberg, cod. pal. Pgt. 641 (14. Jh., sämtl. bei Pfeiffer gedr.); Stuttgart, cod. ascet. 6 aus Weingarten. Pap. 4°. 15. Jh. (alte Bezeichnung I 26), neun Predigten mit der Bezeichnung *Clewsli*; St. Florian, Pgt. Kl. 4° (14. Jh., dieselben Pg. wie Heidelberg); Berlin, Pgt. ms. germ. octav 12 (14. Jh. übereinstimmend mit Weingarten); St. Gallen, v. 1066 Pap. fol. (15. Jh.; enthält I V VI—IX u. XI mit N.s Namen, X XII XIII ohne Namen). Berlin, ms. germ. quart. 125, Pap. (14. Jh.; nur die X. Pr. Bl. 64a—66b). Über die Heidelberger u. S. Florianer Hss. vgl. ZfdPh. 34 S. 13—45.

2. *'Summa philosophica'*: Rom, Cod. Vat. lat. 3091 (Pap. 14. Jh); Erfurt, Cod. F. 370 u. F. 371, *Catena entium* des Dominikaners Heinr. v. Herford, enthält 76 Textfragmente aus der *'Summa'*.

3. *'De adventu Christi'*: Berlin, ms. theol. lat. quart. 175 (Pgt. 14. Jh.). Erfurt, Amplon. quart. 154 (Pap. 14. Jh.). Verbrannt: die Straßburger Hs. C 25.

2. Durch die neueren Aktenpublikationen über den Prozeß des Meister Eckhart (s. d.) ist N. bekannt geworden als Verteidiger seines Ordensgenossen und mit ihm von dem Kölner erzbischöflichen Gericht verdächtigter Gesinnungsfreund des Angeklagten. Diese Verdächtigung ging auf zwei zweifelhafte Hausgenossen Eckharts zurück, Dominikanerbrüder üblen Leumunds, die sich auf die Seite der Gegner Eckharts schlugen, um für ihre Delikte im Orden am Erzbischof einen

Beschützer zu finden gegenüber dem Ordens-Visitator N. So wurde denn dieser mit Eckhart zusammen im Januar 1327 vor die K ner Kommission zitiert, protestierte aber am 14. Jan. 1327 und appellierte an den Papst Johann XXII. Diesem Beispiel folgte M. Eckhart am 24. Januar. Die Appellation des N. war begründet nicht nur in den rechtlichen Verhältnissen des Predigerordens gegenüber Bischof und Papst, sondern zugleich in dem Vertrauensposten, den Johann XXI. mit Urkunde vom 1. Aug. 1325 N. übertragen hatte. Der Ordensmeister Barnabas von Vercelli war mit diesem Brief beauftragt worden, den Magister theol. Benedikt von Como (seit 1328 Bischof von Como) und den ehemaligen Lesemeister von Köln, Nikolaus von Straßburg, als seine (des Ordensgenerals) Vikare und Visitatoren in der deutschen Provinz des Predigerordens zu bestellen, weil von Unordnungen in der Ordenszucht — nicht in der Lehre — Meldungen an die päpstl. Kurie gelangt waren. Als Zeichen seiner Dankbarkeit für das ihm erwiesene Vertrauen widmete N. dem Papst seinen lateinischen Traktat über die Wiederkunft Christi, den H. S. Denifle im I. und II. Teil als Plagiat erkannte und zwar, wie D. meinte, aus des Dominikaners Johannes Parisiensis Quidort beiden Schriften '*De adventu Christi*' und '*De Antichristo*' vom Jahre 1300. In Wirklichkeit ist '*De antichristo*' nicht von Quidort, sondern von Roger Baco, wie Delorme (s. u.) nachgewiesen hat. Das harte Urteil Denifles, der für den 2. Teil der Arbeit des Nikolaus keine Quelle anzugeben weiß, — Delorme fand das abgeschriebene Original als Tractat '*Adversus Judaeos*' *des* Nikolaus von Lyra (Franziskaner, gest. 1349) — wird in etwa berichtigt, wenn man bedenkt, daß die Herübernahme ganzer Stücke aus anderen Autoren im 14. Jh. anders gewertet wurde als heute. Immerhin bleibt die Ausplünderung zweier noch lebender Franziskaner durch einen Dominikaner ein starkes Stück. Dem Kompilator kam es darauf an, die gesunde Lehre der Kirche, wie sie sein Ordensgenosse und die beiden Franziskaner vortrugen, als solche zu verbreiten, um den aufregenden Prophezeiungen von Heiligen und Zeitgenossen über das Weltende mit der nüchternen Exegese und Dogmatik zu begegnen. Dieselbe Schrift hatte N. nach den Berliner und Erfurter Hss. schon 1323 dem Erzbischof Balduin von Trier (1307—54), dem Bruder Kaiser Heinrichs VII. des Lützelburgers, gewidmet. Die philos. '*Summa*' des N., die Grabmann (mit Hilfe von 76 ihm zugeschriebenen Fragmenten bei Heinrich von Herford) in der anonymen '*Summa*' des Cod. Vat. lat. 3091 wieder erkannt hat, zeigt N. — ganz in der Gefolgschaft seiner großen Ordensbrüder Albert und Thomas — als scharfsinnigen Zergliederer des Zusammenwirkens Gottes mit den von ihm geschaffenen Naturdingen und dem menschlichen Willen: „Gott bewirkt unmittelbar alles, sofern es ein Sein hat und seinem allgemeinen Wesen folgt" (also er gibt auch der einzelnen Willenshandlung die Wirklichkeit und die innere Richtung auf das Gute im Allgemeinen), „er wirkt aber dasselbe mittelst der Natur, sofern es gerade so beschaffen ist und sein besonderes Wesen betätigt" (d. h. er bewegt den Willen von innen her, ohne ihm seine Freiheit der Wahl für dieses oder jenes echte oder scheinbare Einzelgut zu beeinträchtigen).

Dieselbe Klarheit der Darlegung der Thomistischen Lehren beobachten wir in den erhaltenen deutschen Predigten des N., die er in Freiburger Frauenklöstern seines Ordens, St. Agnes und Adelhausen, in der Fasten- und Osterzeit (nach Nebert 1324/5) gehalten hat. Die schlichte Darlegung der Wahrheit unterbricht er — entsprechend der Einführung von Einwänden in scholastischen Traktaten mit *videtur quod* — durch direkte Anreden an sich selbst: *Nu saget mir, herre,* und durch Antworten, die er mit: *Nein, geselle* (auch vor Frauen) darauf gibt. So wird die Predigt stilistisch lebendig und gewinnt an Eindringlichkeit. Interessant ist auch, wie er die Ängstlichkeiten der Frauen, die Zwangsvorstellungen und aufsteigende Gedanken schon für Sünden halten, durch ganz modern klingende Unterscheidungen des freiwilligen und unfreiwilligen Seelenverhaltens zu überwinden sucht. Ganz treffend sind N.s bildhafte Erklärungen. Wenn er etwa das *Magnificat anima mea Dominum* erklärt, sagt er, natürlich heiße das nicht, daß Mariens Seele Gott „groß mache". Sondern: Die Sonne erscheint uns kleiner als die Erde und ist doch in Wirklichkeit größer. Hinge man von ihr ein Seil herab, und nähme ich das Seil *und klümme als ûf, als ûf*, so würde die Sonne mir größer, je näher ich käme usw. In dieser packenden Art legt N. die subtilsten Wahrheiten dar. Die eigentlich mystischen Fragen berührt N. weniger als die des andächtigen Lebens mit frommem Gebrauch der hl. Sakramente. Einfluß Eckharts ist in seinen Predigten nicht zu spüren.

F. Pfeiffer *Deutsche Mystiker* I S. XXII bis XXV. 259—305. 473—495. R. Nebert *Untersuchungen üb. d. Entstehungszeit u. den Dialekt der Predigten des N.*, Zschr. f. dt. Philol. 33 (1901) S. 456—85. K. Bihlmeyer *Kleine Beiträge zur Gesch. d.dt. Mystik*, in: Beiträge zur Gesch. d. Renaissance, Josef-Schlecht-Festschrift 1917, S. 45ff. (veröffentlicht aus der Stuttgarter Hs. eine v. Pfeiffer übersehene Predigt). H. S. Denifle *Der Plagiator N. v. S.*, Arch. f. Lit. u. Kirch.-Gesch. 4 (1888) S. 312 bis 329. M. Grabmann *Mittelalterl. Geistesleben* 1926, S. 401—404. Delorme Archivum Franciscanum historicum 4 (1911) S. 209—212. Über den Eckart-Prozeß vgl. Art. Eckart. Dazu Franz Pelster *Ein Gutachten aus dem E.-Prozeß in Avignon*, M.-Grabmann-Festschrift 'Geisteswelt des MA.' (1935) S. 1099 bis 1124.

Engelbert Krebs.

Nikolaus der Wilhelmiter. Ein nicht weiter bekannter Prediger, von dem ein Spruch über die zwei Boten, die der Mensch täglich aussenden soll, in der Berliner Handschrift Germ. Quart 191 wiedergegeben ist; Abdruck von Pfeiffer in den 'Sprüchen deutscher Mystiker', Germania 3 S. 229.

Hans Neumann.

Nirgend ist ein Meistersinger, von dem uns nur der Name bekannt ist. Kunz Nachtigal nennt ihn auf Bl. 421a des von Hans Sachs (s. d.) zum großen Teil selbst geschriebenen cod. mgq. Berol. 414 (i. J. 1517/8). N. wird nicht von Hans Folz in der gleichen Hs. Bl. 476f. erwähnt, was sonst für die meisten Meistersinger zutrifft.

W. St.

Nithard, s. Hoops R. L. III S. 316.

Nitthard von Reuental, s. Neidhart v. R.

Nizschewitz, s. Nachtrag.

Niuniu, s. Neune.

Noger, Fritz. In der Dresdener Hs. Hs. M 8 Bl. 392a ff. und Bl. 396a f. befinden sich zwei Lieder, die aus einer Handschrift von *Fritz Nogers Sun* stammen und 1474 geschrieben wurden (zu der Jahreszahl s. Aretin Beyträge zur Gesch. u. Lit. IX [1807] S. 1175). Sie sind in des Brembergers (s. d.) „Hof thon" verfaßt; über die Gründe der häufigen Verwechselung der Bremberger-Strophe mit Schillers (s. d.) Hofton s. Kopp S. 9. Goedeke *Grundriß* I S. 311 gibt zwar an, daß beide Lieder nach Angaben der Hs. im Jahre 1590 nochmals abgeschrieben worden seien, doch geht das nur für das Gedicht auf Bl. 396a M 8 hervor: *1590 in der deurern Zeitt / Da man ein mas reinisch weins vmb 63 pfenning geitt.* Dieses dreistrophige Gedicht, ein „Liebesgruß", wie es bei Goedeke in seiner Aufzählung der Bremberg-Lieder heißt: *Ach höchster hort / merck auf was ich jetz singen will*, folgt unmittelbar auf das Bl. 392a ff. befindliche 15strophige: *Ich sach sie an / die auserwelten frawen zart* . . ., das von dem von Kopp an erster Stelle aus dem Weimarer Sammelband 14, 6 : 60 St. 6 abgedruckten Gedicht nicht unerheblich abweicht (s. Kopp S. 11. 13 ff.). Wenn auch die Angabe hier lautet: *Geschriben von Fritz Nogers Sun*, möchte ich doch darin nur den Namen eines Schreibers, nicht den des Dichters sehen. Auch Schnorr von Carolsfeld (S. 12 f.) spricht stets nur von der Handschrift Nogers, nicht aber vom Verfasser Noger.

A. Kopp *Bremberger-Gedichte* (Quellen und Forschungen zur deutschen Volkskunde, herausgegeben von E. K. Blümml, Bd. II) 1908. F. Schnorr von Carolsfeld *Zur Gesch. des deutschen Meistergesangs. Notizen und Literaturproben aus den Dresdner Handschriften usw.* 1872.

W. St.

Nohen, s. Nuhn.

Nolt, Heinrich. Dominikaner der 2. Hälfte des XV. Jh.s, Mag. theol. Eine Predigt, die er 1472 zu St. Agnes bei Straßburg hielt, im Stuttgarter cod. theol. et philos. octav. 14, Bl. 39a—40a. W. St.

Nonne von Engeltal, s. Christine v. E.

Nordhausen, s. Heinrich v. N.

Nördlingen, s. Heinrich u. Joh. v. N.

Northof, Levold von. L. v. N. war geboren am 5. Febr. 1279, vermutlich auf dem südwestlich von Hamm im Kirchspiel Pelkum gelegenen Lehngut Northof. Er ist einer der ersten Träger des Familiennamens seines ritterlichen Geschlechtes. Im Alter von 15 Jahren ging er zum *studium* nach Erfurt, wo er sich 1294—1296 und wiederum 1299—1300 aufhielt; im Mai des Jahres 1308 bezog er die Universität Avignon. Von dort zurückgekehrt, trat er in die Dienste der Grafen von der Mark. Adolf von der Mark, Domherr in Köln und Propst von St. Martin in Worms, gab ihm 1310 eine Präbende in Boppard, 1311 die Verwaltung der Wormser Propstei und, nachdem er Bischof von Lüttich (1313—1344) geworden war, ebendort eine Domherrnstelle (1314). Als Begleiter oder Vertreter des Bischofs machte er viele Reisen, so war er dessen Prokurator auf dem Provinzialkonzil in Köln (1322). Vier Jahre später (1326) nahm ihn Graf Engelbert II. von der Mark (1308—1328) mit sich an die päpstliche Kurie in Avignon. Im Jahre 1331/32 wurde L. v. N. Abt des Stiftes St. Hadelin zu Colles-les-Dinant (1338 nach Visé a. d. Maas verlegt). Auf Bischof Adolf folgte in Lüttich sein Neffe Engelbert von der Mark (1344—1364). L. v. N., der sich teils in Huy teils in Lüttich aufhielt, hatte hier die Erziehung des Grafen Engelbert III. von der Mark (1347—1391) geleitet, der im jugendlichen Alter von 13 Jahren auf seinen Vater Adolf II. (1328—1347) folgte; drei andere Söhne Adolfs, Adolf, Dietrich und Eberhard, wohnten bei L. v. N. in Lüttich während der Jahre 1350—1353. Mehrfach hat L. v. N. seine westfälische Heimat besucht, so 1328, 1349 und 1354, 1355. Sterbejahr und -ort sind nicht überliefert, nur der Todestag, der 3. Okt.; am 24. Sept. 1359 lebte er noch.

L. v. N. hat sieben Werke verfaßt. Zeitlich steht an erster Stelle das älteste 'Lütticher Lehnbuch', welches er 1343 zusammenstellen ließ. Es ist aus der Praxis der Verwaltung heraus entstanden; die Stücke sind meist lateinisch, die jüngeren mehr französisch geschrieben. Keine besondere Bedeutung verraten zwei Sammlungen. Die 'Sentenzensammlung' enthält Auszüge aus dem Alten Testament, den Kirchenvätern, der römischen Literatur und andern Quellen. Sie ist zur Erbauung der Leser den Schriften L.s v. N. angehängt, wie auch die 'Sammlung von Gebeten', die er den Werken der Kirchenväter und Päpste entnommen hat. Von den drei kleineren historischen Schriften blieb die '*Cronica ab Adam primo homine*' lediglich ein Fragment, das schon mit der Zeit der Richter abbricht und kaum eine selbständige Leistung ist. Den 'Katalog der Erzbischöfe von Köln' hat L. v. N. unverändert aus anderen Quellen zusammengeschrieben. Er bringt hier kurze geschichtliche Nachrichten zu den einzelnen Bischöfen vom hl. Maternus bis Wilhelm von Gennep (1349—1362). Dagegen schöpft er in der 'Genealogie der Grafen von der Mark' aus eigenem Wissen und den Berichten Älterer; die Genealogie wurde ins Niederdeutsche übersetzt und von Gert van der Schüren benützt. Sie will die verwandtschaftlichen Beziehungen der Grafen von der Mark zum Kaiserhaus und zu den vornehmsten Fürstengeschlechtern darlegen und ist eine Ergänzung oder vielmehr ein Teil der 'Chronik der Grafen von der Mark'.

Diese ist das Hauptwerk L.s v. N., dem allein er es verdankt, daß sein Name heute noch genannt wird. Sie erzählt, meist in annalistischer Form, die Geschichte der Grafen bis zum Jahre 1358, wobei oft Nachrichten zur Reichsgeschichte und insbesondere zur Geschichte des Niederrheins, Lüttichs und Brabants eingeflochten werden. Die Chronik wurde in der vorliegenden Gestalt wenig vor 1358 begonnen und in diesem Jahr abgeschlossen. L. v. N. hat sie dem Grafen Engelbert III.

von der Mark gewidmet. An ihn ist der Fürstenspiegel gerichtet, der das Werk eröffnet, während ein zweiter Fürstenspiegel am Schluß sich an dessen jüngeren Bruder Adolf, den Bischof von Münster, wendet. Die Darstellung nimmt vielfach für das märkische Grafenhaus Partei und kann daher nicht objektiv sein, wenn ihr auch die Glaubwürdigkeit nicht abgesprochen werden darf. Die Sprache des L. v. N. zeigt einen klaren und schönen Stil, sie bedient sich oft des Formalreims und des rhythmischen Satzschlusses, kennt den Anreim und wendet in den beiden Fürstenspiegeln die Reimprosa an. Der Verfasser der Chronik der Grafen von der Mark schreibt aus eigenem Erleben heraus und nach mündlicher Überlieferung, er hat Kölner Quellen, Lütticher Annalen und sonstige geschichtliche Aufzeichnungen, das '*Speculum historiale*' des Vinzenz von Beauvais, das '*Chronicon*' des Martin von Troppau neben anderem benutzt. Eine Fortsetzung der Chronik berichtet über die Jahre 1371 und 1372, ein '*Supplementum chronici Northoviani*' geht bis zum Jahre 1391. Ulrich Verne, Kaplan zu Hamm, verfaßte 1538 einen Auszug in deutscher Übersetzung, der auch das '*Supplementum*' enthält. Die Levoldsche Chronik selbst wiederum ist oft von späteren benutzt worden, so von Heinrich von Herford in seinem '*Liber de rebus memorabilioribus*', von Johann Nederhoff, Dietrich Westhoff, Gert van der Schüren und von der anonymen 'Reimchronik der Grafen von der Mark'.

Die Chronik der Grafen von der Mark von Levold von Northof. Hrsg. v. F. Zschaeck 1929 (Monumenta Germaniae Historica. Scriptores rerum Germanicarum. Nova Series. T. 6); hier S. 100—104 die Genealogie der Grafen von der Mark. — Das 'Lütticher Lehnbuch' ist hrsg. v. É. Poncelet *Le livre des fiefs de l'église de Liège sous Adolphe de la Marck* 1898.

E. Fittig *Levold von Northof. Eine Monographie*, Jahrbuch des Vereins für Orts- und Heimatskunde in der Grafschaft Mark 19 (1904—1905) S. 29—119 (Diss. Bonn 1906). A. Werminghoff *Drei Fürstenspiegel des 14. und 15. Jahrhunderts*, in: Geschichtliche Studien. Albert Hauck zum 70. Geburtstage (1916) S. 152—176. F. Zschaeck in der Ausg. der Chronik, Einl. S. IX—XLVII. Vgl. die Nachweise über ältere Ausgaben und Literatur bei Fittig und bei Zschaeck.

J. Deutsch.

Notker Balbus, s. Hoops RL. III S. 346.

Notker der Deutsche, s. Nachtrag.

'Novelle, Vorauer'.

1. Überlieferung. Von diesem künstlerisch auf einer beachtenswerten Höhe stehenden Gedicht eines unbekannten Verfassers sind uns 649 Verse überliefert in der Vorauer Pergamenths. 412, Bl. 81b—84a. Dieser Teil der Hs. stammt aus dem 13. Jh. und ist von einem alem. Schreiber geschrieben. (Genaue Beschreibung von Schönbach S. 1ff.; krit. Text S. 42ff.)

2. Inhalt. Der Dichter erzählt nach einer seine künstlerischen und sittlichen Absichten bekennenden Einleitung das Schicksal zweier Jünglinge, die der strengen asketischen Klosterzucht entfliehen, um sich einem weltlichen sündhaften Leben hinzugeben. Ein *schûlherre* lehrt sie *diu bûch nigromancie*, und nun leben sie in der tiefsten Sünde, bis der eine, von Siechtum befallen, seinen Tod herannahen fühlt und sich den Schrecken der ewigen Verdamnis ausgeliefert sieht. Der andere, voller Vertrauen auf Gottes unerschöpfliche Gnade, sucht ihn noch in letzter Stunde zur Reue zu bekehren; allein vergeblich. Da bittet er den Sterbenden, ihm in der dreißigsten Nacht nach seinem Tode zu erscheinen. — Mit der Schilderung des Begräbnisses und der reuigen Beichte des Überlebenden bricht unser Fragment ab. Vermutlich wurde noch geschildert, wie in der dreißigsten Nacht Satan mit seinem höllischen Gefolge erschien, und wie sich der Lebende mit dem aus der Hölle Emporgerufenen über dessen Erlebnisse im Jenseits unterredete. Das Ganze schloß wohl mit dem Abschied des Verdammten und der reuigen Rückkehr des Geretteten in die strenge Klosterzucht, der er einst in jugendlichem Übermut entflohen.

3. Quelle. Die Geschichte von den beiden Genossen, die hier zum erstenmale in der deutschen Literatur erscheint, läßt sich in ihren Elementen bis auf Gregor den Großen zurückführen. In späterer

Zeit wird der ursprüngliche Kern, daß von den beiden einer stirbt und dem andern dann aus dem Jenseits berichtet, verschiedenartigen Tendenzen dienstbar gemacht. Schon die älteste Darstellung, die Wilhelms von Malmesbury († 1142), zeigt solche Tendenz: sie wendet sich gegen die Weltgeistlichen und tritt für den Mönchsstand ein. Innerhalb des Zisterzienserordens wird die Erzählung dann zu einer Polemik gegen die Kluniazenser und gegen die weltliche Gelehrsamkeit. Eine solche Fassung liegt uns vor in der lateinischen, von Schönbach (WSB. 139 [1898]) veröffentlichten, ersten Relation aus Reun, einem Zisterzienserstift bei Prag. Diese erste Reuner Relation ist die unmittelbare Quelle unseres Gedichtes, doch verstand unser Dichter, sich über die engen tendenziösen Schranken seiner Vorlage in das allgemein Menschliche zu erheben. Wie er selber (v. 8 ff.) betont, kam es ihm dabei zugleich auf eine kunstvolle Auflösung des Latein, auf eine künstlerische Verdeutschung also, an.

4. Dichter. Der Name des Verfassers ist uns nicht bekannt. Seine Reime zeigen, daß er Alemanne war, aber eine genauere Heimatbestimmung ist trotz einiger nach Mitteldeutschland weisenden Spuren nicht möglich. Jedenfalls war dies nicht das erste Werk des begabten Mannes, der seiner Sprache und poetischen Technik nach in der ersten Hälfte des 13. Jh.s geschrieben haben muß. Ob er Geistlicher war, ist ungewiß. Seiner Lateinkenntnis und seinem theologischen Wissen stehen Züge gegenüber, die eher auf einen gebildeten Laien zu deuten scheinen. Literarisches Vorbild war ihm Gottfried von Straßburg (s. d.). Seine Vers- und Reimkunst steht der der Besten in mhd. Zeit nicht nach.

A. E. Schönbach *Studien zur Erzählungslit. d. MA.s.* II, WSB. 140 (1899); dazu K. Helm Litbl. 1899, Sp. 367 ff.; A. Erhard DLZ. 1901, Sp. 1684 ff.

Arthur Witte.

Nuhn, Johannes, Chronist.

1. J. N. wurde am 25. Januar 1442 in oder bei Hersfeld geboren. 1461 studierte er zu Erfurt Theologie. Später stand er, wahrscheinlich bis zum Jahre 1475, in hennebergischen Diensten. Acht Jahre danach erscheint er im Gefolge des Landgrafen Wilhelm des Älteren am hessischen Hofe — er war wohl in den Diensten von dessen Mutter Mechthild — und von 1484 ab in der Umgebung des Landgrafen Wilhelm des Mittleren, dem er besonders nahe stand, und zu dem er in seinen Werken eine große Zuneigung zeigt. Durch diese engen Beziehungen ist er über die Verhältnisse im niederhessischen Fürstenhause sehr genau unterrichtet. Auch mag die Annahme zu Recht bestehen, daß hochgestellte Persönlichkeiten Einfluß auf seine geschichtlichen Arbeiten ausgeübt haben. Daneben hielt er sich längere Zeit in seiner Heimatstadt Hersfeld auf, wo er manche Anregung zu weiteren Arbeiten fand. N. war wahrscheinlich Weltgeistlicher; jedenfalls gehörte er, wie aus seiner Stellung zu den Mönchen hervorgeht, keinem Orden an. Im Jahre 1523 lebte er noch. Das Datum seines Todes ist unbekannt.

2. Von N. sind zwei hessische Chroniken unmittelbar überliefert. Die eine nur in Bruchstücken, vielleicht nach der Urschrift von Landau herausgegeben, umfaßt die Zeit von 1442—1523. Im Mittelpunkt der Darstellung stehen die Landgrafen Wilhelm I., II. und III., sowie gegen Ende Philipp der Großmütige. Das Ganze macht mit seinen vielen, vor allem chronologischen Irrtümern und Widersprüchen den Eindruck eines flüchtigen Entwurfes. Als Grundlagen dienten dem Verfasser neben Erzählungen von Zeitgenossen vor allem eigene Erlebnisse und urkundliche Quellen, die er recht genau wiedergibt. Die andere, uns in einem durch Senckenberg besorgten Abdruck erhaltene Arbeit N.s trägt den Namen *Chronicon Hassiacum.* Sie zerfällt in zwei Teile. Der erste stellt nach einer sagenhaften Vorgeschichte hauptsächlich der Franken in großen Zügen die hessische Geschichte bis auf Landgraf Ludwig II. von Niederhessen dar. N. nennt nur wenige Quellen von geringem Werte, die er seiner im ganzen recht kritiklosen Arbeit zugrunde gelegt hat. Der zweite, ungleich wertvollere Teil bietet Zeit-

geschichte und reicht bis zum Jahre 1522. Er ist mit der von Landau veröffentlichten Chronik verwandt, stellt aber trotz mancher Übereinstimmungen keine Ableitung dar (Pistor). Wieder stehen die Regierungen der Landgrafen Wilhelm des Älteren, des Mittleren und des Jüngeren im Vordergrund der Darstellung, an die eine Schilderung der sogenannten Regentschaft und einige kurze, meist Hersfeld betreffende Notizen angeschlossen sind.

Neben diesen beiden Werken haben wir noch mittelbare Kenntnis von folgenden Arbeiten N.s: a) 'Ankunft und Stammbaum der Henneberger Grafen', b) 'Hennebergisches ABC', c) Chronik derer von Wallenstein, d) Hersfelder Chronik, e) Meißnische Chronik, f) Anhaltische Chronik, g) Hansteinische Chronik, h) Reimchronik. a—g dienten einer von Senckenberg (*Selecta juris* etc. III, S. 303—514) veröffentlichten anonymen Arbeit, betitelt 'Chronica und altes herkommen der landtgraven zu Döringen (al. und Hessen) und marggraven zu Meißen, auch der herrn zu Henneberg und fürsten zu Anhalt etc.', deren Verfasser nach Pistor wahrscheinlich Josef Imhoff ist, als Unterlage. a, b und c sind außerdem von Spangenberg in seiner 'Hennebergischen Chronik' benutzt. N. hat a und b sicherlich während seiner hennebergischen Dienstzeit verfaßt. Die erste Arbeit stellte, z. T. in enger Anlehnung an inzwischen verloren gegangene Aufzeichnungen aus dem Kloster Vessera, eine Geschichte der Henneberger Grafen von Poppo I., dem angeblichen Stammvater, bis Wilhelm VI. dar, wobei Prosa und Reime wechselten; b enthielt die Lebensbeschreibungen von acht Mitgliedern des hennebergischen Hauses, die geistlich geworden waren. Die 24 Kapitel waren mit den Buchstaben des Alphabets bezeichnet. Diese Formspielereien, verbunden mit einer schon von Spangenberg gerügten unkritischen Arbeitsweise, lassen den Wert dieser Werke nur gering erscheinen; c wurde vermutlich in Hersfeld im Jahre 1523 verfaßt. Die Chronik begann mit der Mitte des 14. Jh.s und endete um 1521. Der Umfang von d läßt sich mit Sicherheit nicht mehr bestimmen. Das Werk wurde ausführlich von dem bedeutendsten hessischen Chronisten des 16. Jh.s, Wigand Lauze, benutzt. Als Quelle mögen N. die Aufzeichnungen einer offiziellen städtischen Geschichtschreibung gedient haben. e wird bei Spangenberg erwähnt, doch ist über seinen Umfang nichts genaueres festzustellen. Im Gegensatz dazu sind f und g nicht mehr mit Sicherheit nachzuweisen, doch haben die von Pistor über ihre Existenz ausgesprochenen Vermutungen vieles für sich. h ist ganz verschollen, doch weist N. selbst darauf hin (Senckenberg V S. 406). Das Werk behandelte die Geschichte Karlmanns, des Sohnes Karl Martells.

3. N. hat für seine Arbeiten ein reiches Material benutzt, war aber kein kritischer Geschichtschreiber. Dort, wo er nicht selbst erlebte Begebnisse schildert, stellt er ohne Bedenken Sagen und Tatsachen nebeneinander. Auch für die Geschichte seiner eigenen Zeit ist er nur mit Vorbehalt als historischer Gewährsmann anzusprechen. Aber bei einer sehr subjektiven Form der Darstellung gibt er die Ereignisse doch stets nach bestem Wissen wieder. Niemals tut er den Tatsachen Gewalt an. Er ist auf Grund seiner persönlichen Beziehungen gut, wenn auch natürlich einseitig unterrichtet und hat den Blick für das Wesentliche. Vom Humanismus noch nicht berührt, mit einem fließenden, wenn auch ungezügelten Stil begabt, liebt er es, seine Darstellung mit Sprichwörtern und volkstümlichen Redensarten zu durchsetzen. Dadurch und durch seine Vorliebe für die Anekdote zeigt er sich als einen typischen Chronisten des ausgehenden Mittelalters. Seine Bedeutung liegt vor allem darin, daß er die Stimmungen seiner Zeit mit feiner psychologischer Beobachtungsgabe wiedergibt. So sind seine Werke, soweit sie uns erhalten sind, eine willkommene niederhessische Ergänzung zu seinem oberhessischen Zeitgenossen Wigand Gerstenberg (s. d.).

4. Die Handschriften sind in ihrem Verhältnis zu einander noch nicht untersucht. Vgl. über sie A. F. Walther *Literärisches Handbuch f. Gesch. u. Landesk. v. Hessen*, 2. Suppl. (1855) Nr. 88. Ausgabe des '*Chronicon Hassiacum*' bei H. Chr. Senckenberg *Selecta*

juris et historiarum V (1739) S. 385ff. Die andere hessische Chronik ist herausgegeben von G. Landau Zeitschr. d. Ver. f. hess. Gesch. 5 (1850) S. 1ff.

Literatur: J. Pistor *Untersuchungen über den Chronisten Johannes Nuhn von Hersfeld*, Zschr. d. Ver. f. hess. Gesch. 28 (1893) S. 113. Über N.s Glaubwürdigkeit und Bedeutung vgl. J. R. Dieterich ebda. 49 (1916) S. 259 und L. Zimmermann *Die Zentralverwaltung Oberhessens unter dem Hofmeister Hans von Dörnberg*, Diss. Marburg 1925 (Maschinenschrift) S. 4.

Uhlhorn.

Nunnenpeck, Lienhard, Nürnberger Meistersinger, war Leinenweber seines Berufs um die zweite Hälfte des 15. und das erste Viertel des 16. Jh.s. Über sein Leben ist Genaues nicht bekannt. Wichtig ist, und das gibt einen chronologischen Anhalt, daß er Lehrer Hans Sachsens war. Außerdem steht er in dem ursprünglich mit Puschmans 'Bericht', aber mit ihm nicht in Verbindung befindlichen, Schulregister (cgm. 826) als zwölfter Nürnberger „Nachtichtter" („im Romischen Reich"; Dreyer Anal. German. S. 380 und S. 387). Nicht weniger als 46 Meisterlieder N.s, sämtlich geistlichen Inhalts, stehen auch in dem zum größten Teil von Hans Sachs selbst geschriebenen Berliner cod. germ. qu. 414 (33 der ebendort genannten Nunnenpeckschen Meisterlieder sind von Sachs eigenhändig eingetragen). Auch hier steht er unter den ersten zwölf Meistern. 1513 lebte N. noch: das Verhältnis zwischen „Lehrer" und „Schüler" kann nicht besser charakterisiert werden als durch die Tatsache, daß N. sein '*Aue Maria reine*' (cod. germ. qu. 414, Bl. 856) in Sachsens Silberweise verfaßte: Sachs aber hatte 1513 diese Melodie in Braunau als seinen ersten Ton erfunden.

N. ist ein ausgesprochener Meister der Frühzeit des Meistergesangs; man darf ihn — als Meistersinger — mit Folz (s. d.) zusammen nennen, dessen Generation er ja angehört. Er hat sich, wie jener, den Forderungen einer neuen Zeit nicht verschlossen, er sang nicht einzig in den Tönen der „alten" Meister und komponierte eine Reihe eigener Weisen, die weithin Anklang fanden (z. B. in der Steyrer [Heiberger] Hs.; cgm. 4998 [1549 von Wickram geschrieben]). Wie Folz hat er sich fast nur geistlichen Stoffen zugewandt. Maria preist er stets aufs neue: die keusche reine Jungfrau (Bl. 67b), die *meid aller wünn* (Bl. 69b), die *keiserine* (Bl. 77a) ist sie für ihn, in ganz mittelalterlicher Weise verleiht er ihr vielfache Beinamen und streut Präfigurationen ein.

N. fühlt sich zwar als Meistersinger, als Mann, der auf Grund seiner „Wissenschaft" sich mit dogmatischen Fragen abgibt, der das Wunder der unbefleckten Empfängnis zu deuten unternimmt, der gerne lateinische Wörter und Sätze einstreut (so beginnt z. B. das Lied auf Bl. 70b: *O veneranda trinidas*) — er sieht aber das lebendige Leben zu sehr mit erkennenden Augen an, um sich mit toten Spitzfindigkeiten und trockenen Überlegungen zufriedenzugeben. Einerseits weiß er um die Tatsache, daß wir nicht alles erklären können — vielbeweglicher weiß das Jörg Preining (s. d.) in seinen Gedanken über die Dreifaltigkeit in Liedern und Sprüchen nahezulegen —, fordert, daß man glaube: „das Evangelium ist der Grund, auf dem der Glaube steht" (zitiert bei Stammler; s. S. 223 f.), anderseits versucht er durch recht naturnahe Schilderung des Heilands Passionen darzustellen: hat man doch gar angenommen, daß des Meisters wirklich innerlich geschauter Darstellung bildliche oder dramatische Schöpfungen zugrunde lagen. Zur Veranschaulichung eines der 3 klangvollen und ausgeformten Weihnachtslieder, die N. verfaßte, sei die erste Strophe des in cod. germ. qu. 414 auf Bl. 83a in seinem „kurzen ton" verfaßte hier angeführt (nach dem Text bei WKL., II Nr. 1135): *Frolocket, / iubeliret, seit fro, / ban vns ein veine meide / hat geporen ein kint. / Des schocket / manch hercz mit iubilo / der wuniklichen freide / die heit entsprungen sind: Der cristen schar / ein neues iar / ist kumen zwar / den vns gepar / die junckfraw clar / var essel vnd var rind.* In gleicher Weise, unbeschwert durch exegetischen Ballast, geht das Lied — stets ist die vorletzte Zeile des Stollens mit der letzten durch übergehenden Reim gebunden — der Endmahnung zu, der Mensch solle sich zum Schöpfer kehren, denn jedem ward der Erlöser geboren. —

'Ein schöner meyster gesang, Wie die groß und mechtig stat Troya zerstört wardt durch die schöne küniginn Helena auß Kriechenlande' ist ein weltliches Meisterlied des N. (in Regenbogens langem Ton), das beweist, wie sich der brave Leinenweber auch um einen antiken Stoff bemühte. Es ist möglich, daß hier humanistischer Einfluß auf das Volksleben vorliegt.

Weisen N.s: abgeschiedener Ton, Gulden Schlagweis, Hammer-Weis, Klag-Weis, kurzer Ton, langer Ton, Neue Korweis, Straß-Weis, ungenannter Ton, verholner Ton, Zähr-Weis oder Zucker-Weis (so Schröer S. 228).

Es finden sich Lieder von Nunnenpeck: mgq. Berol. 414; cod. Dresd. M. 189 (früher M. 94) Bl. 13a; Steyrer (Heiberger) Hs.; s. a. Weimarer Mischband 14, 6: 60e Nr. 131 = Trojalied.

K. J. Schröer *Meistersinger in Oesterreich*, Germ. Stud. II (1875) S. 197 ff. W. Stammler *Von der Mystik zum Barock* 1927.

W. St.

Nürnberg, s. Friedrich, Heinrich, Jörg v. N. sowie Joh. v. Amberg.

Nüzzen, der von. Mystischer Prediger unbekannter Herkunft, von dem in der Berliner Handschr. Germ. Quart 191 drei Sprüche aus einer Predigt überliefert sind, eingeführt durch *Ein brediger hiez der von Nüzzen.* Der erste Spruch behandelt die Minne als Füße der Seele, der zweite besagt, daß der Teufel eine Sünde, der man widerstanden hat, nicht abermals eingeben darf; der dritte lehrt, daß der Mensch auch ohne Predigt durch das Licht des Gewissens zu Gott kommen könne. Abdruck von Pfeiffer in den 'Sprüchen deutscher Mystiker', Germania 3 S. 228.

Hans Neumann.

Nyder, s. Nider.

Nyssing. Das Gedicht vom Aufruhr Lenethuns, als dessen Verfasser N. genannt wird, findet sich in der Hs. Nr. 166 der Bibl. des Vereins f. Geschichte und Altertumskunde Westfalens, Abteil. Münster, dazu als Einschiebsel in die mehrfach stückweise fortgeführte und zuletzt von Johannes Klinckhamer bearbeitete und fortgesetzte Reimchronik der Bischöfe von Osnabrück in der Hs. 17 im Staatsarchiv zu Osnabrück und der Hs. *Extravagantes* 289 der Landesbibl. zu Wolfenbüttel. Ferner ist es auch in die Osnabrücker Bischofschronik von Dietrich Lilie aufgenommen, die in einer Reihe von Hss. vorliegt. Während sonst der Name des Dichters nirgends genannt wird, bringt die Hs. K 1 im Staatsarchiv zu Hannover (deren 1. Teil die Liliesche Chronik enthält) im 2. Teil Bl. 20^b bei Erwähnung der geschichtlichen Ereignisse die zweifellos auf diese Dichtung zu beziehende Angabe, man habe davon *ein groß gedicht*, welches Herr N. damals gemacht habe. Es erscheint in allen Fällen mit einem größeren, erst später zugesetzten Einleitungsabschnitt: wenn hierin von *olden dingen* berichtet werden soll, so war N. Zeitgenosse der Geschehnisse, der in der Dichtung seiner zornigen Entrüstung Luft macht. Die Osnabrücker Unruhen, die im August 1488 begannen und erst im Mai 1490 mit der Enthauptung des von seinen Anhängern im Stich gelassenen Lenethun endeten, entsprangen der Unzufriedenheit über Habsucht und Unsittlichkeit, die man der Geistlichkeit vorwarf; am Mißmut darüber, daß sie sich immer weitere Stücke aus den städtischen Wiesen vermeintlich auf unrechtmäßige Weise aneignete und einzäunte, entzündeten sich die Flammen. Der Dichter, der bei scharfer Parteinahme gegen die Aufrührer die für den Rat nicht gerade rühmlichen Ereignisse darstellt, und der dabei mit einigen schlaglichtartigen Äußerungen auch die Unsittlichkeit der Stadtgeistlichen bloßstellt, war vielleicht ein Klostergeistlicher. Es wurmt ihn, daß einige, die sich am Aufstand beteiligt hatten, nun unter den *oversten* sitzen, und so gibt er, um ihre vergangenen Verfehlungen der Vergessenheit zu entreißen, in seiner Reimpaardichtung (382 Verse, von den 62 Einleitungsversen abgesehen) eine recht anschauliche, durch zahlreiche direkte Reden bewegte Schilderung, in der er die Aufrührer, die er als eigensüchtige Gesellen mit manchen Verwünschungen bedenkt, alle mit knapper, zielsicherer Charakterisierung einzeln in ihrem recht- und erfolglosen Beginnen vorführt und den Kriegszug gegen Holzzäune verspottet. Es ist eine jedenfalls sehr wirksame politische Kampfschrift von kulturgeschichtlichem Interesse.

Ausgabe: Neues Vaterländisches Archiv v. Spiel-Spangenberg (Lüneburg), Jg. 1832, 2. Bd., S. 218/34; R. v. Liliencron *Die hist. Volkslieder der Deutschen* II Nr. 166; am besten in den *Osnabrücker Geschichtsquellen hg. vom hist. Verein zu O.* II: *Die nd. Bischofschronik bis 1553* hg. v. F. Runge (1894) S. 199/211; vgl. S. XLVIIf u. 322/4. A. Lübben Nd.Jb. 2 (1876) S. 35 f.

L. Wolff.

O.

Ober, Han(n)s, ist der Verfasser eines als Akrostichon auf seinen Namen gedichteten Liedes in 9 Gesätzen *'Von dem geytzigen Mammon, wie er schier in aller Welt mit macht eingewurtzelt vnd vberhand genummen. In des Regenbogen Plaben thon oder in der Ritterweiß gemeß'* (Abdr. WKL. III, Nr. 567). In dem frühesten Druck (rd. 1530), der durch Hans Guldenmundt veranstaltet wurde, wird der Dichter als *Bürger zů Dinckelspühel* bezeichnet (s. Weim. Mischband 14, 6 : 60e Nr. 124; der Titelholzschnitt zeigt zwei Männer im Gespräch, s. Wackernagel, Bibl. d. Kl. Nr. 212). Die späteren Augsburger Drucke *'Ordenliche Haußhaltung, darinn nutzlicher Sprüch vnd wältläuffiger Händel begriffen, Reimweiß gestelt, durch Johan Ober zu Dinckelspühel, Anno MDXXXXV'* haben abweichenden Text (s. Weller I, 218 und II, 462 u. 573).

Das Thema dieses „Meisterliedes" ist die Verachtung des für alle Welt so wichtigen und unseligen „Pfennigs". Ein Thema, das seit alters her die Dichter gepackt hat; ich denke an Boppe (s. d.), Hermann Damen (s. d.), Rumzlant (s. d.), Muskatblüt (mehrmals; s. d.), Lech (s. d.). Auch an Graffs (s. d.) „Hällerlied" kann man erinnern (zur Klage über die Überschätzung des Geldes s. Oppenheim S. 21 und ebenda Anm. 2). Bemerkenswert in O.s Gedicht aber ist die Wahl eines Gleichnisses, das er zur Erhärtung seiner Behauptung heranzieht: *Geystlich, weltlich, beyd arm vnd reych, fuchsschwenzten* den Gott Mammon. Üblich ist nur die Heranziehung von Gleichnissen aus dem Neuen Testament, die Verwendung des Gleichnisses vom Kamel, das leichter durch ein Nadelöhr geht als ein Reicher in den Himmel kommt, die Benutzung des Lazarus-Motivs, die Forderung: *stee ab vom gwerb* (Gesätz 8); gang und gebe ist auch, daß in peinlichster Genauigkeit die betreffenden Bibelstellen namhaft gemacht werden. Das ist nur Meistersingertradition und geht auf das seit alten Zeiten her festverwurzelte Gefühl zurück, man dürfe nur das anführen, was man in den *bůchen* gelesen hat.

Einen anderen Klang aber gibt es, wenn es im 3. Gesätz lautet: *Ach Crates* [!] *hat mit nichten gunst / der zeyt mit schnödem gelte, / do er inn dieffes Meer gschwind / stürtzt schwere bürd mit geld, / Sprechend „gee wegk, böser reychthumb! fürwar, es ist mir besser / versencken dich, ee ich vmbkummt deint weg durch schwertes messer".* Ob O.s Gedicht, das sich gegen die *reich Hansen vnd gewerbesleut desgleych den geystlich man* richtet, erst aus dem XVI. Jh. stammt, ist nicht erkennbar — haben wir doch keinerlei Nachricht über O.s Leben und Wirken. Abgesehen davon jedoch, daß man die eben genannte Stelle als Zeugnis einer humanistisch eingestellten Zeit angeben könnte, weist die trocken aufzählende Dichtart des Liedes, die Unbekümmertheit des Autors um Reim- und Betonungsgesetze, die lehrhafte Verwendung lateinischer Wörter (O. spricht von *rekordieren* usw.; nicht zu verwechseln mit den lateinischen Wendungen der Kirchensprache bei z. B. Harder [s. d.], Kienast [s. d.] und Lesch [s. d.] usw.) darauf hin, daß wir es mit einem Produkt späterer Zeit zu tun haben.

Daß man hier den Begriff „Meisterlied" nicht mehr in seiner Exklusivität anwenden kann, nämlich für ein nur für einen begrenzten Kreis bestimmtes Lied, geht auch aus Stammlers Ausführungen (S. 231 f.) hervor.

H. Oppenheim *Naturgefühl bei den frühen Meistersingern* (Form und Geist 22) 1931. W. Stammler *Von der Mystik zum Barock* 1927.

W. St.

Oberg, s. Eilhart v. O.

Obermayr, s. Fabri de Werdea.

Odenwald, s. König vom O.

Oesfeld, s. Hermann v. O.

Offenburg, s. Heinrich v. O.

Offringen, s. Joh. v. O.

Ofterdingen, s. Heinrich v. O.

'Ogier von Dänemark'.

1. Ogier ist eine Gestalt aus dem Sagenkreis Karls des Großen, die zu verschiedenen Zeiten und in verschiedenen Formen Gegenstand literarischer Darstellung geworden ist. Eine international umfassende Behandlung des Stoffes fehlt noch. Namentlich die französischen Teile der Entwicklung übersieht man gut bei Voretzsch (s. u.).

2. O. v. D. mag zurückgehen auf den historischen Autcharius (*Otgarius*), einen Anhänger der Witwe Karlmanns. Im Dienst ihres Vaters, des Langobardenkönigs Desiderius, kämpft er gegen Karl, wird gefangen und ist im Exil verschollen. Im Kloster St. Faron de Meaux soll er sein Leben beschlossen haben. Hieran heftet sich eine lateinische Legende von dem *miles Othger*, doch ist Identität mit dem Autchar der Geschichte nur wahrscheinlich. Es kommen im weiteren die folgenden französischen Dichtungen in Betracht, dem 12. bis 14. Jh. angehörig: im 12. die Dichtung eines Unbekannten, der erst in jüngerer Hs. als Raimbert von Paris bezeichnet wird (hrsg. von Barrois 1842); im 13. von Adenez; im 14. eine Erweiterung Raimberts. Die Branchen dieser Zeit machen aus dem *dux Daciae* oder *Dagus* einen *Danus, Danois*. (Vielleicht auch *le Danois* aus *l'Ardennois*?) Vielleicht auch nannte man ihn volksetymologisch den Dänen, weil er eine Gestalt von besonderer Wildheit und barbarischer Rohheit war. Auf jeden Fall wird er jetzt, seit den *'Enfances d'Ogier'*, mit den Dänen in Verbindung gebracht, zu einem Sohn des tributpflichtigen Königs Gottfried von Dänemark und aus einem Rebellen zu einem Paladin Karls. Die Branchen von Ogiers Kindheit und dem Sachsenkrieg dringen ins Altnordische, und der dänische Nationalheld Holger Danske leitet sich auf französischen Ursprung zurück. Um 1300 wird auf Veranlassung des Königs Hakon Magnusson die Karlamagnússaga in Prosa verfaßt. — Das Epos setzt sich auf dieser Stufe zusammen aus fünf Teilen: 1. Ogiers Jugend und Sachsenkrieg. 2. Langobardenkrieg. 3. Belagerung von Castelfort. 5. Heidenkrieg. Im 14. Jh. geht die Ogier-Epik in die Breite, das alte Zehnsilbner-Epos von 10000 Versen schwillt auf 25000 Alexandriner an.

3. In einer niederdeutschen Übersetzung (Heidelberger Codex, Pal. Germ. 363) ist das alte Gerüst erhalten, nur verwirrt und durch viele Zutaten gleichfalls erweitert. Die Hs. von 1479 harrt noch näherer Auswertung und ist nicht mit Gervinus' Urteil abzutun. Als Verfasser nennt sich ein *Johann der clerick*, also nicht um einen Johann von Clerck handelt es sich, sondern um einen (niederen) Geistlichen Johann. Versbau und Reimübung sind sehr roh, die Sprache steckt voller niederländischer und französischer Worte. In erotischen Dingen herrscht nicht gerade strenge Scheu ... Bl. 81 kommt ein neues Titelblatt, ein größerer Einschnitt vor dem Teil des Romans, in dem O. das Erbe seines Vaters antritt und ins Heidenland fährt. Die Einleitung hierzu gibt interessante Aufschlüsse über den Bearbeiter Johann und die Umstände, die ihn zur Bearbeitung veranlassen. In endloser Breite sind Kämpfe, Turniere, Kriegssituationen ausgesponnen. Im Vergleich mit dem Volksbuch (s. u. 5) fällt die Fülle von Details, ritterlichen Abenteuern und „Bandenkämpfen", Abschweifungen und Nebenhandlungen besonders auf. Viele märchenhafte Motive sind in die Erzählung mit eingegangen, namentlich gegen das Ende hin. Die geistliche Tendenz dieses „Missionsepos" tritt besonders an

den Stellen hervor, wo Gott durch ein *mirakel* wunderbar eingreift. O., der *stercken halff die christenheyd biss an sin lestes end*, erlebt noch am Schluß aller Abenteuer einen geheimnisvollen Kampf mit einem Unbekannten, dem „Jener".

4. Der Ogierstoff als französischer Prosaroman ist seit 1498 in vielen Ausgaben vorhanden (vgl. Brunet *Manuel* III 553). Aus dem Französischen wird — es ist das zweitemal, daß der Stoff im Norden aufgenommen wird — die Geschichte in der Bearbeitung von Peddersen übernommen ins Dänische ('*Olger Danskes Krönike*'). (1778 noch eine franz. Bearbeitung.)

5. Nach dänischer Vorlage überträgt Konrad Egenberger (über ihn vgl. Rotermund-Jöcher II Sp. 836) seine '*Dennemarckische Historien Von eines Treffenliche Königs Sohn / der nach seines Vatters Tod Regierender König in Dennmarck wirdt / vnd von seiner Ritterliche Mannliche thatte / auch König in Englandt / Rodis vnd Babylonia / mit viel Vnglück / doch auffs letzte sein trawriges Hertz / mit großer frewde erquickt / in einen lüstigen Garten sein zeit mit eins Königs Dochter / vnd wie es jm ergieng. Jetzund aber auss Dennemarckischer Sprach / trewlich verteudschet / vnd in Truck geben / Durch Conrad Egenberger von Wertheim. Francksurt am Mayn MDLXXI*'.

Hier nun spiegelt sich wiederum eine andere Bearbeitungsstufe: die Verbindung des Stoffes mit Feensagen und dem Artussagenkreis und zugleich mit einer Version des Metellus von Tegernsee (um 1170). Das deutsche Volksbuch gibt auch die dänische Vorrede wieder. (Man ersieht hier, wie dänischer Nationalstolz den Redaktor zu seinem Unternehmen bestimmt. Er mußte sich aber von der französischen Vorlage eine lateinische Bearbeitung machen lassen, da er nicht französisch konnte.) Es ist begreiflich, aber auch aus dem Stilwandel zu erklären, daß Egenbergers Volksbuch nur mehr das Gerippe der Handlung aufweist. In dieser Linie der Stoffgeschichte tritt noch deutlicher christliche Tendenz zutage. Die edlen Heiden bekehren sich, von Olger selbst unterwiesen, und breiten sogar in ihrer indischen Heimat das Christentum aus. O. v. D., der am Magnetberg scheitert, kommt ins Feenreich und zu Artur, wo er 200 Jahre festgehalten wird. In höchster Not erscheint er dann wieder als Retter vor den Türken und wird am Ende auf wunderbare Weise in den Himmel entführt. All diese Dinge glaubt zwar der Bearbeiter selbst nicht, ja er rückt ausdrücklich von solchem Aberglauben ab, bringt es aber doch aus Treue der Quelle gegenüber. Hier zeigt sich eine letzte Umstilisierung: protestantische Ablehnung des Heiligen- und Wunderglaubens. Erwähnt sei noch nachträglich, daß die Taten O.s auch in die deutsche Übersetzung der Reisen des John Mandeville' eingeschoben sind.

Graesse *Handbuch einer allgemeinen Literargeschichte* II/5 S. 340. Chevalier [2]II, 3405f. Gervinus [5]II S. 214f., 223. C. Voretzsch *Über die Sage von Ogier dem Dänen und die Entstehung der Chevalerie Ogier* 1891. Ders. *Einführung in das Studium der altfranzösischen Literatur* [3]1925; daselbst gute weitere Angaben. O. Fingerhut '*Kong Olger Danskis Krønicke*' *und ihr Verhältnis zur dt. Übersetzung 'Deunmarckische Historien' von Conrad Egenberger von Wertheim* (Nord. Studien 18) 1935.

Gumbel.

Öhin, Bendel, der Maler. Hs. Additional 16581 des Britischen Museums, 15. Jh. (1469), ostschwäbisch, Bl. 149ᵃ; s. R. Priebsch *Deutsche Hss. in England* II (1901) S. 147—58. Ihm wird in den Mund gelegt der Spruch:

Byn Ich karg, so styrb ich,
Zer ich, so verdirb ich.
Noch ist weger, ich zer vnd verderb,
Dann das ich karg sey vnd sterb.

R. Priebsch.

Ohnsorge, Johann.

1. Die Ende des 15. Jhs. geschriebene Hs. Ch. B 897 der Herzogl. Bibliothek zu Gotha enthält auf Bl. 99ᵃ—101ᵃ ein Reimpaargedicht von 68 Versen, das die Überschrift trägt: *Der Spruch Johans ann Sorg Haußhaltenn* und die Schlußschrift hat *Hie Endet der Spruch Johans on sorg haußzehalten.* Inhalt: Der Dichter lehnt es ab, eigenen Haushalt zu führen, weil er dann viel zu viele Dinge brauchen

würde, um die er sich jetzt keine Sorge zu machen hat. Die ungenauen Reime erlauben keinen Schluß auf die Heimat des Verfassers. Das Gedicht zählt eine große Menge von Hausgeräten auf, von der *pruntzkachl* bis zur *pfefferpuchß*. Für die Sach- und Wortkunde auf dem Gebiete des mittelalterlichen Hausrates ist noch manche Arbeit zu leisten. Vielleicht gelingt es eindringender Betrachtung einmal, dies Gedicht J. O.s und die andern verwandten Inhalts nicht nur in ihren literarischen Beziehungen zueinander, sondern auch in ihren sachlichen und landschaftlichen Bedingtheiten zu erfassen.

2. Das Gedicht ist nämlich ein Glied einer langen Kette von Gedichten ähnlichen Inhalts, die von 1300 bis ins 16. Jh. hinein reicht. Die älteren dieser Gedichte enthalten weniger ein Inventarverzeichnis als eine Warnung vor der Ehe, die viel Sorge um Hausrat (und Hausunrat) mit sich bringe. Damit sind manche Berührungen mit Gedichten gegeben, die ein ironisches Lob der Armut singen (vgl. etwa Junger, Hans). Vom 15. Jh. ab tritt der Gesichtspunkt der vollständigen Hausratliste mehr hervor. Das unten als c) angeführte Gedicht — das selber noch als Warnung vor der Ehe sich einführt — steht im Liederbuche der Hätzlerin und im Heidelberger cpg. 314 in unmittelbarer Nachbarschaft einer Prosaaufzählung, die sich auch in der Wiener Hs. Poem. Germ. 3027 Bl. 351[b] findet: *Was in ainer statt* (Wiener Hs.: *zw passaw*) *ain mann weib vnnd ain magt bedürffen.* Darin wird nicht der Hausrat, sondern der Jahresbedarf an Geld aufgezählt, und so stehen alle die Hausratgedichte in Zusammenhang mit dem volkswirtschaftlich bedeutsamen Vorgange der Neugründung städtischer Haushalte. In Frage kommen außer J. O.s Gedicht noch folgende (nach dem mutmaßlichen Alter geordnet).

3. a) 'Der Hauskummer', Anfang: *Was ordens got beschaffen hat In der werlt an keiner stat,* überliefert in den beiden gegen 1330 (wahrscheinlich in Böhmen) geschriebenen Schwesterhss. zu Heidelberg (Univ.-Bibl. cpg. 341) und Kalocsa (Metropolitanbibl. Cod. 1) sowie in Karlsruhe, Landesbibl. Nr. 408; gedruckt bei: Majlath und Köffinger S. 91 ff.; Rosenhagen DTMA. XVII S. 29 Nr. 40; Anz. fKddtVorzeit, Neue Folge 3 (1855) Sp. 197 und 223;

b) 'Von dem Hausrat', Anfang: *Min gesang und min getihte Ist worden gar ze nihte,* überliefert in der (1870 verbrannten) Hs. A 94 der Straßburger Johanniterbibl. sowie in der bei a) genannten Karlsruher Hs., in der das Gedicht 'Vom Hausrat' dem 'Hauskummer' vorangeht; gedruckt bei Myller Bd. III Fragm. S. XXXVII und bei Franz Pfeiffer, Altd. Üb.-buch S. 137;

c) ein Gedicht von elf sechszeiligen Strophen: 'Das Hausgeschirr', Anfang: *Ich waiß ain orden darynn ist manigem also wee Er ist vil lüten wol erchannt vnd haißt die ee,* überliefert im Liederbuch der Hätzlerin und im cpg. 314 der Univ.-Bibl. Heidelberg; gedruckt bei Haltaus, Liederbuch der Klara Hätzlerin Teil I Nr. 35 S. 42 und bei Uhland, Volkslieder Nr. 278 S. 718 (das Gedicht c benutzt a, den 'Hauskummer');

d) ein unvollendetes Reimpaargedicht in der Hs. Freiburg i. B., Univ.-Bibl. Cod. 362 Bl. $10^{a\alpha}$—$10^{a\beta}$, 56 Verse, Anfang: *Ich was ains aubends gesessen Vnd het mich vermessen* . .; die Hs. ist 1445 zu Oberkirchberg a. d. Iller (nahe bei Ulm) geschrieben; vielleicht ist der, der das Bruchstück schrieb, auch der Dichter;

e) einen in der Zeit von 1457 bis 1480 entstandenen Einblattdruck des Münchener Kupferstichkabinetts, Anfang: *Were zu der Ee greyffen welle Der tracht das er dar zu bestelle Haußrat das er nit mangel hab,* gab W. Schmidt wieder und Alwin Schultz Fig. 151;

f, g) ein Meistergesang und ein Spruchgedicht des Hans Folz. Anfang des Meistergesangs (Hs. Berlin Staatsbibl. Ms. Germ. 4° 414 Bl. 373[b]): *Ich gib ain ler dem jüngen man Die zeitlichen dünt heben an,* des Spruchgedichts *Welch armer sich zu d' ee wil lencken Solt sich alweg vor wol bedencken Was man als haben mus ins haus;* f abgedruckt, g faksimiliert bei Th. Hampe Anhang I bezw. Faksimile I; ältere Drucke des Spruchgedichts nennt Hampe S. 12 ff.; nach einem davon druckte Keller das Gedicht: Fastn. S. 1215; vgl. auch ZfdPhil. 8 S. 185 (Bamberger Druck o. J. 1493);

h) ein Straßburger Hausratgedicht, Anfang: *Hie in finster zü einē nüwē jar Einen hußrat den hon ich dir für war* ...; den wohl aus dem Jahre 1514 stammenden Druck gab Th. Hampe als Nr. II in Faksimile heraus;

i) Hans Sachs' Spruchgedicht 'Der gantz Hawsrat', am 12. Dezember 1544 gedichtet, Anfang: *[A]ls ich ains tags zw dische sas Mit meim gesind das fruemal as*, nach der Hs. Berlin Staatsbibl. Ms. Germ. 2⁰ 591 Bl. 100 abgedruckt bei Th. Hampe Anhang II; alte Drucke ebd. S. 17 ff.

Majlath und Köffinger *Kaloczaer Codex altdeutscher Gedichte* 1817 S. 91 ff. Rosenhagen DTMA. XVII S. 29 Nr. 40. AnzfKddtVorzeit Neue Folge 3 (1855) Sp. 197 u. 223. Chr. H. Myller *Sammlung altdeutscher Gedichte* Bd. III Fragmente S. XXXVII. F. Pfeiffer *Altd. Übungsbuch* S. 137. K. Haltaus *Liederbuch der Klara Hätzlerin* S. 42. Uhland *Volkslieder* Nr. 278 S. 718. W. Schmidt *Inkunabeln des Holzschnitts aus dem Münchener Kupferstichkabinett*. A. Schultz *Deutsches Leben im 14. und 15. Jh.* Th. Hampe *Gedichte vom Hausrat*. Keller *Fastn.* S. 1215. ZfdPhil. 8 S. 185. Über die Freiburger Hs., in der das Gedicht d) überliefert ist, vgl. Kratochwil Germ. 34 S. 455 und F. Wilhelm *Geschichte der hslichen Überlieferung von Strickers 'Karl dem Großen'* 1904, S. 54—58.

Niewöhner.

Öler, Simon, von Synprunn. Hs. Additional 16581 des Britischen Museums, 15. Jh. (1469), ostschwäbisch, Bl. 146ᵇ, s. R. Priebsch *Deutsche Hss. in England* II (1901) S. 147—58. Ihm wird zugewiesen der Freidank 65, 22—26 entnommene Spruch:

Es dunnckett mich ain thummer mått,
Wer im selber schaden thått
Vnd seinen nachpauren laidt:
Es gerewet leicht sie baidt.

R. Priebsch.

Olmütz, s. Friedrich v. O.

Onolsbach, s. Knorr v. O.

Oppau, s. Martin v. Troppau.

Oppenheim, s. Joh. v. O.

'Ordnung der gesuntheit', unbekannten Verfassers, dem Grafen Rudolf v. Hohenberg und seiner Gattin Margarethe, geborenen Gräfin von Thierstein, gewidmet. Dieser Graf war 1420 schon gestorben, das deutsche Gesundheitsregimen ist also vorher geschrieben und findet sich verschiedentlich handschriftlich aus wenig später Zeit, so auf der Fürstlich Fürstenbergischen Hofbibliothek zu Donaueschingen Ms. Nr. 144, zu Gießen auf der Univ.-Bibl. Nr. 104 Bl. 91 ff., der Staatsbibl. zu München cod. germ. 726. 4⁰. Bl. 1—34 aus der Mitte des 15. Jhs. Zuerst wurde es am 23. April 1472 bei Hans Bänder zu Augsburg im Druck (52 Bll. Fol⁰) vollendet und mindestens zehn Mal bis 1500 gedruckt. Vom Inhalt des Büchleins, der in meinen 'Deutschen med. Inkunabeln' S. 16 kurz wiedergegeben ist, läßt sich sagen, daß er recht wenig Eigenes aufweist, von Originalität gar nicht zu reden; große Abschnitte stimmen fast völlig mit des sog. Ortolf von Baierland (s. d.) deutschem Arzneibuch überein, das um dieselbe Zeit im ersten Viertel des 15. Jhs. zusammengeschrieben wurde, wie ich dies an gleicher Stelle S. 30—33 ausführlich nachgewiesen habe. Das Verlangen, den tatsächlichen Verfasser der 'Ordnung der Gesundheit' kennen zu lernen, ist also nicht allzuschwer zu zügeln.

Sudhoff *Deutsche medizin. Inkunabeln* 1908 (die oben angeführten Seiten 8—17 u. 30/34). A. Hauber *Graf Rudolf von Hohenberg*, Mitt. z. Gesch. d. Med. u. Naturw. 13 (1914) S. 160.

Sudhoff.

Orendel, s. 'Rock, Der graue' (Nachtrag).

Orford, s. Albert v. Erfurt.

Örtel, Hermann (andere Namensformen: *Ertel*, auch *Hörmen Ortl*) ist einer jener nicht seltenen Meistersinger, deren Namen uns vor allen Dingen aus den großen Dichterkatalogen von Hans Sachs mgq. Berol. 414 (vom Dichter selbst 1517/18 gesammelt) und von Kunz Nachtigal (s. d.) in derselben Hs. Bl. 426 f. (WKL. II 1311) bekannt sind. Wir finden ihn ebenfalls in cgm. 826, XVI. Jh., Bl. 70

und in Puschmans Singebuch (s. Münzer S. 23 b). Er wird sowohl bei Hans Sachs als in der Steyrer (Heiberger) Hs. zu den Nürnberger Meistern gezählt, bei Hans Sachs genauer zu den 12 alten Meistern. Über sein Leben und Wirken wissen wir nichts, es sei denn, daß er als Spedelmacher, Heftelmacher aus Nürnberg bezeichnet wird.

Seine Töne sind: „langer ton" und „leid ton". Münzer erkennt an, daß der lange Ton stellenweise „nicht ohne einigen Reiz ist", und daß andererseits der leid ton einen ungewöhnlichen Anfang mit der Septime g g d f aufweist" (s. dort weitere Angaben). Im ganzen betrachtet, sind seine Melodien freier und selbständiger als jene Ketners (s. d.).

G. Münzer *Singebuch des Adam Puschman* 1906. Schröer *Meistersinger in Oesterreich*, Germ. Stud. II (1875) S. 229.

W. St.

'Ortnit', s. Nachtrag.

Ortolf von Baierland.

1. Eine Namensbezeichnung aus dem Anfang des 15. Jhs., zugleich Verfasserbezeichnung für ein deutsches Arzneibuch und durch dieses Zusammentreffen zu einer gewissen Bedeutung gelangt, obgleich dem Arzneibuch als solchem kein besonderer literarischer Wert innewohnt. Trotz der großen Zahl von „Ortolf"-Handschriften und einer ganzen Reihe von Drucken hat sich über den Verfasser keine sichere Klarheit gewinnen lassen wollen. Er hängt mit „meister Bartholomäus" zusammen und ist wie er keine wirkliche faßbare Ärztepersönlichkeit des deutschen Mittelalters. An dieser Unfaßbarkeit ändert es nichts, daß der allgemeineren Bezeichnung „Ortolf aus Baierland" die konkretere örtliche Fixierung beigefügt wird (*Meister Ortolph von Paiern, arzt zu Wirtzpurg* in cgm. 4205); sie bedeutet nur eine neue Erschwerung, da im 14. und 15. Jh. Würzburg mit dem Baiernlande gar nichts zu tun hat. Eine Bamberger Handschrift v. J. 1463 (L. III. 38) hat denn auch geschrieben *Erznei Meister Ortofs von Würzburg des arzt, geboren aus Baiernlant.* Alle Nachforschungen in Würzburg nach einem Meister Ortolf zu Ende des XIV. oder in der ersten Hälfte des XV. Jhs. sind aber auch erfolglos geblieben. Im cgm. 398, dem ältesten mir bekannt gewordenen „Ortolf"-Manuskript, trifft man auf *Meister Bartholomäus von Baierland*, das wäre im Jahre 1435. Im Cod. lat. 12490 zu Wien vom Jahre 1439 werden *Magister Bartholomaeus et Ortelfus de Bavaria* als Verfasser eines deutschen Medizinbuches genannt; im lat. 14545 der gleichen Wiener Nationalbibliothek begegnet ein '*Liber medicinalis germanicus e Bartholomaeo, Ortolf, Constantino aliis excerptus*'. Sachlich als Quelle für deutsch abgefaßte Medizinbücher gehören Konstantin „der Afrikaner" und Magister Bartholomäus als einer der hervorragendsten klinischen Autoren des 12. Jh.s aus Salerno zusammen, aber ich halte es recht wohl für möglich, daß *Ortolfus* gradezu aus *Bartolomaeus* graphisch entstanden ist, dadurch daß das im Rubrum zurückgestellte *B* sich nicht mehr zu dem Namensrest des . . *artol* . . hinzufand und der abgekürzte *artalomaus* mit dem Schlußschnörkel zu *Artolfus; Ortolfus* wurde, wobei *Baierland* und *Würzburg* allerdings unerklärt blieben, wenn man nicht das *Baierland* gleichfalls von *Bartholomäus* ableiten will. Der Ortolfus-Bartholomäus tritt uns aber im *Meister Blumentrost von Beyerland geboren ein Arzt in Würzburg* in neuer Verkappung entgegen im Ms. B 245 der Zürcher Zentralbibl., einer Papierhandschrift der zweiten Hälfte des XV. Jhs. aus Konrad Gesners Bibliothek. Henry E. Sigerist hat dies Blumentrost-Ms. einer genaueren Untersuchung unterzogen (Arch. f. Gesch. d. Med. 12, 1920, S. 70—73) und gefunden, daß Blumentrosts Arzneibuch nichts anderes ist als der erste Teil des Ortolfschen. Und da liegt es nahe, auch diesen Mann aus Baiern und Würzburg, wofür er sich ausgibt, rein graphisch aus *Bartholomäus-Ortolfus* entstanden zu denken, trotzdem im Cod. lat. 26875 zu München ein Mag. *Plumentrost* anzutreffen ist, der lateinisch '*De cantelis venenorum tract. aggregatus*' abgehandelt hat, was an Johann von Göttingen erinnert.

2. Das Arzneibuch unter Ortolfs Namen ist in über zwei Dutzend Handschriften des 15. Jhs. erhalten und zum ersten Male am 17. März 1477 im Druck fertiggestellt von Anton Koberger in Nürnberg, der im letzten Viertel einen Kräuterbuchs-Abschnitt nach Konrad von Megenberg (s. d.) angehängt hat, der dem Buche lange treu geblieben ist. Schnell ist ein Augsburger Nachdruck spätestens 1478 gefolgt (anscheinend bei Günther Zainer), mit dem 11. August 1479 ein Neudruck ebendort bei Antonius Sorg, ingleichen am 18. März 1482 und 9. Juni 1488 beim gleichen Verleger und 1490 ebenda bei Hans Schopsser. Ins Niederdeutsche gewandelt, hat das Buch 1484 Bartholomäus Ghotan in Lübeck hinausgehen lassen, eine Mischung von volkstümlicher praktischer Medizin und theoretischer Gelehrsamkeit über Elementenlehre, Erkennung der Gesundheit, anatomischen Bau, Diätetik samt Aderlaßlehre, Harnlehre, Pulslehre, Gynäkologisches und chirurgische Abschnitte, alles unter praktischen Gesichtspunkten gedacht, denen auch das Kräuterbüchlein dient. Da hier Schriftsteller-Rücksichten die maßgebenden sind, die bei dem Ortolfschen Arzneibuch völlig zurücktreten, wird auf das Ganze hier nicht weiter eingegangen.

3. Ein weit persönlicheres Büchlein ist ein Frauenbüchlein, das sich gleichfalls als Ortolfisch gibt und um 1490—1500, gleichfalls bei Anton Sorg in Augsburg, zum erstenmal gedruckt worden ist, ohne Verleger- und Druckort-Angabe, auf 8 Blättern klein 4°: *'Dieß biechlin sagt, wie sich die schwangeren frawen halten süllen vor der gepurt, in der gepurt und nach der gepurd'*. Der Text hebt an mit der Nennung des angeblichen Verfassers: *Ich Ortolffus doctor in der artzney, von fleyssiger gebote willen* ... und verspricht *ein kurze leer* für die Frauen und Hebammen, also ein kurzer Vorläufer des Röslin (s. d.). Eine recht vernünftige Lebensregel für die letzten Wochen der Schwangerschaft, Ammenwahl und für die Hebammen bestimmte Regeln über Kindeslagen und ihre Gunst oder Ungunst, Geburtsstufe, Leitung der Niederkunft und der Nachgeburtsperiode. Auch die Wochenbettsleitung ist vernünftig, die vorkommenden Störungen sind übersichtlich auseinandergesetzt, und das Verhalten ist geregelt, in Speise und Trank, Lagerung und Wochenzimmer. Leider kennen wir den tüchtigen Arzt nicht, der das Büchlein verfaßt hat, das in der Nennung des O. v. B. als Verfasser nur einen weiteren Beleg liefert, wie sehr der Name noch in Wertschätzung stand. Handschriftlich ist dies Frauenbüchlein noch nicht gefunden worden. Neudrucke hat es 1525 zwei erfahren, einen in Freiburg im Breisgau bei Johann Wörlin, einen andern zu Augsburg bei Melchior Raminger. Auch in Hagenau ist es 1534 bei Valentin Robien nochmals gedruckt worden. Eine Faksimile-Erneuerung hat G. Klein 1910 in München mit Begleit-Text erscheinen lassen. Die europäische Weitwirkung seines Nachfolgers, des 'Rosengartens', war diesem tüchtigen Frauenbüchlein eines Unbekannten nicht beschieden.

Sudhoff *Deutsche Med. Inkunabeln* 1908 S. 20—34; ders. *Pestvorschriften im Arzneibuch O.s v. B.*, Arch. f. Gesch. d. Med. 14 (1921) S. 81—84.

Sudhoff.

Öser, Irmhart (auch *Irinhart Oser*) ist der Übersetzer von Rabbi Samuels Traktat über den wahren Messias. Seinen Namen überliefern die Hss. verderbt, meist in einer mit *f* anlautenden Form, wie *Fremhart* (s. d.), die dadurch entstanden sein dürfte, daß *V* für *Y*, also *Vrinhart* für *Yrinhart*, gelesen wurde. Ö. stammte aus Augsburg, wo er um 1310—15 geboren wurde. Mit seinem Lehrer Heinrich von Würzburg begegnet er 1335 an der Universität Bologna. Wenige Jahre später wirkte er als Pfarrer in St. Marein am Straden in Südsteiermark, seit 1340 in gleicher Eigenschaft in Straßgang bei Graz. Urkundlich erscheint er fünfmal, zum letzten Mal 1358. Bald darauf ist er wohl gestorben. Er wird in den Urkunden als *plebanus*, aber auch als *licentiatus in iure canonico* und sogar als *professor iuris canonici* bezeichnet. Wo er das letztgenannte Amt bekleidete, ist unbekannt. Die 1339 entstandene lateinische Vorlage des Alphonsus Bonihominis lernte er bald nach ihrem Erscheinen kennen, was auf rege Anteilnahme am literarischen Leben der Zeit schließen läßt. Ö.s Übersetzung stammt aus den Jahren 1340 bis längstens 1358. Sie erfreute sich noch im 16. Jh. weiter Verbreitung.

Eine Ausgabe von Ö.s dt. Übersetzung sowie eine Untersuchung seines Werkes fehlt. Zu den von Stammler unter Fremhart nachgewiesenen 31 Hss. kommt die aus dem Augustiner-Eremitenkloster Mülln in Salzburg stammende Hs. der Studienbibliothek zu Salzburg (Sign.: V. 1. D. 51/8, 15. Jh.; vgl. ZblfBblw. 6, S. 28 ff.), die den Übersetzer als *maister Lienhart pfarrer ze Strasgang* bezeichnet, und Hs. 165 der Stiftsbibliothek Heiligenkreuz (15. Jh.; *maister Freinherr pharrer zu Straßgang*; vgl. Xenia Bernhardina II, 1 S. 162) sowie das Fragment im Stadtarchiv von Köln (um 1400; A Nr. 55. 56; vgl. H. Kunze Nd. Jb. 52 [1928] S. 115 ff.). Über Ö. vgl. H. Maschek PBB. 60 (1936) S. 320 ff. — Ein lat. Brief Ö.s an Ägidius, Plebanus in Graz, steht in Cod. Vat. lat. 724. Bl. 100 Cd.; Ö. bezeichnet sich darin als *professor iuris canonici, canonicus Augustinensis, plebanus in Strassgauch, archidiacus Styrie inferioris.* Vgl. A. Pelzer Cod. Vat. lat. II/1 (1931) S. 47 f.

Hermann Maschek.

Oesfeld, s. Hermann v. O.

Osnabrück, s. Albert v. O.

Osnabrück, Heinrich v., s. Dissen.

Österreich, s. Eleonore v. Ö.

'Osterspiel, Redentiner', s. Kalff.

'Oswald', s. Nachtrag.

Oswald der Schreiber.

1. In der Heidelberger Papierhs. 844 v. J. 1478 ist uns die zweite, 1398 Verse umfassende Hälfte eines Gedichtes erhalten, in dem ein sich am Schlusse nennender *Oswald der Schreiber* die Sage vom Priester Johannes, dem fabelhaften König des Wunderlandes Indien, behandelt. (Abdruck bei Zarncke S. 1015 ff.)

2. Diese im MA. sehr verbreitete Sage von dem Ideal eines christlichen Herrschers geht zurück auf den geschichtlichen Sieg eines Fremden über Meder und Perser i. J. 1141. Aus diesem (vielleicht chinesischen) Eroberer hat die palästinensisch-okzidentale Sage einen Priester Johannes gemacht (Zarncke S. 847 ff.), der einen Brief von den Wundern seines Reiches an den byzantinischen Kaiser Emanuel geschrieben haben soll, einen Brief, der diesen veranlaßt habe, sich und die Seinen jenem christlichen Herrscher unterzuordnen. Uns sind verschiedene Fassungen dieses „Presbyterbriefes" erhalten (Zarncke S. 872 ff.). Eine davon, die Interpolation D, liegt Oswalds Gedicht zugrunde.

3. Inhalt: Das Erhaltene beginnt mitten in der Epistel. Ihr Anfang und ein epischer Eingang, in dem erzählt wurde, wie König Emanuel eine Gesandtschaft unter Führung eines Kardinals an den Hof des Priesters Johannes sandte, sind verloren. — Nach Abfassung der Epistel kehrt diese Gesandtschaft, begleitet von dem Schreiber des Priester Johannes, zu Emanuel zurück. Aber — und das ist die eigentümliche Wendung, die unser Dichter der Geschichte gibt — selbst der Schreiber muß gestehen, daß alle Kleinode seines Herrn nicht an den Wert der christlichen Reliquien heranreichen, die man in Rom aufbewahrt. — Von Rom aus reitet der Schreiber nach Schwaben, auf die Feste *zû Stauffe*, um Kaiser Friedrich gleichfalls Brief und Kleinodien zu überbringen. Friedrich rüstet zum Kreuzzuge, wird aber später vom Papst Honorius in den Bann getan. Deshalb reitet er eines Tages fort, macht sich unsichtbar und ward nicht mehr gesehen. Die Bauern aber erzählen, daß er eines Tages wiederkehren, die Pfaffen bekämpfen, das Heilige Land zurückerobern und dann seinen Schild an den dürren Ast hängen werde.

4. Quellen. Die Elemente dieser Rahmenerzählung lassen sich sämtlich vor O. d. Sch. nachweisen (Zarncke S. 1006 ff.). Die Gesandtschaft wurde ursprünglich übrigens mit Friedrich I., erst später (wie in unserm Gedicht) mit Friedrich II. in Verbindung gebracht. Auf diesen bezog sich die Sage von der einstigen Wiederkehr; erst im 16. Jh. ist sie auf Friedrich I. übertragen worden.

5. Der Dichter schrieb um 1400 in Königsberg (Ungarn), ist also, soweit wir sehen, der erste in Ungarn geborene

und dort wirkende deutsche Schriftsteller. Seine Sprache ist eine Mischung aus bairisch-österreichischem Dialekt und mitteldeutschen Elementen, die sich aus der Geschichte seiner Heimatstadt erklärt. Denn dieses kleine, heute slovakische Bergstädtchen, ist zwar von mitteldeutschen Ansiedlern gegründet, dann aber von bairisch-österreichischen Zukömmlingen besiedelt worden.

6. Andere dt. Bearbeitungen des Presbyterbriefes gehen teils auf den ursprünglichen Text zurück [a) Berliner Hs.; b) Ambras-Wiener Hs.], teils auf die Interpolation B [c) Jüngerer Titurel; d) Münchener Hs.]. Vgl. Zarncke S. 947ff.

v. d. Hagen Germania 8 S. 278. J. Grimm *Gedichte des MA. auf König Friedr. I.* 1884. Fr. Zarncke *Der Priester Johannes*, Abhdlg. d. kgl. Sächs. Ges. d. Wiss. Leipzig VII (1879) S. 830 ff.; VIII (1883) S. 5 ff. E. Czinkotszky *Die dt. Verserzählung Oswalds des Schreibers* 1914 (ungarisch).

Arthur Witte.

Oswald v. Wolkenstein, s. Nachtrag.

Otfrid.

1. Hss.: O.s Manuskript in Wien: Cod. 2687 (V), daraus Heidelberg Cod. 52 (P; aus St. Gallen?) und München Cgm. 14 (F; aus Freising). Außerdem eine Anzahl von einst zusammengehörigen Einzelblättern in Berlin, Bonn und Wolfenbüttel.

2. O., ein Mönch des elsässischen Klosters Weißenburg, ist der Dichter des 'Evangelienbuchs', das er zwischen 863 und 871 in südrheinfränkischer Mundart schuf. Aus den eindringenden Untersuchungen, die neuere Forscher über Versbau, Reimtechnik und Sprachbehandlung O.s angestellt haben, geht hervor, daß der Dichter das umfangreiche Werk nicht in einem Zuge, sondern in einzelnen Abschnitten fertiggestellt, diese seinem geistlichen Publikum vorgelegt und dann das Ganze einer endgültigen Überarbeitung unterzogen hat. Die Widmungen, die in deutschen Versen bzw. lateinischer Prosa abgefaßt sind, gelten König Ludwig dem Deutschen als dem politischen und Erzbischof Liutbert von Mainz als dem geistlichen Herrn O.s; Bischof Salomo von Konstanz und die St. Galler Mönche Hartmut und Werinbert, die ebenfalls bedacht sind, dürften ihm in gemeinsamer Studienzeit zu Fulda unter Hraban nähergetreten sein. In diesem Kreis hat O. zweifellos entscheidende Anregungen empfangen für das außerordentliche Unternehmen, Christi Leben in fränkischer Sprache zu reimen. Bereits vor ihm waren auf diesem Boden 'Tatian' (s. d.) und 'Heliand' (s. d.) erwachsen, zwei Werke, die mit anderen Mitteln ein Gleiches erstrebten.

3. Die Widmungsverse an Ludwig enthalten in der Hauptsache eine Variation des ihnen als Akrostichon und Telestichon beigegebenen Wunsches: *Luthouuico orientalium regnorum regi sit salus aeterna*! Der Dichter spricht zum Schluß die Hoffnung aus, der König möge das Buch für sich und seine Franken als einen Wegweiser zum Himmelreich benutzen.

In den Versen an Salomo, die ein Widmungsexemplar begleitet haben (*Lékza ih therera búachi iu sentu in Suábo richi*), dankt O. dem Bischof für mannigfache Unterweisung und bittet um ein Gutachten über das Vorgelegte.

Einen wesentlich anderen Charakter trägt die umfangreiche poetische Epistel an die Freunde in St. Gallen. Hier sind Formalitäten überflüssig, und der Dichter geht wirklich einen Augenblick aus sich heraus, wenn er von Minne und Brüderschaft, d. h. *Caritas* und *Confraternitas* im mönchischen Sinne, zu den ehemaligen Studiengenossen spricht.

Weit wichtiger ist aber das Begleitschreiben an den Erzbischof Liutbert, weil O. hier über die Veranlassung und technische Durchführung seines Unternehmens ausführlich Rechenschaft gibt. Dieses Schreiben ist in lateinischer Prosa abgefaßt, für Gelehrte berechnet und, dem Geschmack dieser Kreise entsprechend, in einem für uns recht schwer verständlichen Stil gehalten. Nach einer endlosen Reihe von Ergebenheitsformeln und der üblichen Entschuldigung wegen seines vorwitzigen Unterfangens kommt er zur Sache: Nichtiger Klingklang aus unzüchtigem Laienmund hat einst die Ohren heiliger Männer empfindlich getroffen; da haben ihn einige Brüder und eine

Dame namens Judith gebeten, eine Evangelienharmonie in der Volkssprache (*partem evangeliorum theotisce*) zu schreiben, um die Stimmen der Weltkinder damit zum Schweigen zu bringen. Haben nicht Vergil, Lucan, Ovid und viele andere Heiden die Taten der Ihren in ihrer Muttersprache überliefert? Sollen wir aber vollends hinter Juvencus, Arator und Prudentius zurückstehen, die die Taten Christi verherrlicht haben? Trägheit ist es, wenn wir, denen gleiche Gnade und Erleuchtung zuteil geworden ist, davon noch nicht Zeugnis abgelegt haben mit unserer eigenen Zunge. Solchem Drängen hat O., obwohl im Bewußtsein eigener Unzulänglichkeit, nicht widerstehen können, und eine Evangelienharmonie auf Fränkisch verfaßt. Im mittleren Teil des Werkes, den er zuletzt bearbeitet hat, ist er mit Inhalt und Reihenfolge der Evangeliengeschichte etwas freier umgegangen als am Anfang und zum Schluß, veranlaßt durch eigene Ermüdung und die Fülle des Stoffs. Eingeteilt hat er das Ganze in fünf Teile — warum in fünf, sind doch der Evangelien nur vier? Das ist geschehen, um unsere unvollkommenen fünf Sinne durch die Aufnahme der heiligen Vierheit zu vervollkommnen.

Es folgt nun eine längere Auseinandersetzung über die sprachlichen und metrischen Schwierigkeiten der Arbeit und das System, das sich der Verfasser zu ihrer Bewältigung ausgedacht hat.

Wir würden den Kopf schütteln, wollte sich etwa einer unserer Missionare über das Idiom irgendeines fernen Eingeborenenstammes mit ähnlicher Naivität äußern wie der fränkische Mönch O. über seine eigene Muttersprache. Sie ist barbarisch und bäurisch und paßt nicht in die Grammatik (die lateinische nämlich!), und vieles hätte er in seinem Buch eigentlich nur lateinisch ausdrücken können, wenn nicht solche Mischung von Ungehobeltheit und Glätte am Ende lächerlich wirkte! Aber die Empfindung für das Unnatürliche dieses Zustandes ist in dem Klostergelehrten doch nicht ganz erstorben, denn er spricht zum Schluß seine Verwunderung darüber offen aus, daß alle die Leuchten der Wissenschaft unter seinen Landsleuten das Lateinische und Griechische mit ängstlicher Gewissenhaftigkeit pflegten, um die eigene Sprache aber sich gar nicht kümmerten. Der Mönch kann sich allerdings leicht trösten: dem Schöpfer aller Dinge kommt es ja auf die fromme Gesinnung, nicht auf den glatten Ausdruck an.

Bevor der Dichter zu seinem eigentlichen Thema übergeht, wendet er sich noch einmal in einer Art Vorwort in Versen an seine Leser mit einer Erklärung, warum er sein Werk in der Volkssprache abgefaßt habe: Griechen und Römer haben ihre Taten in Prosa und Poesie der Nachwelt überliefert; zierlich und glatt wie Elfenbein sind ihre Werke. Sogar die Heilige Schrift haben sie so behandelt. Warum nun sollen allein die Franken nicht Gottes Lob in ihrer eigenen Sprache singen? An Tapferkeit geben sie, als Nachkommen der Makedonen, Römern und Griechen nichts nach und wissen den natürlichen Reichtum ihres Landes klug zu nutzen. Niemand kann ihnen widerstehen, denn sie sind Gottes Volk. So sollen sie dann auch in fränkischer Zunge ihm lobsingen.

Nach einer Anrufung Gottes um Beistand wird das Evangelienbuch mit einem Überblick über die Ahnen Christi begonnen.

Das erste Buch berichtet von der Jugend des Heilands und dem Wirken Johannes des Täufers, das zweite von seinen Lehren, das dritte von seinen Wundern, das vierte handelt von seinen letzten Tagen und der Leidensgeschichte, und im fünften werden Auferstehung, Himmelfahrt und Jüngstes Gericht geschildert.

Unterbrochen wird die Reihe der erzählenden Kapitel in den einzelnen Büchern durch Abschnitte, die *moraliter*, *mystice* oder *spiritaliter* überschrieben sind. Diese dienen dazu, das vorher Erzählte auszudeuten oder eine Lehre daraus zu ziehen, natürlich im Sinn der zeitgenössischen Theologie.

4. Als Quellen des Dichters sind hauptsächlich die Vulgata (unmittelbar und

nach der Auswahl der Perikopen benutzt) und die Bibelkommentare des Alkuin, Beda und Hraban anzusehen. Einfluß von Arator, Juvencus und Prudentius, die O. in seiner Abhandlung an Liutbert selbst erwähnt, tritt weniger im einzelnen als in der ganzen Empfindung zu Tage.

Bietet auch inhaltlich das Werk nichts Selbständiges, so ist doch die Art, wie das Fremde aufgefaßt und verarbeitet ist, dem Verfasser als eigen anzurechnen. Er hat den übernommenen Stoff mit seinem Gefühl durchtränkt, stellenweise so stark, daß man durch alles Herkömmliche den Dichter durchspürt, besonders in Szenen, die in sich starke Gefühlswerte tragen. Dabei genügt ihm oft ein Satz, mitunter ein einziges Wort, um dem Ganzen die gewünschte Färbung zu geben. Freilich reicht alles das nicht aus, um hinter der Klosterarbeit eine festumrissene Persönlichkeit zu erkennen.

5. Seit O.s Schaffen beherrscht der Endreim die deutsche Dichtung. Auch dieser ist nicht eine Erfindung des Weißenburger Mönchs, denn er ist z. B. in einem Freisinger Bittgesang auf den Hl. Petrus und einer Regensburger Umdichtung des 138. Psalms bereits im Ahd. in einer Art verwendet, die eher auf Übernahme und Weiterbildung dieser Form durch O. als Abhängigkeit von ihm schließen läßt. Sein Ursprung und der des Otfridschen Versbaus überhaupt liegt im lateinischen Hymnus, der nicht nur die Reimbindung, sondern auch die Zahl der Hebungen bot. So sehr sich der Mönch auch bemüht hat, sein Deutsch in das Joch der romanisch-christlichen Kunstform einzuzwängen (man spürt das Ringen in den am frühesten fertiggestellten Teilen seines Buches, z B. I, 4—10), so ist es ihm doch nicht gelungen, sich der Wirkung des altheimischen Stabreimverses ganz zu entziehen, wie die verhältnismäßig freie Behandlung der Senkungen in seinen Versen zeigt. Das Empfinden, mit alledem etwas Fremdartiges zu liefern, hat den Autor selbst in die Notwendigkeit versetzt, sein System an zweifelhaften Stellen des Textes durch Punkte, Striche und Häkchen klarzumachen.

In Laienhände wird dieses Buch, entgegen der Absicht seines Verfassers, nicht oft gekommen sein; umsomehr Anregung und Einfluß hat es in geistlichen Kreisen ausgeübt. Beweise für seine Nachwirkung liegen im 'Georgslied' (s. d.), 'Ludwigslied' (s. d.), Augsburger Gebet, dem Gedicht von 'Christus und der Samariterin' (s. d.), dem Lorscher Bienensegen und den Versen in Notkers 'Boëthius' vor.

Text: Erdmann *Otfrids Evangelienbuch* 1882. — Ehrismann *Geschichte der deutschen Literatur* I S. 171 ff. Bork *Chronologische Studien zu Otfrids Evangelienbuch* 1927. de Boor *Untersuchungen zur Sprachbehandlung Otfrids — Hiatus und Synaloephe* 1928. R. Fromme, *Der Dichter O. v. Weißenburg*, Zs. f. Kirchengesch. 52 (3. Folge 3) (1933) S. 165—198.

Brauer.

Otloh, kirchlicher Schriftsteller des XI. Jh.s.

1. Der Name wird von ihm selbst als *Otloh* (clm. 14137, 14871 u. a.) oder *Otloch* (clm. 14463), Gen. *Otlohi* (clm. 14756, Bl. 113 b), Vok. *Otlohe* (*'De III quaest.'*) gegeben; andere gleichzeitige oder wenig spätere Schreibweisen sind *Otlohc* (MG., Necr. III S. 331), *Othloch* (Mon. Boica VI S. 17) und *Othlochus* (Wilhelmus Hirsaug., *De musica*). Aus O.s Leben sind, fast ausschließlich durch ihn selbst, zahlreiche Einzelheiten bekannt, doch lassen sich nur sehr wenige zeitlich genau festlegen, zumal seine relativen autobiographischen Zeitangaben wahrscheinlich abgerundet sind (*ante decennium, 'Vis.'* c. 4; *ante annos XV ut reor, 'De tempt.'* 2; *per XXX annos*, ebd.; über eine ungenaue Zeitangabe vgl. Dümmler BSB. 1895, S. 1091, Anm. 1). Sein Geburtsjahr wird man um 1010, eher früher als später, ansetzen dürfen. Er scheint einer begüterten Familie aus der Freisinger Diözese, vielleicht aus der Nähe von Tegernsee, zu entstammen. Wenigstens wurde er als kleiner Knabe diesem Kloster zum Unterricht übergeben. Schreiben lernte er vorzeitig ohne fremde Hilfe und nahm dabei eine falsche Federhaltung an, die ihm sein Leben lang anhaftete; sie verhinderte jedoch nicht, daß seine Schreibkunst bald eine hohe

Schätzung errang, ja sein Leben wesentlich bestimmte. Noch nicht dem Knabenalter entwachsen (*adhuc puer*), wurde er des Schreibens wegen nach Franken geschickt; dort weilte er zur Zeit des Thronwechsels von 1024. In dem Aufenthalt in „Franken" ist eine arbeitsreiche Zeit im Kloster Hersfeld inbegriffen, dessen Schule damals berühmt war. Auch von Schreibtätigkeit für den Bischof von Würzburg (Meginhard, 1019—1034) berichtet O. Später lebte er als Weltgeistlicher im Freisinger Sprengel. Ein Streit mit dem Erzpriester Werinhar, der durch eine metrische Spottepistel O.s verschärft wurde, veranlaßte ihn, nach Regensburg zu gehen, wo er zunächst als Gast des Klosters St. Emmeram lebte. Bei einem Fieberanfall, der mit einem Ausschlag verbunden war, erneuerte O. ein kindliches Versprechen, Mönch zu werden, doch erst nach einer zweiten heftigeren Krankheit ließ er dem Versprechen die Tat folgen. Daß die Krankheit, die die Umwandlung auslöste, ihn zuerst bei der Lektüre eines Klassikers, des geliebten Lukan, streifte, erinnerte O. selbst an den warnenden Traum des heiligen Hieronymus, der im Mittelalter von vielen erlebt wurde. Um 1032 („30 Jahre" vor dem Brande des Jahres 1062, '*De tempt.*' 2) trat er in St. Emmeram ein und wurde hier bald mit der Leitung der Schule beauftragt. Der schroffe Bruch mit der Vergangenheit, nachfolgende Zweifel, Fragen, die ihn beim ernsten Schriftstudium bedrängten, verursachten ihm anfangs schwere Seelenkämpfe, die er als Versuchungen des Teufels erlebte. Im Kloster verband ihn Freundschaft mit dem Propste Arnold, der ihn wahrscheinlich als *Ammonitius* in seiner Schrift '*De memoria b. Emmerammi*' einführt, deren Entstehung also O. mitveranlaßt hätte, und mit dem Mönche Wilhelm, dem späteren Hirsauer Abt, der in seinen Dialogen '*De astronomia*' und '*De musica*' O. als Gesprächspartner auftreten läßt. Von mönchischen Idealen erfüllt, mußte O. mit Sorge die Übergriffe des Regensburger Bischofs auf Gut und Rechte des Klosters ansehen, die unter den Nachfolgern des heiligen Wolfgang nicht abrissen. Namentlich seit O. zum Dekan ernannt wurde, kämpfte er für die Unabhängigkeit des Klosters und geriet deswegen wiederholt in heftigen Zwist mit dem nachgiebigeren Abte. Drohungen des Bischofs Otto (1061—1089) und die feindselige Haltung jüngerer Mitbrüder veranlaßten ihn, im Jahre 1062 — kurz bevor St. Emmeram abbrannte — mit Erlaubnis des Abtes Eberhard (ca. 1060 bis 1070) nach Fulda zu gehen. In die erste Hälfte des dreißigjährigen Aufenthalts in St. Emmeram vor 1062 ist wohl die Reise nach Italien zu verlegen, auf der er Montecassino besuchte (in den Kollektaneen erwähnt); denn sie vermittelte wohl O. die erste Bekanntschaft mit Pseudo-Dionysius und ging also wahrscheinlich den Ereignissen von 1049 voran. In den gleichen Zeitraum gehört vielleicht eine Reise mit dem Mitbruder Wilhelm. Auch hielt sich O. schon 1054 einmal in Fulda auf. Jetzt blieb er vier Jahre dort, bis etwa 1066. Dem Rufe zurückzukehren folgte er zögernd; auf der Heimreise verbrachte er noch ein Jahr in Amorbach. Nach der Rückkehr nach Regensburg (um 1067) war O. bis an die Schwelle des Greisenalters schreibend und schriftstellernd tätig. Er starb am 23. November eines unbekannten Jahres.

2. Schon vor dem Eintritt ins Kloster hatte O. die Abfassung von Versen gepflegt; doch ist außer den beiden Anfangszeilen der Invektive gegen Werinhar ('*Vis.*' c. 3) nichts aus dieser Zeit erhalten. Auch zeichnete er bereits damals bedeutungsvolle Träume auf, die er dann dem Buche der Visionen einverleibte ('*Vis.*' c. 1). Er stand noch unter dem Eindruck der seelischen Erlebnisse bei und nach seiner Bekehrung (*noviter mundana relinquere discens*), als er das erste jener drei Werke verfaßte, die er später als zusammengehörig, gleichsam als drei Teile eines geistlichen Mahles betrachtet wissen wollte: das umfangreiche Gedicht '*De doctrina spirituali*'. In dem für die Poetik der Zeit lehrreichen Prolog rechtfertigt er

sich wegen der metrischen Form: nicht Eitelkeit habe ihn dazu getrieben, sondern die Unfähigkeit, eine würdige Prosa zu schreiben; in der Verskunst besitze er größere Übung (*quoniam metricam hactenus artem Plus quam prosaicam dictandi more colebam*). Auch schätzten die Gelehrten Verse höher als Prosa (... *studiosos Quosque magis metri quam prosae intendere dictis*). Dem leoninischen Reim, den er selbst häufig anwendet, obwohl er ihn als ungehörigen Schmuck zu empfinden scheint, huldige der Zeitgeschmack (*Porro quod interdum subiungo consona verba Quae nunc multorum nimius desiderat usus* ...). Der Inhalt stehe ihm höher als richtige Silbenmessung (*Legem syllabicam paulisper discutiebam*). Das Werk ist in der Hauptsache ein Abriß christlicher Glaubens- und Morallehre, vielleicht nach dem Vorbild von Prospers Epigrammen. Die Kapitel 13ff. (wohl einschließlich 19), eine Mahnung an die Kleriker — mit der eigenen Bekehrungsgeschichte — und an die Laien, sind nachträglich eingefügt ('*De tempt.*' 2: *inserui* .. *sermonem* .. *lamentabili stilo editum*). Später hat Otloh, der seine Werke umzuformen liebte, wiederum aus Kap. 13 98 Verse für einen '*Sermo ad clericos specialiter dictus*' herausgezogen, der außerdem 22 Verse — darin einen Hinweis auf den bevorstehenden Weltuntergang — mit seinem '*Sermo ad avaros et superbos*' gemein hat; wahrscheinlich sind beide näher an das Jahr 1065 zu rücken, für das das Ende der Welt erwartet wurde. Wenn die oben versuchte zeitliche Einordnung der Italienreise zutrifft, so ist in der Zeit vor 1049 O.s Kyrietropus entstanden; die griechischen Worte desselben sind der 'Himmlischen Hierarchie' des Pseudo-Areopagiten entnommen, die O. wohl damals in Italien kennen gelernt und auch kopiert hatte (clm. 14137), während die lateinischen Verse sich mit O.s metrischem Gebet (s. u.) berühren. Anscheinend um im Kampfe um die Unabhängigkeit des Klosters ihre Stellung zu stärken, erklärten die Mönche von St. Emmeram im Jahre 1049 plötzlich, daß der Leib des heiligen Dionysius Areopagita von Arnulf von Kärnten aus St. Denis entführt und jetzt in ihrem Kloster wiederentdeckt worden sei. Ein anonymer Bericht von der Übertragung und Auffindung, als '*Translatio I*' bekannt, sollte die Überraschung glaubhaft machen. Einzelne Anklänge in der Sprache deuten auf O. als Verfasser, nicht minder die Tatsache, daß er eine verstümmelt erhaltene Sequenz (Z. 1 u. 2: 9 + 8 Silben, Z. 3ff.: 12 + 9 S.) über die Translation in einem Codex eigener Werke eintrug, und daß er eine Form des neugeschaffenen Offiziums des Heiligen niederschrieb. Die '*Translatio I*', die Pathos, sachlichen Bericht und wissenschaftliche Untersuchung verbindet, wurde noch vor dem Jahre 1060 von einem Emmeramer in schwülstiger Sprache neugefaßt, der sein Werk dem Abte Reginbert widmete ('*Translatio II*'). Ebenso scheint O. bei der Herstellung einer Reihe gefälschter Kaiser- und Papsturkunden, die die Exemtion des Klosters beweisen sollten, die führende Rolle gespielt zu haben.

Angeregt durch Gespräche mit dem Reichenauer Mönch Heinrich, der um 1053 als Gast in St. Emmeram weilte, schrieb O. bald darauf (*ante XV annos ut reor* sagt er in dem nicht datierten 2. Teil von '*De tempt.*') den '*Dialogus de III quaestionibus*', die zweite Schrift der erwähnten Dreiheit, die freilich des erhabeneren Inhalts wegen an dritter Stelle gelesen werden sollte. Theologische Fragen (von der Gnade und dem Gerichte Gottes und dem Verhalten des Menschen) sind darin erörtert; die Zahlenmystik tritt stark hervor. Auch drei hagiographische Arbeiten stammen noch aus der Zeit vor dem Weggang nach Fulda (1062). Davon ist die '*Vita S. Nicolai*', nach O.s Worten auf den Wunsch der Mitbrüder abgefaßt, jedoch mit einer Widmung an einen Abt *Wicrad* (Widerad von Fulda) erhalten, bis auf das letzte Kapitel, ein Emmeramer Nikolauswunder, nach zwei fremden Viten kompiliert. Erheblichen Quellenwert besitzt die '*Vita S. Wolfkangi*', die sich auf Arnold von St. Emmeram und eine verlorene, aus Franken stammende Vita stützt; auch dieses Werk schrieb O. auf Bitten der Brüder, vielleicht aus Anlaß der feierlichen Translation des Heiligen i. J. 1052. Inhaltsleer ist mangels tatsächlicher Unterlagen die '*Vita S. Altonis*', des Patrons von Altomünster, ausgefallen; beigegebene Gedichte auf den Heiligen sind verschollen.

Einen neuen Antrieb erhielt O.s literarisches Schaffen durch die Muße und den Frieden, die ihm nach den Jahren des Streites in dem gastlichen Fulda zuteilwurden. Hier stellte er nach eigenen Aufzeichnungen und Erinnerungen, mündlichen Berichten und, zur Ergänzung des zeitgenössischen Materials, aus einem Brief des Bonifatius und Bedas Kirchengeschichte seinen '*Liber visionum*' zusammen, das dritte Stück jener Dreiheit. Den Inhalt bilden Träume, in denen ihm zur Belohnung oder Bestrafung von Klerikern Gott selbst aus seiner Ruhe (*Cur me toties a requie mea excitatis, . . . redire in requiem meam quantocius volo*) herauszutreten scheint, quälende Bilder aus Fieberwahn, göttliche Warnungen, Gesichte Sterbender und angezeigte Strafen des Jenseits, von denen selbst höchste Personen (Heinrich III., Theophanu) nicht verschont werden. Angehängt ist eine anschaulich erzählte Teufelssage. Das literarische Vorbild waren die Dialoge Gregors des Großen. In die Visio 3 sind 18 Verse aus '*De doctrina spirituali*' eingeflochten; die Visionen 1 und 2 sind unvollständig überliefert. Auf Bitten der Fuldaer Mönche unternahm es O., das Leben des hl. Bonifatius von Willibald zu überarbeiten, wobei er in seine Neufassung zahlreiche Stücke des Bonifatius-Briefwechsels aufnahm. Im '*Liber de admonitione clericorum et laicorum*' griff O. das Thema der *Doctrina spiritualis* auf, das ihn noch mehrmals beschäftigte: Vertiefung des religiösen Lebens bei Geistlichen und Laien, die erstere aus dem Studium der Heiligen Schrift, letztere, von denen vorausgesetzt wird, daß sie nicht lesen können (*lectionem, quia illis — sc. laicis — ignota est; . . . excusatio . . . pro litterarum ignorantia*), aus der besinnlichen Anschauung der Welt, in der sie leben, als eines unerschöplichen Vorrats von Gleichnissen nehmen sollen. Ebenfalls in Fulda begann O. nach dem Muster der sogenannten Sprüche des Seneca seine alphabetische Spruchsammlung ('*Proverbia*') anzulegen. Er wählte Bibelsprüche, Verse und Sentenzen antiker Autoren aus und vermehrte sie um eigene Sätze in Prosa und Versen. Als O. diese kurzen, zum Auswendiglernen geeigneten Lehren zusammenstellte, war es seine erste Absicht, zur Erbauung der Geistlichen beizutragen. Doch meinte er, die Sammlung könne auch im Elementarunterricht Verwendung finden und statt Avian (*illa fabulosa Aviani dicta*) und Cato, deren Lektüre auf den Psalter folgte, gelesen werden, damit die jungen, empfindlichen Gemüter mit christlicher an Stelle von heidnischer Weisheit gespeist würden, ehe sie anhand der üblichen profanen Autoren (*saeculares litteras arti grammaticae congruas*) weiteren Unterricht in der Grammatik empfingen. Demgemäß geht dem Werk eine Anrede an *discipuli atque magistri* voraus. Die Sammlung ist Jahre hindurch gewachsen und in verschiedenen Zuständen überliefert; auch eine Reihe von Gleichnissen aus dem Amorbacher '*Sermo*' (s. u.) ist eingeschoben worden (S 70—75). Mehrfach hat O. Auszüge aus den '*Proverbia*' anderen Schriften von sich angefügt, wenn er sie an Freunde schickte (den '*Sermones*' der Züricher Hs. C 57 und '*De III quaestionibus*', wo die Sprüche in den Ausgaben fälschlich als Bestandteil des Werks erscheinen). In Amorbach (um 1067) verfaßte O. seinen ersten '*Sermo*'; die Bitte des Abtes, die Osterpredigt zu halten, hatte er zwar abgelehnt, da er keine Erfahrung darin besitze, doch ließ er sich zur schriftlichen Ausführung einer Predigt anregen (über Ps. 52, 3). Er zeigte darin aufs neue und eindringlicher als in '*De admonitione clericorum et laicorum*', daß Gott den Blick des Christen durch die Betrachtung der vergänglichen Welt auf Höheres und auf unvergängliche Wahrheiten hinlenken, das Verständnis für die moralische Predigt der Schöpfung in ihm wecken will. Die über 100 Vergleiche, unter denen die außerbiblischen überwiegen, stehen ohne jede innere Ordnung aneinandergereiht, und wirken oft gesucht. Doch da O. einen natürlichen Sinn und ein offenes Auge für die Wirklichkeit hat, und nicht nur wie die meisten Moralisatoren des Mittelalters aus Büchern schöpft, sind in ihnen viele einzelne Züge enthalten, die gesammelt und geordnet ein merkwürdiges Bild von Zuständen der Zeit und allgemein menschlichem Verhalten bieten.

Wieder in St. Emmeram, erneuerte O. auf Bitten Wilhelms (von Hirsau) und Adalhalms, des späteren Abtes von St. Ulrich und Afra in Augsburg, die ältere Lebensbeschreibung des hl. Magnus; an Adalhalm ist die recht witzige Zueignung gerichtet. Die späte, auch gekürzt als '*Sermo*' herausgegebene Schrift '*De cursu spirituali*', vom geistlichen Wettlauf, von dem keiner ausgeschlossen ist, wendet sich doch hauptsächlich an die Geistlichen und will sie zum fruchtbaren Studium der Heiligen Schrift, vor allem der Psalmen, anleiten; längere Abschnitte aus dem '*Liber de admonitione clericorum et laicorum*' und '*De III quaestionibus*' sind in den Text aufgenommen, ferner eine eingehende Schilderung der eigenen, nach der Bekehrung beim Schriftstudium durchlebten inneren Nöte und ihrer Überwindung aus demselben. Dieser Selbstbericht, der vermutlich viel früher niedergeschrieben wurde, bestand auch gesondert, mit kurzer Einleitung versehen, unter dem Titel '*De temptatione cuiusdam monachi*'; das Autograph in clm. 14756 zeigt, wie O. an ihn eine Übersicht über seine Werke (*scripsit et idem clericus* ...) und wieder nach einer Pause die mehrfach ergänzte Liste der eigenhändig für St. Emmeram und andere Klöster geschriebenen Handschriften (*Libet etiam proferre* ...) anfügte, die seine ausgedehnten Beziehungen enthüllt. Diese Anhänge bilden den 2. Teil in den Ausgaben von '*De temptationibus*'. In die Rückschau über das Lebenswerk sind zwei lateinische Gebete, das eine in Prosa, das andere in Hexametern, in vollem Wortlaut aufgenommen. Gerade diese Gebete lassen deutlich erkennen, wie O. immer wieder an seinen Arbeiten feilte und besserte: beide sind in je vier verschiedenen Fassungen in eigenhändiger Aufzeichnung überliefert, die auf eine längere Entwicklung beider Formen schließen lassen. Es sind auch schon 3 Verse des metrischen Gebets in den Kyrietropus (s. o.) übergegangen (oder umgekehrt). Eine der älteren Fassungen des lateinischen Prosagebetes hat O. als Grundlage seines deutschen Gebetes gedient. Der Wortlaut des lateinischen Vorbildes ist gekürzt wiedergegeben; nur die Heiligennamen sind im Deutschen erheblich vermehrt. Die Sprache ist bayrisch; doch sind lateinische Wendungen in den Anrufungen der Heiligen und die lateinischen Namensformen beibehalten. Von der stilischen Gewandtheit der lateinischen Schriften O.s ist in dem deutschen Gebet nichts zu spüren; die Verknüpfung der Sätze geschieht eintönig durch *Dara nah*. Das Gebet entstand in St. Emmeram (*unser munusturi daz zistorit ist durh unsre sunta*), jedoch ist die von E. Schröder (ZfdA. 30 S. 82ff.) versuchte Datierung auf die Zeit nach der Rückkehr nicht zwingend.

Mehrere kleine Schriften fehlen in O.s Aufzählung und erlauben auch keine sichere Datierung. Zunächst einige geistliche Gedichte: eine metrische Umdichtung der Notkerschen Sequenz *Sancti spiritus assit nobis gratia*, '*Versus de die iudicii*' (29 Distichen — etwa vor 1065 gedichtet?) und zwei Hymnen in sapphischen Strophen (über Matth. 2, 1—12: Die Weisen aus dem Morgenlande, 17 Str.; '*De natali Domini*, 9 Str.). Autobiographische Aussagen enthält die kleine Schrift '*De mysteriis numeri ternarii*', die zu der im Mittelalter beliebten zahlengebundenen Literatur gehört; hier spricht O. andeutend von der tiefen Enttäuschung, die ihm ein Schüler und Freund, „von der weltlichen Wissenschaft verführt", bereitet habe. Kurz zu erwähnen sind eine kleine zahlenmystische Schrift '*Explanatio qualitatis hominum iuxta numeri mysterium*', Benediktionen zu den Brevierlesungen des Weihnachtstages, ein theologischer Brief an einen Freund, zwei Predigten, angefangene Kollektaneen mit Worterklärungen zu Gregors '*Dial.*' 2,30 und Arnold von St. Emmeram, B. I, eine Wundergeschichte von einem Laien, der die modische Rasur des Bartes, die nur dem Priester ziemte, büßen mußte, einige metrische Widmungen und Schlußschriften in Prosa und Versen. Als verloren ist die schriftliche Beichte *'De confessione actuum meorum'* zu betrachten (*'De tempt.'* 2); zweifelhaft ist die Autorschaft zweier Gedichte (Anal. hymn. 50 Nr. 251 u. 252), die von fremder Hand in O.s Codex clm. 14490, Bl. Ia eingetragen sind, abzulehnen die späte Zuschreibung einer *'Vita S. Florini'* (BHL. 3063; vgl. Stud. u. Mitt. OSB. 51 [1933], S. 142), die entwickelte Reimprosa zeigt.

3. Da O. unablässig an seinen Schriften feilte, sind die zahlreich erhaltenen Autographe sehr aufschlußreich, doch sind gerade sie meist ganz ungenügend herausgegeben. Die wichtigsten dieser eigenhändigen Codices sind: clm. 14490 (Sammlung zahlreicher Werke in Reinschrift, mit vielen nachträglichen Änderungen), clm. 14756 (zeigt z. T. Konzeptcharakter), clm. 18611 (vorläufige Reinschrift, mit Änderungen, an Tegernsee abgegeben), Zürich C 57 (Reinschrift für Freunde). Auch O.s Wirksamkeit als Schreiblehrer spiegelt sich in erhaltenen Handschriften. Proben seiner Hand geben Chroust *Mon. pal.* I. Ser., Lief. III T. 7 u. 8a und Petzet-Glauning *Deutsche Schriftt.* I, 13.

4. O. ist in seiner Zeit ein bemerkenswert unabhängiger Schriftsteller. Die Selbstbeobachtung und die rückhaltlose Schilderung eigener Erlebnisse, die in dem frühen Gedicht *'De doctrina spirituali'* nur vorsichtig als Exemplum eingeführt wird, später jedoch in seinem Werk mehr und mehr an Raum gewinnt, ist zweifellos durch Augustinus (*'Confessiones'*, auch *'Retractationes'*?) beeinflußt. Die Nennung von Autoren ist selten; gleichwohl hat O. die Väter studiert und patristisches Gedankengut verarbeitet. Die Lektüre antiker Autoren um des Genusses willen verwirft er nach seiner Bekehrung. O. war in den artes gebildet und zeigte an Musik und Astronomie besonderes Interesse. Aber er richtet heftige Angriffe gegen die aufsteigende Dialektik und die anmaßende Schulweisheit ihrer Vertreter wie gegen die Liebhaber weltlicher Wissenschaft. Wenn er sich gegen die übertriebene Wertschätzung der Bildung wendet, so auch deswegen, weil eigene Erfahrungen ihn darin die Gefahr der Überheblichkeit erkennen gelehrt hatten, einer Schwäche seiner Jugend. Im Kloster unterwirft er sich der *divina*, der *sancta rusticitas* (*'De doctrina spir.'* Prol.; *'Proverbia'*, M 39). Als Ziel der aus eigenem Antrieb geschaffenen Werke wird in den Vorreden Erbauung genannt; einmal verrät er, daß nach seiner bewährten Erfahrung der unruhig schweifende Sinn durch nichts besser gebändigt werden könne als durch schriftstellerische Arbeit (*'De tempt.'* 2). Eigentümlich sind die häufigen Selbstanleihen. O.s Ausdrucksweise ist schlicht, seine Sprache fast rein von den sonst beliebten griech. Fremdwörtern, die nur in dem Gedicht *'De doctrina spirituali'* häufiger begegnen; auffällig ist *'vobis gerontis* = „euch Alten" (einem Abt von Tegernsee in den Mund gelegt, *'Vis.'* c. 8). Eine Besonderheit von O.s Sprache ist der regelmäßige Gebrauch von *libralis* statt *liberalis* (was z. T. in den Drucken eingesetzt ist). Reimprosa ist häufig, in den *'Proverbia'* z. B. fast regelmäßig. Viele Schriften sind mit Versen eingeleitet und geschlossen; auch in den Text läßt O. nicht selten Verse einfließen. Gern verwendet er leoninischen Reim (meist einsilbig, oft mit vokalischer Assonanz der vorhergehenden Silbe, seltener zweisilbig) oder Endreim zweier aufeinander folgenden Hexameter. Entsprechend dem leoninischen Vers reimen in den sapphischen Zeilen die Silben vor der Zäsur und die Zeilenschlüsse.

Obwohl O. selbst durch Abschriften für das Bekanntwerden seiner Werke Sorge trug, ist ihre Nachwirkung, am Umfang seines Schrifttums gemessen, gering geblieben. Die *Proverbia* sind in der *'Vita Heinrici IV.'* und in einigen jüngeren Sprüchwörtersammlungen benutzt worden, der *'Dialogus de III quaestionibus'* und das Prosagebet in einem privaten Gebetbuch (Zürich C 171, saec. XI.), die *'Vita S. Nicolai'* (BHL. 6126) in einem anderen Nikolausleben (BHL. 6127). Stärkere Verbreitung und Benützung erfuhren die *'Vita S. Bonifatii'* und die *'Vita S. Wolfkangi'*. Da nur zwei von O.s Schriften (*'De doctrina spir.'*, *'De III quaestionibus'*) seinen Namen im Kontext enthalten, und er selbst in den Titeln seiner Werke seinen Namen verschwieg, geriet er sogar im eigenen Kloster in Vergessenheit, und erst der Emmeramer Bibliothekar Dionysius Menger (um 1500, in clm. 14490) entdeckte ihn wieder.

Die Mehrzahl der Werke O.s ist bei MPL. 146, Sp. 1—434 gesammelt, besonders nach der Ausgabe von Pez (*Thes.* III, 2 Sp. 141 ff.), die *'Vita S. Wolfkangi'* nach MG. SS. IV S. 524ff. wiederholt; der *'Liber de admonitione cler. et laic.'* und *'Proverbia'* (kürzeste Fassung) auch zwischen Bedas Werken MPL. 90 Sp. 1113ff. bzw. 1089ff., der Amorbacher Sermo ebd. Sp. 1103ff., der *'Sermo metricus ad clericos'* MPL. 122 S. XVff. Ungenügende Auszüge aus dem *Liber visionum* und *'De tempt.'* MG. SS. XI S. 376ff. Die geistlichen Gedichte Anal. hymn. 47 S. 98f. (Tropus) u. 50 S. 320ff. Proben der *'Vita S. Nicolai'* NA. 10 S. 408f. Eine Nachlese zu den Werken bei E. Dümmler (s. u.) u. B. Bischoff (s. u.). Neuere kritische Ausgaben einzelner Werke: *'Vita S. Altonis'*, ed. G. Waitz, MG. SS. XV S. 843ff.; *'Vita S. Wolfkangi'*, AA. SS., Nov. II, 1 S. 565ff.; *'Vita S. Bonifatii'* ed. W. Levison *Vitae S. Bonifatii* (MG. SS. in us. schol.) S. 111ff.; *'Translatio I'* ed. A. Hofmeister, MG. SS. XXX, 2 S. 823ff.; G. C. Korfmacher, *Othlohi Libellus proverbiorum* 1936. — Ahd. Gebet: MSD.[3] Nr. LXXXIII, vgl. II S. 411ff.; Steinmeyer *Kl. ahd. Sprachd.* XXXV; Braune *LB.* Nr. 26; Fr. Wilhelm *Denkmäler d. Prosa d. XI. u. XII. Jhs.* Nr. I; vgl. Ehrismann I[2] S. 341ff.

Leben: Am besten E. Dümmler BSB. 1895 S. 1071ff. (mit Abdruck der *'Explanatio qualitatis hominum'* u. des Prologs zur *'Vita S. Magni'*); W. Wattenbach *Deutschlands Geschichtsquellen* II[6] S. 65ff.; S. Riezler *Geschichte Baierns* I, 2 S. 103ff.; A. Hauck *Kirchengeschichte Deutschlands* III[3, 4] S. 945f. (vorzügliche Charakteristik); R. Budde Archiv f. Urkundenforschung 5 (1914) S. 175ff.; Fr. Timann *O. v. St. Emm.* (Diss. Berlin 1919/20; vgl. *Jb. d. Diss. d. Philos. Fak. d. Univ. Berlin* 1921, S. 242ff.); M. Manitius *Gesch. d. lat. Lit. d. MA.s* II S. 83ff.; B. Bischoff Stud. u. Mitt. OSB. 51 (1933) S. 115ff., 139ff. (m. Abdruck der Kollektaneen u. a.); ders. ebda 54 (1936) S. 15ff. (Abdruck eines Sermo); M. Huber in *Wissensch. Festgabe z. 1200jähr. Jubiläum d. hl. Korbinian* 1924, S. 210ff.; H. Liebeschütz *Fulgentius metaforalis* 1926, S. 12f. Stellung zur Philosophie: J. A. Endres *Forschungen z. Gesch. d. frühmittelalt. Philosophie* (Beitr. z. Gesch. d. Phil. d. MA.s 17, 2—3) 1915, S. 64ff.; B. Geyer in Fr. Ueberwegs Grundriß d. Gesch. d. Phil. II[11] S. 189f. 697. Stil: K. Polheim *Die lat. Reimprosa* 1925, S. 394. Zur Überlieferung der *'Vita S. Nicolai'* vgl. auch Fr. Hoddick *Das Münstermaifelder Legendar*, Diss. Bonn 1928, S. 32.

Bernhard Bischoff.

Otmar, Hans, aus Reutlingen. Magister artium; Buchdrucker in Reutlingen (1482 bis 1497), Tübingen (1498—1501) und Augsburg (1502—1517). Sein Sohn Silvan — 1495 in Tübingen immatrikuliert — erscheint in Augsburg seit 1513 mit ihm zusammen und nachher (bis 1533) allein in zahlreichen Drucken (vgl. Götze *Die hochdt. Drucker der Reformationszeit* 1905, S. 5f.). Wo H. O. seinen Magistergrad erworben hat, war bisher nicht zu ermitteln; die ergebnislose Prüfung einer großen Zahl von Matrikeln läßt vor allem Prag und Paris offen. Wichtig ist jedenfalls, daß O. als wissenschaftlich gebildeter Mann befähigt war, die Tätigkeit eines Korrektors, d. h. die Besorgung der Textrezension für den Druck, für seine Offizin selbst auszuüben; in einer ganzen Anzahl von Drucken ist das ausdrücklich vermerkt. Wenn es somit in der Nachrede des 1512 erschienenen Prosabuches von 'Orendel' (s. d.) heißt: *Die Hystori dises buchlins hab ich genommen auß ainem gar alten büchlin . . . Vnd damit das dise geschichten nit abfallen auß gedechtnuß der menschen, hab ich Mai. Hannß Othmar diß büchlin wöllen drucken* . . . — so folgt daraus, daß O. auch in diesem Falle den Text zugerichtet hat und damit als Verfasser des Orendeldruckes anzusehen ist; diese Annahme läßt sich durch sprachliche und stilistische Nachweise weiter bekräftigen.

K. Steiff *Der erste Buchdruck in Tübingen* 1881, S. 5ff.; Ders. ADB. XXIV (1887) S. 548 (m. weiterer Literatur); ders. Reutlinger Geschichtsblätter 1 (1890). R. Schmidt *Deutsche Buchhändler, deutsche Buchdrucker* IV (1907) S. 737ff. E. Voullième *Die deutschen Drucker des 15. Jhs.* 1922[2] S. 136. 163.

Einen Neudruck des Orendelbuches bereite ich selbst vor. Vg. u. 'Der Graue Rock'.

Ludwig Denecke.

Ott (*Ottnid*), Verf. eines Ringkampfbuchs: *'Yetz und hernach so hebt sich an dy mass czu allem Ringen Dye stück dann gemacht hat Ott der ein taufter Jud ist gewesen'*. Ms. Ch. A. No. 558. Bibl.

Gotha. V. und IX. Teil des Fechtbuches von Hans Thalhofer (s. d.), 1443. O. gehörte zur Gesellschaft Liechtenauers (s. d.) und wird als Ringer der Herzoge von Österreich bezeichnet, sonst unbekannt. Diese Vorschriften über das Ringen umfassen 11 Seiten. Die verschiedenen Stellungen, welche auf 35 Bll. im farbigen Bilde gezeigt werden, sind jedes mit einer kurzen erklärenden Aufschrift begleitet. Die Ringerpaare sind sehr anschaulich geschildert, trotz der etwas unbeholfenen Zeichnung. Die Vorschriften sind unklar und ziemlich schwer deutbar.

M. Jähns *Gesch. d. Kriegswissenschaften* 1889, I S. 371, 423. G. Hergsell *Livre d'escrime de Talhofer (Code de Gotha) de l'an 1443* 1901, S. 28—33, 39—40; T. 126—160.

Das Thalhofersche Fechtbuch mit dem eingeschobenen Ringkampfbuch von Meister O. ist noch in zwei weiteren gleichfalls reich illustrierten Handschriften erhalten: a) Ms. Ambras, Kunsthist. Sammlungen Wien, 1457; b) Ms. Membr. I. No. 114. Cypr. p. 22 LXXV. Bibl. Gotha, 1467. Im ersteren wird der Ringkampf in 18 farbigen Bildern wiedergegeben, diese sind bedeutend naturalistischer als die von 1443 und vor allem besser und lebendiger gezeichnet. Erklärungen im Text fehlen, ebenso auf den Illuminationen selbst. Die künstlerisch und technisch vollendetste Wiedergabe zeigt der Codex von 1467. Der Text entspricht dem von 1443, die 31 farbigen Bll. weisen jeweils 2 Ringerpaare auf, beide mit erklärenden Textaufschriften, im Gegensatz zu 1457. Die Kunst des Ringens ist nirgends im MA. so anschaulich vor Augen geführt, wie in diesen verschiedenen Thalhoferschen Codices, welche Meister O.s Text erklären.

Jähns aaO. G. Hergesell w. o. (*Code d'Ambras de l'an 1459*) 1901, S. 9, 17, 30, 46; T. 64 bis 81. G. Hergesell w. o. (*Code de Gotha de l'an 1467*) 1901, S. 38—41; T. 190—221.

Ed. A. Geßler.

Ott, Michael, von Aechtertingen (= Echterdingen b. Stuttgart), Redaktor der Zeugbücher Kaiser Maximilians und Verfasser des Zeughausinventars von Innsbruck 1515 (s. *Maximilian I.*). M. O. v. Ä. ist um 1479 geboren und führte seit 1503 als Oberster Feldzeugmeister Kaiser Maximilians I. und kaiserlicher Rat dessen Geschützreformen durch. 1519 war er Feldzeugmeister des schwäbischen Bundes im Krieg gegen Herzog Ulrich von Würtemberg (Belagerung von Tübingen), trat dann in die Dienste Kaiser Karls V., wo er sich in den Mailänder Kriegen, im Bauern-, im Ungarn- und Türkenkrieg 1525—1527 auszeichnete. Sein Todesjahr ist ungewiß, wahrscheinlich 1532. Seine großen Erfahrungen legte er in der 'Kriegsordnung' von 1524 nieder. Sie fußt auf den Ergebnissen des maximilianischen Kriegswesens. Sein Mitarbeiter war Jakob Preuß, des Kurfürsten von Sachsen Zeugdiener der Artillerie. Als eines der wichtigsten späteren Werke über das deutsche Kriegswesen des 16. Jh.s sei es hier nur kurz erwähnt.

M. Jähns *Gesch. der Kriegswissenschaften* 1889, I S. 393, 423, 424, 481—492, 748, 794; ders. *Geschichte des Kriegswesens, techn. Teil*, S. 1050, 1069. W. Boeheim *Die Zeugbücher Kaiser Maximilians I.*, Jahrb. d. kunsthist. Smlg. d. Kaiserhauses 13 (1892) S. 115. L. Beck *Geschichte des Eisens* 1884, Abt. II S. 325 bis 328. ADB. XXIV (1887) S. 558 f.

Ed. A. Geßler.

Otte, Meister.

1. Ottes Gedicht vom Leben des oströmischen Kaisers Eraclius ist uns dreifach überliefert: in einer Wiener und einer Münchener Handschrift, die beide Ausgang des 13. oder Anfang des 14. Jahrhunderts geschrieben sind, und in einer Gothaer Handschrift der Weltchronik des Kompilators Heinrich von München (s. d.). Alle drei Überlieferungen sind so wenig zuverlässig, daß es unmöglich ist, zu der Urform der Dichtung vorzudringen, und man nur zu einem mehr oder weniger subjektiven, durch eklektisches Verfahren gewonnenen Texte gelangen kann. Während der ältere Herausgeber die Münchener Handschrift zugrunde gelegt hat, folgt der jüngere leider der in vieler Hinsicht mangelhafteren Wiener Fassung; auch die Gothaer Fassung verhilft nicht durchweg zu sicheren Entscheidungen. Im einzelnen bleibt daher für den Text noch viel zu tun.

2. In einem Prolog, der uns nur in der Wiener Handschrift erhalten ist, sagt der Verfasser (v. 136): *ein gelêrter man hiez Otte, der dise rede tihte und ir uns berihte, als erz an einem buoche las, dâ ez an welhischen geschriben was.* Er hatte also einen geistlichen Bildungsgang genossen, kann aber einiger derbwitziger Stellen wegen, deren Zielscheibe Äbte und Nonnen sind, nicht Geistlicher von Beruf gewesen sein. Der ausgesprochene Sinn für weltliche Lebenshaltung, der Realismus, mit dem ein Pferdemarkt geschildert ist, die feine Beurteilung und Darstellung der Frauencharaktere und des weiblichen Wesens überhaupt, das lebhafte Interesse für alles, was mit Schule und Kanzleitechnik, mit Stil und Begriffswelt amtlicher Schriftstücke zu tun hat, weisen gemeinsam darauf, daß der Verfasser eine Kanzleistellung an einem weltlichen Hofe eingenommen hat, zu dessen Unterhaltung er sein Gedicht schrieb. Während der Charakter seiner Sprache nach den Reimen und dem Wortgebrauch das östliche Hessen oder das westliche Thüringen als seine Heimat erkennen läßt, legen die daneben vorhandenen bairischen Einflüsse es uns nahe, ihn uns auf bairischem Sprachgebiet als beamtet vorzustellen. Vielleicht lebte er, wie Schröder als das wahrscheinlichste vermutet, am Hofe des Wittelsbachers Ludwig I. (1183—1231) in Landshut, wo er etwa um 1210 sein Werk verfaßte.

3. Ottes unmittelbare Quelle war ein französischer Roman, wie er an der oben zitierten Stelle selbst sagt, und zwar der etwa zwischen 1175 und 1190 in zwei Absätzen mit einer längeren Pause, im Dienste des Grafen Theobald V. von Blois und des Grafen Balduin V. von Hennegau geschriebene *Eracle* des Gautier von Arras, der uns auch einen zweiten Roman (*Ille et Galeron*) hinterlassen hat. Der Roman zerfällt in zwei verschiedene Teile, einen novellistischen und einen legendarischen, von denen man früher annahm, daß sie ihre Verkoppelung schon in einer byzantinischen Romandichtung gefunden hätten, während man diese heute nach den aufklärenden Forschungen Farals und Beckers dem Dichter selber zuschreiben darf. Der novellistische Kern des ersten Teils ist der Ehebruch der Kaiserin Athanais, der Gemahlin des Kaisers Fokas, die der junge Eraclius, der wunderbare Edelstein-, Pferde- und Frauenkenner, für seinen Herren trotz ihrer bescheidenen Herkunft aus vielen Damen als würdigste Gemahlin ausersehen hatte, die aber, vom Kaiser während längerer Abwesenheit einer zu peinlichen Beaufsichtigung (*huote*) unterstellt, auf Abwege gerät, sich mit einem jungen Römer Parides in Liebesbeziehungen einläßt und nach der Heimkehr des Gatten nicht bestraft, sondern mit dem Geliebten vereinigt wird. Der zweite mehr heroische Teil beruht auf den liturgischen Lektionen der beiden Feste der Kreuzesfindung und Kreuzeserhöhung und behandelt die Rückeroberung des von König Cosdroas von Persien geraubten heiligen Kreuzes und seine Zurückführung nach Jerusalem. Das französische Vorbild ist von Otte sehr frei behandelt und namentlich stark gekürzt worden. Auch nahm er in der seelischen Haltung der Personen mancherlei tiefgreifende Änderungen vor: so ist die Gestalt der Kupplerin Morfea, die das Liebespaar zusammenbringt, viel lebenswahrer und realistischer herausgearbeitet. Dem Hofmann Gautier steht Otte als eine mehr bürgerliche Natur gegenüber. Für den zweiten Teil wurden auch noch die alte Kaiserchronik (s. d.) und die Chronik Ottos von Freising als Quellen herangezogen.

4. Das stilistische Gesicht Ottes ist mehr rückwärts als vorwärts gerichtet. Von den neuen Bahnen, die die höfische Dichtung mit Hartmann, Wolfram und Gottfried beschritt, zeigt er sich im innersten ganz unbeeinflußt, nur hie und da äußerlich berührt. Seine Stilmuster sind Heinrich von Veldeke und die Erzähler der vorhöfischen Epoche, mit denen ihn ungezählte Parallelen der Anschauungsweise und des Ausdrucks verbinden. Hervorzuheben sind die vielen formelhaften Wendungen, in denen er sich an seine Zuhörer wendet, die humoristischen Streiflichter, die er gern auf Ereignisse und Persönlichkeiten wirft, und besonders die weit-

gehende Neigung zu sentenziösen Zwischenbemerkungen. Recht lebhaft weiß er den Dialog seiner Figuren durch ein künstliches Spiel kurzer Reden und Gegenreden (Stichomythie und Hemistichomythie) zu gestalten, ein Stilmittel, dessen Geschichte in mhd. Zeit noch nicht geschrieben ist.

Ausgaben: H. F. Maßmann 1842 (mit Gautier und ausführlicher geschichtlicher Untersuchung); H. Graef 1883 (Quellen und Forschungen 50); dazu F. Bech Literaturblatt 1884 Sp. 131 und E. Schröder GGA. 1884 S. 563. Kollation der Gothaer Handschrift: Ph. Strauch *Beiträge zur Kritik des 'Eraclius'*, ZfdA. 31 (1887) S. 297. M. Haupt *Zum 'Eraclius'*, ZfdA. 3 (1843) 158; G. Herzfeld *Zu Ottes 'Eraclius'*, Heidelberger Dissertation 1884; dazu E. Steinmeyer AfdA. 12 S. 103 und O. Behaghel Literaturblatt 1885 Sp. 184). E. Schröder *Der Dichter des deutschen 'Eraclius', ein Beitrag zur altbairischen Literaturgeschichte*, MSB. 1924. — Ausgabe der frz. Quelle: *Oeuvres de Gautier d'Arras* I von E. Löseth (Paris 1890). Ph. A. Becker *ZfrPh.* 55 (1935) S. 286. F. Maertens *Untersuehungen zu Ottes 'Eraclius'* Diss. Göttingen 1927.

Albert Leitzmann.

Öttingen, s. Abelendlin, Friedrich, Kursnengel u. Schulpriester v. Ö.

Ottnid, s. Ott.

Meister Otto von Bamberg. Die große vierbändige Sammlung von Rezepten, die Herzog Johann von Sachsen (der spätere Kurfürst Johann der Beständige) von 1515 bis 1523 eigenhändig zusammenschrieb, enthält in Band II (Cod. Membr. I 112 der Herzoglichen Bibliothek zu Gotha) auf Bl. 17^b—18^a ein Rezept für Balsam mit der Überschrift: *Eynen balsum zcu machen meister otten von bambergk.* H. Niewöhner.

Otto von Botenlauben.

1. Graf Otto, ein jüngerer Sohn des Grafen Poppo VI. von Henneberg, genannt nach der Botenlauben bei Kissingen, erscheint als Zeuge im Gefolge Heinrichs VI. in Italien. Er ist mit einem Kreuzzuge nach dem Heiligen Lande gegangen, wahrscheinlich 1197, und blieb dort mit einigen Unterbrechungen über zwanzig Jahre. Es hielt ihn dort die Heirat mit einer reichen Erbin fest, Beatrix, der Tochter des Joscelin von Courtenay, Seneschalls von Jerusalem. 1220 entäußerte er sich seines in und um Akkon belegenen Grundbesitzes durch Verkauf, wie auch durch Zuwendungen an die Johanniter und den deutschen Orden und kehrte in die Heimat zurück. Sein Sohn Heinrich wurde früh geistlich, der andere, Otto, war verheiratet, trennte sich aber von seiner Gattin und trat in den deutschen Orden, ebenso sein Sohn Adalbert, und die Gattin nahm den Schleier. Er selber verkaufte 1234 Burg und Herrschaft Botenlauben an den Bischof von Würzburg und zog sich in das Kloster Frauenrode zurück, wo er 1244 (?) hochbetagt starb und begraben wurde.

2. Nicht nur die Zeit nach seiner Heimkehr und die letzten Jahre im Morgenlande kommen für seinen Minnesang nicht in Betracht, sondern wir werden diesen im wesentlichen der Zeit vor seiner Ausfahrt zuweisen; jedenfalls hat er, als er hinausging, die Kunst des Minnesanges seiner Zeit sich schon angeeignet. Zeitgeschichtliche Beziehungen finden sich nicht darin, auch nicht in einer Strophe, die einem Karfunkelstein, der zu Loche im Rheine liegt, den Waisen in der Königskrone gegenüberstellt, der dem König nicht scheint, weil er hinten angebracht ist. Es ist etwas, das er nicht sieht, was er hat und nicht hat; so gehts ihm mit der Frau, der seine Lieder gelten.

3. Die Überlieferung seiner Gedichte ist nicht gleichmäßig und nicht ungestört. Doch bieten die ihm sicher zuzuschreibenden Gedichte eine beachtliche Mannigfaltigkeit. Neben dem sehnenden Minneliede finden sich Tagelieder und ein Minneleich in der Art des Ulrich von Gutenburg (s. d.). Auch fallen zwei einstrophige Stücke auf, die der Spruchgattung nahekommen. Dagegen ist eine Reihe von einzelnen Strophen wohl auf eine Handschrift zurückzuführen, in der nur die ersten Strophen enthalten waren; zwei derselben verlangen entschieden eine Fortsetzung.

HMS. 1, 27—32; 4, 62—68. Bartsch-Golther *LD.* Nr. XXVI. ADB. III S. 193. L. Bechstein *Geschichte und Gedichte des Minnesängers Otto von Botenlauben, Grafen von Hennenberg* 1845. O. Stöckel *Otto von Botenlauben* 1882. Alle irgendwie für ihn in Frage kommenden Texte bei C. von Kraus *Mittelhochdeutsches Übungsbuch*[2] 1926, S. 188 bis 200.

Rosenhagen.

Otto IV. von Brandenburg, Markgraf (mit dem Pfeile). Markgraf O. IV. v. B. erhielt seinen Beinamen (*Pilemann*) von einem Pfeilschuß in den Kopf, den er 1279 bei der Belagerung von Staßfurt an der Bode erhielt. Er regierte von 1260—1308. 1278 wurde er im Kriege mit Magdeburg gefangen und von seiner Gemahlin Heilwig, der Tochter des Grafen Johann von Holstein, ausgelöst. In Chorin ist er begraben. Als Gönner der Dichtkunst wird er gerühmt durch den Meißner (s. d.) und Hermann Damen (s. d.), während die Erwähnung beim Goldener (HMS. 3, 52b; s. d.) auf Ottos Vetter, Otto den Langen, sich bezieht, Frauenlob (s. d.) aber seinen Neffen, den Markgrafen Waldemar, den letzten Askanier, preist. Als Dichter gehört er mit andern späten fürstlichen Sängern aus dem wendischen Gebiete zusammen, mit Heinrich von Meißen (s. d.), mit dem Herzog Heinrich von Breslau (s. d.), die untereinander verwandt und befreundet waren. Er war als solcher ein „kleines liebenswürdiges Talent" (Burdach), das sich in artigen, zärtlichen Strophen äußerte. Doch ist in lehrhaften Stellen auch die Schule der bürgerlichen Meister zu erkennen.

HMS. 1, 11—12; 3, 585a 4, 25—29. ADB. XXIV S. 659 (v. Heinemann) und S. 661—663 (Burdach=*Reinmar u. Walther*[2] 1928, S. 417ff.) Bartsch-Golther *Liederdichter* Nr. LXXX. G. Roethe *Die Reimvorreden zum 'Sachsenspiegel'* S. 59.

Rosenhagen.

Otto von Diemeringen.

1. O. v. D. hat im 14. Jh. die Reisebeschreibung des Mandeville ins Deutsche übersetzt. Dieser galt fünf Jahrhunderte lang für einen kühnen Weltreisenden, der die Länder des Ostens durchzog; sein Reisewerk wurde als das Erzeugnis eines gewaltigen Geistes bewundert. Erst am Ende des 19. Jh.s gelang es der Forschung nachzuweisen, daß er diesen Ruhm nicht verdient. Den Namen des englischen Ritters Mandeville führte er ebenso zu Unrecht, wie er in seinem Werk auf selbständige Arbeit so gut wie völlig verzichtete. Den größten Teil der von ihm beschriebenen Länder hat er nie besucht. Er hieß in Wirklichkeit Jean de Bourgoigne (Joh. von Burgund) und war Arzt zu Lüttich, wo er 1382 starb. Einzelne Werke wie das des deutschen Ritters Wilhelm von Boldensele (s. d.), der 1336 einen Bericht seiner Palästinareise niederschrieb, und des Franziskaners Oderich, der 1330 von einer sich bis nach China erstreckenden Missionsreise zurückkehrte, sind von ihm fast in ihrem ganzen Umfang wörtlich übernommen. Bei all diesen Entlehnungen verfährt er äußerst geschickt, seine literarische Begabung ist über jeden Zweifel erhaben.

2. Um seinem Werke eine möglichst weite Verbreitung zu sichern, schrieb Jean es französisch. Es wurde zunächst ins Englische und Lateinische und bald in fast sämtliche europäischen Sprachen übersetzt. Die französischen Hss. zerfallen in zwei Gruppen. Auf die eine, nur durch eine zu Lüttich geschriebene Hs. vertretene Gruppe und eine daneben benutzte lateinische Bearbeitung geht die Diemeringsche Übersetzung zurück, während ein anderer Übersetzer, Michel Velser (s. d.), in seiner Arbeit der zweiten Gruppe französischer Hss. folgte. Eine dritte Übertragung lieferte der Ulmer Bürger Hans Bart (s. d.).

3. Die wichtigsten Hss., die uns die Diemeringsche Übersetzung überliefern, sind die folgenden: a) die Pariser Sammelhs. auf der Nationalbibliothek Ms. allemand No. 150, Bl. 1—191, b) zwei Heidelberger Hss. (Cod. Pal. Germ. No. 65 und 138), c) eine Münchner Hs. (Cod. Germ. No. 693), d) die Straßburger Sammelhss. No. L 195, Bl. 236^b—276^b. Diese ist sehr lückenhaft. Die beiden Heidelberger und die Pariser Hs. geben Diemeringens Übersetzung ziemlich genau wieder, in der Münchner macht sich Velsers Einfluß bemerkbar. Die Stadtbibliotheken zu Hamburg und Magdeburg verwahren je eine mnd. Hs. Von den alten Drucken ist besonders das '*Reyßbuch des*

heyligen Lands', ein Sammelwerk, das 1584 zu Frankfurt gedruckt wurde, erwähnenswert. Es enthält Diemeringens Übersetzung Bl. 405^a bis 432^b. Aus dem Wortlaut ergibt sich Abhängigkeit von einem Straßburger Druck vom Jahre 1483 (bei Johannes Prüß). Das Erlanger Mandeville-Bruchstück, das nach Ablösung von einem alten Einband als No. 35 in der Sammelmappe 2112 in der Univ.-Bibl. verwahrt wird, enthält einen Teil von Ottos Übersetzung.

4. O. v. D. bekleidete, wie er uns in der Einleitung seiner Übersetzung sagt, die Stellung eines Domherrn zu Metz. Urkundlich belegt ist er als solcher in der Zeit von 1369 bis 1398, in diese Zeit fällt also auch sein Werk. Die Reisebeschreibung verdeutschte er, *uff daz die tütschen auch darinne mogent lesen von manigen wunderlichen sachen die dar inne geschriben sint.* Zum Unterschied von Velser beschränkte sich Otto auf seine eigentliche Übersetzeraufgabe, während V. hie und da eigene Bemerkungen einfließen läßt. O. v. D. gibt eine getreue Übertragung, Velser übertrifft ihn an Gewandtheit.

Über Mandeville vgl. Gräße *Literärgesch.* II 2, § 90, S. 773 f. Fr. Jacobs und F. A. Uckert *Beitr.* 1835, I S. 419 ff. Petzholdts Neuer Anz. 1862, S. 183 f. Yule und Nicholson Encyclopaedia Britannica XV S. 473 ff. A. Bovenschen *Untersuchungen über Joh. von Mandeville und die Quellen seiner Reisebeschr.*, Zs. d. Ges. für Erdkunde zu Berlin 23 (1888) S. 177 ff. R. Röhricht *Bibliotheca geogr. Palaestinae* 1900, S. 79 ff. P. Thomsen *Die Palästina-Lit.* 1911, I S. 68. — Über Otto von Diemeringen: Gräße *Literärgesch.* II 2, § 90, S. 774. Fr. Jacobs und F. A. Uckert *Beitr.* I S. 423 f. Petzholdts Neuer Anz. 1861, S. 280. ADB. V (1877) S. 129. F. E. Sandbach *Handschr. Untersuchungen über Otto v. Diemeringens dt. Bearbeitung der Reisebeschr. Mandevilles.* Diss. Straßburg 1899. A. Gebhardt *Das Erlanger Mandevillebruchstück und die Entstehungszeit der Diemeringschen Verdeutschung*, Münchener Museum 2 (1914) S. 191 ff. S. Martinsson *Itinerarium orientale, Mandevilles Reisebeschr. in mittelniederdeutscher Übersetzung.* Diss. Lund 1918.

Eduard Brodführer.

Otto von Freising.

1. Leben. Ottos Vater war Markgraf Leopold III. von Österreich, seine Mutter Agnes, die Tochter Kaiser Heinrichs IV. Sein Vater stammte aus dem Geschlecht der Babenberger, das die bayrische Ostmark seit der Mitte des 10. Jhs. verwaltete und fränkischer Herkunft war, wenn auch vielleicht Ottos Ableitung von jenen Babenberger Grafen, die unter Arnulf von Kärnten und Ludwig dem Kind in Franken mit den Konradinern um die Herrschaft kämpften, nicht zutrifft. Seine Mutter war zuerst mit dem schwäbischen Herzog Friedrich von Staufen (gest. 1105) vermählt gewesen; Otto war also mütterlicherseits mit den fränkischen Saliern und mit den Hohenstaufen verwandt. Kaiser Heinrich IV. war sein Großvater, Konrad III. sein Stiefbruder, Friedrich I. sein Neffe. Otto kann, da seine Eltern 1106 heirateten und er der fünfte der überlebenden Söhne war, frühestens 1111 geboren sein, wahrscheinlich aber erst 1114—15.

Die beiden ältesten Brüder waren mit dem Vater zerfallen, so daß als Nachfolger Leopolds III. in der Mark dessen dritter Sohn Leopold (IV.) erscheint. Diese häuslichen Zwistigkeiten und das erschütternde Schicksal seines Großvaters, die starke kirchliche Einstellung der Eltern (der Vater bekam schon im 12. Jh. den Beinamen *Pius*) sowie der Kampf zwischen Imperium und Sacerdotium mußten Otto schon in seiner Jugendzeit tief beeindrucken und die Ansicht von der Vergänglichkeit alles Irdischen schon früh in ihm bilden. Die Eltern bestimmten ihn für den Geistlichenberuf, dem sich auch sein jüngerer Bruder Konrad widmete. Sein Vater machte ihn noch im Knabenalter, wie es damals üblich war, zum Propst des weltlichen Chorherrenstifts Klosterneuburg, das jener 1114 gegründet hatte; für Otto besorgte der Kanoniker Opold die Verwaltung des Stifts.

Später wurde Otto zum Studium nach Paris geschickt. Er muß dort einige Jahre verbracht haben und gegen 1133 von Paris endgültig aufgebrochen sein. Einmal kam er während seines Studiums auf kurze Zeit nach Deutschland zurück und brachte seinem Stift Reliquien mit, deren Namen er aber aus Vorsicht geheimhielt. Obwohl er im 1. Buch der *'Gesta Friderici'* die gelehrten Streitigkeiten seiner Zeit schildert, viele Namen aufführt und die geistigen und menschlichen Eigenschaften dieser Gelehrten kennt, gibt er leider niemals an, ob er zu Füßen des Betreffenden gesessen hat. So läßt sich die Frage, wer seine Lehrer waren, nur indirekt beantworten auf Grund des Einflusses, der sich von jenen her in seinen Schriften feststellen läßt. Das sind vor allem Abälard, Gilbert de la Porée und der Deutsche Hugo v. St. Viktor. Abälard wirkte durch seine Persönlichkeit, sein furchtloses Eintreten für seine wissenschaftliche Überzeugung und dadurch, daß er die wissenschaftliche Methode auf Glauben und Kirchenlehre übertrug. Mit Gilbert muß Otto persönliche Beziehungen gehabt haben; seine Schriften wirkten stark auf ihn ein; gegenüber Angriffen Gerhohs v. Reichersberg (s. Reichersberg) und Bernhards von Clairvaux verteidigte er Gilberts und dessen Schüler Meinung, weil deren Sache auch seine eigene war. Hugo scheint am meisten geholfen zu haben, seine Weltanschauung zu gestalten. Auch bei Adam von Petit-Pont und Theodorich von Chartres hörte er vermutlich: sie benutzten und verarbeiteten die damals neuen logischen Schriften des Aristoteles; diese Schriften brachte Otto später mit nach Bayern und sorgte dafür, daß sich sein Klerus mit ihnen befaßte. — In Paris studierte er mehr Philosophie als Theologie und eignete sich das weltliche und geistliche Wissen seiner Zeit voll an. Seine freie Beherrschung der lateinischen Sprache und sein durchgebildeter Stil mögen über die Höhe der damaligen Bildung hinausragen. Rahewins Wort besteht zu recht: *fedus sibi mutuum cum philologia* (*'Gesta'* IV 14).

Daß Otto noch anderswohin zog, um berühmte Lehrer zu hören, ist möglich (Wilh. Meyer vermutete, er habe auch in Reims bei Alberich studiert, s. GGN. 1907, S. 101ff.), aber nicht gesichert. Auf dem Rückweg in die Heimat trat er mit 15 Studiengefährten, sicher seiner Begleitung, die er, wie es seinem Stand entsprach, aus der Heimat mit auf die Hochschule genommen hatte, im Kloster Morimund (Diözese Langres) in den Zisterzienserorden ein. Sein Denken und Fühlen waren von früh auf so gerichtet, daß er in diesem Orden die gleiche Auffassung vertreten und das Ideal, das ihm in Paris noch besonders zum Bewußtsein gebracht worden war, verwirklicht finden konnte. Nur vier Jahre war er Mönch; er erlangte die höheren Weihen, regte 1135 die Gründung von Heiligenkreuz an, die sein Vater ausführte, wurde schließlich dort Abt und, wenn Alberich von Trois-Fontaines (MGH. SS. XXIII, 838) recht hat, am folgenden Tag Bischof von Freising.

Zwanzig Jahre, bis zu seinem Tod, leitete er das Freisinger Bistum, das er wenig mehr als zwanzig Jahre alt erhielt. Äußerlich und innerlich hob er es empor und wurde sein Neubegründer (vgl. Rahewin *'Gesta'* IV 14). Er machte Freising zum Mittelpunkt der Aristotelesstudien in Deutschland und brachte die dortige Schule, die unter den bairischen Bildungsstätten am frühesten berühmt geworden war (s. *Arbeo v. Freising*) und deren Ruhm im 11. Jh. verblaßt war, auf ihre größte Höhe, von der sie nach ihm und Rahewin (s. d.) wieder herabsank. Der Domberg erhielt damals den Namen *mons doctus*. Die weltlich-fürstlichen Pflichten seines Bischofsamts zu erfüllen, war für Otto sehr schwer, da er in die kriegerischen Wirren zwischen Welfen und Staufern hineingerissen und namentlich von Heinrich dem Löwen wirtschaftlich schwer geschädigt wurde und mit den Vögten seiner Kirche, den Wittelsbachern, hart zu kämpfen hatte. Als Reichsbischof hatte er sich auch politisch zu betätigen, er hielt zu Konrad III., zu den Staufern gegen die Welfen, und zu Friedrich I., den er bei seiner Aussöhnungspolitik gegenüber den Welfen unterstützte, obwohl er dabei selber verschiedene Belastungsproben zu ertragen hatte. Er wirkte im Kronrat mit und war wohl ein hervorragender Ratgeber Konrads, aber nicht der leitende. 1145 schickte ihn Konrad in diplomatischer Mission an die päpstliche Kurie, 1149 hatte er ihm einen politisch wichtigen Brief Bernhards v. Clairvaux zu überbringen. 1147—49 nahm er am zweiten

Kreuzzug teil; er führte eine kleinere Abteilung von 15000 Mann durch die griechischen Küstenlandschaften; sie wurde in Laodicea von den Türken vernichtet; Otto rettete mit Mühe sein Leben und fuhr nach Jerusalem. Die Erlebnisse der unglücklichen Kreuzfahrt berührten ihn tief, vgl. Gerhoh v. Reichersberg '*De camino exsilii te quasi aurum probatum Deo donante recepimus*' (Migne PL. 193 Sp. 492).

In Freising kam er zu jener Tätigkeit, die seinen Namen berühmt machte, zur Geschichtsschreibung. Vor der Kreuzfahrt verfaßte er die Weltchronik (1143 bis 1146), später die Taten Barbarossas (1157—1158). Nach der Beendigung des zweiten Buches starb er, erst Anfang der Vierziger, ein früh Vollendeter. Er hatte sich beim Kaiser von der Teilnahme am zweiten Römerzug 1158 befreien lassen und wollte zum Generalkapitel seines Ordens nach Citeaux, wurde aber in Morimund bettlägerig. Noch auf seinem Totenlager beschäftigte er sich mit seinem letzten unvollendeten Werk.

2. Werke. Er schrieb keine Abhandlungen über 'Dialektik und Philosophie', wie Enea Silvio de' Piccolomini in seiner '*Historia Frid. III. imp.*' ihm zuteilen möchte (vgl. etwa clm. 19411, wo umfängliche Auszüge aus den '*Gesta*', die die meisten Briefe und die philosophischen Exkurse enthalten, überschrieben sind: '*Fridericus Ottoni primo. Quedam philosophia*'), auch keine Schrift zum Thema Natur und Wunder (Chron. VIII 11 *alibi dicta* meint Augustin '*De civit. Dei*' XXI 1—8), kein '*Fragmentum de Hildebrando papa*' (Potthast 886; d. i. ein Auszug aus '*Gesta*' I 1 und der 'Weltchronik' VI 35), keine '*Historia Austriaca*' (s. Urstisius *Germaniae historia illustrata* I, S. 4; Fabricius-Mansi *Bibliotheca* V 187; '*Gesta*' I 10 *quod alias a nobis plenius dictum est* bezieht sich auf 'Weltchronik' VII 9). Man wollte ihm sogar das mhd. Epos 'Eraclius' des Meister Otte (s. d.) zuschreiben, der sich selbst als einen gelehrten Mann bezeichnet; den aber hat man auf Grund seiner Sprache im Rheinfränkischen zu suchen und vor allem erst in den ersten Jahren des 13. Jhs.

1147 begann er, von der Kreuzzugsbegeisterung gepackt, nach der 'Weltchronik' ein Werk mit andrer Anschauung, verwarf es aber wieder, s. das Vorwort der '*Gesta*'. Näheres wissen wir nicht. — Erhalten ist ein Brief Ottos vom März 1152 an Wibald von Stablo, der damals Abt von Korvei war. Auf dessen Bitten handelt er kurz darüber, '*Quomodo ad ascensionem Domini referri valeat, quod in psalmo legitur* (Ps. 23, 7—8)' und findet eine dreifache Deutung (her. von Jaffé *Bibl. rer. Germ.* I, 519f.).

a) 'Chronik'. Die 'Weltchronik' betitelte Otto selber als '*Historia de duabus civitatibus*' (vgl. Prol. VIII oder Überschrift des Jen. Cod. Bos. q6, wohl noch vor 1177 geschrieben). Der andere Titel '*Chronica*' stellt nur eine Abkürzung dar, die Otto selbst einmal gebraucht ('*Gesta*' I 31) und Friedrich I. in seinem Brief an Otto, die auch einige Hss. haben. Wenn Otto einige Male angibt, er habe '*De mutatione rerum*' geschrieben, so umschreibt er damit das Grundthema.

Im Prolog zum 1. Buch nennt er Isingrimus den, auf dessen Bitten er das Werk auf sich nahm. Das war vermutlich ein Mönch des Augsburger Ulrich- und Afra-Klosters, der aus einer vornehmen Freisinger Familie stammte, 1145 Abt von Ottenbeuren wurde und sich auch schriftstellerisch betätigte. Die erste, für jenen berechnete Fassung, die vor Ende 1146 oder Anfang 1147 beendet war, bevor sich das Abendland zum Kreuzzug rüstete, ist nicht erhalten. Alle Hss. gehen vielmehr auf die zweite Fassung zurück, die Otto für den Kaiser nach dem März 1157, aber noch in demselben Jahr angefertigt hatte; Friedrich I. hatte ihn gebeten, ihm ein Exemplar zu übersenden; dies schickte er ihm durch Abt Raboto von St. Stephan zu Freising und seinen Kaplan Rahewin, dem er es diktiert hatte. Im Begleitschreiben an den Kaiser betont er, daß er die 'Chronik' im wesentlichen unverändert gelassen habe. Er hat nicht die inzwischen verflossenen Jahre nachgetragen, nur den Papst- und Kaiserkatalog ergänzt, an verschiedenen Stellen Nachträge eingefügt (s. seine Notizen vom Kreuzzug 1147—49 her, bes. I 26, V 18) und zwei Widmungsbriefe vorangestellt, an den Kaiser und seinen Kanzler Reinald, den er vor allem darum bittet, ein guter Interpret seines Werks beim Kaiser zu sein.

Was ihn eigentlich und zu innerst bewog, die Chronik zu schreiben, darüber spricht er im Prolog zum ersten Buch. Er habe viel über die Veränderlichkeit der menschlichen Dinge, der menschlichen Macht wie der Weisheit, nachdenken müssen; das „Urerlebnis christlichen Geschichtsdenkens" (W. Stach NJbb. 13 S. 386) trieb ihn zur Feder. Er will Babylon und Jerusalem gegenüberstellen, die *civitas diaboli* (*temporalis*, *mundialis*) und die *civitas Christi* (*eterna*, *caelestis*), die eine mit ihrer Qual, die andre in ihrer Glorie zeigen. Die Lehre von den beiden Reichen stammt von Augustin, auf den er im Prolog zum 1. und 8. Buch als Hauptquelle hinweist. Das war der folgenreichste seiner großen geschichtsphilosophischen Gedanken, die er ans MA. weitergab. Durch seinen Aufbau auf dem Augustinischen Grundgedanken unterscheidet er sich von den Weltchroniken vor ihm; dadurch erreicht er auch die künstlerische Geschlossenheit, durch die sich sein Werk vor den andern auszeichnet. Augustins Zweistaatenlehre erfährt aber bei ihm mannigfache Umgestaltung.

Seine Chronik erstreckt sich von der Schöpfung bis 1146 (VII 34). Nach der Vision des Daniel betrachtet er (vgl. den Prolog an Reinald) die Weltgeschichte als Geschichte der vier *principalia regna*, des assyrisch-babylonischen, medisch-persischen, mazedonisch-griechischen und römischen; die übrigen Reiche behandelt er nur nebenbei. Damit überschneidet sich die Einteilung in 7 Bücher der Geschichte unserer Welt (das dritte Reich z. B. reicht von der Mitte des 2. bis zum 2. Kap. des 3. Buchs). Die Zahl der 7 Bücher übernahm er aus Orosius, den er nächst Augustin seine Hauptquelle nennt; aber in der Einteilung folgte er ihm nur beim ersten Buch und zeigte in der andern Ansetzung der Zäsuren seinen geschichtlichen Blick.

Im Gegensatz zu Augustin und Honorius läßt er die zwei Staaten erst mit Adams Söhnen, Kain und Seth, beginnen (s. I 2). In der ersten großen Epoche vor Christi Geburt lebt der Gottesstaat verborgen und mitten im heidnischen Weltstaat, in der zweiten aber wächst er empor, um den heidnischen Weltstaat allmählich zu überwältigen. Christus vermählt die beiden *civitates* miteinander und schafft eine neue *civitas Dei*, die im Römerreich allmählich emporwächst. Sie verwirklicht sich schließlich im christlichen Imperium Romanum, im Reich Konstantins und Karls d. Gr., die beide wie die Päpste Nachfolger Christi in dieser *civitas* sind.

Ottos Auffassung vom *Imperium christianum*, das Augustin nicht kennt (er sieht die *civitas Dei* nur in der Kirche als der Gemeinschaft der Gläubigen), beherrschte seit der Kaiserkrönung Karls d. Gr. das frühe Mittelalter und wurde grade damals durch die geistige und politische Wandlung des ganzen Abendlands, in Deutschland durch Barbarossa und sein Kaisertum überwunden. Jene Idee eines das ganze christliche Abendland umspannenden Reichs, repräsentiert durch Kaisertum und Papsttum, wurde erst, als sie im 12. Jh. gefährdet war, in der Geschichtsschreibung betrachtet; es ist grade Ottos Verdienst, daß er dies Weltbild „sozusagen in ein geschlossenes System" brachte (Brackmann BSB. 1936, S. 129).

Wichtig ist für jenes Weltbild die Übertragung des Imperiums *ab Urbe ad Grecos, . . Francos, . . Lonbardos, . . rursus ad Teutonicos Francos*. Dabei ist Ottos Ziel, die Ostfranken als die rechtmäßigen Träger des Kaisertums hinzustellen, dabei verbindet er das ottonische mit dem karolingischen Kaiserhaus.

An Quellen benutzt er am meisten das Werk des Orosius und die Chronik Frutolfs von Michelsberg, die er aber nicht nennt. Erst beim Regierungsantritt Heinrichs V. (1106) geht er von den schriftlichen Quellen zu glaubwürdigen Berichten oder Selbsterlebtem über; nur VII c. 12—34,

1106—46 umfassend, kommt als Geschichtsquelle im engeren Sinn in Betracht und ist für die Geschichtsforschung von großem Wert. Wenn man auch abschnittsweise nachweisen kann, welchen Schriftvorlagen er folgte, so hat er doch den Text nicht wörtlich übernommen, sondern ihn geändert, vor allem gekürzt, unwichtige Namen ausgeschieden und bei jedem Ereignis auf die Geschichte andrer Völker in synchronistischer Übersicht verwiesen. Er liebt es, sich bei der Chronologie aufzuhalten, und übt hier wie auch sonst Kritik (s. VI 1 oder VII 7). Ihm kommt es in erster Linie darauf an, den weltgeschichtlichen Stoff unter bestimmten Gesichtspunkten zu betrachten und zu bearbeiten, d. h. die Zweistaatenlehre und seine Grundanschauung von der *mutatio rerum* zur Geltung zu bringen.

Die Darstellung steht unter dem Zeichen des Pessimismus, vgl. den Brief an Barbarossa: *nos hanc historiam nubilosi temporis, quod ante vos fuit, turbulentia inductos ex amaritudine animi scripsisse ac ob hoc non tam rerum gestarum seriem quam earundem miseriam in modum tragediae texuisse et . . . in miseria terminasse.* Das offenbart in seiner ganzen Trostlosigkeit das letzte Kap. der eigentlichen Weltgeschichte (VII 34). Über die gegenwärtigen Unruhen und Kämpfe in und außerhalb Deutschlands empfindet Otto Überdruß am Leben und glaubt, die Welt könne nicht mehr lange bestehen, wenn sie nicht heilige Bürger des wahren Gottesreiches durch ihre Verdienste erhielten. Deshalb redet er im letzten (35.) Kap. des 7. Buchs über *diversos religiosorum ordines* und singt ein Loblied auf die Mönche.

Das 8. Buch entbehrt jedes historischen Gehalts und gehört doch zur 'Chronik' untrennbar hinzu. Otto schrieb sein Werk unter der Vorstellung des nahen Weltendes (II 13, vgl. VI 36); besonders verlangte die Zweistaatenlehre das Auslaufen ins Weltende, damit der trostlose Wirrwarr der Weltgeschichte einen mystischen Abschluß im Jenseits findet. Auch Augustin hatte seine '*Civitas Dei*' mit vier Büchern Eschatologie abgeschlossen. Denen entnahm Otto den meisten Stoff, benutzte Hugo von St. Viktor u.a. In zwei großen Teilen berichtet er vom Weltende als dem Schlußakt der Geschichte (c. 1—19) und als Schlußzustand (c. 20—34). Diese Abhandlung über ein Hauptstück der christlichen Dogmatik, wobei er auch das Dogma der Auferstehung u. a. Schwierige behandelt, hält er trocken scholastisch, scholastischer als seine Muster. Trotz der Anlehnung an jene wahrt er seine Eigenheit und hat deshalb in der Ausbildung der scholastischen Eschatologie Anspruch auf einen der ersten Plätze. Das Ganze läßt er in Poesie und Mystik ausklingen. In dichterischer Verklärung malt er die himmlische Seligkeit.

Die 'Weltchronik' hat ihre Einheit nicht nur im beherrschenden Grundgedanken, sondern auch in der Form, so daß sich nichts herausreißen läßt. Drei Kunstmittel helfen den Grundgedanken betonen: Leitmotive, die auf spätere wichtige Geschehnisse hindeuten, Rückblicke, die Grundsätzliches an Höhepunkten zusammenfassen, und die Auswahl nur solcher Ereignisse, die fürs Zentralthema Bedeutung haben.

Die Notwendigkeit des 8. Buchs lehrt, daß Otto nicht im üblichen Sinn Geschichte schreiben wollte, daß die 'Chronik' ihrer Idee nach kein Geschichtswerk ist. Die historiographischen und eigentlich wesenhaften Elemente bilden die Apokalypse, wie sie die christliche Weltchronik vor Eusebius darstellt, und zwar in jüdisch-hellenistischer Art, Augustins '*Civitas Dei*' in eschatologischer Auffassung und die Weltgeschichte, wie sie Orosius und Frutolf bieten. Diese Elemente sind ganz individuell zusammengemischt und dies in die Form eines persönlichen Bekenntnisses gegossen. Im Gegensatz zu Augustin will Otto die Menschen fürs unmittelbar bevorstehende Weltende aufrütteln und innerlich vorbereiten. Seine Originalität besteht darin, daß er den alten Grundgedanken Augustins von der weltgeschichtlichen Entwicklung im Gegensatz von Gottes- und Weltstaat konsequent durchführte und individuell umformte, „daß er aus den uralten Elementen der kirchlichen Tradition einen Bau aufführte, der an Großzügigkeit und Klarheit alles frühere in den Schatten stellte, der in geistiger Belebung des toten Stoffes leistete, was noch keiner geleistet hatte" (Hofmeister).

Die 'Chronik' wurde viel gelesen (s. die vielen Hss. und Fragmente), viel unmittelbar und mittelbar benutzt und übte auf die Geschichtsdarstellungen der folgenden Zeit größten Einfluß auf. Doch blieb dieser zumeist auf Deutschland, bes. den Südosten, beschränkt. Eine würdige Fortsetzung (bis 1209) fand die Chronik durch Otto von St. Blasien (s. d.). Die kleinen Continuationes, Auctaria, Notae (s. Hofmeisters Ausgabe) sind nicht mehr als 7. Barbarossa nahm ein längeres Stück aus dem 6. Buch in eine Urkunde vom 6. August 1167 über die Translation des hl. Bartholomäus auf und verwandte es als entscheidendes Zeugnis. Der Codex Jenensis Bos. q6, kurz vor 1177 in der Diözese Freising, wahrscheinlich im Kloster Schäftlarn angefertigt, ist nicht nur überlieferungsgeschichtlich, sondern auch kunsthistorisch wichtig: seine Miniaturen müssen Kopien der Illustrationen sein, mit denen das Geschenkexemplar für Friedrich I. geschmückt war. Dem Neuschaffen eines Illustrationszyklus, der durch die Anordnung in ihrer Gesamtheit ein erstmaliges Kunstwerk darstellt, wie es damals in Deutschland nur ein Mitglied der Salzburger Schule schaffen konnte, kommt kunsthistorisch eine ähnliche Bedeutung zu wie der Abfassung der Chronik in der Historiographie. Vgl. W. Scheidig *Der Miniaturenzyklus zur Weltchronik Ottos v. Fr.* 1928.

b) 'Gesta'. In jenem Brief, den Otto nicht vor April 1157 an Friedrich I. schrieb, als er ihm die Chronik überreichte, bot er dem Kaiser an, auch seine Taten aufzuzeichnen, wenn ihm der Stoff durch die kaiserlichen Notare in Abschnitten aufgezeichnet und übersandt würde. Der Kaiser hat vermutlich einen solchen Wunsch ihm gegenüber auf dem Regensburger Reichstag (Sept. 1156) geäußert (bis dahin reicht Barbarossas Abriß seiner Taten). Den '*Gesta Friderici I. imperatoris*' ist der Brief des Kaisers vorangestellt, in dem er ihm für die Chronik dankt und auf seine Bitte die Regierungstätigkeit von 1152—56 darstellt. Im Prolog vor dem 1. Buch, der dem ganzen Werk gilt, redet Otto den Kaiser an und sagt gegen Schluß: *Hanc ergo tuae nobilitati offero hystoriam.* Hinter dem Kaiser aber stand Reinald: für ihn waren sicherlich hier wie auch in der 'Chronik' die philosophischen Exkurse eingelegt; er redigierte die Aktensammlung der kaiserlichen Notare, durch die Otto das vom Hof erbetene Material erhielt. Zum äußeren Anlaß des kaiserlichen Wunsches kommt als innere Ursache der große politische Wandel: das Wunder des Friedens, das Barbarossa vollbrachte, führt Otto als Rechtfertigung seines neuen Werkes an.

Er kann die '*Gesta*' erst im Sommer 1157 begonnen und muß sie vor Frühjahr 1158 beendet haben. Das 1. Buch füllt er mit der Vorgeschichte (1080—1152), vom Kampf Heinrichs IV. gegen Papst Gregor VII. bis zum Tod Konrads III. Er wollte (s. Prolog) zuerst den dunklen Hintergrund malen, um von ihm die Taten Friedrichs I. um so heller abzuheben. In der ersten Hälfte stellt er neben die Reichsgeschichte die Geschichte von Barbarossas Großvater und Vater, Friedrich I. und II. von Schwaben. Er berichtet im 1. Buch größtenteils Ereignisse, die er bereits in der 'Chronik' VI und VII dargestellt hatte, aber anders: er benutzt hier die 'Chronik' als Grundlage, so daß die '*Gesta*' nur mit ihr zu verstehen sind (s. z. B. die Verweise, c. 11, 23 uö.), und ergänzt sie mit der Geschichte der beiden Schwabenherzöge. Die letzten Regierungsjahre Konrads III. aber sind neu (1146—52). Sehr breiten Raum nehmen die philosophischen und theologischen Exkurse ein. Er handelt im umfangreichen 5. Kap. über den Satz: *Quicquid est, aut genuinum est aut nativum;* er gelangt zum Fundamentalsatz der Metaphsyik, so daß man in ihm einen der hervorragenden Zeugen für die Lehre des 12. Jh.s über die Werdeprinzipien der Dinge sieht; er entwickelt auch eine Formenlehre und gibt einen kurzen Abriß der ganzen Logik. Im 55. Kap. erörtert er Gilberts Lehre: *per-*

sonam in theologia tamquam rem per se unam; im 65. will er den unglücklichen Ausgang des 2. Kreuzzugs entschuldigen und handelt dabei über den Begriff des Guten. Den gelehrten Streitigkeiten seiner Zeit mißt er dieselbe Bedeutung bei wie den politischen Ereignissen und bringt in 12 Kap. (46—57) Gilberts Lehre, die Angriffe dagegen und Gilberts erfolgreiche Verteidigung mit wörtlicher Aufnahme umfangreicher Aktenstücke. Dabei deckt er das Versagen Bernhards von Clairvaux auf wissenschaftlichem Gebiet schonungslos auf.

Das 2. Buch stellt er ganz auf Barbarossa ein, beginnt mit der Wahl und Krönung (1152) und endet mit der Schlichtung des bairischen und des Kölner Streits (1156). Im kurzen Vorwort preist er die Fülle der Siege und erhabenen Taten Barbarossas und den Frieden im Reich und schlägt damit den heiteren, panegyrischen Ton an, auf den dies Buch abgestimmt ist. Mit Recht rühmt man hier die Kunst der Darstellung. Dem wichtigsten Ereignis, dem 1. Italienzug (1154—55), räumt er 31 von 56 Kap. ein, schildert hier besonders zusammenhängend und anschaulich, ergeht sich z. T. in behaglicher Breite, schiebt Episoden und Reden ein, erläutert Verhältnisse und Örtlichkeiten näher. Die Reden sind nicht authentisch, sondern von ihm ausgearbeitet und zwar so sorgfältig und kunstvoll, daß sie der Sachlage trefflich entsprechen.

Wenn er auch manches überging, was seiner panegyrischen Tendenz abträglich war, etwa Konrads Gegenkönigtum gegen Lothar v. Supplinburg, oder den Streit zwischen Papsttum und Kaisertum mit großer Distanz betrachtet, so hat er doch die Wahrheit nicht direkt entstellt oder künstlich verdunkelt. Auch steht kein eigennütziger Wunsch hinter der staufischen Begeisterung, die ehrlich war. Man hat ihm eine Reihe von Fehlern nachgewiesen, dabei aber oft die Bedingungen vergessen, unter denen er schrieb, den nicht mangellosen Zustand seiner Quellen. Es gibt sicher Fälle, wo Ottos Unkenntnis merkwürdig anmutet. Aber im ganzen sind doch die Gesta ,,ungemein wertvoll und wichtig, eine Quelle ersten Ranges für Friedrichs erste Regierungszeit" (Simonsfeld *Jahrb.* S. 655). Ihm stand gutes Material zur Verfügung, s. die eingelegten Aktenstücke, 9 im 1. und 2 im 2. Buch, sowie die Benutzung der hofhistoriographischen Darstellung im 2. Buch. Hinzukommen seine hohen verwandtschaftlichen Beziehungen, seine hohe Stellung als Bischof und Reichsfürst, seine vortrefflichen Kenntnisse und ausgezeichnete Bildung. Dazu hatte er durch die 'Weltchronik' Erfahrung im Schreiben gesammelt und sich die Übersicht über die weltgeschichtliche Entwicklung und die historischen Voraussetzungen der Barbarossazeit verschafft. So mußte ein Werk entstehen, das durch Inhalt und Form auch im unvollendeten Zustand äußerst wertvoll ist.

Das Verhältnis der '*Gesta*' zur 'Chronik' ist umstritten. Ottos Ansicht über das Eintreten des Weltendes hat sich geändert: in der 'Chronik' erwartet er das unmittelbar bevorstehende Ende, in den '*Gesta*' aber nicht mehr. Seine Stellung zum irdischen Herrschertum, zum Kaisertum hat sich gewandelt: gegen die Endzeit zu streiten und durch die Rettung des römischen Reichs den Untergang der Welt aufzuhalten, ist nach den '*Gesta*' (I 8) die Aufgabe der Staufer, während die 'Chronik' (VII 9) als einzigen Ausweg aus den verhängnisvollen letzten Regierungsjahren Heinrichs IV. nur die geistige Flucht aus der Welt kennt. In den '*Gesta*' herrscht zwar wie in der 'Chronik' die Überzeugung von der Nichtigkeit alles Irdischen, die Verachtung des Diesseits (s. etwa I 4), aber daneben steht die aufrichtige Verehrung Barbarossas und die leidenschaftliche Billigung seiner politischen Taten. Dies Nebeneinander zeigt ihn wohl innerlich auf dem Wege, aus der Verachtung des Irdischen zur positiven Einstellung gegenüber der Zukunft des Reichs hinüberzufinden. So konnte er von der bußpredigenden 'Chronik' zur politischen Zeitgeschichte schwenken, politisch von der mönchisch-asketischen Hierarchievorstellung der 'Chronik' zur staufischen Reichspolitik der '*Gesta*'.

Der beherrschende Grundgedanke, daß das Glück der Welt auf dem einträchtigen

Zusammenwirken von Staat und Kirche beruhe, und der Grundton der freien Heiterkeit geben den *'Gesta'* eine ähnliche Einheit und Geschlossenheit wie der 'Chronik'.

Barbarossas Herrschergestalt und seine Politik darf man nicht mit Ottos Augen betrachten. Otto war Mönch und Bischof, Barbarossa Laie und Fürst. Ottos Weltbild ist von Augustin bestimmt, er idealisiert den Kaiser als *rex iustus*. In Barbarossa aber zeigt sich die alte germanische Adelswelt als treibende Kraft in der deutschen Geschichte; Stolz, Ehre und Recht sind für ihn bestimmend. Otto mußte als Angehöriger eines anderen Standes die Taten des Kaisers umdeuten: er stellte sie in die *civitas Dei* hinein. Auch verhielt sich Otto bei dem politischen und geistigen Umbruch seiner Zeit konservativer als Barbarossa.

3. Die eigentliche Bedeutung Ottos liegt, so groß auch seine Verdienste um das Bistum Freising, auch als politischer Ratgeber am Hof sind, auf schriftstellerischem Gebiet. Seine Schriften haben schon für die mittelalterliche Philosophie nicht geringen Wert. Seine ausführliche Behandlung des Streits um Gilbert und Abälard ist eine wichtige Quelle für die Geschichte der Philosophie. Seine eigene Philosophie kennen wir nur aus den Bruchstücken in seinen Schriften; in Ontologie und scholastischer Eschatologie tritt er hervor. Sein Hauptverdienst liegt darin, daß er die *logica nova* des Aristoteles als erster oder einer der ersten nach Deutschland brachte.

In der 'Chronik' verband er Philosophie und Historie miteinander und wurde so zum „philosophischen Historiker" (Schmidlin). Man sieht in ihm „Gipfel und Vollendung" oder „Höhepunkt der mal. Geschichtsschreibung", weil er als erster den Geschichtsstoff geistig durchdrang und in ihn seine persönliche Stimmung und Lebensanschauung hineintrug. Dies auf die 'Chronik' gegründete Urteil ist auch insofern berechtigt, als nach Otto und vollends nach dem Untergang der Hohenstaufen die Geschichtsschreibung in Deutschland niedergeht. Das Weltbild aber, das Otto in der 'Chronik' zeichnet, ist das des Frühmittelalters, das damals überwunden wurde. Schon aus diesem Grund muß man neben die 'Chronik', wenn nicht über sie die *'Gesta'* stellen: er wendet sich darin aufrichtig und kräftig der Aufgabe der frühstaufischen Reichsgeschichtsschreibung zu: er will den Kaiser verherrlichen und so den neuen Kurs der Reichspolitik bekräftigen; damit unterstützt er die reichspolitische Propaganda und weist in die Zukunft. Im Inhalt dürften die *'Gesta'* der 'Chronik' die Waage halten, da sie zwar ein kleineres Thema behandeln, für dies aber das Material erst herbeischaffen mußten, ebenso in der Form. In ihrer Stimmung und Weltauffassung aber sind die *'Gesta'* der 'Chronik' überlegen; das fühlte Otto selber, als es ihn nach der 'Chronik' zum Schreiben drängte, weil er sich weiter entwickelt hatte.

Wenn die 'Chronik' auch auf der Augustinischen Zweistaatenlehre beruht und des Ausklangs im Weltende bedarf, so will sie doch grade nachweisen, daß das christliche Imperium Romanum rechtmäßig auf die Ostfranken übergegangen sei, daß die Deutschen zu den Franken gehören, die als letztes Volk das Imperium haben sollen. Der deutschen Tradition folgend, gliedert er die Sachsenkaiser in die Kaiserreihe ein. Man merkt es seinen Zeilen an, daß sie bei der Übertragung des Reichs auf die Deutschen von patriotischer Stimmung und nationalem Stolz getragen sind (s. z. B. 'Chron.' VI 18 oder 24, 32). In den *'Gesta'* ist das Nationale stärker vertreten als in der 'Chronik'. Barbarossas Erfolge haben ihn gepackt, ihn mit Lebensfreude erfüllt und dem Diesseits zugekehrt, er will jetzt dem Kaiser und Kanzler helfen. Er rühmt die deutsche Tapferkeit bei den Kämpfen in Italien (II 33 oder 35), verachtet die Griechen und die übrigen „Barbaren" jenseits der Reichsgrenzen, am meisten die Ungarn (I 32). So zeigt er den völkischen Geist und das Nationalgefühl des deutschen Mittelalters in der Translationstheorie der 'Chronik', nach der das Deutsche Reich seit Karl d. Gr. und Otto I. die Weltgeschichte macht, und in der Verherrlichung Barbarossas und seiner Politik in den *'Gesta'*.

Ausgabe der 'Chronik' und *'Gesta'* in den SS. rer. Germ. in usum schol. von A. Hofmeister (1912) und G. Waitz-B. v. Simson (1912). — Manitius III S. 376ff. (Dort die Einzelliteratur bis 1931). Kassian Haid, O. v. Fr., Cistercienserchronik 44 (1932) und 45 (1933); Paul Lehmann in der lokalhistor. Zs. 'Alt-Freising' 1933, H. 1 und 2 (Vortrag); Joh. Spörl *Grundformen hochmittelalterlicher Geschichtsanschauung* 1935, S. 32ff.; Eberh. F. Otto *Otto v. Fr. und Friedrich Barbarossa*, HistVjschr. 31 (1937) S. 27ff.

K. Langosch.

Otto von Passau. Lesemeister im Franziskanerkloster zu Basel und dort 1362 als Lektor, 1363 als Kustos, 1385 als Konventual urkundlich bezeugt. Am 23. November 1384 gibt er den Klosterfrauen zu Königsfelden eine Ordnung und ist Beichtvater des Hüglin von Schönegg. Über sein Leben ist sonst nichts bekannt.

Nach Überlieferung der Hss. verfaßte er für den Kreis der Gottesfreunde das Werk 'Die 24 Alten oder der goldene Thron der minnenden Seele' in dt. Prosa; die Schlußredaktion erfolgte wahrscheinlich 1386 in Basel. Der Abstieg von den spekulativ-mystischen Schriften am Beginn des 14. Jh.s zum moralischen Erbauungsbuch ist in den '24 Alten' greifbar; der Zweck des Werkes ist, der minnenden Seele (also dem Leserkreis: seinen Beichtkindern und den Gottesfreunden) durch den Mund der 24 Ältesten, die der 'Apokalypse' des Johannes (4,4 u. ö.) entstammen und deren Kult damals in Blüte stand, fromme Ermahnungen und Richtlinien zu erteilen, wie sie durch ihren Erdenwandel einer der neun Wohnungen im Himmel teilhaftig werden könne; der Inhalt gliedert sich in 24 Reden, die je einem der 24 Ältesten in den Mund gelegt werden und deren jede ein bestimmtes Thema abhandelt: Reue, Beichte, Buße, äußeres und inneres Verhalten, Träume, Gottesliebe, Nächstenliebe, Abendmahl usw.; die Darstellung ist eine Sentenzensammlung aus 104 aufgezählten Schriftstellern, die durch mehr oder weniger kurzen Zwischentext miteinander verbunden sind und deren Namen bei den Zitaten stets angeführt werden. — Als im 15. Jh. das deutschsprechende Laienpublikum geistige Dinge unabhängig vom gesprochenen Wort aus Schrift und Druck zu erfassen bestrebt war, wählte man mit sicherem Instinkt als einen der Träger dieser Bemühungen die '24 Alten', die neben anderen religiösen Werken geeignet waren, in einem Zeitalter sich auflösender Weltordnung dem Bedürfnis nach gesicherten Maßstäben einer inneren Lebenshaltung in leicht faßlicher Form Genüge zu bieten. Darin liegt die Bedeutung des Werkes. Über 100 Hss. sind erhalten, von einem Dutzend weiterer wissen wir, z. T. aus alten Katalogen. Die Hauptverbreitungszeit der Hss. — aus dem 14. Jh. ist nur eine Hs. auf uns gekommen — fällt etwa in die Jahre 1400 bis 1480, in denen das Werk namentlich in Oberdeutschland in Laienkreisen und Nonnenklöstern viel gelesen wurde; es verbreitete sich dann aber auch am Rhein abwärts bis in die Niederlande und wurde hier bis zur Mitte des 16. Jh.s wiederholt abgeschrieben. Um 1480 tritt eine Ablösung der Hss. durch die Inkunabeln (8 Stück) ein, denen bis 1607 fünf weitere Drucke folgen; ein Nachzügler erschien 1836.

Am besten orientieren immer noch die Artikel von Wilh. Wackernagel Kl. Schriften II (1873) S. 189—92 und Phil. Strauch ADB. XXIV (1887) S. 741—44. Vgl. ferner: Rud. Wackernagel Festbuch z. Eröffnung d. Hist. Mus. Basel 1894 S. 186, 212—16; Kneller Wetzer-Welte² IX (1895) Sp. 1185—87; R. Thommen *Urkunden z. schweiz. Gesch.* II (1900) S. 177—80, Nr. 184; S. M. Deutsch in RE.³ XIV (1904) S. 537—39; Francis Mershman The Catholic Encyclopedia XI (1911) S. 359 bis 60; Rud. Wackernagel *Gesch. d. Stadt Basel* II 2 (1916) S. 791 u. ö. Wieland Schmidt *'Die 24 Alten' Ottos v. Passau* 1937 (Pal. 212).

Wieland Schmidt.

Otto von Rinderbach. Hs. Additional 16581 des Britischen Museums, 15. Jh. (1469), ostschwäbisch, Bl. 159b; s. R. Priebsch *Deutsche Hss. in England* II (1901) S. 147—58. Ihm wird zugewiesen der Spruch:

Es ist layder worden newe
Güte red vnd valsche trew.

R. Priebsch.

Otto von St. Blasien.

1. Unter diesem Namen geht eine Chronik, die in ihrer Art die Fortsetzung der Chronik des Otto v. Freising (s. d.) darstellt. Sie schließt sich inhaltlich, zeitlich und formell an diese an. Was wir über den Verfasser wissen, ist sehr wenig; selbst für seine Person haben wir kein unumstößliches Zeugnis. Der Überlieferung nach war es Otto v. St. Blasien, ein Mönch des gleichnamigen Klosters im Schwarzwald, der nach Ussermann 1223 gestorben ist. Handschriftlich bezeugt ist der Name erst in einer Wiener Hs. von 1482 und bei Nauclerus, während die ältesten Hss. ihn nicht kennen. Es liegt aber kein Grund vor, an der Richtigkeit dieser Überlieferung zu zweifeln, da auch innere Gründe für O. als Verfasser sich geltend machen lassen.

2. Abfassungsort u. -zeit: Die Kenntnis der schwäbischen Orts- und Zeitverhältnisse, mit denen der Verfasser zum Teil noch besser vertraut ist als die gut unterrichteten Jahrbücher von Weingarten, weisen auf Abfassung in Schwaben hin. Scheffer-Boichorst hat gezeigt, daß eine Notiz über den Aufenthalt Konrads III. in Freiburg, von dem in unserer Chronik die Rede ist, in Beziehung steht mit der Urkunde bei Stumpf 3598 für St. Blasien. Es ist seitdem an der Abfassung der Chronik im Kloster St. Blasien nicht mehr zu zweifeln. Der Verfasser ist also unter den Mitgliedern dieses Klosters zu suchen.

Die Abfassung der Chronik fällt zeitlich nicht mit den geschilderten Ereignissen zusammen. Daß sie im Zusammenhang verfaßt ist, hat man noch nicht bezweifelt. Der Verfasser berichtet nämlich zu früheren Jahren Tatsachen, die zeitlich viel später liegen. So weiß er z. B. schon 1158, daß bereits alle Söhne Barbarossas gestorben sind. Der letzte aber, Philipp v. Schwaben, wurde erst am 21. Juni 1208 ermordet. Zu 1198 berichtet er, daß der Krieg zwischen Otto IV. und Philipp v. Schwaben 12 (10) Jahre gedauert hätte. Eine genauere Untersuchung ergibt, daß wir gegen Ende des Jahres 1209 frühestens mit der Abfassung der Chronik zu rechnen haben. Wahrscheinlich hat der Verfasser sie um die Mitte des Jahres 1210 wieder aus der Hand gelegt. Den Streit zwischen Kaiser und Papst schildert er nicht mehr. Jedenfalls spricht eine Reihe von Gründen gegen die Annahme, daß das Werk erst mehrere Jahre nach 1209 entstanden und der Verfasser durch den Tod an der Vollendung des Werkes gehindert worden sei. Die Zeit der Abfassung führt uns ebenfalls auf den Mönch Otto.

3. Literarische Bildung des Verfassers: Überlieferung, Ort und Zeit sprechen also für die Abfassung der Chronik in St. Blasien in den Jahren 1209/1210. Für diese Zeit ist uns aber ein Mönch namens Otto bekannt, der literarisch interessiert und tätig war. U. a. schrieb er Genealogien aus der heiligen Geschichte, von denen eine Abschrift beim Klosterbrand 1768 vernichtet wurde. Ob derselbe Mönch Otto der Verfasser unserer Chronik ist, oder ob ein zweiter Mönch desselben Namens gleichzeitig in St. Blasien gelebt hat, ist nicht mehr endgültig zu entscheiden. Es ist aber doch wahrscheinlich, daß wir es hier mit ein und derselben Person zu tun haben. Daß der Verfasser unserer Chronik literarisch gebildet war, geht aus einer näheren Untersuchung seines Werkes auf Zitate und Stil hervor. An theologischen Autoren hat der Verfasser gekannt: Petrus Lombardus, Petrus Manducator, Petrus Cantor, Alanus, Prepositinus, Humbert von Mailand, die insgesamt bei keinem einzigen Autor dieses Zeitraumes erwähnt werden. Auch die Sermones des hl. Bernhard von Clairvaux sind ihm nicht fremd. O. zeigt also eine große Belesenheit in zeitgenössischer Literatur. Nicht weniger groß ist seine Kenntnis des römischen Altertums: Hegesippus, Josephus, Sallust, Orosius, Vergil und Livius hat er gelesen. Eingeschobene Reden in seinem Werke und schematische Belagerungsszenen haben bei den antiken Schriftstellern ihr Vorbild. Den Kaiser schildert O. nach der Weise der antiken Autoren. Beschäftigung mit dem römischen Altertum verrät aber insbesondere sein Stil. Das Latein beherrscht er ungewöhnlich gut. Der Stil ist an antiken

Mustern durchgebildet. Man darf nicht an einfache Nachahmung und Übernahme einzelner Redeweisen denken. Der ganze Stil weist vielmehr auf eine gründliche und sorgfältige Beschäftigung mit dem römischen Altertum hin. Auf die Kenntnis der übrigen als Quellen benutzten Werke kommen wir nochmal zurück.

Was wir über die Person des O. wissen, geht über die Kenntnis seines Namens und seines Todesjahres nicht weit hinaus. Nach Ussermann wurde er 1222 Abt und starb im Juli 1223. Aus seinem Werk tritt uns aber eine lebensvolle Persönlichkeit entgegen.

4. Hsl. Überlieferung: Das Original ist uns nicht erhalten. Abschriften sind nur wenige bekannt. Zwei davon gehen auf das Original zurück. Die eine ist bald nach der Mitte des 13. Jh.s (1254—1273) entstanden. Es ist codex Turicensis Stiftsbibliothek C 33 in Zürich. Der Text dieser Chronik schließt sich ohne merklichen Absatz an den der Chronik Ottos v. Freising an. Die Abschrift ist nachlässig, der Wortlaut manchmal vom Schreiber geändert, ohne daß er eine andere Vorlage dafür benutzt hätte. Auch Randnotizen kommen sehr oft vor. Auf diese Hs. gehen noch zwei andere zurück (cod. Parisinus Bibl. Nat. nr. 4895 A; und cod. bibl. Karlsruhensis Sanblas. nr. 18). Eine andere Hs., die ebenfalls auf das Original zurückgeht, ist aus dem Jahre 1482 und wurde auf Veranlassung des Johannes Fuchsmagen angefertigt (cod. Vindob. Bibl. Palat. nr. 3334). Sie nennt auch O. als Verfasser. Die Schrift ist von einer Hand, sorgfältig geschrieben, fast ohne Randnoten. Der erste Druck des Werkes erfolgte 1585 durch Urstitius in Frankfurt.

5. Der Inhalt der Chronik erstreckt sich über die Jahre 1146—1209. Sie setzt also zeitlich die Chronik Ottos v. Freising fort. Im Mittelpunkt steht der Kampf zwischen Kaiser und Papst. Die Ereignisse werden geschickt zusammengedrängt, Gleichartiges wird zusammengefaßt, Wesentliches hervorgehoben, Tatsachen werden berichtet. Geschichtsphilosophische Betrachtungen wie bei Otto v. Freising kommen nur selten vor. Ruhige und parteilose Objektivität kennzeichnet die Darstellung. Das konnte auch nur ein Verfasser, der den Ereignissen schon ferner stand. Bei aller Objektivität fühlt man aber deutlich heraus, welchen Standpunkt der Verfasser in den geschilderten Kämpfen einnimmt. Im Vordergrunde steht ihm das Imperium. Seine Stellung schlechtweg als päpstlich oder als kaiserlich zur bezeichnen, würde verfehlt sein. Er sucht abzuwägen. Aber seine mehr kaiserliche Haltung kann er doch nicht verleugnen. Die Demütigungen des Papstes verschweigt er nicht, während er die Niederlage Friedrichs I. bei Legnano zu verschleiern trachtet. Seine geistliche Herkunft kann er nicht verdecken, aber er ist doch schon weit entfernt von der zelotischen Einstellung der Mönche von St. Blasien im großen Kampfe zwischen Barbarossa und dem Papste. In dem Thronstreit zwischen Philipp v. Schwaben und Otto IV. steht er auf Seiten des Staufers. Er nennt ihn stets *rex*, während Otto IV. diesen Titel erst nach dem Tode Philipps erhält. Doch weiß der Verfasser auch im Welfen schon den zukünftigen Kaiser zu achten. Nach Philipps Tod behandelt er ihn ebenso wie die übrigen Herrscher.

6. An Quellen haben dem Verfasser für den ersten Teil des Werkes meist schriftliche Aufzeichnungen vorgelegen. Benutzt hat er zunächst die '*Gesta Friderici*' des Otto von Freising. Daß ihre Fortsetzung von Rahewin (s. d.) stammt, ist ihm unbekannt. Sie bilden in einem Auszug die Grundlage für die Kapitel 1—11 der Chronik. Auch die Chronik Ottos v. Freising wird öfter zitiert. Vinzenz v. Prag ist ihm nicht unbekannt. Manches spricht dafür, daß er die 'Weingartener Jahrbücher' benutzt hat. Möglicherweise hat aber für die betreffenden Stellen ein im welfischem Sinne (etwa im Kloster Weingarten oder Zwifalten) überarbeitetes Exemplar Ottos v. Freising vorgelegen. Dieselbe Quelle, wie die Fortsetzung der '*Annales Marbacenses*', hat er nicht gehabt. Die Benutzung von Gunthers (s. d.) '*Historia Constantinopolitana*' ist gegen Pannenborg abzulehnen. Auch einige Briefe hat er in die Darstellung verarbeitet. Für den zweiten Teil des Werkes kamen zumeist mündliche Berichte von Augenzeugen in Betracht. Die Ministerialen Schwabens waren wohl seine Hauptquelle, da sie am meisten in der Umgebung des Herrschers waren und

auch die Italienzüge mitmachten. Auch Kreuzfahrer hat er gesprochen. Daneben verwertet er auch manchmal Volkserzählungen.

7. Bei einer Bewertung des Werkes muß man unterscheiden zwischen dem Quellen- und dem literarischen Wert. Früher hat man den Quellenwert weit überschätzt, weil man sich durch die formvollendete Sprache und den glänzenden Stil beeinflussen ließ. Tatsächlich reicht es an Quellenwert nicht entfernt an Ottos v. Freising *'Gesta'* und Rahewins Fortsetzung heran. Die Nachrichten, die er bringt, sind oft ungenau und sehr verwirrt. Vor allem, wenn er über Dinge berichtet, die außerhalb seines Blickfeldes lagen wie Italienzüge und Kreuzzüge, ist er nicht zuverlässig und eine Kontrolle seiner Angaben für den Forscher nicht zu umgehen. Zahlreiche chronologische Fehler lassen sich nachweisen. Von willkürlicher Erdichtung einzelner Tatsachen zu sprechen, geht zu weit. Es lag ihm eben, ganz im Sinne der alten Römer, mehr an gefälliger Darstellung als an historischer Genauigkeit. Trotz dieser Mängel bleibt er eine wertvolle Quelle, da für diese Zeit andere Quellen uns fehlen. Mit 1208 beginnt er Zeitgeschichte zu schreiben und wird ganz zuverlässig.

Höher steht der literarische Wert der Chronik. Über den Stil habe ich oben schon einiges gesagt. Die literarische Form des Ganzen zeigt, daß der Verfasser seine Zeitgenossen an Bildung weit überragte. Die äußere Form des Werkes ist annalistisch. Der Autor hält sich aber nicht streng an dieses Schema. Frei und leicht fließt die Erzählung dahin. Gleichartiges faßt er zusammen, hebt das Wesentliche in der Erzählung hervor. Ausdruck und Art der Darstellung schließen sich eng an Otto von Freising an. Glänzende Beherrschung der Sprache ist das Kennzeichen des ganzen Werkes, so zwar, daß es dem Verfasser mehr auf schöne Darstellung als auf wahrheitsgetreue Wiedergabe ankommt.

8. Die Chronik O. v. St. B. war im Mittelalter, abgesehen von Schwaben, nur wenig bekannt. Ob die Neuburger Fortsetzung der *'Annales Marbacenses'* aus der Chronik geschöpft hat, ist zweifelhaft. Ebenso ist es unsicher, ob Burchard von Ursperg sie gekannt und benutzt hat. Es scheint, daß fast alle diese Werke, besonders soweit man sie als Hofhistoriographie zu betrachten hat, auf gemeinsame Quellen zurückgehen, die auf irgendeine Weise vom Hof zur Verfügung gestellt wurden. (Es sei hier verwiesen auf die Arbeit über die staufische Hofhistoriographie von E. Zenger, Würzburger Dissertation 1930/31.) Aufgenommen wurde unsere Chronik vollständig in die *'Chronica universalis Turicensis'*. Auch im Kloster St. Trudberg wurde sie ausgeschrieben. Möglich ist, daß auch Gobelinus Person sie gekannt hat.

Ausgaben von Wilmanns MGH. SS. XX.; Hofmeister *Ottonis de sancto Blasio chronica*, SS. rer. Germ. 1912. Ferner Thomae *Die Chronik des Otto von Sankt Blasien kritisch untersucht*. Diss. Leipzig 1877.

Herberhold.

Otto zem Turne. Bartsch unterscheidet zwei Dichter dieses Namens, einen älteren, Otto zem Turne I, den der von Gliers unter den verstorbenen Leichdichtern beklagt, und einen jüngeren, Otto zem Turne II, von dem die Hs. *C* 6 Minnelieder in späten Formen (jüngere Titurelstrophe) überliefert. Sprache und Technik rechtfertigen die Trennung.

Otto zem Turne I. Bartsch schreibt ihm einen unter Winlis Namen überlieferten Leich zu, in dem der Dichter als 'her Türner' angeredet wird. Wahrscheinlich ist er identisch mit dem in einer Urkunde des Klosters Engelberg 1275 erwähnten Ritter Otto zem Turne. Der kunstvolle Leich folgt in seinem streng symmetrischen Bau der älteren Technik, was mit der Stellung, die der von Gliers Otto unter den Leichdichtern zuerkennt, übereinstimmt. Eigenartig ist das Einflechten niederländischer Wörter, ein Zeichen für den Modewert, den das Niederländische damals besaß.

Große Heidelberger Liederhs. *C* (Universitätsbibliothek Heidelberg Cod. Germ. Pal. 848, Bl. 232c.d., unter Winli). F. Pfaff *Die große Heidelberger Liederhs.* I (1909) Sp. 769—771.

Bodmer *Sammlung von Minnesingern aus dem schwäbischen Zeitpunkte* II (1759) S. 23f. HMS. II 31f. III 657. IV 320f. 646f. K. Bartsch *Die schweizerischen Minnesänger* 1886, Nr. 18, S. CIV—CVI, 166—169, 439. L. Tieck *Minnelieder aus dem Schwäbischen Zeitalter* 1803, S. 166—168.

Otto zem Turne II. Sievers rechnet ihn seiner Sprache nach zu den Schwaben. Wappen und Stellung in der Manessischen Handschrift lassen ihn dem Geschlecht der Freiherrn von Turn und Gestelenburg im Wallis zuordnen. Inwieweit er mit dem Leichdichter verwandt ist, ist nicht sicher. Er ist zwischen 1312 und 1331 in Luzerner Urkunden nachweisbar. 1339 wird er als verstorben bezeichnet. Seine Lieder — unter ihnen ein Tanzlied (V) — sind echte Minnelieder, wie sie am Anfang des 14. Jh.s in der Schweiz gepflegt wurden. Die Geliebte steht so hoch, daß selbst der Kaiser Mühe hätte, ihrer wert zu sein. Die Form ist kunstvoll, ohne gekünstelt zu sein.

Große Heidelberger Liederhs. C (Universitätsbibliothek Heidelberg Cod. Germ. Pal. 848, Nr. 59, Bl. 194—195c, mit Bild). F. Pfaff *Die große Heidelberger Liederhs.* I (1909) Sp. 646—652. Melchior Goldast *Paraeneticorum veterum pars* I (1604) S. 411. 428 (= II, 6. 8). [Bodmer] *Proben der alten schwäbischen Poesie des 13. Jh.s* 1748, S. 137f. (= II, 1—6). Bodmer *Sammlung von Minnesingern aus dem schwäbischen Zeitpunkte* I (1758) S. 190—192. HMS. Nr. 64, I 343—346. III 643f. 830f. IV, 291—293. BG. Nr. 96, S. XCIII. 355—357 (= III. IV). W. Wackernagel *Altdeutsches Lesebuch* 51873, Sp. 923—926 (= II). K. Bartsch *Die schweizerischen Minnesänger* 1886, Nr. 31, S. CCX—CCXVI, 385—391, f.469 L. Tieck *Minnelieder aus dem Schwäbischen Zeitalter* 1803, S. 72—81. W. Storck *Buch der Lieder aus der Minnezeit* 1872, S. 130f., 232f. (= III. IV). B. Obermann *Deutscher Minnesang* (Recl.) o. J., S. 228—232 (= II bis IV). R. Zoozmann *Deutscher Minnesang* o. J., S. 349—351 (= III. IV). Fr. H. v. d. Hagen *Bildersaal altdeutscher Dichter* 1856, S. 256. Taf. XXVIII. H. Kurz *Otto zem Turne*, Germ. 2 (1857) S. 444f. K. Bartsch *Urkundliche Nachweise zur Geschichte der deutschen Poesie* Nr. 15, Germ. 9 (1864) S. 151. A. Lütolf *Urkundliches zu mhd. Liederdichtern*, Germ. 9 (1864) S. 460—463; ders. *Herr Otto vom Turne, der Minnesänger zu Luzern.* 1870. F. Grimme *Die Schweizer Minnesänger* Germ. 35 (1887) S. 322f. A. Socin *Zu den Schweizer Minnesängern*, Germ. 36 (1891) S. 313. R. M. Meyer ADB. XXXIX (1895) S. 23f.

Elisabeth Karg-Gasterstädt.

Ottokar v. Steiermark, s. Nachtrag.

Ouwer, Ower, s. Auer.

P.

Pabner, Petrus. In dem Berliner Ms. germ. 4° 164 befindet sich Bl. 407a—409b ein deutscher Prosatraktat '*Recept einer geischlichen crefftigen arczny, so der wirdige vatter vatter Jeronimus ... zu einer lecz geloßen*', von dem *geischlichen vatter leßmeister genant petrus pabner von dem convent von vlm* gerichtet an *sine geischlichen kinde.* Das Schriftchen ist in drei Regeln eingeteilt, jede Regel in fünf Stück und will in einer Zeit sich auflösender Klosterordnung den „Müttern" Winke für eine sichere Gestaltung des inneren Lebens geben. Der zweite Teil der Hs. (Bl. 284 ff.) ist 1492 im Elsaß zusammengeschrieben und eignete später der Bibliothek Daniel Sudermanns.

A. F. H. Schneider *Zur Lit. d. Schwenckfeldischen Liederdichter.* Prog. Berlin 1857, S. 18 (es heißt dort fälschlich „Palmer" und Ms. „202"; denselben Fehler übernimmt Gottfr. Herm. Schmidt *D. Sudermann.* Phil. Diss. Lpz. 1923 (maschinenschriftl.) S. 191). Vgl. auch Degering *Hss.-Verz.* II S. 28f. — Nicht zutreffend ist eine handschriftl. in das Berliner Ms. germ. 4° 105, Bl. 289a eingetragene Vermutung, der dort beginnende Traktat sei mit dem Pabners identisch.

Wieland Schmidt.

Pairis, s. Gunther v. P. u. Beris, Joh.

'Palast der Minne', s. 'Warnung an hartherzige Frauen'.

'Palpanista', Titel einer mlat. Dichtung, die Bernhard von der Geist verfaßte und aus einem bedeutend kleineren Gedicht herausarbeitete.

1. Am Schluß des P. nennt sich der Dichter selber: *Bernhardique stilo Gestensis queso favete.* Er verrät seine Heimat

in Nordwestdeutschland dadurch, daß er vom *Westfalus et Saxo* und zwei Verse darauf von den *Rhinenses* spricht. Aus dieser Trennung von Sachsen und Westfalen ergibt sich allein aus dem Gedicht der Terminus post quem: 1180 wurde das sächsische Herzogtum geteilt. Andererseits muß der P. vor 1280 gedichtet sein, weil ihn Hugo von Trimberg (s. d.) in seinem '*Registrum multorum auctorum*' behandelt. Über Bernhards Leben berichtet uns am meisten der Kölner Druck des Heinrich Quentel aus dem Jahr 1504 in seinem Incipit und auch im Explicit, ferner der Nekrolog des Stiftes St. Moritz bei Münster (aus dem Ende des 15. Jh.s, im sogen. '*Liber rubeus*' von St. Moritz, jetzt im Staatsarchiv zu Münster) und Urkunden.

Bernhard entstammte dem münsterländischen Rittergeschlecht von der Geist, das von 1154—1717 beurkundet ist; die Stammburg war Haus Geist bei Oelde (Kreis Beckum). Er wurde Geistlicher (s. u. 3 und vgl. etwa noch: *Sustinet invidiam clerus semper laicorum* oder *Fit parrochiola tibi vel prebendula sola, Si vis esse probus; si scurra, fruere duobus*) und Notar beim Bischof von Münster (in der später von einem andern hinzugefügten Einleitung, die sich in einigen Hss. findet: *Causa efficiens fuit quidam notarius*). In den Urkunden des Bischofs Ludolf von Holte (1226—47) begegnet er öfter als *Bernhardus notarius* von 1228—46 (R. Wilmanns *Westfälisches Urkundenbuch* III, 1871, 13mal; Philippi *Osnabrücker Urkundenbuch* II, 1896, außerdem 2mal). Dieser Bischof hatte lange mit den Friesen zu kämpfen; da Bernhard im 'P.' vom Krieg gegen Friesland spricht (*Cum petitur Frisia*), nahm er an diesen Kämpfen teil. Er war auch Lehrer am Stift St. Moritz, wie sich aus dem kleineren Gedicht ergibt und aus zwei Urkunden (1243 und 1246 heißt er *magister*, 1243 dazu noch *scriptor ecclesie*). An diesem Stift erhielt er auch das Kanonikat: wie er im älteren Gedicht zu erkennen gibt, mußte er darauf länger, als ihm lieb war, warten; im Kölner Druck heißt er aber: *magistri Bernhardi Canonici ecclesie sancti Mauricii extra muros civitatis monasteriensis*. Später (nach 1246, dem Jahr seiner letzten Beurkundung beim Bischof Ludolf) schied er aus dem bischöflichen Dienst, verbrachte in St. Moritz, das schon durch seine Lage auf dem Lande geeignet war, das Privatleben in Muße zu genießen, seinen Lebensabend und dichtete hier in glücklicher Stimmung seiner Freiheit den P.. . . *ceperat residere apud dictam ecclesiam sancti Mauricii in praebenda sua, ubi edidit hunc librum* (Druck von 1504 im Incipit). Hier starb er an einem 2. Oktober, s. Nekrolog von St. Moritz: *Obiit Bernhardus palpanista vates et poeta, huius ecclesie canonicus et frater noster pie memorie.*

2. '*Dialogismi veritatis, adulatoris, iusticiae*', die Matthias Flacius Illyricus in '*Varia doctorum piorumque virorum de corrupto ecclesiae statu poemata*' (1557) S. 15ff. veröffentlichte, und die wir bisher nur aus dieser Quelle kennen (Incipit: *Heu soror Astraea, coelesti de Galiluea*), sind zwar nicht als Bernhards Eigentum direkt bezeugt, müssen ihm aber gehören, weil sie dieselben Lebensumstände beim Dichter voraussetzen wie der '*Palpanista*' (hier wie dort ist, z. T. mit denselben Worten, die Rede davon, daß der Dichter ein armer Lehrer war, der nicht zu schmeicheln verstand und es deshalb zu keinem Reichtum brachte), mit dem '*Palpanista*' in Form, Sprache und Stil viel übereinstimmen und 22 Verse ganz oder z. T. gemein haben. Die 88 Hexameter, meistens leoninisch gereimt, bringen einen Streit zwischen der Wahrheit und dem Schmeichler. Die Wahrheit klagt, sie sei unbeliebt, die Welt fröhne nur noch dem Laster; das käme vor allem durch die Schmeichelei, die an allen Höfen regiere (v. 1—53). Obwohl der Schmeichler ihr zu bedenken gibt, daß man es nur durch Schmeichelei vorwärts brächte und der Schützling des St. Mauritius nur dadurch dessen Kanonikus hätte werden und nur so zu Reichtum gelangen können (v. 54—82), besteht die Wahrheit darauf, daß der rechtschaffene Mensch nicht von ihr weichen dürfe (v. 83—85), und wird vom Schmeichler verwünscht und fortgejagt (v. 86—88). Das Gedicht ist schwer-

lich in der Fassung bei Flacius vollständig (eine Lücke ist sicher vor v. 72 anzunehmen, s. Richter S. 46) und zuverlässig überliefert. Daß es vor dem '*Palpanista*' verfaßt ist, ergibt sich aus dem Inhalt: hier muß Bernhard noch unbefriedigt um das Kanonikat bitten, während er sich dort in zufriedener Stimmung befindet und das Thema für ein allgemeineres Interesse erweitert. Auch die Form spricht dafür: 15 Verse sind ohne Reim, d. i. fast 1/6 des Ganzen (der einsilbige Endreim bei 7 von diesen Hexametern rechnet nicht mit, weil er nicht als beabsichtigt anzusehen ist).

3. Das zweite, große Gedicht benennen die meisten Hss. und Drucke in ihrem Incipit oder Explicit, bzw. Titel mit 'Palpanista', ebenso auch der Nekrolog s. o. unter 1 (die Form mit o, '*Palponista*', steht anscheinend nur in wenigen Hss., auch an den zwei Stellen im Text, wo *palpanista* als einfaches Substantiv begegnet; vgl. Diefenbach *Glossarium* 1857, 407c: „*palpanista* schmaicher . . ."; Du Cange-Henschel V Sp. 44). Der Titel 'Der Schmeichler' trifft nur auf den ersten Teil zu, der sich freilich über fast 2/3 der Dichtung erstreckt. Das Ganze (etwa 1000 Hexameter) ist in die Form des Streitgedichts gekleidet. Der Dichter, ein Geistlicher (in der Ichform auftretend oder sich *curio* nennend), und der Höfling (*quidam de stirpite miles, aulicola*) streiten über das Hofleben, das Leben der Herren und ihrer Untergebenen (am Ende des 1. Teils sagt der Höfling: *De geminis vitis fuerant exordia litis: Ditis in arce sitam credisque malam fore vitam; Hanc ego contra te sortis reor esse beate*). Während der Dichter froh ist, dem Hofleben entronnen zu sein, und es schilt, weil es die Seele verdirbt, preist es der ergraute Höfling, der schon 16 Lustren am Hof dient; er strebe danach, Geld zu gewinnen, und das gebe ihm die Kraft zu allen Diensten und Verstellungen; so erhalte er alles, was er haben wolle. Als der Geistliche ihn vor der sicheren Strafe warnt, entwickelt der Höfling eine regelrechte Theorie des Schmeichelns, die etwa 500 Verse, d. h. die Hälfte des Gedichts umfaßt und mit ihrer geschlossenen Rede die Form des Streitgedichts sprengt (*Quis sit adulandi modus et mentes laqueandi, Auribus intende preceptaque nostra prehende!*). Zunächst empfiehlt er, sich einen dummen Herrn zu suchen und, als *rudimenta primaque elementa*, dessen Abstammung und Verwandtschaft (*genus*) zu loben, seine äußere Gestalt (*species, forma*) und seine Geistesgaben (*dona sophie, sensus*). Ob der Herr klein oder groß, dick oder dünn . . . ist, stets nennt er, was man bei der betreffenden Eigenschaft hervorzuheben habe, auch für den Fall, daß dieser ein hoher Geistlicher ist. Dann *vires et mores et plures . . . res* des Herrn! Er lehrt u. a., wie man die Körperkräfte und Charakterwerte zu rühmen bzw. zu erfinden habe, wie man Träume günstig auslegen bzw. schmeichelhafte erdichten müsse, was für Neuigkeiten erzählen, wie den Herrn unterhalten, wie mit ihm Würfel oder Schach spielen. Ausführlich schildert er, was für Ratschläge man dem Herrn geben könne, damit er seine Schulden loswird, und dabei wiederum, wie er aus einer Wirtshausprügelei, die durch die prahlerischen Reden eines Kaufmanns entstand, durch Bestrafung wegen Landfriedensbruch u. ä. Geld schlagen könne. Als der Höfling bemerkt, wie der Dichter dies und anderes schaudernd und seufzend mitanhört, schließt er seine lange Rede mit dem Rat, ihm zu folgen: dann werde er reich werden.

Einige Verse lenken zum eigentlichen Streitgespräch zurück. Der zweite Teil hebt sich auch äußerlich ab: statt der bisher herrschenden versus leonini jetzt versus caudati bis zum Schluß; auch durch einen lebhaften Wechsel von Rede und Gegenrede. Thema ist das Leben der Fürsten: *Maneriem vite cupis . . . scire potentis;* in der ersten Hälfte ihre geistigen Sorgen (*Prima prius referam, quia mens est corpore pluris, Eius primo loquar de spinis, pondere, curis*). Im Frieden macht ihnen die Treulosigkeit ihrer Untergebenen zu schaffen, die auf innere Unruhen sinnen; beim Fest bedrängen die Gläubiger und Diener sie um Geld und Kleidung. Im Kriegsfall sind sie aller Mittel entblößt, um für die nötige Bewaffnung zu sorgen;

nach Kriegsende sollen sie die Schäden wiedergutmachen und Geschenke verteilen; vom erbeuteten Geld bleibt für sie wenig übrig. Dann *alia species sollicitudinis!* Ein Räuber soll bestraft werden, er verspricht, den Raub zurückzugeben, tut es aber nicht. So richtet der Herr nicht gerecht, denkt nicht an die treuen und rechtschaffenen Diener. Unter ihm herrscht keine Ordnung. Um Klöster und Mönche kümmert er sich nicht. In der zweiten Hälfte die körperlichen Drangsale: *corporeas erumpnas potentis.* Der Gaumen des Herrn ist infolge der reichlichen Genüsse überreizt, oder es gibt an seinem Tisch, weil er unermüdlich in Sturm und Regen unterwegs ist, erst spät oder noch vor Tage schlecht zubereitete Kost. Nach einem Tag schöner Unterhaltung bringt der nächste die Geldforderung der Mimen. Diesen Anklagen gegenüber hat der Höfling seinen Herrn und sich verteidigt: was für ein Pomp umgebe einen Herrn beim Fest in seiner Begleitung, wie berechtigt sei es für Seinesgleichen, nach den Anstrengungen Gaben zu fordern, wie machten sie dem Herrn zu Pferd oder daheim das Leben angenehm! Wer könne die Vorteile des Hoflebens aussagen? (*Commoda magnatis quis . . . comprendere scripto Quisve queat . . exponere dicto?*). Doch gibt der Höfling schließlich dem Dichter recht, ohne daß es klar wird, was ihn dazu veranlaßte (*In pompis esse, semper gravitate rigere Est labor, est pena, melior sors est tua vere*).

4. Wie Bernhard in den letzten sechs Versen bekennt, in denen er sich vom Leser verabschiedet (*. . ergo valete . . . Iure mee lector ignoscere debet eclipsi . .*), habe er für sein Publikum einen schlichten Stil gewählt: *Simplicibus . . simpliciter mea carmina scripsi.* Dementsprechend arbeitet er namentlich mit einfachen Mitteln, rhetorischen Figuren, am meisten mit mehrfacher Bestimmung, Wortwiederholung und Parallelismus (*Ungo, titillo cor et aures palpo, cavillo; Non sino se nosse, non se sino noscere posse*; vgl. v. 5 und 6, 67 und 68 . .), ferner mit Wortspielen (v. 15—16 *respiro-suspiria-spiro-suspiravi* oder *curia-cure, letum-laetum* . .), Antithesen (v. 1 *Rure, sub urbano, sub vere, sub aere sano*), Asyndesen (*Vultu, pelle, pilis*), mit Anapher und Allitteration (*Si—sum mimus, sum segero sumque momimus*). Hinzu kommt seine Vorliebe für Bilder (*a consilio peregrinus et advena fio; Curia, more maris in eodem raro moraris*). Seine Sprache ist im allgemeinen klar und flüssig, nicht rein antikisierend, sondern mit manchen mittelalterlichen Eigenheiten (*aulicola, detunicare, fatualis, momimus, realbescere, scurrisonus . .*). Seine Schilderung ist recht lebendig und anschaulich. Das Thema einer Satire gegen die Fürsten und das Hofleben weiß er nicht nur durch die Streitgedichtsform interessant zu gestalten, sondern noch mehr dadurch, daß er möglichst einzelne Situationen aus dem Leben bringt, sie mit kräftigen Farben malt und dabei verschiedene Menschentypen vorführt wie den überheblichen Kaufmann, den reichen Handwerker und begüterten Meier, den eingebildeten hohen Geistlichen und den verschuldeten Fürsten. Freilich gelingt es ihm weder den Streitdialog wirklich durchzuhalten noch den Ausgang innerlich zu motivieren. Seine dichterische Kraft ist nicht groß; davon zeugt auch schon die Reimtechnik (die Reime sind zu 3% nicht rein, s. Hist. Vjschr. 30 [1936], S. 507). Sein Werk ragt nicht über den guten Durchschnitt hinaus und hat seinen Wert vor allem im Kulturhistorischen: das gar nicht kleine Bild, das er uns von den Zuständen seiner Zeit entwirft, beruht offensichtlich zum großen Teil auf eigenen Erlebnissen. Man kann es verstehen, daß der 'Palpanista' im Mittelalter recht verbreitet war (es gibt noch mehr als die 18 Hss. bei Richter, z. B. cod. Palat. lat. 1024; bei ihm schon 4 Florilegien erwähnt, die Verse aus dem P. aufgenommen haben); er wurde auch gedruckt: im 15. Jh., 1504, dann 1660 von Rektor Daumius in Zwickau nach Weimar Q 91. Hugo von Trimberg führt ihn in seinem '*Registrum*' an (s. o.) und verwertet ihn im 'Renner', s. die Kap. '*Von der herren geitigen ratgebern*', '*Von boser herren smeicher und armer leute abnehmer*'.

Joh. Richter *Prolegomena zu einer Ausgabe des Palpanista Bernhards von der Geist*, Diss. Münster 1905; A. Bömer *Das literarische Leben in Münster bis zur endgültigen Rezeption des Humanismus:* Aus dem geistigen Leben und Schaffen in Westfalen (Festschrift), 1906, S. 68ff.; Walther *Das Streitgedicht in der lateinischen Literatur des Mittelalters* 1920, S. 155. Eine kritische Aufgabe wird vom Unterzeichneten vorbereitet (s. HistVjschr. 30 [1936] S. 497, Anm. 1).

K. Langosch.

Paltz, Palz, s. Joh. v. Palz.

Pantzer, Hans (andere Namensform: *Bantzer*) ist seines Zeichens Kürschner. Er schreibt Meistergesänge über biblische und legendäre Themen und folgt so der guten, alten Tradition (s. darüber bes. W. Stammler *Die Wurzeln des Meistergesanges*, Dt. Vjschr. 1 (1923) S. 529ff., vgl. auch unter den anderen Dichtern seiner Art Harder [s. d.], Lesch [s. d.], Ketner [s. d.] u. a.). Die Frage ist noch nicht entschieden, ob er in Danzig oder Augsburg gewirkt hat: die Tatsache jedoch, daß er, dessen Lieder aus den Jahren 1483 bis 1496 bekannt sind, durch die von ihm erfundene und komponierte zwanzigzeilige neue Jünglingsweise auf Augsburgs berühmten Dichter, den Magister Johann Spreng (gest. 1601), so starken Einfluß ausübte, daß dieser sie eigenem Schaffen zugrundelegte, ist geeignet, uns zweierlei Hinweise zu liefern. Erstens können wir den Dichter damit noch genauer zeitlich festlegen; zweitens werden wir geneigter sein, ihm Ansässigkeit in Augsburg zuzuschreiben.

Zu seiner Dichtart ist zu sagen, daß seine Bare im Prinzip dreigesätzig gebaut sind.

H. P. wird in der Steyrer (Heiberger) Hs. (Schröer *Meistersinger in Oesterreich*, Germ. Stud. II S. 222) genannt, unter anderem findet er auch seinen Platz in dem Berl. ms. germ. Fol. 25, Bl. 371, in Birnes Hs. (Jena) S. 346 b, Weimarer Hs. Fol. 419 Bl. 384b. W. St.

Paradeisspiel, s. Nachtrag.

Paris, s. Gunther v. Pairis u. Beris, Joh.

Partz, Heinrich *(Part, Bart)* ist ein sonst völlig unbekannter Meistersinger und Verfasser eines „langen tons". Erwähnt im großen Dichterkatalog, den Hans Sachs in seinem von ihm selbst 1517/18 gesammelten Codex Berol. mgq 414 aufgestellt hat. W. St.

Passau, s. Otto v. P.

Passenhaimer, s. Bassenhaimer.

'Passional', s. Nachtrag.

'Passionsspiel, Alsfelder'.

1. Stellung. 2. Handschriften. 3. Textgestaltung und Handlung. 4. Stilcharakter. 5. Aufführungszeit und -ort. 6. Schrifttumsweiser.

1. Stellung. Das P. des oberhessischen Städtchens A. an der Schwalm gehört dem rheinfränkisch-hessischen Spielkreis an. Seine Textgruppe ist an Alter die erste unter den vorwiegend muttersprachlich abgefaßten Passionsspielen, an Umfang und Wirksamkeit die bedeutendste für Mitteldeutschland. Für ihr Ausgangsland kommt insoferne das Ripuarische in Betracht, als ein Bürgerlicher von dort das sog. St. Galler Passions-(Leben Jesu-)Spiel nach 1330 (s. E. Wolter *Das St. Galler Spiel vom Leben Jesu* [Germanist. Abh. 24] 1912) auf Grund weit zurückreichender Vorlagen eines Passions- und eines Osterspiels aus dem alemannischen Sprachgebiet zusammengefügt haben dürfte. Ihr Mittelpunkt wurde die Mainstadt Frankfurt, deren Kanonikus Baldemar von Peterweil (s. d.) nach 1350 die Dirigierrolle einer Passionsaufführung und damit das älteste uns überlieferte Zeugnis dortiger, bis 1506 nachweisbarer Passionsspiele (s. d.) aufzeichnete. Ihnen zunächst steht das Prozessionsspiel von Friedberg in Hessen, bezeugt durch eine Dirigierrolle von 1465 (vgl. noch Quartalbll. des hist. Ver. f. d. Großherzogt. Hessen 1883 Nr. 1. 2. S. 8f.). Es bildete neben einer älteren Frankfurter Fassung die Grundlage des A. P.s von 1501—17. Ferner gehören das "Heidelberger" Passionsspiel des Wolfg. Stüeckl von 1514, das Bruchstück eines Passionsspiels von Fritzlar (um 1460; s. K. Brethauer *Bruchstücke eines hessischen Passionsspiels*, ZfdA. 68 [1931] S. 16—31) und das rheinhessische Osterspiel des Schreibers Helffricus von 1460

dieser Gruppe an (s. H. Rueff *Das rheinische Osterspiel der Berliner Hs. Ms. Germ. fol. 1219 mit Untersuchungen zur Textgeschichte des deutschen Osterspiels*, Abh. d. Ges. d. Wiss. zu Göttingen philol.-histor. Kl. NF. 18/1, 1925, bes. S. 122ff.). Aufführungen sind noch beurkundet in Butzbach (1417, 1495 Passion), Marburg (1452, 1454, 1459, 1491, 1493, 1495, 1499, 1510—12, 1517, 1520—25 Passion oder Spielprozession). Über die Mainzer Passionsspiele von 1498 u. 1510 vgl. F. Herrmann Beiträge z. hess. Kirchengeschichte 3 (1909) H. 4.

Für Mainz kommt auch obiges rheinhessisches Osterspiel zunächst in Betracht. Kirchenprovinzielle Mainzer Beziehungen und Verbindungen zwischen den Höfen und Handelsstädten von Mittel- und Süddeutschland scheinen die Ausbreitung und den Austausch der Bürgerspiele besonders gefördert zu haben (s. außer Rueff noch StLV. 291 S. 57, 129 u. 283). Hierzu trugen der Rheinhesse die strengere Form, der Tiroler und Kärntner die lebensvolleren Impulse bei.

Der St. Galler Text brachte die Rolle des hl. Augustin, des mal. Kirchenlehrers schlechthin, als Prolocutor und die Ausdehnung des Spiels weit über die Ereignisse der Kartage hinaus in die Textgruppe. Nach dem Beispiel des Wiener Osterspiels schickte der Friedberger die Teufel als Prinzip des Bösen handelnd voran. Durch starke Benützung der 'Erlösung' (s. d.) in der Frankfurter Dirigierrolle erfuhren die schon auftrittsreichen Spiele neue Ausweitungen gewaltigen Umfangs. Der Friedberger Gestalter gefiel sich im zyklischen Passionsstil am augenfälligsten. Die 1342 in Frankfurt aufgekommene Maria-Magdalenenprozession und die Umgangsbruderschaften in Marburg und Friedberg wurden Mittler solcher Umgangsspiele, in denen sie die Heilsgeschichte fast bis zur Gesamtrevue ausweiteten. Allegorien und Präfigurationen gaben diesen bürgerlichen Vorstellungen mit ihrem stärksten Gegensatz zwischen Christen und Juden und ihrem seltsamen Nebeneinander von ideellen und historischen Personen und ihrer Verquickung von Figur und Handlung ihr besonderes Gepräge.

Der Verfasser des A. P.s benützte verschiedene mhd. Gedichte zur Bereicherung des zugrunde gelegten Prozessionsspiels von Friedberg, der kleinen ehemal. Reichsstadt zwischen Frankfurt und A. Er verrät besonders in seinen derbsinnlichen Zutaten unmittelbaren südöstlichen Einfluß (aus Debs-Codex, Tiroler Fastnachtsspielen, Erlauer Spielen, Tiroler Passion). Vor allem die Bozner Spielkultur scheint ihre belebende Kraft bis hierher ausgeübt zu haben. Außerdem baute A. u. a. die Trierer Marienklage fast wörtlich ein, stützte sich jedoch auch auf eigene Anschauung von Aufführungen, selbst französischer Mysterien. Er und seine Bearbeiter erreichten durch Einfügung von fast 1000 Versen schließlich einen ungefähr sechsmal so großen Umfang, wie der St. Galler Text, und doppelt so großen, als das Frankfurter Urspiel aufweist, nämlich 8095 Verse (Reimpaare). Die Verfasser lassen die größte Zahl von Dämonen als Anstifter alles Bösen bei den verschiedenen Ständen sichtbar wirken. Die breite, weitschweifige Handlung verteilt sich auf drei Spieltage.

2. Die Handschriften. Die zugrunde liegende Spielhs. befand sich bis zum Jahre 1842 im Reichsarchiv der Stadt A. und wurde als Altpapier an Juden abgestoßen. Aus diesem rettete sie Pfarrer Gutberlet aus Breitenbach am Herzberg. Von ihm erwarb sie F. A. C. Vilmar. Aus dessen Nachlaß gelangte sie in den Besitz der Hessischen Landesbibliothek in Kassel (Ms. Poet. fol. 18).

Die Hs. besteht aus 42 Bogen (= 84 Bll.) starken Ochsenkopfpapiers von 44 cm Höhe und 16 cm Breite in 5 Lagen von je 8 Bogen und am Schluß einer Lage von 2 Bogen. Sie ist geheftet in einen einfachen Pergamentumschlag. Der Schreiber bezifferte die Blätter vom 2. Blatt an mit 1—82, wobei er die Zahl 77 übersprang. Das vorderste und die beiden letzten Blätter blieben leer. Auf jenem wurden die Aufführungen des P.s (1501, 1511, 1517) und eine eines Weihnachts- und Dreikönigspiels (1517) von einer Hand des 16. Jh.s vermerkt; auf diesen, auf eingehefteten Zetteln und ganzen Blatteinlagen kleineren Formats stehen bald größere, bald geringere Zusätze.

Die Hand, die das Spiel nebst der *Processio ludi* für die Aufführung von 1511 zusammenstellte (von Grein mit A bezeichnet), schrieb groß und deutlich, aber ziemlich unbeholfen. Sie gehörte vermutlich einem des Lateins nicht recht mächtigen Klosterschüler, Ratsschreiber oder sonstigen Mitwirkenden an, der allein die Abschrift zu besorgen hatte. Die Erweiterungen rühren zum mindesten von drei verschiedenen Händen her, zum größten Teile von zwei (B und D) für die Aufführungen von 1511. Vor allem stammen die Verse 352—459, 3718—3983 (Bl. 42 c—l), 7632—7997 (Bl. 80 l—w) von B und die fast durchaus gleichartigen Einschaltungen der Verse 460—63 (Bl. 4 f), 5740 bis 5747 (Bl. 60 c), 6621—30 und 6637—40 (Bl. 70 c), 6647—52 (Bl. 70 c—d), 6320—51 (Bl. 80 y), 7998—8059 (Bl. 83 b—84 a) von D. Den letzten bedeutenden Zusatz bilden die Verse 7455—72 (Bl. 80 i) und 7483—7631 (Bl. 80 c—h) von C. Sie wurden wahrscheinlich erst für die dritte und letzte vermerkte Aufführung von 1517 eingeschoben (vornehmlich die Salbenkrämerszene). Die 1. Hand unterstrich bis Bl. 31 auch alle Spielanweisungen und die ersten Verse des Dialogs mit roter Tinte und durchzog die Anfangsbuchstaben der Verse rot. B beschäftigte sich am längsten mit der Hs. und versah sie wohl auch mit Kustoden, den Blattzahlen und den Aufführungsnotizen des vordersten Blattes.

Hiezu fand Pfarrer Ed. Becker in A. zu Anfang des 20. Jh.s drei Blätter von Einzelrollen unter dem Dache der dortigen Walpurgiskirche: ein Bruchstück der Johannesrolle aus der Hand C (v. 464—550), die Rolle des 1. Kaufmanns der Krämerszene mit dem Text der Synagoga aus der Hand B (v. 7546—7566) und die Rolle des Luzifers (v. 133—267/8) aus der Hand A, dazu noch ein von Mäusen sehr zerfressenes Rollenverzeichnis der Darsteller mit ihren Namen für 1517 von C. Es bezeugt die Mitwirkung der Geistlichkeit und Beamtenschaft.

Endlich entdeckte Schuldir. Ed. Otto 1892 die Dirigierrolle zum A. P. von 1517, 45 Bll. in fünf Lagen und Heberegisterformat (33 × 11 cm). H. Legband schreibt sie der Hand C, Zusätze der Hand B in A. zu, während er den Schreiber A in Friedberg beheimatet. Die Rolle entstand in unmittelbarem Anschluß an die Spielhs., vor den Einschüben von D, zeigt in der Mehrzahl der Wortformen und Schreibungen dasselbe Aussehen wie das Spiel selbst, die Friedberger Dirigierrolle und das Hessische Weihnachtsspiel (s. d.) und erreichte selbständige Bedeutung. Ed. Becker stellte als Schreiber der Dirigierrolle den Alsfelder Kaplan der Walpurgiskirche und Notar Heinrich Höltscher († 1547) fest.

Für die Frankfurter Dirigierrolle und das A. P. ist noch ein Passionsspielbruchstück als Zwischenglied bedeutsam. K. Brethauer entdeckte es 1930 in der Dombibliothek von St. Peter in Fritzlar am Einband einer Papierhs. von lateinischen Postillen und theologischen Traktaten des 15. Jh.s. Es enthält 206 Verse auf zwei Blättern in Schmalfolio. Die Sprache ist der des Fritzlarer Annalisten Conrad Lange (vgl. K. Heldmann Zs. d. Ver. f. Hess. Gesch. u. Landeskunde 8 S. 1—56) sehr ähnlich. Die Verse des Fragments von 1 an entsprechen 3242 ff. des A. P.s, die Verse von 82 an denen von 510 ff., von 131 an denen von 1750 ff. Dieselben Stücke oder Motive verbinden das A. und Friedberger Passionsspiel, das Künzelsauer Fronleichnamsspiel (s. d.) und das Fritzlarer Bruchstück zu einer eigenen, jüngsten Gruppe der md.-hessischen Spiele.

3. Textgestaltung und Handlung. 1. Tag: Nach dem Aufzug der Darsteller auf ihre Spiel- und Sitzplätze singen Engel ihr *Silete* und eröffnen Proclamator und *Regens ludi* das Spiel mit Hinweisen auf Sinn, Inhalt und Ordnung (v. 1—232 nach Froning). Während die Friedberger Dirigierrolle mit der Vorstellung des Weltlebens Magdalenens beginnt, setzt das A. P. die Beratung der Teufel voran, wie sie Jesus zu Tode brächten (v. 133—463).

Luzifer herrscht über eine stattliche Brut (B vermehrt sie noch beträchtlich). Satanas ist sein nächster Knecht. Ihre erste Bosheit erreichen sie mit der Enthauptung des Täufers Johannes. Dazu stiften sie Herodias an. Die in sich geschlossenen Johannesszenen präludieren und präfigurieren das anschließend dargestellte Erlöserleiden als Kernpunkt der gemeinschaftlichen Andacht im Geiste des auf Konzentration und Verpersönlichung drängenden Gestalters. Der Tod tritt hinter Johannes. Höfisches Getue und schwüle Sinnlichkeit umgarnen Herodes. Salome singt zu ihrem Schleiertanz dasselbe Lied wie im Künzelsauer Spiel; es ist aus Frankfurter Gut gebildet. Satan wirft nun seine weibliche Verkleidung ab. Seine Teufel schleppen die aufgestachelten Herodes-Weiber in die Hölle, um sie mit Schwefel und Pech zu bewirten. A erzielt in diesem Vorspiel die dramatische Höchstleitung des Ganzen.

Im Anschluß an das Frankfurter P. von 1493 folgen die Versuchung Jesu und die Berufung der Apostel (v. 1138—1252), als Interpolation die Vorstellung des Herodes und Pilatus (v. 1253—88), die Wundertaten Jesu und die sonstigen Ereignisse bis zum Auftreten der Maria Magdalena (v. 1289—1769) in rascher Folge bunt nebeneinandergestellter Szenen. Im engeren Anschluß an Friedberg und Künzelsau läßt A die Magdalenenauftritte als eindringliche Predigt vorüberziehen (v. 1770 bis 1937). Die Weltfreudige singt in der Aue unter der Linde ihr schon ins Wiener P. eingebautes Mantellied (s. Archiv f. Musikforschung 7, 1942, S. 70/5). Wiederum veranschaulicht der Teufel die menschlichen Gelüste. Vor dem Abendmahl schiebt A weitere Wundertaten, die Beratung der Juden, den Einzug in Jerusalem, die Austreibung aus dem Tempel und die Gespräche mit *Synagoga*, Juden und Ehebrecherin ein. Neuerdings rückt er den Tod als den von Christus zu besiegenden Teufelsgehilfen nach Art mal. Totentänze bei der Auferweckung des Lazarus in den Vordergrund. Der feierliche Einzug in Jerusalem mit den Wechselgesängen gemäß der Palmsonntagsliturgie bildet den Höhepunkt des ersten Spieltages.

2. Tag: Wie der Proclamator den 1. Tag beschließt (v. 2910—29), eröffnet er auch den 2. (v. 2930—3013). Die ersten drei Viertel beherrscht das historische Geschehen; im letzten macht sich die allegorisch-didaktische Rhetorik geltend. Jesus steht im Mittelpunkt der Ereignisse. Diese drängen sich auf etliche Stunden des biblischen Gründonnerstags und Karfreitags zusammen. Die Apostelgeschichte und die herkömmlichen Bearbeitungen bestimmen fast ganz die Anordnung der Auftritte, ihren Ausbau und Wortlaut. A hält sich noch enger an Friedberg. Jedoch ist seine Rede bürgerlich breit. In das Abendmahl (v. 3014—3297) schiebt er den Judashandel. Desgleichen gruppiert er die Ölbergsszene ähnlich verschiedenen Prozessionsspielen, auch dem Bozner, (v. 3298 bis 3445), steigert die Annas- und Kaiphasverhandlung (v. 3446—3669) und mehrt den Reuemonolog des Judas (v. 3606—67). Gestaltet B die vortägige Teufelsberatung zum Gaudium der Zuschauer aus, so schiebt er in die 1. Pilatusszene (v. 3670—4023) das lehrhafte Zwischenspiel von den 12 Bannerträgern (aus dem *Evangelium Nicodemi*) in der Art der Umgangsspielfiguren ein. *Synagoga* peitscht die Juden zur Verurteilung Jesu auf. Die Henkersknechte treten durchwegs als *flagellatores* auf. Dem Urteil des Pilatus (4250—4478) folgt der kirchlich-antisemitische Streit der *Ecclesia* mit der *Synagoga* (s. *Ludus de Antichristo* VL. III Sp. 104ff., bes. 108, u. *Zwölfjungfrauenspiel*). Darauf beschließt der Proclamator den 2. Spieltag.

3. Tag: Noch enger hält sich A an Liturgie und Friedberger Vorlage. Die uns verloren gegangene Frankfurter Fassung zieht er zunächst zur Verbreiterung der Reden heran. Um aber die Fülle der Auftritte bis zum Abschluß des Heilswerkes unterzubringen, bedient er sich vorwiegend des abgerissenen Prozessionsstils. B nützt außerdem die kirchlichen Gesänge aus, verdeutscht sie teils, teils verdeutlicht er sie durch deutsche Kirchenlieder. D baut noch die Aposteltrennung aus. Nach Eröffnung des Spieltages durch den Pro-

clamator setzt A mit der 1. Dornenkrönung, mit einer Hetzrede der *Synagoga* und dem Zusammentreffen Maria-Jesus ein (v. 5264—5437). Veronica reicht dem Herrn das Schweißtuch (v. 5438—95). Er bricht in die Klage *Popule meus, quid feci tibi?* aus (v. 5496—5519). Die Frauen klagen nach ihrer Art. Auf Kalvaria wendet sich Jesus an sein Kreuz (v. 5566ff.). *Flagellatores* reißen ihm die Kleider vom Leibe, würfeln darum unter sich, zerren seine Hände und Füße auf die Kreuzbalken und richten mit Hilfe von Juden das Kreuz hoch. Pilatus läßt den Kreuzestitel anschlagen (v. 5740ff.). In den Spott der Juden mischen sich die Schächerreden, die stark ausgedehnten Marienklagen und der Todesschrei Jesu, nachdem A die Juden das Kreuz brüllend umtanzen läßt. Teufel gieren nach der Seele des Dahingeschiedenen (v. 6275ff.), aber Engel vertreiben sie, indes Mond und Stern das Mitleid der Natur ausdrücken. Longinus erkennt den Gottessohn (v. 6382ff.). Joseph v. Arimathia und Nikodemus legen den Leichnam ins Grab. Nun läßt A einen Teil obiger Disputation folgen. Die Juden dingen Ritter, und Pilatus läßt das Grab bewachen (v. 6839ff.). Engel rufen Christus hervor (v. 7029ff.). Gemäß der herkömmlichen liturgischen Prozession (s. Osnabrücker Osterspiel, hg. von H. Breuer 1939, u. Evangelium Nicodemi) wendet sich dieser mit ihnen der Vorhölle zu. Er verjagt die Teufel — die Bearbeiter unternahmen nichts, um mit dieser Szene als Gegenstück zum Eingangsauftritt das ganze Spiel künstlerisch und psychologisch abzurunden —, befreit die gefangenen Seelen und übergibt die verdammten dem ewigen Feuer (v. 7065 bis 7298). *Synagoga* entdeckt mit Juden die schlafenden Wächter und das leere Grab (v. 7299—7482). C fügt nun (nach Frankfurter oder alpenländischer Vorlage?) ein, wie Rubin die Salben seines Herrn Ypocras anpreist. Die drei Marien verhandeln mit ihnen und seiner Frau (v. 7483 bis 7631). B läßt Magdalena das leere Grab erblicken. Engel verkünden die Auferstehung. Jünger folgen. Jesus erscheint Maria, Petrus und Magdalena. Diese verkündet das Ereignis den übrigen Aposteln. Zu ihnen tritt Christus (v. 7632—7865). Er fährt gen Himmel, sendet den hl. Geist aus und verteilt seine Zwölfboten auf die Welt. Der Proclamator beschließt das Spiel (v. 8060—8095).

4. Stilcharakter. Der geistliche Verfasser des A. P.s war weit mehr ein Ordner, Mehrer und gelehrter Seelsorger als ein neuschöpferischer Dichter. Er wahrte dem auftrittsreichen Schauspiel seiner Mitbürger trotz ihrer stark fortgeschrittenen, vom Süden her kräftig genährten expressiven Darstellungskunst den Charakter eines gemeinschaftlichen Erlösungserlebnisses. Schon äußerlich hielt er mit den vielen Tropen, Antiphonen, Lamentationen und Hymnen an der liturgischen Herkunft des Festspiels und mit den lateinischen Bibelstellen als Eingang der Reden am Kirchenstil fest. Wie Leitmotive klingen die ritualen Sätze in der Sakralsprache über den Auftritten und Reden, während gregorianische Chöre deren Abschluß bestimmen und deutsche Kirchenlieder die Bewegungen der Handlung begleiten und selbst auf die Zuschauer übergreifen. Seinen lebensnahen Schaubildern fügt er eindringliche Lehrreden an. Dieser volkstümlichen Frömmigkeit entspricht der breitbürgerliche Ausdruck, das lebhafte Einzelbild, die bewegte Gefühlsmäßigkeit, die kräftige Moral. Anschaulich entwickeln sich die Weltvorgänge: so der Tanz der Salome, der Magdalena und der Juden, das Krähen eines als Hahn verkleideten Knaben, das Gliederverrenken vor der Kreuzesannagelung, das Gejohle um den sterbenden Jesus, das Feilschen mit falschem Gelde, der Lärm, Übermut und Seelenhandel der Teufel, die burlesken Krämerszenen. Dazwischen Episoden von lyrischer Feinheit und religiöser Erschütterung. Schon Jesus ist von einer gewissen Weichheit des Gefühls erfüllt, weist gern auf seine göttliche Sendung und Abhängigkeit von Gottvater hin und ruft am Kreuz die Rache des Himmels auf seine Peiniger herab. Wie menschlich nahe ist der leidende Gott gerückt! Wie heftig und reich sind die Klagen einer Magdalena, eines Judas, einer Maria! Wie lebhaft,

aufgeregt und verwirrt ertönen die Vorwürfe und Schmerzensausbrüche! Die Teufel sind dämonisch gesehen. Hier zeigt der Bearbeiter freie Gestaltung der herkömmlichen Vorgänge, während er sich gegenüber den heilgeschichtlichen Entscheidungen und Gottesworten noch ehrfurchtsvoll zurückhaltend verhält. Dieses Neben- und Ineinander von Kirchlichem und Weltlichem, das sich bis zur Predigt und Jahrmarktshascherei versteigt, kennzeichnet die äußere und innere Gemeinschaft des Volkes mit heiligen und weltlichen Dingen und Personen, die selbst sinnbildliche Gestalten biblischen und zeitgenössischen gleichstellte, und wurde erleichtert durch die Vermischung von Raum- und Bewegungsspiel, erklärt sich aber auch aus homiletischen Analogien und aus dem Zurückgreifen der Bearbeiter auf ältere Textvorlagen und Einbeziehen neuester Fassungen und selbst von Fastnachtsszenen. Schon die oft sehr drastische Namengebung kennzeichnet diese ungleiche Behandlung. In solchen Einzelheiten zeigt sich das bewegte mittelalterliche Stadtleben am persönlichsten.

Die Gestik und Mimik religiöser Auftritte und der ideellen Personen verharrt im liturgischen Stile, jedoch schon graduiert. In den Weltszenen herrscht freieste Bewegung vor. Hierher gehören auch das Rennen, Springen, Lachen und Tanzen der Teufel, das Geldzählen, die Prügelei des Apothekerehepaares. Von der äußersten Ekstase der Muttergottes bis zur lebhaftesten Komik wechseln die Ausdrücke des Lebens ab. Tiefe religiöse Empfindung und treuherzige Ehrbarkeit bestimmen den Grundcharakter des Spiels. Bei stärkster Gegensätzlichkeit gegen die Juden verbleibt die Hoffnung auf ihre Bekehrung.

5. Aufführungszeit und -ort. Darüber ist unmittelbar nichts überliefert. Die Mitwirkung der Geistlichkeit und Beamtenschaft und der Frömmigkeits- und Predigtgehalt des A. P.s sprechen für die Aufführung an den herkömmlichen Tagen der Osterzeit und für einen Raum vor der Kirche oder vor dem Rathause. Durchwegs wird der darin erwähnte *plann* (s. Grein S. 250, Froning S. 267 u. 860) als freier Platz hingenommen. Die Disposition richtet sich nach dem stilistischen Prinzip und gruppiert nach Bedeutungszentren der Handlung. Der Plan des „Donaueschinger P.s" (s. d.) darf zur ergänzenden Raumordnung herangezogen werden (vgl. vor allem J. Petersen *Aufführungen u. Bühnenplan des älteren Frankfurter P.s*, ZfdA. 59 [1922] S. 83—126, u. H. Rueff *Das Rheinische Osterspiel d. Berliner Hs. Ms. Germ. Fol. 1219*, bes. S. 45f.). Die entscheidenden Ereignisse aus dem Leben Jesu, Kreuzigung und Auferstehung, rükken auf die Seite des erhöhten himmlischen Thrones. Die jüdischen Bauten stehen gegenüber aufgerichtet. Dort mag die großmächtige Hölle (*doleum* = „Faß" v. 132, 138, 1044) mit ihren Fenstern (v. 7136, 7274, 7286) usw. den Abschluß und das Gegenstück gebildet haben, zu denen man aufstieg (v. 7913). Auf einem Fasse versuchte der Teufel Jesus, d. h. er führte ihn auf die Mauerzinne des Tempels (v. 1160). Dieses Faß wurde aber in die Mitte des Spielraumes gestellt. A unterscheidet zwischen *castrum* und *locus*. So steigt z. B. der Soldat, mit dem Magdalena tanzt und scherzt, von seinem *castrum* in die Mitte herab, also von der angedeuteten Burg, wogegen *locus* ein nicht näher gekennzeichneter Handlungsort des Christusdarstellers gewesen zu sein scheint, woraus wohl hervorgeht, daß dieser sinngemäß wechselte. Die Massenauftritte, Tänze, Chöre, Ansprachen an das Volk fanden in dieser Mitte ihren größten und besten Raum.

Bei der Buntheit und Fülle der Auftritte und Mitwirkenden (diese halfen gelegentlich auch als Bühnenpersonal aus, v. 1937) waren gar viele Bühnenorte, Requisiten und Kostüme notwendig. Das reiche Frankfurt mag hierfür vorbildlich gewirkt haben. Der Schultheiß hatte ein gut Stück des ganzen Raumes um die Bühne herum abzusperren. Wer trotzdem zu nahe trat oder lärmte, den ergriffen gelegentlich umherziehende Teufel, um ihn in die Hölle zu schleppen (v. 109ff.). Dieser neutrale Kreis diente wohl auch zu den verschiedenen feierlichen Aufzügen.

Die Zuschauer standen demnach vor der Bühne (v. 120). Das *Silete* der Engel lenkte ihre Blicke auf die neue Handlung hin. Durch die gemeinsam gesungenen Kirchenlieder vereinigten sich die Gruppen der Darsteller und Zuschauer, während an den Predigtstellen letztere auch äußerlich als Kirchengemeinschaft dastanden.

Die Bühnenmechanik war gleichfalls fortgeschritten. Selbst Blitz und Donner (v. 7957) wurden vorgetäuscht. So zeigt sich auch auf der Bühne nicht bloß ein Neben-, sondern auch ein Ineinandergehen der Stilmittel bei Erhaltung des Symbolischen in Dekoration und Gestalten. Der Spielbearbeiter stellte dem Aufführungsleiter manches frei (*si placet*), ob und an welcher Stelle er gewisse Partien durchführe.

6. Allgem. Zeitbild: J. Janssen u. L. Pastor *Die allgemeinen Zustände des deutschen Volkes beim Ausgang des MA.s* I[19–20] (1913); Darstellung des Teufels S. 252ff.; Verspottung der Bauern in der Kunst S. 255ff.; geistliches Schauspiel S. 299ff.; Verwandtschaft mit Erzeugnissen der bildenden Kunst S. 307f.; der Teufel in geistl. Spielen S. 307/08 usf. J. Huizinga *Herbst des MA.s* 1931. P. Lehmann *Erforschung des MA.s* 1941. L. Kriegk *Deutsches Bürgertum im MA.* 1868. H. Hügli *Der deutsche Bauer, dargestellt nach den deutschen literar. Quellen vom 11. bis 15. Jh.*, Diss. Bern 1928. P. Keppler *Zur Passionspredigt im MA.*, Histor. Jahrbuch 3 u. 4 (1882/83). G. Schnürer *Kirche u. Kultur im MA.* 1927—30, bes. II[2] S. 281f. u. III S. 246f. C. Hefele *Conciliengeschichte* VIII[2] (1887), bes. S. 97, 155 u. 367 (Verbote gegen Schauspiele, Tänze u. Masken in der Kirche und der Kleriker u. dgl. m.). J. Ilg *Gesänge u. mimische Darstellungen nach den deutschen Konzilien des MA.s*, Gymn. Programm Urfahr b. Linz a. D. 1906. L. Eisenhofer *Handbuch der katholischen Liturgik* 1932/33. K. Künstle *Ikonographie der christlichen Kunst* 1926/28. H. Besseler *Grundfragen des musikalischen Hörens*, Jahrbuch der Musikbibliothek Peters 32 (1926). O. Ursprung *Die katholische Kirchenmusik* 1931—33. H. Osthoff *Deutsche Liedweisen u. Wechselgesänge im mittelalterlichen Drama*, Archiv f. Musikforschung 7 (1942) S. 65ff. Ausgaben musikalischer Teile verschiedener mittelalterlicher Spiele bereiten Ursprung u. Osthoff vor. E. Schuler *Die Musik der Osterfeiern, Osterspiele und Passionen des MA.s* 1942. A. Biese *Das Naturgefühl im Wandel der Zeiten* 1926. K. Joel *Wandlungen der Weltanschauung* I (1928). W. Stammler *Von der Mystik zum Barock 1400—1600* 1927. J. Nadler *Das stammhafte Gefüge des deutschen Volkes* 1934.

Zur Bibliographie der Spiele: M. J. Rudwin *A historical and bibliographical survey of the German religious drama* 1924. Weitere Literaturangaben bei J. Nadler *Literaturgeschichte des deutschen Volkes* (1940); Creizenach, Stumpfl, Ehrismann u. Hartl s. u.

Zur Alsfelder Ortsgeschichte: Fr. Hermann *Tileman Schnabel, der Reformator der Stadt Alsfeld* 1905.

Handschriften und Textausgaben: A. Vilmar ZfdA. 3 (1843) S. 477—518 (kurzer Auszug). Chr. W. M. Grein *Alsfelder Passionsspiel mit Wörterbuch* 1874. R. Froning *Das Drama des Mittelalters* (DNL. 14 II/III), 1890/91, S. 547—864. K. Weigand ZfdA. 6 (1848) S. 485 (Stellen). Ed. Otto *Die Dirigierrolle des Alsfelder Passionsspiels*, Quartalbll. d. histor. Vereins f. d. Großherz. Hessen 6 (1892) S. 151 bis 153. Ed. Schröder AfdA. 18 (1892) S. 299 bis 300. H. E. Legband Arch. f. Hess. Geschichte u. Altertumskunde 3 (1904) S. 393—456. E. W. Zimmermann ebd. 6 (1909) S. 1—206 (Diss. Göttingen 1909). Ed. Becker ebd. 7 (1910) S. 484—92. Ed. Hartl bereitet eine neue Ausgabe des St. Galler u. des A. P.s in der Sammlung *Deutsche Literatur* (Das Drama des Mittelalters 3 u. 5) vor; vgl. auch s. Einführungen zu Bd. 1 dieser Reihe; dazu A. Dörrer-L. Schmidt ZfdPh. 67 (1942) oder 68 (1943).

Abhandlungen: s. o. Froning, Zimmermann und Hartl. R. Heinzel *Beschreibung des geistlichen Schauspiels im deutschen MA.* (Beiträge z. Ästhetik 4) 1898; dazu F. Vogt GGA. 1900 Nr. 1 S. 66—70. K. Helm *Z. Passionsspiel in Hessen*, Hess. Bl. f. Volkskunde 8 (1908) S. 184—87. J. Strobl *Aus der Kreuzensteiner Bibliothek* 1907; ders. *Ein rhein. Passionsspiel a. d. 14. Jh.* 1909. K. Dörr *Die Kreuzensteiner Dramenbruchstücke* (Germanist. Abh. 50) 1919 [Magdalenenspiel berührt sich mit A. P.]; dazu AfdA. 42 (1923) S. 8. M. Wilmotte *Les passions allemands du Rhin* 1898; dazu AfdA. 25 (1899) S. 208, JGPh. 3 (1901) p. 376ff. u. GGA. (1900) S. 70ff. Heldmann *Mal. Volksspiele in thür.-sächs. Landen*, AfdA. 34 (1910) S. 116f. J. W. Kurtz *Studies in the staging of the German religious drama of the late middle ages* 1932. H. Maschek *Die Christusgestalt im Drama des MA.s*, Jb. d. Österr. Leo-Ges. 1932 S. 84ff. L. Schmidt *Die Attribute der Engel i. d. dt. Volksauffassung*, ZfVk. NF. 5 (1933/35) S. 161ff. 250ff.: ders. *Altes Volksschauspiel in neuer Blickschau*, Monatsschr. f. Kultur u. Politik 1 (1936) S. 539ff.; ders. *Z. Innengeschichte d. dt. Passionsspiele*, Volk u. Volkstum 3 (1939) S. 211ff.; ders. *Englisches u. dt. Volksschauspiel*, Deutsch-engl. Hefte 4 (1939) S. 154ff. W. Rügemann *Die Lehre von den drei Wegen*. Progr. Münnerstadt 1908/9, S. 62ff. O. Beckers *Das Spiel von den zehn Jungfrauen u. d. Katharinenspiel* (Germanist. Abh. 24) 1905, S. 76, 87 usf. L. Gombert *Johannes Aals Spiel von Johannes dem Täufer u. die älteren Johannesdramen* (Germanist. Abh. 31) 1908, S. 10ff. O. Thulin *Johannes der Täufer im geistl. Schau-*

spiel des MA.s u. d. Reformationszeit 1930. M. Bath *Untersuchung des Johannesspiels, der Blindenheilung u. d. Maria-Magdalenenszenen in den dt. mal. Passionsspielen m. bes. Berücksichtigung ihrer Beziehungen zu d. französ Mysterien.* Diss. Marburg 1919. Fr. O. Knoll *Die Rolle der Maria Magdalena im geistl. Spiel des MA.s* (Germanisch u. Deutsch 8) 1934. H. Hansel *Die Maria-Magdalena-Legende* (Greifswalder Beiträge 16) 1937f. K. Dürre *Die Merkatorszene im lat., altd. u. altfranzös. religiösen Drama,* Diss. Göttingen 1915. W. Arndt *Die Personennamen der dt. Schauspiele des MA.s* (Germanist. Abh. 23) 1904. E. Krüger *Die komischen Szenen in den dt. geistl. Spielen des MA.s,* Diss. Hamburg 1931. A. Bäschlin *Die altdt. Salbenkrämerspiele.* Diss. Basel 1929. K. Klein *Das geistliche Drama des MA.s,* Diss. Köln 1922. J. Schwietering *Über den liturgischen Ursprung des mittelalterlichen geistlichen Spiels,* ZfdA. 62 (1925) S. 1ff. H. Brinkmann *Zum Ursprung des liturgischen Spiels,* Xenia Bonnensia 1929 S. 106ff.; dazu ZfdPh. 56 (1929) S. 465. H. Brinkmann *Die Eigenform des mittelalterlichen Dramas in Deutschland,* GRM. 18 (1930) S. 16ff. u. 81ff. R. Stumpfl *Kultspiele der Germanen als Ursprung des mal. Dramas* 1936, S. 229, 231f., 263, 295ff., 310; dazu E. Scheunemann ZfdPh. 61 (1936) S. 432ff. u. 62 (1937) S. 87ff. u. 95ff. u. Neil C. Brooks, The Journal of English and Germanic Philology 37 (1938) p. 300, 305. K. W. Ch. Schmidt *Die Darstellung von Christi Höllenfahrt in den dt. u. den ihnen verwandten Spielen des MA.s.* Diss. Marburg 1915. O. Schüttpelz *Der Wettlauf der Apostel und die Erscheinungen des Peregrinispiels im geistl. Spiel des MA.s* (Germanist. Abh. 63) 1930. W. Rehm *Der Todesgedanke in der deutschen Dichtung vom MA. bis z. Romantik* 1928. M. J. Rudwin *Die Teufelsszenen im geistl. Drama des deutschen MA.s* 1924. Lit. über Teufel, Streitgedicht u. Präfigurationen s. o. III Sp. 181f.; dazu noch: H. F. Muller *Pre-history of the mediaeval drama, the antescendents of the tropes and the conditions of appearence,* ZfromPhil. 1925 S. 544—75. H. Ott *Personengestaltung im geistl. Drama des MA.s.* Diss. Bonn 1939. Burdach *Vorspiel* I 1 S. 192ff. Creizenach I² S. 225f. E. K. Chambers *The mediaeval Stage* 1903. K. Young *The drama of the Medieval Church* 1933. G. Ehrismann *Lit. Gesch.,* Schlußband S. 561ff. H. Niedner *Die dt. u. französ. Osterspiele bis zum 15. Jh.* (Germanische Studien 119) 1932; dazu Rev. germ. 24 (1933) S. 155; ZfdA. 59 (1934) S. 276—79. A. Brinkmann *Liturg. u. volkstüml. Formen im geistl. Spiel des dt. MA.s* (Forsch. z. dt. Sprache u. Dichtung 3) 1932. O. Sengpiel *Die Bedeutung der Prozessionen f. d. geistl. Spiel des MA.s in Deutschland* (Germanist. Abh. 66) 1932; dazu Ltbl. 1934 S. 159—62; AfdA. 52 S. 40—42; ZfdVk. NF. 3 S. 312; DLZ. 1934 Sp. 301—308; Theol. LZ. 1932 S. 467; JEGPh. 32 (1933) S. 141—171. R. Grieshammer *Sprachgestaltende Kräfte im geistl. Schauspiel d. dt. MA.s* (Germanist. Forsch. 16) 1930. R. P. Wülker *Das Evangelium Nicodemi in der abendl. Lit.* 1872. H. Beck *Das genrehafte Element im dt. Drama des 16. Jh.s* (German. Studien 66) 1929; dazu ZfdPh. 55 (1930) S. 448—53. L. Wolff *Die Verschmelzung des Dargestellten mit der Gegenwartsentwicklung im geistl. Drama des MA.s,* VjschrLw. 7 (1929) S. 267ff. W. Müller *Der schauspielerische Stil im Passionsspiel des MA.s* (Form u. Geist 1) 1927. K. Fr. Flögel u. M. Bauer *Geschichte des Grotesk-Komischen* 1914. Fr. Hammes *Das Zwischenspiel im dt. Drama von seinen Anfängen bis zum Auftreten der engl. Komödianten* 1910. B. Venzmer *Die Chöre im geistl. Drama des MA.s* 1897. R. Stumpfl *Schauspielmasken d. MA.s u. der Renaissancezeit,* N. Arch. f. Theatergeschichte 2 (1931) S. 1ff.; ders. *Die Bühnenmöglichkeiten im 16. Jh.,* ZfdPh. 54 (1929) S. 42ff., 55 (1930) S. 40ff. A. Glock *Zur Mysterienbühne,* Analecta Germanica 1906 S.ff. M. Herrmann *Forschungen zur deutschen Theatergeschichte des MA.s u. der Renaissance* 1914. J. Petersen *Das deutsche Nationaltheater* 1919. E. J. Eckardt *Studien z. dt. Bühnengeschichte der Renaissance mit einem Anhang: Das Passionstheater von Schwäbisch-Gmünd* (Theatergesch. Forschungen 40) 1931; dazu ZfdPh. 58 (1933) S. 73—81 u. Theol. Quartalschrift 121 S. 26ff. u. 103ff. H. H. Borcherdt *Das europäische Theater im MA. u. in der Renaissance* 1935. M. v. Böhn *Das Bühnenkostüm in Altertum, MA. u. Neuzeit* 1921. J. Gregor *Das Bühnenkostüm in histor., ästhet. u. psychol. Analyse* 1925. S. Mauermann *Die Bühnenanweisungen im dt. Drama bis 1700* (Palaestra 102) 1911. A. Rhode *Passionsbild u. Passionsbühne* (Schöpfung 10) 1926. K. Tscheuchner *Die dt. Passionsbühne u. die dt. Malerei d. 15. u. 16. Jh.s in ihren Wechselbeziehungen,* Rep. f. Kunstwiss. 26 (1904) H. 4—6; 28 (1925) H. 1. H. C. Holdschmidt *Der Jude auf dem Theater des MA.s* (Die Schaubühne 12) 1935. G. Duriez *La théologie dans le drame religieux en Allemagne au moyen-âge* 1914; ders. *Les apocryphes dans le drame religieux en Allemagne au moyen-âge* 1914; dazu ZfdPh. 49 (1923) S. 260—62. P. Lehmann *Die Parodie im MA.* 1925. K. Holl *Geschichte des deutschen Lustspiels* 1923, S. 18, 25, 27, 29. J. Schwietering *Mal. Dichtung und bildende Kunst,* ZfdA. 60 (1923) S. 118ff. A. Rapp Geistl. Theater — bild. Kunst, Diss. München 1936.

Neubearbeitung: *Das Alsfelder Passionsspiel* (Münchener Laienspiele hg. v. R. Mirbt 38) 1928.

A. Dörrer.

'Passionsspiel, Donaueschinger' (Villinger).

1. Handschrift. 2. Schreiber und seine Sprache. 3. Zeit der Niederschrift. 4. Verhältnis zum jüngeren Villinger Passionsspiel. 5. Verhältnis zum älteren Luzerner Osterspiel

und ihr gemeinsames Urspiel. 6. Beziehungen zu den französischen Mysterienspielen. 7. Bühnenplan. 8. Rollen. 9. Der schauspielerische Stil. 10. Verfasser. 11. Aufbau des Spiels. 12. Einfluß der Bibel. 13. Stellung Christi. 14. Dramatischer Stil. 15. Bürgerlicher Ausdruck. 16. Bürgerliches Gesellschaftsverhältnis. 17. Verhältnis zur Musik und Liturgie. 18. Wissenschaftliche Behandlung des Spiels. 19. Schrifttum.

1. Die fürstlich Fürstenbergische Hofbibliothek in Donaueschingen besitzt die Hs. (alte Nr. 137) des darnach benannten Passionsspiels. Sie ist 10,5 cm breit, 31,5 cm hoch (Heberegisterformat) und 88 Bll. stark mit 4177 Versen (nach Hartls Zählung). Die ersten zehn und letzten sieben Bll. sind beschädigt. Sechs Bll. fehlen. Auf ihnen dürfte der Wettlauf der Jünger, die Schlußrede des Proklamators und das Verzeichnis der Darsteller und ihrer Ausstattungsstücke gestanden haben. Die Hs. ist einspaltig beschrieben von einer sorgfältigen, klar leserlichen Hand. Nur auf Bl. 11 (v. 506—512) zeigt sich eine viel flüchtigere. Endlich zeichneten Spielführer des 16. und 17. Jh.s auf drei Zetteln (zu Bl. 37a, 58b und 74b) Erweiterungen auf.

2. Dinges wies in weitem Umfang Übereinstimmung dieser Handschrift mit der Villinger Mundart nach und nahm an, daß die Handschrift in der Umgebung von Villingen oder in der Stadt selber besorgt und benützt wurde. Man könne an das benachbarte Kloster St. Georgen der Benediktiner als Urheber oder an einen Franziskaner von Villingen als Schreiber denken, der aus dem Kloster von Freiburg i. Br. kam. Hartl erklärt die ungleiche Schreibung einzelner Reimwörter als Vermengung von älteren und jüngeren Entwicklungszuständen des alemannischen Sprachraumes.

3. Als Zeit der Niederschrift kommt die zweite Hälfte des 15. Jh.s in Betracht. Die Hs. ist nach einer von auswärts entlehnten, interpolierten Vorlage, einem Spielbuch aus der Zeit um 1485, von einem weniger gebildeten als gewandten Schreiber durchgeführt worden. Reim- und Wortgebrauch verweisen das Spiel in das alemannische Gebiet mit Ausschluß von Schwaben. Sprachlich könnte es aus der Heimat des Schreibers Villingen stammen. Literarhistorisch brachte es Dinges mit Luzern in engsten Zusammenhang.

4. An das „Donaueschinger" Passionsspiel schloß sich vielfach das seit Joh. Bolte sog. „Villinger" Passionsspiel an, dessen noch ungedruckte Hs. sich gleichfalls (als Nr. 138) in der Donaueschinger Hofbibliothek befindet. Roder machte es sehr wahrscheinlich, daß die Hs. Nr. 138 früher den Franziskanern von Villingen gehörte. Bei ihnen wies Bolte tatsächlich eine Passionsspielaufführung für den 21. und 29. März 1646 nach. Beide Hss. befanden sich einmal in derselben Hand, wie der zweite Zettel bezeugt, der in die erste Hs. eingeklebt wurde. Die Villinger-Hs. wurde durch verschiedene Überarbeitungen verbreitert. Auf sie nahm u. a. Pfarrkirchers Sterzinger Passionsfassung (s. *Passionsspiel, Tiroler*) Einfluß, wie z. B. die Höllenfahrtsszene beweist. Von Hall im Inntal wanderte eine Passionsspielhs. von 1570 nach Sonthofen im Allgäu und wurde dort 1661 aufgeführt. Ebenso brachten fahrende tiroler Spielgruppen heimatliche Passionsspiele in andere allgäuer Orte, über Bayrisch-Schwaben hinaus ins Vorderösterreichische (Villingen, Breisgau usw.) bis in das Elsaß ähnlich wie nach Kärnten, Steiermark und Krain. Es liegt nahe, einen tiroler Franziskaner als Urheber oder Mittler des Villinger Passionsspiels anzunehmen. Einzelne tiroler Franziskaner nahmen sich solcher Volksschauspiele an.

5. Das Luzerner Osterspiel von 1616 deckt sich inhaltlich mit dem entsprechenden Teil des Donaueschinger Passionsspiels und zeigt sich als leichte Überarbeitung eines Urspiels von etwa 1480, das auch dem Donaueschinger Passionsspiel zugrunde lag. Die Luzerner Texte von 1597 und 1616 sind stärker überarbeitet als das Luzerner Osterspiel von 1545, aus dem Dinges den Schluß des Donaueschinger Passionsspiels ermittelte. Dieses steht dem Urspiel viel näher als das Luzerner Osterspiel von 1616. Dinges vermutet, daß eine Luzerner Bruderschaft (nach Eberle käme nur die Bekrönungsbruder-

schaft in Betracht) es um 1470 in Händen hatte. Während das spätgotische Luzern mehrere Spiele zusammenschweißte und von Aufführung zu Aufführung erweiterte, hütete das Villingen der Reformationszeit das alte Erbe fast unangetastet und wagte nur kleine Änderungen, bis hier die kirchliche Restauration aufs neue zum Veranschaulichen anspornte und gegen Ende des 16. Jh.s zu der weiteren Spielfassung des Villinger Passionsspiels Anlaß bot. Nach Angaben seines Prologs unternahm hier 1585 eine neuaufgerichtete Bruderschaft seine Aufführung.

Im letzten Viertel des 15. Jh.s schrieb der weltliche Schulmeister Jakob Armgrund in Luzern sein Spiel vom Jüngsten Gericht, und um dieselbe Zeit entstand das älteste Luzerner Osterspiel. Es wuchs nachweislich in den zwei getrennten Ästen weiter, im Donaueschinger Passionsspiel, einer Abschrift und leichten Bearbeitung des Luzerner Osterspiels um 1485, das hundert Jahre später im Villinger Passionsspiel bis in den Barock weitertrieb, und im Luzerner Osterspiel, dessen ältest erhaltene Abschrift aus dem Jahre 1545 stammt. R. Cysat (s. d.) kannte noch das Urspiel und erwähnte es gelegentlich.

6. Niedner erblickte trotz Dinges noch gewisse Parallelen zwischen dem Donaueschinger Passionsspiel und den französischen Mysterien, vor allem auf Grund der Annahme des ersten Herausgebers Mone, der in der Behandlung der eigentlichen Passio Berührungen mit französischen Texten sah, ähnlich wie schon Wilmotte im Alsfelder. Ebensogut lassen sich lateinische Vorlagen annehmen. Jedenfalls ist das Donaueschinger Passionsspiel der nordöstlichste Ausläufer einer der niederalemannischen Spielgruppen und Mittler zur barocken Spielkultur.

7. Für die niederalemannische Herkunft spricht auch die Realistik und Sorgfalt der Bühnenvorschriften. Das Donaueschinger Passionsspiel besitzt nämlich ein ausführliches Verzeichnis der Bühnenorte, den Entwurf eines Lageplanes der Örtlichkeiten (Mansionen), reichhaltige Spielanweisungen und einen aufschlußreichen Text, alles in deutscher Sprache. Auf Bl. 1a stehen die Bühnenorte für die Aufführung auf dem Markte nach der Abfolge der Auftritte verzeichnet, jedoch nicht ganz gemäß dem flüchtig gezeichneten Lageplan, der entgegen Müller, Stumpfl u. a. vom neuesten Herausgeber Hartl als für den zweiten Spieltag gültig erkannt wurde. Das hindert nicht, daß er auch noch bei späteren Überarbeitungen und Aufführungen zuhilfe genommen wurde. Er umfaßt ein langgezogenes Rechteck, das in drei ungleich große quadratische Spielräume geschieden ist, deren jeder durch ein besonderes Tor zugänglich war. Der mittlere Spielraum war der größte; er enthielt auch die „gemeine Burg". Der erste umfaßt das Eingangstor, die Hölle, den Garten Gethsemane mit dem Ölberg. Der zweite das Tor, das Haus des Herodes, das Haus des Pilatus, die Geißelsäule, die Gockelsäule, das Haus des Kaiphas, das Haus des Annas, das Haus des Abendmahls. Der dritte das Tor, die Gräber, die Kreuze der Schächer und des Heilands, sein Grab und den Himmel.

Am ersten Spieltag muß eine größere Anzahl von Standorten in die Spielräume eingefügt worden sein, die im Plan nicht verzeichnet sind. Die Lage der auf der Bühne untergebrachten Standorte zueinander ließ sich bisher nicht bestimmen. Ein Vergleich mit dem Luzerner Spielplan läßt nur Vermutungen zu. Die „gemeine Burg" scheint den Hauptspielplatz gebildet zu haben. Ihm gegenüber traten die einzelnen Bühnenstände als Nebenschauplätze kleiner Auftritte sehr zurück. Dort vollzogen sich die Volksszenen; hier blieb nur für etliche Personen Platz übrig. Außerdem dienten Versatzstücke, Geräte, Maschinen usw. noch zur Abänderung der festen Bühnenorte.

Die ähnlich wie in Bozen durch Tore verbundenen drei Spielräume versinnbildlichen die drei Weltteile der mittelalterlichen Anschauung und Heilsgeschichte: in der Mitte die irdische Welt, zuvor die Hölle, hernach der Himmel. Das erlösende Kreuz und Grab Christi rücken an den Himmel heran. Dem Verratsort des Judas Ischariot in Gethsemane steht die Verdammnis zu.

K. Chambers *The mediæval stage* 1903, II p. 84; A. Nicoll *The Development of the Theatre* 1927, p. 60, und M. Hammitzsch *Der moderne Theaterbau* (Beitr. zur Bauwiss. H. 8) 1906, sprechen von einer Langschiffbühne unter der Vorstellung der dreiteiligen Kirche (Schiff, Chor, Altar), deren Charakter in Vigil Rabers (s. d.) Bühnenplan für das Eröffnungsspiel des Bozner Passionsspiels (s. d.) durchgeführt war. Eine andere Hypothese stellte M. Blakemore Evans *The Staging of the Donaueschingen Passion Play* (The Modern Language Review 15 [1920] S. 70) auf: „*that divisions one and three of the Donaueschingen sketch were raised above 'husser', was identical with the 'gemeine burg' of the introductory note*". Fr. Leibing *Die Inszenierung des zweitägigen Luzerner Osterspiels v. J. 1583 durch Renward Cysat*, Progr. Elberfeld 1869. H. Rueff *Das rheinische Osterspiel*, Abh. d. Ges. d. Wiss. zu Göttingen philolog.-histor. Kl. NF. 18/1 (1925) S. 45f.; weiters s. u.: Borcherdt, Stumpfl, Hartl.

Links und rechts der drei Spielräume dehnten sich die der Zuschauer aus. Es ist möglich, daß diese auf festen Bänken saßen, aber auch, daß sie sich gewissen Auftritten stehend zuwandten. Für „Bühne" wird meist der Ausdruck *plaz*, für „Auftritt" *figur*, für „auftreten" *herfurgan* oder *ufstan*, für „abtreten" noch *enweg gan* usw. gebraucht.

8. Insgesamt gab es 166 Spielrollen. Am ersten Tage traten 92, am zweiten Tage 119 Personen auf. Mancher Darsteller mag jedoch mehrere Rollen auf sich genommen haben. Als Ankleideraum scheint ihnen eine Kapelle zur Verfügung gestanden zu haben, was auf den restlichen Zusammenhang mit der Kirche hinlenkt. Die Darstellerin der *Ecclesia* wird man sich in geistlichen Gewändern, die der *Judaea* in mittelalterlich-jüdischen Farben vorstellen müssen. Annas und Kaiphas mögen sich wie nachweisbar in den alpenländischen Bürgerspielen mehr als Bischöfe von den jüdischen Schriftgelehrten und den Pharisäern abgehoben haben. Herodes trat im königlichen Prunkgewand, Pilatus und seine Umgebung als römische Ritter und Landsknechte, Simon von Cyrene als christlicher Pilger, Martha und Magdalena vorerst als vornehme mittelalterliche Bürgerinnen auf. Die Altväter und Toten waren nur mit einem Hemd bekleidet. Die Kinder aus der Vorhölle waren nackt. Bei den Engeln, Teufeln und Frauen sind ähnlich wie bei den tiroler Passionsspielen Gesichtsmasken anzunehmen. Für Christus waren das weiße Kleid und der rote Spottmantel durch die Bibel gegeben. Darüber hinaus ist sein rötlicher Bart erwähnt. Der Textabschreiber stellte am Schluß der Hs. eine Garderobeliste für die 166 Auftretenden zusammen.

9. Desgleichen bestimmte er den Vortrag und das Gebärdenspiel der Darsteller nach den ihnen zugeschriebenen Gefühlen, augenscheinlich aus reicher Lebenseinsicht und Spieltätigkeit heraus. Der Schreiber war vor allem ein wohlerfahrener und bedachter Bühnenpraktiker. Daher setzte er auch die Verzeichnisse und Bühnenanweisungen in der Hs. augenfällig an die Spitze und am Schlusse oder mit roter Tinte der Rede voran, so daß der Spielführer an der Hand dieser Schrift kaum eine Aufgabe übersehen konnte. Er ist über das instinktive Spielerische hinausgewachsen und hielt die Darsteller an, nicht Wirklichkeit zu geben, sondern ihre Rolle darzustellen. Die ganze Hs. weist auf eine starke naturalistische Schauspielkunst niederalemannischer Art aus der Spätgotik, auf theatralische Raffinements und psychologische Feinheiten hin, deren Darstellung und Technik im Luzern des 16. Jh.s zu höchster Äußerlichkeit gediehen. H. Multscher schuf in der Kunst drastische Gegenstücke, z. B. in seinem von den Sterzinger Bürgern bestellten Altar.

10. Der Verfasser verrät an mancher Stelle seine persönliche Auffassung und Teilnahme bis zu einer gewissen predigtartigen Eindringlichkeit und läßt vermuten, daß Proklamator, Spielleiter und Textbearbeiter ein und dieselbe Person und zwar eine geistliche waren.

11. Das Spiel zerfällt in drei Teile: 1. Christi Lehre und Wunder, der Verrat des Judas (v. 1—1728 = 1. Tag), 2. Abendmahl, Gefangennahme, Verhör, Marter, Tod und Grablegung Christi (v. 1729 bis 3809) und 3. Grabwache, Auferstehung, Christus in der Vorhölle, bei seiner Mutter, die Wächter, die frommen Frauen beim Salbenkrämer, beim Engel, bei Petrus,

Petrus meldet, Christus vor Magdalena, Magdalena verkündet, Petrus und die Apostel, Gang nach Emmaus, Christus vor den Aposteln (v. 3810—4177). Der 2. und 3. Teil wurde am 2. Tage gespielt. Achtzehn Handlungen füllen den ersten Tag, 24 den zweiten Tag aus. Das Donaueschinger P. steht somit inhaltlich dem Benediktbeurer am nächsten, nahe auch dem Wiener, schon sehr fern dem St. Galler Passionsspiel.

12. Ungemein stark ist der Einfluß der Bibel, aber auch noch der Liturgie auf die dichterische Leistung des Spieles. Ähnlich wie das Tiroler Eröffnungsspiel nach den Fastenevangelien gearbeitet wurde, hielt sich auch der Donaueschinger Passionsspieldichter an die dramatischen Stellen aus den Evangelienperikopen der Lehrzeit Christi, verband sie aber durch individuelle Ausgestaltung der Zusammenhänge und etlicher Charaktere. Freier konnte die Heilsgeschichte für den zweiten Tag (Leiden und Auferstehen) gefaßt werden. Dem entspricht die Zahl der Verse, die Christus spricht: am ersten Tage 528, am zweiten 304 und 26. Den 4177 Versen des ganzen Spiels stellt Hartl nur 2439 selbständige des Verfassers oder Bearbeiters gegenüber. So stark naturalistisch die Veranschaulichung dieses niederalemannischen Spiels in seiner kraß hervortretenden Wirklichkeitsnähe ausgefallen sein mag, so blieb doch der Wortlaut fast zur Hälfte auf eine gereimte Bibelübersetzung beschränkt oder im liturgischen Rahmen festgehalten. Die Auswahl des Stoffes, die Anordnung und Verknüpfung der Auftritte und die Ausgestaltung der Charaktere sowie etliche Neuerfindungen weisen immerhin auf einen aus jenem innerem Erleben heraus schaffenden Verfasser und Spielführer hin, das sich auch der bildenden Kunst mitteilte.

13. Im Mittelpunkt alles Geschehens steht Christus. Die reiche Fülle von Auftritten und Szenenwechseln ist dieser Bezogenheit untergeordnet und zwar am ersten Tage in engerem Anschluß an die Abfolge der biblischen Vorgänge, am zweiten in freierer Auswirkung auf die menschliche Geschichte eingestellt, durch welche die Spätgotik das Göttliche erfaßte oder sich vorstellte. In den Lehrszenen treten die Wunder in den Vordergrund. Die Bekehrung Maria Magdalenas nimmt den breitesten Raum ein. Im zweiten Teil beansprucht das Drama auf Golgatha das sorgfältigste Eingehen. Jedoch ragen auch das Abendmahl und die Verhöre, aus denen das Gerichtsverfahren der Zeit spricht, über den Durchschnittsumfang der Auftritte bedeutend hinaus.

14. Die Dramatisierung der epischen Berichte gab dem Verfasser Gelegenheit, den Ausdruck ins Subjektivische zu steigern und die Handlung ins Realistische zu versetzen. Das Wirkliche unterstrich er noch durch seine Bühnenanweisungen. Besonders treffsicher sind die Eingangsworte verschiedener Reden gestaltet. Manche Schlußworte fallen geradezu als Stichworte ins Ohr des Antwortenden. Wiederholungen von Versen und Bibelstellen wirken mehrmals wie Leitmotive. Häufungen dienen zur Verbildlichung. In ihrer Wirklichkeitsstärke fallen Szenen wie das Essen, das Soldauszahlen u. dgl. mehr auf. Durch solche dichterische Ausgestaltungen schwoll die Übertragung der biblischen Geschichte auf die Bühne wieder an. Sie geben ihr den Eigenreiz, den das heimatliche Gewand der Sprache und der Vorstellung vollends kundgibt. So ist vom Banner des Pilatus, von den Rittern des Landpflegers die Rede. Man würfelt um Christi Rock und trinkt welschen Wein. Barabas wird zu den Schächern in den Stock gelegt usw. Anderseits ließ der Verfasser manchen biblischen Auftritt fort oder vereinfachte ihn der fortschreitenden Handlung wegen oder bediente sich gegensätzlicher Bilder und Szenen. Die Volksauftritte gestaltet er äußerst bewegt. Die Einzelcharakteristik erreicht bei mancher Nebenfigur einen achtbaren Fortschritt. Fast alle Rollen erhalten eigene Namen und äußern ihre Gefühle gemäß ihrer Lage in kennzeichnender Färbung und Innigkeit: Maria, die leidaufgelöste Mutter, geht ganz in der Ungeheuerlichkeit ihres Opfers auf. Magdalena sinkt, vom Schmerze überwältigt, um. Petrus

ruft seine Reue hinaus. Christus aber ist von seiner göttlichen Aufgabe erfüllt und klagt nicht über sein Martyrium. Derb und roh zeigen sich die Folterknechte, voller Hohn und Spott die Teufelsgesellen. Auch die Symbolgestalten der *Ecclesia* und *Judaea* sind voll der mittelalterlichen Realistik.

15. Bürgerliche Breite und Wortfreudigkeit drängen sich vor. Die höfischen Hochwörter sind verblaßt, der bürgerliche Ausdruck steht noch fast ganz im Werktag. Die Sprache ist eben im lebendigsten Flusse begriffen. Gewöhnliche Umgangswendungen schleichen sich daher selbst in die Ausdrucksweise Christi ein. Krämerworte kennzeichnen nicht bloß des Apothekers Gesinnung. Die Ritter sind schon sehr von dem materialistischen Geiste durchsetzt. Der Verfasser bemüht sich nicht um ein gutes und edles Deutsch. Ihm liegt an der volksmäßigen Art des Sprechens, an gemeinbildhaften Vorstellungen, gleichnisartigen Wendungen und drastisch-körperlichen Gebärden weit mehr. Stehende Ausdrücke des Volkes, besonders Sprichwörter, wirken bei ihm am anschaulichsten. Selbstprägungen von Bildern und Vergleichen nach Predigerart mißglücken ihm leicht. Er liebt zweigliedrige Ausdrücke für einen Begriff, Gegenüberstellungen, ja Umständlichkeit und mißbraucht das Wort, um des Eindruckes sicher zu sein.

16. Das Bürgerlich-Städtische kündigt sich auch im Verhalten gegen das Publikum, in der Ratssitzung der Juden, in der Titulatur, in der Wertschätzung vornehmen Benehmens, in den Anfängen eines Amtsdeutsch und der Fremdwörtersucht der Schweizer, im Nachklingen des Lateinischen an. Im Grunde erleben wir eine niederalemannische *biblia civium* auf der Bühne.

17. Am deutlichsten zeigt sich die Abhängigkeit des Spiels von der Liturgie in ihren musikalischen Teilen. Insgesamt 19 lateinische gregorianische Sätze, mit Ausnahme der geläufigsten Lieder, mit Noten versehen, führte der Schreiber aus, ein Zeichen, daß die Darsteller mit Antiphonar und Missale schlecht vertraut waren. Ihr Verhältnis zu den Liturgien der in Betracht kommenden Diözesen ist noch nicht untersucht worden. Das Bozner Passionsspiel von 1495, das Schwazer von 1551 und ähnliche mögen als Gegenstücke der Forschung gute Dienste erweisen.

Nur ein Sologesang des ersten Engels am Ölberg steht den verschiedenen Chören der Engel, der Judenschule und der Frauen gegenüber. Zwei Hornbläser eröffnen das Spiel durch dreimaliges Blasen. Sie geben auch das Signal zum Kreuzweg nach Golgatha.

18. Das Donaueschinger Passionspiel wurde verhältnismäßig früh von der Wissenschaft beachtet, herausgegeben und behandelt, obgleich es nur ein vereinzelter Ausläufer eines Luzerner Spieles ist und von seiner Verselbstigung und seiner Weiterwirkung über die katholische Enklave von Villingen hinaus nichts weiter bekannt wurde. Mone ließ ihm besondere Sorgfalt angedeihen. Wirth richtete einen mühsamen Stammbaum des Textwuchses auf, den jedoch schon Dinges fast ganz zusammenschnitt. Am meisten beschäftigen sich die Bühnenforscher mit dem Standortplan des Spiels. Hartl gelang es, darin neues Licht zu bringen, das Werk mehr aus sich selber zu erklären und die Ergebnisse der Textkritik nutzbar zu machen.

19. Allgemeines Zeitbild: s. o. unter Literaturangaben des Alsfelder Passionsspiels. Weiters: H. Hug *Villinger Chronik von 1495—1533*, StLV. 164, 1883.

Handschrift: K. A. Barack *Die Handschriften der Fürstenbergischen Hofbibliothek zu Donaueschingen* 1865, S. 136ff. J. Bolte *Handschriftliche Dramen in Donaueschingen*, ZfdA. 32 (1888) S. 1ff.

Ausgaben: F. J. Mone *Schauspiele des Mittelalters* II (1852), S. 150—367. Ed. Hartl *Das Donaueschinger Passionsspiel* (Deutsche Literatur, Reihe: Das Drama des Mittelalters. Passionsspiele Bd. IV) 1942.

Abhandlungen außer Mone und Hartl: L. Wirth *Die Oster- und Passionsspiele bis zum 16. Jahrhundert* 1889, S. 139—40. G. Dinges *Untersuchungen zum Donaueschinger Passionsspiel* (Germanist. Abhandlungen 35) 1910. W. Creizenach *Geschichte des neueren Dramas* I² (1911) S. 78. 190. 200. 217. 232. R. Arnold *Das deutsche Drama* 1925, S. 26. E. Eckardt, Alemannia 40 (1912) S. 90f. O. Eberle *Theater-*

geschichte der Innerschweiz (Königsberger deutsche Forschungen 5) 1929, S. 12f. H. Niedner *Die deutschen und französischen Osterspiele bis zum 15. Jahrhundert* (Germanische Studien 149) 1932, S. 139f. E. K. Chambers *The mediaeval Stage* 1925. K. Young *The drama of the Medieval Church* 1933; dazu N. C. Brooks, The Journal of English and Germanic Philology 33 (1934) S. 286ff. R. Grieshammer *Sprachgestaltende Kräfte im geistlichen Schauspiel des deutschen Mittelalters* (Jenaer Germanistische Forschungen 16) 1930. G. Ehrismann *Geschichte der deutschen Literatur bis zum Ausgang des Mittelalters*, Schlußband, 1934. W. E. Oeftering *Geschichte der Literatur in Baden* 1 (1930) S. 72f. ZfVk. 22 (1912) S. 35.

Motiven- und Rollenuntersuchungen: H. Maschek *Die Christusgestalt im Drama des dt. MA.s*, Jb. d. österr. Leo-Ges. 1932, S. 91f.; R. v. Stoephasius *Die Gestalt des Pilatus in d. mal. Passionsspielen* 1, 1938.

K. Dürre *Die Mercatorszene im lateinisch-liturgischen, altdeutschen und altfranzösischen Drama*. Diss. Göttingen 1915. A. Bäschlin *Die altdeutschen Salbenkrämerspiele*. Diss. Basel 1929. E. Krüger *Die komischen Szenen in den geistlichen Spielen des Mittelalters*. Diss. Hamburg 1931. H. Beck *Das genrehafte Element im deutschen Drama des 16. Jh.s* (Germanische Studien 66) 1929. L. Schmidt *Die Attribute der Engel in der deutschen Volksauffassung*, ZfVolksk. NF. 5 (1933) S. 151ff. P. Weber *Geistliches Schauspiel und kirchliche Kunst in ihrem Verhältnis erläutert an einer Ikonographie der Kirche und Synagoge* 1894. F. O. Knoll *Die Rolle der Maria Magdalena im geistlichen Spiel des Mittelalters* (Germanisch und Deutsch 8) 1934. H. Hansel *Die Maria-Magdalena-Legende* (Greifswalder Beiträge zur Literatur- und Stilforschung 16) 1937. O. Schüttpelz *Der Wettlauf der Apostel und die Erscheinungen des Peregrinispiels im geistlichen Spiel des Mittelalters* (Germanistische Abhandlungen 63) 1930. K. W. Ch. Schmidt, *Die Darstellung von Christi Höllenfahrt in den deutschen und den ihnen verwandten Spielen des Mittelalters*. Diss. Marburg 1915. M. Bath *Untersuchung des Johannisspiels, ser Blindenheilungs- und der Maria-Magdalenadzenen in den deutschen Passionsspielen mit besonderer Berücksichtigung ihrer Beziehungen zu den französischen Mysterien*. Diss. Marburg 1919. W. Arndt *Die Personennamen der deutschen Schauspiele des Mittelalters* (Germanistische Abhandlungen 23) 1904. J. Bolte *Der Teufel in der Kirche*, Zs. f. vergl. Lit.Gesch. NF. 11 (1897) S. 249ff. M. J. Rudwin *Der Teufel in den geistlichen Spielen des Mittelalters und der Reformationszeit* (Hesperia 6) 1915. H. C. Holdschmidt *Der Jude auf dem Theater des Mittelalters* (Die Schaubühne 12) 1935.

Villinger Passionsspiel: A. Stern Zs. f. Gesch. d. Oberrheins 22 (1869) S. 397—401. Chr. Röder Freiburger Diözesanarchiv 44 (1916) S. 163—192. W. E. Oeftering a. a. O. S. 73f. F. J. Ehleuter *Das Allgäuer Volkstheater (Laienspiele) in alter und neuer Zeit* 1932. O. Merkt *Neue Allgäuer Literatur* 1920ff. Die verschiedenen Fassungen der Villinger Chronik einschließlich der des Innsbrucker Staatsarchivs (P. A. X. 92) enthalten keine Aufschlüsse.

Bühne und schauspielerischer Stil: Bühnenplan abgebildet bei Mone S. 156 u. Goedeke-Tittmann II S. XXXVI. Froning *Das Drama des Mittelalters* 1891, S. 276; Könnecke *Bilderatlas zur Geschichte der deutschen Nationalliteratur*[2] 1912, S. 55; C. Niessen *Das Bühnenbild* 1924ff. Tafel 7 Abb. 6; H. H. Borcherdt *Das europäische Theater im Mittelalter und in der Renaissance* 1935, S. 17. Katalog der Theaterausstellung Magdeburg 1927 [Spielgrundriß beschrieben]. W. E. Oeftering a. a. O. I (1930) S. 71. R. Stumpfl *Die Bühnenmöglichkeiten im 16. Jahrhundert*, ZfdPh. 54 (1929) S. 42ff.; 55 (1930) S. 49ff.; ders. *Schauspielmasken des Mittelalters und der Renaissancezeit*, N. Archiv f. Theatergsch. 2 (1931) S. 1ff. W. Müller *Der schauspielerische Stil* (Form u. Geist 1) 1927. M. Herrmann *Forschungen zur deutschen Theatergeschichte des Mittelalters und der Renaissance* 1914. S. Mauermann *Die Bühnenanweisungen im deutschen Drama bis 1700* (Palaestra 102) 1911. A. Rohde *Passionsbild und Passionsbühne. Wechselbeziehungen zwischen Malerei und Dichtung im ausgehenden Mittelalter* (Schöpfung 10) 1926. K. Tscheuchner *Die deutsche Passionsbühne und die deutsche Malerei des 15. und 16. Jahrhunderts in ihren Wechselbeziehungen*, Repertorium für Kunstwissenschaft 27 (1904). C. Niessen *Theatergeschichtl. Bemerkungen*, Theater der Welt 1 (1937) S. 484ff.

Zur Musik vgl. R. Brandstetter *Musik und Gesang bei den Luzerner Osterspielen*, Geschichtsfreund 40 (1885). E. Schuler *Die Musik der Osterfeiern, Osterspiele und Passionen des MA.s* 1942.

A. Dörrer.

'Passionsspiel, Egerer', vom Herausgeber G. Milchsack als Fronleichnamsspiel bezeichnet (s. VL. I Sp. 730—32), war kein Bewegungsspiel wie das Bozner, Freiburger, Künzelsauer oder Zerbster, sondern um 1460 für eine dreitägige Aufführung auf dem ringförmigen Platze von Eger zusammengefügt worden. Das schließt nicht aus, daß diese in die Fronleichnamszeit fiel und an Stelle von Fronleichnamsspielen getreten oder teilweise aus deren Texten hervorgegangen war. Die städtischen Rechnungsbücher stellen tatsächlich 30 Fronleichnamsaufführungen bis 1507 fest, seit 1507 aber auch Passionsspiele. Gradl erhärtet die Wahrscheinlichkeit teilweiser Aufführung in Eger durch Vergleiche der Sprache, der Namen, der

Rechnungsangaben und des Textes. Inhaltliche Hinweise zum Fronleichnamsfest fehlen. Sein hsl. Titel *ludus de creacione mundi* trifft nur für die Eingangsauftritte zu, die in den überlieferten dt. Fronleichnamsspielen nicht vorkommen. Seine stoffliche Ausdehnung reicht bis zur Auferstehung und Erscheinung Christi, nicht, wie bei den Umgangsspielen üblich, bis zum Jüngsten Gericht. Auch seinem Stile nach dürfte sich das E. P. ähnlich wie das Alsfelder Passionsspiel (s. d.) entwickelt haben. Es steht dazu als Mittelglied in textlicher Beziehung neben der hessischen und tirolischen Spielgruppe, übertrifft jene noch an Umfang (8312 v.), Zahl der Auftritte, Einschübe von Prophetensprüchen und legendären Geschichten. Auch in der drastischen Namengebung der Soldaten und Juden, im Chorischen und in der Bühnenanordnung steht das E. P. dem Alsfelder nahe und überbietet es selbst hierin. Es zeigt jedoch nur stellenweise lateinische Partien, was schon auf verschiedene Vorlagen hindeutet. Ihm fehlen gleich dem Tiroler Passion, mit dem es sich noch mehrfach berührt, die Präfigurationen und Allegorien. Die Christusszenen sind gleich dem Augsburger und Münchner Spiel stark eingeengt und lyrisch gehalten. Das komische Element drang selbst in ernste Szenen ein, aber die sonst davon bevorzugten Krämerauftritte sind sehr gekürzt und frei von Possen gehalten. Im Gegensatz zur Alsfelder Maria steht die Egerer stumm unter dem Kreuz ihres Sohnes. Sie hatte ihn in ihrer Herzensangst gerade Judas' Schutz anempfohlen. Dieses „Hagen-Motiv" war zuvor schon in der Prager Marienklage bekannt geworden (s. A. Schönbach *Marienklagen* S. 63 u. AfdA. 8 [1882] S. 169), kehrt auch in vielen süddt. und alpenländischen Passionsspielen wieder. Von Böhmen aus läßt sich überhaupt eine charakteristische Bereicherung und ein langwirkender Austausch spätmittelalterlichen Spielmotivgutes beachten, der noch dem barocken Volksschauspiel dient. Tief ergreifend wirkt Magdalenens Klage am Grabe Christi, fast wie eine der Totenklagen der höfischen Kunst; sie klingt in einer bayerischen Klage wieder (s. Greith *Spicilegium Vaticanum* 1838, S. 58). Die Gefühlsausdrücke fünf einzelner Mütter über den Betlehemitischen Kindesmord erwecken darwider nur rein menschlichen Eindruck und verzetteln sich ebenso wie die brutale fünffache Verspottung Jesu durch die Schergen. So herrscht der spätmal. Stil der Volkstümlichkeit bei stark musikalischer Unterstützung der biblischen Hauptszenen und der Drang nach Bühnenmäßigkeit und Individualisierung vor.

Den Egerer Bürgerspielen kommt ähnliche völkische und volkskulturelle Bedeutung für Böhmen zu wie den tirolischen und kärntischen an der deutschen Südgrenze.

Zur Lit. vgl. o. I Sp. 731/32, auch die Abhandlungen z. Alsfelder Passionsspiel und Ad. Hauffen *Bibliographie der dt. Volkskunde in Böhmen* (Beiträge z. sudetendt. Volkskunde 20) 1931. Weiteres: A. Klitzner *Vokalismus der Reime im Egerer Fronleichnamsspiel*. Diss. Wien 1921. L. Schmidt *Das Volksspielwesen der Sudeten- u. Karpathendeutschen*, Forsch. u. Fortschritte 16 (1939) S. 279f.; ders. *Z. Innengeschichte der dt. Passionsspiele*, Volk u. Volkstum 3 (1938) S. 211ff. K. Siegl *Egerer Fronleichnamsspiel*, Egerland 35 (1931) S. 33 bis 39 [Angaben über Aufführungen 1442—1500, die Niederschrift u. das Schicksal der Hs.]. J. Tröltscher *Über das Fronleichnamsspiel in Eger*, Egerer Jb. 16 (1886) S. 172—87. A. John *Die Aufführung des Egerer Fronleichnamsspiels in Eger*, Der dt. Volksbote 8 (1898) Nr. 22 [Vorbericht z. Aufführung des Spiels am 10. Juni 1898 durch den Ver. f. Egerl. Volkskunde]. A. Helfert *Böhmische Weihnachts- u. Passionsspiele*, ZföstérrVk. 1 (1896) S. 167—71. V. Pröckl *Eger u. Egerland* II (1845). W. Braun *Geschichte des Egerlandes* 1939.

Über die textlichen Parallelen z. Tiroler Passionsspielgruppe und zum Passion des Bened. Debs vgl. J. E. Wackernell *Die ältesten Passionsspiele in Tirol* (Wiener Beiträge z. dt. und engl. Philologie 2) 1887; ders. *Altdeutsche Passionsspiele aus Tirol mit Abhandlungen über ihre Entwicklung, Composition, Quellen, Aufführungen u. litteraturhistor. Stellung* (Quellen u. Forsch. z. Geschichte, Litteratur u. Sprache Österreichs u. seiner Kronländer 1) 1897. Über die Parallelen zum Wiener Passionsspiel (530 v. bruchstückweise erhalten, aus Mitteldeutschland) J. Haupt, J. M. Wagners Archiv 1 (1874) S. 355—81; Froning a.a.O. S. 302—24; Creizenach I² S. 85, 111—13 u. Reg.; J. Zeidler *Das Wiener Schauspiel im MA.*,

Gesch. d. Stadt Wien III (1903) S. 88—92; A. Orel *Die Weisen im Wiener Passionsspiel a. d. 13. Jh.*, Mitt. d. Ver. f. Gesch. d. Stadt Wien 6 (1927) S. 72—95.

A. Dörrer.

'Passionsspiele, Tiroler'.

1. Begriff und Umfang. 2. Name. 3. Handschriften: I. zum Tiroler Passion gehörige, a) Sterzinger Passion, b) Bozner Passion, c) Haller Passion, d) Steinacher Passion, e) Sterzinger Mischhandschrift, f) der sog. Brixner (richtiger: der Schwazer) Passion, g) Sonthofer Passion, h) Bozner Umgangsspiele, i) Sarntaler Passion, k) Kastelruther Passion, l) Mühlbacher Passion, m) Tiroler Vorspiel (Palmsonntagsspiel), n) Tiroler Nachspiel (Bruder- oder Emmausspiel); II. nicht unmittelbar auf den Tiroler Passion zurückgehende, a) Teilspiele des Debs-Codex, b) Raber-Passion für Trient, c) Rabers Auferstehungsspiel von 1520, d) Rabers Sonderspiel *Ain recht das Cristus sterben soll* von 1529, e) Sterzinger Gründonnerstagsspiel, f) Bozner Marienklage, g) Tiroler Christihimmelfahrtsspiele, h) Sterzinger Pfingstspiel, i) Landecker Fronleichnamsspiel, k) Silzer Passionsspiele, l) Patscher Passionsspiele, m) Unterinntaler und Inngauer Passionsspiele. 4. Verbürgte Aufführungen: a) in Hall bei Innsbruck, b) in Sterzing, c) in Brixen am Eisack, d) in Klausen am Eisack, e) in Bozen, f) in Cavalese im Fleimstal, g) in Trient, h) in Meran, i) in Bruneck im Pustertal, k) in Lienz im Pustertal, l) in Schwaz im Unterinntal, m) in Rattenberg im Unterinntal, n) in Kitzbühel im Brixental, o) auswärtige Aufführungen. 5. Grundhaltung und Aufbau des Tiroler Passions. 6. Handlung. 7. Der Verfasser. 8. Die Bearbeiter. 9. Die Veranstalter, Spielleiter und Darsteller. 10. Der Spielraum und die Bühne. 11. Die Ausstattung. 12. Die Zuschauer. 13. Die Auslagen und ihre Deckung. 14. Schrifttum.

1. Begriff und Umfang. Unter *Tiroler Passion* versteht man vor allem das von Jos. Ed. Wackernell erschlossene dreiteilige Passionsspiel tirolischer Städte aus der Zeit um 1380 bis 1580. Wackernell konnte wesentliche Stücke von 13 Hss. darauf zurückführen. Weitere Mitglieder oder Versippte enthielt die Sammlung des Bozner Lateinschulmeisters, Tondichters und Spielanführers Benedikt Debs (s. d.) aus Ingolstadt und das Spielarchiv des Malers, Organisators und Hss.-Sammlers Vigil Raber (s. d.) aus Sterzing. Hiezu gesellten sich indessen das Steinacher Bruchstück, die Hss. und Drucke des Bozner Fronleichnamsspiels (s. d.) und die mit diesem zusammenhängenden Umgangsspiele anderer Orte Tirols, Vorder- und Innerösterreichs, vornehmlich Freiburgs im Breisgau (s. VL. I Sp. 732—68 u. II Sp. 669—670), die Texte von Passionsspielen ländlicher Gerichtsorte der Grafschaft Tirol und deren Anrainer, wie Sarnthein, Kastelruth und Mühlbach in Tirol, Sonthofen im Allgäu, und wandernder Tiroler Spielgruppen, die dazu noch in anderen Ostalpenländern, auch in vorwiegend nichtdeutschen Städten wie Laibach, auftraten.

Dieser Passion wuchs auf Tiroler Boden und drängte die übrigen im Lande zur Seite. Er ist von der spätgotisch-bürgerlichen Lebensauffassung und ihrem Gemeinschaftsgeist beseelt und hebt sich von den vorausgegangenen und den noch im 16. Jh. weiterbestehenden Tiroler Dom- und Klosterspielen bedeutsam ab. In letzterem Erlebniskreis mag das Auferstehungsoratorium den Mittel- und Höhepunkt spielerischer Darstellung erreicht haben, dessen ernste Teile im Tiroler Passion als ein Kernstück des dritten Spieltags erhalten blieben (s. *Albrecht von Neustift*, Nachtrag). Aber auch von den verwandten mitteldeutschen Passionen, deren Stammbaum noch nicht so deutlich herausgestellt wurde wie der tirolische, mit denen er jedoch manche Kernwurzel gemeinsam hat, unterscheidet er sich durch typische Merkmale südlicheren Erdreichs und berglerischen Wachstums. In seiner gedrungenen Bürgerlichkeit verbreitete er sich wie kein anderer deutscher und wirkte nachhaltig bis nach Mitteldeutschland zurück. Als seine Geltung in den Städten infolge ihrer sozialen, wirtschaftlichen und geistigen Umwälzungen und ihren besonderen tirolischen Verhältnisse zurückging, nahmen den Festbrauch mehr ländliche Gemeinschaften aus den Umgebungen auf. Sie führten ihn noch Mitte des 17. Jh.s selbst außer Landes. Erst um 1700 paßten sich die letzten aus ihm erhaltenen Auftritte der Bozner Umgangsspiele dem Barock an. Reklamehafte Verknüpfungen neuerer Tiroler Passionsspiele mit diesem alten Passion, wie sie selbst in den Tiroler Heimatbll. 14 (1936) S. 155—57 unternommen und — freilich rein registrierend — in wissenschaftliche Werke weitergetragen wurden (s. z. B. *Forschungen zur Volkskunde* 29 [1937] S. 81), passen nicht in die selbstherrliche, einmütig geschlossene Weltanschauung und zyklische Formung stadtbürgerlichen Festerlebens.

Zum Tiroler Passion zählte Wackernell alle jene im Lande hergestellten, teils hier vorgefundenen, teils auswärts in Abschrift und Bearbeitungen erhaltenen Spieltexte aus dem erweiterten Stoffkreis der christlichen Osterbegehung, die sich mehr oder minder auf jenen Archetypus zurückführen ließen und die miteinander eine verhältnismäßig selbständige, trotz ihrer Vielfalt und ihren weitreichenden Wechselbeziehungen doch noch von den übrigen deutschen Passionsspielgruppen auffallend gesonderte Textfamilie darstellen. Daraus schied er jene (meist noch nicht näher untersuchten) Passionsspielhs. aus dem 15. und 16. Jh., die zwar auch aus Tirol überliefert oder in tirolischen Spielverzeichnissen oder in anderen Archivalien erwähnt sind, aber nicht jenes sozusagen blutmäßige Abhängigkeitsverhältnis zum herberen Tiroler Passion zeigen. Das trifft vor allem bei den ersten, höchstens zwei bis drei Jahrzehnte nach ihm aufgezeichneten Teilspielen zu, die der allein noch überlieferte, unvollständige Codex des erwähnten Ben. Debs uns aus Bozen erhalten hat. Stellten die drei- und viertägigen Festspiele das ganze Erlösungswerk als Krönung seiner Begehung durch die gesamte Stadtgemeinde in der Hauptpfarre oder auf dem Stadtplatz dar, so schoben sich diese Einzelbehandlungen wie *depositio crucis*, *planctus Mariae*, der Gang nach Emmaus oder einer der drei Teile der Urstend Christi wie unverbindliche Zwischenspiele als Bilder aus dem Leben in die liturgischen Feierlichkeiten. Sie wurden von einem kleinen Kreis von musikalischen und mimischen Darstellern, augenscheinlich vor allem von Chorregenten, Schulmeistern und Kunsthandwerkern mit ihren Sängern und Gehilfen, auf bescheidenem Podium, ohne besonderen Aufwand vorgeführt, so daß die Rechnungsbücher von ihnen kaum einmal Notiz nahmen. Diese Teilspiele waren daher auch freier und beweglicher, sozusagen gern mitangesehene, entspannende, stark lebens- und ortsverbundene Illustrationen und Improvisationen der zum Gottesdienst mitherangezogenen Laien. Darin war das Eingehen auf Einzelnes und Besonderes aus Grenzgebieten möglich, auf das in der Zeit der großen Flügelaltäre eines Michael Pacher kein Künstler verzichtete. Gerade dadurch hielten diese Stücke die Gestaltung der Großspiele in Fluß. Nicht zuletzt scheinen sie manche „Figur" der Umgangsspiele veranlaßt und deren Zusammensetzung und Weiterführung in Bozen gefördert zu haben, als die Großspiele schon aufgegeben waren. Von ihnen reicht der nächste Schritt zu den rein weltlichen Aufführungen und zu denen der fahrenden Spielleute. Überragt der gigantische Alpenkamm auch das sonnige deutsche Weinland und herrscht hier selbst im behaglichen Patrizier erdbeschwerte Hochgebirglernatur vor, so einen eben beide dieselbe eigenwillige, zum Eigenstaat erhobene Bergheimat und dieselbe scharfgeprägte Rasse. Sie teilen sich in weitreichenden Paßüberlieferungen. Sie sind zuinnerst verhalten von einer außerordentlich starken kultisch-sinnlichen Religiosität und von einem kräftig-bildnerischem Drang. Die der Weltwirklichkeit zugekehrtere Lebensart des früchtereichen Südens setzte der feierlich-gebundenen der gemeinsamen Festtage unentwegt zu, so daß vornehmlich die österlich-freudigen Teile des Spielzyklus, auch wenn sie in jüngerer Fassung vorliegen, mehr jener Richtung zu eigen sind, die in den Debs-Stücken lebt und wirkt. Das bewegtere Blut der Weinbauern und Kaufherren treibt die Spielunternehmer der übrigen Städte und Märkte des Landes darin vorwärts. Aus diesem Zusammenspiel der verschiedenen alpinen Kräfte entstehen an der Grenze der Nation und des Reiches jene großartigen und reichen Bürgerspiele der deutschen Spätgotik, deren Lebensfülle und Farbenfreudigkeit auf die älteren mitteldeutschen Bürgerspiele zurückstrahlen. Daraus ergibt sich schon, daß obiger Tiroler Passion einen ausschließlichen Anspruch auf eine solche Bezeichnung auch allein im Rahmen der Texte nur bedingt, d. h. nur in einer Reihe mit den lebensvolleren Debs-Spielen erheben darf. Mit Wackernells vorsichtig und mühsam erstellten Genealogien und Analysen der einzelnen Fassungen rückten neue Fragen in den Vordergrund, die zwar er noch nicht angeschnitten hatte, die aber nicht weniger Entscheidendes über die treibenden und gestaltenden Kräfte dieser Bürgerspiele und deren künstlerische Bewertung beantworten sollten. Wackernells philologische Methode, durch die historische Schule an die Ortsarchivalien verwiesen, war noch nicht frei von einer posthumen Ästhetik der Hamburgischen Dramaturgie, so daß sie nicht allen schöpferischen Kräften gerecht wurde. Da aber diese Spielhss. und Archivalien abseits des wissenschaftlichen Betriebs lagen und schon Jahrzehnte lang wieder fast gar nicht zu erreichen sind, wurden diese Mängel durch keine volks- und brauchgemäßere, der Liturgie, Wortkunst und Musik, den Innungssitten und dem Volksmimus gerechtere Untersuchung ergänzt, sondern fast nur in etlichen geschichtlichen und textkritischen Nebensächlichkeiten verbessert. Da es nicht mehr möglich war, die Untersuchungen über die südtiroler Spielhss. an Ort und Stelle abzuschließen (s. StLV 291, Vorwort), kann ich hier vorerst nur Randbemerkungen zu den bisherigen Ausgaben beisteuern und Wackernells Schematik auflockern. Der Ein- und Durchblick in das alpenländische Spielwerden und Volksmotivgut leidet vor allem am Fehlen von Ausgaben vieler einschlägiger Spieltexte und an einer Klarstellung des inneren Verhältnisses der hierher gehörigen Debs-Stücke zu den übrigen Tiroler liturgischen und kirchlich-bürgerlichen Spielen. Der Debs-Codex enthält vornehmlich zwei Gruppen von Spielen, nämlich Oratorien von Kantoreien wie das Lichtmeß- und das Christihimmelfahrtsspiel, die den liturgischen Charakter wahren und an Aufführungen der Neustifter Chorherren und Singknaben und des Brixner Domes erinnern, und österliche Teilspiele von starker Lebensnähe, dio vornehmlich in der Pfarrkirche der südlichsten deutschen Wein- und Handelsstadt Bozen gepflegt wurden und mit den meist jüngeren Erlauer Texten aus Kärnten zunächst verwandt sind. Unter dem Einfluß ihrer Welt vollzieht sich im Tiroler Passion eine Fortgestaltung vom Feierlichen zum Volkstümlichen, vor allem ein Wandel des Spielmotivgutes auf Grundlage des Stammhaften und Grenzlandschaftlichen. Jene Debs-Stücke stehen zum Tiroler Urpassion und dieser zu seinen Ausläufern und darüber hinaus zu fast allen deutschen Passionen des mittleren und späten 15. Jh.s teils wie die malerische Hochgotik zur barocken, teils wie die süddeutsche Grenzkultur zur binnendeutschen oder wie die alpine Rasse zur nordischen. Hier treten hervor und kreuzen sich Kräfte, die die Struktur der gesamtdeutschen Bürgerkultur des ausgehenden MA.s entscheidend gestalteten. Welch weitreichende Gestaltungsmöglichkeiten den damaligen tirolischen Spielschöpfern noch heute zugemessen werden, zeigt die Vermutung Ed. Hartls, daß das ganz anders als der Tiroler Passion und die gerade geschilderte zweite Gruppe der Debs-Spiele geartete Regensburger Osterspiel von Tirol ausgegangen sei und von dort in das Freiburger Fronleichnamsspiel übernommen wurde (ZfdA. 78 [1941] S. 121–32).

Weiter wurden Texte und Aufführungen in Tirol nachgewiesen, von denen wir heute nicht mehr sagen können, ob sie zur Gruppe obigen Tiroler Passions zu zählen sind. Das trifft schon bei den ältesten Bozner Passionen zu, die kaum mehrere Jahrzehnte später als die von Hall oder Sterzing eingesetzt haben dürften, aber auch bei allen jüngeren in Nordtirol außer Hall und Schwaz, nämlich in Rattenberg und Kitzbühel — die älteren Archivalien von Kufstein gingen anläßlich des Einfalls des bayrischen Kurfürsten Max Emanuel i. J. 1703 beim Stadtbrand zugrunde — und Landeck, endlich noch in Bruneck und Lienz im Pustertal, Villach in Oberkärnten und Meran im oberen Etschtal, deren Ortschaften mehr oder minder abseits von der Hauptverkehrsader und Handelsstraße des Brenners liegen und deren Spielhss. nicht in den Besitz oder zur Abschrift von Benedikt Debs oder Vigil Raber gelangten oder aus deren Nachlaß verkamen. Der sog. Brixner Passion zeigt jedoch, daß eine Parallel-, wenn nicht ältere Textentwicklung sich noch nach Mitte des 16. Jh.s in Verbindung mit dem Tiroler Passion ähnlich wie zuvor in Bozen hervortat und nach Osten weiterwirkte. Dieses letzte Zeugnis nochmaliger Kreuzung weist daraufhin, daß zwei Spiel- und Textfamilien hier nahe beieinander ihre Heimat besessen haben und von ebenso kräftiger wie entgegengesetzter Art und Herkunft gewesen sein müssen, so daß sie sich immer wieder anzogen und befeuerten. Was sich zwischen den mitteldeutschen und süddeutschen Passionen im allgemeinen abspielte, das trat im besonderen zwischen Sterzing und Bozen, Tiroler Passion und Debs lebhaft zutage.

Zu den Verlusten gehören noch die Spielhss., die wegen ihrer angeblich neureligiösen Tendenz oder vielleicht auch nur aus Unkenntnis der gerade abgleitenden Bürgerbräuche von Amts wegen durch fremde Büchervisitatoren in der 2. Hälfte des 16. Jh.s vernichtet wurden. Nicht zum Tiroler Passion gehören wohl diejenigen Spiele, welche tirolische Spielgruppenführer und Schulmeister in Stuben und auf Gassen aufführten, zuerst in Innsbruck, und welche von auswärtigen Verfassern verbreitet wurden. Auf letztere verweisen Spielhss. von Neugläubigen, die Seb. Wild-Texte in Nordosttirol, das Passionsspiel des Magisters Peter Kirchpühler (s. VL. II Sp. 134 u. 488) und ähnliche Werke der Reformationszeit und Gegenreformation hin.

Nach dem vorbildlichen Osterspiel der Eisacktaler und Pustertaler Dom- und Chorherren und ihrer Singknaben mögen sich zunächst solche der Bürgerschaften und damit auch Spiele für Karfreitag und Gründonnerstag unter dem Eindruck der älteren Aufführungen, und zwar in Abrundung verschiedener Dienstleistungen, mit denen einzelne Bruderschaften und Zünfte, die Kantorei und die Jugend an der Liturgie herkömmlicherweise bevorrechtet mitwirkten, ausgebildet haben. Das Betätigen der Pfarrgemeinden an Einzelheiten des Karwochenkultes und das einmütige und gemeinschaftliche Erleben des Osterfestes, das eine aufgeklärte Scheidung des Übersinnlichen vom Sinnlichen, der seelischen Urstend von der natürlichen, des geistigen Genusses vom leiblichen nicht kannte, trugen zur Lebensfülle und Abwechslung der einzelnen Festspiele merklich bei. Daß rein Menschliches, Naturkultisches und heidnische Vorstellungen darin fortlebten, daß auch jene Kunst in Lied und Tanz, in Mimik und Plastik sich zeigen wollte, die wir heute als rein weltliche uns nur außerhalb der Kirche vorstellen können, das läßt sich innerhalb der alpenländischen Überlieferungen auf Grund ihrer Gestaltungskräfte viel genauer verfolgen, als es R. Stumpfl im allgemeinen und in alleiniger Ausrichtung auf die germanischen Kultspiele darzustellen möglich war.

Diese Einzelfestspiele, ursächlich mit den „Figuren" der Umgangsspiele verwandt, wurden auch weiterhin da und dort wieder einmal allein gegeben. Selbst das sog. Mandat des Gründonnerstags stellten städtische Pfarrgemeinden gelegentlich in der Karwoche allein dar. Im Verlaufe des 15. Jh.s ging man über diese drei Spiele hinaus, indem man ein Bruderspiel mit einbezog oder eine Marienklage ausweitete oder ein Spiel für den Palmsonntag voransetzte oder, wie im sogen. siebentägigen Bozner Passion von 1514, noch das bisher stets selbständig aufgeführte Auffahrtsspiel in den Zyklus desselben Kirchenjahres eingliederte. Wackernell spricht daher auch von einem viertägigen und siebentägigen Tiroler Passion als dessen größte und letzte Ausgestaltungen. Er gibt jedoch nur die drei Hauptspiele des Gründonnerstags, Karfreitags und Karsamstags, weiter das Bruderspiel als Sterzinger Nachspiel und das Palmsonntagsspiel als Haller und Bozner Vorspiel in seiner Ausgabe wieder, weil die übrigen ganz dem Debs-Codex entnommen wurden. Die Marienklagen, Bruder- und Auffahrtsspiele blieben vom Passion meist ebenso unabhängig wie etwa die Weihnachts-, Lichtmeß-, Pfingst- oder Fronleichnamsspiele, von denen das eine oder andere gleichfalls neben dem Passion an den entsprechenden Festtagen desselben Jahres von tirolischen Städtern in der Kirche oder in ihren kultischen Umzügen abgehalten wurde. Im besonderen erweiterten und verbrämten Weihnachts- und Auffahrtsspiele nur sehr beliebte mimisch-dramatische Volksbräuche des Kindelwiegens und des Aufziehens der Christusfigur in der Pfarrkirche, mit Dialogen aus der Hl. Schrift, ein Zeichen, daß diese bürgerlichen Kirchenfeiern nicht allein im literarischen Werden dieser liturgisch-dramatischen Verselbständigungen zu sehen sind. Diese Bräuche, und damit vorübergehend auch ihre Spiele, wurden nicht wie der Passion von der herrschenden und damit der „gesamten" Bürgerschaft, sondern wie die Bozner Teilspiele aus Debs zuerst und fast allein von bestimmten Gruppen des Volkes, der Jugend, des Chorpersonals und der Zünfte bestritten. Mit ihnen hielten sich die ihnen zugrunde liegenden Bräuche selbst in bescheidenen Dorfkirchen Tirols bis in die Aufklärungs-, d. h. Verbotszeit hinein. Daß gerade die hiebei ausgebreiteten Schauspiele jahrzehntelang nach Preisgabe des Passions noch fortgeführt wurden, spricht für den ihnen innewohnenden Glaubensgehalt und Erlebniswert, denen sich Jugend und Volk beim Mitwirken an solchem Kult in der Kirche hingaben. Nicht das Literarische, sondern Kult und Magie, Schau-, Prang- und Spielfreude, jene Verbundenheit mit dem Gottesdienst und jene Hingabe an die bewegte biblische Szenerie, die auch ihre spätgotischen Gemälde und Plastiken beherrschte, kurz ihre Spielgesinnung und ihr Spielerleben, das von „magischen" Kräften mitangetrieben wurde, nahmen die Bürger für diese Spiele ein.

Solche Mysterien, ja schon die Mehrzahl der Marienklagen und Osterspiele aus Tirol erfuhren bisher in der wissenschaftlichen Welt nicht jene Beachtung wie der Tiroler Passion als das größte, alle Kreise miteinbeziehende Erlebnisspiel im Rahmen des Kirchenjahres, so daß dieser, abgesehen von dem einen Weichnachtsspiel von 1511 (s. *Weihnachtsspiel, Hessisches*) und den 25 Fastnachtsspielen (s. *Raber, Vigil*), fast ausschließlich als Tiroler Aufführung des 15. u. 16. Jh.s angeführt wird. Auch diese Vernachlässigung trug zu den bisher einseitigen Vorstellungen von einer vorwiegend literarischen statt ursprünglich ungleich stärker brauchtümlichen Verbundenheit der spätgotischen und ähnlich der renaissancehaften Bürgerspielkultur Tirols bei und ergab sich aus der vorwiegend philologischen Behandlung dieses städtischen Schaubrauchtums. Die Begehung der Feste durch die Stadtpatrizier und Zünfte, ihre Kunsthandwerker, Musiker und Sänger war jedoch viel mannigfaltiger und handgrifflicher. Diese bürgerlichen Haupt- und Einzelfeste, die in der Spätgotik und noch unter Portalen der Renaissance in Zyklen wie der Bozner Passion eine literarische Verdichtung und Höchstentfaltung erreichten, gemäß der geistigen, wirtschaftlichen und sozialen Gesamtgrundhaltung des Bergwerkslandes und seiner an der Brennerstraße gelegenen Verkehrs- und Handelsplätze einzugliedern, versucht der Einführungsband zu den Bozner Bürgerspielen (StLV. CCXCI). In Bozen einigten sich und gipfelten schließlich fast alle Einzelspiele trotz ihres verschiedenartigen Ursprungs und ihrer entgegengesetzten Ausrichtungen und damit auch die spielerischen Bemühungen des Landes.

2. Name. In den Tiroler Spielhss. und urkundlichen Aufzeichnungen steht durchwegs *der Passion* für das Gesamtwerk im allgemeinen und für den Text im besonderen. Renward Cysat (s. d.) spricht von der *historie des passions*. Sein Vorgänger Hanns Salat erzählt: *1538 regiert ich den passion*. Desgleichen gebraucht Fischart *Passion* im obigen Sinne männlich und bemerkt der Schreiber der St. Stephaner Spielhss.: *der passion hat jetzt ein endt*. Im Prolog des Oberammergauer Spiels

von 1662 heißt es: *Und wurdt der ganze passion euch alhie geben zu verston.* Während Gebildete mit Luther begannen, aus humanistischer Bildung heraus das Wort weiblich zu gebrauchen, auch wenn es den eigenen Brauch bezeichnete, hielt das Volk selber, das die Spiele fortsetzte, bis auf den heutigen Tag an dem selbstgeprägten männlichen Geschlecht fest, wenn es vom Passion als von seinem Gemeinschaftswerk und Erlösungsspiel spricht. In den ältesten deutschen Passionsspielorten der Neuzeit, Erl und Oberammergau, umfaßt der Begriff Passion etwas Ganzes und Selbstgeschaffenes, alles zu diesem Spiel Gehörige. Ja, man rechnete dort nach Passionen wie die Griechen nach ihren Olympiaden. Dabei kannten sie sehr wohl die Passion als Teil der Hl. Schrift und mit einer Wendung in die bürgerliche Umgangssprache als Bezeichnung für eine leidenschaftliche Neigung zu einer Sache.

3. Handschriften. Keine altdeutsche Passionsspielgruppe ist in so vielen Hss. und urkundlichen Zeugnissen festgelegt wie der Tiroler Passion. Dabei war der ursprüngliche Besitzstand an Hss. allein mindestens doppelt, wenn nicht dreimal so groß als der heute noch erhaltene. Es gab noch während des vorletzten Jh.s kaum eine Stadt in Tirol — die neue Landeszentrale Innsbruck ausgenommen —, deren Bürgerschaft nicht wenigstens das eine oder andere Gemeinschaftsspiel als dramatische Krönung ihres kirchlich-bürgerlichen Festes durchführte. So bewahrte auch fast jeder Spielort eigene Fassungen oder Abschriften der Festtexte in seinem Archiv auf. Der Bozner Stadtschreiber Paul Falser wies z. B. 1736 auf Passionsspieltexte hin, die seit mehr als 200 Jahren sich unter den Stadtschriften befänden, obgleich sie ungefähr ebensolang nicht mehr zu Aufführungen benützt würden. Beda Weber und andere Mitglieder des StLV.s aus dem tirolischen Vormärz führten weitere Spielhss. aus dem Besitzstand Bozens an, obgleich indes noch 100 Jahre seit der letzten Abhaltung der barockisierten Umgangsspiele vergangen waren (s. VL. I Sp. 705). Als die mal. Literaturdenkmäler dank der Romantiker wieder beachtet wurden, kamen viele unbekümmerte Gemeinden und Einzelbesitzer Tirols, das zu Zeiten Kaiser Maximilians I. als der Hort altdeutscher Volksdichtung geschätzt wurde, um ihre bezeichnendsten Kulturzeugnisse und um die wertvollsten Überlieferungsstücke ihrer Volksschöpfungen, die den Wandel des Geschmacks dank der konservativen Gesinnung alter Familien überdauert hatten. Eine Bozner Passionsspielhs. verkam z. B. nach Nordamerika. Das einzig erhaltene (dazu noch unvollständige) Exemplar des Druckes deutscher Lieder des Bozner Lateinschulmeisters und Spielführers Adam Haslmaier verwahrt das Britische Museum in London (Titelblatt abgebildet in StLV. CCXCI). Der Harnisch des Drachentöters im Bozner Umgangsspiel wurde vor hundert Jahren nach Rußland verkauft. Damit sind nur etliche der vielen traurigen Einbußen aus dem ehemals ansehnlichen Besitzstand tirolisch-deutschen Volksgutes angeführt. Solche Ausplünderungen erfolgten bis in die neueste Zeit.

Als die tirolischen Archive systematisch aufgenommen wurden (s. *Archiv-Berichte aus Tirol* hg. v. E. v. Ottenthal und O. Redlich, 1888—1912), vermochte nur mehr das Städtchen Sterzing am Südfuß des Brenners eine würdige Sammlung tirolischer Spielhss. aufzuweisen. Sie geht auf die beiden südtiroler Spielförderer Ben. Debs in Bozen und Vigil Raber in Sterzing zurück. Den Hauptteil des noch Erhaltenen machte der Historiker Albert Jäger vor 100 Jahren, den restlichen der Heimatforscher Konrad Fischnaler drei Jahrzehnte später der wissenschaftlichen Forschung zugänglich. J. E. Wackernell brachte die zum Tiroler Passion gezählten Kernstücke 1897 in sorgfältiger Behandlung heraus. Die damals von ihm angekündigten weiteren Spielausgaben (Debs-Codex, Raber-, Sarntaler, Kastelruther Passion usw.) erschienen nie. Abschriften oder sonstige Vorarbeiten, auch die ihm nachweislich übergebenen Spielhss. des Patscher Passions, des Kaltenbrunner Marienmirakelspiels, der Prettauer Stubenkomödien usw. fand ich in seinem

Nachlasse nicht mehr vor, als ich dazusah (s. J. E. Wackernell *Adolf Pichler, 1819 bis 1900, Leben und Werke*, 1925, Vorwort). So bleiben wir, solange die letzten südtiroler Schätze nicht erfaßt und zugänglich gemacht sind, vor allem auf die Sammlung des Sterzinger Stadtarchivs angewiesen. Dieses war schon seit Beginn des letzten Weltkriegs für genügende Bearbeitung nicht mehr zugänglich.

I. Zum Tiroler Passion gehören an Hss.:

a) Sterzinger Passion. Zwei Hss. befinden sich aus der Sammlung Rabers im Sterzinger Spielarchiv, die eine als Nr. II (= *St*), die andere von Raber nach ihrem ursprünglichen Besitzer, dem Sterzinger Kirchpropst und Praecursor im Spiele Lienhard Pfarrkircher genannt, als Nr. XVI (= *Pf*) gezeichnet. Jene ist ein Codex im halbbrüchigen Folio, 11 cm breit und 35 cm lang, aus starkem, horizontal gewalktem Papier, durchgehends mit demselben Wasserzeichen versehen und in eine einfache Pergamenturkunde gebunden. Sie ist nur innen beschrieben und trägt auf der ersten Außenseite die Notiz: *Passion Christi, gehalten zu Stertzingen im 1496, auch im 1503* (Jahr): *aus disem register solichs geregiert worden.* Auf den beiden ersten Quinternionen (20 Bll.) steht das Gründonnerstagspiel, auf drei weiteren das Karfreitagsspiel, am Schlusse: *diser passion ist gehalten worden anno 1496 Darnach vnd am nagstn im 1503* (Jahr) *zu Stertzingen. Regenten sind gewesn Hanns Pelsterl vnd Chuenrad Gartinger, statschreiber, vnd aber* (= beidemale) *Caspar Köchl principator, item salvator all hie. Gott hellfe in!* Die Hss. enthält nur eine Spalte mit fingerbreitem Rand auf der Linken. Die Zeilen beginnen mit großen Buchstaben und schließen mit dem Versende. Die Wörter sind deutlich getrennt, die häufigen Abkürzungen die gewöhnlichen. Die Hs. besorgte ein Schreiber zuerst in großer Sauberkeit und Deutlichkeit. Später trieb ihn die Eile, sich immer mehr zu beschleunigen. Die Spielanweisungen schrieb er rot, die Singverse mit fünfzeiligem Notensystem. Die Hs. entstand knapp vor der Aufführung von 1496 als Regiebuch. Papierstreifen überliefern die Namen der Darsteller von 1503. Darunter stehen die von 1496. Außerdem erhielt ein eigenes Verzeichnis des Sterzinger Stadtarchivs die Spielnamen für drei Aufführungstage von 1496. Außer dem Textschreiber und den beiden Namenverzeichnern trug eine 4. Hand die übersprungene Rede des 2. Soldaten zu Bl. 43[a] nach und nahm eine fünfte Verbesserung für 1503 vor. St wurde nach einer Vorlage besorgt, für die Aufführung von 1503 lt. Kirchpropstraitung eine weitere Hs. von wahrscheinlich drei Spielen hergestellt, die verloren ging.

Außerdem erwähnt Raber *ain Klausner passion* (vom) *Aichner, dem hiegn* (= Sterzinger) *gleich* als von ihm erworben, desgleichen *ain Klausnensche Aichner urstend vnd prueder spill,* bei ersterem, *so ich zun anger hab gehaltn.* Diese Hss. sind nicht mehr vorhanden. An der Spitze der Bürgerspiele des zwischen Brixen und Bozen gelegenen Städtleins Klausen stand die dortige Familie Aichner. Aufführungsort war der Hof der Burg Anger.

Weiter vermerkt Rabers Spielinventar von 1543 einen dem Sterzinger Passion zunächststehenden des Kaspar Köchl. Dieser entstammte einer der führenden Sterzinger Familien, war 1482 Kirchpropst der Stadtpfarre, stellte vielleicht schon 1482, jedenfalls 1489—1503, den Salvator dar und kommt als Urheber der Y-Fassung des Tiroler Passions in Betracht, in der er sich in diesem Falle seine Leibrolle vergrößert hätte, wie es später Raber gerne tat. Sodann erwähnt dieser den Sterzinger *schwartz passion vom alltn Pölsterl,* der 1489 Spielregent in Sterzing war. Wackernell vermutet in dieser Hs. die Fassung Y^1. Weiter zurück dürfte *di gfiert alt scarteggn mitn passion* gereicht haben. Ganz unbestimmbar bleibt *ain passion mitn Wolfgang Pairs copert* aus Rabers Verzeichnis. Pair (Bair) gab es in der Sterzinger, Brixner, Bozner und Meraner Gegend um 1500, z. B. einen Tuchscherer Bair 1478 in Bozen.

Pf ist wie St eine Hs. in Schmalfolio (11 × 31) mit 90 Bll. aus feinem, horizontal gewalktem Papier mit durchgehends gleichem Wasserzeichen. Der ursprüngliche Pergamenturkundeneinband ist bis auf Rückenstückchen weggeschnitten. Durch Einschub des Bruderspiels (s. u. *Tiroler Nachspiel-Emmausspiel*) enthält die Hs. vier Spiele mit Rabers Vermerk: *Lienharden Pfarrkirchers passion* und *Da jn sind 4 spill*. Der Schreiber brachte für die Ausstattung des Schriftbildes größere Sorgfalt als für die Vortrefflichkeit des Textes auf, schrieb die Spielanweisungen rot und hielt sich an das fünfzeilige Notensystem bei den Singversen. Mitten auf Bl. 77 übernahm ein zweiter Schreiber die Fortsetzung. Er vermerkte am Schluß des 4. Spiels: *et sic finitur* (de) *passione ludus 1486*. Er arbeitete zerstreuter und flüchtiger als jener von St. Auch Pf war weder das Original noch eine treue Abschrift des Tiroler Passions. Beide Hss. hatten Studenten der Sterzinger Lateinschule hergestellt.

Nach Wackernells Textvergleichungen fußt St auf Y und Pf auf Y und Y[1], letztere zusammen auf X und diese erst auf O, dem Original des Tiroler Passions. Y, Y[1], X, Z und O sind uns nicht überliefert. St und Pf stehen dem Archetypus des Tiroler Passion am nächsten unter allen erhaltenen Hss.

J. E. Wackernell *Die ältesten Passionsspiele in Tirol* (Wiener Beiträge zur deutschen und englischen Philologie hg. v. R. Heinzel, J. Minor, J. Schipper, 2) 1887, S. 3ff., 16ff.; ders. *Altdeutsche Passionsspiele aus Tirol mit Abhandlungen über ihre Entwicklung, Composition, Quellen, Aufführungen und litterarhistorische Stellung* (Quellen u. Forschungen zur Geschichte, Litteratur und Sprache Österreichs und seiner Kronländer hg. v. J. Hirn u. J. E. Wackernell, 1), 1897, S. Lff., LIXff. u. S. 1ff.

b) Bozner Passion. *B* im Besitze der Bozner Franziskaner, angeblich aus dem Eigentum der Bozner Familie Ebner. Uneingebundene Papierhs. in Schmalfolio, 11 cm breit und 32 cm hoch, sechs ungleich starke Lagen mit insgesamt 60 losen Blättern, von einem Notator numeriert. Grobes Papier mit Wasserzeichen: Ochsenkopf mit nach unten verlängerter Schnauze, zwischen den Hörnern eine als Kreuz endende Stange, ähnlich dem Ravensburger Papier. Vier Studenten der Bozner Pfarrlateinschule, der Benedikt Debs vorstand, darunter *Henslein* (s. StLV. CCXCI S. 210f.) und vielleicht auch *Haintzel auf der schuell*, waren gleichzeitig 1495 an der Hs. tätig. Die Singverse auf 29 Seiten, teils in 4-, teils in 5zeiligem System notiert (eine Seite abgebildet in StLV. CCXCI Abb. 4). Beginn der Spielanweisungen durch rote Striche hervorgehoben. Namen der Darsteller zu den Rollen hinzugefügt. Enthält auf Bl. 1—14[a] Spiel für Gründonnerstag, Bl. 15—38[a] Spiel für Karfreitag, Bl. 39—57 Spiel für Ostern, Bl. 58—59 Rollenverzeichnis, Bl. 60 Namen der Darsteller.

A ist aus der Sammlung Frederic Madden um 1872 in die Bibliothek des Expräsidenten Andrew Whitte, Cornell University, Ithaca (USA.), übergegangen. Papierhs. in einer Pergamenturkunde eingebunden. Dieselbe Form, Länge und Breite wie Hs. B, aber aus besserem Papier mit Wasserzeichen: Wage nebst siebenzackigem Stern ähnlich Venetianer Papieren. 6 Lagen mit 68 Blättern. Bl. 1 bis 16 Gründonnerstagsspiel, Bl. 17—42 Karfreitagsspiel, Bl. 43—62 Osterspiel, Bl. 68 ist herausgeschnitten und scheint einen figuralen Bühnenplan enthalten zu haben. Auf dem rückwärtigen Umschlagblatt waren die Spieler verzeichnet. Einige Namen sind durch den späteren Pergamenteinband verdeckt, aber auf anliegende Innenseite des Deckels gekritzelt worden. Der Schreiber des 1. Spiels setzte auf die Vorderseite als Aufschrift: *Registrum ipsius ludus designant cenam Domini ac ejus passionem vna cum ejusdem designantis resurrecionem demonstracione*.

Wie bei B waren auch für A vier Schreiber, darunter wohl drei andere, abwechselnd tätig. Kirchpropst Erasmus Rottenpuecher gab ihnen 1495 insgesamt nur 16 ℔ 3 gr. Dabei wirkte vielleicht noch der erste Regent (Stadtpfarerr) oder der zweite auf einer Seite mit. Altist Johannes der Bozner Lateinschule nennt sich selber als Schreiber. Er ist jenes schon oben erwähnte *Henslein auf der schuell*, das sich um die Jh.-Wende öfters als Schreiber, auch liturgischer Bücher, in Bozen hervortat und als Darsteller bei den Spielen mitwirkte. Äußerlich schöner als B, ist A eiliger geschrieben. Dieselben Singverse sind in 4—5zeiligem System, bei ganz kurzen Versen in 3zeiligem System notiert. Das Spielverzeichnis unvollständiger (Entwurf?) und mehrfach berichtigt. In beiden Bozner Hss. fehlen die Teufelsauftritte des Tiroler Osterspiels.

Beide Hss. gehen auf eine gemeinsame Vorlage zurück, welche ein Bozner Schreiber *Hainricus* oder *Haintzl auf der schuell*, der damals den Teufel im Bozner Passion darstellte, 1495 in Sterzing verfertigte. Sie ist nicht erhalten (Z), geht auf eine Sterzinger Hs. Y, diese mit Y[1] auf X und beide auf O zurück. Somit liegen A und B eine Geschlechtslinie weiter als St und Pf zurück.

Ign. Vinz. Zingerle erzählte, daß er, als er sich einmal bei seinem Onkel, dem Gelehrten Anton Zingerle, in Mölten, einem Seitental der Etsch bei Meran, in den fünfziger Jahren des vorigen Jh.s aufhielt, von einem angeblich aus dem 14./15. Jh. entstammenden Passionsspiel Kunde erhielt, das damals in Händen eines Bauern der Umgebung war, bei späterer Nachfrage aber nicht mehr aufgetrieben werden konnte. Es dürfte sich um eine Bozner Hs. wie A handeln.

Wackernell *Altdeutsche Passionsspiele aus Tirol* S. XIXff., XXXff. und S. 1ff. W. H. Carpenter *Notes on a German Passion Play*, John Hopkins Circulars 17 (1882), pp. 238—39. H. M. Schmidt-Wartenberg *Ein Tiroler Passionsspiel des MA.s*, Publications of the Modern Language-Association of America 5 (1890) Nr. 3 pp. 1 ss. A. Dörrer *Bozner Bürgerspiele*. StLV. *CCXCI* (1941) S. 146ff., 210f. E. Schuler *Die Musik der Osterfeiern, Osterspiele und Passionen des MA.s* 1942.

Die beiden Hss. *BH*[1] und *BH*[2] gehören der Bozner Familie von Braitenberg. Moderne Einbände mit Wappen und Namen der Besitzer des 19. Jh.s (Carl Benedict v. Braitenberg-Zenonberg und Dr. Valentin v. Braitenberg). Starkes Papier, hohes Schmalfolio, die eine 43 cm, die andere 42 cm lang, beide 14½ cm breit, ähnlich der Sterzinger Mischhs. des Johannes Gotzhilff (s. u.). *BH*[1] enthält (in verkehrter Ordnung eingebunden) auf 59 Blättern die Spiele für den Palmsonntag und Gründonnerstag 1514 in Bozen, *BH*[2] von anderer Hand anschließend auf S. 1—67 das Karfreitagsspiel, auf S. 85—151 das Osterspiel. V. Raber besorgte Ergänzungen. In *BH*[1] sind Intonierungen, in *BH*[2] nur die Notenlinien (seitenweise!) eingetragen. Als Vorlagen dienten im wesentlichen die beiden Hss. A und B, vor allem letztere; für das Palmsonntagsspiel, weiters für Einschübe und Überarbeitungen der drei Hauptspiele V. Rabers Abschriften des Haller Spielzyklus vor deren Ausbesserung und die Register, die der Haller Mesner und ehemalige Lateinschulmeister Andreas Straucher aus München zu diesem Zwecke geliehen hatte. Die Bozner ließen daraus die Sterzinger Einschübe der Teufelskomödie weg. Endlich zog Raber jene Marienklage heran, die er 1511 in Bozen abgeschrieben hatte.

Welche Mühen und Kosten die Bozner auf sich nahmen, um einen möglichst großartigen und fortgeschrittenen Spieltext für ihre glänzenden Aufführungen von 1514 zu erreichen, geht aus der gleichzeitigen Kirchpropstraitung hervor: *Ein haut pergament ist* (von) *dem Vilg* (Raber), *maller, genommen worden, 8 kr. Ausgeben dem* (Astanten) *Alexius auf der schuell von den reimenpuechen zw schreyben vnd für ander kostung, als er Salvator* (im 1. u. 2. Spiel) *ist gewesen*, 2 *mk. Mer ausgeben dem Michl auf der schuell, von wegen das er dy spilregister hat geschrieben*, 10 ℔, *mer* 2 ℔ 6 *kr.: facit alles 1 mk.* 2 ℔ *6 kr. Item ausgeben dem Anndre Tanner, dem teutschen schuelmaister, alls er zway spillregister eingepunden hat, 1 ℔ 4 kr. Item ausgeben einem schreyber, der die reimpiecher geschriben hat 14 tag, davon zu lon 8 ℔ 4 kr. Item ausgeben dem messner zu Hall, als er etlich register zum spill hat geben, zw einem trinckhgelt 2 ℔ 6 kr.*

BH[1] und *BH*[2] wollte der Bozner Bergbeamte A. R. v. Wolfskron als Mitglied des StLV.s im Vormärz in den Druck legen. Er besorgte 1847 eine Abschrift des Karfreitagsspiels und von Teilen der übrigen Spiele nach den beiden Hss., von denen sich eine damals noch im Bozner Stadtarchiv, die andere schon auf Zenoberg befand, wo 80 Jahre später noch die älteste bisher aufgebrachte Hs. und ein Druck des Bozner Fronleichnamsspiels (s. d.) neben manchem jüngeren Schauspiel aus Tirol aufgestöbert wurden.

Wolfskron steuerte in seinem Bande zwei sehr sorgfältige Handschriftenproben und einen skizzenhaften geschichtlichen Überblick über die Bozner Bürgerspiele aus eigenem auf Grund dortiger Archiveinsicht bei, der jedoch schon Beda Weber für sein Buch *Die Stadt Bozen und ihre Umgebungen* (abgeschlossen 1847, erschienen 1849) S. 157ff. nicht genügte. Wolfskrons Sohn Max schenkte diesen hsl. Band dem Tiroler Landesmuseum Ferdinandeum in Innsbruck (B. F. T. 1107).

Die beiden Hss. BH sind Kreuzungen von B und dem Haller Passion, dem dort ein Vorspiel für den Palmsonntag 1514 vorangestellt worden war. Zugrunde gelegt wurden Rabers Abschriften, zu Ergänzungen und Verbesserungen benützt Strauchers Sammelhs., aber auch andere Abschriften miteinbezogen, um diese einzigartige Heptalogie zustande zu bringen. Raber klebte oder legte noch eigene Abänderungen in BH ein, die teils seinen eigenen Rollen (Judas u. Hortulanus), teils anderen galten. Strauchers Sammelhs. ist ebensowenig auf uns gekommen wie die Bozner Pergamentbände.

Im Wettbewerb mit den mitteldeutschen Handelsstädten und mit den Hauptplätzen des eigenen Landes banden die Bozner Patrizier den Tiroler Passion mit den Debs-Teilspielen zu einem einzigartigen und letzten Kranz deutschen Bürgerbrauchtums zusammen. Sie vereinigten darin die fortgeschrittenste Fassung des Sterzinger und Haller Zyklus mit ihren bodenständigen Kleinspielen, sinnkräftige Gläubigkeit der Alpenbevölkerung und froheste Daseinsbejahung des sonnigsten deutschen Bodens. Reichten das Brauchtümliche und Handwerkliche des Bürgertums an die Weihe reiner Kunst nicht heran, so darf man sich doch die Gesamtleistung der Bozner Bürger in Schöpfungen des größten Meisters jener Zeit aus Tirol, Michael Pachers, veranschaulichen.

Ad. Pichler *Das Drama des Mittelalters in Tirol*, Österreichische Revue 4 (1866) S. 44f. Wackernell *Altdeutsche Passionsspiele aus Tirol* S. CCCVff. Dörrer *Bozner Bürgerspiele* S. 146ff., 236f. u. 483ff.

c) Haller Passion. *H* ist eine zerfetzte und geflickte Papierhs. des Sterzinger Stadtarchivs in Schmalfolio aus 4 Lagen und 49 Blättern. Papier und Tinte ungleich. Der eine Schreiber, Vigil Raber, vermochte im letzten Drittel sorgfältiger und schöner zu kopieren. Er zeichnete am Fuße von Bl. 26 bei der *sententia Pilati* zwei Hände, die den Stab brechen, und einen Hammer, welcher die Stunde des Verurteilten auf die Glocke schlägt. Zwei weitere Schreiber besorgten leichte Änderungen und kleine Nachträge. Auf Bl. 35ª vermerkte Raber: *Abschrift des passions von Hall 1514*. Jedoch schrieb er in H nur ab, was in der Vorlage aus der Zeit um 1480 mehr oder anders stand als in seiner Sterzinger Passionshs. H ist ein erweiterter Tiroler Passion. Darin waren zwei Bearbeiter tätig. Einer von ihnen benützte sogar das Spiel von der Frau Jutten. Die Zutaten zielen auf Befriedigung des Volksgeschmackes hin. Der Anspielungen auf Zustände im Lande sind etliche. So treten zu den Verdammten im Osterspiel ein Weber, der seine Kunden ums Garn betrügt, ein Baumeister, der seine Kirche mit Türmen und Zinnen gefährdet, und ein Metzger, der faules für frisches Fleisch ausgibt. Die Grundmasse floß aus einer Hs., welche die Mängel von X noch nicht besaß, und wurde im Verlaufe der Aufführungen fast eines Jh.s in 2250 Versen der drei Hauptspiele umgestaltet oder vermehrt. Dazu wurde noch das Palmsonntagsspiel vorangestellt.

Die für die Haller Aufführungen hergestellten Hss. sind nicht auf uns gekommen. Nur die Haut einer solchen befindet sich im Tiroler Landesmuseum. Ein Pergamentumschlag in halbbrüchigem Folio mit alter Aufschrift: *Vermerckht das Register des passionals auf den pallmtag vnd weichenpfinnztag 1514*, ähnlich der Sterzinger Mischhs. mit denselben Spielen. Da Straucher erst 1508 als Lateinschulmeister aus München in Hall eintrat, kommt er als Bearbeiter obigen Haller Passions nicht in Betracht, wohl aber als Schreiber des nicht überlieferten Registers für 1514 und als leitende Persönlichkeit der großartigsten Haller Aufführung von 1511.

Ad. Pichler *Das Drama des Mittelalters in Tirol*, Österreichische Revue 4 (1866) S. 28ff.; ders. *Eine Teufelskomödie*, Germ. 9 (1866) S. 96 bis 99. Wackernell *Altdeutsche Passionsspiele in Tirol* S. CCIIff. und S. 277ff. M. Straganz *Hall in Tirol, ein Beitrag zur Geschichte des tirolischen Städtewesens* 1 (1903) S. 391ff. W. Senn *Aus dem Kulturleben einer süddeutschen Kleinstadt. Musik, Schule und Theater der Stadt Hall in Tirol in der Zeit vom 15. bis zum 19. Jahrhundert*, 1938 S. 118ff.; dazu DLZ. 59 (1938) Sp. 1747ff.

d) Steinacher Passion. Unter den ältesten Gerichtsakten aus dem 16. Jh. des ehemaligen Landgerichtes Steinach nördlich des Brenners (jetzt im Innsbrucker Staatsarchiv Cod. 95) befindet sich ein Bl. Papier von der Größe 22×32, halbbrüchig gefaltet, mit einer bruchstückartigen Abschrift des 3. Teils von Pfarrkirchers Passion aus Sterzing oder (wahrscheinlicher) von einer Kopie dieser Hs., geschrieben vom Steinacher Gerichtsschreiber Johann Posch um 1520 und mit Noten in Vierlinien versehen. Das Bruchstück steht in der Textentwicklung zwischen der Sterzinger und der sogen. Brixner (richtiger: Schwazer) Fassung. Die Reihenfolge ist geändert: S. 1 und teilweise S. 2 beinhalten die Begegnung Mariens mit Christus beim Grabe, dann die Thomasszene, endlich die Aufforderung Christi an Erzengel Michael und an Josef. Dann folgen Verse, die Christus bei der Auferstehung sprach, die Anrede an Adam und Eva und die Übergabe des Himmelreiches an das erlöste Menschengeschlecht. Das Fragment ist zur Ergänzung und Vergleichung der erhaltenen Vertonungen wichtig und mag vornehmlich diese nördlich des Brenners weiterverbreitet haben. Einzelne noch überlieferte handschriftliche Kirchenliederbücher aus Tirol enthalten Worte und Weisen aus alten Volksschauspielen und Umgängen.

H. Bachmann *Ein Bruchstück eines Passionsspieles aus Steinach*, Tiroler Heimatbll. 16 (1938) S. 152—157 mit Abb. der Hs. und Notenübertragung.

e) Sterzinger Mischhandschrift. Der Sterzinger Bürger Johannes Gotzhilff stellte *M* zwischen 1530—50 her. Diese kann daher spätestens in Beziehung zur Sterzinger Aufführung von 1543 gebracht werden, diente jedoch kaum als Regiebuch. Im genannten Jahr erwarb der Sterzinger Kirchpropst Andre Püchler *das puech, darin die 4 passion genotiert sein gewesen*, um 7 ℔ Berner; er ließ auch Register, *darin das osterl. spil gregiert ist worden*, abschreiben. *M* enthält allein das Palmsonntags- und Abendmahlsspiel in einem Prachtband (Cod. XIII des Sterzinger Stadtarchivs). Großes Schmalfolio (43×15), von Vorsetzblättern geschützt und später in Pergament gebunden. 11 ungleiche Lagen, vom Schreiber beziffert, 86 Blätter, das letzte leer. Durchwegs gleich starkes Papier, waagrecht gerillt; Wasserzeichen: nach oben hin verlängerten Anker mit Stern. Gleichmäßige, deutliche, schulmäßig schöne Schrift. Jede Seite durchschnittlich nur 20 Zeilen mit weiten Zwischenräumen und breiten Rändern, auch am Kopf und Fuß. Versanfänge groß, die Verse mit schwarzer, die Spielanweisungen mit roter Tinte geschrieben. Der Anfangsbuchstabe mancher Rede ausgeziert, desgleichen Federzeichnungen an Kopf und Fuß mancher Seite. Schriftkürzungen selten und nicht auffallend. Noten nur auf Bl. 23ª (des Judas Entrüstungsruf über Magdalenens Salbenverschwendung). Korrekturen selten und vom Schreiber sorgfältig nachgetragen. Etliche Tintenklexe. Vorspiel nicht nach Rabers Abschrift des Haller Vorspiels, sondern nach einer nicht überlieferten Überarbeitung Y3 besorgt. Sie geht mit Rabers Abschrift auf X^2 und diese erst auf O^1 zurück. Dem Gründonnerstagsspiel legte der Urheber der M-Fassung die Haller nach Rabers Exzerpt zugrunde, überarbeitete jedoch diese mehrfach. Gotzhilff ist nur der Abschreiber dieser neuen Fassung.

Wackernell *Altdeutsche Passionsspiele aus Tirol* S. CCXLVIff. und S. 1ff.

f) Der sog. Brixner (= Br, richtiger: Schwazer) Passion. Guterhaltene Papierhs. aus Brixen, vom dortigen Prof. Grissemann dem Tiroler Landesmuseum Ferdinandeum Mitte vorigen

Jh.s geschenkt (Signatur B. T. F. 575, früher V. 1 p. 18). Querformat ähnlich den Spielhss. des Bozner Fronleichnamsspiels, 22×16 groß. Der Einband, braunes Leder mit Holzdeckeln und schönen Pressungen, dürfte etwas jünger sein und nicht aus Brixen stammen; denn er weist an den vier Ecken des Rückendeckels je einen Adler auf. Ein solcher Stempel war bei den Buchbindern in Brixen damals nicht üblich. Außerdem ist auf Bl. 143ª der schwarze Kaiseradler auf gelbem Grund gemalt aufgeklebt, von dem die rechte Hälfte weggerissen wurde. Im Wappenschild ist noch ein Turm mit drei Zacken sichtbar, der auf Kastilien und die Mutter der beiden Kaiser Karls V. und Ferdinands I. weist. Rechts daneben der österreichische Bindenschild mit rot-weiß-rotem Feld. Darnach war die Hs. in kaiserlichem, nichtbrixnerischem Besitz. Sie umfaßt 137 Bll. in 22 Lagen von ungleicher Größe (9 zu 2+2, 12 zu 4+4, 1 zu 5+5). Das leere Anfangsblatt, drei leere Bll. zwischen dem 2. und 3. Spiel (nach Bl. 97) und 1 beschriebenes nach Bl. 133 und die Lage nach Bl. 137 fehlen. Papier und Wasserzeichen (Anker und Ochsenkopf) wechseln. Durchwegs nur eine Spalte auf der Seite mit schmalem Fuß- und noch schmälerem Kopfrand. Verse abgesetzt. Das Entstehungsjahr 1551 vermerkte der Schreiber des Bl. 144 nach der Seite mit den Wappen.

In diesem Jahre regierte noch Karl V. als römisch-deutscher Kaiser. Damals wurde ein Passionsspiel in der Franziskanerkirche zu Schwaz im Unterinntal aufgeführt. Im November 1551 kam Karl V. auf längere Zeit nach Tirol. Die Schwazer Chronik, welche diese Nachricht überliefert, berichtet aus dieser Zeit noch, daß Kaiser Karl und Hans Sachs, der als Lehrling sich in Schwaz, Hall und Innsbruck aufgehalten hatte, zu dieser Zeit in Innsbruck gelegen seien. Jedoch nicht Sachs, sondern der als Poet, Präzeptor und Notar wiederholt vom Innsbrucker Hof in Anspruch genommene Peter Kirchpühler, der mit Schwaz verbunden war, dürfte der Bearbeiter obigen Passionsspiels gewesen sein und die Hs. dem Kaiser zugeeignet haben. Ein Christoph Kirchpühler war um 1516/17 Bergrichter in Schwaz und später beim Gold- und Silberbergwerk in der Rauris (Land Salzburg) bedienstet, zu dessen Besitzer auch H. Sachs freundschaftliche Beziehungen unterhielt. Seit 1534 treffen wir Peter Kirchpühler als Poeten und Lateinschulmeister in Innsbruck. Im selben Jahre erhielt er die erste hier verbuchte Vergütung für eine *comoedi oder spil*, das er mit seinen *lernjungen in latein vor den herren der regierung* in Innsbruck gegeben hatte. Auch vor den Kindern König Ferdinands I. und diesem selber führte Kirchpühler Spiele mit seinen Schülern wiederholt in der Fastnacht auf. Am Aschermittwoch 1550 veranstaltete er ein Passionsspiel im Innsbrucker Rathaus. Während Tischler Hans Camerlander sich in den Osterfeiertagen von 1554 vor den Töchtern König Ferdinands mit *ain spil von der urstend Cristj* zeigte, durfte der Magister artium Kirchpühler *ain comedy* vor ihnen aufführen. Kirchpühler stand auch mit Südtirol in Verbindungen; er vertrat z. B. die Witwe des Thomas Gall von Brixen, der der Regierung in der Kriegsnot 1552 Geld geliehen hatte. Kirchpühler lebte von 1500 bis 1569. In der gelehrten Welt lebt er als Petrus Collatinus Posthumus und als Lehrer des tirolischen Geschichtsschreibers Wilhelm Putsch fort. Kirchpühler war der erste, der einen Antrag auf Errichtung einer Universität in Innsbruck 1544 bei König Ferdinand einbrachte. Seine Bücherei erwarben die Jesuiten für ihre neue Schule. Vgl. o. III Sp. 134 u. 488f. u. K. Klaar *Alt-Innsbruck* 1939, I S. 96–102.

Enthält demnach die in Brixen aufgefundene, aus kaiserlichem Besitz stammende Hs. das Schwazer Passionsspiel von 1551 und ist als dessen Urheber Peter Kirchpühler anzusehen, so folgert sich daraus, daß der Tiroler Passion über Hall hinaus in Nordtirol verbreitet und bearbeitet wurde, worauf auch die Steinacher Hs. hinweist, und zwar unter Heranziehung von Passions- und Osterspielen gleich denen des Debs-Codex, dessen Texte ebenfalls nicht in Bozen oder Südtirol und dem benachbarten Kärnten allein wirksam waren, und anderer Texte. Aus örtlichen und zeitgenössischen Umständen erklärt sich nun auch die Hinzunahme eines Procurators, eines Schmieds und einer Zauberin in die Teufelsszenen des 3. Spiels. Die Hs. zeigt, daß der Bearbeiter aus vielen Texten schöpfte. Sein Text hebt die Unmenschlichkeiten der Juden hervor, verrät die Vertrautheit des Notars mit Gerichtshandlungen und die Neigung des strenggläubigen Schulmeisters für Religionsunterricht, kurz, in der Person P. Kirchpühlers fände sich manche Aufhellung für die neuen Motive dieser Fassung. Sie sah zwei Spielleiter (*rectores*) und die Aufführung für die Kartage (v. 1387, 3269) vor. Einen Rückschluß auf Kirchpühlers Innsbrucker Aufführungen läßt der Text nicht zu, da ja jene während etlicher Stunden in kleinem Rahmen (Rathaus, Saal der Hofburg) von Schülern durchgeführt wurden. Es müßten denn Texte wie Teilspiele aus dem Debs-Codex oder Auszüge aus dem Tiroler Passion nach Art der von Raber überlieferten hierzu herangezogen worden sein.

Die Hs. enthält die drei Spiele des Tiroler Passions von fünf verschiedenen Händen. Die erste (Bl. 1—43) zeigt die jüngste Schrift und die meisten Ausbesserungen, die zweite (Bl. 44—108^{b}) verwendet rote Tinte für Initialen und beginnt auf Bl. 104 mit Noteneintragungen auf vierzeiligem System, welche die weiteren reichlich bis Bl. 129^{a}. fortsetzen, so daß diese Hs. neben den erwähnten Boznern von besonderer Wichtigkeit für den musikalischen Teil des Tiroler Passions ist. Die dritte beschrieb Bl. 108 bis 113^{b}, die vierte Bl. 113^{a}—117^{c} und die fünfte beschloß die Hs. Spätere Hände änderten und trugen nach.

Der Brixner Codex bringt den Tiroler Passion in umfangreicheren und einschneidenderen Veränderungen als alle bisher angeführten Hss., vor allem in auffallender Kreuzung mit einschlägigen Bozner Spielen des Debs-Codex. Das 1. Spiel weist wenig, das 2. bedeutend mehr, das 3. die meisten Teile aus dem alten Tiroler Passion und zwar aus einer der ältesten Fassungen. Er verhält sich zu ihm somit wie dieser selber zu biblischen Unterlagen, weist die meisten Beziehungen zu jüngeren Passionsspielen wie Hall, Erlau (d. h. aus Kärnten) und Eger auf, wiederholt aus gedächtnismäßiger Überlieferung wie die Bozner Fronleichnamsspiele, verzichtet auf das straffere Gefüge des Dramas, schaltet moderne Monologe ein, mehrt die Äußerlichkeiten aus dem Alltag, die Zahl der auftretenden Personen und ihre Reden und schreitet in der Individualisierung von Volksfiguren voran, kurz zeigt breitspurig die Fortentwicklung vom gemessenen und traditionsgebundenen Tiroler Passion der Bürger zum Volksschauspiel des 16. Jh.s in Tirol. Dem entspricht auch der stärkere Ausdruck des Judenhasses, die Neigung zum Episodischen, die Wiederaufnahme von Propheten, die reichere Ausstattung, die vermehrten Bühnenanweisungen u. dgl. m. H. Osthoff (Archiv f. Musikforschung 7 [1942] S. 67) wies auf den volkstümlich geprägten deutsch-lateinischen Gesang des Grabengels im 3. Spiel hin. Dieser Gesang weicht ab von jenem der Bozner Hs.B von 1514, beleuchtet die Durchdringung der Sakralmelodik des Tiroler Passions durch weltliche Tiroler Volksmusik und weist auch den Weg, um endlich dem Eigenwerk des berühmten Bozner Notisten Ben. Debs näher zu kommen.

Der Codex ist die Kopie eines mit Randbemerkungen versehenen Spielbuches aus der Zeit von 1530—50 (X3), das nicht auf uns gekommen ist. Wackernells Annahme, daß dieses für Aufführungen in Brixen abgefaßt wurde, wird durch keine archivalische Stelle gestützt. Die von ihm berührte (S. CCLXXXVI) entstammt dem Brixner Dommesnerbuch, das zwischen 1550 und 1560 vom damaligen Brixner Dommesner Veit Feichter gleich dem Urbar der Dommesnerei aufgezeichnet wurde und sich vornehmlich auf die eigenen Erfahrungen des Mesners und dessen Vaters und damit auf kirchliches Brauchtum von mehr als einem halben Jh. des Umbruchs erstreckt. Feichter gibt aber nicht Anweisungen für ein dreiteiliges, bürgerliches Passionsspiel, sondern für einen kurzen theatralischen Teil inmitten der Osterfeier des Domes, der nach der Mette des Karsamstags nachmittags bisher Brauch gewesen war, für den Fall, daß man diesen noch durchführte. Diese dramatisch-musikalische Darstellung stimmt mit dem Ablauf jenes Osterspiels von 1391 überein, das nach dem jetzigen Aufbewahrungsort seiner Hs. meist als Innsbrucker bezeichnet wird, jedoch in der entscheidenden Zeit den Augustiner-Chorherren zu Neustift gehörte. Zu diesem Teil der gottesdienstlichen Handlung des Brixner Domes führen dortige Rechnungsbücher Auslagen für Ausstattungsstücke schon 80 Jahre früher an. Seinem Charakter nach stammt er überhaupt aus der Epoche liturgisch-dramatischer Oratorien von Dom- und Stiftskantoreien, wie sie die Bischofsstadt Brixen und die Propstei Neustift seit Jh.en besaßen. Der sogen. Brixner Passion dagegen wurde für selbständige bürgerliche Großspiele geschrieben. Er beeinflußte als eine der Vorlagen jüngere osttiroler Passionsspiele, die nicht zuletzt dank den wandernden Tiroler Studenten und Spielgesellschaften weiter nach dem Osten wirkten. Als ein Glied in dieser Kette kommt der verloren gegangene *passion vom Felixn von Villach* in Betracht, den Raber in seinem Spielinventar von 1543 ausweist.

Ad. Pichler Österr. Revue 4 (1866) S. 41ff.; ders. *Gesamm. Werke* 12 (1908) S. 1ff. Wackernell *Altdeutsche Passionsspiele aus Tirol*, S. CCLVIIff. u. 351ff. H. Mang *Der Domgottesdienst in Brixen um 1550*, Zs. f. kathol. Theologie 52 (1928) S. 540ff.; ders. *Vom Altar zur Bühne*, Der Schlern 9 (1928) S. 487ff. A. Dörrer *Mittelalterliche Mysterienspiele in Tirol*, ArchfnSpr. 164 (1933) S. 162f.; ders. *Die geistlichen Bürgerspiele in Bruneck (Pustertal)*, ebd. 157 (1930) S. 1ff.

g) Sonthofer Passion. Nach dem Spielbuch einer der letzten Haller Passionsaufführungen altdeutscher Art — allein am 1. Mai 1570 ist die Aufführung der *comedi von dem leyden Ihesu Christi unseres ainzigen haylmachers zum tag Philippi et Jacobi und negsten tags harnach* in der Haller Bürgermeisterraitung kleiner Auslagen wegen erwähnt — wurde 1574 zu Hall eine Abschrift besorgt, welche nach Sonthofen an der Iller entliehen und dort 1661 abgeschrieben wurde. Quartband, von alter Hand paginiert, in altem Einband, Vorder- und Hinterdeckel mit vielen Blättern weggerissen, vorne alle bis Bl. 66. Bl. 67—149 enthält das Gründonnerstagsspiel, nach dem *Amen* des Textes vom selben Schreiber den Vermerk: (im) *1574 Jahr zu Hall im Inthal abgeschrieben worden. Jecz zu Sondthoffn Anno 1661 aus denselbn gelichnen biecher abgeschribn worden.* Neue Seitenzählung: Bl. 1—156 Karfreitagsspiel, das mit der Grablegung Christi abbricht. Daß in Sonthofen Passionsspiele aufgeführt wurden, erwähnt W. A. Reiser *Sitten und Gebräuche und Sprichwörter des Allgäus, aus dem Munde des Volkes gesammelt.* I (1894) S. 124, zugleich mit solchen aus der Umgebung (Immenstadt, Oberstaufen, Oberstdorf), die in mehrfachen nachbarlichen und blutmäßigen Beziehungen zum tirolischen Volksschauspiel standen.

Der alte Text ist stark erweitert. Die Spielanweisungen sind verdeutscht und reichhaltig ergänzt. Das äußere Bild hat an Lebhaftigkeit gewonnen. Der Ausdruck und die Kraft des Wortes sind dagegen arg verwässert.

Es ist der jüngste bisher bekannt gewordene unmittelbare Abkömmling des Tiroler Passions. Ein ähnlicher mag dem Verfasser des Villinger Passionsspiels (s. o. *'Passionsspiel, Donaueschinger'*) und manchen weiteren schwäbischen Spielschreibern vorgelegen sein, von deren Existenz wir nur mehr mittelbare Zeugnisse besitzen.

J. E. Wackernell *Eine neue Handschrift der altdeutschen Passionsspiele in Tirol*, ArchfnSpr. 112 (1904) S. 130ff. J. Bolte *Kleine Beiträge zur Geschichte des Dramas*, ZfdA. 32 (1888) S. 1ff. F. J. Ehleuter *Das Allgäuer Volkstheater (Laienspiele) in alter und neuer Zeit*, 1932, S. 12ff. O. Merkt *Neue Allgäuer Literatur*, 1920ff.

h) Bozner Umgangsspiele. Soweit Texte der Bozner Fronleichnamsspiele bisher aufgebracht werden konnten, enthält jedes dramatische Auftritte aus dem Tiroler Passion, in denen nur vereinzelte Verse an Bozner Debs-Stücke des 15. Jh.s erinnern. Diese serienweise Übernahme aus dem Tiroler Passion trug dazu bei, solche Auftritte noch mehr als drei Jahrhunderte im süddeutschen Volksschauspiel lebendig zu erhalten. Das tritt vorläufig am stärksten in den Fronleichnamsspielen der Freiburger Zünfte zutage, die zwischen 1513—1516 das ihrer Bozner Berufsgenossen zur Vorlage des 1. Teils für ihre Neuerung nahmen. Das zum Bozner Fronleichnamsspiel gehörige *sand Iorgspill*, in Rabers Spielinventar von 1543 angeführt, ist nicht erhalten geblieben. Es war ein Quartheft gleich den ersten Hss. und Drucken der Bozner Fronleichnamsspiele.

VL. I Sp. 698ff., 732ff. u. II Sp. 670. A. Dörrer *Bozner Bürgerspiele*, StLV. CCXCI. W. Michael *Drama und Theater zu Freiburg i. Br. im 16. Jahrhundert*, 1934. N. C. Brooks *Processional drama and dramatic procession in Germany in the middle*, The Journal of English and Germanic Philology 32 (1933) p. 131ff.

i) Sarntaler Passion. Von der Bozner Textüberlieferung zehrte zunächst das benachbarte Sarntal, das sein Passionsspiel noch im Vormärz abhielt. Es sind viele Texte aus dem 18. und 19. Jh. erhalten. Ihre Behandlung wird vorbereitet.

O. Frhr. v. Reinsberg-Düringsfeld *Culturhistorische Studien aus Meran*, 1874, S. 62ff. Wackernell *Altdeutsche Passionsspiele aus Tirol*, S. CCf. A. Dörrer *Die Volksschauspiele in Tirol, Mittel und Beiträge zur Erforschung ihrer Vergangenheit und Gegenwart*, Tiroler Heimat NF. 2 (1929) S. 78f.

k) Kastelruther Passion. Eine ähnliche Verländlichung der Bozner Bürgerspiele wie im Gerichtsort Sarnthein führte jener des Mittelgebirgsbodens am Schlern, Kastelruth, in seiner Art durch. Dort fanden sich noch vor wenigen Jahren etliche Spieltexte aus der Zeit von 1750 bis 1850, die gleichfalls erst untersucht werden. Diese Ableger der Bozner Bürgerspiele wirkten bis Salzburg und Steiermark, Kärnten und Krain.

Deutsche Volksschauspiele, in Steiermark gesammelt, hg. v. A. Schlossar 1 (1891) S. 169ff. u. 330ff.; dazu Zs. f. Volkskunde 1 (1889) S. 137ff. J. E. Wackernell *Ein Tiroler Passionsspiel in Steiermark*, Forschungen zur neueren Litteraturgeschichte, Festgabe f. R. Heinzel, 1898, S. 104ff. A. Dörrer Tiroler Heimat NF. 2 (1929) S. 79ff. C. Niessen *Das Volksschauspiel und Puppenspiel*, Handbuch der deutschen Volkskunde hg. v. W. Peßler 2 (1938) S. 442.

l) Mühlbacher Passion. Von Texten aus Bozen, Sterzing oder Bruneck gestützt, unternahm im Verlaufe des 17. Jh.s neben Sarnthein und Kastelruth eine stattliche Anzahl größerer Ortschaften, meist zuerst Gerichtsorte des Pustertals, das Passionsspiel unter Einwirkung der nach 1600 aufgekommenen figurierten Karfreitagsprozessionen und der Klosterdramen als Großspiel vor den übrigen Spielbräuchen zu pflegen. Mühlbach, Sillian, Lienz, aber auch größere Orte der Nebentäler wie Matrei (im Iseltal bei Lienz) bildeten bald daraus ein stark religiöses Herkommen. Ihre Texte befruchteten das Volksschauspiel der Nachbarländer Kärnten und Salzburg. Die erhaltenen Hss. stammen meist als letzte Reste aus der um 1750 einsetzenden Verbotszeit. Ähnlich barockisierte Spiele erhielten sich aber aus Sterzing und anderen Tiroler Städten. Ihre Wechselbeziehungen sind noch vielfältiger und schwieriger festzustellen wie jene des absinkenden MA.s. Das reiche Beiwerk, die Präfigurationen, die teuflischen Gegenhandlungen, die musikalischen Zwischenspiele und das ganze neue Ideengut verdecken die älteren Figuren. Die alten, kurzen Verse wurden meist in neue, lange gestreckt. Das deutsche Südtirol von 1650 bis 1750 war reich an solchen stark verbäuerlichten und meist barockisierten Passionsaufführungen. Einzelne retteten sich bis in den Vormärz hinein. Im großen und ganzen dienten alle diese Spiele nach Gehalt und Gestalt, nach Motiven und Tendenzen ursprünglich katholischen Restaurationsbestrebungen; mit ihnen erwachten und einigten sich die mimischen und theatralischen Volkskräfte zu reichster Entfaltung und schließlich wieder zur Veräußerlichung. Vereinzelt ist ein mehr oder minder unmittelbarer Übergang aus den Spätlingen der alten Passionen festzustellen; er ist vielleicht am deutlichsten im Bereich volkstümlicher Vorstellungen biblischer Geschehnisse zu verfolgen, so daß Martin von Kochem und ähnliche eindrucksvolle Volksschriftsteller oft mehr als Wiedererwecker alten Motivgutes denn als schöpferische Gestalter von Passionsbildern bestehen bleiben.

A. Dörrer, Tiroler Heimat NF. 2 (1929) S. 82 ff.

m) Tiroler Vorspiel (Palmsonntagsspiel). Im Gegensatz zu den mitteldeutschen Großspielen beschränkte sich der Tiroler Passion ursprünglich auf die Darstellung des Leidens, Sterbens und der Auferstehung Christi an den drei entsprechenden Gedächtnistagen der Kirche. Es wurde jedoch später wiederholt versucht, auch die Wundertaten Christi dramatisch darzustellen und vorzuführen. Hierher gehören die Hss. 8 und 12 des Sterzinger Spielarchivs, die je eine Dramatisierung des in dieser Hinsicht für das MA. besonders günstig gelagerten Evangeliums Johannis enthalten; die letztere erweist sich als eine starke Erweiterung der ersteren, besonders im Anfang. Beide Hss. stammen von Rabers Hand, erstere ist mit *V. 1526 R.* gezeichnet. Auch die zweite (68 Bll.) ist nur etliche Jahre jünger. Im Prolog des Präcursors (4 Bll. lang!) ist von einem *trefflich spil* die Rede. Mit Bl. 5 beginnt das Spiel: *Das erst capitl Johannis. Johannes der Evangelist vacht an sein beschreybung, spricht:*

In principio erat verbum
Zu teutsch laut das mercket nun
Der tauffer Johannes . . .

Juden verklagen ihn. Christus sammelt seine ersten Jünger. Mit Bl. 13 setzt das 2. Kapitel ein. *Da sol oder mag ain paus ghalten werden mit ainem oder mer instrumenten oder gsang, was man ghaben kan, und der hotzetlich tisch sol di weyl berayt werden.* Nun folgt die Hochzeit zu Kana. Christus geht mit Maria und seinen handeln die Wechsler im Tempel. Christus treibt sie aus. Bekehrte preisen ihn. Darauf folgen die Ereignisse der Fastenkapitel 3—11. Bei der ersten Dramatisierung fehlt der Abschluß. Die zweite besitzt drei weitere Seiten (Martha empfängt Jesus; Judas, grimmig über den Verlust der Salben, geht heimlich zu den Hohenpriestern in die Synagoge).

Beide Bearbeitungen fußen auf der Bibel, jedoch unter Heranziehung des von Raber aufgezeichneten Vorspiels zum Bozner Passion von 1514 oder einer seiner Abschriften; denn die Stellen desselben Stoffes stimmen auch im Ausdruck wörtlich überein. Sie decken sich nicht ganz mit dem Wortlaut von M (s. o.).

Rabers Niederschrift ist in der armseligen Papierhs. Nr. V des Sterzinger Spielarchivs aus dem Jahre 1514 erhalten. Gebrochenes Quart (21,5 × 8), in einen schwarzen, schwachen Papierumschlag genäht, mit 7 Lagen von verschiedener Größe. Auf die 2. Seite zeichnete Raber den Bühnenplan für Bozen (s. unter: *Raber*). Insgesamt 73 Bll. Von Bl. 3 l bis 67 l Text; die nächsten 7 Seiten Nachträge übersprungener Stellen, Bl. 71—73 Verzeichnis der Darsteller. Alles von Raber selber geschrieben. Gewandte Kursivschrift, Verszeilen abgesetzt und eng zusammengerückt, durchschnittlich 24 V. auf der Seite. Keine Noten, keine farbigen Buchstaben. Spielanweisungen etwas grösser, aber gleichfalls mit schwarzer Tinte geschrieben, ähnlich den jüngeren Fastnachtsspielen. Viele Verbesserungen, meist von Raber selber und zu verschiedenen Zeiten durchgeführt. Auf der letzten Seite die nachträgliche Inschrift: *Dits spil hab ich Vigili Raber zu Stertzingen abgeschriben in der vastn vnd solichs zu Botzen dem rat furtragn, das es da selbs mit sambt dem gantzen passion gehallten worden im 1514 jar . . auf den palmsuntag dits spill . . .*

Dieses Vorspiel wurde in Hall 1511, wenn nicht schon 1501, veranstaltet, wie der dortige Chronist Franz Schweyger (hg. v. D. Schönherr, 1867) anführt, 1514 in Bozen. Die Vorlage hierfür hatte der Haller Mesner Straucher geliehen. Ob sonntagsspiel außer in Hall, Bozen, Klausen und Sterzing aufgeführt wurde, ist nicht bekannt. Die von Raber erworbene Hs. von Klausen kam nicht auf uns.

Ad. Pichler *Über das Drama des Mittelalters in Tirol*, S. 12f. J. E. Wackernell *Altdeutsche Passionsspiele aus Tirol*, S. CCXXXVff. u. S. 433ff.

n) Tiroler Nachspiel (Bruder- oder Emmausspiel). Dieses Spiel kam etwas früher zum Tiroler Passion. Es ist uns erhalten als Einschub in Pf, in zwei Hss. des Debs-Codex und in einer Abschrift V. Rabers aus dem Jahre 1523. Diese fand sich in der fürstbischöfl. Seminarbibliothek zu Brixen. Die früheren gehören dem Sterzinger Spielarchiv an. Das Emmausspiel, auch Peregrini- oder Bruderspiel genannt, eine der ältesten biblischen Episoden, die Möglichkeiten boten weltlich-realistische und komische Elemente aus dem eigenen Leben (hier des Emmaus-Gehens) einzufügen, und die in den deutschen Alpen nicht weniger als in Frankreich unter dem Einfluß der Volksmimik aus der Toneinheit des Gottesdienstes fast bis zur Eigenexistenz von Lokalpossen vorgetrieben wurden (vgl. O. Schüttpelz *Der Wettlauf der Apostel und die Erscheinungen des Peregrinispiels* [Germanistische Abhandlungen 63] 1930 und G. Cohen *Mélanges offerts à M. Wilmotte* 1909), erfuhr in Tirol besondere Pflege. Pf wurde von Y^1 interpoliert. Seine Vorlage ist nicht bekannt. Y^1 hielt sich am treuesten daran. Debs II und Debs I erweiterten sie stufenweise, so daß schließlich die Hauptpersonen darin ganz zurücktraten vor den Darstellungen kalendenhafter oder österlicher Schmauserei und Trinkerei, denen arge Prügelauftritte folgen. So ist der Gesamteindruck der jüngsten Fassungen fast so weltlich, drastisch und sinnlich, so ungehemmt und leichtsinnig wie der bei den Erlauer Osterspielen. Raber nahm im allgemeinen Debs II zur Grundlage und vermehrte sie durch weitere örtliche und zeitgeschichtliche Anspielungen. Jedoch beschränkte er sich wieder wie Debs I auf einen Wirt. Rabers Hs. in halbbrüchigem Quart gleicht schon äußerlich denen seiner Fastnachtsspiele. Unter den von gegenreformatorischen Büchervisitatoren in der 2. Hälfte des 16. Jh.s eingezogenen Literaturdenkmälern aus Tirol wird namentlich neben einem *teutschen alten Passion* auch ein *ludus peregrinorum* erwähnt (s. A. Dörrer *Etschländer Buchwesen u. Geistesleben* 1933, S. 46 Nr. 3). Wahrscheinlich gehört dieser hierher und wurde er wegen zeitpolemischer Ausfälle vernichtet. S. noch ZfdA. 74 (1937) S. 97ff.

Die Aufführung dieses Spieles läßt sich nur in Bozen (1476, 1482, 1514) nachweisen. Bei Debs diente es als Intermezzo in jedem der beiden dortigen Osterspiele, eingereiht nach der Auferstehungsszene.

Ad. Pichler *Über das Drama des Mittelalters in Tirol*, S. 49f. J. E. Wackernell *Altdeutsche Passionsspiele aus Tirol*, S. CCXCIf. u. 473ff. (aus Pf). A. Dörrer, StLV. CCXCI S. 393f.

II. Tiroler Passionsspielhss., die nicht unmittelbar auf den Tiroler Passion zurückgehen:

a) Vor allem die geistlichen Stücke des Debs-Codex. Mehrere von ihnen bilden erst zusammen ein Festspiel. So reihen sich Nr. 3—5 (*ain osterspil an die Marien, ain brueder spil mit zwaien wierten* und *der ander tail des osterspils mit den Marien*) zum 1. Osterspiel dieser Sammlung zusammen. In solcher Verteilung ähneln diese Stücke den *„Erlauer" Spielen* (hg. v. K. F. Kummer, 1882, und *Das Drama des Mittelalters* hg. v. Ed. Hartl, 2 [1937] S. 190ff.). Erlau 3, 5 und 6 (*Visitacio sepulcri in nocte resurrectionis, ludus Judaeorum circa sepulcrum, Marienklage*) führen naturhafte und künstlerische Traditionen des Osterspiels von 1391 fort. Ihnen ist ein starker Zug ins Zeitliche, in die bürgerliche Einzelwelt, ins Parodistische gemeinsam. Gerade weil sich die genannten Erlauer Spiele, zumeist über Debs, mit dem 2. und 3. Teil des Tiroler Passions berühren, fällt diese ihre Art um so stärker ins Gewicht. Sie erfüllt eine übermütige Osterstimmung, Genußfreude, ja Ausgelassenheit, wie sie beim Feste nach dem langen und strengen Fasten aufgetreten sein und manche wüste Balgerei nach sich gezogen haben mag. Diese Natürlichkeit kommt auch im reicheren und weltlicheren Gesang zur Geltung. Sie zeigt die Spiele aber auch nahe bei denen der Fastnacht und bei Moralitäten mit derben Späßen. Die meisten aus Tirol überlieferten Fastnachtsspiele schrieb Raber in Bozen ab. Hier machte sich das üppigere Leben des Südens, in Kärnten das leichtere Blut windischen Einschusses geltend. Während diese Verhältnisse für das Entfalten und Zunehmen figürlicher Auftritte innerhalb des Umgangs günstig waren, konnten sie auf die ernst-feierlichen Gemeinschaftsspiele nur in etlichen realistischen Randszenen abfärben. Aber es zeigt sich darin doch auch ein temperamentvoller Einbruch in das liturgisch gebundene Festspiel, der mit der Neigung zur Einzelbehandlung des rein menschlichen Erlebnisses, mit der Vorliebe für das Kleinbild und mit dem Vorteil einfachster Darstellungsverhältnisse und reicherer Volksmelodien wuchs. Im Rahmen der Zunfteinschränkung mag dies mit eine Ursache gewesen sein, daß z. B. das Bozner Fronleichnamsspiel den dortigen Passion um Jahrhunderte überdauern konnte. Diese Debs-Stücke wahrten sich gegenüber den Erlauer Spielen immerhin eine gewisse Reinlichkeit, für welche die gestrengen Bozner Stadtväter trotz ihrer Genußfreude gegenüber dem Haller und dem sog. Brixner Passion erst recht in ihren Großspielen von obenher sorgten.

Rabers Stück *Ain recht, das Cristus sterbn soll*, greift ebenfalls Episodisches aus dem Passion heraus und benützt den verschiedenen mimischen Volksbräuchen und dem Fastnachtsspiel bekannten Ablauf des Justizprozesses als Rückgrat (vgl. Fr. W. Strothmann *Die Gerichtsverhandlung als literar. Motiv in der deutschen Literatur des ausgehenden MA.s*, 1930). Somit kamen mit diesen Spielen stark brauchtümliche und naturhafte Volksüberlieferungen zum Durchbruch, die in den Großspielen auf etliche Auftritte oder Einzelzüge eingedämmt blieben.

Die ältesten Debs-Hss. reichen bis ins 3. Jahrzehnt des 15. Jh.s zurück und wurden wahrscheinlich damals in Bozen auch aufgeführt, bis sich der Tiroler Passion hier durchsetzte und durch seine maßvoll feierliche Art, Geschlossenheit und Breite solche episodisch-kurze Spiele für lange Zeit in der größeren Gemeinschaft in Schatten stellte. Es kennzeichnet ihre Art, daß ein Tondichter und Sänger der Wein- und Handelsstadt sie hütete, während ein Maler, Rollensprecher und Organisator aus dem höchstgelegenen Bergwerksstädtlein die Großspiele durchführte. Die bisher aufgebrachten Anhaltspunkte (s. StLV. CCXCI S. 193f.) sprechen dafür, daß die Bozner Umgangsspiele ungefähr zu gleicher Zeit unter dem Einfluß beteiligter Zünfte feste Formen annahmen. Für einen lückenlosen Beweis fehlt gerade der 2. Teil des Passions im Debs-Codex. Der 1. Teil ist von derselben Hand wie das dortige, gleichfalls einseitig überlieferte Spiel von der Verkündigung Mariens geschrieben, dessen liturgisches Oratorium sich einigermaßen im Bozner Fronleichnamsspiel erhalten haben dürfte. Vielen Rollen jenes Gründonnerstagsspieles sind Spielernamen beigefügt, die mit jenen der Bozner Aufführungen von 1495 und 1514 nicht übereinstimmen und auch deshalb älter sein dürften, weil spätere Aufführungen in Bozen weder archivalisch belegbar noch anzunehmen sind. Das Spiel beginnt wie der Tiroler Passion, der Passion des Sterzinger Spielarchivs Nr. X (s. *Raber, Vigil*) und verschiedene andere jüngere Passionen mit *collegium Judeorum* und endet mit dem Verhör Christi vor Annas und Kaiphas. Einzelne Verse der Passionsauftritte im Bozner Umgangsspiel erinnern noch an Debs, der Großteil jedoch an den Tiroler Passion. Auch in anderem setzt der Debs-Passion den Tiroler augenscheinlich voraus, während dessen erster Interpolator (X) bereits von Debs borgte.

Dieses Verhältnis blieb aufrecht. Die weiteren Glieder beider Textgruppen nahmen und empfingen ununterbrochen voneinander, wie zwei verschieden geartete, aber einander gebrachte Familien einer Gemeinde sich von Generation zu Generation mehr versippen können, bis sie mit ihren Namen jahrhundertelang das Dorfnamenbuch beherrschen und den Ortscharakter bestimmen. Wir empfinden den Verlust der von Raber ererbten übrigen Debs-Hss. (*ain klain geschribn passion, ain prueder und planctus spill*) und des von ihm aufgezeichneten Villacher Passions als Ausfall von Schlußsteinen an der Vereinigungsstelle der Tiroler und der Debs-Spielgruppe und an der Pustertaler Brücke, die vom Eisacktal zur Drau und mit ihr nach Kärnten führt. Diese Debs-Stücke stehen nämlich ungefähr auf der gleichen Zeitstufe wie die Erlauer Spiele. Marienklage und Osterspiel aus Debs und Erlau kommen sich zunächst. Debs erweist sich hierbei wiederholt als der etwas Ältere. Noch für ihre größten Aufführungen von 1514 hielten die Bozner Bürger an der Marienklage mit den Propheten, am Emmausspiel und an der Auffahrt Christi aus dem Debs-Codex fest. Der letztgenannte Spieltext dürfte von Raber für Sterzing kopiert worden sein. Wie verbreitet und bekannt die Debs-Stücke in der Glanzzeit der Tiroler Bürgerspiele waren, zeigte sich beim Emmausspiel, und bekennt Raber durch seinen Vermerk zur Kreuzigungsszene seiner Haller Passionsabschrift: *Suechs im planctu* d. h. im Spiel *Planctus Mariae cum prophetis* des Debs-Codex.

Wackernell hebt die Schlußrede des Debs-Gründonnerstagsspiels als bezeichnend heraus: diejenigen Verse, die es mit St oder Pf und H gemeinsam hat, seien ursprünglich und dem Tiroler Passion entnommen. Dazu habe der Verfasser Verschiedenes hinzugefügt, woraus schon X einiges entlehnte. Im Grunde genommen wahrten beide Textfamilien im wesentlichen ihre Individualitäten. Das bezeugt die von Ad. Pichler abgedruckte Verratsszene des Judas aus dem Gründonnerstagsspiel (S. 25—30). Die ihr eingefügten volkstümlich gewordenen Verse des Geldzählens entsprechen der peripheren, aber auch lebhaften Stoffgestaltung der Debs-Stücke mit ihren oft witzigen, immer erdenfrohen Einfällen, die z. B. auch die Rolle des Kochs beim Abendmahl kennzeichnen. In ihrer weltverwurzelten Selbstsicherheit treten etschländische Lebensbeziehungen hervor, die den Bürgern des Brennerstädtleins nicht von vornherein mitgegeben waren. Ein anderer charakteristischer Zug weist wieder auf Bindungen hin, von denen der Verfasser des Tiroler Passions sich freigemacht hatte: das Festhalten an Prophetengestalten in verschiedenen Debs-Stücken, die als Vorläufer und Verkünder des Erlösungswerkes die theologisch-didaktische Aufgabe des Kirchenspiels zu unterstreichen hatten, wie ja auch die Bozner nicht jede Satire der Teufelskomödie am Schlusse ihres Osterspiels aus dem Haller oder Sterzinger Spiel mit in den Kauf nahmen. Solche statuarische Personen kennen unter den Tiroler Passionen nur noch der sog. Brixner, dessen 2. Spiel wahrscheinlich den uns nicht überlieferten 2. Teil des Debs-Passions zur Vorlage genommen hatte, gleichwie er *depositio crucis* und die beiden Osterspiele aus dem Debs-Codex benützte, und nach wie vor das Bozner Fronleichnamsspiel.

Die älteste Hand des Debs-Codex kopierte das 2. Osterspiel um 1420—40. Ihm fehlte vor allem die Höllenfahrt Christi. Die jüngsten Abschriften dürften noch vor dem Dienstantritt des Debs in Bozen erfolgt sein, so daß er nur als Sammler und Erhalter gesichert ist. Bei der Aneinanderreihung gab der Einbinder nicht acht auf die Entstehungszeit der einzelnen Hefte. Das 2. Oster- und das 2. Emmausspiel ist älter als die zuvor eingereihten. Ähnlich wie in den zu Bozen abgeschriebenen Fastnachtsspielen kommt die Ortsverbundenheit dieser Spiele drastisch zum Ausdruck. So vergleicht sich ein Grabritter mit Dietrich von Bern. Ein anderer rühmt seine Rüstung wie ein Ritter der Heldensage usf. Raber übernahm schon den zusammengehefteten Codex; denn er bemerkt auf der Rückseite des Bl. 55, daß diese *allte scarteggn* ihm von Debs geschenkt wurde und daß sie *nit an mye eingepunden zammbracht* wurde. Auch die Debs-Stücke wirkten teils mittelbar durch den Tiroler Passion, teils unmittelbar auf mitteldeutsche Passionen (z. B. von Eger, Heidelberg).

Ad. Pichler, *Über das Drama des Mittelalters in Tirol,* 1850 (ganz abgedruckt S. 99—111: Lichtmeßspiel, S. 115—40: Marienklage, S. 143 bis 168: 2. Osterspiel). *Ludus de ascensione domini* hg. v. Ad. Pichler, Gymnasialprogramm Innsbruck 1852. DNL 14, S. 103ff. *Das consistori mit dem Rumpold* hg. v. Ad. v. Keller, StLV. 29 (1853) S. 987—1007. L. Wirth *Die Oster- und Passionsspiele bis zum 16. Jh.*, 1890, S. 123—25. Creizenach 1² S. 245.

b) Raber-Passion (für Trient). Hs. III des Sterzinger Spielarchivs. Auf dem letzten Blatt vermerkte der Schreiber: *Das buch oder register des passions hab ich, Vigili Rawer von Stertzing, ab geschribn ie weilen weis vnd im sebtember vollendt, als ich gen Triendt wolt. Michaeli im 1514 jar. Beschehn in Hiertmairs haus zu Botzen bei der Dreifaltigkeit zum greiffn.* In seinem Spielinventar bezeichnete Raber die Hs.: *Passion vnd urstend, so ich in Hertmairs haus* (abgeschrieben). Tatsächlich enthält die Hs. nur die Spiele: *in die parasceves* (Karfreitag) und *ludus paschalis* (Karsamtags nachmittags). Die Spiele stimmen mit dem Tiroler Passion nicht überein, jedoch scheint dessen Stoffeinteilung ihnen zugrunde gelegen zu sein.

Nicht erhalten und vermutlich davon unabhängig ist jener Passion, den Raber bald darauf in Trient abgeschrieben hat.

c) Rabers Auferstehungsspiel von 1520: *Ludus paschalis de resurrectione Domini. V. 1520 R.*, Hs. 7 des Sterzinger Spielarchivs. Sie setzt mit dem Dingen von vier Soldaten durch die Juden ein. Die Marien kommen. Pilatus hält eine Strafpredigt. Das Ganze nimmt sich wie ein karger Auszug aus dem 3. Teil des Tiroler Passions aus, an dessen Ausdruck es mitunter deutlich anklingt, an einer Stelle an Br oder Debs, den Br überarbeitete. Liegt hier der Versuch vor, das österliche Bürgerspiel im bescheidenerem Umfang einer Moralität aufrecht zu erhalten? Letzte Bozner Urstend 1555!

Die Klagen der Frauen am Grabe Christi sind in einem weiteren Bruchstück in abweichender Form aufgezeichnet.

d) *Ain recht das Cristus sterben soll. V. 1529 R.* Eine Sondergestaltung des Abschieds Mariens von Christus in Form eines Rechtsprozesses. Hs. IX des Sterzinger Spielarchivs. Auszug in Ad. Pichler *Ueber das Drama des Mittelalters in Tirol,* S. 66—70. Vgl. auch O. Thulin *Johannes der Täufer im geistl. Schauspiel des MA.s u. der Reformationszeit* (Studien über christl. Denkmäler 19) 1930 S. 27.

e) Sterzinger Gründonnerstagsspiel, beginnend mit *collegium Judeorum.* Hs. X des Sterzinger Spielarchivs. Nach dem Judenrat tritt Judas auf. Christi Abendmahl. Ölberg. Gefangennahme. Verleugnung des Petrus. Christus vor Kaiphas und Annas. Während der Nacht in Gewahrsam. Bruchstück, gehört nicht zum Tiroler Passion.

f) Bozner Marienklage: *Incipit planctus beatae Marie virginis cum prophetis.* Nicht numeriertes Stück des Sterzinger Spielarchivs, vollständig verschieden von den beiden gleichlautenden Debs-Stücken. Auf der Innenseite des hinteren Umschlagblattes steht: *Scriptum fuerat ille ludus a me Vigilio Raber de Sterczing pictore primo et secundo die mensis Augustij sub anno undecimo in Boczano et tricesimo fratri meo.* 16 Blätter, 718 Verse mit mehreren deutschen und lateinischen Klageliedern vor dem Grabe, davon 112 des Prologs und 18 des Epilogs. Die Propheten David, Isaias, Daniel, Jonas, Simeon, Jeremias stellen sich selber wie im Neustifter und in den Bozner Fronleichnamsspielen vor. Außerdem erwarb Raber die Klagspiele Salomons und Davids (Hs. 11 des Sterzinger Spielarchivs).

g) Tiroler Christi Himmelfahrtsspiel. Der Debs-Codex enthält an erster Stelle *ain ascension mit der sinagog,* von der Ad. Pichler eine genaue Inhaltsangabe in seiner Erstlingsarbeit S. 51ff. bot und zwei Jahre darauf den Wortlaut modernisiert im Innsbrucker Gymnasialprogramm von 1852 veröffentlichte. Es setzt mit dem Vorsteher der Synagoge und den Propheten David und Jeremias ein. Christus tritt mit seinen Aposteln auf und heilt den Blinden von Jericho, nachdem die Propheten vor den geistig Blinden gewarnt hatten. Die Apostel huldigen der Königin des Himmels. Maria bittet Christus, daß sie jetzt alle der ewigen Wohnungen des Vaters teilhaftig werden.

Im Gegensatz dazu steht die irdische Bitte der anderen Maria für ihre Söhne. Christus gibt Petrus die Schlüsselgewalt. Alle Apostel verpflichten sich Christus. Er lehrt sie beten, erhebt Maria, verweist die Jünger beim letzten Mahl auf das geistige Brot, sendet sie in alle Welt und fährt gegen den Himmel. Ein Engel verkündet die Wiederkunft Christi. Der Vorsteher der Synagoge läßt sich taufen. Die Apostel ziehen in ihre Länder aus, nachdem Maria sie noch gesegnet hat.

Nach Anlage und Gedankengehalt hebt sich dieses Spiel von der wiederholt erwähnten stark erd- und ortsgebundenen Gruppe des Debs-Codex sehr ab; es zählt neben dem dortigen Lichtmeßspiel zu den beachtenswertesten, an die Liturgie angeschlossenen Oratorien und damit zu den gediegensten und persönlichsten Leistungen des geistlichen Schauspiels in Tirol. Es erfordert eine besondere musikalische Mitwirkung und symbolische Ausstattung. Kult und Spiel dieser Feier festigten einen ganz eigenartigen Volksbrauch. Seine Triebkräfte waren aus dem urtümlichen Zusammenhang von irdischen und überirdischen Vorstellungen primärer Menschen gewachsen. In Hall ist schon 1451 von einem Spiel am Auffahrtstag die Rede. In Bozen wurde es wenigstens von 1481 bis 1514 aufgeführt. Raber schrieb als seine letzte verbürgte Hs. 1548 ein Auffahrtsspiel für Sterzing zusammen, wofür er vom Kirchpropst 1 fl. 56 kr. vergütet erhielt. Im selben Jahre wurde das Spiel dort aufgeführt und die ganze Kantorei hierzu aufgeboten. Dieser Spieltext ist uns nicht überliefert.

34 Jahre zuvor hatte Raber einen Text (Hs. VI des Sterzinger Spielarchivs) für Aufführungen im damals gemischtsprachigen Hauptort Cavalese des südtiroler Fleimstals in Bozen geschrieben. Er wurde, wie Raber darauf vermerkte, 1514 und 1518 vorgeführt. Er ist um die Wahl des Mathias und die Abfassung des Glaubensbekenntnisses bereichert. Letzteres stand im Mittelpunkt jenes Fronleichnams- und Mariahimmelfahrtsspiels, deren Abschrift von 1391 bis ins 19. Jh. die Augustiner-Chorherren von Neustift bei Brixen besaßen (jetzt in der Universitätsbibliothek Innsbruck). Das christliche Glaubensbekenntnis wurde in etlichen Tiroler Kirchen bildlich veranschaulicht, so z. B. in der Pfarrkirche z. hl. Vigil in Untermais bei Meran um 1400; vgl. Ant. Nägele, Burggräfler (Meran) 1923 Nr. 11, 27 u. 28 u. Meraner Zeitung 1925 Nr. 21. Bei den einzelnen Rollen sind die Namen der Darsteller von Cavalese verzeichnet, beim Praecursor der Rabers selber. Die figürliche Vorstellung der Auffahrt Christi hielt sich in vielen Kirchen Tirols bis zu den Eingriffen Kaiser Josephs II., ähnlich dem Palmeselführen am Palmsonntag oder dem Kindlwiegen zur Weihnacht, mit bestimmten Volksliedern.

h) Sterzinger Pfingstspiel: *Penthecostes. V. 1522 R.*, nicht numerierte Hs. des Sterzinger Spielarchivs. Das Spiel mit seinen 994 Versen auf 29 Blättern und seinen 30 Rollen knüpft unmittelbar an die Vorgänge bei der Auferstehung Christi an. Die Juden lassen die Soldaten rufen, weil diese verbreiteten, Christus sei auferstanden. Ein Soldat bezeugt ihnen die Tatsache. Die Juden wollen jedoch ihm nicht glauben, schicken um Nikodemus, Lazarus und Malchus, die alle den Bericht bekräftigen gleich den bei Christi Auferstehung von den Toten Aufgestandenen. Petrus ist indessen schon ungeduldig geworden, daß der verheißene hl. Geist doch nicht über sie gekommen ist. Die Apostel erklären sich auf ihre Art, weshalb er an den letzten 7 Tagen nicht erscheinen konnte. Maria ermahnt zum Glauben und stimmt an: *kum heiliger geist!* Da tritt das Pfingstwunder ein. Petrus wird der Verkünder. An mehreren Stellen dieses Pfingstspiels scheint der Tiroler Passion spät benützt worden zu sein.

Ein Pfingstspiel wurde 1515 von den Augustiner-Chorherren in Neustift bei Brixen, ein weiteres von der Stadt Sterzing 1533 abgehalten.

Von einer stattlichen Anzahl tirolischer Spielorte, besonders nordtirolischer, sind keine Spielhss. überliefert. Es bleibt bei ihnen einstweilen ungeklärt, ob ihre ursprünglichen Aufführungen noch der altdeutschen Spielperiode zuzuzählen sind, oder ob sie unter dem Einflusse der kirchlichen Restauration zustande kamen. Einige bemerkenswerte seine hier herausgegriffen:

i) Landecker Fronleichnamsspiel. Sein Bestand ist einzig in einem Gerichtsakt bestätigt. Darnach hatte beim Spiel ein Sohn des Wiesberger Pflegsverwalters Andre Weinzierl, zugleich Wirt und Handelsmann zu Landeck, mitgewirkt. Er wurde von einem Burschen aus Perjen (Nachbargemeinde, jetzt mit Landeck vereinigt) *schallatzweise* geneckt, *daß er am Spiel im Vmbgang so gar nicht reimben kindt* (Landecker Verfachbuch 1627 Bl. 381[a]). Es ist kaum anzunehmen, daß erst Reformorden dieses Umgangsspiel veranlaßt haben, wenngleich keine frühere Abhaltung verbürgt ist. 1646 wurden dem Josef Weinzierl *wegen gehaltener Komedi 20 fl.* zu Lasten der Pfarrkirche verabreicht. Desgleichen 1662 für die *Zerung, so in der gehaltenen Komedi auferloffen*, dem Wirt Ludwig Linser *aus geistlicher und weltlicher Obrigkeit Verordnung 15 fl. 25 kr. gutgemacht* und 1673 *wegen des gehaltenen Spiels oder Komedi 10 fl.* zu Lasten der Pfarrkirche *passiert*. Bei letzteren Aufführungen kann es sich um Kirchengründungs- und Wallfahrtsspiele handeln. Solche wurden noch 1766 und 1790 dort abgehalten. Hss. befinden sich im Landecker Pfarrarchiv, in der Innsbrucker Universitätsbibliothek und in Privatbesitz. In der Umgebung von Landeck lassen sich ältere Aufführungen nachweisen. So im hochgelegenen Dorfe Fließ am 22. Jänner 1581 ein Weihnachtsspiel *zu Lob und Ehren unseres Heilands und des neugeborenen Kindes*; hernach kam es im Gasthaus zu einer Rauferei (Landecker Verfachbuch 1581 Bl. 42[a], 54 u. 100[a]). Am 8. April 1613 wurde in Zams (jetzt mit Landeck vereinigt) *eine Comedi* aufgeführt; hernach kam es bei einer Rauferei zu einem Totschlag (Landecker Verfachbuch 1613, 286).

k) Silzer Passionsspiele. Ihre ersten Abhaltungen sind für 1629 und 1637 beurkundet. Frühjahr 1629 nahmen nämlich Erzherzog Leopold V. v. Tirol und seine Gemahlin Claudia v. Medici samt Hofgesinde und am 10. Mai 1637 wahrscheinlich letztere mit ihren Söhnen, den nachnachmaligen Landesfürsten Erzherzog Ferdinand Karl (dem Begründer der ständigen Innsbrucker Hofbühne; s. A. Dörrer *Deutschlands erste Theaterbauten*, Archfn Spr. 172 [1937] S. 11ff.) und Sigmund Franz, daran teil. Leopold ließ den *Comedianten vnd Spiluerwohnten* am 16. Mai 1629 *abermalen* 24 fl. zu einer Verehrung zuweisen (Innsbrucker Staatsarchiv, Camermaisters Haubtraitung 1635, 1006). Durch ihren Gerichtspfleger wurden die Darsteller am 25. April 1637 bittlich, daß die Landesfürstin sich wieder zur Aufführung einfinde; die Darsteller hätten bei der Aufführung vor 9 Jahren mitgewirkt; die Aufführung erfolge *aus sonderbarem Eifer und Andacht sowohl auf erbaulichem Exempel vieler herzukommender Personen, auch Erweckung desto merer Andacht und Dankperkheit mit Verleichung gottlicher Gnaden aufm Sonntag Cantate* (Innsbr. Staatsarchiv, Ambraser Akten). Desgleichen fand 1646 eine *Comedi* in Silz statt (lt. Steffens Briefsammlung, Stiftsarchiv Stams). 1747 bestätigte ein Silzer Hilfspriester, daß die Einwohner verlobt hätten, alle 7 Jahre das Leiden-Christi-Spiel abzuhalten und daß darin *wider die christcatholische lehr, guete Sitten und ehrbarkeit nit das mindeste enthalten* sei. Spielzeit: Ostern. Der Gerichtspfleger meldete dazu, daß das Spiel auf einer Wiese und nur die Geißelung auf einem kleinen *theatro* stattfinde und der Spielplatz mit Brettern eingesäumt werde. Noch 1815 bewilligte die Landesregierung Aufführungen eines *Schauspiels* gegen Entrichtung von je 3 fl. Taxe für den Ortsschulfond und Verbot jeglichen Zwischenspiels. Außer den Passionsspielen fanden Legendenspiele in Silz statt, so ein noch erhaltenes, stark an ältere Spiele anknüpfendes Maria-Magdalenenspiel, ein Barbara-, Theodora-, Viktoria- und ein Rosenkranzspiel. Als Großpfarre reichte Silz bis tief ins Oetztal und in das Mieminger Mittelgebirge hinein und wurde zum Ausgangspunkt verschiedener religiöser Großspiele, z. B. der *Comedy vom Jüngsten Gericht* in Altenmarkt bei Radstadt (s. VL. III Sp. 152ff.). Silz wirkte auch über den Fernpaß in das benachbarte Bayern, vornehmlich durch Handwerker, die in Ortschaften sich niederließen, die infolge des Dreißigjährigen Krieges, der Pest oder wegen Auswanderung neugläubig Gewordener deren bedurften. So ist z. B. der Ammergau in der ersten Hälfte des 17. Jh.s durch viele zugewanderte Tiroler belebt worden.

Diese Blut- und Brauchtumsauffrischung kam dem Volkstum und Spielwesen von Bayrisch-Schwaben (vgl. z. B. den Sonthofer Passion od. die Kümmernislegende in Gammendorf b. Wörishofen), in Vorderösterreich (s. *Fronleichnamsspiele, Freiburger*; *Judenspiel, Endinger*) und im Elsaß (vgl. z. B. die *Paradeisspiele*) zugute. Sie förderte auch die Spielkultur im Salzburger Land (s. *Ludus de Antichristo* VL. III Sp. 130ff., bes. 152ff.; K. Adrian u. L. Schmidt *Geistliches Schauspiel im Lande Salzburg* 1936 S. 15, 27ff., 83), in Kärnten, Krain und Steiermark (s. unten: *Auswärtige Aufführungen* des Tiroler Passions), von Oberufer und Preßburg und in den deutschen Knappenstädten der Karpathen (vgl. einstweilen J. Ernyey, G. Kurzweil u. L. Schmidt *Deutsche Volksschauspiele aus den oberungarischen Bergstädten* 1932—38; K. Horak *Burgenländische Volksschauspiele* 1940).

l) Patscher Passionsspiele. Während in Innsbruck im 15. und 16. Jh. vornehmlich dortige Schulmeister geistliche Spiele durch ihre Knaben vorführten oder wandernde Komödianten solche zum Besten gaben (s. VL. III Sp. 468ff., bes. 487ff.; J. Garber *Das goldene Dachl in Innsbruck* [Die Kunst in Tirol, Sonderbd. 4] 1922 S. 32ff.; K. Fischnaler *Geschichts-, Kultur- und Naturbilder aus Alttirol* 1936 S. 37ff. u. K. Klaar *Alt-Innsbruck und seine Umgebung*, 1 [1939] S. 96ff.), sind ländliche Passionsspiele in seiner Umgebung erst spät festzustellen, die ältesten in der Berggemeinde Patsch südlich von Innsbruck, in deren Gegend jedoch schon früh andere geistliche Spiele, so das Paradiesspiel (s. *Paradeisspiel, Tiroler*, Nachtrag) verbürgt sind. Das erste Passionsspiel ist am 20. Mai (Pfingstsonntag) 1652 erwähnt. Am 29. Mai 1662 ist von einer Patscher *Bauernkomödie* die Rede. Am 12. Juni 1707 (Pfingstmontag) von der *Tragödie de passione Domini*, zu Pfingsten 1742, 1747, 1752 vom Patscher *Passionsspiel*. Bei ihrer Eingabe um die Spielerlaubnis vom 16. März 1747 betonen die Patscher, daß sie ihr Spiel bisher alle 5 Jahre aufgeführt hätten, einem Gelübde zufolge, *vmb von Gott und seinen Heiligen in denen ſeldſrüchten und andren handl und wandl bösser gesegnet zu werden.* Der Text sei verbessert worden, die geistliche Vorstehung (Stift Wilten) habe kein Bedenken, wenn durch das Spiel der Gottesdienst nicht verabsäumt werde und auch *sonst bey den spill alle zucht und ehrbarkait* beobachtet werde. Pfarrer Heinrich Schuler von Igls bei Innsbruck, nachmals Abt des Prämonstratenserstiftes Wilten, übergab i. J. 1918 Fragmente des Patscher Passionsspiels dem Vorsitzenden des Arbeitsausschusses „Das Volkslied in Oesterreich" für Tirol und Vorarlberg, Univ.-Prof. Dr. J. E. Wackernell in Innsbruck. Sie fanden sich nach dessen Tode weder in der Volksliedsammlung noch in seinem Nachlasse. Eine andere Hs. beschrieb Ad. Pichler in der Oesterreichischen Revue 5 (1867) S. 97ff. Das Patscher Passionsspiel war für weitere vorbildlich, so für das Passionsspiel des Innsbrucker Vorortes Hötting. Eine Höttinger Hs. aus dem Jahre 1792 zeigt den infolge der Zensurvorschriften gekürzten Text. Es fehlen die Arien, die Auftritte Luzifer-Judas und die Marienklage (Stiftsarchiv Stams). Außerdem spielten die Patscher spätestens seit 1703 öfter, so 1737, 1752, 1754, 1766, 1767, 1798, 1800, das hsl. mehrmals erhaltene Marienmirakelspiel vom Ursprung der Mutter Gottes vom Hl. Wasser (Wallfahrt am Abhang des Patscherkofels). Endlich führten die Mädchen von Patsch spätestens seit 1815 wiederholt Legendenspiele, so die hl. Euphemia (ein ausgesprochen tirolisch-oberbayrisches Legendenmotiv) auf.

Solche Mädchenspiele, 1570 in Sterzing zum erstenmal verbürgt, im Barock durch Klosterspiele (so auf Säben) gesellschaftlich gehoben, erregten das Erstaunen eines Lewald, Immermann u. a. im Vormärz. Rekrutierten sich doch die fahrenden Tiroler Spielgesellschaften bis ins ausgehende 18. Jh. (z. B. die Vintschgauer u. Ahrntaler) nur aus Männern und schlossen die kultisch-minischen Landesbräuche (Schemenlaufen, Perchtenspringen, Blockziehen usw.) die weibliche Jugend ausnahmslos aus. Da aber beim Bozner Passionsspiel von 1514 die ersten nachweisbaren deutschen Frauendarstellerinnen mitwirkten, dürften auch hier heimatliche Mädchenschaften sich schon früh im Spielwesen teils aus kultischem Herkommen, teils in Gegensätzlichkeiten zu den Vorrechten der Burschenschaften geltend gemacht haben, wie einzelne Trutzlieder und Mädchentänze, Kinderbräuche und Volkssagen andeuten. Vgl. im allgemeinen R. Wolfram *Weiberfastnacht*, Zs. f. Volkskunde NF. 4 (1933) S. 140f., u. A. Becker *Frauenrechtliches in Brauch u. Sitte*, Progr. Zweibrücken 1913; die Tiroler Sagensammlungen von Alpenburg, Heyl u. Zingerle.

Archivalische Unterlagen unter den Stiftsaufzeichnungen v. Wilten und Säben und unter den Archivalien des Innsbrucker Staatsarchivs. Über die tirolischen Jünglingsbünde u. Mädchenschaften vgl. einstweilen A. Dörrer *Das Schemenlaufen in Tirol u. verwandte alpenländische Masken- u. Fastnachtsbräuche*[2] 1938 u. StLV. 291 S. 379f.

m) Unterinntaler und Inngauer Passionsspiele. Die alten Spielstädte Rattenberg und Kitzbühel förderten in ihren Umgebungen ländliche Passionsspiele, unterstützt durch die Spielfreudigkeit der Zillertaler, Kirchberger und Jochberger Knappen. Von Rattenberg gingen die Spiele über nach Kramsach und Brixlegg. Die Brixlegger Passionsspiele von 1868—1913 sind Neuerungen, die unter dem Einfluß der Oberammergauer, Erler und Thierseer Spiele auf Grund bisheriger örtlicher Kleinspiele zustande kamen. Ein reiches Volksspielleben weisen die Kitzbüheler im 16. Jh. auf (s. u. unt. Aufführungen). In Kitzbühel traten auch die Kirchberger und Jochberger wiederholt mit ihren Moralitäten auf. So stellten Jochberger noch 1623 das Spiel von den zehn Altern im Rathaus dar. Im nächsten Jahre spielten die Kirchberger usf. 1628 erhielt der Schulmeister Adam Pogwitz für die am Karfreitag abgehaltene *Comedj vnd vmbgang* 3 fl. verehrt. Solche Passionsdarstellungen reichten bis in die zweite Hälfte des 18. Jh.s. Daneben pflegte Kitzbühel unter Patronat der Dominikaner das Rosenkranzspiel. Welche Texte den Passions- und Osterspielen in Kitzbühel zugrunde gelegt wurden, ist aus den Stadtarchivalien nicht zu entnehmen. Jedoch gehörten zu den Bürgern des 17. Jh.s jene Simeringer, die u. a. handschriftliche Bearbeitungen des Passionsspiels von Seb. Wild nach Ebbs und Erl lieferten. Die Kitzbüheler und benachbarten St. Johannser pilgerten jährlich einmal in die alte Großpfarre Ebbs unterhalb Kufstein. Das benachbarte Erl, Nordosttirols Grenzgemeinde, war bis zu seiner Niederbrennung im Krieg von 1809 auch im Inngau als Marienwallfahrt angesehen. Die Erler Passionsspiele hielten sich vom 17. Jh. bis 1933. Demselben Blutkreis gehören die Volksschauspiele von Kiefersfelden an, da deren Begründer Schmiede aus dem tirolischen Ziller- und Brixental waren und durch Erzherzog Ferdinand II. v. Tirol in seinem Hammerwerk zu Kiefersfelden ein neues Arbeitsfeld und damit auch eine neue Heimat fanden. An der alten Grenze zwischen Bayern und Tirol kreuzten sich die Ausstrahlungen älterer Spielorte. Das tirolische Thiersee verdankt sein Passionsspiel dem benachbarten Kiefersfelden. Auch Erl nahm sich damals auf dem Wege über Oberaudorf den Ableger einer Ammergauer Passionsspielfassung zu Hilfe. In keinem Grenzbezirk wetteiferten die Volksschauspiele miteinander derart wie im Kufsteiner und Rosenheimer bis in die neueste Zeit.

A. Hartmann *Volksschauspiele in Bayern und Österreich-Ungarn gesammelt*, 1880. VL. III Sp. 486ff. K. Fischnaler *Eine Rosenkranz- und Geißlerbruderschaft in Nordtirol*, Zs. f. Volkskunde NF. 4 (1933) S. 178ff. W. Haberlandt *Vermerke über Volksbräuche und Volksspiele in den Bürgermeisteramtsrechnungen der Stadt Kitzbühel (Tirol) 1481—1854*, Wiener Zs. f. Volkskunde 46 (1941) S. 122/23 (nach einem mangelhaften Auszug v. Aeg. Moser). A. Dörrer *Das Erler Passionsbuch*, [1]1912, [6]1922. Die 3. u. 4. Aufl. enthält u. a. auch das alte Vorspiel vom Kampf der göttl. Tugenden und des Teufels um die menschliche Seele, die 6. gibt das Erler Wallfahrtsbild mit einer Ortsansicht aus dem 18. Jh. wieder; ders. *Die Thierseer Passionsspiele von 1799 bis 1935*, 1935; ders. *Spielbräuche im Wandel von sechs Jh.en*, in: Tirol, Natur, Kunst, Volk, Leben 2 (1931) S. 298ff. A. Müller (Br. Willram) u. H. Weinold *Brixlegger Passions-Buch*, 1913 (dem Erler nachgeahmt). Ad. Sikora *Z. Gesch. d. Volksschauspiele in Tirol*, Arch. f. Theatergesch. 2 (1905) S. 1ff. u. Zs. d. Ferdinandeums III 50 (1906) S. 339ff.; ders. *Das Verbot d. Volksschauspiele (1751) u. seine Folgen*, Forsch. u. Mitt. z. Gesch. Tirols u. Vorarlbergs 2 (1905)

S. 139ff.; ders. *Der Kampf um die Passionsspiele in Tirol im 18. Jh.*, Wiener ZfVolksk. 12 (1906) S. 185ff.; ders. *Theater u. Aberglaube*, Bühne u. Welt 7 (1905) H. 19. Al. Weissenbach *Meine Reise zum Kongreß* 1816 (mit Erinnerungen an Tiroler Volksschauspiele). Joh. Schuler *Kennzeichnung der Tiroler Bauernspiele* (1822), Tirol. Heimatbll. 9 (1931) S. 139ff. Weitere Literaturangaben über neuere Tiroler Passionsspiele in den Bibliographien der Forschungen und Mitteilungen z. Gesch. Tirols u. Vorarlbergs (1904—16) u. Tiroler Heimat (1931 u. 35; s. d. auch NF. 2 [1929] S. 69ff.). Vgl. bez. Erl noch J. E. Wackernell *Adolf Pichler, der Alpenklassiker aus Tirol (1819—1900), Leben u. Werke*, 1925 S. 3ff. H. Moser *Das Volksschauspiel zu Kiefersfelden*, Oberbayer. Archiv 66 (1928) S. 117ff.; ders. *Zwei Inntaler Passionsspiele*, Das bayer. Inn-Oberland 15 (1931) S. 59ff.; ders. *Zur Geschichte des Volkstheaters in Flintsbach*, ebd. 17 (1932) S. 58ff.; ders. *Das Volksschauspiel in Oberaudorf*, ebd. 14 (1929) S. 81ff., 91ff., 97ff.; ders. *Chiemgauer Volksspiel-Texte*, ebd. 18 (1933) S. 5ff.; ders. *Spielbräuche und Volkstheater im alten Wasserburg*, Bayer. Hefte f. Volkskunde 11 (1938) Nr. 1; ders. *Oberammergau*, Bayer. Heimatschutz 26 (1930) S. 24ff.; ders. *Das altbayer. Volksschauspiel des 17. u. 18. Jh.s*, ebd. 24 (1928) S. 72ff. u. 25 (1929) S. 90ff.; ders. *Die letzten 150 Jahre altbayer. Volksschauspiels*, ebd. 28 (132) S. 7ff.; ders. *Oberbayer. Volkstheater*, in: Der Regierungsbezirk Oberbayern, 1933 S. 24ff.; ders. *Archival. Belege zur Geschichte altbayer. Festbräuche im 16. Jh.*, in: Staat u. Volkstum, Festgabe f. K. A. v. Müller, 1933 S. 167ff.; ders. *Volksschauspiel*, in: Die Deutsche Volkskunde hg. v. A. Spamer, 1 (1934) S. 349ff.; H. Moser u. R. Zoder *Deutsches Volkstum in Volksschauspiel u. Volkstanz*, 1938. L. Schmidt *Altes Volksschauspiel in neuer Blickschau*, Monatsschrift f. Kultur u. Politik 1 (1936) S. 539ff.; ders. *Zur Innengeschichte der deutschen Passionsspiele*, in: Volk u. Volkstum 3 (1938) S. 211ff.

Berücksichtigt man noch die Spielhss. für Weihnacht (s. *Weihnachtsspiel, Hessisches*), für Dreikönig (in Sterzinger, Innsbrucker, Schwazer, Kitzbüheler, Riffianer u. and. Archivalien erwähnt), für Maria Lichtmeß (im Debs-Codex, abgedruckt v. Ad. Pichler), für Maria Verkündigung (im Debs-Codex u. in Rabers Abschrift v. 1514), das Spiel *Actus Apostolorum* (als Quartband in Rabers Spielinventar erwähnt), das Neustifter Dreifaltigkeitsspiel von 1515 (im dortigen *registrum depositorum* erwähnt), das Jüngste Gericht in Hall und anderen Orten Tirols, die Moralitäten, wie *David und Goliath* (1515) und *Der reiche Mann und Lazarus* (1522) in Rabers Abschriften, das Laaser Spiel vom eigenen Gericht (s. Der Schlern 18 [1937] S. 164ff. u. Meraner Jahrbuch 1938 S. 70ff.), weiter die zufällig in Archivalien angeführten alten Passionstexte, *Ludus peregrinorum, spil vollmäte, Der ungeraten son, spil vom brueder Clas und bruder Tell, Die zehn alter* usw. (s. A. Dörrer *Etschländer Buchwesen u. Geistesleben*, 1933, S. 46; ders. *Mittelalterl. Bücherlisten aus Tirol*, Zentralbl. f. Bibliothekswesen 51 [1934] S. 256; ders. *Der Verlorene Sohn*, GRM. 24 [1936] S. 21ff.), so ergibt sich erst ein annähernd vollständiges Bild von der Fülle und Vielfalt der ernsten Volksschauspiele in Tirol, ihrer Hss. und Aufführungen aus der Wende in die Neuzeit. An die erwähnten Emmaus- und Salbenkrämerspiele des Debs-Codex reihten sich noch die Fastnachtsspiele, die Raber in Bozen und anderen Tiroler Städten aufzeichnete, endlich die Volksmimiken bei Hochzeiten, der Fastnacht usw., die Schwänke von den sieben bösen Weibern; vom Sterzinger Moos, von der Altweibermühle, die Wildemann- und Gregoribräuche (als Schulkinderfeste bis ins 20. Jh. erhalten), die Zunft- und Burschenulke, die stillen Einfluß auf die Großspiele, auch auf den Tiroler Passion ausübten.

Diese höchste Entfaltung und zähe Erhaltung von Passionsaufführungen im spätgotischen Tirol erklärt sich aus Landschaft und Volkstum, aus den Anlagen der alpinen Rasse und des bairischen Stammes, aus der gemütsstarken Innigkeit, sinnlichen Gläubigkeit und kulturellen Beharrlichkeit des Berglers. Mit dem Aufblühen der Bergwerke und des Überlandhandels nahmen die Tiroler Städte und Märkte entlang der Brennerstraße ihren lebhaften Aufschwung. Ihre Wohlhabenheit führte zu großen Kirchenbauten. Die Bildschnitzerei und Malerei entfaltete ihre reichsten Formen. Die Städter betätigten ihren Gemeinsinn im Rahmen ihrer Gilden. Bildung kam stark in Wert. Der Wettbewerb mit den Reichsstädten feuerte die Spielführer an. Die merkantilen und geistigen Beziehungen reichten weit und verschärften an der Sprach- und Reichsgrenze den bodenständigen Ausdruck in diesem Brauchtum.

4. Verbürgte Aufführungen:

a) in Hall bei Innsbruck. Die Haller Ratsschriften sind die ältesten unter denen der in Frage kommenden Städte. Dagegen fehlen hier die Kirchenrechnungen, andernorts die wichtigsten Quellen zu den Tiroler Passionsspielen.

1430 Osterspiel (Passion?) auf *sprachprucken* und Spielgerüst aus *fäwchten pämen*. 1434 März 27: Osterspiel am Karsamstag, wahrscheinlich in der Pfarrkirche. 1451 Juni 3: Spiel am Auffahrtstag im Stadtgarten auf *pün*. 1456: Spiel (?). 1471 April 8: Spiel in der *marterwochen* im Stadtgarten. 1479 April 5 u. 8: Spiel am Karfreitag und Ostersonntag im Stadtgarten auf *prugken* und *pun*; anwesend Landeshauptmann Gaudenz v. Matsch u. ein Markgraf (v. Niederbaden?). 1501 Palmsonntagsspiel mit *ain füeder palm* und am 4. April Passion in der Karwoche im Stadtgarten auf *pun*, mit *drey kreuz* und *hell, mit farben angestrichen*. Vielleicht auch das Spiel vom Jüngsten Gericht (*tischler hat der stat gemacht ain große zyrmen tafel zum jungsten gericht*). 1507 Mai 23 (Pfingsten): Das Jüngste Gericht mit *hell, regenpogen, englflügen u. a.* 1511: Viertägiger Passion samt erweitertem Teufelsspiel am Palmsonntag (April 15), in der Karwoche (April 17 u. 18) und zu Ostern (April 21) im Stadtgarten auf *pun*, die mit *mayen* und *tapessereyen* geschmückt wurde. 1515: Auferstehungsspiel in der Woche nach Ostern auf einer Bühne gegenüber der Pfarrkirche und vor der Schule und am 20. Mai ein kleines Pfingstspiel (Das Jüngste Gericht?), dargestellt von der St. Achatius-Gesellschaft auf einem Gerüst am oberen Stadtplatz (Achatius-Spiel wie zu Lambach 1409?). Hierzu wurden zwei *kerspam* (Kirschbäume, in Blüte?) herbeigeführt. 1529 Juli 4: *Sannd Johannis enthaubtung* auf der *bun*, dazu *ain fueder mayen* und *ain fueder tannen*. 1533 April 6: Abendmahlsspiel in der Osterwoche am oberen Stadtplatz. 1540 Febr.: *Die zehen alter* auf einer *pun* am (oberen) Platze. 1549 März 17: Die Bauern des benachbarten Bergarbeiterdorfes Wattens halten ein Spiel zu Hall ab (vom Antichrist und Letzten Gericht?; s. VL. III Sp. 144ff.). 1567 April 11: Gründonnerstagsspiel auf *pun*. 1570 Mai 1 u. 2: *Comedi von den leyden Jehsu Cristi unsers ainzigen haylmachers* in der Auffahrtswoche am oberen Stadtplatz.

F. Schweyger *Chronik der Stadt Hall 1303 bis 1572* hg. v. D. Schönherr, 1867, S. 71. M. Straganz *Hall in Tirol*, 1 (1903) S. 391ff. F. Bucher *Aus der guten alten Zeit, eine Plauderei über Häuser und Bewohner von Hall* hg. v. J. Faistenberger, 1927, S. 12, 13, 14, 33, 80, 103. W. Senn *Aus dem Kulturleben einer süddeutschen Kleinstadt: Musik, Schule und Theater der Stadt Hall in Tirol in der Zeit vom 15. bis zum 19. Jh.*, 1938, S. 118—127 u. 609—612.

b) in Sterzing. Hauptquelle die Raitbücher der Stadt, ihrer Kirchpröpste und Bürgermeister, beginnend mit dem Jahr 1449. 1455: *spill* (= Passion) in der Pfarrkirche u. l. Frau. 1466: *pün jm sagrer* (für ein Spiel??). 1469: *ain larffn* für die Pfarrkirche. 1476: *leinwat* für *spill*. 1482: *spil* in der Pfarrkirche. 1489: *spill zun ostern*. 1496: *spill*. 1503: *Osterspill*. 1514: *spil zu ostern*. 1524: *spil* (?). 1533: *spil* (Pfarrkirche, Karwochenanfang). 1535: *spil* auf dem Gries oder Stadtplatz. 1538: Spiel in der Kirche. 1541: Spiel zu Ostern. 1543: vierteiliges Passionsspiel am Ostersonntag und Ostermontag. 1544: *Comedie*, den flüchtenden Kindern des Königs Ferdinand I. vorgeführt. 1548: Auffahrtsspiel. 1550 Januar 6 Uhr abends: *Spüll der heiligen drey kunigs* im Rathhaus. Um 1550 *Pfingst Erichtag: ein spil als die zehen alter diser welt, durch burger, hanndtwerchsleuth vnnd mitverwonte* in der Pfarrkirche. 1560 Neujahrstag: *Spill* des Deutschschulmeisters auf dem Rathaus. 1570 Juni 4: Erstes erwähntes *geistlich spill* des Sterzinger Lateinschulmeisters mit seinen Schulknaben im Rathaus. 1577 Apr. 6: Erstes erwähntes Spiel der Schulmeisterin Barbara Frölichin mit ihren Schulmädchen. 1580 Juli 25: Passionsspiel, vielleicht infolge des am 24. April 1580 eingetretenen Todes seines Bruders auf Geheiß des Landesfürsten verschoben. Ende des 16.

Jh.s: *comedi* auf *ain zimbliche grosse pin* vor dem mittleren Brunnen neben dem Rathaus, des Schießens wegen. Im 17. Jh. kamen figurierte Prozessionen am Karfreitag und zu Fronleichnam in Sterzing auf. Daneben bestanden barocke Passionsspiele bis in den Vormärz. Die jetzt noch dargestellten lebenden Bilder des Sterzinger Fronleichnamsumganges stammen aus dem Rokoko.

Ad. Pichler *Über das Drama des MA.s* S. 1ff.; ders. Revue S. 33ff. Konr. Fischnaler *Die Volksschauspiele zu Sterzing im 15. u. 16. Jh.*, Zs. d. Ferdinandeums III 38 (1894) S. 353ff.; ders. *V. Raber, der Maler u. Dichter* 1894; ders. *Sterzing am Ausgang des MA.s*, Festschrift zu Ehren E. v. Ottenthals (Schlern-Schriften 9) 1925 S. 104ff. J. Noggler *Das Sterzinger Weihnachtsspiel 1511*, Der Schlern 2 (1921) S. 456ff.; ders. *Ein Passionsspiel a. d. 1746*, ebda. 6 (1925) S. 124ff. Wackernell *Altdeutsche Passionsspiele* S. XCIVff. Dörrer Literaturwiss. Jb. 4 (1929) S. 72; ders. *Bozner Bürgerspiele* 2.

c) in Brixen am Eisack. Brixner Domkapitelarchivalien führen Auslagen für Ausstellungsstücke, vornehmlich Ornate zum Osterspiel um 1470 an. Das Brixner Dommesnerbuch aus der Zeit von 1550—1560 bietet die Anweisungen für den Mesner im Falle, daß das Osterspiel noch abgehalten werde; s. o. III Sp. 471f. 1609 führten Kapuziner die figurierte Karfreitagssprozession in Brixen ein (s. St LV. CCXCI S. 239ff. und H. Mang Brixner Heimatbuch 1937).

d) in Klausen. In den Stadtarchivalien konnten bisher keine Belege für die Passionsspiele festgestellt werden. Diese wurden nach Rabers Angaben im Burghof der Burg Anger bei Klausen aufgeführt, da weder in noch vor der Pfarrkirche hierfür entsprechender Raum bestand. 1634 führte hier der Gesellpriester Lic. Max. Lederer die figurierte Karfreitagsprozession nach Säben ein (s. A. Pernthaler, Forsch. u. Mitt. z. Gesch. Tirols u. Vorarlbergs 2 [1905] S. 153ff.).

e) in Bozen. Die Bozner Kirchpropstraitungen bieten reichen Aufschluß über die dortigen Spiele seit 1470. Ausführliche Wiedergabe der Belege im Schlußband der Bozner Bürgerspiele (StLV.). Hier sind die Fronleichnamsspiele (s. VL. I Sp. 704f.) und kleinere Spiele (Moralitäten usw.) nicht berücksichtigt. 1476 *mandat am weychen pfincztag* (= Gründonnerstag), *die kreutz* (zum Passion?) und *prueder spill am ostertag* (zwei eigene Seiten!). 1478: *Mandat* (= Gründonnerstagsspiel). 1481 *mandatt am weychenphintztag* und *spil am auffartstag*. 1482: *Mandat am weychphintztag und* Bruderspiel am Ostermontag. 1486: *mandat am weychenpfincztag*. 1487: *mandat am weychenpfintztag*. 1488: *mandat am weyhenpfinczlag*. 1489 *Einem Maler geben, der* den Kirchpropst *hat den Passion abschreiben lassen zum spil*. 1490: *mandat am weyhenpfintztag*. 1494; *spil der auffart*. 1495: Dreiteiliger *passion am weychenpfintztag, karfreytag* u. *ostertag* und *spil der auffart*. 1496: *spil der auffart*. 1513: *zwo pin auf der muster* (Platz), *die ain zum vmbgang* (Fronleichnamsspiel), *dy annder zw der figur des passion unsers lieben herren Jhesu Christi*. 1514: Siebenteiliger Passion am *palmsuntag, weychenpfinstag, karfreytag, osterabend* (*klag Mariae*), *ostertag* (*urstend*), *ostermontag* (*brüeder gen Emmaus*) und Christi Himmelfahrtstag in der Pfarrkirche. 1555: *Spil der vrstend Christi* in der Pfarrkirche (*zwaimal zum spil gericht . . . von den pinen jn der kirchen zum spil der vrstend*).

1516 ist zum letztenmal die Figur *Maria im Tempel* unter den Auslagen für das Bozner Fronleichnamsspiel erwähnt; sie scheint in den erhaltenen Spielhss. jedoch nicht mehr auf. Somit dürfte das Freiburger Fronleichnamsspiel spätestens in diesem Jahre nach dem Vorbilde Bozens eingeführt worden zu sein; denn der Freiburger Umgang übernahm noch diesen Auftritt aus Bozen. Es ist jedoch wahrscheinlicher, daß die Freiburger Zünfte schon zwei bis drei Jahre zuvor sich den Bozner Brauch zum Muster genommen hatten.

In Bozen wurde 1612 die figurierte Karfreitagsprozession zum erstenmal abgehalten (s. StLV. CCXCI S. 239ff.).

Wackernell *Altdeutsche Passionsspiele* S. XLff. Dörrer *Bozner Bürgerspiele*. M. Mumelter *Das Osterspiel zu Bozen i. J. 1514*, Der Schlern 2 (1921) S. 108ff.

f) in Cavalese (Fleimstal). 1514 und 1518: Auffahrtsspiel am Christi Himmelfahrtstag, wahrscheinlich in der Pfarrkirche.

g) in Trient. 1514 oder 1515: Passion. Beim Regierungsantritt des Trienter Fürstbischofs Bernard v. Cles i. J. 1514 wurde ein großes deutsches Festspiel veranstaltet (s. Wolkenstein-Codex 875 Bl. 330 der Universitätsbibliothek Innsbruck). Da weitere Anhaltspunkte fehlen, läßt es sich nicht als Rabers Spiel sichern. Daß schon vor Rabers Auftreten Passionsaufführungen von Deutschen in Trient veranstaltet wurden, ist daraus zu entnehmen, daß er dort einen Text abschrieb. In Trient und Augsburg kamen die ersten figurierten Karfreitagsprozessionen durch Tiroler Kapuziner um 1600 auf.

h) in Meran. 1519: *Mandat* am *weichen pfintztag* in der Pfarrkirche (lt. Rechnungsheft des Meraner Bürgermeisters). Im übrigen fehlt jeder Anhaltspunkt für sonstige Passionsspiele in Meran. Dagegen dürften kleinere Spiele früh und oft von fahrenden Spielgesellschaften in Meran und in Bozen aufgeführt worden sein. Die erste deutsche ist 1522 in diesen beiden Städten erwähnt. Auch Merans Nachbargemeinde Mais hätte 1582 gern *ain klains spil oder tänzl* zur Kirchweih gehalten, jedoch erhielt sie nur die Bewilligung zu *ainen erlichen vnnd zichtigen tanncz*. Barocke Theatralik und vielen Pomp entfalteten die jährlichen Karfreitags- und die monatliche Rosenkranzprozession in Meran.

A. Dörrer *Das Spiel vom Jüngsten Gericht in Meran 1570*, ArchfnSpr. 157 (1930) S. 69ff. u. 165 (1934) S. 9 (Anm.). A. Hohenegger *Das Kapuzinerkloster in Meran*, 1898, S. 37f.; ders. *Geschichte der Tiroler Kapuziner-Ordensprovinz*, 1 (1913) S. 146f. u. 664f. Heribert von Salurn (= A. Mayr) *Concionum pastoralium pars secunda* 1601 (Dedicatio!). J. Freiseisen *Christoph Andreas v. Spaur* 1900 S. 47f. Es bedarf erst einer näheren Untersuchung, ob die Kreuzprozession und die Karwochenbräuche von Innichen im Pustertal gleich den Tiroler Karfreitagsprozessionen erst mit dem 17. Jh. eingeführt wurden oder entsprechend der reichen liturgischen Veranstaltungen des dortigen Stiftes älteren Ursprung sind; s. Der Sammler 4 (Meran 1910) S. 59ff. u. 148ff.

i) in Bruneck (Pustertal). Die Ratsschriften von 1508—1537 konnten noch nicht durchgesehen werden. Die großen Spiele fanden fast durchwegs auf dem Platze vor der Rainkirche statt, deren Patronin die hl. Katharina ist, und stellten den Passion dar. 1538: *Passion* zu Lasten der Zunftbruderschaft (in der Kirche?) 1542: *spill* auf der *pün*. 1544: *Etlichen burgern vnd andern personen zu Brauneggen, so mit Comedien oder spieln den* (aus Innsbruck geflüchteten) *hern der regierung und cammer zu haus kommen, 3 fl.* (Innsbrucker Staatsarchiv, Raitbuch 1544 Bl. 541). 1545: *hütte zum spill*. 1548 *hern suntag*: *spil* im Rathaus. 1549 *tag Mathie*: *den spilleiten, so die figur des sterbenden menschen vor dem rathaus gehalten. Pin zu den passion.* 1559: *pien zu dem spil.* 1563: *spill mit dem reichen man.* 1573: *hüte zum spill auf dem Rain.* 1577: *Passion auf dem Rain.* 1578: *spill im Marci* (= März). 1583: *spill oder Jungstes gericht. Spilleut der Souj mit seiner compagnia.* 1592 July 10: *Pün zum spil vom stattzimmermann aufgemacht.* 1598 Nov. 25: Katharinenspiel. 1593: Spiel um Pfingsten, von Spielleuten aufgeführt. 1606: Weihnachtsspiel, vom Schulmeister aus Lüsen bei Brixen aufgeführt. 1611: Einführung der figurierten Karfreitagsprozession.

A. Dörrer *Die geistlichen Bürgerspiele in Bruneck (Pustertal)*, ArchfnSpr. 157 (1930) S. 1ff. P. Tschurtschenthaler *Brunecker Heimatbuch*, 1928 S. 118ff. A. Zangerl *Aus dem alten Bruneck*, 1893/94.

k) in Lienz (Pustertal). 1582: Die Bürgerschaft ersucht ihren Gerichtsherrn um Erlaubnis, das Passionsspiel abhalten zu dürfen. 1671: Der neue Herrschaftsverwalter fordert vom Stadtrichter die Harnische zurück, welche aus der Rüstkammer des Schlosses Bruck (am Eingang in das Iseltal) für die Tragödien am Karfreitag vom früheren Herrschaftsverwalter (1656—64) ausgegeben worden waren. 1724: Zwei Geistliche wollen am Gründonners- und Karfreitag ein Passionsspiel veranstalten. Die Kosten für Ausstattung und Theater sollen teils durch Sammlung, teils von der Stadt aufgebracht werden.

Von 1725 an ist öfter von der figurierten Karfreitagsprozession die Rede (Lienzer Ratsprotokolle, ArchfnSpr. 165 [1934] S. 10 u. Tiroler Heimat, NF. 2 [1929] S. 84).

Neben den verschiedenen Passionsspielen des Pustertals (Sillian, Windisch-Matrei usw.) und vielen kleinen Umgangsspielen des Weihnachtsfestkreises fehlte es nicht an Schulmeisteraufführungen, die alte und neue Texte verbreiteten und bearbeiteten; so erhielt der Deutschschulmeister Georg Pifrader 1625 die Erlaubnis, Spiele zu Weihnachten und zu Ostern in Sillian zu halten (Innsbrucker Staatsarchiv, Buch Tirol 1625 Bl. 765). Vgl. noch E. J. Schneider *Adam Purwalder, ein Tiroler Dramatiker des 17. Jh.s*, Euphorion 19 (1912) S. 546ff.

Kleine Oster- und Weihnachtsspiele, Moralitäten und Eschatologien, die seit dem 15. Jh. in Städten, voran in Innsbruck, sich feststellen lassen, scheinen um die Mitte des nächsten auch in größeren Landgemeinden, besonders in Gerichtsorten, üblich geworden zu sein. Sie dürften hier wie dort vornehmlich von Schulmeistern, Bergleuten und Handwerkergruppen eingeführt worden sein. Solche Spielanführer benützten teils herkömmliche Texte für die größten Kirchenfeste, wie Ben. Edelpöckh in seinem Weihnachtsspiel (s. K. Weinhold *Weihnachtsspiele u. Lieder aus Süddeutschland u. Schlesien* 1853, S. 193—288), teils Um- und Neudichtungen von Pritschenmeistern, Meistersingern und Humanisten (Seb. Wild, H. Sachs, Birk, Bruschius, Gengenbach, Makropedius, H. Ziegler u. a. lassen sich namentlich erweisen). Teils versuchten sie, auf Grund des Volksmimus und der vielfältigen Spielüberlieferungen im Lande, selbst der Commedia dell'arte, zeitgerechte Werke zu schaffen, wie der Ambraser Renaissancefürst Erzherzog Ferdinand II. von Tirol (erhalten sein deutsches Lehrstück: *Speculum vitae humanae*, 1585, hg. v. Jak. Minor, Neudrucke deutscher Litteraturwerke des 16. u. 17. Jh.s 79/80, 1889; dazu J. Bolte ZfdA. 32 (1888) S. 12ff.; J. Jung *Z. Gesch. d. Gegenreformation in Tirol* 1874 S. 25ff. T. Kluibenschedl *Erzh. Ferdinand II. v. Tirol als Schauspieldichter*, Gymn. Progr. Görz 1891; R. Wolkan *Zum Speculum vitae humanae d. Erzh. Ferdinand v. Tirol*, Euphorion 5 [1898] S. 470—71; A. Ilg *Erzh. Ferdinand im Lichte der humanist. Zeitbildung*, Monatshefte des wissenschaftl. Clubs Wien 1880; H. Osthoff *Eine unbekannte Schauspielmusik Jacob Regnarts*, Festschrift f. Joh. Wolf 1929; ders. *Die Niederländer u. d. deutsche Lied* 1938 S. 349; Serapeum 25 [1864] S. 332). Bei der Spielfreude des Volkes und bei der Kampfbedeutung der Bühne im 16. Jh. blieben die Spieltexte selber das Untergeordnete und wurden infolge der Gemeinsamkeit des Stoffes und älterer Vorlagen noch immer gern als Gemeingut angesehen. So vermochte Georg Lucius (Lutz) eine Tragödie von H. Sachs unter dem Titel *Von sechs streitbaren Kämpfern* als sein Werk auszugeben, zur Aufführung in Innsbruck zu bringen und dem Landesfürsten zu widmen.

Solche Schauspiele scheinen überhaupt als Bearbeitungen eigenen Volks- und Landesgutes eingeschätzt worden zu sein; denn sonst hätte kaum selbst ein Richter seine Bühnenfassungen als eigene Werke in den Druck gelegt. Jener Adam Purwalder vertritt diese Gruppe von Vervolkstümlichern H. Sachsscher Stücke. Die Purwalder dürften aus dem brauchreichen Villgraten (Osttirol) stammen und vom Hof Kollreid ihren Hausnamen erhalten haben. In Anras bei Sillian gab es im 16. Jh. einen Purwalderhof. 1572 erhielten die Geschwister Christoph und Blasius Purwalder einen Wappenbrief mit Lehensartikel in der Herrschaft Heimfels. Adam Purwalder ist um 1588 in dessen Gericht geboren worden, siegelte 1619 als Bürger zu Sillian, heiratete Barbara Aichholzer und erhielt zwischen 1617—22 von ihr vier Kinder in Sillian. 1623 unterfertigte er als Richter von Villanders bei Klausen, 1627 als Bürger zu Klausen, seit 1631 hauste er auf dem Ansitz Thurn bei Lienz und 1646 taucht er als Bürger und Handelsmann in Brixen auf. Sein Sohn Hans Adam wurde am 24. Mai 1652 dort neu belehnt und siegelte noch 1662 als Brixner Bürger.

Adam Purwalder gab drei Werke bei Daniel Baur in Innsbruck in den Druck: 1609 *Ein geistlich schön new Lied von vil grossen barmhertzigkeiten, wunderwercken vnd Gnaden, so Gott der Allmächtig den Menschen vnnd sonderlich denen, so jhn geliebt, geehrt, gehorcht, glaubt und vertrawt haben, erzaigt hat. Im Thon: Die Gnad kombt oben her* ... Desgleichen 1609 *Ein geistlich schön new Lied von der vnaussprechlichen Lieb, Trew vnd Gnad, so Gott der Allmächtig vns Menschen erzaigt vnd than ... Im Thon: O reicher Gott im Throne mitthail vns dein Gnad* ... 1614 die Tragikomödie *Von drey sterbenden Menschen*, 1621: *Historia Tobiae mit seinem Sohn, Comödj weyss.* Stoffverwandte Stücke waren schon zuvor in Innsbruck, Hall, Kitzbühel, Bruneck usw. aufgeführt worden. Technik und Dialogführung des 2. Aktes aus dem ersten Dreiakter decken sich oft wörtlich mit H. Sachsens *Tragedia des jüngsten gerichtes.* Über das Verhältnis zum Wattener Spiel vom Antichrist und Jüngsten Gericht (s. o. III Sp. 146ff.), zur Altenmarkter Comedy vom Jüngsten Gericht (s. o. III Sp. 152ff.) und zum Laaser Spiel vom Eigenen Gericht (s. Der Schlern 18, 1937, S. 164ff.; Meraner Jahrbuch 1937 S. 70ff.) und ähnlichen Volksschauspielen aus Tirol soll gelegentlich ihrer Veröffentlichung näheres dargelegt werden.

Auch Purwalders zweites Drama fußt auf H. Sachs (*Histori Tobie mit seinem sun* 1533). Jedoch zeigte er sich als der Bühnenvertrautere und Volkszugewandtere, so daß sein Druck als eine glückliche Volksspielbearbeitung der Hans Sachsschen Fassung gelten kann.

H. Sachs war dem Namen und Schaffen nach in Tirol gut bekannt. Dafür sprechen die treubehüteten Erinnerungen an seine verschiedenartigen Jugendaufenthalte in Tirol, besonders der Meistersingersaal in Schwaz mit seinen Gemälden (s. J. Garber, Münchner Jahrbuch der bildenden Kunst NF. 6, 1929, H. 4), der Hinweis der Schwazer Chronik von 1551 auf Sachsens Wiederkehr nach Tirol, dessen Erwähnung in der Bozner Predigt des schwäbischen Dominikaners Gg. Münz von 1591 als eines landbekannten Schriftstellers, die Überlieferung Sachsscher Werke (Ausgaben 1558 u. 1613) in der Haller Jesuitenbibliothek, die mündliche Erhaltung Sachsscher Vorwürfe usf. Vgl. noch C. Fischnaler *Die Meistersinger in Schwaz*, Zs. d. Ferdinandeums III 46 (1902) S. 300ff. L. Schönach *Beitrag zur Geschichte der Meistersinger in Schwaz*, Forsch. u. Mitt z. Geschichte Tirols u. Vorarlbergs 2 (1905) S. 72f. L. B. Keppelmüller *H. Sachs in Tirol*, Tirol. Heimatbll. 3 (1925) H. 7 S. 9f. Der Sammler 1 (Meran 1907) H. 8 S. 8ff. H. 10 S. 23f. L. Pirkl *Festschrift z. 50 jähr. Stiftungsfeste des Schwazer Liederkranzes am 28. u. 29. Juni 1908* 1908 S. 10ff. Euphorion 3 (1896) S. 160. J. Röd *Auf den Spuren H. Sachsens*, Der Schlern 15 (1934) S. 285. J. Ernyey, G. Kurzweil u. L. Schmidt *Deutsche Volksschauspiele aus Oberungarischen Bergstädten* II/1 (1938) S. 193. K. S. Schröer *Meistersinger in Österreich* (Germanist. Studien 2) 1875 S. 197ff. Windolph *Der Reiseweg H. Sachsens*, Diss. Greifswald 1911. A. Taylor u. Fr. Hankemeier-Ellis *A Bibliography of Meistergesang*, Indiana Univ. Studies 113 (1936) vol. 23.

Ein Wegbereiter im Übergang vom Meistergesang zum Barock wurde der Haller Stiftsarzt und Sittenschilderer Hippolyt Guarinoni; s. VL. II Sp. 677ff., bes. 681 u. 687; A. Dörrer *Hippolyt Guarinoni, ein Vorkämpfer für deutsche Volkheit*, Geistige Arbeit 6 (1939) Nr. 9 S. 11/12 u. Der Bergsteiger 10 (1940) S. 228ff. Guarinoni war einer der ersten Darsteller und Mitarbeiter der neuen Umgangsspiele und Dialoge. In seinen Lehrdichtungen und Schilderungen verband er Motivgut altdeutscher Volkspoesie mit erneuertem religiösen. Er öffnete diesem Tor und Tür in das herkömmliche Spielwesen Tirols.

l) in Schwaz (Unterinntal). 1551: Passion in der Franziskanerkirche, *das schier großer schaden dem volckh widerfaren were*, berichtet die Schwazer Chronik, die aus demselben Jahre meldet: *Ist kaiser Karl vnd Hanns Sax zw Jnsbrug gelegen* (s. A. Dörrer *Nahm H. Sachs Vorlagen aus Tirol?* Forsch. u. Fortschr. 13 [1937] S. 394). Einer Volkssage nach soll der Pater, der Christus 1551 darstellte, wirklich am Kreuz gestorben sein. Verursachte dieser plötzliche Tod eine Panik unter den Zuschauern oder ist diese Wandersage erst nachträglich zur Erklärung eines drohenden Unglücks (infolge zu großen Andrangs?) in Schwaz übernommen worden? Aus dem Jahre 1507 ist ein Weihnachtsspiel in Schwaz erwähnt, 1536/37 Knappenspiele usf.; s. o. III Sp. 485/86. Weiter 1602: Spiel von 3 sterbenden Menschen zu Vomp bei Schwaz auf freiem Feld (s. o. Purwalders Schauspiel). 1604 *haben kleine büblein das spiel von den 10 alter auf der platzbühne* (Pelzbühne?) *gar zierlich vorgestellt* (aus der Kleinen Chronik des Stiftes Fiecht bei Schwaz entnommen). Neben solchen Aufführungen, die vornehmlich durch die dortigen Knappen gefördert wurden, entfalteten sich das Figurenspiel der Karfreitagsumgänge (s. Tiroler Heimat NF. 2 [1929] S. 88ff.) und die Spiele des Weihnachtskreises (s. A. Hartmann).

m) in Rattenberg (Unterinntal). 1512: Der Augustiner-Bruder Jakob Schot regt ein Passionsspiel in der Pfarrkirche *mit punen vnd andern zugehorungen* an, *weyl aber daz gotzhaus notturft, solt mit form abgestellt werden* (Rattenberger Ratsprotokoll 1512 Fl. 21, Tiroler Landesarchiv). Um 1515: Passionsspiel (ebda.). Im Barock wetteiferte das kleine Rattenberg mit den Hallern, Schwazern und Kufsteinern in seiner theatralischen Karfreitagsprozession (s. Tiroler Heimat NF. 2 [1929] S. 90ff.).

n) in Kitzbühel. 1518: *spill an unser Frauentag*. 1519: *spil auf der pin im freithof* neben der Andreaskirche. 1534: *spil zu ostern*. 1536: *Unsers hern abent essen* usf. Im Sommer 1579 ein Spiel von *Eecastus* (= *Hekastus*, nicht: *Encoestus*; s. VL. III Sp. 486f.). Eine gewichtige Stellung im Kitzbüheler Schauspielwesen nahm die Karfreitagsprozession der Rosenkranzbruderschaft ein. Der Kitzbüheler Karfreitagsritt ist eine verstädterte, barocke Gestaltung alter Flurritte wie der ländlich gebliebene Jahresbrauch der Brixentaler Antlaßritte (s. Tiroler Heimat, NF. 2 [1929] S. 97).

o) auswärtige Aufführungen: Außer den schon angeführten Passionsspielen im Allgäu gehen solche in Städten Altösterreichs, Graz, Salzburg, Wien, aber auch in Laibach auf Tiroler zurück. Hier waren es vor allem wandernde Tiroler Spielgesellschaften, die mit ihrem Passion auftraten, z. B. 1660 in der damaligen Jesuitenkirche zu Laibach. Tiroler besiedelten nämlich manche deutsche Sprachinsel in Krain. Ihr Passionsspiel von 1771, das sie auf dem Platze der Stadt Krainburg aufführten, ist ein vollständig barockes dt. Drama geworden. Diese deutschen Vorbilder führten zu slowenischen Spielen und figurierten Passionen.

P. v. Radics *D. verirrte Soldat, ein Drama, des 17. Jh.s*, 1865; ders. *Die Entwicklung des deutschen Bühnenwesens in Laibach* 1 (1912). M. Schwertner *Eine Wiener Sammlung von Wanderbühnendramen des 17. Jh.s*, Diss. Prag 1917. A. Koblar Izvestja muzejskega drustva za Kransjsko, Laibach 1892, S. 110—125. StLV. 291 S. 389f.

5. Grundhaltung und Aufbau des Tiroler Passions. Wie ein handwerklicher Fachbau mochte das sprachliche Werk dieses Passions zunächst zwischen der höfischen und der barocken Dichtung des süddeutschen Grenz- und Berglandes wirken. Gegenüber den vorausgegangenen und nachfolgenden deutschen Passionsspielen fällt er durch seine klare Einfachheit, wohlgegliederte Stoffbeschränkung, sorgfältige Begründung, weltanschauliche Sachlichkeit und seinen volksmäßig religiösen Ernst auf. Das alles entspricht dem Tiroler Volkscharakter. Der Tiroler Passion nimmt aber auch wie kein anderer den Zeitraum zweier Jh.e festsicher in Kirche und Stadt ein und dient weiter dem Lande, als sein Fachwerk schon vielfach übertüncht und überworfen wurde, so daß es nirgends mehr als altes Bürgerwerk beachtet wird. Er fußt somit auf schwerem Grund, auf ebenso kultfestem und spielfrohem wie traditionsstarkem Boden. Er ist noch mehr als die spätgotischen Bauten und figurenreichen Bilderschränke Bürgerwerk schlechthin, was in jener Zeit soviel wie Volkswerk bedeutete. Das zeigt sich zunächst in seiner Sprache, die stark in der Mundart verhaftet ist, aber auch im Kauderwelsch der Krämerszene. Tirol war ja damals dreisprachig. Landesübliche und realistische Redewendungen (das Osterlamm wird mit einem *Gesegens Gott* auf den Tisch gesetzt. Johannes nennt die Magd *libe dieren*. Dem Barabbas ist *erkrumpet sein pueg; pumpermetn* = Karfreitagsmette, *zilen* = Stelldicheingeben, *kraut für krenczl und puschler*), Anspielungen auf örtliche und zeitliche Sonderheiten (Sterzinger „Moos", Weinbau, die den Zaun vertretende Trockenmauer als Gutsscheide im Obst- u. Weinland, Analogien zur Tiroler Landesordnung, schlechtes Geld, Branntweintrinken, Hexenwahn, Urkundenfälschung), ständische Gegensätze (Hohn auf das Bäurische, Spott auf *miles gloriosus*, Raubrittertum), Vorliebe für volkstümliche Gestalten (Gastwirt des Abendmahls, Landkrämer im Tempel, der versöhnliche Malchus, der hinkende Petrus), bürgerlicher Geltungswille (selbst Luzifer hält *Landtag*) kennzeichnen die Reden. Die ganze Heilsgeschichte wird als menschliche Wirklichkeit in kleinbürgerlichem Sehbild, zuweilen in der Enge und Starrheit Cusanischer Kampfzeit des Paßlandes vorgeführt. Nur rollenmäßige, neutestamentliche Personen treten auf. Daneben hat Gott in seinen Engeln und die Teufel als Gegenspieler Daseinsberechtigung auf der Weltbühne. Luzifer ist der Menschenverführer von Beruf d. h. infolge seiner Verbannung aus dem Himmel. Ihm und seinem Anhang ist das reale Reich der Hölle überantwortet, aber auch eine weitreichende Betätigung auf Erden eingeräumt. Die gefolgschaftliche Idee tritt bei Luzifer und Pilatus fast deutlicher hervor als bei Christus. Symbolische oder präfigurative Gestalten wie *Ecclesia* und Augustinus oder die Propheten des Alten Bundes kennt der Tiroler Passion nicht. Aus Pilatus spricht bewußtes Heidentum und stärkster Gegensatz zum Judentum. Im übrigen herrscht eine mildere, mensch-

lichere Personenzeichnung vor als etwa bei Eger.

In drei Großräumen werden die Ereignisse getreu der biblischen Erzählung veranschaulicht. Je näher die großen Entscheidungen heranrücken, desto wörtlicher ist die Bibel dialogisiert. Liturgische Überlieferung und kultische Sinnrichtung ordneten das Ganze an: jeder der drei Gedächtnistage in der Karwoche nimmt einen Großraum in Anspruch. Wenngleich die Bürger die Schau ihres Erlösungsglaubens bei ihrer Freude am Gestalten und sich selber Betätigen aus dem äußeren Zusammenhang der kirchlichen Feierlichkeiten heraushoben, beherrscht die innere Erlebniswelt doch weiterhin ihren Gestaltungsdrang. Sie hielten den Urgrund und Rahmen dieser Festbegehung sichtbar hoch. Auch jene Städte, die, mehr oder minder durch äußere Verhältnisse gedrängt, ihre Pfarrkirche als Darstellungsraum verlassen hatten, wahrten doch Zeit und Einteilung dieser Gedächtnisfeiern. Damit sicherten sie ihnen die feiertäglichen Eindrücke des religiösen Erlebens. Diese stark kultische Verankerung war seit Jh.en traditionell gesichert, aber schon durch Stammesart und Landschaftsverhältnisse von vornherein naturgegeben. Sie sprach sich durch den liturgischen Stil jener Zeit und in der Vorliebe für dreifache Gradation in Raum, Zeit, Ausdruck und szenischer Technik einfach-kräftig, ohne jedes Pathos oder eine kirchliche Tendenz aus.

Das gliedernde Element der Vorstellungen, Choral und kirchliche Musik, unterstützte dieses religiöse Bedürfnis und künstlerische Empfinden in reichlichem Maße. In den meisten Ruhepausen unterstrich der Gesang der Judenschule diesen Stimmungscharakter. Vor dem Ölberg traten die Apostel hervor. Die ergreifendsten Worte sang Christus selbst am Kreuze, als vollzöge ein Priester in feierlicher Mette das Opfer am Altar. Im dritten Spiel ordneten Engel die einzelnen Auftritte sinngemäß mit ihrem *Silete*. Die Urheber und Bearbeiter des Tiroler Passions beschränkten seinen melodischen Teil jedoch nicht auf hergebrachte liturgische Choräle, wie solche auch in das außerkirchliche Brauchtum eingingen, sondern erweiterten ihn teils selbstschöpferisch, teils verstärkten sie den Eindruck weltlicher Auftritte und Motive durch Anlehnung an entsprechende Melodien, wiederum unter besonderem Einfluß der Bozner Spiel- und Musiküberlieferungen. Die im Tiroler Passion zutage tretende Wechselwirkung zwischen Volksschauspiel und Volkslied bewährte sich weiterhin im Barock, ja bis ins 19. Jh. hinein. Meist sicherte die Bühne den besten Erfolg einer Melodie. Der Geist des Landes kam nicht nur in Spiel und Text, sondern auch in Gesang und Musik dieser Volkswerke zur Geltung.

6. Handlung. Das erste Spiel führt die Versammlung des jüdischen Rates, das Abendmahl, Jesus auf dem Ölberg, den Verrat des Judas, Christi Gefangennahme, die Verleugnung durch Petrus und Jesus vor Kaiphas vor. Das zweite zeigt Jesus vor Herodes und Pilatus. Dieser verbirgt seine tiefe Abneigung vor den Juden und seine Teilnahme an Christus nicht. In soldatischer Gemessenheit tritt er auf. Er will ein gerechter Richter sein. Doch in seiner Zaghaftigkeit gibt er den Juden, die ihm unhöflich und zudringlich beikommen, nach. Es folgen Kreuzweg und Kreuzigung Christi, die Klagen Mariens, Tod und Grablegung Christi. Zu Beginn des dritten Spiels dingen die Juden Ritter des Pilatus zur Bewachung des Grabes. Ein Engel betäubt mit einem Schwertschlag die bramarbasierenden Geharnischten. Ein zweiter Engel weckt Christus und überreicht ihm Fahne und Krone. Jesus begibt sich in die Vorhölle und befreit die Altväter, Propheten und Patriarchen. Die drei Marien suchen das Grab auf. Jesus erscheint Magdalenen als Gärtner, darnach dem ungläubigen Thomas, damit er seine Finger in die Wunde lege. Johannes und Petrus eilen herbei. Die Ritter erwachen, merken, daß das Grab leer ist, und schieben sich in argen Schimpfreden gegenseitig die Schuld zu. Juden bestechen die Wächter, damit sie schweigen. Einer von ihnen aber verkündigt sofort den Vorgang. Luzifer will

die entleerte Hölle wieder bevölkern und sendet zehn Teufel aus, die sich besonderer Verführungskünste rühmen. Sie bringen einen Rechtsanwalt, Wucherer, Kaufmann, Schneider, Schuster, Müller, Weinschenk, Bauern, eine junge Magd und ein altes Weib, kurz Vertreter des Volkes, das die Zuschauerschaft ausmacht, herbei. Alle diese bekennen selber ihre Laster. Die sittlich-erzieherische Aufgabe des Erlebnisspiels wird hier noch in froher Form zusammengefaßt, ohne in das sonst üblich Komische oder Groteske abzugleiten. Bürgermeister G. Sichling von Sterzing betonte 1542, daß diese Spiele *zu unterweisung des gemainen volkh und der jugent* dienen sollten.

7. Der Verfasser legte neben der Bibel auch apokryphe Evangelien zugrunde. Als dramatische Vorlage zog er vornehmlich für das dritte, offenbar im Lande geläufigste Schauspiel ältere, so das St. Galler Leben Jesu, den ersten Frankfurter, den Wiener und vereinzelt auch den Maastrichter Passion und die nach Innsbruck und Wien benannten Osterspiele heran. Seine Bekanntschaft mit den mitteldeutschen Spielen erklärt sich aus vielfältigen persönlichen und kulturellen Beziehungen Tirols zu der Kirchenprovinz Mainz, zu den Handelsstädten Augsburg, Nürnberg, Frankfurt am Main und in Böhmen, zum Deutschen Ritterorden, zu den Höfen usw. und aus des Verfassers besonderer Kenntnis solcher Aufführungen. Er mag sie zunächst in Innichen, Neustift oder Brixen erworben und durch deren literarische und persönliche Verbindungen manchen außertirolischen, vorab mitteldeutschen Passionsspieltext erhalten haben. Einiges spricht dafür, daß er selber diesem Ordens- oder Weltklerus angehörte, in einem tirolischen Ort seelsorgte und an Aufführungen beteiligt war. Er dürfte sich auch um außertirolische näher bekümmert und als Sohn der Berge sein Werk unter den Eindrücken klösterlicher und bürgerlicher Aufführungen mit Bedacht herausgehalten haben aus den spielmannsmäßigen Komiken und derb-bürgerlichen Sinnlichkeiten, die in den Fruchtbarkeitsfeiern und anderen alten Brauchspielen sich durchsetzten.

Hierbei überragte er seine Vorgänger an tieferem Empfinden und dramatischer Gestaltungskraft. Er zeigt Ansätze zu wirklicher Personenzeichnung und bietet vollere und reifere Volksszenen. Er führt z. B. einen kurzen Verzweiflungsmonolog des Judas, den Teufel bei dessen Erhängen und ähnliche Motivierungen ein, die seitdem zum festen Bestand der meisten jüngeren Passionsspiele gehören. Er lockert die liturgisch erstarrten Marienklagen in prozessionaler Auflösung. Das Spielmäßige unterstreicht er nicht wie die alemannischen Spielleiter, sondern hält seine Anweisungen knapp. Die bairischberglerische Begabung und die dadurch gegebene mündliche Überlieferung sichern ihm eine belebte Ausdrucksweise, kräftige Mimik und Gestik entsprechend dem Erleben der Heilsgeschichte.

Zur näheren Bestimmung des Verfassers und des Entstehungsortes seines Werkes in Tirol gab er selber keine sicheren Anhaltspunkte. Er trat vollständig vor seinem Werke zurück. Wackernell vermutet einen Geistlichen im Hinblick auf die Vertrautheit mit theologischen und erbaulichen Schriften. In Sterzing soll sein Werk zuerst vorgeführt und eingebürgert worden sein. Jedoch bleibt zu bedenken, daß die Sterzinger erst im Verlauf des 15. Jh.s ihre große neue Pfarrkirche erbauten, während die Haller mit dem Passionsspiel in den vierziger Jahren die ihrige verließen. Die Bozner schrieben sich spät den Tiroler Passion in Sterzing ab und dürften zuvor vornehmlich Spiele der Debs-Sammlung aufgeführt haben. Daß in Sterzing sich die meisten Spielhss. erhielten, verdanken wir vor allem dem Sammeleifer und der geschäftlichen Umsicht des letzten aufrüttelnden Spielanführers V. Raber, des Erben von B. Debs, weiters der Obhut dieses Spielgutes durch seine Heimatstadt und schließlich dem Unbeachtetbleiben ihres Archivs. Nach Wackernells Behandlung dieser Frage ist sie nicht einfacher, eher verwickelter geworden. Das Verhältnis des Tiroler Passions zu

Teilspielen aus Debs, der Schwazer Aufführungsort des sogen. Brixner Passions, die Spielbetätigung der Neustifter Chorherren und Singknaben legen stärkere Zurückhaltung in der Bestimmung des Entstehungsortes auf. Sprachliche Eigenheiten, die die Heimat der Verfasser wie auch der Bearbeiter enger begrenzen, sind spärlich vertreten. Immerhin trüge eine zusammenfassende und vergleichende Untersuchung hierzu bei. Schon Wackernell machte auf einige, in den Reimen noch durchklingende ältere Wortformen aufmerksam. Dabei wäre noch das Aufkommen der nhd. Schreibung auf diesem räumlich und zeitlich günstig abgeschlossenen Gebiete beachtenswert. Der Bearbeiter des Sterzinger Passions entschuldigt von vornherein etwaige mundartliche Aussprache von Darstellern — die Zuhörerschaft war somit nicht auf die eigenen Mitbürger beschränkt — und fühlt zugleich wohl selber, daß vorbauende Sprachgestaltung und Reimkunst nicht gerade seine Stärke sind. Es ist Tiroler Umgangssprache, was im Passion vorherrscht. Bei den stilistischen Abweichungen offenbart sich, daß er als Gemeinschaftswerk aus Auftritten entgegengesetztester Herkunft und Prägung zusammengesetzt ist. *Depositio* und *planctus Mariae* stammen aus ältesten liturgischen Feiern, die Krämer- und Gärtnerauftritte stehen den letzten Fastnachtsschwänken zunächst. Das engere Verhältnis zwischen landesüblichem Kult, den Liturgien der einzelnen Hochstifte, Stifte und Stadtkirchen und eigenem Volksbrauchtum zum Tiroler Passion ist noch nicht herausgestellt worden. Wenn der 2. Soldat im 3. Teil aufprotzt, stehe Christus wirklich auf, *ich wil in auf ein moss versenckhen*, so will diese Drohung nicht spaßhaft daran erinnern, daß die Tiroler ihre alt gewordenen Mädeln ins Sterzinger Moor verwünschten, sondern die zugrunde liegende altdt. Sitte ausüben, Menschen als Opfer in Sümpfe zu werfen. Vom Passion ging manche Anregung auf die Fastnachtsspiele über. Schon das gemeinsame Latein beider Bühnenanweisungen deutet auf nahes Beieinanderstehen. Im jüngsten Tiroler Fastnachtsspiel aus Rabers Zeit und Abschrift, dem Reformationsstück *Die zwen stenndt* aus der Brixner Gegend, wird behauptet: *Die latein verstett ietz schier yedermann.* Es war demnach reich an Fehlern und nicht bloß im Satzbau, sondern auch in der Aussprache stark der Mundart genähert (*dischponitur, paternuschter*). Rabers eigene Kenntnis war keineswegs von solchen Mängeln frei.

8. Die Bearbeiter der älteren Fassungen des Tiroler Passions hielten sich naturgemäß in Abänderungen eher zurück als die der jüngeren Generationen. Diese standen nicht mehr im unmittelbaren Banne der neuen Spielgestaltung. Ihnen lag auch eine weit stattlichere Zahl von Spielhss. vor. Sie hatten mehrere Aufführungen selbst miterlebt. Den starken Einbruch individuellerer Anschauungen legten mehrere Debs-Stücke an den Tag. Mit der Verbreiterung der deutschen Passionsspiele wuchs der Wetteifer, sich mit Neuestem und Fortgeschrittenstem hervorzutun und Zeiteigenes aus Peripherem hinzuzufügen. Zwischen den süd- und mitteldeutschen Bürgerveranstaltungen schlangen sich immer innigere und reichere Bande. Der Tiroler Passion hatte selber starke Nah- und Fernwirkung ausgeübt. Wackernell verfolgte sorgfältig, wie der Urpassion Hall oder Sterzing beeindruckte, Hall wieder Sterzing, Bozen und „Brixen". Durch X wirkte der Tiroler Passion auf Frankfurt II, unmittelbar auf Erlau, Erlau wieder auf X und X^1, Debs auf X, X^1 und Br, X und X^1 auf Eger oder dessen Interpolatoren, Eger auf Y, M und Br usf. Außerdem lassen sich literarische Einflüsse des Tiroler Passions auf den Augsburger, „Donaueschinger" (Villinger), St. Stephaner, Egerer und auf Gundelfingers Passion verfolgen.

Neben dem bürgerlichen Passion gingen die Dom- und Stiftsoratorien weiter einher und tauchten Spiele von Kantoreien und Schulmeistern auf, wie das Dommesnerbuch von Brixen, die Rechnungsbücher der Neustifter Pröpste und die Ratsschriften verschiedener Städte darlegen. Die frühesten wandernden deutschen Spielgesellschaften sind bald nach 1500 gerade in Tirol bezeugt. Wenn die feierliche Stilisierung der Hauptszenen trotz mancher textlicher Veränderung im Tiroler Passion erhalten blieb und der zeitliche Ausdruckswille sich nur langsam und in wenigen naturalistischeren Individualisierungen durchsetzte, so zeigt auch dies die tiefe, zurückhaltende Art religiösen Erlebens in der Landesbevölkerung und die Geltung des errungenen Werkes. Freilich wurde die Bearbeitung der Spielbücher oft erst im letzten Augenblick in Angriff genommen. Sie mußte daher in großer Eile durchgeführt werden. Dabei entstanden nicht wenige Verschreibungen, Mißverständnisse, Auslassungen und Nachträge. Meist konnten die von auswärts herangezogenen Hss. nur kurze Zeit benützt werden. Daraus erklären sich viele Selbstverbesserungen der Abschreiber aus späterer Zeit, besonders bei Rabers Kopien, der darauf aus war, bühnenfertige Textbücher zu erhalten und weiterverleihen zu können. Manche Erweiterung mag aus eigenem Spiel, aus besonderer Lage oder einem augenblicklichen Einfall des Darstellers hervorgegangen sein, wie z. B. die Einschübe Rabers in seine Leibrollen oder die Anspielungen in seinem Emmausspiel. Einer rasch durchgreifenden Umgestaltung des Volkswerkes stand noch die gedächtnismäßige Überlieferung unter den Mitwirkenden im Wege. Wo der Passion den Kirchenraum verließ, vermochte das Marktmäßige leichter einzudringen und die Komik der Gasse heilige Auftritte zu umschwirren.

Von besonderem Einflusse blieben die liturgischen und musikalischen Kenntnisse der Spielbearbeiter und Textbuchschreiber. War der Verfasser des Urpassions darin gut beschlagen gewesen und hatte gerade er zur Stilisierung des religiösen Spiels, zu dessen Gliederung, zur Heraushebung der entscheidendsten Bibelworte und zum Miterleben stummer, seelischer Eindrücke Gesang und Gegengesang, Solopartien und Chöre aus dem kirchlichen Herkommen in der Ursprache und ihrer feierlichen Harmonie übernommen und einzelnes freier weitergebildet, so ließ schon St den Spielleitern gewisse Freiheit, ob sie alle diese gesanglichen oder musikalischen Zwischenglieder beibehielten. Bildung und Anteil der späteren Bearbeiter waren recht ungleich. Das zeigen schon die verschiedenen Notensysteme. Chorregent Debs mag darin am stärksten im Choral verankert gewesen sein. Dagegen vernachlässigte z. B. der Maler Raber überhaupt den Notenteil mancher Abschrift. In BH^2 sind nur viele Notenlinien eingezeichnet. Offenbar verließ sich Raber bei den Bozner Vorbereitungen auf seinen Freund Debs, den er selber als „Nottist" rühmte, oder auf dessen oder die Sterzinger Kantorei. Die besondere Bedeutung der Debs-Stücke und der reicheren Bozner Musiktradition für die Weiterentwicklung der deutschen Liedweisen und Wechselgesänge im Tiroler Passion muß erst näher untersucht werden. Am deutlichsten zeigt Br, wie ungleich man vorging. Für jene Teile, in denen der Tiroler Passion darin am stärksten zurücktritt, fehlt jede Noteneintragung. Diese Ungleichheit wirkte sich auf die Aufführungen aus. Dort, wo diese dem kultischen Erleben schon räumlich ferngerückt waren, bei Spielen im Freien, wirkten das Bild- und Genrehafte, das Volksliedmäßige und der Gemeinschaftsgesang der Weltauftritte am lebhaftesten auf die Sinne der Zuschauergemeinde. In Bozen stand schon im 15. Jh. eine Orgel hinter dem Hochaltar und in Verbindung mit ihm zur Verfügung. Eine zweite, vermutlich die größere, befand sich an der Mauer der Evangelienseite. Von außen führte eine Stiege zu ihr empor. In den Jahren 1553/54 baute man neben dieser Orgel eine Empore für zwei Instrumente. Solche wurden schon bei kleineren Spielen aufgeboten. Die erste Orgel der Sterzinger Pfarrkirche ist 1490 erwähnt.

9. Der Aufführungsraum. Die meisten bürgerlichen Passionsspiele der Tiroler Städte fanden in deren Hauptkirchen statt. Dieses liturgische Verbundenbleiben entsprach der Sinnesrichtung der Spielveranstalter. Die Stadtväter betrachteten ihre Pfarrkirche als ihren Bau. Die Bozner

— ehemals dem geistlichen Fürstentum Trient zugehörig — schufen in ihrem Totalitätsbewußtsein das stolzeste Werk der tirolischen Spätgotik. Zwei ihrer Ratsherren wurden als Kirchpröpste gewählt, die das Vermögen der Pfarre verwalteten, daraus die Auslagen der Spiele bestritten und darüber dem Rate Rechnung zu geben hatten. Die Haller Stadtväter scheinen diesen unumschränkten Standpunkt nicht erreicht zu haben; denn einige Unkosten der Aufführungen übernahm der Stadtrat auf eigene Rechnung, andere trugen besondere Gönner. Über Bruneck und Klausen stand der Bischof von Brixen als Fürst, der vor allem in der Kirche das erste Wort zu sprechen hatte. Somit spiegeln sich die verschiedenartigen Herrschaftsverhältnisse des damaligen Tirol auch im Kirchenregiment.

Die noch weiterbestehenden Dom- und Stiftsspiele mögen das bürgerliche Festhalten am Kirchenraum den Bürgern erleichtert haben. Ein altes Osteroratorium fand noch Mitte des 16. Jh.s im Dom zu Brixen statt. Solche Grabfeiern dürften schon im 14. Jh. zu Brixen und Neustift, wahrscheinlich auch in Innichen, wenn nicht dort schon zuvor, üblich gewesen sein. Noch die Mehrzahl der Neustifter Spiele, der Debs-Stücke und der Bozner Spiele in Rabers Sammlung war derart kurz gehalten oder in Teilspiele geschieden, daß sie unbehindert zwischen den gottesdienstlichen Veranstaltungen der entsprechenden Feiertage beibehalten werden konnten. Die bürgerlichen Großspiele wuchsen dagegen über die engen Zeitspannen weit hinaus und konnten daher ohne Schmälerung der Kirchenordnung nicht mehr im Gotteshaus weiterhin abgehalten werden. Trotzdem verlegten nur wenige Bürgerschaften Tirols ihren Passion außer ihre Pfarrkirche. Äußere und innere Gründe verhielten etliche zur Preisgabe des vorteilhaftesten Rahmens. Hall wahrte sich wahrscheinlich bis 1434 seine Pfarrkirche als Aufführungsort, verlegte dann seinen Passion in den Stadtgarten (neben dem Krippschen Anwesen), endlich auf den oberen Stadtplatz, der an das Gotteshaus stieß. Im Jahre 1434 erweiterten die Haller ihre Pfarrkirche derart, daß deren Chor an das rechte Seitenschiff angebaut zu sein schien. Die zugleich aufgestellten weiteren schweren Tragsäulen erschwerten die Sicht im Hallenbau. Der Brand von 1447 mag neuen Anstoß gegeben haben, einen anderen Platz für das herkömmliche Spiel zu suchen. In Klausen scheint allein der Hof der Burg Anger sich zu Aufführungen geeignet zu haben. Sie liegt an der Straße zu zwei Nebentälern und gehörte zu Rabers Zeit den Gebrüdern von Neidegg, von denen einer Bischof von Trient war. Die Pfarrkirche litt unter räumlicher Enge und sonderlichen Vorbauten. In Bruneck mögen die gottesdienstlichen Bedenken dazu geführt haben, die Bürgerspiele in und vor ein anderes Gotteshaus als die Pfarrkirche zu verlegen. Der Raum vor der Rainkirche spricht übrigens für das Raumverständnis der Veranstalter. Somit führte keine Stadt des Brixner Bistums ihre Passionsspiele in ihrer Pfarrkirche auf, zum Unterschied von den Churer, Trienter und Salzburger Diözesen (Meran; Bozen und Cavalese; Rattenberg und Kitzbühel), Sterzing ausgenommen. Die Sterzinger Pfarre gehörte dem Deutschen Ritterorden. Brixner Synoden bekämpften solche Bürgerspiele nicht. Aber der verstandesmäßig eingestellte, landfremde und reformatorische Kardinal Nikolaus von Kues stemmte sich gegen manchen Landesbrauch, der sich ihm mit der kirchlichen Ordnung und Auffassung nicht zu decken schien. Es liegt daher nahe, in dem kämpferischen Mann eine Ursache des praktischen Ausschlusses der Bürgerspiele aus den Pfarrkirchen seines Bistums zu erblicken. Dem widerspricht nicht, daß gerade der Dom von Brixen ein altes Osterspiel duldete; denn dieses wurde noch um 1550 allein von Klerikern und Singknaben in christlichen Ornaten durchgeführt und konnte als Glied der liturgischen Festlichkeiten gelten. Freilich erreichte Cusanus, falls er wirklich seine städtischen Pfarrherren entsprechend beeinflußte, nur, daß die Spiele außerhalb der Kirche eher verweltlichten.

Bauliche Ereignisse brachten in die Reihenfolge der Aufführungen manche Änderung. So dürfte der Brand des Bozner Glockenturmes, vielleicht auch die daraus erwachsenen Unkosten die Stadtväter verhalten haben, in der Reihe ihrer Bürgerspiele eine jahrelange Unterbrechung eintreten zu lassen und 1513 den Versuch zu unternehmen, das Passionsspiel auf ihrem Platz aufzuführen. Die älteren Sterzinger Passionsspiele fallen in die Zeit des Ausbaus der dortigen Pfarrkirche. Gerade die Beanspruchung vieler Kunsthandwerker während dieser Um- und Neubauten der spätgotischen Tiroler Pfarrkirchen brachte andererseits den Spielen manche kunstreiche und welterfahrene Hand zu.

Der Praecursor des St gibt die genaue Tageszeit der Aufführungen an. Das Gründonnerstagsspiel wurde nachmittags, das Karfreitagsspiel am Vormittag und das Osterspiel am Sonntagnachmittag gegeben. Bei der größten Veranstaltung in Bozen 1514 kamen am Karsamstag die Marienklage, am Ostermontag das Bruderspiel und zu Christi Himmelfahrt das Auffahrtsspiel hinzu. Alle diese Spiele dürften um Tagesmitte bei natürlichem Lichte, d. h. einige Zeit nach den gottesdienstlichen Handlungen, vor der Mette oder Vesper abgehalten worden sein.

10. Die Bühne. War schon der Aufführungsraum in Tirol nicht ganz einheitlich, so konnten und wollten es noch weniger die Bühnen der verschiedenen Tiroler Großspiele sein. Die meisten kleinen oder geteilten Spiele aus dem Debs-Codex und in der Sammlung Rabers, deren Mehrzahl aus Bozen stammte, scheinen keine besonderen Bühnen oder Podien in Anspruch genommen zu haben, sondern sich mit denen der Sänger und Musikanten und darauf bestenfalls 1 bis 2 „Orte" angedeutet zu haben. Das Brixner Osterspiel verlief abends beim Hl. Grabe an einem Seitenaltar des Domes. Jeden Darsteller begleiteten zwei Ministranten mit angezündeten Kerzen hin und zurück, *als offt ainer von spil zu dem grab will gen zu reimen* (Bl. 99 des Brixner Dommesnerbuches des 16. Jh.s). Die Halle diente als Schauplatz. Dieses Osterspiel führte nur die liturgischen Szenen am Grabe des Auferstandenen vor, keine Wächter- oder Krämerauftritte (nach Lange Stufe 3).

Ähnliche Vorschriften enthalten das Maria-Lichtmeßspiel und die ihm nahestehende Marienklage aus dem Debs-Codex. Für jenes sollte ein Altar in die Mitte der Kirche oder an einen ebenbürtigen Platz geschoben werden. Ein jüdischer Priester begann nach dem Prolog das Spiel, trat mit zwei Ministranten hinzu und stimmte das Altargebet an: *Introibo ad altare dei*. Die übrigen Kleinspiele bezeichnen nur im allgemeinen den Spielraum als *locus deputatus*, *locus ludi* u. dgl., überließen somit ortsüblichem Herkommen oder dem Spielregenten die Wahl des Platzes.

In den Unterlagen über das Bühnenwesen des 15. Jh.s in Tirol klafft ein ebenso großer Unterschied zwischen liturgischen und volkstümlichen Inszenierungen wie zwischen den Texten solcher Kleinspiele und der Bürgeraufführungen. Eine breite Zwischenstufe gab es wohl nie, weil beide Formen, als aus verschiedenen Gemeinschafts- und Frömmigkeitskreisen stammend, nebeneinander einhergingen. Die bürgerlichen Großspieler mit ihrer Einstellung auf das geschichtliche Erlösungswerk wünschten ein vielfaches Nebeneinander von „Orten", nahmen nicht mehr wie die Kleriker und ihre Sänger nur ihren Chor, die Krypta oder einen einzelnen Altar in Beschlag, sondern eben die Halle der Bürgerschaft, das ganze Gotteshaus mit seinen Nebenräumen. Das veranschaulicht Rabers topographisch skizzierter Aufführungsplan für das Bozner Vorspiel vom Palmsonntag 1514: eine der Kirche angepaßte und angemessene, d. h. stilisierte Simultanbühne. Die Sterzinger und die Bozner und damit wohl alle Städter, die ihre Spiele in ihrer Kirche aufführten, schlugen für jedes eine eigene Bühne auf und bezeichneten diese von vornherein als solche. Mit *Bühne* bezeichnete der Tiroler einen erhöhten Fußboden im Kirchenchor, auf dem Dachboden und in der Diele (s. A. Dörrer *Die alten Tanzhäuser und Spieltennen in Tirol*, Zs. f. Volkskunde NF. 3 [1931] S. 50ff.). Der Bozner Kirchpropst von 1514 verrechnet ausdrücklich: *Den zimmerleiten, alls sy am palmtag, am weihen pfintztag, am karfreitag, am osterabend, am ostertag dy pün in der khirch zu den spillen zu geholffen*, d. h. zum Umbau der Bühne für jeden der genannten Tage mitgeholfen haben. Da das Bozner Hauptschiff 45½ m lang und 23 m breit ist, dürfte das Podium kaum über die Größe 10×10 m hinausgereicht haben.

Dieser erhöhte Fußboden stand meist im Langschiff gegen das Presbyterium zu. Das Maria-Lichtmeßspiel des Debs bestimmte: *Tunc sit altare in medio ecclesiae vel loco congruo paratum*. Auch das Hl. Grab wurde gewöhnlich an diesem Mittelpunkt aufgestellt. Vor diesem spielten sich die Osterauftritte am dritten Aufführungstag ab. Für dieses Grab Christi benötigte man z. B. 1543 in Sterzing *3 ölln rupfen tuech*. In der Mitte des erhöhten Bodens erhob sich beim Palmsonntagsspiel der Tempel Salomons, auf dessem Dache rückwärts die Versucherstelle (*pinaculum*) angedeutet war. Am Gründonnerstag bildeten der Abendmahlsaal, am Karfreitag der Berg Kalvaria mit den drei Kreuzen und die Grabstätte den Mittelpunkt. Um diesen mittleren „Ort" blieb ein neutraler Streifen auf dem erhöhten Boden nach allen vier Richtungen frei; darin mündeten die festen „Orte". Am Palmsonntag stand links vorne an der Ecke das „Haus" des Kaiphas, dahinter das des Annas und das des aussätzigen Simon, rückwärts links die vertiefte Hölle, daneben in der Mitte der Platz der Engel, die das *Silete* sangen, in der rechten rückwärtigen Ecke die Synagoge und zur rechten Seite vorne der Ölberg. Diese Anordnung wurde, soweit nicht alte „Orte" überflüssig und neue notwendig wurden, wahrscheinlich für alle drei Spiele beibehalten.

Durch die *porta magna* der Kirche zogen die Darsteller, angeführt vom Praecursor, am Karfreitag prozessionsweise bis zur Mitte der Halle; sie stiegen auf das Podium. Die Hoheitsvertreter, Pilatus, Kaiphas, Annas, Herodes, aber auch der Fürst der Hölle, nahmen ihre „Sitze" ein, die übrigen blieben an ihren „Orten" stehen. Der Platz um die Bühne wurde zur Prozession, aber gelegentlich auch zum Spielen mitbenützt. So weist nach dem Prolog des Karfreitagsspiels an: *Et sic manent omnes in processione*. Die übrigen Spielbücher bestimmen genauer: *Deinde omnes intrant* (*transeunt omnes* A, *constituuntur omnes* B), *quilibet ad locum suum, Pilatus ad locum specialem, Cayphas et Annas ad stationes* (*suas* Pf) *cum ceteris judeis, Herodes ad locum suum,* (*et* Pf) *Sinagoga ad locum suum*. Im Spiele *in die parasceves* des Debs steht: *Et portant eum per ecclesiam cum omnibus militibus et prophetis, qui intersunt ludo*. Endlich heißt es im Mariaverkündigungsspiel von 1514: *in festo annuncciacionis sit processio cum angelo, Salvatore et Maria ad locum deputatum*. Demnach fand ein feierlicher Umgang aller Mitwirkenden statt, wie er jetzt bei kirchlichen Feiern vereinzelt noch zu sehen ist. Hier zeigt sich wiederum das Festhalten an liturgischen Formen. Überhaupt sind das Oster- und das Karfreitagsspiel weit mehr den älteren Kirchenbräuchen verpflichtet als das des Gründonnerstags und erst die übrigen, nur lose mit den Kirchenfesten verbundenen. Beim „Mandat" kamen die Gruppen der Darsteller zu verschiedener Zeit und erst dann auf die Bühne, wenn sie zur Handlung anwesend sein mußten, d. h. zuerst die Juden, welche sich über Christus einigen, und die Apostel, die sich sogleich zum Abendessen setzten, während erstere in ihrem Beratungsplatz verharren und von dort aus die Ereignisse mit Musik begleiten oder sich nach Bedarf daran beteiligen.

Von den Nebenräumen wurde vornehmlich die Sakristei in Anspruch genommen. Dorthin wurde der Leichnam Christi feierlich getragen. Dort wartete Christus nach der Vorhölle bis zur Auferstehung in seiner Siegerkleidung.

Wie weit schließlich der Raum außerhalb der Bühne als Spielfeld (Br spricht von *plan*) ausgenützt und daß dort ein Spielchen im Spiel aufgeführt wurde, zeigt Rabers Emmausspiel von 1525. Die beiden Jünger begegnen sich und halten ein langes und witziges Gespräch mit etlichen Anzüglichkeiten auf Bozen. Cleophas weiß einen Wirt, der guten Malvasier ausschenke und mit den Gästen nett sei. Cleophas führt Lucas *zu der pun oder drauf an ain egg*. Lucas singend: *Mein gsell, sag an, wo fuerst du mich hin*? Cleophas: *Gleich da her auf die pun*. Bozner Kleinspieleinfluß, dem sich Raber gerne hingab.

Die „Dreigliederung" der Bühne lebte in Tiroler Landbühnen einigermaßen bis ins 19. Jh. fort. So bezeichneten die Sarntaler ihre dreiteilige Bühne als Brunnen-, Mittel- und Eck-Szene. Man öffnete nach Bedarf eine oder auch alle zusammen und schloß sie.

Ein Zimmermann und zwei Gesellen arbeiteten in Sterzing drei Tage am Gerüst, in Bozen sieben und mehr Tage, schließlich meist zehn, als die Bühne auf dem Musterplatz aufgeschlagen wurde. Für die Haller Freilichtbühne, die 1430 als *sprachprucken* bezeichnet wurde, womit an die kirchliche Einrichtung des erhöhten Lektorenpults erinnert ist, war begreiflicherweise ähnlich viel Holzwerk und Arbeit zu leisten. Eine stattliche Anzahl von Birkenreisern (*mayen*) und Bäumen (Tannen) schmückte sie. In Bozen ließ man 1514 eigens *griene pam* von *den walhen* (durch Ladiner aus Tiers am Schlern?) bringen. Die Gerüste wurden mit kostbaren Tüchern und Teppichen ausgeschlagen, zu denen man nachts eine Wache stellte. Ein Bozner Maler mußte zwei Bilder für den *seydennatter* entwerfen. Vielleicht deuteten sie Mansionen an. Die eine oder andere Mansion scheint einen Vorhang an Stelle der Türe erhalten zu haben.

Außer einer anzweifelbaren Gartenkulisse scheinen die Passionsbühnen nur Versatzstücke (Ölbaum usw.) gekannt zu haben. Dagegen brachte die Aufstellung der Hölle großen Aufwand. Zimmerleute und Tischler, Schmiede und Binder, Schneider, Schnürer, Tuchhändler und nicht zuletzt Maler wurden aufgeboten. 1541 benötigten die Sterzinger allein 36 Ellen Tuch zur Anfertigung des Ungetüms. Außerdem mußten Maler Raber, weiter Tischler, Schneider, Zimmerleute und andere Handwerker helfen, den zurechtgezimmerten und bereiften *schlunt* unbeschädigt aufzustellen. Der Schneider hatte sodann das Holzgerüst zu übernähen, der Maler die *rupfen* in einen Feuerschlund zu verwandeln.

Die Zahl der übrigen, in den Rechnungsbüchern angeführten Bühnengegenstände ist nicht groß. Becher mit Wein, Oblaten, Bretzen und anderes Brot standen für das Abendmahl bereit. Becken, Kanne und Handtuch dienten zur Fußwaschung. Fahnen in entsprechenden Farben und Einsäumungen wurden Pilatus, Herodes, Annas und Kaiphas feierlich vorangetragen. Das Grab und die Bahre des Lazarus befanden sich gleichfalls auf der Bühne wie die Steinsäule, Geißeln und Besen zur Geißelung oder die Stangen zur Dornenkrönung. Die drei Kreuze auf Kalvaria hatten Nägel, Haken und Gurten zum Festhalten der Verurteilten angebracht. Einer führte die Stange mit dem Schwamm zum Essigtrunk herbei, ein anderer trug die Tafel mit dem Urteil des Pilatus. Zur Auffahrt Christi in den Himmel benötigte man für ihn und die ihn umtanzenden Engel Körbe, Stricke und Bänder; Riemen zum Herablassen des Teufels. Wappenschilder scheinen das Bühnengerüst, in Hall den Eingang zum Stadtgarten, geschmückt zu haben. Die gerade unbeschäftigten Darsteller saßen verdeckt auf Bänken. Man ließ sich dabei nichts abgehen. Die zu den Mählern notwendigen Spieler aßen und tranken auf der Bühne und machten namhafte Zechen. So zahlte der Bozner Kirchpropst für die Zehrung der Zwölfboten des Auffahrtsspiels 1514 zwei Pfund Berner. Es gab u. a. Kuchen aus Eiern, Zucker usf. Auf dieselbe Wirklichkeit legten auch die Geladenen des aussätzigen Simon Wert. Die übrigen Mitwirkenden hielten sich ungesehen schadlos. In Hall tranken die damit verächtlich gemachten Juden (ähnlich wie in Alsfeld) Wein aus dem Goldenen

Kalb, das die Judenschule mit sich führte. Nur für Luzifer, den Höllenfürsten, stand im Osterspiel einzig ein Faß als Rednertribühne vor dem Grabe Christi bereit, sei es, aus zäher Überlieferung, sei es, um seine Herrlichkeit dem Gespött auszusetzen.

Das Gerüst und die Gegenstände der Bühne waren gleich den meisten übrigen Ausstattungsstücken des Passions Eigentum der Pfarrkirchen in Sterzing und Bozen. In Hall scheint die Stadtverwaltung manches unmittelbar an sich gezogen zu haben. Somit wurden diese Sachen auch von Amts wegen aufbewahrt. Mit der Sterzinger Bauhütte verbrannten 1547 *alle fleckhen zu der pin zu dem spil, auch ander mer zeug.*

11. Die Ausstattung der Spieler im Passion wich nicht minder stark von der liturgischer Darsteller ab wie die Aufführungsverhältnisse der beiden. Im Osterspiel des Brixner Domes trug Salvator *ain alm mit rotten schilten, ain humeral, ain stoln vnd ain mantl, alles rott, vnd ain gurtl*; Johannes *ain rotten mantl, ain alm vnd ain humeral mit rottn schiltn, auch ain gurtl;* Petrus *ain weissen mantl, ain alm vnd ain humeral mit weissen schilten, auch ein girtl, vnd den hulzen schlusl*; Thomas den *praunen mantl mit dem gulden feur eyssen vnnd flamen, ain alm, ain humeral mit rotten schilten, ain girtl vnnd etwan ain alts breuier puechl*; Maria Magdalena *den plab damasten mantl,* die andern *zway Maria die zwen schlechten plab samathen mantl, die man hat praucht, als man das oleum crismale vnnd salutis zu der ta[u]f hat tragen;* der *gartner ain eyssen schauffl vom reffent hoffe*; die *zway englen zway schlechte rotte stolen,* Der, *der den lesten reim hat vnd zu schleust das spiel, dem gib ain rotten leviten rockh, der im casten ligt am grossen tisch bey dem index. Item, was mer zeug noturfftig ist, das fint man in disem obimelten casten, als die diadem vnd etlich parth.*

Wie das Brixner Dommesnerbuch aus der Mitte des 16. Jh.s (Ae 96 u. 97) die herkömmliche Ausstattung des dortigen Osterspiels genau bezeichnete, so erwähnt das Neustifter Auslagenbuch 1515 *paramenta depicta* für ein Dreifaltigkeitsspiel. Das Maria-Lichtmeßspiel aus dem Debs-Codex weist zu seiner Aufführung eindringlichst an, daß der Praecursor, der Nährvater Joseph usw. ehrbare Kleider, Simeon die prophetische Tracht, dessen Diener und Stütze ein geistliches oder ein studentisches Kleid trage. Es verlangt dieselbe liturgische Geschlossenheit, welche obiges Osterspiel noch 100 Jahre später wahrnahm. Ihre Wahrung wurde dem Spielregenten zur besonderen Pflicht gemacht, weil volkstümliche Gestaltung wie das 'Sterzinger Weihnachtsspiel' (s. *Weihnachtsspiel, Hessisches*) sich in jeder Richtung darüber hinwegsetzten.

Im Tiroler Passion hatte Salvator ein Gewand aus braunem Tuch. Sein „Purpur"kleid bestand aus weißem Tuch; dazu besaß er weiße Handschuhe. Wiederholt ist von Haar und Bart die Rede; darnach trug er ein Perücke. In Hall wurde sein Gewand zur Geißelung und zur Auferstehung bemalt. Auch Maria wechselt die Kleider oder hüllte sich wenigstens beim Kreuzweg und auf Kalvaria in einen Mantel aus schwarzem (Loferer) Stoff. In freudigen Auftritten schmückte eine Krone ihr künstliches Haar. Pilatus zog als heidnischer Römer mit geharnischten Rittern, die Hohenpriester traten mit Infeln und Bischofsstäben auf. Die Juden waren stark herausgehoben durch ihre einheitlich gelb gefärbten Kleider, durch Spitzbärte mit Knöpfen oder Teller auf den Köpfen und Stiefeln, um sie lächerlich zu machen. Die Judenschule führte eine hölzerne Gesetzestafel mit sich, auf die sie mit ihren Stäben schlugen. Judas trug gleichfalls einen Rock aus gelbem Tuch, dazu einen roten Bart, einen Säckel und schließlich einen Strick. Petrus war gegenüber den übrigen, mit Stäben ausgestatteten Aposteln durch seinen Schlüssel besonders gekennzeichnet. Die Schächer am Kreuze waren mit Hosen und Rock aus Rupfen angetan. In Sterzing wurden 1535 *2 mässl mell* auf ihre Haut *gestrichen.* Die Teufel, groß und klein, waren in schwarze Kleider und schwarze Handschuhe gehüllt, die höher gestellten trugen beschlagene Stäbe, Gabeln und — falls nicht eine Totengruppe gesondert damit versehen war — Sensen, Luzifer ein Diadem oder eine Krone. Hall kaufte einem Darsteller ein Luziferkleid um 1 mk., Bozen um 1 fl. 30 kr. ab. Daraus ist zu entnehmen, daß mancher Spieler gerade für diese Rolle ein besonders kostbares Kostüm sich erdacht hatte. Die Engel besaßen Flügel, die der Spengler hergestellt und der Maler vergoldet hatte. Im Schlußband der Bozner Bürgerspiele werden die dortigen archivalischen Belege für die Ausstattung der einzelnen Aufführungen abgedruckt werden.

Engel, Teufel und die Darsteller der weiblichen Rollen (soweit sie nicht Knaben waren) trugen Masken und künstliches Haar. Auch der Tod und die „verdammten Seelen", die starken Eindruck auf die Zuschauer machen und in ihnen Zerknirschung und Einkehr erregen sollten, waren verlarvt. Diese Liste der Maskierten deutet darauf hin, daß ihre Gestalten von verschiedener Herkunft und Art waren. Sie gingen teils aus christlichen, teils aus Natur- und Totenkulten der Heidenzeit, teils aus besonderem alpenländischen Brauchtum hervor. Dramatische oder bildliche Totentänze kannte das bajuvarische Tirol weder im MA. noch in späterer Zeit. Sein ursprünglicher Totenkult ist viel älter und verband sich vornehmlich mit dem des Erzengels Michael, der u. a. auch im Bozner Fronleichnamsspiel dargestellt wurde. Angesichts dieser Masken ist noch zu bedenken, daß gerade der Tiroler Passion sich fast ganz an die biblischen Wirklichkeiten hielt und gegenüber naturalistischen und symbolischen Neigungen des Volkes zurückhielt. Die Synoden von Brixen, Trient und Chur erließen immer wieder Verbote oder Einschränkungen gegen *personae larvatae* und deren Mimiken. Wie sehr aber solche sich trotzdem in die geistlichen Aufführungen drängten, geht aus der wörtlich zu nehmenden Anweisung des Maria-Lichtmeßspiels (Debs-Codex) hervor, der Praecursor solle *non larva nec equina barba indutus, sed honestis vestimentis, nec vesicas in manu gestans, sed sceptrum vel baculum depictum* erscheinen und würdig auftreten. In keinem Tiroler Passion findet sich ein Anhaltspunkt, daß darin solchen Einschärfungen entgegengetreten wurde. Ein einziger Fall einer Tiermaske auf einer Passionsbühne ist aus Hall bezeugt. Dort begleitete ein Hund (verkleideter Mensch), der Unhold und Höllenhund, den Judas beim Spiel von 1511. Daß aber Tiergestalten im bajuvarischen Bergvolke besonders beliebt waren, geht aus der leidenschaftlichen Aufführung und Festhaltung des Drachenkampfes im Bozner Fronleichnamsspiel zur Genüge hervor. Den Hahn des Petrus hatte der Diener des Kaiphas zu vertreten. Die Bühnenanweisung in A hebt hervor, daß er wirklich wie ein Hahn zu krähen habe.

Auf die Herkunft des komischen Maskenspiels im Passion weist StLV. CCXCI hin: auf das Nebeneinander deutschen Fastnachtsspiels und der *Commedia dell'arte* am Südkamm der Alpen, ja, auf das frühere literarische Hervortreten des Jans vor dem *Zanni* und auf den ersten *Impresario* dieser *Commedia* anläßlich der Hofhaltungen Kaiser Karls V. in deutschen Reichsstädten, einen Bozner. Die Maskenfreude der Alpenbewohner wurde im 17. und 18. Jh. vornehmlich im geistlichen Volksschauspiel eingefangen und erhalten, aber auch stets durch ungezügelte Naturfeste des Winteraustreibens, Schemenlaufens, Perchtenspringens usf. urtümlich genährt (s. A. Dörrer *Das Schemenlaufen in Tirol und verwandte alpenländische Masken- und Fastnachtsbräuche*, [2]1938). Andere Maskengestalten erhielten sich in den kleinen Umgangs- und Stubenspielen, besonders im Puster- und Unterinntal und deren gegenseitig zugekehrten Nebentälern (Ahrn- u. Zillertal, Pinzgau usf.). Ihre Ausgabe wird im Rahmen der 'Deutschen Volksschauspiele', welche die Deutsche Akademie in München herausgeben will, vorbereitet.

Die Masken des Tiroler Passions waren daher recht mannigfaltig: ernste, grausige und Frauen vorstellende. Auch bei ihnen zeigt sich die zurückhaltende Absicht unter den führenden Persönlichkeiten des religiösen Volkswerkes. Gegenüber den aus dem 17. Jh. erhaltenen phantastischen Masken alttirolischer Volksbräuche, z. B. aus dem Oetztal, erscheinen die der alten Passionsspiele geradezu trocken und nüchtern. Teils bestanden sie aus ganzen Kostümen, teils umschlossen die Larven Kopf und Hals, teils verdeckten sie nur das Gesicht und waren von Kopfhaar und Bart umrahmt. Die Masken der überirdischen Gestalten und der weiblichen Hauptrollen waren gediegene Schnitzerleistungen und sorgfältig gebleicht und bemalt. Raber erhielt z. B. 1541 für *4 larven* 20 Pfund Berner, eine ganz außerordentlich hohe Summe für Ausstattungsstücke. Sie bestanden aus Vorder- und Hinterteil des Kopfes, waren beweglich und mit dem Leibgewand zusammengefügt. So heißt es 1514 in Bozen: ***Zbo elln leinentuech zu larffn, mer ain elln tuch zu larfn*** usf. In Hall mußte 1511 ein Maler ***des Sathanas larfen pessern, auch hennd darein machen.***

Gestützt auf biblische und bildliche Darstellungen, lebte sich die Volksphantasie in Teufelslarven besonders gern und lebhaft aus (vgl. die Darstellungen des Höllenrachens und der Teufelsgestalten in der Kunst, so z. B. bei Mich. Pacher). Aber auch bei diesen darf man nicht solche der Umgangsbräuche späterer Zeiten einschieben. Luzifer steckte in einem einheitlich geschnitzten Teufelskopf, aus dem seine Augen flammten, die rote Zunge heraushängen und die Zähne fletschen konnten. Als Fürst der Hölle trug Luzifer außerdem noch eine hohe Krone. Sein Hofstaat war entsprechend abgestuft ausgestattet. Eine besondere Rolle spielten die Kuhschwänze einzelner Teufel. In den Freilichtspielen lockerte sich die bisherige Zurückhaltung gerade im Auftreten der Teufel.

Etliche Masken aus den Passionsspielen erhielten sich in Museen Alttirols. Jedoch ist eine strenge Scheidung von denen sonstiger Maskenbräuche noch nicht versucht worden. Zu ihrer Kennzeichnung dienen Abbildungen von Teufeln und Engeln, Tod und Verdammten aus Gemälden Michael Pachers und anderer zeitgenössischer Künstler zu Hilfe nehmen; denn soweit sich die Angaben über die Herstellung solcher Masken damit vergleichen lassen, ergibt sich manches Gemeinsame. Die Aufführungen boten diesen Künstlern und Kunsthandwerkern um so eher Anregung und Vorlagen, als viele von ihnen bei den Spielen selber beschäftigt waren. Ergänzende Einzelheiten finden sich noch in den Rechnungen anderer Aufführungen, besonders des Bozner Fronleichnamsspiels, dessen Ausstattungsstücke zu denen der übrigen dortigen Bürgerspiele gehörten.

Die alte alpenländische Verkehrs- und Handelsstadt Bozen war auch im Bereich des Volksspiel- und Maskenwesens ein wichtiger Kreuz- und Mittelpunkt und Umschlagplatz. Seine sinnfrohe Frömmigkeit lebte stark im Schaubrauchtum. V. Raber hätte ohne seine Bozner Lehr- und Wanderjahre nicht vermocht, die alten Bürgerspiele in seiner Vaterstadt Sterzing wieder aufzurichten und damit eine wichtige Brücke in die Neuzeit zu schlagen. Bozen öffnete Raber das lebendigste Spielwesen für seine Lebensaufgabe und seinen Hss.-Nachlaß. Der Debs-Codex fiel ihm hier zu. Viele Fastnachtsspiele und mehrere andere seiner Spieltexte schrieb er sich in Bozen ab. Bozner Tondichter und Maler überließen ihm hierzu ihre Schätze. In solchen Verbindungen fanden sich die Lebensarten der Landesbevölkerung zu jener kräftigen Eigenart und Mannigfaltigkeit der Tiroler Bürgerspielstruktur, die ihre reiche Erntezeit um 1500 kennzeichnen.

12. Veranstalter, Darsteller und Zuschauer. Die vom Stadtrat gewählten Kirchpröpste leiteten die Bürgerspiele in Bozen. Sie waren für alles und jedes verantwortlich, hatten ihre freibestimmten Mitarbeiter und stützten sich vornehmlich auf die Bruderschaften und Zünfte der Stadt. Von ihrer Unternehmungslust und Tüchtigkeit hing der erste und stärkste Anstoß und die Durchführung der Spiele ab. Eine bestimmte Reihenfolge läßt sich an den Bozner Veranstaltungen nicht erkennen. Erst im zweiten Viertel des 15. Jh.s dürfte der neue Chorbau der Pfarrkirche vollendet worden sein. Auf

den Beginn des 3. Jahrzehnts deuten etliche Umstände als auf das Einsetzen der Bozner Kirchen- und Umgangsspiele hin. 1500—1519 wurde der jetzige Glokkenturm an Stelle des 1499 ausgebrannten erbaut. Dadurch kam in die ersten Jahre des neuen Jh.s einige Unterbrechung in die Passionsspiele. Die Kirchpröpste führten ausführlich Rechnung über die auferlaufenen Auslagen ihrer Amtszeit. Diese ihre Folianten bilden die vorzüglichste Quelle zur Kenntnis der Bozner Bürgerspiele. V. Raber rühmt den *furnemen man Lienharden Hiertmair den elltern, burger vnd kirchprobst zu Botzn*, als denjenigen, der an der Spitze der großartigsten Bozner Spiele stand und ihn im eigenen Hause zwölf Wochen lang die Vorbereitungen und Abschriften besorgen ließ. Auch weiterhin tritt Hiertmair als die kräftigte Persönlichkeit aus der Glanzzeit der Bozner Bürgerspiele in den Vordergrund. Daneben nennt Raber den dortigen Lateinschulmeister und Tonsetzer Ben. Debs.

Eine solche überragende Stellung wie die Bozner Kirchenpröpste nahmen die Sterzinger nicht ein. Sie scheinen ihre Tätigkeit mehr auf das Verrechnen und Bezahlen der Unkosten aus dem Kirchensäckel beschränkt zu haben. Ausnahmsweise könnte die Sterzinger Bürgerschaft sich einmal auch von dieser Bindung freigemacht haben, als die Stadt selber 1533 etliche Auslagen für die Aufrichtung der Bühne auf sich nahm, die vermutlich damals auf dem Spitalsplatz in der Mitte der Stadt aufgeschlagen wurde. Hier waren die Stadtschreiber die Spielregenten. Ihnen halfen vornehmlich einzelne führende Persönlichkeiten des öffentlichen Lebens, die sich des Passions stark annahmen, was schon die Beschaffung eigener Spielhss. für Köchl, Pfarrkircher und Pölsterl besagt. Seit 1455 fanden die Sterzinger Passionsspiele fast durchwegs in Zwischenräumen von 7 zu 7 Jahren im 15. Jh. statt. Der heutige Chor wurde zwischen 1417 und 1451, das Langhaus der Pfarrkirche 1497—1515 erbaut.

Aus der Haller Passionsspielzeit fehlen Kirchenpropstraitungen. Die der Stadt enthalten immerhin soviele Posten, daß man annehmen kann: die Kirchenverwaltung war nicht (wahrscheinlich nicht mehr) die Veranstalterin der Spiele. Das mag sich aus deren Verlegung in den Stadtgarten ergeben haben. Über die leitenden Haller Persönlichkeiten erfahren wir so gut wie nichts. Pfarrmesner Straucher kann sich unter den literarisch Beteiligten befunden, Achatius Heuberger die Leitung der Aufführungen um 1500 innegehabt haben.

Veranstalter und Ausführende der Brunecker Passionsspiele dürften die dortigen Zunftbruderschaften gewesen sein. Die Stadt erlaubte ihnen 1538 die Abhaltung, wofern sie für die Kosten aufkämen. Offenbar hatte der Rat schlechte Erfahrungen gemacht. Er trug aber doch von 1542 an wieder Auslagen, vornehmlich für die Aufrichtung der Bühne. Auch in Kitzbühel war die Stadt die Bezahlerin der Bühnenarbeiten, ohne selbst sich an die Spitze der Spiele zu stellen.

Somit war in allen beteiligten Städten die Bürgerschaft selber die Veranstalterin ihrer großen Spiele. Aus ihren Reihen kamen die Mitwirkenden, hoch und niedrig, jung und alt. Ganze Familien taten mit. Die besten sind in den Namensverzeichnissen von Bozen und Sterzing überliefert. Debs als Salvator stand neben dem Bürgermeister von Bozen als Kaiphas, neben Kirchpropst Hiertmair als Zedonius u. Herodes, inmitten von Geistlichen, Lehrkräften, Handwerkern und Kaufleuten, Wirten und Knechten. Insgesamt traten am 1. Spieltag 36, am zweiten 39 und am dritten 45 Sprecher auf. Unter den Aposteldarstellern gehören etliche dem Klerus an. Ein Maler vertrat im 1. Spiel den Ölbergengel, im zweiten *mater dei*, im dritten Magdalena. Er muß klein und zierlich gewesen sein, weil er besonders kleine Pantoffel vom Schuster erhielt. Auch die übrigen Frauenrollen und die Engel wurden ursprünglich von jungen Männern oder von Knaben dargestellt. Erst 1514 trat darin zu Bozen eine Änderung ein, die wahrscheinlich aus dem Umgangsspiel, von Platz und Gasse her eindrang: mit

Ausnahme Mariens, die noch von einem Jüngling gegeben wurde, übernahmen nun Mädchen und Frauen aus der Bozner Bürgerschaft die Besetzung dieser Rollen. Es war dies ein Bruch mit der ganzen christlichen und volksdeutschen Überlieferung, die sich selbst in den übrigen Tiroler Passionsspielen erst spät durchgesetzt haben mag; denn in den vorhandenen Namenslisten erscheint sonst keine weibliche Darstellerin. Erst als die Mädchenschulmeisterin *Barbara Frölichin* am 6. April 1578 mit ihren *jungen maidlen* ein Spiel auf dem Rathaus gab, mag die holde Weiblichkeit auch von den Großspielen nicht mehr ferngehalten worden sein. Inzwischen hatten fast alle Passionsspiele die Kirche verlassen. In den Fastnachtsumzügen und bei vielen wandernden Spielgruppen aber blieb die Darstellung weiblicher Typen durch junge, verlarvte Burschen Gesetz.

In Sterzing traten die Ratsschreiber Pölsterl (1489 und 1496) und Gartinger (1503) ins vorderste Licht. Pölsterl sorgte vor allem für die Spielbücher. Der auch als Kirchpropst tätige L. Gartinger übernahm den Praecursor. Stadtrat Köchl stand als Prinzipator und Salvator im Spiele allen voran. Vertreter der Bergwerke, des Spitals, der Schule und des Handwerks besetzten die meisten übrigen Rollen. Ein Maler M. Stöberl, vielleicht V. Rabers Lehrmeister, gab den Judas, Rabers spätere Leibrolle in Bozen. Sie erforderte einen begabten Darsteller. In Hall mußte dem Hutmacher H. Strauß, weil er sich *als Judas vnd in annder wege im spil des passions* hatte *brauchen lassen*, von Rats wegen eine besondere Ehrung, 1 Pfund, gereicht werden. Am 1. Tag des Sterzinger Spiels von 1496 traten 37, am zweiten 41 Sprecher auf. An stummen Rollen war kein Mangel, so daß in Sterzing gleichwie in Bozen an jedem Spieltage 100 und mehr Bürger, außerdem noch Kinder mitwirkten. Mancher geübte Spieler oder Sänger mußte daher mehrere Rollen in den verschiedenen Spielen übernehmen.

Der Name *Martine Kelderer* bei der Rolle Maria Cleophe wurde irrtümlich als der eines Mädchens ausgelegt (vgl. die Benennung Martins in anderen Spielerverzeichnissen, im Reformationsspiel *Die zwen stenndt usf.*). Dafür klingt der Familienname jedem Kunsthistoriker gut im Ohr. Die Geistlichkeit scheint bei den Sterzinger Passionsspielen des 15. Jh.s spärlich, vielleicht gar nicht vertreten gewesen zu sein. Gegenüber der Bozens war sie von geringer Zahl und zu vielen Diensten weit auswärts gelegener Ortschaften verpflichtet, so daß sie in der Karwoche stark in Anspruch genommen war. Gerade deshalb hatte die Stadt manche Auseinandersetzung mit dem Deutschen Ritterorden. Eine führte wohl auch zu der oben erwähnten Abweichung des Spielraumes von 1535. Doch darf man nicht annehmen, daß der Sterzinger Klerus sich vom Passionsspiel ferngehalten hätte. Er übernahm vor allem jene zwei Predigten, die vor Aufführung des Karfreitags- und Osterspiels üblich waren, und wurde daraufhin zum Ehrenmahl der Stadt herangezogen. Geistliche sehen wir auch bei den Passionsspielen in Schwaz, Rattenberg und Kitzbühel am Werk.

Schulmeister und Chorregenten betreuten Gesang und Musik und standen deshalb auch der Judenschule vor, die für viele Chorgesänge, vor allem für die Musik zwischen den einzelnen Handlungen aufzukommen hatte. Auch kleinere Spiele, wie das von der Verkündigung Mariens (1514), weisen einen ähnlich entstelltes *canticum hebraicum* wie der Tiroler Passion auf. Jedoch darf man sich diese Sängerschaften nicht sehr zahlreich vorstellen. Die Kantoreien der Städte führten damals durchschnittlich kaum mehr als ein Halbdutzend Schüler. Somit dürften die Judenschulen über ein Dutzend Sänger nicht hinausgekommen sein, da die besten der erwachsenen Gesangs- und Lehrkräfte, wie z. B. der Schulmeister Debs, jene Hauptrollen übernehmen mußten, welche vornehmlich gesungen wurden. Debs, der wiederholte Darsteller des Salvator in Bozen, war Bassist. Die Sängerknaben verdienten sich durch ihre Mitwirkung einen Teil ihres regelmäßigen Unterhalts.

Schreiber der Lateinschulen besorgten die Spielbücher, dazu Register und Einzelrollenhefte. Mit Dirigierrollen begnügte man sich in Tirol nicht. Für einzelne Auftritte mögen eigene Skizzen entworfen worden sein (s. *Raber, Vigil*). Für die bühnengeschichtliche Betrachtung ist vor allem die sorgfältige Spielordnung, welche die Vorbereitung und Ausführung der Passionen nach allen Seiten erwog und überwachte, bemerkenswert. Unter Aufsicht der Spielregenten wurde das ganze Spiel ein- bis zweimal durchgeprobt. Die Einladungen hierzu führte der Stadthornist straßenweise aus. Um Spielerlaubnisse kamen die Veranstalter begreiflicherweise nicht ein, weil sie als die ersten Bürger, Kirchenpröpste und Ratsschreiber diese an sich selber hätten richten müssen. Es wäre daher eine Ausnahme gewesen, wenn die Haller, wie Wackernell annimmt, 1456 wirklich eine solche bei den herzoglichen Räten in Innsbruck eingeholt hätten. Vielmehr hatte wohl das Verhalten der Stadt gegenüber unerwünschten Juden gedeckt werden müssen. Dagegen hatten Handwerker und kleine Spielgruppen, die um Neujahr, zur Fastnacht, bei Hochzeiten u. dgl. im 16. Jh. mit ihren Spielen hervortreten wollten, den Stadtrat oder den Landrichter zuvor um Bewilligung zu bitten, ja fallweise schon schriftlich darum einzukommen und ihre Spieltexte vorzulegen.

Während der Aufführungen wurden die Stadttore und die Haustüren besonders bewacht.

Nach den politischen, religiösen, sozialen und wirtschaftlichen Erschütterungen des 2. bis 4. Jahrzehnts im 16. Jh. traten an Stelle der Gesamtbürgerschaften und regierenden Stadtherren einzelne Gesellschaften, die vordem nur zu bescheidenen Fastnachtsspielen und Moralitäten zugelassen worden waren, als Anreger und Veranstalter der Passionsspiele hervor. In Hall ist die Achatius-Gesellschaft genannt. Meist waren es die Bruderschaften und Zünfte. Die Bozner Weinbauern und Handwerker standen mit den Umgangsspielen in engstem Zusammenhang, bei denen die einzelnen Gilden Figuren darstellten und bestritten. Diese Umstellung bot den Erneuern des religiösen Brauchtums die Grundlagen zu den figurierten Karfreitags- und Fronleichnamsprozessionen.

Die Bürgerschaft und das umwohnende Landvolk bildeten die selbstverständliche Zuschauerschaft bei ihren Passionsspielen wie bei ihren festlichen Gottesdiensten. Es ist wahrscheinlich, daß die meisten Zuschauer das Spielfeld umstanden. Darsteller und Zuschauer wußten sich als eine Gemeinschaft in der Teilnahme am Spiel eins. Daher richteten jene wiederholt Ansprachen, Fragen und Warnungen an das Volk, die im österlichen Spiel auch ins Unterhaltliche und Satirische hinübergleiten durften. Der nächste Mittler war der Praecursor, der geradezu die späteren Periochen und Theaterzettel ersetzen mußte und auch in den weltlichen Tiroler Spielen nicht mehr entbehrt werden wollte. Ein weiterer waren die beibehaltenen lateinischen Chorsätze und erzählenden Bibelstellen, die wie musikalische Einlagen und kirchliche Lektionen auf die Zuhörer verbindlich wirkten. Endlich die feierlichen Einzüge und Umgänge am Anfang und während des Spiels, andererseits die eine und andere komische Rolle und satirische Szene. Beide griffen auch räumlich in die Zuschauerschaft hinein.

Diese nahm weder an einem erdichteten Drama teil noch hörte sie auf ein Wortkunstwerk noch erwartete sie ihr unbekannte Schauspielerkünste, sondern verlangte nach der Darstellung ihrer Erlösungsgeschichte, nach biblischen Tatsachen, nach den Wirklichkeiten auf Golgatha in gründlichen Worten und anschaulichen Handlungen. Die stilisierte, die andeutende und die lebenswarme Darstellung standen in Wechselwirkung zum Erlebnis des Volkes. Der singende und absichtlich ausdrucksarme Vortrag des Salvators war den Zuhörern vom Zelebranten in der Kirche her geläufig. Nicht minder selbstverständlich aber fanden sie das verweltlichte Auftreten und Spielen der Ritter und Schergen, der Krämer und Teufel.

Der Eindruck auf die Zuschauer mag gewaltig gewesen sein; denn es war der stärkste bürgerliche Ausdruck der Frömmigkeit, des religiösen Empfindens und Gestaltens, die volksmäßige Hingabe an den Glauben. An der Südgrenze der deutschen Nation kamen diese Gemeinschaftsspiele in einer Zeit, die von Nationalismus nicht sprach, auch völkischen Kundgebungen gleich, die bis in die äußersten Vorposten des damaligen Deutschtums ausstrahlten und dort ähnliche Bürgerwerke ermöglichten.

Das damalige Tirol stand im Zeichen des Bergbaus, des Handels und des Verkehrs zwischen Nord und Süd. Viele daran Beteiligte mögen die Aufführungen mitangesehen haben. Auf solche Weise läßt sich die weite Wirkung der tirolischen Passionsspiele miterklären.

13. Die Auslagen und ihre Deckung. Die Städter glitten langsam in den Höchstaufwand ihrer Großspiele hinein. Zuerst nahmen die Kirchpröpste auf sich, durch den Stadtzimmermann ein eigenes Podium für die Aufführung aufrichten und abbrechen zu lassen und das eine oder andere Ausstattungsstück auf Kosten der Pfarrkirche anzuschaffen. Diese Posten verschwanden unter den übrigen Ausgaben, und ihre Vergütung fiel noch nicht in die Waagschale. Manches brachten die Mitwirkenden bei oder stifteten besondere Gönner. Die Hauptrollen lagen ja in den Händen der angesehensten und vermögensten Bürger, die sich sehen lassen und sich manche kostbare Sonderausstattung leisten konnten. Aber schon in der zweiten Hälfte des 15. Jh.s fanden die Verrechner es notwendig, Spielauslagen eigens zusammenzuschreiben auf ein, zwei, drei Seiten. Aus etlichen Mark Unkosten wurden deren 50, 100 und mehr, obgleich noch immer manche Aussteuer nicht unmittelbar nur der Spiele wegen beschafft und verrechnet wurde. Der selbstlosen Mitwirkenden aber wurden weniger. Nach der Probe wurde eine Marende, nach dem Spiel ein Ehrenmahl von den Beteiligten erwartet und eingenommen. Sonstige Handgriffe wollten ebenfalls in Speise und Trank oder in Geld vergütet sein. Die Darsteller genossen freilich keine sonstige Ehrengabe. Einzig Raber wurde ein Sold für die Vorbereitungen der großen Aufführungen von 1514 vom Kirchenpropst in Bozen ausbezahlt. Dazu wurden ihm seine malerischen Arbeiten gesondert vergütet. Und der Auslagen für Kunsthandwerker, Handwerker, Kaufleute, Wirte usf. waren viele, der Aufwand echt bürgerlich breit und behäbig geworden. Immerhin war es der Pfarrsäckel nicht allein, der hierbei in Anspruch genommen wurde, sondern leistete noch mancher einzelne persönlich ein Scherflein zu seinem Spiel, und ließ auch die Stadt die eine oder andere Auslage in ihren Rechnungsbüchern durchgehen.

Eigene Stiftungen für die geistlichen Spiele lassen sich in Tirol nicht mehr feststellen. Manche Zunft und Bruderschaft mag aus ihrem Vorrat und ihren Einkünften beigesteuert haben, ähnlich wie die Innungen beim Bozner Fronleichnamsspiel. Im übrigen mußte die Sammelbüchse vor und bei den Aufführungen herumgereicht werden, um einen Zuschuß einzunehmen. Die Büchse zeigte das Bild der Patronin der eigenen Pfarrkirche. Über die Erträgnisse der Sammlungen ließ sich bisher nichts Sicheres errechnen.

Die zunehmenden, ungedeckten Auslagen mögen dazu beigetragen haben, daß so mancher Kirchpropst und Stadtvater weitere Passionsspiele abwehrte, als die geistige Revolution das herrscherlose Land erschütterte und dazu noch viele geldkräftige Anstalten lahmlegte. Der neue Zug ist in einem viel verbreiteten Spruch, so des Fastnachtsspiels *Consistory Rumpoldy* ausgedrückt:

Hie woll wir haben ain (klaines) spill,
Des ist wenig vnd kost nit vill.

Das erschreckende Anwachsen der Auslagen und Zurüstungen kann nicht der entscheidende und dauernde Grund gewesen sein; denn die Bozner, die die besten Einnehmer und Rechner im Lande waren, führten ihre weit kostspieligeren Antlaßumgänge weiter bis ins 18. Jh. fort, und kleinere Städte wie Bruneck oder Kitzbühel behielten den Passion durch das ganze 16. Jh. sozusagen ununterbrochen bei. Vielmehr gaben neben verschiedenen örtlichen Ereignissen, die es z. B. mit sich brachten, daß die zurückgebliebenen Sterzinger ihren Passion wieder aufnahmen, als die Bozner ihn preisgegeben hatten, soziale Umschichtungen starken Ausschlag. Den breitbürgerlichen Gemeinschaftsglauben der Bozner Spätgotik nahmen viele kleine Leute im Lande nicht mehr hin. Sie verstanden den Sinn dieser Großspiele nicht mehr, und die großen Herren von 1514 vermochten selber kaum mehr diese Prunkspiele nach deren Übersteigerung und aufgezwungenen Unterbrechung zurückzuführen.

14. Schrifttum. Allgem. Landes- u. Zeitbild: *Tirol, Land und Natur, Volk und Geschichte, geistiges Leben* hg. v. Hauptausschuss des D. u. Oe. Alpenvereins 1 (1933). H. Wopfner *Die Lage Tirols am Ausgang des MA.s* (Abhandlungen z. mittl. u. neueren Geschichte 4) 1908. A. Jäger *Geschichte der landständ. Verfassung Tirols* 1881—85. Ders. *Der Streit des Cardinals Nicolaus von Cusa m. d. Herzoge Sigmund v. Österreich als Grafen von Tirol* 1861. J. v. Allesch *Michael Pacher* 1931 (Einleitung). Vgl. auch die übrigen Pacher-Biographien. F. Arens *Das Tiroler Volk in seinen Weistümern* (Geschichtl. Untersuchungen 3) 1904. G. Bickell *Synodi Brixinenses saec. XV.* 1880. H. Hammer *Liter. Beziehungen u. musikal. Leben des Hofes Herzog Siegmunds v. Tirol*, Zs. d. Ferdinandeum III 43 (1899) S. 69ff. G. Kirchmair *Denkwürdigkeiten seiner Zeit 1519—1553* hg. v. Th. G. v. Karajan (Fontes rerum Austriacarum 1/1) 1885. H. R. v. Srbik *Die Beziehungen zwischen Staat u. Kirche in Österreich während des MA.s* (Forschungen z. inneren Geschichte Österreichs 1/1) 1904. L. Santifaller *Das Brixner Domkapitel in seiner persönl. Zusammensetzung im MA.* (Schlern-Schriften 7) 1925. — Textausgaben: siehe oben unter Hss.: Ad. Pichler, Jos. Ed. Wackernell, A. Schlosssar, A. Dörrer.

Allgem. Abhandlungen: J. E. Wackernell *Die ältesten Passionsspiele in Tirol*, 1887; dazu: Österr. LBl. 3 (1887) S. 305; Ausfeld, LZBl. 1887 S. 821; J. Bolte, DLZ. 1887 Sp. 1081f.; ZfdPh. 20 (1887) S. 378ff.; Quiel, Centralorgan 15 S. 454; J. Ammann Zs. f. österr. Gymnas. 39 (1888) S. 350ff.; JBfgPh. 9 S. 161; 10 S. 182. Ders. *Die altdeutschen Passionsspiele aus Tirol*, 1897; dazu: W. Creizenach, LZBl. 1897 S. 532; K. Reinhardstöttner, Forsch. z. Gesch. Bayerns, Juni 1897; O. Brenner, Internat. Literaturberichte, 2. Sept. 1897; A. Schlossar, Blätter f. literar. Unterhaltung, 29. Juli 1897; F. Kummer, Österr. Lbl. 6 (1897) Sp. 619ff.; G. Bötticher, N. Jahrbücher f. d. klass. Altertum 1898 S. 220ff.; J. Ammann, Zs. f. österr. Gymnas. 1898 S. 220ff.; Osw. Zingerle, GGA. 1899 S. 949ff. u. ArchfnSpr. 112 S. 131; H. Schmidt-Wartenberg, American. german. 2 S. 96ff.; JBfgPh. 19 S. 241f. 20 S. 105; Ergebnisse u. Fortschritte d. germanist. Wissenschaft, 1902, S. 287. R. Heinzel *Abhandlungen z. dt. Drama*, WSB. 84 (1896) 10. Ders. *Beschreibung des geistl. Schauspiels im dt. MA.* (Beiträge z. Ästhetik 4), 1898. Creizenach 1[2] S. 228ff.; dazu Wackernell, Euphorion 10 Erg.H. (1913) S. 155. A. Brinkmann *Liturgie u. volkstüml. Formen im geistl. Spiel des MA.s* (Forsch. z. dt. Sprache u. Lit. 3) 1932; dazu A. Götze, Ltbl. 55 (1934) S. 16f. Ph. Huppert, *Mal. Osterfeiern u. Osterspiele in Deutschland*, 1929. K. Klein *Das geistl. Drama des MA.s*, Diss. Köln 1922. Merker-Stammler 1 (1926) S. 218ff. W. Stammler *Das religiöse Drama im MA.*, 1925. H. Brinkmann *Die Eigenform des mal. Dramas in Deutschland*, GRM. 18 (1930) S. 16ff. u. 81ff. I. W. Kurtz *Studies in the staging of the German religious drama of the late middle ages*, Univ. of Illinois 1932. K. Young *The Drama of the Medieval Church* 1933. E. Hartl *Das Drama des MA.s*, 1 (1937). Ders. *Anmerkungen zu mal. Osterspielen*, ZfdPh. 62 (1937) S. 233ff. H. Niedner *Die deutschen u. französ. Osterspiele bis zum 15. Jh.* (Germanische Studien 119), 1932. E. Wolter *St. Galler Spiel vom Leben Jesu* (Germanist. Abh. 41) 1912. N. C. Brooks *The Lamentations of Mary in the Frankfurt Grupp of the Passion Plays*, The Journal of Germanic Philology 3 (1901) p. 415 ss. Ph. Hamacher *Untersuchungen zum Maastrichter Passionsspiel*, Diss. Marburg 1920. Nagl-Zeidler-Castle I (1899) S. 343ff., 355f., 384, 689, 720f., 747; II (1914) S. 164, 171ff., 663; III (1926—37) S. 946ff., 1283ff., 1516, 1625ff., 1781ff.

Einzeluntersuchungen: K. W. Ch. Schmidt *Die Darstellung von Christi Höllenfahrt i. d. dt. und den ihnen verwandten Spielen des MA.s*, Diss. Marburg 1915. M. Bath *Untersuchung des Johannesspiels, der Blindenheilungs- und der Maria-Magdalenaszenen in den dt. mal. Passionsspielen mit besond. Berücksichtigung ihrer Beziehungen zu den französ. Mysterien*, Diss. Marburg 1919. O. Schüttpelz *Der Wettlauf der Apostel und die Erscheinungen des Peregrinispiels im geistl. Spiel des MA.s*, 1930. K. Dürre *Die Mercatorszene im latein., altdt. u. altfranzös. relig. Drama*, Diss. Göttingen 1915. A. Bäschlin *Die altdt. Salbenkrämerspiele*, Diss. Basel 1929. E. Krüger *Die komischen Szenen in den dt. geistl. Spielen des MA.s*, Diss. Hamburg 1931. H. Ott *Personengestaltung im geistl. Drama des MA.s*, Diss. Bonn 1939. H. Maschek *Die Christusgestalt im Drama des dt. MA.s*, Diss. Wien 1931. F. O. Knoll *Die Rolle der Maria Magdalena im geistl. Spiel des dt. MA.s* (Germanisch und Deutsch 8) 1934. I. R. Breitenbrecher *Die Judasgestalt in den Passionsspielen*, Ohio State Univ. abstracts of doctors' dissertation 16 (1936) p. 47 bis 54. F.

Cullmann *Der Apostel Petrus in der ältesten Literatur, mit bes. Berücksichtigung seiner Darstellung im Drama* (Gießener Beitrage z. dt. Philologie 22), 1928. H. C. Holdschmidt *Der Jude auf dem Theater d. dt. MA.s* (Die Schaubühne 12) 1935. C. Reuling *Die komische Figur in den wichtigsten dt. Dramen bis zum Ende des 17. Jh.s,* 1890. Flögel-Bauer *Geschichte des Grotesk-Komischen,* 1914. E. J. Haslinghuis *De duivel in het drama der middeleewen,* 1912. J. M. Rudwin *Der Teufel in den geistl. Spielen des MA.s und der Reformationszeit* (Hesperia 6), 1915. J. Bolte *Der Teufel in der Kirche,* Zs. f. vergl. Litteraturgeschichte NF. 11 S. 249ff. B. Arndt *Personennamen im Drama des MA.s,* Diss. Breslau 1904. E. Döring-Hirsch *Tod u. Jenseits im Spätma.* (Studien z. Geschichte der Wirtschaft u. Geisteskultur 2), 1927. W. Rehm *Der Todesgedanke in der dt. Dichtung vom MA. bis zur Romantik,* 1928. L. Wolff *Die Verschmelzung des Dargestellten mit der Gegenwartswirklichkeit im geistl. Drama des MA.s,* Vjschr. f. Lw. 7 (1929) S. 267ff. H. Beck *Die Bedeutung des Genrehaften für das Drama des 16. Jh.s,* ebd. 8 (1930) S. 82ff. Fr. Hammes *Das Zwischenspiel im deutschen Drama,* 1910. R. Grieshammer *Sprachgestaltende Kräfte im geistl. Schauspiel des dt. MA.s* (Jenaer germanist. Forsch. 16), 1930. B. Venzmer *Die Chöre im geistl. Drama d. dt. MA.s,* Diss. 1897. E. W. Helmrich *The History of the Chorus in the German drama,* Diss. Columbia 1912. W. Müller *Der schauspielerische Stil im Passionsspiel des MA.s,* 1927. R. Stumpfl *Die Bühnenmöglichkeiten im 16. Jh.,* ZfdPh. 54 (1929) S. 42ff. u. 55 (1930) S. 49ff. S. Mauermann *Die Bühnenanweisungen im dt. Drama bis 1700,* 1911. H. Beisker *Wandlungen der bühnenmäßigen Wirkungsmittel, entwicklungsmäßig dargestellt an der Epoche des geistlichen Theaters,* 1931. J. Bemmann *Die Bühnenbeleuchtung vom geistlichen Spiel bis zur frühen Oper als Mittel künstlerischer Illusion,* 1933. C. Tscheuchner *Die dt. Passionsbühne und die dt. Malerei des 15. u. 16. Jh.s in ihren Wechselbeziehungen,* Repert. f. Kunstwissenschaft 27 u. 28 (1904). A. Rohde *Passionsbild und Passionsbühne, Wechselbeziehungen zwischen Malerei und Dichtung im ausgehenden dt. MA.* (Schöpfung 10), 1926. H. H. Borcherdt *Das europäische Theater im MA. und in der Neuzeit,* 1915. M. v. Böhn *Das Bühnenkostüm in Altertum, MA. und Neuzeit,* 1921. R. Stumpfl *Schauspielmasken des MA.s und der Renaissancezeit und ihr Fortbestehen im Volksschauspiel,* N. Arch. f. Theatergeschichte 2 (1931) S. 1ff. F. Herrmann *Inventar und Beschreibung der hauptsächlichsten Stücke der tirolischen volkskundlichen Sammlung aus der von Portheimstiftung in Heidelberg,* Der Schlern 14 (1933) S. 429ff. mit Abb. H. Emmel *Masken in volkstümlichen deutschen Spielen* (von Sammlungen in Salzburg, Innsbruck und Nürnberg), 1936; dazu Geist. Arbeit 5 (1938) Nr. 11 S. 3.

A. Dörrer.

'Patricius'. Die in Deutschland angesiedelten irischen Mönche haben auch die Verehrung ihres großen Nationalheiligen ins neue Land mitgebracht. Damit wird es zusammenhängen, daß die im IX. Jh. in Irland geschriebene lateinische *'Tertia Vita Patricii'* die Quelle einer etwa 1160 entstandenen alemannischen Dichtung wird. Erhalten sind nur die Geschichten vom König, der aus dem Tode zurückkehrt, vom wiedererweckten Riesen, von der Diebstahlsanklage und von der Begrüßung des Kreuzes, im Ganzen etwa 130 oft arg verstümmelte Verse; aber es liegt kein Grund vor anzunehmen, daß nicht ursprünglich das ganze Leben des Heiligen behandelt wurde. Der Dichter hat anscheinend durch Kürzung, Weglassung des Fremdartigen und Ausgestaltung des Anschaulichen ein leicht verständliches und packendes Erbauungsbuch zu schaffen versucht.

Ausgabe von Keinz und Bartsch, Germania 31 S. 66—74; jetzt maßgebend von C. v. Kraus *Deutsche Gedichte* S. 30—35. Guter Text der Quelle: J. B. Bury *A Life of St. Patrick (Colgan's 'Tertia Vita')* = Transactions of the Royal Irish Academy 32 III (1903). Vorlage der deutschen Bruchstücke ebda. §§ 64—69, S. 246 ff. Vgl. auch J. B. Bury *The Life of St. Patrick* 1905, S. 272 ff. Ehrismann II, 1, 162 (zu bemerken ist, daß das Gedicht den Bericht vom Fegfeuer des h. Patricius nie enthalten hat, da diese erst etwa 1189 entstandene Legende mit den alten Patricius-Vitae nichts zu tun hat). M. Voigt *Beiträge zur Gesch. d. Visionenlit. im MA.* 1924; dazu L. L. Hammerich ZfdPh. 53 (1928) S. 25—40.

L. L. Hammerich.

Pätz von Frankfurt, Meistersinger, der in der Steyrer (Heiberger) Hs. als *21. alt nachdichter* aufgeführt wird. Sein Leben und seine Dichtung sind unbekannt. Ihm gehört ein „langer ton".

Schröer *Meistersinger in Österreich,* Germ. Stud. II (1875) S. 229.

W. St.

Pauernfeind, s. Bauernfeind.

Pauli, Johannes.

1. Hss. Predigten. Berlin, Preuß. Staatsbibl. Mscr. Germ. 4⁰ 1069. Drucke: 'Schimpf u. Ernst'. 1522. 1525. 1526. 1533. 1534. 1535 (2 mal). 1536. 1537. 1538. 1542 (2 mal). 1543 (2 mal). 1544 (2 mal). 1545. 1546 (3 mal).

1549. 1550 (2 mal). 1551. 1556 (2 mal). 1557. 1558. 1559. 1560. 1563 (2 mal). 1567 (2 mal). 1569. 1570 (2 mal). 1574. 1575. 1577. 1582. 1583 (2 mal). 1593. 1597 (2 mal). 1602. 1608. 1609. 1612 (2 mal). 1613. 1617. 1618. 1630. 1654. 1670. 1677. 1699.

Ausgaben von Schriften Geilers: 'Evangelibůch' 1515. 'Emeis' 1516. 1517. 'Brösamlin' 1517. 'Sünden des Munds' 1518. 'Narrenschiff' 1520.

2. J. P. ist elsässischer Abkunft, geb. zwischen 1450 und 54. Die Behauptung, er sei jüdischer Herkunft, ist auf die Verwechslung mit Paul Pfedersheimer zurückzuführen. Von 1479 an ist er in verschiedenen Klöstern des Franziskanerordens als Lektor, Prediger und Beichtvater nachzuweisen. Er gehörte der milderen Richtung der Konventualen, nicht den Observanten an. 1590—94 war er Beichtvater im Klarissenkloster zu Villingen, im Bickenkloster dortselbst predigte er 1593 bis 94. Wiederholt vertrat er die Kustodie Basel bei Konventen. 1504 sollte er als Gardian nach Bern, doch zerschlugen sich wohl die Verhandlungen. 1506—10 wirkte er in Straßburg, von 1508 an als Gardian. Er war einer der eifrigsten Besucher der Predigten Geilers. 1514 war er Lesemeister und Prediger in Schlettstadt, dann wieder in Kolmar und Villingen. Zuletzt ist er 1518 als Lesemeister in Thann nachzuweisen. Als solcher schrieb er 'Schimpf und Ernst' und gab Geilers (s. d.) Schriften ('Evangelibuch', 'Emeis', 'Brösamlin', 'Narrenschiff' und 'Sünden des Munds') heraus. Nach 1520 verlieren sich die Spuren seines Auftretens.

3. Die Predigten J. P.s von 1493/94 (Msc. germ. Berol. 4⁰ 1069) zeigen ihn ganz auf dem Boden der mittelalterlichen Theologie. Er bevorzugt die geläufige Form des Prozesses, behandelt den Streit zwischen Leib und Seele vor David, Abraham und Henoch als Richtern; als Anwalt der Vernunft läßt er Thomas, als den des Willens Scotus auftreten. Diesem erkennt er den Sieg zu. Allenthalben wirkt mystische Allegorik des Alemannenlandes in der anschaulichen Schilderung und dramatischen Form. Die praktische Mystik der Gersonschen Richtung vermittelt Geiler, der auf J. P.s Entwicklung überhaupt den entscheidendsten Einfluß nahm. In der Ausgabe von Geilers Schriften ging P. trotz der Angriffe Peter Wikgrams pietätvoll vor. Anschauliche Schilderung, plastische Sprache, gemütvoll herzlicher Ton verbinden die beiden Volksprediger. P. ist nicht so ironisch, sarkastisch und pessimistisch wie Geiler, sein Humor ist liebenswürdiger.

4. P.s Hauptwerk ist die Sammlung 'Schimpf und Ernst', deren erste Ausgabe von 1522 693 Geschichten erzählt, von denen 462 dem Scherz und 231 dem Ernst zugehören. Vermutlich wurde P. durch die Herausgabe der Schriften Geilers zur Sammlung der Predigtmärlein und Exemplaliteratur veranlaßt. Oesterley hat mehr als hundert Stoffe bei Geiler und P. nachgewiesen. Die Sammlung 'Schimpf und Ernst' kann den Vergleich mit Poggio und Bebel nicht aushalten. Oft werden Autoren als Quelle zitiert, die erst durch verschiedene Medien gingen. Direkt nachzuweisen ist nur die Benützung von Felix Hemmerlin (s. d.) und Petrarca. Die wichtigsten verwerteten Quellen sind mittelalterliche Sammlungen wie Johannes Gobii Junior, Aurifaber, Vinzenz von Beauvais, '*Gesta Romanorum*' (s. d.), Jacobus de Voragine, Caesarius von Heisterbach (s. d.), Thomas von Cantimpré. Vieles, vor allem Erlebnisse, wurden P. wohl mündlich vermittelt. Seine ordnende Hand stellt nicht mehr nach Tugenden und Lastern oder alphabetischer Reihenfolge, sondern nach Ständen oder moralischen Begriffen zusammen. P. hält am alten Glauben fest. Nutzanwendungen, die eine Geschichte oft sehr überraschend geistlich deuten, werden nie breit. Die menschlichen Fehler und Schwächen werden dem Spott preisgegeben. Nie wird die Weltanschauung grämlich. Treffend werden die Charaktere geschildert. Bildhaftigkeit und Anpassung an die mündliche Rede machen P.s Sammlung zu einem der beliebtesten Volks- und Schwankbücher des 16. u. 17. Jh.s. Ursprünglich war sie für Unterhaltung und Erbauung von Klosterangehörigen und Adeligen sowie

zur Benützung durch Prediger bestimmt; später erst wird sie reine Unterhaltungslektüre für Angehörige beider Konfessionen. Vorübergehend kommt sie sogar auf den Index. Montanus bezeugt die weite Verbreitung. 1568 wird 'Schimpf und Ernst' ins Lateinische übersetzt, von 1550—76 erschienen vier niederländische Ausgaben. Besonders für Jörg Wickram und Frey ist 'Schimpf und Ernst' Quelle. Keine der späteren Sammlungen aber erfreut sich solcher Beliebtheit. Im 17. Jh., bei Eyring und Moscherosch, wird P.s Werk verpönt, vom Ende dieses Jh.s an erscheinen keine neuen Ausgaben mehr. Immerhin finden wir 'Schimpf und Ernst' in der Hand Nicolais und des lachenden Philosophen Democritos.

Oesterley ADB. XXV S. 261f. StLV. 85. 'Schimpf u. E.' hrs. v. J. Bolte 1924. W. Stammler *Von der Mystik zum Barock* 1927, S. 255f., 401f. C. Biehler *Die Laut- und Formenlehre der Sprache des Barfüßermönchs J. P.* Diss. Straßburg 1911. C. Veith *Über den Barfüßermönch J. P. u. das von ihm verfaßte Volksbuch 'Schimpf und Ernst'* 1839. K. Eubel *Gesch. d. obd. (= Straßburger) Minoritenprovinz* 1886, S. 64f. Freiburger Diözes.bl. 32 (1904) S. 251, 253. H. Hermelink *Die Anfänge des Humanismus in Tübingen*, Württemb. Vierteljahrschr. N. F. 15 (1906) S. 331. Th. v. Liebenau Anz. f. schweiz. Gesch. N. F. 3 S. 217. K. Bartsch Alem. 11 (1883) S. 136—143. J. Bolte Alem. 16 (1888) S. 34—53. A. Linsenmayer *Die Predigten des Franziskaners J. P.*, Hist. Jahrb. 19 (1898) S. 873—891. L. Pfleger *Der Franziskaner J. P. und seine Ausgaben Geilerscher Predigten*, Arch. f. elsäss. Kirchengesch. 3 (1928) S. 47—96. E. Kroker *Tetzel u. die Beraubung seines Ablaßkastens*, N. Arch. f. sächs. Gesch. u. Altertumsk. 40 (1919) S. 154—161. G. Frenken *Die Exempla des Jacobus v. Vitry* (Quellen u. Untersuchungen z. lat. Philol. d. MA. 5) 1914, S. 84 ff.

R. Newald.

'Pauli Visio', s. 'Visio Pauli'.

Paulus Diaconus, s. Nachtrag.

Paulus von Freiberg. Der 4. Band (Cod. Chart. A 152 der Herzoglichen Bibl. zu Gotha) der großen Rezeptsammlung, die Herzog Johann von Sachsen (der spätere Kurfürst Johann der Beständige) von 1515—1523 mit eigener Hand zusammenschrieb, enthält Bl. 3^b—4^b ein Rezept mit der Überschrift: *Ein guter wunt tranck von Paulus von Freibergk.*

H. Niewöhner.

Paulus R..., Meister. Von ihm im Ms. germ. fol°. 8 zu Berlin, Staatsb., saec. XV., Bl. 87 ein Kastanienpulver, *das ein wib swanger werde* usw. Sudhoff.

Paumgartner, Konrad.

1. 'Familiengeschichte': a) Abschrift des 16. Jh.s (vielleicht von Jakob Tucher, der die Hs. 1536 besaß), Hs. 264 Staatsarchiv Nürnberg. b) Abschrift im Kollektaneenband der Scheurlschen Bibliothek, Germ. Mus. Nürnberg; mit Nachträgen von Christoph Scheurl.

2. K. P. der Ältere wurde ungefähr 1380 in Nürnberg geboren. Die Familie gehörte schon zum ratsfähigen Patriziat der Stadt und war etwa 100 Jahre in Nürnberg ansässig. 1402 heiratete er Anna, die Tochter von Friedrich Kreß. Der Schwiegervater nahm ihn in seine Handelsgesellschaft als Teilhaber auf; erst 1430 wurde dieselbe durch den Tod von K. P.s Schwager aufgelöst. Die Gesellschaft trieb einen ausgedehnten Großhandel mit allerlei Waren und hatte Verbindungen in Italien und den Niederlanden; auch bestanden finanzielle Beziehungen zu verschiedenen Fürsten und zum Papst. Im Jahre 1430, als Konrad Kreß starb, führte K. P. den Handel ohne Teilhaber fort. Als er älter wurde, übernahmen sein Sohn Konrad und später dessen Bruder Anton die Leitung des Geschäftes.

K. P. kam 1424 in den Rat, war 1440 Alter Bürgermeister und wurde verschiedene Male zu Gesandtschaften und anderen Missionen gebraucht. Auch finanziell konnte er der Stadt durch Geldvorschüsse dienstlich sein. 1415 starb seine Frau Anna, und 1417 vermählte er sich zum zweitenmal mit Klara, Tochter von Konrad Zenner. Er soll im ganzen 21 Kinder gehabt haben. Eine Tochter Margareta heiratete Endres Tucher (s. d.), den Verfasser des 'Memorials'; dieser trat dann als Teilhaber in die Kreß-Paumgartnersche Handelsgesellschaft ein. 1446 vermählte sich eine andere Tochter, Kunigunde, mit

Wilhelm Löffelholz. Diese Hochzeit ist dadurch bemerkenswert, daß sie zu einem „Gesellenstechen" Anlaß gab. 1449 starben Konrads zweite Frau, ein Sohn Sebald und eine Tochter Agnes. Der älteste Sohn Konrad, der eine Zeitlang das Geschäft mit leitete, starb 1457. Konrad der Ältere verschied am 3. September 1464.

3. Gabriel, der Sohn von Konrad dem jüngeren, wurde ein berühmter Rechtsgelehrter und war der Vater des bekannten Hieronymus P., der sich in der Nürnberger Reformation hervortat. Stefan und Lukas, die Söhne von Martin, dem Bruder Konrads des Jüngeren, waren die Stifter des Dürerschen Paumgartneraltares.

4. Die 'Familiengeschichte' des älteren Konrad, die sich in den zwei oben erwähnten Abschriften erhalten hat, ist ein einfacher Bericht über Ehen, Geburten und Todesfälle, die innerhalb der Familie vorkamen. Der Titel lautet: *Abschrift Cunrad Paumgartners des eltern Hantschrift, was und wie vil er Kynnder, Ennicklein und Urennicklein erlebt hat und von ime herkommen und geporn sind.* Persönliche Nachrichten finden sich nicht; das Werk ist ein typisches Beispiel einer in dieser Zeit so häufigen Gattung, nämlich eine in Prosa erzählte Stammtafel. Von dem Geschäftsmanne, der an den knappen Stil seiner Rechnungsbücher und Handelsberichte gewöhnt war, ließ sich wohl nicht mehr erwarten. Das Buch scheint zuverlässig und verhältnismäßig vollständig zu sein.

Hannah Amburger Stuart.

Paumholz, Albrecht, ist ein Meistersinger aus dem Anfang des 16. Jh.s, über dessen Leben wir nichts auszusagen vermögen.

In mgq. Berol. 414, dem Codex, den Hans Sachs 1517/18 z. T. sammelte, steht das einzige Lied (Bl. 439 a), das wir von ihm kennen: *'Die Keiserin von Rom'*; es ist geschrieben im „vergessenen Ton" Frauenlobs und besteht aus 17 fünfzehnzeiligen „Liedern" (Strophen).

Der Stoff der keuschen, vom Schwager begehrten Frau, der orientalischen Ursprungs ist, wurde, wie aus Wallenskiölds Forschungen hervorgeht (s. S. 32 f., S. 587), nicht nach der Fassung der *'Gesta Romanorum'* und der *'Florence de Rome'*, sondern nach jener noch älteren des *'Miracle de la Vierge'* behandelt. A. P. ist, wie Wallenskiöld ausdrücklich betont, „inspiré" von des Nürnbergers Rosenplüt (s. d.) *'Eyn liepleich history von großer schone, gedult und kuscheit einer edeln keyserin'* (Keller, *Fastnachtspiele* III S. 1139 bis 1149). Wir gewinnen also außer der sprachlichen Kritik an dem Gedichte und dem Sachsschen Codex einen neuen Anhaltspunkt für die Heimat des Dichters. Daß der Kaiser den Namen „Oktavian" trägt, was eigentlich nicht zur *'Miracle-de-la-Vierge'*-Fassung gehört, geht nach Wallenskiöld darauf zurück, daß Rosenplüt auch die *'Gesta Romanorum'* kannte. Der einzige Unterschied zwischen Rosenplüt und P. besteht darin, daß bei Rosenplüt Gott, bei P. Maria der schlafenden Kaiserin erscheint (dies ist vielleicht Rückkehr zur primitiven Version).

Was das Gedicht selbst anbetrifft (Abdruck bei Wallenskiöld S. 161 ff.), so ist der Dichter ein inniger Verehrer Marias, durch den Ton, den er anwendet, an eine kunstvolle und verkünstelte Behandlung des Stoffes gebunden. Im allgemeinen kann man sagen, daß er Flickverse vermeidet und sich die Form so zu eigen macht, daß er jede Strophe, in ihrem vorgeschriebenen Wandel von langen und kurzen Zeilen, zu einem Ganzen und Abgerundeten verschmilzt. Auffällig ist das bei dem feinen Moduswechsel zwischen der letzten Zeile VII und der ersten Zeile VIII. Nichts von der Geschlossenheit der Einzelstrophen ist zu spüren bei Str. XII/XIII, denn die letzte Zeile von XII geht, sogar in Enjambements (s. dazu Stammler *Wurzeln des Meistergesanges*, Dt. Vjschr. I, 1923, S. 533 ff.; ebd. s. über Spruchaddierung als Kennzeichen des Meisterliedes), in XIII über. Die endliche Mahnung an die Frauen, die hohe Würdigung der weiblichen Ehre ist ein beliebter Kunstgebrauch bei den Meistersingern; man denke nur an Suchensinn (s. d.), dessen einziges Sangesthema damit erschöpft wird (s. Oppenheim *Naturschilderung und Naturgefühl bei den frühen Meistersingern*, Form und Geist 22, 1931, zu dem letztgenannten Dichter). Das Gedicht schließt: ... *spricht Albrecht Paumholcz, pittet Got, den waren Crist, / das er vns in der leczen not / welle allen pey bestane.* Diese Schlußverse, in ihrer sauberen Bauart und musikalischen Klanglichkeit, zeugen von Festhalten an der Tradition.

A. Wallenskiöld *Le conte de la femme chaste convoitée par son beau-frère. Etude de littérature comparée* (Acta societatis scientiarum fennicae, tome XXXIX) 1907.

W. St.

Peckmesser, s. Beckmesser.

'Peregrinus', Titel einer mlat. Dichtung. Diesen Namen überliefern die Schreiber der bisher bekannten drei Hss. aus dem 14. und 15. Jh. in ihrem Incipit und Explicit und vor ihnen Hugo von Trimberg (s. d.), der in seinem *'Registrum multorum auctorum'* v. 910ff. vom *'Peregrinus'* als einer Dichtung spricht (z. B. *In Peregrino denique fraudes describuntur*) und sie im 'Renner' v. 5351f. nennt *ein büechelîn, Daz ist genant der Pilgerîn.*

Der Verfasser, gewiß ein Geistlicher, ist unbekannt. Er muß vor 1280 gedichtet haben, da ihn Hugo in seinem *'Registrum'* erwähnt, und hat die *'Alda'*, die Wilhelm von Blois wohl in den sechziger Jahren des 12. Jh.s verfaßt hat, gekannt, wie sich aus einer Reihe übereinstimmender Ausdrücke ergibt. Seine Heimat war Deutschland: die drei vorkommenden Personennamen sind *Arnoldus, Cůnradus felix* und *Gerhardus fidelis*; beim Abschied wird Gertraudenminne getrunken.

Der Hauptteil der 462 Verse (v. 51 bis 444) behandelt das Thema, wie die Wirte die Pilger betrügen. Der Diener eines Wirtes eilt der Pilgerschar entgegen und versteht es, sich als ihr Landsmann aufzuspielen, einzelnen behilflich zu sein und sie so zu seinem Wirt zu locken, auch seine Konkurrenz aus dem Felde zu schlagen. Entgegen der Vereinbarung gibt der Wirt dann schlechteren Wein und zu wenig Speise. Die protestierenden Pilger beschwichtigt er, indem er sie beschwätzt und fürchterlich beschimpft (— v. 288). Dann gibt die Wirtin ihnen schmutzige, von Läusen wimmelnde Strohsäcke; die Empörung der Pilger erstickt sie ebenfalls durch Schimpfen, rückt aber einige Kissen heraus und reicht ihnen einen einschläfernden Trunk, damit ihr Mann ihnen in der Nacht das Geld leichter stehlen kann. Beim Abschied empfiehlt der Wirt ihnen seine Spießgesellen Arnold und Konrad (— v. 384). Beide übervorteilen sie noch mehr; Arnold verkauft ihnen den Wein viel zu teuer, Konrad nimmt das Doppelte fürs Nachtlager (— v. 426). — Stärker als die zu Fuß wandernden Pilger werden die berittenen von den Wirten geschröpft, die diesen noch mehr abzujagen hoffen. Auch sie hintergeht man beim Trinken, Essen und Füttern und bringt sie um ihre Habe und ihr Pferd (— v. 444). — Der Dichter bricht seine Klagen über die schlechten Wirte ab, weil das Publikum jetzt (die *moderni, novi* v. 457f.) an neuen Dichtungen nur dann Gefallen finde, wenn sie kurz und nicht zu schwer (*brevis, levis*) gehalten sind.

Sprache und Stil sind von jener *levitas* auch wirklich beherrscht, d. h. hauptsächlich von den Figuren des ↑'Ornatus facilis'. Der Dichter bemüht sich nicht, durch seltene Wörter oder Neubildungen, ungewöhnliche Konstruktionen oder Wortstellungen zu glänzen, sondern gestaltet mit dem gebräuchlichen Wortschatz seine Erzählung leichtverständlich und fließend. Am bezeichnendsten ist die Breite des Ausdrucks und dafür wiederum der häufige Parallelismus in Worten, Sätzen (selbst Vergleiche sind zweifach ausgeführt, s. 117/18 = 119/20 oder 461 = 462) und ganzen Satzgruppen (221/22 = 223/24 oder 19/20 = 21/22 = 23/24). Auffallen weiterhin, auch durch ihre mehrfachen Anwendungen, die Wiederholung desselben Worts (144/46 *lucro, lucro, lucra* oder 115/16 *opus* 2 ×, *opes-opem-opi-ope*, dazu *inopum* und auch *opertus*), derselben Wortverbindungen und Sätze (*Ducit equo* 168 = 170, *mercatur, ut vendat carius* 138 und dasselbe im Pl. 143; s. 29 und 31, 243 und 247 oder *nummo tendit avarus homo* 4 = 6); ebenso das Spiel mit demselben Wortstamm (z. B. 103f. *fidelem fidei titulis intitulando*), gleichklingenden Wörtern oder gleichen Silben (205f. *securim-securum*, 21f. *es-es-esse*, 109 *sortita-sorores*), schließlich, was damit zusammenhängt, Allitteration (49 *nota magis noceat minus*) und Anapher (58—60 oder 81 und 83). Seltener begegnen Antithese und auch Asyndese. — Etwa 18% der Verse sind leoninisch gereimt und zwar meistens einsilbig (von 83 nur 5 zweisilbig); Endreim findet sich nur neunmal: Der Reim ist also nicht beabsichtigt, was ja bei Distichen kein Wunder nimmt.

Der Dichter will, wie er in der Einleitung (v. 1—50) ausdrücklich sagt, die Pilger vor schlechten Wirten und ihrem Geiz warnen und sie durch Aufdecken ihrer Betrügereien vor Schaden bewahren; so beginnt er: *Olim qui peregre fortasse voles proficisci, Tucius ut vadas, hec mea scripta legas!* Er malt namentlich in einer großen Szene aus, wie Pilger von einem Wirtspaar betrogen und bestohlen werden (v. 51 bis 384). Demgegenüber verschwinden die drei folgenden Szenen, für die er im ganzen nur 60 Verse übrig hat. Die Wirte führt er zwar redend ein und versieht sie mit Namen, aber er charakterisiert sie nur als Typen und will durch sie nur die Situationsschilderung verlebendigen. Wie der sprachliche Ausdruck, der sich von der Nachahmung eines bestimmten Vorbildes freihält, so dürfte auch der Inhalt selbständig sein und auf eigner Erfindung beruhen. Die Darstellung ist frisch und anschaulich, das Ganze nicht ohne poetischen Wert.

Der '*Peregrinus*' ist literaturgeschichtlich vor allem dadurch wichtig, daß er zu einer Gattung gehört, die im deutschen Mittellatein nicht häufig vorkommt, sondern mehr in Frankreich gepflegt wurde, zur satirisch-moralischen Poesie. Aus ihm läßt sich auch für die Kulturgeschichte manches gewinnen.

Zum erstenmal kritisch herausgegeben und kommentiert von E. Habel ZfdA. 74 (1937) S. 97ff.

K. Langosch.

Person, Gobelinus.

1. G. P. wurde 1358 in der Diözese, wahrscheinlich in der Stadt Paderborn geboren. Der Vorname (deutsch *Gobele*, *Gobelo*) ist eine Koseform für „Gottfried", der Nachname wohl eine Latinisierung für einen deutschen Namen *Schemen*, *Schatten* oder *Larve*. Von seiner Jugend weiß man nichts, zuerst taucht er 1384 an der Kurie Urbans VI. in Nocera in Campanien als Kammerkleriker auf. Mit dem Papst zog er dann nach Trani/Bari und zu Schiff nach Genua, wo er am 21. April 1386 (Ostersonnabend) die Priesterweihe empfing. Ein Gedicht über die Taten Urbans VI. konnte er aber damals nicht bei ihm anbringen und kehrte zunächst ohne besondere Stellung und Würde nach Deutschland zurück, wo er 1387 in Paderborn nachweisbar ist. Wahrscheinlich war er damals Subcollector der päpstlichen Kammereinkünfte für das Bistum Paderborn, ob er *procurator camere apostolice* war, ist nicht sicher. 1389 wurde er Rektor der Trinitatiskapelle und 1392 der Mark- oder St. Pankratiuskirche in Paderborn. Beide Stellen gaben ihm ausreichende Einkünfte ohne allzuviel Arbeitsbelastung, er konnte seine freie Zeit jetzt der Arbeit an seinem '*Cosmidromius*' widmen. 1405 legte er wegen eines Konflikts mit dem Rate der Stadt sein Pfarramt an der Markkirche nieder, schon war er zu dem Elekten Wilhelm von Paderborn in nahe Beziehungen getreten; 1409 wird er als Wilhelms Kaplan urkundlich genannt. Gemeinsam mit ihm führte er 1408/09 die Reformation des Klosters Böddeken durch, das aus einem völlig heruntergekommenen Frauen- in ein Männerkloster umgewandelt wurde. G. P. hat das selbst ausführlich in seiner Schrift: '*Processus* usw.' beschrieben, der Bischof belohnte seine guten Dienste durch Ernennung zum Offizial und Generalvikar von Paderborn. 1409 griff Gobelinus in innere Streitigkeiten im Kloster Abdinghof bei Paderborn zu Gunsten eines Verwandten in einer, wie es scheint, sehr parteiischen und gehässigen Weise ein, er scheint deswegen sogar an die Kurie

zitiert worden zu sein, 1410 ist er in Bologna und Rom nachzuweisen. Dann kehrte er, wieder als Offizial, nach Westfalen zurück, verlegte aber seinen Sitz wegen des gegen ihn entstandenen Hasses von Paderborn nach Bielefeld, anscheinend unter Aufgabe seines Offizialats (1411). 1416 und folgende Jahre ist er Dechant der Marienkirche in Bielefeld, 1418 beendigte er die Arbeit an seinem *'Cosmidromius'* und trat, der Welt müde, ins Kloster Böddeken ein, wo er am 17. November 1421 gestorben ist.

2. Gobelins kleinere Werke sind eine verlorene kritische Untersuchung über die Legende vom Märtyrertod der 11000 Jungfrauen (vgl. *'Cosmidromius'* ed. Jansen S. 10), ein verlorenes Gedicht über die Taten Papst Urbans VI., eine gleichfalls wohl unbekannte *historia seu cantus* auf die hl. Maria (beginnend: *Tecum principium*), ein verlorenes Epos über den Bischof Ruprecht von Paderborn, eine *'Vita s. Mainulfi'* (AA. SS. Okt. III), der *'Processus translacionis* usw.' (s. u.) und ein *'Tractatus musicalis sciencie'*, der handschriftlich in der Stadtbibliothek in Hamburg erhalten ist. — Sein Hauptwerk ist sein *'Cosmidromius'* („Weltenlauf"), eine Chronik nach den sechs Weltaltern. Sie liegt in zwei Fassungen vor, ist in beiden mit gleichem Text bis 1406 geführt. Dort fährt die ältere Fassung A (Kasseler Hs.) mit gleichzeitiger annalistischer Darstellung bis zum April 1409 fort, dieser ältere Text ist in B (3 Hss.) umredigiert und bis 1418 fortgeführt. Beide Fassungen haben nebeneinander selbständigen Wert. G. hat zahlreiche Quellen auch nicht ohne Kritik verarbeitet, Jansen scheint mir den Wert seiner Arbeitsweise gelegentlich nicht genügend einzuschätzen; auch für die älteren Jahrhunderte hat der *'C.'* teilweise Wert durch Benutzung von uns heute verlorenen Quellen, den Paderborner Annalen für das 12. Jh. und einem verlorenen karolingischen Annalenwerk für das 9. Jh. Beginnende humanistische Färbung und Bestrebungen bei ihm sind beachtenswert.

Vollständige Ausgabe des *'Cosmidromius'* (für sich allein) von H. Meibom sen. 1599, wiederholt bei Meibom jun. *Rerum Germanicarum* I S. 61—343 (1688). M. Jansen *'Cosmidromius' Gobelini Person, und als Anhang desselben Verfassers 'Processus translacionis et reformacionis Budecensis'* (Veröffentlichungen der Historischen Kommission der Provinz Westfalen) 1908 (bietet für die ältere Zeit nur Auszüge aus dem *'Cosmidromius'*, denen oft auch wichtige Stellen, eigene Bemerkungen, Anschauungen etc. des G. fehlen, die vollständige Ausgabe Meiboms ist daher daneben noch unentbehrlich). Vgl. P. Scheffer-Boichorst *Annales Patherbrunnenses. Eine verlorene Quellenschrift des zwölften Jahrhunderts* 1870. K. A. Kehr *Ein verschollenes karolingisches Annalenwerk*, Neues Archiv 28 (1903) S. 323—335. M. Jansen *Das Todesjahr des Gobelinus Person*, Histor. Jahrbuch 23 (1902) S. 76—80.

B. Schmeidler.

Peter, Meister.

1. Unter diesem Namen im cod. germ. 249 der Münchner Staatsbibl., saec. XV, auf Bl. 242ª ein Bericht über *die tugend von aichen mistel*, der auch als Einblattdruck in Inkunabelzeiten verbreitet war *von dem Meister Peter von Constantinopel in Kriechenlant und in der Christenheit der aller bewerdeste Arzt.* Ich habe den Text des Inkunabeldruckes im Arch. f. Gesch. d. Med. 3 (1910) S. 401 zum Abdruck bringen lassen und vermute, daß bei dem Name *Petrus von Constantinopel* der Bolognese Petrus de Crescentiis Pate gestanden hat (1235—1320); es steckt also keine deutsche Ärztepersönlichkeit hinter diesem Misteltext, wenigstens keine heute greifbare, trotzdem er immer wieder in den Handschriften vorkommt, z. B. cgm. 726, Bl. 135ᵇ und 211ª; im Ms. 34 in 4⁰ der Bischöfl. ordin. Bibl. zu Passau.

2. Es spukt dort aber noch ein anderer Meister Peter, jetzt als *Meister Peter des Kaisers Arzt* bezeichnet, der als Verfasser eines kleinen Peststückes gilt, das der Kaiser an seine Heiligkeit nach Rom schickt, wie wir es im Ms. XI. D. 10 der Prager Universitätsbibl. finden (Arch. f. Gesch. d. Med. 4 [1911] S. 399 f.). Es ist davon vielleicht nur ein Schritt zum *Missum imperatori* unbekannten Verfassers (Arch. f. Gesch. d. Med. 3 S. 149; 4 S. 194, 234, 389; 7 S. 57—64, 100; 8 S. 281; 14 S. 155; 16 S. 58 f.) und zu

dem Brief, den *des Römischen kunigs arzt hat gesant der edelen frauen von Plauen* [der Herrin des Vogtlandes] *für den gemeinen prechen der pestilenz* im cgm. 216 Bl. 19/20 (Arch. f. Gesch. d. Med. 7 S. 65 ff.); alles Deutsch.

3. Auf *Meister Peter des Pfalzgrafen Wundarzt* bin ich im Oktav-Kodex 3484, einem Wundarzt-Buch vom Jahre 1468, in der Gaml. kongl. Saml. zu Kopenhagen gestoßen. Sudhoff.

Graf Peter von Arberg. Unter diesem Namen bringt die Kolmarer Liederhandschrift (cgm. 4997) drei geistliche Tagelieder; das eine davon, die 'Große Tageweise *von der heiligen passien*' (s. u. 3), bezeichnet die 'Limburger Chronik' (s. Tilmann Elhen) z. J. 1356 als neu, mit der Bemerkung *unde machte ez ein Ritter*. Ein schweizer Graf Peter (II.) von Aarberg ist in dieser Zeit „auch mehrfach in der Umgebung Karls IV." urkundlich nachgewiesen (1348—68; vgl. Bartsch Germania 12 [1867] S. 90 u. 'Limburger Chron.' hrsg. v. Wyß S. 45, Anm. 6); die Sprache der Überlieferung und der Chronikbericht weisen jedoch an den Mittelrhein, wo andererseits Grafen von Arberg nicht nachweisbar sind. Es muß deshalb dahingestellt bleiben, ob die Verfasserangabe der Kolmarer Hs. richtig ist. Die drei Gedichte finden sich als „geistliche Gesellschaftslieder" (Hübner) in stark voneinander abweichenden Fassungen in ganz Altdeutschland, wobei die Verfasserschaft eines ritterlichen Laien — soweit darf man der Überlieferung wohl trauen — bemerkenswert ist. Die Entstehung der 'Großen Tageweise' wollte Hübner von 1354 (Wyß) in das Pestjahr 1349 verlegen; dagegen wohl mit Recht L. Wolff Theol. Literaturzeitung 57 (1932) Sp. 536.

1. *Marien wart ein bott gesant.* Bartsch K. Nr. 894, 26 (?) Str. Aus Palat. germ. 372 (v. J. 1382) mit 36 Str. abgedr. HMS. III 489ᵘ und W. KL. II, Nr. 527. Str. 8—15 dieses Textes sind ein „weihnachtliches Tagelied"; vgl. Kochs S. 62f. Zwei siebenstrophige Fassungen dieses Tageliedes: *Eia herre got, was mag das gesein?* unter dem Namen des Hermann v. Salzburg (s. d.) W. KL. II, Nr. 526. Dazu eine nd. Fassung (Hs. von 1430/40) abgedr. bei Bartsch *Die Erlösung* S. LXII u. 296; vgl. W. KL. II, zu Nr. 526. Melodien aus den von Wackernagel benutzten Hss. bei Böhme *Altdeutsches Liederbuch* (1877) Nr. 512/513.

2. *Ich wachter ich solt erwecken.* „Geistliches Wecklied". Bartsch K. Nr. 895, abgedr. als Nr. CLXXX, 3 Str. Nach 4 Hss. in W. KL. II Nr. 496—98; die stark verändernde Nürnberger Fassung (Germ. Museum Hs. 3910) auch bei Bartsch *Die Erlösung* S. 305; vgl. Germania 7, S. 277. Hinweis auf eine Niederschrift in der Grazer Hs. 37/43 (15. Jh.) bei Hoffmann v. Fallersleben *Gesch. d. KL.*³ (1861) S. 382. Melodie bei Runge (s. u.) S. 173.

3. *O starker got, all unser not.* Passionslied. Bartsch K. Nr. 898, abgedr. als Nr. CLXXXI, 3 Str. W.KL. II, Nr. 499 bis 501. Zehn Hss., eine lat. Übersetzung, krit. Text und Singweise: Bartsch u. Böhme Germania 25 (1880) S. 210; Nr. 6 jetzt Berlin Germ. qrt. 1480, vgl. dazu Bolte ZfdPh. 22 (1890) S. 403, auch ZfdPh. 45 (1913) S. 493 u. Mitteilungen aus d. Königl. Bibliothek III (1917) S. 79f.; Nr. 7 jetzt Berlin Germ. fol. 1027, vgl. a. ZfdPh. 9 (1878) S. 187ff. Weitere Hss., alle vom nd. Überlieferungszweig, mit dem Anfang: *Nu sterke uns got in unser not*: Hs. in Werden (um 1500): Nd. Jahrb. 14 (1880) S. 85. Trierer Hs. 724 (15. Jh.): Bäumker KL. I (1886) S. 452. Hs. 7970 der Wiener Fideikommißbibl. (niederländ. 15. Jh.): Bäumker Vierteljahrsschr. f. Musikwiss. 4 (1888) S. 233, Nr. 37 u. S. 242, Nr. 45. Oxforder Hs. Ashmol. 1291 (15. Jh.): Priebsch *Dt. Hss. in England* I (1896) S. 182, abgedr. S. 335ff. Zur Melodie außer Böhme (s. o.): Paul Runge *Die Sangesweisen der Kolmarer Handschrift* (1896) S. 173—177. H. J. Moser *Gesch. d. dt. Musik* I⁵ (1930) S. 176f.

4. Auch das Lied im Ton von 2: *Maria der eren ein krone*, Bartsch K. Nr. 896, das geistl. Tagelied: *Ich sihe von den genaden din*, Bartsch K. Nr. 897, und

das weltl. Tagelied im Ton von 3: *Ich sing ich sage, es ist an dem tage*, ebenda Nr. 900, abgedr. als Nr. CLXXXII und nach der nd. Hs. Berlin Germ. qrt. 795 (14. Jh.) in HMS. III, 427, möchte man P. v. A. zuweisen; vgl. Bartsch K. S. 180f. u. Kochs S. 61. Im Ton von 3 steht offenbar auch das Lied *O gnaden schloß*, Bartsch K. Nr. 899.

Bartsch *Meisterlieder der Kolmarer Handschrift* (= K) (Stuttg. Lit. Ver. 68) 1862, S. 83. 179ff. 578ff. Walter de Gruyter *Das deutsche Tagelied*. Diss. Lpz. 1887, S. 133ff.; dazu Roethe AfdA. 16 (1890) S. 86. Th. Kochs *Das deutsche geistliche Tagelied* 1928, S. 58ff., 62ff., 76ff. Arthur Hübner *Die deutschen Geißlerlieder* 1931, S. 165—175 (zu Nr. 3), 219—222 (zu Nr. 1).

Ludwig Denecke.

Peter von Danzig (*Danckgs*). Anhang zu Cod. Vatican. No. 1449 (s. Liechtenauer und Kal).

P. wird in Kals 'Fechtbuch' bei der Aufzählung der bedeutendsten Meister an erster Stelle genannt. Er stammte aus Ingolstadt und verfaßte Glossen und Auslegung über den Text der Kunst, *den Liechtenawer mit verdackten worten gesetzt hat*. Die Schrift befindet sich in einem Anhange zu '*Des liechtenawers Fechter khunst*', 1462. Cod. Vatic. Rom, Nr. 1449, und handelt von der ritterlichen Kunst des langen Schwerts.

G. Hergsell *Livre d'éscrime de Talhofer (code d'Ambras) de l'an 1459*, 1901 S. 9. M. Jähns *Geschichte der Kriegswissenschaften* 1889, I S. 371.

Ed. A. Geßler.

Peter von Dürwang, Herr. Hs. Additional 16581 des Britischen Museums, 15. Jh. (1469), ostschwäbisch, Bl. 172ᵃ; s. R. Priebsch *Deutsche Hss. in England* II (1901) S. 147—58. Ihm wird zugewiesen der Spruch:

Wie man fert dem hundt mit,
Er hat doch hundes sytt

(vgl. Freidank 138, 1 f.).

R. Priebsch.

Peter von Haselbach. Geboren um 1440 in dem Dorfe Haselbach bei Stockerau in Nieder-Österreich, Chorherr des Augustinerstiftes zu Klosterneuburg, 1465 Magister artium der Wiener Universität, auch als Plebanus der Kirche am Fuße des Kahlenberges (heute Wien) tätig, gestorben am 8. Januar 1506. Das Totenbuch seines Klosters rühmt ihn als *egregius presbyter ac predicator*. Der Wiener Humanist und Arzt Johannes Tichtel zählte ihn zu seinen Freunden. Sein Familienname war Eckel (*Eglil*). Er hielt in den Jahren 1489 und 1490 vor dem Konvent des Frauenklosters St. Magdalena in Klosterneuburg, dessen Kustos er damals war, eine Reihe von deutschen Predigten über das Leiden Christi. Sie sind überliefert in den Hss. 845 und 859 der Stiftsbibliothek Klosterneuburg, zugleich mit anderen deutschen Predigten P.s. Er scheint auch Teile der Bibel, vor allem die Passionsgeschichte, ins Deutsche übersetzt zu haben. Vielleicht rührt die deutsche Postille in der Klosterneuburger Hs. 443 ebenfalls von ihm her; auf Bl. 132ᵇ dieser Hs. heißt es: *An dem carfreitag hincz auf den ostertag list man den paßyon, den der erwirdig geistlich herr maister Peter von Haßellpach gedewchczst hat.* Eine Untersuchung dieses für die Geschichte der spätmittelalterlichen deutschen Prosa in Österreich wichtigen Predigers fehlt.

H. Pfeiffer-B. Cernik *Cat. cod. mss. qui Claustroneoburgi asservantur* II S. 216; *Font. rer. Austr.* I/1 S. 14; MGH. *Necr.* V S. 6; J. Aschbach *Gesch. d. Wiener Univ.* 1865, I S. 620.

Hermann Maschek.

Peter der Karmeliter, s. Peter v. Straßburg.

Peter von Merode, s. 'Pilgerfahrt des träumenden Mönchs' B.

Peter von Reichenbach ist ein Dichter des beginnenden 14. Jh.s, dessen Name uns nur durch einen Leich in der Kolmarer Hs. (XII, 17, 41a, 49c; Bartsch Nr. 7; s. a. S. 181) bekannt ist. Das in md. Gebiet gehörende Gedicht, das als *Pêter von Rîchenbaches hort* geht, ist deshalb besonders bemerkenswert, weil es ganz in der bei den frühen Meistersingern seit jeher beliebten Form des Tageliedes — man denke nur z. B. an den Marner (s. d.), an Frauenlob (s. d.) — beginnt, den *trônen wehter* also auffordert, *ûz slâfes* *twalm* zwei Liebende zu *erschrecken*, ehe daß sie *enblecke des tages schîn*, dann aber einen der ritterlichen Alba ganz fernen Gedankenkreis einschlägt. Nicht nur lautet das Verlangen *verstoerr der sünden lauf snellichen* (8), nicht nur sollen sie *hoeren schwer den rûf / des herren clâr der sie geschûf. / der sie bring ûz der sünden stûf* ... (13 ff.), nicht nur heißt es: *Daz fleisch gert snoeder dinge* (44), *Der geist ist zwäre ûz gote komen, / wolt wider dar, hân ich vernommen, / und schûefe gerne sînen fromen, / der lîp ist irdisch, gert irdischer sache* (50 ff.) — es zeigt sich, daß sehr bald der merkerliche Wächter und Warner sich unversehens in eine andere Gestalt wandelt, daß auch die Einkleidung in ein geistliches Tagelied nicht beibehalten wird, daß es sich nur um eine Einleitung handelt. Nicht zwei Liebenden mehr, sondern allen Menschen schon gilt: *Got rûefet ûz der lêrer mûnt / „ich tûn iu allen wachen kunt, / slaft lenger nicht ze dirre stunt / ... der tac uns nâhet schôn frôn, / der gûten und der boesen lôn, / ieclîchen nach ir underscheide* (82 ff., 109 ff). Dann aber beginnt eine lange Aufzählung der Herrlichkeit Gottes, des Schöpfungswerkes und -planes des Herrn — anders als die sonstigen summarischen Weltbeschreibungen der Dichter und Meistersinger von den Zeiten Notkers des Stammlers (s. d.) und Ekkehards IV. (s. d.) bis zu Walther von der Vogelweide (s. d.), Konrad von Würzburg (s. d.), Rûmzlant (s. d.), Marner (s. d.), Boppe (s. d.), Kanzler (s. d.), Frauenlob, Hugo von Montfort (s. d.), Oswald von Wolkenstein (s. d.), dem Teichner, dem sagenhaften Klingsor (s. d.) und den späten Jörg Preining (s. d.; weitere Angaben bei Oppenheim S. 20 u. ebd. Anm.) — *dar nâch schûf schône der werde / himel und erde / nâch sîner gerde, / dar zuo die sterren mit planêten, / ir lauf, ir zal, natûre artêten, / ir craft, ir würken sunder scheit* ... (135 ff.). Luzifers Abfall, Schöpfung des ersten Menschenpaares. Ekstatisch klinkt der anaphorische Preis der Göttlichkeit: *du urspinc, rivier reine, / du starker list, du rîch gewin /, du schaz gar wandels eine, / du saffic wunnebernder stamm, / du fîne fruchtbaer blüete, / du zinsic bach, du tiurer nam* ... (289 ff.). Und ganz im Sinne der Lauretanischen Litanei, in Tönen, wie wir sie bei Harder, Kienast (s. d.), Ketner (s. d.), Lesch (s. d.), Nunnenpeck (s. d.), Zwinger (s. d.) und auch Jörg Preining vernehmen, bemüht er sich, Marias Herrlichkeit zu besingen. Und mit der Antwort Marias auf den englischen Gruß schließt auch unvermittelt und ohne irgendeine der üblichen Schlußbeteuerungen oder der Bitte um Gottes oder der Gottesmutter Beistand der Hort.

Es ist nicht möglich, genaueres über die dichterische Physiognomie Peters von Reichenbach, des Dichters unseres Leiches, auszusagen. Zu oft geht er in hergebrachten Bahnen einer starken Reimkünstelei, wie z. B.: *O flüzzic düzzic hôher rât, / du zinsic flinsic saelden pfat, / du sinnic rinnic rivier* ... / *din vachen krachen swachen / tût alliu dinc zwâr mit gewalde. / du wîser grîser lîser funt* (216 ff.). Immer wieder verwendet er Schlagreim, übergehenden Reim, Kettenreim, Binnenreim usw.; ganz traditionsgebunden — und auch hierin ähneln ihm jene andern Dichter, die das Marienlob begeistert singen, zum größten Teile — ist seine Vorliebe für prunkvolle und gelehrtklingende Ausdrucksweise, die möglichst von seinem lateinischen Wissen kündet! Die Engel singen vor dem Herrn süße Töne, *schalbaer klenke ûz armonien*, er spricht von *geformieret, ordinieret, quadrieret*, von *quadrant* und *zirkels mâz* (154 ff.).

Jenseits der Frage aber, ob nicht P. v. R. in seinem Wissen um religiöse Fragen, um Begriffe des Quadriviums und Triviums geistlichem Stande angehört habe oder doch zumindest durch geistliche Schulung gegangen sei, drängt sich dem Leser das Gefühl auf, daß der Dichter stark von Frauenlob beeinflußt ist. Eine Bestätigung für diese Annahme bringt die Tatsache, daß nach Bartschs (S. 169 u. S. 181) und Pfannmüllers Forschungen (*Frauenlobs Marienleich* [Q. F. 120] 1913, S. 74) der in der Kolmarer Hs. unmittelbar vor P.s Gedicht unter dem Namen von Frauenlob XI, 16 (24 c) stehende „tougen hort" oder „sloß hort"

(Kolm. Hs. 6) nicht Meister Heinrich (= Frauenlob) angehört, sondern als Werk eines Epigonen anzusprechen ist. Bartsch hat in den Anmerkungen zu diesem in der Form den Leichen Frauenlobs und jenen der späteren Dichter gleichenden Werke (metrische und musikalische Ungleichheit der einzelnen Absätze, Zerfall jedes Absatzes in zwei gleiche Hälften) an Sprache und Ausdruck seine Auffassung erhärtet. Wer einmal den sehr langen und schwierigen unter Frauenlobs Namen gehenden Leich durchliest, den Bartsch als in Ausdruck, Fluß und Güte der Verse als dem „Hort" P.s v. R. unterlegen kennzeichnet, während Pfannmüller hingegen gar die „plane Ausdrucksweise und den geordneten Gedankengang" lobend hervorhebt, der wird außer den Gleichheiten der Einzelheiten auch starke Ähnlichkeit der beiden Leichinhalte (Kolm. Hs. 6 u. 7) feststellen. Hier sowie da spielt die Trinität, die Schwierigkeit ihrer Ergründung, eine große Rolle — gerade dem späten Nunnenpeck und dem Weber Jörg Preining blieb nichts übrig, als im Glauben an das Evangelium und im Vertrauen auf des Herrn Größe das ihm Unverstehbare als Heilswahrheit hinzunehmen —, Prunken mit lateinischen und gelehrten Worten kennzeichnet auch den „tougen hort" (bes. VI, 147 ff., 569 ff., 751 ff.); Maria aber mit all den Beiworten, die sie verherrlichen, mit allen Vergleichen und Deutungen, die ihr gewidmet sind, Maria als Gestalt, deren Tugenden und deren Besonderheiten Frühere und weniger Würdige präfigurierend im geringem Maße schon zeigen dürften — sie steht in dem Frauenlob zugeschriebenen Leiche viel stärker im Mittelpunkt als in Gedichten Peters von Reichenbach.

K. Bartsch *Die Meisterlieder der Kolmarer Handschrift* (StLV. 69) 1862. H. Oppenheim *Naturschilderung und Naturgefühl bei den frühen Meistersingern* (Form und Geist 22) 1931.

W. St.

Peter von Sachsen. (1) (die Kolmarer Hs. nennt ihn *Peter von Sahsen;* entstellt taucht der Name in den großen Dichterkatalogen von Hans Folz [s. d.] und Kunz Nachtigal [s. d.], in dem von Hans Sachs, z. T. selbst geschriebenen Berliner cod. mgq. 414 auf: bei Folz Bl. 476a [Mayer *Meisterlieder* 94, 51], als *Peter Sach* und bei *Nachtigall* Bl. 426f, WKL. II 1311, als *Petterlein Sax*). Zwei Lieder, ein Marienlied (Kolm. Hs. Bl. 19af. = Donaueschinger Hs. 263, Bl. 216a—217b; s. Bartschs Teilabdruck S. 6) und ein Mailied (Kolm. Hs. 20a; s. Bartsch S. 7) gehen unter dem Namen P.s v. S. Doch kann seine Autorschaft für das Mailied: *Man sicht leuber teuber / Fur die sweren meren / Wan sol ich tûme blûme* . . ., das sich auch in der Laufenberg-Hs. Bl. 90b (WKL. II zu Nr. 737; s. a. ebd. den lateinischen Text) befindet, nicht als sicher anerkannt werden. Das Marienlied beginnt: *Maria gnuhtic zuhtic, / gôtliche sunne wunne, / vîne, schîne durch den himel trôn. . schôn mit gedôn / sô loben dich mit freude al gotes engel* und zeigt auch im weiteren Verlaufe des Dichters Neigung zu reimreicher verkünstelter Strophe (übergehender Reim, Schlagreim, Dreireim usw.) P. v. S. ähnelt auch insofern anderen die *kunst* über alles stellenden Meistersingern wie z. B. Harder (s. d.), Hülzing (s. d.), Kienast (s. d.), Lesch (s. d.), Zwinger (s. d.), daß er in immer neuen Wendungen und Benennungen die Herrlichkeit und Vollkommenheit Marias darzustellen sucht, daß er gerne sich lateinischer Wendungen aus der Kirchensprache im deutschen Gedichte bedient. Maria ist ihm *der süeze ein bach, / ein obedach, / götlîchz gemach, / der gotheit überzimmer*. Hülzing bat in seiner Paraphrase des Vaterunsers den Herrn, er möge aus seiner *gotheit sark die gruntvest und daz zimmer* senden für sein schweres Beginnen. Die Gottesmutter ist für P. v. S. *gotes exempel, tempel, getemperieret* . . . Das alte Bild vom „Kleide", das sich als Kleid der Ehre bei Konrad von Würzburg (s. d.), Reinmar von Zweter (s. d.), Kanzler (s. d.), Heinrich von Mügeln (s. d.), Suchensinn (s. d.) und u. a. auch bei Lesch findet, das der Schulmeister von Eßlingen (s. d.) und besonders Gottfried von Straßburg (s. d.) im 'Tristan' in höchst kunstvoller Art gestalten (s. zu diesen Fragen Oppenheim [s. d.] S. 47 u. ebd. Anm. 3), ist auch P. v. S. geläufig: *breit und becleit / ist dîn lop bî got êwic unde immer* (v. 19f.). Weniger gelehrt, stärker aus der Anschauung geschöpft mag uns heute ein anderes Bild für Maria erscheinen: *geknopfet schôn uz rîcher blüete stengel* (v. 10); doch stammt auch diese Bezeichnung wohl aus der üblichen Benennung Marias als Blume, Gerte usw. her (das eigene Beobachten des Knospens der Blumen charakterisiert etwa Muskatblüt [s. d.] und Jörg Schiller [s. d.]; s. Oppenheim S. 62 u. ebd. Anm. 4, S. 65).

2. Peters Marienlied ist aber aus literarhistorischen Gründen besonders bemerkenswert. Auf Blatt 19c der Kolm. Hs. (s. Bartsch S. 6f.; ferner die Donaueschinger Hs. S. 90) lautet es: *Als her peter von Sahsen dem münch von Salczburg dyß voegeschr. par schicket da schicket er yme dys nachgende latynisch par her wider in dem selben tone* (*O Maria pya*; s. Mones Hymnen 2, 329). Mit dieser Beziehung zu dem bedeutenden Mönch Hermann von Salzburg (s. d.) sind aber auch alle Daten für das Leben und das Wirken unseres Dichters erschöpft. Wir können die Zeit seines Schaffens, als Zeitgenossen des Mönchs von Salzburg und auf Grund seiner Dichtweise, für die letzten Dezennien des 14. Jh.s ansetzen. Ich halte es aber für fraglich, ob man mit Roethe (ADB. XXV S. 476) und Bartsch (S. 184) P. v. S. als Adligen bezeichnen darf. Denn allgemein werden doch seit früher Zeit mit *Her* auch der Geistliche, der Laienpriester angeredet (s. Acta Germ. 3, Monds. Hs., S. 33; Lexer, Mhd. Wb. I Sp. 1259; Grimm, D. Wb. IV, 2, „Herr“ 3c usw.); heute noch sagt man im Oberschwäbischen *Heierle* (= Herrle) vom Geistlichen, vom Kaplan (O. Meisinger *Vergleichende Wortkunde, Beiträge zur Bedeutungslehre* 1932, S. 8). Gerade das Verhältnis zum Mönch von Salzburg legt den Gedanken nahe, daß der in den Ausdrücken der Kirchensprache so bewanderte P. v. S. ein höherer Geistlicher gewesen ist.

3. Als Weise P.s v. S. wird der „Paratreien“ bezeichnet (s. F. Keinz *Hans Sachsens Zeitgenossen und Nachfolger im Meistergesang*, bei Stiefel *Hans-Sachs-Forschungen* 1894, S. 342; dort weitere Hinweise).

K. Bartsch *Meisterlieder der Kolmarer Handschrift* (StLV. 68) 1862. H. Oppenheim *Naturschilderung und Naturgefühl bei den Meistersingern* (Form und Geist 22) 1931.

W. St.

Peter von Steinhart. Hs. Additional 16581 des Britischen Museums, 15. Jh. (1469), ostschwäbisch, Bl. 170ª; s. R. Priebsch *Deutsche Hss. in England* II (1901) S. 147—58. Ihm wird in den Mund gelegt der Spruch:

Trunckenhayt ist ain raub der tugent gar
Sie ist des Todes pildt, nu nemmet war

(zusammengeschweißt aus Freidank 94, 1—4).

R. Priebsch.

Peter von Straßburg, Karmeliter. P. v. S. lebte in der zweiten Hälfte des 13. und zu Anfang des 14. Jh.s. Eine bei C. Bruschius *De omnibus Germaniae episcopatibus epitome* (*Norimbergae* 1549) S. 67 zuerst auftauchende Nachricht bezeichnet ihn als den Verfasser der im Ellenhardschen Codex befindlichen Darstellung des sogenannten '*Bellum Waltherianum*' (1260—1263). Wörtlich lautet die angeführte Stelle über seine Autorschaft so: *Huius belli totam historiam carmelita quidam Petrus copiose descripsit in chronicis argentoratensibus.* Spätere Gelehrte wie Poissevin, Alégrius, Du Cange, Voß, Fabricius, Schöpflin, Koch u. a. trugen die Behauptung, daß P. v. S. der Urheber jener Relatio sei, kritiklos weiter. Der Bericht schildert in packender, warmherziger Weise die Kämpfe der Straßburger Bürgerschaft mit ihrem Bischof Walther von Geroldseck (1260 bis 1263). Den Mittelpunkt desselben bildet die Schlacht bei Hausbergen vom 8. März 1262, die mit einer schweren Niederlage des bischöflichen Landesherrn endete und das dauernde Übergewicht der Bürgerschaft über diesen inaugurierte. Die in Stil und Aufbau sehr gewandte, auch kriegsgeschichtlich interessante Erzählung ist ein besonders wertvoller Bestandteil der Sammelhs. Ellenhards (s. d.).

Gegen P.s v. S. Autorschaft, die noch nach Hegels Meinung (*Chroniken der Stadt Straßburg* I [1870] S. 55) unbezweifelt hätte fortbestehen können, machten Böhmer (*Fontes* III, Vorrede S. XXX) und Jaffé (MG. SS. XVII S. 99) geltend, daß die Karmeliter erst 1326 nach Straßburg gekommen seien, während die '*Relatio*' nach ihrem Selbstzeugnis schon bald nach dem Tode König Rudolfs (15. Juli 1291) verfaßt wurde. Der Einwurf über die spätere Ankunft der Karmeliter in Straßburg ist zwar unzutreffend — in Wirklichkeit waren sie schon früher dort ansässig — dennoch bleibt die Autorschaft P.s völlig unverbürgt. Gottfried von Ensmingen (s. d.), den Strobel und Böhmer an seiner Stelle in Vorschlag bringen, kann hierfür ebensowenig in Frage kommen; denn die für ihn angezogenen Gründe sind keineswegs durchschlagend. Deswegen beschränkt man sich neuerdings darauf, einen Anonymus als Verfasser unseres Kriegsberichts anzusehen, so Jaffé, Tempeltey, Wiegand, Lorenz u. a. Für den Karmeliter P. v. S. bleibt lediglich die Möglichkeit offen, daß er eine Abschrift desselben besorgte oder über den gleichen Gegenstand ein anderes, selbständiges Werk schrieb, das aber verloren ging.

Dictionnaire de l'Alsace I (1787) S. XII. *Côde historique et diplomatique de la ville de Strasbourg* 1843 I S. 5; II S. 44 ff. E. Tempeltey *De Godefredo ab Ensmingen eiusque quae feruntur operibus historicis, Lipsiae* 1861 S. 66ff. W. Wiegand *'Bellum Waltherianum', Studien zur elsässischen Geschichte und Geschichtsschreibung* I 1878. O. Lorenz *Deutschlands Geschichtsquellen im MA.* I (1886) S. 27 f. R. Reuß *De scriptoribus rerum Alsaticarum historicis, Argentorati* 1897 S. 27 f. H. Vildhaut *Handbuch der Quellenkunde zur dt. Gesch.* II (1900) S. 22 f.

J. Ahlhaus.

Peter zu Suchen, s. Ludolf v. Sudheim.

Peter v. Trebensee, s. St. Georgener Prediger.

Peter von Ulm, Meister, ein Scherermeister oder Wundarzt, der in einer Ulmer Urkunde vom 26. Januar 1420 nachgewiesen wird. Er hatte das Bedürfnis, sich ein chirurgisches Manual anzulegen, das meist Rezepte enthält, denen mitunter in Kürze eine Notiz über den Anwendungserfolg angehängt ist. Auch Verbände sind gelegentlich beschrieben, wobei er etwas ausführlicher wird, und Einrenkungs- und Einrichtungsmaßnahmen schildernd eingeschoben, z. B. ein *schwebtuch* oder *Der ein achselpein verruckt hat oder ein arm* oder *das geprochen pein.* Er nennt dies deutsch abgefaßte Manual '*Cirurgia magistri Petri de Ulma*'. Es ist aufbewahrt im Cod. lat. 273, saec. XV., der Münchner Staatsbibliothek, Bl. 186—211; Register und Textproben in meinen 'Beitr. z. Gesch. d. Chir. i. MA.' II S. 617—620. Einzelne deutsche chirurgische Rezepte unter seinem Namen kommen in den Münchener Cod. latini 325, 658 und 23912 sowie auch anderwärts vor. Sudhoff.

Peter von Worms *(Wurms)*, Meister. Hans Suff (s. d.) überliefert von ihm eine Anweisung, zu brauchen gegen den Gang des Gliedwassers, und ein Pflaster-Rezept im Cod. med. et phys. Fol. Nr. 8 der Landesbibl. zu Stuttgart, saec. XV, Bl. 472.

Sudhoff *Beitr. z. Gesch. d. Chirurgie im MA.* II (1918) S. 596.

Sudhoff.

Peter van Zirn, um 1500 deutscher Privatschulmeister in Wesel am Niederrhein, legte sich für seinen Unterricht die Sammelhs. Novi 535, 16 der Wolfenbüttler Bibliothek an. Inhalt: Reimpaargedichte, Priameln, Cato, religiöse Prosa, Briefmuster, Rechenanweisungen und -aufgaben usw. Für den Schulbetrieb der Zeit von besonderem Interesse persönliche Notizen wie Ankündigung des Unterrichts, Stundenplan, Schüler- und Schulgeldlisten, Examensfragen.

R. Franke *P. v. Z.s Handschrift, ein deutsches Schulbuch vom Ende des 15. Jh.s* (German. Studien 127) 1932.

Ruth Franke.

Petermann, s. Etterlin (Nachtr.).

Peters, Gerlach. Gleich Gerhard Zerbolt v. Zütphen (s. d.) einer der jungverstorbenen († 1411) einflußreichen Meister der *devotio moderna* aus der Schreibstube des Florentius Radewijns in Deventer, aus der sich die Brüder v. gemeinsamen Leben (Fraterherren) und die Windesheimer Chorherren entwickelt haben. Geb. 1378, seit 1403 Mönch zu Windesheim, schrieb er 1403 für seinen eigenen Gebrauch das '*Breviloquium*' und in den folgenden Jahren die Tagebuchblätter seines geistlichen Lebens, die als '*Soliloquium*' von dem Laienbruder Joh. Schutken gesammelt und geordnet wurden. Von dt. Schriften sind zwei Mahnbriefe an seine leibliche Schwester Lubbe erhalten, die Schaffnerin war im Meester-Geerts-Huis zu Deventer. Die lat. Schriften haben ihm den Ehrennamen eines zweiten Thomas von Kempen eingetragen. Das '*Soliloquium*' war ein Lieblingsbuch in Port Royal u. wurde von P. Poiret hgb. als '*Sacra orationis theologia*' (Amsterdam 1711).

Vita im '*Chronicon Windeshemense*' des Joh. Busch, hsg. v. K. Grube 1886f. S. 156/64; Erstdruck der 'Soliloquien' Köln 1606; neuerdings 1849; niederländische, französische und deutsche Übersetzungen 1621, 1829 u. 1849. W. Moll Kerkh. Archief 2 (1859) S. 145ff.: Erstdruck des '*Breviloquium*' u. der Briefe; P. Zuppke *Die vorreformatorische Kirchengeschichte der Niederlande* II (1895) S. 362 ff. J. G. R. Acquoy *Het Kloester Windesheim en zyn invloed* 1875. O. Clemen *Gerlach Petersen*, Beilage der Leipziger Zeitung 1896 Nr. 35. J. D. de Stepelaar *Gerlacus Petersz*, Leyden 1900. D. de Man *Sommige stichige punten*, Amsterdamer Diss. 1919. K. Richstätter *Die Herz-Jesu-Verehrung des dt. MA.s* ²1924, S. 159f.

Engelbert Krebs.

Peterswald, Jakob. Die Hs. Wien, Nationalbibliothek Poem. Germ. 10100a ist in ihrem ersten Teile, Bl. 1—31, Abschrift einer 1402 angefertigten, heute verlorenen Hs., die durch Vermittlung Job Hartmann Enenkels aus dem Besitz von Wolf Christoph Velderndorfer 1625 dem Freiherrn Christoph Adam von Fernberg zur Abschrift überlassen wurde. Bl. 31a ist das Inhaltsverzeichnis der alten Hs. von 1402 erhalten (abgedruckt von Kratochwil Germ. 34 S. 312), und darin ist aufgeführt:

56. von 7. farben geticht Jacoben Peterswald p. 8. Das *p. 8.* bedeutet, daß in der Hs. das Gedicht 8 Seiten (Anfangs- und Schlußseite als voll gezählt) eingenommen habe. Soweit sich anderweitig berechnen läßt, gingen durchschnittlich 72 Verse auf jede Seite (vgl. ZfdA. 41 S. 195). Das Gedicht J. P.s hätte demnach mehr als 452 und nicht mehr als 576 Verse umfaßt. Von den uns erhaltenen Gedichten, die die Farben ausdeuten, könnte also — wenn überhaupt eins — nur 'Die Schule der Minne' (s. d.) in Frage kommen, die 584 Verse zählt, aber in vielen Hss. mit mehr oder minder großen Auslassungen überliefert ist. Eigenartig ist, daß dies in 9 Hss. überlieferte Gedicht in keiner eine Überschrift hat und nur eine Hs. versucht, in einer Nachschrift ihm einen Namen zu geben: *dy sechs varwen.* Es behandelt auch tatsächlich nur sechs Farben, Braun, Grün, Weiß, Rot, Blau, Schwarz; Gelb, das Gelingen bedeutet, wird dem Minner noch nicht zu Teil. Die Bedenken gegen J. P.s Verfasserschaft sind also nicht zu unterschätzen.

Primisser *Suchenwirt* 1827, S. L.

Niewöhner.

Peterweil, s. Baldemar v. P.

Petri, s. Peters.

Petrus, s. Peter.

'Petruslied', s. Nachtrag.

Peuger, Lienhard.

1. In der aus dem 15. Jh. stammenden, in bair.-österr. Mundart geschriebenen Papierhs. Ms. I, 16 des Stiftes Schlierbach ist uns Bl. 79b—82a ein Lehrgedicht überliefert. Es ist von anderer Hand geschrieben als der übrige, zumeist 1433 aufgezeichnete biblische Inhalt des Codex. (Genaue Beschreibungen der Hs.: *Die Hssverzeichnisse der Cisterzienserstifte* II [1891] S. 487 f.; Vollmer S. 86 ff.)

2. Das bisher unveröffentlichte Lehrgedicht beginnt (ohne Überschrift) mit den Versen:

(W) Jl dw haben guotñ Ratt
So merkch dich selbs an aller statt
Was du tuest vnd handln wild
Des nym te ein vorpild . . .

und schließt:

Mariam der ich hoff und wart
Das sy vns zu' Jesum pring
Darnach mit vleiss ring
Vnd flewch der sell swär
Also tiecht prueder lienhart pewger.

3. Der Verfasser Leonhardus Peuger lebte seit 1420 in Melk, und zwar heißt es im '*Indiculus professorum*' von ihm: *anno 1420 ... Leonhardus Peuger ex armigero conversus prius Monasterii S. Lamperti hic suscipitur.* Er war nicht ohne literarische Bildung. Im cod. 051 befindet sich ein '*Psalterium Germanicum eleganter a Leonhardo germanice translatum*', und im Cod. Mell. L 67 fol. befinden sich noch einige andere Gedichte von ihm, namentlich zum Preis der Heiligen Jungfrau.

Hans Vollmer *Materialien zur Bibelgeschichte und religiösen Volkskunde des MA.s* I, 2 (1916). Kropff *Bibliotheca Mellicensis* 1747, S. 199 ff.

Arthur Witte.

Peuntner, Thomas (auch *Thoman der Pewntner, Thoman pharrer ze hoff, Thomas plebanus in castro, Taman prediger zu sand Stephan ze Wyenn*), Prediger und Mystiker.

1. Thomas Peuntner stammt aus Guntramsdorf bei Mödling (heute Groß-Wien), wo er wahrscheinlich zwischen 1360 und 1380 geboren wurde. Seinen Namen führte er nach einem in Guntramsdorf bereits 1348 bezeugten Weingarten *Peunt.* Über seinen Entwicklungsgang und die Frühzeit seiner Tätigkeit ist vorläufig nichts bekannt; lediglich im letzten Lebensjahrzehnt von 1428 bis 1439 ist er urkundlich nachweisbar. Seine theologische Bildung dürfte er den damals an der Wiener Universität wirkenden Professoren verdanken. Besonderen Einfluß übte auf ihn Nikolaus von Dinkelsbühel (s. d.) aus, dessen Schriften zum Teil die Grundlage für P.s eigenes literarisches Schaffen bildeten. P. scheint ein Lieblingsschüler des großen schwäbischen Theologen gewesen zu sein. Seit 1428 ist er als Pfarrer und Prediger am herzoglichen Hof in der Wiener Burg bezeugt (daher *pharrer ze hoff* oder *plebanus in castro* genannt). 1433 gelangte er in den Genuß einer Pfründe an der Wiener Stephanskirche und wurde der Nachfolger des Nikolaus als Beichtvater Herzog Albrechts V. und seiner Gattin Elisabeth. 1438 wurde er zum Domherrn von St. Stephan ernannt. Gestorben ist er 1439.

Über P.s Leben vgl. A. Camesina Blätter d. Ver. f. Landeskunde von Nied.-Öst. NF. 5 (1871) S. 131, Nr. 311; Th. G. v. Karajan Berichte u. Mitteilungen d. Altertumsvereins zu Wien 6 (1863) S. 151; *Quellen zur Gesch. d. Stadt Wien* I/4 Nr. 4705; H. Zschokke *Gesch. d. Metropolitankapitels zum hl. Stephan in Wien* 1895, S. 382, Nr. 131; Th. Wiedemann Oest. Vjschr. f. kath. Theol. 11 (1872) S. 289; C. Wolfsgruber *Die Hofburgkapelle in Wien* 1905, S. 31; H. Maschek ZblfBblw. 53 (1936) S. 361—68. Über P.s Grabstein bei St. Stephan in Wien mit dem angeblichen Todesdatum 1427 vgl. K. Lind Berichte u. Mitt. d. Alt. Ver. zu Wien 22 (1883) S. 94.

2. Werke. a) Das Hauptwerk P.s ist das sogenannte 'Büchlein von der Liebe (oder besser) Liebhabung Gottes', von dem mehr als 30 Hss., 5 Wiegendrucke und mehrere spätere Ausgaben (bis ins 17. Jh.), darunter einige niederdeutsche, bekannt sind. Es liegt in drei wenig verschiedenen Ausgaben vor. Die erste Fassung mit 18 Kapiteln wurde vermutlich 1431 oder spätestens vor 1433 niedergeschrieben, da sie der 1433 verstorbene Nikolaus von Dinkelsbühel noch durchgesehen hat. Die zweite Fassung mit 22 Kapiteln ist am weitesten verbreitet und wohl 1433 oder wenig später entstanden. Die dritte Fassung gleicht der zweiten völlig, nur trägt sie gleichsam als Geleitwort den Brief eines nicht genannten Kartäusers an einen Ordensbruder namens Konrad und weist statt der Einleitung der zweiten Fassung die der ersten auf. Diese dritte Ausgabe stammt vielleicht erst aus der Zeit nach P.s Tod (1439). Wer der Kartäuser war, der das Geleitwort voranstellte, ist unbekannt. Oberflächliche Leser haben ihn mit dem Verfasser des Büchleins gleichgesetzt und glaubten ihn in der Gestalt des Kartäusers Nikolaus Kempf (s. d.) gefunden zu haben. Diese Gleichsetzung ist jedoch unstatthaft, denn der Schreiber des Briefes darf unter gar keinen Umständen als Verfasser angesehen werden, spricht er doch ausdrücklich von

dem Büchlein als von einem fremden Werk. Vielleicht rührt lediglich der Brief von Kempf her; der Bruder Konrad, an den er gerichtet ist, könnte Konrad von Münchingen, seit 1445 Abt der Kartause Güterstein im Oberamt Urach, sein.

Für die Verfasserschaft P.s spricht die Angabe in der Münchener Hs. cgm. 762, die als Verfasser *her Taman saliger gedachtnuzz prediger zu sand Stephan ze Wyenn* nennt; ferner der Umstand, daß das Büchlein ebenso wie ein anderes sicher bezeugtes Werk P.s mit dem Satz beginnt: *In einem waren christenlichen glauben, in stetter hoffnung und in einer volkommenen lieb behalt uns der barmherzig got amen.* Dazu kommt das innige Verhältnis, das zwischen P. und seinem Lehrer N. v. D. bestand, der das Büchlein noch kurz vor seinem Tode überprüfte.

Als Quelle dienten drei Predigten des N. v. D. *De dilectione Dei*, aus denen P. einige Stellen wörtlich übersetzte. Im übrigen ging er recht selbständig vor und führte verhältnismäßig selten Gewährsmänner an. Den Inhalt des Büchleins bildet die Frage, wie und warum der Mensch Gott lieben soll. Die Antwort darauf zeugt von einem ungemein hoch entwickelten Gottesbegriff, der die Werkheiligkeit, Fasten, Fürbitte der Heiligen, Almosen und Ablässe nur sehr bedingt gelten läßt. P. betont die reine rückhaltlose Liebe des Geschöpfes zum Schöpfers eindringlich und zu wiederholten Malen. Im 6. Kapitel nimmt er bereits die Stelle aus dem Römerbrief I, 20 (*Invisibilia enim ipsius a creatura mundi per ea, quae facta sunt, conspiciuntur*) vorweg, die später Nikolaus von Kues (s. d.) zum Ausgangspunkt seines Dialoges '*De possest*' gewählt hat.

Handschriften. 1. Fassung in 18 Kapiteln: München cgm. 638, Vorau 163 (bricht im 15. Kapitel ab), Wien 2965. — 2. Fassung in 22 Kapiteln: Augsburg 270, Basel A. X. 117, Kremsmünster 5, München cgm. 173, 218, 229, 230, 310, 353, 637, 743, 761, 762, 763, 801, 4310, 4590 (sind noch näher zu untersuchen!), Salzburg Studienbibliothek V. 1. D. 51/8. Straßburg L germ. 516. — 3. Fassung: in 22 Kapiteln mit dem Brief des Kartäusers: Augsburg 231, Berlin mgo. 61 (nd.), mgo. 481 (= Cheltenham Phil. 12196), mgq. 730, S. Gallen 814, München cgm. 402, Wien 2978, 12787. Eine sehr bemerkenswerte Hs. bair. Herkunft in Manchester (John Rylands Germ. Ms. 11) hat ausführl. F. P. Pickering Bulletin of the John Rylands Library 22 (1938) Nr. 2 untersucht. — Über den Kartäuser Konrad von Münchingen vgl. F. Schmidt Alemannia 24 (1897) S. 74—79 und P. Lehmann *Mittelalt. Bibl.kataloge* I (1918) S. 153.

Wiegendrucke. 2. Fassung: Eßlingen, K. Fyner, um 1477; 3. Fassung: Augsburg, A. Sorg, 1483, Augsburg, J. Froschauer, 1494, Lübeck, Steffen Arndes, 1494, Augsburg, J. Schönsberger, 1498 (= GKW. 5687—91, Hain 4063—64, 7817).

Spätere Ausgaben: Augsburg 1508 und 1518, Freiburg 1593 und 1604 (vgl. N. Paulus Zs. f. Aszese und Mystik 3 [1928] S. 69f.). — Nach dem Froschauerschen Druck veröffentlicht die Kap. 12. 13. 16 V. Hasak *Der christl. Glaube des dt. Volkes beim Schlusse des MA.s* 1868, S. 158—68. Den Text der 2. Fassung gab nach der Basler Hs., ohne etwas von der übrigen Überlieferung zu wissen, heraus J. Ancelet-Hustache *Traité sur l'amour de dieu, composé vers 1430 par un clerc anonyme de l'univerité de Vienne* 1926 (auch als Bd. 32 der *Bibliothèque du XVe siècle* erschienen); vgl. dazu Ph. Strauch DLZ. 48 (1927) Sp. 2001; G. Müller AfdA. 49 (1930) S. 205. — Die Einleitung nach der Kremsmünsterer Hs. bei W. Stammler *Prosa der dt. Gotik* 1933 Nr. 19. — Die lateinische Vorlage ist gedruckt von J. Wimpfeling, Straßburg 1516. — Über die Verfasserfrage vgl. Maschek a. a. O. S. 363ff.

b) 'Die Kunst von dem heilsamen Sterben'. P. übersetzt diese Ars moriendi 1434 ins Deutsche. Er nennt sich *her Thoman pharrer ze hoff*. Das Werk fußt auf dem lateinischen Sterbebüchlein des Johannes Gerson aus dem Jahre 1408 und umfaßt vier Teile. Der erste erörtert, wie der Priester einen Kranken und Sterbenden zu ermahnen habe, der zweite, welche Fragen an den Kranken zu richten seien, der dritte, welche Gebete er zu verrichten habe, und der vierte handelt über gewisse Sonderfälle, die für die Praxis des Seelsorgers wichtig sind: was zu tun sei, wenn der Kranke im Bann sei, wenn er nicht mehr sprechen könne, daß er durch Vorlesen frommer Schriften und Vorzeigen heiliger Bilder gestärkt werde u. ä. Das Werk zeichnet sich durch milde Gesinnung, tiefe Gläubigkeit und eine in ihrer Schlichtheit schöne Sprache aus.

Handschriften: Berlin mgf. 1148 Bl. 145^a bis 154^b; Klosterneuburg 1157 Bl. 25^a—86^a, Wien 2800 Bl. 148^a—153^b; Ausgabe fehlt.

Dieses Werk P.s ist verschieden von dem 'Spiegel des kranken und sterbenden Menschen', den manche Hss. und Drucke dem 'Büchlein' hinzugefügt haben.

c) Von P. stammt noch eine Reihe kleinerer Schriften in deutscher Sprache. Obwohl sie seinen Namen nicht tragen, sind sie ihm mit größter Wahrscheinlichkeit zuzuschreiben. Sie beginnen sämtlich mit dem aus den beiden anderen Werken bekannten Satz *In einem waren christlichen glauben* ... und sind gedanklich und stilistisch P.s Art nahe. An erster Stelle steht eine dem Büchlein verwandte Abhandlung '*Wie ain mensch an den veirtagen got den herrn sull liebhaben uber alle ding*', dann eine Auslegung des Vaterunser und des Ave Maria, eine Art Marienlob, das eine Fülle dichterisch geschauter Bilder auszeichnet, und schließlich eine Betrachtung über die Beichte.

Überliefert sind diese kleineren Stücke in Berlin mgo. 473 Bl. 38ᵇ—55ᵇ; Klosterneuburg 1157; Melk 245 Bl. 15ᵃ—58ᵇ; Wien Nat. Bibl. 2800 Bl. 153ᵇ—156ᵃ; Wien Schotten 57, 204, 306; Vorau 155. — Berlin mgf. 1281 ist noch zu untersuchen, wie überhaupt manche Werke P.s in dt. Hss. ohne Verfassernamen stecken dürften. — Die Paternoster-Erklärung P.s wurde noch 1520 von Joh. Weyssenburger in Landshut gedruckt. Vgl. E. Weller *Repert. typogr.* 1864, Nr. 1324 und F. Falk Hist.-pol. Blätter 108 (1891) S. 693f. — Eine Hs. des Traktates '*Wie ain mensch an den veiertagen ...*' besaß die Bibliothek des aufgehobenen Chorherrenstiftes St. Pölten (Nied.-Öst.); der Anfang lautete: *Hanc materiam collegit et transtulit dominus Thomas plebanus in castro domini principis ex sermonibus magistri Nicolai de Dinchelpühel*; der Schluß: *Di materi hab ich ytzund nach meiner auswald verschrieben 1434.* In St. Pölten befand sich auch ein '*Sermo de caritate*' mit dem Incipit *Si linguis hominum*; hinzugefügt war: *Hic sermo dictus est per dominum Thoman canonicum ad s. Stephanum in Vienna et capellanum in capella situata in castro Viennensi.* — Trotz des Anfanges *In einem waren cristenlichen glauben verleyhe vns der allmechtig ewig got* stammt nicht von P. eine 1473 bei Fritz Creußer in Nürnberg gedruckte Schrift gegen die Juden (Hain 3023 und 3024). Vgl. auch VL. I, Sp. 227 unter 'Bewährung, daß die Juden irren'.

d) In den Wiener Hss. 4685 und 4932 stehen die Originalentwürfe für die Predigten, die P. von 1428 bis 1439 gehalten hat. Beide Bände bezeichnen als Verfasser *Thomas quondam plebanus in castro.* Die einzelnen Stücke sind nach dem Kirchenjahr geordnet, tragen eine Jahreszahl und geben die Kirche (durchwegs in Wien) an, für die sie bestimmt waren. Manche weisen zwei verschiedene Orts- und Zeitangaben auf, sie wurden also wiederholt. Die Entwürfe sind lateinisch abgefaßt, P. dürfte aber deutsch gepredigt haben, weil an einigen Stellen deutsche Übersetzungen von Bibelversen hinzugefügt sind. Erwähnenswert ist eine Predigt, die er 1433 vor Kaiser Sigismund hielt (Hs. 4685 Bl. 194ᵃ—197ᵇ).

3. Th. P. zählt zu den namhaftesten geistlichen Schriftstellern Österreichs, die im ersten Drittel des 15. Jh.s in deutscher Sprache geschrieben haben. Sein Hauptwerk, das 'Büchlein von der Liebhabung Gottes', schätzten die Zeitgenossen so hoch ein, daß es manche sogar über die Bibel stellten. Der mehrfach erwähnte unbekannte Kartäuser erklärt in seinem Brief an Bruder Konrad, er würde, wenn er das Büchlein nicht besäße, bis nach Rom, Aachen und Einsiedeln pilgern, um es dort zu suchen. Es ist eines der wenigen Werke, die aus dem deutschen Südosten bis in das niederdeutsche Gebiet vordrangen. Besonders verbreitet scheint es auf bayrisch-schwäbischem Boden, vor allem in Augsburg, gewesen zu sein. Sprachlich steht P.s Werk auf bemerkenswerter Höhe. Seine Prosa ist gewandt, leicht lesbar und stellenweise nicht ohne dichterischen Schwung. Gedanklich übertrifft er das durchschnittliche geistliche Schrifttum seiner Zeit weit. Den Kern seiner Lehren bildet eine mystische Gottesliebe, die rein und bedingungslos ist. Damit paart sich eine ungemein milde und liebevolle Einstellung zum Mitmenschen, die P. zu einem der liebenswertesten Vertreter mittelalterlicher deutscher Gläubigkeit machen. Die Schattenseiten des vorreformatorischen Christentums fehlen bei ihm völlig. Man gewinnt den Eindruck, daß P. all das, wogegen die Reformation sich wenden mußte, längst überwunden hat.

Nicht mit unserem P. gleichzusetzen ist der Schreiber von clm. 3257, der ebenfalls *Thomas Pewntner* hieß und als Kaplan in Gmunden und Ried (Ob.-Öst.) tätig war. Die von ihm geschriebene Hs. stammt aus den Jahren 1451 und 1454. Der Name Peuntner oder Pointner ist heute noch häufig.

Hermann Maschek.

Pfaffenfeind ist der Deckname eines Dichters, welcher um 1435 ein längeres Lied zur Magdeburger Stiftsfehde verfaßte. Zwischen Stift und Stadt Magdeburg war Streit ausgebrochen über die Anlage von Befestigungen der Stadt gegen die Hussiten, durch die das Stift sich in seiner Stellung der Stadt gegenüber beeinträchtigt fühlte. Nach erbitterten Kämpfen kam ein Vergleich zustande. Der Verfasser nimmt in gerechter Empörung Stellung für die Stadt, deren Begründung durch Otto I. er besonders betont, um ihre Freiheit zu kennzeichnen. Trotz oft unregelmäßiger Rhythmen und unreiner Reime hat das Lied Stärke und Temperament aufzuweisen. Es ist ursprünglich in nd. Mundart verfaßt, wovon noch einzelne Reste zeugen (z. B. *bulgen*). Cyriakus Spangenberg nimmt es dann übertragen ins Hochdeutsche in seine 'Mansfeldische Chronik' auf, woher es dann weiter überliefert wird.

Das Lied hat 63 Strophen zu je 5 Zeilen mit Wiederholung.

Anf.: *Ein newes lied zu diser frist*
zu Aschersleb gedichtet ist,
davon so wil ich singen .....

Schl.: *Und der das lied gedichtet hat,*
wont zu Aschersleb in der stat
wol uf dem lieben wane,
er ist genennet Pfaffenfeind,
das haben sie zu lone,
zu lone.

R. v. Liliencron *Histor. Volkslieder* I Nr. 69, S. 340ff.

Ruth Westermann.

Pfalz, s. Johannes von Palz.

Pfalz von Straßburg, andere Namensform: *Pfelz* (nur bei H. Widmann *Zur Geschichte des Meistergesanges in Oberösterreich* 1885, S. 19, wird ihm der Vorname *Hanns* gegeben), nimmt in der Überlieferung seiner Kunst einen Ehrenplatz ein: findet er doch allerorts, wo seiner Stadt Dichter gesondert aufgeführt sind, als Ahn des Straßburger Meistergesanges noch vor den typischen 12 ersten (alten) Meistern seine Stelle. Er ist schwer zu datieren; aber auch hier können wir uns auf die „Schulkünste" stützen. Nach der Einordnung in den großen Dichterkatalogen Hans Folz (s. d.) (mgq. Berol 414, Bl. 476a; Mayer, Meisterlieder, Ged. 94, Gesätz 2) und des von diesem Letztgenannten beeinflußten Kunz Nachtigal (s. d.) (mgq. Berol. 414, Bl. 426 f.; WKL. II 1311) sowie Valentin Voigts sind wir berechtigt, ihn noch ins 14., spätestens in den Beginn des 15. Jh.s zu setzen. Wurde doch der Berliner Codex mgq. 414 von Hans Sachs in den Jahren 1517/18 selbst zusammengetragen. Die Steyrer (Heiberger) Hs. führt ihn bereits als *14. alt nachdichter.*

Diesem Ruhm als ersten Vertreters der Meisterkunst in Straßburg steht nicht nur eine völlige Unkenntnis über sein Leben gegenüber, sondern auch gewisse Bedenken betreffs der einzig ihm zugeschriebenen Weise, ja selbst seiner Identität.

Finden wir doch in mgq. Berol. 414 auf Bl. 452b: *In des Voltczen ror weis 3 lieder.* Wer dächte da nicht an den großen Hans Folz! Da aber im Register der Töne vom Meister auf Bl. 11b gesagt wird: *des pfalzen ror weis von straspurg* (wobei *von straspurg* von einer anderen Hand der Zeit hinzugefügt wird), und tatsächlich Folz keine „ror-weis" verfaßt hat, seine „kor (chor)-weis" jedoch sich von der Pfalz zugeschriebenen unterscheidet, dürfen wir wohl in Pf. v. S. eine wirklich bestehende Dichterpersönlichkeit sehen.

Aber die „ror-weis" selbst gehört ihm nach Roethe (ADB. XXV S. 597) vielleicht nicht an, in den ältesten Hss., wo sie erhalten ist (Wiltener Hs. und Dresdener Hs. M 13), wird sie dem altverehrten Frauenlob (s. d.) zugeschrieben. Aber handelt es sich nicht vielleicht um das altbewährte Prinzip, einer Melodie damit zum Recht zu verhelfen, daß man sie unter dem Namen eines so unantastbaren Kunstgenossen wie Frauenlobs gehen läßt? Wenn man an die Eintragung im Register von mgq. 414 denkt, an die Belege in der Augsburger Hs. 2° 370 und cgm. 5102, die Erwähnung in Puschmans Singebuch (Bl. 18b) — s. a. Berl. Hs. Fol. 24 Bl. 167a

—, sowie an die Steyrer Hs., so sind wir wohl doch dazu berechtigt, einen Pfalz v. S. als Verfasser einer uns bekannten 20reimigen „ror-weise" anzuerkennen. Münzer würdigt diese Melodie als einfach, aber durchaus nicht von geringer Fähigkeit zeugend. Daß er damit Recht hat, ja, daß die „ror-weise" sogar von den Zeitgenossen und Nachfahren für schön befunden wurde, beweist die Tatsache ihrer vielfachen Benutzung bis ins 17. Jh. hinein.

Münzer *Das Singebuch von Adam Puschman* 1906. Schnorr v. Carolsfeld *Zur Geschichte des Meistergesanges* S. 38. Schröer *Meistersinger in Österreich*, Germ. Stud. 2 (1875) S. 229.

W. St.

Pfalzgraf, s. Alexander Pf. bei Rhein.

Pfalzpeunt, s. Heinrich v. Pf.

Pfarrer, Hans, Meister der Wundarznei in Würzburg im 15. Jh. Joh. Schenk (s. d.) und Hieronymus Brunschwig (s. d.) kennen ihn persönlich. Ersterer überliefert von ihm eine Anweisung zur Beurteilung und Behandlung von Stichwunden in den Seiten des Bauches, *datum würtzburg Hanß Pharrer Cyrurgicus* (abgedr. *Beitr. z. Gesch. d. Chir.* II S. 572) in deutscher Sprache. Auch Brunschwig spricht von *Hans pfarrer* und nennt ihn einen *fast berüembten wundarzt zu würzburg*, den er selbst noch hat wirken sehen. In seinem '*Liber de arte distillandi, de Simplicibus*', Straßburg 1500 (Bl. 72[b], 105[b] und 128[b]), erzählt er von dessen Kuren mit Spitzwegrichwasser und Lawendelwasser, besonders dem ersteren, in der Wundpflege. Sudhoff.

Der Pfarrer zu dem Hechte.

Die Handschr. s. Bächtold *Dt. Hss. aus d. Brit. Mus.* 1873 S. 167ff.; Priebsch *Dt. Hss. in England* II S. 182. Ausg.: Sievers ZfdA. 17 S. 162—389. Abhandl.: v. d. Linde *Gesch. d. Schachspiels* 1. Beil.; Holzner *D. md. Schachb. in seiner Eigenart gegenüber der Quelle, dem Schachb. d. Jacobus de Cessolis*, Jahresber. Floridsdorf 1904. Helm ZfdU. 30 S. 435. Ziesemer *D. Lit. d. dt. Ordens in Preußen* 1928 S. 113f. Zwierzina Germanica 1925 S. 402ff. John *D. Schachged. d. Pfarrers zu dem Hechte.* Diss. Königsberg 1933. Ehrismann *Gesch. d. dt. Lit.* II, Schlußbd. (1935) S. 635.

Der Verfasser des mitteldeutschen Schachbuchs nennt sich am Schluß selbst *der pherrer zcu dem Hechte*, als Jahr der Abfassung gibt er 1355 an (Sp. 380). Die Nikolaus von Jeroschin (s. d.) und Tilo von Kulm (s. d.) nahestehende Mundart erweist als Heimat das Ordensland, wo Helm ähnliche Namen nachweist. Doch lebte der Verf. gewiß nicht in einem Ordenshaus.

Seine Quelle ist das in vielen Handschriften verbreitete lateinische Schachbuch des Jacobus de Cessolis, dem er sich im ganzen recht eng anschließt. Einiges Entbehrliche ist weggelassen, anderes ist verdeutlicht, manches mißverstanden. Öfter ist der Grund der Abweichung nicht ersichtlich. Selbständige Zusätze sind anscheinend der Eingang und der Schluß, sonst noch der Abschnitt Sp. 221, 1—35.

Der Ausdruck ist leidlich klar, aber ohne wirkliche Gewandtheit, der Reimzwang hat Flickworte und Flickverse verschuldet. Die ältere Bearbeitung des lateinischen Schachbuchs durch Konrad von Ammenhausen (s. d.) kannte der Verfasser offenbar nicht, sein eignes Werk hat nie weitere Verbreitung erlangt.

Hans Steinger.

'Pfarrer vom Kalenberg'.

1. Als Verfasser des Schwankbuches, dessen Held der 'Pfarrer vom Kalenberg' ist, nennt sich ein Philipp Frankfurter. Über die Persönlichkeit und das Leben dieses Dichters konnten bisher keinerlei urkundliche Zeugnisse ermittelt werden. Wir sind lediglich auf das angewiesen, was aus dem Werk selbst zu erschließen ist. In v. 2178f. heißt es: *So redet Villip Franckfuerter / czu Wien in der loblichen stat.* Das besagt nur, daß F. zur Zeit der Niederschrift der Schwänke in Wien lebte. Ob er auch aus Wien stammte, ist nicht sicher. Seine Mundart ist österreichisch, so daß der Vermutung, Wien sei seine Heimat gewesen oder er habe sich dort längere Zeit aufgehalten, nichts entgegensteht. Der Familienname F. sagt für die Herkunft des Namensträgers nichts. Urkundlich taucht eine Familie F. zur Zeit des Dichters in Wien

nicht auf. Ob der 1385 an der Wiener Universität graduierte *Johannes de Francofordia* der Großvater des Dichters gewesen ist, oder ob Bartholomäus Frankfurter, der den Beinamen *Panonus* führte und zu Beginn des 16. Jh.s bei Wiener Druckern seine Werke drucken ließ, zu seinen Nachkommen zählt, ist ebenfalls unbestimmt. Als äußerste Grenzen für die Lebenszeit F.s kommen wohl die Jahre 1420 und 1490 in Betracht. Trotz seiner gegenteiligen Behauptung besaß F. mindestens die theologische Bildung eines niederen Geistlichen. Er kennt liturgische Einzelheiten, die auch im Mittelalter bei Laien nicht vorauszusetzen sind. Der Gesinnung nach jedoch war er ein Gegner der Geistlichkeit, die er mit sichtlichem Wohlbehagen in seinen Schwänken eine sehr schlechte Rolle spielen läßt.

Über das Leben F.s vgl. H. Maschek ZfdA. 73 (1936) S. 33—46 und E. Schröder ebda. S. 49—55.

2. Der Titel des Schwankgedichtes lautet: '*Des pfaffen geschicht vnd histori vom Kalenberg*' (Umfang 2180 Verse). Der Held ist ein Student der Theologie zu Wien, der von Herzog Otto dem Fröhlichen (gest. 1339) zum Pfarrer der Kirche am Fuße des Kahlenberges (seit dem 17. Jh. Leopoldsberg genannt, heute zum 19. Wiener Gemeindebezirk gehörig) bestellt wird. Nach Jahren von Schelmereien vertauscht er diese Pfarre mit Prigglitz (*Prücklens* im Gedicht), das in der Nähe des Zisterzienserklosters Neuberg in Steiermark, der Grabstätte Herzog Ottos, liegt. Das historische Vorbild des Schwankhelden war ein Adeliger namens Gundaker von Thernberg, der im Verlaufe des 14./15. Jh.s gemeinsam mit Neidhart (s. d.) zur sagenhaften Gestalt geworden ist. Die Schwänke zerfallen in drei Gruppen, in deren Mittelpunkt der Wiener Hof, die Kahlenberger Bauern und die Passauer Geistlichkeit stehen. Sie wurden vor F. kaum schriftlich aufgezeichnet. Daß F. die drei Gruppen auf Grund schriftlicher Vorlagen bloß aneinandergefügt hätte, erscheint unwahrscheinlich. Er schöpfte vielmehr seinen Stoff aus der Überlieferung und gestaltete ihn selbständig. F. erzählt gewandt, seine Sprache ist lebendig. — Die Zahl der dem Kahlenberger zugewiesenen Schwänke muß größer gewesen sein als bei F. Sowohl in J. J. Fuggers *Spiegel der Ehren des Erzhauses Oesterreich* (1668) S. 317 wie in clm. 400 Bl. 71^b (um 1460) werden Schwänke erwähnt, die bei F. fehlen.

3. Der älteste bekannte Druck, um 1473 bei Jodocus Pflanzmann in Augsburg hergestellt, dürfte unmittelbar auf das Manuskript des Dichters zurückgehen. Als Entstehungszeit kommen daher die Jahre zwischen 1450 und 1470 in Betracht. Man darf unter keinen Umständen, wie es die Forschung früher getan hat, das Werk in ältere Zeit verlegen. Für die Entstehung nach 1450 spricht das Fehlen jeder handschriftlichen Überlieferung, inhaltliche Kriterien, Tatsachen der politischen, Kultur- und Wirtschaftsgeschichte, die innere Haltung des Gedichtes sowie seine Verbreitung nach 1490.

4. Die Wirkung der Schwanksammlung auf Zeitgenossen und Nachwelt war groß. Bebel, Brant, Luther, Murner und viele andere erwähnen sie. Zahlreiche Drucke verbreiten sie bis ins 17. Jh. Spätere Schwankbücher, wie das von 'Eulenspiegel' und 'Peter Leu', dem „anderen Kalenberger", hat sie beeinflußt. Von Norddeutschland aus griff sie auch auf die Niederlande und England über. Die älteste nd. Ausgabe, die gegenüber dem alten Text verschiedene Änderungen aufweist, erschien um 1497 wahrscheinlich bei Steffen Arndes in Lübeck. Zu Anfang des 16. Jh.s wurde die nd. Fassung in ndl. Prosa umgearbeitet und um 1510 in Antwerpen und 1613 in Amsterdam gedruckt. Ebenfalls in Antwerpen erschien um 1520 die englische Prosaausgabe unter dem Titel '*The Storie of the Parson of Kalenborow*'.

5. Drucke. A. obd.: 1. Vom ältesten, um 1473 von Jodocus Pflanzmann in Augsburg gedruckt, hat sich nur ein einziger Bogen (v. 1733 bis 2031 mit 5 Holzschnitten) in der Bayr. Staatsbibliothek zu München (Sign.: Rar. 137) erhalten (innerhalb der Überlieferung als a bezeichnet); gedruckt von K. Schorbach *Seltene Drucke in Nachbildungen* 5 (1905) S. 21—29. — 2. Heidelberg, Heinrich Knob-

lochtzer, 1490 (= A); Faksimileausgabe bei Schorbach a. a. O. — 3. Nürnberg, Peter Wagner, um 1490 (= B). — 4. Weitere Drucke um 1525, 1550, 1556, 1596, um 1600, 1602, 1611, 1613, 1620 (= C—K). — Die kritische Ausgabe von V. Dollmayr 1906 (Hall. Neudrucke 212—214) fußt auf B. Ältere Ausgaben von F. H. von der Hagen *Narrenbuch* 1811, S. 269—422, nach dem Druck von 1620, und F. Bobertag *Narrenbuch* (1884) (Kürschner DNL Bd. 11) nach B.

B. Vom nd. Druck sind nur 4 Blätter (214 v.) in der Preuß. Staatsbibl. zu Berlin, im Britischen Museum zu London und in der Stadtbibl. zu Lübeck erhalten; vgl. Dollmayr a. a. O. S. XXVI—XXXIV. Der nd. Text hg. von W. Mantels NdJb. 1 (1876) S. 66ff. und 2 (1877) S. 145ff.; dazu Priebsch NdJb. 18 (1893) S. 111 und Schorbach S. 32—38.

C. Die erste Ausgabe des ndl. Textes von 1510 ist verschollen. Die Ausgabe von 1613 hat sich in einem einzigen Exemplar in der Univ.-Bibl. Göttingen erhalten; Text bei W. Köppen NdJb. 20 (1894) S. 92ff.

D. Das einzige Exemplar des engl. *Parson of Kalenborow* in der Bodleiana zu Oxford (Douce Collectiv K. 94); hg. von E. Schröder NdJb. 13 (1887) S. 129ff. — Außer der in den erwähnten Ausgaben erwähnten Literatur vgl. J. Seemüller in: *Gesch. d. Stadt Wien, hg. vom Altertumsverein* III/1 (1907) S. 18ff., mit zahlreichen Abbildungen der Drucke, und R. Müller ebendort III/2 S. 670ff.

Hermann Maschek.

Pfeffel, Spruch- und Minnedichter. Die Anrede *her* und die Stellung innerhalb der Liederhandschrift *C* läßt ihn einem Schweizer Adelsgeschlecht zuordnen, in dem ein *Heinricus pfeffeli* 1243 urkundlich bezeugt ist. Dagegen weist sein erster, wahrscheinlich 1239 gedichteter Spruch, der ihn als Gehrenden am Hofe Herzog Friedrichs des Streitbaren († 1246) zeigt, eher auf österreichische Abstammung. Tatsächlich ist der Name auch zwischen 1240 und 1254 in Tirol (Kloster Neustift) mehrfach zu belegen. Der Spruch preist die bisher andern zuteil gewordene Freigebigkeit des Fürsten und bittet, wie auch Walther das getan hat, daß sie auch des Dichters Armut abhelfe. Ein zweiter Spruch erteilt einem jungen Mann gute Lehren, ein dritter entwickelt typische Minnereflexionen. Die einzelnen Gedanken sind in ziemlich nüchterner, schwungloser Sprache aneinander gereiht.

Große Heidelberger Liederhs. *C* (Universitätsbibliothek Heidelberg Cod. Germ. Pal. 848, Nr. 85, Bl. 302a-c, mit Bild). F. Pfaff *Die große Heidelberger Liederhs.* I (1909) Sp. 977f. Bodmer *Sammlung von Minnesingern aus dem schwäbischen Zeitpunkte* II 1759, S. 99. HMS. Nr. 100, II 145f. III 680. 833. IV 461. K. Bartsch *Die schweizerischen Minnesänger* 1886 Nr. 5, S. XLIXf., 71—73, 421. W. Storck *Buch der Lieder aus der Minnezeit* 1872, S. 104 (= 3). K. F. Kummer *Die poetischen Erzählungen des Herrand von Wildonie und die kleineren innerösterreichischen Minnesinger* 1880, S. 62. H. Herzog *Urkundliches zu mhd. Dichtern*, Germ. 29 (1884) S. 34—36. G. Roethe *Die Gedichte Reinmars von Zweter* 1887 (s. Reg.). K. Burdach ADB. XXV (1887) S. 611f. = *Reinmar der Alte und Walther von der Vogelweide* ²1928, S. 376—378. F. Grimme *Beiträge zur Geschichte der Minnesänger*, Germ. 33 (1888) S. 53; ders. *Die Schweizer Minnesänger*, Germ. 35 (1890) S. 313f. A. Socin *Zu den Schweizer Minnesängern*, Germ. 36 (1891) S. 311.

Elisabeth-Karg-Gasterstädt.

Pfinzing, Melchior.

'Teuerdank'. Hss.: Wien Nat. Bibl. 2867 (= Ambr. 329) 1. Abt.; 2806 (= Ambr. 327) 1. u. 2. Abt.; 2889 (= Ambr. 328) 3. Abt.; 2833 (= Ambr. 330) Holzschnitte und Skizzen mit Korrekturen von Maximilian; 3302; 4417*; 9027; 2834 = Bruchstück. Wien Staatsarchiv 7. 26. 40.

Drucke: 1517; 1519; 1537 (gewöhnliche Lettern). Bearbeitung von B. Waldis 1553; 1563; 1589; 1596. Von Matthaeus Schulte 1679; 1693.

1. M. P. entstammt einem Nürnberger Patriziergeschlecht. Sein Vater Seifried war Senator und Baumeister. M. P. wurde am 25. November 1481 zu Nürnberg geboren. Der tirolische Hofkanzler Cyprian von Nordheim (= Serntein) empfahl M. P. an Kaiser Maximilian (s. d.). 1512 wurde M. P. Propst von St. Sebald zu Nürnberg. Im selben Jahr trat er in Begleitung des Kaisers beim Reichstag in Köln auf. 1513 wurde er nach Speyer entsandt und zum kaiserlichen Rat ernannt. Mit Humanisten, besonders Pirckheimer, unterhielt er freundschaftliche Beziehungen. 1512 weilte er mit Stabius, historischen Studien nachgehend, bei Sebastian Brant (s. d.) im Elsaß. Mennel (s. d.) setzte diese im Auftrag Maximilians später fort. Nach dem Tode des Kaisers lebte M. P. nur mehr seinen geistlichen Ämtern. Er war Propst des Ritterstiftes zu St. Alban in Mainz, Kanonikus zu

Trient, St. Stephan in Bamberg und Unserer lieben Frauen ad Gradus in Mainz. Außerdem bekleidete er dort das Dekanat von St. Victor. Bei Karl V. stand er in hohem Ansehen. 1521 legte er sein Amt in Nürnberg nieder und zog nach Mainz. Dort starb er am 24. November 1535 und wurde in St. Victor bestattet.

2. M. P.s literarisches Hauptwerk ist die Vollendung des 'Teuerdank', dessen Widmung am 1. März 1517 datiert wurde. Er bemüht sich, dialektische und volkstümliche Wendungen zu meiden, didaktische und religiöse Erweiterungen sind ihm besonders wichtig. „Er stimmte die Darstellung des Kaisers auf den Ton der allegorischen Dichtung, wie sie die Zeit der Meistersinger liebte". Widersprüche und Wiederholungen entgehen seiner Redaktionstätigkeit. Pedantisch wacht er über der metrischen Form, für welche er die Silbenzahl wichtiger hält als die Betonung. Die einfache oft unbeholfene Ausführung des ihm übergebenen Schemas veranlaßte die glättende Bearbeitung des Werkes durch Burkhard Waldis. Die erste Druckausgabe des Teuerdank (1517) ist das erste bibliophile deutsche Buch. Die Typen wurden nach den Zeichnungen des kaiserlichen Sekretärs Vinzenz Rockner gegossen. Die Holzschnitte stammen von Leonhard Beck, Burgkmaier, Dürer, Schäufelin und Hans Sebold.

Über die Familie Priebsch *Deutsche Hss. in England* II (1901) Nr. 99/III S. 77 f. ADB. 25 S. 664—666. Tietz *Disputatio de inclyto libro 'Theuerdank'*, Altdorf 1737. Nagl und Zeidler I S. 436 ff. Ch. Schmidt *Histoire litéraire de l'Alsace* I (1879) S. 252. Th. Gottlieb *Ambraser Hss.* I 1900. Ausgaben des 'Teuerdank': C. Haltaus 1836. Scheible Kloster IV, 13. Zelle (1846). Goedeke 1878. London 1884 (Holbein Society) nach der Ausgabe von 1519. Laschitzer Jahrb. d. kunsthistor. Sammlgen d. allerhöchsten Kaiserhauses 8 (1888) nach der Ausgabe von 1517. C. Biener *Die Fassungen des 'Theuerdank'*, ZfdA. 67 (1930) S. 177-196.

R. Newald.

Pfister, Albrecht, Geistlicher und Drucker in Bamberg.

1. Urkundlich bezeugt am 10., 27., 28. September 1448 als *Albertus Pfister, clericus coniugatus Bambergensis diocesis, procurator... Georgij de Schaumberg, prepositi ecclesie Bambergensis.* 1460 begegnet er als Sekretär des inzwischen als Bischof eingesetzten Georg von Schaumberg (1459—1475). Am 13. April 1466 wird er als verstorben bezeichnet. Da er verheiratet war, wird er nur die niederen Weihen empfangen haben. Seiner Stellung nach muß er gebildet und des Lateins kundig gewesen sein.

2. Pf. übte seine Drucktätigkeit in Bamberg etwa von 1460—1464 aus. Es werden ihm neun Drucke zugeschrieben, die durch folgende Merkmale gekennzeichnet sind: a) Alle Drucke sind mit der Type der 36zeiligen Bibel gedruckt, einer Missalschrift, die mit den Typen der 42 zeiligen Bibel und des Psalters von 1457 eng zusammenhängt. Auf welche Weise Pf. in den Besitz dieser Druckschrift gelangt ist, wissen wir nicht. Sorgfältige Beobachtungen haben es wahrscheinlich gemacht, daß auch die 36 zeilige Bibel in Bamberg um 1458 gedruckt worden ist. In den Pf.-Drucken zeigt die 36 zeilige Bibeltype bereits einen abgenutzten Zustand. — b) Die Drucke stellen die früheste Vereinigung von Typen- und Holztafeldruck dar (alle Drucke außer dem 'Belial' sind mit zahlreichen Holzschnitten versehen; vgl. A. Schramm *Der Bilderschmuck d. Frühdrucke* I 1922). — c) Die von Pf. gedruckten Texte sind zwar keine Volksbücher im eigentlichen Sinne, aber als volkstümlich nach dem Stande der städtischen Laienbildung im 15. Jh. anzusprechen. — d) Die Sprache der Drucke ist deutsch (mit Ausnahme der lat. '*Biblia pauperum*'), die ostfränkisch-bairische Mundart in sich einheitlich; doch ist Pf. bestrebt, mundartliche Eigenarten mit der Zeit mehr und mehr zu beseitigen.

Die Drucke enthalten: 1—2 zwei Ausgaben des 'Ackermann aus Böhmen' (GW. 193 und 194; 1 u. 5 Ex.); 3—4 zwei Ausgaben von Ulrich Boners 'Edelstein' (GW. 4839 u. 4840; je 1 Ex.); 5—7 zwei deutsche und eine lateinische Ausgabe der '*Biblia pauperum*' (GW.

4325—4327; 3 u. 3 u. 1 Ex.); 8 'Die Historie von Joseph, Daniel, Judith und Esther' (Hain 8749; 2 Ex.); 9 den deutschen 'Belial' des Jacobus de Theramo (Copinger 5785; 2 Ex.). Von diesen Drucken ist Nr. 3 unterzeichnet: Bamberg, 14. Februar 1461; Nr. 8: Bamberg, Albrecht Pfister, 1462, Kurz nach 1. Mai; Nr. 9: Bamberg, Albrecht Pfister. Die anderen Drucke werden ihm auf Grund der Typengleichheit zugeschrieben.

Die Ausgaben von Boners 'Edelstein' sind die beiden einzigen Drucke dieses Textes in älterer Zeit, die der '*Biblia pauperum*' die einzigen typographisch hergestellten Drucke, da für dieses Werk sonst stets die Form des Blockbuches verwandt wurde. Auch die 'Historie von Joseph' usw. ist nur von Pf. gedruckt worden. Die Auflagenhöhe der Pf.-Drucke schätzt man auf 80—100 Exemplare. Die wenigen erhaltenen Stücke zählen zu den wertvollsten Wiegendrucken.

3. Die Texte aller Drucke lassen sich in die jeweilige hsl. Überlieferung einreihen. Liegen mehrere Ausgaben desselben Textes vor, so läßt sich eine selbständige redaktionelle Tätigkeit Pf.s erkennen. Auch sind für verschiedene Ausgaben, wie z. B. bei der '*Biblia pauperum*', verschiedene hsl. Vorlagen benutzt worden (vgl. H. Cornell *Biblia pauperum* 1925, S. 186—88). Nur für die 'Historie von Joseph' usw. hat sich eine Vorlage bisher nicht finden lassen. Der deutsche Prosatext berichtet nach Art der Historienbibeln auf 58 Blatt mit 61 Holzschnitten (von 50 Holzstöcken) von Joseph, Daniel, Judith und Esther; der Druck schließt mit 10 Reimpaaren: *Ein itlich mensch von herzen gert. Das er wer weiß vnd wol gelert. An meister vnd schrift das nit mag sein. So kunn wir all auch nit latein. Darauff han ich ein teil gedacht. Vnd vier historij zusamen pracht.... Dem puchlein ist sein ende geben. Czu bambergk in der selben stat. Das albrecht pfister gedrucket hat* usw. Man glaubte daraus den Schluß ziehen zu dürfen, daß Pf. die Historie selbst bearbeitet habe; doch läßt sich diese Annahme nicht beweisen.

E. Schröder *Philologische Beobachtungen zu den ältesten Mainzer und Bamberger Drucken in deutscher Sprache*, ZblfBblw. 19 (1902) S. 447—51. — Eine Zusammenstellung der einzelnen Exemplare der Pf.-Drucke findet sich bei Seymour de Ricci *Catalogue raisonné des premières impressions de Mayence 1445—1467* (Veröffentlichungen d. Gutenberg-Ges. 8/9) 1911, S. 19—25. — Die Mitteilungen über Pf. sind entnommen der grundlegenden Monographie von G. Zedler *Die Bamberger Pfisterdrucke und die 36zeilige Bibel* (Veröffentlichungen d. Gutenberg-Ges. 10/11) 1911; vgl. dazu K. Haebler Göttingische gelehrte Anzeigen 174 (1912) S. 749—51. — Über die Holzschnitte vgl. A. M. Hind *An Introduction to a History of Woodcut* II (1935) S. 276ff.

Kurt Ohly.

Pflug, s. Johannes v. Saaz.

Pfolspeunt, s. Heinrich v. Pf.

Pforr, s. Antonius v. Pf.

Pfullendorf, s. Jobst v. Pf.

Pharrer, s. Pfarrer.

Philipp, Bruder, Kartäuser, verfaßte zu Anfang des 14. Jh.s ein Gedicht vom Leben Christi und Mariae, welches eine ungemein weite und langdauernde Ausbreitung fand.

1. Der Dichter stammt, wie seine Mundart ausweist, aus dem Gebiet an der unteren Lahn (Juvet); die These Jos. Haupts von Ph.s niederld. Herkunft ist hinfällig. Verfaßt hat er sein Werk nach eigener Angabe (v. 10122 ff.) in der bedeutenden Kartause Seitz (b. Cilli, alte Südsteiermark). Eine urkundliche Nachricht und zugleich einen chronologischen Anhaltspunkt bieten die Totenlisten der Kartäuser, woselbst unter dem Jahre 1345/46 ein *Domnus Philippus, monachus domus vallis omnium sanctorum* verzeichnet ist, dem die ungewöhnliche Totenehrung einer 30tägigen Messen- und Offizien-Serie im ganzen Orden zuteil wurde; das angeführte Kloster ist Mauerbach bei Wien, welches 1316 von Seitz aus besetzt worden ist (Reißenberger PBB). Es kann kaum zweifelhaft sein, daß diese Eintragung sich auf den Dichter des 'Marienlebens' bezieht. Sein Geburtsjahr dürfte danach schwerlich vor 1270 anzusetzen sein.

Bemerkenswert sind Ph.s Beziehungen zum Deutschen Orden, dem er von Seitz aus sein 'Marienleben' widmete (v. 10089ff.):

ouch ditz·büchelin ich sende
den bruodern von dem diutschen hus;
die han ich lange erkorn uz,
wan si gern Marien erent
und den gelouben Christes merent.

Die Empfänger dieser Widmung sind wohl am ersten in Wien oder einer der österreichischen Komtureien (vgl. Joh. Voigt *Gesch. d. Dt. Ritterordens* I [1857] S. 13—15) zu suchen, da gerade hier eine frühe und lebhafte Verbreitung des Gedichtes festzustellen ist. Der Hochmeister selbst, bis 1309 in Venedig, seitdem auf der Marienburg residierend, kommt bei der Spärlichkeit gerade der ostpreuß. Überlieferung kaum in Betracht. Jedenfalls sind wohl diese Beziehungen vor der Kartäuserzeit Ph.s mit ihrer strengen Klausur angeknüpft; sie geben zu erwägen, daß er selbst ritterlicher Herkunft gewesen sein könnte; eine Untersuchung über die soziale Stellung der Kartäuser in Seitz und Mauerbach würde das wahrscheinlich erhärten.

Jos. Haupt *Bruder Philipps Marienleben*, WSB. Phil.-hist. Kl. 68 (1871) S. 157—218. Edw. Schröder ADB. XXVI (1888) S. 71. K. Reißenberger *Deutsche Legenden der Steiermark*... Wiener Ztg. v. 18. 8. 1911. Zur Heimatfrage: Pfeiffer *Nicolaus von Jeroschin* (1854) S. XV. Zwierzina ZfdA. 45 S. 84. A. Juvet *Über den Reimgebrauch in Bruder Philipps Marienleben*, PBB. 29 (1904) S. 127—174; dazu Edw. Schröder MSB. Phil.-hist. Kl. 1924, 3. Abh., S. 4. K. Reißenberger *Zu Bruder Philipp von Seitz*, PBB. 41 (1916) S. 184—187.

2. Das 'Marienleben' war im Jahre 1316 abgeschlossen, wenn Ph. damals (und nicht etwa späterhin) von Seitz nach Mauerbach übersiedelte (s. o.). Auf der anderen Seite hindert das anzunehmende Alter Ph.s, das Gedicht vor den Beginn des 14. Jh.s zu setzen, zumal der mfr. Dichter bereits einige österr. Sprachmerkmale angenommen hat (Juvet), und die Vorzüge der Darstellung ein reiferes Alter voraussetzen lassen. Die frühesten datierten Hss. sind von 1324 (nd.! s. u. 35) und 1338 (österr., nach vorausgeg. Bearbeitung; s. u. 24).

Vorlage für das Gedicht war die '*Vita b. v. Mariae et salvatoris rhythmica*', welche weiteren 7 uns bekannten deutschen Dichtungen als Quelle gedient hat (vgl. 'Grazer' und 'Mittelrhein. Marienleben' [ZfdA. 17 S. 519 u. 68, S. 233], Walther von Rheinau, Schweizer Wernher, auch Heinrich von Neustadt [Abs. 2b], Andreas Kurzmann [Nr. 5] und Konrad von Fußesbrunn. Die von Gündel [ZfdA. 68, 241] außerdem angeführte ehem. Straßburger Hs. A 82 enthielt kein Marienleben, vgl. Witter *Catalogus mss. in bibliotheca sacri ord. Hierosol. Argentorati asserv.* 1749.). Ph. benutzte gleich dem Schweizer Wernher eine glossierte Hs. (vgl. die Quellenuntersuchung bei Päpke S. 8—19 und 174f.). Sein Gedicht ist eine freie Nachschöpfung der Vorlage mit Auslassungen, Zusätzen und Umstellungen, und zwar ohne wesentliche Erweiterung des Umfangs. Besonders liebevoll behandelt ist die Kindheit Jesu, wobei die Neigung des Dichters zum Gemütvollen schön hervortritt (Päpke S. 30—43 und 46).

Als Einwirkung einer älteren deutschen Dichtung auf das 'Ml.' ist bisher nur die der 'Kindheit Jesu' des Konrad von Fußesbrunn (s. d.) festgestellt (Ausg. v. Kochendörffer S. 56; eine Bestätigung dieser beleglosen Angabe verdanke ich Prof. E. Öhmann in Turku).

Der Umfang des Gedichtes beträgt in Rückerts Ausgabe 10131 Verse (die Vorlage hat 8031 V.). Inhalt: Vorrede (v. 1—22); Buch 1 (v. 23—1615) Marias Eltern, Geburt und Jugend bis zu ihrer Verheiratung; Buch 2 (v. 1616—5359) Christi Geburt und Jugend; Buch 3 (v. 5360—7961) Christi Leben und Passion; Buch 4 (v. 7962—10065) von Christi Auferstehung bis zur Himmelfahrt Mariae; Nachrede (v. 10066—131). Vgl. im einzelnen Rückerts Ausgabe S. 379—91. Obwohl also das Gedicht weithin ein 'Leben Christi' ist, trägt es seinen Titel 'Marienleben' nach den Worten des Dichters (v. 10078ff.) zu Recht: *ouch sende ich nu ditz büecheln von der lieben vrouwen mîn aller der kristenheit gemeine*. Vgl. aber auch unten zu Hs. 28 x.

Ausgaben: *Bruder Philipps des Carthäusers Marienleben*. Hrsg. von H. Rückert (Bibl. d. ges. dt. Nat.-Lit. I 34) 1853. — Auszüge: Docen *Miscellaneen* II, S. 68—98. F. Bobertag *Erzählende Dichtungen des späteren Mittelalters* (Kürschners Dt. Nat.-Lit. 10) 1886, S. 3—92. — Neuhd.: Wilhelm Sommer *Bruder Philipps des Karthäusers Marienleben* 1859. Ein Auszug daraus (ohne jeden Hinweis auf den wirklichen Verf.!) ist: *Bruder Philipps d. Kart. Marienleben*. Neu hrsg. von Bruder Aegidius 1924. — Slowenisch: *Kartuzijanskega brata Filipa Marijino življenje*. Po staronemškem izvirniku priredil Mat. Zemljič. Maribor (Marburg) 1904. Zur Datierung: Reißenberger a. a. O. S. 187; auch Strauch (s. u.) S. 51, Anm. — Vorlage: *Vita b. virg. Mariae et salvatoris rhythmica*, hrsg. von Vögtlin (St.L.V. 180) 1888, dazu wichtige Nachträge bei Päpke (s. u.). Zur Heimat der Vita vgl. Edw. Schröder ZfdA. 68 (1931) S. 244ff. — Arbeitsweise: M. Päpke *Das Marienleben des Schweizers Wernher* (Palästra 81) 1913; dazu Strauch AfdA. 41 (1922) S. 51. — Verstechnik: R. Ritter *Die metr. Brechung i. d. Werken Konrads v. Würzburg u. s. Nachfolger*. Diss. Erlangen 1917, S. 81ff.; vgl. auch Juvet a. a. O.

3. Das Fortleben des Mariengedichtes zeigt ein ungemein reiches Bild, zu dessen Aufhellung bisher J. Haupt das meiste getan hat. Bis zur Mitte des 14. Jh.s (also noch aus der Lebenszeit des Dichters!) kennen wir bereits 5 Bearbeitungen des Werkes auf österreichischem Boden (s. u. d, g, h, k) und eine Übertragung in das Nd. (e). In der folgenden Übersicht entspricht die Zuweisung der Hss. zu den einzelnen Gruppen den Möglichkeiten, die ohne vollständige Durchsicht der Originale gegeben sind. Erst Sonderarbeiten über einzelne Fassungen, wie die von L. Gailit (s. u. bei d und g), werden allmählich eine völlige Klärung der Textgeschichte bringen können; allerdings sollte in jedem Falle die gesamte Überlieferung durchgeprüft und jeder Zeuge der betr. Gruppe untersucht und behandelt werden.

Haupt a. a. O. (Ergebnisse S. 215—18). Lydia Gailit *Philipps Marienleben*. Diss. München 1935.

I. Die Fassungen des vollständigen Gedichts.

a) Als Original hat die sog. mitteldeutsche Fassung zu gelten, die in Rückerts Ausgabe (nach den Hss. 21 u. 48) vorliegt. Bemerkenswert ist eine Reihe von Hss., in denen der Epilog mit dem Namen des Dichters fehlt, dafür aber die Widmung an den Deutschen Orden an den Anfang gerückt ist; es könnte hier eine — noch nicht näher untersuchte — Hss.-Familie zu erkennen sein, die möglicherweise aus Deutschordens-Schreibstuben in Mitteldeutschland hervorgegangen ist (z. B. die Hss. 16. 26? 38. 42. 72). Die Mehrzahl aller Hss. weist irgendwelche Erweiterungen oder Kürzungen auf. 23 Hss.: 6. 7. 10. 16. 19—22. 25. 26. 27? 32. 38. 40. 42. 47. 48. 52. 53. 56. 67. 68. 73. 74.

b) Eine größere Zahl von Bruchstücken, meist des 14. Jh.s, erweitert unsere Kenntnis von der Originalüberlieferung und kann bei genauerer Lokalisierung die Geschichte der Ausbreitung des Werkes wesentlich klären helfen. Die Zugehörigkeit der Stücke zu der md. oder etwa einer anderen Rezension (c, d, oder auch k) ist nicht in allen Fällen gesichert. 16 Brste: 3. 4. 8. 14. 17. 23. 29. 31. 43—46. 49. 50. 55. 70.

c) Eine Anzahl von Hss. enthält einen wesentlich gekürzten, an einigen Stellen aber auch erweiterten Text der md. Fassung. Wieweit hier die Überlieferung einer bestimmten Bearbeitung vorliegt oder nur die Arbeit verschiedener eigenmächtiger Schreiber, muß noch im einzelnen festgestellt werden. 4 Hss.: 13. 15. 54. 61.

Haupt a. a. O. S. 216f.

d) Österreichisch ist eine frühe Überarbeitung des Gedichtes im Sinne einer Glättung und Verfeinerung von Vers und Ausdruck nach oberdeutschem Sprachbrauch; sie muß vor der Niederschrift der Klosterneuburger Hs. (24) i. J. 1338 fertiggestellt gewesen sein. Über die weitere Verarbeitung dieser Fassung s. u. g und k. 8 Hss.: 11. 24 (bis v. 3000). 28? 58—60. 62? 64.

Haupt a. a. O. S. 204—208. Ausführlich behandelt von Gailit a. a. O.

e) Die niederdeutschen Hss. sind bisher weder vollständig verzeichnet noch näher untersucht worden. Jedenfalls ist diese Gruppe keineswegs in sich einheitlich. Bemerkenswert ist das frühe Datum 1324 der aus Lüneburg stammenden Bruchstücke (35). Vgl. auch 'Hartebok', Abs. 2 I. 7 Hss.: 9. 18. 20x? 33. 35. 39 (niederrhein.). 65. 66.

Kinderling Deutsches Museum 1788. H. 1, S. 126ff. u. 2, S. 340ff. v. d. Hagen u. Büsching *Literar. Grundriß* (1812) S. 256ff. H. Oesterley *Niederdeutsche Dichtung* (in: K. Goedeke *Dt. Dichtg. i. MA.* 2. Aufl. 1871) S. 11f. (enthält Proben aus Hs. 66 u. 9). H. Jellinghaus *Gesch. d. mnd. Literatur* 1925³, S. 6 (die Anmerkungen sind irreführend!). W. Stammler GRM. 13 (1925) S. 432.

II. Auszüge und Verarbeitungen.

f) Eine Anzahl von Hss. überliefert Auszüge aus Ph.s Text, darunter mehrere nur die Himmelfahrt Marias (etwa v. 9116 bis 10065; Hss. 12. 30. 34. 36. 51. überarbeitet 71), die auch auf ein im 'Hartebok' (s. d. 2 I) überliefertes Gedicht eingewirkt zu haben scheint. Eine Hs. enthält Ph.s Darstellung von der Passion ab (v. 6070—10065; Hs. 41. Vgl. u. h!), eine nur den Anfang (v. 1—1493; Hs. 37), eine andere anscheinend nur das *Soliloquium Mariae cum Jesu* (Brst. 5. Vgl. auch Andreas Kurzmann 5). 9 Hss.: 5. 12. 30. 34. 36. 37. 41. 51. 71.

Vgl. Diemut Hinderer *Ein Marienleben aus der Königsberger Handschrift 905.* Diss. Berlin 1940 (z. Zt. noch nicht erschienen).

g) Eine Erweiterung der md. Fassung durch Einschaltungen aus dem *'Evangelium Nicodemi'* des Heinrich von Hesler (s. d.) in die Darstellung der Passion liegt in einem Wiener Brst. (63) vor. Die Klosterneuburger Hs. (v. J. 1338) gibt im ersten Teil (bis v. 3000) die österr. Rezension (s. o. bei d), danach aber folgt sie einer zweiten mit dem *'Evangelium Nicodemi'* kontaminierten Vorlage (md. Text); außerdem sind in die Erzählung von Jesu Kindheit Stücke aus Konrad von Fußesbrunn (s. d.) und in die Passionsgeschichte eine Übersetzung der *'Interrogatio Anselmi'* (s. Gailit S. 58, auch Edw. Schröder ZfdA. 68, S. 249) eingefügt; der ganze Text dieses zweiten Teiles ist stark überarbeitet. 2 Hss.; 24. 63. Vgl. auch 14 y.

Haupt a. a. O. S. 198ff. Gailit a. a. O., bes. S. 14 u. 56ff.

h) Die Admonter Hs. 797 (v. J. 1351) schließt an eine gereimte Übersetzung der täglichen Evangelien für die Passionszeit die Verse 6070—10065 von Ph.s Gedicht (mit allerlei Einschüben) an. 3 Hss.: 1. 2. 57. Vgl. auch Hs. 41, oben bei f.

Haupt a. a. O. S. 177—198 mit Textwiedergabe.

i) Wohl im 15. Jh. ist Ph.s Darstellung von Jesu Kindheit, vielfach gekürzt und verändert (Auswahl aus den Versen 2668—5081), in Heinrichs von Neustadt (s. d.) Gedicht 'Von Gottes Zukunft' eingeschoben worden (nach v. 1878). Die von dieser Fassung bekannten beiden Hss. sind md. Ursprungs und gehören dem 15. Jh. an. 2 Hss.: 69. 72.

Heinrich von Neustadt, hrsg. von S. Singer (DTM. 7) 1906, S. 359 zu v. 1878. Diemut Hinderer a. a. O. (s. o. bei f).

k) Der vermutlich in Wien arbeitende Heinrich von München (s. d.) übernahm schon in der 1. Hälfte des 14. Jh.s große Teile des 'Marienlebens' als Grundstock der biblischen Geschichte des Neuen Testaments in seine Weltchronik. Welcher Rezension seine Vorlage angehörte, erscheint noch ungeklärt; während Menhardt in der Wiener Hs. 2768 und den St. Pauler Bruchstücken (Hs. 50 y) des H. v. M. die österr. Fassung des 'Ml.' (s. o. d) fand, lehnt Gichtel das für die Runkelsteiner Hs. (cgm. 7330) ausdrücklich ab. — Von den Handschriften führe ich nur die Bruchstücke an, die bisher als Teile der Weltchronik nicht erkannt worden sind. — 5 Hss.: 17 x. 35 x. 49 x. 49 z. 58 x, vgl. auch 51 x. 17 vollständige Hss. der Weltchronik verzeichnet Gichtel S. 12; vgl. auch Strauch *Jansen Enikels Werke* (MGH. Deutsche Chroniken III) S. XXVIIff., Nr. 17—38.

H. Vollmer *Materialien zur Bibelgeschichte* IV (1929) S. XVIff. H. Menhardt *Zur Weltchronikliteratur*, PBB. 61 (1937) S. 406f. 446f. 461. P. Gichtel *Die Weltchronik Heinrichs von München* 1937, bes. S. 37ff. u. 117—140.

l) Eine Umwandlung in Prosa erfuhr das Gedicht in den sog. Historienbibeln, und zwar einmal durch Übertragung der gereimten Weltchroniken (k) in Prosa, zum anderen durch Hinzuziehung der Originalfassung des Gedichtes (a) bei der Zusammenstellung der 'Neuen Ê', einer selbständigen Historienbibel des Neuen Testaments. 38 Hss. u. 7 Drucke verzeichnet H. Vollmer *Materialien zur Bibelgeschichte* I, 1 (1912): Gruppe I b, Hss. 25. 26. 28—32; Gruppe II a, Hss. 34—37. 40. 41. 43—49; Gruppe II c, Hs. 51, vgl. S. 135; Gruppe III b, Hss. 58. 59. 62—64 (?); Anhang zu III b, Hss. 65—71. 74—77 (die Drucke s. GKW. Bd. VII, Nr. 9248—9254); Gruppe VII, Hs. 88, vgl. S. 208.

Vollmer a. a. O. I, 1 (1912) S. 12 u. 30; IV (1929) S. XIII; Zur 'Neuen Ê': I, 1, S. 29—35; IV (Ausgabe!), bes. S. XXVff., sowie Reg. S. 231. Päpke a. a. O. S. 30 ist danach zu berichtigen.

4. Die Handschriften. Angeführt sind hier die Hss. und Bruchstücke des Originalwerkes und der Bearbeitungen, ohne Weltchronik und Historienbibel (hierzu vgl. oben 3 k und l); die zu diesen Gruppen gehörigen, sowie nicht erhaltene Handschriften, späte Abschriften und Verweisungen sind durch Bezeichnung mit x und y aus der Zählung ausgeschlossen. Die beigefügten Buchstaben bezeichnen die verschiedenen Fassungen (s. o. unter 3). 42 der nachweisbaren Handschriften gehören dem 14. Jh. an, 31 dem 15., eine dem 16. Jh.

1. Admont 797 (v. J. 1351). Haupt a. a. O. S. 177ff. — h. 1x. Augsburger Brste. Goedeke Nr. 29. Greiff Germania 7 (1862) S. 305. Gehören dem Schweizer Werner zu (s. d.). 2. Bamberger Brste. (14. Jh.). Rückert S. 283. Anzeiger f. Kunde d. dt. Mittelalters 2 (1833) Sp. 153ff. Haupt S. 194f. Mit Miniaturen! Verbleib nicht ermittelt. — h. 3. Berlin Germ. 2° 737, 14. 15 (14. Jh., Brst.). Degering *Kurzes Verzeichnis der germanischen Handschriften der Pr. Staatsbibliothek* I S. 99. — b. 4. Berlin Germ. 2° 757, 6. 7. (14. Jh., Brst.). Degering a. a. O. I S. 106. — b. 5. Berlin Germ. 2° 923, 49. (15. Jh., Brst.). Scheel in: Festgabe für Weinhold (1896) Nr. 49; dazu Singer Prager dt. Studien 8 (1908) S. 311. Degering a. a. O. I S. 131. — f. 5x. Berlin Germ. 2° 1061 s. u. 69. 5yz. Berlin Germ. 4° 7 u. 8. Abschriften, s. u. 9. 6. Berlin Germ. 4° 13 (v. J. 1454) Rückert S. 282. Goedeke Nr. 15. v. d. Hagen und Büsching *Lit. Grundriß* (1812) S. 252—56, m. Textprobe. Degering a. a. O. II S. 1. — a. 7. Berlin Germ. 4° 650 (v. J. 1350, unvollst.). Steiermärkischer Herkunft. Ohne die Einleitung (v. 1—22), Text gekürzt; bricht ab mit v. 7436. Degering a. a. O. II S. 115. — a. 8. Berlin Germ. 4° 654 (frühes 14. Jh., Brst.). Degering a.a.O. II S. 116. — b. 9. Berlin Germ. 4° 760 (v. J. 1474). Goedeke nd. 2. Gekürzter Text. Kinderling u. Adelung Magazin f. d. dt. Sprache 2 (1783) H. 1 S. 63—70 u. H. 3 S. 121—57 (Teilabdruck). Kinderling Deutsches Museum 1788 II S. 340ff. Ders. *Gesch. d. nd. Sprache* (1800) S. 342ff. v. d. Hagen u. Büsching a. a. O. S. 257ff., m. Textprobe. Degering a. a. O. II S. 135. Eine Abschrift ist Berlin Germ. 4° 7, Abschrift des Anfangs in Faksimile Germ. 4° 8. — e. 10. Berlin Germ. 4° 865 (1. H. d. 14. Jhs. Unvollst.). Goedeke 31. Früher in Königsberg; vgl. u. 28xy. Degering a. a. O. II S. 150. Die Hs. war nicht in Zachers Besitz, vgl. Neue Preuß. Prov.-Bll. 3. Folge 8 S. 221. Kurze Beschreibung ZfdA. 13 (1867) S. 536. — a. 11. Berlin Germ. 4° 1493 (15. Jh., Brst.). Degering a. a. O. II S. 246. — d. 11x. Berlin Fragm. 57 s. u. 70. 12. Bern LB. Hist. Helv. X 50, Stück 6 (um 1465). *Katalog der Hss. zur Schweizergeschichte der Stadtbibl. Bern* (1895) S. 353. — f. 12x. Breslau S u. UB. I Q 326 s. u. 71. 13. Budapest, Nat.-Mus. (15. Jh., Brst., bai.-österr.). Rob. Gragger *Dt. Hss. in ungar. Bibliotheken* (1921) S. 22—29, m. Abdruck; wenig anders auch in: Ungar. Rundschau 4 (1915) S. 737. Hinweis darauf AfdA. 41 (1922) S. 94. — c. 14. Donaueschingen Hs. 81, dazu Fragm. A III 11 (14. Jh., Brste.). Barack *Die Hss. d. Hofbibl. zu Donaueschingen* (1865) S. 68; das andere Fragm. noch unveröffentlicht. — b. 14x. Frankfurt a. M., Privatbes. Kloß. Goedeke 23. Jetzt London, s. u. 31. 14y. Görlitz. Verlorene Fragmente. Vielleicht Parallelhs. von 63, vgl. Helm PBB. 24 (1899) S. 109. — g. 15. Gotha membr. II 37 (15. Jh.). Rückert 4. Goedeke 3. Haupt S. 217. Fr. Jacobs u. F. A. Ukert *Beiträge zur älteren Literatur* II (1836) S. 259f., m. Proben. — c. 16. Gotha chart. B 174a (15. Jh.). Goedeke 18. Jacobs u. Ukert a. a. O. II S. 261, m. Proben. — a. 17. Graz, Landesarchiv. Ausstellung (Brst. 14. Jh.). Reißenberger Wiener Ztg. v. 18. 8. 1911, S. 7. (Ferksches Brst.). *Katalog d. Archivalien-Ausst. d. Steiermärk. Landesarchives* (Graz 1911) S. 33 m. Abb. Einzige erhaltene Hs. mit Miniaturen, vgl. Hs. 2. — b. 17x. Graz, Landesarchiv. Ausstellung. (Brst. 14. Jh.). K. Weinhold Mitt. d. hist. Vereins f. Steiermark 7 (1857) S. 181—84, m. Lesarten. *Katalog*... S. 92. Gehört zur Weltchronik. — k. 18. Hamburg StB. 146 in scrinio, früher Uffenbach IV 81 (v. J. 1474). Rückert S. 282f. Goedeke 19. Heinr. Mai u. Z. K. v. Uffenbach *Bibliotheca Uffenbachiana manuscripta* IV (1720) Sp. 40—43, m. Textproben. Borchling *Mnd. Hss. in Norddeutschland u. d. Niederlanden* (GGN.) I (1899) S. 117. — e. 18x. Hardenbergsches Brst. (14. Jh.). Goedeke 32. Jetzt Nürnberg,

s. u. 44. 19. Heidelberg Pal. Germ. 394 (14. Jh.). Rückert 3. Goedeke 2. Bartsch *Die altdt. Hss. der UB. in Heidelberg* (1887) Nr. 216. — a. 20. Heidelberg Pal. Germ. 525 (15. Jh. Unvollst.). Goedeke 20. Bartsch a. a. O. Nr. 266. Eine Abschrift dieser Hs. ist Cgm. 1136. — a. 20x. Hoya. Die Grafen v. Hoya-Bruchhausen besaßen im 15. Jh. *Unses Hern Gades Kintheit, up poppir screven* (Schriften d. Oldenburger Vereins f. Alttskde. u. Ldsgesch. 9 [1893] S. 55). Wahrscheinlich das Ml. (niederdt.?); vgl. u. 28x. — e? 21. Jena Bos. 4° 8 (14. Jh.). Rückert 1. Goedeke 1. — a. 22. Karlsruhe St. Georgen 88 (v. J. 1388). Rückert S. 284f. Goedeke 13. Th. Längin *Deutsche Hss. d. Großh. Bad. Landesbibliothek* (1894) S. 54. — a. 23. Klagenfurt, Bischöfl. Bibliothek XXX d 25 (13./14. Jh.?! Brst., bair.-österr.), z. Zt. nicht auffindbar. Menhardt *Hss.-verz. d. Kärtner Bibl.* 1 (1927) S. 56. Ders. ZfdA. 69 (1932) S. 304. — b. 24. Klosterneuburg 1242 (v. J. 1338). Rückert 8. Goedeke 12. Haupt S. 216. Gailit S. 56ff. — g. 25. Köln, Hist. Arch. W. 2° 3* (15. Jh.). Karl Menne *Deutsche u. niederl. Hss.* I (1931/37) Nr. 9, 8. — a. 26. Köln, Hist. Archiv, W. 8° 20* (15. Jh.). Menne a. a. O. Nr. 13. — a. 27. Köln, Hist. Archiv, W. 2° 52* (16. Jh.). Menne a. a. O. Nr. 17. — a? 28. Köln, Hist. Archiv, W. kl. 2° 315* (14. Jh., Brst.). Franck ZfdA. 44 (1900) S. 117, m. Lesarten. Menne a. a. O. Nr. 26. — d? 28x. Königsberg, Deutsch-Ordenshaus. In den Inventaren steht seit 1434: *Ein buch von unsirs herren kindheit* (Gr. Ämterbuch d. Dt. Ordens [1921] S. 32, 18 u. ö.). Der Titel steht ebenso in Hs. 15 (vgl. Rückerts Ausg. S. 287), ähnlich auch in Hs. 7 und bei 20x. 28x ist mit größter Wahrscheinlichkeit identisch mit 28y. 28y. Königsberg, Staatsarchiv, ehem. 8° 40. Jetzt Berlin, s. o. 10. 29. Königsberg S u. UB. Fragm. dt. 7 (14. Jh.). Nicht aus Ordensbesitz. Enth. v. 4093 —4630. — b. 30. Krumau, Franziskanerkl. (v. J. 1388). Mourek Sitzungsber. d. kgl. böhm. Ges. d. Wiss., phil.-hist. Kl. 1890, S. 410—423, m. teilw. Abdruck. Hinweis AfdA. 17 (1891) S. 95. — f. 31. Linz, Bischöfl. Priestersem. (14. Jh., Brst.). Schiffmann Jahresber. d. Museums Francisco-Carolinum 53 (1895) S. 121 —130 u. 55 (1897) S. 140—142, m. Abdr. u. Abb. Anzeige des ersten Berichts: AfdA. 22 (1896) S. 321 u. Ltbl. 17 (1896) Sp. 260. — b. 32. London, Brit. Museum Add. 10432 (14. Jh. Unvollst.). Goedeke 27. Priebsch *Deutsche Hss. in England* 2 (1901) 106. Hinweis Germ. 20 (1875) S. 338. — a. 33. Lübeck St.B., Theol. Germ. 23 (v. J. 1489). Paul Hagen Veröff. d. St. B. d. Freien u. Hansestadt Lübeck 1 (1922) S. 17. Hinweis AfdA. 43 (1924) S. 28. — e. 34. Marienstern b. Kamenz, Zist.-Kloster (14. Jh., Brst.). J. Sieber *Mitteldeutsche Bruchstücke*. Progr. Leitmeritz 1883, m. Abdruck. — f. 35. Müller-Brauelsches Brst. (v. J. 1324). Fr. Goebel Nd. Jahrb. 31 (1905) S. 36—38, m. Abdruck. Borchling a. a. O. I (1898) S. 236f. — e. 35x. München Cgm 279 (15. Jh. Unvollst.). Goedeke 9. Weltchronik. — k (Vgl. dort Strauch Nr. 29; Gichtel S. 12 u. 246). 36. München Cgm 353 (v. J. 1439, aus Tegernsee). Goedeke 21. — f. 37. München Cgm 354 (14. Jh., aus Tegernsee). Goedeke 10. — f. 38. München Cgm 393 (v. J. 1470. Unvollst.). Goedeke 11. — a. 39. München Cgm 441 (v. J. 1428). Goedeke nd. 3. — e. 39x. München Cgm 522. Von Goedeke als Prosaauflösung angeführt. Gehört zur Historienbibel. — l. 40. München Cgm 575 (v. J. 1419). Goedeke 14. — a. 41. München Cgm 827 (v. J. 1462). Goedeke 22. — f. 41x. München Cgm 1136. Abschrift von Hs. 19. 41y. München Cgm 5092 s. u. 72. 42. München UB 4° 493 (14. Jh.). — a. 43. Nürnberg, Germ. Nat.-Mus. Hs. 9327 (15. Jh., Brst.). — b. 44. Nürnberg, Germ. Nat.-Mus. 4° 42537 (14. Jh.). Früher Hardenbergsches Brst. Goedeke 32. Zacher ZfdPh. 15 (1883) S. 280—86. — b. 45. Olmütz (14. Jh., Brst.). Goedeke 30. A. Müller Germania 20 (1875) S. 255, m. Textprobe. — b. 46. Ottobeuren (14. Jh., Brst.). Goedeke 17. K. Roth *Dichtungen d. dt. Mittelalters* S. V u. 27 (Abdruck). — b. 47. Paris NB. Allem. 206. (14. Jh.). Goedeke 26. Bächtold Germania 20 (1875) S. 337f., m. Textprobe. — a. 48. Pommersfelden 2797 (14. Jh.). Rückert 2. Goedeke 8. Mit Einschüben; vgl. Haupt S. 176. — a. 49. Prag, Nationalmuseum, Dt. Brst. I E a 4 (14. Jh.). Mourek Sitzungsber. d. kgl. böhm. Ges. d. Wiss., phil.-hist. Kl. 1888, S. 3—33, m. Abdruck. Hinweis AfdA. 17 S. 95. — b. 49x. Regensburg. Goedeke 28. H. Graf v. Walderdorff Verh. d. hist. Vereins d. Oberpfalz 30 (1874) S. 226—34. Brst., der Weltchronik zugehörig. — k. 49y. Rostock UB. Philol. 102 S. u. 73. 49z. St. Paul in Kärnten. Schiffmann ZfdA. 47 (1904) S. 242—46, m. Abdruck. Vor ihm bereits in Carinthia 1818, Nr. 36. Brst., der Weltchronik zugehörig. Vgl. auch Menhardt PBB. 61 (1937) S. 446ff. — k. 50. St. Petersburg (14. Jh., Brst.). R. Minzloff *Die altd. Hss. d. kais. öff. Bibliothek zu St. Petersburg* (1853) S. 13—22 (Abdruck). Hinweis AfdA. 22 (1896) S. 322. — b. 51. Seitenstetten (15. Jh.). Schönbach Herrigs Archiv 53 (1874) S. 121—23. Neuwirth ZfdPh. 17 (1885) S. 209—15, m. Abdruck. — f. 51x. Straßburg Johanniterbibl. A 75. Goedeke 7. Nach Rückert S. 287 enthielt diese Hs. eine Weltchronik ohne Philipps Gedicht. — Vgl. k. 52. Stuttgart poet. et phil. 4° 8 (v. J. 1462). Goedeke 16. — a. 53. Stuttgart theol. et phil. 4° 104 (15. Jh. Unvollst.). Goedeke 25. — a. 54. Stuttgart HB XIII, 6. (14. Jh. Unvollst.). Rückert 9. Haupt S. 217. — c. 55. Trier StB. Mhd. Fragm., Mappe X, Fragm. 9 (14. Jh.). Ad. Becker *Die dt. Hss. der Stadtbibl. zu Trier* (1911) S. 119. — b. 56. Uppsala, Gyllenh. Samml. Vol. 14 (15. Jh.). — a. 57. Vitis (Niederdonau), Gemeindearchiv (14. Jh., Brst.). Frz. Pennerstorfer *Brst. von Bruder Philipps Marienleben*. Progr. Leoben 1912/13, m. Abdruck. — h. 58. Weimar, Staatsarchiv, F 992[1] (14. Jh., Brst.). P. Mitzschke Germania 37 (1892) S. 183—85 m. Abdruck. — d, vgl. Gailit a. a. O. S. 15. 58x. Weißenkirchen i. d. Wachau, Marktarchiv (15. Jh., Brst.). Rauscher ZfdA. 69 (1932) S. 125—128, m. Lesarten. Ders. in: Unsere Heimat, Monatsbl. d. Ver. f. Landeskde ... v. Niederösterr. N. F. 6 (1933) S. 65—72 m. Abdruck. Gehört zur Weltchronik. — k. 59. Wien 2709 (14. Jh.). Rückert 5. Goedeke 5. Haupt S. 204ff. Gailit S. 15ff. Hoffmann v. Fallersleben *Verzeichnis d. altd. Hss....* (1841) Nr. XLVIII. — d. 60. Wien 2735 (14. Jh.). Rückert 7. Goedeke 6. Haupt S. 215f. Gailit S. 50ff. Hoffmann a. a. O. Nr. L. — d. 61. Wien 2736 (14. Jh.). Rückert 6. Goedeke 4. Haupt S. 216f. Hoffmann a. a. O. Nr. XLIX. — c. 62. Wien 13337 (15. Jh., Brst.). Haupt S. 217. — d? 62x. Wien 19681. Jetzt Nov. Ser. 207. 63. Wien Nov. Ser. 207, fr. Suppl. 2560, dann Hs. 19681 (14. Jh., Brst.). Haupt S. 198ff. Helm PBB. 24 (1899) S. 96. — g. 64. Wien Nov. Ser. 243, fr. Suppl. 2596 (14. Jh., Brst.). Haupt S. 204. — d. 65. Wolfenbüttel Helmst. 894 (v. J. 1449). v. Heinemann *Die Hss. der Herzogl. Bibl. zu Wolfenbüttel* I 2 (1886) Nr. 996. — e. 66. Wolfenbüttel Helmst. 937 (15. Jh.). Goedeke nd. 1. Kinderling Deutsches Museum 1788, Bd. 2, S. 347—51, m. Textprobe. v. Heinemann a. a. O. Nr. 1039. Abschrift in Wolfenbüttel Nov. 705. — e. 67. Wolfenbüttel 18. 21. 1. Aug. 4° (15. Jh.). v. Heinemann a. a. O. II 4 Nr. 3153. — a. 67x. Wolfenbüttel Nov. 705 s. oben 66. 67 y. Zeitz s. u. 74. 68. Zürich C 148, App. 45 (14. Jh. Unvollst.). Goedeke 24. *Katalog d. Hss. d. Zentralbibl. Zürich* I (1932) S. 68. — a.

Nachtrag: 69. Berlin Germ. 2° 1061 (15. Jh., Brst.). Degering a. a. O. I S. 149. — i. 70. Berlin Fragm. 57 (14. Jh., Brst.). Enth. v. 4046—4171. — b. 71. Breslau S u. UB. I Q 326 (15. Jh.). Klapper *Büchlein von der Himmelfahrt Mariae* [darin v. 9500—10065 des 'Ml.'] ZfdA. 50 (1908) S. 172. — f. 72. München Cgm 5092 (v. J. 1443). — i. 73. Rostock UB. Philol. 102 (14. Jh., unvollst.). — a. 74. Zeitz, Stiftsbibliothek XXXII (60), (v. J. 1455, anfangs unvollst.). Germ. 9 (1864) S. 321f. F. Bech *Verz. d. alten Hss. ... zu Zeitz* (1881) S. 7. — a.

Rückerts Ausgabe S. 275—285. Goedeke *Dt. Dichtung im Mittelalter* (1871²) S. 130 u. *Grundriß* I (1884²) S. 228 m. älterer Literatur. Haupt a. a. O. Gailit a. a. O. S. 1f.

Ludwig Denecke.

Philipp zu Kleve, Herzog, Graf von der Mark, Herr zu Winnental und zu Ravenstein, 1460—1527.

1. *'Description de la forme et de la manière de fonduiere le faict de la guerre'* 1498. Die Hs. wurde Ludwig XII. von Frankreich bei seiner Thronbesteigung gewidmet. Ein zweites Mal, wahrscheinlich 1506, dem Erzherzog Karl (später Kaiser Karl V.) als Herr der Niederlande. — Der Verbleib des Widmungsexemplars ist unbekannt. Abschrift Bibl. Nat., Paris No. 4653. Das zweite Exemplar mit fünf anderen Kopien Staatsbibl. Wien No. 10899, 10902, 10949, 10981, desgleichen Univ. Bibl. Jena, Königl. Bibl. im Haag, t. 314.

2. Deutsche handschriftliche Übersetzungen sind mehrfach vorhanden unter dem Titel: *'Kurtzer bericht der fürnembsten Mittel Wege und Ordnung von krieg zu land und wasser ... Gemacht durch ... Herrn Philipps, Hertzogen von Cleff ... und dem ... Carlen V. zu anfang seiner Regierung gegeben. Aus dem französischen in das Teutsch gebracht'.* Sammelcodex der Herzoglichen Bibl. zu Gotha, Univ. Bibl. Erlangen, ms. 1620, mit Miniaturen; Staatsbibl. München, Cod. Bavar. 1682, 2879 (vgl. Mone Anzeiger für Kunde des deutschen Mittelalters 1839, S. 113). Ferner Zeughaus Berlin ms. 11 von 1550, Staatsbibl. Dresden, C. 117; Univ. Bibl. Heidelberg, Cod. Palat. 132, von 1566; Bibl. Kassel. — Der erste französische Druck 1558, ferner 1583, 1585. Graf Reinhart von Solms, 1491—1562, hat in seinem 'Kriegsbuche' (1547) den wesentlichen Inhalt wiedergegeben.

3. Philipp diente dem späteren Kaiser Maximilian I. in seinen Kriegen in Vlandern gegen Frankreich und eroberte als oberster Feldhauptmann des burgundisch-österreichischen Heeres die Stadt Lüttich. Nachher wechselte er seinen Kriegsherrn und trat zu Frankreich über, wo er sich gegen seinen früheren Herrn auszeichnete. Der reich begüterte Herzog ist eine condottiere-Natur gewesen. Er kämpfte nach Abschluß des Friedens von Senlis, 1493, im Dienste von Venedig gegen die Türken und widmete sich nachher dem Dienst der französischen Krone. Seit 1499 war er Gouverneur von Genua und als erster Ausländer Herzog von Nevers und Pair von Frankreich.

4. Die Kriegsordnung zerfällt in die

Schilderung des Land- und des Seekriegs, sieben Kapitel mit 68 Abschnitten. Das Werk dient rein praktischen Zwecken und schildert die Kriegsführung und Taktik seiner Zeit ausgezeichnet. Die Hauptabschnitte sind folgende: *von den Rattschlägen der Kriegshandlungen, vom Beuelch des Conestabels oder Obersten Feldthauptmanns, vom Leger* (Heer), *von ainer Belegerung, von der Schlacht, von der Besatzung, Wacht in der Statt, wie man sich halten soll wan man belagert württ.* Das zweite Buch handelt vom Seekrieg, ein Anhang gibt die Kostenberechnung für den monatlichen Aufwand der Heeresartillerie.

M. Jähns *Geschichte der Kriegswissenschaften* 1889, I S. 339—347, 430, 439, 498, 510, 583. Alwin Schultz *Deutsches Leben im 14. und 15. Jahrhundert. Gr. Ausg.* 1892, S. 540. G. Köhler *Die Entwicklung des Kriegswesens und der Kriegführung in der Ritterzeit* 1889. B. III. Abt. III S. 351/352. (Die bei Köhler wiedergegebenen Zeichnungen von Geschützen aus den Bilderhandschriften sind unzureichend und werden hier und im Folgenden nicht angeführt.)

Eduard A. Geßler.

Philipp von Seldeneck. *'Verzaychnus der ordinung'*, verfaßt um 1480, im Sammelband Ms. Durlach 18, Bibl. Karlsruhe, Bl. 78a bis 122b.

1. Vom Leben des Verf. dieser äußerst wichtigen kriegswissenschaftlichen Arbeit wissen wir nichts. Er stammte aus altem fränkischen Adel, und die S.s besaßen als Lehen der pfälzischen Kurfürsten das Reichserbküchenmeisteramt; sie starben Ende des 16. Jh.s aus.

2. Das Sammelwerk beginnt mit einer Handschrift des deutschen Vegez von Ludwig v. Hohenwang (s. d.), daran reiht sich nun S.s Arbeit: *'Notdurfft ordenung und geschick der wagenburck in ein feldt zu denen veind und von denn veindenn'*. Der Kampf mit der Wagenburg, aneinander gereihte Kriegswägen, mit Geschütz bestückt (mal. Panzerwagen), ist durch die Hussitenkriege aufgekommen und dann von den Deutschen angenommen worden. Bei den Schweizern und Romanen ist dieses Kampfmittel nie angewendet worden und dann auch in der zweiten Hälfte des 16. Jh.s überall abgegangen. Die Beweglichkeit der Kriegsführung wurde durch diese Wagenburgtaktik sehr stark gehemmt, und mit dem Aufkommen einer kriegstüchtigen Feldartillerie ist sie spurlos verschwunden.

M. Jähns *Gesch. der Kriegswissenschaften* 1889, I S. 306—309; vgl. ebd. S. 297—299, 304—306. H. Delbrück *Gesch. der Kriegskunst* III, MA. 1907 S. 518, 678.

3. Die Bedeutung der schweizerischen Eidgenossen für die Entwicklung der Infanterie ist bekannt. Ihre neue Taktik schuf das mal. Kriegswesen vollständig um. Zuerst wurden die neuen Ideen in Süddeutschland durch die Erfolge der schweizerischen Söldner verbreitet, das übrige Deutschland, und schließlich ganz Europa, folgten nach. In S.s Werk finden wir nach dem Kapitel über die Wagenburg *die Ordenung und der eyde der eydgenossenn unnd der gemeinen schweytzer, so sie zu veldt ziehenn oder ihr hauptleut inn ein veldt schickenn.* Diesem obigen wird entgegen gestellt *der gemain eyd so die furstlichen Herren oder stadt iren knechten, die sie bestallen und schicken, lassen schweren.* Darauf beginnt der wichtigste Teil dieser Abhandlung, welche uns das dt. Kriegswesen, Fußvolk- und Reiterei-Taktik, ausführlich schildert. Wir sehen dabei den Unterschied zwischen den Eidgenossen und den Deutschen, bei denen die Schützen bereits stark hervortreten; immerhin wird die Schlacht noch durch den Kampf mit der blanken Waffe entschieden. Seine Ausführungen teilen sich in drei Abschnitte: *'Eine ordenung der fusknecht zu einem feldtschlagenn in einem flachenn oder breitenn felde'*, dann folgt die *'Feldbestellung'* der Reiterei und Anweisungen zur Taktik größerer Abteilungen. Die Vorschriften sind durch schematische Planzeichnungen der 'Ordnung' veranschaulicht. Die Halbarten sind gegenüber den Langspießen noch in der Überzahl, die Schützen spielen eine größere Rolle als bei den Eidgenossen.

M. Jähns *Gesch. der Kriegswissenschaften* 1889, I S. 300, 311, 312, 321—333.

Ed. A. Geßler.

Pholspeunt, s. Heinrich v. Pfalzpeunt.

'Physiologus'.

1. Unter den pseudo-aristotelischen Schriften befand sich auch eine volkstümliche Naturgeschichte, auf deren Grundlage ein alexandrinischer Christ im 3. Jh. eine kurzgefaßte Beschreibung von vielen Tieren (und einigen Mineralien) mit allegorischer Ausdeutung schrieb, indem er die Eigenschaften der Tiere usw. auf die christliche Heilslehre bezog. Bei Berufungen auf seine Quelle schreibt er: ὁ φυσιολόγος ἔλεξε, d. h. „der Naturforscher [d. i. Aristoteles] sagt"; später wird *Physiologus* dann als Verfassername, schließlich als Titel des christlichen Werkes aufgefaßt.

2. Sehr früh wurde der griechische 'Ph.' ins Äthiopische und Syrische, später ins Armenische und Arabische, noch später ins Altslawische übersetzt. Auf Latein gibt es mehrere Fassungen, deren älteste dem Anfang des 5. Jh.s zu entstammen scheint; spätere Bearbeitungen sind die kurz vor dem 11. Jh. verfaßten sogenannten *'Dicta Chrysostomi'* und der noch jüngere versifizierte *'Physiologus Theobaldi'*, der im Spätmittelalter sehr verbreitet war.

3. Auf dem lateinischen 'Ph.' beruhen verschiedene französische *'Bestiaires'* (12.—13. Jh.), ein provenzalisches (13. Jh.), ein spanisches (14. Jh.); ebenso dann mehrere englische Werke, worunter ein (nur 3 Tiere behandelndes) stabreimendes Gedicht des 9. Jh.s ist, während das mittelenglische *'Bestiary'* (13. Jh.) den *'Ph. Theobaldi'* bearbeitet. Wir haben auch 2 Fragmente eines isländischen 'Ph.' aus dem 13. Jh.

4. Auf Deutsch gibt es a) einen älteren alemannischen 'Ph.' (11. Jh.), der auf 12 Kapitel der *'Dicta Chrystomi'* in einer uns unbekannten Redaktion zurückgeht; b) einen jüngeren, schwäbisch-bairischen 'Ph.' (12. Jh.) in 27 Kapiteln, welcher recht sklavisch ebenfalls die *'Dicta Chrysostomi'* übersetzt; c) eine wenig spätere stümperartige Reimfassung dieses jüngeren 'Ph.'— In der deutschen Dichtung finden wir vor 1200 nur wenige unzweifelhafte Anspielungen auf die Fabeln des 'Ph.'; deutlich ist NL. 953; in größerer Menge gibt es dann solche bei Wolfram (s. d.), und seit dem 13. Jh. ist der Stoff anscheinend allgemein bekannt. Es ist aber nicht erwiesen, daß dabei die Übersetzungen des 11. und 12. Jh.s benutzt wurden, was wohl damit zusammenhängt, daß der lateinische 'Ph.' vielfach im Quadrivium als Schulbuch Verwendung fand.

5. Ernsthaft-methodische Naturwissenschaft war im Altertum und Mittelalter nur den ganz Wenigen vorbehalten, weil die Menge auch der Gelehrten sich von der fesselnden Neigung zur kuriös-fabelhaften Naturgeschichte nicht freimachen konnte. Deshalb hat der 'Ph.', der diesem Drang weitgehend entgegenkommt und gleichzeitig durch die, heutzutage grotesk anmutenden, Ausdeutungen erbaulich wirkte, einen solchen Erfolg gehabt, daß viele der hier erzählten Geschichten und deren Deutungen weltberühmt geworden sind, z. B. das Einhorn, das nur von einer reinen Jungfrau gefangen werden kann, wird mit Christus verglichen; der Pelikan, der sein Junges durch das eigene Blut ernährt, ist der barmherzige Gott Vater; die treuliebende Turteltaube soll ein Vorbild der gottliebenden Gemeinde sein; die Perle, die aus einem Regentropfen entsteht, ist der Sohn der Jungfrau oder Maria selbst, usw. — Die deutschen Übersetzungen legen das Hauptgewicht auf die kuriösen Berichte und kürzen die Erklärungen ab.

6. Wie die wunderlichen Gestalten der 'Ph.'-Fabeln vielfach in romanischen, früh- und spätgotischen Skulpturen (und Gemälden) zu erkennen sind, so waren auch viele 'Physiologus'-Hss. illustriert (bisweilen waren wohl die Bilder die Hauptsache), so auch der gereimte deutsche 'Ph.' und der isländische, deren Bilder allerdings mit den Miniaturen der französischen Hss. nicht wetteifern können.

K. Ahrens *Zur Geschichte des sogenannten 'Ph.'* Progr. Ploen 1885. F. Lauchert *Geschichte des 'Ph.'* 1889 (wenig befriedigendes Hauptwerk; vgl. die Rezensionen: M. F. Mann Engl. Stud. 14 S. 123—127; E. Voigt Zs. f. d. Ph. 22 S. 236—242; G. Paris Revue crit. n. s. 27 S. 464—468; auch der griechische Text genügt nicht). M. Goldstaub *Der 'Ph.' und seine Weiterbildung, bes. in der latein. und byzantin. Lit.*, Philologus, Suppl. Bd. VIII, 3 S. 337—404. Bibliographie von M. F. Mann Anglia, Beiblatt 10 (1899) S. 274—287; 12 S. 13—23. 13 S. 18—21, 236—239 (A. L. Jellinek). V. Dahlerup *'Ph.' i to islandske Bearbejdelser* 1889 (Sonderdruck der 'Aarbøger for nordisk Oldkyndighed og Historie' 1889). Wellmann *Der Physiologos* 1930.

Maßgebende Ausgaben der deutschen Bearbeitungen: der ältere 'Ph.' bei Steinmeyer *Kl. ahd. Sprachdenkmäler* 1916, Nr. XXVII; der jüngere 'Ph.' bei F. Wilhelm *Denkmäler deutscher Prosa* 1914—18, A S. 4—28 (der ältere ist mitgedruckt), Kommentar B S. 13—52 (hier S. 17—44 kritische Ausgabe der *'Dicta Chrysostomi'* und S. 46 f. ein Restchen einer zweiten (assonierenden) Bearbeitung des jüngeren 'Ph.').

Ehrismann *Lit. Gesch.* II, 1 S. 224—231 (mit weiterer Bibliographie).

L. L. Hammerich.

Piberse ist ein Meistersinger, der uns, wie viele seiner Sangesgenossen, nur durch seine Erwähnung in Kunz Nachtigals (s. d.) in Anlehnung an Folz (s. d.) verfaßten Dichterkatalog bekannt ist (mgq. Berol. 414 Bl. 426 f.). Die Tatsache, daß Hans Sachs selbst in den Jahren 1617/18 diese Hs. zusammenstellte, ist der einzige zu unserer Verfügung stehende Datierungshinweis. W. St.

'Pilatus'. s. Nachtrag.

'Die Pilgerfahrt des träumenden Mönchs'. 1330—32 verfaßte der Zisterziensermönch Guillaume de Deguileville, angeregt durch den Rosenroman, sein allegorisches Gedicht *'Le Pelerinage de Vie humaine'*. Er schildert darin, wie er im Kloster Chaalis (Dép. Oise) das himmlische Jerusalem im Traume gesehen hat und sich dann auf die Pilgerfahrt dorthin macht. Alle Einzelheiten der Pilgerkleidung werden allegorisch ausgedeutet (Stab, Sack, Wams, Kragen, Schild, Schwert usw. Maria ist der Karfunkelstein am Stabe des Pilgers). „Rechtes Verständnis" und „Gottes Gnade" geleiten den Pilger, dem unzählige allegorische Gestalten auf seinem Wege begegnen („Natur", „Buße", „Weisheit", „Grobes Verständnis", „Leib", „Seele", „Trägheit", „Hoffart", „Habgier' 'usw.).

Das Werk hatte großen Erfolg. Guillaume de Deguileville gab 25 Jahre später eine Neubearbeitung mit zwei Fortsetzungen (*'Le Pelerinage de l'Ame'* und *'Le Pelerinage de Jesuscrist'*) heraus. Eine von Jean Gallopes um die Mitte des 15. Jh.s verfaßte frz. Prosaauflösung des I. Teiles wurde noch mehrmals gedruckt. Übersetzungen liegen vor: ins Englische (Chaucer übertrug die eingelegten Marienlieder, John Lydgate übersetzte 1426 die zweite Fassung des Werkes in Versen; außerdem sind Prosaübersetzungen unbekannter Verfasser erhalten), ins Niederländische, ins Spanische. Eine Übertragung ins Lateinische, auf die der Prolog einer nl. Bearbeitung sich bezieht, ist verschollen.

Drei deutsche Übersetzungen sind bekannt:

A die Berleburger, B die Kölner, C die Hamburger.

A. Die Berleburger Übersetzung: Sie ist in einer am Anfang und am Ende leider unvollständigen Bilderhs. der Fürstl. Sayn-Wittgensteinschen Schloßbibliothek zu Berleburg aus den ersten Jahren des 15. Jh.s erhalten. Schreiber und Übersetzer (vielleicht auch der Illustrator) sind wohl eine Person und nicht weit vom heutigen Aufbewahrungsorte der Hs. zu Hause. Die rund 14000 Verse umfassende Übersetzung schließt sich dem frz. Originale sehr eng an; es läßt sich sogar feststellen, daß sie eine frz. Hs. benutzte, die mit der Metzer Hs. sehr nahe verwandt war. Bei dem engen Anschluß an die Vorlage bereitete die Übertragung in deutsche Verse große Schwierigkeiten, die der Übersetzer nicht gemeistert hat, auch nicht bei einer durch den ganzen Band sich erstreckenden Nachbesserung. Reimlose Zeilen, unvollkommene oder umgekehrt auch rührende Reime finden sich zahlreich. Inhaltlich ist die Übersetzung besser gelungen als formal, wenn auch der frz. Text an einigen wenigen Stellen mißverstanden ist.

B. Die Kölner Übersetzung: Sie ist in einer 1444 geschriebenen Hs. des Historischen Archivs der Stadt Köln erhalten, die aus dem Kreuzherrnkloster stammt. Eine noch im 15. Jh. niedergeschriebene Notiz auf einem der Hs. vorgehefteten Pergamentblatte besagt: *Dyt boich hait in der hilger stat Zo Coelne uys welsche in duytsch gesat Eyn simpel priester Petrus genant* (*Niet vorder en wilt he sijn bekant*) *Die dat vollbraicht hait in dem jaire Doe man tzalte ind schreiff vur ware Nae Christus geburde vierzienhondert Ind vier ind vierzich ungesondert* ... Die Kölner Übersetzung ist von der Berleburger völlig unabhängig. Als ihren Verfasser stellt Meijboom (siehe unten) Peter de Merode fest, der einst Sekretär Philipps von Orléans war und daher nicht nur Kenntnis des frz. Werkes, sondern auch gute Sprachbeherrschung besaß. Er ist auch im deutschen Ausdruck viel freier als der Berleburger Übersetzer und folgt seiner Vorlage nicht sklavisch. Eine Vorrede von 50 Versen hat er selbständig hinzugefügt; die Marienlieder dichtet er neu. Was Wiedergabe des Sinnes und Vers und Reim angeht, überragt er seinen Vorgänger beträchtlich.

C. Die Hamburger Übersetzung: Sie ist im Cod. germ. 18 der Hamburger Stadtbibliothek (Mitte oder 2. Hälfte des 15. Jh.s) überliefert. Die Hs. ist rheinfränkisch und 1749 aus dem Nachlaß des Zacharias Konrad von Uffenbach in Frankfurt a. M. nach Hamburg gekommen. Ein Schreiberschlußreim am Ende der Hs. gibt dem Werke einen Titel: *Hie hat menschlich biede fart eyn ende Got wolle vnß syn gnade sendī. amen.* Im Übrigen aber ist die Hamburger Übersetzung Prosa. Sie fußt auf der Berleburger Reimpaarfassung, deren Reime sie gelegentlich sogar stehen läßt. Doch ist für eine Reihe von Stellen ein (wahrscheinlich frz.) Originaltext zu Rate gezogen worden. Die Bilder der Hamburger Hs. entsprechen den Berleburger Illustrationen in der Wahl der Themata; in der Ausführung sind sie selbständig.

Nachtrag: In ganz neuem Lichte erscheinen die Berleburger und die Hamburger Übersetzung durch den Aufsatz von E. Frh. Schenk zu Schweinsberg, 'Margarete von Rodemachern, eine deutsche Bücherfreundin in Lothringen' in der Zeitschr. des Vereins f. thür. Geschichte, Beiheft 23 ('Aus der Geschichte der Landesbibliothek zu Weimar', Festschrift hsg. von Herm. Blumenthal) Jena 1941 S. 117ff.

Guillaume de Deguilevilles Werk *'Le Pelerinage de la Vie humaine'* in ursprünglicher Gestalt und in zweiter Fassung (mit den beiden Erweiterungen *'Le Pelerinage de l'Ame'* und *'Le Pelerinage de Jesuscrist'*) ist herausgegeben von J. J. Stürzinger (für den Roxburghe Club, London 1893—97); über weitere Bearbeitungen und Übersetzungen vgl. A. Bömer (siehe unten!) S. V—VI; über G. de D. selbst handelt Hultman *G. de D.*, Diss. Upsala 1902.

Die Berleburger Übersetzung ist hsg. von Aloys Bömer *'Die P. des tr. M.'* (DTMA. XXV) 1915; dazu LZbl. 66 Sp. 796f.; DLz. 38 Sp. 186—188 (Phil. Strauch); Museum 24 S. 133—135 (Frantzen); AfdA. 39 S. 39—42 (K. Helm); Litbl. 38 Sp. 77f. (O. Behagel). Ferner: F. Goetze *Untersuchungen über die 'Pilgerfahrt des träumenden Mönchs'* (*Berleburger Hs.*). Diss. Marburg 1934.

Die Kölner Übersetzung Peters von Merode ist hsg. von Adrian Meijboom *'Die P. des tr. M.'* (Rheinische Beiträge und Hülfsbücher zur germ. Philologie und Volkskunde, Heft X) 1926; vgl. auch W. Stammler Zs. für Deutschkunde 1928 S. 816.

Für die Hamburger Prosaübertragung vgl. Bömer a. a. O., vor allem S. XV—XX und 301.

H. Niewöhner.

Pirmin, der hl., Begründer des Klosters Reichenau (724), stammte aus Spanien oder dem unter spanischen Einfluß stehenden südlichen Gallien. Er stiftete, bezw. reformierte viele andere Klöster, darunter Hornbach, Murbach und Pfäffers. Sein Name lautete eigentlich Primenius. Die älteste *'Vita'* weiß wenig Bestimmtes über ihn zu berichten. Er starb am 3. Nov. in Hornbach; das Todesjahr ist wahrscheinlich 753. Die einzige von ihm überlieferte Schrift ist *'Dicta abbatis Priminii de singulis libris canonicis scarapsus'*. Die darin enthaltenen Anspielungen auf heidnische Bräuche sind für die deutsche Kulturgeschichte nur mit Vorsicht zu verwerten, da sie auf spanische Quellen zurückgehen. Die Gestalt Pirmins wurde in Reichenau nicht volkstümlich; ruhten doch seine Gebeine anderswo. Wir haben einige lateinische Hymnen, Tropen und Sequenzen über ihn, auch ein *'Officium S. Pirminii'* ist im cod. St. Gall. 418, S. 28 erhalten, aber von deutschen Bearbeitungen sind keine auf uns gekommen. Der Abt Heinrich von Karpfen (1206—1264) soll eine deutsche

Lebensbeschreibung P.s geschrieben haben; sie ist aber verschollen.

Die älteste '*Vita*' ist im cod. St. Gall. 577 S. 296—303 überliefert; für die andern Hss. s. Holder-Egger MGH. SS. XV 1 (1887) S. 18f.

Ausgaben: Mone *Quellensammlung der badischen Landesgeschichte* I S. 30—36, 526; Holder-Egger a. a. O. S. 21—31; *Acta Sanctorum Boll.* 3. Nov. II 1 (1894), S. 33—47.

Hs. der '*Dicta Priminii*': Einsiedeln Nr. 199, S. 461ff. (8.—9. Jh.).

Ausgaben: Mabillon *Vetera Analecta* S. 65—73 (Paris 1723); Gallandius *Bibl. vet. patr.* XIII S. 277—285 (Venedig 1779); Migne *Patr. Lat.* 89 Sp. 1030ff. Kritischer Text von C. P. Caspari *Kirchenhistorische Anecdota* I (Kristiania 1883).

Abdrucke der lat. geistlichen Dichtung: Mone *Lat. Hymnen des Mittelalters* III S. 482 bis 484; Dreves *Analecta Hymnica Medii Aevi* XLIX S. 161.

Literatur: Haucks Realenzyclopädie für prot. Theol. u. Kirche, 3. Aufl., XV S. 409ff.; Traube MSB. Phil.-hist. Kl. 1907, S. 72—74; D. G. Morin Revue Charlemagne 1 (1911) S. 1—9; *Die Kultur der Abtei Reichenau, herausg. v.* K. Beyerle 1925; Gall Jecker *Die Heimat des hl. Pirmin* (Beiträge zur Gesch. des alten Mönchtums u. des Benediktinerordens XIII) 1927; vollständige Bibliographie bei J. F. Kenney *The Sources for the Early History of Ireland* I (1929) S. 518, 783.

Clark.

Pischof, s. Bischof.

Piterolf, s. Biterolf.

Plattenberger, Johannes, d. J.

1. P. wurde am 1. März 1459 in Nürnberg *zu einem schreiber und diener in der losungstube aufgenommen und bestellt auf 15 jar.* Weitere Nachrichten über seinen Lebensgang kennen wir nicht.

2. Im Verein mit dem Nürnberger Stadtschreiber Theodorich Truchseß vollendete er am 11. Juli 1459 eine deutsche Weltchronik in zwei Bänden unter dem Titel '*Excerpta chronicarum*'. Die Zusammenarbeit der beiden Männer ist wahrscheinlich in der Weise zu denken, daß P. den ersten Band beisteuerte, welcher die Darstellung der fünf Weltalter vom Anfang der Zeiten bis auf Julius Cäsar auf Grund des Alten Testamentes und anderer, profaner Quellen umfaßt. Wie schon der Titel verrät, handelt es sich um keine selbständige Arbeit, sondern um eine Kompilation. Als seine vorzüglichsten Quellen nennt der Verfasser das '*Speculum historiale*' des Vinzenz von Beauvais (s. d.), die Chronik des Martinus Polonus (s. d.) und die '*Flores temporum*' des Martinus Minorita (s. d.). Die außerdem oftmals als Gewährsmänner aufgeführten Schriftsteller des Altertums und die zahlreichen aus diesen Autoren eingestreuten Zitate kannte P. nicht aus eigenem Studium, sondern meist nur aus seiner Hauptvorlage Vinzenz von Beauvais. Bekannt ist von der Chronik P.s nur der erste Teil aus einer Hs. der Stadtbibl. Nürnberg (Cent. II. 86). Eine Veröffentlichung liegt nicht vor.

3. Der zweite verschollene Band enthielt die Weltgeschichte von der Gründung Roms bis auf Kaiser Friedrich III. nebst einem Abriß der Papstgeschichte bis auf Papst Pius II. Aus diesem Band, der wohl dem Theodorich Truchseß zuzuschreiben ist, hat der Nürnberger Humanist und Arzt Hartmann Schedel in einer Handschrift der Staatsbibliothek München (Cod. lat. 472) umfangreiche Auszüge gemacht. Außerdem diente er dem Geschichtsschreiber und Mönch von St. Ulrich und Afra in Augsburg Sigismund Meisterlin (s. d.) als Vorlage für seine Nürnberger Chronik.

Die Chroniken der deutschen Städte III, 1864. Lorenz *Deutschlands Geschichtsquellen im Mittelalter* 3 I (1886) S. 172.

Paul Ruf.

Pleicher, Georg. P. entstammte einer in Wien ansässigen Familie. Im J. 1642 ist ein Johann Bleicher Bürger und Beschauer im Waghaus zu Wien. G. P. hat Christof Weylers (s. d.), ebenfalls eines Wieners, Lied auf Kaiser Maximilians I. Tod (12. 1. 1519) zu einem kürzeren des gleichen Inhaltes umgearbeitet (26 siebenzeilige Strophen ab ab cdc). In der letzten Strophe sagt er von sich ausdrücklich: *zu Wien wol in der Stadt, in der er ist gar wol bekannt: Georg Pleicher hat es gemacht, also ist er genannt.* Er ist auf Wien stolz und meint, der Kaiser habe sich deshalb nicht im ehrenreichen Wien bestatten lassen, weil er dies für Hoffart gehalten hätte. P.s

Gedicht hat viele Flickverse und ist ungeschickt und hölzern im Ausdruck.

R. v. Liliencron *Die historischen Volkslieder der Deutschen* III Nr. 307b. Thom. Stybarus *Erzehlungen und Laichpredigten* 1593, I S. 18. Joh. Höfel *Historisches Gesangbuch* (Schleusingen 1681) S. 201—5. Weller *Ann.* I S. 12 Nr. 52. Panzer *Zusätze* S. 162. Vgl. Jos. Seemüller *Deutsche Poesie vom Ende des XIII. bis in den Beginn des XVI. Jh.s* = Gesch. d. Stadt Wien III, 1, S. 72. *Quellen zur Gesch. d. Stadt Wien* I S. 6 (Johann Bleicher 1642).

Hermann Menhardt.

Der Pleier

wurde zuerst dem 1260 ausgestorbenen steirischen Grafengeschlecht derer von Plaien zugeteilt, Bartsch dagegen deutete den Namen als einen wie Strickære (s. d.), Marnære (s. d.) oder Teichnære (s. d.) gebildeten Berufsnamen, die neue Forschung jedoch leitet ihn richtiger von einem salzburgischen Ortsnamen ab: als Bürgerlicher oder unfreier Ritter, dessen Geschlecht noch im 15. und 16. Jh. in angesehenen Stellungen in Salzburg bezeugt ist, diente der Pl. dem auf seiten Richards von Cornwallis stehenden Wîmar von Schärding, der ihm auch die Anregung zur Abfassung des 'Meleranz' gab (Mel. 12767ff.). Der Dichter, dessen Schaffenszeit sich auf die Jahre 1250—1280 erstreckt, hat drei Artusepen verfaßt:

1. 'Garel von dem blühenden Tal': In diesem 21310 Verse umfassenden Epos verlaufen, ineinander verzahnt, zwei verschiedene Handlungsreihen, die Wiedergewinnung der von Meljacanz entführten Ginover durch Lanzilet und der Kampf gegen Ekunaver, den König von Kanadic, der Artus den Krieg erklärt hat: diese zweite, weitverzweigte Handlung bildet den Hauptinhalt des Epos, während die Entführung der Königin als stimmunggebender Auftakt und ihre Befreiung als selbstverständliches Gebot ritterlicher Ehre verhältnismäßig kurz behandelt sind.

Überlieferung: L, Papierhandschrift des Museums Francisco-Carolinum in Linz, 14. Jh., deren Anfang (etwa 100 Verse) fehlt. — M, Ms. germ. fol. 923/18, Berlin (aus Meran stammend), 8 Doppelblätter (v. 15659—938 u. 17051—320), 14. Jh. — Beide Zeugen gehören der gleichen Gruppe an und bieten bessere Textgrundlagen, als sie bei den zwei anderen Epen gegeben sind.

Der 'Gar.' wird von Konrad von Stoffeln (s. d.), von Ulrich Füetrer (s. d.) und von Püterich von Reichertshausen (s. d.) im 'Ehrenbrief' Str. 103 [ZfdA. 6 (1848) S. 50] erwähnt, und um 1400 wurde im Auftrag des Nikolaus Vintler († 1414) ein Saal des Schlosses Runkelstein mit Fresken geziert, die u. a. 23 Begebenheiten aus dem 'Gar.' darstellen.

M. Walz *Garel von dem blüenden Tal* 1892 (unzureichende und unzuverlässige Ausgabe: K. Zwierzina AfdA. 22 (1896) S. 353ff.). — Abdruck von M: Zingerle Wiener SBer. 1865 S. 449ff.; A. Goldbacher Germ. 8 S. 89ff. (W. Scheel, Festg. an K. Weinhold, Leipzig 1896, S. 46f.). — *Freskenzyklus des Schlosses Runkelstein bei Bozen, gez. u. lith. v.* I. Seelos, *erkl. v.* I. Zingerle, hg. v. d. Ferdinandeum in Innsbruck 1857 (Text nach der von A. Böhm für Th. v. Karajan besorgten Abschrift = Nr. 12826—30 der Wiener Nationalbibl.). — P. Egelkraut *D. Einfluß des Daniel vom Blühenden Tal vom Stricker auf die Dichtungen des Pleiers.* Diss. Erlangen 1896. — L. Kupsa *Reimwörterbuch z. 'Blühenden Tal' v. d. Pleier.* Diss. Wien 1930.

2. 'Meleranz' (12834 Verse): Der jugendliche Mel., Sohn des Königs von Frankreich und der Olympia (Schwester des Artus), verläßt heimlich das Elternhaus, um den Artushof aufzusuchen. Unterwegs erblickt er auf einer wonnigen Wiese die badende Tydomîe von Kamerîe, die durch ihre sternkundige Erzieherin bereits von dem Kommen des ihr vom Schicksal bestimmten Gatten unterrichtet ist. In Tydomîens Dienst vollbringt er große Heldentaten und befreit sie auch aus den Händen ihres Oheims. Die Hochzeit des Paars in Gegenwart der ganzen Tafelrunde bildet den erwarteten Schluß.

Zugrunde liegt ein (hier allerdings stark verdunkeltes) Nixenmärchen, das in der frz. Lanval- und Graelantsage frühen literarischen Niederschlag gefunden hat; der Hauptinhalt dieses Märchens, die Ehe eines Mannes mit einer Überirdischen, ist auch sonst bekannt, z. B. aus Egenolfs (s. d.) 'Peter von Staufenberg', aus der Melusinensage u. a.

Konrad von Stoffeln (s. d.) hat das im 'Mel.' über diesen Grundstoff gelagerte Beiwerk als Vorbild für seinen 'Gauriel von Muntabel' genommen, und auch auf den 'Wigamur' (s. d.) hat der 'Mel.' eingewirkt; ferner hat Ulrich Füetrer (s. d.) in seinem 'Buch der Abenteuer' (cgm. 1, Bl. 97ra—104rb) dieses Epos in gekürzter Bearbeitung erneuert, und noch i. J. 1583 hat es eine tschech. Umformung in etwa 2000 Versen erfahren.

Der 'Mel.' ist nur in der a. d. J. 1480 stammenden Donaueschinger Hs. Nr. 87 erhalten.

K. Bartsch *Meleranz von dem Pleier* (StLV. 60) 1861 (Ausgabe). — F. Kurzmann *Reimwörterbuch u. Verzeichnis d. Reimwörter zu Pleiers Mel.* Diss. Wien 1930. — F. Panzer *Merlin u. Seifrid de Ardemont v. Albrecht v. Scharfenberg i. d. Bearbeitung Ulrich Füetrers*

(StLV. 227) 1902, S. LXXIIff. — F. Khull *Zu Wigamur*, ZfdA. 24 (1880) 114ff. — F. Hofmann *Der Mel. v. d. Pleier i. d. Bearbeitung Ulrich Füetrers*. Diss. Wien 1933.

3. 'Tandareis und Flordibel' (18339 Verse): Tandareis, der Sohn des Königs Dulcemar von Tandernas und der Antikonîe (Schwester des Vergulaht und Nichte des Artus), weilt als Knappe am Artushof, an dem eines Tages Flordibel von India erscheint: an ihr Verbleiben am Hof knüpft sie die Bedingung, daß jeder, der nach ihrer Minne begehre, getötet werden solle. Tand., der sie zu betreuen hat, dient ihr 5 Jahre, und die Liebe gewinnt so über ihn Gewalt, daß er einst, als er vor der Geliebten Brot schneiden soll, sich selbstvergessen in die Hand schneidet und ohnmächtig zu Boden sinkt; aber auch Flordibel liebt ihn, und so fliehen beide zu Dulcemar, nachdem Tand. ihr versprochen hat, ihr *magtuom* nicht zu verletzen. Artus eröffnet nun den Kampf gegen Dulcemar, und Tand. vollbringt so große Heldentaten, daß es schließlich zu einem Vergleich kommt: Artus schenkt Tand. das Leben, aber zur Strafe muß er längere Zeit auf *âventiure* reiten, während Fl. bei Ginover bleibt. Tand. besteht eine Menge gefährlicher Abenteuer und gerät u. a. in Gefangenschaft des Kandaljôn, wird aber von dessen Schwester Antonîe, die ihn liebt, vom Hungertod gerettet. Sie verzichtet, und die glückliche Vereinigung der treuen Liebenden bildet den Schluß.

Ulrich von dem Türlin (s. d.) hat die Befreiung des Tand. aus dem Turm Malmort in seinem 'Willehalm' nachgebildet, der belesene Füetrer kennt auch den 'Tand.', und auch der in zwei Hss. aus den Jahren 1463 und 1483 vorliegende, etwa 2000 Verse umfassende tschech. '*Tandariaš*' zeugt von der Verbreitung dieses Epos: da diese zwei voneinander unabhängigen Zeugen eine längere Textgeschichte voraussetzen, mag die Urfassung der tschech. Überarbeitung schon in der ersten Hälfte des 14. Jh.s entstanden sein, da das eben beginnende tschech. Schrifttum sich in Anlehnung an die späthöfischen Werke entwickelt.

Überlieferung: M, cgm. 577, 15. Jh. — H, Hamburg, v. J. 1464 (Anfang und Ende trümmerhaft). — h, cod. Pal. 370, 15. Jh. — Ferner ein aus dem Kloster Dietfurt im Altmühltal stammendes Pergamentblatt vom Ende des 14. Jhs., das die Verse 16060—219 enthält; sämtliche Zeugen gehen wohl auf einen Archetypus zurück.

F. Khull *Tandareis u. Flordibel* 1885 (Ausgabe). — W. Petzet ZfdPh. 43 S. 455f. — V. E. Mourek *Tandarius a Floribella* 1887. — R. Rothleitner *Reimwörterbuch zu Tand. u. Fl. v. d. Pleier*. Diss. Wien 1932. — K. Bünte *Beitr. z. Sittengesch. aus Tand. u. Fl.* Diss. Kiel 1893.

Daß der Pl. der Verfasser dieser drei Epen ist, bezeugt er selbst (Gar. 21303, Mel. 102. 12766, Tand. 4081. 18305); aber noch nicht ganz geklärt ist die Reihenfolge dieser Werke: während O. Wächter, der ihm zu Unrecht auch 'Mai und Beaflor' (s. d.) als Erstlingswerk zuschrieb, die Folge Mel., Gar., Tand. vertrat, ist nach dem Selbstzeugnis des Dichters (*der daz bûch hat getihtet, der ist noch unberihtet ganzer sinne*, Gar. 21295ff.) der Gar. als Jugendarbeit anzusehen; wie aber die beiden andern Werke zeitlich einzuordnen sind, ist noch ungewiß; fraglich ist es auch, ob man die Verse 4057—65 des Tand. bloß als Demutsformel oder als Entschuldigung mit Hinblick auf die Jugend des Verf. auslegen soll. Manches spricht dafür, daß der Mel., der einen ernsten Eingang und eine größere Reife zeigt, an die zweite Stelle zu setzen ist. Fest steht nur, daß der Tand. nicht vor dem Gar. entstanden sein kann, da im Tand. (2545—50) auf ein nur aus dem Gar. (18303) bekanntes Erlebnis Keis (und zwar teilweise unter Benutzung des Garelschen Textes) angespielt wird.

Der Pl. beruft sich häufig auf seine Quellen, aber stets in ziemlich allgemeinen Wendungen; an 3 Stellen (Mel. 101ff., Tand. 4064ff., 18304ff.) spricht er von welschen Vorlagen, und daraus wollte E. Wechßler verlorene frz. Dichtungen erschließen. Aber die überaus enge stoffliche und textliche Berührung der 3 Epen mit deutschen Dichtungen lassen die Benutzung frz. Quellen als gänzlich ausgeschlossen erscheinen: der Pl. hat sich vielmehr die gesamte deutsche Dichtung von 1190—1240 zu eigen gemacht und hat sich an Hartmann von Aue (s. d.), Wolfram von Eschenbach (s. d.), Gottfried von Straßburg (s. d.), Ulrich von Zatzikhofen (s. d.), Wirnt von Grafenberg (s. d.) und auch wohl an Albrecht von Scharfenberg (s. d.), dessen 'Seifried' nach F. Panzer im 'Mel'. überarbeitet ist, ferner an den 'Herzog Ernst' B (s. d.) und an spätere Heldenepen ('Sigenot', 'Eckenlied', 'Laurin' angeschlossen; besonders diente Strickers 'Daniel von dem blühenden Tal' als Vorbild für den 'Gar.', in dem er den 'Daniel' geradezu geplündert hat (Bartsch glaubte sogar, auch den Einfluß des verlorenen 'Umbehanc' des Bligger von Steinach [s. d.] feststellen zu können, aber Steinmeyer hat die dafür angegebenen Gründe entkräftet).

Der Dichter ist aber kein gedankenloser Abschreiber, sondern er überrascht durch die neuartige Kühnheit, mit der er die zahlreichen Entlehnungen behandelt: so läßt er vor allem Wolframs Gestalten in neuer Umgebung auftreten und verwischt geschickt die jeweilige Quelle, indem er zwei aus verschiedenen Werken oder aus verschiedenem Zusammenhang genommene Handlungen zu einem ganz neuen Abenteuer verbindet oder einen bekannten Stoff auf einen weniger bekannten Helden überträgt; der Eindruck des Neuen wird noch dadurch verstärkt, daß er ein dem 'Parzival' entlehntes Geschehnis im Ton oder mit den Worten Hartmanns erzählt, wie dies schon der Stricker im 'Dan.' geübt hatte. Im Grund ist bei dem Pl. nichts selbständig und doch alles neu, und gerade diese neue Art der Mischung der Stoffteile erzeugt eine gewisse Unterhaltsamkeit und Spannung. Neu ist auch die Vermengung von Gegenwart und Sage, wenn er die Könige des Artuskreises sich im Turnier mit zeitgenössischen Fürsten messen läßt. Das Eigenverdienst des Pl. liegt also in der Neu-Zusammensetzung der stofflichen Bausteine; freilich sind alle 3 Epen nach dem gleichen Muster gebaut: Leitgedanke, Abenteuer des Haupthelden, Massenkämpfe, glücklicher Schluß; während aber im Eingang des Mel. wie des Tand. ein Feenmärchen steht, fehlt dieser Leitgedanke im Gar., der, weil im innigsten Anschluß an den Strickerschen 'Dan.' gehalten, eben die Freude des Spielmanns an der Fülle rasch aufeinanderfolgender Einzelhandlungen zeigt. Dieses Beiwerk ist mit aller Ausführlichkeit behandelt, langatmige Reden und lange Selbstgespräche begleiten die Handlung, Wiederholungen verleihen dem Ganzen eine gewisse Eindringlichkeit, und nur wenig bleibt dem nachdenkenden Leser überlassen. Da der Pl. mehr auf Unterhaltung und Spannung ausgeht, tritt gegenüber der Ausführlichkeit der Handlung die im höfischen Epos beliebte Ausführlichkeit der Beschreibung zurück. Die Spannung wird oft durch den Wolframschen Kunstgriff erhöht, neu eingeführte Personen nicht gleich mit Namen zu nennen; aus dem Heldenepos stammt das Stilmittel der Vorausdeutung auf Späteres, und dem 'Iwein' hat er die Verzahnung mehrerer Abenteuer entnommen, in deren Anordnung aber unverkennbar eine Steigerung beabsichtigt ist: der Hauptheld besiegt zuerst die Mannen seines mächtigen Gegners und schließlich diesen selbst. Im Gar., in dem der Held immer wieder durch neue Abenteuer von seinem Hauptziel, dem Kampf gegen Ekunaver, abgehalten wird, hat diese Verkettung der Geschehnisse einen besonderen Zweck, nämlich sein Heer durch die Aufnahme der von ihm unterworfenen Fürsten und deren Gefolgsleute für die große Entscheidungsschlacht zu verstärken.

Trotz seiner Unselbständigkeit ist der Pl. ein anschaulicher und gewandter Erzähler; in seiner Verskunst zeigt sich zwar schon ein Niedergang, aber im ganzen wirkt noch die höfische Zucht der Sprache nach.

Für die nachhöfische Zeit ist gerade die Übersteigerung ritterlicher Hochziele, die unübertroffene Musterhaftigkeit der Helden bezeichnend, die sich sprachlich in der unerträglichen Häufung von Höchstgraden äußert. In die nachhöfische Vorliebe für das Märchenhafte mischt sich bereits leise Sinnlichkeit ein, und auch verliebte Tändelei ist dem Pl. nicht fremd; daneben regt sich eine starke Empfindsamkeit in der Zeichnung der Gestalten und ihrer Umwelt. Dieses Gefühl verbindet sich mit dem Bewußtsein, in einer alternden Welt zu leben, der die höfischen Meister bereits unerreichbare Vorbilder geworden sind: die strahlenden Jungfrauen der höfischen Epen treten hier als Gattinnen und Mütter auf, und die Herstellung verwandtschaftlicher Beziehungen zwischen den neu erfundenen Gestalten und den alten Helden des Artuskreises geben diesen noch das Abendrot höfischen Glanzes; aber auch die neuen Helden werden miteinander in Verbindung gebracht: Garels Sohn ist Meleranz, und Tandareis ist der Neffe Garels. Der Wandel der Zeit, die gesellschaftliche Umschichtung, drückt sich bereits in der gehobenen Stellung des Kaufmanns aus, und auch sonst ringt hier die Wirklichkeit schon nach Eigenwert: neben der Mutprobe des alten Einzelkampfes spielt die planmäßige Kriegführung mit ihren Massenheeren und blutigen Entscheidungsschlachten eine große Rolle, und Ritterfehden werden nicht nur vom Standpunkt des kampfgewohnten Ritters, sondern auch von der wirtschaftlichen Seite gesehen. Die bürgerliche Einstellung zeigt sich auch in einer neuen Frömmigkeit, die durch überreichen Gebrauch von äußeren Gnadenmitteln das künftige Seelenheil schon auf Erden gesichert wissen will; dieses Gefühl der Sicherheit steigert sich zum gottvertrauenden Schicksalsglauben, mit dem sich aber auch der Glaube an die Sterne verträgt.

Die Werke des Pl. sind noch immer nicht gründlich durchgearbeitet: es fehlt eine genaue Untersuchung über die Reihenfolge der drei Epen, eine eingehende Zergliederung ihres Inhalts und ein gewissenhafter Vergleich der hier verwendeten Stoffteile mit den ursprünglichen Quellen, eine Würdigung des Gesamtaufbaus und des Verhältnisses der einzelnen Teilhandlungen zueinander, eine richtige Wertung des Stils und der Stilentwicklung; erst nach Erfüllung dieser Forderungen wird ein gerechtes Urteil über diese eigenartige künstlerische Persönlichkeit möglich sein.

D. M. Mennie *Die Personenbeschreibung im höfischen Epos der mhd. Epigonenzeit*. Diss. Kiel 1933. — E. H. Meyer *Über Tandarois u. Flordibel*, ZfdA. 12 (1865) 470ff. — O. Seidl *Der Schwan von der Salzach. Nachahmung und Motivmischung bei dem Pleier* 1909. — E. v. Steinmeyer GGA. 1887 S. 800ff. u. 1893 S. 101ff. — O. Wächter *Untersuchungen über das Gedicht 'Mai u. Beaflor'*. Diss. Jena 1889 (dazu: Steinmeyer AfdA. 16 (1890) S. 292ff.). — E. Wechßler *Einflüsse der afrz. Literatur auf die altdeutsche*, Vollmöllers Roman. Jahresb. IV, 2 S. 399. — E. Wendt *Sentimentales in der deutschen Epik des 13. Jhs.* Diss. Freiburg 1930.

Eduard Hartl.

Pleier, Georg. Die Familie Pleier (Pleiger, Pleuer), welcher auch der bekannte Romandichter des 13. Jh.s (s. d.) entstammte, ist in Salzburg und Ober-Österreich bis ins 16. Jh. urkundlich nachweisbar. In Wels wird am 12. 5. 1595 ein „Fahrer" und Inwohner Wolf Pleuer und am 30. 5. 1608 ein „Naufahrer" Steffan Pleuer in die Gemeinde aufgenommen. Auch der Dichter des einen Liedes auf Kaiser Maximilians I. Tod (zu Wels am 12. 1. 1519), dessen Strophenanfänge das Akrostichon *Jorig Pleier von Wels MES* bieten, wird derselben Familie angehört haben. Vielleicht darf man *MES* als „Meßner" deuten. Bei den Welser Meistersingern kann er dichten gelernt haben, aber ein Meister war P. nicht. Die 21 neunzeiligen Strophen (αbαbγdγγd) sind unbeholfen im Ausdruck, voll von Flickversen.

Aus der Klosterneuburger Hs. Nr. 1228 zuerst in Mones Anz. 8 Sp. 70 veröffentlicht. Dann bei Liliencron *Die hist. Volkslieder der Deutschen* III S. 225 Nr. 308. Einblattdruck im Stift Schlägl in Ob.-Österreich. Vgl. noch Goedeke I² 290. Nagl-Zeidler *Deutschösterr. Lit.-Gesch.* I S. 191.

Hermann Menhardt.

Pleiger, s. Pleier.

Pleuer, s. Pleier.

Plumentrost, s. Ortolf v. Baierland.

Pluntsch (*Plunk*), **Tilemann,** Verfasser der 'Münstereifeler Chronik (1270—1450)' und der '*Passio, translatio et miracula sanctorum martirum Chrisanti et Darie*'.

Beide sind als eigenhändige Niederschriften in einer Hs. des 15. Jhs. in der Stadtbibl. Luxemburg überliefert. Der Text der Chronik in der Burgundischen Bibl. zu Brüssel ist eine Abschrift des Jesuiten Wiltheim.

Pl. stammt aus Euskirchen und erscheint im Jahr 1410 als Landdechant zu Zülpich und im Jahr 1419 als *perpetuus vicarius* zu Euskirchen und Pastor zu Elsig. Als Stiftsherr zu Münstereifel verfaßte er in den Jahren 1448 und 1449 die beiden obigen Texte.

Die Chronik lehnt sich zunächst stark an die sog. 'Kölnische Chronik' (1087 bis 1378). Sie übernimmt und vergröbert teilweise deren Fehler; doch bietet sie auch neue Nachrichten für die jülichsche, geldernsche und Kölnische Geschichte.

Die Überführung der Gebeine der hlg. Chrysanthus und Daria durch Abt Markward von Prüm von Rom nach Prüm und von dort nach dem Tochterkloster Münstereifel ist bereits von Mabillon auf Grund einer Reimser Handschrift und später von den Bollandisten herausgegeben worden. Die Passion der beiden Märtyrer wurde in unzulänglicher Weise von Borsinus Mombritius und ebenfalls von den Bollandisten veröffentlicht. P. bietet in beiden Fällen die bessere Überlieferung. Seine Version der Passion stützt sich vermutlich auf die dem Abt Markward in Rom erteilte Abschrift. Auch für die von Ruinart in seiner Ausgabe der Werke Gregors von Tours veröffentlichten Wundererzählungen bringt P. den besseren Text.

Den Schluß der Sammlung bildet eine Litanei zu den genannten Märtyrern, die wegen der in ihr erscheinenden Heiligen gallischer und rheinischer Abkunft Erwähnung verdient, sowie einige Formeln für Gottesurteile, Exorzismen, Gebete und Riten des 9. Jh.s.

H. J. Floss *Münstereifeler Chronik (1270 bis 1450)*, Annalen d. Hist. Vereins f. d. Niederrhein 15 S. 188—202.; ders. *Romreise des Abtes von Prüm und Übertragung der Hlg. Chrysanthus und Daria nach Münstereifel im Jahre 844*, ebda. 20 S. 96—183, 194—205; vgl. ferner 55 S. 311 und 71 S. 99. Festschrift zur Hauptversammlung des Hist. Vereins f. d. Niederrhein in Euskirchen vom 2. Oktober 1907 S. 7—9: *Tilmann Pluntsch*.

Bernhard Vollmer.

Pochsfleisch. In Heidingsfeld am Main erhob sich 1494 und in den folgenden Jahren die Bevölkerung nach schweizer Vorbild gegen die Ritterherrschaft und vor allem gegen die häufigen Verpfändungen der Stadt, die gern reichsunmittelbar sein wollte. Auf ritterlicher Seite behandelt ein Dichter die Ereignisse in grob tendenziöser, presseartig anmutender Weise. Das Lied hat 262 Z., ist in ungleichen Reimpaaren mit häufiger Assonanz geschrieben und hat geringen dichterischen Wert.

Anf.: *Wölt ir hören neue mere*
von den Heidinsfelder Schweizeren . . .
Schl.: *Hiemit hat der spruch ein end,*
Pochsfleisch ist der tichter genent.

Der Herausgeber Liliencron hält P. für ein Pseudonym, das sich der Verfasser wohlweislich zulegte. Liliencron schreibt dem gleichen Dichter noch ein anderes Lied zu, das in derselben Gegend spielt, ein ähnliches Thema hat und auch formal ähnelt. Es behandelt den Streit zwischen Nürnberg und den Markgrafen von Ansbach, der fast zum Kriege führt, bis der Kaiser sich schlichtend einmischt.

Anf.: *Nun sweiget und horet zu!*
mich wundert ser, wie ich im tu, . . .
Schl.: *Do mit hat sich diser spruch geendt,*
der dichter bleibt hie ungenent.

Das erstgenannte Lied ist überliefert in der Hamburger Stadt-Bibl., Hs. Hist. germ. sing. reg. et urb. 52 fol., Bl. 255; das zweite in zwei auf die gleiche Quelle zurückgehenden Hss.: A = Nürnb. Archiv. Nr. 113. 2⁰, Bl. 178; B = Scheurlsche Bibl. Nürnberg Nr. 725, Bl. 282, beide 16. Jh. — Druck: v. Liliencron *Hist. Volkslieder* II Nr. 195, S. 190.

Ruth Westermann.

Poeta Saxo.

1. Hundert Jahre nach der Unterwerfung der Sachsen dichtete ein Angehöriger dieses Stammes ein großes Epos von Karl dem Großen, dem Sachsenbezwinger. Er ist namenlos, und man hat sich gewöhnt, ihn Poeta Saxo zu nennen. Das Gedicht umfaßt 4 Bücher, *Annales de gestis Caroli Magni imperatoris*, denen sich ein fünftes, *De vita et obitu eiusdem* anfügt. Das Ganze nennt man auch kurz *Gesta Caroli metrica*. Es sind 2693 Verse, dazu kommen einige verlorene. Den angeführten Überschriften entspricht die Anlage des Werkes: in den ersten vier Büchern wird je ein Zeitraum von zehn Jahren so behandelt, daß nach dem Vorbilde der unpoetischen annalistischen Geschichtsschreibung die Ereignisse jedes Jahres für sich besprochen werden, während das fünfte zusammenfassend die Persönlichkeit und Lebensweise des großen Kaisers schildert. Das erste Buch behandelt also die Jahre 771—780, das zweite 781—790, das dritte 791—800, das vierte 801—813, und zwar lehnt der Verf. sich an seine Quelle, die sogenannten Einhartannalen, so eng an, daß er sie oft fast wörtlich wiedergibt. Ebenso macht er es im fünften Buche vielfach mit Einharts '*Vita Caroli*'. — Es ist natürlich, daß dies Epos von Karl d. Gr. namentlich von den Historikern stark beachtet und auf seinen Quellenwert hin geprüft wurde, und da konnte es nicht ausbleiben, daß es verhältnismäßig abschätzig beurteilt wurde,

da wir seine Vorlagen in der Hauptsache noch besitzen und für die Kenntnis der Zeit nicht viel daraus gewinnen; Pertz sagt: „usus igitur eius in historia imperatoris fere nullus". Von 4, 71 an versagen freilich die sogen. Einhartannalen, und der Dichter folgt viel knapper und kürzer einem anderen, geringeren Quellenwerk, das wir nicht haben, und das den Hersfelder Annalen verwandt war und vermutlich in Halberstadt aufgezeichnet wurde; doch war dies hier wohl nicht seine einzige Quelle. Auch sonst mischt er, wenn auch selten, Nachrichten ein, die er in den unbekannten Vorlagen nicht fand, z. B. die berühmte Stelle 5, 113 *vulgaria carmina magnis laudibus eius avos et proavos celebrant.* Das fünfte Buch mit seiner engen Anlehnung an die '*Vita Caroli*' trägt auch schon äußerlich insofern einen andern Charakter, als statt der einfachen Hexameter der Bücher 1—4 hier elegische Distichen verwandt sind. — Das erwähnte ungünstige Urteil der Historiker wurde noch dadurch verschärft, daß der Dichter im vierten Buche, dessen unmittelbare Quelle uns wie gesagt nicht vorliegt, eine historische Nachricht bringt, die sehr wichtig wäre, wenn sie den Tatsachen entspräche, aber längst als falsch erkannt worden ist und wohl immer als falsch gelten wird, wenn auch in neuerer Zeit der Versuch gemacht worden ist, sie dennoch als wahr zu erweisen, die Nachricht, daß Karl 803 zu Salz einen Frieden mit den Sachsen geschlossen habe. Wenn so der Inhalt nicht viel hergab, so war es eine begreifliche Folge, daß die Beurteilung des poetischen Wertes dadurch erheblich beeinflußt wurde, und Äußerungen wie „reizlose Paraphrase", „lediglich formales Interesse" können nicht überraschen. Die Versifizierung trockener Annalen kann ja auch nicht gut anders als trocken ausfallen, und es ist schon ein Verdienst, daß der Dichter die reizlose Darstellung gelegentlich durch entsprechende Einlagen, Sinnsprüche, Bilder und dgl. belebt, und es sei angemerkt, daß Pertz das oben mitgeteilte Urteil so abschließt: „sed ut praeclarum nascentis apud Saxones rei litterariae monumentum a nostratibus semper habebitur". Es ist sehr dankenswert, daß G. Hüffer (vgl. unten) S. 40f. dies positive Moment stark hervorgehoben hat. Namentlich im fünften Buche, wo die annalistische Bindung fehlt, gibt es Stellen, denen man eine gewisse poetische Farbe nicht absprechen kann, z. B. im Anfang die Begründung der Liebe des Dichters zu Karl und vor allem das packende Schlußbild 5, 673ff.: wenn der Tag des letzten Gerichtes gekommen ist und die Apostel an der Spitze derer, die sie bekehrt haben, vor dem Richterstuhle Gottes erscheinen werden, Petrus mit den Scharen der Judenchristen, Paulus mit den geretteten Heiden des ganzen Erdkreises (*si liceat dicere*), Andreas, Johannes, Matthaeus, Thomas, dann wird frohen Herzens hinter Karl das Sachsenvolk einherschreiten

tum Carolum gaudens Saxonum turma sequetur,
illi perpetuae gloria laetitiae.

Der Dichter fügt hinzu:

o utinam vel cunctorum sequor ultimus horum.

2. Der Poeta war ein recht belesener Mann. Außer den erwähnten Geschichtswerken kannte er die üblichen klassischen Autoren wie Vergilius (*Aeneis* und *Georgica*), Ovidius (*Metamorphoses*), Statius (*Thebais*); dazu Boethius '*Consolatio philosophiae*', Isidorus '*Etymologiae*', Sedulius '*Carmen paschale*', Arator, Venantius Fortunatus. Einige Stellen weisen auch auf seltner zitierte Schriftsteller hin, wie Gregor von Tours. Wenn er aber, nach Hüffer, auch Tacitus' '*Annales*' und gar die '*Germania*' gelesen haben soll, so muß betont werden, daß das in keiner Weise bewiesen ist, ebensowenig wie eine Kenntnis der Pliniusbriefe glaublich ist. Dagegen steht dies für die Briefe des Hieronymus fest, und auch für die des Alkuin ist es wohl nicht unwahrscheinlich.

Natürlich hat man viel Mühe aufgewandt, um die Person des Dichters festzustellen, aber vergeblich. Sicher ist nur, daß er ein Sachse war, das geht aus dem ganzen Gedicht, besonders dem fünften Buche hervor, wenn er vom Sachsenlande als *patria nostra, populus noster, nostri parentes* spricht. Als seine spezielle Heimat sieht man im allgemeinen das Kloster Korvey an. Wenn man aber seit Pertz versucht hat, ihn mit Agius, dem bekannten Dichter des '*Dialogus Hathumothae*' und der '*Versus de numero*' (*Poetae latini aevi Carolini* IV S. 937ff.) zu identifizieren, so muß gesagt werden, daß dieser Versuch durchaus gescheitert ist. Darüber ist schon oben I S. 20 gehandelt worden, und es mag genügen, darauf zu verweisen; vgl. auch die Nachträge zu *Poetae* IV S. 1129ff. Nur kurz sei noch einmal bemerkt, daß diese Identifizierung schon aus metrischen Gründen unmöglich ist. Der Dichter, der, wie gesagt, eine große Zahl von lateinischen Autoren beherrscht, hat sich dadurch eine gute Kenntnis der lateinischen Sprache angeeignet, er macht gute Verse; und man begreift es schwer, daß Paul v. Winterfeld, der dies S. 2 und Anm. 1 seiner Ausgabe betont und den Gegensatz zu der Technik der Agius hervorhebt, sich später von Hüffer zu einem ganz entgegengesetzten, unhaltbaren Standpunkt hat bekehren lassen.

3. Das Gedicht wird nur vom Verf. der '*Vita Meinverci*' (ed. Tenkhoff 2, 21) zitiert, der v. 1, 1 gibt, und viel später (1478) von Werner Rolevink, dem Karthäuser von Laer, als *Historia metrica Caroli* (Leibniz *SS. rer. Brunsv.* III S. 618. L. Troß *W. Rolevinck de laude veteris Saxoniae* 1865 S. 68); er führt v. 43—47 an, vgl. P. Lehmann *Corveier Studien* 8, 2. Daß auch der Verfasser der 'Quedlinburger Annalen' es kannte, ist wenig wahrscheinlich, noch unwahrscheinlicher, daß es im '*Carmen de bello Saxonico*' (vgl. Pannenborg Forschungen z.d. Gesch. 13, 1873, S. 413) benutzt ist. Erhalten hat es sich in zwei Handschriften: 1) in einer Wolfenbüttler = G. Sie stammt aus dem sächsischen Frauenkloster Lamspringe, kam dann nach Helmstedt als Nr. 553 und gehört jetzt der Wolfenbüttler Bibliothek als Nr. 601 (vgl. *Katal.* 2, 39). Sie wird dem 11. Jh. bzw. dem Anfang des 12. Jh.s zugewiesen. Aus dieser Hs. wurde das Gedicht zuerst von R. Reineccius 1594 ediert und dann immer wiederholt, ohne daß man die zahlreichen Korrekturen von ziemlich gleichzeitiger Hand sonderlich beachtet hätte. Erst Winterfeld hat erkannt, daß diese Korrekturen üble Interpolationen sind und die Recensio auf dem Text der ersten Hand beruhen muß. Daneben gibt es noch eine zweite Hs. B = Brüssel Nr. 1638—1649, aus dem 15. Jh. Sie hat dieselben Lücken wie die ältere Lamspringer, und so hatte man ohne weiteres geschlossen, daß sie aus jener abgeschrieben, also ziemlich wertlos sei. Erst Winterfeld sah, daß diese Lücken auf einen gemeinsamen Archetypus zurückzuführen sind, die Hs. also einen selbstständigen Textzeugen repräsentiert. Dadurch werden die vielen Interpolationen in der Wolfenbüttler Hs., die ja schon vorher verdächtig waren, als solche erwiesen.

4. Unter Benutzung der Helmst. Hs. erschien 1594 die erste Ausgabe: *Annalium de gestis Caroli magni imp. libri V. Ex illustr. Wolfebuttel. bibliotheca: studio et opera* Reineri Reineccii. Helmaestadii MDXCIIII. Sie wurde wiederholt von A. Duchesne *Historiae Francorum scriptores* II S. 136ff. und von I. G. Kulpis im Anhang zu *Aeneae Silvii historia Friderici III.* bei Joh. Schilter *Scriptores rer. Germanicarum 1702, IV. Annales de gestis Caroli M. poetae anonymi.* Einen Fortschritt bedeutete die Ausgabe von Leibniz in den *Scriptores rerum Brunsvicensium* I, 1701, S. 120ff. *Poetae Saxonis Annales Caroli magni ex editione R. Reineccii emendata ex MSto.*, der die Ausgabe des Reineccius mit der Hs. verglich und die vielen Korrekturen derselben Kritik unterzog. Ihm schloß sich Bouquet *Recueil des historiens des Gaules et de la France* I, 1744, S. 136ff. an. Eine erneute Vergleichung von G durch Pertz zeitigte neue Ergebnisse für seine Ausgabe in den *Monumenta Germaniae historica Scriptores* I, 1826, S. 225 bis 279, und ebenfalls auf erneuter Vergleichung von G beruht die von Ph. Jaffé in den *Monumenta Carolina* 1867 S. 542ff.; aber wirklich grundlegend und abschließend wurde erst die zweite Ausgabe der *Monumenta Germaniae* von Paul von Winterfeld in den *Poetae* IV S. 1ff. durch seine richtigere Beurteilung der Korrekturen in G und des Verhältnisses von B zu G. Freilich moniert B. Simson NA. 32 S. 35, daß die Ausgabe mehr den Ansprüchen der Philologen als denen der Historiker gerecht werde. Aber Simson ist es grade, der das etwa noch vorhandene Interesse der Historiker für den Dichter stark gemindert hat, indem er, nach dem Vorgange von G. Waitz *Deutsche Verfassungsgeschichte III*[2] S. 143ff. 216ff., in einem Aufsatz *Der Poeta Saxo und der Friede zu Salz*, Forsch. zur deutschen Gesch. 1, 1862, 301ff. noch einmal nachwies, daß dieser Friede zu Salz aus den Geschichtsbüchern zu verschwinden habe; in etwas engem Anschluß an ihn — v. Winterfeld S. 1 Anm. 4 braucht den Ausdruck „fere omnia

furatus est" — handelte dann H. Brieder über den *Historischen Wert des Poeta Saxo f. d. Geschichte Karls d. Gr.* Progr. Arnsberg 1878; vgl. ferner B. Simson *Der Poeta Saxo u. der angebl. Friedensschluß Karls d. Gr. mit den Sachsen*, NA. 32 S. 27—50. Als historische Quelle war das Gedicht damit erledigt, eine nicht ungünstige literarhistorische Würdigung erfuhr es bei A. Ebert *Allgem. Gesch. der Literatur des MA. im Abendlande* III, 1887, S. 125. Gegen Ende des 19. Jahrhunderts wurde es dann plötzlich in den Mittelpunkt des Interesses gerückt, als Georg Hüffer die wissenschaftliche Welt mit seinen *Korveyer Studien* 1898 überraschte, in denen er erstens nachzuweisen suchte, daß die von Pertz aufgestellte These, der Poeta S. sei identisch mit Agius, dem Dichter des *'Dialogus Hathumothae'*, richtig sei und diesem auch noch die *'Vita et translatio s. Liborii'* und die 'Grabschrift des Mönches Gerold von Korvey' zuzuschreiben sei, zweitens daß sein Bericht über den Frieden von Salz doch den historischen Ereignissen entspreche. Wie groß das Aufsehen war, welches das Buch erregte, ersieht man aus der großen Zahl von Besprechungen. Im allgemeinen kann man sagen, daß die These Poeta S. = Agius ziemlich überall, wenn auch mit verschiedenen Abstufungen der Zustimmung, angenommen wurde — dagegen fast nur Manitius *Geschichte d. lat. Lit. d. MA. I* S. 583f.; G. Bartels *Die Geschichtsschreibung des Klosters Corvey* 1906, S. 111, 5 (Abhandlungen über Corveyer Geschichtsschreibung hrsg. v. F. Philippi 1906, III, 5); K. Strecker NA. 43 (1922) S. 496ff., vgl. oben Bd. I S. 19; M. Lintzel *Der Poeta Saxo als Quelle Widukinds von Korvey*, NA. 49 (1928) S. 183—188, — während auch jetzt noch nur wenige an den Frieden von Salz glauben; vgl. Holder-Egger Deutsche Litz. 1900 Sp. 944. K. Brandi Anz. f. d. Altert. 28, 1902, S. 287. W. Erben Hist. Vjschrift 3, 1900, S. 259. Fr. Kurze, NA. 28 S. 31ff. Fr. Philippi GGA 1899 S. 492. G. Meyer Hist. Jahrb. 20, 1900, S. 512. v. Bippen Theol. Litz. 1900 S. 307ff. J. A. Ketterer, Hist. polit. Blätter f. d. kathol. Deutschland 123, 1899, S. 899. B. Simson NA. 32, 1906, S. 512.

K. Strecker.

Pogner, Hans (*Bogner*). Ein Name, der für uns Heutige einen Klang hat durch R. Wagners 'Meistersinger' — aber ein Autor, über dessen Leben und Wirken uns historisch nichts bekannt ist außer seiner Erwähnung in Nachtigals in Anlehnung an Folz (s. d.) zusammengestellten Dichterkatalog in dem von Hans Sachs selbst z. T. geschriebenen cod. Berol. mgq. 414, Bl. 426f. (WKL II 1311). Daß er als Nürnberger anzusehen ist, geht aus Wagenseil (S. 536/40) hervor, der seine 19 reimige „steigweise" nennt.

W. St.

Polen, s. Nikolaus v. P.

Polster, s. Baltzer.

Poppe, s. Boppe.

'Portimunt', s. 'Tybalt'.

Pottenstein, Ulrich von, Hofkaplan Herzog Albrechts IV. von Österreich und seiner Mutter, der „alten Herzogin" Beatrix, Kanonikus an St. Stephan in Wien, von rd. 1390 bis rd. 1404 Pfarrer von Pottenstein am Wienerwald, dann Pfarrer von Mödling, seit ca. 1408 Dekan in Enns; hier als *Herr Ulrich von Potenstein* und als *Ulricus decanus Laureacensis* bezeugt und rd. 1420 gestorben, Verfasser von zwei umfangreichen deutschen Prosawerken.

Ulrich erscheint urkundlich 1396 (*Font. rer. Austr.* II 21, S. 281 Nr. 320), 1398 (Privilegienkonfirmation Friedrichs III. v. Österr. vom 10. Juli 1441, Hofkammerarch. Wien, Nieder-Öst. Herrschaftsakt. Lit. P 9/11), 1404 (*Topogr. v. Nieder-Österr.* VI S. 771b), 1406 (*Qu. z. Geschichte d. Stadt Wien* I 4 Nr. 3668), 1412 (Stadtarch. Enns), 1415 (ebd. u. Pfarrarch. Enns), 1416 (Arch. f. Österr. Gesch. 27 S. 106; vgl. Oberleithner *Die Stadt Enns im MA.* S. 106 Nr. 72) und wird 1421 (und 1424) als verstorben erwähnt (Pfarrarch. Enns); über sein Kanonikat vgl. H. Göhler *Das Wiener Kollegiat-, nachmals Domkapitel z. Hl. Stephan*, Diss. Wien (ungedruckt) Nr. 78. — Ich verdanke diese Angaben den Herren Dr. Böhme in Berndorf, Dr. Göhler in Wien, Dr. Schicker in Mauer-Öhling, dem Hofkammerarchiv zu Wien sowie meinem Kollegen L. Santifaller in Breslau.

1. Als Pfarrer von Pottenstein schrieb Ulrich eine deutsche Auslegung des Vaterunsers (Buch I, Kap. 1—13), des Englischen Grußes (B. II, Kap. 14 bis 20), des Apostol. Glaubensbekenntnisses (B. III, Kap. 21—42) und des Magnifikat nebst den Zehn Geboten (B. IV, Kap. 43—70). Das mit einem Gesamtregister versehene Riesenwerk ist als Einheit gedacht, aber nirgends als Einheit überliefert, wohl wegen seines Umfangs: Buch III allein füllt in der Wiener Hs. 375 Bl., Buch IV allein in der Kaloczaer Hs. 298 Bl.; auch hat Ulrich

selbst schon zu den einzelnen Büchern gesonderte Inhaltstafeln angefertigt (*seid mein will vnd meinung ist, das das puech willigen lesern gemain schol werden vnd in die weyt gelaitet vnd nicht in der vinster weleiben ... Nu möchten villeicht das puech von seiner leng wegen meniger der frumen layen nicht gancz gehaben oder zu wegen bringen*) und Buch IV gesondert herausgegeben (*wann das mag sein stat ... wol in aines pueches weise in chlainem model vertreten*).

Überlieferung: Salzburg, St. Peter a X 13 (v. Jahr 1446—1454) enthält Buch I, II und III bis Kap. 27. — Wien, Nat.-Bibl. 3050 (*Vlrici paroeci in Potenstain Explicatio Symboli Apostolici*, geschr. Anf. d. 15. Jhs. von Joh. Alebrand de Sontra, vgl. Zs. f. dt. Alt. 73, 228) enthält Buch III bis Kap. 42, am Schluß defekt. — Kalocza, Erzb. Bibl. 101 (15. Jh.) enthält Buch III bis Kap. 31. — Kalocza, Erzb. Bibl. 26 (v. J. 1416) enthält Buch IV vollständig. Alle vier Hss. zeigen niederösterr. Schreibtradition und stammen wohl aus Wien. Die beiden zuletzt genannten kenne ich nur aus den ausführlichen von Gg. Rosenhagen angefertigten Beschreibungen im Berliner Handschriften-Archiv.

Ulrich schrieb sein Werk um 1406 (Wien Bl. 357rb, vgl. 27rb, 153vb; die abweichende Angabe 1390 [ebd. Bl. 153va] wird aus einer älteren Predigtniederschrift stammen, die U. unverändert in sein Werk übernommen hat) *von wesunder pet wegen des edeln herren hern Re(i)mprechts* (II) *von Wallsee, die czeit haubtman ob der Enss* (Kal. 26 Bl. 2ra); *auch gedacht ich mir wie lobleich vnd pesser wer̊, seid doch menschleiche begir ye eczwas ůbung maint cze haben, man lese in dem půch denn in den půchern der alten sagmer̊ oder in dem Tytrell oder in Dietreichs von Pern vnd der andern rekchen streytpüchern, die nicht anders denn eytle ding leren vnd sagen* (Wien Bl. 1rb).

Die anscheinend verhältnismäßig selbständige Kompilation verrät gute theologische Durchschnittsbildung und läßt ein Universitätsstudium des Verfassers vermuten. U. arbeitet vornehmlich mit Zitaten aus der Hl. Schrift A. u. N. Testaments, z. T. unter Benutzung der Glosse des *postillator* Nikolaus von Lyra, und aus den Schriften der Kirchenväter (*vnd hab auch ich daz mit ganczem fleiß aber mit chrankchem sinne zesammengechlaubet aus der heiligen lerer vnd auch der andern lerer vnd maister sprüchen*); an neueren wird besonders häufig Thomas (als *der maister*) angeführt, neben ihm u. a. Albertus, Alexander de Halis, Hugo de S. Victore, Johannes Sarisberiensis, Vincentius Bellovacensis, Petrus de Tharantasia (fälschlich als späterer Papst Innozenz III. bezeichnet), Abt Joachim, Avicenna, Rabbi Benaadran (über Daniel), die *'Legenda aurea', daz půch der sprüche der weysen maister, maister* Hugo de Vienna und viele andere; an antiken Schriftstellern außer Aristoteles und Cicero z. B. Plato, Homerus, Ovidius, Virgilius, Plinius, Plutarchus, Juvenal, Macrobius, Hippocras, Seneca, Suetonius, Josephus, Solinus, Valerius, Epimenides, Gellius (als *Agellius noct. att.*), Sallustius, Stacius, Vegecius u. a.

Ulrichs Grundhaltung ist die des Moraltheologen. Eine gewisse Eigenfärbung bekommt sein Werk durch seine Neigung zur Erörterung juristischer, insbes. kirchenrechtlicher Fragen (Kap. 63 überträgt das von Heinrich von Hessen dem Rat der Stadt Wien um 1396 erstattete Gutachten über die Frage des Rentenkaufes; vgl. Ad. Bruder *Studien über die Finanzpolitik Herz. Rudolfs IV. v. Oesterr.* 1886, S. 74ff. und Heilig Röm. Quartalsschr. 40, S. 152; Kap. 64 handelt vom Kaufen, Verkaufen und Wucher), die er allerdings gelegentlich auch wieder den Juristen überläßt, die damit gewiegt werden; ferner durch seine lebhafte Auseinandersetzung mit den Waldensern, denen das ganze 35. Kapitel gewidmet ist, die U. aber auch sonst oft erwähnt und scheltend anredet; durch heftige Ausfälle gegen pflichtvergessene Prälaten und gegen die Reichen (z. B. Wien Bl. 99ra: *Waz sind aber nu vnser reichen vnd — daz den oren swer czu hören ist — vnser edelǎewt? Sind si nicht alles vnadels voll? wann si sind offenbar wuchrer̊, hayer der checzer, der rawber aufnemer, der phaffen wittiben vnd waysen, der pueger vnd der pawrn schintâr schaber vnd reisser, vngerecht richter, fluchtig auf dem velde. Daz muz sein, wo so gar ein vermailigte gewissen ist*), aber auch gegen die Bettelmönche, die sich *williger armut ruemen* (z. B. Kap. 6 u. 9); das umfangreiche Kap. 39 handelt von den Tugenden und Untugenden der Frauen. — Theologisch steht U. fest auf dem Boden der Kirche; mystische Gedankengänge lehnt er ab: *daz virde ekk des chreẘczes, daz dem herren ob dem hawbte was, bedewtet ain hoch beschawundes leben vnd spehen hymlischer dinge. Daz laz ich vunderwegen, wann man vindet ir gar wenig, die sich mit Maria Magdalena genczleich darein seczen* (Wien Bl. 96rb).

Die Gedankenführung ist die der schulmäßigen Erörterung: Genaue Einteilung in Kapitel und Unterabschnitte mit deutlichen, oft rekapitulierten Übergangsformeln; dann Thema, Einwurf (*nu ist zu fragen, noch ist ain frag, darnach spricht ain chluger frager, da möcht ainer pegeren vnd sprechen* u. dgl.; am Rande: *dubium*), Begründung des Einwurfs, Antwort (*die lösung, die antwurt, die widerred verantwurt also* u. dgl.). Auch die Einwürfe und Antworten werden gern gezählt und alles reichlich durch Zitate belegt. Dabei ist U.s Sprache breit, predigthaft, z. T. volkstümlich (*in solicher masse, als ich des menigern tail eczwenn zu Wienn vnd anderswa mvndleich gepredigt hab*: Wien 1ra); manche Abschnitte werden von U. geradezu als Predigt bezeichnet (z. B. Wien Bl. 128vb, 239ra), und U. rechtfertigt die Breite seines Stils mit dem Streben nach Verständlichkeit unter ausdrücklicher Ablehnung lateinischer Prägnanz: *Auch ist czu merkchen, daz ich uil der schrifft, die ich in dem puch geseczet hab, vil paz hette mügen czu ainer aygen dewtsch bringen, denn die dewtsch ist, die ich geseczt hab. Nu hab ich den gemainen lauf dewtscher sprach nach des lanndes gewonheit* (*zu Oesterreich* Kal.) *für mich genomen, wann daz puch vnd die lere, die darinn begriffenn sein, schikchen sich gemainchleich, wie man die lere predigen schülle vor dem volkche. Darczu mag sich an allen steten aigne dewtsch nach der latein, als die lawtet vnd nach dem text liget, weder geschikchen noch gefügen; wann vmbred bringen an maniger stat in der schrift mer nuczes vor dem gemainen volkch denn aygnew dewtsch, als es die gelerten wissen; yedoch also daz die warhait des sinnes mit vmbred icht verrucket werde.* — Die (verhältnismäßig seltenen) erzählenden Beispiele (wie das *sagmër* von dem Mädchen, das *die frewd des vergangen iares* beweint: Wien Bl. 184va, 213va oder die Geschichte von der treulosen Witwe nach den *hoflugen*, doch nicht nach Joh. Sarisb.: Wien Bl. 338ra u. a.) zeichnen sich z. T. durch auffallend knappen Hauptsatzstil aus. — Vom Stil der Prager Frührenaissance scheint U. nicht berührt zu sein; den pseudocyrillischen Brief zu Ehren des Hl. Hieronymus übersetzt er ohne Kenntnis seines Vorgängers Johann von Neumarkt (Wien Bl. 112vb—115rb).

2. Als Dekan von Lorch übersetzte U. die vielgelesenen moralisierenden Fabeln des Cyrillus (*al. Quadripartitus apologeticus Speculum sapientiae beati Cyrilli, Gwydrinus*), deren Heimat (Böhmen?) und Entstehungszeit noch nicht feststeht, die aber kaum älter sind als das 14. Jh. Bei dieser Arbeit hält U. sich inhaltlich genau an das lateinische Vorbild, schwelgt aber bei der Übertragung in allen Mitteln der stilistischen Anschwellung, durch die er den rhetorisch erhöhten Stil des Originals nachzubilden trachtet: Synonymenpaarung und -häufung, Verlebendigung durch Epitheta, Intensivierung, Umwandlung von Nebensätzen, Partizipial- und Ablativkonstruktionen in Hauptsätze u. dgl. Dem in der Vorlage durchgeführten Kursus läßt er im Deutschen einen rhythmischen Ablauf entsprechen, der auch im Satzinneren regelmäßigen Wechsel von Hebung und Senkung liebt. — Die gleichen stilistischen und rhythmischen Neigungen finden sich noch verstärkt in einer Bearbeitung des deutschen Textes, die in den meisten Hss. von Fabel II 16 an vorliegt. Daß diese Bearbeitung bei gleicher Stiltendenz auch das lateinische Original erneut zu Rate gezogen hat, legt die Vermutung nahe, daß auch sie von U. stammt; doch fehlt noch die entscheidende Untersuchung.

Während Ulrichs großes moraltheologisches Werk anscheinend auf den Wiener Kreis beschränkt blieb und bald der Vergessenheit verfiel, ist der mehr literarische 'Spiegel der Weisheit' im bairisch-österreichischen Gebiet viel gelesen und abgeschrieben worden: 12 Handschriften sind bekannt (darunter eine verschollene); im Jahr 1490 wurde Ulrichs Übersetzung als 'Das Buch der natürlichen Weisheit' von Anton Sorg in Augsburg gedruckt; nach diesem Druck bearbeitete Hans Sachs zwölf Fabeln in Reimpaaren (die Fabeln des Daniel Holzmann von 1571 benützen eine zweite, von U. unabhängige deutsche Übersetzung, die als 'Spiegel der Wyszheit' 1520 in Basel, dann als 'Buch der Weiszheit' 1564 in Frankfurt erschienen war.)

Überlieferung: Zu den 11 von G. Scharf (s. u.) erwähnten Hss. kommt als 12. noch Cod. F II 31a der Öffentlichen Bibliothek der Universität Basel. — In Ms. Germ. 459 Berlin Bl. 262r wird *Ulricus decanus ecclesiae Laureacensis* als Übersetzer bezeichnet; den Namen nennt auch cgm 583 Bl. 241r.

Literatur: G. Scharf *Die handschriftliche Überlieferung der deutschen Cyrillusfabeln des Ulrich von Potenstein*, Diss. Breslau 1935. Ders. *Proben eines kritischen Textes der deutschen Cyrillusfabeln des Ulrich von Pottenstein*, Zs. f. dt. Phil. 59 S. 147—188. Der lateinische Text herausgeg. v. J. G. Th. Grässe *Die beiden ältesten Fabelbücher des MA.s* 1880, S. 1ff.; dazu A. Ward *Cat. of Romances in the Brit. Mus.* 1893, II S. 359ff. Val. Rose *Verz. d. lat. Hss.* II zu Nr. 851 (6) u. 936 (1). — Eine mittelniederld. Übersetzung ist herausgeg. v. C. M. Lelij *De Parabelen van Cyrillus*, Acad. Proefschr. Amsterdam 1930; dort auch die ältere Literatur. — Zu Hans Sachs vgl. Sämtl. Fabeln u. Schwänke von H. S., herausgeg. v. E. Götze I (1894) S. XXV.

F. Ranke.

Pötze von Molenheim (*Mülenheim, Mülheim*). Von ihm bringt der Additional Codex 34304, saec. XV., des Brit. Museums, Bl. 74b, Heilmittel gegen Verstopfung. Sudhoff.

Poxtorff, Sebold, s. Mynner.

Prachatitz, s. Christan v. P.

Prag, s. Mülich v. P. sowie Christan v. Prachatitz.

Prediger, Der Engelsberger.

Hss.: Engelberg, cod. 335 u. 336, beide 4°, 14. Jh. Papier.

Im Benediktiner-Frauenkloster zu Engelberg (seit Anfang des 17. Jh.s verlegt nach Sarnen) sind die Predigten gehalten worden, die in den beiden Engelberger Hss. (17 in cod. 335 und 23 in cod. 336) erhalten sind. R. Durrer, der die bisher beste Dokumentensammlung zum Leben des Nikolaus v. Flüe (s. d.) veröffentlicht hat (*Bruder Klaus* 1917—21), hat darin in einem Exkurs S. 1053ff. auf die Pflege des myst. Lebens im Engelberger Frauenkloster im 14. Jh. und auf die Beziehungen des Klosters zu den Gottesfreunden von Grünenwörth in Straßburg (s. Merswin) und den frommen Laienkreisen der Innerschweiz hingewiesen. Die Predigten, von denen Wackernagel (*Altdeutsche Predigten* S. 182—208) drei veröffentlicht und deren an Tauler gemahnende Eigenart Rieger (ebd. S. 436 bis 438) gekennzeichnet hat, sind von Ph. Strauch vollzählig ihrem Inhalt nach beschrieben und in charakteristischen Exzerpten ediert (ZfdPh. 50 [1926] S. 1—45, 210—241). Sie müssen in der zweiten Hälfte des 14. Jh.s gehalten worden sein. Denn der Prediger erwähnt Pilger, die *ze Rome oder ze Aviun oder zů unser frowen* ziehen und redet vom Jubeljahr, das nur 1350 sein kann (Rieger, bei Wackernagel S. 436). Hinweise auf Straßburg und die dortigen Predigten finden sich cod. 335 Bl. 92a, 8ff. und cod. 336 Bl. 82a, 7ff. Maria Magdalena gilt dem Prediger als diejenige, die von Marseille aus mit Martha, mit der Frau (Luk. 11, 27) und dem Blindgeborenen (Joh. 9, 6) gegen Zürich hin eine Missionsreise gemacht und den König Turicus, *des die stat was*, zum Christentum bekehrte (cod. 336 Bl. 101a, 1ff.). Den Patronen des Klosters Benedikt und Andreas sind eigene Predigten gewidmet. Lieblingsautor des Redners ist St. Bernhard, viel zitiert sind Gregor d. Gr. und Augustinus, manchesmal Hieronymus, Ambrosius, Origenes, Dionysius und Beda. Der Ausdruck „Freunde Gottes" oder „Gottes Freunde" wird für die Heiligen, für die bibl. Schriftsteller, für die Kirchenväter, aber auch für die Prediger und die Frommen gebraucht. Die hohen „Meister" und „Lehrer" werden oft für die Lösung theologischer Fragen zitiert. Fast in jeder Predigt kommen die mystischen Grundgedanken zur Sprache: die Dreieinigkeit und ihr Bild in der Seele, die Gottesgeburt in der Seele, die Kräfte und das Fünklein der Seele. An Dietrich v. Freiberg (s. d.) erinnert der Text cod. 336 Bl. 139[b], 17ff.: *so bliket das edel funkeli der sele von sinem naturlichen (!) adel ane underlas wider in das ungeschaffen goettlich wesen, uss deme es geflossen ist, und vergicht sich ein istig wesen sin mit der istigkeit Gottes.* Bei Dietrich schaut der *intellectus agens* stets von Natur das Wesen Gottes. An Eckhart (s. d.) erinnert der Text cod. 336 Bl. 20[a]: *Hie gebirt der vatter sinen eingeborenen sun in die sele und die sele sich wieder durch den sun in den vatter und wirt gar und gentzlich mit inen, als si was, do si in inen eins was vor irer geschaffenheit.*

Strauch, Wackernagel u. Rieger s. oben. O. Linsenmayer *Gesch. d. Predigt in Deutschland,* 1886, S. 151, 444ff. W. Preger *Gesch. d. dt. Mystik* III S. 230f., 359.

Engelbert Krebs.

Prediger, Der St. Georgener.

Hss.: 1. Freiburg i. Br. Un.-Bibl. n. 461, 4⁰, 209 Blätter 15½ × 22½ cm; 86 Predigten, geschrieben von Albrecht dem Kolben, Kirchherrn zu Gävis 1387; „ein Prachtstück kalligraphischer Kunst des Mittelalters"; 2. Straßburg Stadtbibl. Hs. 810[b], 18. Jh. (Abschrift aus einem Sammelband 14. Jh. der Bibl. des Johanniterhauses zum Grünen Wörth), enthält 16 Predigten; 3. Karlsruhe Landesbibl. St. Georgen n. 36, aus dem einstigen Ben.-Kloster S. Georgen-Schwarzwald, geschrieben um 1300, enthält die Pred. n. 35—71; 4. Zürich, Stadtbibl. C 76/290, 4⁰, Mitte 14. Jh., aus Adelhausen (Freiburg); 194 Bll. Pgt. 18 × 25 cm; enth. d. Pred. n. 35—75; 5. Wien, Staatsbibl. n. 2702 (olim Salisb. 130), datiert 1363 (nach dem Sammler seither „Br. Peters v. Trebensee Predigten" genannt), enthält auf 125 Bll. 4⁰ die Predigten n. 36—75; 6. Kloster Neuburg n. 864 4⁰, datiert 1327; Abschrift der vorigen; 7. Arundel (England) 214 (aus der Karthäuserkl. i. Mainz), 14. Jh., enthält 10 Pred. — 8. den Haag, 14. Jh. (aus dem Slawantenkloster b. Maastricht), 247 Folioblätter, enth. 47 Predigten in mndld. Sprache; 9. Cheltenham, Sammlung van Eß, cod. Phil. 643 Pp., 15. Jh. 231 Bll., enthält 21 Predigten von n. 36 an; wie n. 8 in mndld. Sprache; 10—15: Bruchstücke in Hss. zu Heidelberg, St. Gallen, Karlsruhe, Basel u. Zürich (siehe Rieder S. XVIII).

Die ganze Sammlung zeigt durch Gleichmäßigkeit des Aufbaus, daß alle Predigten einen Verf. haben, aber nicht einen Benediktiner aus S. Georgen. Der Name „S. Georgener Prediger" wurde ihm nur wegen der ältesten Hs. in Karlsruhe beigelegt, die aber erst im 17. Jh. nach S. Georgen kam, wohl aus einem Frauenkloster. Die Entstehungszeit der Predigten ist die 2. Hälfte des 13. Jh.s. Der Verfasser, wenn nicht aller, so doch der meisten Predigten ist, wie Rieder nachgewiesen hat, der Franziskaner-Bruder Berthold v. Regensburg (s. d.), denn die 4 ersten Predigten gehen sicher auf diesen zurück (vgl. Pfeiffer-Strobl *Berthold v. R.* I S. 264—288, 81ff, 488ff.; Jakob *Die lat. Pred. B.s v. R.* S. 49, 82, 87); n. 24 ist von Schönbach (*Studien zur Gesch. d. altdt. Pred.* VI S. 123) als B.isch nachgewiesen; n. 75 steht dem Inhalt nach bei Jakob S. 95; die n. 55, 66, 68, 75 sind die angeführten Predigten zu kurzen Skizzen in der Heidelberger Berthold-Hs. (cod. Palat. germ. 24). Diese vor Klosterfrauen gehaltenen Predigten zeigen alle Vorzüge der schon früher bekannten Volkspredigten B.s: genaue Bibelzitate, ausgiebigen Gebrauch der Kirchenväter, Vorliebe für Augustin, Gregor und Bernhard, Verwendung des Breviers und frühzeitige Sammlung in sehr guten Handschriften. In trefflicher Bildhaftigkeit geht die Rede über dogmatische, moralische und mystische Themata. Gern und oft predigt B. von *unser vrow sant Marien,* gern und oft vom hl. Fronleichnam und der Vorbereitung, ihn würdig zu empfangen. Die Mystik dieser Predigten ist nirgend neuplatonisch beeinflußt. Sie ist reine Christus-Mystik, orientiert an St. Bernhard. Mit diesem Heiligen empfiehlt er auch immer wieder die Maßhaltung, weil jede Tugendübung durch Unmaß zur Untugend wird. Dogmengeschichtlich bemerkenswert: Die unbefleckte Empfängnis Mariens wird nie erwähnt; sie wird als „in ihrer Mutter Schoß geheiligt" bezeichnet.

K. Rieder *Der sog. S. Georgener Prediger aus der Freiburger Hs. herausgegeben* (DTMA. X) 1908. W. Wackernagel *Die Verdienste der*

Schweizer um die deutsche Literatur 1833; ders. *Altd. Predigten u. Gebete* S. 384ff., 517ff., 522—541; ders. *Altd. Lesebuch* S. 609, 811—816. A. Schönbach *Studien zur altdt. Predigt* VI. Cruel *Gesch. d. dt. Predigt im MA.* 1879. A. Linsenmayer *Gesch. d. Pred. i. Dl.* 1886. W. Preger *Gesch. d. dt. Mystik* II S. 32. Michael *Gesch. d. dt. Volkes* II (1904) S. 139.

Engelbert Krebs.

Preining, Jörg (außer dem Wechsel zwischen anlautendem p und b des Namens, der mundartlich bedingt ist, kommt er noch in folgenden Formen vor: *Preinling, Prening, Preuning, Prewning, Pruning*) (1) ist Augsburger. Er gehört nicht zu den Meistersingern (s. Stammler *Von der Mystik zum Barock* S. 223), wie vielfach behauptet wurde: beruft sich doch L. Keller *Die Kultgesellschaften der deutschen Meistersinger und die verwandten Sozietäten* (Mitt. d. Com.-Ges. Bd. 11) grundlegend auf diese These, gilt sie doch durchaus für Roths im übrigen so interessante und wichtige Darlegungen.

2. Nicht der patrizischen Familie gleichen oder ähnlichen Namens entstammt der 1440 als Sohn Josef Preinings geborene Jörg. Er ist wohl aus jener schwäbischen Handwerkerfamilie hervorgegangen, die vom Dorfe Aiting nach Augsburg einwanderte. Und Handwerker wird er selbst. Bemerkenswerterweise Weber, er gehört also einem Berufe an, dessen Vertreter seit je zu den Grüblern, den Frommen zählten. Und in eine fromme, eine religiöse bewegte Zeit Augsburger Stadtgeschichte wächst der junge J. P. hinein! Wie starke Strömungen wirkten nach, wie viel Neues bereitete sich im Schoße des Katholizismus vor, um einst jenen Bestrebungen zu ähneln, die an den Grundfesten katholischer Weltanschauung empfindlich rütteln. Zunächst einmal die völlig aus alter, orthodoxer Lehre erwachsenden Ereignisse! Der Prunk und die Machtentfaltung der Kirche scheinen noch nicht den Höhepunkt erreicht zu haben; neue Gotteshäuser werden errichtet. Der Glaube an die Gewalt der Fürbitte ist lebendig; mehrere heilige Leiber werden aufgefunden, dem Kult des helfenden Sakramentes zum heiligen Kreuz schenkt man neue andachtsvolle Beachtung, reich fließen die Ablaßgelder in die Augsburger Kassen. Die grause Furcht vor Tod und Fegfeuer, die gerade das ausgehende Mittelalter kennzeichnet — ich verweise im besonderen auf E. Döring-Hirsch *Tod und Jenseits im Spätmittelalter* 1927 S. 9 ff., 19 ff. usw. und auf J. Huizingas reiche Belege (*Herbst des Mittelalters* 1924) — äußert sich in immer neuen Bemühungen, durch gute Werke des Himmels Gnade zu erzwingen. Man will einen gnädigen Gott bekommen, sagt Luther. In wie hohem Maße die guten Werke von Fegfeuer und böser Pein lösen sollen, das zeigen die vielen dramatischen Bearbeitungen des Everyman-Elkerlijke-Jedermann-Stoffes und auch Michel Beheims Meisterlied '*Von drein fronten*'. Ein jeder eilt, durch kirchliche Stiftungen, durch allen anderen deutlich in die Augen stechende öffentliche Mildtätigkeit für seiner Seele Heil zu wirken. So klammert man sich an eine neue Gemeinsamkeit, so fühlt man sich dann augenfällig mit dem Mitmenschen in einem demütigen Streben vereint, wenn bei Kirchenfesten, bei Prozessionen Hoch und Niedrig unter einem bindenden Gesetz steht. Als innere Bestätigung erlebt man es, daß bei solchen Gelegenheiten geistliche Würdenträger allem Scheine weltlicher Macht entsagen und nur in Andacht der geweihten Berufung dienen, daß die höchsten weltlichen Herren nicht Hochmut des Herrschertums, sondern schlichte Ergebenheit vor dem himmlischen König an den Tag legen. Und wie immer zu Zeiten, in denen der Mensch sein Gewissen fühlt, in denen er sich plötzlich nicht mehr mit Althergebrachtem, zur bloßen Form Gewordenem zufrieden geben kann, wie immer zu Zeiten, in denen Kommendes zum Durchbruch ringt, vernimmt man Mahnungen, denen man sonst sein Ohr verschloß, erblickt man Gesichte, die einem sonst fremd. Man „erlebt" einen Kreuzregen: und 1503 werden die Augsburger Zeugen und Glieder eines aufpeitschend eindrucksvollen Zuges. Gegen 60 000 Menschen begeben

sich barfuß, mit brennenden Kerzen vom Dome nach St. Ulrich. Maximilians Gattin, Maria Blanka, geht in der Menge: nicht eine Herrschende, nur eine Betende, eine Gläubige. In Zeiten, da man fest und unverrückbar im Überkommenen stand, hörte man aus den Worten der Prediger nur Zustimmung zu dem, was man von Vater und Vatersvater ererbt. Das ist jetzt vorbei. Man merkt auf, man sucht einen tieferen Sinn im Worte, das man vernimmt, man hört aber auch Männer, die die Kirchen- und Heilandsgläubigen aus ihrer Selbstgerechtigkeit wecken, die sie nicht etwa von einer Kritik an den Institutionen der Kirche fernhalten, sondern die zu Beurteilung und zu Verurteilung erziehen. Zur Verurteilung aller jener, die Christi Wort verkünden und dessen nicht wert sind. Auf dem Fronhofe spricht Johannes Capistrano zu den Augsburgern um die Mitte des 15. Jh.s. Viele Jahre später ergreift Geiler von Kaisersberg (s. d.) das Wort; Chroniken und Briefe der Zeit lassen uns noch heute ahnen, welch gewaltigen Zulauf er gehabt haben muß, wie zündend seine Predigten einschlugen. — Und viel weiter in der Tiefe gibt es Unterströmungen, die innig religiös, doch ganz kirchenfern sind, Strömungen, die von Laien ausgehen, die nicht wie jene Prediger durch ihr Kulturniveau bei aller Freiheit doch gefesselt sind!

3. Anders wirken die großen kirchlichen Zeremonien, die Worte der Mahner, die Heilsdeutung aus Laienkreisen etwa auf einen selbstbewußten Patrizier, der ein Leben des sicheren Besitzes oder des Kampfes um Vermögen und Geltung führt, anders auf einen stillen Handwerker, der die Welt aus engem Gesichtswinkel betrachtet, der aber bei der Bedrücktheit und Sorge seines kleinen Daseins um so mehr nach innerem Gute bangt, der langsam nur Gedanken an Gedanken reiht, ehe er von Klarheit sprechen könnte, der das so Erlangte gierig festhält, der, aus bäuerlicher Umwelt kommend, langer Vorbereitung bedarf, um endlich das für ihn Entscheidende zu erkennen. So zaghaft er einst war, so zäh wird er nun sein: einmal auf dem Wege wird er den neuen Forderungen unbeirrt folgen, wird er sich durch niemanden abhalten lassen. Solch ein Mann ist der Weber Jörg P.! Er ist schon fünfundvierzig Jahre alt, also ein für die damalige Zeit nicht mehr auf der Höhe des Lebens stehender Mensch, als er zum ersten Male der Öffentlichkeit auffällt. Es ist bedeutungsvoll, daß dies unter einem Prunk und Pracht liebenden Bischof, unter Johannes von Werdenberg, geschieht — vielleicht geschehen muß. Um Ostern 1484 verläßt Meister Jörg seine Weberstube, er wandert fort, um das Leben eines Einsiedels zu führen (s. dazu die sog. Peutingersche Chronik, ad a. 1484, Stadtbibl. Augsburg). P. wählt St. Radegunde als den Ort, wo sein neues Leben beginnen soll. Dort, etwa eine Stunde von Augsburg entfernt, steht eine Kirche, der Hl. Radegunde geweiht, die um 1290 in dem nahegelegenen Wellenberg als Magd gedient haben soll. Während drinnen in Augsburg festlich und feierlich, in allem Glanze der altehrwürdigen Kirche Ostern begangen wird, während vielleicht die Priester zum ersten Male nach der bangen Fastenzeit um Christi Passion freudigere Töne anschlagen, um die gläubige Menge in das „Ostergelächter" ausbrechen zu lassen — in diesen Tagen, so heißt es in einer Verantwortung vom 20. Februar 1537, *stuend ein weber auff, Preuning genant, der ward ... darumb, das er seine predigten vor der stat auff den beumen thet und newe, unerhörte ding saget, für hoch gehalten.* Man kann das Urteil und die Taktik des Klerus und aller jener, die nicht von des Webers bislang „unerhörten" Worten gefesselt sind, voraussehen. Sie können ihn selbstverständlich nicht als einen „Heiligen" anerkennen. Zwei Wege bleiben ihnen: entweder man nimmt P. ernst und geht gegen ihn streng vor — oder man stellt ihn als Narren, als Betrüger hin. Man wählt den zweiten Weg, antwortet nicht: Heiliger, sondern: Kauz. Man heißt ihn „Bachstelzer", Heuchler, man stellt ihn gar in dem späten Berichte mit einer

notorischen Betrügerin, der von Hans Holbein d. Ä. im Bilde verewigten Lamitin auf eine Stufe. Daß die Weberchronik nicht für P. eintritt, sondern ihn ebenfalls totschweigt, ist nur allzu verständlich: gilt es doch sicher manchem Handwerker als Schande, sein Zunftgenosse zu sein. Nach einigen Wochen schon gibt P. sein Einsiedlerleben wieder auf. Gründe kennen wir nicht. Daß wirklich die „Zudringlichkeit des wundersüchtigen Volkes und die von demselben ihm entgegengebrachten Ehrerbietigkeitsbezeugungen" ihm derart lästig wurden, daß er wieder nach Augsburg zurückkehrte, möchte ich nicht mit Roth (S. 77) glauben. Bei einem Manne wie P. muß man, denke ich, einen tieferen Grund annehmen, darf man einen inneren Ruf nicht ausschließen. Sicherlich aber ist unzutreffend, was Senders Chronik, die im übrigen unschätzbares Material für die Stadtgeschichte bringt (in den Augsburger Chroniken Bd. IV), hierzu erklärt: *Da er nun mit seiner betriegerei vil geltz überkam, kam er wider gen Augspurg und trib da widerumb das weberwerck.* War auch P. vor seinem Einsiedlertum in dürftigen Verhältnissen, er zog nicht um äußeren Vorteils willen aus der Stadt, er kehrte nicht zurück, als er seiner Sorgen ledig war! In anderer Weise irrt der Arzt Pirminius Grasser, der seit 1546 in Augsburg wohnte und bei noch lebenden Mitbürgern P.s Erkundigungen einziehen konnte: *Aber wie dieselb heuchlerische Heiligkeit gar unweißlich angefangen, also ist sie auch wie ein leer Ei wiederum verschwunden* (Werlichsche Übersetzung der Gasserschen Chronik S. 239). P.s „Heiligkeit" ist nicht heuchlerisch gewesen, ist nicht „verschwunden", als er wieder sein Handwerk aufnahm. Doch es scheint, daß er nach dieser Zeit, also nach 1484, nie wieder predigend in der Öffentlichkeit aufgetreten ist. Jedenfalls spricht keine überlieferte Nachricht davon. Im Jahre 1504 verläßt der etwa Dreiundsechzigjährige für immer die Stadt. Der dahin zielende Eintrag auf Bl. 46 b des Steuerbuches bleibt das letzte Lebenszeichen, das uns von P. überkommen ist.

3. Welcher Art waren nun die „newen, unerhörten ding", die P. der Menge entgegenhielt? Wieso war er, den Widersacher und Laue als Narren, als Ungefährlichen einst abgetan hatten, überhaupt so wichtig, daß Bischof und Domkapitel seinen Namen dem Rate gegenüber noch ein Menschenalter nach seinem Verschwinden ausdrücklich erwähnen? Können wir seine Predigten lesen, hat sie vielleicht ein treuer Anhänger nachgeschrieben? Geiler von Kaisersberg hat seinen Johannes Pauli gefunden, der als Ohrenzeuge viele seiner Predigtmärlein sammelte und drei Jahre später (1522) herausgab, nach Ausweis des cod. theol. 2105, 8⁰ in Hambg. St.-Bibl. vollendete J. P. 1491 seine Nachschrift der Predigten, die Geiler 1488 in Augsburg hielt. Unseres glaubensstarken Webers Ansprachen hat kein begeisterter Hörer aufgezeichnet. Und doch lebt für uns P. weiter! War er ein packender, ein im Sprechen das Innerste aufwühlender Redner — das Zündendste, das Fesselndste ist mit seinem Tode auf ewig verstummt. Wir können uns aber an seine Schriften halten, von denen ein großer Teil erhalten blieb, in denen er seinen Glauben, seine Rechtfertigung, sein Bekenntnis immer wieder darlegt. Es sind das eine große Anzahl von Sprüchen, einige Lieder, zwei längere, in einem Meisterton verfaßte Heiligenlegenden und zwei Prosawerke, die „Sendbriefe". Dieses Material liegt zum Teil noch in Hss. und in Inkunabeln vor. Selten handelt es sich um wissenschaftliche Publikationen.

Obgleich die Sendbriefe möglicherweise erst nach 1505, also nach P.s Fortgang aus der Heimatstadt, geschrieben worden sind (im Druck erscheinen sie erst um die Mitte der zwanziger Jahre des 16. Jh.s: s. dazu Roth S. 89 Anm. 2 und S. 91), will ich bei der Darlegung des Ideengutes P.s mit ihnen beginnen. Denn wollen wir dem predigenden und wirkenden Webermeister nachspüren, dem Manne, der aus dem Volke kommt und zum Volke spricht, so werden wir mit seiner Stimme am ehesten dann vertraut werden, wenn wir uns den Werken zuwenden, die auch formal den Ansprachen am meisten ähneln, die nicht Regel- und Verszwang unterworfen sind. Der erste Sendbrief fordert vor allem, daß der Mensch sich ganz auf Gott stelle, daß er seine irdischen Triebe bändige, daß er sich läutere, um jene Stufe erklimmen zu können, auf der er wahre Christenliebe erleben, innere Erneuerung erfahren kann. Dann erst erkennt er den heimlichen Willen Gottes, dann erst vermag er ewiger Botschaft teilhaftig zu werden. Es handelt sich stets nur um ein Erringen der Liebe Gottes: *uns sollte also gar fast hungern und dürsten nach dieser göttlichen, wahren Liebe, daß wir nicht sollten wissen, was uns geschieht an Ehr und Gut, denn wir sollten sein wie Leute, die nichts anderes haben denn die göttliche und brüderliche Liebe* ... Die irdischen Dinge haben nur Wert, soweit sie sich auf diesen amor dei beziehen, nur dann sind sie zu beachten, *damit wir uns nicht an etwas genügen lassen, das minder ist denn die wahre, göttliche Liebe.* Wachen heißt es, daß man bereit sei, *wenn das ewige Wort in uns spricht "folg mir nach".* Zu dieser Nachfolge des Herrn muß der Mensch seine Liebe losgelöst haben *von dem, das der wahren Liebe entgegen ist.* Seine imitatio Christi leitet P. zu Vorschriften über das Verhalten den Mitmenschen gegenüber. *Vor allen Dingen urteilet über niemanden hart noch streng von seiner Sünde wegen, denn die göttliche Liebe ist also gar groß zu uns, in so gar großem Hunger und Durst nach unserm Heil, daß sie die Sünden und Gebresten ganz und gar verschlingt in einem Augenblick* ... Diese Apothese der Liebe, dieses Sehnen nach Selbstaufgabe, das Wissen, daß es verborgene Wege gibt, die Gott *allen denen zeigt, die er nicht allein berufen hat, sondern auch auserwählet,* die Erkenntnis, daß der Herr ihnen dann *vorgehet mit seiner heimlichen Gegenwärtigkeit bis in seine unergründliche Unbekanntheit* ..., kennzeichnen auch den zweiten Sendbrief. Hier findet sich P. zur Variation eines alten Wortes: *Diese Liebe ist Gott selber, und wer darin wohnet, der wohnet in Gott und Gott in ihm.* Er entläßt seine Leser mit dem kühnen Ausspruche, sie müßten alles tun, *damit ihr Gott zwinget mit Gewalt in euch und euch in Gott.* Für ihn gelte: *die Liebhaber Gottes berauben den Himmel mit Gewalt und Gott daraus, und auch also beraubt sie Gott aller ihrer Eigenschaft und setzt sich selber an ihr Statt.* — Diese Sendbriefe atmen einen unwiderstehlichen Duft noch heute wirkenden Lebens und unbedingter Unmittelbarkeit. Man könnte denken, daß sie bereits dazu genügten, seinen Gottes- und Heilandsbegriff, seine Forderungen an sich und die Mitmenschen zu klären, seine Stellung zur Kirche zu erhellen. Aber uns fehlte doch viel, wenn wir nicht das Bild des Liebenden und des Kämpfenden, des einem Rufe Folgenden und des Ausdeutenden durch andere Zeugnisse abrunden könnten. Und diese Ergänzung und Durchleuchtung gewähren uns die Sprüche und die Lieder. Ich glaube nicht, daß Roth recht hat, wenn er die Sprüche als „nichts anderes als gereimte Erläuterungen geistlicher Themata" charakterisiert, die „offenbar den Zweck hatten, seine Lehren ... zu befestigen und sie ... auch in weitere Kreise zu tragen" (S. 79). Ich stimme ihm auch nicht darin bei, daß sich unter den Liedern „das Vollendetste und Bedeutsamste, was wir von P. besitzen", findet (S. 82). Ich meine, daß die Sprüche eine andere, für seine Zeit nicht minder notwendige Seite seines Lehrens darstellen: hier kann er einmal seinen und seiner Zeit Hang nach scholastischer Auslegung, das Verlangen nach dokumentarischer Festlegung befriedigen. Kennzeichnend ist schon die Tatsache, daß er zu diesem Zwecke besonders gerne von den Erzählungen des Neuen Testamentes ausgeht. (Im Spruch, *wye sych der mensch halten sol das er den hayligen gayst empfach:* Luc. 11, 5 ff., Bitte des Mannes um drei Brote, Gleichnis der Dreifaltigkeit. Spruch *von der visch grub, der sagt von der baitsamkeyt:* Bethesda; man muß auf Gottes Gnade warten. VI. Spruch *von der teich. von dem mittel zwischen got vnd vns:* Christus heilt durch Berührung. Berufung auf St. Jakob, St. Paulus, St. Augustin im Spruch *von der straf gotz vnd wie wir der billich warten sölln.*) — Die Lieder wirken, bei aller Anerkennung ihrer

Innigkeit und ihrer Gläubigkeit, nicht so zwingend wie die Prosatexte. Das mag an den durch Vers- und Strophenform auferlegten Verpflichtungen liegen. Roth (s. S. 83) hebt als „Umschreibung des Gedankens, daß dem Menschen die sinnliche Erfassung des göttlichen Wesens versagt" sei, des Dichters Worte hervor: *Sein wait vnd eng, / hoch tüeff vnd leng, / sein angesicht / genzlich mit nicht / nit mag begriffen werden, / doch läßt er sich / gar mültigklich / niessen auff erden* (aus '*Jhesus ein wort*', WKL. II Nr. 1046; Gesätz 12). Gerade diese Darstellung der Welt aber kann man als durchaus traditionell ansprechen. Seit Notker der Stammler (s. d.) und Ekkehard IV. (s. d.) in ähnlichen lateinischen Versen sangen, finden wir entsprechendes in deutschen Gedichten von Walther von der Vogelweide (s. d.), Konrad von Würzburg (s. d.), von den Meistersingern Rûmzlant (s. d.), Boppe (s. d.), Kanzler (s. d.), Frauenlob (s. d.), Muskatblüt (s. d.), Folz (s. d.) und z. B. in einem dem sagenhaften Meister Klingsor (s. d.) zugeschriebenen Liede (zu dieser Frage Oppenheim S. 20 und ebd. Anm. 1). Und die gezwungene Art und Weise, in der in '*Jhesus ein wort*' und '*Christus der herr*' (WKL. II Nr. 1047) fast jedes Gesätz mit einer neuen Bezeichnung des Herrn beginnt (*gaist, sig, band, pild, sun, künig, kind, hort, schein, fürst, kron, glantz* usw.) lassen die schlichten Sendbriefe und die teilweise dunklen, nicht wortgewandten Sprüche als überlegen erscheinen. Auch P.s Versuch, dem Rätsel Gottes nahezukommen: *Vnd hat kain haupt, / fürbaß gelaubt, / Got ist sich gar dick naigen, / auch fast nider erzaigen, / vnd hat kain knie* ... (Lied '*Gott ewig ist*', WKL. II Nr. 1045, Gesätz 3; 1525 schon findet eine Bearbeitung durch den Hebraisten Johann Böschenstein [s. d.] statt) läßt ebenfalls Zweifel an der Überlegenheit der Lieder aufkommen.

Der schlichte Weber Jörg P. hat das Leben eines Mannes geführt, der sich auf sich selbst stellte, und den das Ausharren sicher oft schwer angekommen sein mag. Der Wunsch, daß man sein Dasein nur Gott widmen solle, muß sich, wenn man den in den Sendbriefen vorgezeichneten Weg innehält, zur Forderung nach Einsamkeit, nach *abgescheydenheyt* steigern (VI. Spruch '*Von der teich*': Kestner Nr. 12), prägt sich im Gebote der *baitsamkeyt* aus (Iduna und Hermode): *wer sych geistlichen will fursehen / der selb muß auch warten der zeit* ... Im Spruch '*Von dem gefengnus darinn vil menschen gefangen ligen in viererley weyß*' (Inc. 42) — Egoismus in jeglicher Form — klagt P. beweglich: *ach wie so gar in schwerer pein / sol dysem volck zu helfen sein ... o wie kaum mag sy erheben / auß der fencknus das ist on maße / das sy sich selber müssen lassen* ... Alles, was später die Sendbriefe an Sündenbewußtsein, an Verurteilung des Richtens über den Bruder ausführen, kündigt sich hier an. Wer die so heiß ersehnte erhabene Stufe rechter Liebe erreichen will, der muß den schweren Weg der Wandlung gehen. Er muß auf *yrdische ding* um des *hoechsten schaczes* willen verzichten lernen, er darf nicht von der *natur besessen* sein (Inc. 42), er soll nicht einer von jenen sein, von denen es heißt: *Vil manig mensch auf erde hat / dye cretur lieb fru vnde spat* (Inc. 45; Spruch '*Von vnderschaid zwischen gůten vnd bősen menschen*'). Wie aber kann man sich von der Natur, der Kreatur lösen, wie sich zu dem „nach dem Menschen dürstenden" Gott — wie es im ersten Sendbriefe lautet — erheben, wie den Weg finden? Da heißt es stets Gott dankbar sein für die von ihm geschickten Strafen (also die alte Forderung Tertullians), da heißt es, auf des Höchsten Gnade bauen, daß man zu den Erwählten gehöre. Hier scheint uns die Berufung P.s auf Augustin — man denke an die Prädestination — nicht willkürlich, wie so oft bei den Zitierungen mittelalterlicher Dichter, sondern berechtigt und durchdacht zu sein (Spruch '*Von der straf gotz vnd wie wir der billich warten sőlln*', Inc. 43) — P. erkennt nicht den Primat des Priesters an: *Christus will nit, / dz man hie mit / seye der layen schenden, / ob ein priester / gewalt vnd ler / hie halt an allen enden. / Wann ain lay mag / werden alltag / ain kind gottes auff erden / vom gaist gewürcket werden* ... ('*Christus der herr'*, Gesätz 10). Er erklärt, ohne sich um ehrwürdige Lehrmeinungen zu bekümmern, man nenne *gaistlich das man leb nach dem gaist* (Inc. 45). Meister Eckehart (Deutsche Predigten und Traktate, herausgegeben von F. Schulze-Maizier, 1927, S. 356/7) erklärt einmal: „Besser wäre ein Lebemeister denn tausend Lesemeister". Stärker noch als die von Roth als besonders treffend herangezogenen Verse aus '*Christus der herr*' (Gesätz 1) gegen den *buchstab*, der den Menschen betrügt und niederzieht, scheinen mir P.s Ausführungen in seinen Sprüchen. Nicht nur meint er: *Wann was hylfft dz man alle stund / allein gebaplet mit dem mundt / O merckent mich yr lieben kind / den glaben man alleine findt* ... (Inc. 43), er macht auch den Unterschied zwischen denen, *dye der geschrifft lebent vnd deen dye sy allein lesend*, er fordert, daß *man der schrifft auch leben sol*, daß man *dye geschrifft mit seinem leben erfüllt in yetlichen ding*, er beruft sich darauf, daß Paulus erklärt habe, der Buchstabe töte, der Geist mache lebendig (Inc. 44, er bezieht sich also auf 2. Kor. 3, 6). Jeder aus dem Herzen aufsteigende echte Seufzer erläutere den Menschen *bas sein wesen dann betten oder bücher lesen* (Spruch, '*Wye sich ein mensch schicken sol zu dem heiligen sacrament*'; Nr. 25 der Handschriftensammlung der Münchner Staatsbibliothek). P. betrachtet in tiefer Demut das Wunder der Trinität (Spruch '*Von der trivaltigkayt*', Kestner 13): *Aller vernunft allen gedencke / ist es gar vil zů úber schwencke / zů verstan hye in dyser frist / wye dye hailige trivalt ist / So gar ain hoch weselichait* (Nunnenpeck [s. d.], Hans Sachsens Lehrer, verneint ein Begreifen der Dreifaltigkeit und kann einziges Hoffen nur im Glauben finden: *Das Evangelium ist der Grund, / Auf dem der Glaube steht*). P. weiß darum, daß Gottes *wesen vnzerrissen*, er folgt stets dem dann in den Sendbriefen deutlich formulierten Gedanken, daß Mensch und Gott in untrennbarer Einheit zusammengehören, er fordert, daß Herz und Seele *lebe in eitel neuem Fliessen* zum Schöpfer hin (Sendbrief 1), er spricht vom Fließen des Hl. Geistes (Kestner 13), er erklärt: *Got ist auch in / yeglichem syn / doch darinnen beschlossen. / Got ist nit außgeflossen / Als dz er von vrsprung ferr / sey außertlalb, / gleich als ein salb / die man nympt auß der büchße, / Vnd wz gott ist, / dz waist kain Crist / er ist etwz vnd nichße* ('*Got ewig ist*', Gesätz 6).

Die beiden Legendendichtungen in Regenbogens (s. d.) „langem ton", 'St. Ulrich' und 'St.Alexius', lassen nichts von ihres Schöpfers Innerlichkeit, von seinem Ringen, von seinem Gottsuchen ahnen. P. vermag nicht — wie z. B. der doch sonst Formeln und Regeln so verpflichtete Albrecht Lesch in seinem 'St. Wolfgang' — zu einer von eigenem Geiste getragenen im tiefstem Sinne von der Vorlage unabhängigen Darstellung zu gelangen. Aus der Vita des Augsburger Stadtheiligen Ulrich ist nur die Episode ausgewählt, wie der Bischof über den Bodensee fährt, ohne naß zu werden, ist nur die Legende erzählt, wie er die zu Unrecht des Ehebruchs geziehene Gräfin von allem Makel löst. Der Alexiusstoff, in griechischen, lateinischen, selbst syrisch-arabischen, französischen und einer Reihe von deutschen Bearbeitungen auch sonst bekannt, wird von P. in manchmal ermüdender Breite und Ausführlichkeit behandelt. Maßmann hat ausdrücklich darauf hingewiesen (S. 13), daß P.s und des Meistersingers Jörg Zobels Fassungen als die flachsten zu bezeichnen sind. P.s 'St. Alexius' ist nur deshalb bemerkenswert, weil er sich näher als alle anderen Gedichte über das Thema an die früheste mhd. Vorlage anschließt. Allerdings durch Vermittlung einer Prosaquelle, nämlich des im gleichen Jahre (1488) wie unsere Dichtung bei Anthon Sorg in Augsburg und Anthon Koburger in Nürnberg erschienenen 'Heiligen-Lebens' (Maßmann S. 1, 19 ff.).

Ein letztes Gedicht P.s, '*Der Jud vnd Pader*', in Meister Heinrich Frauenlobs (s. d.) „zartem ton", steht in der Dresdener Hs. M 190 (Bl. 392a—393a). Stünde nicht P.s Name in den Schlußversen und wäre nicht dieses Lied auch sonst als sein Eigentum angeführt — man würde nicht an die Möglichkeit denken, daß diese plumpe

Verherrlichung Gottes, der dem Bader beisteht, als er mit dem Juden ringt, von dem tiefen, feinen, innigen Glaubensstreiter P. stammt.

4. Es gibt eine Anzahl von Stellen in den Liedern, den Sprüchen, den Sendbriefen P.s, bei denen der Leser unwillkürlich aufmerkt. Er fühlt, daß hier ein Klang mitschwingt, der von weither durch die Zeiten tönt, daß der arme Webermeister von einem Geist berührt ist, der durch die Jahrhunderte geht, und der immer wieder seine Auserwählten findet. Wenn stets von neuem der Begriff des „Wesentlichen" auftaucht — im ersten Sendbrief spricht er von der *wesentlichen liebe*, im Dreifaltigkeitsspruch (Kestner 13) von der *hoch weselichait* der Trinität, von *wesenlicher aynigkayt*, von der Notwendigkeit des *wesentlichen lebens* (Spruch vom heiligen Geist, Cbl.) — wenn das bei Mechthild von Magdeburg (s. d.) und der Hl. Theresa so beliebte Symbol des „Fließens" verwandt wird, wenn die „Liebe" in so eigener Form stets mit gleicher Glut ersehnt wird, dann denkt man an Schriften und Bekenntnisse deutscher Mystik. Und wenn gar dem für Eckehart (s. d.) so charakteristischen Gefühl, Gott habe zu seiner Existenz den Menschen ebenso nötig wie der Mensch Gott (man denke auch an Angelus Silesius), Ausdruck verliehen wird, so gewinnt dieser Eindruck noch an Klarheit und Sicherheit. Kommt doch der kirchenfremde P. im ersten Sendbrief zu der ketzerisch anmutenden Behauptung: *Und ob kein Gott wäre, die Liebe lohnet dir selber genugsam.* — P. gehört in die Reihe jener Männer, die als Beweis dafür dienen können, daß „Mystiker" und „Scholastiker" nicht im Wesentlichsten getrennte Gebiete behandeln, daß Mystik die Scholastik ausschließe und umgekehrt. Gerade aus dem Ganzen seiner Werke geht hervor, daß auch hier mit mystischer Auslegung und scholastischer Ausdeutung nur einem Ziele — wenn auch auf verschiedenen Wegen — zugestrebt wird. Ich halte es nicht, wie Roth, für notwendig, aus der Dreizehnzahl der Gesätze der Lieder auf Zahlensymbolik zu schließen. — Kann man aus den Beiwörtern der Namensnennung oder aus Anreden irgendwelcher Art auf die mystische Richtung P.s oder seine Zugehörigkeit zu einem Glaubensverbande schließen? Es ist nicht mit Bartsch (ADB. III S. 286) anzunehmen, daß P. Mönch oder Laienbruder gewesen sei, weil er zu seinen „Kindern", zu seinen „Brüdern und Schwestern" spricht, weil er sich am Werkende als *bruder Preining* kennzeichnet. Dazu steht er doch mit seinen Lehren der Kirche und ihren Einrichtungen zu fern, dazu klingt viel zu oft ein Wissen aus seinen Worten, daß Christsein nicht unbedingt identisch sein müsse mit Katholiksein. Auch die Ansicht Kellers (S. 276), P. weise sich durch diese Charakteristika als Meistersinger aus, ist, wie oben gesagt, abzulehnen. Roth hat wohl recht, wenn er angibt, P. stehe Waldensischer Überlieferung nahe. Gerade die Forderungen der Waldenser nach einem mäßigen keuschen Leben, ihre Ablehnung alles Auffälligen, ihre ausgesprochene Genügsamkeit, die Laienkritik an der Ecclesia (s. dazu RGG. V S. 1829) — all das läßt sich aus P.s Liedern, Sprüchen, Traktaten ohne Willkür herauslesen. Trübungen und Entstellungen des Waldensertums sind in allen Zeugnissen des 15. Jh.s zu bemerken: so darf es uns nicht wundernehmen, wenn wir bei P. manchesmal nicht die reine Lehre vernehmen. — Roth (S. 89 ff.) glaubt, daß man nicht nur von einer Schar von Anhängern P.s zu sprechen hat, die mit ihm durch das Band gleicher religiöser Anschauung verknüpft waren, sondern daß sich wohl um ihn „eine organisierte kleine Gemeinde" scharte, der er als erwählter Lehrer vorstand. „Apostel" im Waldensischen Sinne — so gibt Roth allerdings zu — sei P. nicht gewesen, war er doch, „abgesehen von allem anderen, in Augsburg seßhaft" und führte kein Wanderleben wie jene. Damit fällt selbstverständlich auch Kellers Vermutung, P. sei eine Zeitlang als wandernder Prediger tätig gewesen, er sei mittellos später wieder in die Weite gezogen usw. — Richtiger scheint es, nicht an eine Gemeinde, eine feste Institution, der P. vorstand, sondern an eine gläubige, nicht durch

kirchenähnliche Verpflichtungen gebundene Anhängerschaft zu denken. Und das nicht nur deshalb, weil u. a. die Anreden bloßes herkömmliches Gut des Schreibenden darstellen, sondern weil sich aus des Webers Worten die Sehnsucht nach einer allgemeinen, nach einer für alle Christen reinen Herzens gültigen, nach einer unsichtbaren Kirche der Prädestinierten im Sinne Wicliffs, könnte man sagen, zum Ausdruck emporringt. P. und die Glaubenden um ihn gehen ihren eigenen Weg, ihre Zusammengehörigkeit läßt sich nicht in die üblichen Systeme einordnen — ist es da verwunderlich, daß Geistlichkeit und Obrigkeit in ihnen gefährliche Sektierer sehen müssen? Beweglich klagt P. im ersten Sendbriefe über die „Antastungen", denen sie ausgesetzt sind: *Ohne das göttliche Einsprechen ist uns nicht möglich, die Untreue zu ertragen, die uns geschieht von denen, die eines großen Namens und eines geistlichen Scheines sind, und die unsere Vorgänger und Seelsorger sind: wie wollten wir dann bestehen gegen die, die öffentlich wider alle Wahrheit leben, so uns doch die Menschen wollen unseres Herzens Frieden zerstören* ... Hoffnung auf Beschreiten des rechten Weges klingt aus dem zweiten Sendbriefe: *gott wölle, das wir vns des heimlichen willens gottes also ernstlich fleyssen, dass er vns selb entschuldige.* Der seiner Heimatstadt und den Brüdern Ferne ermahnt die Zurückbleibenden, alle Dinge so zu tun und zu lassen, wie er es ihnen *vormals auch geraten* habe, auf daß sie wiederum des göttlichen Willens wahrnehmen könnten.

5. Religiöse Bewegungen gehen wie Wellen über die Zeitalter, gleich Feuerbränden flackern sie zu manchen Tagen hoch empor, ohne indessen jemals gänzlich zu erlöschen. In Augsburg und anderorts in Schwaben taucht immer wieder Waldensisches Christentum auf. 1393 zuerst, also fast ein volles Jahrhundert vor P.s Auszug nach St. Radegunde, findet in Augsburg eine große Verfolgung der „Ketzer", der Waldenser, statt. Eine gute Quelle zur Erkenntnis der Ereignisse ist die Weberchronik; sie ist zwar erst in der Reformationszeit geschrieben, legt aber — bei ihrer Abneigung gegen „Waldbrüder und dergleichen Gaukler" — besonderen Wert auf peinliche Berichterstattung: *In disem jar ist ein sect und ... ein ketzerisch der allhie entstanden, und ir glaub was, das kein fegfeuer wer, und das der aplas umbsonst und vergebens, auch allein von des babstes wegen erdacht were, und das die geweihten stätt, als die kirchhöff, auch geweihte lichter ..., weichwasser, krisem und anders desgleichen alles vergebens, und ein mentschlich gedicht, auserhalb gottes befelch, were.* Daß diese Menschen, die sich sehr vor den Pfaffen *ferchten,* die *bei der nacht in den kheleren* zusammenkommen — man denkt bei diesem Vorwurfe an die Ketzer-Anschuldigung im 'Jüngeren Titurel' — und einander beichten, denen gar zugetraut wird, daß sie *büberei treiben,* daß diese Sonderlinge bald der Geistlichkeit verdächtig erscheinen, ist nur allzu verständlich. Bald wird strenges Gericht gehalten, 243 Personen werden festgesetzt, *der meist deil lodweber und sonst barchetweber im spil gewesen sindt.* 45 Vorsteher hat, so heißt es weiter, die Sekte gehabt, *die habens die bus angenommen. Die pus war also gestaltet, daß man inen gelbe kreitz an die prust und an den rugen machet, die sie ein jar lang tragen mussten, und mit einer prinnenden kertzen 8 tag aneinander von Unser Frauen gen sanct Ulrich gan, alweg zwen und zwen mit einander.* Die Kirche St. Ulrichs, des Heiligen, dem P. ein Werk weihte, zu der demütig eine Kaiserin wallfahrte, war also schon seit je das Ziel von Bußgängern. Als der Bischof einigen von den Verurteilten eine Lösung der Buße durch Geldzahlung gestattet, sind die Ratsherren entsetzt und erbost — und *schribent dem bischoff gantz schmelich an, daß er aus dem glauben ein kaufmanschaft machen wolt* ... Das Ende der Streitigkeiten zwischen Rat und Geistlichkeit ist dies, daß eine Reihe von Verurteilten hingerichtet wird. Lange vor P. also herrschte in Augsburg Zwietracht zwischen weltlicher und geistlicher Behörde. Wären die beiden Körperschaften miteinandergegangen — wer weiß, welches Schicksal den ketzerischen Weber ereilt hätte!

Religiöse Bewegungen vergehen nicht. Zwei Jahrzehnte nach P.s Tode gewinnen die Brüder, die man „Täufer" nannte, in Augsburg großen Anhang, viele von ihnen verkündete Lehren sind den Älteren unter ihnen schon von P. her bekannt, sie, die „Taufgesinnten", wählen als Versammlungsort jenen Waldessaum bei St. Radegunde, an dem P. einst zur gläubigen Menge sprach — und gerade der Führer dieser Sektierer ist Jörg P.s Sohn Franz Preining. Er taucht in den Akten zum ersten Male als Anhänger des Barfüßermönches Johann Schilling auf (August 1524, s. Roth *Augsburger Ref.-Gesch.* S. 155 ff.), er ist beteiligt an der Befreiung zweier zum Tode verurteilter aufrührerischer Weber. Es heißt weiter, es sängen *taglich Preinings sun vnd sein weib schandlicher vom papst*; beide hetzen öffentlich gegen die Stadthäupter, behaupten, die gefangenen Weber würden doch *der warheit wegen* gemordet, versteigen sich gar zu der Beschuldigung, die vier Bürgermeister seien *eytel ketzer* usw. Am 20. Januar 1528 wird denn auch Franz Preining, der im Laufe der Jahre eine immer größere Rolle bei den Wiedertäufern gespielt hat, der gegen alle Verbote *rottierung, ... verbotener sachen halber, den widertauff beruerent, ungehorsam gehalten*, auf den Pranger gestellt, mit Ruten gepeitscht, für immer aus der Stadt verbannt. Ob der Vorwurf der *versamlung* sich auf religiöse Zusammenkünfte oder auf Volksaufwiegelung bezieht, ist nicht klar ersichtlich. P.s Sohn Franz ist ein Mann, der stets in Händel mit der weltlichen Obrigkeit verstrickt ist. Er scheint nichts von der Demut gewußt zu haben, mit der sein Vater Jörg still, fromm, ergeben jedes Leid als Schickung, ja Gabe Gottes ertrug, ersehnte, mit der er ein Leben der *baitsamkeyt*, der *abgescheydenheyt* erstrebte. —

6. Jörg P. ist ein Mystiker großer Tiefe. Er gibt sich nicht damit zufrieden, wie so mancher Meistersinger — z. B. Harder (s. d.), Ketner (s. d.), Kienast (s. d.), Lesch (s. d.), Nunnenpeck (s. d.) — die Gottheit in dunkler, stark verkünstelter Weise anzubeten, ihr immer neue verehrungsvolle Namen zu verleihen, sie in konventionellen Formen um Beistand für das Gelingen des dichterischen Beginnens anzuflehen. Er will auch dann, wenn er sich in scholastische Erörterungen einläßt, nur ausdeuten, nur klarlegen, nicht von Gelehrsamkeit Zeugnis geben. Und will er einmal so „gelehrt" wie jene reden, dann kommt es vor, daß er in einem Marienlied die Gottesmutter mit Diana in Parallele setzen will, statt dessen aber Danae nennt — ein Irrtum allerdings, der an des doch viel tiefer allgemeingebildeten Folz umgekehrtes Versehen (Meisterlieder 65, 7, 75, 258) erinnert. P. will auf seine feine, in sich abgeschlossene Art ein gereinigtes, man könnte sagen: ein aus innerer Reformation hervorgegangenes Christentum erringen. Christ-Sein heißt ihm Sich-Läutern, Sich-Vorbereiten. Da liegt der Mittelpunkt seines Seins. Leben und Predigten und Schriften sind nur Äußerungen dieses Einzigen und Wesentlichen. So übt er nicht kämpferische Kritik wie etwa Ulrich Wiest (s. d.) an pfäffischer Mißwirtschaft, so wäre ihm aber auch der Quietismus unverständlich, so stünde er dem Festhalten am Althergebrachten und gar dem begeisterten Anerkennen von Messen und Ablässen, wie es gerade Jörg Kienast für Straßburg betont, fremd und ablehnend gegenüber.

P.s Ideen sind überzeitlich. Daß er auch für seine Zeit Typisches schuf, spricht nicht dagegen. Roth (S. 87 f.) meint, daß ein im Jahre 1483 aus der Offizin von Anton Sorg hervorgegangenes schon vorher in vielen Hss. verbreitetes Buch 'Von der Liebe Gottes', das auf Gedanken und Schriften des Nikolaus v. Dinkelsbühl (s. d.) zurückgeht, auf P. großen Einfluß ausgeübt habe; er nenne es zwar nirgends in seinen Schriften, dennoch gehe er in seinen Spuren. Ich glaube, daß Roth zu viel Gewicht auf dies Buch legt. P.s Schriften und Dichtungen tragen eben den Stempel ewigen religiösen Erlebens, tragen den Stempel aller Zeiten und seiner Zeit, künden aber in ihrer Einheit davon, daß sie ihres Schöpfers Ureigenes darstellen.

6. Werke J. P.s findet man in cod. pal. germ. 109 (v. J. 1516) Bl. 81b—84a, 84a—90b;

Dresdener Codex M 109 (früher 95) Bl. 392a—393a; Valentin Holls Hs. Bl. 156f.; Inkunabeln in der Sammlung der Staatsbibl. München (Cim. 1. 3. h; Po. germ. 69 m), Preuß. Staatsbibl., Inc. 41—45; Universitäts-Bibl. Breslau; Kestner-Museum Hannover.

Als Drucker kommen vor allem in Betracht: Lucas Zeissenmair, der 1495—1502 in Augsburg nachzuweisen ist, 1503 die Stadt verließ und nach Wessobrunn ging (Roths Annahme, S. 90, daß P. zu ihm, seinem Anhänger, vielleicht aus Augsburg floh, ist nicht gestützt!) und Johann Blaubirer, dessen Typen bekanntlich von Günther Zainer stammen. Fust kommt kaum in Betracht.

Mela Escherich *Einzelformschnitte und Einblattdrucke des Kestner-Museums zu Hannover* (Einblattdrucke des XV. Jh.s) 1916. J. Görres *Altdeutsche Volks- und Meisterlieder* 1817. 'Iduna und Hermode' 1812 S. 190a/b. H. F. Maßmann *Sankt Alexius Leben* 1843. W. Molsdorf *Ein unbekannter Spruch Jörg Breinings*, Zentralblatt für Bibliothekswesen 22 (1905) S. 566/7. H. Oppenheim *Naturgefühl b. d. frühen Meistersingern* (Form und Geist 22) 1931. F. Roth *Der Meistersinger Georg Breuning und die religiöse Bewegung der Waldenser und Täufer im XV. und XVI. Jh.*, Mitteilungen der Comenius-Ges. 1904 S. 74 ff. W. Stammler *Von der Mystik zum Barock* 1927.

W. St.

Prening, Prenning, Preuning, s. Preining.

Preuß, Jakob, s. Ott, Michael.

Preußen, s. Heinrich v. P.

Prischuch, Thomas, Verfasser von zwei Reimpaargedichten auf das Konzil zu Konstanz 1414—1418: '*Des consilis gruntvest*' und '*Des consily schloßred*'. T. P. entstammt einer wohlhabenden Augsburger Patrizierfamilie, die seit dem 13. Jh. urkundlich belegt ist. Vermutlich ist er der jüngere seines Vornamens, um 1387 geboren; sein wahrscheinliches Todesjahr dürfte 1469 sein. Er war Ratsherr und Schöffe und hat auch wohl in dieser Eigenschaft das Konzil zu Konstanz besucht, als Vertreter seiner Vaterstadt. Die Zeit seines dortigen Aufenthalts kann zwischen Winter 1416 und Herbst 1417 gelegen haben, jedoch eher gegen Ende dieser Zeitspanne. Die Entstehung des Gedichts 'Gruntveste' fällt ins Jahr 1417, die 'Schloßred' ins Jahr 1418. Beim Aufenthalt des Königs Sigismund in Augsburg wird P. ihm seine Arbeiten persönlich überreicht und an seinen Huldbeweisen teilgehabt haben.

Beide Dichtungen sind sowohl literarisch wie historisch ziemlich belanglos. Die Form ist ungeschickt, unreine Reime kommen massenhaft vor. Der Inhalt, vorwiegend eine Aufzählung der Anwesenden, ist mit allerlei Gelehrsamkeit des Verfassers aufgeschwellt. P. will in erster Linie dem König eine Huldigung darbringen; zugleich übt er Kritik an den kirchlichen Zuständen. Seine Einstellung ist ernst und religiös, von der Mystik beeinflußt. Mit berechtigter Bescheidenheit spricht er von seinem geringen Können und beruft sich auf den *maister*, seinen Gewährsmann; tatsächlich wird ihm jemand von den Geschehnissen in Konstanz, während P. wieder daheim war, berichtet haben.

Hss.: M = Cgm. 568 Bl. 224a—239a (1468); H = Cgm. 594 (1449); L = Cod. germ. pal. 321 (XV. Jh.). Gedr. bei Liliencron *Hist. Volkslieder* I S. 228 ff. (Hs. L) und Höfler *Geschichtschreiber der husitischen Bewegung in Böhmen* (Fontes rer. Austriac. Script. VI, 2) 1865, S. 354 ff. (Hs. H). J. Lochner *T. P.s Gedichte auf das Konzil von Konstanz*, Diss. Berlin 1905.

Ruth Westermann.

Probst, Hans, war ein Tiroler aus Schwaz im Inntal. Über ihn und seine Familie ist nichts bekannt. Vielleicht war er zeitweilig Landsknecht: *Der uns das lied hat neus gemacht? Hans Probst zů Schwaz hat das gedicht, er kanns nit beßer singen; er ist durchfahren weite land*, heißt es Str. 21, 1—4, im 'Lied vom Romzug'. Dieses Gedicht (21 sechszeilige Strophen $aa\beta cc\beta$) ist das einzige, das P.s Namen trägt. Es ist i. J. 1508 nach dem Abschluß des 3 jährigen Waffenstillstandes von Ripa zwischen Venedig und den Kaiserlichen (20. April) abgefaßt. Es warnt die wegen ihres Erfolges übermütigen Venezianer und stellt Vergeltung durch den Kaiser in Aussicht. Die Verse sind flüssig und erheben sich über dem ungehobelten Stil vieler Landsknechtslieder. Die Abneigung gegen die Welschen tritt hervor. Die Melodie ist die eines verlorenen Liedes auf die Böhmenschlacht v. J. 1504, die für Kaiser

Maximilian I. sehr günstig ausfiel. Demnach scheint P. ein treuer Anhänger des Kaisers gewesen zu sein, dessen Politik er durch Lieder unterstützte.

Aus Cgm. 809, Bl. 71a—72a veröffentlicht von Fr. Pfeiffer in Mones Anzeiger 8 (1839) Sp. 479—481. H. R. Hildebrand *Historische Volkslieder* 1856, S. 53 Nr. 10. Liliencron *Die historischen Volkslieder der Deutschen* III Nr. 257. Goedeke I² S. 288.

Hermann Menhardt.

Proles, Andreas.

1. A. P. wurde am 1. Okt. 1429 zu Dresden geboren. Er trat in das Augustinerkloster Himmelpforten bei Wernigerode, dessen Prior er 1456 wurde. Er machte sich die Reform des Ordens zur Lebensaufgabe. Nach vielen Kämpfen und Enttäuschungen hatte er die Freude, seine Reformideen in süddeutschen und rheinischen Klöstern, ja bis nach Holland durchgeführt zu sehen. Soweit ihn Ordensangelegenheiten nicht in Anspruch nahmen, widmete er sich dem Dienst der Predigt. Seine Beredsamkeit wird von den Zeitgenossen gerühmt. Er starb am 6. Juni 1503.

2. Versuche, ihn zu einem Vorläufer Luthers zu machen, haben nicht zum Ziele geführt. Seine Tüchtigkeit als Prediger bestätigt die 1585 bei Summer zu Straubing gedruckte *'Christliche Instruction vnd Unterweysung weß sich Vatter vnd Mutter / Priester vnd Gevatter / bey der heyligen Tauff / ihres Amptes vnd Berufs halben / eygentlich verhalten sollen. Vor 70 Jahren in der churfürstlichen Stadt Leyptzig Predigs weiß gehalten / durch den Ehrwirdigen Herrn Andream Proles Vicarien deß Ordens der Ainsidlern S. Augustini / vnd jetzo zu gemeinem trost widerumb vbersehen durch den Ehrwirdigen Herrn Johann Jacob Rabus der H. Schrift Doctor / weyland Stadtprediger zu Straubing. Gedruckt zu Straubing bey Andre Sumer. Anno Domini 1585'*. Dieser 1545 zu Straßburg als Sohn eines luth. Predigers geborene, aber 1565 zur kath. Kirche übergetretene Joh. Jakob Rabus wurde 1579 Stadtprediger zu Straubing und 1581 Kanonikus an dem dorthin übertragenen Kollegiatstifte. Die Angabe *Vor 70 Jahren* kann nach den oben gegebenen Daten nicht genau stimmen. Die Predigt selbst zerfällt in folgende Teile:

Der erste Punct: 'Von nutz vnd frucht des h. Tauffs'. Der ander Punct: 'Was fromme Eltern des Kinds hergegen zuthun vnd zu lassen schuldig' (darin S. 17: *Zum sibenten sollen sich die Eltern befleißen, das sie das Kind nicht lang ligen lassen ohne den Tauff). Der dritt Punct: 'Vom Ampt des Priesters / der das kind taufft'. Der vierdt Punct: 'Vom Ampt der Gevattern'*. (S. 19: *So sein auch die Gevatter nit vmb sonsten bey diesem hochwichtigen Werck / sondern haben auch ihr sonderbare Pflicht / die zu verrichten schuldig.*) Den Beschluß bildet: *'Ein christlich vnd andechtig Gebett für ein Schwangere Frauwen'*.

Vgl. ADB. XXVI S. 661ff. (Proles) und XXVII S. 95ff. (Rabus).

Eduard Brodführer.

Protzan, s. Henrici, Nicolaus.

Protzer, Else. Hs. Additional 16581 des Britischen Museums, 15. Jh. (1469), ostschwäbisch, Bl. 147ᵇ; s. R. Priebsch *Deutsche Hss. in England II* (1901) S. 147—58. Ihr wird in den Mund gelegt der Spruch:

Ob es dir ain weil ubel gatt,
So hoff des bessern, das ist mein rat.
Wiltu nit fürsichtig sein,
So tůst du törlich dem ding dein.

R. Priebsch.

'Prozessionsspiel', s. auch 'Fronleichnamsspiel'.

'Prozessionsspiel, Zerbster'.

14 Hss. von 1504—1522 bezw. 1524, 3 Regiebücher im Stadtarchiv in Zerbst.

Vollendetstes Zünftespiel in der spätmittelalterlichen Form des Prozessionsspiels. Es ist schon wieder von dem Naturalismus des XV. Jh.s gereinigt, bei dem gänzlichen Fehlen eines Dialogs konnte sich derbe Realistik nur schwer oder überhaupt nicht entfalten. Das Z. P. schuf als Wesensform das rein Bildhafte, das Spiel wurde eine Revue, die gesprochenen *figurae* sind nur Erläuterungen der Figuren. Propheten- und Heiligenszenen sind gestrichen, nur ihre Abbilder erscheinen. Quellen sind für die einzelnen Verse nicht nachzuweisen; ein literarischer Zusammenhang mit anderen Spielen besteht nicht.

Ausgabe: W. Reupke *Das Zerbster Prozessionsspiel 1507* (Quellen zur deutschen Volkskunde 5) 1930. O. Sengpiel *Die Bedeutung der Prozessionen für das geistl. Spiel des MA.s in Deutschland* (Germ. Abh. 66) 1932.

Willm Reupke.

Prunner, s. Brunner u. Joh. v. Indersdorf.

Pucheler, s. Bucheler.

Puff v. Schrick, s. Schrick.

Puller, s. Fuß der Buhler u. Konrad v. Hohenburg.

Punzinger, s. Dietrich von der Glesse.

Purchard, s. Burchard.

Pütrich v. Reichertshausen, Jakob, s. Nachtrag.

Putsch, Ulrich.

1. U. P. ist 1426 Pfarrer auf Schloß Tirol, wird im November 1427 Bischof von Brixen und stirbt dort am 29. Aug. 1437. In einem durch die ganze bischöfliche Zeit reichenden Tagebuche teilt er mit, daß er gegen 100 Bücher nach Brixen mitgebracht, dort selber aber keine vorgefunden habe (Auszüge gedr. v. Fr. A. Sinnacher *Beitr. z. Gesch. d. bisch. Kirche Säben u. Brixen* 1828, VI S. 97—160).

2. Er übersetzt i. J. 1426 das '*Lumen animae*' (s. d. 6). Er nennt sich im Akrostichon der gereimten Vorrede: *Ulrich pfarrer cze Tirol.* In der ebenfalls gereimten Einleitung beklagt er sich, daß er nur eine gekürzte lateinische Vorlage benutzen konnte; sie umfaßte 103 Kapitel. Wie diese Einleitung zeigt, hatte diese Vorlage die Einleitung über die Entstehungsgeschichte des '*Magnum lumen animae*' und enthielt als erstes Kapitel das sonst im '*M. l. a.*' an 3. Stelle stehende, im '*Parvum l. a.*' den Text eröffnende Kapitel '*De altitudine*'. *Philosophus VI. animalium libro* etc. Anf. der Vorrede:

Von hymel sendt mir got dein kraft
Leich mir sinn vnd maisterschafft
Raine Junckfraw gottes mueter
Ihesus dein sun vil gueter
Chan dich nichtz vertzeichenn
Hilff mir, das er mir well chunst ver-
[leyhen . . .

(Aus Cgm. 47.)

Anf. der Einleitung:

Nu will ich die vorrede vahe an
Als ichs geschriben funden han
Es fuegt sich, das ain babst was
Genant Johannes, als ichs las,
Der zwaiundzwainzigste also genant
Der hat dozemal gesant
Ausz Remum ain bischolf lobesam
Lugumersz was sein nam . . .

(Aus Hs. Wilten.)

Anf. des 1. Kapitels: *Der natürleich meister spricht in den sechsten von den tyerenn. In allen tötten wirt gewonleich dye prüszt erhebt.* Das Werk endet mit einem Schlußwort in Reimpaaren und einem Register der Kapitel.

3. Handschriften: Karlsruhe (Keller *Altd. Hss.* Nr. 9; Th. Längin *Deutsche Hss.* S. 86 Nr. 34, Hs. S. Peter, Papier Nr. 25), bair., 15. Jh. Der erste Teil enthält Thomasins 'Wälschen Gast'. — Wilten, Papierhs., Folio, 310 Bl., 15. Jh. Erster Teil (Bl. 1): *Hie hebt sich an das puch, das da haisset compendium Theoloyce veritatis*; 2. Teil (Bl. 218) enthält '*Das liecht der sel*'; am Schlusse (Bl. 306) nennt sich der Schreiber *Per me Johannem Wetzle.* — München Cgm. 47, geschr. vor 1466, aus dem Kloster Tegernsee, wohin die Hs. als Vermächtnis des Münchener Bürgers Leonhard Eglinger 1466 kam. Cgm. 389 v. J. 1429. — Berlin, Gf. 1159, Papier, geschr. 1430 v. *Nicolay Stein de Augusta*, oberd. Gf. 1313, Papier, 15. Jh., aus S. Peter in Erfurt.

J. v. Zingerle *Ulrich Putsch*, Germ. 21 (1876) S. 41—46. K. Burdach *Vom Mittelalter z. Ref.* I (1893) S. 19—21, 22 Anm. 1, 131—133 (= Zentralbl. f. Bibliotheksw. 8 [1891] S. 19ff., 145ff.).

J. Klapper.

Q.

Quatterloch der Herolt. Hs. Additional 16581 des Britischen Museums, 15. Jh. (1469), ostschwäbisch, Bl. 158ª; s. R. Priebsch *Deutsche Hss. in England II* (1901) S. 147—58. Ihm wird in den Mund gelegt der Spruch:

Mich tått nicht hertter betriegen
Dann schon tůn vnd mich anliegen.

R. Priebsch.

Quedlinburg, s. Jordan v. Qu.

Queinfurt, s. Konrad v. Qu.

R.

Rabanus, s. Hrabanus.

'Rabenschlacht', s. Heinrich der Vogler.

Raber, Vigil, Spielanführer und Maler aus Tirol.

1. Als der treueste Überlieferer von Spielhss. wurde R. der hervorstechendste Beteiligte am Spielbrauchtum im spätgotischen und im bürgerlich-renaissancehaften Tirol. 2. Seine Sterzinger Heimat. 3. Sein Leben. 4. Seine kunstgewerbliche Tätigkeit in den südtirolischen Spielorten. 5. Seine Mitwirkung an den Bürgerspielen von Sterzing, Klausen, Bozen, Cavalese (Fleimstal) und Trient. 6. Sein Erwerb von Passionsspielhss., seine Besorgung von Abschriften und Erweiterungen. 7. R.s übrige Spielhss. 8. Der Ankauf seines literarischen Nachlasses durch die Stadt Sterzing, die noch heute in Sterzing erhaltenen oder auswärts aufgefundenen und die in Verlust geratenen Spielhss. und R.s bruchstückartiges Spielhss.-Verzeichnis. 9. Der Tiroler Passionsspielzyklus, das Sterzinger Weihnachtsspiel und R.s literarischer Anteil. 10. Die Fastnachtsspiele seiner Sammlung, ihre Tiroler Fassung, ihr Ursprung und ihre Entstehung. 11. Die dazugehörigen Moralitäten. 12. Fortwirken der Sterzinger Spielelemente. 13. Schrifttumsweiser.

1. Während mal. Belege und Texte für klösterliche Aufführungen, Vagantenspiele und mimisch-dramatische Volksbräuche aus Tirol dürftig überliefert sind und kein annäherndes Bild von dem Umfang und Gehalt solcher Leistungen und Überlieferungen zu geben vermögen (s. *Albrecht von Neustift*, Nachtrag), wurde dank der Tätigkeit V. R.s die süddeutsche und im besonderen die südgrenzländische Höchstblüte stadtbürgerlicher Spielkultur in weitem Ausmaß aus Tirol überliefert, so daß sich damit kein anderes deutsches Land wie das spielfreudige Tirol heraushebt. Unter V. R.s Namen wird vor allem das bürgerliche Schauspiel des spätgotischen und des renaissancehaften Tirol zusammengefaßt, obgleich es heute außer Frage steht, daß besonders vor, aber auch neben ihm verschiedene Amtsträger und Kunstbeflissene der einzelnen Städte Tirols altem Herkommen gemäß daran führend beteiligt waren, R. nur bescheidenen Anteil am dichterischen Werk nahm und nur an einer beschränkten Zahl von Spätaufführungen entlang des Brenners, der Hauptverkehrsstraße des Landes, etwa von 1510 an, befeuernd und erhaltend wirken konnte. Aber da nur wenige andere Berater und Anführer dieser Spiele aus den

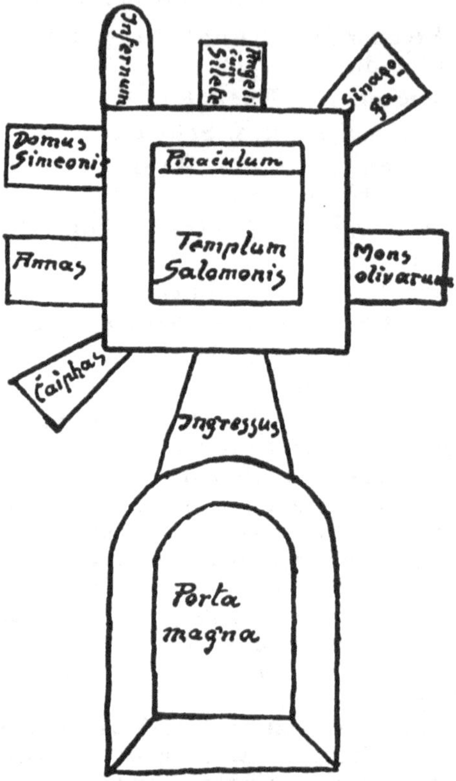

V. Rabers Aufführungsskizze für das Palmsonntagsspiel in der Pfarrkirche Bozen 1514.

erhaltenen Archivalien namentlich hervortreten und noch seltener Einzelheiten ihres schöpferischen Wirkens erwähnt sind, kein zweiter Anführer an der Steigerung der zyklischen Spiele zu ganzen Reihen („siebentägiger Bozner Passion", Figurenkranz des Bozner Fronleichnamsspiels) und an der Begegnung des mitteltiroler („Sterzinger") und südtiroler („Bozner") Spielcharakters jahrzehntelang beteiligt war wie er, glänzt V. R.s

Name dank seiner fürsorglichen Betriebsamkeit wie kein anderer im Lichtschein dieser alpenländisch-bürgerlichen Spielkultur. Er selber setzte die Anfangsbuchstaben seines Namens und dazwischen die Jahrzahl unter seine Schriften wie die besten Künstler seiner Zeit die ihrigen unter ihre Werke oder nannte sich frischweg als literarischer Erbe und Anführer.

2. *Raber* sind in Tirol um 1400 an verschiedenen Orten verbürgt. Ein Peter R. erhielt in Hall bei Innsbruck 2 Pfund dafür, daß er die Kinder *angetriben* habe. V. R. entstammt einer im 15. Jh. als eingesessen bezeichneten Bürgersfamilie von Sterzing am Eisack. Dieses erfrischende Bergstädtlein gedieh am Südfuß des Brennerpasses auf einer Höhe von fast 1000 m. Seine Einzelgehöfte reichen bis an die oberste Kulturgrenze. Sein Klima ist das hochalpinste im ganzen, von Innsbruck bis Franzensfeste reichenden Wipptal. In jenem Jh. stand die Gemeinde am Gipfel ihrer wirtschaftlichen Entfaltung. Mitten in Alttirol (heute als nördlichste Stadt Großitaliens mit Namen *Vipiteno*) gelegen, mündeten fünf günstige Übergänge aus verschiedenen Richtungen der gefürsteten Grafschaft in den schützenden Talkessel als in das „Herz des Landes". Hier, an der bequemsten Verkehrsader der Alpen zwischen Deutschland und Italien, am letzten südlichen Rastpunkt jenes bedeutenden Durchgangshandels, der von Venedig und Genua über den steilen Brenner nach Augsburg, Nürnberg und Passau geleitet wurde, und an dem wichtigen Saumpfad von der ehemaligen Landeshauptstadt Meran über den Jaufen und Brenner zu der neuen, Innsbruck, ergoß sich fast zwei Jahrhunderte lang ein noch reicherer Silbersegen, als Verkehr und Handel ihn boten, über das Städtlein aus dem Bergbau der Nachbartäler von Pflersch, Ridnaun und vom Schneeberg. Die Silberadern und Erzgruben zogen verschiedene hochmögende Unternehmer (Gewerke) und eine bewegliche Knappenschaft in das schmalbrüstige Städtlein. Dadurch erhielt seine in diesem Hochgebirgskranz jedem Besucher unvergeßliche „Neustadt" im Verlaufe des 14. u. 15. Jh.s ihr charakteristisches Gepräge, das auch Goethe auf seiner Fahrt nach Italien auffiel und das, glücklich erhalten, immer wieder kunstsinnige Freunde altdeutscher Städtebilder anzog. Diese einzige Verkehrsstraße der Alpenkleinstadt richtet sich in ihrem älteren und engeren Teil nach dem Brenner und Norden, im neueren und breiteren nach dem Süden, zum wohllebigen Südtirol. Damit sind die Entwicklung seines Wesens und die Zusammenhänge seiner wirtschaftlichen Entfaltung wie die seiner Spielkultur angedeutet. Die „Neustadt", an deren Front streckenweise Laubengänge vorgebaut sind wie in Bozen, dem größten mittelalterlichen Warenumschlagplatz der Ostalpen, ist gekennzeichnet durch ihre bunten Häuser mit ihren Hochfronten, ihren vielen Erkern und Schildern, durch den abschließenden Zwölferturm und das vorspringende spätgotische Rathaus, indes die neue Pfarrkirche außerhalb des Städtleins, am Rande des „Sterzinger Mooses" (Moores) im 16. Jh. vollendet wurde.

3. Die Raber (*Rawer, Räber, Räwer, Räuber, Rauber*) besassen nachweisbar seit 1469 ein schmales, zweistöckiges Wohnhaus mit Bäckerei in dieser „Neustadt" (Nr. 161) unweit des Stadtturmes (s. J. Weingartner *Die Kunstdenkmäler Südtirols* I [1923] S. 116). V. R.s Geburt fällt in das letzte Viertel des 15. Jh.s. Obgleich er der älteste Sohn des Michael R. gewesen zu sein scheint, trat er nicht gleich in das väterliche Gewerbe der Bäckerei ein, sondern suchte wie so mancher andere Bürgerssohn seiner Zeit die Lateinschule von Sterzing, Neustift oder Brixen auf. Mit der lat. Grammatik kam er jedoch zeitlebens nicht ganz ins Reine, wie die meisten älteren weltlichen Spielbearbeiter jener Zeit (s. L. Streiter Der *Gottesdienst in Alt-Innsbruck*, Innsbrucker Pfarrblatt 18 [1926] Nr. 1), und wie auch der Sterzinger Schulmeister von 1580 in der lateinisch geführten Unterredung mit dem französischen Philosophen Michel de Montaigne, der damals Tirol bereiste und Stadt und Land in seinem Werke *Journal*

du Voyage (hrg. 1774, krit. Ausgabe 1906) hervorhob, sich nicht leicht verständigen konnte.

In einem der genannten drei Orte machte sich R. mit den Anfangsgründen der Malerei vertraut. Als sein Lehrmeister kommt zunächst in Betracht der Sterzinger Matheis Stöberle, der Künstler des Ridnauner Altars. Stöberle war auch im Etschtal als Maler begehrt. Während sein Mitbürger und Zeitgenosse Jörg Kölderer als Maler und Hofbaumeister in die Dienste Maximilians I. trat und sich als Erbauer des „Goldenen Dachls" in Innsbruck, als Entwerfer der „Ehrenpforte" des Kaisers und Begründer des malerischen Donaustils hervortat und dieses sein Schaffen in der Vaterstadt durch sein „Lüsterweibchen" verewigte (s. außer K. Fischnaler noch Ph. M. Halm *Studien z. süddt. Plastik* 2, 1927, S. 67ff.), blieb R. im heimatlichen Kunstwerk und Brauchtum verwurzelt. Er kam in der Folge mit verschiedenen Kunsthandwerkern und Künstlern in Berührung und gewann die Gunst hoher Würdenträger. Ein solcher war Georg von Neidegg (Neudeck), von 1505 bis 1514 Bischof und deutscher Reichsfürst von Trient (vgl. Franc. Ambrosi *Commentari della storia Trentina* 1887, I p. 221—232). Den Neideggern gehörte außer ihrer gleichnamigen Burg bei Klausen am Eisack, dem südlichsten Städtlein des damaligen Reichsfürstentums Brixen, zu jener Zeit noch eine zweite, 100 m höher gelegene, namens Anger. Sie besaßen die Schmelzhütten Sulfanbruck in Villnöß (der letzten Bahnhaltestelle vor Klausen) und waren daher am Bergwerk persönlich beteiligt. Dr. Georg von Neidegg erscheint 1504 als kaiserlicher Kanzler der österreichischen Erblande und wurde im Venetianerkrieg Maximilians I. dessen Statthalter in Verona. R. spricht in seiner Bearbeitung des Bozner Emmausspiels (s. StLV. 291 S. 384) von den Veronesern als den Hundsköpfen (s. dazu O. Höfler *Cangrande von Verona u. das Hundsymbol der Langobarden*, Brauch u. Sinnbild 1940, S. 101ff.) und grenzt damit das wertvollste Stück Alttirols innerhalb des Südabhangs der Alpen, das tatsächliche sonnige Südtirol, und seine Bevölkerung von den Veronesern gemäß der Anschauung seines Volkes und seiner Zeit ab. Neidegg führte die Verwaltung des Kriegsgebietes mit Geschick bis an sein Lebensende durch. Noch darnach, zum Regierungsantritt seines Nachfolgers Bernhard v. Cles, stellte R. ein zweiteiliges Passionsspiel zur Aufführung in Trient bei. Der Renaissancefürst B. v. Cles ergab sich freilich in der Folge mehr und mehr höfischer Kunst und südlicher Baulust.

R. scheint durch Neidegg weitum gekommen zu sein und besondere Förderung zur Ausführung seiner Pläne im Bereich des Trienter Bistums und Hochstiftes gefunden zu haben. In welchem Jahre R. zu ihm stieß oder nach Klausen kam, läßt sich nicht erschließen; denn R. nennt nur in seinem 1534 erstellten Verzeichnis seiner Spielhandschriftensammlung zwischen Sterzinger und Bozner Texten an 4. Stelle *Ain klausner passion* (vom) *Aichner, dem hiegn* (= Sterzinger) *gleich*, an 6. Stelle *Ain klausnensche Aichner urstend* und *prueder spill*, an 10. Stelle *Ain Urstend, so ich zu anger hab ghallten*. Darnach war für R. in seinem Bemühen um Texte und Aufführungen Aichner die wichtigste Persönlichkeit von Klausen. In den Archivalien der Stadt erscheinen die Aichner (v. Aichach) am Ende des 15. Jh.s bis gegen Mitte des 16., also zur ganzen Lebenszeit R.s. Hans Aichner war 1503 Bürgermeister in Klausen, Leonhard v. Aichner 1514 Bürgermeister, 1522—1531 Stadtrichter, sodann Unterhauptmann und Hauptmannschaftsverwalter auf Säben, dem ursprünglichen Sitz der Bischöfe von Brixen. Er besaß das Haus Nr. 83 in der einzigen Straße der Stadt, das (noch über den Weltkrieg hinaus) als Gasthof zum Lamm, benannt nach dem Wappentier der Brixner Bischöfe, geführt wurde und in dem die vornehmsten Herrschaften verkehrten, wie aus den Schilderungen von Ernst Loesch aus der Nachkriegszeit zu entnehmen ist. Der bedeutendste Gast war wohl Albrecht Dürer, der Stadt und Burg Säben zeichnete und in seinem „Großen Glück" verewigte. Da Klausen gleich Bruneck zum Hochstift Brixen gehörte, erklären sich die innigen künstlerischen Beziehungen der drei Städte zueinander, die bisher bei den beiden Pacher, den führenden Künstlern der Generation vor R., am deutlichsten unterstrichen wurden. Wahrscheinlich aus der Hofmark Neustift bei Brixen stammend (s. M. Schrott *Die neuaufgedeckten Fresken im Neustifter Kreuzgange,* Der Schlern 12 [1931] S. 424ff., u. Eb. Hempel, *Die neuesten Ergebnisse der Pacher-Forschung,* Belvedere 11 [1932] S. 116ff.), errichteten die Pacher in Bruneck eine große Werkstätte. Sie besaßen auch in Klausen ein Haus, das eine Tochter Michael Pachers zur Mitgift erhielt, als sie sich in Klausen verheiratete. Über das damalige Leben in Klausen vgl. A. Pernthaler *Gesellschaftliche Verhältnisse in Klausen am Ausgange des MA.s,* Der Schlern 2 (1921) S. 426. Aufschlüsse über R.s Aufenthalt und Wirksamkeit in Klausen und seine Beziehungen zu den dort schaffenden Künstlern waren aus dem Klausner Archiv zwischen den beiden Weltkriegen nicht erlangbar.

4. Von 1510 bis 1522 wird R. als Kunsthandwerker oft in Bozen erwähnt. Er besaß damals einen Bruder in Sterzing oder Meran, der sich gleich ihm dem Volksschauspiel zuwandte; denn V. R. bemerkt am Schlusse seiner Abschrift einer Bozner Marienklage (1511): *Scriptum fuerat ille ludus a me Vigilio Raber de Sterczing pictore primo et secundo die mensis Augustij sub anno undecimo in Boczano et in tricesimo fratri meo.* Bozen war die Handels- und Verkehrsstadt der Brennerstraße und Tirols schlechthin, damals eine blühende und wohllebige Gemeinde, zugleich der Hauptplatz der südtiroler Weinkultur. Sie stand noch mehr als z. B. Luzern am Gotthardsweg in jenen Zeiten wachsender auswärtiger Beziehungen den Einflüssen von Norden, Osten und Süden offen, wahrte jedoch eifersüchtig ihre deutsche Eigenart und den Selbsterwerb ihrer Handwerker und Weingutsbesitzer im Stadtrat, Zunftleben und Handel, so daß es für einen Nichtbürger schwer hielt, sich hier durchzusetzen. Die Handelsleute aus dem Süden und Norden waren den Boznern liebwerte Gäste für die wenigen Wochen ihrer vier großen Märkte oder Messen im Jahre, für die das Hochstift Trient und die Tiroler Landesfürsten außerordentliche Freiheiten gewährten. Im übrigen riefen sie sich ihre Mitarbeiter, die sie benötigten, selber in die Stadt und ließen nicht leicht einen anderen aufkommen. Für ihre großartigen Bauten der Spätgotik gleichwie für ihre Bürgerspiele nahmen sie Handwerker und Künstler aus Süd- und Westdeutschland zu Hilfe. V. R. war einer der beweglichsten unter diesen Auserwählten und Bevorzugten und fand hier den besten Boden, so daß er sich als Universaltalent der bürgerlichen Frührenaissance im Bereich überlieferter Volkskunst entfaltete, ohne sich in der Weinstadt zu verleben.

R. trat in Verbindung mit *Ziluestro Molitore,* dem Bozner Bürger und hervorragenden Maler Silvester Müller, der von 1506 bis 1520 in seiner Vaterstadt wirkte. Müller muß ein hervorragender Künstler gewesen sein; denn er wurde 1507 von der Bozner Bruderschaft der Wundärzte, Barbiere und Bader, die 1478 an der Pfarrkirche der Talferstadt gefestigt worden war, beauftragt, einen Flügelaltar auszuführen. Der Meister schuf das reiche Schnitz- und Kunstwerk und empfing dafür 200 rhein. Gulden, wogegen Mich. Pachers Grieser Altar um 350 Berner Mark bestellt wurde. Der Schrein allein hatte die Himmelfahrt Christi mit den 12 Aposteln und 72 Jüngern zu enthalten, die Predella (*der sarch*) das Haus Simons des Aussätzigen, jene Gestalt in der Bekehrungsgeschichte Maria Magdalenas, die der Meister in dem größten Bozner Passionsspiel von 1514 persönlich darstellte. R. durfte von Müller i. J. 1510 das Spiel *Rex mortis* abschreiben. Somit stand letzterer mitten im Bozner Schauspielbetrieb, wenn nicht an führender Stelle.

Neben Müller lernte R. Dutzende anderer Maler, Bildhauer und sonstiger Kunsthandwerker hier näher kennen. Sie waren vornehmlich mit der Ausschmükkung der Liebfrauen-Pfarrkirche und der Vollendung ihres zierlichen Turmes beschäftigt. Mehrere unter ihnen stammten aus Augsburg, Ulm, Freiburg i. Br. oder vom Oberrhein, sogar von Trier und Köln. Ob R. gleich ihnen außer Landes zog, läßt sich nicht nachweisen, sondern nur, daß er noch weiter südwärts vordrang und sich in dem damaligen gemischtsprachigen Trient und Fleimstal (Cavalese) als Spielförderer hervortat. Von 1523 bis 1526, in der Zeit der ärgsten religiösen Wirren und des Knappen- und Bauernaufstandes, verblieb er in seiner Vaterstadt, die damals ihre Pfarrkirche ausbaute (vgl. K. Fischnaler *Geschichts-, Kultur- und Naturbilder aus Alttirol* 1936, S. 224—255). Die nächsten Jahre betätigte er sich neuerdings auswärts. Als im J. 1534 in Sterzing die Pest ausbrach, die Theophrastus Paracelsus beschrieb, machte er sich wiederum und nun bis zu seinem gegen Mitte des Dezembers 1552 erfolgten Tode öfters als heimischer Kunsthandwerker, wie die Sterzinger Ratsschriften bezeugen, geltend, während seine besonders ergiebigen Beziehungen zu Bozen bald eingingen.

Der Sterzinger Kirchpropst Ulrich Hagl verrechnete für 1552 folgende Ausgabe: *Am 14. Decembr. hab ich dem tottengraber geben, so sy dem Vigl Raber das grab gemacht hat, thuet 6 kr.* In einem Zeitraum von fast 200 Jahren verbuchten die Amtswalter nur zweimal eine solche Auslage in den öffentlichen Rechnungsbüchern von Sterzing. Darnach scheint der um Kunst und Spiele, um Sippen- und Gemeinwesen hochverdiente Mitbürger ein Ehrengrab zugewiesen erhalten zu haben. Keine Inschrift und kein Stein geben mehr davon Kunde. Dreihundert Jahre war sein Name verschollen. Erst mit der Auffindung seines Nachlasses begann er wieder in Ehren angeführt zu werden. R. Baumbach setzte ihm in seiner Dichtung 'Kaiser Max und seine Jäger' ein Ehrenmal.

R.s Ehrung durch seine Heimatpfarre ist auch deshalb zu beachten, weil er ähnlich wie der Bruder seines bischöflichen Gönners Neidegg von der religiös-sozialen Revolution ergriffen wurde. In seiner Bearbeitung des Bozner Emmausspiels von 1523 kam R. auf Luther zu sprechen. Er stimmte darin der neuen Bewegung nicht gerade zu, sprach sich aber auch nicht abträglich darüber aus. Zwölf Jahre später schrieb R. das Brixner Reformationsspiel *Die zwen stenndt* ab. Darin wird von der alten Geistlichkeit abgerückt und für den neuen Glauben eingetreten. Anführer der religiös-sozialen Kämpfe war der Angehörige einer Sterzinger Familie, die im dortigen Passionsspiel von 1496 den falschen Zeugen und linken Schächer gestellt hatte, Michel Gaismayr.

R.s Hab und Gut ging auf mehrere, augenscheinlich auch auf Meraner Verwandte über. Dort hatte sich der *peck* Siegmund Raber aus Sterzing 1531 niedergelassen und in das Haus des Kürschners Häsl (*Häsele, Häsler*) geheiratet. Er war ein Neffe oder Vetter Vigils und setzte die künstlerische Betätigung der Familie in drei Generationen zu Meran fort; vgl. K. Moeser *Die Meraner Malerfamilie Raber*, Festschrift zu Ehren Konr. Fischnalers (= Schlern-Schriften 12), 1927, S. 186 bis 214; dazu Balth. Gritsch *Der Maler Melchior Ritterle und sein Auftraggeber P. Gabriel Raber von Meran O. Fr. M.*, Tiroler Heimatbll. 5 (1927) S. 364—67. Darnach war Siegmunds Sohn Gabriel ein bedeutender Theologe und Erneuerer der deutschtirolischen Franziskaner, der mit seinen künstlerischen Bestellungen ein schönes Zeugnis für seine Herkunft aus der Malerfamilie R. ablegte. Nachkommen der Meraner R. leben heute in Schwaz (dort noch im 19. Jh. Besitzer des Fuggerhauses) und Innsbruck. Vgl. noch Thieme-Becker *Allgem. Lexikon der bildenden Künstler* 27 (1933) S. 538/9 u. Vig. Greiderer *Germania Franciscana*, 1771—81, 2 S. 172. Auch im Burgenland, in das im ausgehenden MA. und infolge der Reformation mancher Tiroler abwanderte und in dem sich alpenländisches Volksschauspiel verwurzelte, trifft man vereinzelt noch Raber an.

V. R. stand mit den Ratsherren von Sterzing, Klausen und Bozen und wahrscheinlich auch noch mit solchen anderer alttirolischer Städte in guten Geschäftsverbindungen. Oftmals wurden ihm öffentliche Aufträge anvertraut. Er ist Handwerker und Künstler in einer Person, streicht Schlösser an, bemalt Umzugsfahnen, stellt Kirchentafeln und Gemälde her, bessert alte Bilder, Statuen, Kreuzwegstationen und Wappen aus, faßt Figuren usw. Er arbeitet aber auch eine prachtvolle Kanzel um 110 Pfund aus, deren Zeichnung sich im Sterzinger Rathaus erhielt, und malt das Altarbild von St. Quirein bei Bozen-Gries. Er vergoldet für den Weihnachtsbrauch des Kindelwiegens *die zechler vnd vingerle vnd ain kreitzl am Jesseli, so mans zu unserer Frauen weihnachten wiegt* (s. *Weihnachtsspiel, Hessisches*), richtet für eine figurale Kreuzweggruppe *den Judn bey des kauffmans begrebnus* in stand, kurz fördert die spätgotischen, in Volkskult und Brauchtum verankerten Versinnbildlichungen. Robert Vischer *Studien zur Kunstgeschichte*, 1886 S. 447, neigte dazu, eines der schönsten Freskogemälde der Bozner Pfarrkirche, die Madonna mit dem Kinde beim Löwenportal, die sogenannte Plappermutter (weil junge Mütter gerne zu ihr pilgerten, damit ihre Kinder ordentlich sprechen, plappern, plodern lernten), dem Vilg Rauber zuzuschreiben. J. Weingartner (a. a. O. III S. 103) führt dagegen Mich. Pacher als dessen vermutlichen Urheber an und läßt einzig R.s Wappenmalerei (I S. 125) gelten. Ebenfalls wurde R. als Künstler eines erst in neuerer Zeit im Gerippe der Bozner Pfarrkirche entdeckten Marienbildes und anderer Gemälde ungewisser Herkunft genannt, so auch des Freskos von Mariens Tod an der Südwand des Chors der St. Jörgenkapelle von Gossensaß, die 1515 durch *Lienhart Pfarrkircher, diser kappeln paumeester*, einen der verdientesten Mitarbeiter an Sterzings geistlichen Bürgerspielen, errichtet wurde. Doch läßt sich weder eines von diesen Kunstwerken noch das Gemälde mit dem Stadtwappen hinter dem Orgelkasten der Sterzinger Pfarrkirche, das 1524 unter dem Einfluß Köldererscher Zeichenkunst ausgeführt wurde, mit Sicherheit ihm zuschreiben. In einer der von ihm hinterlassenen Spielhss. hatte sich eine Federzeichnung versteckt. Sie stellt einen Mann zwischen zwei halbnackten Weibern im Bett dar und kann als Illustration zu einem von ihm abgeschriebenen Fastnachtsspiele oder zu dem Höllenauftritt aus dem Haller Passionsspiel gelten. Auf der Rückseite des Blättchens stehen Passionsspielverse. Einen Schluß auf R.s künstlerische Befähigung erlaubt auch dieser Entwurf nicht. Skizzen zu Tiroler Bürgerspielen dürften um 1500 nichts Seltenes gewesen sein. So enthält die sogen. Amerikaner-Hs. des Bozner Passionsspiels (s. d.) von 1495 wahrscheinlich einen figürlichen Bühnenplan, soweit sich aus dem geringen Rest der auf Bl. 68 erhaltenen Figur erkennen läßt. V. R. zeichnete in seine Hs. des Haller Passionsspiels von 1514 (Bl. 26) zwei Hände, die den Stab brechen, und einen Hammer, der auf der Glocke die Stunde schlägt, also die Verurteilung Christi zum Tode mit den geläufigen Rechtssymbolen.

Nur das Wappenbuch, das R. als sein umfänglichstes und wertvollstes Malerwerk für die St. Christophorusbruderschaft auf dem Arlberg ausführte (Original in der staatl. Bibliothek zu Weimar, Kopie im Museum Ferdinandeum zu Innsbruck), bleibt ihm einstweilen als einzig erhaltenes sicher. Vgl. Konr. Fischnaler *Vigil Rabers Wappenbuch der Arlberg-Bruderschaft in Weimar*, Der dt. Herold 1909 Nr. 8; ders. *Wappen und heraldisch-sphragistische Studien aus Alttirol*, 1937 S. 63—93; ders. *Tirolisch-Vorarlbergscher Wappenschlüssel*, 1938—40. *Die Wappenbücher vom Arlberg*, bearbeitet von O. Hupp, 1937ff. Während dank Fischnalers Eifer R.s Wappenmalerei allgemein anerkannt und R.s Tätigkeit in Sterzing archivalisch wohl erschöpft ist, sind die Bozner Ratsschriften aus seiner Zeit noch nicht so vollständig wieder beisammen, um sein dortiges öffentliches Arbeiten restlos kennzeichnen zu können. Ganz unsicher bleibt unser Wissen um R.s anderortige und um seine privaten Leistungen. Letztere Aufträge mögen zahlreicher als seine öffentlichen gewesen sein.

schon deshalb, weil vornehmlich sie seinen täglichen Lebensunterhalt sichern mußten.

5. R. entfaltete in der letzten Glanzzeit der Bürgerspiele Tirols, und zwar nachweisbar in Sterzing, Klausen, Bozen, Cavalese im Fleimstal und Trient, eine vielseitige Emsigkeit. Schon seine Eltern und Großeltern waren Zeugen großer Aufführungen in Sterzing gewesen. Er selber erlebte solche seit seiner Kindheit und mag als Lateinschüler da oder dort herangezogen worden sein. Das waren die großartigsten Bürgerfeste des erwerbsreichen Städtleins, bei denen jeder stolz darauf war, zur Veranschaulichung des gemeindlichen Festereignisses beizutragen. Das kleine Sterzing besaß nicht jene machtvollen Zünfte wie die süddeutschen Reichsstädte um 1500 oder eine bis ins einzelne gehende Ordnung gleich den französischen Spielbruderschaften, deren Organisation z. B. für die Luzerner Bekrönungsbruderschaft als religiös-bürgerliche Spielgemeinde vorbildlich wurde (s. *Renward Cysat* u. *M. Gundelfinger*). Vielmehr brachte der rasche Aufschwung der Verkehrsorte im habsburgischen Paß- und Bergwerksland des 14. und 15. Jh.s eine politische Ermannung und wirtschaftliche Vorherrschaft und damit eine auf den engen eigenen Wirkungskreis derart ausgerichtete Selbstherrlichkeit der Stadtväter mit sich, daß die Stadtherren, vor allem in Bozen, auf die pfarrkirchliche Verwaltung in diesen kämpferischen Zeiten starken Einfluß gewannen und die mehr oder minder allein vom Kirchenvermögen ausgehaltenen Festlichkeiten selber durchführten. In diesem Wachstum blieb es dem Unternehmungsgeist und der Geschicklichkeit des einzelnen Bürgers offen, seine Kraft ein- und durchzusetzen. Hierin lebte sich der Sterzinger Maler als vielseitiger Ausstattungskünstler und umsichtiger Einstudierer von Aufführungen, als eifriger Mitspieler, geschickter Regisseur ein. Er sicherte sich in der Nachwelt den ersten Platz als der eifrigste Sammler von Spielhss., für deren Erwerb, Abschreiben und Erweitern er unermüdlich fast bis an sein Lebensende tätig war. Darin wurde er über die Haller Achatiusgesellschaft und ähnliche spielfreudige Innungen Alttirols hinaus ein Ahnherr in der Reihe von Anführern der darstellungsfrohen Tiroler Bevölkerung, deren Nachfahren bis auf den heutigen Tag nicht ausgestorben sind. Was noch die letzte Besitzerin des Pradler Bauerntheaters, des beliebtesten Innsbrucker Vorstadttheaters um 1900, neben dem Betrieb ihrer Bühne eifrig besorgte, zugkräftige Volksschauspiele an sich zu ziehen, ab- und umzuschreiben, aber auch gegen Entgelt an Dorfbühnen auszuleihen (s. K. Schwarz *Vom Pradler Bauerntheater*, ArchfnSpr. 140 [1920] S. 254—59), das hatte schon V. R. als Spielleiter nicht unterschätzt: einen regelrechten Leihverkehr, heute würde man sagen: Theaterverlag in Schwung zu bringen.

Woher R. seine vielortigen Spielbeziehungen und seine Bühnenerfahrungen nahm, und inwieweit Tirol unter seinen Regien selbständige Bahnen beschritt, läßt sich nicht annähernd abstecken. Wissen wir nicht einmal, ob er als Malerjunge in Sterzing, Neustift oder Brixen sich mit Spielen näher vertraut machen konnte, durch Berufsgenossen Einblick in außertirolische Spiele gewann oder etwa im Gefolge des Kanzlers Georg v. Neidegg i. J. 1504 außer Landes zog! Das Haus neben dem genannten Gasthaus zum Lamm in Klausen trägt das Wappen der Augustiner-Chorherren-Propstei Neustift und die Jahreszahl 1544. Schon bei der Frage nach den antreibenden Kräften der Tiroler Bürgerspiele ist zu beachten, daß viele gebürtige Sterzinger Chorherren und Pröpste zu Neustift bei Brixen wurden, so Leonhard Pacher und Udalrich Prüschwitzer, später Hieronymus Piessendorfer, Anton Steigenberger und Max Mayr, oder ins Stift Innichen im Pustertal eintraten und eine hervorragende Stellung im dortigen Kulturleben einnahmen. Im besonderen legt die Persönlichkeit L. Pachers (1400 bis 1484) nahe, daß solche Beziehungen dem Gedeihen der Sterzinger Bürgerspiele und der Spielhandschriftensammlung R.s zugute kamen (s. *Albrecht von*

Neustift, Nachtrag). Vergeblich suchen wir in den Neustifter, Brixner und Klausner Archivalien nach Belegen. Wir besitzen als Zeugnis der Inszenierungsvorstöße R.s den einen Bühnenplan, den er für das Eröffnungsspiel zum siebentägigen Bozner Aufführungszyklus des Jahres 1514 skizzierte, und der von allen anderen Spielplänen aus Deutschland, Frankreich und England in der Nebeneinanderstellung oder Unterordnung (statt Gegeneinanderstellung) von Himmel und Hölle abweicht. Den Plan zeichnete er für das Bozner Palmsonntagsspiel, weil er dieses nach einer Haller Vorlage 1514 einführte und im Gegensatz zu der im Haller Stadtgarten veranstalteten Vorstellung für das Innere der Bozner Pfarrkirche einrichtete. Für die älteren Teile des bürgerlichen Spielzyklus dürften Spielpläne schon vorgelegen haben, worauf der erwähnte der Bozner Hs. A von 1495 hindeutet. R. scheint aber auch einzelne Auftritte skizziert zu haben, wie aus der oben vermerkten Zeichnung zum Urteilsspruch des Pilatus in seiner Haller Passionsspielabschrift hervorgeht.

Aus seinen Spielbemühungen innerhalb verschiedener Stadtpfarren kann nicht erschlossen werden, gerade R. habe die entscheidenden Veränderungen herbeigeführt, z. B. dazu Anstoß gegeben, daß die Bozner 1513 mit ihrem Passionsspiel auf Straße und Platz zogen, 1514 die ersten weiblichen Rollen mit Frauen besetzten und nach diesem ihrem spielreichsten Festjahr überhaupt nur mehr das Umgangsspiel des Antlaß aufrecht erhielten, abgesehen von dem (vielleicht zweimal veranstalteten) Spiel der Auferstehung Christi von 1555. R. beteiligte sich lange Jahre noch eifrig an den Bozner Umgangsspielen. Er stand scheinbar mehr innerhalb als über diesen spätmittelalterlichen Gemeinschaftsveranstaltungen, wenngleich er unter dem stärkeren Antrieb der Bozner Spielkultur schon früh und gern Hand zu Stubenkomödien bot, wie sie Handwerker, Knappen und Schulmeister bei Zunftfesten, in der Fastnacht, bei Hochzeiten usw. vielleicht schon seit 100 Jahren unternahmen, und damit nicht minder eifrig dem neuen Volkstheater, der literarischen Verdichtung von Bräuchen in Stuben- und Umzugsspielen im Lande diente.

Die Pfarrkirche von Sterzing war wahrscheinlich schon so weit vollendet (1515 wurde der Bau abgeschlossen, 1511 scheint der Langhausbau durchgeführt und den Künstlern zur Ausschmückung überlassen worden zu sein), daß R. in dieser geräumigen spätgotischen Hallenkirche die frühesten Passionsspiele erlebte. Das zweite, bei dem er namentlich angeführt ist, nämlich 1535, wird aber neben dem Gries, einem freien Platz in der Nähe der heutigen Eisackbrücke, abgehalten. Dieser Versuch einer Freilichtaufführung machte sich wohl die Eindrücke von Haller Passions- und Bozner Passions- und Fronleichnamsaufführungen zunutze, wurde jedoch nicht wiederholt. Mit dem hinter dem Rathaus sich erhebenden, unansehnlichen, aber geräumigen Sterzinger „Theater“ hatten diese religiös-bürgerlichen Gemeinschaftsspiele noch nichts zu tun; es war damals Aufgeb-, Ball- und Tanzhaus, 1551 Kornspeicher. Im engen Klausen, das, zwischen Berg und Eisack eingezwängt, nur entlang der einzigen Verkehrsstraße erstehen konnte, kam weder das Innere noch der Platz vor der Pfarrkirche zur Aufführung solcher Großspiele in Betracht, weil die Kirche, zwischen Eisack und Straße knapp ins Eck neben einen Turm gerückt, an der Vorderseite durch Häuser (mit Durchgang) verbaut war. Die Gerichtstagungen hielt man vor dem Städtchen beim Spital, ungefähr auf dem jetzigen Marktplatz ab. Aber nicht diesen, sondern die Burg Anger bezeichnet R. als Schauspielplatz von Klausen. Für diese Wahl mögen Beziehungen der Neidegger zum nahen Bergwerk, die günstige Lage ihrer Burg am Weg und in der Mitte zwischen den benachbarten Burgen, Ortschaften und Tälern (Gufidaun-Villnöß, Layen-Gröden) und die Person des Bischofs gesprochen haben. Der Burghof ist geräumig, malerisch gelegen und mit seinen Hallen und Freitreppen zu theatralischen Vorführungen geeignet. Die

Burg hat wohl von diesem Anger (= Garten) überhaupt ihren Namen erhalten. Größere Spiele drängten naturgemäß ins Freie. Aber auch der neue Geist trug viel dazu bei.

R. erhielt von Aichner drei Texte; es wurde somit vor seinem Auftreten in Klausen mehreres aufgeführt. Ein zweites Osterspiel bezeichnet R. als seine Veranstaltung auf Anger. Die Burg gehörte damals dem Bischof und dessen Bruder, der etliche Jahre darauf mit dem neuen Glauben liebäugelte. Vor 100 Jahren fand man in einer Mauer der Burg eine Sammlung neugläubiger Bücher verborgen, von denen ein Unverstand sogleich das meiste vernichtete. Der Rest war nicht mehr zu erfragen (s. A. Dörrer *Etschländer Buchwesen u. Geistesleben* 1933, S. 42). Irgendwelche Dokumente von Neideggern oder ihren Nachfolgern (seit 1598 von Mayrhofen zu Koburg, im 19. Jh. Bauern!) gingen auf den letzten deutschen Burgbesitzer und Erneuerer, den Tiroler Dichter Arthur v. Wallpach, nicht über. Aus den Visitationsberichten unter dem Landesfürsten Erzherzog Ferdinand II. erfahren wir, daß auch *eine deutsche Praktika* aus dem Büchernachlaß V. R.s eingezogen wurde. Bei anderen Sterzinger Familien fand man damals Stumpfs Geschichte des Konstanzer Konzils, Seb. Brandts Laienspiegel, daneben Nasus, Hosius, Walasser, Canisius und Thomas v. Aquin (s. Dörrer, a. a. O. S. 46). Eine klare Scheidung zwischen dem alten und neuen Glauben setzte sich erst nach R.s Tod durch. Seine gesammelten Spielhss. hatte die Stadt Sterzing schon vor dem Zugriff von Visitatoren angekauft.

Mangels näherer Belege aus Klausen tritt V. R. als Ausstattungskünstler für uns wiederum zuerst aus den Spielrechnungen der Bozner Bürger hervor. Nach dem Rechnungsbuch der dortigen Kirchenpröpste von 1513/14 arbeitete er zwölf Wochen lang für das große „Passionsspiel" von 1514, dessen Teile während sieben Tage vom Palmsonntag bis Christi Himmelfahrt in der Bozner Pfarrkirche entsprechend den kirchlichen Gedenkfeiern vorgeführt wurden, um 5 Mk. 2 Pfund 3 kr. Bei den wichtigsten Aufführungen war R. in Bozen anwesend. Seine achttätige Verköstigung der Karwoche beglich die Stadtpfarre mit 5 Pfund 4 kr. R. erhielt von ihr für seine gleichzeitigen Arbeiten 7 Mk. 1 Pfund 8 kr. Für die Teufelsrollen stellte er die im Hausgebrauch und Volksglauben wichtigen, für die Höllengeister charakteristischen *khueschwäntz* um 1 Pfund 6 kr. bei. Im Auftrag des Kirchpropstes Hiertmair bestellte er außerdem Papier, Tinte, verschiedene Farben, Häfen, Leim, Safran, Rauschgold, endlich jenes Spielzubehör, das er vom Tischler, Schneider, Schlosser, Sattler usw. machen lassen mußte.

Desgleichen fand R. bei den großen Sterzinger Spielen mannigfache Arbeit. Im J. 1514 scheinen ihn freilich die Bozner Aufträge derart in Anspruch genommen zu haben, daß er einem solchen aus Sterzing nicht nachkam. Aber dorthin endgültig zurückgekehrt, betätigte er sich von 1535 an eifrig, ja augenscheinlich als die stärkste treibende Kraft. Er machte neue Vorderteile für Teufelslarven, besserte alte aus, stellte Totenlarven und den Höllenschlund mit Reifen her, strich Bogen, Pfeil und Sense an usw. Wiederum steht er im Dienst des Volkskultischen und Brauchtümlichen. Entscheidend erschien ihm die Herstellung der Spielhss.

6. Dieses Verhältnis war auch beim Klausner Passion der Fall. R. gibt an, daß er dem Sterzinger gleiche. Demnach war das Spiel auch dort schon vor R. eingebürgert worden, und hatte er nur eine neue Fassung eines Auferstehungsspiels durchgeführt. Er konnte hier seine Hss.-Sammlung mit örtlichen Texten bereichern und sich neue Unterlagen für die Ausgestaltung jener Aufführungen verschaffen, an denen er sich in der Folge beteiligte.

Insofern ist seine Zwischenstation in Klausen der Beachtung wert; sie scheint ihm aber auch die Bahn nach dem Süden freigemacht zu haben. In der Nachschrift für Ben. Debs (s. d.) bezeichnet er sich als einen Anreger und Vorbereiter des großartigsten deutschen Spielzyklus, der 1514 in Bozen durchgeführt wurde, und fügt hinzu: *Dits spil hab ich, Vigili Raber, zu Stertzingen abgeschriben in der vastn vnd solichs zu Botzen dem rat furtragen, das es da selbs mit sambt dem gantzen passion gehallten worden* (Heft 1 der Bozner Passionsspielhs., Sterzinger Stadtarchiv Nr. V). R. besorgte also für Bozen neben mannigfacher Ausstattung wiederum Texte zur Erweiterung der eingebürgerten Spiele. Er macht einen Unterschied zwischen dem herkömmlichen Hauptspiel an den Kartagen und den angegliederten Vor- und Nachspielen vom Palmsonntag bis Christi Himmelfahrt. Dagegen erwähnt er vom Bozner Fronleichnamsspiel nur das *Sand Jorg spil* (falls er damit überhaupt den Schlußteil des Bozner Fronleichnamsspiels meint [s. d.], den er seiner Hss.-Sammlung einverleiben konnte). Darnach läßt sich annehmen, daß man damals die „Figuren" des Fronleichnamsspiels noch als eigene Stücke verschiedener Herkunft empfand, die der Festgedanke zusammenhielt und die durch das Georgspiel der Hauptpfarre zur Himmelfahrt Mariens als das der beiden Stadtpatrone eindrucksvoll abgeschlossen wurden; desgleichen daß dieser Text zu R.s Bozner Zeit nicht umgearbeitet wurde, obgleich R. auch an diesen Umgangsspielen mitarbeitete.

Im J. 1514 schrieb R. zu Bozen ein Passionsspiel ab: *Das buch oder register des passions hab ich Vigili Rawer von Stertzing ab geschribn ie weilen weis vnd im sebtember vollendt, als ich gen Triendt wolt. Michaeli im 1514 jar. Beschehn in Hiertmairs haus zu Botzen bei der Dreifaltigkait zum greiffn.* Daß R. tatsächlich in Trient war, ergibt sich aus einer Angabe seines Spielinventars von 1534: *den passion, so ich zu Trient han geschribn.* Er hatte demnach auch in Trient ein Spiel vorgefunden, was bei dem Bestand eines ganzen deutschen Viertels der Stadt, bei dem vielfachen dortigen Auftreten deutscher Spielleute und bei der geschlossenen Reihe von regierenden deutschen Bischöfen vor und zu Zeiten R.s nicht verwunderlich sein kann. Noch der neugewählte Fürstbischof Bernhard von Cles wurde mit einem großen deutschen Festspiel (R.s Passionsaufführung??) in seiner Residenzstadt begrüßt. Desgleichen verbreitete R. im Fleimstal (Cavalese) ein deutsches Passionsspiel. Er fand dort augenscheinlich eine weitere Spielhs. vor; denn in sein *Ludus de ascensione domini* trägt er ein: *das spill ist gehalltn wordn zu Cafleß in Fleims im 1514 jar, im 18ten haben sys aber gpraucht.*

Aus seinem Spielverzeichnis und aus den übrigen Sterzinger Hss. geht nicht hervor, ob R. auch an den Brunecker Bürgerspielen beteiligt war oder dort einen Text erhalten hat. Aber nachdem er den *passion vom Fellixn von Villach* erwerben konnte und in seiner Sammlung noch weitere Passionstexte sich befanden, von deren Herkunft und Aufführungsorte wir bisher nichts erfuhren, so ist es wahrscheinlich, daß R.s Hand auch bei Brunecker und sonstigen Pustertaler Aufführungen (etwa in Lienz) mitwirkte. Hierüber dürften sich noch Aufschlüsse erbringen lassen (s. A. Dörrer *Die geistlichen Bürgerspiele in Bruneck*, Arch. f. n. Spr. 157 (1930) S. 1—12; ders. *Mittelalterliche Mysterienspiele in Tirol*, ebda. 164 [1933] S. 161—177 u. 165 [1934] S. 6—10). Nur in Meran und im Vintschgau scheint der südtiroler Spielorganisator kein Wirkungsfeld für sich gefunden zu haben (s. A. Dörrer *Das Spiel vom Jüngsten Gericht in Meran 1570*, Arch. f. n. Spr. 157 [1930] S. 69—71 u. 165 [1934] S. 9).

7. Somit fand R. fast überall, wohin er kam, Spiele und Spieltexte vor; er bebereicherte mit letzteren seinen Besitz und breitete vor allem den sog. Tiroler Passion (s. d.) örtlich und räumlich aus, indem er die neuerworbenen Texte zu dessen Ausgestaltung heranzog und vornehmlich kleinere Teile zu seinen eigenen Rollen aus eigenem hinzudichtete. Für diese Bühnenbearbeitungen war wichtig, daß R. auch auswärts selber die Spiele teils als Regent, teils als Mitspieler erlebte. Hatte er zu Bozen als Widerpart seines älteren Freundes und ihn begünstigenden Beraters Debs, der den Salvator wiederholt stellte, die Rolle des Judas und Hortulanus inne, so in Cavalese die des

Praecursors, die meist in den Händen des Spielregenten lag.

Aus nicht näher bestimmbarer Zeit stammt seine Klausner Urstend. Zwischen 1510 und 1539 schrieb er eine Reihe kleiner Stücke für Aufführungen im Rathaus oder in Wirtsstuben, nämlich 25 Fastnachtsspiele und 7 geistliche Lehrstücke, außerdem 1511 das Weihnachtsspiel und 1514 die Texte des Haller Passions und ein Palmsonntagsspiel ab. 1520 entsteht seine Hs. *Ludus paschalis de resurectione domini*, 1526 fertigt er das erste *Evangeli Johanne;* bald darauf das zweite. 1529 *Ain recht, das Christus stirbt.* 1543 schrieb er den Sterzinger Passion ab. Der dortige Kirchpropst Andre Püchler zahlte R. 1543 *umb ain puech, darin die 4 passion genotiert sein gewesen, 7 Pfund . . . mer betzalt für ain register, darin das osterspil gregiert ist worden* (= Regiebuch), abzuschreiben, *7 Pfund 6 kr.; mer fir die grossen engelsflügl, so im andingt sein wordn zu übergulden, 2 Mk.; mer für das judisch gesang zu notieren, 5 Pfund; mer für des Salvators har pessern, 1 Pfund; mer für den Peter schlüssel vnd goltgeschrieben papier den schuelern, vnd für ain schwartze tafl auff die kantzl, thuet 2 Pfund 1 kr.* usf.

1533 erhielt R. vom Sterzinger Bürgermeister 1 Mk. *umb seine mue, so er mit dem spill, so zu vingsten gehalten sol worden sein,* gehabt hatte, 1534 zusammen mit den *spilleutn, daß sy das spil auf den rathaus gehalten haben, 5 Pfund.* Darnach stand R. von diesem Jahre an wiederholt an der Spitze von Mitbürgern, die zu verschiedenen häuslichen Festlichkeiten, besonders in der Fastnacht, als Spieler zusammentraten. Solchen Spielgesellschaften begegnete man schon 1522 in Meran und Bozen (s. *Mynner*), jedoch sprechen der Bestand der Haller Achatiusgesellschaft und die von R. 1510 in Bozen abgeschriebenen Fastnachtsspiele dafür, daß schon vor 1500 solche Aufführungen von Bürgergruppen unabhängig von der Stadt- und Kirchenverwaltung neben den großen Jahresfestspielen unter Anführung von Schulmeistern, Chorregenten und Kunsthandwerkern üblich geworden waren, und daß sich R. bei solchen in Bozen seine ersten Kränze holte. In Sterzing werden 1527 ein *Stoffl Schopfer* mit einem Fastnachtsspiel auf dem Rathause zuerst erwähnt, 1528 Spielleute von Gossensaß, dem größten Bergwerksort der Umgebung, dem man gegen 10000 Knappen zuschrieb, 1533 ein *palbierer* mit seinem Narrenspiel, 1543 das Narrenspiel der Handwerkerschaft Sterzings, von 1544 an öfters Leute aus dem benachbarten Gossensaß, von R.s Todesjahr, nämlich von 1552 an Lateinschulmeister, welche z. B. in Innsbruck schon mehr als ein Halbjh. früher wegen ihrer Aufführungen in den Raitbüchern erwähnt wurden. Auch die Bauern von Wattens, die am 17. März 1549 ihr Spiel (vom Jüngsten Gericht?) im benachbarten Städtlein Hall zum besten gaben, dürften mit den dortigen Bergknappen in Wettbewerb getreten sein. Ebenso rücken in Kitzbühel Knappen aus der Nachbarstadt als wandernde Spieler in der Fastnacht auf. Zwei Jahrzehnte später hören wir von Bauern aus dem südtiroler Wallfahrtsort Riffian bei Meran, daß sie ihr Dreikönigsspiel am Ambraser Hof des theaterfreudigen Erzherzogs Ferdinand II. vorführten. Mitte des 16. Jh.s geht von Spielleuten aus Tirol in Wien die Rede. Hundert Jahre später lassen sich solche wandernde Tiroler Truppen in Salzburg, Graz und Laibach als Passionsdarsteller feststellen. Solche zeitweilige Erwerbskomödianten machten sich die alten Gemeinschaftsspiele der Tiroler Bürger und deren ländliche Ableger zunutze. Nach deutschtirolischen Vorbildern verlobten Laibacher Kaufleute in ihrer Bruderschaft vom hl. Erlöser zur Abwendung der furchtbaren Pest i. J. 1598, feierliche Passionsaufführungen zu veranstalten. Die dortigen Jesuiten kamen ihnen mit ihren Spielen zuvor. Mit dem Gelde jener Bruderschaft begannen die Kapuziner 1617, im Karfreitagsumzug Bilder und Auftritte der Leidensgeschichte in Laibach vorzuführen. Die Darsteller, Laibacher Handwerker und Bauern aus der Umgebung, trugen ihre Gesänge und Reden in lateinischer und deutscher Sprache vor, wobei Tiroler Passionsspiele als Vorlagen dienten. Diese figurierten Karfreitagsprozessionen hielten sich ähnlich wie in Tirol bis zu den Verboten Kaiser Josephs II. In Bischof-Lack wurden 1721 zum erstenmal slowenische Übertragungen eingeführt. Die ersten Berufsschauspieler in Tirol, die Innsbrucker Hofkomödianten des Erzherzogs Ferdinand Karl, betraten dieselben Wege wie die wandernden Tiroler Trupps in den Ostalpen. So kam es, daß selbst Mitte des 17. Jh.s noch spätgotische Spieltexte neben Barockdramen und Singspielen deutscher und fremdländischer Bühnen von Tirol aus in Nord und Ost aufgeführt, abgeschrieben, bearbeitet und übersetzt wurden. Bayern und Schwaben, Breisgau und Elsaß, Kärnten, Krain und Steiermark dankten manche Bereicherung und Anregung, manche Aufführung und manchen Text den spielfreudigen Tirolern.

Der Sterzinger Bürgermeister Hans Selawer erwähnt 1543: *5. Februarii . . . den spilleuten, als dem Raber mit dem 'pauren vnd Juden', so umbzogen seind vnd sollich spill auf dem rathaus gehallten, geben 1 fl.* (Der jüdisch-spanische Schatzkanzler Salamanca des Königs Ferdinand I. war einer der verhaßtesten Persönlichkeiten zur Zeit des Bauernkrieges von 1525 in Tirol.) Im J. 1548 fanden Fastnachtsspiele und ein Auffahrtsspiel in Sterzing statt. Für erstere verrechnet Bürgermeister Heinrich Wohlgeschaffen: *ausgeben den spilleitn, so die zway spill 2 tag nach ainander aufn rathaus gehalltn haben, 7 Pfund 6 kr. . vmb 5½ ein schwarzn lodn, so er den Raber göben hat . . . zu ainem vasnacht khlaid, so dem Raber durch die heren in der stuer* („Steuerausschuß") . . . *pewilligt ist worden, thuet 1 fl. 30 kr.*; für das *aufert spil* der Kirchenpropst Ulrich Hagl: *dem Vigili Raber laut ainer zetl 1 fl. 56 kr.* Nachträglich weist Bürgermeister Gabriel Sichling diesem an *zu ainer vererung diss 48 jars gehalltenen spülls halben, turch ainen ersamen rath bewilligt 1 fl. 30 kr.* Bei den Sterzinger Passionsspielen von 1535, 1538 und 1541 wurde R. vielfach in Anspruch genommen. Die weiteren Rechnungen führen keine Namen mehr an.

8. Am 19. Mai 1548 verbrannte die bei der Sterzinger Pfarrkirche errichtete Bauhütte. Hierbei gingen auch alle *fleckhen zu der pin zu dem spil, auch ander mer zeug* in Flammen auf. Als vier Jahre darauf R. starb, beeilte sich der Stadtrat, *alle vnnd jede geschribne spil vnd spil-ristungen, so ir hauswirt seliger nach sein verlassen hat,* von R.s kinderloser Witwe und Arbeitskameradin zu erwerben. Bürgermeister Jörg Sojer brachte ihr dafür am 16. Nov. 1552 in Gegenwart der Räte Hannsen Wohlgeschaffen und Hannsen Kneblsperger 6 fl. als bescheidene Anerkennung.

Nach alten Signaturen (von Schmeller oder Alb. Jäger) besaß Sterzing damit folgende Hss.: Nr. I fehlt (vielleicht ist darunter die in derselben Lade des Sterzinger Stadtarchivs aufbewahrte Sterzinger Miscellaneen-Hs. zu verstehen, die Ign. Vinz. Zingerle, WSB. 54 [1867] S. 293—340 herausgab). Nr. II: *Passion Christi, gehalten zu Stertzingen* (der sogen. Sterzinger Passion [s. d.] von 1496 und 1503). Nr. III: *Passion von* [Herbst] *1514* (= Raber-Passion, weil von seiner Hand und zwar für oder aus Trient geschrieben; er enthält zwei Spiele: a) *In die Parasceves* (= Passionsspiel), b) *Ludus paschalis* (= Osterspiel); diese Spiele stimmen mit dem Tiroler Passion nicht überein, scheinen jedoch nach deren Stoffeinteilung verfaßt worden zu sein). Nr. IV: Codex des Benedict Debs (s. d.) in Bozen. Nr. V: Ein Spiel für den *palmsuntag*, von Rabers Hand geschrieben (= Vorspiel zum Bozner Passion von 1514, voran Rabers Bühnenzeichnung). Nr. VI: *Ludus de ascensione Domini, 1514* (von der Erscheinung des auferstandenen Christus vor den Aposteln, ohne Thomas, bis zu Christi Himmelfahrt). Nr. VII: *Ludus paschalis de resurrectione Domini, V*[igili] *1520 R*[aber]. (Von der Bestellung der Grabwache durch die Juden an. Diese Bearbeitung sieht wie ein kärglicher Auszug aus dem Tiroler Passion aus, an den sie mitunter noch ausdrücklich anklingt, an einer Stelle selbst an die „Brixner" Fassung oder an Debs, den diese überarbeitete. Die Klagen der Frauen am Grabe sind in einem zweiten nachfolgenden Bruchstück in abweichender Form erhalten). Nr. VIII: *Evangeli Johanne V. 1526 R.* (= eine Dramatisierung des Johannesevangeliums).

Nr. IX: *Ain recht, das Christus stirbt V. 1529 R.* (In Form einer Gerichtsverhandlung fordert der Vertreter der Menschheit Jesus auf, vom Himmel herabzusteigen und die Menschen zu erlösen. Maria beschwört ihn, sie vor solchem Leide zu bewahren. Ihre Appellation wird vom natürlichen Recht und von der Gnade verworfen, Jesus nimmt von ihr Abschied, um in den Tod zu gehen. Vgl. dazu die Antworten im Prophetenspiel; s. O. Thulin *Johannes der Täufer im geistl. Spiel* 1930, S. 27). Nr. X: Der erste Teil eines Passionsspiels vom *Collegium Judeorum* bis zur Nacht vor dem Verhör bei Pilatus, ohne Abschluß (gehört nicht zum Tiroler Passion). Nr. XI: *Auszogne sprüchwortl von dem propheten Hieronimi, so da lautn vom leydn Christi, auch von seiner urstend, himelfart vnd geburd, 1535. Salomon im klagspil, Daniel im klagspil. Anfang der psalmen, gereimpt.* Dazu gehört eine *abschrift des Passions von Hall. 1514.* Nr. XII: Wieder eine Dramatisierung des Evangeliums Johannis, jedoch besonders im Anfang umfangreicher als Nr. VIII, mit Gesang, nach der Bibel dialogisiert, nicht gleich dem Vorspiel des Tiroler Passions, jedoch mit Benutzung des Raberschen von 1514 [Nr. V] oder einer Abschrift desselben, weil die Stellen des gleichen Bibelstoffes auch im Ausdruck wörtlich übereinstimmen). Nr. XIII: Spiel für den Palmsonntag und für den Gründonnerstag, Mischhs. aus dem Haller und aus Pfarrkirchers Passion. Nr. XIV und XV fehlen. Nr. XVI: *Lienharden Pfarrkirchers passion* von 1485 (s. *Passionsspiel, Sterzinger*).

Die weiteren Spiele tragen keine Signatur, weil sie erst später aufgefunden wurden. Sie stammen mit einer Ausnahme alle von R.s Hand und sind meist mit den Anfangsbuchstaben seines Namens und dazwischen mit der Jahreszahl der Abschrift versehen, wie Nr. 7 u. 11 von oben. Die hier mit Z. bezeichneten wurden von Osw. Zingerle in Druck gelegt. 1. mit zwei Spielen a) *Consistorj Rumpoldi. V. 1510 R.* (= Z. I 1—23; s. Ben. Debs = StLV. 29 S. 987—1007; vgl. dazu StLV. 46 S. 246 bis 264); b) *Ludus de Erhardo de Playttntall, 1510* (= Z. I 24—36). 2. *Rex mortis. V. 1510 R.* (= Z. I 37—46). 3. *Ipocras. V. 1510 R.* (= Z. 47—64). 4. *De natifitate domini*, in drei Teilen: a) *de desponsatione*, b) *De annunciatione*, c) *De nativitate Domini* (s. *Weihnachtsspiel, Hessisches*). 5. *Esopus. V. 1511 R.* (= Z. I 165—191). 6. *Das recken spil. V. 1511 R* (= Z. I 146—164; zuvor hg. von J. G. Obrist, Germania 22 [1877] S. 420—29). 7. *Juristis. V. 1511 R.* (= Z. I 65—78). 8. *Von der pösen ee. V. 1511 R.* (= Z. I 238—245). 9. *Aristotiles der hayd. V. 1511 R.* (= Z. I 96—113). 10. *Consistory Rumpoldi. V 1511 R.* (= Z. I 114—145; s. o. Nr. 1). 11. *Doctor Knoflach vom Claus putzn. 1511* (= Z. I 79—96). 12. *Vaschang. V. 1511 R.* (= Z. I 229—237). 13. *Von den 7 varben. V. 1511 R.* (= Z. I 246—262, 263—295) in zwei Teilen: a) *Der Maruschgatancz mit frau Venus vnd den 7 varbn*, b) *Von Venus mit den handberhern.* 14. *Rex viole cum filia sua. V. 1511 R.* (= Z. I 192—228). 15. *Incipit planctus beatae Mariae virginis cum prophetis* (vollständig verschieden von den beiden Marienklagen im Debs-Codex. Die Hs. besteht aus 16 Bll., 718 Versen und 13 Spielrollen). 16. *May vnd herbst. V. 1512. R.* (= *Z.* II 1—13). 17. *Der verstossen Rumpold V. 1512 R.* (= *Z.* II 14—44). 18. *Pater cum quatuor filias. V. 1514 R.* (= *Z.* II 45—73). 19. *Annuntiatio beatae virginis. V. 1514 R.* (ähnlich dem gleichnamigen Spiel im Debs-Codex). 20. *Von king David vnnd Goliam. V. 1515 R.* Diese Hs. besteht aus 10 Bll., 321 Versen und 14 Rollen, kann als ein Gegenstück zu Georgs Kampf mit dem Drachen im Bozner Fronleichnamsspiel bezeichnet werden und erinnert mit seinem *Waffen her* an den Spott des Osterspiels auf großmäulige Ritter. 21. Zwei Spiele: a) *Der scheissennd* (= *Z.* II 74—88), b) *Ain vnzucht recht. V. 1516 R.* (= *Z.* II 89—93). 22. *Artzt Hännimann. V. 1520 R.* (= *Z.* II 94—104). 23. *Penthecostes. V. 1522 R.* (Pfingstspiel, beginnend mit der Einvernahme der Grabwache durch die Juden, bis zur Verkündigung des hl. Geistes durch Petrus. R.s Haller Passionsabschrift belegt die spätere Benützung des Tiroler Passions; vgl. das Pfingstspiel bei den Augustiner-Chorherren in Neustift, s. Albrecht von Neustift, Nachtrag). 24. *Ain zendpreche-rey. 1529* (= Z. II 105—117). 25. *Schay-dung ains eevolcks. V. 1529 R.* (= Z. II 118—131). 26. *Doctors appotegg. 1531* (= Z. II 132—174). 27. *Nicl kropf* mit Innentitel: *Die zween stenndt. 1535* (= Z. II 175—235). 28. *Neydthardt,* Dirigierrolle zu einem großen Neidhardspiel, nicht von R.s Hand und ohne Jahresangabe (= Z. II 236—263). 29. *Der reich mann vnd Lazarus. 1539* (auf der Innenseite des vorderen Umschlagblattes steht: *Hab ich wider fur bracht vnd den seid 1520 jar ausglihn vnd nit habhafft habn mugen, wider abgschribn*; demnach lag damals das Original für R. wieder in greifbarer Nähe. Es besteht aus 32 Bll., 936 Versen und 33 Rollen und ist gleich dem Sterzinger Goliathspiel die älteste selbständige Dramatisierung des Stoffes). 30. *Actores ludi 1489 vnd anno nonagesimo sexto* (in Sterzing, aus Pfarrkirchers oder R.s Vorlage). 31. R.s Spielinventar von 1534 (s. unten). 32. *Nota, so aus dem* [Bozner Passions-]*spill* [von 1514] *gestorben sind* (mit Nachruf auf Ben. Debs; s. d.). 33. Eine Rechnung R.s, die sich auf eine Passionsspielaufführung bezieht. 34. Zwei Verzeichnisse von Mitwirkenden am Bozner Passionsspiel 1514. 35. Entwurf einer Predigt zur Aufführung eines Passionsspiels. 36. *Vnnderthenigste supplication der burger, hanndtwerchsleuth vnd mitverwohnte des spiels der zehen alter* (s. u.). 37. Ein zweites Bittgesuch um Spielerlaubnis.

Außerdem fand sich in Brixen eine Papierhs. R.s in der Ausstattung seiner Sterzinger Fastnachtsspiele, die ein *Emawspil V. 1523 R.* enthält und die vielleicht aus Brixner Beziehungen des südtiroler Spielorganisators hervorging. Endlich im Besitze der Familien von Braitenberg in Bozen und Meran, die auch mehrere Hss. und Drucke des Bozner Fronleichnamsspiels (s. d.), eine der ältesten Bozner Kirchenrechnungen und die ältesten Aufzeichnungen eines Bozner Bürgermeisters besitzen, zwei sehr schöne Hss. in Papier, Schmalfolio, ähnlich der erwähnten Sterzinger Mischhs. Sie enthalten den viergliedrigen Bozner Passionstext von 1514. Die zweite Hs. besserte R. selber aus; er erweiterte darin vornehmlich seine Judasrolle.

R.s Sammlung an Spielhss. war ehedem jedenfalls viel größer, als sie heute ist. So fehlt z. B. das obenerwähnte Georgsspiel, desgleichen das Sterzinger Buch mit den vier Passionsspielen, das Regiebuch des Osterspiels von 1543, die Neidhardspiele, die Spiele mit dem Bauern und Juden und von den zehn Altern. Noch weniger kann diese Sammlung über Sterzing und Bozen hinaus ein abschließendes Bild vom südtiroler Spielgut bieten, so reichhaltig es auch ist. R. besorgte nur von jenen Spieltexten Abschriften, die ihm anvertraut werden. Manche seiner Hss. scheint schon zu seiner Zeit in Verstoß geraten zu sein, was er beim Lazarusspiel ausdrücklich vermerkt. Was uns verblieb, wurde teils Mitte des 19. Jh.s durch den Historiker Albert Jäger, teils Jahrzehnte später durch K. Fischnaler im Sterzinger Stadtarchiv wieder aufgespürt. Fischnaler besorgte schließlich auch die Neuordnung dieses Archivs. Anderes kann schon früh aus Berechnung vernichtet worden sein. Griff doch z. B. die gegenreformatorische Kontrolle auch auf alte Spieltexte zurück. Ein Verzeichnis konfiszierter Bücher im Innsbrucker Staatsarchiv (Sig. Religionsakten Nr. 237 fol. 155) erwähnt neben verschiedenen Volksbüchern und Volksliedern als Nr. 3: *Etliche geschribne carmina. Ludus peregrinorum;* als Nr. 46: *Der ungeraten son, auch spilweis gereimbt.* 47. *Ain tragödi vom opfer der heiligen drei khunig.* 48. *Ain teutsch spil von den zehen altern der ganzen welt.* 49. *Ain spil von brueder Clas und brueder Tell.* 50. *Drei teutsche Comedien und die zehen alter.* 59. *Ain teutscher alter passion* (s. A. Dörrer *Etschländer Buchwesen* S. 46). Diese Spielhss. wurden wegen ihres neureligiösen Charakters von Amts wegen vernichtet. Ähnlich wie auf Burg Anger fanden sich im 19. Jh. auch auf dem benachbarten Schloß Palaus bei Brixen neugläubige

Werke im Mauerwerk verborgen, die jetzt im Tiroler Landesmuseum Ferdinandeum zu Innsbruck aufbewahrt werden (vgl. A. Busson *Der Bücherfund von Palaus*, Jb. d. Ges. f. Gesch. d. Protestantismus in Österreich 5 [1884] S. 59ff.). Das am 6. bis 9. Nov. 1563 aufgenommene Inventar des Grafen Philipp von Liechtenstein zu Schenna oberhalb Meran zählt unter den Büchern *ain schöns, einpundenes puech, darinnen das spil Vollmäte* auf (s. A. Dörrer *Mittelalterliche Bücherlisten aus Tirol* I, Zentralbl. f. Bibliothekswesen 51 [1934] S. 256). Im Vintschgau erhielt sich eine neuere Bearbeitung eines Spiels vom sterbenden Menschen aus der Zeit um 1500 (s. A. Dörrer *Das Laaser Spiel vom Eigenen Gericht*, Der Schlern 18 [1937] S. 164—170), die uns an die Aufführungen ähnlicher Moralitäten in Hall und München derselben Zeit erinnert. In den Ratsrechnungen der Städte Bozen, Bruneck, Innsbruck, Hall usw. sind endlich noch verschiedene andere spätmittelalterliche Spiele und solche aus der Umbruchszeit V. R.s angeführt (s. *Mynner* u. *Passionsspiele, Tiroler*).

R.s eigenes Verzeichnis (Bruchstück!) jener Spiele, die er bereits i. J. 1534 inne hatte, zählt auf: *Was von langem vnd gfiertn* (= Folio- und Quartformaten) *spillpuechl oder register in der lad lign. Anno 1534, 9. Novenbr.*: 1. *Di gfiert scarteggn mitm passion.* 2. *Der hiesig* (= Sterzinger) *schwartz passion vom alten Pölsterl.* 3. *Ain klain geschriben passion vom maister Benedicten* (= Debs). 4. *Ain Klausner passion* (vom) *Aichner, dem hiegn gleich.* 5. *Der hieng* (= Sterzinger) *negst passion vom Caspar Köchl.* 6. *Ain Klausnensche Aichner urstend vnd prueder spill.* 7. *Maister Benedictn* (= Debs) *prueder vnd planctus spill.* 8. *Der passion vom Felixn von Villach.* 9. *Passion vnd urstend, so ich in Hertmairs haus* (1514 zu Bozen abgeschrieben, s. Nr. III). 10. *Ain passion, so ich zu Anger* (bei Klausen) *hab ghaltn.* 11. *Passion, so ich zu Trient han geschriebn.* 12. *Ain dickhe alte scarteggn von maister Benedicten* (Debs), *allerley vnd sust* (Spiele enthaltend. Vgl. Ben. Debs). 13. *Ain passion mitn Wolfgang pairs copert.* 14. *Ain recht, das Christus sterben soll* (s. o. Nr. IX). 15. *Sand Jorg spill gfiert* (s. *Fronleichnamsspiel, Bozner*). 16. *Ain lars* (leeres) *register langkh.* 17. *Spill von bern halb gfiert* (s. o. 6.). 18. *Spill vom Evangeli Johannes gfiert* (s. o. Nr. VIII u. XII). 17. *Actus apostolorum gfiert.* 20. *3 Neythart buecher gfiert* (s. o. 28).

9. Der Hauptstock der Raberschen Spieltexte stammt aus dem 15. Jh., in dem sich der sog. Tiroler Passion als Gemeinschaftswerk der Städter an ihren Hauptfesten beispielgebend aufrichtete. R. tritt als Berater der letzten Spielepochen in den Vordergrund. Im J. 1514 erreicht dieser Festspielzyklus unter seiner Mitarbeit zu Bozen die großartigste Entfaltung. Auch bei den nachfolgenden Bozner Umgangsspielen ist R. als Kunsthandwerker und Regisseur noch stark beteiligt. Ihren Text einheitlich zu gestalten und auszubauen, scheint ihm nicht möglich gewesen zu sein. Eifrig fördert er die Nachblüte der bürgerlichen Passionsspiele in seinem Geburtsstädtlein während der nächsten Jahrzehnte. Dazwischen tritt er hier öfters als Anführer öffentlicher Spielgesellschaften in der Fastnacht, zu Pfingsten usf. hervor. Was an altdeutschen Großspielen nach seinem Tod in Tirol noch veranstaltet wurde, blieben letzte Versuche kleinerer Städte, die aus der Spätgotik fast unmittelbar in den Barock hinübertraten. So scheint R.s besonderes organisatorisches Verdienst im Hochhalten und Weitertragen stadtbürgerlicher Spielbräuche im Großen und Kleinen bestanden zu haben.

An der Braitenbergschen Hs. wird am deutlichsten klar, wie weit R.s literarischer Anteil am Tiroler Passion reicht. Er schiebt Verse ein, um Übergänge herzustellen oder sprichwörtliche Redensarten, die er liebt, unterzubringen oder einer Rede eine komische Wendung oder der Grausamkeit des Pilatus Nachdruck zu geben. Er vergrößert Rollen, vor allem seine Leibrolle in Bozen (Judas), auch seine zweite (Hortulanus), dichtet kleine Auftritte hinzu, vermehrt, besonders in Volksszenen, die dramatischen Personen, um die Spiellustigen oder den Zuwachs von Zünften unterzubringen, gelegentlich auch die musikalischen Teile, um die Gliederung, Abwechslung und den Stimmungsgehalt des Gemeinschaftswerkes zu erhöhen und die Sänger öfter zu beschäftigen. Aber das alles bleibt in bescheidenen Grenzen und verrät keine besondere Erfindungsgabe. Auch wenn Vorlagen einzelner neuer Teile nicht bekannt sind, läßt sich daraus noch kein Schluß auf Originalität schließen. Der Tiroler Passion bleibt bis zu seinem Untergang Volkswerk, Leistung der Bürgerschaft.

Viel weiter scheint R. unter dem Einfluß des außerkirchlichen Brauchtums in einer Reihe mit den lebensnahen Teilspielen des Debs ähnlich wie in den Fastnachtsstücken bei Erweiterung des Emmausspiels vorgegangen zu sein, d. h. dem Bozner Lebensgefühl entsprochen zu haben; denn dieses Ostermontagsspiel rückte er aus dem religiösen Sinnkreis in eine derbe Parodie des Wirklichen, Allzumenschlichen und Komischen, indem er damit das herkömmliche „Emmaus-Gehen" (s. Bächtold-Stäubli *Handwörterbuch des Aberglaubens* II 804/5 und IX 68/70; ZfdA. 74 [1937] S. 97ff.; M. Buchberger *Lexikon f. Theologie u. Kirche* 3 [1931] Sp. 657—58 u. 10 [1938] Sp. 735ff.) in den Vordergrund rückte. Infolge des Mangels sonstiger Vorlagen seiner Abschriften oder Bearbeitungen läßt sich nur noch an den Rumpold-Spielen, deutschalpinen Gegenstücken zu den erst später festgelegten Zanni-Parodien der Commedia dell'arte, einigermaßen verfolgen, wieweit R.s persönlicher Anteil an dem Hinübergleiten in die Volks- und Lokalposse reichte.

Neben der großen Zahl der Passionsspiele, von der bisher freilich nur der Kernstock des sog. Tiroler Passions hervorgehoben wurde, überlieferten Debs und R. eine stattliche Anzahl geistlicher Groß- und Kleinspiele. Ihre Mehrzahl ist weder herausgegeben noch behandelt. Eine besondere Gruppe bilden darin die Marien- und die Auffahrtsspiele. Beide lassen sich ähnlich wie das Sterzinger Weihnachtsspiel nur in Zusammenhang mit einem hochentwickelten Kultbrauch vorstellen, der an solches Wortdrama nicht gebunden war noch blieb. In solcher Entwicklung kann man die Fronleichnamsumgänge und ihre zeitweiligen Spiele verfolgen. So hielten sich auch das Kindelwiegen der Weihnacht, der Palmsonntagsaufzug oder die Auffahrt Christi über die Zeit ihrer Spiele hinaus im Volksbrauch der Pfarrkirchen Tirols am längsten. Neben dem ansehnlichen Codex solcher Spiele, den R. von Debs übernahm, erwarb er weitere von anderen Spielanführern sonstiger Tiroler oder benachbarter Städte. Diese Spielhss. dienten ihm als erwünschte Vorlagen oder zum Leihhandel, nicht zu ihrer dichterischen oder dramaturgischen Bearbeitung. Sein Weihnachtsspiel deckt sich fast ganz mit dem hessischen (s. d.) und bezeugt den Fortbestand alter, erst näher zu erforschender Beziehungen Tirols bis in die Wetterau. Es steht noch mehr als das Tiroler Paradeisspiel sowohl in der brauchfrohen Spätgotik als auch bahnbrechend in der Neuzeit.

10. Ähnlich verhielt es sich mit jenen Spielen, die sich R. für Aufführungen in Rats- und Wirtsstuben abschrieb, und mit denen er bald auch im Leihverkehr öfter und dauernder verdient haben mag. O. Zingerle veröffentlichte daraus 25 Fastnachtsspiele in Rohabdrücken als Sterzinger Spiele und erweckte durch diese Bezeichnung eine nicht ganz zutreffende Vorstellung von der Herkunft und Stoffwelt dieser Aufführungen. R. schrieb diese Spiele in den Jahren 1510 bis 1535 ab. 15 allein fallen in die beiden ersten Jahre, in denen er vorwiegend zu Bozen wirkte. Die älteste Fassung der Rumpoldspiele steht im Codex des Bozner Spielanführers Bened. Debs. Zu Ende des Fastnachtsspiels *Rex mortis* bemerkt R. selber, daß er es in Bozen von Maler Sylv. Müller abgeschrieben habe. Dem Stoff und der Fassung nach gehört außerdem das 9. (*Recken-*)Spiel dem oberen Etschtal an. Im 10. (*Esopus*) läßt der Praecursor den Wirt auffordern, einen Trunk beizubringen, und kündigt Venetianer Waren an. Es erwähnt weiter den *baumann*, weist auf den durch die Tiroler Landesordnungen gekennzeichneten Rif-

fianer (*ruffiano*) hin, heißt den Kaufmann *Zena*, spricht von *tamisch* und *pschaidessen* u. dgl. m., wodurch gleichfalls außer Frage tritt, daß die vorgelegene Fassung aus der Bozner Gegend stammte. Im 1. und 7. Spiel (*Consistorj Rumpoldi*) ist noch von *wimmet* (Weinlese) wie an Etsch und Eisack, im 17. (*Der verstoßen Rumpold*) von *hamgarten, malgreyt, plodern* usw. die Rede. Auch diese Ausdrücke sind dem Bozner Gebiet zu eigen. Bezeichnungen wie *geyslicz* und *topanicz* des 5., 6. und 11. Spiels kamen von osttiroler und eisacktaler Knappen und sind noch in Osttirol bekannt. Das letzte Rabersche Fastnachtsspiel (*Die zween stenndt*) ist zeitlich das jüngste und sprachlich wie geistesgeschichtlich im geistlichen Fürstentum Brixen und zwar während dessen Religionskampfes entstanden als ein bühnenwirksames Beispiel zu den Vorfällen und Denkwürdigkeiten, die der Neustifter Klosterverwalter Gg. Kirchmair (s. *Fontes rerum Austriacarum* I, 1885) schilderte. Einzelnes von den berührten Ereignissen mag sich vor 1535 in einem Dorfe bei Bruneck abgespielt haben. Der Verfasser, vielleicht ein ehemaliger Brixner oder Neustifter Kleriker, brachte weitere erlebte Einzelheiten aus der Bischofsstadt, von den Neustifter Chorherren und Steinacher (Meraner) Nonnen bei. Das tiroler Zeitstück ragt ebenbürtig neben dem Pettenweiler und Pariser Reformationsspiel als Revolutionsdrama hervor. Das Verhältnis der Stände zum öffentlichen Leben wurde in der Folge wiederholt zum Vorwurf von Volksschauspielen genommen. Verschiedene Bezeichnungen und Personennamen weiterer Raberscher Spiele weisen aus dem Weinland ins nordöstliche Tirol, so im 9. (*Rex viole*), 12. Spiel (*Vaschang*) usf., z. B. *Schranne, Pair, albm, kalbm.* So trägt jedes dieser Fastnachtsspiele ein gutsitzendes tiroler-Kleid. Im besonderen steuerten Bozen, vereinzelt Brixen und Kitzbühel dazu bei.

Etwas anders verhält es sich mit Entstehung und Ursprung der meisten dieser Spiele. Ihre Vorlagen und Typen gingen aus Fruchtbarkeitsfeiern, Fastnachtsumzügen und Tanzfesten hervor, gehörten der ritterlichen und spielmännischen Welt an, hatten sich an Streitspielen und Gerichtsszenen, Arztauftritten und Handwerkerschwänken und nicht zuletzt aus Standesgegensätzen (Ritter und Student, Bauer und Städter) ähnlich den Satiren herausgebildet, welche das dem Tiroler Passion zugrunde liegende Osterspiel kennzeichnen. Hier ist der vielen Spieltennen und Tanzhäuser zu gedenken, die in tirolischen Talschaften, Gemeinde- und Gerichtsplätzen seit dem Hochma. archivalisch belegt sind und von ihrer Bevölkerung zu Tagungen, öffentlichen Gerichten und Unterhaltungen in Anspruch genommen wurden (s. vorläufig A. Dörrer *Die alten Tanzhäuser und Spieltennen in Tirol*, ZfV. NF. 3 [1931] S. 50—56); weiter der herkömmlichen Schwert-, Binder- und Moriskentänze, die gewisse Berufe, wie Knappen, Faßbinder (Bötticher) und andere Handwerker, ausführten, endlich der Umzüge und Volksspossen der Fastnachtszeit und der Hochzeitsfeiern, der Zunft hänseleien und Kinderspiele. Das Spiel von den sieben bösen Weibern (StLV. 46 S. 14—16), dessen Sprache nach Tirol deutet, trägt die älteste erhaltene literarische Form dieser Art von Fastnachtsspielen. Die Werbeszene um Magdalenens Liebesgunst im 4. „Erlauer" Spiel zeigt Parallelen im geistlichen Drama auf.

Auf reichsstädtische Fastnachtsschwänke gehen 19, 20 und 22 (*Der scheissennd, Ain vnzucht recht, Ain zendprecherey*) zurück. (Goldschmied Peter von Nürnberg und sonstige Nürnberger Geschäftsleute sind in den Bozner Ratsschriften des letzten Viertels des 15. Jh.s wiederholt genannt.) Andere Tiroler Texte zeigen nur Verwandtschaft mit nürnbergischen (Zingerle 14 = Keller 103, Z. 15 = K. 70, Z. 19 = K. 82 u. 48, Z. 13 = K. 31 usw.). Anspielungen nürnbergischer Art sind verschwunden, Zoten gemindert. Tirolische Typen treten in den Vordergrund, so die Figur des fahrenden Händlers und Hausierers, insbesondere des Quacksalbers aus dem Süden im 19. Spiel, der das Deutsche radebrecht, eine Figur der Bozner Märkte und hierzulande von stärkster Komik. Neben solchen Zwischenauftritten liebten die tirolischen Bearbeiter satirische Volksgerichte, wie sie bis auf den heutigen Tag bei Fastnachtsumzügen und Hochzeiten noch nicht ganz abgekommen sind. Damit verband man in der Volksposse der Altweibermühle die Vorstellung vom Liebesbaum als Wunschbaum. Die Bilder, welche die Nürnberger Schembartläufer des 15. u. 16. Jh.s darstellen, zeigen u. a. die Altweibermühle; weiters den Teufel, der Frauen frißt, u. dgl. m. Die Posse wird noch manchesmal um Fastnacht in Sterzing und anderen Eisack- oder Pustertaler Orten aufgeführt. Hierbei werden oben die alten Weiber — meist recht anzügliche Puppen oder vor bestimmten Häusern, aus denen man zuvor einer „Alten" entsprechende Kleidungsstücke geholt hat — in die Mühle geworfen und unten lebfrische Dirndlen herausgemahlen. J. Bolte veröffentlichte eine Stubaier Fassung von 1804 dieses Volksschauspiels (ArchfnSpr. 102 [1899] S. 241—66; vgl. noch *Brauch und Sinnbild, E. Fehrle z. 60. Geburtstag*, 1940, S. 163 u. 176). K. Schönherr und R. Greinz versuchten sich um 1900 wieder an dem Stoff. Ähnliche Spielbräuche aus dem Unterinntal gab A. Hartmann *Volksschauspiele, in Bayern und Oesterreich-Ungarn gesammelt*, 1880, S. 325ff. an.

Um die Mitte des 16. Jh.s machten sich fremdländische Fastnachtsspiele und Typen neben den herkömmlichen entlang der Brennerstraße geltend. Im J. 1548 traten zum erstenmal nachweisbar Vertreter der Commedia dell'arte unter Führung eines Bozners hervor. Sie wurden rasch im Gefolge Kaiser Karls V. bei seinen Fahrten in die Reichsstädte üblich. Um dieselbe Zeit zeigte sich Spanisches in Fastnachtszügen tirolischer Städte. Zugleich betätigten sich nun auch hier Schulmeister als Veranstalter von Spielen zu Weihnacht, Dreikönig usw. und verbanden damit die alten Heischebräuche armer Scholaren. Schon 1527 hatten Niederländer ihren Bärentanz im Sterzinger Rathaus neben dem herkömmlichen Schwerttanz der Bergknappen aufgebracht. 1578 scheint die Sterzinger Schulmeisterin Barbara Frölichin mit ihren Mädchen das erste „Amazonentheater" auf dem Rathaus im Wettbewerb mit den Knabenvorstellungen der Lateinschulmeister veranstaltet zu haben.

11. Eine Gruppe von Fastnachtsspielen ließ Zingerle ganz aus, die biblischen Exempelstücke. Bevor solche in Deutschland als konfessionelle Kampfspiele ausgenützt wurden, waren sie als Zeitbilder und Sittengerichte üblich geworden (vgl. Creizenach 1² S. 251). Rabers Spiel *von king David vnnd Golias* schließt mit der Entschuldigung des Praecursors für seine ungeübten Darsteller: *Darumb solt ir vnns nit schelten / den solich kurczweyl treyb wir selten / Wir sein darinn nit wol geyebt / Villeicht euch pas ain tantze lyebt / Pfeiff auff den frauen! dauit schaut / Wie er her tanz mit seiner praut*, also ähnlich wie viele andere seiner Fastnachtsspiele, die dem fatsnachtlichen Bürgertanz vorangingen. Diese Moralitäten tragen jedoch nicht wie jene ein ausgesprochen tirolisches Kleid. Die Bühnenanweisungen sind nicht lateinisch, sondern deutsch verfaßt, die einzelnen Auftritte als Figuren bezeichnet, vor deren Vorführung ein Vorhang zurückgezogen wird. Zu Pfingsten 1507 führten die Haller Bürger das Jüngste Gericht auf. Noch früher scheinen solche Moralitäten bei den Chorherren von Neustift aufgekommen zu sein. In Rabers Spielen fehlt die reformatorische Spitze noch ganz. Sie sind allein auf das Moralische, das Typische und die Berufssatire eingestellt. Neben Engeln, Tod und Teufeln haben der Narr, der reiche und der arme Mann inmitten der biblisch-historischen Personen die wichtigsten Rollen im Spiel. Es ist nur ein Schritt zu einer Fassung von den zehn Altern, wie sie 1484 eine Gesellschaft in Zürich in der Fastnacht darbot, und wie sie im Tirol des 16. Jh.s oft verbürgt ist. Der schwäbisch-alemannische Zuzug mag die Verselbständigung solcher Moralitäten gefördert haben. Aber es zeigt sich hier ähnlich wie in den Großspielen eine Zurückhaltung vor einseitig allegorischen Gestaltungen. Die „historisch"-menschliche Handlung blieb im Vordergrund.

12. Keine deutsche Alpenstadt wahrte so zäh und unentwegt ihre mimischen und theatralischen Ortsbräuche wie die kleinste und höchstgelegene am Brennerpaß, die dazu noch mit Ausgang des 16. Jh.s im Wirtschaftsleben des Landes stark zurücktrat. Den zwei, fast vollen Jahrhunderten altdeutscher Spielkultur folgten rasch zwei ebensolange der barocken, nämlich der dreiteiligen Karfreitagsprozessionen und der bewegten geistlichen Komödien. Die figuren- und bilderreichen Umzüge lassen sich bis 1753, die Passionsspiele und Legendenstücke bis 1820 feststellen. Ordnungen und Sprechtexte sind vornehmlich in Handschriften des 18. Jh.s überliefert. Ihr buntes und lebensvolles Motivgut und ihre volksmäßigen Gesänge fallen inmitten katechetisch erstarrter Ideen auf. Einzelne Bilder und Auftritte mögen solchen größerer Städte nachgebildet worden sein. Auch in Sterzing führten vor allem Bruderschaften und Zünfte die Figuren und Szenen durch. Lieder, die aus solchen Vorführungen stammen, wurden noch im 18. Jh. gedruckt und bis in die neueste Zeit von Schulkindern bei der Ölbergandacht in der Sterzinger Kapuzinerkirche gesungen. Wie stark die Sakral- und Volksmelodik in diesen geistlichen Aufführungen vermischt war, ergibt sich daraus, daß mit ihnen ausgesprochen weltliche Weisen, selbst Jodler, in den Kirchengesang eingingen. Als Gegenstück zum Pönitentenzug des Karfreitags entfalteten die Sterzinger am Gottsleichnamstag (Sommerbeginn) einen Jubelumgang mit vielen lebenden Bildern und Einzelgestalten der biblischen Geschichte und der Legende, aus dem Wallfahrtsbrauchtum und Volksleben um die enggeschlossene Stadt. Die heiligen Gestalten wurden in Brokat, Samt und Seide, die ländlichen in Loden und Trachtenstücken dargestellt. Eine stattliche Anzahl solcher Figuren und Verkleidungen blieb dem Sterzinger Antlaßumgang bis auf den heutigen Tag gewahrt. Weitere wurden erst in letzter Zeit hinzugefügt. Einzelne Ausstattungen vererbten sich seit Generationen innerhalb der Zünfte und Höfe, von Nachbargemeinden und Unterpfarren in bunter Mischung von Barock, Rokoko und nachnapoleonischer Restauration. Neben diesen beiden alljährlichen, noch stark naturverbundenen Umgängen des Dekanats Sterzing veranstalteten die Stadtbürger einzelne Festumzüge aus Anlaß von Reliquienübertragungen u. dgl. in besonderer Pracht, mit mehreren Triumphwagen und dramatischen Auftritten. Endlich führten die Sterzinger zwischenhinein Legendendramen und verwandte Spiele (Eudoxia, Alexius, Der ägyptische Joseph, Griseldis usw.) und Singspiele mit Kriegsbildern (Der bayerische Rumpel von 1703, Der Tyroler Landsturm von 1796) im 18. Jh. auf. An deren Stelle traten im Vormärz Volksstücke nach Art der 'Genofeva', Dramen von Kotzebue, Iffland, Raimund und Schiller.

Wie tief der alte Spieltrieb im Blut und Bewußtsein des Jahreskreises und der Feste der Sterzinger Bevölkerung fortwirkte, zeigen zwar weniger verfolgbar, aber umso heftiger in ihrer Art jahresfestliche Kultbräuche, die vornehmlich von jungen Burschen im Geheimen vorbereitet und nur mündlich weitervererbt werden, so viele Widerstände dagegen auch erhoben wurden. Ein Sterzinger Bild von 1739 erinnert daran, daß der Maibaum im Barock als Triumphstück selbst bei außerordentlichen Kirchenfesten aufgestellt wurde, damals fast in der Höhe des Zwölferturmes, kahl gescheitelt bis auf den Wipfel. Darunter war ein Schildchen angebracht und ein mit Bändern verziertes Kranzwerk um den Stamm gebunden. Ein nicht minder alter Kultbrauch, das Versenken ledig gebliebener Mädchen im Moorgrund, ist die Sterzinger Moosfahrt, die nun als Ulk innerhalb eines Fastnachtsumzugs mit Mimik und Liedern durchgeführt wird. Das Fastnachtsspiel der „Altweibermühle" hielt sich gleichfalls in Sterzing und Umgebung bis auf den heutigen Tag.

R.s Geburtsstadt ist daher nicht zufällig auch die Heimat namhafter neuerer Tondichter, Berufsschauspieler und Volksschriftsteller wie Joh. Gänsbacher, Ant.

und Friedr. Mitterwurzer und Karl Domanig geworden.

13. Sterzing und Bozen: K. Fischnaler *Beiträge zur Geschichte der Pfarrkirche Sterzing*, Zs. des Ferdinandeums III 28 (1884) S. 105bis 156; ders. *Das Volksschauspiel zu Sterzing im 15. u. 16. Jh.*, ebd. 38 (1894) S. 353—83; ders. *Sterzing und seine Umgebung*[1—9] 1883—1913; ders. *Sterzing am Ausgang des MA.s*, Festschr. für Em. v. Ottenthal (Schlern-Schriften 9) 1925, S. 104—42. A. Simeoner *Die Stadt Bozen* 1890. A. Spornberger *Geschichte der Pfarrkirche von Bozen* 1894. K. Th. Hoeniger *Altbozner Bilderbuch* 1933. H. Braun *Beiträge zur Geschichte Bozens im 16. Jh.* (Schlern-Schriften 33) 1936 . H. Wopfner *Die Lage Tirols am Ausgang des MA.s* (Abhandlung zur mittleren u. neueren Geschichte 4) 1908. A. Dörrer *Bozner Bürgerspiele, alpendeutsche Prang- und Kranzfeste*, I: *Einführung in das Gesamtwerk* (StLV. 291) 1941. O. Wanka v. Rodlow *Die Brennerstraße im Altertum und MA.* (Prager Studien 7) 1900. P. H. Scheffel *Verkehrsgeschichte der Alpen* II 1914. B. Riehl *Die Kunst an der Brennerstraße*[2] 1908. J. Weingartner *Die Kunstdenkmäler Südtirols* 1923—30. L. Santifaller *Bozner Schreibschriften der Neuzeit* (Schriften des Instituts für Grenz- und Auslandsdeutschtum a. d. Universitat Marburg 7) 1930.

Raber und sein Künstlerkreis: K. Fischnaler *Vigil Raber der Maler und Dichter* 1894; ders. *Einige Nachrichten über Maler, Bildschnitzer und Baumeister des 16. Jh.s in Bozen*, Zs. des Ferdinandeums III 43 (1899) S. 275—305. R. Vischer *Studien zur Kunstgeschichte* 1886, S. 434—56. J. E. Wackernell ADB. LIII S. 182—84, u. dessen *Tiroler Passionsspielausgabe* (s. u.) S. VIff. Thieme-Becker *Künstlerlexikon* XXVII (1933) S. 539. M. Buchberger *Lexikon f. Theologie u. Kirche* 8 (1936) Sp. 601. R. F. Arnold *Das deutsche Drama* 1925 S. 25, 37f., 54. Nagl-Zeidler-Castle 1 (1899) S. 345ff., 349, 370, 378f., 383.

Ausgaben: Ad. Pichler *Über das Drama des Mittelalters in Tirol* 1850 [enthält im Anhang: das Lichtmeßspiel, die Marienklage — die zweite aus dem Debs-Codex ist dieser gleich, jedoch fehlt der Schluß — und das Osterspiel aus dem Debs-Codex; inmitten der Abhandlung: Proben aus anderen Spielen des Debs-Codex (Abendmahl, Marienklage, Kreuzabnahme, Oster-, Bruder- u. Himmelfahrtsspiel, Ein Recht das Christus stirbt, Rumpold) und aus Raberschen Schriften (Sterzinger Passion, Rabers Osterspiel von 1520, alle mit vielen Flüchtigkeiten)]; ders. *Ludus de ascensione Domini, ein mal. Schauspiel*, Innsbr. Gymnas. Progr. 1852 [aus dem Debs-Codex]; ders. *Eine Teufelskomödie*, Germania 11 (1866) S. 96—99 [Höllenauftritt aus dem Haller Passion]; ders. *Das Drama des MA.s in Tirol*, Österr. Revue 4 (1866) S. 27—48 [Proben aus Haller, Sterzinger u. Bozner Passion]; ders. *Zur Geschichte des deutschen Dramas in Tirol*, Gesamm. Werke XII (1908) S. 1—12 [Proben aus „Brixner" Passion]. H. M. Schmidt-Wartenberg *Ein Tiroler Passionsspiel des MA.s* [Hs. A des Bozner Passions], Publications of the Modern Language Association of America 5 (1890) Nr. 3; dazu W. H. Carpenter *Notes on a German Passion Play*, Johns Hopkins Circulare 17 (1882) S. 238—39. J. E. Wackernell *Altdeutsche Passionsspiele aus Tirol mit Abhandlungen über ihre Entwicklung, Komposition, Quellen, Aufführungen und litterarhistorische Stellung* 1897; dazu Creizenach, LZbl. 1897 Sp. 532; Kummer Österr. Literaturbl. 6 (1897) S. 619—22; Bötticher NJbf. klass. Alt. 1 (1898) S. 220—23; Ammann ZÖG. 49 (1898) S. 902—06; Schlossar Bll. f. lit. Unt. 1897 S. 483—85; Reinhardstöttner Forsch. z. Geschichte Bayerns, Juni 1897; Osw. Zingerle GGA. 1899 Nr. 11 u. ArchfnSpr. 112 S. 131; Schmidt-Wartenberg American. german. 2 S. 96ff; JBfgPh. 19 S. 241 f.; Ergebnisse u. Fortschr. d. germanist. Wiss. 1902 S. 287 f. H. Bachmann *Ein Bruchstück eines Passionsspieles aus Steinach*, Tiroler Heimatbll. 16 (1938) S. 152—57 [mit Abb. u. Notenübersetzung]. A. Dörrer s. o. Ad. Keller *Fastnachtsspiele aus dem 15. Jh.* (StLV. 29) 1853, S. 987—1007: *Ludus solatiosus exercendus tempore nuptiarum vel carnis brevi habitu uni placuerit* [aus dem Debs-Codex]. J. G. Obrist *Ains vasnacht spil von den risn oder recken*, Germania 22 (1877) S. 420 bis 39. O. Zingerle *Sterzinger Spiele nach Aufzeichnungen des Vigil Raber* (Wiener Neudrucke 9 u. 11) 1886.

Abhandlungen: Ad. Pichler, s. o. J. E. Wackernell, s. o.; ders. *Die ältesten Passionsspiele in Tirol* (Wiener Beitrage 2) 1887; ders. *Über die altdeutschen Passionsspiele in Tirol*, Jb. d. Leo-Gesellschaft 12 (1884); dazu Bolte DLZ. 8 (1887) Sp. 1081—82; Ausfeld LZbl. 1887 Sp. 21; Quiel ZORSCH. 15 S. 434; Kinzel ZfdtPh. 20 (1888) S. 378f.; Ammann ZfÖG. 49 (1888) S. 350—52; Österr. Lbl. 3 S. 305; JBfgPh. 9 S. 161 u. 10 S. 182. A. Dörrer *Altdeutsche Karwochen- u. Fronleichnamsspiele Südtirols im Zeitalter des Barock und Rokoko*, Literaturwissensch. Jb. 3 (1928) S. 86—132; 4 (1929) S. 61—82; ders. *Die Volksschauspiele in Tirol*, Tiroler Heimat NF. 2 (1929) S. 69 bis 126; ders. *Spielbräuche im Wandel von sechs Jahrhunderten*, Tirol, Natur, Kunst, Volk, Leben hg. v. Landesverkehrsamt f. Tirol, 2 (1931) S. 298—320 [m. Abbildungen]; ders. *Der verlorene Sohn, ein Beispiel landschaftlicher Spielentfaltung*, GRM. 24 (1936) S. 21—35; ders. *Bozner Kultur vor 250 Jahren*, Die Bühne 374 (1934) S. 23—25 [mit Abbild.]; ders. *Ein Kulturbild Südtirols*, Bergland 13 (1931) Nr. 7 S. 21—28 u. 53—55 [mit Abbild.]; ders. *Das Schemenlaufen in Tirol und verwandte alpenländische Masken- und Fastnachtsbräuche* [2]1938; dazu Geistige Arbeit 5 (1938) Nr. 11 S. 3/4; ders. *Wandlungen deutscher Kultspiele in Vorderösterreich, Tirol und Deutschungarn*, Forschungen u. Fortschritte 16 (1939) S. 92—95; ders. *Nahm Hans Sachs Vorlagen aus Tirol?*, ebd. 13 (1937) S. 394—95; ders. *Bartlmä Mynner (Amantius), der Krönungsdramatiker Kaiser Karls V.*, ebd. 14 (1938) S. 235; ders. *Peter Kirchpühler (Petrus Collatinus Posthumus)*, ebd. 15 (1938) S. 55/56. Ed. Hartl *Das Regensburger Osterpiel und seine Beziehungen zum Freiburger Fronleichnamsspiel*, ZfdA. 78 (1941) S. 121—35. Über die sonstigen Beziehungen zwischen den Tiroler und Freiburger Spielen s. VL. I Sp. 725f. u. 760f. II Sp. 670. W. Creizenach *Gesch. d. Dramas* I² S. 228ff., III² S. 141ff. 173ff.; dazu Wackernell, Euphorion Erg. 10 S. 153ff. K. Holl *Geschichte des deutschen Lustspiels* 1923, S. 8ff. Fr. Michael *Das MA. und sein Ausklang*, Das deutsche Drama hg. v. R. F. Arnold (1925) S. 25, 37f., 54. Merker-Stammler I S. 220f. 232f. 238f. 336f. 356f. III S. 591f. Ehrismann *Schlußband* S. 567f. 582f. H. Brinkmann *Anfänge des modernen Dramas in Deutschland* (Jenaer Germanist. Forschungen 22) 1933. R. Stumpfl *Kultspiele der Germanen* 1936. Ed. Hartl *Das Drama des MA.s* (Deutsche Literatur) 1937ff.

Einzelne Spiele und Motive: E. Haueis *Das dt. Fastnachtsspiel im 15. Jh.*, Progr. Baden 1874. K. Holl *Geschichte des dt. Lustspiels* 1923. P. Lehmann *Die Parodie im MA.* 1923. V. Michels *Studien über die ältesten deutschen Fastnachtsspiele* (Quell. u. Forsch. 7) 1896; dazu Uhl AfdA. 24 (1898) S. 65—73. H. Jantzen *Geschichte des Streitgedichtes im MA.* (German. Abhandlungen 13) 1906. Fr. W. Strothmann *Die Gerichtsverhandlung als literer. Motiv* 1930, S. 5—18. Ad. Kaiser *Die Fastnachtsspiele von der actio de sponsu*, Diss. Göttingen 1899. F. Hintner *Beiträge zur Kritik der deutschen Neidhartspiele des 14. und 15. Jh.s* Progr. Wels 1904 bis 1907. R. Brill *Die Schule Neidharts* (Pal. 37) 1907, S. 204—17. S. Singer *Neidhart-Studien* 1920, S. 8. 41. 47f. K. Gusinde *Neidhart mit dem Veilchen* (German. Abhandlungen 17) 1899. W. Gloth *Das Spiel von den sieben Farben* (Teutonia 1) 1901. H. Gattermann *Die deutsche Frau in den Fastnachtsspielen*, Diss. Greifswald 1911. W. Berger *Das Ehebruchmotiv im älteren deutschen Drama*, Diss. Würzburg 1912. R. Lössl *Das Verhältnis des Pamphilus Gengenbach u. Niklaus Manuel z. älteren dt. Fastnachtsspiel*, 2. Jahresber. städt. Realgymnasium Gablonz a. N. 1900. H. Holstein *Zur Topographie der Fastnachtsspiele*, ZfdPh. 23 (1891) S. 104—08. M. J. Rudwin *The origin of the German Carnival Comedy* 1920; dazu E. Schröder AfdA. 40 (1921) S. 92f. *Handwörterbuch des deutschen Aberglaubens* hg. v. H. Bächtold-Stäubli V (1932/33) Sp. 1744ff. Er. Krüger *Die komischen Szenen in den deutschen geistlichen Spielen des MA.s*, Diss. Hamburg 1931. A. Bäschlin *Die altdeutschen Salbenkrämerspiele*, Diss. Basel 1929. H. Niedner *Die deutschen und französischen Osterspiele bis zum 15. Jh.* (Germ. Studien 119) 1932. W. Müller *Der schauspielerische Stil im Passionsspiel des MA.s* (Form u. Geist 1) 1927. L. Schmidt *Zur Innengeschichte der deutschen Passionsspiele*, Volk u. Volkstum 3 (1938) S. 211ff.; ders. *Die Attribute der Engel in der deutschen Volksauffassung*, ZfVolksk. NF. 5 (1935) S. 151ff.; ders. *Gesellschaftliche Grundlagen des alpenländ. Volksschauspielwesens*, Theater u. Welt 7/8 (1937) S. 382ff.; ders. *Formprobleme der dt. Weihnachtsspiele* (Die Schaubühne 20) 1937. H. Engel *Deutschland u. Italien. Ihre musikgeschichtlichen Beziehungen* 1942; dazu O. Ursprung u. H. Osthoff s. o. unter *Passionsspiele*, *Alsfelder*. H. H. Borcherdt *Das europäische Theater im MA.* Theater u. Welt 7/8 (1937) S. 382ff. H. H. Borcherdt *Das europäische Theater im MA. und in der Renaissance* 1935. R. Jordan *Das hessische Weihnachtsspiel und das Sterzinger vom Jahre 1511*, Progr. Krumau 1903 u. 1904. E. Reinhold *Sprache und Heimat des hessischen Weihnachtsspiels*, Diss. Marburg 1909. Ein *Hessisches Weihnachtsspiel* aus dem 15. Jahrhundert 1922 (Textseite abgebildet von J. Rodenberg, Deutsche Pressen, 1925). G. Bencker *Das dt. Weihnachtsspiel*, Diss. Greifswald 1933.

A. Dörrer.

Radewicus, Radewin, s. Rahewin.

Rahewin. Rahewin ist ein deutscher Name, zusammengesetzt aus ahd. *rahha* und *wini*, „Freund der Rede"; er begegnet im 12. Jh. in Bayern häufig. In den Urkunden überwiegen die Formen *Rachwin, Rachewinus, Rahewin, Rawinus*; die zwei selbstgeschriebenen Urkunden zeigen *Rachuini* und *Rahuuini*; nicht original steht *Radwini* im Privileg für Gerhoh 1155 und *Reguinus* im Scheirer Traditionsbuch, wobei die *g*-Form wohl das nichtlat. *h* bzw. *ch* im Inlaut vermeiden will (wie auch sonst *Ragewinus*). *Radewin, Radewic* sind Fehler der Schreiber oder Herausgeber. Hierzu vor allem S. Riezler, FDG. 18 (1878) S. 539 und J. Paul Ruf *Studien zum Urkundenwesen der Bischöfe von Freising im 12. und 13. Jh.*, Diss. München 1914, S. 25.

1. Leben. Daß R. in Freising oder dessen Sprengel geboren ist, kann man schon aus seinen Worten in den *'Gesta Friderici'* IV, c. 14 schließen, in denen er von Freising als *patria mea* spricht, dann auch daraus, daß er Otto von Freising ebenda *amantissimus dominus et nutritor meus* nennt. Er muß also schon früh zu Otto gekommen sein. Vielleicht studierte er in

Paris, wie man aus seiner ausgezeichneten Bildung und antiken Belesenheit hat folgern wollen, und war schon dort mit Otto in Beziehung. Beurkundet ist er in Freising, zuerst 9. 12. 1144 in einer Urkunde Ottos als unterfertigender *cartularius*, dann 1147—66 als (*capellanus et*) *notarius*, bzw. Freisinger Domherr oder Kanoniker. Er dürfte etwa gleichaltrig mit Otto gewesen sein. Er war beständig in dessen Umgebung und übte neben jener amtlichen Tätigkeit die private als dessen Sekretär aus; er schrieb nach Ottos Diktat die Weltchronik und die *'Gesta'* auf. Otto begleitete er auf seiner letzten Reise und drückte ihm die Augen zu.

Mit Kaiser Friedrich I. war R. 1157 in Berührung gekommen; Otto ließ ihm durch R. die 'Weltchronik' überreichen und stellte ihn im Begleitschreiben als hinreichend informiert für weitere Auskunft zur Verfügung. Mit Otto war R. auf dem Würzburger Reichstag von 1157. Nach Ottos Tod ging R. zum Kaiser nach Italien und wohnte dem zweiten ronkalischen Reichstag bei; vermutlich sollte er nach Ottos letztem Willen die *'Gesta'* I.—II. dem Kaiser überreichen. Damals erhielt er wohl die ehrenvolle Einwilligung des Kaisers, die *'Gesta'* fortzusetzen, wie es Otto gewünscht hatte.

Auch bei Ottos Nachfolger Albert (1158 bis 1184) scheint er in Ansehen gestanden zu haben (*prudentissimus episcopus, piissimus pastor Adalbertus 'Gesta'* IV, c. 16) und scheint ihm seine Ernennung zum Propst von St. Veit zu verdanken: R. nennt sich im Vorwort zu *'Gesta'* III *dignitate prepositus* und in zwei Scheftlarer Urkunden von 1168 und 1170 *Sancti Viti prepositus*; 1157 war dort noch Haremod Propst. — Sein Tod fällt zwischen 1170 und 1177: 1170 ist noch er als Propst bezeugt, 1177 aber bereits ein Konrad.

R.s Leben, das also zumeist in den gewöhnlichen Bahnen eines höheren Geistlichen verlief und vorwiegend in Freising, erhielt seinen Glanz durch den Dienst, den er Otto von Freising amtlich und besonders persönlich leistete; der führte ihn zu der Tätigkeit, die seinen Namen berühmt machte, zur Geschichtsschreibung, vielleicht zur Schriftstellerei überhaupt.

Manitius III, 388ff. und 67f.; Rs. *'Gesta Friderici'* ed. G. Waitz—B. v. Simson, 1912, S. XXff.

2. Die Fortsetzung der 'Gesta Friderici' Ottos von Freising (s. d.). Daß R. Ottos unvollendet hinterlassenes Werk (der letzte Satz, den Otto in II, c. 56 schrieb, spricht vom *tercium volumen*) weiterführte, verstand sich von selber; er war in die Arbeit so eingeweiht wie kein zweiter; hinzukamen die Aufforderungen Ottos und des Kaisers (Prol. zu III: *eius — Ottonis — iussu pariterque ... imperatoris Friderici nutu*). Er dürfte bald, nachdem Barbarossa eingewilligt hatte, begonnen haben, d. h. wenige Monate nach Ottos Tod. Den Schluß datierte er selber auf 1160 (IV, c. 86). Die Fortsetzung fällt also in die Jahre 1159 bis 1160. Was Hans Prutz (1873, 10ff.) für spätere Beendigung (erst 1165—66) anführte, ist als verfehlt abgewiesen.

Vorrede und Nachwort sind an den Kanzler Ulrich von Dürrmenz (1159—62) und den kaiserlichen Notar Heinrich gerichtet; ihnen wäre eigentlich die Abfassung zugekommen, weil sie das Geschehene am besten kennten; sie sollten das Werk durchsehen und korrigieren. Die Handschriften bieten nach E. Korsch *Die verschiedenen Fassungen in Ottos v. Fr. Taten Ks. Friedr. I.*, Diss. Berlin, 1941 verschiedene Fassungen Rs.: A die erste, β eine etwas geänderte, B eine mit alexandrinischer Färbung, C die endgültige, höfisch-offizielle; vielleicht ist C von den kaiserlichen Räten redigiert, dann aber nur oberflächlich, weil viele Fehler nicht verbessert sind und verschiedene Zusätze irrige Angaben enthalten. (G. Waitz *Ueber die verschiedenen Rezensionen* ..., BSB. 1884, S. 331ff.; Scheffer-Boichorst zur Ausgabe von Waitz in MIÖG. 6, 1885, S. 633ff.; H. Simonsfeld *Bemerkungen zu R.*, Hist. Aufsätze dem Andenken an G. Waitz gewidmet, 1886, S. 204ff., vgl. NA. 9 S. 203ff.; B. v. Simson *Ueber die verschiedenen Rezensionen* ..., NA. 36 (1911) S. 683ff.; auch W. Michael *Die Formen des unmittel-*

baren Verkehrs zwischen den deutschen Kaisern und souveränen Fürsten ..., 1888, S. 98ff.).

Ohne die tatkräftige Unterstützung der beiden Räte hätte R. die Aufgabe nicht schaffen können, wie er im Vorwort bemerkt (*nisi vestra fretus ope ac studio sub hoc fasce succumberem*). Daß beide dafür sorgten, daß die kaiserliche Kanzlei dem R. das weitere Aktenmaterial lieferte, läßt sich im Text nachweisen. Kurze chronologische Notizen heben sich ab, die nicht recht zum übrigen Text passen wollen. Außerdem teilte R. von einem großen Aktenmaterial, das er sich beschaffte, über dreimal so viel Stücke mit wie Otto in den beiden ersten Büchern. Acht Stück davon, Einzelurkunden, besorgte er sich auf den Reichstagen wie Otto, aber nur bis zum ronkalischen von 1158. Für die Zeit danach genügte ihm wohl jene offiziöse Darstellung des kaiserlichen Hofes. Bei den 24 Stück aber, die sich auf den Streit zwischen Kaiser und Papst beziehen, wollte er es dem Leser ermöglichen, sich daraus selber ein Urteil zu bilden, s. z. B. IV, 59: *quid rectius sit, ... ex collacione omnium scriptorum ... proprio disquirat iudicio* (*lector*). In den Akten stellt er ganz entgegengesetzte Meinungen nebeneinander, ohne Stellung dazu zu nehmen; er läßt aber erkennen, daß er auf der alexandrinischen Seite stand (s. IV, 82 bis 83). Die Darstellung der Kirchenfrage durch die kaiserliche Kanzlei war R. offensichtlich unsympathisch.

Die Akteneinlagen geben dem Werk R.s ein auffälliges Gepräge. So teilt R. in IV, 34—36 fast nur Briefe mit, ebenso in 5 von den 7 Kap. über das Schisma von 1159 (von IV, 59—66 bieten nur die beiden kürzesten, 59 und 64, eignen Bericht). Unter den mitgeteilten Urkunden befinden sich z. B. die Gesetze für den Lagerfrieden vor Mailand (III, 28) oder für das auf dem Reichstag von Roncaglia erlassene Lehnsrecht und Landfriedensgebot (IV, 10). Die Urkunden haben heute großen Wert, weil sie großenteils nur durch R. überliefert sind.

Ein bedeutender Teil des Stoffes aber beruht auf Selbsterlebtem oder mündlichen Mitteilungen. R. erlebte den Tod Ottos von Freising (IV, 14), die Reichstage von Würzburg 1157 (s. III, 7 ... *perspeximus*) und Roncaglia (IV, 3 ... *a nobis visi sunt*). Von mündlichen Mitteilungen spricht er selber, im Prolog (*in his, que audivi*, ...), III, 12 (*sicut ... referente ... Heinrico ... cognovi*) oder III, 33 (*dictum ... a quibusdam*).

R. machte sich im Stil stark von fremden Vorbildern abhängig, von Sallust, Josephus-Rufinus und Florus, auch Orosius, Sidonius Apollinaris, Einhart und Liudprand. Trotzdem erzählte er nur, was er für glaubwürdig hielt, und entstellte durch die großen Stilanleihen die historische Wahrheit nicht. Selbst wenn er seitenlang seine Vorlage ausbeutete, paßte er doch den Text den andern Verhältnissen seiner Zeit an. Durch Anlehnung an Sidonius und Einhart konnte er Barbarossa so fein charakterisieren, wie er es wollte. Die vielen verschiedenen Elemente setzte er recht geschickt zusammen und stutzte sie so zurecht, daß das Ganze einigermaßen einheitlich wurde. „Als gleichzeitiger Bericht über die Geschichte der Gegenwart ist R.s Werk schwerlich übertroffen" (Wattenbach).

Hatte Otto das 2. Buch bis gegen Ende 1156 geführt, so begann R. mit 1157 und stellte im 3. Buch die Reichsgeschichte bis gegen Ende 1158 dar. Das Wichtigste sind der Zusammenstoß mit Papst Hadrian (*maiora beneficia ... de manu nostra ...*) und der 2. Feldzug nach Italien, der fast die Hälfte des Buches einnimmt. Den Reichstag von Roncaglia sparte sich R. fürs 4. Buch auf, obwohl er noch zu 1158 gehört; diese Zäsur wird man aber billigen. Das letzte Buch bringt außerdem die Fortsetzung des Feldzugs, den Ausbruch des Schismas und am Schluß das Konzil von Pavia 1160 und die Entlassung des Heeres; anhangsweise folgt eine Charakteristik Barbarossas. Ein wirklicher Abschluß fehlt. Die Angabe in IV, 85, daß er wegen der Vierzahl der Evangelien nicht mehr als vier Bücher schreiben wolle, gibt nur einen vorgeschobenen Grund. Was ihn bewog aufzuhören, wissen wir nicht. — In einigen Handschriften der Klasse B gibt es einen Appendix für 1160—70, der offenbar in Freising verfaßt ist; er bringt Notizen über Bischof Albert von Freising und hat auch die Bezeichnung (*Con-*)*Latini* für die Italiener wie R. Stellte R. selber darin das Gerippe für spätere Ausführung zusammen? Gegen R.s Verfasserschaft H. Böhmer NA. 21, S. 655 Anm. 1, H. Kohl in der Übersetzung von R.s '*Gesta*' 1886, XVIIIf., B. v. Simson NA. 36 S. 704 Anm. 4.

R. bemühte sich, Ottos Werk in dessen Sinn weiterzuführen. Auch er äußerte Verachtung des Diesseits (s. gleich den Anfang des Prologs zu III) und setzte daneben die tiefe Verehrung des Kaisers (s. III, 1, 15 oder 51). In der Charakteristik Barbarossas pries er das Glück, mit dem ihn Gott und Natur überhäuft hätten, seine Bauten und seine Macht über den Westen und Osten und stellte wie Otto als Ziel der kaiserlichen Regierung hin, daß die guten Zeiten des römischen Reichs wiederkehren sollten. Ebensowenig wie bei Otto fehlt bei ihm der völkische Stolz, s. III, 12 oder 13 (*quod Romanum imperium totius orbis esset asylum*).

Otto hätte keinen besseren Fortsetzer als R. finden können, der in seinem Sinne würdig fortwirkte in Form, Anlage und Auffassung. Er lehnte sich aber nicht sklavisch an seinen Vorgänger an. Was er an Eignem bietet, sind vor allem die mannigfachen Charakteristiken, über Otto IV, 14, Heinrich den Löwen und Welf VI. in IV, 46, Eberhard von Salzburg 83 und Barbarossa 86.

Ausgabe der '*Gesta*' in den SS. rer. Germ. in usum scholarum von G. Waitz — B. v. Simson, 1912. Hans Prutz *Rs. Fortsetzung ..., ihre Zusammensetzung und ihr Wert* 1873; Carl Martens *Ein Beitrag zur Kritik Rs.*, Diss. Greifswald 1877; Gust. Jordan *R.s Gesta..., eine quellenkritische Untersuchung*, Diss. Straßburg 1881; Horst Kohl *Beiträge zur Kritik R.s* I. *Die Entlehnungen aus fremden Autoren*, Wissschl. Beilage zum Jber. des Gymn. zu Chemnitz 1890; zur Autorenbenutzung s. a. M. Manitius, NA. 12, 363ff. und H. Böhmer, NA. 21, 666ff.; R. Holtzmann *Das Carmen de Fred. I. imp. aus Bergamo und die Anfänge einer staufischen Hofhistoriographie*, NA. 44, 1922, 252ff.; dazu E. Ottmar, NA. 46, 1926, 450ff.

3. Der 'Dialogus de pontificatu sancte Romane ecclesie'. R. ist als Verfasser dieser Schrift nicht bezeugt, aber von Heinrich Böhmer durch überzeugende Indizien erschlossen (mehrere Briefe sind hier zitiert, die auch den '*Gesta*' eingefügt sind; dasselbe eigenartige Verfahren bei der Darstellung des Kampfes zwischen Kaisertum und Papsttum; die gleiche Belesenheit und der gleiche Stil u. a. m.). Den Titel ergänzte der Herausgeber aus den im Anfang des '*Dialogus*' überlieferten Initialen *D. D. P. S. R. E.* in der Handschrift aus Schäftlarn vom Ende des 12. Jh.s, die bald nach der Abfassung des Originals abgeschrieben sein muß. Die Abfassungszeit fällt ins Ende 1162 bis in den Anfang 1163: die Synode von St. Jean de Losne (7. Sept. 1162) wird als *nuper celebrata* erwähnt, noch nicht aber das Konzil von Tours (19. Mai 1163).

Wie R. eingangs zeigt, bat ihn jemand (*vestra ... dileccio*), seine Meinung zu schreiben *de ancipiti huius temporis statu et bicipiti papatu*. Wer das war, an den er zugleich die Schrift richtete, ist unbekannt, auch ob er Propst, Kanonikus oder Bischof war. Wahrscheinlich ist nur, daß man ihn unter der Geistlichkeit der Diözese Freising, bzw. im Sprengel Salzburg zu suchen hat. — In dieser kirchenpolitischen Streitschrift aus den ersten Jahren Alexanders III. bekennt sich R. in der Einleitung, die durch dialektische Geschraubtheit auffällt, betreffs des ungeheuerlichen Plurals Päpste und des Begriffs Papst zu der dritten Ansicht, daß dem einen der Name, dem andern die Würde zukomme. Seine Aufgabe ist es nachzuweisen, wer von beiden auf dies, wer auf jenes Anspruch hat. Dazu läßt er Viktor und Alexander in einer erfundenen Gerichtsverhandlung auftreten und in einem über drei Viertel des Ganzen umfassenden Dialog miteinander streiten. Viktor, der vor dem andern in den Besitz des päpstlichen Stuhls gekommen war, spielt die Rolle des Anklägers, Alexander die des Angeklagten. Viktor versucht, die Rechtmäßigkeit seiner Wahl zu verteidigen, welches Thema den größten Teil des

Dialogs einnimmt, Alexander weist ihm aber alles zurück. Am längsten wird darüber debattiert, daß Viktor als erster mit dem Pallium bekleidet ist. Hierbei ist der Bericht über die Vorgänge des Herbstes 1159 für Alexander gefärbt; noch mehr fällt auf, daß Viktor seinem Gegner mit Recht vorwirft, an der antikaiserlichen Verschwörung von Anagni teilgenommen zu haben, aber nichts entgegnet, als Alexander jener Verschwörung einen guten Zweck zuschreiben will. Auch beim Ende des Dialogs wird die Stellungnahme für Alexander sehr deutlich: das Anathema Viktors ist kläglich begründet, während das Alexanders voll ertönt, indem es die Summe des im Dialog Erstrittenen zieht und sich wie ein Richterurteil anhört. In dem folgenden längeren Schluß freilich überläßt R. Gott das Richteramt und verdammt die Neutralen im Kirchenstreit.

So verteidigt die Schrift in Wirklichkeit sehr geschickt den Alexander, erweist seine Wahl und die Exkommunizierung Viktors als rechtmäßig, die Wahl Viktors aber als unrechtmäßig. Damit steht der *'Dialogus'* nicht im Widerspruch zu den 2—3 Jahre früher verfaßten *'Gesta'*, in denen R. bereits seine Hinneigung zur alexandrinischen Seite verriet (s. o. 2).

Auch hier tritt R.s schriftstellerisches Talent hervor. Der Ausdruck ist gewandt, der Dialog wirklich durchgeführt, der Stoff gut angelegt und dramatisch aufgebaut mit dem Höhepunkt, der Verfluchung der beiden Päpste, am Schluß. Der *'Dialogus'* stellt formal und inhaltlich mit die beste Streitschrift aus der 2. Hälfte des 12. Jh.s dar. Im Inhalt ist von Bedeutung, weil es sonst nicht überliefert ist, das Konzil von St. Jean de Losne und die Darstellung des neutralen Standpunkts. Berührungen mit dem ersten Buch *'De investigacione Antichristi'* beruhen darauf, daß R. das wichtige Werk Gerhohs (s. u. *Reichersberg*) kannte. Der Schrift konnte keine Verbreitung (wir besitzen nur die eine Hs. und haben keine zweite zu erwarten) beschieden sein, weil R. den Empfänger um Geheimhaltung bat (*postulans, ut ..., quod dico, solis mihi vobisque colloquatur*). Nicht zuletzt fällt von hier aus kräftiges Licht auf den diplomatisch-vorsichtigen Charakter R.s.

Ausgabe von Heinrich Böhmer in den MGH., *Libelli de lite III*, 1897, 526ff.; dazu ders. NA. 21, 1896, 633ff.; Manitius III, 67f.

4. Was wir sonst von R. kennen, ist in Versen abgefaßt. Zwei Gedichte setzte er in die *'Gesta'* ein, die beiden Epitaphien für Otto von Freising in IV, 14, ein längeres in 11 Vagantenstrophen und ein kürzeres, unmittelbar angefügt, in 10 Hexametern mit Endreim. Im ersten preist er Ottos Person und Stellung, sein Wissen und Können und gibt der Trauer um ihn Ausdruck. Das zweite ist ganz auf den Ton der Klage gestimmt und sieht in der 'Chronik' (*chronographia*) ein gutes Zeugnis für Ottos Beredsamkeit und Wissen.

Der 'Flosculus Rahewini ad H͑. prepositum' in clm. 19488 setzt sich zusammen aus einem Prolog, zwei Büchern, einem Anhang und dem *'Apollogeticum'*; er beginnt: *Instas, urges precibus, pater venerande.* Der Prolog und die Bücher sind in der Vagantenstrophe abgefaßt, das übrige in gereimten Hexametern. Wie R. im Prolog ausspricht, veranlaßte ihn der Propst, die christliche Dogmatik in Verse zu bringen (*Questionum pondera versibus notare, Scripturarum abdita metris innodare*). Das erste Buch handelt von Gott und der Dreieinigkeit, das zweite von der Schöpfung und den Engeln. Die danach stehenden Hexameter, deren Umfang geringer ist, setzen dem Inhalt nach die Vagantenstrophen fort; sie bringen die einzelnen Teile der Schöpfung, die wichtigsten Stücke der Christologie ua. Nachdem die letzten Hexameter den Inhalt stark zusammengepreßt haben, verteidigte sich R. im *'Apollogeticum'* (22 Hexameter) gegen den Vorwurf, sein Werk nicht beendet zu haben. Der Hofdienst hindere ihn, weiter zu dichten; er bat, ihn von diesen Sorgen zu befreien. — Der Stoff stammt aus den Sentenzen des Petrus Lombardus; ihn ausgewählt und in Verse gebracht zu haben, ist das Hauptverdienst R.s. Nur weniges fügte er hinzu, so zwei Strophen, in denen er drei Patrone von Freisinger Kirchen erwähnte, die Heiligen Stephanus, Laurentius, Vitus. In den Vagantenzeilen der beiden Bücher folgte er dem 1. und 2. Buch des Petrus, in den darauf folgenden Hexametern dem Schluß des 2. und zur Hauptsache dem 3.; in den beiden letzten Hexametern suchte er noch den Inhalt des 4. Buchs anzugeben. — Umstritten ist, ob mit der *curia* (*Apollogeticum* v. 5 u. ö.) der kaiserliche Hof oder der bischöfliche in Freising gemeint ist, wer der Propst „H." ist, ob R.s Oheim Hartmann, der 1133—40 Propst von Klosterneuburg war, oder Propst Haribert von Aachen, ein bedeutender Hofbeamter, wonach die Abfassung auf Ende 1158 bis Anfang 1159 zu setzen wäre, oder Propst Haremod von St. Veit, der 1157 am Freisinger Hof bezeugt ist.

Nur kleine Stücke veröffentlicht von Wilh. Wattenbach in MSB. 1873, 685ff. und H. Böhmer im NA. 21, 1896, 668ff.

In der Münchner Handschrift schließt sich an den '*Flosculus*' ein längeres Gedicht in gereimten Hexametern an, die vom Vorhergehenden nur durch Initiale abgehoben sind; es beginnt: *Forte die quadam solus residens meditabar.* Der Dichter suchte darin nach Medizin für geistige Schäden (... *Ut cure crucient, dissolvent ocia mentem. His, licet ardua res, cupiens pariter medicari* ...). Da erscheinen ihm Philosophie und Poesie, um ihn zu trösten. Zur Hauptsache bietet er hier eine vollständige Theologie. Vermutlich stammt auch dies Gedicht von R.; doch bedarf die Verfasserfrage dringend der Untersuchung. (Nur in einigen Versen bei Wattenbach s. o. bekannt.)

5. Der 'Theophilus'. In 651 Hexametern behandelte R. die Sage vom Teufelsbündnis. Wie die andern mlat. Theophilusdarstellungen hielt auch er sich an die Übersetzung des Paulus Diaconus Neapolitanus aus dem Griech. und zwar ziemlich streng. Er trachtete danach, seine Vorlage zu bessern, indem er eine genauere und passende Zeitbestimmung erdachte (528), eine chaotische Darstellung bei Paulus in drei Teile schied (576ff.). Aus künstlerischen Gründen ersetzte er eine lange Rede über das Glaubensbekenntnis durch eine kurze Erzählung (78—81) oder brachte bei einer Aufzählung von Beispielen das Wichtigste des NT. erst am Schluß (425ff.). Eine Rede Marias ließ er fort (492), fügte aber manches aus sich hinzu, so die Reden 52–80, die Apostrophe des Livor 93—110 oder die Betrachtung über Furcht und Hoffnung, auf die es im folgenden ankommt (248ff.).

In der Metrik zeigt R. eine gute Technik und Schulung. Die Quantität ist genau beachtet, Hiat und Elision sind gemieden. Der Reim ist zweisilbig und meistens rein, nur zum kleineren Teil noch assonierend. In den Reimarten und -stellungen zeichnet sich der '*Theophilus*' durch große Buntheit aus. Damit ist zwar französische Übung nach Deutschland übertragen, aber R. kehrte auch darin seine Eigenart hervor. So erfand wahrscheinlich er selber einige der besonders kunstreichen Sorten. Die verschiedenen Reimarten verwandte er nach künstlerischen Gesichtspunkten; die schlichten für die einfache Erzählung und Rede, die komplizierten für die gehobenen Partien, bes. am Schluß.

Sprache und Stil sind noch nicht untersucht. Nach dem allgemeinen Eindruck zu urteilen, schrieb er würdig, nicht ohne poetischen Schwung, vor allem klar auch in gehobener Diktion. Er dürfte sich auch hier etwas über den Durchschnitt erhoben haben, zumal er sich an kein stilistisches Vorbild enger anschloß, sondern im Ausdruck selbständig war.

R.s Verse stehen also auf demselben Niveau wie seine Prosa. Überhaupt ist die übliche Einschätzung, die die '*Gesta*'-Fortsetzung über die Poesie R.s stellt, zum mindesten übertrieben. Die literarhistorische Forschung wird sicher einmal feststellen, daß sich der bisher zu wenig gewürdigte Dichter R. nicht hinter dem anerkannten Geschichtsschreiber R. zu verstecken braucht.

Herausgegeben von W. Meyer *Radewins Theophilus und die Arten der gereimten Hexameter*, in den Ges. Abh. zur mlat. Rythmik I, 1905, 59ff.

Karl Langosch.

Rang, s. Heinrich v. R.

Rapot von Falkenberg. *Von Valkenberg der alt Rapot* wird im Seifried Helbling (s. d.) als schön singender Vogel gepriesen (XIII, 42 ff.). Von Ulrich von Lichtenstein (s. d.) dagegen in seinem 'Frauendienst' (474, 25 ff. 498, 8 ff.) wird er als ungetreuer, „übler, zorniger" Mann und vor allem als berüchtigter Raubritter völlig verdammt. Seinen Söhnen hat später um die Jahrhundertwende unter dem Habsburger Albrecht der Vorwurf des Verrats und des Raubrittertums die Stammburg gekostet. Sie wurde damals (1300) endgültig geschleift. Ähnliches soll, nach Lichtensteins Aussage, schon dem alten Rapot passiert sein. — Es handelt sich bei diesem, dem Poeten, um Rapot III., urkundlich belegbar 1233 ff. und nachweislich vor 1281 gestorben, da in diesem Jahr seine Witwe erscheint. Wenigstens unter seinem Vater Ulrich (seit 1208 zu belegen) hatte das (nachweislich schon unter dem Großvater Rapot II. freie) Geschlecht besonderes Ansehn genossen; daß dieses später jedoch immer wieder manche Einbuße litt, ist bei dem unzuverlässigen Verhalten der Nachkommen den Landesfürsten gegenüber verständlich. Heimat dieses Geschlechts ist das Niederösterreich nördlich der Donau (um Zwetl). — Wie Nam und Art der im Seifried Helbling angedeuteten Poesie R.s gewesen ist, läßt sich schwer sagen. Burdach wollte in den bei Lichtenstein auftauchenden Herren Ebran (Frauendienst 472, 14), R. und *von Sachsen mîn her Leidegast* (473, 19 ff.) auch literarische Gesinnungsgenossen erblicken, ja sogar geradezu typische Beispiele einer Partei des südöstlichen Naturalismus. Und auch Kummer hatte schon R. anschließen wollen an den Kreis Friedrichs des Streitbaren und dem, wie er darlegt, dort herrschenden naturalistischen Stil. Müller glaubt angesichts der Tatsache, daß in den Vierteln nördlich der Donau die „mächtigsten Adels- und Ministerialengeschlechter des Landes" saßen und sich die meisten Dichternamen (aber zum großen Teil von unbedeutenden Fahrenden!) drängen, R. einer poetisch besonders schwangeren Atmosphäre zuweisen zu können.

Seifried Helbling, hg. v. J. Seemüller 1886 S. 16, 297. Ulrich von Lichtenstein, *hg. v.* K. Lachmann 1841. HMS. IV 373 f. K. F. Kummer *Die poetischen Erzählungen des Herrand von Wildonie* 1880 S. 62. L. N. W. Berichte und Mitteilungen des Alt.-Vereines zu Wien. Bd. 23 (1886) S. 28 ff. (urkundliche Nachweisungen für sämtliche Mitglieder des Geschlechts). R. Müller ZfdA. 31 (1887) S. 100 unten. Burdach ADB. 30 (1890) S. 774 ff. (am Schluß des Scharfenberg-Abschnitts = *Reinmar der Alte* 1928² S. 384 unten). A. E. Schönbach ZfdPh. 28 (1896) S. 223 unten (Nachweis Rapots II., dieser fälschlich für Vater des Dichters gehalten). P. Kluckhohn ZfdA. 52 (1910) S. 154.

Halbach.

Rapperswil, s. Albrecht v. R.

Rappoltsweiler, s. Gerhard v. R.

'Rapularius', s. Nachtrag.

Ratenburg, s. Konrad v. R.

Rath, Martin, s. Bernhard von Breidenbach.

Ratpert v. St. Gallen, s. Nachtrag.

Rauchspruch, s. Ruysbroec.

Raumsland, s. Rumsland.

'Rausch, Bruder', s. 'Bruder Rausch'.

Raute, s. Hartwig v. R.

Reborch, s. 'Marienklage, Bordesholmer'.

'Redentiner Osterspiel', s. Kalff.

Rees, s. Heinrich v. R.

'Reformatio Sigismundi'.

1. Die 'Reformation des Kaisers Sigmund' (weiterhin zitiert als RS.) ist eine in neuerer Zeit vielbeachtete Schrift — angeblich ein Reformentwurf des Kaisers Sigmund selbst vom Konzil zu Basel — eines zur Zeit wohl noch immer nicht sicher bestimmten Verfassers aus den dreißiger Jahren des 15. Jh.s mit weitreichenden Vorschlägen zur Abstellung der mehr und mehr als drückend empfundenen Mängel der Zustände im Deutschen Reich und der deutschen Kirche. Eine starke

Belebung der Erörterungen über die RS. ist durch den von G. Beckmann veranlaßten Plan der Historischen Kommission in München herbeigeführt worden, die RS. in einer Reihe von Reformschriften des 15. Jh.s herauszugeben, was neuestens durch die Ausgabe von K. Beer verwirklicht worden ist. Durch diese Ausgabe, ihre Einleitung und mehrere dazu gehörige Forschungsaufsätze ist nach vielem vorherigen Hin und Her der Meinungen eine sichere Grundlage des Verständnisses geschaffen worden, von der aus nur noch geringe Schwankungen in den Annahmen über den wahren Verfasser und die Entstehungszeit der Schrift möglich sind. Über die Textüberlieferung und die sehr wechselnden Annahmen hinsichtlich des Verfassers ist hier zu berichten, dann der Inhalt der Schrift zu würdigen.

2. Der Text der Schrift ist gedruckt überliefert 13 mal (nicht 14 mal; denn der angebliche Druck aus Augsburg 1490 hat offensichtlich nie existiert) von 1476 bis 1716; davon hat nur der Erstdruck (Augsburg 1476) selbständigen Überlieferungswert, alle anderen Drucke sind aus ihm abgeleitet (Beer S. 29*), dazu in 12 Hss. (bei Beer A—M), die drei verschiedene Fassungen des Textes bieten. Die durch die alten Drucke und neueren Ausgaben von Boehm und Werner bekannteste (auch ursprüngliche) Fassung nannte zuerst P. Joachimsen V (Vulgata), ihm schlossen sich Haller und Beer in seiner Ausgabe an; ihr stehen als abweichende Fassungen die der Hs. G (cod. hist. 93 der Landesbibliothek zu Stuttgart aus dem 16. Jh.) und K (Sammelband Ms. 27 fol. [alte Signatur L 31] der Kantonsbibliothek zu Luzern aus dem 15. Jh.) gegenüber. Nachdem noch Beer für seine Ausgabe nur die 11 Hss. A—L benutzt hatte, von denen L (aus Salzburg vom Jahre 1447) als älteste und beste erst 1926 durch O. Redlich gefunden worden war, tauchte nach Abschluß seines Druckes durch den Hinweis von W. Stammler in diesem Lexikon I Sp. 693 noch eine zwölfte Hs. M auf (Innsbruck Servitenkloster Ms. Ib 28, um 1470—1478 geschrieben), die sich als der Hs. L gleichartig und gleichwertig erwies und Beers Text in vielen Fällen bestätigte, an manchen Stellen hätte verbessern können (Beer Nachtrag zur Ausgabe S. 157—160). Erst nach der wissenschaftlichen Verwertung dieser sämtlichen bisher bekannten Hss. läßt sich Sicheres über die Textgeschichte und Entstehung des vielumstrittenen Werkes sagen.

Im Verhältnis der Fassungen V, G und K zu einander ist V die älteste und ursprüngliche. G und K sind unvollständig erhalten, brechen mitten im Texte ab. Es ist aber nicht G mit K, wie Haller wollte, der ursprüngliche Entwurf, von dem die Fassung V nur ėine (in bezug auf die vorhandenen Teile von GK) kürzende Neubearbeitung wäre, sondern G und K sind von x2, der letzten Grundlage aller heute bekannten Texte über ein Zwischenglied y abgeleitet (d. h. mit Änderungen und Zusätzen versehen), und zwar K über y1, G über y2 und y3 + 4; diese stellen alle spätere Bearbeitungen und Umgestaltungen der Schrift — zum Teil vom ersten Verfasser selber — dar. Die Art, wie H. Weigel das Verhältnis der Fassungen zu einander erklären wollte — durch vielfache Kontamination der Texte in einander — und einen sehr wenig umfangreichen Urentwurf herausschälen wollte, ist mit K. Beer völlig abzulehnen. Der heute herstellbare Text der Vulgata kann (nach Beer) möglicherweise nur in sehr wenigen und kaum bedeutungsvollen Fällen von dem Urtext des Verfassers abweichen, wir dürfen nach Beer damit rechnen, die ursprüngliche Fassung in ziemlich authentischer Weise nunmehr zu besitzen. Über die Bedeutung der Texte y und y1—4 wird nachher im Abschnitt 4 bei der Würdigung des Werkes und seiner Fassungen zu sprechen sein.

3. Über den Verfasser der Schrift sind von der Forschung des 19. und 20. Jh.s zahlreiche Vermutungen aufgestellt worden, von denen bis jetzt keine allseitige Anerkennung gefunden hat. Immerhin darf der Kreis der in Betracht kommenden Personen durch die letzten Forschungen vor allem von K. Beer als so sehr eingeengt gelten, daß man dem Verfasser jedenfalls

sehr nahe ist und seine Art und Herkunft sowie die Entwicklung seiner Anschauungen (auf Grund der Kenntnis der verschiedenen Stufen seiner Schrift) genau bestimmen kann. Um von älteren Ansichten nur die wichtigsten zu nennen (vollständige Aufzählung siehe bei Beer, MÖIG Egbd. XII, S. 633ff., 640ff.), so nahm W. Boehm, der erste neuere Herausgeber der RS (1876), einen im Jahre 1458 in Straßburg hingerichteten hussitischen Wanderprediger Friedrich Reiser als Verfasser an, H. Werner, der nächste Herausgeber (Aufsatz 1903 und Ausgabe 1908), den Augsburger Stadtschreiber Valentin Eber, also einen Laien. A. Doren vermutete als Verfasser einen Priester und Magister Friedrich, der dem Konzilsauditor Heinrich Fleckel in Basel als Gehilfe zur Seite stand, nach weiterem Nachweis von Beer im Auftrag des Erzbischofs von Salzburg in Basel weilte und Friedrich Grenn hieß, als Bischof von Seckau 1452 gestorben ist; doch hat Beer gezeigt, daß auch diese Hypothese nicht annehmbar ist. Beer selbst nahm zunächst (Wiener SB. 206, 1927) sogar zwei Verfasser an, einen Geistlichen als Urheber einer (verlorenen) lateinischen Urfassung und ihrer Übersetzung ins Deutsche (eine kürzere Fassung als das uns bekannte V) und einen Laien als Überarbeiter und Erweiterer bis zu der uns bekannten Fassung V. Die Schrift wäre so in mehreren Stufen von 1434 bis 1439 unter Mitwirkung mehrerer Verfasser zustande gekommen; auch nach H. Weigel wären von 1434/35 an bis 1439 mehrere Verfasser und Schreiber an der Schrift beteiligt gewesen. Von dieser nicht unbedenklichen Annahme hat sich aber zuletzt Beer mit Recht wieder frei gemacht und sieht nunmehr (in der Ausgabe und MÖIG. Egbd. XII) als einzigen Verfasser der Schrift (in der Fassung V) und mehrerer Bearbeitungen von ihr einen niederen Geistlichen und Notar Friedrich Winterlinger an, der zwischen 1437 und 1453 am bischöflichen Hofe in Basel und zwar im Offizialat als Notar nachweisbar ist, von dem mehrere Umstände — Beziehungen zu Kaiser Sigmund, Abstammung aus einer Reichsstadt (Rottweil; deren Zustände stimmen mit den in der RS geschilderten besonders auffallend überein), Kenntnis des Kanzlei- und Gerichtswesens, Wanderschaft als fahrender Schüler in früherem Lebensalter — besonders gut zur Annahme seiner Verfasserschaft an der RS zu passen scheinen. Doch hat neuestens der Prager Professor F. M. Bartoš (nach Mitteilungen von K. Beer an den Unterzeichneten) in einer tschechisch geschriebenen Schrift wieder einen neuen Verfasser vorgeschlagen, Heinrich von Beinheim, Offizial des bischöflichen Gerichts in Basel und Neffen des dortigen Bischofs Friedrich von Fleckenstein (1423—1436), von dem auch mehrere Chroniken bekannt sind. Ein Lebensabriß von ihm steht vor seinen sonst erhaltenen Werken in den Basler Chroniken Band V, S. 329—349. Nach Beer wären Bartoš' Argumente beachtenswert, ohne ganz zwingend zu sein; Beer hat 1937 in den MÖIG. über die neue These gehandelt. Auch Heinrich von Beinheim ist wie Friedrich Winterlinger am bischöflichen Gericht in Basel tätig gewesen, aber nicht als einfacher Notar, sondern als Offizial (Vorsitzender). Jedenfalls liegt eine bereits weitgehende Übereinstimmung der Forscher dahingehend jetzt vor, daß der Verfasser (der Urform V und mehrerer Bearbeitungen davon) ein niederer Geistlicher war (nach Bartoš erst Geistlicher, später Laie und verheiratet), aus einer Reichsstadt stammte und aus dem Geschäfts- und Erlebniskreise des Konzils von Basel heraus in der zweiten Hälfte der dreißiger Jahre des 15. Jh.s geschrieben hat. Daneben ist die endgültige, ganz sichere Bestimmung seines Namens und seiner Person, so wünschenswert sie auch im wissenschaftlichen Interesse ist, kaum mehr von großer Bedeutung.

4. Der Inhalt der Schrift läßt sich in großen Zügen nunmehr erst angeben, wenn noch einiges über die Stufen und Zeiten ihrer Entstehung mitgeteilt ist. Es sind dabei Stufen zu unterscheiden, die vor unserem Haupttexte V liegen und nur erschlossen werden können, und solche, die aus ihm hervorgegangen sind und Be-

arbeitungen von ihm darstellen. Ich gebe hier vor allem die letzten Anschauungen von K. Beer wieder, die allseitig erwogen und nach meiner Überzeugung überall die richtigsten sind. Kern der Schrift ist eine in der ersten Hälfte des Jahres 1433 aufgesetzte lateinische Schrift, die den Titel hatte: '*Avisamentum concilii Basiliensis*', und in der Hauptsache mit dem ersten Teil unserer Schrift, der sich mit der Reform des geistlichen Standes beschäftigt, identisch war. Diesen ersten Entwurf übersetzte sein Verfasser bald danach, noch 1434, ins Deutsche (= x) und erweiterte ihn gleichfalls noch 1434 um das prohemium und den größten Teil der Reformation des weltlichen Standes (= x1). Im Anfang des Jahres 1439, nach Kaiser Sigmunds Tod (1437) formte er das mit manchen Zusätzen und Umgestaltungen zu der Urform aller uns bekannten Texte um (= x2); darin betonte er stärker als in den Vorentwürfen den unmittelbaren Anteil Kaiser Sigmunds an dem Text und dessen Auftrag zu seiner Abfassung (in fälschender Absicht), er faßte für 1439, wenn die Großen der Welt für die Reformation nicht sorgen wollten, eine revolutionäre Erhebung in Aussicht bzw. sagte sie voraus, die aber ausblieb. Von x2 sind alle unsere Texte in der Weise abgeleitet, die oben in Abschnitt 2 angedeutet ist. Dabei sind y und y2 Neubearbeitungen der Schrift durch den Verfasser selbst, sie sind vermutlich in geringem zeitlichen Abstande von einander kurz vor 1449, um 1448, geschrieben, angesichts der Erfolglosigkeit und drohenden Auflösung des Konzils mit Verschärfung der schon ursprünglich radikalen Tendenzen des Verfassers. Dagegen ist y1, die Vorlage unserer Hs. K, von einem Barfüßermönch in Basel in den 60er oder 70er Jahren des 15. Jh.s verfaßt und mildert besonders in der geistlichen Reformation —von der weltlichen ist in K nur der Anfang erhalten — vielfach den Radikalismus des ersten Verfassers. Die unmittelbare Vorlage unserer Fassung G (y3 + y4) ist auch noch vor 1449 verfaßt, aber von einem Laien in Basel. — Nach Bartoš wäre mit leichter Abweichung von den Ansichten von Beer die Fassung V in einem Zuge hinter einander um 1438/39, nicht in mehreren Stufen von 1434—1439 entstanden.

Der Inhalt der Hauptfassung der Schrift (V) ist folgender. Als Verfasser nennt sich Friedrich von Landnau (darum, daß er reichlich alle Lande zu Frieden setzt mit Kraft zu Land und alle Auen), einen Diener und Knecht der gemeinen Christenheit und Rat Kaiser Sigmunds. Der Kaiser selbst habe am Himmelfahrtstage 1403 zu Preßburg in Ungarn eine Vision gehabt, in der ihm eröffnet wurde, daß er die göttliche Ordnung auf Erden nicht vollbringen werde, sondern einer, der nach ihm kommen werde, ein Priester, der mit Gottes Kraft alles ausrichten werde. Den habe der Kaiser auch in Basel gefunden und ihn mit einem Kleide geehrt, ihm die heilige Christenheit und das Reich empfohlen, er solle ein Wappen haben, das ausführlich beschrieben wird; wie Christus, der arm und elend auf die Erde kam, werde er alles vollbringen. Eine Reformation muß bei Geistlichen und Laien stattfinden. Die Wurzel alles Übels ist bei den Geistlichen die Simonie und bei den Laien der Geiz. Die geistliche Reformation muß vom Papst bis zu den Pfarrern gehen; alle geistlichen Glieder der Kirche müssen feste Einnahmen erhalten, der Papst vom Kirchenstaat und den gesamten Besitzungen der Kirche, die Kardinäle vom Papst, die Erzbischöfe, Bischöfe, Domherrn, Pfarrer je in bestimmter Weise. Besonders muß das Kanzleiwesen, seine Taxen und Gebühren, überall ordentlich geregelt werden, die Empfänger dürfen nicht mit Sporteln bedrückt werden. Ein scharfer Gegner ist der Verfasser den Mönchen und Orden, seine besondere Sympathie gilt den Pfarrern (Weltgeistlichen). Sie sollen verheiratet sein, je zwei an einer Kirche, und Woche um Woche abwechselnd Gottesdienst tun. Die großen Besitzungen (Immunitäten) der Kirchen (besonders auch der Klöster und Orden) sollen säkularisiert werden und dem Reiche anheimfallen; kein Christ soll leibeigen, alle sollen frei sein, alle Zinse, Gülte und Geldlasten aller Art sollen abgelöst werden. In der weltlichen Reformation wendet sich der Verfasser gegen das Übermaß der Zölle, verlangt Instandhaltung der Wege von Bußgeldern, Aufhebung der Zünfte in den Städten, Ordnung der Gewerbe, der Kaufmannschaft, Aufhebung der Handelsgesellschaften, Freiheit des Waldes und der Gewässer. Dann folgt eine Ordnung des Ritterstandes, des Ärztestandes, daß jede Reichsstadt einen Arzt haben soll, die Ordnung von Gerichten und der Rechtsprechung; es soll niemand um Geldschuld gebannt, das Siegel- und Paßwesen soll geordnet werden. Es sollen vier Reichsvikare sein (in Österreich, Mailand, Savoyen und Burgund); es soll der Friede gesichert, der Fürkauf verboten, der Pfundzoll und die Aufnahme von Bürgern geregelt werden. Daran schließt sich die Traumerzählung Kaiser Sigmunds (oben Sp. 1010), dann folgen verspätet noch drei einzelne Reformkapitel über Münzwesen, Münzrecht und das Terminieren der Antonier und anderer Orden.

Die Schrift ist eine rein utopische Zusammenstellung populärer Forderungen von einem niederen Geistlichen. Sie will das Reich stärken, das *krank, plöd und swach* ist durch die Schuld der geistlichen und weltlichen Großen, der Kurfürsten, Erzbischöfe und Bischöfe. Dafür sollen die „Kleinen" sorgen, besonders die edlen Reichsstädte, nötigenfalls mit Gewalt und Revolution. Es soll alles wohlgeordnet und gesetzlich geregelt sein in Deutschland, wie in alter Zeit alles wohlgeordnet war und nur durch die Schlechtigkeit der Menschen verderbt worden ist. Ein gewisser Einfluß hussitischer Ideen ist unverkennbar.

Der Verfasser, der selbst der Priesterkönig Friedrich und Herr des Reiches hatte werden wollen, erlebte nur Enttäuschungen; die für 1439 angekündigte Erhebung blieb aus, von seinen phantastischen Gedanken wurde nichts verwirklicht. Er hielt aber hartnäckig an ihnen fest und gestaltete seine Schrift mehrmals in den vierziger Jahren um (y und y2). Seine eigene Person ließ er zurücktreten und schob dafür um so mehr den Kaiser als angeblichen Verfasser in den Vordergrund. Seine Hoffnungen auf die Reichsstädte wurden schwächer, dafür drohte er stärker mit der Revolution. Den zweiten Teil seiner Schrift (die weltliche Reformation) versah er mit einer neuen großen Einleitung, die aber aus denselben Quellen wie V gearbeitet ist. Die kommende Revolution setzte er nun auf 1449 an, ebenso vergeblich wie das erstemal auf 1439.

Auch andere arbeiteten seine Schrift noch um, ein Laie in Basel vor 1449 (y3 + y4 = G) und ein Barfüßermönch in Basel in den 60er oder 70er Jahren des 15. Jh. (y1 = K).

Dies und die Zahl der Hss. (12) und Drucke im 15. und 16. Jh. (4 + 5) zeigt den Widerhall an, den die Schrift gefunden hat, das rechtliche, wirtschaftliche und soziale Unbehagen weiter Volkskreise in dem in Umbildung begriffenen Reiche. Die Ausbildung der Einzelstaaten an Stelle des Einheitsreiches wurde dadurch nicht aufgehalten; „eine Trompete des Bauernkrieges", wie man die Schrift genannt hat, ist sie in gewissem Sinne sehr wohl, doch ist ihre Bedeutung allgemeiner und geht über die eines bloßen Symptoms für das Unbehagen des Bauernstandes hinaus.

Die Reformation Kaiser Sigmunds. Eine Schrift des 15. Jh.s zur Kirchen- und Reichsreform hrsgb. von K. Beer (Beiheft zu den Deutschen Reichstagsakten) 1933; vgl. dazu K. Beer *Zur Überlieferung der sogen. 'Reformation Kaiser Sigmunds'*, MÖIG 40 (1925), S. 205—233; derselbe *Zur Überlieferung und Entstehung der 'Reformatio Sigismundi'. Mit besonderer Berücksichtigung der neugefundenen Salzburger Hs.*, Wiener SB. philosoph.-histor. Kl. 206, 3. Abhdlg. (1927) S. 1—43; derselbe *Zur Entstehungsgeschichte der 'Reformation Kaiser Sigmunds'*, MÖIG. Egbd. XII (1932) S. 572—675; derselbe *Zur Frage nach dem Verfasser der 'Reformatio Sigismundi'*, MÖIG. 51 (1937), S. 161—177. F.M. Bartoš *Husitské ohlasy v. „Reformaci" césaře Zigmunde*, Reformačni sbornik V, 1934 (Husitische Anklänge in der R. d. K. S. Reformationsgeschichtliche Sammlung V, 1934). W. Boehm *Friedrich Reisers 'Reformation des K. Sigmund'* 1876 (Ausgabe). A. Doren *Zur 'Reformatio Sigismundi'*, Histor. Vierteljahrsschrift 21 (1922/23) S. 1ff. J. Haller *Überlieferung und Entstehung der sog. 'Reformation Kaiser Sigmunds'*, Festgabe von Fachgenossen und Freunden Karl Müller zum 70. Geburtstag dargebracht (1922) S. 103ff. P. Joachimsen

Die 'Reformation des Kaisers Sigmund', Histor. Jahrb. 41 (1921) S. 36ff. H. Weigel *Die Entstehung der sog. 'Reformation Kaiser Sigmunds'. Ein neuer Deutungsversuch*, Aus Politik und Geschichte, Gedächtnisschrift für G. von Below (1928), S. 128ff. H. Werner *Die 'Reformation des Kaisers Sigmund'. Die erste deutsche Reformschrift eines Laien vor Luther*, Archiv für Kulturgeschichte, III. Ergänzungsheft (1908).

B. Schmeidler.

Regenbogen, Barthel.

1. Der Meistersinger B. R. war ein Zeitgenosse Frauenlobs (s. d.). Genaue Jahreszahlen über R.s Leben anzugeben, ist unmöglich, da uns keine urkundlichen Nachrichten über ihn erhalten sind. Wir können nur ganz allgemein sagen: R. hat um 1300 gelebt und ist nach 1318 (Todesjahr Frauenlobs) gestorben. Daß R. Frauenlob überlebt hat, geht aus zwei Liedern hervor:

Die meister habent wol gesungen
her Frouwenlop Klingsôr und der von Eschen-
[bach,

ferner aus dem Lied:

Ich Regenbog' war tet ich ie mîn sinne?

In den beiden letzten Versen dieses Liedes heißt es:

dâ [im Himmel] *vinde ich meister Vrouwenlop,*
ouch an der stat sô vil der lieben geste.

Die Heimat R.s ist auf Grund dialektischer Reimbindungen, die sich in seinen Sprüchen finden, in Schwaben zu suchen; vielleicht stammt der Dichter aus Ulm. Von Beruf ist R. Schmied. Seinem Handwerk kehrt er jedoch den Rücken, um sich der Dichtkunst zuzuwenden. Er hofft, daß er durch Singen sich sein Brot leichter verdienen kann als durch Schmiedearbeit. Es scheint aber, daß er sich in seinen Erwartungen getäuscht hat. Sein Singen hat ihm wohl recht wenig eingebracht, denn verschiedentlich gibt er seiner Verstimmung deutlichen Ausdruck. Vielleicht hat R. auf die Gunst irgend eines Herren oder Fürsten gerechnet, die ihm aber nicht zuteil geworden ist. Die Frage, ob R. wirklich an Höfen gesungen hat, läßt sich schwer beantworten; Frauenlob gegenüber behauptet er zwar: *ich tar singen vor edeln vürsten und vor keiser rîch*; ich glaube aber, daß wir es hier nur mit Übertreibungen R.s zu tun haben, der dem Rivalen seine Überlegenheit beweisen will. Die Klage über den Geiz und die Kargheit der Fürsten läßt sich wohl aus der ganzen Zeitströmung erklären; ähnliches finden wir ja bei vielen Fahrenden. Nur einmal scheint er urkundlich aufzutauchen; August 1302 überreicht Otteli, Kämmerer des Herzogs Ludwig, *cuidam cantori dicto Regenbogen lib. II* in Mittenwald bei Sterzing (Forschgn. u. Mitteilgn. z. Gesch. Tirols 8 [1911] S. 6).

Den Fahrenden ist auch R. zuzurechnen. Von seinem Heimatlande Schwaben ist er aufgebrochen und nach Mainz gewandert. Hier in Mainz ist er nach 1300 mit Frauenlob zusammengetroffen und hat mit ihm den berühmten Wettstreit ausgetragen, ob *vrouwe* oder *wîp* die würdigere Bezeichnung für die Frau sei. Auch über seinen Mainzer Aufenthalt wissen wir nichts Genaues. Wir können nur vermuten, daß er in Mainz geblieben, und daß er hier gestorben ist (nach 1318).

Sein Bild in der Großen Heidelberger Handschrift: auf dem Bilde befinden sich zwei Personen, der Dichter mit dem Hammer und neben ihm einer, der feilt (der Merker?). Sein Wappen führt im silbernen Feld Hammer und Zange.

2. Sprüche. Insgesamt besitzen wir von R. 35 Sprüche; von diesen sind 25 in seinen eigenen Tönen komponiert (7 in der Briefweise, 15 im grauen und 3 im langen Ton) und 10 in Tönen Frauenlobs (5 in Frauenlobs langem Ton und 5 in dessen *zukwîse*). Enthalten sind die Sprüche in folgenden Handschriften: Cod. Pal. Germ. 848, Kolmarer Hs. (= cgm. 4997), Münchener Hs. cgm. 351, Heidelberger Papierhs. Nr. 392, Weimarer Hs. Fol. 418.

3. In ihnen behandelt R. verschiedene Stoffe; er schildert die Stellung der Stände, preist die Frau, zieht vor allem die Kunst in den Kreis seiner Betrachtungen und läßt sich über religiöse Fragen aus.

Über die Aufgaben der Stände (Priester, Ritter, Bauer) vermag R. uns nur ganz alltägliche Dinge zu sagen; der Grund hierfür liegt vielleicht darin, „daß damals nach Kaiser Rudolfs kräftiger Herstellung des Reichsfriedens der Bürgerstand, welchem R. selber angehörte, solcher Mahnung [Aufforderung zur Einigkeit] weniger bedurfte".

In einem Spruch besingt er die fünf Tugenden, die eine Frau besitzen muß: *wîplich êre, zuht, bescheidenheit, kiusche, milte.*

Im Mittelpunkt seiner Dichtung steht die Sangeskunst. Er preist die sieben freien Künste, deren Studium für den Meistersinger unbedingt notwendig war. Daß ihm die Bedeutung und die Aufgabe der einzelnen Künste zum Teil gar nicht klar gewesen sind, zeigt seine Bemerkung über die *Astronomîa.* Über diese sagt er nämlich:

Astronomîa diu vil sueze lêret
reine milt wesen, (mîden) unbescheidenheit.

Die Frage, was denn die *Astronomîa* mit diesen Dingen zu tun habe, hätte uns R. wohl selber kaum beantworten können. Auch von den übrigen Künsten hat er recht unklare Vorstellungen. — Daneben betont er den Einfluß des Gesanges auf den Menschen und hebt die veredelnde Wirkung der sieben freien Künste hervor. Er gibt Lehren, wie man ein rechter Singer wird; als leuchtende Vorbilder nennt er die Meister *Frouwenlop, Klingsôr, Wolfram, den edeln Marner, den starken Boppe, Kûnrât von Wirzeburc.* Zweierlei hebt er bei ihnen vor allem hervor: sie haben Zahl und Reim genau beachtet. Sich und seine Kunst stellt er gern in den Vordergrund.

4. Vor allem möchte er e i n e m Meistersinger — Frauenlob — seine Überlegenheit zeigen. Ihm gegenüber streicht er sich ganz besonders heraus. Beide Meister sind zuerst wahrscheinlich in Mainz zusammengetroffen. Hier hat sich Frauenlob über R. lustig gemacht; denn in R.s Sprüchen finden wir verschiedentlich Hinweise auf Frauenlobs Übermut und Stolz. So tadelt er dessen Überheblichkeit, die ihn sogar dazu verleitete, sich über Reinmar, Wolfram und Walther zu stellen. Die große Rivalität, die zwischen beiden herrschte, tritt klar zutage in ihren Streitliedern und Rätseln. Uns sind zwei Streitlieder und zwei Rätsel erhalten. R.s Sprüche in dem einen Streitlied sind weiter nichts als Scheltsprüche; so nennt er Frauenlob *gum, giemolf, narre, tôre.* In diesen Sprüchen erkennen wir nicht das eigentliche Streitlied, wie es von den Meistersingern gepflegt wurde. Das tritt uns in dem zweiten Streitlied entgegen: dem Streit um *wîp* und *vrouwe.* Wir haben es hier mit einer Disputation zu tun. R. und Frauenlob disputieren darüber, ob der Bezeichnung *wîp* oder *vrouwe* der Vorzug zu geben sei. Rede und Gegenrede folgen aufeinander. Die beiden Meister fechten einen wissenschaftlichen Streit miteinander aus. Frauenlob tritt für *vrouwe* ein, während Regenbogen — wie Walther 48, 38 — sich für *wîp* einsetzt. In diesen Streit hat Rumsland v. Sa. (s. d.) eingegriffen und ihn zu entscheiden gesucht: *wîp ist ir êrste name, dâ von sint vrouwen ûf gedrouwen.* In einem zweiten Spruch, den Panzer für echt hält — *künd ich in disem kriege nû geschaffen, daz* — erachtet Rumslant den ganzen Streit nicht einer Henne Fuß wert.

Neben den Streitliedern haben wir noch zwei Rätsellieder. Das eine besteht aus zwei Sprüchen, dem Rätsel Frauenlobs und der Lösung R.s (Rätsel vom Antichrist). Rätsel waren bei den Meistersingern sehr beliebt. Im Vordergrund steht bei diesen Dichtern eben das Bildungserlebnis; dies ist die treibende Kraft. Das Können, die Wissenschaft steht ihnen oben an; so sagt z. B. R., als er das Rätsel löst, zu Frauenlob: *sich, meisterlîn, mich dunket wol, dîn kunst diu muoz sich neigen,* er will durch das Wort *kunst* eben zum Ausdruck bringen, daß er mehr kann als Frauenlob, daß er diesem im Denken überlegen ist. — Das zweite Rätsellied ist eine allegorische Ausdeutung der Mühle im geistlichen Sinne, ein Thema, das u. a. auch Muskatblüt (s. d.) behandelt hat. R. gibt das Rätsel auf, das er selber löst, da Frauenlob es nicht errät. Auch hier sucht R. möglichst dunkel zu sein, um recht gelehrt zu erscheinen. Die Freude R.s am Ausdeuten und Allegorisieren geht auf scholastischen Einfluß zurück.

5. Der Einfluß, den die Geistlichkeit der damaligen Zeit auf die Dichtung ausübte, tritt auch in R.s Sprüchen deutlich zutage. In einer Reihe von Sprüchen lobt er Gott und preist die Jungfrau Maria. Er dankt Gott für die Sangeskunst, die dieser ihm verliehen, er sagt, daß der Gesang im Himmel sehr geschätzt werde. In andern Sprüchen vertraut er auf Gott und bittet ihn um Gnade; einmal spielt er auf seine Armut an und bittet Christus, doch dafür zu sorgen, daß er im Himmel keine Not zu leiden brauche. Die Jungfrau Maria ruft er als Mittlerin an in dem Liede: *Ich Regenbog', war tet ich ie mîn sinne?* R. singt diese Sprüche in der *zukwîse* Frauenlobs, den er aber um Erlaubnis bittet; bekanntlich war es einem Meistersinger verboten, in dem Tone eines anderen Meisters ohne dessen ausdrückliche Genehmigung zu singen. Ich glaube, man kann das Lied als Nachruf für Frauenlob gelten lassen. R. scheint wirkliche Trauer über Frauenlobs Tod zu empfinden, so daß wir annehmen können, daß sich sein Verhältnis zu dem alten Rivalen im Laufe der Jahre gebessert hat.

6. Stil. R.s Stil ist einfach; zwei Elemente sind in seinem Stil zu unterscheiden, einmal seine volkstümliche Ausdrucksweise und zum andern die Redeweise des gelehrt sein wollenden Dichters. Wirklichen poetischen Schwung finden wir in keiner seiner Dichtungen, geringe Ansätze weist nur das Lied: *Ich Regenbog' war tet ich ie mîn sinne* auf; sonst erzählt er ganz ruhig. Lebhaftigkeit können wir nur in seinen Scheltsprüchen feststellen, hier verfällt er aber in derbes Schimpfen. Seinen Wortschatz holt sich R. aus der ritterlichen, geistlichen und volkstümlichen Sprache.

7. Bedeutung. R. vertritt Frauenlob gegenüber die alte Kunstübung; er setzt sich ein für Wolfram, Walther und Reinmar; er fühlt sich als deren unmittelbaren Nachfolger. Er kann sich aber andererseits der neuen Richtung, die unter geistlich-scholastischem Einfluß steht, nicht verschließen; dieser tritt deutlich zutage in seinen Sprüchen [Preis der sieben freien Künste; diese geben Stoff und Gehalt für die Dichtungen der Meistersinger; sie geben ihnen feste Stützen in allen Streitfragen und verleihen ihnen den Schein von Gelehrsamkeit (vgl. Stammler Dt. Vjschr. 1, 1923, S. 529 ff.); Rätsel und Streitlieder und endlich die starke Betonung des Religiösen]. R. fehlt jegliches Gefühl dafür, daß eine ganz anders gerichtete Zeit angebrochen ist. Er ist der Typus des bürgerlichen, gelehrt sein wollenden Dichters, dessen Sprüche arm sind an Gehalt, Sprache und Reim. — Die Bedeutung des Dichters für die deutsche Literaturgeschichte liegt eher in der „halb mythischen Rolle", die er bei den späteren Meistersingern gespielt hat. Diese haben ihn unter die zwölf Meister eingereiht; bei Wagenseil ist er der achte, bei Puschman der erste der fünf bürgerlichen Meister. Dieses sein Ansehen erklärt sich wohl aus dem „erstarkten Selbstgefühl des Bürgertums". Die Bürger wollten und konnten ihre Lieblingskunst nicht ausschließlich anknüpfen an die ragende Gestalt jenes gelehrten Theologen (Roethe). Sie sahen sich um nach einem leuchtenden Vorbild, das aus ihrem Stande hervorgegangen war, und fanden dies eben in dem Schmied Barthel Regenbogen. Eine Reihe von Tönen wurde komponiert und ihm zugeschrieben: der blaue, goldene, grüne, braune Ton, die Torenweise u. a. m. In jeder Meistersingerhandschrift finden wir eine stattliche Anzahl von Liedern, die in echten Tönen R.s (Briefweise, grauer, langer Ton) komponiert sind; aber ebenso häufig enthalten diese Handschriften Lieder, die in einem der Regenbogen fälschlich zugeschriebenen Töne komponiert sind.

Herm. Kaben *Studien zu dem Meistersinger Barthel Regenbogen.* Diss. Greifswald 1930.

H. Kaben.

Regensberger, Leonhard, 1468 Superior des Dominikanerstiftes in Ofen (Ungarn), im nächsten Jahre Mitglied des Kaschauer Ordenshauses, schrieb 1462 eine '*Passio Adonaii domini nostri Jesu 1462 bistextilis. Egressus Jesus trans torrentem*', die er mit deutschen Glossen versah.

Hs.: E. Varju *A gyulafehérvári Batthyány-köngotár* (Die Batthyány-Bibliothek in Weißenburg), Magyar Könyvszemle 1901 S. 35. Vgl. L. Kemény *Adalékok a kassai könyvmásolók, könyvkereskedök és könyvmyomtatók történetéhez* (Beiträge zur Gesch. der Buchkopisten, Buchhändler und Buchdrucker in Kaschau), Magyar Könyvszemle 1910 S. 188 ff. E. Békesi *Magyar irók Hunyadi Mátyás korából* (Ungarische Schriftsteller aus der Zeit König Matthias' Corvinus), Katholikus Szemle 1902.

B. v. Pukánszky.

Regensburg, s. Albrecht, Andreas, Berthold, Lamprecht u. Nikolaus v. R.

Regensburg, Burggraf von.

Cod. Pal. Germ. 848 (C), Bl. 318a = Pfaffs Abdruck Sp. 1026. Kleine Heidelberger Handschrift Nr. 357 (A), Bl. 37*b* (*Liutolt von Seven)*; 39a: *Der burggrave von Regensburc* = Pfeiffers Abdruck (Stuttg. Lit. Ver. IX) S. 227; 238.

1. Die Burggrafschaft von Regensburg, die sich auch über einen Teil des Donaugaues erstreckte, war ein Reichslehen, das die Herren von Steffling (*Stevening*) und Riedenburg (s. d.) von 970—1185 inne hatten. Die Hs. *C* legt dem Sänger das Wappen der Reichsstadt bei, 2 gekreuzte silberne Schlüssel im roten Feld.

2. Die hervorragendste Persönlichkeit des Geschlechtes war Heinrich III. (1143 bis 1174/77). Er war durch seine erste Gemahlin, die Babenbergerin Berta (eine Tochter des hl. Leopold), mit den Hohenstaufen versippt und erscheint häufig in der Umgebung Konrads III. und Friedrichs I. Um 1150 vermählte er sich mit einer Gräfin von Öttingen, begleitete 1162 Heinrich den Löwen zum Reichstag von Dôle in Burgund (MB. X, 17) und unternahm 1167 eine Pilgerfahrt ins Hlg. Land. Seine Söhne aus erster Ehe waren Friedrich (1150—1181) und Heinrich IV. (1176—1184). Ihr Stiefbruder Otto ist bis 1185 nachweisbar. Da alle Brüder den Titel eines Burggrafen von Regensburg führten, auch schon zu Lebzeiten ihres Vaters, so steht für den Minnesänger nicht nur Heinrich III., sondern auch jeder seiner drei Söhne zur Erwägung. Doch spricht das altertümliche Gepräge der Lieder für den Vater oder auch (was bisher den meisten Anklang fand) für den ältesten Sohn Friedrich. Dieser ist auf den Hoftagen zu Eger, Augsburg, Regensburg und Nürnberg anwesend (1179—1181) und weilt vorher (1150—1178) oft in Österreich, wo seinem Hause als Mitgift der Mutter die Donauburg Persenbeug und Liegenschaften im Mühlviertel und im Machland (zwischen Aist und Naarn) zugefallen waren. Das macht persönliche Beziehungen der beiden Burggrafen zu ihrem Anrainer Dietmar v. Aist (1139 bis 1171; s. d.) überaus wahrscheinlich.

3. Die überlieferten 4 Strophen gehören 2 Tönen an, die sich als Umbildungen des lyrisch-epischen Vierzeilers darstellen. Im ersten Ton ist der Rhythmus so streng alternierend gehalten, als hätte hier schon das romanische Vorbild eingewirkt; doch sind die Hebungen noch nach alter Weise abgestuft. In der einen Strophe bekennt die Frau (oder das Mädchen), in Treuen einem trefflichen Ritter *undertân* zu sein, dem seine Vorzüge die Liebe aller Welt erwerben. In der andern weist sie trotzig jeden Versuch zurück, ihr den Liebsten auszureden. Im „Wechsel" des 2. Tons klagt der Ritter, daß seine Sommerfreude, die ihm für die winterlange Trennung verheißen war, nun von den Merkern gestört werde. Nur ein Heilmittel gäbe es für sein wundes Herz, die Minne seiner *frouwe.* Sie wiederum grollt ihren Hütern und gedenkt einer Liebesnacht mit ihrer Wonne und ihrem Abschiedsweh.

4. Es sind die alten und ewig neuen Motive aller Liebesdichtung, die hier nur durch die Stichworte *ritter, frouwe* und *merker* als Minnesang gekennzeichnet ist. Aber noch fehlt die romanische Note: das schmachtende Werben um die sich spröde versagende Dame, der *dienest.*

Die Liebe ist noch nicht zum höfischen Spiel geworden; sie redet eine Sprache, die jedes rhetorischen und poetischen Schmuckes bar ist und gerade durch ihre schlichte Wahrhaftigkeit zu Herzen geht. Die Frauenstrophen überwiegen, denn der *ritter gût* (vgl. 4, 27; 39, 4) legt weichere Gefühle, deren Bekenntnis seinem Mannesstolze noch schwer fällt, der Frau in den Mund.

5. Die 3 Liedchen des ersten fürstlichen Minnesängers gehören mit den Kürnbergliedern (s. d.), ein paar Strophen Meinlohs (s. d.) und Dietmars und vereinzelten andern, die unter den Namen Kaiser Heinrich (s. d.), Waltram v. Gresten (s. d.) und Walther v. Metz (s. d.) überliefert sind, zu den wertvollen Resten heimischer Ritterdichtung vor dem Siege der Trobadorpoesie.

HMS. Nr. 109. LD. Nr. V. MF. Nr. IV. Theod. Mayer Archiv f. Kunde österr. Geschichtsquellen 12 S. 249—266. Manfred Mayer *Gesch. d. Burggrafen v. Regensburg*. Münchener Diss. 1883. Scherer *Deutsche Studien* 2 S. 27ff. (^{2} 2 S. 86ff.) = WSB. 74 S. 437ff. Lehfeld PBB. 2 S. 370f. Burdach ADB. XXVII S. 550—552 = *Reinmar u. Walther* ^{2}1928, S. 359—361.

Anton Wallner.

'Das Regimen'. So betitelt sich eine astronomisch-medizinische Schrift, die in der Darmstädter Hs. 2781 (4), XV. Jh., erhalten ist, Bl. 2a—91b; doch fehlen innerhalb des Textes große Teile infolge Blattverlustes. Die Schrift ist eingeteilt in 7 Kapitel und handelt von den 12 Monaten samt ihren Eigenschaften, von den 7 Planeten samt ihren Einflüssen, von den 12 Himmelszeichen, von den 4 Jahreszeiten, den 4 Planeten und den 4 Komplexionen der Menschen. Bis hierher gehen die gereimten Teile, soweit man urteilen kann; denn gerade hier findet sich eine große Textlücke. Dann beginnen in Prosa die medizinischen Stücke: Von der Ordnung der Gesundheit, von den schwangeren Frauen, von der Pestilenz, vom Essen, Trinken und Aderlassen in den einzelnen Monaten, von den Kräutern. Für Zeichnungen sind im 1. Teil Räume ausgespart und mit Anweisungen versehen. Viele astronomische und Kalendertafeln dienen ebenfalls der Erläuterung. Die Sprache weist nach dem alemannischen Gebiet, wohl dem Elsaß. Da es sich um das Autograph des Verfassers zu handeln scheint, verdiente die interessante Schrift eine nähere Untersuchung.

W. St.

Regino v. Prüm, s. Nachtrag.

Reichenau, s. Berno v. R. und Nachtrag: Hermann v. R.

Reichenbach, s. Peter v. R.

Reichental, s. Ulrich v. Richental.

Reicher, s. Richerus.

Reichersberg, s. Bartholomäus u. Magnus v. R.

Reichersberg, Gerhoh von (1093 bis 1169). Der Beiname nach dem Ort, an dem G. fast vier Jahrzehnte bis zu seinem Tod als Propst wirkte.

1. Über das Leben G.s erfährt man viel aus der kurzen, aber gehaltvollen Biographie, die der Presbyter Magnus, (seit etwa 1160 Diakon in Reichersberg, 1195 †) wohl nicht lange nach G.s Tod in die Chronik des Stiftes Reichersberg einfügte (her. von W. Wattenbach MGH. SS. 17, 490ff.). Dazu kommen die eigenen Angaben G.s in den Werken.

Geboren wurde G. 1093, wie aus dem Vermerk *expletis annis vite sue LXXVI* zum Todesdatum in der einen Rezension des '*Chron. Magni*' zu erschließen ist, vielleicht nicht, wie man bisher annahm, in Polling selber (Magnus: *in domo paterna seu patria, que Pollinga dicebatur*), sondern, wie Alfred Schröder im Archiv für die Gesch. des Hochstifts Augsburgs 6, (1929) S. 806ff. vermutet, aus dem Geschlecht der Pollinger Untervögte, der Edelfreien von Weilheim (nicht weit nördlich von P. im südwestl. Oberbayern). Der Vater starb früh. Die Mutter und ihr zweiter Mann gingen 1123 ins Kloster, ebenso die fünf Brüder bzw. Halbbrüder G.s und wohl auch ihre sechs Schwestern. In der heimatlichen Klosterschule fiel G. durch geistige Gewandtheit und Gedächtniskraft auf; im Umgang mit den Spielkameraden war er ungelenk. Eine schwere Krankheit im Alter von 16 oder 17 Jahren bestimmte ihn zum geistlichen Beruf. Er besuchte die Schulen zu Freising und

Moosburg, zur höheren Ausbildung die von Hildesheim. Nach der Rückkehr in die Heimat wurde er bald als Magister an die Domschule zu Augsburg berufen. Er gewann die Zuneigung des Bischofs Hermann, wurde Domkanonikus und -diakon.

Hier wurde ihm allmählich bewußt, daß das Treiben der Weltgeistlichkeit, an dem er teilnahm, zu weltlich und seine Anschauung zu freigesinnt war. Ein Eremit und die Kirchenväter belehrten ihn, daß der weltliche Kleriker keinen Privatbesitz behalten darf. Im Investiturstreit, in dem der weltlich gesonnene Bischof Herrmann auf seiten Kaiser Heinrichs V. stand und gebannt wurde, hielt G. anfangs auch zum Kaiser, wandte sich aber dann der Partei des Papstes zu. Als er den Gegnern das Abendmahl verweigerte, stellte sich die ganze Stadt gegen ihn, so daß er ins Chorherrenstift Raitenbuch (Rottenbuch bei Oberammergau) flüchtete. Nach dem Abschluß des Wormser Konkordats (1122) holte ihn Bischof Herrmann wieder zurück. 1123 nahm er ihn aufs Laterankonzil mit, um in ihm bei der Aussöhnung mit dem Papst einen Helfer zu haben.

Etwa 1124 war die innere Wandlung zum Bruch mit der bisherigen Umwelt gediehen; er zog sich für immer ins Kloster zurück und ging wieder nach Raitenbuch und wurde zum Vorkämpfer strengkirchlicher Einstellung. Die Ordensregel, nach der die Augustinerchorherren bis dahin gelebt hatten (*Excerptum de dictis sanctorum de vita canonica*), schien ihm nicht mit der Regel Augustins übereinzustimmen. Da er davon kein Exemplar in seinem Orden auftreiben konnte, ging er 1125 mit einigen Brüdern nach Rom, um vom Papst den echten Text zu erhalten. Danach rief ihn Bischof Kuno von Regensburg zu sich, der ihn für seine Reformbestrebungen gut gebrauchen konnte; er weihte ihn 1126/7 zum Priester und gab ihm die Pfarre Cham. Als er ein *cenobium communis vite* gründen wollte, wurde er durch Anhänger Konrads von Staufen wieder nach Regensburg getrieben; er hatte sich wie sein Bischof für Lothar von Sachsen erklärt. Nach Kunos Tod (1132) holte ihn Erzbischof Konrad von Salzburg zu sich, schickte ihn mehrmals als seinen Gesandten an die römische Kurie und machte ihn 1132 zum Propst des Augustinerchorherrenstifts Reichersberg, südlich von Schärding am unteren Inn. In den 37 Jahren als Propst führten ihn nur Reisen in seinem Beruf öfter, aber nie auf lange Zeit aus Reichersberg. Als dritter Propst (das Stift wurde 1084 gegründet und hielt sich als einziges Kloster des Innviertels bis heute) brachte er es materiell und geistig zur höchsten Blüte, die nur noch unter seinem ihm als Propst folgenden Bruder Arno andauerte. 1138 gründete er ein Frauenkloster mit einer Marienkirche, das 300 Jahre bestand. Was er in seinen Schriften äußerte, setzte er hier in die Tat um. Er führte aber nicht nur strenge Zucht ein und machte Reichersberg zu einem „deutschen Clugny", sondern kämpfte auch unermüdlich für die Rechte des Stifts, suchte es von weltlicher Gewalt freizuhalten und auf jede Weise wirtschaftlich zu heben.

Über diesen Wirkungskreis hinaus führte er den Kampf gegen die Verweltlichung der Geistlichkeit, für Reform der Kirche an Haupt und Gliedern weiter, der seine Lebensaufgabe wurde. In Wort und Schrift trug er seine Ideen den führenden Kirchenfürsten vor, am meisten der römischen Kurie, um sie zur tatkräftigen Durchführung seiner praktischen Reformvorschläge zu veranlassen. Furchtlos übte er an Kirche und Staat, Papst und Kaiser Kritik und mühte sich, Regnum und Sacerdotium miteinander zu versöhnen. Die Päpste stützten und ermutigten ihn lange Zeit, besonders Eugen III. Um so kühler verhielten sich die beiden Nachfolger. Alexander III. aber suchte ihn für sich zu gewinnen. Auch Kaiser Friedrich I. achtete ihn, obwohl er sich offen gegen dessen Papst erklärte; er bereitete ihm freundliche Aufnahme und deutliche Gunstbezeugungen und würdigte ihn einer hochpolitischen Unterredung.

Durch sein reformatorisches Wirken machte sich G. viele Feinde und setzte sich mancher Verleumdung und Verfolgung aus. Am unruhigsten wurde sein Alter. Das Schisma von 1159 bereitete ihm Sorge und Kummer, zumal er sich längere Zeit für keinen der beiden Päpste entscheiden konnte. Nach Eberhards Tod (1164) wurde der neue Salzburger Erzbischof Konrad II., der auf Seiten Alexanders III. stand, vom Kaiser nicht belehnt und überdies geächtet. Das Erzbistum wurde geplündert und verwüstet. G., der aus seiner Feindschaft gegen den kaiserlichen Papst Paschalis III. kein Hehl gemacht hatte, mußte zeitweilig aus Reichersberg fliehen. Hinzu kam körperliches Leiden. Am 27. Juni 1169 starb er in Reichersberg, nachdem er noch bis kurz davor gepredigt hatte.

2. Die Werke G.s gehören größtenteils zur Gattung der Streitschrift. Darin nahm er zu allen Fragen der Religion und Politik seiner Zeit polemisch Stellung und suchte im Abendland für seine Ideen zu werben. Seine Schriften sind verschieden im Umfang; einige füllen nur wenige Folioblätter, andere sind in mehrere Bücher eingeteilt. Die meisten haben die Form der Abhandlung, einige kleinere heben sich kaum merklich als Briefe ab. Mehrere Male ging G. zum Dialog über, um seine eigene Ansicht gegen die seiner Gegner lebendiger vorzuführen. Daß in vielen Schriften die Gedanken und Forderungen dieselben sind, liegt im Wesen der Kampfliteratur. Immer wieder mußte er auf die Mißstände und die Notwendigkeit der Reform hinweisen, immer mehr sich gegen seine dogmatischen Gegner wenden.

Er war einer der fruchtbarsten Schriftsteller des Mittelalters. Nicht wenige Schriften sind nachweislich verloren, so drei von den im '*Chron. Magni*' aufgezählten: 1. *Diversa opuscula et scripta ad ipsos Frisingenses*, 2. *Plurima scripta ad episcopum Pragensem Danielem*, 3. *Epistule, quas ad diversos diversis temporibus scripsit, in registro et epistolario suo libro in duobus voluminibus* (Briefeditionen s. Literaturübersicht am Ende); ferner etwa fünf weitere, ein Traktat an Papst Innozenz II. gegen Schüler des Petrus Abaiolensis, s. Pez VI, 1 S. 563; ein anderer, der aus einem Vortrag in Rom *contra quendam Arnoldinum valenter literatum* auf Papst Eugens Bitten hin erweitert niedergeschrieben wurde, s. bei Sackur S. 296; '*Opusculum de anima Christi*', s. Migne 194 Sp. 1135; wohl ein Brief an Bischof Johannes von Ostia (*quod Petrus cum suis consentaneis pertineret ad corpus filii perdicionis*), s. bei Sackur S. 238; Brief an Papst Hadrian IV., s. bei Sackur S. 289. — Außer dem '*Liber de fide*' (s. u. 7) sind noch nicht ediert: '*Opusculum, utrum Christus homo sit filius dei naturalis*' in cod. memb. s. Petri Salisb. VI, 33, s. Bach S. 114; '*Sermones XXXI conscripti ab auctoris fratre Arnone*' in cod. Vindob. 1558. (Arno sagt Bl. 2b, er habe hinzugefügt, *quod nostre quoque humilitati ad edificacionem ecclesie sancte divino fuerit spiritu suggestum.*)

G. wurden fälschlich zugeschrieben: '*Libellus de vita et miraculis beatorum Berengarii et Wirntonis, abbatum Formbacensium*', s. W. Wattenbach GQ. II (1894) S. 310; S. Riezler FDG. 18 S. 547; Holder-Egger MGH. SS. 15, 2 S. 1126; '*Libellus de assumpcione dei genitricis Marie*' (clm. 2586, 14348), s. H. H. Jacobs in ZfKg. 50 (1931) S. 368 Anm.; '*Visio Tundali*', bei der mehrere Hss. G. als Verfasser nennen, s. A. Wagner *Visio Tnugdali* 1882, bes. S. XXIff.

3. Im Alter von einigen dreißig Jahren, als er die Priesterwürde erlangt hatte, begann er seine schriftstellerische Tätigkeit. Zwischen 1126 und 1132 schrieb er das '*Opusculum de edificio dei*' mit 182 Kap. (her. von Pez II, 2 S. 224ff.; Migne 194 Sp. 1185ff.; z. T. Sackur S. 136ff.). Bischof Kuno von Regensburg hatte ihn dazu veranlaßt (s. den Prolog), auf ihn geht auch der Titel zurück, ihm gilt die Widmung. Erhalten ist nur die Bearbeitung von 1138, die G. einem Priester wohl in Freising widmete. Um nicht wie beim erstenmal falsch verstanden zu werden, hatte er das Ganze überprüft und manches geändert (s. den 2. Prolog). Er entwarf darin ein großes Reformprogramm, das Bischof Kuno ausführen sollte, und zeigte, wie das Haus Gottes, die Kirche, eingerichtet sein und welche Aufgaben jeder Stand erfüllen soll. Er geißelte die Verweltlichung der Bischöfe, die Habsucht und Simonie, das Vikarienwesen,

das Eindringen der Laien in geistliche Ämter, die Übergriffe der kirchlichen Ministerialen und forderte vor allem, den Weltklerus der kanonischen Regel zu unterwerfen.

Die '*Epistola ad Innocencium papam missa, quid distet inter clericos seculares et regulares*', auch kürzer '*Dialogus de differencia inter clericum secularem et regularem*' genannt (her. von Sackur S. 202ff.; dazu Vindob. 1736 mit der ausführlicheren, späteren Form) verfaßte er in Raitenbuch und sandte ihn Anfang 1131 dem Papst zu, als er sich nach Lüttich begab. Er bat um ein Edikt für alle deutschen Bischöfe, in dem der Papst die *Vita irregularis* des Antichrists unterdrücken und die *Vita apostolica Christi* einführen soll. Diese Forderung hatte er schon beim ersten Werk in Rom mündlich erhoben, Papst Honorius hatte sie aber abgelehnt. Im Zwiegespräch mit einem Weltgeistlichen weist ein Ordensgeistlicher nach, daß er allein die ursprüngliche und wahre apostolische Lebensweise führe und nur er die kirchlichen Handlungen vornehmen dürfe.

4. Die übrigen Werke fallen in die Reichersberger Periode. Dem '*Libellus de eo, quod princeps mundi huius iam iudicatus sit*', abgekürzt als '*Liber de Simoniacis*' (her. von Sackur S. 239ff.) liegen zwei Disputationen mit Bernhard von Clairvaux voraus; 1133 darüber, daß die von den außerhalb der Kirche stehenden Klerikern verabreichten Sakramente ungültig seien, in Rom vor dem Papst, der ihn wegen dieser in der '*Epistola ad Innocencium papam...*' verfochtenen und von andern bekämpften Ansicht vor sich zitiert hatte und ihm nun zustimmte; 1135 über dieselbe Frage in Bamberg mit seinen Gegnern, wobei sich Bernhard neutral verhielt. Da sich ihm dabei keine Gelegenheit bot, sich mit Bernhard ganz auszusprechen, schrieb er ihm seine Ansichten auf, schickte ihm den '*Libellus*' versiegelt und überließ ihm die Weitergabe. Er suchte darin festzustellen, welche Gruppen zu den *incestuosi clerici* rechnen, und zu beweisen, daß die Sakramente dieser Leute keine Wirkung haben; er wollte Bernhard auf seine Seite ziehen. In der zweiten Fassung des Schlusses, in der er die andere etwas umstellte, sonst aber wörtlich übernahm und um ein beträchtliches Stück erweiterte, indem er den Brief an Bischof Berthold von Hildesheim heranzog und ihn z. T. auf den Salzburger Erzbischof umdeutete, fügte er vor allem Klagen über die Simonie hinzu.

Auch der '*Libellus de ordine donorum s. spiritus*' (bisher nur zum kleineren Teil her. von Sackur S. 273ff.) geht auf einen Vortrag an der Kurie zurück. Als dort G. etwa 1142 gegen die *Simoniaci* und *Nicolaiti* Beschwerde führte und Strafe für ihre Exzesse forderte, verglich er die Kirchengeschichte im Anschluß an Rupert von Deutz, der sie nach den sieben Gaben des heiligen Geistes gedeutet hatte, mit den sieben Posaunen der Apokalypse; die sechste von ihnen sollte jetzt gegen die Anhänger des Simon Magus und Nicolaus Fornicator geblasen werden. Über diesen Symbolismus erregte er bei den Kardinälen Verwunderung und sah sich veranlaßt, in einer Schrift ausführlicher darauf einzugehen. Er widmete sie den Kardinälen Gerhardus Cancellarius, Magister Guido und Domnus Goizo. Nach den Angaben J. Bachs (S. 116f.) ist hier der Psalmenkommentar (s. u. 7) zusammengefaßt. Nachdem G. über die pflichtvergessenen Bischöfe geklagt und seine Meinung über das Verhältnis von Regnum und Sacerdotium auseinandergesetzt hatte, gab er im ersten Buch einen Überblick über die ganze Kirchengeschichte vom Symbolismus aus, legte die Art seiner Exegese dar und diskutierte die christologische Frage.

Zwei umfänglichere Briefe um 1150 haben die Christologie zum Thema. Im '*Tractatus, quomodo secundum s. Hilarium glorificaturus filium pater maior, glorificatus autem filius minor non sit*' (her. von Pez I, 2 S. 315ff.) machte G. gegen die Auffassung Bischofs Eberhard von Bamberg, an den er ihn auch richtete, Front, als ob G. einen Gegensatz zwischen Hilarius und Athanasius konstruiert habe. Der zweite, an Otto von Freising gerichtet, ist wohl gemeint mit dem '*Opusculum contra discipulos Petri Abaelardi'* im '*Chron. Magni'*. In ihm wandte er sich gegen die Irrlehren Gilberts de la Porrée, die er in einem Otto von Freising gewidmeten Werk fand (her. von Pez VI, 1 S. 565ff.).

Nachdem er seine Reformideen in dem großen Kommentar zum 64. Psalm dem Papst Eugen III. dargelegt hatte (s. u. 7), sandte er an Hadrian IV. (1154—59; der Eugen folgende Anastasius IV. hatte nur kurz regiert) einen Brief durch den Bamberger Bischof und dann *ausu necessario* eine besondere 48 Kapitel umfassende Schrift '*Liber de novitatibus huius temporis*', die sein Bruder Rüdiger dem Papst 1156 in Benevent überreichte. Darin verlangte er neue Beschlüsse gegen die Schäden der Kirche und gegen die Irrlehren Abälards und Gilberts (her. von O. J. Thatcher *Studies concerning Adrian IV*. S. 36ff. in: The decennial publications of the university of Chicago I, 4, 1903; z. T. von Sackur S. 288ff.).

5. Das bedeutendste Werk G.s sind die drei Bücher '*De investigacione Antichristi*' (her. von F. Scheibelberger 1875; das erste Buch auch von Sackur S. 304ff.; ein Teil der ersten Hälfte dieses Buchs von Migne 194 Sp. 1443ff.). Die erste Fassung, die nicht erhalten ist, hatte er den römischen Kardinälen Hugo und Hyazinth geschickt und mußte sie als verloren betrachten, da er sie auf seine Bitten nicht wiederbekam. Auf Veranlassung des Erzbischofs Eberhard von Salzburg bearbeitete er 1161/2 (s. H. Böhmer *Die Abfassungszeit von 'De invest.'* I ..., NA. 21 S. 679ff.) dasselbe Thema noch einmal, ohne zu sagen, ob und inwiefern er sich in der zweiten Fassung von der ersten entfernte. Nicht wie seine Vorgänger über das Thema Antichrist wollte er (s. die Prefacio) Prophezeihungen über die Zukunft geben und die Leser mit dem Anbruch des letzten Tages schrecken, sondern seinen Blick aufs Vergangene richten, besonders auf die jüngste Zeit und untersuchen, inwieweit sich im Geschehnen das Wesen des Antichrists offenbarte. Dem diente das erste Buch, in dem er sich besonders die Kaiser Heinrich IV. und V. und noch mehr die Kirche vornahm. Er forschte vor allem nach der Wahrheit über die Entstehung des Schismas von 1159, um aus dem Schwanken herauszukommen, für welchen der beiden Päpste er sich entscheiden solle; er forderte ein allgemeines Konzil, um das unselige Schisma zu beenden. Den Kreuzzug von 1147 schilderte er ausführlich, um die darin enthaltene Avaricia aufzuzeigen. Im zweiten Buch stellte er dem Antichrist Christus gegenüber und entwickelte seine dogmatischen Anschauungen, indem er das Geheimnis der Person Christi, über das er in seiner Zeit wohl am meisten nachgedacht hatte, zu deuten trachtete. Dabei kam er auf die Häresien der Gegenwart. Nach dem 76. Kapitel findet sich als Schluß des 2. Buchs eine selbständige Abhandlung in der Form eines allerdings nur wenig durchgeführten Dialogs zwischen einem Latinus und einem Grecus, '*Tractatus contra Grecorum errorem negancium spiritum sanctum a filio procedere*', im '*Chron. Magni*' '*Dialogus inter Grecos et Latinos*' genannt. Das dritte Buch, in dem G. anfangs die vorhergehenden Bücher rekapituliert, bietet eine Geschichtsphilosophie vom christologischen Standpunkt aus; die Überlieferung bricht mitten im 12. Kapitel ab.

Nicht viel später (1163) entstand das zweite dogmatische Hauptwerk G.s, '*Opusculum de gloria et honore filii hominis*', im '*Chron. Magni*' '*Libellus de glorificacione filii hominis*' genannt und von G. im Brief an Kardinal Heinrich (Pez VI, 1 S. 544) '*Opus de sacrificio, quod in sartagine coquitur*' (her. von Pez I, 2 S. 163ff.; einiges von Sackur S. 396ff.). Folmar von Triefenstein hatte G. in seiner Schrift '*De carne et anima verbi*' zum Häretiker gestempelt und ihn beim Kaiser als Majestätsverbrecher angeschwärzt; G. verteidigte sich hier gegen den Vorwurf eutychianischer Ketzerei und zwar gegen die beiden Punkte: *quod hominem dico esse in gloria dei patris quodque ipsum hominem dico esse patris naturalem et unicum filium*. Alle seine Schriften hatte er geprüft, ohne in ihnen etwas *contra fidem* zu finden; er berief sich auf *multas auctoritates consonantes nostre fidei*.

Nicht dem Papst widmete er die Schrift, weil der Weg zu ihm nicht frei sei, sondern dem Erzbischof Eberhard von Salzburg, der ihn wieder einmal dazu angehalten hatte, und Bischof Hartmann von Brixen.

6. Was G. in den beiden letzten Lebensjahren schrieb, stand unter dem Zeichen großer seelischer und körperlicher Not und Bedrängnis. *'Opusculum ad cardinales'* (größtenteils her. von E. Mühlbacher Arch.f.österr.Gesch. 47 [1871], S. 355ff. und von Sackur S. 399ff.) richtete er an die römischen Kardinäle, als das Salzburger Erzbistum unter der kaiserlichen Acht schwer zu leiden hatte. Er forderte nochmals ein allgemeines Konzil, auf dem man die Wahrheit über Alexander III. bekennen solle, auch wenn man ihm Verfehlungen nachsagen müsse; nur so ließe sich der wirre Streit beilegen. Außerdem trug er dem Papst das Schiedsrichteramt über seinen dogmatischen Streit an.

Sein letztes größeres Werk, *'De quarta vigilia noctis'*, verfaßte er 1167, aus Reichersberg vertrieben (her. von Sackur S. 503ff.), und hielt es in der Form des Dialogs zwischen einem Magister (d. i. Gerhoh) und einem Discipulus. Mit jener vierten Nachtwache, in der Christi Jünger auf dem Wasser vom Sturm bedroht waren (Matth. 14, 25), verglich er die Zeit seit Gregor VII., in der die Avaricia und aus ihr die vielen Schäden emporgeschossen seien. Es gäbe nur einen Weg, um das Schisma zu beenden; beide Teile müßten nachgeben, was nur mit Christi Hilfe gelingen werde.

Während der Niederschrift dieses Werkes schuf er noch das *'Opusculum de sensu verborum s. Athanasii in symbolo'* (her. von F. Scheibelberger Öst. Vjschr. f. kath. Theol. 10 [1871] S. 565ff.), eine kleine Abhandlung an einen *Frater in deo mihi dilectus*, in der er das Athanasianische Symbolum erklärte.

7. Unter allen Werken nimmt der Psalmenkommentar in mehrfacher Hinsicht eine besondere Stellung ein (her. von Pez V, die Lücken darin sind aus dem Kommentar des Honorius Augustodunensis (s. d.) ergänzt; wenig bei Sackur S. 411ff.; noch unediert sind Ps. 31—37 in clm. 16012, Ps. 78—117 und *'Liber de fide'* im Reichersberg. VIII). An ihm arbeitete er während der ganzen Zeit seiner schriftstellerischen Tätigkeit, natürlich mit Unterbrechungen, an dem Abschnitt vom 1.—77. Psalm, in dem er sich die Psalmen der Reihenfolge nach vornahm, in der Zeit von vor 1137—1163. Dann sprang er zu Ps. 118 über und brachte es 1163—67 bis zum letzten und zu den Cantica feralia. Das Zwischenstück (Ps. 78—117) behandelte er, aus Reichersberg vertrieben, noch kurz vor seinem Tode wenigstens summarisch. Kein zweites Werk kommt diesem an Umfang gleich. Seine einzelnen Teile sind in acht Hss. überliefert (in den Hss. fehlt nur das Stück von Ps. 44—50; vgl. Sackur S. 411 und Anm. 3). Worauf sich *in octo voluminibus* im *'Chron. Magni'* bezieht, ist noch nicht geklärt (Sackur S. 411). Auch inhaltlich steht das große Werk abseits, da es vor allem erbauen will, das Futter reichen, *quo sacietur in bonis desiderium nostrum*. Es diente G. auch dazu, seine Anschauungen zu verbreiten, gegen die damaligen Laster und dogmatischen Irrtümer anzukämpfen. Er, der hier deutlich zeigte, daß er auf der Höhe der theologischen Bildung stand, begnügte sich keineswegs damit, seine Vorgänger in der Psalmen-Auslegung, die er natürlich gern verwandte, auszuschreiben. Die Anregung dazu mag ihm seine Magister-Tätigkeit gegeben haben. Die Widmungen der einzelnen Teile sind in erster Linie an Erzbischof Eberhard von Salzburg gerichtet, die des zweiten auch an Gottschalk von Freising.

Verschiedene Stücke des Kommentars bilden selbständige Abhandlungen. So steht vor dem zweiten Teil der *'Liber contra duas hereses'*, Abt Gottfried von Admont gewidmet, wohl nicht viel nach 1143 verfaßt (her. von Pez I, 2 S. 281ff.; z. T. von Sackur S. 284ff.). Er rechnete darin grundsätzlich mit den beiden Ketzereien, dem christologischen Irrtum der Scholastiker und der Gültigkeit der von den Weltgeistlichen verabreichten Sakramente, ab, um gefestigt und ohne Scheu vor harten Worten an die Kommentierung gehen zu können.

Den dritten Teil, der mit Ps. 31 beginnt, leitet der *'Commentarius in canonem misse'* ein (nicht bei Pez; in clm. 16012 erhalten). Nach J. Bach S. 117 hat dies Stück das eucharistische Opfer zum Gegenstand der Betrachtung und bringt eine fortgesetzte Polemik gegen Berengar.

Der Exkurs zum 76. Psalm, *'Liber de fide'* (noch nicht ediert; erhalten in Cod. Reichersberg. VIII, Bl. 23ff.), durch Kardinal Heinrich veranlaßt und um 1160 verfaßt, ist nach J. Bach S. 112 eine asketische Schrift, in der G. Zölibat, Opferliebe, Virginität und Glaubenskraft rühmt. — Das wichtigste selbständige Gebilde ist der Kommentar zum 64. Psalm, der *'Liber de corrupto ecclesie statu'*, um 1148 geschrieben, dem Papst Eugen III. zugesandt und nach dessen Tod 1158 dem Kardinal Heinrich als Gabe überreicht; eine dritte Redaktion mit neuem, großem Vorwort und Erweiterungen im Cod. Paris. 4236 als *'Tractatus de ecclesiasticis negociis'*. Hierin wollte G. der Kirche einen Spiegel vorhalten und sie der babylonischen Verwirrung entreißen. Dazu gab ihm der 64. Psalm dadurch Anlaß, daß er über die im Wesen entgegengesetzten Städte Babylon und Jerusalem handelt.

8. Neben dieser großen und weiten theologisch-politischen Schriftstellerei steht die kleine ökonomisch-juristische und historische um das Reichersberger Stift. Durch den Kampf für dessen wirtschaftliche Existenz kam G. dazu, sich um die Herstellung der Privilegien zu kümmern. Die Reichersberger Urkunden seiner Zeit, bes. von 1158—62, gehen zu fast 50 Proz. auf sein Diktat zurück, einige sind von ihm selber geschrieben. Auch in der Salzburger Kanzlei läßt sich bei dem dort 30 Jahre lang beschäftigten Notar Rupert G.s Einfluß nachweisen, umgekehrt belehrte aber auch Rupert G. in gewisser Stilisierung. Ferner trug G. selber ins Reichersberger Tradtionsbuch an mehreren Stellen eine Reihe von Notizen ein, deren nur in Kleinigkeiten G.s Eigenart zeigender Stil in dem der folgenden Stücke einiges Fortwirken aufweist. Vgl. H. v. Fichtenau MIÖG. 52 (1938) S. 3ff.

Um 1158 begann G. Annalen in Kleinformat (clm. 1090) zumeist mit eigner Hand zu schreiben von Christi Geburt an, und zwar folgt auf die Berechnung der Jahre bis dahin nach Orosius ein Auszug der Kirchengeschichte des Eusebius-Rufinus für 1—2 n. Chr. und das Weitere nach den üblichen Werken des Honorius Augustodunensis, Beda, Orosius, Regino . . ., wobei die österreichischen Annalen nachträglich eingearbeitet sind. Wie dabei deutlich wird, trug er diese Quellen selber zusammen und exzerpierte sie; er beherrschte das historische Wissen seiner Zeit. Er richtete sich eine bestimmte Ordnung ein, links die Jahreszahlen und rechts die römischen Kaiser; er teilte die Seite in drei Kolumnen, wobei er rechts die weltliche Geschichte und in der Mitte mit dem Papstkatalog die Kirchengeschichte unterbrachte. Von 1156 ab geht aber der Text wieder über die ganze Seite und endet mit 1167. Wertvoll sind die selbständigen Nachrichten aus der letzten Zeit.

Diese Hs. benutzte G. als Konzept für eine erweiterte Umarbeitung, in der er die Quellen ausführlicher mitteilte und weitere in stattlicher Zahl heranzog. Hier gab er persönlichen Bemerkungen Raum. Die Umarbeitung wurde in Admont, Kremsmünster und Vorau gelesen, am letzten Ort zu einem Annalenwerk umgestaltet, in dem die Reichersberger Nachrichten durch die Gründungsgeschichte von Seckau ersetzt wurden, und übte Einfluß auf die Salzburg-Admonter Annalistik. Der Presbyter Magnus führte die Annalen bis 1195 ganz in G.s Geist weiter; er setzte jene Umarbeitung G.s bis 1194 fort und legte daneben das sogen. *'Chronicon'* an, das auf G.s Umarbeitung beruht und in der ersten Fassung bis 1195 geht, in der zweiten, G. um neue Quellen bereichernden Fassung aber schon 1162 abbricht, wohl weil Magnus darüber starb.

Die erste Fassung in Kleinformat her. von J. Basnage *H. Canisii Lectiones antiquae* III, 2 (1725) S. 217ff.; die Umarbeitung her. von Chr. Gewold *Chronicon monasterii Reichersp.*

1611; beides erst ab 921 und mit Magnus '*Chron.*' vermengt von W. Wattenbach MGH. SS. 17 S. 443ff. und 488ff. (in der Umarbeitung fehlen die Urkunden); dazu vor allem H. v. Fichtenau MIÖG. 52 (1938) S. 43ff.

9. Daß G. nicht die ihm gebührende Beachtung fand, lag wohl zum guten Teil an ihm selber: er faßte seine Gedanken nicht in einem Werk zusammen, sondern ließ sie auf viele verstreut, die sich außerdem nicht leicht lesen lassen. Es fehlt ihnen an klarer Konzeption und Disposition. Der Inhalt ist nicht komprimiert und zusammenhängend dargestellt; immer wieder schieben sich Abschweifungen ein, immer wieder kommt in derselben Schrift das gleiche zur Sprache. Wenn G. auch seine Prosa sehr häufig, freilich nicht durchgehend mit Reim schmückte (s. K. Polheim *Die lat. Reimprosa* 1925, S. 395), so vermißt man doch in seiner Sprache Gewandtheit und Formvollendung. Seine Sätze sind meistens in langgestreckten Konstruktionen schwerfällig aufgebaut; sein Ausdruck ist gegenüber dem Bernhards traditionell und steif, nicht so glänzend und glutvoll. Er hat viel zu sehr mit dem Inhalt, den Problemen seiner Zeit zu schaffen und ringt mit ihnen bis zum Tode. Schon darin hebt er sich typisch als Deutscher vom Romanen Bernhard ab. Hinzu kommt, daß er seine Schriften nicht an das breitere Publikum richtet, sondern an wenige führende Persönlichkeiten, besonders den Papst, daß er nur diese aufklären und anregen will.

G. gehört zu der der Scholastik entgegengesetzten Strömung des Symbolismus. Gerade er hat sich in dieser dem deutschen Geistesleben des 12. Jh.s eigentümlichen Bewegung, die die symbolische Denkweise der spätantiken Überlieferung ausbildete, am intensivsten betätigt. Besonders die alte Art, das neue Testament mit dem alten, die Kirchengeschichte mit der Bibel zu parallelisieren, hat er wie u. a. Rupert v. Deutz (s. d.) Hugo v. St. Viktor (s. d.) und vor allem Otto v. Freising (s. d.) weiter ausgebaut. Dabei wirkt er oft gezwungen, namentlich in seiner Zahlensymbolik. In der eigenartigen Ausdeutung auf den antichristlichen Geist (s. '*De investig. Antichristi*') nimmt er die ein Jh. später auftretende Entwicklung des italienischen Symbolismus ins Historisch-Politische und Eschatologische voraus.

10. Als historische Quellen haben G.s Schriften meistens nur bedingten Wert. Er zeichnete das Geschehen nie um seiner selbst willen auf. Im ersten Buch '*De investigacione Antichristi*', das den meisten historischen Stoff enthält, schildert er zwar *prope hystorice scribendi modo*, das aber nur so weit, daß das Walten des Antichrists in den Ereignissen hervortritt. Beim zweiten Kreuzzug sucht er das Wirken der Avaricia möglichst anschaulich zu machen, ohne sich um die chronologische Reihenfolge und die Geographie zu kümmern oder Vollständigkeit zu erstreben. Trotzdem bringt er manche historisch wichtige Mitteilung; vor allem vermittelt er die wahre Stimmung des Abendlands nach dem Mißerfolg des Kreuzzugs. Die andern Werke enthalten ebenfalls solch wertvolles Material, wie es sich für einen mit der führenden Schicht verkehrenden Mann wie G. von selber versteht, der in seinen Schriften stets auf die Zustände seiner Zeit eingeht. Besonderes Gewicht hat die ausführliche Darlegung des Schismas von 1159. Gelegentlich spricht er über die geistlichen Spiele ('*De investig. Antichristi*' I, c. 5; Komm. zum 39. Psalm bei Sackur S. 437).

11. Die Bedeutung G.s liegt namentlich auf dem kirchenpolitischen Gebiet. Die deutsche Form jener hauptsächlich von Bernhard von Clairvaux getragenen Reformbestrebungen, die die durch den Investiturstreit wieder stark hervorgetretene Verweltlichung der Kirche und ihr Machtinteresse zu bekämpfen und im eignen religiösen Erleben das Seelenheil zu finden trachtet, besitzt in G. ihren Hauptvertreter. Man hat ihn den deutschen Bernhard genannt. Wenn er schwankt, welchen Umfang und welche Forderungen er der Kirche zugestehen soll, wenn er einmal im gregorianischen Sinn fordert, daß alle weltliche Gewalt dem Papst untertan sei, und ein andermal weltliche und geistliche Gewalt nebeneinander stellt, wenn er einmal die Kirche ihren materi-

ellen Besitz an den Staat zurückgeben lassen will, ein andermal dagegen ihr Besitztum zugesteht, so teilt er mit andern Zeitgenossen die allgemeine Unsicherheit kirchlicher Kreise über diese Fragen.

Er erstrebt eine Reform der Kirche von innen heraus und behandelt dies als eine Angelegenheit der ganzen abendländischen Kirche. Wie für andere Vorläufer der Reformation, so ist es auch für G. bezeichnend, daß er sich die innere Erneuerung nur auf dem Boden der Kirche denken kann und daß er sie durch Einführung strenger Mönchsregeln durchzuführen hofft. Er gibt sich die größte Mühe, für seine Thesen die Zustimmung der Päpste, Kardinäle u. a. zu erlangen. Überall weist er auf die Übereinstimmung mit den Auctoritates hin, die er oft seitenlang wörtlich bringt und aneinanderreiht, die er, wenn sie nur am Rand angeführt sind, bei der Abschrift nicht zu vergessen bittet.

Diese Schranken haben die Wirksamkeit seiner Ideen stark beeinträchtigt, die revolutionär gegen die geistlichen Gewalten vorgetragen sein wollten, und ihn im Grunde nur sein Stift reformieren lassen. Natürlich hat er auch darüber hinaus als treibende Kraft der Reformbewegung starken Einfluß geübt, namentlich auf die Umgestaltung der Salzburger Diözese. Der geringe Erfolg seiner Mühen lag zum allerwenigsten daran, daß manche Forderung überspitzt und zu sehr vom engen mönchischen Standpunkt aus gesehen war. Er hat das Verdienst, Gedanken vorgetragen zu haben, die wesentlich dazu beitragen konnten, den Kampf zwischen Kaisertum und Papsttum zu beenden. Ihm bleibt der Ruhm, vor der Reformationsspaltung gewarnt und die Säkularisierung angeraten zu haben.

12. Wichtig und eigenartig ist G.s Tätigkeit auf dogmatischem Gebiet. Gegen die leeren, formalistischen Übertreibungen der Scholastik, die mit rationalistischen Mitteln die Glaubenslehre noch mehr durchdringen will, wehrt sich schon in Frankreich Bernhard von Clairvaux. Zum offenen Kampf kommt es erst in Deutschland. G. bekämpft das unberechtigte Übergreifen der Dialektik auf die Mysterien des Glaubens, ohne aber die dialektische Philosophie grundsätzlich aus der Theologie verbannen zu wollen. So zieht er gegen Abälard, Petrus Lombardus und Gilbert de la Porrée zu Felde, gegen die Dialektiker am päpstlichen Hof und namentlich gegen Propst Folmar von Triefenstein, mit dem er zweimal in Bamberg die Klingen kreuzt. In der Christologie geht er von den massiven Anschauungen volkstümlicher Frömmigkeit aus, angeregt von Hilarius von Poitiers, der ihm die alexandrinische Theologie vermittelt. Aus dem einfachen realen Glaubenserlebnis heraus erfaßt er die lebendige Einheit von Gott und Mensch in dem einen Christus, den er sich als von Gott durch seinen Samen in Maria erzeugt denkt. Auch sonst bringt er das Naive bäuerlicher Gebundenheit zum Ausdruck und kann uns noch heute durch „originale psychologische Feinheit" und „warme eigenständige Frömmigkeit" ergreifen (s. H. v. Schubert *Die Gesch. des dt. Glaubens* 1925, S. 93). So sehr er stets betont, daß es für ihn das Schlimmste ist, vom Glauben der Kirche abzufallen, gelangt er doch zu neuen Anschauungen, die nicht mit der kirchlichen Tradition übereinstimmen.

In der Geschichte der Dogmenwissenschaft hat die Reichersberger Lehre, auch von G.s Bruder Arno vertreten, nicht fortgewirkt, z. T. deswegen, weil die deutsche Theologie damals kein kräftiges Leben besaß. Schon zu Lebzeiten kann sich G. kaum mit seiner Lehre behaupten; ihm wird von Bischof Eberhard von Bamberg und Papst Alexander III. Schweigen geboten. Er vermag nicht das Vordringen der Scholastik, speziell an der Kurie, zu hindern und den Sieg der Dialektik in der Christologie. Trotzdem hat G.s Lehre ihre Bedeutung, vor allem dadurch, daß in ihr Anschauungen der Laien hervortreten. Bezeichnenderweise führt das Bedürfnis nach konkreter Vorstellung des Göttlichen bei Luther zu ähnlicher Gestaltung in der Christologie wie bei G.

13. Auf seine Zeit hat G. nicht so sehr durch seine Gelehrsamkeit und seinen

Symbolismus gewirkt wie durch seine Persönlichkeit, seinen lauteren, festen Charakter, seine echte Frömmigkeit, sein unermüdliches Grübeln, seinen ernsten Eifer für das Wahre und Gute. Mit unerbittlicher Strenge und furchtloser Kühnheit übt er an Papst und Kaiser Kritik, auch öffentlich Auge in Auge. Gründlich durchforscht er die Tradition, tief gräbt er, um die Wahrheit zu finden, energisch packt er zu. Nichts kann seine Leidenschaft und Hartnäckigkeit im Kämpfen beugen, durch die er aus den Streitschriftautoren des 12. Jh.s am meisten hervorragt. Naiv ist sein Geltungsbedürfnis, das ihn oft auf seine Verbindung mit Päpsten und hohen Förderern pochen läßt. Er neigt zum Extrem, zu Rechthaberei und Grobheit, worin man wie in der bäuerlichen Gebundenheit seiner Religiosität den bayrischen Volkscharakter ausgeprägt sehen kann. Man muß in ihm „eine merkwürdige Selbständigkeit und die Redlichkeit eines warmherzigen Deutschen" (G. Freytag) lieben.

Ausgaben: Pez *Thesaurus anecdotorum novissimus* 1721 ff., Tom. I, II, V, VI; Migne *Patrologia lat.* 193 Sp. 489ff. und 194 Sp. 1ff.; das historisch Belangvolle von Sackur MGH. Libelli de lite III (1897) S. 131ff. — Briefe: Pez VI, 1, S. 444ff.; Migne 193, Sp. 489ff.; ferner Pez I, 2, S. 329ff.; Hist. Jb. 6 (1885), S. 268ff.; MIÖG. 6 (1885) S. 307ff.; auch S. 268f.?; NA. 19 (1894) S. 462ff.; vgl. Hinweise bei J. Bach *Die Dogmengesch. des MA.s* II (1875) S. 192 Anm. 6 und S. 193 Anm. 11 und bei H. v. Fichtenau MIÖG. 52 (1938) S. 43. Übersetzung aus 'De investig. Antichristi' von G. Freytag *Bilder aus der dt. Vergangenheit* (Ges. Werke II, 3, S. 492ff.). — Biographie, Würdigung: J. Stülz Denkschr. der k. Akad. der Wiss. zu Wien, phil.-hist. Kl. 1850, I, S. 113ff.; B. Appel *Gesch. des ... Chorherrenstifts des hl. Augustin zu Reichersberg* 1857, S. 10ff.; J. Bach Österr. Vjschr. für kathol. Theol. 4 (1865) S. 19ff. (oben zitiert als J. Bach ...); W. Wattenbach ADB. VIII (1878) S. 783ff. und in *Deutschlands GQ.* II[6] S. 308ff.; H. F. A. Nobbe, *G. v. R.* 1881; W. Ribbeck FDG. 24 (1884) S. 5ff.; Lefflad Wetzer-Welte[2] V, S. 378ff.; R. Rocholl RE.[3] VI, S. 565ff.; S. Riezler *Gesch. Baierns*, I, 2 (1927) S. 426ff.; Z. Größlhuber *G. v. R.* 1930 (wissenschaftlich nicht brauchbar); Manitius III (1931) 61ff.; G. Weiss, *Das Chorherrenstift Reichersberg am Inn* (1934) S. 23ff. — Spezielles: W. Ribbeck *G. v. R. und seine Ideen über das Verhältnis von Staat und Kirche*, FDG. 24 (1884) S. 1ff.; H. Reuter *Gesch. Alexanders III.* II (1860) S. 120ff.; B. Kugler *Studien zur Gesch. des 2. Kreuzzuges* 1866, S. 36ff.; K. Sturmhöfel *Der geschl. Inhalt von Gs. v. R. 1. Buch über die Erforschung des Antichrists*, Progr. Leipzig 1887; ders. *Über die Sittenzustände der zeitgenöss. Geistlichkeit*, Diss. Leipzig 1888; J. Bach *G. v. R. ... über die Schulfeste in Augsburg im 12. Jh.*, MGESchG. 7 (1897) 1ff.; H. Schrörs *Untersuchungen zu dem Streite Kaiser Friedrichs I. mit Papst Hadrian IV.* (1915) S. 34ff.; H. v. Fichtenau *Studien zu G. v. R.*, MIÖG. 52 (1938) S. 1ff. — F. W. J. Dilloo *De Gerkoho praeposito Reich.*, Diss. theol. Berlin (Greifswald) 1867; J. Bach *Die Dogmengesch. des MA.s* II (1875) S. 390ff. und 475ff.; O. Baltzer *Beiträge zur Gesch. des christolog. Dogmas im 11. und 12. Jh.* (Studien zur Gesch. d. Theol. und der Kirche III, 1) 1898, S. 69ff.; A. Hauck *Kirchengesch. Deutschlands* IV (1913) S. 455ff.; R. Seeberg *Lehrbuch der Dogmengesch.* III (1913) S. 250ff.; M. Grabmann *Die Gesch. der scholast. Methode* II (1911) S. 118; Über von G. benutzte Quellen: H. Denifle *Luther und Luthertum* I (1905) S. 346ff. und 363ff. — H. v. Eicken *Gesch. und System der mal. Weltanschauung* (1923) S. 409ff.; A. Dempf *Sacrum imperium* (1929) S. 252ff.; H. H. Jacobs *Studien über G. v. R., zur Zeitgesch. des 12. Jh.s*, ZfKg. 50 (1931) S. 315ff.

K. Langosch.

Reichertshausen, s. Püterich v. R. im Nachtrag.

Reichlin, Andreas, von Überlingen, *artium et medicinae doctor*, Sohn eines Überlinger Arztes Jost Ruchly, der in seinen letzten Jahren (seit 1400—1409) Arzt in Konstanz gewesen ist. Auch A. R. war anfangs Arzt in Konstanz bis 1455, wo er wohl auch geboren war. Er erwarb in Überlingen das Bürgerrecht am 19. Oktober 1456. Die Familie war in Überlingen beheimatet; er selbst starb dort am 27. Juli 1477. R. schrieb einen deutschen '*Vermerk, wie man sich haben sol zů der Zeit der pestilenz vor und nach mit tun und lassen*', der im Ms. lat. 2862 der Wiener Nationalbibliothek, Bl. 124—125, aufbewahrt ist (saec. XV.) und abgedruckt im Arch. f. Gesch. d. Med. 16 (1925) Bl. 31—33.

K. Baas *Zur Gesch. d. mittelalt. Heilkunst im Bodenseegebiet*, Arch. f. Kulturgesch. 4 (1906) S. 144, 152. — Der Familie Reichlin in Überlingen sind viele Ärzte entsprossen. Vgl. *Geschichte der Familie Reichlin von Meldegg* 1881 (Privatdruck, nicht gesehen).

Sudhoff.

Reimar, s. Reinmar.

'Reimchronik, Braunschweigische'.

1. In ausgezeichneter Überlieferung liegt sie vor in einer Pergamenthandschrift der Hamburger Stadtbibliothek, Nr. 8 (2⁰, 202 Bl.), 14. oder noch 13. Jh.; nach der Ausstattung und der Güte des Textes könnte es das Widmungsexemplar für die Söhne Herzog Albrechts des Gr. sein. Textkritisch bedeutungslos ist daneben die Papierhs. in der Wolfenbüttler Landesbibliothek, Aug. 81, 14, 15. Jh. (2⁰). Die hochdeutschen Sprachformen sind hier ins Niederdeutsche übersetzt, und der Text (nur bis v. 7374 geschrieben) ist dabei vielfach willkürlich umgeformt.

2. Der Verfasser der Dichtung, die bei Verlust eines Blattes 9339 Verse zählt, ist nicht bekannt. Ein Spruch von Rumsland von Sachsen (s. d.), nach welchem er den Preis Albrechts I. aus *Brûnes munde* gehört, und in welchem er den Fürsten noch als Lebenden verherrlicht, kann sich nicht auf die 'Br. R.' beziehen, da der Plan zu dieser erst gefaßt ist, um dem Toten, dessen Taten der Schlußteil feiert, ein ehrendes Denkmal zu setzen (46 ff.). Bechs Erklärung von v. 9220 ff., durch die er den Namen *Brûne* als Selbstanrede des Dichters gewinnen wollte, kann auch in der Koenigschen Form nicht befriedigen und überzeugen, und der urkundliche Nachweis eines Pfarrers und Kaplans *Bruno* (erstmalig 1301, häufig von 1310—1335) wird damit gegenstandslos. Zweifellos ist es jedoch, daß der Chronist ein Braunschweiger Geistlicher gewesen ist (an St. Blasien?), der in engerer Beziehung zum Herzogshause gestanden hat. Abgefaßt hat er sein Werk zwischen 1279 und 1292, muß aber bis zum Jahre 1298 noch nachträgliche Zusätze eingefügt haben.

3. Die 'Br. R.' gehört noch in die im 12. Jh. einsetzende Reihe jener Schöpfungen nd. Dichter, die in Form und Gehalt der hd. Dichtung höfischer Artung nacheifern. Hd. Sprachform ist erstrebt, ist auch im Konsonantismus nahezu erreicht, während im Vokalismus das Nd. stark hervortritt. Die sonderbare Sprachmischung der Hamburger Hs., in der auch falsche Verhochdeutschungen häufig sind, gibt im Ganzen wohl die ursprüngliche Sprachform wieder (aus falscher Umsetzung von nd. *ê* — vgl. *striet* 1080. 1750. — erklärt sich vielleicht *swich* für *sweich* bei dem Versteckspiel 53 ff. — *in Buneswich hertzoge Albrecht dher erste, im si ghenedic got von himmelriche* — und 9223). Auch die Versform strebt ersichtlich, die größere Freiheit des Nd. zu bändigen und einzuschränken zu der leichten Füllung und dem glatten Fluß der hd. Vorbilder, wie sich das besonders deutlich an der Umformung der von Eberhard von Gandersheim (s. d.) übernommenen Verse zeigt. Da ursprüngliche Kürze in offener Tonsilbe der alten Länge metrisch gleichwertig geworden ist und oft im Reim mit ihr gebunden wird, ist das Verständnis für die alte Unterscheidung der zweisilbig vollen und zweisilbig klingenden Schlüsse in hd. Dichtungen verloren gegangen. Verse mit drei und vier sprachlich voll ausgeprägten Hebungen wechseln (selbst im gleichen Reimpaar), auch bei Einsilbigkeit des hebungtragenden Schlußworts. Überhaupt wirken die Verse vielfach hart und kunstlos, zumal durch rücksichtsloses Enjambement, das öfter zur Erleichterung des Reimens dienen muß. Der Satzbau ist häufig weitschichtig. Anakoluthe fehlen nicht. Inhaltliche Abschnitte, durch die sich die Dichtung in kurze Kapitel gliedert, werden durch Dreireim bezeichnet.

4. Das aus der Verbundenheit mit Heimat und Herrscherhaus gegebene Ziel der Dichtung ist es, die Geschichte des sächsisch-braunschweigischen Fürstengeschlechts von den Wurzeln des Baumes bis zu dem blühenden Zweig der jüngsten Zeit und der *blome purpurvar* (7818), Albrecht I., darzustellen, zum Gedächtnis und anspornenden Vorbild für die Söhne (1434. 2494. 4740. 9296). Zuvörderst ist es ein gelehrtes Geschichtswerk, für die neuzeitige Forschung von großem Wert, da die Quellen nur z. T. erhalten sind. Mit großer Mühe, auf vielen hierzu unternommenen Reisen hat der Verfasser Sachsenland und Thüringen nach schriftlichen Quellen und mündlicher Auskunft durchforscht (62 ff. 1846 ff.); nicht selten gibt er an, über bestimmte Einzelheiten, Jahreszahlen etwa, habe er trotz aller Nachforschungen nichts ermitteln können. Er macht häufig im Einzelfall die Quellen namhaft, übt an ihren Angaben mehrfach

zweifelnde oder ablehnende Kritik (442 ff. 623 ff. 1721 ff.) und stellt, wo ausdrückliche Nachrichten fehlen, auch eigene Erwägungen zur Zeitbestimmung an (373 ff., 632 ff.). Er zeichnet sich aus durch sachliche Gerechtigkeit. Auch im Bilde des Fürstengeschlechts, das er verherrlicht, werden Schatten nicht verborgen. So wird u. a. die Verschuldung Heinrichs des Löwen, die zu seinem Sturz geführt hat, unumwunden zugegeben und hervorgehoben (Kap. 32, 33 sowie 38 und 42), seine vorzeitige Rückkehr wird als *eyn wilkore vil hart* gekennzeichnet (3718), auch die mancherlei Mißerfolge Albrechts I. werden nicht vertuscht. Umgekehrt geht auch die staufische Gegenseite nicht ohne preisende Anerkennung aus; das Empfinden für die Größe und Würde des Reiches fehlt nicht. Ohne Stellungnahme wird von den Gegensätzen dieser Zeit zwischen Papsttum und Kaisertum berichtet. Scharfe Mißbilligung dagegen spricht aus der Erwähnung Konrads von Marburg (7620).

5. Der Aufbau ist zielbewußt, die leitenden Linien werden oft hervorgehoben. Zahlreich sind die Vor- und Rückverweisungen. Die Geschichte des heimischen Fürstenhauses und damit des sächsisch-braunschweigischen Landes wird dargestellt (gleichgültig bleiben die nichtsächsischen Vorfahren der Welfen). Alles, was hierfür überflüssig ist, wird ausgeschieden. Die Fülle des Stoffs wird unter Hinweis auf die Notwendigkeit der Kürzung immer wieder kräftig beschnitten. Auf Kirchen- und Klostergründungen richtet sich besondere Aufmerksamkeit, vor allem in der Stadt Braunschweig, deren Geschicke mit größter Teilnahme und Sachkenntnis beachtet werden. In den Schlußworten wendet sich durch den Mund des Dichters geradezu die Stadt selbst an ihre Fürsten.

6. Ein Werk, das der Verfasser so verdienstvoll als kundiger und gewissenhafter Forscher und Geschichtsschreiber angefaßt hat, ist naturgemäß vom dichterischen Standpunkt ohne bedeutenden Wert. Zwar verfügt der Dichter über zahlreiche stilistische Schmuckformen, die in geschickter, dem Inhalt angemessener Verwendung dem Erzählten Farbe geben und gefühlsmäßige Anteilnahme ausdrücken und erregen sollen: Bilder, Personifikationen (*vrowe Victoria* 3359, *vrowe Ere* 7913), Beiworte, gepaarte Ausdrücke *(mit angheste und mit swere)*, Nominalverbindungen *(an tugenden gemeyt, durch ires herzen jâmeres nôt)*, dichterische Umschreibungen (auch in Satzform) statt Pronomen oder Namensnennung oder vor attributiv erläuterndem Zusatz des Namens *(mit zucht dher tugendhen riche* 922, *dher ie nach prise wolte ringhen* 8233). Umschreibungen von Verbalbegriffen, durch welche der Schwerpunkt auf das Nomen rückt *(Misnelant, dhem allenthalben wart bekant rouph unte brant menichvalt* 8463), negative Wendungen und anderes; auch die ganze Fülle höfischer Fremdwörter wird verwendet. Ein kunstmäßig ausgebildeter Stil kommt also zur Wirkung, der sich, ohne altertümlich geartete Züge völlig abzustreifen, unverkennbar an Wolfram (s. d.) geschult hat (vgl. die Anspielung auf den 'Parzival' 8949 ff.). Aber der Inhalt bietet doch auf weite Strecken nur wenig von dichterisch erschauten, lebenserfüllten Auftritten und Gestalten. Über den Charakter vorwiegend chronikartiger und etwas trockener, wiewohl stilistisch ausgeschmückter Erzählung erhebt der Dichter sich nach einzelnen früheren Ansätzen erst, als er zu seinen großen Helden Heinrich dem Löwen und Albrecht I. kommt, für die ihm auch seine Quellen reicheren und lebensvolleren Stoff bieten. Das Auftreten allgemeiner Betrachtungen und Gefühlsäußerungen mit Ausrufen und rhetorischen Fragen zeigt, wo er inneren Anteil nimmt. Kämpfe, Schlachten und Belagerungen werden eindrucksvoll geschildert, bald knapp, bald auch mit höchst anschaulichen Einzelheiten. Gelegentliche Berührungen mit dem Epenstil der Frühzeit werden dadurch bedingt, daß nicht Einzelkämpfe, sondern Schlachten darzustellen sind, von deren Verlauf nichts Näheres bekannt ist. Feldgeschrei und anfeuernde Ansprachen dienen zur Belebung. Dazu treten, in maßvoller Beschränkung dem Rahmen eingepaßt, Wappenbeschreibungen und die Freude an

ritterlichem Glanz, an edlem Anstand, an Turnier und Festen, die den Fürsten auf der Höhe seines Lebens zeigen. Auch novellistisch-legendarische Einlagen und Erzählungsglieder finden sich, wenngleich bei dem ernsten geschichtlichen Charakter des Werks nur ausnahmsweise. Das Geistliche tritt in den Hintergrund, das Lebensgefühl ist ritterlich, von den Idealen der höfischen Welt beherrscht; in Turnier und Kämpfen wird es offenbar, *waz manliches mannes mut durch wibe lon und durch pris tut* (s. 3320 ff. 3889. 8243. 8444). Auch die Schönheit und Zucht minniglicher Jungfrauen und die Tränen, die *an roselichten wangen* tauen, werden vergegenwärtigt (1198. 3245. 6426 ff. 6555), und selbst die Liebesnovelle fehlt nicht mit der Verwendung des Falkenmotivs und den humoristisch verhüllten Hindeutungen auf die *kurzewile* der Brautnacht, die *gar ungemelt* bleiben soll (Kap. 44). Bezeichnend für den höfischen Charakter der 'Br. R.' ist es, wie der Dichter zwar anknüpft an die Ausführungen Eberhards von Gandersheim, alle Menschen als Kinder Adams seien gleich, und nur die Tugend, ohne Rücksicht auf die Abkunft, könne wahren Adel geben, der Adligen und Fürsten vielfach fehle (Eberhard v. 157 ff. 1628 ff.), wie er aber diesen Gedanken dahin umbiegt, daß denen, die sich seit Adams Tagen durch Tugend ausgezeichnet haben, Fürstenrang von Gott verliehen sei, also weltlicher Adel und Tugendadel Hand in Hand gingen (114 ff.; vgl. 911). So wird die Bedeutung des Adels durch die Begründung auf einen geistigen Vorrang nur noch erhöht.

7. Deutlich kennzeichnet sich also die 'Br. R.' als ein ernstes Geschichtswerk, das in Treue und Verehrung für ein Fürstenhaus geschaffen ist und sich darum in die Form höfischer Dichtung kleidet. Das Idealbild des Verfassers, das er in Albrecht I. zeichnet, scheint weniger der erfolgreiche Staatsmann und Feldherr als der unternehmungsfreudige, kampfgeübte und prachtliebende ritterliche Fürst. So gehört das Werk in seinem Gesamtcharakter, nach Anschauungen und Darstellungskunst, noch vollkommen in den ritterlich gearteten Zeitabschnitt unserer Dichtung, während sich in der gelehrten Richtung und dem Hervortreten von Stadt und Bürgertum das Neue ankündigt.

Ausgabe mit ausführlicher Einleitung von L. Weiland MG. Deutsche Chroniken II (1877) S. 430—574. K. Kohlmann *Die 'Br. R.' auf ihre Quellen geprüft*. Diss. Kiel 1876. F. Bech *Zur 'Br. R.'*, Germ. XXIII (1878) S. 142 ff. E. Henrici *Die Nachahmer von Hartmanns 'Iwein'*. Progr. Berlin 1890 S. 14. O. Holder-Egger *Über die Braunschweiger und Sächsische Fürstenchronik und verwandte Quellen*, NA. XVII (1892) S. 159 ff. O. Behaghel *Schriftsprache und Mundart* 1896, S. 35 f. G. Roethe *Die Reimvorreden des Sachsenspiegels* (Abh. der Gesellschaft der Wissenschaften zu Göttingen. Ph.-h. Kl., N.F. II Nr. 8, 1899) S. 38/45. R. Koenig *Stilist. Untersuchungen zur 'Br. R.'*. Diss. Halle 1911. Stammler *Lg.* S. 23. E. Schröder *Bruno v. Br. und Bruno v. Schönebeck*, ZfdA. 60 (1923) S. 151.

L. Wolff.

Reinach, s. Hesse v. R.

'Reinardus', s. 'Ysengrimus'.

'Reinfried von Braunschweig', mhd. Epenfragment von 27627 v., erhalten nur in einer Gothaer Hs. (Membr. II 42, beschrieben von Bartsch, s. u.)

1. Der Verfasser kann wohl der größte Nehmer der mhd. Literatur genannt werden. Seine Nachahmung bezieht sich gleichermaßen auf Motive und Prägungen, Einzelausdruck und Manier. Sein Schuldenkonto ist noch weit größer, als die Zusammenstellungen von Gereke (s. u.) zeigen. In einem Atem läßt er Gottfried und Wolfram anklingen (z. B. v. 357 ff.), kopiert Wolframs Ironisierung der eigenen Armut und gleich darauf die Festbeschreibung vom Anfang des 'Iwein' (v. 2803 ff.), um kurz darnach an der heimlichen Zusammenkunft eines Liebespaares dreie teilnehmen zu lassen — die Liebe ist Gottfriedisch mitgerechnet (v. 3000). Eine ebenso häufige Art der Reminiszenz ist die Anhäufung von Namen aus so ziemlich allen höfischen Epen, besonders gerne aus Wolfram. Der Falkentraum des Nibelungenliedes wird breit ausgewalzt (v. 13520). Die Lyrik steht nicht zurück; man findet Walthers *er gap und gap* (v. 12589), das *versparte sældentor* (v. 12946), die *nôt vor aller nôt* (v. 13930).

Auf den Novellisten Jakob Abt (d. i. Appet, s. d.) verweist er wie auf einen guten Freund (v. 15222). Mit den Spruchdichtern des ausgehenden 13. Jh.s verbindet ihn weniger wörtlicher Zusammenklang als Gleichheit der Tendenzen. Auch er klagt über den Verfall der Zeit, Kargheit der Fürsten (v. 423ff. u. ö.), Verkommen der Kunst (v. 332), mangelnde Zucht und Scham der Frauen (Hauptstelle v. 15198ff.). An Gelehrsamkeit läßt er sich von keinem übertreffen. Er kennt nicht nur alle mhd. Dichtung, sondern auch die Bibel und viele lateinische Dichter. Die Liebesnacht des Helden, meint er, könne nicht einmal Ovid würdig schildern (er verwendet dann allerdings selbst 400 Verse darauf, v. 10767ff.). Seine Gelehrtheit glänzt vor allem in einem astrologischen (v. 19861ff.) und einem zoologischen Exkurs (über den Elefanten v. 26236ff.), sowie in erstaunlich fachmännischen Äußerungen über Musik (Hauptstelle v. 23780). Persönliches klingt durch, freilich auch gewöhnlich in einer Form, die Vorbilder veranlaßt haben (meist Gottfried), so namentlich, wo er sich über sein Verhältnis zu den Frauen und zur Minne ausspricht (ein Anagramm nennt den Namen *Else* v. 12803) und erklärt, von Ritterschaft nichts zu verstehen. Bei aller Verurteilung der materiell gerichteten Zeit zeigt er sich doch auch begehrlich und genußsüchtig (v. 2842ff.) und lüstern. Schwerlich war er von Adel, an einen Geistlichen ist auch nicht zu denken. Alles weist auf einen bürgerlichen Literaten, der vermutlich im Auftrag eines Gönners dichtete; allerdings erwähnt er ihn nirgends. Das plötzliche Abbrechen des Gedichts erklärt sich vielleicht aus dem Versiegen der Unterstützung. Seine Lebensverhältnisse scheinen kümmerlich. — Er dichtete nach 1291 (v. 17980 Fall von Ackers).

2. Stil und Anlage. Es ist merkwürdig, daß sich der Dichter zu einem Vorbild nirgends bekennt — kaum in der Form, daß er Gestalten aus dessen Dichtungen erwähnte: zu Konrad von Würzburg (s. d.). Und doch sind die Beziehungen zu ihm allenthalben mit Händen zu greifen. Es ist kein Zweifel, daß der Vf. zu jener alemannischen Gruppe von Epikern gehörte, die im Anschluß an das Schaffen des Baslers Meisters eine Art Schule bildeten, unabhängig von den Stoffgebieten, die sie pflegten. 'Dietrichs erste Ausfahrt', 'Wolfdietrich C' (s. d.), die 'Martina' Hugos von Langenstein (s. d.) gehören hierher. Zu ihnen gesellt sich unser Vf. auch durch seine Mundart, nach der man ihn in die Bodenseegegend zu weisen pflegt. Er reimt *wünschelî* auf *sî*, *s* auf *z*, *ân* (*an*) auf *am*, *har* auf *dar*, *gên* (*geben*) auf *nên* (*nemen*). Entgleisungen sind selten (eine Liste bemerkenswerter Wörter bei Bartsch im Anhang), die Wortwahl ist von unaufdringlichem Mittelmaß, das man bei dem Erzähler Konrad lernen konnte, gleich weitab vom Übersteigerten wie vom Gemeinen. Seine Darstellungsmittel sind stereotyp, sein hauptsächlichstes, namentlich im ersten Teil bis zum Überdruß angewandtes Belebungsmittel ist der Fragesatz Wolframscher Herkunft (*ob des ieman verdruzze?*). Von allen Konradschülern (wir sehen von den Novellisten ab) ist er der höfischste insofern, als er in Stoffwahl und Technik dem Meister am nächsten bleibt. Er pflegt einen geglätteten Vierheber und richtet sein Augenmerk auf die Herausarbeitung höfischen Lebens und höfischer Gesinnung. Er tut sein Bestes, um auch im Abenteuerroman der Minne und der Ritterlichkeit ihre Mittelpunktsstellung zu wahren. Die Gesamthaltung zeigt jene idealistische Bläßlichkeit, jene einebnende Schönfärberei, die namentlich für Konrads 'Engelhard' kennzeichnend ist. Die ersten 12000 Verse des Gedichts sind denn auch, wie man längst erkannt hat, eine glatte Engelhardnachahmung. Allerdings strebt er ja im Gegensatz zu diesem wohltätig kurzen Roman Ausmaße an, die womöglich die des 'Trojanerkriegs' noch überboten hätten. Seine Streckmittel sind die Konradschen, aber verzerrt; Schilderungen von Festen und Turnieren (aus 'Engelhard'), von Kämpfen (aus dem 'Trojanerkrieg'), Ansprachen, Sendschreiben, Betrachtungen (eigene oder durch Personen der Handlung), gelegentlich auch Wort- und Witz-

spiele, die meist an Gottfried anknüpfen, das alles erklärt die ungeheure Breite namentlich des Anfangsteils. Es ist dem Vf. gelungen, den Sprung von dem ersten zum zweiten Hauptteil, der den Übergang zu einer ganz neugearteten Quelle bedeutet haben muß, zu überdecken. In den letzten paar Tausend Versen mag sich das Zeitmaß etwas beleben, aber Aufzählungs- und Schilderungslust haben kaum nachgelassen. Man hat nicht den Eindruck, daß der Dichter auf das Ende zueile; er war offenbar noch durch Zehntausende von Versen von ihm getrennt. Bei allem Mangel an wirklicher künstlerischer und menschlicher Höhe wird doch anerkannt werden müssen, daß der 'Reinfried von Braunschweig' ein Werk guter Erziehung und achtbarer Selbstzucht ist. Es gehörte ein ernsthafter Formwille dazu, in dieser Zeit und auf so lange Strecken den reinen Reim, den glatten Vers, den gewählten Ausdruck zu pflegen.

3. Stoff und Quelle. Das Erhaltene zerfällt in zwei Hauptteile, deren erster vermutlich ganz von unserem Dichter herrührt — wie gesagt: mit reichlicher Ausnützung des 'Engelhard', der vor allem zwei Bausteine liefert: die heimliche Liebe des Helden zu der dänischen Königstochter und das Gottesgericht, in dem ihre Sache zum Siege geführt wird.

Reinfrid von Braunschweig, Herr von Sachsen und Westfalen, verliebt sich als Gast zu Linion in Dänemark in Yrkane, die Tochter des Königs. Sie liebt ihn wieder, und sie treffen sich heimlich in einer Hütte. Ein dänischer Ritter hat sie belauscht und beschuldigt nach R.s Abreise die Königstochter, sie habe ihre Unschuld an den fremden Fürsten verloren. Er will es im gerichtlichen Zweikampf erhärten, und Yrkane findet zunächst keinen Kämpfer. Ein treuer Knappe bringt R. in letzter Stunde die Nachricht von ihrer Bedrängnis, er bricht ein Turnier ab, das gerade im Gang war, und erscheint im richtigen Augenblick als Retter Yrkanes. Sieg und Hochzeit schließen diesen Handlungsteil ab (bis v. 12658). Das Paar lebt glücklich, aber kinderlos. Im Traum wird R. offenbar, daß eine Fahrt zum Hlg. Grab ihm zu einem Erben verhelfen wird. Scheidend bricht er einen Ring entzwei und gibt Yrkane die Hälfte; nur wenn ihr die andere überbracht wird, soll sie an seinen Tod glauben. In der letzten Nacht zu Hause zeugt er einen Sohn (bis v. 15358). Er kommt mit einem Heer ins Hlg. Land, der Sultan von Babylon bedrängt die Christen hart, aber R. besiegt dessen Enkel, den jungen Perserkönig, und erreicht, daß Jerusalem und das Hlg. Land den Christen ausgeliefert wird. Jetzt beginnt die Reihe der eigentlichen Reiseabenteuer: R. folgt der Ladung des Perserkönigs und besucht mit ihm die Greifen, die Pygmäen, die Hundeköpfe, die Schnabelleute, den Magnetstein, die Sirenen; unterwegs besiegt er einen Riesenkönig. Mit großer Mühe findet ihn ein Bote aus der Heimat, der ihm die Geburt seines Sohnes melden will. Nach abermaligem siegreichem Riesenkampf machen sich die Braunschweiger auf den Weg nach Hause, aber als sie nach einem starken Sturm eine schöne Insel anlaufen, bleibt R. versehentlich dort zurück. Hier bricht das Gedicht ab. Ausblicke auf die Zukunft haben in seinem Verlauf folgende Äußerungen eröffnet: Im Falle seines Nichtwiederkehrens soll sich Yrkane wieder vermählen; sie hat ihm einen schützenden Zauberring mitgegeben; der Dichter will noch erzählen, warum R. zwei Löwen im Wappen führe.

Der letzte Zug gibt, zusammen mit dem Namen Braunschweig, einen Hinweis, in welcher Form der dem 13. Jh. ja geläufige Stoff, die abenteuerliche Palästinafahrt, hier vorliegt. Es ist eine poetische Behandlung der Geschichte Heinrichs des Löwen; für uns die erste. Ein älteres Gedicht ist aber wahrscheinlich, denn es ist nicht anzunehmen, daß jene ein Jahrhundert lang nur als „Sage" gelebt hat. Am wahrscheinlichsten ist die Annahme, daß eine Ballade, ein kurzes sanghaftes episches Lied, den Stoff behandelt hat — offenbar eine unserer ältesten. Nicht nur die mhd. Literatur ist voll von Hinweisen auf ein solches Gedicht, es wirkte auch sehr früh in den Norden.

'Reinfried von Braunschweig' liefert nun leider nur geringe Anhaltspunkte für den Wiederaufbau der Balladenquelle, vor allem deshalb, weil dem erstaunlich belesenen Dichter soviel literarische Nebenquellen flossen; zuvörderst konnte er sich Stoff aus den deutschen Ernstgedichten holen, die er offensichtlich kannte. Die Sirene hat er sicherlich unmittelbar aus dem Altertum, es ist der Auftritt der Odyssee. Seine Vorlage teilte mit vielen Heimkehrersagen (Moringer u. a.) das Motiv des Rings im Becher und enthielt als Besonderheit den treuen Löwen, der vielleicht unmittelbar aus östlicher Quelle stammte und nicht aus dem 'Iwein'. Man verselbständigte in ihm sozusagen den geschichtlichen Beinamen des ursprünglichen Helden. Ganz deutlich orientalisch ist die Geschichte des Zurückbleibens auf der Insel; sie gehört in den Sindbadumkreis (543. Nacht), der zuerst im 'Herzog Ernst' (s. d.) für Deutschland ausgenützt wurde. Aber unser Motiv fehlt den Ernstgedichten; wir haben hier das kenntlichste Stück der Quelle, die also auch mit Sindbadzügen arbeitete. Genau genommen kommt der Dichter erst jetzt, an dieser ganz späten Stelle, zu seinem Gegenstand; was vorherging, konnte er alles aus Antike, Bibel, Alexander und Ernst entnehmen. Wir bedauern, daß wir die Hauptstücke der Heinrichsage, Löwenabenteuer und Heimkehr, von seiner Hand nicht besitzen. Schwerlich überschätzen wir ihn mit der Annahme, daß er die Darstellungen, die uns von der Geschichte Heinrichs überkommen sind, ausgestochen hätte.

Ausgabe von Bartsch (Stuttg. Lit. Verein 109) 1871. Gereke *Studien zu R. v. B.*, PBB. 23, S. 358ff. Ehrismann *Geschichte der deutschen Literatur* IV S. 87f., dort weitere Lit. Zum Heinrichstoff: Seehausen *Michel Wyssenheres Gedicht von dem edeln Hern von Bruneczwyk* 1913. Die Geschichte vom Palästinareisenden: H. Schneider *Wolfdieterich* 1913 S. 229ff.; ders. AfdA. 38 S. 156ff.; ders. Ehrismannfestschrift 1925 S. 117; ders. Merker-Stammler, RL. II S. 136.

Hermann Schneider.

Reinhard von Westerburg. Von Reinhard I., Herrn von Westerburg, berichtet Tilemanns 'Limburger Chronik' ein Schelt- und Absagelied an eine Frau in drei echt „volksliedhaften" Vierzeilerstrophen. Das Lied wird in der Chronik, wenigstens in der ausführlicheren Fassung entscheidender Handschriften, auch ausführlich wiedergegeben. Anschließend daran wird erzählt, Kaiser Ludwig habe von Reinhard dafür eine Sühne verlangt, darauf habe dieser ein Minnelied im üblichen Sinne gedichtet (*In jamers noden ich gar vurdreven bin durch ein wif so minnecliche . . .*) und habe damit den Kaiser befriedigt (noch erste Hälfte 14. Jh.s). Die literarhistorische Bedeutung des Lieds nach der gehaltlichen Seite wird stark überschätzt; Scheltlieder gegen Frauen hat es schon zu Wolframs und Walthers Zeiten und bei diesen selber und später bei andern mehr als einmal gegeben! Bedeutsam dagegen ist die lässig „liedhafte" Form.

Limburger Chronik, hg. v. A. Wyss. MGH. Dt. Chron. IV, 1 (1883), Kap. 10 S. 29, 2 ff. F. J. Mone Bad. Arch. I (1826) S. 101 (urk.). E. Martin ZfdA. 13 (1867) S. 367, 372f. (Erwähnung R.s in einem etwas früheren Gedicht zw. 1331 u. 1340; urkundliche Nachweise). A. Koberstein *Grundr. d. Gesch. d. deutsch. Nat.-Lit.* 1884⁶, S. 363. L. Sternberg Zs. f. Deutschk. 1922, S. 15f. H. Naumann u. G. Weydt *Herbst des Minnesangs* 1936, S. 141f., 171.

Halbach.

'Reinke de Vos'.

1. 'R. d. V'., eine der zahlreichen mnd. Übersetzungen aus dem Niederländischen, ist im Jahre 1498 in Lübeck in der sogenannten Mohnkopfdruckerei erschienen (Exemplare in Wolfenbüttel — nur dies vollständig —, Berlin und Bremen). Der niederdeutsche Bearbeiter, ein lübischer Geistlicher, vielleicht ostfälischer Herkunft (einem Bettelorden oder den Brüdern vom gemeinsamen Leben angehörig?), war jedenfalls weder Nikolaus Baumann noch Hermann Barkhusen noch Hermann Bote (s. d.), wie man vermutet hat; auch die Annahme, daß sämtliche Mohnkopfdrucke von demselben Verfasser und also von Hans van Ghetelen (s. d.), dem Bearbeiter der Evangelia von 1488, stammten, entbehrt ausreichender Begründung.

2. Die ndl. Grundlage ist '*Reinaerts Historie*' (Reinaert II) und zwar (nach der im 'R.' mitübersetzten Vorrede) in der Gestalt, die ihr Hinrek van Alckmer, *scholemester vnde tuchtlerer* des Herzogs von Lothringen, gegeben hatte; die Dichtung, offenbar in ihrem Text im Ganzen unverändert, war hier in vier Bücher eingeteilt und diese wieder in Kapitel, denen inhaltsangebende Überschriften sowie großenteils auch Erklärungen zur Heraushebung der in der Erzählung enthaltenen Lehren vorangestellt waren. Um 1487 war diese Bearbeitung, von der sich nur die sogenannten Culemannschen Bruchstücke erhalten haben, in Antwerpen gedruckt;

dem Verfasser des 'R.' lag wahrscheinlich eine zweite Auflage vor, in der die Vögelverse ('R. d. V.' v. 3247 ff.) hinzugefügt waren. Die Glossen Hinreks sind von dem niederländischen Volksbuch *'Reynaert de Vos'* (Antwerpen 1564) verwertet (ebenso wie die Kapiteleinteilung) und kehren dort anscheinend ungefähr in alter Weise wieder, zwar gekürzt, aber mit wörtlicher Anlehnung, so daß sich für den 'R.' eine Vergleichsmöglichkeit ergibt.

3. Die Verse des 'R.', kräftig und frei gebaut, schwerer gefüllt als die der Vorlage, haben vier Hebungen bei vollem Ausgang *(was, blomen, lövede)*. Die Übersetzung, die auch durch Einführung zahlreicher deutscher Tiernamen für die Eindeutschung sorgt, ist als Gesamtleistung ausgezeichnet. Durch vielfache Kürzungen wird der Umfang nicht unerheblich beschränkt, obwohl sich andererseits auch hin und wieder Erweiterungen finden, welche öfter die Anschaulichkeit erhöhen und gelegentlich die besondere Geistesrichtung des Bearbeiters erkennen lassen. In den Glossen prägt sich diese deutlich aus. Während die Quelle offenbar nur kurze und einfache Erklärungen enthielt, um dem Ursprung dieses Werks entsprechend Lebensweisheit und Lebenslehre gerade im Hinblick auf den Fürstenhof zu bieten, bringt der Niederdeutsche breite Ausführungen, die nach Form und Inhalt den Geistlichen erkennen lassen und in bürgerlichem Umkreis mit dem *gemenen volke* fühlen. Die Gedanken der Vorlage nehmen sie zwar fast immer auf (manchmal Getrenntes verbindend, häufig wiederholend), ergänzen sie aber unter Gliederung nach bezifferten Punkten durch weitere Lehren, wozu auch allegorische Ausdeutungen nach theologischem Muster helfen müssen, und entwickeln sie mit häufigen Bibelzitaten und Hinweisen auf biblische Geschichten ausführlich nach der moralischen Seite. Neben allgemeingültigen Mahnungen stehen scharfe Anklagen gegen die Gebrechen der Geistlichen; in Verbindung mit den Vorwürfen gegen die hohen Herren weltlichen Standes zielen sie (unter Schonung Roms) vornehmlich auf die Hofgeistlichkeit, die um weltlichen Vorteils willen den Fürsten zu Willen ist, lassen aber kein Rütteln an der überlegenen Würde des geistlichen Standes zu.

4. Obwohl 'R. V.' auch bei den Niederdeutschen längst schon bekannt und geradezu sprichwörtlich war (Josep 'Von den sieben Todsünden' v. 5501 f., ed. Babucke S. 34, vgl. *Reyneke* als Namen des schlauen Hirten ebd. v. 1630 ff., B. S. 18 f.; Ratsversammlung der Tiere v. 85 f.), wurde der Stoff erst durch die Bearbeitung von 1498 in literarischer Form bei ihnen eingeführt, wobei die ausdrückliche geistlich-lehrhafte Auswertung der Zeitrichtung entgegenkam; die Absicht, allen Sünden mahnend einen Spiegel vorzuhalten, kam vollends zur Geltung in der jüngeren (protestantischen) Glosse, die in der Rostocker Ausgabe von 1539 die alte (katholische) ersetzte (Vf. wahrscheinlich L u d w i g D i e t z). Während die alte oberdeutsche Dichtung von 'Reinhart Fuchs', nach Stil und Gehalt vergangenen Zeiten angehörig, längst verklungen war, eroberte sich der niederdeutsche 'R.' wie der gleichzeitige 'Eulenspiegel' (s. d.) in raschem Siegeszuge ganz Deutschland, dazu auch die nordischen Länder, und rief mit unversieglicher Lebenskraft zahlreiche Übersetzungen und immer neue, sich dem wechselnden Zeitgeschmack anpassende Bearbeitungen und Nachahmungen hervor, unter denen die Goethische Dichtung an erster Stelle steht.

Zahlreiche Ausgaben (H o f f m a n n v o n F a l l e r s l e b e n 1834 und 1852; A. L ü b b e n 1867; K. S c h r ö d e r 1872), maßgebend Fr. P r i e n (Altdeutsche. Textbibl. 8), 1887 (mit Bibliographie der Drucke und Bearbeitungen), 2. A. v. A. L e i t z m a n n, mit einer Einleitung von K. V o r e t z s c h, 1925 (dazu L. W o l f f AfdA. 45 S. 103 ff.). B o r c h l i n g - C l a u s s e n *Nd. Bibliogr.* Nr. 299, 1312. J. G r i m m *Reinhart Fuchs* 1834. — K n o r r *'Reinaert de V.' und 'R. V.'* Progr. Eutin 1857. A. L ü b b e n *Die Tiernamen im 'R. V.'* Progr. Oldenburg 1863. F. L a t e n d o r f *Zur Kritik und Erklärung des 'R. V.'* Progr. Schwerin 1865. C. W a l t h e r *Mundartliches im 'R. V.'*, Nd. Jb. 1 (1875) S. 92/101. F. P r i e n *Zur Vorgeschichte des 'R. V.'*, PBB. 8 (1882) S. 1/53. A. B i e l i n g *Die 'R.-Fuchs'-Glosse in ihrer Entstehung und Entwicklung.* Progr. Berlin 1884. E l l a S c h a f f e r u s

Der Vf. der jüngeren Glosse zum 'R. d. V.' Diss. Hamburg 1933. H. Seltz *Der Versbau im 'R. V.'* Diss. Rostock 1890. K. Voretzsch *Zum Jubiläum des 'R. V.'*, Allgemeine Zeitung (München) 1898, Beilage Nr. 293/94. W. Stammler Hansische Geschichtsblätter 45 (1920) S. 63/8. Weitere Literaturnachweise bei Stammler *Mnd. Leseb.* Nr. 56.

L. Wolff.

Reinmar der Alte.

1. Reinmars Gedichte sind überliefert in den Liederhss. A mit Anhang a (Kleine Heidelberger Hs.) = Abdruck von Pfeiffer (StLV. 9) 1844; B (Weingartener Hs.) = Abdruck von Pfeiffer (StLV. 5) 1843; C (Große Heidelberger Hs.) = Abdruck von Pfaff 1909; E mit Anhang e (Würzburger Hs. München); einzelne Strophen in G (Münchener Bruchstücke) = Abdruck in: Germanica, Sievers-Festschrift 1925 S. 504ff.; in i (Donaueschinger Hs.); in M (Benediktbeurener Hs. München); in m (Mösersche Hs. Berlin); in p (Berner Hs.). Namensvertauschungen begegnen bei seinen Liedern mit Dietmar v. Eist, Meinloh v. Sevelingen, Friedrich v. Hausen, Heinrich v. Rugge, Walther, Gottfried v. Neifen, Niune, Gedrut und Reinmar dem Fiedler.

Ausgaben: HMS. I 174—201; III 318—21, 468a; IV 137—144. Minnesangs Frühling (MF.) 99ff. 150—204. C. v. Kraus *Die Lieder Reinmars des Alten*, Abhandl. d. Bayer. Akad. 30, 1919; dazu Vogt ebd. 40 S. 119ff. Paul PBB. 8 S. 171ff. Handschriftenverhältnisse: K. Halbach *Walter v. d. Vogelweide, Heinr. v. Rugge und Pseudo-Reinmar*, ZfdA. 65 S. 145ff. H. Schneider PBB. 47 S. 245ff.

2. Da Reinmar urkundlich nicht nachgewiesen ist, kann über seine Herkunft und Lebensverhältnisse nur aus den Gedichten einiges erschlossen werden. Daß er ritterbürtig war, beweisen die Liederhss. B und C durch die Überschrift *Her Reimar*. Das ihm auf dem Bild beigegebene Wappen, bestehend aus sechs abwechselnd blauen und goldnen Querstreifen durch einen roten Längsstreifen inmitten geteilt, gibt weiter keinen Anhalt. Der Beiname *der Alte* soll ihn von den Dichtern gleichen Namens unterscheiden — er wäre daher mit „der Ältere" zu übersetzen, was gleichzeitig der unbegründeten Vorstellung von einem ältlichen Sänger den Boden entzieht. Auffällig bleibt, daß nirgends ein Geschlechtsname angegeben wird, der also schon den Schreibern der Hss. unbekannt oder aber ungewöhnlich bekannt gewesen sein muß. Schon Docen (1809) bezog Vers 4777f. der literarischen Stelle in Gottfrieds 'Tristan' auf unsern Dichter. Demnach wird er von Gottfried um das Jahr 1210 unter der Bezeichnung *nahtegal von Hagenouwe* als verstorben betrauert. Daraus ergeben sich die drei Möglichkeiten, daß Reinmar entweder einem österreichischen Geschlecht (bei Passau und St. Pölten ansässig) oder dem der Marschälle von Hagenau im Elsaß oder dem Straßburger Geschlecht derer von Hagenau zugehört, d. h. doch wohl als Ministeriale. J. Nadlers farbenreiche Darstellung (Lit.-Gesch. I S. 137) vom Einströmen elsässisch-alemannischen Wesens nach Wien durch Reinmar hat eben diese Vermutung als Grundlage. Dialektische Eigentümlichkeiten sind in gesicherten Liedern verschwindend gering und außerdem für die Herkunft mehrdeutig. Die überwiegende Mehrzahl der Forscher tritt für das Elsaß ein, wenn auch die andre Vermutung mir nicht als so völlig haltlos erscheint. Es bleibt dann ungeklärt, wieso Reinmar später an den Wiener Hof gekommen ist. Die Frage der Herkunft ist hier besonders entscheidend, weil sich daraus Zuweisung oder Absprechen einer beträchtlichen Zahl Gedichte mitergibt. — Gesichert ist das Datum der „Witwenklage" Lied MF. 167, 31 als nach dem Tode des Herzogs Leopold V. (VI.) von Österreich (gest. 31. Dezember 1194) entstanden. Von hier aus kann man annehmen, daß Reinmar, zwischen 1160 und 1170 geboren, vor 1190 zu dichten begann. Ein andrer Aufenthalt Reinmars als der am Wiener Hof bleibt uns unbekannt, wenn auch Vogt (MF.[4] S. 415) aus der Stelle 159, 5—9, auf die sich augenscheinlich ablehnend Wolframs 'Parzival' 115, 5 bezieht, einen thüringer Aufenthalt Reinmars erschließen wollte und das Auftreten Reinmars von Zweter (s. d.) im 'Sängerkrieg' als spätere Verwechslung mit Reinmar dem Alten erklärte. Ob er an einer Kreuzfahrt, etwa mit seinem Herzog 1190—92, teilnahm, ist ungewiß. Die Kreuzlieder MF. 180, 28 und 181, 13 werden ihm meist abgesprochen. Aus dem Nachruf Walthers (82, 24):

Owê daz wîsheit unde jugent,
Des mannes schoene noch sîn tugent
Niht erben sol

mag hervorgehen, daß Reinmar nicht alt, sondern im besten Mannesalter gestorben ist. Die charakteristischen unter seinen Minneliedern müssen in den beiden Jahrzehnten um die Jahrhundertwende entstanden sein. — Reinmar erscheint als wohlhabender Mann in gesicherter Lage (vgl. MF. 168, 32 und 175, 15); er ist der Sänger des höfischen Kreises zu Wien, wenn auch nicht ein „Hofsänger" (v. Kraus), sieht sein Amt darin, durch seinen Minnesang die Freuden der gesellschaftlichen Welt zu mehren (vgl. MF. 164, 3; 177, 31; 185, 25; Walther 83, 7) und ist gewohnt, sie durch *ein schoene wort* zu unterhalten (MF. 176, 3), aber auch im Sinne der Erziehungsform der Minne zu bestimmen und zu lenken. Vielleicht war er der Einführer, mindestens jedoch der Bewahrer und Hüter der strengen Minnekonvention am Wiener Hof. Unter diesem Gesichtspunkt sind seine Fehden mit Walther während dessen Wiener Zeit zu verstehen.

Zur Herkunft: Eintreten für das Elsaß: K. Schmidt Revue d'Alsace 1873, H. 2; E. Schmidt *Reinmar v. Hagenau und Heinrich v. Rugge* (QuF. 4) 1874; E. Regel *Zu Reinmar v. Hagenau,* Germania 19 S. 149ff.; K. Burdach *Reinmar d. Alte und Walther v. d. Vogelweide* 1880, [2]1928; Bartsch-Golther *Liederdichter* zu Nr. XV; Plenio PBB. 42 S. 276f. — Für Österreich: R. Becker *Der altheimische Minnesang* 1882; ders. *Über Reinmar v. Hagenau,* Germania 22 S. 70f. 195f.; F. Wilhelm *Zur Frage nach der Heimat Reinmars d. Alten,* Münchener Museum 3 S. 1f. — Lebensverhältnisse: H. Paul PBB. 2 S. 487f., 535f.; K. Burdach ADB. XXVIII S. 93ff.; ders. *Zu Reinmar v. Hagenau,* PBB. 8 S. 461ff.; Fr. Vogt MF. [4]1923 S. 409ff.

3. Daß Walther (s. d.) während der Wiener Zeit für seine Minnedichtung von Reinmar gelernt hat, ist nicht zu bezweifeln; viele seiner frühen Lieder stehen unter Reinmars Einfluß. So hat man die Strophen Walther 71, 19 + MF. 152, 25 bis 153, 4 manchmal als ein Gedicht Walthers (Wilmanns) oder Reinmars (v. Kraus) zusammennehmen können. Doch die Schülerschaft wurde wohl rasch durch eine Rivalität in Dichten und Leben abgelöst. Die unmittelbare Bezugnahme beweist dann keine Abhängigkeit Walthers mehr, sondern eine Antwort oder Parodie von seiner Seite. Seit den Forschungen von Wilmanns und v. Kraus lassen sich diese literarischen Fehden genau verfolgen. Zur ersten Fehde um das Jahr 1198 gehört MF. 170, 1. Reinmar nimmt Bezug auf Walthers Gedicht 115, 6, das besagt, daß er in der Nähe der Herrin zu sprechen vergesse, und erwidert auffallend gereizt:

Maneger zû den frouwen gât
Unde swîget allen einen tac...
Niemen imez verviengе
Zeiner grôzen missetât,
Ob er dannen gienge,
Dâ er niht ze tûnne hât.

Weiter wird ihm die rechte Zucht abgesprochen. Hier ist also schon offenbare Feindschaft ausgebrochen. Walther antwortet auf MF. 170, 1 und 159, 1 mit dem Liede 111, 23, indem er ihm Übersteigerung seiner Minne und damit Benachteiligung der andern *frouwen* vorwirft, außerdem Leichtfertigkeit bei seinem Kußraub. Reinmar verteidigt sich MF. 196, 35, er habe nicht die andern *frouwen* zurücksetzen wollen. Die zweite Fehde in den Jahren 1203—04 beginnt wohl mit Walthers berühmtem Preislied 56, 14, das im Wettbewerb mit Reinmars Preislied 165, 28 gedichtet wurde. Walthers 116, 33 geht auf MF. 151, 33, und Reinmar bezieht sich mit MF. 158, 1 wiederum auf Walthers 52, 23, wo dieser mit Wegwendung von der ungeneigten Herrin droht; demgegenüber erklärt Reinmar seine Treue als unverbrüchlich. Walthers *Sumerlaten*-Lied 72, 31 enthält schärfste Parodie Reinmarschen Dichtens, denn MF. 185, 27 gehört doch wohl Reinmar und ist nicht, wie v. Kraus meint, erst eine mattere Nachahmung des Waltherschen Gedichts. Mit diesem Angriff mußte Reinmar sein ganzes Minnesystem, sein Erziehungswerk, in Frage gestellt sehen; er scheint denn auch nur distanziert mit MF. 163, 23 den Angriff abzuwehren. Zur dritten Fehde, wahrscheinlich kurz vor dem Tode Reinmars, gehört wohl Walther 47, 36:

Ich wil mîn lop kêren
An wîp die kunnen danken;
Waz hân ich von den überhêren?

Das geht gegen Reinmars Gesinnung und Lebenshaltung, denn es ist deutlich, daß dieser die ganze Zeit im Minnedienst von ein und derselben vornehmen Dame stand — ein Minneverhältnis im alten Stil, das der gereifte Walther jetzt als unnatürlich ansieht; den Vorwurf der *unfuge* weist er daher nachdrücklich von sich zurück. Eine Antwort auf Walthers 44, 35 gibt MF. 170, 36, wo Reinmar stolz gesteht, daß er von Frauen nichts Übles sprechen kann:

Bezzer ist ein herzesêr,
Dan ich von wîben missерede.
Ich tûn sîn niht;
Si sint vor allem rehte hêr.

Walther entgegnet zuletzt (58, 21), er habe doch selbst die deutschen Frauen am herrlichsten gepriesen. Vielleicht vereitelte der Tod Reinmars eine Antwort. In Walthers Nachruf (82, 24) kommt noch einmal persönliche Gegnerschaft neben dem Lob von Reinmars Kunst zum Ausdruck. Seine neue Bewerbung nach Wien im Spruch 84, 1 mag mit Reinmars Tod in Verbindung stehen.

Reinmar-Walther-Fehde: W. Wilmanns *Leben Walthers*[2] S. 447f.; Schönbach-Schneider *Walther* [4]1923 S. 79f. 94f. 211f.; Berta Wagner *Vom Verhältnis Walthers v. d. Vogelweide zu Reinmar*, ZfdA. 62 S. 67ff.; K. Halbach *Walther v. d. Vogelweide und die Dichter des Minnesangs Frühling* 1927 S. 67ff.; H. W. Nordmeyer *Der Ursprung der Reinmar-Walther-Fehde*, Journ. of Engl. and Germanic Philol. 28 (1929) S. 203f.; ders. *Fehde und Minne bei Reinmar v. Hagenau*, ebd. 29 (1930) S. 18ff.; ders. *Ein Anti-Reinmar*, Publ. of the Mod. Lang. Assoc. of America 45 (1930) S. 629ff.

4. Für eine Kritik an den Zuweisungen in den Liederhss. bieten die aus der Fehde für Reinmar gesicherten Lieder die Grundlage, denn es zeigt sich eine Gruppe nach Stil und Gesinnung einheitlicher Gedichte. Man ist weitergegangen und hat daraus einen vollständigen Liebesroman in chronologischer Reihung zusammengestellt, dessen Schöpfer Reinmar mit seinem Liederbuch gewesen sein soll. Also „ein großes Gesamtkunstwerk in planmäßiger Anordnung und kunstvoller Steigerung" (v. Kraus). Dies würde nahezu bedeuten, daß Reinmar ein in modernem Sinn entwicklungsgeschichtlich-autobiographisches Interesse gehabt habe. Denn wenn v. Kraus auch freilich „nicht die getreue Geschichte einer Herzensneigung, sondern Stilisierung" sucht, setzt er ja doch in der Liedkritik ein Entstehen der Gedichte nach der Liederbuchreihenfolge voraus. Gewiß ist richtig, daß es sich bei diesem „Zyklus" um ein klassisches, d. h. einseitiges Minneverhältnis des Dichters mit einer Dame handelt. Klagelieder überwiegen; an die ältere Tradition knüpft Reinmar mit seinen Botenliedern an, die nun ausführlicher, beredter geworden sind. Seine Wechsel nähern sich bisweilen schon dem Dialogischen, das bei Walther schließlich die klassische Form dieser Gattung wieder aufhebt. Wenn auch MF. 107, 7 bei Rugge (oder Reinmar) zeigt, wie Wechsel und Botenlied gelegentlich miteinander verschmelzen, so ist doch seit Friedrich v. Hausen der Wechsel kein Antwortlied mehr. Man wird deshalb nicht in dem Maß, wie es in den Bearbeitungen der Reinmar-Lieder geschah, Antworten des andern im Wechsel als jeweils bekannt voraussetzen dürfen, da das Verbindende zwischen den beiden Einzelsprechern mehr bloß auf der gleichgerichteten Gemütsstimmung beruht. Dementsprechend wird man bei dem Ton MF. 151, 1—32 eher der Fassung von Lachmann-Haupt folgen, die ihn als zwei getrennte Wechsel im strengen Stil auffaßt. Auch sonstige Umordnungen der Strophenüberlieferung erscheinen mir in dem vorgeschlagenen Ausmaß nicht notwendig. Reinmars Liedern ist eigentümlich, daß sie keine streng logische Gedankenverbindung, keinen pointierten Anfang und Schluß besitzen. Die einzelnen Strophen bilden unter sich wiederum fast ein Ganzes; es bleibt daher Ansichtssache, ob man gleiche Töne zu langen Liedern zusammenfassen oder 2—3strophig aufteilen will. Statt eines logischen herrscht mehr ein Stimmungs- und Motivzusammenhang wie in der Frühzeit, trotz aller dialektischen Künste Reinmars. Reimanklänge und Reimwiederholungen beweisen noch keinen engeren Zusammenhalt, dafür enthalten sie zu sehr die gebräuchlichen Reimwörter (Vogt). Über Burdachs Kritik hinausgehend erkennt v. Kraus außer dem Zyklus nur noch drei Jugendgedichte, die ein voraufgehendes glückliches Minneverhältnis widerspiegeln, als Reinmarisch

an. Demgegenüber wies H. Paul darauf hin, daß es doch wieder an der Zeit wäre, die Zuschreibungen in den Hss. nicht derart zu ignorieren. Freilich ist das Liederbuch Reinmars mit dem des Heinrich v. Rugge (s. d.) aus nicht geklärten Gründen durcheinandergeworfen, so daß eine Anzahl Lieder in der Hs. C gleichzeitig unter beiden Namen aufgeführt wird. E. Schmidt hat denn auch einige Lieder Rugge neu zuweisen können, aber anderes Zweifelhaftes paßt nicht zu Rugges Art. Für Pseudo-Reinmar, als das Werk eines Schülers und Nachahmers von Reinmar, hält v. Kraus all das, was nicht in den Aufbau des Zyklus passen will. Gewiß sind Lieder aber erst dann Reinmar abzusprechen, wenn sie auf Grund von Formkriterien einer andern Zeit angehören oder den Stempel eines bestimmten andern Dichters tragen. Ihm das Jubellied MF. 184, 31 abzusprechen, zeigt die Gefahr einer begrenzten Vorstellung von seiner Persönlichkeit. Das Gleiche mag für die Kreuzlieder gelten. Wer soll der Verfasser der Frauenlieder (vor allem MF. 192, 25) sein, die es so umfangreich sonst nirgends gibt? Als Jugendgedichte Reinmars würden MF. 176, 5 und 190, 27 wohl passen, sogar das epische MF. 203, 24. Es kommt darauf an, ob man österreichischen Einfluß für seine erste Zeit bejaht. Fremder sind die meisten nur in Hs. E überlieferten Lieder. Auch ein Lied mit Naturinhalt wie MF. 183, 33 ist nicht typisch reinmarisch, und es bleibt mindestens das Verdienst der rigorosen Verfasserkritik, das für Reinmar Bezeichnende aufgedeckt zu haben. — Außer den hier schon erwähnten werden Reinmar noch folgende Gedichte durch v. Kraus abgesprochen: MF. 36, 5. 36, 23. 103, 3. 103, 35—106, 23. 109, 9 bis 110, 25. 168, 30. 169, 9. 182, 14. 183, 9. 191, 7—33. 191, 34. 193, 22. 194, 18. 195, 3—9g. 195, 37. 198, 4. 198, 28. 199, 25. 201, 12. 202, 25. 203, 10. 203, 24.

5. Reinmars Eigentümlichkeit und dichterischer Charakter ist verschieden beurteilt worden. Uhland prägte das Wort vom „Scholastiker der unglücklichen Liebe", seine Haltung erschien als die einer „marklosen Melancholie" (E. Schmidt), über sein Werk schien „das graue Spinneweb der Reflexion" (Burdach) gebreitet. Dem steht das Urteil der Zeitgenossen gegenüber, die wie Walther und Gottfried die hohe Erfüllung ihrer Kunst in ihm verehrten, was sich außer auf die formale Technik auch auf den Inhalt seines Dichtens bezieht. Jedenfalls macht diese genaue Erfüllung einer mittelalterlichen Form uns Reinmar schwerer zugänglich als etwa Morungen oder Walther. Reinmars Minnelieder halten die Stimmungen des Herzens, Hochgemutheit und Niedergeschlagenheit, Enttäuschung und Hoffen — ja den Umschlag selbst aus dem Jubel ins Wehklagen — in einer bis dahin unerhörten Treue fest. Nur darf man kein müheloses Sichaussingen erwarten, das unmittelbar zum Liede wird. Es fehlt jeder momentane und schlichte Ausdruck. Reinmar ist der Meister der reflexiven Elegie, der die Gefühle mit allen Mitteln dialektischer Schulung zergliedert. Es handelt sich für ihn darum, den tragischen Widerspruch und Zwiespalt in der Minne aufzudecken; denn unverkennbar steht hinter der modischen Geste seines Trauerns eine wahre *swaere* des Herzens, wenn auch die leidenschaftliche Betrübnis sich nur gedanklich gebrochen äußern darf. Es fehlen die satirischen und auch die gleichmäßig heiteren Töne. In MF. 163, 5 bekennt er selbst:

Daȝ lop wil ich, daȝ mir beslê
Und mir die kunst diu werlt gemeine gebe,
Daȝ niht mannes sîniu leit sô schône kan getragen.

Er fühlt sich als Virtuosen des höfischen Trauerns, was den Spott mancher seiner Zuhörer herausgefordert hat. Andererseits sind Freude und Trauer bei ihm nahe aneinandergerückt. Er gilt als Vollender und Übersteigerer der Minnedoktrin, wenn auch nicht bis zum Grad der Torheit, den Ulrich v. Lichtenstein (s. d.) erreicht. Merkwürdig bleibt, daß Reinmar das Wort *minne* selten verwendet, weit häufiger *liebe* (vgl. W. Bulst *Wörterbuch zu den Liedern Reinmars des Alten* 1934). Das Minneverhältnis, das die Lieder seiner Blüteperiode behandeln, wird grell und scharf beleuchtet wie bei keinem Dichter sonst. Die Dame, noch in der beim hohen Minnesang erforderten Verklärung, bleibt nicht in der entfernten Sphäre wie vordem, sondern rückt als Wirklichkeit ganz nahe. Doch ist sie noch mit keinem individuellen Zug ausgestattet. In der *rede*, seinem Preislied auf die *frouwe*, auf das er sich wiederholt selbst beruft und das auch Walther im Nachruf rühmend hervorhebt, scheint er sogar eine Beschreibung der Dame, wie sie die andern Dichter lieben, absichtlich zu verschmähen. Es wird das Werben um die Gewährung, das Auf und Ab des Fühlens über jede Äußerung der Herrin zum eigentlichen Gegenstand seines Liedes. Das ist der leidenschaftliche Hintergrund für die grüblerischen Gedichte, in denen der Minnekult zu Ende gedacht wird. So darf im Botenlied MF. 178, 1 der Bote dem Unglücklichen wohl Grüße bringen, aber die tiefe Zuneigung der Dame nicht verraten; durch die Gewährung würde das Minneverhältnis ja zerstört werden (Korn). Sein Werben versteigt sich bis zum Vorschlag einer Probenacht (MF. 167, 7), in Frankreich als Minnebrauch bezeugt (Nachweis bei E. Schmidt). Die Strophe MF. 165, 37 zeigt auf die Spitze getrieben jenen Gegensatz, auf dem Reinmars Minnen und Dichten beruht:

Zwei dinc hân ich mir für geleit,
Diu strîtent mit gedanken in dem herzen mîn:
Ob ich ir hôhen werdekeit
Mit mînem willen lâȝe minre sîn,
Ode ob ich daȝ welle daȝ si groezer sî
Und si vil saelic wîp stê mîn und aller manne vrî.

Reinmar steht an der Grenze, wo höchste Idealisierung und völliger Zusammenbruch des Ethos nahe beieinanderliegen (Korn). Auch im Kreuzlied (falls es ihm gehört) kehren die Gedanken von der christlichen Aufgabe sogleich zur Herrin zurück. Das religiöse Gefühl, soweit es bei ihm erscheint, wird mit der Minne sonst ohne Konflikte verbunden und Gott als Erfüller der Minnewünsche angerufen. Auch die Witwenklage wendet sich nicht zu Jenseitsgedanken (Brinkmann). Die Welt ini hrer sinnlichen Erscheinungsfülle bleibt außerhalb der Darstellung in seinem Gedicht. Naturgefühl ist ihm fremd, alles konzentriert sich auf das menschliche Verhältnis. Sein Denken und Trachten kreist um Dame, Gesellschaft und Ich. Für ihn ist wie für keinen andren die Gesellschaft die Welt, und ihr Urteil maßgebend. Dazu kommt als zweites die neuentdeckte innere Welt, die bestürzende Vielfalt der eigenen Gefühle, deretwegen man Reinmar als „modern" empfunden hat. Episches kennt Reinmar wenig, überall herrscht die Reflexion vor, selbst in Situationsliedern wie Botenreden und Frauenstrophen. Ein Lied wie MF. 194, 18, das im alten Stil ausmalt, wie das Bild der Herrin dem Minnenden ins Auge dringt, wirkt wie ein Anklang an Morungen. Der Reichtum an Frauenstrophen scheint für eine mehr weibliche Fühlweise bezeichnend.

Charakteristik: H. Brinkmann Dt. Vjschr. f. Litw. 3 (1925) S. 634; F. Neumann Ztschr. f. Dtschkde. 1925 S. 81 ff.; H. Langenbucher *Das Gesicht des deutschen Minnesangs* 1930 S. 41 ff.; K. Korn *Stud. üb. 'Freude und Trûren' bei mhd. Dichtern* 1932, S. 62 ff.

6. Wenn Reinmar in der Geschichte des Minnesangs Abschluß und Vollendung der durch Friedrich von Hausen (s. d.) eingeleiteten Entwicklungsstufe bedeutet, so zeigt sich das auch in der Form. Reinmars Lied wird gekennzeichnet durch einen komplizierten stollig gegliederten Strophenbau, der im weit gespannten Bogen auch größere Gedichte zusammenzuhalten vermag. Syntaktisch gehört zu diesem Stil seit Hausen das Überwiegen der hypothetischen Satzform, die das einfach parataktische Nebeneinander verdrängt. Diese Form erklärt sich zwanglos aus dem Rechnen mit Möglichkeiten und Bedingungen, also aus der seelischen Lage wie aus der geistig-rationalen Schulung. Für Reinmar bezeichnend ist die immer wieder von ihm angewandte Form des antithetischen Widerrufs, der Revocatio (Burdach), z. B.:

Ich waen mich sîn gelouben wil.
Nein, sô verlür ich alze vil

(MF. 172, 23). Er hat in seinem Kunststil die Responsion auf den Gipfel geführt, d. h. hier die nachdrückliche Wortwiederholung, die sich an korrespondierenden Stellen der Strophen findet. Zu dieser Verfeinerung gehört auch die von ihm nun ernsthaft durchgehaltene Reinheit des Reims, die sich die gesamten Nachfolger zum Vorbild nehmen. Gelegentlich werden Körner eingestreut, jedoch verwendet Reinmar Binnenreime noch nicht allzu häufig. Aus dem Freisein von dialektischen Eigentümlichkeiten entsteht die Schwierigkeit, seine Herkunft zu sichern, da man bei etwaigen Unebenheiten des Reims seine Verfasserschaft zu verneinen geneigt sein wird. Es finden sich zweimal die bloße Assonanz *wîp* : *lît* (MF. 103, 3 und 182, 14), ferner die Dialektreime *doln* : *wol* (MF. 190, 27), *niet* : *riet* (169, 9), *geschên* : *ergên* (183, 9), *man* : *nam* : *kan* (159, 1). Statt aus letzterem wird man eher noch aus einem scharfsinnig erschlossenen Lesefehler in der „Urhandschrift" den Beweis einer alemannischen Herkunft herausdeuten (v. Kraus I, 8 zu MF. 150, 25). Bei all diesem finden sich aber auch unbezweifelbar Anklänge an die stilistisch andersartige vorhergehende Stufe, an die österreichische Lyrik besonders Dietmars von Eist: so das Falkenmotiv, die Häufigkeit des Botenmotivs, die Besonderheit der Wechsel. Becker hatte sich diese Anklänge aus der österreichischen Abstammung erklärt, diese Einflüsse kann er aber auch erst in der „zweiten Heimat" aufgenommen haben. Auch Walther bekennt ja: *Ze Ôsterrîche lernte ich singen unde sagen*, was man nicht unbedingt auf ein Schülerverhältnis zu Reinmar zu beziehen braucht, sondern auf den Einfluß der gesamten dortigen Tradition. Auffallend bleibt, daß direkte Anklänge an die eigentlichen Zeitgenossen, an Hausen, Morungen, Johannsdorf oder Fenis, bei Reinmar höchst selten sind; französischer Einfluß ist sogar nur für eine Strophe nachgewiesen: MF. 162, 7 ist eine freie Nachbildung eines Gedankenganges bei Auboin de Sezane (O. Schultz ZfdA. 31 S. 185f.). Es ist nicht unbedingt nötig, eine Lücke zwischen Dietmar und Reinmar in unsrer Minnesingerüberlieferung anzunehmen, das hieße das Neuerertum Reinmars unterschätzen. Er selbst wiederum war auf die Folgezeit von bedeutendem Einfluß, nicht nur auf Walther, Ulrich v. Lichtenstein und den Epiker Gottfried. Deutlich faßbar ist u. a. die Nachformung seiner Witwenklage bei Hartmann v. Aue MF. 217, 14 und die geistliche Paraphrase von MF. 198, 4 bei Heinrich v. Mure (HMS. I 119a Str. 1). Er wird als bedeutender Dichter von Reinmar v. Brennenberg, Rubin, dem Marner, Frauenlob, Hugo v. Trimberg und andern erwähnt, Heinrich v. d. Türlin ('Krone' v. 24, 16ff.) stellt ihn als Höhepunkt der Lyrik neben Hartmann in der Epik.

Strophik und Metrik: Fr. Vogt *Strophenbindung bei Reinmar*, ZfdA. 58 S. 205ff.; G. Müller ebd. 60 S. 40ff.; Plenio PBB. 42 S. 445ff. 43 S. 90ff.; A. Ebner *Vergleichung des Strophenbaus bei Reinmar d. Alten und Walther v. d. Vogelweide*, Progr. Oberhollabrunn 1892; A. Heusler *Versgesch.* Bd. II, besonders S. 321. Weitere Literaturnachweise: Bartsch-Golther *Liederd.* S. XLIV; G. Ehrismann *Geschichte d. dt. Lit.* II, Schlußbd. 1935, S. 239f.

Rudolf Haller.

Reinmar von Brennenberg war ein Dienstmann des Bischofs von Regensburg, der von 1238 ab urkundlich vorkommt. Seinem Bruder, einem Kanonikus Bruno von Brennenberg, verspricht 1276 der Bischof von Regensburg seinen Beistand, daß ihm die Regensburger Bürger Buße leisten für den Mord an seinem Bruder. Dieser späte ritterliche Sänger hat also ein gewaltsames Ende gefunden. Wir haben von ihm vier hübsche Minnelieder und eine Reihe von Spruchstrophen, von denen die letzten vier einen Streit zwischen „Schöne" und „Liebe" zum Ausdruck bringen. Wenn die Lieder an ältere Vorbilder sich anschließen, folgen diese der Art der bürgerlichen Meister seiner eigenen Zeit.

Als Minnender ist er in der Erinnerung geblieben. Das Volkslied vom Brennenberger oder Brunnenberger erzählt von ihm die Geschichte des 'Herzmäre': der Held wird gefangen, ihm wird das Herz aus dem Leibe geschnitten und der Geliebten zum Essen gegeben, sie verlangt nur einen Becher Wein und stirbt, wie sie ihn mit den Lippen berührt.

HMS 1 S. 335—338; III S. 329, 334; IV S. 278—284. LD. Nr. XLVI. ADB. III S. 307. Uhland *Volkslieder* Nr. 75; Böhme *Altdt. Liederb.* Nr. 23. A. Kopp *Bremberger-Gedichte* 1908. F. Rostock *Mhd. Dichterheldensage* (Hermaea 15) 1925, S. 16—18.

Rosenhagen.

Reinmar der Fiedler. Aus den beiden Gedichten, welche die Handschriften *A* und *C* übereinstimmend unter diesem Namen und zwar nur unter ihm bringen, ergibt sich mit Sicherheit nur, daß *C* ihm das Prädikat *her* zu Unrecht verleiht. Er war ein nicht ritterlicher Fahrender, der von sich sagt: „Mancher läßt mich ungegrüßet, da er fürchtet, daß ich ihn bitte." Auch ist die Entstehung dieser Strophen frühestens in das 4. Jahrzehnt des 13. Jhs., vermutlich aber später, zu setzen. Die Anspielung auf den König, der wegen seiner Untugenden vertrieben ward, von dem man dann aber Besseres zu melden hat, läßt keine bestimmte Deutung zu; vermutlich bezieht sie sich gar nicht auf einen bestimmten Vorfall, sondern es liegt ein Predigtmärlein zu Grunde. Eigentümlich ist die Form der beiden Gedichte: im ersten sind vier, im zweiten zwei inhaltlich voneinander unabhängige Strophen, also Sprüche aneinandergerciht, aber sie sind durch einen Kehrreim verbunden. Der Kehrreim des ersten, drei Zeilen lang, stammt aus einem Tageliede, aber nur in der letzten Strophe findet sich eine leise Andeutung an den Inhalt eines solchen, in den Worten: *nû wache, herre, balde und wirb umb êre,* die zugleich an die letzte Zeile des Kehrreims anknüpfen: *swer umb êre welle werben, der sol niht lange sûmen sich.* Dann gehts aber gleich ins Allgemeinmoralische hinüber. — Das ist doch offenbar ein fremdes Lied, das er hier nicht eben sehr geschickt verwertet. Und das Gleiche gilt für den Kehrreim in dem andern Gedicht, der nur etwas freier behandelt ist. Ob zwei Strophen eines dritten Tones, die dem Fiedler die Hs. *A* zuweist, wirklich ihm gehören, ist nicht sicher zu entscheiden. Immerhin würden sie nach ihrer Art, welche die der bürgerlichen Meister des späteren 13. Jh.s ist, zu ihm passen.

HMS. 2 S. 161 f.; 3 S. 330; 4 S. 474. LD. Nr. XXIX. Roethe ADB. XXVIII S. 97 (hält an dem *her* von *C* fest). Lachmann zu Walther 38, 10 S. 165.

Rosenhagen.

Reinmar von Hagenau, s. Reinmar der Alte.

Reinmar von Zweter.

1. Seine Gedichte sind hauptsächlich in den Heidelberger Hss. cod. Pal. germ. 848 (*C*) und 350 (*D*) überliefert, außerdem enthalten noch 20 Hss. oder Bruchstücke von solchen (18 bei Roethe aufgezählt) einzelne Gedichte. *C* bringt den Namen des Dichters: *her Reinmar von Zwet'*, den Leich und 219 Sprüche, alle außer den 2 letzten im Frau-Ehren-Ton; *D* (ohne Namen) 193 Strophen im Ehrenton und außerdem 22 im Minneton, bei denen Reinmars Verfasserschaft unsicher ist; beiden gemeinsam sind 169 Str. im Ehrenton. 229 solcher Strophen kommen R. sicher zu, zwei Dutzend weitere sind zweifelhaft.

2. Vom Leben des Dichters wissen wir nichts, als was wir seiner Dichtung entnehmen, und das ist wenig Sicheres. Seine Geburt fällt um 1200. *Von Rîne sô bin ich geborn, in Ôsterrîche erwahsen, Bêheim hân ich mir erkorn,* singt er Ende der dreißiger Jahre. Sein Zuname und sein Stand sind nicht zweifelsfrei. Neben *Zweter* sind auch *Zwetel, Zweten* usw. überliefert. Da am Rhein kein Zweter nachgewiesen ist, denkt Roethe an Zeutern bei Bruchsal. Früher zog man auch Zwettl in Niederösterreich in Erwägung, wofür neuerdings Bonjour eintritt. Seine Reime — im wesentlichen md. — lassen keine nähere Bestimmung seiner Mundart zu. Roethe hält ihn für einen Sproß niederen Adels, der in Walthers Schule erwuchs und in Österreich am Hofe Leopolds VI. und Friedrichs II. lebte. Bonjour dagegen leugnet die adelige Abkunft und läßt ihn zunächst in Diensten König Heinrichs, des Sohnes Kaiser Friedrichs II., stehen. Völlig gesichert ist Reinmars Aufenthalt in Böhmen am Hofe König Wenzels I., wo er mindestens von 1236 bis 40 weilte. So sehr er den König preist, so beklagt er sich über die Umtriebe seiner Gegner am Hofe. Dann begann für ihn ein Wanderleben, über das wir schlecht unterrichtet sind. Vermutlich hielt er sich vorübergehend bei Heinrich dem

Erlauchten in Meißen, sicher einige Zeit bei Siegfried III. von Eppstein, Erzbischof von Mainz (1230—1249), auf. Sein letzter datierbarer Spruch fällt um 1248, sein Leben dürfte um 1260 geendet haben. Daß er blind war, bleibt unsicher. Nach der Angabe Lupolt Hornburgs (s. d.) von Rotenburg liegt er *in Franken ze Esfeld* begraben. In der Meistersinger-Überlieferung wird sein Name zu *Römer von Zwickau* (s. d.) entstellt und aus seinem Frau-Ehren-Ton ein eigener Dichter, der *Ehrenbot vom Rhein* (s. d.) losgespalten.

3. R. hat einen religiösen Leich und 229 einstrophige Gedichte, von denen nur gelegentlich zwei inhaltlich zusammengehören, im „Frauen-Ehren-Ton" uns hinterlassen. Der Strophenname findet sich schon in *C* und kann auf den Dichter selbst zurückgehen. Ob ihm auch Sprüche im „Meister-Ernst-Ton", der „Spiegelweise" und im „Minneton" zukommen, ist fraglich. In der Hs. *D* sind die echten Sprüche unverkennbar von kundiger Hand geordnet: religiöse Sprüche 1—22, von der Minne 23—55, über die Welt 56—124, dann folgen 125—157 politische Sprüche. Roethe kommt zu dem Schluß, daß diese letzteren streng zeitlich geordnet seien und die ganze Sammlung auf den Dichter selbst zurückgehe, der sie 1240/41 zusammengestellt habe; später wurden dann noch weitere Strophen ohne Ordnung hinzugefügt. Es wäre allerdings das einzige Beispiel, daß ein Dichter jener Tage solche Sorgfalt seinem Nachlaß gewidmet hätte. Neuerdings ficht Bonjour die chronologische Reihung der politischen Sprüche und die Ordnung durch R. an.

4. In R.s Dichtung spiegelt sich der ganze Mensch; wir lernen ihn so genau kennen, wie sonst nur etwa Walther v. d. Vogelweide (s. d.). Er ist ein wackerer Mann, an dichterischer Begabung und an Weite des Gesichtskreises freilich weit unter Walther. Seine Art ist mehr didaktisch als lyrisch, auch in den Minnestrophen tritt das Lehrhafte hervor. Daß er in seiner Jugend Minnelieder gedichtet habe, ist vermutet worden, läßt sich aber nicht nachweisen. Am wertvollsten sind seine politischen Sprüche. Er kämpft darin für das Reich gegen die Übergriffe des Papstes und der Pfaffen; aber auch Kaiser Friedrich II. ist er abhold und lobt ihn nur vorübergehend. Wohltuend berührt, daß er nie Gabe heischend auftritt, obwohl er auf Herrengunst angewiesen war. Gegen Ende seines Lebens verdrängt den politischen der belehrende und geistliche Spruch. Rätsel, Fabeln, Lügenmärchen u. a. finden sich. Das Festhalten an einem „Ton" mag auf geringe musikalische Schöpferkraft deuten; Neumen sind zu seinem Leich und zu einigen Strophen erhalten.

5. Die Spruchdichtung war durch Walther aus ihrem spielmännischen Bereiche zur Höhe höfischer Kunstübung erhoben worden. R. ist sein Erbe darin, namentlich auf dem Gebiete des politischen Spruches. Man hat ihn mit Recht den besten Spruchdichter nach Walther genannt, und aus den Niederungen, in welche die Spruchdichtung bald versank, erhebt er sie noch einmal zu beträchtlicher Höhe. Aber er leitet sie schon auf die Bahn nüchterner Verständigkeit, und durch die Verengung der Form auf einen „Ton" wird seine Dichtung zum Ausgangspunkt der meistersingerischen Strophenbenennung. Ein besonderes Verdienst ist noch hervorzuheben: er bringt als erster die deutsche Dichtung nach Böhmen, das eben erst der deutschen Besiedlung wieder erschlossen worden war. Ihm folgen andere Sänger und Dichter, bis mit Ulrich von Eschenbach (s. d.) die deutsche Dichtung hier bodenständig wurde.

Ausgabe 1887 durch Roethe *Die Gedichte Reinmars von Zweter* (mit einer vorzüglichen Einleitung); dazu Ph. Strauch AfdA. 17 S. 97 ff.; J. Seemüller DLZ. 1887, Sp. 1694 ff.; Bethge Jahresb. f. germ. Phil. 1887, S. 168 ff.; H. Paul Lit. Cbl. 1887, Sp. 1570 f. Karl Meyer *Untersuchungen über das Leben Reinmars von Zweter und Bruder Wernhers* 1866; W. Wilmanns *Chronologie der Sprüche Reinmars von Zweter*, ZfdA. 13 S. 466 ff. Bernt *Tetschener Bruchstücke*, ZfdA. 47 S. 238. H. Rietsch *Gesänge von Frauenlob, Reinmar von Zweter, Alexander* (Denkmäler d. Tonkunst in Österreich, Bd. 41) 1913. Wallner *Sechs Rätselsprüche*, PBB. 44 (1920) S. 110 ff. Edgar Bonjour *Reinmar von Zweter als politischer Dichter* 1922; dazu G. Rosenhagen ZfdPh. 52

S. 478ff. Zum Leich W. Steller PBB. 45 S. 364ff. E. Vogt *Reimarus Caecus und der Kasseler Fund*, PBB. 48 (1924) S. 124ff.; Wallner ZfdA. 64 S. 83ff.

E. Gierach.

Reisacher, Wolfgang, s. Maximilian I., § 10.

Reise, s. Diether v. Wesel.

Reiser, Friedrich, s. 'Reformatio Sigismundi'.

Reitlingen, s. Maier, Martin.

Relind abbatissa.

1. So steht der Name auf dem Faksimile zu lesen, das Josef Haupt nach einem Stich von 1751 fertigen und dem Titel seiner Ausgabe jener umstrittenen Bearbeitung von Willirams (s. d.) Verdeutschung des Hohen Liedes vorsetzen ließ. Es handelt sich um ein Steinbild aus dem XII./XIII. Jh., eine Madonna mit dem schon ziemlich herangewachsenen Jesusknaben darstellend, zu deren Füßen die beiden als Reformerinnen, ja als zweite Stifterinnen des Klosters auf dem Odilienberg (Hohenburg) gefeierten Aebtissinnen R. und ihrer Schülerin und Nachfolgerin Herrat (s. d.) huldigend gemeinsam ein Buch halten. Sah man früher in diesem Buch den berühmten '*Hortus deliciarum*', so erklärt es Haupt mit solcher Bestimmtheit für jene Überarbeitung und Erläuterung des Williramschen Hohen Liedes, daß er sogar im Titel seiner Ausgabe die beiden Frauen als Verfasserinnen nennt.

2. Leider sind wir über R. weit weniger unterrichtet als über Herrat. Wir wissen eigentlich nichts von ihr, als daß sie um die Mitte des 12. Jh.s bei der Reformation des Klosters statt der Benediktschen Regel die des Augustin einführte. Nicht einmal ihre Herkunft ist bekannt. Ihre Berufung ans Kloster Bergen bei Neuburg an der Donau ist durchaus nicht sicher verbürgt. Haupt macht sie verantwortlich für einige ndd. Formen, die er besonders im ersten Teil des sonst alemannischen Textes beobachtet, aber er verzichtet dann selbst darauf, irgendwelche Folgerungen für ihre Abstammung daraus zu ziehen. Nun ist auch Haupts Annahme bezüglich der Verfasserschaft durchaus nicht unwidersprochen geblieben. Allzuleicht hatte er sich's mit der Nachschrift der jetzt in Wien befindlichen Hs. unsers Textes gemacht: *Iste liber est sancti Trudperti martyris.* Mag diese Besitzanzeige der Benediktiner-Abtei St. Trutpert bei Freiburg im Breisgau erst von späterer Hand herrühren, so ist sie doch immerhin ein bestimmterer Hinweis auf die Kreise, aus denen unsre Erklärung des Hohen Liedes stammt, als die allgemeinen Erwägungen Haupts, zumal sich auch für jenes Buch in den Händen der Aebtissinnen auf dem Bildwerk, von dem wir ausgingen, eine näherliegende Deutung darbietet in der von ihnen eingeführten Ordensregel. Nach früheren Kritikern hat besonders Hayner auch die andern Aufstellungen Haupts so erschüttert, daß auch Wilh. Walthers erneutes Eintreten für weibliche Verfasserschaft und Bestimmung für weibliche Gemüter sie kaum retten kann. Sehr dankenswert aber ist Walthers Hinweis auf drei spätere Hss. unseres Textes a. d. J. 1509/10 (München cgm. 4479, 4478, 4477), aus denen er dartun kann, daß es sich in der Wiener Hs. nicht um ein Original handelt.

3. So ist denn die Autorschaft unsrer R. für die Erklärung zum Hohen Lied zum mindesten noch weit unsicherer als die der Gertrut von Buren (s. d. und jetzt zur Ergänzung auch *Bibel u. dt. Kultur* V [1935] S. VII u. 6) für die jetzt in Hamburg aufbewahrte dt. Bearbeitung der Evangelien und der Apostelgeschichte v. J. 1504. Zur Charakteristik des Textes, um den es sich handelt, sei noch erwähnt, daß hier im Gegensatz zu Williram, der das Hohe Lied auf die Liebe Christi zur Kirche als seiner Braut deutet, das Verhältnis Gottes zur Jungfrau Maria als Sinn der Dichtung gefeiert wird und daneben die Annahme der reuigen Sünderseele, vor allen auch derjenigen, die auf irdische Liebe verzichtet, durch die erbarmende göttliche Liebe.

J. Haupt *Das Hohe Lied übersetzt von Willeram, erklärt von Rilindis und Herrat,*

Aebtissinnen zu Hohenburg im Elsaß (1147 bis 1196), aus der einzigen Handschrift der K. K. Hofbibliothek zu Wien 1864. T. Hayner *Das St. Trudperter (Hohenburger) Hohe Lied*, PBB. 3 (1876) S. 491—523. W. Walther *Die deutsche Bibelübersetzung des Mittelalters* 1889 ff. Sp. 530—536. W. Wiegand ADB. XXVIII (1889) S. 186. V. Müller *Studien über das St. Trudperter Hohe Lied*. Diss. Marburg 1901. Maßgebend jetzt die Ausgabe von H. Menhardt 1934. Ältere Literatur bei Chevalier unter *Rilinde* (1907). Vgl. oben II Sp. 474 ff.

Hans Vollmer.

Rellach, Johannes. Die von Wilhelm Walther seinem ersten Kreis der dt. Bibelübersetzung zugewiesene Nürnberger Hs. Solgersche Bibliothek Ms. 16, 2⁰, im dritten Viertel des 15. Jh.s geschrieben, enthält nur die Bücher Josua, Richter und Ruth, aber dazwischen eingestreut allerlei auf die Bibelübersetzung und anderes bezügliche Mitteilungen, Persönliches und Sachliches, die, an sich schon abenteuerlich, durch eine unberufene Hand vollends in Verwirrung geraten sind. Immerhin ist in der Hauptsache folgendes daraus zu entnehmen: J. R. aus Resöm (Kanton St. Gallen?) stammend, gehörte einem (Dominikaner?-)Kloster der Diözese Konstanz an und befand sich im Jubeljahr 1450 (!) mit einigen Ordensbrüdern, auch jüngeren (*studenten*), eben in Rom, als Bischof Leonhard von Chios dorthin die Kunde von den Türkengreueln bei der Zerstörung Konstantinopels brachte (vgl. Migne *PG* 159 Sp. 923 ff.). Die Trauer über den Untergang so hoher christlicher Werte, insbesondere der Bibliothek, ließ in diesem Kreise den Entschluß reifen, neue Werte zu schaffen durch Verdeutschung der lateinischen Bibelbücher. Während nun Bruder R. in päpstlichem Auftrag weite Reisen macht bis Norwegen, Schweden, Finnland und ins Preußische Ordensland und vor tauben Ohren zum Kreuzzug wider die Türken aufruft, beschäftigen sich seine aus Rom heimgekehrten jüngeren Ordensgenossen in ihren Klöstern zu Straßburg, Basel, Speier, Worms mit der Bibelübersetzung und empfangen unsern endlich von seinen Fahrten zurückgelangten R. mit der Frage: „*Magister, que est illa prepositio?*" Er antwortet ihnen:

„*Agnus in hospitiis fit leo miles in armis;*
Nunquam virtutes intonat ipse suas."

Und dann beginnt er im Namen Gottes *und macht ze tutsch den settens uber der bubel bücher, wie vil der namen und cappitel sind, das doch ain yeder vernunfftiger lay, der da lesen kan, der innen wirt und desterbas kan antwurten den bösen juden* etc.

Hier wird also die Autorschaft des R. nur für die Inhaltsübersicht in Anspruch genommen. Aber aus andern versprengten Teilen der Vorreden geht hervor, daß er auch für den Übersetzer oder doch Bearbeiter der in der Hs. enthaltenen drei Bücher und mindestens noch des Pentateuchs gelten soll. F. Jostes hat daraufhin R. für den Verfasser der ersten gedruckten (Mentelinschen) Bibel erklärt. Der Kampf zwischen Jostes und Walther wäre wohl weniger leidenschaftlich geführt worden, wenn nicht der alte Zankapfel (waldensische Herkunft) und ein neuer (dominikanische Herkunft) mit im Spiele gewesen wären. Nachdem nun Kurrelmeyer in eingehender Untersuchung die Nürnberger Hs. — die übrigens auch Jostes durchaus nicht für ein Autographon hielt — als Kopie des Mentelinschen Drucks dargetan hat, bleibt für R. kaum etwas übrig als die Inhaltsübersicht. Aber auch mit dieser legt er nicht allzu viel Ehre ein; denn sie erwies sich nach den aus Nürnberg freundlich übersandten Proben im wesentlichen als Prosa-Überarbeitung der von Heinrich von Mügeln (s. d.) *in sîme hofedône* gedichteten *nûn und drîzic lîder in den er hât begriffen di bibele und di prophêten kurzlîchin und beslozzen.*

Es wird wohl seine tieferen Gründe haben, warum wir so wenig sichere Verfasser-Namen kennen auf dem Gebiete der frühdeutschen Bibelübersetzung.

W. Walther *Die dt. Bibelübersetzung des Mittelalters* 1889 ff. Sp. 147—154. Ders. *Ein angeblicher Bibelübersetzer des Mittelalters*. Neue kirchliche Zeitschr. 7 (1896) S. 195—207. F. Jostes *Die Waldenserbibeln und Meister Johannes Rellach*, Hist. Jb. 15 (1894) S. 771 bis 795. Ders. *Meister Johannes Rellach, ein*

Bibelübersetzer des 15. Jh.s, ebd. 18 (1897) S. 133—145. W. Kurrelmeyer *Die erste deutsche Bibel* X (1915) Einleitung S. XVI bis XXV. H. Vollmer *Deutsche Bibelauszüge des Mittelalters* (= Bibel und deutsche Kultur I, Materialien Neue Folge V) 1931, Einleitung S. 3ff.

Hans Vollmer.

Repgowe, s. Eike v. R.

Reß, s. Diether v. Wesel.

'Reuauß', s. 'Meister Reuauß'.

Reuchartz, Meister, von Salzburg. Von ihm ein deutsches Rezept für ein Augenwasser im Baseler Cod. D. III. 10, saec. XV., Bl. 68: *das hett gehulfen dem bropst von berchtdczgaden* (Berchtesgaden).

Sudhoff.

Reuental, s. Neidhart v. R.

Reutlingen, s. Maier (Martin) u. Spechtshart.

Rheinau, s. Walther v. R.

Rhodion, s. Röslin.

Rhön, s. Kaspar v. d. R.

Ribi, s. Joh. v. Lenzburg.

Richerus. *Richerus plebanus in Rastat* lautet das Akrostichon einer Mariensequenz *Reicher schatz der höchsten Freuden,* die Hermann dem Mönch von Salzburg (s. d.) zugehört (W. KL. II Nr. 582). Reicher ist 1369—95 als Pfarrer *(plebanus, rector paroch. eccl.)* zu Radstadt a. d. Enns und als Hofmeister (*magister curiae*; Hofbeamter) des Erzbischofs zu Salzburg belegt. Als solchem ist ihm offenbar das genannte Gedicht gewidmet; sein Verfasser ist er zweifellos nicht. Über die Gleichsetzung Reichers mit Martin von Salzburg s. d.

Friedr. Arnold Mayer u. Heinr. Rietsch *Die Mondsee-Wiener Liederhandschrift* 1896 S. 46—48.

Ludwig Denecke.

Rickel, s. Dionysius der Kartäuser.

Riechental, s. Ulrich v. R.

Ried, Hans.

Hs.: Wien Kunsthist. Mus. XXa 118 = Ambraser Sammlg. Nr. 78, E, I.

1. Urkundlich ist H. R. schon 1496 als Schreiber in der Kanzlei unter Erzherzog Sigmund nachzuweisen. Drei Jahre später wurde er von Kaiser Maximilian (s. d.) zu einem der nächsten freiwerdenden Ämter empfohlen, und schon 1500 ist er Zollner am Eisack zu Bozen. Januar 1501 erhielt er eine Aufbesserung seines Gehaltes. Am 18. Dezember 1501 fertigte er mit des Kaisers Erlaubnis dem Ritter Florian Waldauf von Waldenstein zwei Stiftbriefe aus. Am 15. April 1502 erteilt Maximilian an seinen Säckelmeister Wilhelm von Oy Befehl, einen Schreiber aus der Kammer an die Etsch zu senden, um das 'Heldenbuch' bei seinem Marschalk Paul von Liechtenstein abzuschreiben. Am 14. April 1504 trifft Maximilian mit Paul von Liechtenstein Anordnungen wegen der Bezahlungen R.s, der Zuweisung des Pergaments und Bestellung eines Ersatzmannes im Zollamt. Die Sommer 1505 und 1507 verbringt R. mit Erlaubnis des Kaisers im Inntal, um die Abschriften besser fördern zu können. 1508 wird ihm Geld angewiesen; die Auszahlung erfolgt vierteljährig. Am 20. September 1509 wird das „Riesenbuch" erwähnt, das R. bis Neujahr 1512 abschließen solle. Die meisten hielten dieses für eine zweite, jetzt verschollene Arbeit R.s, doch erheben sich dagegen berechtigte Zweifel, wenn sich auch die von Seemüller angezogene gleiche Bedeutung von *Riese* = „Held, Recke" im Sprachgebrauch des 16. Jhs. nicht einwandfrei feststellen läßt. R. war nur vorübergehend von seinen Amtspflichten befreit, sein Augenleiden und andere Schreibarbeiten, der Umfang des 'Heldenbuches' und der Umstand, daß von einem „Riesenbuch" nur einmal die Rede ist, machen es wahrscheinlich, daß es sich hier bloß um ein Werk handelt. Am 18. Februar 1511 erhielt R. den Auftrag, drei Bände: die alten kaiserlichen Freiheiten und Briefe, abzuschreiben. Die Arbeit wird in der seiner Gesundheit zuträglicheren Frische Nordtirols gemacht, 1514 wurde ihm der Zoll am Eisack wieder übergeben. Kurz vor der Vollendung des 'Heldenbuches' ordnete Maximilian an, daß R. ein Ehrenkleid

für das fertiggestellte Buch übergeben werden solle. Im Frühling 1516 starb R. Seine Witwe Ursula erhielt auf ein Gnadengesuch eine Pension.

2. R. schreibt von älteren guten Vorlagen, hauptsächlich dem verloren gegangenen 'Heldenbuch an der Etsch' ab, das vermutlich aus der 1. Hälfte des 14. Jh.s stammt. Seine Abschrift heißt das 'Ambraser Heldenbuch'. Angeordnet ist dieses wohl von Maximilian selbst. Man kann darin drei Teile erkennen: der erste stellt in Frauenlob und 'Moritz von Craon' das ritterliche Frauen- und Heldenideal auf, führt es in Hartmanns 'Iwein' zur Vollendung und sucht in Hartmanns 'Büchlein' die Anweisungen für den höfischen Verkehr zu regeln. Der zweite Teil verherrlicht die beiden Lieblingsgestalten des Kaisers, die er auch auf seinem Grabmal darstellen ließ: König Artus in 'Erec' und Heinrichs von dem Türlin 'Mantel', Theoderich in 'Dietrichs Ahnen und Flucht', 'Rabenschlacht', 'Nibelungen Not' und 'Klage'. Sodann folgen 'Kudrun', 'Biterolf', 'Ortnit', 'Wolfdietrich A'. Der dritte Teil bietet Erzählungen und Schwänke: 'Das üble Weib', Herrant von Wildonie, Ulrichs von Liechtenstein 'Frauenbuch', 'Meier Helmbrecht', Strickers 'Amis', Wolframs 'Titurel' und 'Priester Johann'. Die Miniaturen des 'Ambraser Heldenbuches' wurden 1517 von einem unbekannten, *V. F.* signierenden Künstler, der von burgundischen Vorbildern abhängig ist, vollendet. Über irgendwelche selbständigen Zutaten oder eigene Gedanken R.s läßt sich nichts feststellen.

D. Schönherr *Der Schreiber des 'Heldenbuches' in der k. k. Ambraser Sammlung*, Arch. f. Gesch. u. Altertumsk. Tirols I S. 100—106 = Germ. 9 (1864) S. 381—384. Th. Gottlieb *Die Ambraser Hss.* I 1900 S. 137 f.; dazu Seemüller AfdA. 27 (1901) S. 155 f. Merker-Stammler II S. 478 Art. *Heldenbuch*. Über die Hs.: v. d. Hagen *Heldenb.* I (1855) S. XII—XIX. Hartmanns 'Erec' her. von M. Haupt 1871 S. 324 f. Ed. v. Sacken *Die k. k. Ambraser Sammlung* II S. 229. Über die Vorlage O. Zingerle *Das Heldenbuch an der Etsch*, ZfdA. 27 (1883) S. 136—142.

R. Newald.

Riedenburg, Burggraf von.

Cod. Pal. Germ. 848 (*C*), Bl. 120 a = Pfaffs Abdruck, Sp. 403. Weingartener Liederhandschrift in Stuttgart (*B*), S. 19 = Pfeiffers Abdruck (Stuttg. Lit. Ver. V), S. 23.

1. Das Wappen, ein dunkler (in *C*: roter) Schrägbalken mit 3 roten (in *C*: weißen) Rosen auf goldnem Grunde, entspricht ziemlich genau dem Wappen der Grafen von Riedenburg-Kalmünz (bei Siebmacher II, 10): in weißem Felde ein schwarzer Schrägbalken mit 3 roten Rosen. Die *Rietenburc* ragte einst über dem Markte Riedenburg a. d. Altmühl und war Allod der Burggrafen von Regensburg (s. d.), die neben dem Wappen der Reichsstadt auch ihr Hauswappen führten und neben dem Amtstitel auch ihren Geschlechtsnamen. So erscheinen die Söhne Heinrichs III. erkundlich als *tres fratres purchgravii de Rietenburch vel Ratispona* (MS. SS. XVII S. 377, 33).

8. Die Vermutung liegt nahe, daß der *Burggrave von Rietenburg* der Quelle *BC* und der *Burcgrave von Regensburc* der Quelle *AC* bloß 2 Namen für einunddenselben Sänger seien. Dieser Ansicht, die v. d. Hagen äußerte und Haupt billigte, trat aber Scherer entgegen und wies auf die beträchtlichen Unterschiede in der Auffassung der Minne sowie in Strophik, Versbau und Syntax hin, die gegen einen Autor sprechen. Allerdings nimmt das geringe Vergleichsmaterial beim Regensburger (eine einzige Männerstrophe!) und die zerrüttete Überlieferung beim Riedenburger den Beobachtungen Scherers die volle Beweiskraft, aber ihr Ergebnis wird durch die Aufdeckung provenzalischer Vorbilder bestätigt, die die beiden Burggrafen zeitlich weit auseinander rückt. Der Riedenburger übernimmt nämlich Motive von Peirol d'Auvergne (1180—1220) und Folquet de Marseille (1180—1195), und er kann somit nur einer der jüngern Söhne Heinrichs III. sein, entweder Heinrich IV. (zuletzt bezeugt durch eine Kaiserurkunde zu Vicenza 1184) oder Otto III. (gest. nach 1185).

3. Die 7 Strophen seines Liederbüchleins lassen sich in 3 Töne aufteilen, wenn

man die Abweichungen der 3. und der 5. Str. der Überlieferung zur Last legt. Klingender und stumpfer Versausgang werden noch nicht streng geschieden, wie die durch Anapher verbundenen Strr. 5—7 zeigen. Auffällig oft fehlt die Senkung und fast ein Drittel der Reime ist ungenau. In Thema und Stimmung stehn einige Stücke noch der heimischen Liebesdichtung recht nahe (zu 18, 1 ff. und 19, 7 ff. vgl. Regensb. 16, 9 ff. und 16, 15 ff.; zu 18, 17—22 vgl. Dietmar 37, 30—38, 4); die andern aber kommen schon aus fremder Schule, wissen nichts mehr von hochgemuter Liebe und Treue, dafür viel von sehnlichem Herzeleid zu sagen und sind dennoch weniger vom Gefühl als von der Reflexion eingegeben. Demütig fleht der Sänger, die Herrin möge das tröstliche Wort, das er einst hörte, an ihm bewähren, daß Minne eitel Seligkeit sei und daß noch keinem von ihr weh geschah. Er sucht Trost in dem Gedanken, die Harte stelle ihn nur auf die Probe: geläutert wie Gold aus dem Feuer werde er aus der Prüfung hervorgehn (Peirol: Raynouard, Choix III S. 276). Von ihr ablassen, wie sie fordert, werde er nicht eher als bis s i e von Tugend und Schönheit sich scheide (Folquet: Rayn. III S. 149).

4. Der Riedenburger scheint den Anschluß an die Provenzalen ohne Vermittelung der rheinischen Schule vollzogen zu haben (so ist ihm auch ihr Lieblingsterminus *kumber* fremd geblieben). Als erster Baier nach Dietmar v. Aist (s. d.) baut er romanische Verse (4 hebig klingend) und romanische Strophen, mit überschlagendem Reim oder (18, 25) mit Durchreimung von Stollen und Abgesang. War seine Dichtung, wie anzunehmen, von seinem Stammesgenossen Dietmar angeregt, so hat auch er wieder auf einen Landsmann eingewirkt: das preziöse Motiv, das er selbst einem Jugendliede des Bischofs von Toulouse entlehnte, gab er weiter an Hiltbolt v. Schwangau (s. d.) (V, 11 < MF. 19, 27).

HMS. Nr. 42. LD. Nr. VI. MF. Nr. V. Scherer *Deutsche Studien* II (WSB. 77 S. 437). 26; 30 (²86; 90). Riezler *Gesch. Baierns* I S. 826. 871. Paul PBB. 2 S. 419. 455. Lehfeld PBB. 2 S. 369. Burdach ADB. 28 S. 591.

Anton Wallner.

Riedesel, Joh., s. Gerstenberg, Wigand.

Rietenburg, s. Riedenburg.

Rilindis, s. Relind.

Rimbert, s. Hoops RL. III S. 502.

Rinach, s. Hesse v. Reinach.

Rinderbach, s. Otto v. R.

Ringeck, Siegmund, s. Lichtenauer.

Ringoltingen, s. Thüring v. R.

Rinkenberg, s. Johann v. R.

Rinstetten, s. Johann v. R.

Ripelin, Hugo, von Straßburg, Theologe aus dem Dominikanerorden, war Lektor in Straßburg, lange Jahre Prior des Klosters in Zürich und bekleidete dasselbe Amt später in seiner Heimat. Er wird 1268 und 1296 urkundlich erwähnt. Von einem Zeitgenossen wird er gerühmt als *bonus cantor, laudabilis predicator, dictator scriptorque bonus atque depictor, vir in omnibus gratiosus* ('*De rebus Alsaticis ineuntis saeculi XIII*', MGH. SS. XVII S. 233). Wie die Forschungen von L. Pfleger, M. Grabmann und A. Landgraf mit Sicherheit ergeben haben, ist er der Verfasser des jahrhundertelang viel benutzten Lehrbuches der Theologie, welches nach den Anfangsworten als '*Compendium theologicae veritatis*' bekannt ist. Das Werk ist vor allem von der Theologie Alberts des Großen (s. d.) und Bonaventuras ('*Breviloquium*') abhängig. Es ist in zahllosen Hss. und vielen Drucken (vgl. Hain 432—446; Copinger 435—445; Pfleger S. 439: Drucke nach 1500) verbreitet und wurde frühzeitig ins Deutsche übersetzt. Die von Landgraf in Laud. Misc. 521 (a. d. 1375) der Bodleiana in Oxford nachgewiesene md. Übersetzung findet sich auch in Theol. 240 (= Denis I_{II} CCCXXI = *Tabulae* III 4166) der Nationalbibliothek in Wien. Die Hs. Karlsruhe, Pap. Germ. LXXVII, die nur Buch I—IV 15 enthält, ist, entgegen der Meinung Landgrafs, nicht als eigene Übersetzung, sondern nur als Bearbeitung der eben genannten anzusehen. Wolfenbüttel,

Helmstedt 138 (= Heinemann I 1 S. 135 Nr. 260), enthält dieselbe Übersetzung in nd. Bearbeitung. Ob die Hss. cgm. 211. 242. 508. 511 und Donaueschingen 120 die md. oder eine andere Übersetzung bieten, müßte erst untersucht werden. Außerdem wäre eine Untersuchung der in der deutschen Übersetzung benutzten theologischen und philosophischen Fachausdrücke erwünscht, weil sie einen wichtigen Beitrag zur Entwicklung einer deutschen wissenschaftlichen Terminologie im MA. bieten würde.

Über die Verfasserfrage vgl. L. Pfleger Zeitschrift für kath. Theol. 28 (1904) S. 429—440; Fr. Pangerl ebda. 36 (1912) S. 524—6; A. Landgraf ebda. 53 (1929) S. 106f. M. Grabmann *Mittelalterliches Geistesleben* I (1926) S. 174—185; II (1936) S. 362f. — Sonstiges: L. Pfleger *Albert d. Gr. und das Elsaß* 1930, S. 11. L. Reypens *Gerhard von Sterngassen, Ulrich von Straßburg en Hugo Ripelin in de Nederlanden*, Ons geestelijk erf 1 (1927) S. 294 bis 297. F. A. M. Daniels *Meester Dirc van Delft, zijn Person en zijn Werk* 1932 (Dircs '*Tafel van kerstenre ghelove*' ist vor allem vom '*Compendium*' Hugos abhängig).

Josef Koch.

'Ritter unter dem Zuber', s. Appet.

'Ritterfahrt', **'Ritterpreis'**, s. Zilies v. Sayn.

'Rochus'.

1. R. soll um 1295 zu Montpellier geboren worden sein; gest. 1327. Seit dem 15. Jh. als Pestpatron verehrt und den vierzehn Nothelfern zugezählt, obwohl er kirchlich niemals heiliggesprochen wurde. Ausgangspunkt der Verehrung war Venedig, von wo der Ruf des Wundertäters auf den Wegen des venezianischen Handels sich weiterverbreitete. 1478 schrieb der Venezianer Francesco Diedo (gest. 1484) die erste Vita des Heiligen, die auch zur Grundlage der deutschen Bearbeitungen wurde.

Über die Verehrung vgl. K. Hofmann Lexikon für Theologie und Kirche 8 (1936) Sp. 927 (mit reicher Literatur).

2. Es sind drei verschiedene Bearbeitungen der Lebensgeschichte des hl. R. in deutscher Prosa bekannt.

a) Die älteste ist die 1482 zu Wien verfaßte und gedruckte '*History von Sand Roccus*', der erste Wiener Druck in deutscher Sprache überhaupt. Anfang: *O lobsame iunckfraw höchste künigin ein mueter des hailand ... Es spricht ein maister der dy hystory beschreibt.* Schluß: *Dy hystory jst von wälsch auf Teutsch pracht jn der löblichen Stat zu wienn jn Osterreich Nach Christi gepurd MCCCC. Lxxxii. jar Und daselbs aufgedruckt dem heiligen Sand Roccus zu eren des heiligen leben vnd verdienen bey Got noch wenig bis auf dise zeit in den landen bechant was.* Den gleichen Text überliefert cgm. 638 Bl. 120ᵃ—128ᵇ. Das Werk wurde 1484 in Nürnberg und 1521 in Wien nachgedruckt. Der Verfasser ist unbekannt, dürfte aber mit dem Drucker der ersten Wiener Ausgabe (Stephan Koblinger?) gleichzusetzen sein.

Über die Drucke vgl. E. Langer u. W. Dolch *Bibliographie der öst. Drucke d. 15. u. 16. Jh.s* I/1 (1913) S. 132ff.; E. Voulliéme *Die dt. Drucker d. 15. Jh.s* 1922, S. 128; M. Denis *Wiens Buchdruckergeschicht* 1791, S. 223, Nr. 238. Eine Untersuchung von H. Maschek in Vorbereitung.

b) Wenig jünger ist die um 1488 von Peregrinus Bermentlo in Hasselt gedruckte '*Legende ende dat leven des glariosen confessoers sinte Rochus*'. Anfang: *Et was in die tijt een edel man ende ridder by name geheten heer ian ende was heer van een sonderlinghe stat.* Schluß: *Laet ons dan eeren in dese tijt sinte Rochum godes vrient dat hi ons vander heter sieeten quijt want hi heeftet so verdient deo gratias.*

M. Campbell *Annales de la typographie neerlandaise au XVᵉ siècle* 1874, S. 311, Nr. 1103.

c) Dem 16. Jh. gehört an die aus der Kartause St. Barbara in Köln stammende Rochuslegende der Berliner Hs. germ. quart. 261 Bl. 73ᵃ—84ᵃ. Anfang: *Van dem leuen vnd doit des alren hillichsten confessors sent rochi. Sent rochus is geboren van den alren edelsten alderen syn vader heisch iohannes.* Schluß: *desem laist vns alle na voilchen: desen laist vns an roiffen up dat wir goede ind eme denende van synen beden verkrichen moissen de gauen der gotlicher genedicheit Amen.*

Hermann Maschek.

'Rock, Der graue' s. Nachtrag.

Rock, Johannes, Dr. med. *(Rogge de Hamborch)*, am 26. Februar 1416 als Doktor in die Wiener medizinische Fakultät aufgenommen, in der er nicht immer die beste Stellung einnahm. Ein deutsches Pestschriftstück trägt im cod. germ. 720 der Münchner Staatsbibl., Bl. 201b—203b, seinen Namen, zu Unrecht wie ich glaube: *Sequentem tractatum composuit valde solempnis doctor Wienne, qui vocabatur Joannes Rockh.* Als Verfasser scheint vielmehr Jakob Egeli (s. d.) von Ulm angesehen werden zu müssen.

Sudhoff Arch. f. Gesch. d. Med. 6 S. 375 bis 378. L. Senfelder *Die ältesten Pesttraktate der Wiener Schule*, Wiener klinische Rundschau 1908 Nr. 1, 2, 4. C. Schrauf *Acta facult. med. Vienn.* I (1894) S. 37.

Sudhoff.

Rogge, s. Rock.

Roggenfeldt, s. Konrad v. R.

Römer von Zwickau. Unter allen jenen Meistersingern, die fast stets ein unbekanntes Leben führten oder — wie z. B. Jörg Preining (s. d.), Jörg Graff (s. d.), Hans Folz (s. d.) und besonders Hans Sachs — erst viele Hunderte von Jahren später in ihrer Eigenart und ihrem Eigenwerte erkannt und von einer so viel jüngeren Generation aufs neue gedeutet wurden, nimmt Römer von Zwickau einen ganz besonderen Platz ein (andere Namensform: *Romer von Zwickau, Romer von Zweter, Remer von Zwickau* in Nachtigals [s. d.] großem Dichterkatalog [W. Kl. II 1311], der ebenso wie jener von H. Folz [Mayer *Meisterlieder* Nr. 94], wo der Name *Romar von Zwetel* [Gesätz 2] lautet, in dem von H. Sachs in den Jahren 1517/18 selbst gesammelten cod. Berol. mgq. 414 zu finden ist). Handelt es sich doch hier in Wirklichkeit um einen gut bürgerlichen, reichbegüterten Mann und hohen staatlichen Würdenträger, der nur durch einen Irrtum in die Meistergesangstradition des 16. Jh.s eingegangen ist. Diese Namensentstellung ist sicher in Nürnberg vor sich gegangen, wo der „höchstangesehene" Bürger Martin Römer durch Familienbeziehungen und Stiftungen sich ein bleibendes Gedächtnis geschaffen hatte. Kein Fahrender, Heimatloser oder für seine Kunst Kämpfender wie die anderen gemeinsam mit ihm genannten Männer also, sondern ein wahrer Bürger — als solcher erscheint er seit 1462 in den Akten seiner Heimatstadt Zwickau — der durch den Schneeberger Bergbau zu einem gewaltigen Vermögen kommt. Ein Gönner, der seinen Heimatort mit Wohltaten überhäuft: Schenkungen für Kirchen, Schulen, öffentliche und private Bauten. Eine angesehene Persönlichkeit, die im Jahre 1467 Ratsmitglied, 1470 gar von Kaiser Friedrich III. in den Adelstand erhoben wird.

Wie mag es zu erklären sein, daß dieser dem Meistersingerwesen so gänzlich fremde Mann nach seinem am 5. April 1483 erfolgten Tode als „Kurfürstlicher Amt- und Hauptmann der Ämter Zwickau und Werdau" in den Listen der Meister geführt wird? Häufig wurden Töne Personen zugeschrieben, die sie nicht verfaßt hatten (s. z. B. bei Nestler von Speyer). Wir kennen den Fall des mittelalterlichen Dichters Kettowein (s. d.). Wir hören (s. Kolm. Handschrift) von dem Ehrenboten von Rhein, und in Wirklichkeit handelt es sich um einen Ton Reinmars von Zweter (s. d. und die Ausgabe von G. Roethe), den berühmten Frauen-Ehrenton, der Anlaß zur Legende von einem sonst unbekannten Sänger gegeben hat. Und so liegt es auch hier: die wenig feste Schreibweise jener Zeit hat zur Verwechslung mit Reinmar von Zweter geführt, nur daß hier, im Gegensatz zu dem ebengenannten Beispiel, der Autorenname und nicht jener der Weise den Irrtum verursacht hat, der soweit geht, daß R. in der Steyrer (Heidelberger) Handschrift als 8. der 12 Meister, im cod. MS. 826 als 11. im Schulregister erscheint (über die Handschrift s. b. Zorn).

Sonderbar ist nur, daß die Römer von Zwickau zugeschriebenen Weisen nicht mit denen Reinmars von Zweter übereinstimmen! So z. B. der als 20reimige Römers Gesangweise bekannte Hauptton R.s, der in Puschmans 'Singebuch' seinen Platz fand und in Münzers Ausgabe (17a) kritisch Runge gegenüber beurteilt wird (s. das Marienlob, das Bürgerfrauenlob von Hans Sachs 1545). Dieser Ton stellt nach Roethes Meinung (A. D. B.) eine junge wenig verkünstelte Strophenform Meister Boppes (s. d.) dar und hat mit Reinmar von Zweter ebensowenig zu tun wie die 17reimige Schrankweise. Welche Unsicherheit in der Schreibweise herrscht, kann der Umstand beweisen, daß hier die Steyrer Handschrift von „Schwankweis" spricht.

G. Münzer *Singebuch des Adam Puschmann* 1906. G. Roethe *Reinmar von Zweter* 1887, S. 159—66. K. J. Schröer *Meistersinger in Oesterreich*, Germ. Stud. II (1875) S. 230.

W. St.

Rön, s. Kaspar von der Rhön.

Rorbach, Bernhard und **Job.**

1. Die nach der Überlieferung ritterbürtige und von der Krachenburg bei Büdingen, Grafschaft Isenburg, stammende Familie R. tritt Ende des 14. Jh.s in kleinen Verhältnissen in der Reichsstadt Frankfurt auf. Johann der Ältere (gestorben 1428) erwirbt durch Handel reichen Besitz und Ansehen. Sein zweiter Sohn Heinrich (1410—1474) kommt durch Heirat mit Gudegin von Werstadt in das Patriziat, wird Ratsmitglied, Schöffe und Bürgermeister. Heinrichs jüngster Sohn Bernhard, geboren 11. Februar 1446, kam durch Heirat mit Elgin Holzhausen in die Gesellschaft Alt-Limpurg. Sehr vermögend und lebensfroh, nahm er Teil an den bei der vornehmen Jugend beliebten Feiern, Gastereien, Turnieren, Schießübungen und anderen Waffenspielen und auch an bürgerlichen Veranstaltungen. Über den damaligen Durchschnitt gebildet, besaß er eine kleine Bibliothek, liebte die Musik und hat sie oftmals in der Öffentlichkeit, als Organist in den Kirchen, als Lautenschläger bei Prozessionen ausgeübt. Auch er ist Ratsmitglied gewesen und hat sich in verschiedenen Stadtämtern betätigt, zum Bürgermeister hat er es aber nicht gebracht. Erst 37 Jahre alt, ist er am 6. Dezember 1482 gestorben.

Sein zweiter Sohn Job, geboren am 27. Dezember 1469, wurde von der Mutter standesgemäß erzogen, machte größere Reisen, u. a. nach Italien, und hat sich jahrelang auswärts aufgehalten, wohl auch auf Universitäten studiert. Als 24jähriger kehrte er 1493 nach Frankfurt zurück und spielte ebenso wie sein Vater eine Rolle in der Gesellschaft. Der Verkehr mit den Mitgliedern des 1495 in Frankfurt begründeten und bis 1497 hier tätigen Reichskammergerichts ist für sein ferneres Leben bestimmend gewesen. Ein geistlicher Prokurator, mit dem Job freundschaftlich verkehrte, hat ihn für den geistlichen Stand gewonnen, 1498 wurde er zum Kanonikus am Bartholomäusstift gewählt, aber erst 1501 zum Priester geweiht. Von Jugend an kränklich, ist er 33jährig am 15. Mai 1502 gestorben.

Das Geschlecht wurde von Jobs Bruder Bernhard (1467—1515) fortgesetzt; aus seiner 1501 mit Ursula von Melem geschlossenen Ehe entstammte ein Sohn Friedrich (1508—1553); dessen aus der Ehe mit Katharine Knoblauch geborener Sohn Heinrich, verheiratet mit Anna von Hynsperg, starb 1570 als der letzte des Mannesstammes. Seine Tochter Margarethe, geboren 1563, brachte durch ihre Heirat mit Johann Adolf von Glauburg 1579 diesem den reichen Rorbachschen Familienbesitz zu und ist als die letzte des Geschlechtes 1597 gestorben.

2. Bernhard R. und sein Sohn Job haben Aufzeichnungen hinterlassen, die zu den wichtigsten Quellen zur Kultur- und Sittengeschichte der dt. Städte im ausgehenden Mittelalter gehören. Die von Bernhard seit 1478 bis zu seinem Tode im Jahre 1482 eigenhändig geschriebene '*Stirps Rorbach*' hat für die ältere Zeit die zum Teil recht wenig wahrscheinliche Familientradition benutzt, beruht aber dann auf zuverlässigen Aufzeichnungen des Großvaters Johann und gibt schließlich die eigenen Erlebnisse des Schreibers wahrheitsgetreu wieder. Es sind fast ausschließlich familiengeschichtliche Nachrichten, besonders ausführlich sind angegeben die von Familienmitgliedern gemachten Stiftungen und die eingegangenen geistlichen Verbrüderungen, dann Familienereignisse freudiger und trauriger Art, die dabei üb-

lichen Zeremonien und Geschenke u. a. m. So interessant diese Nachrichten für die Familienverhältnisse der Frankfurter Geschlechter sind, weit wertvoller ist ein zweites, wohl parallel mit dem ersten niedergeschriebenes Werk Bernhards, der '*Liber gestorum*'. In ihm hat der gescheite und lebensfrohe Patrizier alles niedergeschrieben, was ihm aus der Geschichte der Vaterstadt wie auch aus seinem eigenen Erleben mitteilenswert erschien, und hat seinen nach sachlichen Rubriken geordneten Notizen dauernd Nachträge angefügt. Er erzählt von Prozessionen, Passions- und anderen geistlichen Spielen und kirchlichen Geschehnissen, Königs- und Fürstenbesuchen, von der Wahl und Tätigkeit der Bürgermeister und anderer Stadtbeamter, von Fehden, Naturereignissen, Verbrechen u. a. m., gibt Auskunft über das geschäftliche und gesellschaftliche Leben im Hause und in der Stadt, über Dienstboten, Kindererziehung, bürgerliche Feste und dergleichen.

Job hat die Aufzeichnungen des Vaters zur Zeitgeschichte fortgesetzt, er hat seit dem 1. Juni 1494 bis in seine letzten Lebenstage ein Tagebuch geführt, zu welchem er ein Register angelegt hat. Die Schilderung der einzelnen Geschehnisse ist z. T. noch ausführlicher und fast noch interessanter als die des Vaters, besonders über die Festlichkeiten in der Familie und in der Gesellschaft Alt-Limpurg. Sie gewinnt eine über die lokale Geschichtsschreibung hinausreichende Bedeutung bei der Erzählung von der Einrichtung und Wirksamkeit des Reichskammergerichts, dessen Mitglieder nach anfänglicher Zurückhaltung recht viel in den Kreisen der Patrizier verkehrten. Mit dem Übertritt in den geistlichen Stand, zu dem, wie wir oben hörten, einer der Kameralen Job veranlaßt hat, tritt eine eigenartige Änderung der Aufzeichnungen ein, sie werden allmählich zurückhaltender, die Berichte über Vergnügungen treten zurück, nur noch Familienfeiern werden eingetragen, und auch von den früheren Aufzeichnungen wird manches geändert oder gestrichen, was dem Schreiber jetzt wohl nicht mehr der Erinnerung wert erscheint.

3. Die Sprache der beiden Verfasser ist schmucklos, zeitweise unbeholfen, dem damaligen Gebrauch und Bildungsstand entsprechend schreiben sie deutsch und lateinisch, allerdings ein recht übles Küchenlatein, durcheinander.

Die '*Stirps*' des Bernhard und das 'Tagebuch' Jobs sind in der Originalhs. der Verfasser und in gleichzeitigen Abschriften erhalten. Die Originalhs. des '*Liber gestorum*' ist verloren, die Aufzeichnungen haben sich aber in verschiedenen auf das Original zurückgehenden Fassungen späterer chronikalischer Hss. erhalten. Sie sind als zusammengehörig in den 70er Jahren des 19. Jhs. durch den Frankfurter Stadtarchivar Dr. Hermann Grotefend festgestellt worden.

Die Quellen sind von Lersner *Chronik von Frankfurt* (1706) ausgibig benutzt. Außerdem haben wohl sämtliche Frankfurter Geschichtschreiber seit dem Beginne des 17. Jhs. sie für ihre Darstellungen herangezogen. Die Mitteilungen über das gesellschaftliche Leben liegen dem Aufsatze von B. J. Römer *Wohlleben und Prachtliebe der Gesellschaft Alt-Limpurg im Mittelalter*, ZfdKultg. 1856 S. 59 ff. zu Grunde, die Angaben Jobs über das Kammergericht in Frankfurt hat J. N. Freiherr von Harpprecht *Staatsarchiv des kayserlichen ... Kammergerichts* (Ulm und Frankfurt 1757 bis 1763) Teil II S. 216 verwertet.

'*Stirps*' und 'Tagebuch' sind mit ausführlicher Einleitung und Kommentar abgedruckt von Ed. Steitz Arch. f. Frankfurts Gesch. u. Kunst N. F. 2 S. 204 ff., 3 S. 48 ff.

Alle drei Quellen sind, allen wissenschaftlichen Ansprüchen genügend, hrsg. von R. Froning *Frankfurter Chroniken und annalistische Aufzeichnungen des Mittelalters* (Quellen zur Frankfurter Geschichte, Bd. 1) 1884. Dort finden sich auch ausführliche Angaben über die Entstehung, Überlieferung und Erhaltung der Hss., die jetzt, mit Ausnahme einer Hs. im Staatsarchiv Darmstadt, sämtlich im Frankfurter Stadtarchiv verwahrt werden. Froning hat dann diese seine Veröffentlichungen ausgewertet in dem Aufsatz *Die Familie Rorbach*, Arch. f. Frankfurts Gesch. u. Kunst 3. Folge Bd. 2 S. 148 f.

Ruppersberg.

Roritzer, Matthäus, war ein Sohn des Regensburger Dombaumeisters Konrad R., sein Geburtsdatum ist unbekannt. Er lernte vom Vater das Handwerk und wurde von ihm 1462 als Balier am Chorbau von St. Lorenz in Nürnberg beschäftigt, 1463 wurde er Meister. Später arbeitete er in Eichstätt unter Bischof Wilhelm von Reichenau, auch in Straßburg war er tätig. Um 1480 wurde er als Nachfolger seines Vaters nach Regensburg berufen; dort muß er gegen 1495 gestorben sein. — Er verfaßte das *'Puechlen der fialen gerechtikait'*, das er mit Unterstützung des Bischofs Wilhelm von Reichenau im Jahre 1486 selbst druckte. Dieser erste Regensburger Druck umfaßt 10 Blatt und ist mit Holzschnittillustrationen ausgestattet. — Von den zwei erhaltenen Abzügen befindet sich einer in der Regensburger Kreisbibliothek, der andere im Münchener Nationalmuseum. Das Regensburger Exemplar enthält noch zwei — wohl ebenfalls von R. stammende — Anhangsblätter über die Konstruktion des Wimperges. — Im Vorwort bezieht sich R. (wie Schmuttermayer, s. d.) auf die Lehren der „Junker von Prag", von denen aber nichts Schriftliches erhalten, und deren Bautätigkeit auch nicht näher zu erfassen ist. — Den Inhalt des Büchleins bildet eine Anleitung, die Maße und Proportionen einer Fiale aus den Maßen ihres Grundrisses geometrisch abzuleiten. Die Herstellung von Grund- und Aufriß wird umständlich und mit häufiger Anwendung von Fachausdrücken geschildert. Die Holzschnitte erläutern den Text. — Die in der Schrift niedergelegten Grundsätze sind nach Untersuchungen von Denzinger am Regensburger Dom zur Anwendung gelangt.

Carl Heideloff *Die Bauhütten des MA.s in Deutschland* 1844. A. Reichensperger *Das Büchlein von der fialen Gerechtigkeit. Nach einem alten Drucke in die heutige Mundart übertragen und durch Anm. erläutert* 1845. C. W. Neumann *Die drei Dombaumeister R. und ihr Wohnhaus, die älteste bekannte Buchdruckstätte in Regensburg* 1872. G. Bezold ADB. XXIX (1889) S. 156f. K. Schottenloher *Das Regensburger Buchgewerbe im 15. u. 16. Jh.* (Veröff. d. Gutenberg-Gesellsch. 14—19) 1920. Faksim.-Ausgabe mit einem Nachwort von K. Schottenloher 1923. Otto Schmitt *Junker von Prag*, Thieme-Becker Künstler-Lex. XIX (1926) S. 338 ff.

Lotte Kühn-Busse.

Rosenbach, Johannes *(vom Hayn de Indagine).*

1. Astrologe, geb. angeblich um 1446 in Dreieichenhain bei Langen, Schüler des Astrologen Johannes Lichtenberger (s. d.). Seit 1470 als Astrologe an Fürstenhöfen, 1488 kurmainzischer Pfarrer in Groß-Steinheim bei Hanau. Dort im Pfarrhaus befinden sich zwei handschriftliche Tagebücher mit wertvollen historischen Einträgen. 1514 begleitete er als Kaplan die Palliumgesandtschaft des Erzbischofs Albrecht von Brandenburg-Mainz nach Rom. R. war Albrechts Hofastrologe, beeinflußte diesen sogar in der Königswahl 1519 (Manuskript des R. darüber im Frankfurter Stadtarchiv). Kardinal Albrecht förderte 1521 die Wahl R.s zum Dechanten des St. Leonhardstiftes in Frankfurt. Währenddessen ließ R. seine Pfarrei von dem lutherisch gesinnten späteren Naturforscher Otto Brunfels versehen. Er selbst steht den lutherischen Reformen günstig gegenüber, da er von der Entsittlichung des Klerus und dessen notwendiger Änderung überzeugt ist. Er selbst propagiert den von Lichtenberger prophezeiten Sturz der Kirche durch die Schuld der Geistlichkeit. Obwohl er von den eigenen Standesgenossen als Lutheraner angefeindet wird, bleibt er der alten Kirche treu.

2. 1522 ließ R. in Straßburg bei Schott drucken: *'Introductiones apotelesmaticae elegantes in chiromantiam, phisignomiam, astrologiam naturalem, complexiones hominum, naturas planetarum etc.'* Das Titelbild in Holzschnitt zeigt von Hans Baldung gen. Griens Hand den Prälaten R., ein zweiter Holzschnitt dessen redendes Wappen auf den Familiennamen Rosenbach. Aus den Gestirnen, den Linien der Hand, den Zügen und Formen des Gesichts deutet R. den Charakter und das Schicksal der Menschen. Erklärende Holzschnitte sind dem beigegeben, Hände und Kopftypen, wie wir sie noch später bei Lavater finden. Das Gewissen des katholischen Geistlichen über diese rein heidnischen Gedankengänge beruhigt R. damit, daß er sagt, Christus als Schöpfer der Sterne und Menschen habe dem Kundigen verliehen, aus diesen zukünftiges Schicksal zu lesen. Der Erstausgabe von 1522 sind Briefe an den Mainzer Vikar in spiritualibus Dr. Zobel von Giebelstedt, an Otto Brunfels und den Leibarzt des Erzbischof Dr. Heinrich Stromer beigedruckt, die unzweideutig für Luthers Reformwerk Stel-

lung nehmen und Urteile über den Klerus enthalten, wegen deren das Buch später, nach dem Tod des R., auf den Index kam. Die zweite, deutsche Ausgabe 1523 ist dem besonderen Liebhaber und Kenner der Astrologie Kardinal Albrecht gewidmet. Zahlreiche Neuausgaben und Nachdrucke folgten. — Eine zweite Veröffentlichung an die Adresse des Kaisers Karl V.: '*Ad augustissimum Principem Carolum ... de eius electione ... rationes astronomicae*' blieb Manuskript (Stadtarchiv Frankfurt a. M. Chronik v. Stalburg Nr. 6. f. 61). Hierin werden die Horoskope aller zur Wahl stehenden Fürsten und R.s Einfluß auf den Kardinal Albrecht zur Wahl des Spaniers behandelt. Vielleicht hat der Kardinal den Druck inhibiert, der seine Abhängigkeit von den Gestirnen in bisher unbekannter Größe dokumentiert. — Politisch ist R. Anhänger der antikurialen Bewegung, die mit Ausschluß des Papstes aus den deutschen Verhältnissen eine starke Kaisermacht erstrebt. R. war befreundet mit dem Hofmaler des Kardinals, dem im nahen Seligenstadt lebenden Mathias Gothardt-Neithardt, den man fälschlich Grünewald nennt. 1528 verzichtete R. auf die Frankfurter Dechantenstelle, „da er lieber Schweine hüten, als im Dechantenamt Stiftsherren zur Kirchenzucht anhalten wollte", und zog sich nach Groß-Steinheim zurück, wo er 1537 starb. Dort ist noch das von ihm 1510/14 gestiftete, geschnitzte Chorgestühl mit Figuren und Wappen erhalten.

3. Im Abschnitt '*Astrologia naturalis*' des Druckes von 1522 S. 17 sagt R., daß er hier nicht noch einmal über *octocedronte nostra* schreiben wolle. Danach müßte eine frühere Veröffentlichung darüber uns fehlen. Auch die Grabschriften (erhalten im Manuskript in Groß-Steinheim) rühmen ihn als Erfinder der *Octocedrontes* und *Dudocedrontes*, vermutlich einer astrologischen Figur oder Berechnungsformel.

Manuskript im Pfarrhaus Groß-Steinheim bei Hanau. Manuskript von Stalburg Nr. 6 im Stadtarchiv Frankfurt a. M. Charles Schmidt *Rep. Bibl. de Strasbourg* 1893 S. 37; Suppl. 1910 S. 16. Stadtb. Frankfurt M. Praed. 1011: *Liber prohibitus a Tridentino.* Ebd.: Ph. D. 2. 33. Frankfurter Didaskalia 1890 Nr. 292. A. E. S. Arch. f. Frankf. Gesch. u. Kst. N. F. 4 S. 138; 6 S. 124; III. F. 5 S. 340. Friedrich *Astrologie u. Reformation* 1864. Zeitschr. f. Gesch. d. Oberrheins N. F. 8 S. 565; 9 S. 284. Königstein *Tagebuch* 1876 S. 27. Ingram *Groß-Steinheim* 1931. Schulte *Die Fugger in Rom* 1904 I. *Kat. d. Stadtbibl. Frankfurt a. M.* 1929 II. Beiträge zur Hess. Kirchengesch. 10 (1932) S. 57.

W. K. Zülch.

'Rosengarten', s. Nachtrag.

Rosenheim, s. Kunz v. R.

Rosenplüt, Hans.

Schon ehe Heinr. Adalb. von Keller R.s Fastnachtsspiele — ohne dabei R.s Anteil von dem anderer Verfasser zu sondern — und die Mehrzahl seiner sonstigen Gedichte — in bezug auf Verfasserangaben ganz unkritisch — zum Abdruck gebracht hatte, schien eine Ausgabe zum mindesten der nichtdramatischen Werke R.s unmittelbar bevorzustehen. 1838 und 1839 kündete die 'Bibliothek der gesamten deutschen Nationalliteratur' in ihren Bänden XI 1 und XI 2 als einen der zunächst geplanten Bände an: 'Rosenplüt's Gedichte von H. Schletter'. Aber weder diese Ausgabe noch die von V. Michels vorbereitete sind zustande gekommen, und so zitiert man heute R.s Werke besser als nach Goedekes Verzeichnis (Grundr. I² S. 327ff.) nach den drei Veröffentlichungen, die das Material über H. R. am ausführlichsten ausbreiten: Mit Keller, Michels, Demme bezeichne ich im Folgenden:

Heinr. Adalb. von Keller *Fastnachtsspiele* I—III (Stuttgarter Lit. Verein Bd. 28 bis 30) 1853;

V. Michels *Studien über die ältesten deutschen Fastnachtsspiele* (QF. 77) 1896;

J. Demme *Studien über H. R.*, Diss. Münster 1906.

Unerreicht und in ihrer aus dem Vollen schöpfenden, von Leben durchpulsten und doch auf gründlicher Arbeit beruhenden Art auch unerreichbar ist G. Roethes zusammenfassende Darstellung in der ADB. XXIX S. 222ff.; Ehrismann *Geschichte der dt. Lit.* II 2 Teil 2 S. 491—494 und 582—584 ist zurückhaltender, gibt aber mehr Literatur zu den einzelnen Werken an. Auf das, was er, Michels und Demme an solchen Angaben bieten, sei ein für allemal verwiesen; alles hier noch einmal zu bieten, würde ins Uferlose führen. Und so geschieht es auch nicht aus Undankbarkeit, wenn Schletters und Wendelers Arbeiten im Folgenden nicht weiter angeführt werden.

Hans Rosenplüts Werke.

Die Rosenplüt-Hss. und -Drucke sucht Demme möglichst vollständig zu verzeichnen und kommt dabei auf über 60.

Bei H. R.s Werken hat sich nur für einen gewissen Kern eine allgemeine Übereinstimmung über R.s Verfasserschaft gebildet; bei vielen Stücken ist die Echtheit heute noch umstritten. Aus inneren Gründen ihm Stücke abzusprechen oder zuzuweisen, führt auf schwankenden Boden: Der Überlieferungszustand vor allem der Fastnachtspiele ist betrüblich. Die verschiedenartigsten Stoffe, die R. behandelt, bringen Ungleichheiten des Stils und der Verstechnik mit sich. Wo er ältere Vorlagen bearbeitet, gibt er sich naturgemäß anders als da, wo er frei schaltet; manche Vorlagen hat er eindringlicher, manche oberflächlicher bearbeitet. Und nicht zuletzt hat er Schule gemacht und Nachahmer gefunden.

I. Fastnachtspiele.

Das Spiel von der Hochzeit des Königs von England (Keller Nr. 100) ist das einzige, bei dem Hss. seinen Namen am Schluß nennen (wenigstens tun das drei Hss., während zwei anderen diese Zeilen fehlen)[1]). Doch haben die in der Hs. D[2]) in fast geschlossener Gruppe auf dies Stück Nr. 100 folgenden Fastnachtspiele (vgl. Keller S. 1340f.) alle Wahrscheinlichkeit der Echtheit für sich. Nur sie rechnet Demme daher unter die Werke R.s. Es sind Kellers Nr. 19, 39, 41, 42, 46, 49, 88, 96, 100, 108, 109.

Im Register der Hs. M[3]) tragen die auf Bl. 385—490 stehenden Fastnachtspiele die Bezeichnung *Schnepers*[4]). Diese summarische Angabe bürgt natürlich nicht bei jedem einzelnen der Stücke für R.s Verfasserschaft.

Michels (S. 182ff.) möchte R. aus inneren Gründen noch einige nicht in D enthaltene Spiele zuschreiben, vor allem die Nr. 40, 78, 84, 97; er zweifelt (S. 198) an R.s Verfasserschaft bei Nr. 108. Ehrismann nennt, ohne Vollständigkeit zu beabsichtigen, als Rosenplütisch die Stücke Nr. 39[5]), 72, 78, 100, 127; doch ist das letztgenannte bestimmt schwäbisch, nicht Nürnbergisch (vgl. Michels S. 77ff.). Roethe zählt außer den in D überlieferten Spielen noch die Nr. 40, 45, 74, 78, 81, 86, 87, 92—95, 97, 98, 99, 102 als 'sehr wahrscheinlich oder sicher' echt.

II. Spruchgedichte und strophische Lieder.

Unter diesen trägt — anders als bei den Fastnachtspielen — eine stattliche Reihe den nach dem Vorgang Heinrichs des Teichners (s. d.) oder Muskatblüts (s. d.)[6]) gebildeten Schlußstempel in Form eines Reimpaares... *-üet:... Rosenplüet.* Um wenigstens einen Ausgangspunkt zu gewinnen, seien die Gedichte vorangestellt, bei denen alle überliefernden Hss. übereinstimmend H. R. als Verfasser nennen.

Ich schalte in diese Aufzählung gleich vier mit * bezeichnete Nrn. ein, bei denen die Hss. nicht ganz so übereinstimmend aussagen und über die daher unten (Sp. 1100) kurz besonders zu handeln ist.

Die Zusammenstellung fußt auf Michels S. 120ff. Die wichtigsten der Rosenplüthss. bezeichne ich dabei mit folgenden Siglen:

D = Dresden, Sächs. Landesbibl. M. 50,
F = Nürnberg, Germ. Museum Cod. 5339a,
G = Gießen, Universitätsbibl. Cod. 1264,
L = Leipzig, Universitätsbibl. Cod. 1590,
M = München, Bayer. Staatsbibl. cgm. 714,
M¹ = München, Bayer. Staatsbibl. cgm. 713,
R = Wolfenbüttel, Landesbibl. Cod. Aug. 29. 6. 4°,
Y = Weimar, Thür. Landesbibl. Cod. Q 565.

Hss., die mir über Michels' Angaben hinaus bekannt geworden sind, füge ich mit „außerdem . . . .“ an.

a) Geistliche Gedichte.

1. Die Turteltaube (DFL; gedr. Demme S. 78).

[1]) Außer den vier von Michels S. 126 erwähnten Hss. überliefert auch das Mscr. A III 20 der Fürstl. Fürstenbergischen Hofbibl. zu Donaueschingen das Spiel. [2]) Vgl. unten Sp. 1094. [3]) Vgl. unten Sp. 1094. [4]) Über den *Schnepperer* vgl. unten Sp. 1097.

[5]) '93' bei Ehrismann S. 583 Z. 43 ist Druckfehler. [6]) Vgl. Sp. 1100. 1102.

2. Unser Frauen Schöne II (DL; gedr. Demme S. 94).
3. Die Welt (D; gedr. ZfdA. 32 S. 436).
4. Die Beichte (DFM; gedr. Keller S. 1098).
5. Der Priester und die Frau (DFLR; gedr. Demme S. 45).

b) Politische Gedichte.

6. Ein Spruch von Böhmen (DF; gedr. Liliencron *Histor. Volkslieder* I Nr. 61 und Max Jordan *Das Königtum Georgs von Podiebrad* S. 421).
7*. Von der Hussenflucht (DF cgm. 1136 und der Heidelberger cpg. 525; gedr. Liliencron a. a. O. I Nr. 68 und Max Jordan a. a. O. S. 414). DF nennen R., cgm. 1136 und cpg. 525 bieten statt dessen *Hans Plut*[7]).
8. Der Spruch von Nürnberg (Zu den 9 Hss. — darunter D und F — und einem alten Druck, die Michels anführt, gibt Demme weitere 7 Hss.[8]) und 4 Drucke; gedr. Lochner *Der Spr. von N.* 1854).
9. Vom Krieg zu Nürnberg (D; gedr. Liliencron a. a. O. I Nr. 93 und anderwärts).
10. Lied von den Türken (DL; gedr. Liliencron a. a. O. I Nr. 109).
11. Auf Herzog Ludwig von Bayern (D; gedr. Liliencron a. a. O. I Nr. 110).

c) Sonstige ernste Gedichte.

12. Der König im Bade (DFLM[1]R cgm. 319 und drei alte Drucke; gedr. Wackernagel *Altd. Lesebuch*[1] Sp. 775).
13. Die Kaiserin zu Rom (DFR, eine Hamburger, eine Karlsruher Hs. und ein alter Druck; außerdem L und eine nd. Bearbeitung: vgl. Göttinger Gelehrte Nachrichten 1913 Beiheft S. 249 und Archiv f. Literaturgesch. 11 S. 169; gedr. Keller S. 1139 oben Sp. 842).
14. Der kluge Narr (DL Wien Nationalbibl. Poem. Germ. 3214 und ein alter Druck; außerdem ein weiterer Druck: Germ. 24 S. 400; gedr. Wagners Archiv I [1874] S. 212).
15. Der Müßiggänger (D und ein alter Druck; gedr. Keller S. 1152).
16. Das Lob der fruchtbaren Frau (DFL; gedr. Demme S. 62).
17. Die 15 Klagen (DFY, eine Wolfenbütteler Hs. und ein alter Druck; gedr. Goedeke *Pamphilus Gengenbach* S. 403).
18. Die drei Ehefrauen (DF; gedr. ZfdA. 32 S. 441).
19. Die Woche (DFM[1]; gedr. Keller S. 1190 und Bolte Archiv f. Literaturgeschichte 99 S. 16).
20. Die sechs Ärzte (DFM; gedr. Keller S. 1083).

d) Schwänke.

21*. Der Knecht im Garten (DF GLM[1], das Liederbuch der Hätzlerin und ein alter Druck, außerdem Wien Nationalbibl. Poem. Germ. 13711 Bl. 29[a]; gedr. Graeters Bragur 5, 1 S. 78; Göz *Hans Sachs* III S. 170; Haltaus *Liederbuch der Hätzlerin* S. 290; H. Kurz *Geschichte der dt. Lit.* I S. 681). Nur zwei Überlieferungen nennen H. R. nicht in der Schlußzeile: G liest: *So list vns der schreiber wolgemut*[9]), und das Liederbuch der Hätzlerin nennt keinen Verfasser.
22*. Der fahrende Schüler (DFGL Y und ein alter Druck, außerdem ein weiterer Druck: v. d. Hagen *Bücherschatz* 1847, S. 54 Nr. 1191; gedr. Keller S. 1172). Alle nennen R. als Dichter, nur L überliefert: *Allso sprach der schwler gut*[9]).
23. Die Wolfsgrube (DFGY und Val. Holls Hs.; gedr. Keller *Erzählungen aus altd. Hss.* S. 365).
24*. Der Hasengeier (DG, außerdem Val. Holls Hs.; gedr. Bolte Zs. f. vergl. Literaturgeschichte N. F. 11 S. 73). DG nennen H. R., Val. Holls Hs. dagegen nicht.
25. Die Tinte (M; gedr. Keller S. 1186).
Die Form, in der des Dichters Name erscheint, ist in diesen Hss. zumeist

7) Über *Hans Plut* vgl. unten Sp. 1101. 8) Statt 'Wien Nationalbibl. Cod. 2569' lies 12569!

9) G und L schwärzen also, die eine bei diesem, die andere bei jenem Gedicht, den Helden der Geschichte als Verfasser ein.

Hans Rosenplüt, seltener *der Rosenplüt*, in L auch einmal fälschlich *der H. R.* und in F dreimal — ebenso fälschlich — *meister H. R.* Wenn D daneben dreimal genau so den Vers zersprengend *Snepperer H. R.* überliefert, so ist damit zu vergleichen, was L am Schluß des 'Lieds von den Türken' (oben Nr. 10) als Zusatz bietet: *Hans Rosenplut den man anders nenet Hans Schneper* und was die Hs. Y beim 'Fahrenden Schüler' (oben Nr. 22) statt der Schlußzelle *So hat geticht H. R.* überliefert: *Sprich Schnepter Rosenn plutt* (*Spricht S. Hans R.* ist mit Sicherheit zu ergänzen). Ähnlich hat der Magdeburger Druck der 'Kaiserin von Rom' (oben Nr. 13): *Also sprycket Schepper hans Rosen blöth.*

Darüber, was *Schnepperer* bedeutet, und daß er für sie mit R. identisch ist, lassen die Schreiber der verschiedenen Hss. keinen Zweifel. D schließt das Lied 'Die Lerche und auch die Nachtigall' mit

Hanns Snepperer ist er genant,
Ein halber bydermann.
Der in ein großen swatzer heist,
Der thut kein sunde daran.

Noch deutlicher drückt sich D am Schluß des Spruchs 'Von den Handwerken' aus: *Also redt Hanns Rosenplut der swetzer*, wo LM[1] *Hanß der schwetzer* bieten, die Hamburger Hs. dagegen *Hanns Roßner.*

Wer also die für H. R. nicht völlig gesicherten Gedichte mustern will, hat drei Gruppen ins Auge zu fassen:

1. die in Hss. *Hans Snepperer* oder *dem Snepperer* zugeteilten Gedichte,
2. die von den Hss. nicht einhellig H. R. zugeteilten und
3. die anonym überlieferten aus Hss., die viel unbestritten Rosenplütisches enthalten[10]).

26. Die Lerche und auch die Nachtigall (nur in D; gedr. Keller S. 1113). 5 Strophen, frisch und lebendig, auf den Spuren des Königs vom Odenwald (s. d.) wandelnd; die zweite Hälfte der letzten Strophe siehe oben. Es ist kein Grund, R. das Lied abzusprechen, wenn er sich auch sonst in dieser Gattung nicht versucht hat. Vgl. Michels S. 155f.

27. Disputatz eines Freihet mit einem Juden (F und eine Hamburger Hs.; gedr. Keller S. 1115). In beiden Hss. lautet der Schluß:

So hat geticht Hans Schnepperer.

R.s Verfasserschaft ist wahrscheinlich; vgl. Michels S. 153f.

'Spruch, daß alles in der Welt gut geht' (nur in F Bl. 410[b]; gedr. ZfdPhil. 22 S. 317). Es ist eine Lügendichtung, dem zweiten Teile des Gedichts von den 'Handwerkern' (vgl. unten Sp. 1101) verwandt. Während aber bei diesem Gedichte der Verfassername ordnungsgemäß in das Schlußreimpaar eingebaut ist (*Die lügen sind war und nit ein mer Also redt* ...; nur die Hs. F nennt keinen Verfasser), so lautet der ganz ähnliche Schluß im 'Spruch, daß alles ... gut geht': *Damit ich die kunst bewer. Das ist nit war und ist kein mer Sagt vns der Schnepperer.* Die Schlußzeile steht also außerhalb des Reimpaares, und R.s Verfasserschaft ist, wenn das Gedicht auch in seinen Gedankenkreis hineinpaßt, zu schwach beglaubigt. Demme (S. 6) erklärt es für unecht, da die Hs. F wenig Glauben verdiene.

Tatsächlich sind die Angaben gerade von F sehr mit Vorsicht aufzunehmen: Nur das Mittelstück von F, Bl. 162—352 (die 15.—31. Lage) ist eine geschlossene Hs. Alles andere sind einzelne — oder selten auch einmal Gruppen von zwei — Lagen, die mit einem oder mehreren Gedichten oder Fastnachtsspielen beginnen, aber ursprünglich nicht bis zu Ende vollgeschrieben waren. Als diese unter sich verbindungslosen Hefte dann zu der Kernhandschrift hinzugefügt wurden, wurde aller unbeschriebene Raum mit Priameln und ähnlichen Kleinigkeiten gefüllt; das Füllsel ist häufig noch am Fehlen der Rubrizierung als spätere Zutat erkennbar. Weder die Kernhandschrift noch die Einzelhefte lassen eine Absicht erkennen, nur Rosenplütisches Gut zu bieten. Wenn aber eins der Einzel-

---

10) Im Folgenden numeriere ich nur die Gedichte fortlaufend durch, die ich für R.s Eigentum halte.

hefte, die 8. Lage (Bl. 83ff.) mit der Schlußzeile

So hat geticht Hans Schnepperer

ein wahrscheinlich H. R. gehöriges Gedicht ('Disputatz eines Freihet', oben Nr. 27) bietet, so hat umgekehrt die Kernhandschrift drei Gedichte mit derselben oder ähnlicher Schlußzeile und hat damit erweislich dreimal Unrecht:

'Der Pfaffe in der Reuse' (Neues GA. Nr. 31; in F Bl. 247^b ff., Schlußzeile *So hat geticht meister*[11]) *Hanns Schnepperer*) ist Abschrift, nicht Bearbeitung des alten Gedichts.

Des Smihers (s. d.) 'Klage des Wolfes' schließt F *So hat geticht meister*[11]) *Hanns Schnepperer*, M[1] dagegen *So hat geticht der Schnepperer*. Vgl. Michels S. 156ff. Zu den Hss., die Michels anführt, sind hinzuzufügen: Freiburg i. B. Universitätsbibl. Cod. 362; Cheltenham Ms. Phill. 11049 (vgl. Priebsch *Deutsche Hss. in England* I S. 113) und alte Drucke: Weller Annalen I 293f.; Weller Repertor. S. 113; Goedeke Grundriß I[2] S. 280, 26. Was Michels als Heidelberger cod. pal. germ. 253 nennt, ist der cpg. 472.

Des Smihers (s. d.) 'Studenten zu Prag' beschließt F *Allso hat gedicht der Schnepperer*, während M[1] den Teichner, der cgm. 5919 den Smiher als Verfasser nennen und in L der Schluß fehlt. Vgl. Michels S. 159f.

Sonst wird *der Schnepperer* nur noch in einer Hs. genannt:

29. Klopfan (R Bl. 57^v: *Des Sneppꝛers an klopfen*, Anfang: *Klopf an, klopf an, der himel hat sich auf getan*...; gedr. Keller S. 1149). Das Gedicht steht in der Hs. und in R.s sonstigem Schaffen ganz vereinzelt. Für oder gegen R.s Verfasserschaft ist nichts vorzubringen, so daß die Angabe der Hs. die Waage zu seinen Gunsten beeinflußt. Vgl. Oskar Schade Weimarer Jahrbuch 2 S. 75ff.

Hans Schneperger (s. d.), von dem der Münchener cgm. 5919 Bl. 325^b die Erzählung *von ainem münch* enthält

[11]) Daß F in zwei Fällen *meister* zusetzt, entspricht seinem Verfahren bei *meister H. R.*; siehe oben Sp. 1097.

(gedr. Keller *Erzählungen aus altd. Hss.* S. 242), ist mit H. R. nicht identisch.

Von den Gedichten, bei denen die Hss. nicht einhellig H. R. als Verfasser angeben, sind vier bereits oben (Sp. 1095f.) als Nr. 7*, 21*, 22*, 24* behandelt. Bei den drei letztgenannten sind die abweichenden Zeugnisse einzelner Hss. unbeachtlich. Nur bei dem sicher R. angehörigen historischen Liede Nr. 7* verdient der von zwei Hss. genannte Verfassername *Hans Plut* vielleicht doch Erwägung (vgl. Sp. 1101). Für das Gedicht

Von einem Barbierer (FM[1], Val. Holls Hs., cgm. 5919 und London Brit. Museum Addit. 24946; gedr. Keller *Erzählungen aus altd. Hss.* S. 426) stimme ich aber, je öfter ich's lese, je entschiedener G. Roethe bei, der es (S. 230) R. abspricht, während Michels (S. 122) es unter den echten aufzählt. Die beiden Münchener Hss. weisen das Schlußreimpaar... *gemüett Daz hatt gedicht Hanns Roßenplüett* nicht auf, und der Text ist damit keineswegs verstümmelt. — Weiter kommt in Frage:

Vom Pfarrer, der fünfmal starb (Y und eine Hamburger Hs.; gedr. Keller *Erzählungen aus altd. Hss.* S. 111). Der Schluß lautet in der Hamburger Hs.:

Hanns Rosenplůt der schnepperer
Thůt vns die abentheůr verjehen.
Got laß vns allen wol geschehen.

Y bietet metrisch viel ungeschickter in der drittletzten Zeile

Hanns Zapff zue Nürnberg barbirer.

Trotzdem zeigt das Gedicht so wenig ausgesprochen Rosenplütische Züge, daß selbst Michels, der es als echt anerkennen möchte (S. 148 Anm.), es als „Jugendwerk", „durch seine Vorlage beeinflußt" entschuldigen muß.

Ganz verwickelt liegt die Frage bei drei Gedichten, bei denen nicht nur einige Hss. mit dem Namen Rosner, sondern eine andere obendrein mit Rasuren in der Verfasserangabe aufwarten:

Der Einsiedel (DFLM[1]R; gedr. Keller S. 1124). Die Schlußzeile lautet in D *Spricht der Rosenplut in seiner wappen redt*. Statt *der R.* bieten F *Rößner*, M[1] *Rosener*, R *Roßner* und L *Hanß*...

(Rasur; „auch in dieser Rasur können kaum 5 Buchstaben Platz finden", sagt Euling Germ. 33 S. 162).

Der Frauenkrieg (L und Val. Holls Hs., außerdem Wien Nationalbibl. Poem. Germ. 13377 Bl. 9^b; gedr. Keller Erzählungen aus altd. Hss. S. 177). Die Schlußzeile lautet in Val. Holls und der Wiener Hs.: *Spricht Rößner in seim* (*seinem* Wien) *frauen kriegen*, in L *Sprich Johannes* ... (Rasur) *jn sein frawen krieg* (die Rasur scheint nur einen Klecks beseitigt zu haben; mehr als vier Buchstaben können nicht wegradiert sein).

Die Handwerker (DFLM[1] und eine Hamburger Hs.; gedr. Keller S. 1135). Schlußzeile: *Also redt Hanns* (+ *Rosenplut* D) *der swetzer* DLM[1], *Das sagt vns Hanns Roßner* Hamburg; F hat ganz abweichenden Schluß ohne Verfassernennung (vgl. Michels S. 146).

Man sieht: *Rosenplüt* wird nur zu zwei Gedichten ('Einsiedel' und 'Handwerker') von der einen Hs. D genannt; ihn meinen aber auch LM[1] bei den 'Handwerkern' (für *swetzer* liegt es nahe, *Snepperer* zu vermuten); zum 'Frauenkrieg' nennt ihn keine einzige Hs., doch da dessen Schlußzeile der vom 'Einsiedel' völlig entsprechend gebaut ist, muß das Gedicht hier mit besprochen werden. Und die Hs. L bietet ja auch beide Gedichte nachbarlich vereint. Nach der Aussage der Hss. würde man für 'Einsiedel' und 'Frauenkrieg' *Hans* oder *Rosner* als Verfasser ansetzen; bei den 'Handwerkern' sind drei Möglichkeiten handschriftlich gleich gut beglaubigt: *Hans der Snepperer*, *Hans Rosner* und die Namenlosigkeit. Auffällig ist, daß L beim 'Einsiedel' und beim 'Frauenkrieg' hinter dem Verfassernamen *Hanß* eine Rasurlücke von 4—5 Buchstaben Länge hat: *Rosenplut* kann aus Raumgründen nicht dagestanden haben. Man denkt aber unwillkürlich an den *Hans Plüt*, den zum Liede von der Hussenflucht (oben Sp. 1095 Nr. 7*) zwei Hss. als Verfasser nennen. Trügen alle drei Gedichte deutlich den Stempel von H. R.s Eigenart, so würde man zu der Vermutung gedrängt, *Hans Plüt* und *Rosner* seien H. R.s eigentliche Namen, und er habe sich daraus sein *Rosenplüt* erst später in Anlehnung an Muskatplüts (s. d.) Namen gebildet. Denn Muskatplüt, der damals in viel höherem Ansehen stand als heute bei uns, ist nachweislich zwischen 1422 und 1441 mehrfach in Nürnberg gewesen, und auch durch seine Teilnahme an den Hussitenkriegen kann R. zu ihm in Beziehung getreten sein.

Aber dieser Konstruktion steht eins entgegen: Die drei Gedichte sind unter sich ganz verschieden, so grundverschieden, daß zwar ihre Herkunft von einem Verfasser nicht ausgeschlossen — wer kann so etwas schlüssig beweisen oder widerlegen? — aber doch unwahrscheinlich ist.

'Der Einsiedel' würde unbestritten als Rosenplütisch anerkannt, stünde es nicht mit der Beglaubigung seines Namens in der Schlußzeile so schwach. Vgl. Michels S. 132—140 und Roethe S. 271, die beide mit Entschiedenheit für R.s Verfasserschaft eintreten.

'Der Frauenkrieg' ist schwerfällig, ungeschickt und eintönig. In R.s Gedicht von den drei Ehefrauen (vgl. oben Sp. 1096 Nr. 18) ist dasselbe Thema mit unvergleichlich größerer Gewandtheit behandelt. Michels' Versuch (S. 140—145), das Gedicht R. zuzusprechen, überzeugt nicht.

'Die Handwerker' sind oberflächlich aus zwei Stücken zusammengesetzt: Das erste ist eine Bearbeitung des 'Meister Irregang' (Laßbergs Liedersaal Nr. 127)[12]), der seine Allerweltskunstfertigkeit anpreist; daran schließt sich, in ein Lügenmäre eingekleidet, eine Klage über mangelnden Hausrat an, die aber mit des Königs vom Odenwalde (s. d.) und mit Ohnsorges (s. d.) Gedicht und ähnlichen nicht mehr als die stofflich gegebenen Berührungen aufweist. Daß R. so etwas verfaßt habe, wer will das rundweg abstreiten? Den Stempel seiner Eigenart trägt es aber nicht. (Vgl. Michels S. 145—147).

Ganz von H. R. und auch von dem etwaigen Dichter der drei letztgenannten Gedichte zu trennen ist *Rosner der clain mann* vgl. auch Michels S. 147).

---

[12]) Darauf wies schon K. Bartsch Germ. 8 S. 41—45 hin.

Keinerlei Gewähr für R.s Verfasserschaft besteht auch bei zwei Gruppen von Gedichten, die man stillschweigend als sein Eigentum zu betrachten sich gewöhnt hat: bei den Wein- (Bier-, Met-)segen und -grüßen und bei den Priameln.

Wohl entsprechen die Priameln R.s bilderreicher und anschaulicher Art; vor allem in reinen Fastnachtsspielen bietet er unverkennbar Ähnliches. Aber die Tatsache, daß Weinsegen und Priameln vor allem in Hss. vorkommen, die Rosenplütische Werke enthalten, genügt doch nicht. Denn alle diese Hss. überliefern auch Werke, die unbestritten nicht von R. sind, sogar die Hs. D. So bleiben also folgende Gedichte unberücksichtigt:

Der Bauernkalender (DF, außerdem ein alter Druck: v. d. Hagen *Bücherschatz* 1857 S. 42 Nr. 934; gedr. Keller S. 1103).

Unser Frauen Schöne I (DFLM; gedr. Demme S. 113).

Stiefmutter und Tochter (DL, Weimar Thür. Landesbibl. Mscr. Q 564, London Brit. Museum Addit. 24946, Liederbuch der Hätzlerin; gedr. Haltaus *Liederb. d. Hätzl.* S. 305).

Die meisterliche Predigt (D, eine Hamburger Hs. und ein alter Druck, außerdem Wien Nationalbibl. Poem. Germ. 13711; gedr. Keller S. 1158).

Vom Pfennig (DLM¹R; gedr. Keller S. 1183).

Der Spiegel mit dem Pech (DFG LM¹, Karlsruhe Bad. Landesbibl. Cod. 408; gedr. Keller S. 1176 und Keller *Erzählungen aus altd. Hss.* S. 471).

Der Maler zu Würzburg (DFG LM¹; gedr. Keller S. 1180).

Die drei Nonnen (D; gedr. Demme S. 128).

'Memorial der Tugend' (gedr. durch Schnorr v. Carolsfeld Archiv f. Literaturgesch. 9 S. 441; vgl. dazu ebda. 11 S. 411, wo Johann von Schwartzenberg als Verfasser nachgewiesen ist; vgl. Michels S. 182 Anm. und Demme S. 16).

Die Ärzte (München cgm. 466; gedr. Keller S. 1088).

Die Sag von Nürnberg (München cgm. 466; gedr. Keller S. 1168).

Wahrscheinlich sind R.s Eigentum der 'Bauernkalender' (der im selben Hildebrandston abgefaßt ist wie 'Die Lerche und auch die Nachtigall' und außerdem in der Hs. D diesem Gedichte unmittelbar vorangeht) und die 'Meisterliche Predigt', vielleicht auch der 'Spiegel mit dem Pech' und der 'Maler zu Würzburg'.

Hans Rosenplüts Leben.

Einige wenige von R.s Werken sind jahrzahlmäßig festzulegen: Der 'Spruch von Böhmen' (oben Nr. 6) handelt vom vierten Hussitenkriege, also von der Belagerung Tachaus und der Schlacht bei Mies 1427, die 'Hussenflucht' (Nr. 7*) vom fünften Hussitenkriege und der Schlacht bei Taus 1431. An beiden hat R. teilgenommen; man muß ihn sich demnach als zu Beginn des 15. Jh.s geboren vorstellen. Das Fastnachtspiel 'Von der Hochzeit des Königs von Engelland' (Keller Nr. 100) gehört in den Anfang des Jahres 1441[13]. Den 'Spruch von Nürnberg' (Nr. 8) dichtete er 1447, den 'Krieg zu Nürnberg' (Nr. 9) 1450, 'Des Türken Fastnachtsspiel' (Keller Nr. 39) 1456, das 'Lied von den Türken' (Nr. 10) 1459 und 'Auf Herzog Ludwig von Bayern' (Nr. 11) 1460. Urkundlich ist belegt, daß er 1444 vom Rate der Stadt Nürnberg als Büchsenmeister angestellt wurde, und dazu paßt, daß er im 'Spruch von Nürnberg' als einziges Handwerk das der Rotschmiede ausführlich behandelt[14]. Wüßten wir bestimmt, daß der 'Spiegel im Pech' von R. wäre, so ließe sich auch der 'Spiegel im Pech' zeitlich einordnen: Die Karlsruher Hs. ist nicht jünger als 1440.

Die genannten Zahlen umschließen ein Leben, das ganz in R.s Heimatstadt Nürnberg verlief, die wohl auch seine Vaterstadt war; in seiner Sprache ist nichts nachweisbar, was nicht Nürnbergisch wäre. Das eine Gedicht vom

[13]) Siehe Max Herrmann *Die Reception des Humanismus in Nürnberg* S. 16—25. [14]) Vgl. M. Faber *Hans Rosenplüt ein Rotschmied*, Germ. 35 S. 407ff.

Jahre 1460 auf Ludwig den Reichen von Bayern-Landshut fällt aus der Reihe heraus: nicht nur durch die Person dessen, dem es gilt, sondern auch, weil es R.s einzige Wappenrede ist. Und R.s Lebensende liegt im Dunkeln. Es gibt zwei alte Traditionen darüber: Er soll 1468 als Glockengießer zu München gewesen sein. Und in jüngeren Hss. und Drucken des 'Spruchs von Nürnberg' wird sein Name angeführt als *pruoder Rosenplutt* oder *prediger ordens hans Rosenpluet*, sogar als *bruder Rosenplütt, prior in dem predigerkloster* (vgl. Keller S. 1186). Gewiß wäre es allzu oberflächlich, R.s Werke so zu ordnen, daß die historischen Gedichte den Anfang, Fastnachtspiele und Schwänke die Mitte und geistliche Gedichte den Schluß bilden. Aber die Möglichkeit, daß R. sein Leben — wenn auch nicht als Bruder oder gar Prior — im Dominikanerkloster St. Sebald beschloß, ist nicht abzuweisen. Damit ist die andere Tradition nicht unvereinbar: Es müßte dann das durch die Zahlen 1460 und 1468 bezeichnete Jahrzehnt ein Zwischenspiel in R.s Leben dargestellt haben. Vielleicht verlief dieses in gewissem Sinne dem von Konrad Paumann parallel, der unzweifelhaft auf R. stark gewirkt hat. Ganz Nürnberg war stolz auf die 1444 von Heinrich Traxdorf für die St. Lorenzkirche erbaute Orgel und auf den blinden Organisten Konrad Paumann; so eifersüchtig stolz, daß man ihn 1446 in förmlicher Urkunde verpflichtete, weder er noch seine Verlobte dürften jemals Nürnberg verlassen[15]). Und doch ist er 1467 als Hoforganist in den Dienst Herzogs Albrecht III. getreten und 1473 in München gestorben[16]).

Hans Rosenplüt als Dichter.

H. R., Hans Folz (s. d.) und Hans Sachs, diese drei umfassen rund 1½ Jahrhunderte Nürnberger Dichtkunst. Sie wertschätzend miteinander zu vergleichen tut vor allem H. R. leicht Unrecht. Die beiden Meistersänger haben Manches vor ihm voraus: Hans Folz ist gelehrter, auch gewandter in Ausdruck und Technik. Und Hans Sachs ist ein rechter Bücherwurm und gehört in Gesinnung und Haltung der gehobensten Schicht des Bürgertums an. Beide können wir auch einigermaßen an ihren Vorgängern messen. Bei H. R. sind wir aber vorläufig noch ganz im Unklaren, was seine eigene Leistung ist, wer seine Vorgänger und seine Nachahmer waren. Er „schreibt sich selbst ungeniert aus" (Roethe S. 225); seine Vorgänger wird er kaum anders behandelt haben, und ihm widerfuhr von Späteren sicher das Gleiche. Bezeichnend für die Lage ist, daß wir beim 'Spiegel im Pech' heute noch nicht wissen, ob 1. das Gedicht von R. ist und ob 2. die in der Karlsruher Hs. stehende, durch kürzere (vor allem auch dreihebig-klingende) Verse sich auszeichnende Fassung a) Rosenplüts Quelle oder b) eine von R. herrührende ältere Fassung des 'Sp. im P.' oder c) nur eine Hs. des 'Sp. im P.' ist, die ihren altertümlicheren Versbau einem an ältere Gedichte gewöhnten Schreiber verdankt. Wenn der 'Maler von Würzburg' R.s Eigentum ist, haben wir seine Leistung nicht an dem 'Herrgottschnitzer' des 13. Jh.s (*Neues GA*. Nr. 33) abzumessen, sondern an der nur verstümmelt überlieferten Fassung, die die Weimarer Hs. O 145 bietet[17]). Sein 'König im Bade' stimmt recht gut zu der älteren um 1300 entstandenen Fassung. Doch ist festzustellen, daß es nicht gelingt, in ihrer reichen handschriftlichen Überlieferung den Punkt festzulegen, von dem R.s Bearbeitung ihren Lesarten nach ihren Ausgang genommen haben muß. Er schließt sich bald dieser, bald jener älteren oder jüngeren Lesart an: Es macht den Eindruck, als habe er das Gedicht aus mehrfacher mündlicher Überlieferung aufgenommen. Auch was er

[15]) Abdruck der Urkunde: Jahrbücher f. musikal. Wiss. 2 (1867) S. 75f. und bei Lochner *Der Spruch von Nürnberg*. [16]) Hängt es damit zusammen, daß in einer späteren Bearbeitung von R.s 'Spruch von Nürnberg' der ganze Konrad Paumann betreffende Abschnitt gestrichen ist?

[17]) Diese hat z. B. das groteske Motiv *So kleben die frawen yr wachs liecht daran* (Keller S. 1182 v. 12) mit Rosenplüt gemeinsam.

von Helden deutscher Dichtung kennt und nennt, erlaubt keine Schlüsse auf literarische Belesenheit. Und so haben wir wohl überall bei ihm mit schriftlichen Quellen wenig zu rechnen.

Er weiß viel, ist aber nicht Gelehrter. Seine Gelehrsamkeit ist Allerweltsgut. Allerdings prunkt er gern etwas mit ihr, flickt lateinische Ausdrücke ein und versteht sogar etwas von lateinischer Flexion. Nur in eine der sieben Künste scheint er etwas tiefer eingedrungen zu sein: in die Musik. Wenigstens kennt er allerlei musikalische Fachausdrücke und beschreibt den Vogelgesang in solchen gelehrten Ausdrücken. Da scheint Konrad Paumann sein Lehrer gewesen zu sein.

Er ist Nürnberger Handwerker. Er steht aber den Meistersingern so fern wie den gelehrten Humanisten, etwa dem Kreis um Gregor Heimburg[18]). Höfische Wappendichtung bedeutet in seinem Leben und seinem Werke nur eine Episode, wenn auch die 'Wappenrede vom Einsiedel' (die ihm nicht sicher angehört) einige Nachklänge davon zeigt.

Daß er kein Meistersinger ist, spricht er nicht nur selbst aus, sondern verrät er auch in seiner Verskunst: Reimpaare von vierhebigen Versen herrschen. Gekreuzte Reime zeigt nur eins seiner historischen Gedichte, das vom 'Krieg zu Nürnberg' vom Jahre 1450. Außerhalb seiner historischen Dichtung sind strophisch nur 'Die Lerche und auch die Nachtigall' (oben Nr. 26) und im selben Hildebrandston der 'Bauernkalender', für den R.s Verfasserschaft wahrscheinlich, aber nicht handschriftlich bezeugt ist (vgl. Sp. 1103 f.).

Seinen Reim pflegt er und hat Freude an seltsamen Bindungen; von geblümter Rede des 14. Jh.s unterscheidet er sich aber durch derbere, kräftigere Anschaulichkeit. Reimbrechung übt er nicht bewußt. Die Bildlichkeit seiner Sprache überbietet alles, was er von Vorgängern hätte lernen können. Er wird nie müde, zu steigern und zu übersteigern, bis ins Abgeschmackte hinein. Dadurch kommt eine Unruhe in seinen Stil, die wohl sein hervorragendstes Merkmal ist. Es ist kein Zufall, daß seine erzählenden Dichtungen durchweg zu seinen schwächeren Leistungen gehören, und daß bei ihnen über Echtheit und Unechtheit am meisten Streit ist. Epische Geschlossenheit liegt ihm nicht, und wo er epische Vorlagen bearbeitet, gelingt ihm keine Neugestaltung aus einem Guß. Den lyrischen Eingang mancher seiner Gedichte kennzeichnet eine süßliche Kleinigkeitsmalerei, liebevoll in Diminutiven schwelgend. Wir würden Manches davon gern hingeben für den einen schlichten, sauberen, innigen 'Klopfan' (siehe oben Nr. 29) oder so derb-frische Lieder wie 'Die Lerche und auch die Nachtigall' (siehe oben Nr. 26).

Aber Einfachheit ist nicht seine Stärke. Er hat ein offenes Auge für Leben und Sitte der niederen Schichten des Nürnberger Bürgertums, dazu einen kräftigen verstandesmäßigen Witz, der unermüdlich ist im Aufspüren von Vergleichen und Bildern. Zum Humor fehlen ihm die Liebe und wohl auch die innere Freiheit. Wohl zeigt er in manchen seiner Werke — nicht nur in der 'Wappenrede vom Einsiedel' (siehe oben Sp. 1100), die ihm nicht sicher angehört — Mitgefühl mit den Unterdrückten, vor allem dem ärmeren Bürgertum und der Bauernschaft. Nicht nur als Reichsstädter, sondern auch seinem sozialen Empfinden nach steht er auf ihrer Seite gegen Adel und Reichsfürsten. Und er verleugnet das nicht einmal in dem Gedichte, das diese beiden letzteren Stände natürlich sanft anfaßt, in dem 'Lobspruch auf Herzog Ludwig den Reichen' (siehe oben Nr. 11). Aber es bleibt das peinliche Gefühl, daß er sehr gern mit dem Strome schwimmt, keine sittliche Überzeugung einsetzt, die in der Welt, in der er lebt, unbeliebt, unbequem oder gar für ihn nachteilig wäre. Seine reiche Erfindungsgabe bewährt er nicht zum wenigsten auf dem Gebiete der schmutzigen Zote. „Er hat für das Verhältnis von Frau und Mann nur den einen unerfreulichen Gesichtspunkt des 'Nachthungers'" (Roethe S. 226) und weiß sich

[18]) **Max Herrmann** ***Die Reception des Humanismus in Nürnberg*** **S. 16ff. sucht einige Beeinflussung wahrscheinlich zu machen.**

dabei des Beifalls seiner Zuhörer- oder Leserschaft sicher.

Mit derselben Leichtigkeit gehen ihm aber inhaltlich und formal recht anspruchsvolle geistliche Gedichte aus dem Mund und aus der Feder. Ob er auf sie mehr Wert legte als auf die anderen und sie deshalb vorzugsweise durch seine Namennennung als sein Eigentum kennzeichnete (wie Roethe S. 224 vermutet), bleibe dahingestellt. Jedenfalls baut nur auf Sand, wer R.s Dichtungen gattungsweise geordnet in einen zu konstruierenden Lebenslauf einbauen will. Und noch mehr eitle Luftschlösser baut der, der R.s ernsthafte Gedichte, Schwänke und Fastnachtspiele je nach dem Grade ihrer Ernsthaftigkeit oder Anständigkeit auf einen Faden aufzureihen sich bemüht.

Dafür fehlt uns vor allem noch jegliche Übersicht über seine Fastnachtspiele. Er hat diese in Nürnberg erst zu einer literarischen Gattung erhoben. Sein Repertoire ist dabei gar nicht klein, schon wenn man nur die wenigen in D überlieferten Spiele ins Auge faßt. Eine bloße Revue ist Nr. 109: Neun Bauern treten der Reihe nach auf und schildern, welche irdische Freude ihnen am höchsten steht. Manche Berührung mit solcher primitiver Revuetechnik hat Nr. 96 ('Von den sieben Meistern': Ein Jüngling fragt die Meister, wie man Frauen Ehre erbieten soll). Als regelrechte Gerichtsszene ist das ausgebaut im Stück Nr. 41: Das geistliche Gericht soll dem Jüngling raten, wann er heiraten solle, und 10 Doctores geben der Reihe nach ihre Meinung kund. Eigentliche Gerichtsverhandlung bieten aber Nr. 108 und 42 (beide spielen vor dem geistlichen Gericht in Bamberg) sowie 88 (das vor einem „Landgericht" spielt): Die Klagen betreffen das Eheleben und geschlechtliche Dinge; stofflich bewegen wir uns im Kreise der '15 Klagen' und der 'Drei Ehefrauen' (siehe oben Nr. 17 und 18). Es fehlen aber auch nicht die Spiele mit ausgeprägten kleinen Schwankhandlungen: Nr. 19 'Von zwei Eheleuten' und 46 'Wie eine Bäuerin mit einem Edelmann wettet' oder 49 'Die Küchenspeise'. Und am anspruchsvollsten sind die beiden Spiele mit politischem Inhalt: Nr. 39 'Des Türken Fastnachtspiel' und 100 'Von der Hochzeit des Königs von England'. H. Niewöhner.

Rosenpusch, Johann, *protonotarius civitatis Monacensis, artium et medicinae doctor.*

1. *Meister Hanns Rosenbusch* war Münchner Stadtschreiber von 1415 bis 1453, bemerkenswert wegen der Originalität seiner laufenden Einträge in den Kammerrechnungen der Stadt. Im Jahre 1448 machte er eine Ewig-Meß-Stiftung (Mon. Boica XIX S. 156 ff. Nr. 78).

2. Wir treffen ihn als Schriftsteller auf medizinischem Gebiete mehrfach in den Handschriften, sowohl in deutscher als in lateinischer Sprache, so in einem deutschen Pestratschlag, der den etwas verschrobenen lateinischen Titel hat: *'Decretum per Magistrum Johannem Rosenpusch artium et medicine doctorem pro nunc Monacj commorantem'*, den ich im Arch. f. Gesch. d. Med. 14 (1923) S. 129—131 aus den Münchener Handschriften lat. 7744, Bl. 95 u. 96, und lat. 7746, Bl. 196 u. 197, veröffentlicht habe. Die erstgenannte Handschrift bringt auf Bl. 1—4 ein lateinisches *'Regimen pro sanitate domini decani in Undensdorf consultum a reverendo magistro Johanne Rosenpusch'*, welches für den Indersdorfer Abt 1434 verfaßt wurde und stückweise von mir a. a. O. S. 132 bekannt gegeben ist; auch von der kurzen lateinischen Ausarbeitung über den Schlaf *'De sompno'*, die wir in einer Abschrift Dr. Hartmann Schedels aus Cod. lat. Monacensis 7660, Bl. 209 u. 210, besitzen, habe ich a. a. O. S. 133 Anfang und Schluß mitgeteilt. Diese Arbeit stammt aus dem Jahre 1452. Eine Vermutung über eine weitere deutsche Ausarbeitung R.s *'Viel hübscher frag'* über die Ursachen mancher Erscheinungen der Seuchenkunde findet sich auf S. 142/143 des genannten 14. Archivbandes.

E. Geiß *Gesch. d. Stadtpfarrei St. Peter in München* 1868, S. 176. Oberbayerisches Archiv f. vaterl. Gesch. 2 S. 104. K. v. Leoprechting *Stammbuch v. Possenhofen* 1854, S. 8.

Sudhoff.

Röslin (Rößlin), **Eucharius.**

1. R. tritt zuerst 1493 in Freiburg im Breisgau im Zunftregister der Kaufmannszunft zum Falkenberg auf und wird dort am 28. September als *der appendegker* bezeichnet. Bei der Apothekenvisitation März 1495 war bei ihm nicht alles in bester Ordnung befunden, sein Name als Apotheker kommt bis ins Jahr 1502 in den Freiburger Stadtakten vor. Er scheint in diesem Jahre aus der gen. Zunft ausgeschieden zu sein. Im gleichen Jahre wird er in anderer Tätigkeit in den Bürgerverband aufgenommen, scheidet aber am 28. August als Bürger aus und wird als *Gast* weitergeführt; er scheint zu dieser Zeit Beziehungen zur Universität gehabt und Medizin studiert zu haben, wenn er auch 1503 kaufmännische Funktionen bekleidete und als *Obrenschriber im kouſhus* begegnet. Ein unangenehmer Prozeß, in den er als schuldiger Teil in den Jahren 1503 zu 1504 verwickelt war, endet mit seiner Verurteilung zu einer Geldstrafe. Er nahm dann Urlaub von Freiburg, wo er 1505 als fertiger Arzt uns entgegentritt, mit dem im Sommer 1506 (er ist noch immer in Freiburg, wo er ein Haus besaß) durch Ratsherren von Frankfurt a. M. wegen Übernahme einer Stadtarztstelle dort verhandelt wird. Im September 1506 kommen die Verhandlungen über die Höhe des Jahresgehaltes und der Umzugskosten zum Abschluß. Er wirkte nun, nicht ohne einige Widerwärtigkeiten, bis 1511 zunächst in dieser Stadt. 1508 war er vorübergehend zur Herzogin Katharina von Braunschweig und Lüneburg beurlaubt, der er später seinen berühmten 'Rosengarten' widmete. Im Juni 1511 verläßt er vereinbarungsgemäß vor Ablauf seines Dienstvertrags Frankfurt; er ist, wie es scheint, nach Worms gegangen, wo er 1513 die Vorrede zu genanntem Buche abschließt, zu dem er Studien in Handschriften der Universität Heidelberg gemacht zu haben scheint. Er hat aber schon bald wieder Verhandlungen mit dem Rat der Stadt Frankfurt angeknüpft, die indes anfangs erfolglos waren. Erst im Mai 1517 kam ein neuer Vertrag zustande, der bis in den Juni 1526 in Kraft blieb. Im September 1526 scheint R. gestorben zu sein, und ein medizinisch gut ausgebildeter Sohn gleichen Vornamens folgte ihm im Stadtarzt-Amte.

2. Dauernden Nachruhm hat sich R. der Vater durch ein kleines Buch erworben, betitelt *'Der Swangern ſrawen vnd Hebammen Rosegarten'*, das zuerst 1513 bei Grau in Hagenau erschien, sofort, noch im gleichen Jahre, bei M. Flach in Straßburg nachgedruckt und in zahlreichen weiteren Drucken in Deutsch, Lateinisch (*Rhodion 'De partu hominis'*), Holländisch, Englisch, Spanisch verbreitet wurde. Dies erste Hebammenbuch in einer dem Hebammenstande verständlichen Sprache des Landes, also in deutscher Sprache, bildet einen Markstein in der geburtshilflichen Kunst, die es obendrein als etwas Selbständiges auffaßt und von der Chirurgie losgelöst zur Darstellung bringt. R. wird für Jahrzehnte zum Hebammenlehrer für ganz Europa, wenn er auch keineswegs fachmännisch eigene Wege geht, sondern anderwärts Gebotenes nur geschickt zusammenfaßt. In seinem Bildwerk knüpft er an die Kindslagenbilder des Mustio an, die dem Vorgange des großen Soran in seinem Hebammenbuche (um 100 n. Chr.) folgen und durchs ganze Mittelalter immer wieder kopiert worden waren.

K. Baas *Eucharius Rößlin*, „Vom Rhein" Monatsbl. d. Wormser Altertumsver. 2 (1903) Mai. Zur Lebensgesch. R.s ebd. 4 (1905) Septemb. R.s Lebensgang im Arch. f. Gesch. d. Med. 1 (1908) S. 429—431. W. Stricker Janus 2 (1847) S. 394 f.; ders. *Biogr. Lex. d. Ärzte* V (1887) S. 60. Gustav Klein *E. Rößlins 'Rosengarten', Faksimile m. Begleit-Text* 1910. Fasbender *Gesch. d. Geburtshülfe* 1906 S. 115—121. Sudhoff *Euch. Rößlin der Sohn über s. med. Lehrgang*, Arch. f. Gesch. d. Med. 2 (1909) S. 139 f.

Sudhoff.

Rosner, s. Rosenplüt.

Rost von Sarnen. Schweizer Minnesinger der Spätzeit. Die Handschrift *C* bezeichnet ihn als *kilchherre*, so daß er wohl identisch ist mit Heinrich aus dem Züricher Geschlecht der Edlen von Rost, der als Kirchherr von Sarnen und Chorherr von Zürich seit 1316 bezeugt und am

31. Dezember 1330 gestorben ist. Seine Dichtungen sind eine späte Nachblüte der höfischen Kunst, der sie vor allem gedanklich nahestehen, während die Sprache in Wortwahl und Bildern den zeitlichen Abstand von der rein abstrakten Ausdrucksweise etwa Reinmars erkennen läßt. Strophenbau und Reimschema sind kunstvoll, alle Lieder sind dreistrophig, drei von ihnen (I. III. IV) zeigen Tanzrhythmus, zwei haben Refrain, der entweder durch Binnenreim ausgezeichnet oder kunstvoll an die Strophe angereimt ist.

Große Heidelberger Liederhs. *C* (Universitätsbibliothek Heidelberg Cod. Germ. Pal. 848, Nr. 82, Bl. 285—286c, mit Bild). — F. Pfaff *Die große Heidelberger Liederhs.* I (1909) Sp. 947 bis 953. Bodmer *Sammlung von Minnesingern aus dem schwäbischen Zeitpunkte* II (1759) S. 90—92. HMS. Nr. 94, II 131—134. III 678, 833. IV 443—445. K. Bartsch *Die schweizerischen Minnesänger* Nr. 32, S. CCXVI—CCXX, 392—402, 470 f. W. Storck *Buch der Lieder aus der Minnezeit* 1872, S. 43 (= V). Fr. H. v. d. Hagen *Bildersaal altdeutscher Dichter* 1856, Taf. XXXVII. K. Bartsch *Urkundliche Nachweise zur Geschichte der deutschen Poesie*, Germ. 9 (1864) S. 151. F. Grimme *Die Bezeichnung 'her' und 'meister' in der Pariser Hs. der Minnesinger*, Germ. 33 (1888) S. 446 f. K. Burdach ADB. XX (1889) S. 337—339 = *Reinmar der Alte und Walther von der Vogelweide* ²1928, S. 415 f. F. Grimme *Die Schweizer Minnesänger*, Germ. 35 (1890) S. 337—339.

Elisabeth Karg-Gasterstädt.

Roswitha, s. Hrotsvith.

'Rote Mund, Der', s. 'Mund'.

Rotenburg, s. Konrad u. Rudolf v. R.

Röth, Martin, s. Bernhard von Breidenbach.

'Rother', s. 'König Rother'.

Rotlev, Martin. Die berühmte Wenzelbibel, jetzt in 6 Bände zerlegt und die Bücher des Alten Testaments bis Ezechiel umfassend, bildet namentlich um ihrer Illustrationen willen eins der Glanzstücke der Wiener National-Bibliothek (Nr. 2759—64). Ihren Text rechnet Walther zu seinem 2. Übersetzungszweig mit Ausnahme vom Tobiasbuch, dessen Übersetzung er als einen besonderen 5. Zweig zählt. In dem gereimten Vorwort nun heißt es mit Bezug auf die vorliegende Bibelverdeutschung: *Reiche ouch herre deine stewer / Czu diser lieben abenttewer / Dem vromen herren der den rat / Von dir selbe enpfangen hat / Dem werden getrewen diener dein / Dem Rotlebin herren martein / Der in rechter tugende kern / Brinnet als ein liechter morgen stern. Vnd sich vnder deinen dienst beuget / Vnd manch gut testament czeuget / Vnd meret deine heilige schrift / Der ouch stiftet dise gestift / Czu lobe deiner heilicheit / Gib im herre steticheit / Vnd dorezu vrolichen mut / Das er diez werke gut / Muze volfuren in seinen tagen* etc. (nach Walther). Wenn dann aber im folgenden *des kvnig Wentzlab vein / Vnd der durchluchtigisten kviniginne sein* als der Stifter dieses Werkes gedacht wird, so scheint mir in Abweichung von den bisherigen Lösungsversuchen dieser Widerspruch nur so zu erklären, daß es sich in den beiden Danksagungen um zwei verschiedene Hss. handelt. Martin Rotlev, der auch sonst in der Vorrede als Verbreiter religiöser Schriften gefeiert wird, hatte die Herstellung einer Bibelverdeutschung, oder auch nur einer Abschrift, veranlaßt, und dieses Exemplar diente nun der von Wenzel bestellten „Luxusausgabe" als Vorlage. Der Prolog zu Ehren Rotlevs wurde in diese Kopie mit hinübergenommen und nun um die Reime zum Lob des Königspaares erweitert. Daß diese Wenzelbibel in ihrem Text keine Originalarbeit darstellt, steht ohnehin fest. [Nachträglich sehe ich, daß schon 1892 W. Toischer zu dem gleichen Ergebnis gelangt ist.]

Wer war nun Martin Rotlev? Denis schreibt wiederholt *Martin Kotlebin.* Doch wurde mir aus Wien freundlichst bestätigt, daß *Rotlebin* zu lesen ist. Wenn er auch nicht als Verfasser bzw. Übersetzer dieses deutschen Bibeltextes angesprochen werden darf, so ist doch nach dem ehrenden Zeugnis, das ihm der Prologus ausstellt, wohl sicher, daß er sich um die Auswahl und Ausgestaltung der auch in der Wenzelbibel vertretenen Bibelverdeutschung verdient gemacht hat. Nach Horčička, der sich auf Tomek beruft, steht fest, daß das Geschlecht der Rotlev in der zweiten Hälfte des 14. Jh.s zu den mächtigsten und angesehensten Bürgerfamilien Prags gehörte, daß Martin Rotlev zu König

Wenzel in naher Beziehung stand und i. J. 1378 *magister monetae in montibus Chutnis* — also Münzmeister in Kuttenberg —, 1386 Richter wurde. 1400 wird seine Gattin als *relicta* bezeichnet.

Michael Denis *Codices manuscripti theologici Bibliothecae Palatinae Vindobonensis* etc. I 1 (1793) Sp. 39 ff. A. Horčička *Die Sage von Susanna und König Wenzel*, MIÖG. 1 (1880) S. 107—120. Er stützt sich für seine Nachrichten über R. auf Tomek *Zdklady* I S. 228 und II S. 21 und 188. W. Walther *Die dt. Bibelübersetzung des Mittelalters* 1889 ff. Sp. 291 ff. W. Toischer Mitt. des Ver. f. Gesch. d. Dt. in Böhmen 30 (1892) S. 392—403. — *Bibel u. dt. Kultur* II 1932 S. 12f.

Hans Vollmer.

Rotter, Peter, ist ein Meistersinger, über dessen Leben und Wirken wir nichts wissen, und dessen Name uns, wie der so vieler seiner Kunstgenossen, nur durch die großen Dichterkataloge in mqg. Berol. 414, jenem von Hans Sachs (s. d.) in den Jahren 1517/18 selbst gesammelten Kodex, bekannt ist. Und zwar nennt ihn Hans Folz (s. d.; Mayer, Meisterlieder, Nr. 94 S. 351) *Peter Roter*, Nachtigal (s. d.; WKl. II 1311) *Petter Roller*.

W. St.

Rube, Eckhart. Unter den von Ph. Strauch im '*Paradisus anime intelligentis*' (Deutsche Texte des MA. Bd. 30, 1919) herausgegebenen Predigten befinden sich sechs (Nr. 9, 23, 32, 44, 45, 64), die E. R., *der lesemeister [= lector] in prediger ordine waz*, zugeschrieben werden. Da die ganze Sammlung aus der Zeit und Umgebung Meister Eckharts (31 Predigten tragen seinen Namen) stammt, so dürfen wir annehmen, daß auch E. R. sein Schüler oder Freund war.

W. Preger *Geschichte der deutschen Mystik* II (1881) S. 170—172.

Jos. Koch.

Rubin. Minnesänger aus einem Tiroler Ministerialengeschlecht, dessen Stammschloß Rubein zum Gebiete des Bischofs von Brixen gehörte. Da der Vorname des Dichters nicht überliefert ist und Grimmes Vermutung, nach der Überschrift des Nachtrags in der Hs. C: *Rubin und Rüdiger* sei Rüdiger (s. d.) anzusetzen, sich nicht halten läßt, ist nicht zu entscheiden, welcher der urkundlich belegbaren Herren von Rubein die Lieder verfaßt hat. Wahrscheinlich war er ein älterer Zeitgenosse Walthers von Metze, dem er in C folgt. Zwei Kreuzzugslieder, von denen das eine auf der Fahrt gedichtet ist, während das andere Abschied von der Geliebten und den Freunden nimmt, legen nahe, daß er sich am Kreuzzug Friedrichs II. 1228 beteiligt hat. In seiner Kunst folgt er Walther von der Vogelweide. Er dichtet Minnelieder hoher Schule, erfüllt vom Lob der Geliebten, von der Versicherung treuen Dienstes und der Bitte um Gnade, damit auch er wie die andern froh sein könne. Auch in dem einen der Kreuzzugslieder (XXII) überwiegt der Gedanke der Trennung das religiöse Erleben, das in dem andern (VII) rein anklingt. Ein Tagelied baut sich als Zwiegespräch der durch den Wächter geweckten Liebenden auf. Auffallend ist der große Wechsel der Formen; ganz einfache vierzeilige Strophen mit paarweisem Reim wechseln mit kunstvoll gebauten, durch verschlungene Reimschemata zusammengehaltenen, einstrophige Lieder mit zwei- und mehrstrophigen. Die handschriftliche Überlieferung von A, B und C weicht ziemlich voneinander ab, verschiedenes ist auch unter andern Namen eingeordnet. Sicher gehören ihm nicht die beiden in der Jenaer Hs. J unter dem Namen *Robin* (vor *Meister Rüdinger*!) aufgezeichneten Sprüche, deren einer den Tod Reinmars, Walthers, Stolles, Neidharts und Bruder Wernhers beklagt. Nach dem sonstigen Bestand der Hs. J kann es sich hier nur um einen bürgerlichen — wohl mitteldeutschen — Spruchdichter handeln, dessen Kunst von der ritterlich-höfischen Minnedichtung des Tiroler Adeligen weit absteht. Die Lobsprüche, die der Marner und Reinmar von Brennenberg dem verstorbenen R. widmen, können sich nur auf den letzteren beziehen.

Kleine Heidelberger Liederhs. *A* (Universitätsbibliothek Heidelberg 357, Bl. 20b—21b, vgl. auch Nr. 4, Str. 144—146. Nr. 9, Str. 12). Weingartner Liederhs. *B* (Landesbibliothek Stuttgart, Bl. 131—137, mit Bild.) Große Heidelberger Liederhs. *C* (Universitätsbibliothek

Heidelberg Cod. Germ. Pal. 848, Nr. 51, Bl. 169c—174b, mit Bild). Weimarer Hs. *F* (Pap. 150, Bl. 102, unter Walthers Namen). F. Pfeiffer *Die alte Heidelberger Liederhandschrift* 1844, S. 110—117; ders. *Die Weingartner Liederhs.* 1843, S. 138—143. F. Pfaff *Die große Heidelberger Liederhs.* I (1909) Sp. 584—599. [Bodmer] *Proben der alten schwäbischen Poesie des 13. Jahrhunderts* 1748, S. 119—122 (= VII, 4. IX, 1. V, 1. IV, 1. XVIII, 5. XXV, 2—4). Bodmer *Sammlung von Minnesingern aus dem schwäbischen Zeitpunkte* I (1758) S. 166 bis 172. Myller *Sammlung deutscher Gedichte aus dem 12., 13. und 14. Jahrhundert* III 1785 *'Fragmente'* S. XLVII (= V, 3). HMS. Nr. 54, I 311—319. III 639 f., 830. IV 249—251, 709. Nr. 129, II 336. IV 644 f. B.-G. Nr. 51, S. LXXI, 256—259 (= VII, 4. XIV. XXII). F. Pfaff *Der Minnesang des 12. bis 14. Jahrhunderts.* o. J., S. 192—196 (= IV. VI. VII. X. XII, XIV. XXII, 1—3). J. Zupitza *Gedichte Rubins kritisch bearbeitet* 1867. — Gleim *Gedichte nach den Minnesingern* 1773, S. 95 (= XXII, 4). L. Tieck *Minnelieder aus dem Schwäbischen Zeitalter* 1803, S. 47 f. (= X. XI. V, 1. 2). K. Simrock *Lieder der Minnesinger* 1857 S. 203 (= XIV). W. Storck *Buch der Lieder aus der Minnezeit* 1872, S. 101, 238 f., 309 f., 331 f. (= XIV. VII, 1—3. XXII). R. Pannier *Die Minnesänger* ²1881, S. 265—267 (= XIV. XII). L. Obermann *Deutscher Minnesang* (Recl.) o. J., S. 130 f. (= XIV). R. Zoozmann *Deutscher Minnesang* S. 216 f. (= XIV). Xanthippus [= Sandvoß] *Spreu. Erste Hampfel ausgeworfen* 1879, S. 13 f. Fr. Grimme *Neue Beiträge zur Geschichte der Minnesinger* Germ. 22 (1894) S. 33 f.

Jenaer Liederhs. *J* (Nr. 7, Bl. 28 c, d, mit Melodie). G. Holz, E. Bernoulli u. F. Saran *Die Jenaer Liederhs.* 1901 I S. 52; II S. 19. HMS. III 31, 739. IV 757. B Chr. B. Wiedenburg *Ausführliche Nachricht von einigen alten teutschen poetischen Manuscripten aus dem dreyzehenden und vierzehenden Jahrhunderte welche in der Jenaischen akademischen Bibliothek aufbehalten werden* 1754, S. 22 (= I). G. Roethe ADB. XXIX (1889) S. 432.

Elisabeth Karg-Gasterstädt.

Ruckersburg, s. Syman v. R.

Rüdiger, Bruder, s. Rutger.

Rüdiger, Meister. Dies ist der Name eines Meistersängers, der in der Jenaer Liederhandschrift unter der Bezeichnung *Meyster Rodinger* auftaucht. Diese Handschrift bietet von ihm ein religiöses Gedicht, das in 3 umfangreichen 7 zeiligen Spruchstrophen aus lang hinfließenden Versen ein in sich einheitliches Marienlied darstellt. Und zwar ist dieses Marienpreislied gestaltet als ein Weihnachtsfestlied, gesungen zu Ehren des Tages der Heilandsgeburt (Str. 1 und 3). Allerdings nimmt es den Gegenstand ganz von der erhabenen Seite, indem es den Lobpreis der Welterlösungstat mit dem Lobpreis Mariens und der Weihnacht verbindet (und so auch, im besonderen, den Lobpreis des „hehren Tags" der Auferstehung, in Str. 2, mit dem der Heilandsgeburt; weshalb v. d. Hagen es für ein Osterlied hielt).

Dieser Sängername steht offenbar mit dem unmittelbar in der Jenaer Handschrift vorhergehenden, *Robyn (Rubin)*, in irgendeiner näheren Beziehung. Denn die große Heidelberger (Manessische) Liederhandschrift verbindet die beiden Namen sogar: unter der Überschrift *Rubin von Rvedegêr* (offenbar fälschlich entwickelt aus einem *Rvbin u Rvedegêr*, das die daneben stehende kleinere Vorschrift tatsächlich bietet) liefert sie (als spätern Nachtrag, im Anschluß an Nr. CVI, Konrad von Würzburg) einige einzelne Strophen, die anderswo als Eigentum anderer Dichter erscheinen. Str. 1 ist die 4. (Schluß-)Strophe eines Kreuzlieds von Albrecht von Johansdorf (s. d.) und steht als solche in diesem Johansdorfschen Lied tatsächlich in der großen Heidelberger Liederhandschrift noch einmal innerhalb der „Johansdorf-Sammlung" (Str. 36/9) (ebenso begegnet das ganze Lied noch einmal in der kleinen Heidelberger Liederhandschrift, allerdings unter dem Namen Gedrut, s. d., Str. 20/3) (vgl. *Minnesangs Frühling* 94, 15 ff.). — Sowohl in dieser Gedrut-Sammlung der kleinen Heidelberger Liederhandschrift wie in der Rubin-Rüedeger-Sammlung der großen (Manessischen) folgt (sicherlich nicht zufällig!) unmittelbar auf diese eben genannte Einzelstrophe (hier), bzw. Schlußstrophe (dort), Str. 2 (eine Tatsache, die durch v. d. Hagen nicht angemerkt wurde). — Str. 3 unserer Sammlung ist Anfangsstrophe eines Minnelieds, das, als Ganzes, vorher schon einmal in der großen Heidelberger Liederhandschrift (wohl zu Unrecht) unter Wolframs von Eschenbach (s. d.) Namen begegnet, Str. 24/6; vgl. *Wolfram v. Eschenbach, hg. v. K.*

Lachmann [6], *bearb. v.* E. Hartl 1926, S. XII. Unsere (angebliche Rubin-Rüdeger-)Strophe begegnet uns ebenfalls wieder in der kleinen Heidelberger Liederhandschrift; aber bemerkenswerterweise wiederum unter dem Namen Gedrut, Str. 30. — Str. 4 ist Anfangsstrophe eines Neidhart-Lieds (*Neidharts Lieder, hg. v.* M. Haupt[2], bearb. v. E. Wießner 1923, 65, 37ff.); und sie tritt uns wieder in der kleinen Heidelberger Handschrift (ebenfalls als Einzelstrophe) entgegen: in der „Niüne"-Sammlung. — v. d. Hagen hatte zweifellos Recht mit seiner Vermutung: hier haben wir, übrigens ebenso wie in der (in der großen Heidelberger Liederhandschrift unmittelbar vorangehenden) Sammlung des Kunz von Rosenheim (s. d.), einen „rhapsodischen Auszug, etwa eines fahrenden Singers", also ein Fahrenden-Liedergebrauchsbuch! (Auch Kunz zeigt übrigens eine auffällige Genossenschaft in bezug auf das Strophengut mit andern ähnlichen Sammlungen, und zwar gerade auch mit der unter dem Namen Gedrut, die ja, wie gezeigt, allein schon 3 von 4 „Rubin-Rüdeger"-Strophen der Manessischen Liederhandschrift enthält. — Und wiederum diese mehrfach erwähnte „Gedrut"-Sammlung, wie die ebenfalls anläßlich der „Rubin-Rüdeger"-Sammlung zu nennende „Niüne"-Sammlung [beide von der kleinen Heidelberger Handschrift in unmittelbarer Aufeinanderfolge geboten!] scheinen auch solche Fahrenden-Liedergebrauchsbücher gewesen zu sein.)

Man hat sich die auffällige Verbindung der beiden Namen Rubin (s. d.) und Rüdeger in den beiden zuerst genannten Liederhandschriften verschieden zu deuten gesucht. Roethe erwog entweder das Zurückgehen beider großer Liederhandschriften an dieser Stelle auf ein (von ihnen verschieden ausgebeutetes) gemeinsames Liederbuch zweier verschiedener fahrender Sänger (Rubin-Robin und Meister Rüdeger); oder ein Mißverständnis der Art, daß Meister Rüdegers Liederbuch, auf das dann beide Liederhandschriften zurückführen würden, Dichtungen des anderweitig begegnenden Minnesängers Rubin enthielt und so der Doppelname (bzw. der Name *Robin* der Jenaer Handschrift) fälschlich entstand. Ein Robin-Rubin als dritter selbständiger Dichter fiele dann also weg. — Grimme glaubte, in einem 1315 in einer Urkunde (des Herzogs Leopold von Österreich) erscheinenden *Ruedger Rubin* den Dichter gefunden zu haben. Den Doppelnamen erklärte er so: man habe Rubin unterscheiden wollen von dem Minnesänger, Herrn Rubin, habe also seinen Vornamen nachträglich angefügt, hinter dem Hauptnamen Rubin; so sei durch späteres Mißverständnis des einheitlichen Doppelnamens die Namendoppelheit der großen Heidelberger Liederhandschrift schließlich entstanden. Eine weitere Möglichkeit, die man erwog, war die: daß Rubin-Robin mit dem Minnesänger Herrn Rubin eine Person sei (v. d. Hagen, Wallner; dagegen K. Bartsch *Deutsche Liederdichter des 12.—14. Jh.s* 1901[4], S. LXXI); zumal auch der Minnesänger „Spuren von Spruchpoesie" zeige (Wallner). Aber ausgerechnet in den beiden Strophen „Robins" in der Jenaer Handschrift handelt es sich nicht mehr um Spuren, sondern schlechthin um Fahrendensprüche von eindeutigster Prägung. Man müßte also annehmen, die Dichtung „Herrn Rubins" in der großen Heidelberger Handschrift beruhte auf einer Überlieferung (oder einer Auswertung dieser), die gerade nur die minnesingerischen Werke dieses Dichters herausgeseiht hätte; dagegen die Jenaer Handschrift böte ein kümmerliches Zeugnis der andern (spielmännischen) Seele in seiner Brust.

Das der Rubin-Rüdeger-Sammlung in der großen Heidelberger Handschrift beigegebene Bild ist vielmehr, wie Wallner (513) zu zeigen vermocht hat, vertauscht mit dem richtigen, das nun bei Kol von Neunzen (s. d.) steht; denn es stellt eine Schilderung dar zu Neunzens erstem Lied (Str. I, u. a.: *vro maget, het ich iuch in einem holze* ...). Jenes eigentliche Rubin-Rüdeger-Bild dagegen schließt sich übrigens tatsächlich, wie Wallner ebenfalls sah, an „Herrn Rubins" Bild an; was natürlich für die Personengleichheit der beiden

„Rubine" kein wissenschaftlicher Beweis ist noch auch sein soll!

Jenaer Liederhandschrift, Facs., hg. v. K. K. Müller 1896, 28[a] rechts *(Robyn)*; 28[b] rechts *(Meyster Rvodinger)*; *Jenaer Liederhandschrift*, hg. v. G. Holz, F. Saran, E. Bernoulli, 1901, I, Nr. VIII, S. 53; *Manessische Liederhandschrift, Facs.*, 1925/27, 395[a], Nr. CVI (hinter Konrad von Würzburg, Nachtrag, zusammen mit Kunz von Rosenheim); *Große Heidelberger Liederhandschrift*, hg. v. F. Pfaff, I, 1909, Nr. CVI, 1329f.; HMS. II 336; III 32; IV 644f.; 911 (zeitlicher Ansatz). — G. Roethe ADB. XXIX (1889) S. 465f.; F. Grimme Alemannia 22 (1894) S. 33f.; A. Wallner PBB. 33 (1908) S. 513, 524ff.

Halbach.

'Rudlieb', s. Ruodlieb.

'Rudolf, Graf', s. 'Graf Rudolf'.

Rudolf von Ems, der wirksamste unter den Epikern der auf die Meister folgenden Generation von 1220—1250, (1) hatte, als Ministeriale der Herren v. Montfort, seinen Stammsitz auf Hohenems im Rheintal oberhalb des Bodensees. Die vielseitigen Kenntnisse, die er in seinen Werken verrät, lassen erkennen, daß er wissenschaftliche Bildung genossen hat. Seine dichterischen Beziehungen beschränkten sich zunächst auf seine engere Heimat die Schweiz, erweiterten sich aber dann auf einen Kreis schwäbischer Dichter und Kunstgönner. Gestorben ist er unter der Regierung Konrads IV. zwischen 1250 und 1254 auf einem Italienzug (Weltchronik v. 21663ff., 33479 ff.).

2. R. ist einer der fruchtbarsten deutschen Dichter des Mittelalters; seine fünf uns erhaltenen Werke beziffern sich auf ca. 94000 Verse. Seine Jugenddichtungen, die verloren sind, lehnt er später ('Barl.' 5, 10 ff.) als trügerische Märe ab, moralische und religiöse Probleme beschäftigen fortan seinen ernsten Sinn. Die Reihenfolge seiner Werke ist durch seine eigenen Andeutungen ziemlich gesichert, seine ersten und auch am besten durchgearbeiteten Schöpfungen sind die religiös erbaulichen Gedichte 'Der gute Gerhard', dann der 'Barlaam', hinsichtlich der Zeitfolge 'Alexander' — 'Willehalm' herrschen verschiedene Ansichten, doch dürfte jenem die Priorität zukommen (oder fällt der 'Willehalm' in eine Arbeitspause des 'Alexander'?); sein letztes, zugleich schwächstes Werk, ist die 'Weltchronik'.

3. Seine erste uns erhaltene Dichtung, 'Der gute Gerhard', hat auch den stärksten rein menschlichen Gehalt: einfache Herzensgüte findet Gottes Wohlgefallen. Kaiser Otto hat das Bistum Magdeburg gestiftet, er glaubt dadurch besonderen Anspruch auf Lohn bei Gott zu haben, er rühmt sich vor Gott seines Werkes. Da verkündet ihm eine Stimme, daß ein Kaufmann in Köln, der gute Gerhard, Gott höheren Dienst geleistet habe. Der Kaiser macht sich sofort nach Köln auf und erfährt von dem Kaufmann dessen Geschichte: Auf einer Handelsfahrt in die Heidenschaft hat er christliche Ritter und eine norwegische Königstochter aus der Sklaverei losgekauft. Sein Sohn nimmt die schöne Prinzessin zur Frau, da erscheint am Hochzeitstage ihr totgeglaubter früherer Verlobter, der Königssohn von England. Der gute Gerhard bestimmt seinen Sohn, jenem die eben angetraute Gattin zurückzugeben, und bringt das junge Paar nach England, die ihm dort von den Großen angebotene Krone schlägt er aus und übergibt ihnen ihren rechtmäßigen Herrn als König. Als schlichter Kaufmann kehrt er nach Köln zurück. Der Kaiser erkennt, daß er durch seinen Selbstruhm sich an Gott versündigt hat, und tut Buße. Die Lehre dieser moralischen Geschichte ist, "daß man das Rühmen lasse sein" (v. 6883); es ist die Warnung vor der Hoffart und die Mahnung zur Demut. Zum erstenmal in der deutschen Literatur ist hier ein Kaufmann Held einer Dichtung. Letzten Endes liegt eine hebräisch-rabbinische Sage zugrunde. R. hat sein Gedicht wahrscheinlich nach einer lat. Vorlage gearbeitet, und zwar auf Wunsch des Herrn Rudolf v. Steinach, eines St. Galler Ministerialen, etwa 1220—1225. Erhalten sind 2 Hss. 6928 Verse.

4. Ein Gegenstück zu der erbaulichen Erzählung vom guten Gerhard ist die Legende von 'Barlaam und Josaphat', dort der in der Welt lebende Mensch, der seinen irdischen Beruf und zugleich die Gebote Gottes erfüllt, hier

der ganz in Gott sich versenkende Mönch, der der Welt sich abwendende Asket. Den Inhalt des Gedichtes nennt Rudolf selbst: Kampf gegen die Welt (v. 404, 10), es ist eine Apologie des Christentums gegenüber dem Heidentum. Josaphat, der Sohn eines christenfeindlichen Königs von Indien, wird durch den Einsiedler Barlaam in der christlichen Lehre unterrichtet und läßt sich taufen. Nach langem Widerstreben bekehrt sich auch der alte König. Josaphat zieht zu Barlaam in die Wüste, wo er nach fünfunddreißigjährigem Einsiedlerleben stirbt. Es ist die indische Buddhalegende —Josaphat ist Buddha —, die um 630 von einem Mönche Johannes ins Griechische, im 12. Jh. ins Lateinische übertragen wurde. Eine lat. Übersetzung erhielt R. von dem Abt Wido von Kappel (im Züricher Gebiet), aus der er um 1225—1230 sein Gedicht ziemlich genau herübernahm. Die Anzahl der Hss., rund 20, zeugt von der Beliebtheit des 16 244 Verse zählenden Gedichtes. — Verloren ist R.s Legende von 'St. Eustachius' (Bekehrung des römischen Feldherrn Placidus), die er zufolge einer Erwähnung im 'Alexander' nach dem 'Barlaam' verfaßte.

5. Mit dem 'Alexander' (ca. 1230 bis 1235) ist R. auf das historische Gebiet übergegangen, er will wissenschaftliche Gedichte schreiben, *die rehte wârheit* (v. 66), und verfolgt zugleich damit den moralischen Zweck, zu bessern und zu belehren (Einl. zu B. 4): er stellt Alexander als Typus des ritterlichen Helden dem Herrenstand als Muster auf. Dabei kommt es ihm auf pünktliche Benutzung der Quellen an, wodurch sich seine Darstellung zu ermüdender Langstieligkeit dehnt. Er ist denn auch nicht mit der Erzählung zu Ende gekommen, von den zehn Büchern, auf die sie berechnet war, hat er nur etwa die Hälfte, fünf und ein halbes, fertig gebracht, bis zum Zug Alexanders nach Baktrien, rund 21 500 Verse. Als seine Quellen gibt er an Leo ('*Historia de preliis*'), Curtius Rufus, Josephus, Methodius, dazu benutzte er noch die Bibel, die '*Historia scholastica*' des Petrus Comestor u. a. — 2 Hss.

6. Von dem antiken Heldenroman 'Alexander' wandte sich R. zu dem höfischen Abenteuerroman 'Willehalm von Orlens'. An der Lebensgeschichte des Helden entfaltet er ein Idealbild des Rittertums mit den höchsten Werten des ritterlichen Lebens, Tapferkeit und Minne. Der biographische Roman beginnt mit der Geschichte der Eltern, die zum hohen französischen Adel gehören. Wilhelm ihr Sohn lernt am englischen Hofe Ritterschaft. In rührender Kinderliebe finden sich der Page und die Königstochter Amelie zusammen. Getrennt von der Geliebten besteht er schwere Kämpfe und Abenteuer, erringt sie endlich, nachdem sie viele Minneleiden zu erdulden hatte, und wird König von England. Stark hervor tritt gegen den Schluß das religiös-sittliche und lehrhafte Moment. Quelle war ein franz. Gedicht, das dem Roman '*Jehan et Blonde*' des Philipp von Beaumanoir nahe stand. Gewidmet hat R. sein Werk, das 15 689 Verse enthält, dem bekannten Kunstfreund Konrad von Winterstetten (s. *Ulrich von Türheim*). Um 1235—1240 ist es verfaßt. Von seiner Verbreitung zeugt die große Zahl der Hss. (31).

7. Mit seinem letzten Werke, der 'Weltchronik', ist R. ganz zum Historiker geworden. Es ist eine in die sechs Weltalter geteilte Reimbibel, die zum Leitgedanken das Walten Gottes in der Weltgeschichte hat. Trotz des ungeheuern Umfangs von 33 472 Versen ist das Werk nicht vollendet, es schließt mit dem Tode Salomos; ein Fortsetzer führte es bis auf Elisa. R. hat sich ganz an seine Quellen gehalten, hauptsächlich an die Bibel und die '*Historia scholastica*' des Petrus Comestor. Verfaßt ist das Werk für König Konrad IV., also zwischen 1250—1254. Es hat bis zum Ausgang des Mittelalters große Verbreitung gefunden, wofür die 70—80 Hss. zeugen, denn es war eine biblische Geschichte für Laien und bildete die Grundlage für die prosaischen Historienbibeln des 14./15. Jh.s.

8. Alle Dichtungen R.s sind Bekennt-

nisse seiner Weltanschauung, das ist die des ritterlichen Laientums, die in die Formel gekleidet ist: Vereinigung von Gott und Welt, von Gottes Dienst und weltlichem Beruf. Gegenüber den Vorgängen des Lebens ist ihm eine stark historische Einstellung eigen, die im 'Alexander' und in der 'Weltchronik' überhaupt das Gesamtbild leitet. Hier ist er mehr Gelehrter als Dichter.

9. In den Prologen zu dem 'G. Gerhard', dem 'Barlaam' und der 'Weltchronik' hat R. seine sittlichen und religiösen Anschauungen niedergelegt, seine kunsthistorischen Grundsätze in den Einleitungen zu den einzelnen Büchern des 'Alexander' und des 'Willehalm': Nachahmung der Meister erklärt er für die vom Dichter einzuhaltende Methode und bekennt sich damit selbst als Epigonen. Man soll die Meister nachahmen: heißt aber so viel als: die Kunst kann man lernen, sie beruht auf Studium. Die Kunst ist eine Wissenschaft. Ist die Kunst ein Wissen, so ist der Dichter ein Lehrer des Wissens, diese Folgerung ist in R.s letztem Werke, der 'Weltchronik', gezogen. Er will Weltgeschichte lehren mit der Absicht, sie der Allgemeinheit zugänglich zu machen. Als Meister preist er Heinrich v. Veldeke (s. d.), Hartmann v. Aue (s. d.), Wolfram v. Eschenbach (s. d.) und besonders Gottfried v. Straßburg (s. d.); dieser ist sein stilistisches Vorbild, ihm entlehnt er den ornamentalen Schmuck seiner dichterischen Sprache, er vergröbert Gottfrieds Stil zur Manier und wird zum Virtuosen. Seine Reime sind peinlich genau. Wichtig für die Literaturgeschichte seiner Zeit sind seine zwei literarischen Prologe im 'Alexander' und im 'Willehalm', ebenfalls Nachahmungen von Gottfried, in denen er die epischen Dichter seit Veldeke durchmustert.

10. Bei R. v. E. tritt stärker als bei jedem andern seiner gleichzeitigen Kunstgenossen zu Tage, daß eine neue Periode in der geistesgeschichtlichen Entwicklung des Mittelalters im Werden ist, den Beginn derselben kennzeichnet die lehrhafte Tendenz seiner 'Weltchronik'. Es ist die Zeit, in der auch die „gelehrten Meister" der Spruchdichtung das Wissen populär machen wollten.

Lit. bei Wackernagel *LG*² 1897, Reg. S. 494 f.; Koberstein *Grundr.*⁶ 1884, Reg. S. 474; Goedeke *Grundr.*² I (1884) S. 119—128. Baechtold *Gesch. d. dt. Lit. in d. Schweiz* 1892, 96—116 u. Anm. S. 27, 29—36. 215 f. Piper *Höf. Epik* III (1894) S. 543—657. Junk PBB. 29 (1904) S. 369—469. Singer *Lit. Gesch. d. dt. Schweiz im MA.* 1916 S. 20 f., 46 f. Ehrismann *Studien üb. Rud. v. Ems* HSB. 1919; 8. Abh. Schneider *Heldendichtg. Geistlichendg. Ritterdg.* 1925 S. 320—326 u. Anm. S. 502 f. Kunsttheorie u. Stil: H. Brinkmann *Zu Wesen u. Form malterl. Dichtg.* 1928. Ausg.: 'D. g. Gerhard' v. Haupt 1840. 'Barlaam' Pfeiffer 1843; 'Willehalm' Junk (Dt. Texte d. MA.s II) 1905. 'Weltchronik' Ehrismann (ebd. XX) 1915. 'Alexander' Junk (StLV. 272—274) 1928/29.

G. Ehrismann.

Rudolf von Fenis-Neuenburg.

Cod. Pal. Germ. 848 (*C*), Bl. 20 c: *Graue Ruodolf von Niuwenburg* = Textabdruck von Fr. Pfaff, Sp. 28. Weingartener Liederhandschrift in Stuttgart (*B*), S. 4: *Grave R. von Fenis* = Abdruck von Pfeiffer (Stuttg. Lit.-Ver. V) S. 4. Kleine Heidelberger Handschrift Nr. 357 (*A*), Bl. 23 b (*Nivne*) = Abdruck von Pfeiffer (Stuttg. Lit.-Ver. IX) S. 130.

1. Der Stammsitz des Geschlechts, das sich vom burgundischen Königshause herleitete, war die Burg Fenis zwischen dem Bieler und dem Neuenburger See. Das Schildzeichen in *C* (3 weiße Sparren an 2 roten Pfählen im goldnen Feld) stimmt zu dem Wappen der Grafschaft Neuenburg. Unter den Grafen, die den Erbnamen Rudolf führten, stehn für den Minnesänger zwei zur Wahl. Der eine ist Rudolf, der älteste (und im J. 1158 noch einzige) Sohn Ulrichs II. Er urkundet von 1182—1192 und ist vor dem 30. Aug. 1196 gestorben, mit Hinterlassung seiner Gemahlin (*Comitissa*) und seines Sohnes Berthold. Der andere ist sein Neffe, nachweisbar von 1201—1251, gest. vor 1157. Für den jüngern Rudolf wird (von F. Pfaff und Bartsch) die Benennung *Fenis* geltend gemacht, die sein Vater Ulrich III. und somit wohl auch er führte, während gegen seinen Oheim außerdem noch die Chronologie spreche. Die Lieder müßten nämlich als Nachbildungen von

Kanzonen Folquets v. Marseille nach 1190 fallen, somit in die letzten Lebensjahre und das reife Mannesalter Rudolfs II. Die Lieder können in der Tat nicht älter sein, da ihre romanischen Vorbilder 1180—1191 (nicht 1196!) angesetzt werden; diese Zeit ist aber zugleich, wie Vogt mit Recht betont, der Terminus ad quem, den ihre Technik zuläßt. Und mag auch die Bezeichnung *Fenis* für Rudolf (II. nach dem Tode seines Vaters: 1191) ungenau sein, so ist der zweite Name, *Niuwenburc*, wieder für seinen Neffen ungenau, da dieser später den Titel *de Nidowe* führte. Und schließlich weckt dessen Jugend weit mehr Bedenken als das Alter seines Oheims, da er nicht vor 1180 geboren sein kann (vgl. die Urkunde von 1158), ja wahrscheinlich erst kurz vor seiner ersten Erwähnung geboren ist (1201: *filius meus Rodulphus*; die Urkunde nennt noch keinen seiner vier jüngern Brüder). Er urkundet selbständig erst von 1220 an.

2. Der Dichter wird nach der Mitte des 13. Jh.s als *der Venis* im Sängernekrolog des Marners (s. d.), als *ein herre wert von Niuwenburc* im Nekrolog Reinmars v. Brennenberg (s. d.) erwähnt (Strauch S. 113; LD. XLVI, 65).

3. Die Grafschaft Neuenburg umfaßte deutsches und romanisches Gebiet und gehörte zum Königreich Arelat. Daher mochten am Hofe des Landesherrn leicht deutsche Spielleute und provenzalische Joglars einander begegnen, was die Voraussetzung bildet für R.s provenzalisches Liederbuch in deutscher Sprache. Er übte die von deutschen Berufssängern erlernte Kunst an den neuesten Schöpfungen berühmter Trobadors, die ihm aus der Provenze zugetragen wurden. Bei vieren seiner 7 (oder 8) Lieder ist das welsche Original in Kanzonen Folquets und Peire Vidals nachgewiesen: I, 1 < F. VII, 2; I, 2 < F. XI, 1; I, 3 < F. II, 3. III, 1 und 2 < F. V, 1 und 2; III, 5 < F. XI, 2. V, 1 < F. I, 2. VII (VIII) < P. V. XIII, 4. 3. 6. Wie diese Tabelle verrät, greift der Nachdichter gern Strophen aus verschiedenen Liedern heraus und verbindet sie durch eigene Zutaten zu neuer Einheit. Auch diese Einzelstrophen erfahren ungleiche Behandlung. Treuer übertragen sind eigentlich nur I, 1 (Vergleich des Liebenden mit dem Manne, der sich auf einem Baume verstieg und nun weder vor noch zurück kann); I, 2 (Vergleich mit dem Spieler, der das Spiel verschwört und es doch nicht lassen kann); III, 5 (Vergleich mit dem Nachtfalter, der in die todbringende Lichtflamme fliegt); und V, 1 („Ich jage nach dem, das mich flieht, und fliehe vor dem, das mich sucht"). Andere lassen die Entwickelung des Gedankens vermissen, oder sie deuten ihn gar nur an. So fleht im Urbild von III, 2 der Sänger zu seiner Herrin, sie möge doch, da er sie im Herzen trage, dies ihr Haus vor Feuersnot behüten, damit sie nicht mit ihm zu Schaden komme. Die deutsche Strophe hat nichts davon bewahrt und erinnert nur durch Eingang und Schluß, zwei Schalen ohne Kern, an das Original. Auch das Lied Peire Vidals ist kaum noch kenntlich. Nicht nur seine Pointe, die witzige Anspielung auf die *spes Britannica*, wurde fallen gelassen, sondern auch sein Metaphernschmuck verschmäht und der Kußraub durch eine viel zahmere Wendung ersetzt.

4. R.s stillerm und sanfterm Wesen war überhaupt die heftige, in kühnen Bildern redende Minneklage der Trobadors nicht recht gemäß; er beruhigt und entsinnlicht ihr Liebeswerben und ihre Sprache. Ihre Singweisen jedoch waren offenbar sein Entzücken; 6 von seinen Tönen folgen provenzalischen Mustern. Sein Hauptvers ist der romanische Kanzonenvers von 10 Silben, den er als daktylischen Vierer oder auch (einmal) als jambischen Fünfer nachbildet. Der enge Anschluß an sein Vorbild, der sich in 80, 9 bis auf die Wortwahl in der Zäsur erstreckt, gewährt lehrreiche Einblicke in das Wesen der deutschen Daktylen der Frühzeit, wie denn deren romanische Herkunft erst durch das Studium dieses Dichters erkannt worden ist. An die Wiedergabe des kunstvollen Tones Folquets V. (= MF. 81, 30; vgl. Hausen 45, 37) hat R. sich nicht gewagt Auch ver-

zichtete er auf die Durchreimung ganzer Lieder, selbst auf die Strophenklammer der Körner, nicht aber auf die der „Kustoden" (81, 5 : 6; 13 : 14; 21 : 22). Seine Reime sind, auch in der Quantität, vokalisch genau, in den ersten 3 Liedern aber noch konsonantisch unrein.

5. R.s dichterische Begabung ist wesentlich formal; Eigenes hatte er nicht zu künden. Aber als Mittler zwischen den burgundischen Sängern romanischer Zunge und ihren deutschen Schülern war er für seine Zeit gewiß bedeutsam, und die Minnesangforschung unserer Zeit knüpft an seinen Namen die Entdeckung von der provenzalischen Herkunft der höfischen Kunstlyrik in deutschen Landen.

HMS. Nr. 10. LD. Nr. IX. Bartsch *Schweizer Minnesänger*, Nr. I. MF. Nr. XII. Bartsch ZfdA. 11 S. 145. Siegfr. Pfaff ZfdA. 18 S. 44. Paul PBB. 2 S. 433. 450. Wilmanns ADB. 6 S. 620. Burdach *Reim. u. Walther* S. 40. Jellinek ZfdA. 55 S. 372. E. Baldinger *R. v. F.* 1923; dazu Schwietering AfdA. 44 S. 25. F. Gennrich *Der dt. Minnesang in seinem Verh. zur Troubadour- u. Trouvère-Kunst*, Zs. f. dt. Bildung 2 (1926); ders. *Sieben Melodien zu mhd. Minneliedern*, Zs. f. Musikwiss. 7 (1925) S. 65—98.

Anton Wallner.

Rudolf von Gengenbach. Von einem Prediger dieses Namens, der Wilhelmiterbruder war, bringt die Berliner Handschr. Germ. Quart 191 drei Sprüche aus Predigten. Der erste handelt von den drei Fragen, die an den reichen Menschen nach dem Tode gestellt werden; der zweite enthält ein Predigtmärlein von zwei Brüdern, deren einer dem andern zu ihm auf einem feurigen Rosse kommenden toten Bruder zum Himmelreich verhalf. Der dritte lehrt nach Augustin, daß die Demut Gott, Menschen, Engel und Teufel beeinflußt.

Abdruck von Pfeiffer Germania 3, S. 227 f.

Hans Neumann.

Rudolf von Meran. *Rudolfus scolaris de Merano* taucht zum erstenmal in einer Urkunde vom 14. Juni 1295 des ehemaligen Kartäuserklosters Allerengelberg in Schnals bei Meran in Südtirol als Zeuge (s. J. Rief Progr. Bozen 1915, Regest Nr. 1552), zum letztenmal als Bücherschreiber im Mai 1335 auf und war auch Vertrauensmann der Landesfürsten gegenüber ihrer Kanzlei im nahen Schloß Tirol. Dieser R. vollendete 1334 die Abschrift des '*Cornutus*', der damals in den Schulen gerne gelesen wurde, mit ausführlichen Erklärungen und 1335 zwanzig fingierte Briefe des Königs Pharao mit einem Widmungsschreiben an den König Theobald von Navarra. Beide Bücher gehören einem Sammelbande aus dem Besitze des Oberinntaler Zisterzienserklosters Stams an, das in der Umgebung von Meran (Mais) Güter besaß und die Seelsorge ausübte, und befinden sich jetzt in der Innsbrucker Univ.-Bibliothek (Cod. 355 Bl. 70—82' u. 102—132'). Aus der Quaternionenzählung ergibt sich, daß beide Teile zum ursprünglichen Bestand des Cod. gehörten.

A. Noggler *Beiträge zur Geschichte der Volksschule in Deutschtirol*, Pädag.-Progr. Innsbruck 1885, S. 20/21. O. Zingerle u. L. Santifaller Der Schlern 4 (1923) S. 261 u. 296. Über Vorkommen u. Bedeutung der Bezeichnung *scolaris* (*Schueler, Schuellern*) in Tirol H. v. Schullern-Schrattenhofen Jb. Adler N. F. 5 u. 6 (1895) S. 115 ff. u. Tiroler Heimatblätter 5 (1927) S. 216.

A. Dörrer.

Rudolf von Neuenburg, s. Rudolf von Fenis-N.

Rudolf von Rotenburg. Die unter dem Namen Rudolfs von Rotenburg erhaltenen Lieder und Leiche weisen zweifellos auf alemannische Herkunft und wahrscheinlich auf die Schweiz: Von dem Schweizer Gliers (s. d.) wird er in einem Leich als tot beklagt (Bartsch *Schweizer Minnesänger* S. 204). Die Handschrift *C*, die Schweizer Ursprungs ist, bringt ihn zwischen den Schweizern Walther von Klingen (s. d.) und Heinrich von Sax (s. d.). Die Erwähnung von *Maggun* (= Meggen) führt an den Vierwaldstätter See und in die Nähe von Luzern. Nach Luzern hat das unfern von Sempach angesessene Geschlecht von Rotenburg Beziehungen, und ein R. v. R. erscheint als Zeuge in einem am 14. III. 1257 von dem Abt Theobald von Murbach abgeschlossenen Vertrage. Doch liegen Bedenken vor, mit diesem R. v. R. den Dichter gleich zu setzen, weil seine Gedichte, besonders die Leiche eher an einen Berufssänger, der „als Lehrer der höfischen Sitte, des *guoten muotes*" (Burdach) aufgetreten wäre, denken lassen. Darum haben ihn Wackernagel, Bartsch in seiner Ausgabe der 'Schweizer Minnesänger', Bächtold in der 'Geschichte der deutschen Literatur der Schweiz' ausgeschlossen. Und doch wird man an seiner schweizer Herkunft und an der Schweiz als Schauplatz seines Auftretens festhalten müssen in ihm den geschichtlichen R. v. R. sehen (Wahner). In dessen Zeit passen die Gedichte nach Art und Stil durchaus hinein, insbesondere die 6 Leiche, von denen der letzte eine ausgesprochen „meisterliche" Art zu erkennen gibt. Die Gedichte R.s müssen in Einzelbüchlein ziemlich verbreitet gewesen sein. Dadurch ist die Überlieferung etwas verworren geworden. Es sind nicht nur einzelne Gedichte unter andere Namen gekommen, sondern eins seiner Lieder ist auch mit einem Gedicht des Markgrafen Konrad von Hohenburg (s. d.) vermengt, so daß an gleichen Aufgesang zweier Strophen sich in Wortlaut und Form verschiedener Abgesang anschließt (Kraus *Mhd. Übungsbuch* S. 200 u. 232). Der Markgraf von Rotenburg, der in der Handschr. *A* an anderer Stelle zu finden ist, hat mit diesem Dichter nichts zu tun.

MSH. 1, 74; 3, 592; 6, 105. Bartsch LD. Nr. XLIII. Burdach ADB. XXIX (1889) S. 297—299 = *Reinmar u. Walther* ²1928, S. 412f. J. Wahner *Dichtung und Leben des Minnesängers Rudolf von Rotenburg*. Diss. Breslau 1892. C. v. Kraus *Mittelhochdeutsches Übungsbuch* ²1926 S. 204—238 (alles was die Liederhandschriften dem R. v. R. zuschreiben).

G. Rosenhagen.

Rudolf von Stadeck. Steiermärkischer Minnesänger, Zeitgenosse Ulrichs von Lichtenstein, von 1230 (1243?) bis 1261 urkundlich bezeugt. Sein Geschlecht, dessen Stammburg etwas südlich von Graz lag, spielte bis ins 15. Jh. in der politischen und der kulturellen Geschichte des Landes eine nicht unbedeutende Rolle und stand in naher Beziehung zu den Erzbischöfen von Salzburg, den Grafen von Görz und Tirol u. a. Die drei von ihm erhaltenen Lieder sind hohe Kunst. Ihre Vorbilder sind Reinmar und Walther. Eine eigene Note tragen sie durch die lebendig geschauten Natureingänge und durch die trotz des höfischen Dienstes freie Haltung der Geliebten gegenüber. Burdach vermutet in dem Dichter den Auftraggeber für die Münchener Veldekehs. Cgm. 57.

Große Heidelberger Liederhs. *C* (Universitätsbibliothek Heidelberg Cod. Germ. Pal. 848, Nr. 74) Bl. 257c—258b, mit Bild. F. Pfaff *Die große Heidelberger Liederhs.* I (1909) Sp. 845—847. Bodmer *Sammlung von Minnesingern aus dem schwäbischen Zeitpunkte* II (1759) S. 54. HMS. Nr. 86, II 74 f. III 662, 832. IV 415—417. K. F. Kummer *Die poetischen Erzählungen des Herrand von Wildonie und die kleineren innerösterreichischen Minnesinger* 1880, S. 86f., 90 f., 96, 109—111, 124—126, 184 bis 186, 218—221. — W. Storck *Buch der Lieder aus der Minnezeit* 1872, S. 179 (= II). K. Weinhold *Der Minnesinger von Stadeck und sein Geschlecht*, WSB. 35 (1860) S. 152. Fr. Grimme *Beiträge zur Geschichte der Minnesänger*, Germ. 32 (1887) S. 426 f. K. Burdach ADB. XXXV (1893) S. 356—358 = *Reinmar der Alte und Walther von der Vogelweide* ²1928, S. 386. E. Sievers *Zur Klangstruktur der mhd. Tanzdichtung*, PBB. 56 (1930) S. 196.

Elisabeth Karg-Gasterstädt.

Rudolf Wintuawer, s. 'Hedwig' 3b.

Rudolphi, Johannes, Verfasser oder Sammler eines Rezeptbuchs in Latein und Deutsch, erhalten im Cod. germ. in oct. 391 der Staatsbibliothek in Berlin.

Sudhoff.

Rügen, s. Wizlav v. R.

'Rügen, Buch der', s. 'Buch der Rügen'.

Rugge, s. Heinrich v. R.

Rülein, Ulrich, von Kalbe, wurde 1497 Stadtarzt zu Freiberg in Sachsen. Ein vielseitiger Mann, der Mathematiker nicht nur zu iatromathematischen, d. h. astrologisch-medizinischen Zwecken war, sondern auch zu technischen Zwecken, wie zur Aufstellung einer „Brotrechnung" im Auftrage des Rates, als Architekt und Vermessungstechniker, indem er für die Neugründungen Annaberg (1497) und

Marienberg (1521) die Bebauungspläne entwarf. Die Brotrechnung setzte das Gewicht eines Zweipfennigbrotes fest, je nachdem der Preis des Scheffels Korn 4, 5, 6 bis 30 Groschen kostete. Eine weitere Leistung des technisch erfahrenen Freibergers war, wie Georg Agricola in der *Epistola* zu seinem Werke *'De re metallica'* berichtet (*librum Germanicum confecit Calbus Fribergius, non ignobilis medicus*), *'Ein nutzlich Bergbüchleyn'*, das etwa 1505 oder wenig später bei Martin Landsberg in Leipzig erschien. Im Jahre 1509 wurde R. Mitglied des Freiberger Rates und versah dort 1514 bis 1517 das Amt des Bürgermeisters. Sein 'Bergbüchlein' ist zu Worms 1518 neu gedruckt worden, desgleichen Augsburg 1539, auch 1527 zu Erfurt. Aber auch als ärztlicher Schriftsteller ist R. den an ihn herantretenden Aufgaben des Lebens gerecht geworden. So hat er in der Pest vom Sommer und Herbst 1521, die in Freiberg allein 2000 Opfer forderte, seinen Mann gestanden und zuerst eine ausführlichere Pestschrift auf Anfordern Herzog Heinrichs verfaßt, die am 19. August 1521 bekannt gegeben und mit ihren Verhaltungsmaßregeln für die Bürgerschaft gedruckt wurde, aber noch nicht wieder aufzufinden war. Weil es aber *um Länge willen verdrießlich zu lesen und vielleicht von etzlichen übel zu verstehen* war, ließ R. *Ein vnderweisung* folgen, *wie man sich tzu der tzeit der pestilentz halten sol. Allen einwoneren der stat Freybergk tzu gut yn eine kurtze summe gebracht.* Hiervon hat sich ein Exemplar erhalten, *Gedruckt tzu Leypzigk durch Valten Schumann im M. D. vnd .XXI. iar*, 4 Bll. 4⁰. Der Inhalt ist, wie billig, der allgemeinen Ärzteanschauung der Zeit entsprechend; charakteristisch aber für den sozial fühlenden Mann ist die Ermahnung, daß man aus *gemeinem Gut* Pfleger anstellen solle zur fleißigen Wartung der Pestkranken, auch zu deren Ernährung und Arznei *Hilfe vom gemeinen Gut dazu tun* und ein Haus mit weiter Stube und Kammer zur Unterkunft bereit stellen. Alle diese Maßnahmen werden viele Leben erhalten, die sonst rettungslos zu Grunde gehn müßten. — Ein Empfehlungsschreiben R.s zu Wenzel Bayers Traktat über die Karlsbader Quellen ist aus Leipzig vom 1. Dezember 1521 datiert; dort soll der wackere Mann 1523 auch gestorben sein.

O. Clemen *Der Freiberger Stadtphysikus Ulrich Rülein von Kalbe*, Neues Archiv f. Sächs. Gesch. u. Altertumskund 41 (1921) S. 135—139. C. Täschner *Der Arzt, Bürgerm. u. Bergbauschriftsteller Ulrich Rülein v. K.*, Mitt. v. Freiberger Altert.-Verein 50 (1915) S. 71—73. E. Darmstaedter *Berg-, Probir- u. Kunstbüchlein* 1926.

Sudhoff.

Rulman Merswin, s. Merswin.

Rumeland, Rumland, s. Rumsland.

Rumsick, s. Joh. v. Freiburg (Nachtrag).

Rumsland von Sachsen. Bürgerlicher Spruchdichter aus der 2. Hälfte des 13. Jh.s, nach Herkunft und Sprache von seinem oberdeutschen Namensvetter, Rumsland von Schwaben, deutlich geschieden. Er ist ein Niederdeutscher, der in Ostmitteldeutschland hochdeutsch gelernt hat und hochdeutsch dichtet, ohne die Spuren seiner heimischen Mundart ganz verwischen zu können. Seiner niederdeutschen Abstammung ist er sich mit Stolz bewußt. Als Fahrender ist er weit herumgekommen. In Oberdeutschland läßt er sich bei Herzog Ludwig II. von Bayern nachweisen, den er wahrscheinlich zur Kaiserkrönung Rudolfs von Habsburg 1273 nach Aachen begleitet hat. Vor allem aber scheint er sich im Norden aufgehalten zu haben, besonders in Braunschweig, dessen Herzog Albrecht der Große (gest. 1279) sein Gönner war, dann aber auch an den Höfen von Mecklenburg, Pommern, ja sogar in Dänemark, wo er 4 zornige Sprüche auf die Ermordung König Erichs dichtet und 1286 den jungen König Menved bei seiner Thronbesteigung begrüßt. Die zeitlich genau datierbaren Sprüche fallen in die Jahre 1273—1286, doch muß seine dichterische Tätigkeit schon früher eingesetzt haben, da z. Tl. noch die Zustände des Interregnums gegeißelt werden.

Als Niederdeutscher hebt sich Rumsland auch seinem Wesen nach deutlich von den zeitgenössischen oberdeutschen Spruchdichtern ab. Er ist viel nüchterner als sie. Keine Phantasie trübt ihm den Blick für die Wirklichkeiten des Lebens, gesunder Menschenverstand bestimmt seine Lehre, alles Pochen auf Wissen und Gelehrsamkeit ist ihm verhaßt. Deshalb greift er auch den mit seinen Kenntnissen prunkenden Marner in literarischer Fehde heftig an, obwohl er seine Kunst sonst wohl zu schätzen weiß, wie die Klage über seinen gewaltsamen Tod beweist. Auch mit dem eitlen Singauf mißt er sich im Rätselstreit, im Kampf um *frouwe* und *wîp* tritt er mit Regenbogen für *wîp* ein. Er ist ein aufrechter, seines Wertes bewußter Mann, der in seiner Zeit wohl beachtet wurde. Die Meistersingertradition hat nur geringe Spuren von ihm bewahrt.

Neben seinen politischen Sprüchen stehen rein didaktische. Sie predigen keine vornehme Ethik, ihr Standpunkt ist der einer einfachen, gesunden bürgerlichen Moral, wie sie etwa den Handwerkerkreisen entspricht. Auch die religiösen Sprüche, die die 12 Töne eröffnen, „weihen", sind eher nüchtern als durch besonderes Gefühl ausgezeichnet, häufig verlieren sie sich in spitzfindiger Dogmenstreiterei. Zwei Versuche, Minnelieder zu dichten, gelingen nicht. Dagegen ist Rumsland unbestritten ein Meister des Spruchs, den er auch formal ganz beherrscht. Neu ist, daß er oft mehrere Sprüche (2—5) zu einem inhaltlichen Ganzen verbindet.

Große Heidelberger Liederhs. *C* (Universitätsbibliothek Heidelberg Cod. Germ. Pal. 848, Nr. 110, Bl. 413c—415b, mit Bild. Bl. 141a—c, unter Walther). Jenaer Liederhs. *J* (Nr. 21, Bl. 47c—62d, mit 9 Melodien. Bl. 44b. c, unter Singauf. Bl. 104c — 105a, unter Frauenlob). [Kolmarer Meistersingerhs. *K* (Universitätsbibliothek München Cod. germ. 4997) Bl. 762—764, von Panzer als unecht abgelehnt]. Wolfenbüttler Hs. *W* (Bl. 1a. b. 2a. b). F. Pfaff *Die große Heidelberger Liederhs.* I (1909) Sp. 503 f (Str. 360—363): 1383—1391. G. Holz, E. Bernoulli u. F. Saran *Die Jenaer Liederhs.* 1901, I S. 77 f., 82, 107, 173; II S. 30—38, 88. v. Heinemann *Aus zerschnittenen Wolfenbüttler Handschriften*, ZfdA. 32 (1888) S. 84—86. Bodmer *Sammlung von Minnesingern aus dem schwäbischen Zeitpunkte* I (1758) S. 134; II (1759) S. 223—226. Myller *Sammlung deutscher Gedichte aus dem 12., 13. und 14. Jahrhundert* 1785, II: *'Ein Aldt Meister Gesangbuch'* S. 7—19, 152. Bragur 6, 1 (1798) S. 16 f. (= VI, 10. X 3). HMS. Nr. 136, II 367—371; III 49, 52—68, 730 f., 741 f., 836, 838 f.; IV 671—685, 714, 716. I 267 f. II. 346 f. B.-G. Nr. 66, S. LXXIII f., 278 f., 280 f. (= IV, 1. *J* IV, 6. II, 13). [K. Bartsch *Die Meisterlieder der Kolmarer Hs.* 1862, S. 167, 547 f.] W. Wackernagel *Das deutsche Kirchenlied* II (1867) S. 156—165, 1152 f. (= *J* III, 1. 2. 4. *C* I. *J* II, 11. 1. 9. IV, 9. 18. 20. 24. 6. I, 9. *C* III, 1. 2. *J*. V, 4—6. *C* II. *J* VI, 6. 1. 2. VII, 1. VIII, 1. 11. 8. IX. *K*). W. Wackernagel *Altdeutsches Lesebuch* [5]1873, Sp. 929—932 (= IV, 6). F. Panzer *Meister Rumeslants Leben und Dichten.* Diss. Leipzig 1893; dazu A. E. Schönbach Österreich. Literaturblatt 1894, Sp. 687 f. Gleim *Gedichte nach den Minnesingern* 1773, S. 75 f. (= IV, 6). L. Tieck *Minnelieder aus dem Schwäbischen Zeitalter* 1803, S. 189—191 (= I). K. Simrock *Lieder der Minnesinger* 1857, S. 264 f. (= *J* X, 2). W. Storck *Buch der Lieder aus der Minnezeit* 1872, S. 16 f. (= VI). K. Pannier *Die Minnesänger* [2]1881, S. 276 f. (= *J* IV, 18. 6). R. Zoozmann *Deutscher Minnesang* S. 298 f. (= *J* I, 9). B. Chr. B. Wiedeburg *Ausführliche Nachricht von einigen alten teutschen poetischen Manuscripten aus dem dreyzehenden und vierzehenden Jahrhunderte welche in der Jenaischen akademischen Bibliothek aufbehalten werden* 1754, S. 33, 37—40. K. Müllenhoff *Mhd. Gedichte an nordelbische Herren*, Nordalbingische Studien 3 (1846) S. 95—98. K. Burdach *Reinmar der Alte und Walther v. d. Vogelweide* 1880, [2]1928, S. 138 ff. R. Köhler *Zu einem Spruche Meister Rumelants*, Germ. 28 (1883) S. 185—187. G. Roethe *Die Gedichte Reinmars von Zweter* 1887 (s. Reg.); ders. ADB. XXX (1890) S. 97—100.

Elisabeth Karg-Gasterstädt.

Rumsland von Schwaben. Spruchdichter aus der 2. Hälfte des 13. Jh.s, durch die Heimatbezeichnung „von Schwaben" ausdrücklich von dem „sächsischen" Meister Rumsland unterschieden. Nach Oberdeutschland weisen auch die Gönner, deren Freigebigkeit er wie andre seiner Zeitgenossen rühmt, Ulrich von Rifenberg bei Görz und Volkmar von Kemenaten im Pustertal. Da er sie beide als tot betrauert, muß er nach 1275 gedichtet haben. Einer seiner vier Sprüche knüpft an Freidank an. Inhaltlich beschäftigen sich alle mit der *milte* ritterlicher Herren, an der teilzuhaben der Dichter durch reichlich gespendetes Lob hofft. Ihr metrischer Aufbau ist einfach;

stilistische Kunstmittel, wie Antithese, Wortwiederholung usw., sind mit Geschick ausgenützt.

Jenaer Liederhs. *J* (Nr. 22, Bl. 62d—63b, mit Melodie). G. Holz, E. Bernoulli u. F. Saran *Die Jenaer Liederhs.* 1901 I S. 107 f.; II S. 38 f. B. Chr. B. Wiedeburg *Ausführliche Nachricht von einigen alten teutschen poetischen Manuscripten aus dem dreyzehenden und vierzehenden Jahrhunderte welche in der Jenaischen akademischen Bibliothek aufbehalten werden* 1754, S. 38 (= 1). Myller *Sammlung deutscher Gedichte aus dem 12., 13. und 14. Jahrhundert* II, 1785: *'Ein Aldt Meister Gesangbuch'* S. 19. HMS. Nr. 21, III 68 f., 742, 839; IV 716 f. W. Storck *Buch der Lieder aus der Minnezeit* 1872, S. 32 (= 1). G. Roethe ADB. XXIX (1889) S. 674.

Elisabeth Karg-Gasterstädt.

'Ruodlieb'.

1. Der R. ist uns nur in Bruchstücken, 19 Pergamentdoppelblättern, erhalten, die zu zwei Hss. gehören, und zwar 18 zu der einen, dem clm. 19486, dem Autograph des Dichters (die Korrekturen rühren von derselben Hand her wie der übrige Text, sind oft während des Schreibens eingetragen und verbessern Schreibfehler, Prosodie, Konstruktion und Ausdruck; auch ganze Verse sind durchgestrichen und besser gestaltet, so daß sich mancher Blick in die Werkstatt des Dichters eröffnet). Die Hs. stellt keine in einem Zug gefertigte Reinschrift dar, sondern ist in vielen Stücken von oft geringem Umfang niedergeschrieben, bei denen manchmal, wie sich wahrscheinlich machen läßt, Fehler durch falsches Ablesen von einer Schreibvorlage, vermutlich dem ersten Entwurf auf der Schreibtafel, entstanden sind. — Von den 144 Versen der zweiten Hs., deren eines bisher nur gefundenes Doppelblatt in der Stiftsbibliothek St. Florian liegt, ergänzen die meisten den clm., nur 25 decken sich mit ihm; diese weisen im Text keine Differenz gegenüber dem clm. auf. Fast alle Schreibversehen sind verbessert, vom selben Schreiber oder einem Korrektor. Da außerdem die Florianer Hs. Ende des 11. Jh. und damit nur geringe Zeit nach dem clm. (s. u. 2) geschrieben ist, war ihre Vorlage wohl das Original; diese gute Reinschrift ist durch rot beigesetzte römische Ziffern in Abschnitte geteilt.

Beide Hss. sind nur fragmentarisch auf uns gekommen, weil man sie zum Einbinden zerschnitt. Dadurch hat auch das Erhaltene sehr gelitten; es ist durch Leim, Bruch, Stich und Schnitt beschädigt und verstümmelt. Längeren Strecken fehlt die eine Hälfte der Verse (X, 33 ff., XIV, 35 ff.) und dazu auch jeweils der ganze zweite Vers (XII, 9 ff., XIII, 8 ff.). Die Schwierigkeiten der Textedition liegen daher im Lesen und Ergänzen der beschädigten und abgeschnittenen Versstücke sowie im Ordnen der Fragmente. In Seilers Ausgabe sind die Bruchstücke Nr. XII und XIII vor IX und XV vor XIV zu stellen nach Laistner AfdA. 9 S. 73 ff. und ZfdA. 29 S. 1 ff. (Seiler suchte sich erst zu verteidigen in der ZfdA. 27 S. 332 ff., gab aber dann zu, daß Laistners Anordnung wahrscheinlicher sei, s. ZfdPh. 31 S. 422 ff.).

2. Die deutsche Herkunft des Dichters, dessen Namen wir ebensowenig kennen wie den seiner Dichtung, ist über allen Zweifel erhaben (gegen den im Weltkrieg unternommenen chauvinistischen Versuch M. Wilmottes Romania 1916/17 S. 373 ff., die französische Herkunft zu erweisen, K. Strecker NJbb. 24 [1921] S. 289 ff.). Man denke an den Liebesgruß mit den Reimwörtern *liebes*: *loubes*, *wunna*: *minna* XVII, 12 f. und 67 f., an die deutschen Fischnamen XIII, 41 ff. (41 der „erste deutsche Hexameter"), an die deutschen Namen des Helden, Ruodlieb, den man um 1200 und im 14. Jahrh. in Süddeutschland nachgewiesen hat (s. NJbb. 24 S. 301, Anm.), und der zuletzt auftretenden Personen der Heldensage, an die sechs deutschen Glossen, die der Dichter selber eintrug, oder die Germanismen in der Sprache (*faida*, *mantel*, *marhmanni*, *medo*, *mordrita* usw.; daß Seiler in der Ausgabe S. 136 ff. zu viel als Germanismus hinstellte, sah er selber S. VI f. und wies H. Ottinger *Zum Latein des Ruodlieb*, HistVjschr. 26 S. 449 ff. nach; die Aufgabe, den wirklichen Umfang der Germanismen festzustellen, ist aber noch nicht gelöst). Von den 18 Doppelblättern des clm. löste man 17 von Einbanddeckeln, deren Handschriften aus Tegernsee stammen; danach hat man Grund anzunehmen, daß der clm. dort geschrieben, d. h. der R. in Tegernsee gedichtet wurde.

Für die Bestimmung der Abfassungszeit läßt sich nicht die Zusammenkunft der beiden Könige im fünften Bruchstück verwerten. Nach W. Giesebrecht ist sie „nur poetische Reproduktion der damaligen Vorgänge an der Maas" (*Gesch. d. dt. Kaiserzeit* II S. 602), d. i. der Begegnung Kaiser Heinrichs II. mit König Robert 1023. Danach hat man den R. nahe an 1023 herangerückt und ihn meistens um 1030 datiert. Jene Abhängigkeit trifft aber nicht zu; Giesebrecht hat sich dadurch täuschen lassen, daß die historischen Quellen über 1023 gesprächiger sind als die über die andern deutsch-französischen Königstreffen jener Zeit, was im Zufall der Überlieferung begründet ist. Den Ausschlag gibt der paläographische Befund. A. Chroust setzt das Autograph „über die Zeit Ellingers hinaus in die ‚zweite Hälfte des 11. Jh.s" (*Monum. palaeograph.* II, 1, 2. Lieferung, Taf. 7); M. Tangl schloß sich ihm im allgemeinen an (NJbb. 24, S. 291). Auch die Realien sprechen dafür, die Reimtechnik (s. u. 6) nicht dagegen.

Schon damit ist ausgeschlossen, daß der 1008 gestorbene Froumund von Tegernsee (s. d.) den R. dichtete, wie A. Schmeller *Lateinische Gedichte des 10. und 11. Jh.* (1838) S. 225 und nach ihm andere annahmen. Wir haben auch von Froumond Autographisches, das zeigt, daß es eine andere Person als der R.-Dichter schrieb. Auf metrische und sprachliche Unterschiede machte Seiler in der Ausgabe S. 160ff. aufmerksam.

Was noch vom R.-Dichter stammt, sind vielmehr elf ‚Epigramme, die er auf die Rückseiten des letzten und des 1. Blattes eintrug (der R. beginnt Bl. 2ª), im Umfang zwischen zwei und acht Hexametern schwankend. Sie sind für Blasebalg, Fliegenwedel, zwei Weingefäße, Beinschienen gedacht und beschreiben, meistens in der Ichform, ihren Zweck und Nutzen oder ihren Geldwert. Eins preist die vier alten Erfinder der Musikinstrumente.

3. Den Inhalt des R. anzugeben, macht Schwierigkeiten: ein Teil der über 2300 Verse ist so unvollständig erhalten, daß sich mit ihm kaum etwas anfangen läßt (s. o. 1); viele, meistens größere Lücken unterbrechen den Zusammenhang; ihr Umfang läßt sich nur vermuten. Zwar haben wir den Anfang, nicht aber den Schluß. Gerade an ihm läge uns besonders viel, zumal die letzten erhaltenen Verse von der realen Welt in die der Heldensage hinüberspielen und überdies das Original hier mitten in der Handlung abbricht und dafür Epigramme anfügt (s. o. 2). Doch scheint im ganzen das Verlorene das Erhaltene nicht an Umfang oder innerem Gewicht zu übertreffen. Man darf annehmen, daß weder die übrigen neun Lehren, zum mindesten nicht in ihrer Mehrzahl, in der Handlung vorgeführt wurden noch sich der Schluß lang erstreckte, bzw. erstrecken sollte.

Der Held Ruodlieb bewährt sich als höfischer Ritter zunächst (I, 1—V, 219) am Hof eines fremden Königs, zu dem er aus der Heimat fliehen mußte, weil ihm der Dienst bei reichen Herren nicht Lohn, sondern Feindschaft eintrug. Er macht sich durch Kunststücke auf der Jagd beliebt, führt ein Heer siegreich gegen den eingebrochenen Feind, weiß die Friedensverhandlungen mit dem feindlichen König geschickt einzuleiten und dabei im Schachturnier zu siegen.

Im zweiten Teil (V, 220—VIII, 129) befolgt er, durch seine Mutter und früheren Dienstherren in die Heimat zurückgerufen und vom König reich beschenkt entlassen, die Weisheitslehren, die er sich als königliche Abschiedsgabe auswählte. Damit zeigt er sein höfisches Wesen im bäuerlichen Milieu; er achtet den Bauern, den der Dichter zur Herrenschicht stellt, und seine Frau wie seinesgleichen und bezeugt seine Dankbarkeit für ihre Gastfreundschaft. Als Kontrastfigur tritt der Rote auf, den sich Ruodlieb nicht vom Hals halten kann; er büßt dafür seinen Mantel ein; der Rote tut das Gegenteil von dem, was Ruodlieb ihm rät, und was er selber durchführt, wird dafür von den Bauern verprügelt und soll als Dieb, Ehebrecher und Mörder hingerichtet werden.

Im dritten Teil (XII, 1—X, 32) entwickelt Ruodlieb, der inzwischen seinen Neffen aufgegriffen und zur Heimkehr bewogen hat, im Kreis einer verwitweten Schloßherrin und ihrer Tochter, bei denen er einkehrt, weitere höfische Fähigkeiten: außer den wiederholten Kunststücken des Fischfangs (und des dressierten Hunds durch den Neffen) seine Meisterschaft im Harfenspiel; er und der Neffe kleiden sich, wie es der Umgang mit Damen erfordert. Bei Tisch wird höfisches Zeremoniell entfaltet. Dressierte Dohlen und Stare dienen der Unterhaltung.

Im vierten Teil (X, 33—XVII, 84) ist Ruodlieb daheim im engsten Kreis der Familie. An ihm treten neue Züge höfischer Zucht hervor. Er überläßt bei Tisch der Mutter den Hochsitz, richtet seinem Neffen eine standesgemäße Hochzeit aus und fügt sich dem Familienrat, den er für seine eigne Brautwerbung einberief und nach Rang und Würden zu behandeln versteht; er bestimmt die ihm angeratene Braut, als er ihr Verhältnis zu einem Priester erfährt, energisch, aber höfisch zum eigenen Verzicht.

Am Schluß soll Ruodlieb, wie ein Traum der Mutter ankündigt, eine Königskrone und zur Frau eine Königstochter erringen. Er besiegt

einen Zwerg und soll mit dessen Hilfe den Königsschatz und die Heriburg gewinnen, nachdem er Immunch und Hartunch, den königlichen Vater und Sohn, getötet hat.

4. Über die Bestimmung und den Sinn des Werks sind die verschiedensten Ansichten geäußert. Ehrismann I² S. 413 wollte in ihm einen historischen Roman sehen, eine „Biographie einer bestimmten Persönlichkeit..., ein Stück poetisierter Familienchronik" und K. Strecker N. Jbb. 24 S. 293 ein „Märchenepos" (im Merker-Stammler II S. 387 behandelte er ihn als Roman mit Märchenmotiven unter „Heldenepos"); S. Singer erklärte ihn zum „ersten Erziehungsroman, den wir kennen" (in Sprache und Dichtung 2 (1910) S. 42f.). Was man aber unter Erziehungs-, Bildungs-, Entwicklungsroman zu verstehen pflegt, ist der R. nicht: der Held setzt sich nicht mit seiner Umwelt auseinander und macht keine seelische Entwicklung durch. Er tritt vielmehr vom ersten Vers an als äußerlich und innerlich gereifter und vollendeter Ritter vor uns, der sich bereits vor Beginn der Erzählung in der Heimat bewährt hat.

Der Dichter stellt ihn in vier Lebensbereiche hinein und zeigt, wie ein höfischer Ritter in verschiedenen Lebenslagen und im Umgang mit den verschiedenen Menschenkreisen sich zu benehmen und zu handeln habe. Damit hält er seiner Zeit einen Ritterspiegel vor und mahnt sie zu höfischer Sittlichkeit. Diesem Hauptziel des Dichters gemäß ist der R. als Lehrgedicht in mittelalterlicher Romanform anzusprechen. Dem entspricht das Verfahren des Dichters, die Örtlichkeit fast ganz unbestimmt und die Personen meist namenlos zu lassen; er wollte sie nur als Typen vorführen; so bezeichnete er den Helden im ersten Teil als Verbannten, als Jäger, Heerführer, Gesandten, im 2. und 3. als Ritter, andere Personen überhaupt nur als den König, den Jäger oder die Mutter, den Verwandten und lenkte damit die Aufmerksamkeit noch mehr auf das Lehrhafte.

Daß der Schluß in die Heldensage hinüberspielte, war fast notwendig. Die Romanhandlung, in der der Dichter seine höfische Lehre an einem vorbildlichen Ritter praktisch vorführte, bedurfte einer kräftigen Steigerung zum Schluß. Der Held hatte sich bereits wie ein König im Tun und Verhalten aufgeführt und sollte noch als Ehemann gezeigt werden; dazu konnte er aber unmöglich in die alte Ministerialenstellung zurückkehren. Die Heldensage aber ermöglichte die ruhmreiche Krönung seines Lebens durch das königliche Szepter und die königliche Braut am besten und schnellsten. — Damit dürften sich die früheren Hypothesen über ein älteres Heldenepos von Ruodlieb, einen '*Ruodliebus*', erledigen, den der Dichter nur angefügt haben soll. Laistner nahm sogar ein „fertig vorliegendes fremdes Gedicht" (AfdA. 9 S. 72; vgl. ZfdA. 29 S. 15ff.) an, wogegen Seiler ZfdA. 27 S. 332f. opponierte; Sprache und Stil stimmen so überein, daß das Ganze nur von einem Verfasser herrühren kann. Daß der Dichter ein eigenes früher verfaßtes Gedicht verwandte, ist nicht wahrscheinlich. Kleine prosodische Unterschiede können in Arbeitspause o. ä. begründet sein. Die beiden zusammenhängenden Hauptargumente, die man für jene These anführte, kann man auch für unsere anführen, das Überwechseln zur Heldensage und die späte Einführung der Eigennamen. Der Heldensagenstil erforderte Aufgabe des in Anfang und Mitte geübten Verfahrens, Personen und Örtlichkeit nicht zu benennen; daher gab der Dichter den drei Mitgliedern der Sagenkönigsfamilie in XVIII Namen und führte zur Überleitung bereits vorher, im 4. Teil, in einer geschickt erdichteten Szene den Namen des Helden ein (X, 75ff.) und nannte das Land des großen Königs nachträglich Afrika (XI, 42, 47, XVI, 5).

5. Quellen. Da der R. das ritterliche Leben so vorführt, wie es sein sollte, nicht aber wie es damals wirklich war, kann nur dieses oder jenes Stückchen nach der Wirklichkeit gezeichnet sein, so sicherlich die Byzantiner Münzen V, 321ff., vermutlich dieser oder jener Kunstgegenstand (z. B. die Fibel V, 340ff.) oder „die frühste Schilderung eines höfischen Tanzvergnügens" (IX, 46ff.; vgl. E. Schröder ZfdA.

61 S. 29). Im allgemeinen aber beschränkt sich die historische Treue darauf, daß der Dichter einen Vorgang oder Zustand, eine Person oder einen Gegenstand nur so schildert, wie sie in seiner Zeit geschehen, vorhanden sein oder angefertigt werden konnten. Das trifft auch auf den ersten Teil zu, dem nicht die Königsbegegnung von 1023 zur Vorlage diente (s. o. 2). Das meiste, besonders die Handlung, ist selbstersonnen; man nannte daher den R. mit Recht den „ersten frei erfundenen mittelalterlichen Roman" (Burdach).

Was man an Quellen für Stoff und Darstellungsmittel nachweisen kann, betrifft nur einzelne Striche und magere Grundlinien des Ganzen und ist oft nur indirekter Art, so das Motiv der Rahmenerzählung und verbunden damit das der 12 Weisheitsregeln und ihrer Bewährung oder Kunstmittel der Erzählungstechnik wie eingehende Beschreibung der äußeren Vorgänge und Gegenstände, bes. der oft eigenartigen künstlerischen und mechanischen Werke und der Tierwelt, wie ausgeführte Reden, wörtliche Wiederholung der Botenberichte, den Brief als entscheidenden Handlungsfaktor. Wenn man einiges davon auf die nationale Heldensage, auf die Antike und Byzanz, bes. den spätgriechischen Roman, andres auf die Spielmannsdichtung, den Schulunterricht und bes. die deutsche Predigt zurückführt, so kommt man auf eine zumeist mündliche Tradition, deren dem R. unmittelbar vorliegendes Glied man nicht mehr recht fassen kann; auch steht die Bildung des Dichters damals einzig da.

6. Der Stil ist noch einzigartiger als der Stoff. Der Dichter stellte überall, auch im ersten Teil, wo er nicht die idealisierte Welt höfischen Rittertums aufbaute, seine Personen mitten ins wirkliche Leben seiner Zeit hinein; er machte so den Realismus zu seiner Form und wurde „der erste große und reine Realist der deutschen Literatur" (Hermann Schneider). Er malte nicht nur das Schöne und Edle, sondern ebenso das Häßliche und Schlechte, so etwa die Hochzeit des adligen Neffen mit einem ebenbürtigen Edelfräulein auf einem Schloß und daneben unverhüllt die Buhlerei des minderwertigen Roten mit einer leichtfertigen Bäuerin auf dem Dorf. Dem ist die Sprache offensichtlich angepaßt, die man auch realistisch nennen kann; es ist das Latein, dessen sich er und seine Umgebung im realen Leben, im mündlichen Umgang bedienten. Er mied hier wie auch sonst die antike Färbung, deren Beherrschung man einem so gebildeten und begabten Kopf (vgl. etwa die vielen griechischen Fremdwörter oder die wohl vom Dichter erfundenen hybriden Bildungen *amphiprehensus, fini-, mercipolis*) zutrauen muß, und wählte eine möglichst stark mittelalterliche (s. die Germanismen in 2 oder für *ut* consec. *quod* mit Ind., selten mit Konj.; *quod* mit Konj. nach *timere* und *facere*...). — Diese Tönung findet sich auch in der metrischen Form und besteht einmal im leoninischen Reim der Hexameter, der so gut wie überall durchgeführt ist; er ist zu über 80 Proz. einsilbig rein oder umfangreicher, nur zu etwa 17 Proz. einsilbig assonierend. In der Prosodie begegnet abgesehen von den üblichen Freiheiten eine Reihe Abweichungen vom antiken Gebrauch (*iŭnior, līmosus..., ădimplent, bōnus*...); oft schließt der Vers mit einem einsilbigen Wort, meistens ohne daß noch ein einsilbiges vorhergeht oder eine poetische Absicht vorliegt.

Die Schilderung läuft in ruhigen, gemächlichen Bahnen und wird breit durch Aufzählung, Wiederholung, Mehrgliedrigkeit des Ausdrucks, überhaupt durch die Kleinmalerei, der sich der Dichter zuweilen fast zu stark hingibt. Alle Vorgänge bereitet er sorgfältig vor und beschreibt sie in allen Einzelheiten. Das Innere der Menschen veranschaulicht er durch feine Züge in ihrem Handeln und sucht es psychologisch tiefer zu fassen. Besonders gern verweilt er bei der Tierwelt, für die er eine treffliche Beobachtungsgabe zeigt. Er liebt es, Kleidung und Schmuck, Speise und Geschenk, seltene Edelsteine, Tiere und Pflanzen sowie Kunstgegenstände aufzuzählen und näher zu betrachten; er schildert eingehend, wie man mit dem Kraut Buglossa Fische fängt oder den Edelstein Ligurinus aus dem Fuchsharn gewinnt.

Die große Freude am Erzählen, die aus jeder Zeile leuchtet, erweckt fast den Anschein, als ob ihm der Inhalt minder wichtig war. Außer reicher Phantasie stand ihm eine außergewöhnliche Gestaltungskraft zur Verfügung, durch die er alles trefflich auszudrücken vermochte. Er hat vieles erlebt, seine Umwelt und die menschliche Seele scharf und tief beobachtet, denen gegenüber er ein verstehendes, warmes Herz offenbart. Was er schaut und empfindet, trägt den Stempel einer starken Persönlichkeit, alles ist daher sehr individuell gestaltet. Der Dichter drängt sich sogar selber in die epische Objektivität ein; so läßt er z. B. am Schluß der Episode mit dem Neffen und dessen Hochzeit diese Fäden mit überlegenem Humor fallen: *Qualiter inter se concordent, quid mihi cure?* (XV, 99). Sein Talent läßt sich in manchem mit Wolfram von Eschenbach vergleichen; er teilt „mit Wolfram die Kunst der plastischen Vergegenwärtigung einer weiten Lebensfülle, die Vorliebe für die Darstellung neckischer Mädchengestalten" (Burdach).

Die Komposition ist locker; es fehlt der Romanhandlung an innerer Geschlossenheit und stetig zunehmender Spannung. Das Werk zerfällt in eine Zahl von Szenen, die wohl äußerlich gut verbunden sind, in der aber keine ein unbedingt notwendiges Stück des Ganzen bildet. Bei ihrem Aufbau ist das Mittel des Kontrastes mit guter Wirkung angewandt. Jede Szene fesselt für sich und lenkt das Interesse auf die Hauptperson. Auf die sind überall die Beziehungen gerichtet, überall ist auf künstlerische Einheit geachtet.

7. In Gehalt und Gestalt ist der mittelalterliche Charakter so bewußt und stark ausgeprägt wie in keinem zweiten mittellateinischem Epos (man vergleiche die *'Alexandreis'* des Walter von Châtillon, das gelesenste Werk dieser Gattung: wie ist hier alles antikisiert, Sprache, Stil und geistige Einstellung!). Noch mehr hebt sich der R. heraus durch seine künstlerische Qualität, das einmalige Talent des Dichters, wodurch er selbst den *'Waltharius'* übertrifft.

Schon die späte Datierung in die zweite Hälfte des 11. Jh.s schließt die übliche Zuordnung zur ottonischen Periode aus. Zum geistesgeschichtlichen Boden, auf dem der R. erwuchs, gehört auch die bildende Kunst in Tegernsee. Das Kloster erlebte gerade im 11. Jh. seine künstlerische Blütezeit und nahm in der Baukunst, im Erzguß, in der Glas- und besonders Buchmalerei „geradezu eine führende Stellung im ganzen deutschen Südosten" ein (Tabor S. 100). Abt Ellinger (1017—28, 1031 bis 1041) entwickelte in der Buchmalerei einen eigenen Stil, der sich weit über Bayern hinaus verbreitete und noch im 12. Jh. wirksam war. Unter Eberhard II. (1068—91) schuf der berühmte Werinher oder Wetzil als Buch- und Glasmaler, Steinschneider und Goldschmied sowie im Erzguß Meisterwerke. Hier wird man bei näherer Untersuchung sicher noch weitere Parallelen zum R. finden als Freude am Erzählen, Lust am Illustrieren u. ä. (F. v. d. Leyen Franz Muncker-Festschrift 1916, S. 18f.). Wenn der Dichter auch längere Zeit am Hof gelebt haben muß, so war er doch ein Geistlicher, der, wie sich in manchem andeutet, im Kloster schrieb. Zwei bis drei Menschenalter zuvor hatte ja Tegernsee bereits einen echten Dichter in Froumund besessen, eine eigenwillige, phantasievolle Persönlichkeit, die ebenfalls fern der Tradition ihren Weg ging.

„Ein neues Ideal weltlicher Sitte und Sittlichkeit stellt dieser Roman auf" (Burdach). Er lehrt, feste Formen im gesellschaftlichen Verkehr genau einzuhalten, den Luxus des Lebens bewußt zu genießen, Galanterie und minniglichen Dienst zu üben. Die Grundlagen sind christlich-demütige Mäßigung und Humanität. Wenn sich der R. auch deutlich vom roheren 10. Jh. unterscheidet, so erreicht er doch noch nicht die Feinheit der höfischen Blütezeit, in der es z. B. nicht möglich ist, Erotisches so offen zur Sprache zu bringen. Für dies Ideal, das der Entwicklung vorauseilte, war noch nicht genug empfängliches Publikum vorhanden; so blieb der R. ohne Nachwirkung.

Zur Ausgabe von F. Seiler, 1882, s. L. Laistner AfdA. 9 S. 70ff. und ZfdA. 29, S. 1ff. Eine neue Ausgabe ist zu erwarten von N. Fickermann in den Kritischen Studientexten 'Deutsches Mittelalter' der MGH. — Übersetzungen von M. Heyne 1897 und P. v. Winterfeld *Deutsche Dichter des lateinischen Mittelalters* 1913, S. 287ff. — Ehrismann I², S. 406ff.; H. Schneider *Heldendichtung* ... 1925, S. 113ff.; Schwietering *Die dt. Dichtung des MA.s* S. 30ff.; K. Burdach *Vorspiel* I, 1 S. 144ff.; K. Dahinten *Zum Problem der literarhist. Stellung des R.*, HistVjschr. 28 (1933) S. 503ff.; L. Tabor *Die Kultur des Klosters Tegernsee im frühen MA.*, Diss. Göttingen 1935, S. 84f.; P. v. Winterfeld *Der Mimus im R.*, in: *Dt. Dichter des lat. MA.s* S. 491ff.; K. Strecker *Die Örtlichkeit der Königsbegegnung im R.*, Papsttum und Kaisertum, Kehr-Festschrift 1926, S. 207ff.; K. Langosch *'Hist. Kern', Entstehungszeit, Grundidee des R.*, Corona Quernea 1941, S. 266ff.; F. Löwenthal *Zu R. v. 196*, Studien zur lat. Dichtung des MA.s, K. Strecker-Festschrift 1931, S. 132f.; ders. *Bemerkungen zum R.*, ZfdA. 64 (1927) S. 128ff. Zum „Liebesgruß" H. Walther ZfdA. 65 (1928) S. 258f. Kulturhistorisches bes. Seiler in der Ausgabe S. 81ff.; H. Fehr *Das Recht in der Dichtung* 1931 S. 54ff.; O. Zallinger *Die Ringbeigaben bei der Heirat*, WSB. 212, 4. Abh., S. 12ff.; dagegen H. Meyer *Die Eheschließung im R. und das Eheschwert*, ZfRechtsgesch. 52 (1932) Germ. Abt., S. 276ff.; ders. *Das Handgemal* 1934, S. 48 u. ö.

K. Langosch.

Ruoftampler. Hs. Additional 16581 des Britischen Museums, 15. Jh. (1469), ostschwäbisch, Bl. 147ᵇ; s. R. Priebsch *Deutsche Hss. in England* II (1901) S. 147—58. Ihm wird zugeteilt der Spruch:

Uber nym dich sein an kainer statt,
Ob es dir gelücklich gatt,
Wann was gott dem vndanckberen geitt,
Das nympt er wider in kurtzer zeytt.

R. Priebsch.

Rupert von Deutz.

1. Leben. R. (vielleicht um 1070 geboren) trat sehr jung in das Benediktinerkloster St. Lorenz in Lüttich ein. Seine Familie war wohl in der Stadt selbst oder in der Nähe ansässig. Ob sie deutschen Blutes war oder nicht, läßt sich nicht ausmachen. R. genoß unter Heribrand, dem spätern Abt des Klosters (1115—30), eine ausgezeichnete Ausbildung. Im Investiturstreit stand Lüttich auf seiten des Kaisers, während das Kloster zum Papst hielt. Der Abt wurde vertrieben, und R. teilte mit den meisten andern Mönchen seine Verbannung. Die Unsicherheit, die manche damals hinsichtlich der Gültigkeit der von einem simonistischen Bischof gespendeten Weihe empfanden, veranlaßte wohl auch R., sich die Priesterweihe erst spät, nämlich nach 1106, geben zu lassen. Nun begann er eine ausgedehnte literarische Tätigkeit, die ihn bald berühmt machte, ihm aber auch die Gegnerschaft so angesehener Theologen, wie es Wilhelm von Champeaux und Anselm von Laon waren, eintrug. Abt. Berengar empfahl ihn dem literarisch und künstlerisch sehr interessierten Abt Kuno von Siegburg; R. siedelte in das von Erzbischof Anno gestiftete Kloster über, mußte jedoch noch einmal nach Lüttich zurückkehren, um sich gegen erneute Anklagen wider seine Rechtgläubigkeit zu verteidigen. Die volle Rechtfertigung, die ihm hier zuteil wurde, ermutigte ihn wohl zu einer Reise nach Frankreich (1117), wo er mit seinen Gegnern abrechnen wollte. Das Unternehmen war vergeblich; denn Anselm lag im Sterben, als R. nach Laon kam, und die Disputation mit Wilhelm von Champeaux in Chalons verlief ergebnislos. Aus dem Siegburger Kloster wurde R. um 1120 zur Leitung des Klosters in Deutz (gegenüber Köln) berufen. Eine Reise nach Rom und Montecassino (1124) gab ihm neue Anregung zu literarischer Arbeit. Anscheinend wurde seine Gesundheit durch die Aufregung und den Schrecken schwer erschüttert, in den ihn die Feuersbrunst versetzte, die am 28. August 1228 einen großen Teil des Klosters einäscherte. Die kultur- und kunstgeschichtlich wichtige Beschreibung dieses Brandes (*'De incendio oppidi Tuitii'*) war das letzte Werk, das er vollendete; über *'De meditatione mortis'* ist er, wahrscheinlich am 4. März 1129, gestorben.

2. Schriften. R. hat eine umfassende theologische Schriftstellerei als Exeget, Dogmatiker, Historiker und Hymnendichter entfaltet. In Mignes *Patrologia Latina* füllen seine Werke vier Bände (167—170). Über die frühern Ausgaben vgl. Rocholl S. 324f. Eine bequeme

Übersicht über die einzelnen Werke bietet Manitius III S. 130—135. Im Rahmen des VL. kann es nicht meine Aufgabe sein, alle Werke aufzuzählen und zu kennzeichnen, sondern eine allgemeine Charakteristik seiner Schriftstellerpersönlichkeit zu geben und seine Beziehungen zur deutschen Literatur und Kunst des 12. Jahrhunderts aufzuzeigen.

a) R. ist von Haus aus eine dichterisch-visionär veranlagte Natur, wie schon die 1095 gedichteten *'Carmina de S. Laurentio'* zeigen (hrsg. und eingeleitet von E. Dümmler NA. 11 S. 175—194; Text auch bei Rocholl S. 269—288), in denen er die Bedrängnisse der Kirche, insbesondere des Lütticher Bistums, während des Investiturstreites schildert. Aber auch sonst begegnen wir bei R. sehr oft der Schilderung von Visionen, bedeutungsvollen Träumen usw. In einer solchen Vision hat er nach seiner Angabe, an deren subjektiver Wahrhaftigkeit nicht zu zweifeln ist, eine besondere göttliche Erleuchtung und den Auftrag zur theologischen Schriftstellerei erhalten (vgl. z. B. den Widmungsbrief von *'De trinitate et operibus eius'*, Patr. Lat. 167 Sp. 196). Hierauf beruht sein so starkes Selbstbewußtsein als Theologe, das ihn glauben ließ, er sei berufen, die Theologie über die Väter hinaus zu fördern (von denen er aber zeitlebens zehrte), und das ihn auch zu recht schroffen Urteilen über seine theologischen Gegner veranlaßte. Nur wer Visionen und dergl. zu den mystischen Erlebnissen rechnet, kann in R. einen Mystiker sehen. Freilich schrieb er allegorisch-mystische Kommentare zur Hl. Schrift; das besagt aber nicht mehr, als daß er mit vielen seiner Zeitgenossen davon überzeugt war, die Bibel enthalte unter der Oberfläche des Buchstabens Geheimnisse, die nur besonders Begnadigte erfassen können.

b) R. vereinigt in sich den Historiker und den Geschichtstheologen. Er schrieb die Geschichte seines heimatlichen Klosters (*'Chronicon S. Laurentii Leodiensis'*, MGH. SS. VIII S. 262—279; abgedruckt in Patr. Lat. 170 Sp. 671—702) und des Klosters, dem er als Abt vorstand (*'De incendio oppidi Tuitii'*, MGH. SS. XII S. 629—637). Seine Geschichtstheologie entwickelt er zuerst in *'De trinitate et operibus eius'* (Patr. Lat. 167 Sp. 199 bis 1828), geschrieben zwischen 1110 und 1117. Angeregt durch Augustins Werk *'De civitate Dei'*, sucht er den Sinn des Weltgeschehens durch dessen Hinordnung auf die Dreifaltigkeit zu deuten. Dem Vater sind die sieben Schöpfungstage zugeordnet, dem Sohn die sieben Weltalter bis zur Sendung des Hl. Geistes, diesem die sieben Epochen der Kirchengeschichte. Das Einteilungsprinzip für diese beiden Weltperioden sind die sieben Gaben des Hl. Geistes, die in der vorchristlichen Zeit von der Furcht Gottes bis zur Weisheit ansteigen und in der christlichen Geschichte wieder bis zur Furcht vor dem Endgericht absteigen. Dazu kommt noch der Gedanke, daß alle Gestalten des Alten Bundes ihren geschichtlichen Sinn als Vorbilder Christi haben. R. hat den Versuch der theologischen Sinndeutung der Geschichte erneut in *'De victoria Verbi Dei'* (um 1122, Patr. Lat. 169 Sp. 1215—1502) und *'De glorificatione trinitatis et processione s. Spiritus'* (um 1127, ebda Sp. 13—302). In jenem Werk, das seine Entstehung einer Anregung Kunos verdankt, spielt die Vision Daniels (Kap. 7) eine ähnlich bedeutsame Rolle wie im 'Annolied' (s. d.). Ob man aus dem, was R. in dem Widmungsbrief über sein Gespräch mit Kuno berichtet, einen Rückschluß auf den Siegburger Abt als Vf. des 'Annoliedes' machen kann, wie E. Beitz meint, erscheint sehr fraglich.

c) Der Einfluß R.s auf das geistige Leben in Deutschland im 12. Jahrhundert läßt sich nicht leicht beurteilen. Die weite Verbreitung der Hss. seiner Werke in deutschen Benediktinerklöstern (die Angaben bei Rocholl S. 325f. und Manitius III S. 135 sind sehr unvollständig) spricht für ein großes Interesse in diesen Kreisen. Von Schülern aber, die sein Werk fortsetzten, wissen wir nichts. Nur bei dem Regensburger Kleriker, der unter dem Pseudonym Honorius Augustodunensis (s. d. im Nachtrag) in die Geschichte eingegangen ist, und bei Herrad von Landsberg (s. d.) läßt sich die Benutzung der

Schriften R.s sicher nachweisen. Ob Hildegard von Bingen (s. d.), die R. durch ihre visionäre Anlage verwandt ist, seine Schriften gekannt hat, müßte erst untersucht werden. Den zeitgenössischen Theologen in Frankreich mußte er als rückständig erscheinen, weil er gegen die Verwendung der Dialektik in der Theologie war.

Wie R.s Schriften allenthalben eine große Liebe zur bildenden Kunst verraten, so haben sie auch einen tiefgreifenden Einfluß auf die rheinische Kunst des 12. Jahrhunderts ausgeübt. So beruhen die Wandmalereien in der Unterkirche zu Schwarzrheindorf bei Siegburg auf R.s Ezechielkommentar. Auch regte er wohl zu den Darstellungen der Dreifaltigkeit an, die man als „Gnadenstuhl" bezeichnet, und vor allem zu den Madonnenbildern in Siegburg, Köln und Lüttich, bei denen das Kind gleichwertig neben der Mutter erscheint.

Gesamtdarstellungen: *Hist. litt. de la France* XI S. 422ff., abgedruckt in Patr. Lat. 170 Sp. 703—804. R. Rocholl *R. v. Deutz* 1886; ders. RE.³ XVII S. 229—243. A. Cauchie *R. de S. Laurent ou de Deutz*, Biographie Nationale de Belgique XX (1909) S. 426—458. A. Hauck *Kirchengeschichte Deutschlands* IV³⁻⁴ (1913) S. 432—443. O. Wolf *Mein Meister Rupertus* 1920 (volkstümlich). Manitius III S. 127—135.

Zur Theologie: J. Bach *Dogmengeschichte des MA.* I (1873) S. 412—423; II (1875) S. 243 bis 297. I. A. Endres *Honorius Augustodunensis* 1906. M. Grabmann *Die Geschichte der scholast. Methode* II (1911) S. 100—104. A. Dempf *Sacrum Imperium* 1929, S. 233—238 (Geschichtstheologie). J. Rivière *Le dogme de la rédemption au début du moyen âge* 1934.

Zu R.s Einfluß auf die Kunst: W. Neuß *Das Buch Ezechiel in Theologie und Kunst* 1912, S. 114ff. 285ff. E. Beitz *R. v. Deutz. Seine Werke und die bildende Kunst* (Veröffentlichungen des Köln. Geschichtsvereins H. 4) 1930.

Die Briefe übersetzte in Auswahl W. Oehl *Deutsche Mystikerbriefe des MA. 1100—1550* 1931, S. 1—46.

Josef Koch.

Ruppin, s. Wichmann v. R.

Ruprecht von Würzburg, Verfasser der Novelle '*Von zwein koufman*'.

1. Biographisches. Alles, was wir vom Verfasser wissen, ist sein Name. Einiges Weniges läßt sich aus der Novelle erschließen: er war fromm und gottesfürchtig, Kleriker wohl nicht. Ist er Ostfranke? Seine Sprache ist ostfr., mit rhfr. und alem. Einschlag. Er scheint sehr belesen zu sein. Besonders stark ist er von Wirnt von Grafenberg (s. d.) beeinflußt, auch von Wolfram (s. d.). Er gehört in den Kreis der Wolframnachahmer um 1300.

2. Die Novelle. a) Überlieferung. Sie ist nur in einer Hs. überliefert, der Gothaer Papierhandschrift Ch. A 216, Blatt 74—81 (um 1400). Abgedruckt ist sie zum ersten Mal von den Brüdern Grimm in den 'Altdeutschen Wäldern' Bd. I S. 35—71 (mit Anmerkungen), Bd. II S. 184 einige Nachträge und Änderungen. Diese Wiedergabe ist im ganzen ein getreuer Abdruck der Hs., ohne text- oder dialektkritische Absicht. Dann hat sie Fr. H. v. d. Hagen in dem 'Gesamtabenteuer' als Nr. LXVIII, S. 357—82 wiedergegeben (einige Nachträge S. 660 f.; S. 777 Quellenverzeichnis; S. LXXXIII bis CXII die Geschichte des Stoffes). F. W. Genthe, Deutsche Dichtungen des Mittelalters Bd. II S. 257—72, gibt eine reichlich „prosaische" Prosaauflösung des Gedichts. Eine gute kritische Herstellung hat Wilmanns aus Moriz Haupts Nachlaß in der ZfdPh. 7 S. 65—90 veröffentlicht. Nur sie ist zu Studien zu benutzen (einige Änderungsvorschläge siehe in meiner Arbeit).

b) Inhalt. Bertram, mit Irmgart jung verheiratet, ist auf Geschäftsreisen. In einer Herberge kommt er mit 3 Kaufleuten und dem Wirt Hogier ins Gespräch. Thema: ihre Frauen. Hogier wettet mit Bertram um den ganzen Besitz, daß er Irmgart spätestens in ½ Jahr verführt hätte. Irmgart gibt dem Werben Hogiers schließlich nach. Doch verbringt nicht sie, sondern ihre Magd Amelin mit Hogier die Liebesnacht (Brangäne-Motiv). Hogier merkt diese Täuschung erst, als er seinen Gewinn einstreichen will.

c) Würdigung. Der Hauptteil der Novelle ist die Darstellung des seelischen Konfliktes in Irmgart: soll sie sich einmal verkaufen und ihrem Gatten dadurch einen beträchtlichen Zuwachs an Vermögen verschaffen, oder soll sie ihm ihre Treue bewahren? Ihre Frauenwürde siegt, auch gegen Eltern, Schwiegereltern und alle Bekannte. Auf diesen Konflikt hat Ruprecht den Schwerpunkt der Novelle verschoben. Die Fabel: Die Wette um die Treue einer Frau, die in der europäischen und außereuropäischen Literatur oft begegnet, ist hier nur noch Rahmen.

Ruprecht schildert recht anschaulich, wenn auch etwas breit. Sein Satzbau ist klar und einfach. Seine Sprache ist schlicht und nicht gekünstelt, sie zeigt keine Spuren von „geblümtem Stil". Besonderen Wert legt der Dichter auf ihren Klang (Spiel mit Wörtern, Stabreim, reicher und erweiterter Reim, Durchhalten von Reimwörtern und -vokalen). Geschickt meistert er die direkte Rede, macht sie sich als gutes Charakterisierungsmittel dienstbar. Von der Schablone hält er sich möglichst fern und stattet seine Personen mit individuellen Zügen aus. Ruprecht ist ein guter Beobachter, der stets mit seinen Helden mitlebt.

Der Aufbau seines Gedichts ist recht gut. Äußerlich ist die Einteilung in Abschnitte zu erwähnen, die durch dreireimigen Schluß gekennzeichnet sind. Der innere straffe Aufbau mit geschickter Verteilung von Spieler und Gegenspieler muß lobend hervorgehoben werden.

'*Von zwein koufman*' gehört in die Anfänge der bürgerlichen Dichtung. Es klafft noch ein Widerspruch zwischen dem Rahmen, der noch z. T. typisch höfisch gehalten ist, und der durchaus bürgerlichen Weltanschauung. Das Gedicht wird um 1300 entstanden sein.

Ruprecht ist Epigone, aber einer von den wertvolleren. Er versucht, der Schablone zu entgehen, vielfach mit gutem Erfolg, oft gibt er Eigenes. Doch ist das Wollen noch stärker als das Können.

G. Hahn *Ruprecht von Würzburg* (Form und Geist 23) 1931; dazu Niewöhner AfdA. (1934) S. 45/8. Zum Stoff vgl. *H.* Schnoe *Die „Wette"*, Volkskundl. Gaben f. John Meier (1934) S. 176—186.

Günter Hahn.

Ruschart. Das Gedicht *Durch kurzewile vahe ich an Als ich da her geworben han Uf lieben wan der sanfte tuot* (740 Reimpaarverse) steht in 4 Hss.: a) Wien Nationalbibl. Poem. Germ. 2885 Bl. 148^{aa}; b) Innsbruck Bibl. des Museum Ferdinandeum, Vermischte Gedichte 16. 0. 9 (früher XXIX C 10) Bl. 72^{ba}; c) Donaueschingen Fürstl. Fürstenbergische Hofbibl. Nr. 104 (L 177) Bl. 30^{aa}; d) Heidelberg Universitätsbibl. cpg. 313 Bl. 280^{b}. Laßberg (LS. Nr. 28) nennt das Gedicht 'Liebesstreit'; zwei Hss. geben ihm keine Überschrift; die beiden andern (Wien und Innsbruck) nennen es *Der* (bzw. *Von dem*) *kläffer*.

Der Inhalt ist Werbung um eine Schöne, die den Verliebten nach langen Gesprächen über Liebe und Tugend, Falschheit und Untreue schließlich erhört mit den Schlußworten, die seltsam abstechen gegen die durchaus feingesitteten vorhergehenden Reden: *Da von wol her über mich! So nimpt din sorg ein ende An alle missewende.*

Der Dichter nennt sich an zwei Stellen: v. 320ff. *Wan nimer kumpt jn min sin Waz ze welt ie frölich wart, Du sprechest denn: Rûschart, Liebes bul vnd geselle min, Dû solt von mir getröstet sin* und 717ff. *Sid mir din trû ist worden schin An manger red, bule min, So wissest daz nie lieber wart, Vil lieber bul Ruschart, Den kain* (lies *Dekain*) *lib vff der erde mir* [1]).

R. ist Niederalemanne der 1. Hälfte des 14. Jh.s; 15% seiner Reime sind klingend; die klingenden Verse sind mit wenigen (verderbten?) Ausnahmen dreihebig. Regelmäßiger Wechsel von Hebung und Senkung ist streng durchgeführt.

R.s Gedicht hat auf zwei andere gewirkt: Das bei Meyer u. Mooyer, Alt-

[1]) *Ruschart* ist sicher Eigenname, der als *Rauschert* sich heute noch findet. In der mlat. Philologie spukt ein Wort *rusthardus*. Vgl. die weitbekannten 4 Hexameter *Tempore faschangi rusthardi sunt metuendi*, die zuletzt H. Walther im Zentralbl. f. Bibl.wesen 49 (1932) S. 341 aus dem Wiener Cod. 3214 Bl. 194^{b} abdruckte; ist nicht für *t* einfach *c* zu lesen? Aus einer Upsalaer Hs. (vgl. C. Borchling, 2. Reisebericht GGN. phil.-hist. Kl. 1900 Beiheft S. 123) hat K. v. Bahder ein 'Canticum Rustardini' abgedruckt: Germ. 31, 104.

deutsche Dichtungen S. 44 nach der Hs. Ms.[b] 42[b] der Stadtbibliothek zu Bremen abgedruckte Gedicht *Von eyme gewerbe eins vnd einer* (Anfang *Eines tages dz beschach Dz ich ein schône fröwe sach*) hat denselben Inhalt wie R.s Gedicht und schreibt es kräftig aus. (K. Zwierzina wies mich vor Jahren schon darauf hin.) — 'Der Minnen Klaffer' (s. d.) scheint in bewußtem Gegensatz zu R.s Gedicht verfaßt zu sein. H. Niewöhner.

'Rüst- und Feuerwerksbuch', Ms. 40. Stadtbibl. Frankfurt a. M., um 1490: *Hye vohet an eyn gut und sere nutzbarljch bugh gnt* [genannt] *das rust und fuerwerckbuych, zusamen gebracht von vil bewertten meistern und der kunst verständigen.* Reich illuminierte Hs. auf Papier, sie gehört zu den prächtigsten und besten ihrer Art und umfaßt neun Bücher. Das Werk ist eine offizielle von Rats wegen angefertigte Abschrift des alten 'Feuerwerksbuchs' (s. d.) und gibt eine Erweiterung desselben durch unbekannte Büchsenmeister. Es umfaßt das ganze Gebiet der damaligen Technik der Pulverwaffe und ihres Zubehör. Davon handeln die ersten fünf Bücher. Das sechste ist ein eigentliches 'Büchsenbuch', ebenfalls abhängig vom dt. 'Feuerwerksbuch', ebenso gut illustriert; doch sind die Bilder keine eigentlichen Belege zum Text. Das siebte Buch, ein 'Rüstbuch', bringt nach Art der früheren Ikonographien allerhand technische Sachen, wie Taucherapparate, hydrotechnische Dinge verschiedenster Art, Streitkarren, Sturmschirme und ähnliche Belagerungswerkzeuge, Steigzeuge, Bliden (Gegengewichtswurfgeschütze). Das achte behandelt die *heymlichkeitt der instrumente*, es berichtet über den Quadranten und zeigt dann allerlei artilleristisches und technisches Handwerkzeug nebst Vorschriften für die Metallbehandlung. Der neunte unvollendete Schlußabschnitt gehört wieder zu der Gattung der Feuerwerksbücher, er handelt von der Herstellung von Feuerpfeilen und ähnlichem Kriegsbedarf, zugleich erfahren wir Ratschläge zum Messen der Höhe und Breite.

M. Jähns *Geschichte der Kriegswissenschaften* 1889, I S. 271, 272. B. Rathgen *Das Geschütz im Mittelalter* 1928, S. 110. Bücher Blätter der Geschichts- und Altertumsvereine zu Kassel, Darmstadt, Mainz, Wiesbaden und Frankfurt 1865, S. 154. F. M. Feldhaus *Was wissen wir von Bertold Schwarz?*, Ztschrft. f. histor. Waffenkde. 4 S. 116. W. Gohlke *Das Geschütz des Altertums und d. MA.*, ebd. 5 (1909 bis 1911) S. 392, Abb. 58. 59. Eine Abschrift des obigen Buches Cod. germ. fol. 94, Staatsbibl. Berlin von 1540.

E. A. Geßler.

Rute, s. Hartwig v. Raute.

Rutger (Rüdiger), *frater zur Dijck*, ein chirurgisches Talent trefflicher Note im ehemaligen regulierten Tertiarier-(Franziskaner-)Kloster St. Nikolaus bei Schloß Dyk (Bedburdyk) im Kreise Grevenbroich (unfern Neuß). Dem Metzer Foliokodex Nr. 176, dem ich auch die kleine Kriegschirurgie Johanns von Würzburg verdanke, entnahm ich eine, in lateinischer und deutscher Sprache durcheinander verfaßte *'Ars fratrum zur Dijk zu alden schaden vnd zu dem kreyfftz'* [Krebs] auf Blatt 72 und 73, die in den 'Beiträgen z. Gesch. der Chir.' II (1918) S. 580—587 veröffentlicht und besprochen ist. Eigenes Denken und Können spricht sich in Bruder Rutgers Operationsmethode der Unterschenkelkrampfadergeschwüre aus. Sie bestand in der Freilegung der Krampfadern am Oberschenkel, Fassen mit kleinen Haken zwei Handbreit über dem Knie, doppelter Unterbindung mit Seitenfaden fingerslang voneinander und Ausschneiden des Zwischenstücks. Ein Verfahren, das mit geringen Modifikationen heute wieder modern ist.

Mitt. z. Gesch. d. Med. 26 (1927) S. 78. G. Allmang *Gesch. d. ehemal. Tertiarierklosters St. Nikolaus bei Schloß Dyk* 1914.

Sudhoff.

Rutger von Köln, s. Hoops RL. IV S. 52.

Rüxingen, s. Gabriel v. R.

Ruysbroeck, Jan van, größter niederdeutscher Mystiker.

1. Hss. in Brüssel, Amsterdam, Gent, Utrecht, Leiden, den Haag, Warmond, Köln, München, London, Oxford, Paris; 84 Codices, beschrieben von M. Vreese *De handschriften van*

J. v. R.s werken (Kgl. Vlaamsche Acad. voor Taal- en Letterkunde) 1900 u. 1902, aufgezählt auch bei M. d'Asbeck *Documents relatifs à Ruysbroeck* 1926 S. 99—105 (daselbst S. 105 die Mitteilung, daß 4 Hss. der Leidener Bibl., die als Leihgabe 1914 auf der Löwener Bibl. waren, im Weltkrieg verbrannt sind, darunter einer der beiden einzigen aus Groenendael selbst stammenden Codices). 7 Hss. stammen aus R.s Lebenszeit, darunter: Brüssel Vv. Ms. 3.067—3.073 mit niederld. Übersetzungen von Eckharttexten u. R.-Texten. 68 Hss. gehören dem 15. Jh., 9 dem 16. Jh. an. Weitere 70 Hss. erwähnt Gabr. Dolezich *Die Mystik J. v. R.s* (Breslauer Studien 4) 1926, S. 13.

2. Kritische Erstausgabe: *Werken van J. v. R. hgb. v.* J. David, 6 Bde., 1858 bis 1868, I u. II Leben und '*Boec van den gheestelijken tabernacule*'; III. '*B. v. d. twaelf dogheden*'; '*Spieghel der ewigher salicheit*'; '*Van den kerstenen ghelove*'; IV. '*Sieben Schlösser*'; '*Königreich der Liebhaber Gottes*'; '*Boek van 7 trappen in den graet der gheestelijker minnen*'; V. '*B. v. d. twaelf beghinen*'; VI. '*Die chierheit der gheestelijker brulocht*;' '*Dat handvingerlijn oft van den blinckenden steene*'; '*B. der hoechster waerheit*'.

3. Frühe Übersetzungen: I. Latein. Die ersten wurden zu Lebzeiten R.s gefertigt von Wilh. Jordaens, Kanonikus in Groenendael († 1372): 'Zierde der geistl. Hochzeit'; 'Geistl. Tabernakel'; 'Blinkender Stein', und von Geert Groote (s. d.): 'Sieben Stufen der Liebe' (vor 1379); 'Zierde d. g. Hochzeit' (vor 1383). Thomas von Kempen (s. d.) übersetzte die 'Zierde d. g. H.' Die erste lateinische Druckausgabe erschien mit dem Text des W. Jordaens Paris 1512: *Ornatus spiritualium nuptiarum*; die zweite mit Geert Groots Übers. der '7 Stufen der Liebe' Bologna 1538; die berühmte des Kölner Kartäusers Laurentius Surius erstmals als *Opera omnia*, Köln 1552 (danach 1608. 1609. 1692). — II. Deutsch. Schon Rulman Merswin (s. d.) schrieb um 1350 eine (von ihm oder Tauler oder einem Ungenannten gefertigte) oberdeutsche Übersetzung der 'Zierde der g. H.': *Brutlouf-Büchlin das ein lieber heiliger Waldpriester in Brabant schreib, heisset Br. Johannes Rüsebruch, und sandte es heruß in Oberland den Gottesfreunden, des Jubel-Jores ... 1350*, München Staatsbibl. cgm. 818, gedruckt (ohne Ortsangabe) durch D. S. 1621: *Ein edles Buchlein des ... Joh. Taulers, Wie der Mensch möge ... Gottschawende werden, ist eine Übersetzung des Handvingerlijn oder glänzenden Steins.* — III. Italienisch, von Mambrino de Fabriano, Venedig 1565. — IV. Französisch, von einem Pariser Kartäuser, Toulouse 1605. — V. Modernisiertes Vlämisch, von Gabriel v. Brüssel (Kapuziner) 1624. — VI. Spanisch, Madrid 1696. — Eine Blütenlese aus R. veröffentlichte 1553 Ludw. Blosius in seiner '*Consolatio*' (ins Vlämische übersetzt 1568) und 1555 im '*Margaritum Spirituale*'.

4. Quellentexte zum Leben R.s. I. Jan v. Leeuwen (v. Afflighem), der „gute Koch von Groenendael" († 1377, also vor R.s Tod), ein fruchtbarer mystischer Schriftsteller, rühmte an mehreren Stellen seiner vielen kleinen Schriften (aufgezählt *Analecta Bollandiana* 4 S. 310) die Begnadung seines Priors R. Vier dieser Elogia sind im vläm. Urtext von W. de Vreese nach der Brüsseler Hs. 2.559—2.562 (XV. Jh.) ediert in *Bijdragen tot de Kennis van het leven en de werken v. J. v. R.* S. 31—32. Französ. Übers. bei M. d'Asbeck *Documents* S. 12—16. — II. Meister Gerhart, Kartäuser von Notre-Dame à Capellan (bei Horinnes im wallonischen Brabant), Zeitgenosse R.s, schrieb einen Prolog zu einer Sammelausgabe von 5 Werken R.s, erhalten in Brüssel, Hs. n. 3.416 (datiert 1461) u. Gent n. 693 (1480); ed. bei Vreese a. a. O. S. 6—20 u. französ. bei d'Asbeck a. a. O. S. 17—21. — III. Jan Dietrich v. Schoonhoven († 1431), Kanoniker in Groenendael seit 1377, Schüler R.s, schrieb ein heute verlorenes Leben R.s, das Pomerius benutzt hat. (Über seine erhaltene Verteidigung R.s gegen Gerson s. u.) — IV. Geert Groote (s. d.) von Deventer, besuchte (wie Jan v. Leeuwen im 4. Elog. bezeugt) R. in Groenendael (worüber ausführlicher Bericht bei Thomas v. Kempen *Vita Gerardi Magni* c. 10) erstmals 1376/77 und erwähnt diesen Besuch in einem Brief von 1377 (enthalten in Den Haag, Kgl. Bibl. Ms. 78 J 55 u. Lüttich Un.-Bibl. n. 71 [wonach ediert von Volte Tübinger theol. Quartalschrift 52 (1870): *Sieben unausgegebene Briefe v. Gerh. Groote*], ed. Acquoi *Gherardi Magni epistolae 66* 1857 u. W. Preger *Beiträge z. Gesch. d. rel. Beweg. i. d. Niederl.* 1894, S. 29—31). Text dieses Briefs bei d'Asbeck S. 68—70; daselbst S. 71—72 ein Brief Geert Grootes, den er 1383, 2 Jahre nach R.s Tod, an die Brüder v. Groenendael geschrieben. — V. Pomerius (Heinrich Baumgartner) aus Brüssel (1382—1469), Magister artium, Prior v. Groenendael: *De origine monasterii Viridis Vallis* II. *De vita et miraculis fr. Joh. Ruusbroec* (Brüssel, Kgl. Bibl. ms. n. 2.926; Utrecht, Un.-Bibl. ms. n. 335 Bl. 124—139) ed. in *Analecta Bollandiana* 4 (1885) S. 263—322; geschrieben nach H. P. Vanderspeeten (a. a. O. S. 334ff.) zwischen 1416 u. 1421, nach Paul O'Sheridan (Revue d'histoire ecclésiastique 1925 Januar/April) erst 1431/32. — VI. Thomas a Kempis (1380—1471) *Chronicon Montis S. Agnetis* c. 2. *De obitu Dni. Jo. Ruesbroeck.* Text bei d'Asbeck S. 79/80.

5. Leben u. Schriften. Geb. 1293 zu Ruysbroeck 5 km südöstlich von Brüssel, entlief der früh vaterlos gewordene Jan als Elfjähriger seiner Mutter zu seinem Onkel Jan Hinckaert, Kanonikus an St. Gudule in Brüssel, der ihn 4 Jahre in die Schule schickte. Seine Mutter zog ihm nach und wohnte in einer Beginage von Brüssel. An St. Gudule hatte sich der Kanoniker Franco van Coudenbergh dem

durch eine Predigt zum eifrigen geistlichen Leben bekehrten Hinckaert angeschlossen, und Jan wurde ganz vom Eifer beider Männer erfaßt, gab das Schulstudium auf und überließ sich dem Gebet, der Lesung und Beschauung. 1317 zum Priester geweiht, sah er nach der ersten hl. Messe seine vor Jahren verstorbene Mutter, die ihm sagte, sie sei durch dieses hl. Opfer aus dem Purgatorium erlöst. Als Kaplan an St. Gudule soll er die viel verehrte Patrizierin *(domicella)* Heilwige Bloemmaerts, des Schöffen Wilhelm Bl. Tochter, die mit ihren pseudomystischen Schriften eine glühende Gottesliebe predigte, aber auch die freie Geschlechtsliebe als „seraphisch" feierte, entlarvt haben. Wohl um den Einfluß der (1335 gestorbenen) „Bloemmaerdinne" in den Beginenhäusern zu brechen, verfaßte er die ersten seiner Schriften, 'Das Reich der Liebhaber Gottes' und 'Von den 12 Artikeln des christlichen Glaubens'. Auch sein Hauptwerk 'Die Zierde der geistlichen Hochzeit' ist wohl noch in Brüssel begonnen und behandelt, wie 'Das Reich der Liebh. Gottes', positiv die innere Bereitung zum mystischen Leben, fügt aber, wie jenes, auch eine warnende Schilderung des pseudomystischen freien Lebens ein, worin unschwer die Irrtümer der von der Bloemmardinne und anderen Pseudomystikern verführten „Brüder und Schwestern des freien Geistes" erkennbar sind. Im Jahre 1343 verließen Hinckaert, Coudenbergh und R. das geräuschvolle Brüssel, erhielten am Ostermittwoch vom Herzog Jan III. von Brabant im nahen Sonje Bosch (2 Meilen von Brüssel) die 1304 von Jan Busco begründete, damals von einem hl. Einsiedler namens Lambert bewohnte Klause Groenendael zugewiesen — Lambert siedelte bescheiden in die Einsiedelei Botendale über — und bauten mit Gutheißung des dort zuständigen Bischofs von Cambrai ein Kloster und eine am 13. März 1344 geweihte Kapelle. 1349 nahmen sie — außer Hinckaert, der schon zu alt war und sich ein Häuschen neben dem Kloster baute — auf Befehl des Bischofs Regel und Gewand der Augustiner Chorherren an. Der zweite Konversbruder, der sich ihnen anschloß, war der „gute Koch von Groenendael" *(bonus coquus Viridis Vallis)* Jan van Afflighem oder van Leeuwen, der neben seinem Küchenhandwerk nicht weniger als 24 mystische Traktate in Brabanter Vlämisch geschrieben hat und durch seine Elogien auf R. das Sprichwort widerlegt, daß niemand groß sei vor seinem Hausdiener. Coudenbergh wurde Propst, R. Prior von Groenendael, das alsbald Besucher, Pilger und Novizen von allen Seiten herbeilockte. Unter den Schriften des Jan v. Leeuwen (der vor R. starb) findet sich '*Een boeken van Meester Eckarts leere, daer hi in doelde* („worin dieser irrte"). Auch in den Traktaten '*Van fijfterhande broederschap*' und '*Vanden tien gheboden*' kommt der brabanter Koch auf den thüringer Mystiker Meister Eckhart mit Kritik zu sprechen. In der Kgl. Bibl. zu Brüssel befindet sich als n. 3067—3073 ein Kodex des Groenendael benachbarten Kanonikerhauses Roodencloostere in Zonien (im Sonje-Wald), der neben Schriften R.s auch vlämische Übersetzungen von M. Eckharts Werken von einer Hand des 14. Jh.s enthält. So ist es gewiß, daß M. Eckhart in Groenendael und Umgebung gelesen wurde. Die vielleicht erst in Groenendael vollendete und 1350 den Gottesfreunden in Straßburg zugesandte 'Zierde der geistl. Hochzeit' weist denn auch unverkennbare Spuren Eckhartischer Lehren auf: hier wie dort das Vordringenwollen über den Unterschied der drei göttlichen Personen hinaus in das einfache Wesen der Gottheit, hier wie dort das unablässige Gottschauen des Seelengrunds oder Seelenfünkleins, hier wie dort das Streben nach einem mittellosen Einswerden der Seele mit ihrem ewigen Urbild. Vgl. 'Zierde der g. Hochzeit' Buch 3 c. 6: *Want in desen grondelosen wiele* (Strudel) *der simpelheit werden alle dienc bevaen* (gefangen) *in ghebrukeliker salicheit* (in genießender Seligkeit); *en die gront blivet selve al onbegrepen, het en si met weselicker enicheit* (es sei denn mit wesentlicher Einheit). *Hier voren moeten die persone wiken* (weichen), *ende al dat in Gode levet; want hier en is anders niet dan een ewich rasten in enen ghebrukeliken omvanghe* (Umarmung) *minliker ontvlotenheit* (liebender Entflossenheit); *ende dit is in dat wiselose wesen* (das weiselose Wesen), *dat alle ynnighe gheeste boven alle dinc hebben vercoren. Dit is die donkere stille, daer alle minnende in sijn verloren.* — 'Königreich der Liebhaber Gottes' c. 5: *De eenvoldighe gront des wesens der sielen ... is een naturlic rike Gods.* — 'Zierde d. g. H.' Buch 3 c. 3: *Hier werket God hem selven allene in die hoechste edelheit des gheests. Ende hier en is anders niet dan een ewich scouwen ende staren dat licht, metten lichte ende inden licht.* — Ebd. Buch 2 c. 70: *Die afgront Gods roept inden afgrond* (*abyssus abyssum invocat* Ps. 41, 8), *dat sijn alle die, die verenicht sijn met den gheeste Gods in ghebrukliker minnen. Dit incroepen es een overvloyen ere weseliker claerheit; ende dese weselike claerheit, in enen ommevanghe erer grondeloser minnen, doet ons ons selven verliesen ende ontvlieten in die wilde duysternisse der Godheit. Ende also verenicht, sonder middel, een met den gheeste Gods, soe moghen wi Gode met Gode ontmoeten* (begegnen) *ende met hem ende in hem blijflike* (bleibenderweise) *besitten onse ewighe salicheyt.*

In Groenendael, dessen Wälder R. mit Wachstafel und Stift durchstreifte, um seine Inspirationen sofort aufzuzeichnen, wann sie ihn überfluteten, vollendete er auch vor 1359 das schon in Brüssel begonnene 'Buch vom geistlichen Tabernakel' (oder der geistlichen Stiftshütte) und das 'Buch vom Handfingerlein oder dem glänzenden Steine'. Dann schrieb er nach 1349 das 'Buch der 7 Schlösser' für eine Klarissin; den 'Spiegel des ewigen Heiles' für eine Nonne desselben Ordens, vollendet 1359; 'Die 7 Stufen der geistlichen Liebe', spätestens 1372 vollendet, 'Die vier Versuchungen', das 'Buch der höchsten Wahrheit', das mißverständliche Stellen der 'Zierde der g. H.' im Sinne der Kirchenlehre klären sollte; endlich 'Das Buch v. d. 12 Beginen', das er 1377, also 4 Jahre vor seinem Tod, vollendete. All diese Schriften zählt Pomerius auf. Umstritten ist die Urheberschaft R.s für das Buch 'Von den 12 Tugenden'.

Unter den Besuchern R.s in Groenendael ragt vor allen Geert Groote hervor, der 1376/77 erstmals dorthin kam, begleitet von Jan Sceele, Rektor der Schulen von Zwolle in Overijssel bei Deventer. Getrieben von Bewunderung für R.s Schriften, aber auch von Sorge wegen einiger darin gefundener Lehren, die ihm nicht vereinbar mit der Kirchenlehre schienen, wollte er den Verfasser selbst sprechen, der ihm versicherte: „Ich habe nie ein Wort geschrieben, das mir nicht eingegeben war vom heiligen Geist", und: „Ihr, Meister Gerhart, werdet in Bälde diese Wahrheit erkennen, die Euch heut dunkel erscheint, aber Euer Gesell, Meister Jan, wird sie nie in diesem Leben verstehen". Begeistert schied Groote von R. Nach seinem zweijährigen Rückzug (1377—79) in die Kartause zu Munnikhuizen, deren Prior Hendrik Aeger ihn bekehrt hatte, kam er manchesmal wieder und blieb für 1—2 Monate in Groenendael, um mit R. über geistliche Dinge zu reden. Doch ist nicht R., sondern Florentius Radewijns der Inspirator der Gründung der „Brüderschaft vom gemeinsamen Leben" gewesen, deren Klöster später auch die Augustinerregel annahmen und mit Groenendael die berühmte Windesheimer Chorherren-Kongregation bildeten, als R. längst tot war. Groote übersetzte mehrere Schriften R.s ins Lateinische, schrieb aber offen an R., daß er gewisse Texte *ad verba patrum in latino cum timore* verbessert habe und von der lateinischen Veröffentlichung des 'Buchs von den 12 Beginen' abrate, weil manches Astrologische darin vorkomme, was die Väter mißbilligten.

Eine fleißige Besucherin in Groenendael war die Mutter eines dortigen Chorherren, Ingelbert de Marka, die Schloßherrin von Rhode-Sainte-Agathe. Sie kam oft barfuß zu R., um von ihm geistliche Führung zu erbitten, und trat schließlich unter seinem Einfluß als arme Schwester in das Kölner Klarissenkloster ein.

Der Besuch Taulers in Groenendael ist bezeugt durch das Genfer Ms. 996 der Univ.-Bibl.: *Dese Tauelaer was een ... leeraer v. d. predicaren ordenen, ende dese hadde den prior Jan v. R. in groter ende sonderlingher reverencien. Daer om dat hien oec dick te visiteeren plach.* Das ist sicherlich Übertreibung der Tradition des 15. Jh.s. Aber von hier fällt Licht auf des Pomerius Bericht, daß unter den Pilgern, die von Vlandern, Straßburg und Basel, aus anderen Gegenden und besonders aus den rheinischen Ländern R. besuchen kamen, ein großer Lehrer *Canclaer* gewesen sei. Surius ersetzt in der aus Pomerius geschöpften Biographie, die er seinen *'Opera omnia'* des R. voranstellt, diesen *Canclaer* einfach durch Tauler. Die Verschreibung ist handschriftlich wohl verständlich: *Canclaer* = *Tawelaer*. Ob der Besuch erst nach der Zusendung der 'Hochzeit' (des „Brutlouf-Büchleins") 1350 erfolgte, oder ob diese Sendung die Folge des Taulerbesuchs war, ist nicht mehr festzustellen. Jedenfalls ist die Bezeichnung R.s als eines „lieben heiligen Waldpriesters in Brabant" im oberdeutschen Text des 'Brutl.-Büchl.' (cgm. 818) der Niederschlag einer persönlichen Erinnerung an den visionären Verfasser in den Wäldern von Groenendael.

Am 2. Dez. 1381 starb R. im Krankenzimmer des Klosters nach zweiwöchentlichem Fieber, umgeben von seinen Brüdern. Fünf Jahre später, als sein Propst Coudenbergh ihm im Tode nachfolgte, erhob man R.s Leiche, die unversehrt und süßen Wohlgeruch verbreitend drei Tage zur Verehrung ausgestellt blieb — wie Augenzeugen dem Pomerius berichteten — und dann mit der des Propstes vor dem der Gottesmutter geweihten Hochaltar beigesetzt wurde. Bald als Seliger der Kirche verehrt, empfing er durch Papst Pius XI. 1909 die Bestätigung dieses Kultes.

6. Lehre und Einfluß R.s. Der Eindruck von R.s Persönlichkeit war durch seine tiefe Demut, seinen vorbildlichen Gehorsam gegenüber dem Propst Coudenbergh, seine nie versagende Güte und die Weisheit seiner oft wie in Ekstase gesprochenen Worte auf alle, die ihn sahen, der gleiche: ein wunderbarer Mensch. *Johannes iste Mirabilis* nennt ihn darum mit Grund Dionysius der Kartäuser (s. d.). *Doctor ecstaticus* hieß ihn die Nachwelt. In einer von pseudomystischen Schwärmern, von verweltlichten Priestern und von Freigeistern verwirrten Welt schärfte R. mit seinen Schriften, bei aller mystischen und poetischen Schwunghaftigkeit seiner Sprache, stets die Unterordnung unter die Kirchenlehre als sicherstes Mittel zum geistlichen Leben ein: *In deser redene heb ic u verclaert, dat ic vor seyde . . ., dat was, dat elc mensche van node gehoirsam moet sijn, in allen dingen, Gode ende der heyligher kerken en sijnre eyghenre redene; want ic en wille niet, dat hem yemen aen mine worde tonrechte stote* (*'Hantvingherlijn'* c. 8). Er tadelt die „betrogenen Menschen", die da „hoffärtig" sind und *ungehoirsam Gode ende der heiligher kerken* ('Höchste Wahrheit' Prolog). R. baut seine Mystik auf der kirchlichen Lehre von den 7 Gaben des Hl. Geistes auf und gründet sie auf der Seelenlehre Eckharts: Ihrem Wesen nach ist die Seele weiselos, ruhend, ihrer Natur nach allezeit schauend in ihren Ursprung geneigt: *Ons leven is altoes wesende, siende, ende neygende in den oerspronc onser ghescapenheit* ('Spiegel' c. 17). *Na den edelsten deele onser sielen, daer sijn wy ghemaect als een levende ewich spieghel Gods, daer God sijn ewighe beelde inghedruck heeft ende daer nemmesmeer ander beelde in commen mach* (ebd. c. 8). Dieses Bild ist das Bild der Dreifaltigkeit. Aber in der Einigkeit *der ghedachte* im *gront* oder *wiel* (Wirbel) der Seele ist das Gleichnis der bildlosen Einheit Gottes. Und darum findet in diesem Grunde die Vereinigung der Seele mit dem Wesen Gottes statt (siehe die in 5 angeführten Texte).

Hat schon Geert Groote Bedenken gegenüber R. selbst und 2 Jahre nach R.s Tod gegenüber den Brüdern von Groenendael geäußert, wegen mißverständlicher Formulierungen in seinen deutschen Schriften, so hielt sich Gerson, der berühmte Kanzler der Pariser Universität, für verpflichtet, in einem Sendschreiben an den Kartäuser Bartholomaeus im Herbst 1402 (so Stelzenberger S. 57) vor einigen Darlegungen des 3. Buchs der 'Hochzeit' zu warnen: hier sei über die selige Gottesschau eine Ansicht vorgetragen, die den Entscheidungen der Kirche widerspreche, ferner sei behauptet, das die Seele in der mystischen Einigung mit Gott ihr Eigensein verliere und *secundum essentialem existentiam* eins werde mit Gott, und endlich sei der Verfasser kein literarisch Ungebildeter, von Gott inspirierter Mystiker, sondern ein in der mystischen Literatur bewanderter Mann, der auf Irrwege geraten sei. Für R. trat Jan v. Schoonhoven, Kanoniker in Groenendael, gegen Gerson auf mit einem Brief vom J. 1406. Er sagt, R. sei kein *idiota* gewesen, sondern sehr weise, und man könne seine Lehre aus Bernhards v. Clairvaux '*Epistola ad fratres de monte Dei*', aus Gilbertus v. Hoyland († 1172, Fortsetzer der Hohenlied-Erklärung des hl. Bernhard, '*Sermo 2. super Canticum*'), aus (Pseudo-) Dionysius Areopagita, Hugo v. S. Victor und dem „Vercellensis" (Gallus v. Vercelli, † nach 1226, vgl. Grabmann *Gesch. der kath. Theol.* 1933, S. 124) belegen. Die Redeweise vom Einswerden der Seele mit Gott bedeute nur das Einswerden in Liebe und Gnade, nicht das wirkliche Aufhören des Eigenwesens der Seele, wohl aber ein Vergessen seiner selbst in der Liebesvereinigung. Im übrigen seien die Bücher nicht in Latein geschrieben worden, weil R. es nicht genügend beherrscht habe, aber ein Bruder des Hauses habe lateinische Übersetzungen davon gemacht. Wer die Urtexte lese, der erkenne, daß R. seine Weisheit nicht von Menschen, sondern von Gott empfangen habe. Gerson antwortete 1408 mit einer zweiten Epistel und hielt seine Anklagen aufrecht (siehe *Gersonis Opera*, Antwerp. 1706, I S. 59ff.). Auch in '*De mystica theologia*' *Consideratio* 41 und in der '*Annotatio*', sowie im '*Sermo in coena Domini*' warnt G. vor R. Doch sind der berühmte Dionysius Carthusianus (s. d.) '*De contemplatione*' III 25 und später die Jesuitentheologen aus Löwen, Lessius ('*De summo Bono*' II 1 n. 7) und Bellermin ('*De script. eccl.*' 366), als Verteidiger R.s aufgetreten, und gerade Lessius rühmt von R., daß er von ihm gelernt habe, „mit Gott und sich allein zu sein". Bedeutsam ist R.s häufige Mahnung zum Empfang des hl. Altarsakraments, das er zum Herzen Jesu in Beziehung bringt. — Die mächtigste Fernwirkung übte R. aus durch das Fortleben seiner Schriften und der durch sie geformten Frömmigkeit in der devotio moderna der Windesheimer Kongregation, deren bekanntestes und verbreitetstes Werk die '4 Bücher der Nachfolge Christi' des R.-Bewunderers Thomas v. Kempen sind.

7. Ausgaben. Über die erste kritische Gesamtausg. siehe oben n. 2. Neuere Ges.-Ausg. *Leven-Werken hgb. von* Van Mierlo u. a. 4 Tle. 1932/4. Ältere Übersetzungen s. o. n. 3. Neuere deutsche: F. A. Lambert *Zierde der geistl. Hochzeit; Vom glänzenden Stein; Buch v. d. höchsten Wahrheit* 1903 u. 1921; W. Verkade *Zierde d. g. H.; Von den 12 Beghinen; Reich der Geliebten* 1922—24; E. Schacht *V. d. 7 Stufen der Liebe* 1927; Französische: *Oeuvres de R. L'admirable, par les Bénédictins de Wisques* (Brüssel 1919/30).

8. Literatur. Gabriele Dolezich *Die Mystik J. v. R.s* (Breslauer Studien z. hist. Theol. 4) 1926 [mit reichem Verzeichnis der früheren lateinischen, deutschen, französischen und niederländischen Lit., die hier nicht wiederholt werden soll]. Melline d'Asbeck *Documents relatifs à Ruysbr.* 1931; dies. *La mystique de R.* 1930. Joh. Stelzenberger *Die Myst. des Joh. Gerson* (Breslauer Studien 10) 1928. G. F. Waffelart *L'union de l'âme aimante avec Dieu d'après la doctrine du bienheureux R.* 1916. O. Karrer *Die große Glut* 1926 S. 339/54. K. Richstätter *Die Herz-Jesu-Verehrung d. dtsch. MA.*[2] 1924 S. 154/56. W. Oehl *Dt. Mystikerbriefe des MA.s* 1931, S. 425—453. 801—805.

Engelbert Krebs.

Rycherus, s. Richerus.

Ryckel, s. Dionysius der Kartäuser.

Rynstetten, s. Joh. v. R.

FSC
www.fsc.org
MIX
Papier | Fördert gute Waldnutzung
FSC® C083411

Kolibri 360 GmbH
Ferdinand-Jühlke-Straße 7
99095 Erfurt, Deutschland
produktsicherheit@kolibri360.de